LEHRBUCH DER ALLGEMEINEN METALLKUNDE

VON

Dr. GEORG MASING

O. Ö. PROFESSOR AN DER UNIVERSITÄT GÖTTINGEN
DIREKTOR DES INSTITUTS
FÜR ALLGEMEINE METALLKUNDE GÖTTINGEN

UNTER MITWIRKUNG VON

Dr. KURT LÜCKE

ASSISTENT AM INSTITUT
FÜR ALLGEMEINE METALLKUNDE GÖTTINGEN

MIT 495 ABBILDUNGEN

SPRINGER-VERLAG
BERLIN · GÖTTINGEN · HEIDELBERG
1950

ISBN 978-3-642-52994-8   ISBN 978-3-642-52993-1 (eBook)
DOI 10.1007/978-3-642-52993-1

Reprint of the original edition 1950

BRÜHLSCHE UNIVERSITÄTSDRUCKEREI GIESSEN

MEINER LIEBEN FRAU
GEWIDMET

Vorwort.

Als Vorbild bei der Abfassung des vorliegenden Buches schwebte mir in der Betonung des Grundsätzlichen das bekannte Lehrbuch der Metallkunde von G. TAMMANN vor, das zuletzt 1932 erschienen ist. Jedoch ergab das bald die Notwendigkeit einer strafferen Gliederung des Stoffes, die den lehrbuchartigen Charakter des Werkes stärker hervorhebt. Die ungeheure Entwicklung der Metallphysik in den letzten Jahrzehnten und das Eindringen physikalischer Gesichtspunkte und physikalischer Methoden in die meisten Gebiete der Metallkunde stellt der Darstellung eine schwere Aufgabe. Die Darstellung muß dieser Entwicklung Rechnung tragen; andererseits muß sie auch dem Nichtphysiker verständlich bleiben. Eine eingehende physikalische Behandlung der auftretenden Probleme verbot sich im vorliegenden Buch von selbst, und in vielen Fällen konnte nur die Schilderung oder Andeutung der physikalischen Problematik gegeben werden.

Wenn auch die Schilderung der grundsätzlichen Zusammenhänge der Hauptzweck des Werkes ist, so habe ich versucht, die technischen Zusammenhänge überall zu betonen, wo das möglich erschien. Ich hoffe, daß es damit nicht nur dem Studenten und demjenigen, welcher Grundsätzliches sucht, sondern auch dem Praktiker Anregungen bieten wird.

Bei der Abfassung des Werkes konnte ich mich des Rates und der Hilfe zahlreicher Fachgenossen erfreuen. An erster Stelle gebührt mein Dank meinem Assistenten, Herrn Dr. K. LÜCKE, der den ganzen Text kritisch durchgearbeitet und zahlreiche sehr wertvolle Verbesserungen vorgeschlagen hat. Herr Prof. W. KÖSTER hat die Korrekturen gelesen und verschiedene wertvolle Ratschläge gegeben. Es ist mir an dieser Stelle nicht möglich, mich bei den anderen Fachgenossen im einzelnen zu bedanken, die bestimmte Kapitel gelesen und kritisch gewürdigt haben.

Fräulein BAATZ hat mit Hilfe von Fräulein Dr. MOLDEHNKE in hingebungsvoller Weise die Korrekturen gelesen und Hilfsarbeiten erledigt, wofür ich bestens zu danken habe.

Göttingen, im Juli 1950

G. MASING

Inhaltsverzeichnis.

Symbol	Atomnummer	Atomgewicht	Dichte bei 20°C in $\frac{g}{cm^3}$	Atomvolumen in cm^3 g-Atom	Atomradius in Å	Raumgitter	Gitterkonstanten in Å			Schmelztemperatur in °C	Siedetemperatur in °C
							a	b	Winkel oder c		
Li	3	6,940	0,53	13	1,51906	kub. rz.	3,50897	—	—	186 ± 5	1370
Na	11	22,997	0,97	24	1,8577	kub. rz.	4,2906	—	—	97,7 ± 0,2	892
K	19	39,096	0,86	45	2,3136	kub. rz.	5,3437	—	—	63 ± 1	770
Rb	37	85,48	1,53	55,9	2,4399	kub. rz.	5,63	—	—	39 ± 1	680
Cs	55	132,91	1,9	70	2,625	kub. rz.	6,06	—	—	28 ± 2	690
Be	4	9,02	1,82	4,96	1,1127	hex. d.	2,2856	—	3,5843	1280 ± 40	2770
Mg	12	24,32	1,74	14	1,5982	hex. d.	3,2092	—	5,2103	650 ± 2	1110
Ca	20	40,08	1,55	25,9	1,9689	kub. fl.	5,57	—	—	850 ± 20	1440
Sr	38	87,63	2,6	34	2,154	kub. fl.	6,087	—	—	770 ± 10	1380
Ba	56	137,36	3,5	39	2,174	kub. rz.	5,025	—	—	704 ± 20	1640
Al	13	26,97	2,699	9,993	1,430	kub. fl.	4,0489	—	—	660,2 ± 0,1	2060
La	57	138,92	6,15	22,6	1,868	hex. d.	3,761	—	6,075	826 ± 5	1740
Ti	22	47,90	4,54	10,6	1,457	hex. d.	2,958	—	4,738	1820 ± 100	—
Zr	40	91,22	6,5	14	1,583	hex. d.	3,229	—	5,133	~1750	—
Hf	72	178,6	11,4	15,7	1,57	hex. d.	3,206	—	5,087	~1700	—
Th	90	232,12	11,5	20,2	1,798	kub. fl.	5,087	—	—	1800 ± 150	—
V	23	50,95	6,0	8,5	1,3161	kub. rz.	3,039	—	—	1735 ± 50	3400
Nb	41	92,91	8,57	10,8	1,4293	kub. rz.	3,3007	—	—	2415 ± 15	—
Ta	73	180,88	16,6	10,9	1,429	kub. rz.	3,3025	—	—	3000 ± 50	—
Cr	24	52,01	7,19	7,23	1,248	kub. rz.	2,8845	—	—	1890 ± 10	2500
Mo	42	95,95	10,2	9,41	1,362	kub. rz.	3,146	—	—	2625 ± 50	4800
W	74	183,92	19,3	9,53	1,369	kub. rz.	3,1648	—	—	3410 ± 20	5930
U	92	238,07	18,7	12,7	1,38	orthorhb.	2,8577	5,876	4,954	1130	—
Mn	25	54,93	7,43	7,39	1,598	kub. cpl.	8,911	—	—	1245 ± 10	2150
Fe	26	55,85	7,87	7,10	1,240	kub. rz.	2,8663	—	—	1539 ± 3	2740
Co	27	58,94	8,9	6,6	1,252	hex. d.	2,507	—	4,069	1495 ± 1	2900
Ni	28	58,69	8,90	6,59	1,245	kub. fl.	3,5238	—	—	1455 ±1	2730
Re	75	186,31	20	9,3	1,369	hex. d.	2,7608	—	4,4582	3170 ± 60	—
Ru	44	101,7	12,2	8,33	1,324	hex. d.	2,7038	—	4,2816	2500 ± 100	4900
Os	76	190,2	22,5	8,46	1,337	hex. d.	2,7353	—	4,3191	2700 ± 200	5500
Rh	45	102,91	12,44	8,273	1,369	kub. fl.	3,8033	—	—	1966 ± 3	4500
Ir	77	193,1	22,5	8,58	1,356	kub. fl.	3,8389	—	—	2454 ± 3	5300
Pd	46	106,7	12,0	8,89	1,3747	kub. fl.	3,8902	—	—	1554 ± 1	4000
Pt	78	195,23	21,45	9,102	1,386	kub. fl.	3,9237	—	—	1773,5 ± 1	4410
Cu	29	63,54	8,96	7,09	1,277	kub. fl.	3,6152	—	—	1083 ± 0,1	2600
Ag	47	107,88	10,49	10,28	1,443	kub. fl.	4,0856	—	—	960,5 ± 0,0	2210
Au	79	197,2	19,32	10,2	1,4419	kub. fl.	4,0783	—	—	1063,0 ± 0,0	2970
Zn	30	65,38	7,136	9,17	1,331	hex. d.	2,664	—	4,944	419,46	906
Cd	48	112,41	8,65	13,0	1,489	hex. d.	2,978	—	5,617	320,9 ± 0,1	765
Hg	80	200,61	13,55	14,81	1,502	rhombo-edrisch	3,005	—	70°31,7' (−46°C)	−38,87±0,02	357
Ga	31	69,72	5,91	11,8	1,220	o.rh. fl.z.	4,526	4,520	7,660	29,78 ± 0,02	2070
In	49	114,76	7,31	15,7	1,62	tetrag.fl.z.	4,594	—	4,950	156,4 ± 0,1	—
Tl	81	204,39	11,85	17,24	1,70	hex. d.	3,456	—	5,525	300 ± 3	1460
Si	14	28,06	2,33	12,0	1,175	} kub. Dia-mantg.	5,4282	—	—	1430 ± 20	2300
Ge	32	72,60	5,36	13,5	1,224	} mantg.	5,658	—	—	958 ± 10	—
Sn	50	118,70	7,298	16,26	1,511	tetrag. r.z.	5,8311	—	4,738	231,9 ± 0,1	2270
Pb	82	207,21	11,34	18,27	1,749	kub. fl.	4,9494	—	—	327,4 ± 0,1	1740
As	33	74,91	5,73	13,1	1,25	} rhombo-edrisch	4,159	—	53°49'	(814)	(610)
Sb	51	121,76	6,62	18,4	1,461	} edrisch	4,5064	—	57°6,5'	630,5 ± 0,1	1440
Bi	83	209,00	9,80	21,3	1,555		4,7456	—	57°14,2'	271,3 ± 0,1	1420

Charakteristische Temp. Θ in °K aus elastischen Daten	Charakteristische Temp. Θ in °K nach LINDEMAN	Linearer Ausdehnungskoeff. bei 20°C in $10^{-6}\,\frac{1}{°C}$	Kompressibilität in $10^{-6}\,\frac{cm^2}{kg}$	Dehnungsmodul E in $\frac{kg}{mm^2}$	Schubmodul G in $\frac{kg}{mm^2}$	Poissonsche Querkontraktionszahl μ	Schmelzwärme in $\frac{cal}{g}$	Spezifische Wärme c_p in $\frac{cal}{g\,°C}$	El. Widerstand R bei 0°C in $10^{-6}\,\Omega\cdot cm$	El. Leitfähigkeit in $\frac{m}{\Omega\,mm^2}$	Temperaturkoeff. des el. Widerstandes in $10^{-3}\,\frac{1}{°C}$	Wärmeleitvermögen in $\frac{cal}{°C\,cm\,s}$	Spez. Suszeptibilität in $10^{-6}\,\frac{cm^3}{g}$	Symbol
337	471	58	8,6	1170	430	0,36	99	0,79	8,55	11,8	4,35	0,17	0,5	Li
181	192	72	14,2	910	340	0,32	27,4	0,295	4,2	23,8	5,5	0,32	0,66	Na
98	113	84	23,2	360	130	0,35	14,6	0,177	6,15	15,9	5,7	0,24	0,53	K
55	68	90	52	240	—	0,3	6,14	0,08	12,5	8,6	4,8	—	0,23	Rb
40	50	97	70	175	—	0,3	3,76	0,052	18,83	5,6	5,0	—	0,23	Cs
1367	1053	10,6	0,78	29280	13500	0,08	260	0,52	5,9	16,9	10	0,38	—0,79	Be
363	350	24,5	2,95	4515	1770	0,28	82,2	0,25	4,46 (20°)	22,2	4,2	0,38	0,49	Mg
208	245	22	5,7	2000	750	0,31	51,7	0,149	3,43	29,2	3,8	0,3	1,1	Ca
133	145	~20	8,2	1600	620	0,28	25,1	0,176	23 (20°)	4,35	3,5	—	—0,2	Sr
97	109	~19	10,2	980	500	0,28	13,3	0,068	—	—	—	—	0,147	Ba
414	374	23,9	1,34	7220	2720	0,34	92,7	0,215	2,655 (20°)	37,6	4,67	0,53	0,60	Al
151	140	~13	3,3	3820	1500	0,28	—	0,045	59 (18°)	1,69	—	—	—	La
373	400	~10	0,8	10520	3870	0,36	—	0,126	80	1,25	5,46	—	3,19	Ti
231	291	10	1,1	6970	2540	0,37	—	0,066	41	2,44	4,4	—	1,34	Zr
181	213	~9	0,9	8500	3100	0,37	—	0,03 ?	—	—	—	—	—	Hf
167	152	11,1	1,82	7970	3160	0,26	—	0,034	19 (20°)	5,8	—	—	0,57	Th
412	420	8,5	0,61	15000	5500	0,35	—	0,120	26 (20°)	3,84	—	—	4,5	V
328	337	7,0	0,57	16000	6000	0,35	—	0,065	13,1 (18°)	7,7	—	—	2,28	Nb
257	264	6,6	0,48	18820	7000	0,35	—	0,036	12,4 (18°)	8,1	3,47	0,13	0,93	Ta
455	457	6,2	0,60	19000	7300	0,31	75,6	0,11	13 (28°)	6,7	—	0,16	3,7	Cr
460	355	2,7	0,35	33630	12200	0,31	70	0,061	5,17	19,4	4,73	0,35	0,95	Mo
373	288	2,4	0,293	41530	15140	0,30	44	0,032	5,5 (20°)	18,2	4,82	0,48	0,284	W
—	—	—	0,966	12000	4000	0,30	—	0,028	60 (18°)	1,67	—	0,064	2,6	U
461	370	22	0,79	20160	7800	0,24	58,3	0,115	185 (20°)	0,54	—	—	7,53	Mn
468	404	11,7	0,59	21550	8380	0,29	65	0,11	9,71 (20°)	10,3	6,57	0,18	—	Fe
446	394	12,3	0,54	21280	7630	0,31	63,6	0,099	6,24 (20°)	16,1	6,58	0,165	—	Co
436	396	13,3	0,53	19700	7500	0,32	72,1	0,105	6,84 (20°)	14,6	6,75	0,22	—	Ni
421	283	—	0,27	53000	21000	0,26	—	0,033	—	—	4,63	—	0,046	Re
512	352	9,1	0,34	44000	17600	0,25	—	0,057	7,6	13,2	—	—	0,427	Ru
431	266	4,6	0,26	57000	22800	0,25	—	0,031	9,5 (20°)	10,4	4,45	—	0,052	Os
478	316	8,3	0,372	38640	15300	0,26	—	0,059	4,5 (20°)	22,2	4,43	0,21	1,08	Rh
414	256	6,8	0,268	53830	21400	0,26	—	0,031	5,3 (20°)	18,9	4,11	0,14	0,133	Ir
261	274	11,8	0,528	12360	4450	0,39	34,2	0,058	10,8 (20°)	9,26	3,77	0,17	5,15	Pd
235	212	8,9	0,360	17320	6220	0,39	27	0,032	9,83	10,2	3,92	0,17	0,982	Pt
330	328	16,2	0,719	12500	4640	0,35	48,8	0,092	1,673 (20°)	60	4,31	0,94	—0,66	Cu
213	213	19,7	0,99	8160	2940	0,37	24,9	0,056	1,59 (20°)	63	4,10	1,00	—0,18	Ag
160	164	14,2	0,58	7900	2820	0,42	15,5	0,031	2,19	45,7	3,98	0,71	—0,139	Au
303	213	29,8	1,66	9400	3790	0,24	26,6	0,0915	5,916(20°)	16,9	4,20	0,27	—0,15	Zn
198	134	30,8	1,99	6350	2460	0,29	13,6	0,055	6,83	14,6	4,26	0,22	—0,183	Cd
—	74	—	3,4	—	—	—	2,8	0,033	94,1	1,06	—	0,02	—0,167	Hg
89	123	58	~2,0	1000	430	0,47	19,2	0,079	53,4	1,87	—	—	—0,225	Ga
85	106	44	2,5	1070	380	0,45	6,8	0,057	8,37	12,0	5,1	0,057	—0,1	In
55	89	29	3,48	810	280	0,45	5,0	0,031	18	5,56	5,2	0,093	—0,215	Tl
577	467	~7	0,41	1500	4050	0,42	395,6	0,162	10^5	10^{-3}	≪0	0,20	—0,12	Si
271	236	~6	1,41	8000	3000	0,32	101	0,073	89000	$1{,}1\cdot10^{-3}$	≪0	—	—0,114	Ge
183	111	20,5	1,87	5500	2060	0,33	14,2	0,054	11,5 (20°)	8,7	4,63	0,16	0,026	Sn
73	89	28,3	2,37	1600	570	0,44	5,7	0,031	20,65 (20°)	4,82	4,22	0,083	—0,12	Pb
—	—	—	4,5	—	—	—	—	0,082	35	2,86	—	—	—0,30	As
187	142	10,5	2,4	5600	2000	0,33	39,0	0,049	39	2,56	5,4	0,045	—0,94	Sb
115	80	12,4	2,92	3480	1310	0,33	12,4	0,034	106,8	0,94	4,45	0,020	—1,08	Bi

I. Einleitung.

1. Bedeutung und Eigenart der Metallkunde.

Die Metalle stellen eine wichtige und sehr große Gruppe des Periodischen Systems dar. Ihre chemischen und physikalischen Eigenschaften sind sehr ausgeprägt, sie haben trotz aller Verschiedenheit so viel Gemeinsames — die hohe elektrische Leitfähigkeit, das hohe Wärmeleitvermögen, den metallischen Glanz, die mehr oder minder hohe Plastizität im Krystallzustand, ein typisches Verhalten chemisch angreifenden Stoffen gegenüber —, daß eine Lehre von den Metallen im Zusammenhang, die *Metallkunde*, lebensfähig werden mußte, sobald man nur über die notwendigen Forschungsmethoden verfügte. Damit war es allerdings in der Zeit der Entwicklung der anorganischen und organischen, ja auch der physikalischen Chemie im letzten Viertel des neunzehnten Jahrhunderts zunächst schlecht bestellt. Erst als man lernte, die Struktur eines Metalles im geätzten Anschliff unter dem Mikroskop zu erforschen, als eine exakte Methodik zum Arbeiten im Gebiete hoher Temperaturen ausgearbeitet worden war, konnte sich eine systematische Metallkunde entwickeln. In Deutschland ist ihre Schaffung mit den Namen von E. HEYN und vor allen Dingen von G. TAMMANN verknüpft. Als weiteres Forschungsmittel von überragender Bedeutung trat später die Untersuchung des Raumgitters mit Hilfe von Röntgenstrahlen auf der Grundlage der v. Laue-Braggschen Arbeiten hinzu.

Die Entwicklung hat gezeigt, daß der Gedanke, die Lehre von den Metallen in einer „Metallkunde" zusammenzufassen, außerordentlich fruchtbar war. Diese Entwicklung wurde durch die Anforderungen der Metalltechnik, die auf der Metallkunde beruht, sehr gefördert.

Heute verstehen wir unter Metallkunde die Lehre von den Metallen im elementaren metallischen Zustand und von ihren Beziehungen zueinander. Grundsätzlich ausgenommen hiervon ist das *metallische Atom* als solches. Die Metallkunde ist die Lehre von den metallischen Aggregationen, vor allen Dingen im Krystallzustande, dann in der Schmelze, kaum im Dampf. Damit sind auch die salzartigen, nichtmetallischen Verbindungen, in die Metalle eingehen, vom Gebiet der Metallkunde ausgenommen.

So gehören die magnetischen Eigenschaften, sofern sie durch das Atom allein bedingt sind, ihrer Art nach nicht zur Metallkunde. Das betrifft also die Lehre vom Paramagnetismus und Diamagnetismus der Atome. Sobald jedoch eine Verknüpfung mit der metallischen Struktur entsteht, wie z. B. besonders stark beim Ferromagnetismus, handelt es sich bereits um ein Grenzgebiet der Metallkunde und der Physik.

Unter den Verbindungen der Metalle mit Nichtmetallen gibt es viele, die metallischen oder halbmetallischen Charakter haben, wie z. B. Sulfide, Karbide, Silizide usw. Auch bei diesen Verbindungen handelt es sich um ein Grenzgebiet der Metallkunde, diesmal zur Chemie.

Die klassische anorganische Chemie der wäßrigen Lösungen war die Chemie der Fällungsreaktionen zwischen Ionen. Dieser Umstand machte die Erforschung von Reaktions-Geschwindigkeiten und von Gleichgewichten zunächst entbehrlich. Es hat sehr lange gedauert, bis die Gedanken von BERTHOLLET ihre Früchte getragen haben. Mit dem Problem der aktiven Masse, mit der Gleichgewichtslehre

und der Reaktions-Kinetik begann dann die Entwicklung der physikalischen
Chemie. Im Gegensatz zur Chemie wäßriger Lösungen ist die Metallkunde ohne
Anwendung der physikalisch-chemischen Forschungsmittel undenkbar. Die
physikalische Chemie gibt ihr nicht nur die wichtigsten Forschungsmethoden,
sondern ist auch ein integrierender Bestandteil der Metallkunde selbst. Nicht
minder wichtig sind die rein physikalischen und krystallographischen Grundlagen,
da die Metalle im festen Zustand restlos krystallinisch sind.

Nach einer Äußerung von G. TAMMANN hat die Chemie zwei Wurzeln: Die
Apotheke und die Hütte. Ähnlich kann man sagen, daß die Metallkunde ihre
Wurzeln im Metallwerk und in der Hütte hat. Der Astronom und der Geologe
finden die Erscheinungen, die die Grundlage seiner Wissenschaft bilden, in der
uns umgebenden Naturwelt. Die sich ihm als *Urphänomene* bietenden Erscheinungen sind in der mannigfaltigsten Weise verschlungen und müssen erst ent-
wirrt werden, ehe sie die durchsichtige Grundlage einer systematischen Natur-
erkenntnis werden können. Die Grundphänomene der Metallkunde, übrigens
ähnlich wie auch viele Grundphänomene der Chemie, werden in der Metalltechnik
angetroffen. Auch dort sind sie, diesmal nicht durch das Walten der Natur,
sondern durch die Bedürfnisse des technischen Geschehens miteinander in einer oft
unübersichtlichen Weise verbunden. Ähnlich, wie es die Aufgabe der Astronomie
war, aus den beobachteten, unübersichtlichen Wegen der Planeten die Grundgesetze der Himmelsmechanik zu entziffern, ist es die Aufgabe der Metallkunde,
aus dem Knäuel der Betriebsergebnisse die grundlegenden, einfachen Erscheinungen zu isolieren, sie in systematischen Zusammenhängen zu untersuchen und
so eine fruchtbare theoretische Basis für eine weitere wissenschaftliche und technische Entwicklung zu schaffen. Damit, daß die Metallkunde ihre Grunderscheinungen, mit denen sie sich auseinandersetzen muß, neben dem Laboratoriums-
Experiment, nicht, wie die Astronomie, auf dem Himmel, sondern in der Technik
sucht, ist ihr Rang als Disziplin der strengen und grundsätzlichen Erkenntnis
nicht geringer.

Damit aber, daß die Welt ihrer Grunderscheinungen in der Technik liegt, ist
unmittelbar ihre Lebensnähe gegeben. Sie ist damit eine technische und grundsätzliche Wissenschaft zugleich. Die gedankliche Nähe zwischen Technik und
Theorie ist hier besonders deutlich ausgeprägt, der Schritt von der theoretischen
Überlegung zu ihrer Anwendung in der technischen Praxis kürzer und leichter als
in mancher anderen Wissenschaft, bei der jene enge Verbindung mit dem technischen Geschehen nicht unmittelbar besteht.

Mit der oben gegebenen Begriffs-Bestimmung der Metallkunde ist der Umfang
des zu behandelnden Stoffes gegeben. Es handelt sich um die gesamte Physik
und Chemie und um die Grundsätze der Technologie des massiven Metallzustandes,
in ähnlichem aber erweitertem Sinne, wie das G. TAMMANN in dem Untertitel
zu seinem Lehrbuch der Metallkunde in der 4. Auflage meint[1]. Dieser Umfang
entspricht auch etwa demjenigen der meisten neueren Darstellungen der Metallkunde.

Das Hauptziel des vorliegenden Werkes ist, das Grundsätzliche heraus-
zuarbeiten. Daneben hat sich der Verfasser auf Grund seiner langjährigen praktischen Erfahrungen bemüht, wo es möglich war, auch die Anwendung der allgemeinen Grundsätze auf den technischen Einzelfall darzustellen. Was den
erfolgreichen Techniker auszeichnet, ist die Fähigkeit, im bunten technischen Geschehen das Grundsätzliche zu erschauen. Diese Fähigkeit ermöglicht es ihm, die
Zusammenhänge *einfach* zu sehen und damit den Einzelfall technisch zu meistern.

---

[1] TAMMANN, G.: Lehrbuch der Metallkunde, 4. Aufl., Leipzig: L. Voss-Verl., 1932.

2. Grundlegende Tatsachen und Definitionen.

Die festen Metalle sind alle krystallinisch. Das wird am sichersten durch die Raumgitter-Feststellung mit Hilfe der Röntgenstrahlen nachgewiesen (vgl. S. 22 ff.).

Heute bedarf dieser Punkt keiner weiteren Erörterung. Vor der Erfindung der Röntgenanalyse durch M. v. LAUE, FRIEDRICH und KNIPPING[1] war jedoch die äußere Form des ausgebildeten Krystalles das Hauptkriterium des Krystallzustandes, wenn auch die auf Grund von indirekten Argumenten entwickelte Raumgittertheorie den Nachweis erbracht hatte, daß die Eigenart des Krystallzustandes auf seinem inneren Aufbau beruht. Deshalb war man bei den Metallen, die meistens jegliche Anzeichen einer äußeren Krystallgestalt vermissen lassen, sehr lange Zeit im Zweifel darüber, ob sie krystallinisch sind oder nicht, insbesondere im verformten Zustande. Erst der Nachweis unstetiger Änderungen der Eigenschaften bei der Erstarrung der Metalle, sowie wohl hauptsächlich die Erklärung der Verformung auf Grund der Theorie der Krystallgleitung, erbrachten den — zunäcbt indirekten — Nachweis, daß die Metalle krystallinisch sind. Nachdem sich auch der Krystallograph heute daran gewöhnt hat, die Aufmerksamkeit in der Hauptsache auf das Raumgitter zu lenken und die Krystallform als eine äußere Begleiterscheinung zu betrachten, bestehen die früheren Schwierigkeiten des Nachweises und Verständnisses der krystallinischen Natur der Metalle nicht mehr.

Die Eigenschaften der Materie können in zwei Gruppen eingeteilt werden, in solche, bei denen es Sinn hat, von einer *Richtung* im Körper zu sprechen, und in solche, bei denen das nicht der Fall ist. Wenn ein Körper den elektrischen Strom oder die Wärme leitet, so erfolgt diese Leitung in bestimmter *Richtung*. Das Wärmeleitvermögen und die elektrische Leitfähigkeit sind also mit gerichteten Vorgängen verknüpft. Solche Eigenschaften nennen wir *vektorielle*. Bei anderen Eigenschaften kann man von einer Richtung überhaupt nicht sprechen, wie zum Beispiel bei der spezifischen Wärme, dem spezifischen Volumen, der Temperatur usw. Solche Eigenschaftsgrößen werden als *skalare* bezeichnet.

Wir unterscheiden nun zwei Gruppen von Zuständen der Materie, den *isotropen* (gasförmig, flüssig, amorph), bei dem die Größen der vektoriellen Eigenschaften *nicht* von der Richtung im Körper abhängen, und den *anisotropen* (Krystall), bei dem sich ihre Größe im allgemeinen mit der Richtung ändert. Es hängt von den Symmetrieeigenschaften eines Krystalles ab, wie weit das der Fall ist. Es genügt aber grundsätzlich, daß *eine* vektorielle Eigenschaft eine Richtungsabhängigkeit zeigt, um den Körper als anisotrop zu erkennen. Bei Krystallen des kubischen Systems hängen die Geschwindigkeit der Licht-Fortpflanzung, sowie das Wärme- und das elektrische Leitvermögen nicht von der Richtung ab, diese Krystalle sind elektrisch und optisch isotrop. Anisotrop sind dahingegen ihre Wachstums-Geschwindigkeit (dadurch entsteht die Krystallform!) und die elastischen Eigenschaften. Bei Krystallen niederer Symmetrie hängen auch die elektrischen und optischen Eigenschaften von der Richtung ab.

Bekanntlich ist ein stetiger Übergang aus dem gasförmigen in den flüssigen Zustand unter Umgehung des kritischen Punktes möglich, wenn der Übergang in der Regel auch unstetig erfolgt, wobei während einer Kondensation eines Gases einige Zeit nebeneinander die Flüssigkeit und das Gas bestehen. Ein Übergang von einer Schmelze zu einem amorphen Zustand ist *stetig*. Den amorphen Körper betrachten wir heute in diesem Zusammenhang als eine unterkühlte Flüssigkeit, deren Zähigkeit so hoch ist, daß sie die Eigenschaften eines festen Körpers zeigt.

---

[1] VON LAUE, M., W. FRIEDRICH und P. KNIPPING: Ann. Physik **41** (1913), 971.

Der Übergang zwischen dem isotropen und dem anisotropen (krystallinen) Zustand der Materie ist dahingegen, *soweit wir heute wissen, immer unstetig*; das körperliche System besteht während dieses Überganges aus zwei in ihren Eigenschaften voneinander verschiedenen Teilen. Hierauf beruht die Existenz eines definierten Schmelz- und Erstarrungspunktes der krystallinischen Stoffe.

Während ein einheitlicher Körper nur aus Krystallen einer Gattung besteht, bestehen die Legierungen vielfach auch im Gleichgewichtszustand aus mehreren Krystallarten verschiedener Zusammensetzung.

Der Chemiker beginnt die Untersuchung eines Stoffes mit der Bestimmung seiner Zusammensetzung durch eine Analyse. Ganz ähnlich muß der Metallkundler, bevor er die Eigenschaften der Metalle und Legierungen untersucht, die Zahl und die Zusammensetzung der in ihnen vorkommenden Krystallarten kennen. Er muß wissen, welche Krystallarten und unter welchen Umständen nebeneinander im Gleichgewichtszustand sein können. Diese Kenntnis vermittelt das Zustandsdiagramm. Es ist nach dem treffenden Ausdruck von G. Tammann eine Landkarte, die die Existenzgrenzen verschiedener Krystallarten bei verschiedenen Temperaturen untereinander und gegen die Schmelze angibt. Bei reinen Stoffen gibt das Zustandsdiagramm die Existenzgrenzen der verschiedenen Daseinsformen der Materie, nämlich der Krystalle, der Schmelze und des Dampfes an.

Eine erste Aufgabe der Metallkunde ist also die Aufstellung eines Zustandsdiagrammes, sowohl für reine Metalle, als auch für Legierungen. Das geschieht auf der Grundlage der Lehre von den heterogenen Gleichgewichten.

Das Zustandsdiagramm stellt eine rein formale Beschreibung der heterogenen Gleichgewichte dar. Die Frage nach den Energiegrößen oder Affinitätskräften, die jene Gleichgewichte bestimmen, wird hierbei zunächst gar nicht gestellt. Die nächste, in gewissem Umfange bereits in Angriff genommene Aufgabe betrifft die Frage der Errechnung eines Zustandsdiagrammes auf energetischer Grundlage.

Als nächste Aufgabe werden wir die Entstehung des massiven Metalles aus der Schmelze, aus dem Dampf oder durch Niederschlagen aus einem Elektrolyten, und dann die Eigenschaften der Metalle und ihre Wandlungen unter dem Einfluß äußerer Eingriffe behandeln. Zum Schluß sollen einige grundsätzlich oder technisch wichtige Legierungssysteme besprochen werden.

II. Einige allgemeine Grundlagen.

A. Einige physikalisch-chemische Beziehungen.

1. Die isotherme Ausdehnungsarbeit eines idealen Gases.

Im folgenden werden wir häufig die Arbeitsleistung bei der isothermen Ausdehnung eines idealen Gases brauchen, diese soll hier deshalb kurz abgeleitet werden. Wenn ein Mol eines Gases sich um dv ausdehnt, leistet das Gas die Arbeit

$$dA = p\,dv = \frac{RT}{v}\,dv\,. \tag{1}$$

Wenn die Temperatur konstant gehalten wird, läßt sich dieser Ausdruck integrieren, und wir erhalten

$$A = RT \int\limits_{v_1}^{v_2} \frac{dv}{v} = RT \ln \frac{v_2}{v_1} = RT \ln \frac{c_1}{c_2}, \tag{2}$$

wo c_1 und c_2 die Konzentrationen, d. h. die Molzahlen pro Volumeneinheit sind.

Einen ganz ähnlichen Ausdruck erhalten wir für die osmotische Arbeit bei der isothermen Ausdehnung einer idealen verdünnten Lösung. Wir verbinden die Lösung vom Volumen v_1, in der ein Mol gelöst ist, mit Hilfe einer semipermeablen Wand mit einem Gefäß, das mit Wasser gefüllt ist. Zur Aufrechterhaltung des Gleichgewichtes muß auf die Wand der dem osmotischen Druck gleiche Druck P ausgeübt werden. Wenn die Lösung sich nun durch Aufnahme des Wassers und Zurückdrängung der semipermeablen Wand um dv ausdehnt, leistet sie hierbei die Arbeit Pdv. Da für den osmotischen Druck das Gasgesetz gilt, erhalten wir auch für die osmotische Ausdehnung den Ausdruck (2). Da man bei der Verdünnung einer Lösung sich immer des osmotischen Modells bedienen kann, gilt (2) allgemein als isotherme Arbeitsleistung der Verdünnung einer ein Mol des gelösten Stoffes enthaltenden Lösung von der Konzentration c_1 bis auf die Konzentration c_2.

2. Das Massenwirkungsgesetz.

Das Massenwirkungsgesetz gibt die Abhängigkeit der Reaktionsgeschwindigkeit und des Gleichgewichtes von den Konzentrationen der Reaktionsteilnehmer in einem homogenen Körper an.

Wir führen unsere Erörterungen für den einfachsten Fall idealer Gase durch. Sie genügen in der Regel in der Metallkunde, um den Ablauf eines Geschehens der Größenordnung nach auch im festen Zustande zu überblicken. Vorkommendenfalles müssen Abweichungen von den Gasgesetzen berücksichtigt werden, hinsichtlich derer auf die Lehrbücher der physikalischen Chemie verwiesen werden muß.

Damit zwei oder mehrere Moleküle miteinander reagieren können, müssen u. a. drei Bedingungen erfüllt sein: Sie müssen sich genügend nähern („zusammenstoßen"), sie müssen eine genügende Energie besitzen, damit die während der Umsetzung auftretenden energiereichen Zwischenzustände durchlaufen werden können, und sie müssen sich in einer derartigen räumlichen Konfiguration nähern, daß die Reaktion zustandekommen kann.

Bei der Reaktion

$$AB + CD = AC + BD \tag{3}$$

müssen z. B. die beiden Moleküle AB und CD sich in einer solchen Weise nähern, daß A sich von B loslösen und an C anlagern kann. Sonst kommt die Reaktion nicht zustande („sterische Hinderung"). Beim Übergang aus der Bindung mit B zur Bindung mit C durchläuft A die angedeuteten energiereichen Zwischenzustände (vgl. S. 7f.).

Der „Zusammenstoß" zwischen zwei oder mehreren Molekülen sei dadurch charakterisiert, daß sie sich gleichzeitig während der Zeit Δt innerhalb eines bestimmten sehr kleinen Elementarvolumens ΔV befinden. Die Wahrscheinlichkeit dafür, daß ein Molekül AB sich während der Zeit Δt innerhalb eines Volumens ΔV befindet, ist proportional der Zahl der in Frage kommenden Moleküle pro Volumeneinheit, also ihrer Konzentration, fernerhin direkt proportional zu ΔV und umgekehrt proportional zu Δt. Da wir die beiden letzteren Größen bei unserer Betrachtung als konstant betrachten können, ergibt sich für jene Wahrscheinlichkeit W:

$$W = K \cdot C_{AB} \tag{4}$$

wo C_{AB} die Konzentration der Verbindung AB und K eine Konstante ist.

In ähnlicher Weise ergibt sich die Wahrscheinlichkeit des Aufenthaltes im betrachteten Volumenelement für andere Molekülarten ebenfalls proportional ihren Konzentrationen. Die Wahrscheinlichkeit dafür, daß *gleichzeitig* zwei oder mehrere Moleküle sich im Raum ΔV befinden, ist dann proportional dem Produkt ihrer einzelnen Aufenthaltswahrscheinlichkeiten. Dieselbe Betrachtung gilt auch für den Fall, daß es sich um zwei gleiche Moleküle handelt, die sich im Raum ΔV gemeinsam befinden sollen. Die Wahrscheinlichkeit dafür ist dann proportional dem Quadrat der in Frage kommenden Konzentration.

Betrachten wir eine Reaktion

$$m_1 A_1 + m_2 A_2 + \ldots = n_1 B_1 + n_2 B_2 + \ldots \tag{5}$$

wobei die Konzentrationen der einzelnen Molekülarten A_1, $A_2 \ldots$, B_1, $B_2 \ldots$ gleich C_{A_1}, C_{A_2}, C_{B_1}, C_{B_2} usw. sein sollen und m und n die Zahlen der Moleküle in der Reaktionsgleichung sind, so ist die Wahrscheinlichkeit des gleichzeitigen Zusammenstoßes der Moleküle der linken Seite der Gleichung (5) und damit die Reaktionsgeschwindigkeit proportional dem Produkt $C_{A_1}^{m_1} \cdot C_{A_2}^{m_2} \ldots$, wovon sonst die Reaktionsgeschwindigkeit von links nach rechts in Gleichung (5) auch noch abhängen mag.

Wenn es sich um eine umkehrbare Reaktion handelt, die auch von rechts nach links verlaufen kann, so wird für die umgekehrte Reaktion dieselbe Betrachtung durchzuführen sein; ihre Geschwindigkeit ist proportional dem Produkt $C_{B_1}^{n_1} \cdot C_{B_2}^{n_2} \ldots$.

Die Geschwindigkeit v der Gesamtreaktion (5) ist gleich der Differenz der Geschwindigkeiten der beiden betrachteten Teilreaktionen.

$$v = k_A \, C_{A_1}{}^{m_1} C_{A_2}{}^{m_2} \ldots - k_B \, C_{B_1}{}^{n_1} C_{B_2}{}^{n_2} \tag{6}$$

Im Gleichgewicht ist die Gesamtgeschwindigkeit gleich Null, und

$$\frac{C_{A_1}{}^{m_1} \cdot C_{A_2}{}^{m_2} \ldots}{C_{B_1}{}^{n_1} \cdot C_{B_2}{}^{n_2} \ldots} = \frac{k_B}{k_A} = K. \tag{7}$$

Gleichung (7) stellt das Massenwirkungsgesetz im Falle des Gleichgewichtes dar. Es läßt sich für diesen Fall thermodynamisch ohne kinetische Betrachtungen für ideale Gase streng ableiten.

Die Wahrscheinlichkeit von Zusammenstößen von mehr als zwei Molekülen ist äußerst gering. Reaktionsgleichungen, in denen auf der linken oder auf der rechten Seite größere Anzahlen von Molekülen auftreten, stellen deshalb in der Regel nicht Elementarvorgänge dar, sondern vielmehr Folgen von mehreren einfacheren Reaktionen, die hintereinander ablaufen. Diese Frage kann durch eine kinetische Analyse der Reaktion mit Hilfe der Gl. (6) untersucht werden.

Eine ähnliche Betrachtungsweise läßt sich anwenden, wenn es sich um eine Zerfallsreaktion handelt, z. B. bei Jod:

$$J_2 \rightleftarrows 2 \, J. \tag{8}$$

Für das Eintreten der Reaktion sind Zusammenstöße zwischen Jod-Molekülen nicht erforderlich. Dahingegen werden nur diejenigen J_2-Moleküle zerfallen können, die genügend energiereich sind, um eine Lostrennung der Jodatome zu ermöglichen. Dieser Bedingung genügt im Falle des idealen Gases unabhängig von der Konzentration bei einer gegebenen Temperatur ein bestimmter *Bruchteil* der Moleküle (vgl. weiter unten). Die *Zahl* der sich pro Zeiteinheit in einem solchen energiereichen Zustand befindlichen Moleküle ist also proportional der Konzentration. Das gilt dann auch für die Geschwindigkeit der betrachteten Zerfallsreaktion, und das Massenwirkungsgesetz behält seine Gestalt.

Im allgemeineren Falle, wenn die Gesetze idealer Gase im betrachteten System keine Gültigkeit haben, sind in den Gl. (4—7) an Stelle der Konzentrationen nur ein Bruchteil derselben (die „Aktivitäten") zu setzen, die Funktionen der Konzentrationen sind. In diesem Falle ist nämlich der Bruchteil der „reaktionsbereiten" Moleküle in der Regel abhängig von der Konzentration.

Aus der Gl. (6) lassen sich die Mengen der reagierenden Stoffe nach verschiedenen Zeiten berechnen, jedoch ist die Rechnung bei Reaktionen höherer Ordnung oft langwierig. Ein besonders einfacher Fall liegt beim „radioaktiven Zerfall" vor. Ein Atom A wandelt sich etwa unter Aussendung eines α-Partikels in ein anderes Atom B um:

$$A \to \alpha + B. \tag{9}$$

Die Geschwindigkeit der Reaktion von rechts nach links ist praktisch gleich Null. Unter diesen Bedingungen ist die Zerfallsgeschwindigkeit oder mit anderen Worten die Abnahme der Zahl x der A-Atome mit der Zeit einfach proportional ihrer Gesamtzahl oder, pro Volumeneinheit gerechnet, ihrer Konzentration:

$$-\frac{dx}{dt} = a x \tag{10}$$

wo a eine Konstante ist, woraus sich durch Integration ergibt

$$\ln \frac{x_0}{x} = a\,(t - t_0), \tag{11}$$

wenn zur Zeit t_0 die Zahl der radioaktiven A-Atome x_0 gewesen ist.

3. Die Aktivierungsenergie.

Wir müssen jetzt die energetische Voraussetzung einer Reaktion in einem homogenen Medium näher betrachten. Der energiereiche Zwischenzustand, den die reagierenden Moleküle im Verlaufe des atomistischen Elementarprozesses der Reaktion durchlaufen müssen, besitze die Energie u. Eine Voraussetzung für das Zustandekommen der Reaktion ist deshalb, daß ein reagierendes Molekül im Augenblick der Reaktion „aktiviert" ist, d. h. daß es mindestens diese Energie besitzt. Wir stellen uns vor, daß der angeregte „aktivierte" Zustand durch einen (nicht elastischen) Zusammenstoß mit einem anderen Molekül mit einer kinetischen Energie mindestens von der Größe u zustandekommt. Nun ist nach der kinetischen Gastheorie der Bruchteil der Moleküle, die bei der Temperatur T eine kinetische Energie besitzen, die gleich oder größer als u ist, für größere Werte von u, die hier nur in Frage kommen, annähernd gleich

$$e - u/kT \tag{12}$$

wo k die Gaskonstante bezogen auf ein Molekül ist (Boltzmannsche Konstante). Selbstverständlich läßt sich dieser Ausdruck auch in der Form

$$e - U/RT \tag{13}$$

schreiben, wo R die gewöhnliche, auf ein Mol bezogene Gaskonstante und U die entsprechende, auf ein Mol bezogene Energie ist. Unter sonst gleichen Bedingungen ist die Zahl der Moleküle, die aktiviert sind und pro Zeiteinheit reagieren können, und damit auch die Reaktionsgeschwindigkeit v proportional diesem Ausdruck

$$v = A\,e - U/RT = A\,e - B/T. \tag{14}$$

Die thermische Energie u oder U, die ein Molekül oder ein Mol benötigt, um eine Reaktion einzugehen, wird die Aktivierungsenergie der Reaktion genannt. Der Eintritt einer Reaktion ist durch den gesamten Energieinhalt u_0 des Moleküls bestimmt. Beim idealen Gas ist u_0 normalerweise mit der kinetischen (thermischen) Energie identisch. Besitzt das Molekül jedoch bereits eine sich bei Reaktion ändernde potentielle Energie u_p, etwa durch Aufladung, so ist nur der Differenzbetrag bis u_0 thermisch aufzubringen. Die Aktivierungsenergie u verringert sich in einem solchen Falle um u_p.

Während U oder B in Gl. (14) für den Bruchteil der Moleküle, die die für den Eintritt der Reaktion notwendige Aktivierungsenergie besitzen, maßgebend ist, hängt A von der Konzentration und von den anderen, z. B. rein geometrischen Voraussetzungen der Reaktion ab. Je ungünstiger z. B. die geometrische Konfiguration der reagierenden Moleküle, je größer also die „sterische" Hinderung ist, desto kleiner ist A.

Die Aktivierungsenergie U kann aus dem Temperaturkoeffizienten der Reaktionsgeschwindigkeit berechnet werden. Aus (14) erhalten wir nämlich

$$\frac{1}{v} \cdot \frac{dv}{dT} = \frac{d\ln v}{dT} = \frac{U}{RT^2} = \frac{B}{T^2} \qquad (15)$$

$$\frac{d\ln v}{d\frac{1}{T}} = -\frac{U}{R} = -B \qquad (16)$$

Bei einer endlichen Temperaturdifferenz ergibt sich

$$v_1 = A\,e^{-U/RT_1} \quad v_2 = A\,e^{-U/RT_2}; \quad v_2/v_1 = e^{-U/R\,(1/T_1 - 1/T_2)}. \qquad (17)$$

Man sieht, daß der Temperaturkoeffizient der Reaktionsgeschwindigkeit eine grundlegende Bedeutung für die Beurteilung und Erkenntnis eines Reaktionsablaufes hat.

Der Koeffizient A in Gl. (14) ist selbst temperaturabhängig, jedoch in ungleich schwächerem Maße, als der Exponential-Ausdruck, da A proportional den Zahlen der Zusammenstöße der reagierenden Moleküle ist. In A gehen nach dem Massenwirkungsgesetz [vgl. etwa Gl. (6)] die Konzentrationen ein, während die e-Funktion umgekehrt in die Konstante des Massenwirkungsgesetzes eingeht.

4. Die Formel von W. Nernst für das elektrochemische Elektrodenpotential.

Zwischen einem in einen Elektrolyten tauchenden Metall und dem Elektrolyten findet ein Austausch elektrischer Ladungen statt, der in dem einfachsten Fall darin besteht, daß neutrale Atome der Metallelektrode in Ionenform in Lösung gehen:

$$\text{Me} \rightarrow \text{Me} + e. \qquad (18)$$

Hierbei wird, wie ersichtlich, ein Elektron e frei, das in der Metallelektrode verbleibt und sie negativ auflädt. Gleichzeitig findet auch der umgekehrte Prozeß des Überganges der Metallionen in die Elektrode in Form von neutralen Metallatomen statt, bei dem pro einwertiges Atom ein Elektron verbraucht und die Elektrode positiv aufgeladen wird. Wenn beide Vorgänge mit gleicher Geschwindigkeit verlaufen, besteht zwischen Elektrode und Elektrolyt das elektrochemische Gleichgewicht.

Das Bestreben des Metalles, in Ionenform in Lösung zu gehen, wird nach W. Nernst der elektrolytische Lösungsdruck des Metalles genannt. Das umgekehrte Bestreben, Ionen zu entladen, ist bei verdünnten Lösungen proportional der

Anzahl der auf die Elektrode pro Zeiteinheit auftreffenden Ionen, also proportional der Konzentration der Lösung oder ihrem osmotischen Druck.

Bringt man ein unedles Metall in einen seine Ionen enthaltenden Elektrolyten, so überwiegt in der Regel zunächst der elektrolytische Lösungsdruck, und die Reaktion (18) vollzieht sich von links nach rechts. Hierbei wird die Elektrode zunehmend negativ geladen, während die Konzentrationsänderung des Elektrolyten zu vernachlässigen ist. Die negativ aufgeladene Elektrode übt auf die Ionen eine der Aufladung proportionale elektrostatische Anziehung aus, durch die der Entladungsprozeß der Ionen erleichtert und umgekehrt der Ionisierungsprozeß erschwert wird, bis bei einer gewissen Potentialdifferenz zwischen der Elektrode und dem Elektrolyten beide Vorgänge mit gleicher Geschwindigkeit stattfinden und damit das Gleichgewicht erreicht ist.

Diese Potentialdifferenz wird das *elektrochemische Gleichgewichtspotential* des Metalles gegenüber dem in Frage kommenden Elektrolyten genannt. Wie bereits ersichtlich, muß es von der Ionenkonzentration im Elektrolyten abhängen.

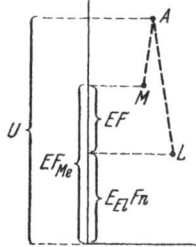

Abb. 1. Zur Ableitung der Formel von W. Nernst.

In Wirklichkeit besteht auch das Metall aus Ionen und freien Elektronen, so daß man, streng genommen, bei dem Übergang des Metalles in Ionenform nicht von einer Ionisierung des Metallatomes im Sinne der Abgabe von Valenzelektronen sprechen kann. Auf die durchgeführte summarische Betrachtung ist dieser Umstand ohne Einfluß, da in einem Metall die Ionen durch die entsprechende Anzahl freier Elektronen neutralisiert sind und da bei der Abgabe eines Ions an den Elektrolyten, genau wie oben erörtert, eine negative Aufladung des Metalles stattfindet.

Die Formel von W. Nernst gibt den Zusammenhang zwischen der Konzentration des Elektrolyten und dem elektrochemischen Potential im Gleichgewichtszustande wieder. Sie lautet für den betrachteten Elektrodenvorgang:

$$E_c = E_{c_0} + \frac{RT}{nF} \ln \frac{c}{c_0} \cdot \qquad (19)$$

Hier ist E_c das elektrochemische Potential des Metalles im Elektrolyten mit der Konzentration c, E_{c_0} dasjenige im Elektrolyten mit der Konzentration c_0, R die Gaskonstante, T die absolute Temperatur, F die Faradaysche Zahl und n die Wertigkeit seiner Ionen. Die thermodynamische Ableitung dieser Formel findet sich in den Lehrbüchern der physikalischen Chemie. Hier soll ihre kinetische Ableitung gegeben werden, die sich an die vorhergehende Erörterung der Reaktionskinetik anschließt und im Zusammenhang mit der Erörterung der Polarisation (S. 539) von Bedeutung ist.

Wir nehmen wieder an, daß ein Ion bei seinem Übergang aus dem Elektrolyten in das Metall, also bei seiner Entladung in einer Zwischenschicht Zustände höherer Energie U (Punkt A Abb. 1) durchschreiten muß. Wenn die Energie des Metalles U_{Me} und die Energie des Elektrolyten U_{el} ist, ergibt sich für die Geschwindigkeit der Ionenbildung v_1 und für die Geschwindigkeit der Ionenentladung v_2

$$v_1 = K_1 e^{-\frac{U - U_{Me}}{RT}} \quad ; \qquad v_2 = K_2 c \, e^{-\frac{U - U_{el}}{RT}} \cdot \qquad (20)$$

Durch Aufladen des Metalles auf das Potential E gegenüber dem Elektrolyten erhält es eine zusätzliche Energie nEF. Dadurch kann sich auch die Energie des Zwischenzustandes ändern, und zwar nehmen wir an, daß sie sich um einen unbekannten Bruchteil α der Zusatzenergie nEF erhöht. Für die Geschwindigkeit der Ionenbildung erhalten wir somit unter Berücksichtigung des Umstandes, daß U_{Me} um nEF gestiegen ist

$$v_1 = K_1\, e^{-\dfrac{U + \alpha\, nEF - U_{Me} - nEF}{RT}}, \qquad (21\,a)$$

und für die Geschwindigkeit der Ionenentladung

$$v_2 = K_2\, c\, e^{-\dfrac{U + \alpha\, EF - U_{el}}{RT}}, \qquad (21\,b)$$

da voraussetzungsgemäß die Energie des Elektrolyten U_{el} sich nicht geändert hat.

Im Gleichgewichtsfalle sind die Geschwindigkeiten (20) und (21) einander gleich, und wir erhalten:

$$K_3\, c = e^{\dfrac{E_c\, Fn}{RT}} \qquad (22)$$

oder

$$E_c = \frac{RT}{nF}\ln K_3 + \frac{RT}{nF}\ln c = K_4 + \frac{RT}{nF}\ln c \qquad (23)$$

und für die Konzentration c_0

$$E_{c_0} = K_4 + \frac{RT}{nF}\cdot \ln c_0 \qquad (24)$$

Wenn wir (24) von (23) abziehen, erhalten wir (19).

Die Bestimmung der absoluten Größe des elektrochemischen Potentials ist bisher nicht mit Sicherheit gelungen. Man begnügt sich deshalb damit, das betrachtete Potential gegen ein genügend konstantes Normalpotential zu messen und es darauf zu beziehen. Als solches wählt man z. B. das Potential der „Kalomelelektrode", d. h. das in einer gesättigten Quecksilberchlorürlösung mit einem bestimmten Gehalt an Chlorkalium befindlichen Quecksilbers. Für unsere Erörterung ist die „Wasserstoffelektrode" bequemer, also eine mit einer Lösung der Wasserstoffionen der Aktivität 1 (1 Mol pro Liter) in Berührung stehende, mit gasförmigem Wasserstoff bespülte edle Elektrode.

B. Einige krystallographische Grundlagen.

1. Raumgitter, Elementarzelle.

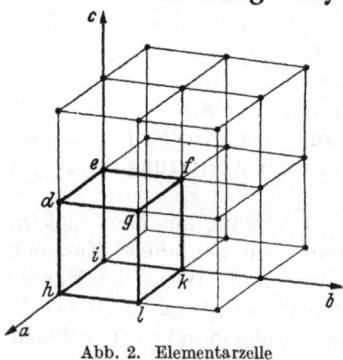

Abb. 2. Elementarzelle
des kubischen primitiven Raumgitters.

Die Grundlagen der Krystallographie können in diesem Buch nicht entwickelt werden. Einige für das Verständnis der Darstellung unmittelbar benötigte Grundelemente sollen jedoch kurz erörtert werden.

Die Atome oder Moleküle sind in Krystallen in Raumgittern angeordnet, d. h. der gesamte Krystall kann durch Aneinanderreihen von parallelepipedischen Volumenelementen, in denen sich in der Regel nur wenige Atome befinden, in drei Richtungen aufgebaut werden. Das kleinste Volumenelement, das in dieser Weise durch identische Wiederholung den Aufbau des gesamten Krystalles ermöglicht, heißt *Elementarzelle*. So entsteht z. B. das in Abb. 2 wiedergegebene Raumgitter durch Wiederholung der Elementarzelle *defghikl*, die die Form eines Würfels hat, in den drei Richtungen a, b, c und $-a$, $-b$, $-c$. Die Schwerpunkte der Atome befinden sich jeweils in den Ecken des Elementarwürfels. Die Begrenzungen der Zellen schneiden im vorliegenden Fall die kugelförmig gedachten Atome in deren Zentrum, so daß jedes Atom, wie man sieht, nicht nur einer Elementarzelle, sondern mehreren angehört. In jeder Elementarzelle sind die 8 Ecken des Würfels mit Atomen derart besetzt, daß jedes dieser Atome zu 8 benachbarten Elementarzellen gehört; so ergibt sich pro Elementarzelle die Besetzungszahl von 1 Atom. Das geschilderte Raumgitter stellt den einfachsten Fall des kubischen Systems, das sog. *primitive kubische Raumgitter* dar.

Aus der Art des Aufbaues des Raumgitters ergibt sich, daß die Atome auf mit Atomen besetzten Ebenen *(Netzebenen)* und auf geraden Linien *(Gittergeraden)* angeordnet sind. Solche Netzebenen und Gittergeraden können im Raumgitter in den verschiedensten Richtungen gezogen werden. Die senkrechten Abstände der Scharen paralleler Gitterebenen voneinander, die Abstände der zueinander parallelen Gittergeraden und die der einzelnen Gitterpunkte auf einer Gittergeraden hängen von den Richtungen der Netzebenen und der Gittergeraden im Raumgitter ab.

Bei der Darstellung eines Raumgitters pflegt man die Koordinatenachsen in die Richtungen der krystallographischen Achsen zu legen, die den wichtigsten Symmetrieachsen des Krystalles entsprechen, und die mit Gittergeraden verhältnismäßig dichter Atombesetzungen zusammenfallen.

Die linearen Abmessungen der Elementarzelle in den Richtungen der krystallographischen Achsen des Krystalles bezeichnet man mit den Buchstaben a, b und c. Der kleinste senkrechte Abstand zwischen parallelen identischen Netzebenen wird *Netzebenenabstand* genannt und mit dem Buchstaben d bezeichnet.

2. Indizierung von Ebenen und Richtungen.

Wir betrachten ein nach den Krystallachsen ausgerichtetes, im allgemeinen Fall schiefwinkliges Koordinatensystem (Abb. 3). Um die Richtung einer Ebene im Krystall anzugeben, bedienen wir uns der *Millerschen Indizes*. Wir legen die Ebene in einem willkürlichen Abstand vom Koordinaten-Anfangspunkt und betrachten die Abstände OH, OK und OL, in denen sie die Koordinatenachsen schneidet (Achsenabschnitte). Diese Abstände messen wir durch ihr Verhältnis zu den Abmessungen der Elementarzelle $OA = a$, $OB = b$ und $OC = c$. Es sei

$$OH = H \cdot a,$$
$$OK = K \cdot b,$$
$$OL = L \cdot c.$$

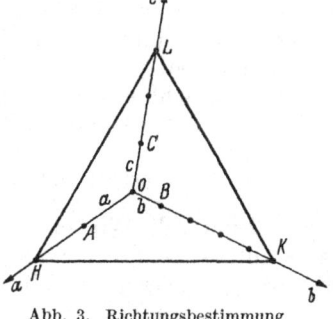

Die Millerschen Indizes h, k und l sind die reziproken Werte der Zahlen H, K und L:

$$h = \frac{1}{H}; \quad k = \frac{1}{K}; \quad l = \frac{1}{L}.$$

Abb. 3. Richtungsbestimmung einer Netzebene.

Wenn die Abmessungen der Elementarzelle a, b und c und die Winkel der Achsen bekannt sind, wird durch das Verhältnis der Millerschen Indizes $h : k : l$ die Lage der Fläche eindeutig angegeben.

Für diese Lage ist nur das Verhältnis $h : k : l$, nicht aber ihre absolute Größe maßgebend. Man setzt dafür die kleinsten möglichen ganzen Zahlen.

Nach dem Gesetz der rationalen Indizes kann das Verhältnis $h : k : l$ für alle Lagen, die wirklich auftretenden krystallographischen Flächen entsprechen, durch kleine ganze Zahlen dargestellt werden. Nur solche Ebenen sind einigermaßen dicht mit Gitterpunkten besetzt und können als Gitterebenen gelten. Nur solche Ebenen werden uns im folgenden interessieren.

Die Darstellung vereinfacht sich wesentlich im kubischen System (Abb. 2). Die Abmessungen der Elementarzelle sind in diesem Falle in den drei Richtungen gleich ($a = b = c$). Deshalb sind die Zahlen H, K und L einfach den Abständen OH, OK und OL proportional. Das Verhältnis der Millerschen Indizes $h : k : l$ ist einfach das Verhältnis der reziproken Abstände $1/OH : 1/OK : 1/OL$.

Im Beispiel der Abb. 3 ist $H = 2$, $K = 4$, $L = 3$, also $h : k : l = \frac{1}{2} : \frac{1}{4} : \frac{1}{3}$ $= 6 : 3 : 4$.

Wir pflegen die Ebenen durch ihre Millerschen Indizes in runden Klammern zu bezeichnen. Die betrachtete Ebene ist also $(hkl) = (634)$.

Hierbei ist zu bedenken, daß eine Ebene die Achse in ihrem positiven Teil oder in ihrer negativen Verlängerung schneiden kann. Im letzteren Falle werden die abgeschnittenen Abstände und damit auch die Millerschen Indizes negativ. Es ist üblich, das Minuszeichen über den Index zu setzen. So hat die links liegende Ebene $H\,K'\,L$ mit der gestrichelten Begrenzung in Abb. 4 die Indizes $(6\bar{3}4)$. Die beiden Ebenen mit den Indizes (hkl) und $(\bar{h}\,\bar{k}\,\bar{l})$ sind zueinander parallel. Das gilt für jedes Flächenpaar, in dem alle Indizes das umgekehrte Vorzeichen haben.

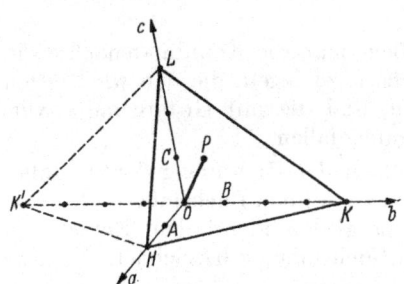

Abb. 4. Richtungsbestimmung einer Ebene im kubischen System.

Um endliche Millersche Indizes zu erhalten, ist es natürlich notwendig, die betrachtete Ebene so zu legen, daß sie nicht durch den Anfangspunkt der Koordinaten geht.

Wenn eine Ebene parallel zu einer Achse verläuft, so ist der entsprechende Millersche Index $= 0$, da der in Frage kommende Achsenabschnitt unendlich groß wird. So sind die Indizes der Ebene $dglh$ (Abb. 2) (100), da diese Ebene zu den Achsen ib und ic parallel ist. Bei der Indizierung legt man den Koordinatenanfangspunkt außerhalb der betrachteten Ebene in einen Eckpunkt der Elementarzelle.

Wir betrachten in einem rechtwinkeligen Koordinatensystem eine zur Ebene HKL senkrechte Gerade OP (Abb. 4), die die Ebene im Punkte P durchsticht. Dann ist:

$$OP = OH \cdot \cos \alpha = OK \cdot \cos \beta = OL \cdot \cos \gamma \,,$$

wo α, β und γ die Winkel zwischen OP und den Koordinatenachsen sind. Andererseits gilt für senkrechte Projektionen OQ, OR und OS der Strecke OP auf die Koordinatenachsen (in Abb. 4 nicht dargestellt)

$$OP = \frac{OQ}{\cos \alpha} = \frac{OR}{\cos \beta} = \frac{OS}{\cos \gamma}.$$

Hieraus folgt

$$OQ \cdot OH = OR \cdot OK = OS \cdot OL$$

$$OQ : OR : OS = \frac{1}{OH} : \frac{1}{OK} : \frac{1}{OL} = h : k : l\,.$$

Wenn wir eine Richtung durch das Verhältnis der Längen der senkrechten Projektionen auf die Koordinatenachsen charakterisieren, erhalten wir für eine zu einer Ebene senkrechte Richtung dieselbe Indizierung, wie für die Ebene. Diese Indizierung wollen wir im weiteren immer benutzen. Wir bezeichnen eine

Richtung, indem wir ihre Indizes in eckige Klammern setzen. Die betrachtete Richtung OP ist also $[hkl] = [634]$. Diese Bezeichnung besagt, daß OP zur Ebene (634) normal ist und zugleich, daß ihre Projektionen auf die Achsen zueinander im Verhältnis 6 : 3 : 4 stehen[1].

Die Projektionen, die auf die negativen Fortsetzungen der Achsen fallen, ergeben negative Indizes. Die Richtungen $[hkl]$ und $[\bar{h}\,\bar{k}\,\bar{l}]$ sind zueinander entgegengesetzt.

3. Die Krystallsysteme.

Nach ihrer Symmetrie werden die Krystalle in 7 Systeme unterteilt.

1. *Triklines System.* Drei nicht gleichwertige Achsen stehen unter schiefen Winkeln zueinander (Abb. 5a).

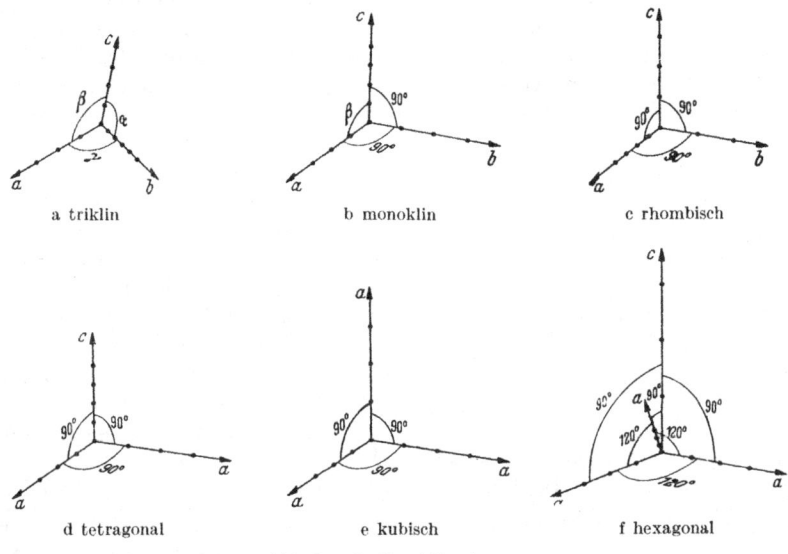

a triklin   b monoklin   c rhombisch

d tetragonal   e kubisch   f hexagonal

Abb. 5 a—f. Krystallsysteme.

2. *Monoklines System.* Zwei Achsen stehen senkrecht zueinander, die dritte schiefwinklig. Die Achsen sind nicht gleichwertig (Abb. 5b).

3. *Rhombisches System.* Drei nicht gleichwertige Achsen stehen senkrecht zueinander (Abb. 5c).

4. *Tetragonales System.* Von den drei zueinander senkrechten Achsen sind zwei gleichwertig (Abb. 5d).

5. *Kubisches System.* Alle drei zueinander senkrechte Achsen sind gleichwertig (Abb. 5e).

6. *Hexagonales System.* Drei gleichwertige Achsen liegen unter Winkeln von 120° in einer Ebene (Basisebene); die vierte Achse steht senkrecht zur Basisebene und ist mit den anderen nicht gleichwertig (Abb. 5f).

7. *Rhomboedrisches System.* Es stellt seiner Symmetrie nach eine Untergruppe des hexagonalen Systems dar. Man erhält einen rhomboedrischen Elementarkörper, indem man z. B. in einem Elementarwürfel eine Körperdiagonale [111] verlängert oder verkürzt, während die drei anderen Raumdiagonalen etwa

---

[1] Diese einfache Beziehung gilt allgemein nur für das kubische System, bei anderen Systemen in Einzelfällen.

ihre Länge behalten (Abb. 6). Anstatt durch hexagonale Achsen beschreibt man einen solchen Krystall bequemer durch drei gleichwertige Achsen OA, OB und OC, die den Rhomboederkanten parallel sind, und die Angabe des für alle Achsen gleich schiefen Winkels, unter dem sie zueinander stehen (Rhomboederwinkel).

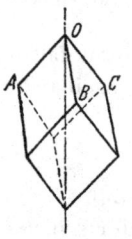

Abb. 6.
Rhomboedrisches
System.

Bei den Metallen sind das kubische und das hexagonale System die wichtigsten. Sie sollen deshalb näher besprochen werden.

4. Das kubische System.

Außer dem in Abb. 2 dargestellten primitiven kubischen Raumgitter unterscheiden wir noch das raumzentrierte und das flächenzentrierte kubische Raumgitter. Die Elementarzelle des ersten ist in Abb. 7 dargestellt. Außer den Eckpunkten ist auch die Raummitte der Zelle von einem Atom besetzt. Da die Gesamtheit der in den Ecken befindlichen Atome, wie beim primitiven Raumgitter erörtert, ein Atom pro Elementarzelle ergibt, und da das in der Raummitte befindliche Atom nur der einen Zelle angehört, enthält das raumzentrierte Gitter 2 Atome pro Elementarzelle.

Im flächenzentrierten Gitter befindet sich außer in den Ecken in den Mitten der Begrenzungsebenen des Elementarwürfels je ein Atom (Abb. 8). Im ganzen weist jede Elementarzelle 6 solcher Atome auf. Da jedes von ihnen

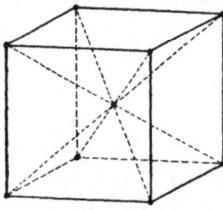

Abb. 7. Elementarzelle des
kubischen raumzentrierten
Raumgitters.

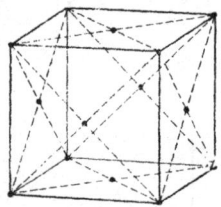

Abb. 8. Elementarzelle des
kubischen flächenzentrierten
Raumgitters.

außerdem je einer Nebenzelle angehört, ist es mit einer Hälfte zur betrachteten Zelle zu rechnen. Für die Besetzung der Zelle erhalten wir $3 + 1 = 4$ Atome.

Die verschiedenen Arten des kubischen Raumgitters zeichnen sich durch verschiedene Dichte der Atompackung aus, wenn man die Atome als Kugeln betrachtet, die dicht aneinander liegen. Die Lage der Atome im primitiven Raumgitter auf einer Würfelebene ergibt sich aus Abbildung 9. Bei einer Berührung mit dem Nachbarn ist der Radius des Atomes $= \dfrac{a}{2}$, also sein Volumen $\dfrac{\pi a^3}{6}$, während das Volumen der Elementarzelle $= a^3$

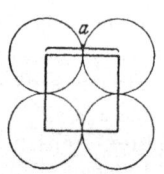

Abb. 9. Packung der Atome
in einer Würfelebene
des primitiven kubischen
Raumgitters.

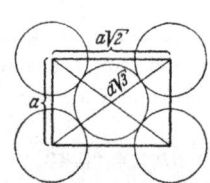

Abb. 10. Packung der Atome
in einer (110)-Ebene des
raumzentrierten kubischen
Raumgitters.

ist. Die Packungsdichte ist also $\dfrac{\pi}{6} \sim 0{,}52$.

Im raumzentrierten Gitter berührt sich das im Zentrum befindliche Atom mit den acht in den Ecken befindlichen, die sich aber untereinander nicht unmittelbar berühren. Abb. 10 gibt die Anordnung der Atome in der Rhombendodekaederebene wieder. Die Länge der Raumdiagonale ist $a\sqrt{3}$, der Radius der Atome $\dfrac{a\sqrt{3}}{4}$, ihr Volumen $\dfrac{\pi\sqrt{3}\,a^3}{16}$. Da im Elementarbereich zwei Atome vorhanden sind, ist die Packungsdichte $\dfrac{\pi\sqrt{3}}{8} \sim 0{,}68$.

Im flächenzentrierten Gitter berühren sich die Eckenatome mit dem flächen-
zentrierenden Atom in der Würfelebene (Abb. 11). Der Radius des Atoms ist

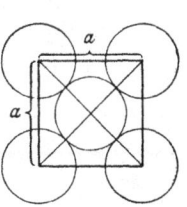

$\dfrac{a\sqrt{2}}{4}$ und die Zahl der Atome in der Zelle 4, ihr Volumen also

$\dfrac{\pi a^3 \sqrt{2}}{6}$ ünd die Packungsdichte $\dfrac{\pi \sqrt{2}}{6} \sim 0{,}74$. Das flächen-
zentrierte kubische Raumgitter stellt die dichteste mögliche
Kugelpackung dar. Wir werden sehen, daß eine ebenso dichte
Packung auch im hexagonalen Raumgitter vorkommt.

Abb. 11. Packung der Atome in einer Würfelebene des flächen-
zentrierten kubischen
Raumgitters.

Mit der Dichte der Packung hängt die Zahl der Nachbaratome, mit denen sich ein im Raumgitter befindliches, als
kugelförmig gedachtes Atom berührt, oder, anders formuliert,
von denen es in kleinster Entfernung umgeben ist, zusammen
(Koordinationszahl). Im kubisch primitiven Gitter sind es
6 Atome, nämlich je 2 in jeder Richtung der Würfelkanten, im raumzentrierten
Gitter 8, nämlich je 2 in den 4 Raumdiagonalen, und im flächenzentrierten
Gitter 12, nämlich je 2 in den 6 Flächendiagonalen, die
man durch einen Punkt legen kann.

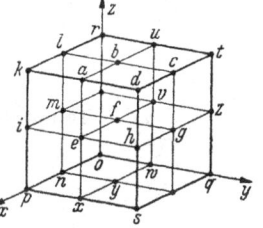

Es ist wichtig zu bemerken, daß alle Atome in den
betrachteten Raumgittern einander geometrisch äquivalent
sind. So ist das Atom in der Flächenmitte genau ebenso
und in denselben Abständen von 12 Nachbaratomen umgeben, wie die Atome in den Ecken der Elementarzelle,
und man könnte die Elementarzelle ebensogut so legen,
daß das ursprünglich in der Mitte befindliche Atom in
eine Ecke kommt und die in den Ecken befindlichen in die
Flächenmitten. Damit würde sich im Raumgitter nichts
ändern. Diese Gleichwertigkeit der Lagen besteht bei

Abb. 11A. Richtungen
und Ebenen
im kubischen System.

vielen Verbindungen, bei denen die Gitterpunkte von verschiedenen Atomen
besetzt sind, nicht mehr. Es gibt auch kompliziertere Elementstrukturen

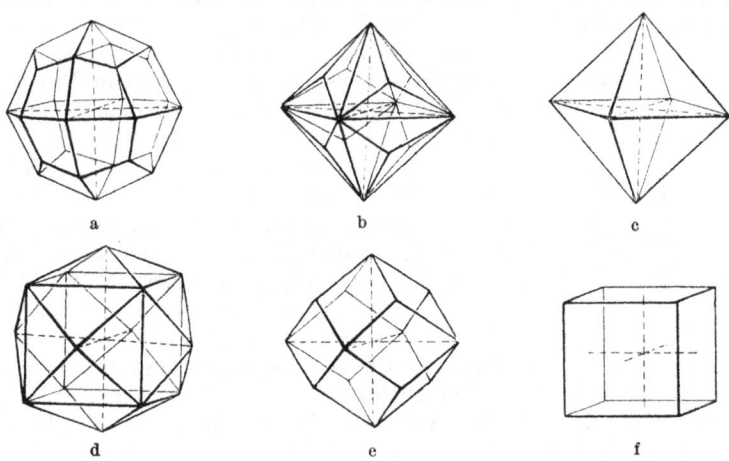

Abb. 12 a—f. Krystallformen des kubischen Raumgitters.

(Mangan), bei denen nicht alle Atome in der Elementarzelle in geometrisch
gleichwertigen Lagen sind.

Die wichtigsten und am häufigsten betrachteten Ebenen und die dazu
senkrechten Richtungen des kubischen Systems sind in der Tab. 1 zusammen-

gestellt[1]. Die Buchstabenbezeichnungen beziehen sich auf die Abb. 11 A. Um eine anschaulichere Vorstellung von den erörterten Flächen zu vermitteln, sind in den Abb. 12 a—f die von diesen Flächen begrenzten Krystallformen wiedergegeben.

Tabelle 1. Die häufigsten im kubischen System auftretenden Ebenen und die dazu senkrechten Richtungen. (Zu Abb. 11 A.)

Ebene			Zur Ebene senkrechte Richtung		
Buchstabenbezeichnung in Abb. 11 A	Krystallographische Bezeichnung	Indizierung	Buchstabenbezeichnung in Abb. 11 A	Krystallographische Bezeichnung	Indizierung
adhe	Würfelfläche	(100)	*op*	Würfelkante	[100]
abfe	,,	(010)	*oq*	,,	[010]
abcd	,,	(001)	*or*	,,	[001]
acge	Rhombendodekaeder-	(110)	*os*	Flächendiagonale	[110]
bche	fläche	(101)	*ok*	,,	[101]
	usw., im ganzen 6				
ach	Oktaederfläche	(111)	*ofd*	Raumdiagonale	[111]
fch	,,	(1$\bar{1}$1)	*ga*	,,	[1$\bar{1}$1]
afh	,,	($\bar{1}$11)	*ec*	,,	[$\bar{1}$11]
ach	,,	($\bar{1}\bar{1}$1)	*bh*	,,	[$\bar{1}\bar{1}$1]
	im ganzen 4				
kuwp	Tetrakishexaederfläche[2]	(120)	*rc*	—	[120]
ltqn	,,	(210)	*ra*	—	[210]
rthi	,,	(102)	*ol*	—	[102]
dtwx	,,	(0$\bar{2}$1)	*ql*	—	[0$\bar{2}$1]
	usw., im ganzen 12				
irz	Ikositetraederfläche	(112)	*ob*	—	[112]
	usw., im ganzen 12				

5. Angabe der Atombesetzung in einer Struktur.

Ein Raumgitter entsteht durch identische Wiederholung der Punktlagen in Abständen der Gitterkonstanten in den Koordinatenrichtungen. Man pflegt den

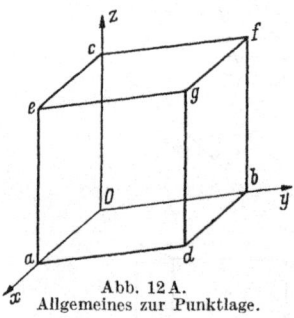

Abb. 12 A.
Allgemeines zur Punktlage.

Anfangspunkt der Koordinaten in eine Ecke der Elementarzelle zu legen. Ein in diesem Punkt befindlicher Gitter-Baustein hat die Koordinaten 000 (Punkt 0 Abb. 12 A). Hieraus folgen bereits die Lagen in Abständen der Gitterkonstanten für a:100; b:010; c:001; d:110; e:101; f:011; g:111. Die Angabe dieser Punktlagen ist überflüssig, da sie bereits aus der Lage des Gitterpunktes a:000 folgen. Bei anderen Strukturen gibt es jedoch noch Gitterpunkte innerhalb der Elementarzelle, so z. B. im raumzentrierten kubischen Gitter im räumlichen Zentrum mit den Koordinaten $1/_2\,1/_2\,1/_2$. Wenn man diese Punktlage angibt, so folgt daraus wieder ihre Wiederholung in Abständen einer Gitterkonstanten. Das raumzentrierte Gitter ist deshalb als die Kombination zweier Punktlagen des primitiven Raumgitters

$$000 \text{ und } 1/_2\,1/_2\,1/_2 \tag{1}$$

vollständig beschrieben.

---

[1] In der Krystallographie ist es üblich, Fläche [z. B. (111)] und Gegenfläche [z. B. ($\bar{1}\bar{1}\bar{1}$)] doppelt zu zählen. Damit verdoppeln sich die Zahlen der in der Tabelle angeführten Flächen.
[2] Die allgemeine Indizierung der Tetrakishexaeder-Ebene ist dadurch gegeben, daß ein Index = 0 ist, während die beiden anderen willkürlich sind.

Man sieht sofort, daß ein flächenzentriertes Gitter als Kombination von 4 primitiven Gittern mit den Punktlagen

$$O:000; \quad a:0\tfrac{1}{2}\tfrac{1}{2}; \quad b:\tfrac{1}{2}0\tfrac{1}{2}; \quad c:\tfrac{1}{2}\tfrac{1}{2}0 \tag{2}$$

aufgefaßt werden kann.

Die weiteren Punktlagen, etwa in den Flächenmitten der gegenüberliegenden Seiten, ergeben sich aus diesen Lagen durch Änderungen je einer Koordinate um eine Gitterkonstante. Sie brauchen also nicht noch einmal angegeben zu werden. Das flächenzentrierte Raumgitter ist durch das Schema (2) vollständig beschrieben, was natürlich auch in Übereinstimmung mit der Tatsache ist, daß die Anzahl der Gitterpunkte in der Elementarzelle 4mal so groß wie im primitiven Gitter ist.

Bei komplizierteren Gittern etwa von Verbindungen gibt es Punktlagen, die nicht einfache Bruchteile der Gitterkonstanten sind („freie" oder „allgemeine" Punktlagen). Sie werden durch Angabe der Koordinaten x, y, z oder u, v, w, die Bruchteile der Gitterkonstanten d sind, beschrieben. Hierbei werden die Bezeichnungen u, v, w nicht bestimmten Koordinatenrichtungen zugeordnet; die letzteren werden lediglich durch die Reihenfolge der Angaben angedeutet. So kann es einen Punkt mit der Lage $u\,u\,u$ geben. Verschiedene Buchstaben werden für u, v, w nur gewählt, wenn es sich um Abschnitte verschiedener Größe handelt. Es ergibt sich auf diese Weise ein Punkt, der an einer beliebigen Stelle innerhalb der Elementarzelle liegt. Auch für einen solchen Punkt besteht die Vorschrift, daß er sich mit Änderung der Koordinaten um Vielfache von d (mit 0 beginnend) identisch wiederholt. Da die Elementarzelle bereits die Symmetrieelemente des Raumgitters enthalten muß, ergeben sich in Gittern höherer Symmetrie aus einem Punkt zwangsläufig noch einige weitere.

Für den Diamanten ergibt sich bekanntlich folgende Strukturbeschreibung. Die Elementarzelle besteht aus 8 Atomen mit den Punktlagen des primitiven Gitters

$$000; \quad \tfrac{1}{2}\tfrac{1}{2}0; \quad \tfrac{1}{2}0\tfrac{1}{2}; \quad 0\tfrac{1}{2}\tfrac{1}{2};$$
$$\tfrac{1}{4}\tfrac{1}{4}\tfrac{1}{4}; \quad \tfrac{3}{4}\tfrac{3}{4}\tfrac{1}{4}; \quad \tfrac{3}{4}\tfrac{1}{4}\tfrac{3}{4}; \quad \tfrac{1}{4}\tfrac{3}{4}\tfrac{3}{4}. \tag{3}$$

Es besteht jedoch die Möglichkeit, die Struktur, etwa des Diamanten, kürzer zu beschreiben. Man kann nämlich das flächenzentrierte Gitter als ein elementares Gebilde betrachten; wenn man in diesem die Punktlage 000 angibt, so ergeben sich die weiteren automatisch auf Grund der Vorschrift (2). Wendet man diese Vorschrift auf die beiden untereinander stehenden Gruppen der Atome von (3) an, so sieht man, daß der Diamant als aus zwei flächenzentrierten Gittern bestehend beschrieben werden kann.

Im weiteren (Kap. IV) wird vorwiegend diese letzte Art der Beschreibung angewandt werden. Wenn also ein flächenzentriertes Gitter mit der Punktlage uvw angegeben wird, so sind damit automatisch insgesamt die Punktlagen

$$u, v, w; \quad u+\tfrac{1}{2}, v+\tfrac{1}{2}, w; \quad u+\tfrac{1}{2}, v, w+\tfrac{1}{2}; \quad u, v+\tfrac{1}{2}, w+\tfrac{1}{2}$$

mit gegeben.

Entsprechende abgekürzte Angaben können auch bei anderen Gitterarten gemacht werden. Hier soll noch kurz das wichtige hexagonale System erörtert werden.

Die Elementarzelle des hexagonalen Systems hat die Gestalt eines senkrecht auf der Basisebene (001) stehenden Parallelepipedes mit den Kanten a, a und c und mit einem Winkel 120° zwischen den beiden a-Kanten (Abb. 12B). Abb. 12B stellt die Elementarzelle in der Aufsicht dar. Man greift die Abstände, vom

Koordinatenanfangspunkt ausgehend, in den positiven Achsenrichtungen ab. So ergibt sich die Lage des Punktes ($\frac{1}{3}\,\frac{2}{3}\,u$) in der Projektion Abb. 12 B zu m, die des Punktes ($\frac{2}{3}\,\frac{1}{3}\,u$) zu n, wobei u die Höhe des Punktes über der Basisebene in Bruchteilen von c angibt.

Zuweilen ist es bequemer, die x- oder y-Achse in der negativen Richtung abzugreifen. Man bekommt so z. B. für den Punkt ($\frac{1}{3}\,\frac{2}{3}\,u$) die Lage p ($-\frac{2}{3}\,\frac{2}{3}\,u$).

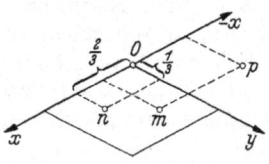

Diese Lage ist mit der Lage von m strukturell identisch, da sie ja aus der letzteren durch Verschiebung längs der x-Achse in der negativen Richtung um die Gitterkonstante a entsteht. Der Punkt p liegt außerhalb der betrachteten Elementarzelle.

Eine ähnliche teilweise negative Kennzeichnung der Punktlage kann auch bei anderen Systemen Anwendung finden.

Abb. 12 B. Allgemeine Punktlage im hexagonalen System.

Neben der Angabe der Krystallklasse, sowie der Achsenverhältnisse und der Winkel in der Elementarzelle, reicht die Angabe der Koordinaten der einzelnen Atome innerhalb der Elementarzelle zur vollständigen Beschreibung eines Raumgitters aus.

6. Das hexagonale System dichtester Kugelpackung.

Das hexagonale System, das neben dem kubischen für die Metalle von besonderer Bedeutung ist, zeichnet sich, wie oben erwähnt, dadurch aus, daß in einer Ebene (Basisebene) drei Richtungen OH, OK, OJ (Abb. 13), die untereinander Winkel von 120° bilden, untereinander gleichwertig sind. Man pflegt das hexagonale System deshalb vielfach mit Hilfe

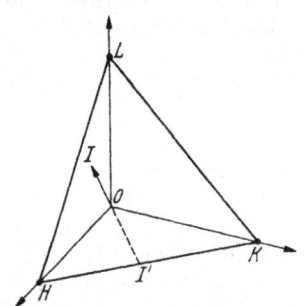

Abb. 13. Beschreibung der Flächenlage im hexagonalen System.

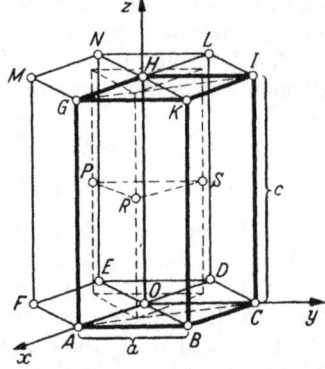

Abb. 14. Die Elementarzelle des hexagonalen Raumgitters der dichtesten Packung.

von drei entsprechenden Achsen zu beschreiben, während die vierte Achse zur Ebene der ersten drei Achsen senkrecht steht. Die drei in der Basisebene liegenden Achsen a_1, a_2, a_3 sind gleichwertig. Der Identitätsabstand in diesen Richtungen wird mit a bezeichnet; dieser Buchstabe bezeichnet also die Abmessung der Elementarzelle in der entsprechenden Richtung (Abb. 14). Die zur Basisebene senkrechte Achse und die Abmessung der Elementarzelle in ihrer Richtung wird mit dem Buchstaben c bezeichnet. Für die Beschreibung der Lage der einzelnen Netzebenen und überhaupt des Raumgitters genügen neben der zu der Basisebene senkrechten Achse c bereits zwei von den drei in der Basisebene liegenden Achsen (vgl. Abb. 13). Bei dieser Art der Beschreibung treten die Symmetrieverhältnisse indessen nicht so deutlich zutage, und deshalb wird noch vielfach die angedeutete Beschreibung mit vier Achsen vorgezogen. Da sie einige Eigenarten aufweist, soll sie hier auch kurz erörtert werden. Man muß sich jedoch darüber klar sein, daß die drei in der Basisebene liegenden Abstände OH, OK und OJ einer Ebene angehören und dementsprechend auch die reziproken Indizes nicht voneinander unabhängig sind.

Wir haben dann für die Ebene HKL (Abb. 13)

$$OH = c \cdot H$$
$$OJ' = -a \cdot J$$
$$OK = a \cdot K$$
$$OL = a \cdot L$$

und $h = \dfrac{1}{H}$; $i = \dfrac{1}{J}$; $k = \dfrac{1}{K}$; $l = \dfrac{1}{L}$.

Wie man aus Abb. 13 sieht, ist i durch h und k eindeutig bestimmt. Für die Indizes gilt die Beziehung:

$$h + k = -i,$$

die wir hier nicht ableiten wollen.

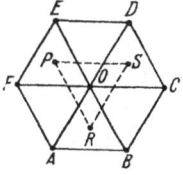

Abb. 15.
Zur Atomanordnung im hexagonalen Raumgitter dichtester Packung. Aufsicht auf die Basisebene.

Aus der gegenseitigen Lage der drei in der Basisebene liegenden Achsen folgt, daß von den drei ersten Indizes einer Ebene mindestens einer negativ ist.

Bei Metallen kommt vor allen Dingen eine Art des hexagonalen Gitters, die sog. dichteste Kugelpackung vor, die wir deshalb allein betrachten werden. Ein solches Raumgitter ist schematisch in Abb. 14 dargestellt. In der Basisebene befinden sich 7 Atome $ABCDEFO$ in der Anordnung eines gleichseitigen Sechseckes, das in der Aufsicht noch einmal in Abbildung 15 wiedergegeben worden ist.

Diese Anordnung wiederholt sich identisch in einem Abstand c auf der c-Achse. Zwischen den beiden so bestimmten Ebenen befinden sich jedoch auf halber Höhe noch die Atome P, R und S. Sie sind gegenüber den Atomen der ersten beiden betrachteten Ebenen versetzt, und zwar so, daß sie sich in einem Abstand $\dfrac{c}{2}$ oberhalb des Zentrums der zugehörigen, von Atomen besetzten Dreiecke der Basisebene befinden, wie das in den Abb. 14 und 15 angedeutet ist. Es ist leicht zu sehen, daß ihre Gesamtheit eine Anordnung ergibt, die mit der Anordnung der Atome in den vorher besprochenen Basisebenen identisch ist.

Für den Aufbau eines solchen Raumgitters genügt es, die parallelepipedische Zelle $OAICHGKI$ zu wiederholen. Diese ist also die Elementarzelle des Raumgitters, sie läßt sich mit drei Achsen a_1, a_2 und c beschreiben, gibt aber allerdings die Symmetrie des Raumgitters nicht vollständig wieder. In einem solchen Elementarkörper befinden sich zwei Atome, eines in 0 (Lage 000), und eines in der Zwischenebene (R), in der Lage $\dfrac{1}{3}$; $\dfrac{2}{3}$; $\dfrac{1}{2}$, wobei zu bedenken ist, daß die Abstände immer parallel zu den Achsen in Bruchteilen der Abmessungen der Grundzelle zu nehmen sind.

Die Basisebene hat im hexagonalen System die Indizierung (0001), eine Begrenzungsebene $KJCB$ des betrachteten Elementarkörpers (Prismenfläche erster Art), die Indizierung (01$\bar{1}$0). Wichtig ist fernerhin die gestrichelt angedeutete Ebene $GJCA$ (Prismenfläche zweiter Art), die die Indizes (11$\bar{2}$0) hat. Die ihr krystallographisch äquivalente Ebene $NJCE$ hat die Indizes ($\bar{2}$110) usw. Man sieht, daß die Reihenfolge der Indizes, die den Abschnitten auf den in der Basisebene liegenden Achsen entsprechen, nur die Lage der Ebene, nicht aber ihre krystallographische Natur beeinflußt.

Man sieht, daß es drei[1] Prismenebenen erster Art (01$\bar{1}$0), (10$\bar{1}$0) und (1$\bar{1}$00) gibt. Ebenso gibt es drei[1] Prismenflächen zweiter Art: (11$\bar{2}$0), (1$\bar{2}$10) und ($\bar{2}$110). Die Umkehrung aller Vorzeichen gleichzeitig bedeutet nur eine Parallelverschiebung der Ebene.

Außer der Basisebene und den Prismen erster und zweiter Art sind noch die *Pyramidenflächen* des hexagonalen Raumgitters von Wichtigkeit. Die Ebene *AHJB* hat die Indizes (10$\bar{1}$1) und heißt Pyramidenfläche erster Art erster Ordnung, während die Ebene *FAJL* die Indizes (1$\bar{1}$02) hat und Pyramidenfläche erster Art zweiter Ordnung genannt wird[2].

Es gibt je sechs[3] Pyramidenflächen der beiden Arten und beliebiger erster Ordnung, wie man sich leicht durch Verstellung der Indizes der Basisparameter und ihrer Vorzeichen überzeugt. Bei allen Pyramidenflächen erster Ordnung ist der Index der *c*-Richtung gleich 1, bei den Pyramidenflächen zweiter Ordnung ist die Indizierung dieselbe mit dem Unterschied, daß der Index der *c*-Richtung *(der hexagonalen Achse)* doppelt so groß, also der entsprechende Achsenabschnitt halb so groß ist.

Abb. 16. Packung der Atome in der Basisebene des hexagonalen Raumgitters dichtester Packung.

Wir wollen jetzt die Packungsdichte des erörterten hexagonalen Gitters betrachten. Wir nehmen an, daß die kugelförmigen Atome *A* und *B* (Abb. 14) sich berühren. Man sieht sofort aus Abb. 16, daß jedes Atom in der Basisebene in unmittelbarer Berührung mit 6 Nachbarn steht. Der Abstand zweier benachbarter Atome ist gleich der Kantenlänge *a* der Elementarzelle. Dann ist der Radius des Atoms $\frac{a}{2}$.

Wenn die Höhe der Elementarzelle *OABCHGKI* gleich *c* ist, ist ihr Volumen gleich $\frac{a^2 c \sqrt{3}}{2}$. In ihr befinden sich zwei Atome (wie in der kubisch-raumzentrierten Zelle) mit dem Gesamtvolumen $\frac{\pi a^3}{3}$, die Raumerfüllung der Zelle ist also gleich $\frac{2 \pi a}{c\, 3 \sqrt{3}}$. Wenn die Kugel der Zwischenebene auf den drei Kugeln der ersten Basisebene dicht aufliegt, ergibt sie mit ihnen eine gleichschenkelige Pyramide, deren Höhe bekanntlich $\frac{a \sqrt{2}}{\sqrt{3}} = \frac{c}{2}$ ist. Damit erhalten wir für die Raumerfüllung $\frac{\pi \sqrt{2}}{6} = 0{,}74$. Das entsprechende Achsenverhältnis $\frac{c}{a} = \frac{2 \sqrt{2}}{\sqrt{3}} \sim 1{,}63$ ergibt offenbar die dichteste mögliche Anordnung der Atome bei dem betrachteten Raumgitter. Ist $\frac{c}{a} > \frac{2 \sqrt{2}}{\sqrt{3}}$, so rücken die Atome in der Richtung der *c*-Achse auseinander. Ist umgekehrt $\frac{c}{a} < \frac{2 \sqrt{2}}{\sqrt{3}}$, so müssen die Atome in der Basisebene auseinanderrücken, um den Atomen in der Zwischenebene Platz zu machen.

---

[1] bzw. sechs (vgl. S. 16 Anmerkung[1]).
[2] Die Pyramidenfläche zweiter Art hat die Indizes (11$\bar{2}$ *l*).
[3] bzw. 12.

7. Die Beziehung des hexagonalen Gitters dichtester Packung zum kubischen flächenzentrierten Gitter.

Es ist zu beachten, daß die Raumerfüllung der dichtesten Packung des hexagonalen Raumgitters dieselbe, wie die des kubischen flächenzentrierten Gitters ist (vgl. S. 15). In der Tat besteht zwischen den beiden Gittertypen eine enge Beziehung; das kubisch flächenzentrierte läßt sich nämlich mit einer kleinen Variante als ein hexagonales Gitter dichtester Packung beschreiben, wie wir gleich sehen werden.

Wir betrachten im Elementarkörper eines flächenzentrierten kubischen Gitters (Abb. 17) die (1̄11)-Ebene ABC. Die sie besetzenden Atome ergeben ein Muster von gleichseitigen Dreiecken ADF, DFE, FEC usw. genau, wie es auf der

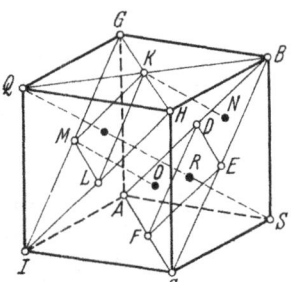

Abb. 17. Atomanordnung in den (111)-Ebenen des flächenzentrierten kubischen Raumgitters.

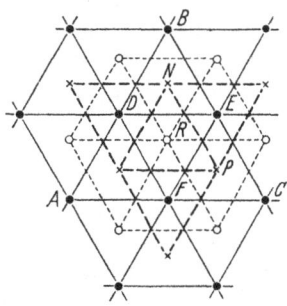

Abb. 18. Aufsicht auf die Atomlagen in den aufeinanderfolgenden (111)-Ebenen des flächenzentrierten kubischen Raumgitters.

Basisebene des betrachteten hexagonalen Raumgitters auftritt. Für diese Anordnung erhalten wir in der Aufsicht die Abb. 18, wo die entsprechenden Punkte mit gleichen Buchstaben bezeichnet sind. Auf der nächsten darüber liegenden (1̄1̄1)-Ebene ergibt sich dasselbe Muster $GKHLMJ$. Die senkrechte Projektion von einem der Punkte K auf die erste Ebene ABC in der zu dieser senkrechten [1̄1̄1]-Richtung KN durchsticht die letztere im Punkte N, der in der Mitte des Dreieckes BDE liegt. Entsprechend dem Lot KN treffen die dazu parallelen Lote von M und L die Ebene ABC in den Mitten der Dreiecke ADF und FEC. Diese Projektionen und das sich daraus ergebende Muster sind in der Abb. 18 durch entsprechende Kreuze gekennzeichnet. Bisher entspricht die Anordnung vollständig dem hexagonalen Raumgitter dichtester Packung. Der Unterschied ergibt sich beim Übergang zur nächsten Basisebene, die innerhalb des Elementarkörpers der Abb. 17 nur durch den Punkt Q vertreten ist. Bei dem vorher betrachteten hexagonalen Gitter müßte die senkrechte Projektion dieses Punktes auf einen der mit Atomen besetzten Punkte der Ebene ABC fallen. In Wirklichkeit fällt sie auf den Punkt R in der Mitte des Dreieckes DEF. Diesem Punkt entspricht eine Dreiecks-Anordnung in der Ebene des Punktes Q, die genau den Anordnungen der beiden bisher betrachteten Ebenen entspricht und in Abb. 18 durch Kreise gekennzeichnet ist.

Erst bei der nächstfolgenden (11̄1)-Ebene, die bereits außerhalb des in Abb. 17 dargestellten Elementarkörpers liegt, fallen die Projektionen der Punkte wieder auf die Punkte der Ebene ABC, ergeben also ihre identische Wiederholung. Man überzeugt sich auch bei der Betrachtung der Punkte Q und S, daß das Gesagte für jede dritte (11̄1)-Ebene gilt: die Projektion von Q fällt auf S.

Der Elementarkörper des so als hexagonal beschriebenen Gitters ist in Abb. 19 wiedergegeben. Er enthält insgesamt 1 Atom in den Ecken des Parallelepipeds und außerdem zwei Atome im Innern. Im ganzen enthält der Elementarkörper somit 3 Atome. Bei der betrachteten dichtesten Kugelpackung ist $c = \dfrac{3\,a\,\sqrt{2}}{\sqrt{3}}$ (vgl. S. 15), das Volumen der Elementarzelle also $\dfrac{a^2\,c\,\sqrt{3}}{2} = \dfrac{3\,a^3}{\sqrt{2}}$, das Gesamt-volumen der Atome $\dfrac{\pi\,a^3}{2}$, das Verhältnis also $\dfrac{\pi \cdot \sqrt{2}}{6}$. Auch bei der Betrachtung

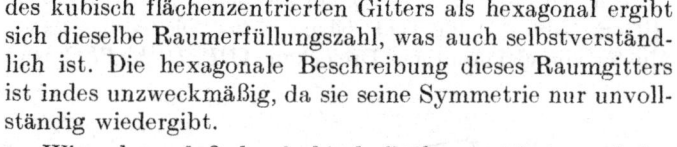

des kubisch flächenzentrierten Gitters als hexagonal ergibt sich dieselbe Raumerfüllungszahl, was auch selbstverständlich ist. Die hexagonale Beschreibung dieses Raumgitters ist indes unzweckmäßig, da sie seine Symmetrie nur unvollständig wiedergibt.

Wir sehen, daß das kubisch flächenzentrierte und das hexagonale Gitter der dichtesten Kugelpackung mit

$$c = \frac{a \cdot 2\,\sqrt{2}}{\sqrt{3}}$$

Abb. 19. Darstellung des kubischen flächenzentrierten Raumgitters in einer Elementarzelle des hexagonalen Raumgitters.

gleich dichte Kugelpackungen darstellen. Eine dritte Anordnung mit einer ebenso großen Packungsdichte aus Bausteinen einer Art gibt es nicht[1]. Wir werden sehen, daß darin die Ursache dafür zu suchen ist, daß die Metalle diese Raumgitter bevorzugen.

Wir haben das Verhältnis der hexagonalen und der kubischen dichtesten Packung so eingehend erörtert, weil es bei den Umwandlungen der Metalle und bei den intermetallischen Verbindungen eine Rolle spielt.

C. Röntgenanalyse in der Metallkunde.

1. Allgemeines und die Braggsche Beziehung.

Die Untersuchung von Krystallen und insbesondere von Metallen mit Hilfe von Röntgenstrahlen gewinnt immer mehr an Bedeutung. In vielen Beziehungen übertrifft diese Methode alle anderen Untersuchungsverfahren und wird immer mehr zu einer zentralen Methode der Metallkunde neben der mikroskopischen Gefüge-Untersuchung. Ihre Schilderung kann hier nicht den Zweck haben, den Leser so weit in die Materie einzuführen, daß er sie, insbesondere zur Bestimmung von Raumgittern, ohne weiteres Studium praktisch anwenden kann. Hierfür gibt es ausgezeichnete Lehrbücher, auf die am Ende dieses Kapitels verwiesen wird. Die Bedeutung der Röntgenmethode ist jedoch so groß und ihre Anwendungen so mannigfaltig, daß es notwendig ist, im Rahmen der Metallkunde ihre Grundlagen zu bringen, damit der Leser ihre Anwendbarkeit grundsätzlich übersehen kann, zumal viele ihrer Anwendungen theoretisch leicht überblickt werden können.

Die Grundlage der Untersuchung von Krystallen mit Röntgenstrahlen ist die Wechselwirkung der elektromagnetischen Welle des Röntgenstrahles mit den Elektronen der Atome, die eine Streuung der Röntgenwellen bewirken. Die

---

[1] Es gibt aber in Verbindungen Kombinationen beider Typen.

Intensität der gestreuten Strahlung ist von der Richtung wenig abhängig. Sie ist mit der einfallenden Welle kohärent, d. h. interferenzfähig. Bei der Streuung tritt keine Phasenverschiebung der Schwingung auf (Abb. 20).

Wir betrachten einen kohärenten Wellenzug a (Abb. 20), der von den Atomen des schematisch im Schnitt dargestellten Raumgitters gestreut wird. Wir greifen die Atomreihe auf einer Gitterebene mn heraus. Von jedem der Atome dieser Ebene geht eine gestreute, kugelförmige Welle aus. Man ersieht sofort aus den Dreiecken stu und squ, daß die an den Atomen der Ebene gestreute Welle nur dann in gleicher Phase schwingt, wenn der Einfalls- und Austrittswinkel $\sphericalangle\ asm$ und $\sphericalangle\ usb$ untereinander gleich sind. In dieser Richtung tritt also eine Verstärkung der gestreuten Welle durch Interferenz auf, und es wird nach dem Huyghensschen Prinzip eine ebene Welle aufgebaut, während in anderen Richtungen eine Schwächung und Auslöschung infolge von Phasendifferenzen entsteht. Für das Zustandekommen einer wahrnehmbaren Streuung an der Punktreihe mn in der Richtung bb ist also die Lage der Atome in der Ebene mn gleichgültig. Der gestreute Strahl verhält sich wie ein an dieser Ebene gespiegelter Strahl. Für die weitere Betrachtung können

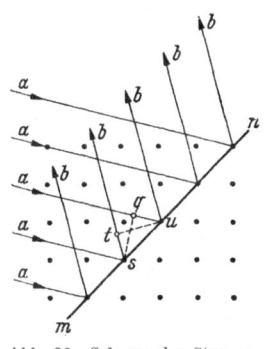

Abb. 20. Schema der Streuung einer Röntgenwelle in einem Krystallgitter.

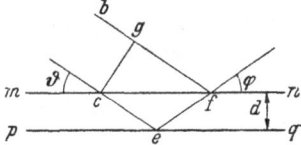

Abb. 21.
Zur Ableitung der Braggschen Beziehung.

wir also die Punktreihe durch eine kontinuierliche Ebene ersetzen. Wir wissen jetzt, daß eine Streuung an dieser Ebene nur zustandekommen kann, wenn der Einfalls- und Austrittswinkel des Strahles gleich sind ($\sphericalangle\ \vartheta = \sphericalangle\ \varphi$) (Abb. 21). ϑ wird der Glanzwinkel genannt.

Für das Zustandekommen einer sichtbaren Reflexion ist es fernerhin erforderlich, daß nicht nur die Atome der einen Netzebene, sondern auch die der hintereinander liegenden parallelen Netzebenen die Intensität des reflektierten Strahles durch Interferenz verstärken. Diese Bedingung ist erfüllt, wenn die Gangdifferenz zwischen den an den benachbarten Ebenen reflektierten Strahlen eine ganze Anzahl von Wellenlängen $n\,\lambda$ beträgt. Neben der Einfallsrichtung des Strahles und seiner Wellenlänge hängt das von der Größe des senkrechten Abstandes d der hintereinander liegenden, gleichwertigen Netzebenen *(Identitätsabstand)* ab. Im Punkt f (Abb. 21) beträgt die Gangdifferenz zwischen dem an der Ebene pq und dem an der Ebene mn reflektierten Strahl:

$$\frac{ce + ef - gf}{\lambda} = \frac{\dfrac{2\,d}{\sin\vartheta} - 2\,d\cdot\cot g\,\vartheta\cdot\cos\vartheta}{\lambda} = \frac{2\,d\sin\vartheta}{\lambda}$$

Die Interferenzbedingung lautet also:

$$n\,\lambda = 2\,d\,\sin\vartheta. \tag{1}$$

Das ist die *Braggsche Beziehung*, die eine Grundlage der ganzen Krystallanalyse mit Röntgenstrahlen bildet.

2. Die Verfahren von M. v. Laue, von W. H. und W. L. Bragg und von P. Debye und P. Scherrer.

Es falle ein weißer Röntgenstrahl ab, der also eine kontinuierliche Folge von Wellenlängen λ enthält, auf einen einzelnen Krystall, dessen Raumgitter schematisch in Abb. 22 durch das Flächengitter dargestellt ist.

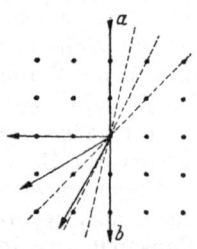

Eine Reihe von Netzebenen ist durch gestrichelte Linien angedeutet. An allen diesen Ebenen kommt Reflexion zustande, da die Winkel ϑ zwar verschieden sind, aber die auf Grund der Braggschen Beziehung geforderten Wellenlängen λ zur Verfügung stehen. Jede Netzebene im Krystall wird durch einen reflektierten Strahl dargestellt, und auf einer photographischen Platte erhält man eine Reihe von entsprechenden Punkten (Abb. 23), die symmetrisch liegen, wenn die Strahlrichtung mit einer Symmetrieachse des Krystalles zusammenfällt.

Abb. 22. Streuung eines weißen Röntgenstrahles an einem Krystallgitter.

Das Untersuchungsverfahren mit Hilfe des weißen Röntgenlichtes heißt das *Laue-Verfahren*. Es gestattet, eine vollständige Analyse des Raumgitters durchzuführen, kann aber nur zur Untersuchung von einzelnen Krystallen (oder von Haufwerken einheitlicher Orientierung) angewandt werden. Wenn ein Aggregat von Krystallen verschiedener Orientierungen vorliegt, verursacht jeder von ihnen die punktförmigen Reflexe auf der Röntgenplatte, die sich überlagern und ein Gewirr von Punkten oder, bei genügender Kleinheit der einzelnen Kryställchen und einer genügenden Zahl von solchen, eine kontinuierliche Schwärzung der Platte hervorrufen, die sich jeder Analyse entzieht.

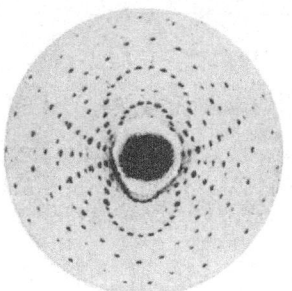

Eine Schwäche des Laue-Verfahrens besteht darin, daß es nicht gestattet, aus der Richtung des reflektierten Strahles $(\sin\vartheta)$ den Abstand der reflektierenden Ebenen d unmittelbar zu berechnen, da ja in der Braggschen Formel λ noch unbekannt ist. Es wird bei der Raumgitterbestimmung vorwiegend für die Ermittlung der Symmetrie komplizierter Strukturen benutzt. Man wendet es an, um kleine Störungen des Raumgitters oder die Rekrystallisation nachzuweisen (vgl. weiter unten).

Abb. 23. Laue-Aufnahme von Cerussit (nach By voet, Kolkmeijer, MacGillavry).

Im Gegensatz zum Laue-Verfahren benutzt man bei dem Braggschen und bei dem Debye-Scherrer-Verfahren ein Röntgenlicht von einer einheitlichen Wellenlänge. Da in einem Raumgitter nur bestimmte diskrete Netzebenenabstände vorkommen, kann eine Reflexion überhaupt nur bei entsprechenden ausgezeichneten Werten von ϑ zustandekommen. Bei der Untersuchung eines einzelnen Krystalles mit monochromatischem Licht kommt deshalb in der Regel eine Reihe von wichtigen Interferenzen gar nicht zustande. Um sie zu erhalten, muß man eine kontinuierliche Mannigfaltigkeit von ϑ-Werten erzeugen; hierzu kann man den Krystall bewegen (Schwenkaufnahme, Bragg-Verfahren). In den meisten Fällen kann man jedoch viel praktischer nach Debye-Scherrer vorgehen, indem man ein aus sehr vielen willkürlich orientierten Kryställchen bestehendes Präparat bestrahlt. Jetzt findet wieder Reflexion an allen reflexionsfähigen Ebenen statt, da alle Werte von ϑ vorliegen.

Zu jeder Ebene mit einem bestimmten Abstand d gehört ein bestimmter Wert von ϑ. Die Gesamtheit der reflektierten Strahlen, die durch Streuung

an der betreffenden Ebene zustandekommen, liegt deshalb auf einer Kegel-
fläche, deren Achse in der Strahlrichtung liegt (Abb. 24). Die Gesamtheit dieser
Strahlen erzeugt auf einer hinter dem Präparat P be-
findlichen photographischen Platte einen Schwärzungs-
ring. Wenn der Abstand des Präparates von der Platte bekannt ist, erhält man aus dem Radius des Schwärzungsringes den Winkel φ und aus ihm den Glanzwinkel

$$\vartheta = \frac{\varphi}{2}$$

zwischen Röntgenstrahl und der reflektierenden Ebene.

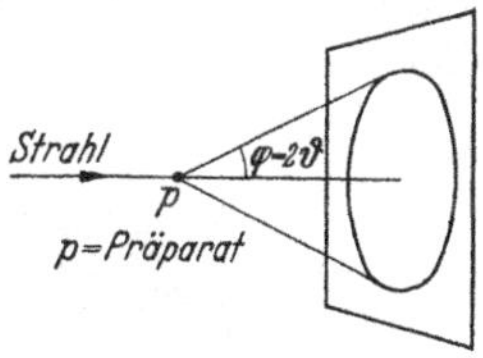

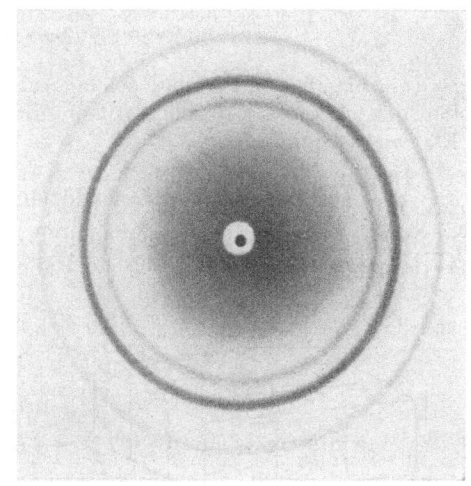

Abb. 24. Entstehung
eines Debye-Scherrer-
Schwärzungsringes.

3. Netzebenenabstand und Millersche Indizes.

Während in der Krystallographie nur die Richtung einer Ebene, also das
Verhältnis der Millerschen Indizes h, k, l interessiert, ist für die Röntgenanalyse,
wie wir sehen, auch der Absolutwert des Abstandes d zwischen den Gitterebenen
bestimmter Richtung von größter Bedeutung (vgl. S. 23). Für diesen bestehen
folgende, einfache Beziehungen zu den absoluten Abmessungen a, b, c der Elementarzelle und zu den Millerschen
Indizes[1]:

Für das kubische System

$$\frac{1}{d^2} = \frac{h^2 + k^2 + l^2}{a^2}$$

Für das tetragonale System

$$\frac{1}{d^2} = \frac{h^2 + k^2}{a^2} + \frac{l^2}{c^2} \qquad (2)$$

Für das rhombische System

$$\frac{1}{d^2} = \left(\frac{h}{a}\right)^2 + \left(\frac{k}{b}\right)^2 + \left(\frac{l}{c}\right)^2$$

Für das hexagonale System

$$\frac{1}{d^2} = \frac{4}{3}\frac{h^2 + k^2 + hk}{a^2} + \frac{l^2}{c^2}$$

Durch Kombination dieser Gleichungen mit der Braggschen Beziehung (1), (S. 23) erhält man bei
kubischem Raumgitter:

Abb. 25. Debye-Scherrer-Aufnahme auf einer ebenen
Platte (Aluminium mit regelloser Krystallanordnung,
nach G. WASSERMANN).

$$d^2 = \frac{a^2}{h^2 + k^2 + l^2} = \frac{n^2 \lambda^2}{4 \cdot \sin^2 \vartheta} \qquad (3)$$

Wenn man Reflexionen verschiedener Ordnungen für dieselbe Ebene betrachtet,
so sieht man, daß hierfür die Werte von $\sin^2\vartheta$ im Verhältnis von $1 : 4 : 9$ stehen.
Wenn λ bekannt und man aus der Lage der Reflexionsrichtung sich davon überzeugt hat, daß $n = 1$, also die Reflexion erster Ordnung ist, kann man den Absolutwert von d berechnen.

Entsprechend den verschiedenen Netzebenen-Abständen d und demgemäß
verschiedenen ϑ-Werten erhält man auf einer Debye-Aufnahme eine Reihe von
konzentrischen Ringen, wenn man eine ebene photographische Platte benutzt
(Abb. 25). Vielfach benutzt man einen zylindrischen Film, in dessen Achse das

---

[1] Die Ableitung dieser Formeln findet sich in den Lehrbüchern der Krystallographie
und der Röntgenkunde.

Präparat liegt (Abb. 26a u. b). Diese Art der Aufnahme hat den Vorzug, daß die Abstände der Reflexe vom Durchstoßpunkt des ungebrochenen Primärstrahles unmittelbar die Winkel $\varphi = 2\vartheta$ angeben, wenn der Radius des Zylinders bekannt ist.

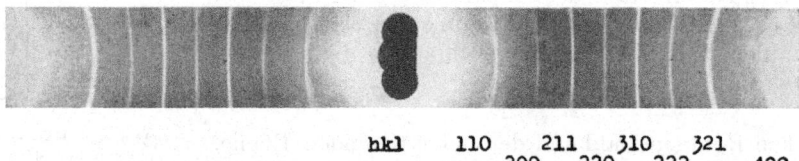

hkl   110   211   310   321
       200   220   222   400

Abb. 26a. Debye-Scherrer-Aufnahme auf einem Zylinderfilm (raumzentriertes kubisches Gitter) (nach Bijvoet, Kolkmeier, MacGillavry).

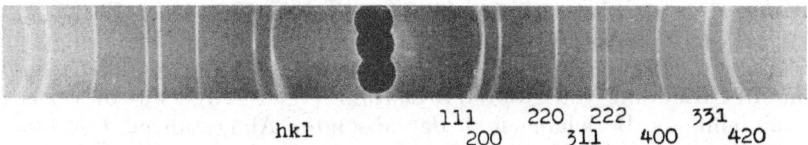

hkl   111   220 222   331
       200   311   400   420

Abb. 26b. Debye-Scherrer-Aufnahme auf einem Zylinderfilm (flächenzentriertes kubisches Gitter) (nach Bijvoet, Kolkmeijer MacGillavry).

In Abb. 26a und b sind solche Aufnahmen für ein raumzentriertes und ein flächenzentriertes kubisches Gitter mit Angabe der Indizes der reflektierenden Ebenen wiedergegeben.

4. Interferenzen und Auslöschungen im kubischen Raumgitter

Wir betrachten den Gang einer Raumgitter-Bestimmung nach dem Debye-Verfahren kurz für das kubische Raumgitter. Zu diesem Zweck überlegen wir

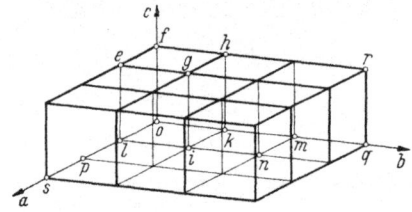

Abb. 27. Zu den Interferenzen am kubischen Raumgitter.

uns zunächst, welche größten Ebenenabstände in einem primitiven Gitter auftreten. Aus den Gl. (2) folgt, daß die Netzebenen desto dichter mit Gitterpunkten besetzt sind und demnach einen desto größeren Abstand d voneinander haben, je einfacher sie indiziert sind. Wir fangen also mit den am niedrigsten indizierten Ebenen an. Wie man aus Abb. 27 sieht, erhält man die Abstände der Tab. 2.

Wir können die Braggsche Beziehung

$$n \lambda = 2 d \sin \vartheta$$

auch in der Form

$$\lambda = 2 \frac{d}{n} \sin \vartheta \tag{4}$$

schreiben. Hieraus ergibt sich, daß wir die Reflexionen höherer Ordnung n auch als von fiktiven Ebenen mit den Abständen $d \, n$ hervorgerufen betrachten können. Diese Betrachtungsweise haben wir in Tab. 2 bei den Ebenen (002), (202), (003) und (222) schon angewandt. Wir brauchen uns dann um die Zahlen n gar nicht mehr zu kümmern, sondern schreiben

$$\lambda = 2 d \sin \vartheta, \text{ und mit (3)}$$

$$\frac{\sin^2 \vartheta}{h^2 + k^2 + l^2} = \frac{\lambda^2}{4 \, a^2} = \text{konst.} \tag{5}$$

Tabelle 2. Netzebenen und Identitätsabstände am kubisch-primitiven Gitter.

Ebene auf Abb. 27	Indizierung der Ebene	Identitäts-Abstand (a = Gitterkonstante)	$h^2 + k^2 + l^2$
$efhg$	(001)	a	1
$lfhi$	(101)	$\dfrac{a}{\sqrt{2}} \sim 0.7\,a$	2
lfk	(111)	$\dfrac{a}{\sqrt{3}} \sim 0.58\,a$	3
$efhg$	(002)	$\dfrac{a}{2} = 0.5\,a$	4 zweite Ordnung von (001)
$efmn$	(012)	$\dfrac{2\,a}{\sqrt{5}} \sim 0.45\,a$	5
pfm	(112)		6
$lfhi$	(202)	usw.	8 zweite Ordnung von (101)
pfk	(122)		9
$efhg$	(003)		9 dritte Ordnung von (001)
$erql$	(310)		10
sfq	(113)		11
lfk	(222)		12 zweite Ordnung von (111)
		usw.	

Dasselbe gilt selbstverständlich auch für Ebenen mit denselben Indizes in anderen Folgen und auch mit negativen Vorzeichen [z. B. (112), (121), (211), (2$\bar{1}$1) usw.].

Die $\sin^2 \vartheta$-Werte verhalten sich wie ganze Zahlen. Ergibt sich hierfür die Reihe der Zahlen 1, 2, 3, 4, 5, 6, 8 wie in Tab. 2 angegeben, so ist das vorliegende Raumgitter in der Tat kubisch primitiv. Wenn wir in Gl. (5) den Wert für die Wellenlänge einsetzen, können wir die Gitterkonstante a in absolutem Maß angeben.

Wir betrachten jetzt die Verhältnisse beim kubisch flächenzentrierten Raumgitter (Tab. 3).

Die Reflexion an der Ebene (100) kann in der ersten Ordnung nicht zustandekommen, da der Abstand a durch die die Fläche zentrierenden Atome halbiert wird (vgl. Abb. 27). Diese Ebene kommt erst in zweiter Ordnung als (200) zur Reflexion. Dasselbe gilt für die zweite Ebene (110). Dahingegen kommt die Reflexion an (111) bereits zustande. Wir sehen, daß bestimmte Netzebenen, die nicht zur Reflexion kommen, ausgelöscht werden. Es kann allgemein bewiesen

Tabelle 3. Reflexionen beim flächen- und raumzentrierten Gitter.

Indizierung der Ebene	$h^2 + k^2 + l^2$	Reflexion beim flächenzentrierten	raumzentrierten Gitter
(100)	1	—	—
(110)	2	—	+
(111)	3	+	—
(200)	4	+	+
(210)	5	—	—
(211)	6	—	+
(202)	8	+	+
(221)	9	—	—
(300)	9	—	—
(310)	10	—	+
(311)	11	+	—
(222)	12	+	+
	usw.		

+ : Reflexion kommt zustande.
— : Reflexion kommt nicht zustande (wird ausgelöscht).

werden, daß im kubisch flächenzentrierten Gitter die Bedingung für die Auslöschung das Auftreten von gemischten (geraden und ungeraden) Indizes der Ebene ist; die Ebenen, deren Indizes dahingegen alle entweder gerade oder ungerade sind, ergeben im kubischen flächenzentrierten Raumgitter Reflexe. Auf Grund dieser Regel ist in Tab. 3 für eine Reihe von weiteren Ebenen angegeben, ob die Ebene zur Reflexion gelangt (+) oder nicht (—). Für die Quadratsumme der Indizes erhält man also im Falle des flächenzentrierten Raumgitters die Reihenfolge der Zahlen 3, 4, 8, 11, 12. Man ordnet dieses Mal den kleinsten d-Wert der Zahl 3 zu und prüft, ob die weiteren Werte proportional den genannten Zahlen sind. Ist das der Fall, so ist das untersuchte Raumgitter kubisch flächen-zentriert.

Für das kubisch raumzentrierte Raumgitter (Abb. 27) überzeugt man sich leicht, daß die (100) und (111)-Interferenzen nicht zustandekommen können, wohl aber die (110), die (200) und die (112)-Interferenzen. Für dieses Raumgitter gilt die allgemeine Regel, die wir auch nicht ableiten wollen, daß diejenigen Flächen Interferenzen ergeben, deren Indizessumme eine gerade Zahl ist. Wir erhalten auf diese Weise die in der letzten Spalte der Tab. 3 angegebene Reihen-folge der Interferenzen.

Die $\sin^2 \vartheta$-Werte müssen also im Verhältnis der Zahlen 2, 4, 6, 8, 10, 12, 14 = 1, 2, 3, 4, 5, 6, 7 stehen. Wie man sieht, unterscheiden sich die Verhältnisse der $\sin^2 \vartheta$ nicht bei den ersten 6 Interferenzen von denen im primitiven Raum-gitter, der erste Unterschied tritt bei der siebenten Interferenz und bei höheren auf. Die Unterscheidung zwischen dem raumzentrierten und dem primitiven Raumgitter ist deshalb nicht so augenfällig, wie zwischen diesen beiden Gittern und dem flächenzentrierten.

5. Dichte und Zahl der Atome in der Elementarzelle.

Eine zusätzliche Kontrolle der Raumgitterbestimmungen ergibt die Berech-nung der Zahl der Atome, die sich in der Elementarzelle befinden. Da die Sym-metrie des Raumgitters aus der Lage der Interferenzen bekannt ist, kann man aus den Abmessungen der Elementarzelle ihr Volumen berechnen. Im Falle des kubischen Raumgitters ist dieses Volumen einfach a^3, und a ist in absolutem Maße aus der Braggschen Beziehung bei Kenntnis der Wellenlänge zu berechnen. Das Gewicht eines Atoms ist andererseits gleich A/N, wo A das Gewicht eines Grammatoms und N die Zahl der Atome in einem Grammatom (Loschmidtsche Zahl $= 6{,}03 \cdot 10^{23}$) ist. Das ergibt die Dichte des Körpers zu $D = \dfrac{nA}{Na^3}$, wo n die Zahl der Atome in der Elementarzelle ist. Für das flächenzentrierte Raum-gitter ist $n = 4$, für das raumzentrierte $n = 2$ (vgl. S. 14).

6. Intensitätsanalyse komplizierterer Strukturen.

Bisher haben wir uns mit den einfachsten Raumgittern beschäftigt, deren Gittergeraden aus einer Art von Atomen in gleichem Abstand besetzt sind. Es gibt jedoch auch kompliziertere Raumgitter, bei denen die Verhältnisse an-ders liegen, insbesondere, wenn das Raumgitter verschiedene Atomarten enthält.

Wir betrachten das Flächengittermodell (Abb. 28), in dem die Punkte und Kreise gleiche oder ungleiche Atome darstellen können. Wir fragen uns, in welcher Weise eine Interferenz an der zur Papierebene senkrechten Ebene ,,ab'' zustande-kommen wird. Hierbei werden zunächst die an den mit den schwarzen Punkten besetzten Ebenen reflektierten Strahlen untereinander interferieren, fernerhin aber auch die an den mit Kreisen besetzten Ebenen reflektierten, wobei in beiden Fällen der Abstand $d = aa' = mm'$ derselbe ist. Für beide gilt als Reflexions-bedingung die Braggsche Beziehung $n \lambda = 2 d \sin \vartheta$. Die beiden reflektierten Wellen interferieren aber fernerhin untereinander, und ihre Gangdifferenz er-möglicht natürlich nicht mehr die ungestörte Verstärkung nach der Braggschen

Beziehung mit dem gegebenen Winkel ϑ, da ja $d = am$ viel kleiner als die Abstände in den beiden Teilgittern ist.

Im vorliegenden Falle ist, wie man aus der Abb. 28 sieht, $am = d/4$, die Gangdifferenz beträgt also nur $^1/_4$-Wellenlänge. Die Superposition der so gegeneinander versetzten Schwingungen gleicher Amplitude (wir nehmen also jetzt der Einfachheit halber an, daß die durch die Punkte und die durch die Kreise gekennzeichneten Atome gleiche Streuintensitäten haben) ergibt sich in bekannter Weise aus Abb. 29. Die beiden sinusförmigen Schwingungen setzen sich zu einer neuen, ebenfalls sinusförmigen zusammen, deren Welle durch die stark ausgezogene Kurve angedeutet ist, deren Amplitude $= A \sqrt{2}$ ist, wenn A die Amplitude der Komponente ist, und deren Periode dieselbe wie die der Komponente ist. Im vorliegenden Falle haben sich die Intensitäten also durch die Wechselwirkung der beiden Teilgitter verstärkt, die Identitätsperiode d und damit der Winkel ϑ haben sich aber durch ihre Wechselwirkung nicht verändert.

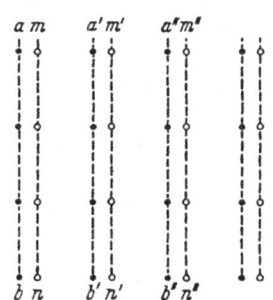

Abb. 28.
Schema eines komplizierten Gitters.

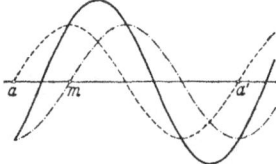

Abb. 29. Superposition von zwei Sinuswellen mit einer Gangdifferenz von $^1/_4$ Wellenlänge.

Bekanntlich hängt die Intensitätsbeeinflussung von der Phasendifferenz $2\,\pi\,\dfrac{am}{aa'}$ (Abb. 28 u. 29) ab. Fallen die Kreise und Punkte zusammen, ist also $\dfrac{am}{aa'} = 0$, so addieren sich die Intensitäten der Komponente einfach. Ist die Phasendifferenz $2\pi\,\dfrac{am}{aa} = \pi$, so löschen sie sich durch Interferenz gänzlich aus. Zwischen diesen beiden Grenzfällen geht die Amplitude der resultierenden Welle stetig von $2\,A$ auf 0 zurück[1].

Bekanntlich ergeben zwei Wellen gleicher Wellenlänge durch Interferenz eine resultierende Sinuswelle derselben Wellenlänge, auch, wenn ihre Amplituden verschieden sind.

Für die Interferenz der zweiten Ordnung in Abb. 28 ist $d = \dfrac{mm'}{2}$ und am gleich der halben, jetzt maßgeblichen, fiktiven „Identitätsperiode". Die Gang-

---

[1] Analytisch ergibt sich dieser einfachste Fall der Interferenz bekanntlich folgendermaßen: Es interferieren miteinander die Wellen $A \sin \cdot \dfrac{(2\,\pi t)}{T}$ und $A \cdot \sin\left(\dfrac{(2\,\pi t)}{T} + \varDelta\,t\right)$ wo $\varDelta\,t$ die Phasenverschiebung ist und wo die Amplituden beider Wellen als gleich angenommen werden. Es ergibt sich für die Amplitude der resultierenden Welle:

$$2\,A \cos \frac{\varDelta\,t}{2} \sin\left(\frac{2\,\pi t}{T} + \frac{\varDelta\,t}{2}\right) = A_1 \sin\left(\frac{2\,\pi t}{T} + \frac{\varDelta\,t}{2}\right) \tag{30}$$

Die resultierende Welle hat die Amplitude $A_1 = 2\,A \cos \dfrac{\varDelta\,t}{2}$ und dieselbe Periode T wie die Komponenten und ist gegen diese phasenverschoben, was aber ohne Einfluß auf das Verhalten bei Röntgenversuchen ist. Bei $\varDelta\,t = 0$ ist $A_1 = 2\,A$, bei $\varDelta\,t = \pi$ ist $A_1 = 0$ und bei $\varDelta\,t = \dfrac{\pi}{2}$ ist $A_1 = A\sqrt{2}$.

differenz der Strahlen beträgt also eine halbe Wellenlänge (π) und die resultierende Intensität ist gleich Null, wenn die Amplituden der beiden Teilwellen gleich sind. Wenn Abb. 28 eine Würfelebene des kubischen Raumgitters darstellt, hat die Ebene $a\,b$ das Symbol (100). Die Interferenz der Ebene (200) wird in diesem Falle ausbleiben, die Interferenz der Ebene (400) jedoch in verstärktem Maße auftreten, da jetzt die Phasendifferenz eine ganze Wellenlänge beträgt.

Die bereits erörterten Fälle des kubisch raumzentrierten und flächenzentrierten Gitters lassen sich bereits auf dieser Basis erörtern. Die (100)-Interferenzen fallen in beiden Fällen aus.

Ganz allgemein ergibt eine Erhöhung der Atomzahl in einer Elementarzelle Auslöschungen oder Intensitätsverschiebungen einzelner Interferenzen, niemals aber neue Interferenzen, die in einem primitiven Raumgitter derselben Symmetrie mit einem Atom in der Elementarzelle nicht vorhanden gewesen wären.

Als einziges Hilfsmittel zur Feststellung der Lage der Atome innerhalb der Elementarzelle ergibt sich somit die Intensitätsanalyse der Röntgenlinien. In komplizierteren Gittern, die zuweilen 50 oder sogar über 100 Atome in der Elementarzelle enthalten, ist diese Analyse oft sehr schwierig. Ihre Aufgabe besteht dann darin, aus den Intensitätsverhältnissen beobachteter Linien, die durch Kombination von interferierenden Wellenzügen zustandekommen, die Phasendifferenzen und die Amplituden der Wellenkomponenten zu berechnen.

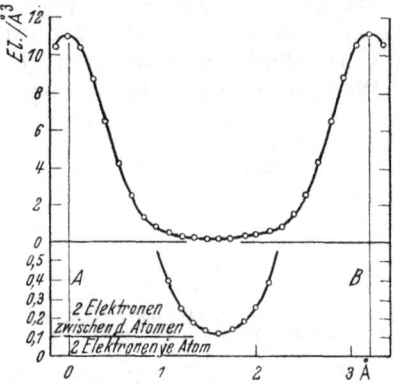

Abb. 30. Elektronendichte zwischen zwei benachbarten Atomen der Basisebene im Raumgitter des Magnesiums (unten in größerem Maßstab).

Das mathematische Hilfsmittel zur Behandlung der Probleme zusammengesetzter Schwingungen ist bekanntlich die Fourier-Analyse. Sie gestattet eine besonders exakte Bestimmung der Lage und der Streuintensität der streuenden Zentren. Sie ist zuerst von W. L. Bragg zur Bestimmung der Struktur der Silikate und neuerdings von H.G. Grimm, R. Brill, C. Hermann und Cl. Peters[1] sogar zur Bestimmung der Elektronenverteilung in Raumgittern, unter anderem bei Magnesium, benutzt worden (Abb. 30). Das ist grundsätzlich möglich, da ja die Elektronen letzten Endes die Streuzentren sind.

In den meisten Fällen geht man indessen anders vor, indem man induktiv Anordnungen von Gitterbausteinen ansetzt, die geeignet erscheinen, die beobachteten Intensitäten zu ergeben, und diese mit den beobachteten vergleicht. Man ändert die Ansätze für die Anordnung, bis eine genügende Übereinstimmung erreicht ist.

Die Beeinflussung der Intensitäten der Streustrahlen verschiedener Interferenzen, wie sie unter dem Einfluß der Anordnung der verschiedenen oder gleichen Streuzentren in der Elementarzelle zustandekommt, ergibt einen Faktor, mit dessen Quadrat die Intensität der ungestörten Interferenz in einem primitiven Gitter zu multiplizieren ist. Man nennt ihn Strukturfaktor.

Wir müssen uns hier auf diese kurzen Andeutungen über die Verfahren der Raumgitterbestimmungen beschränken.

[1] Grimm, H. G., R. Brill, C. Hermann u. Cl. Peters: Naturwiss. **29** (1938), 479.

7. Bestimmungsstücke der Intensität der Röntgeninterferenzen.

Außer dem soeben genannten Strukturfaktor wird die Intensität einer Röntgenlinie noch durch eine Reihe von anderen Faktoren bestimmt, bzw. beeinflußt. Einige dieser Faktoren entziehen sich der Berechnung, wodurch die exakte Intensitätsanalyse oft sehr schwierig werden kann. Allerdings beeinflussen die meisten Faktoren die Intensität entweder unabhängig vom Glanzwinkel ϑ oder in einem einfachen stetigen Zusammenhang mit ihm, so daß hierdurch die erörterte Analyse eines Raumgitters, die in der Hauptsache auf dem Intensitätenvergleich benachbarter Linien basiert, nur weniger beeinflußt wird. Einige der wichtigsten Intensitätsfaktoren sollen hier genannt werden.

a) Atomform-Faktor. Die verschiedenen Atome streuen die Röntgenwellen verschieden stark, je nach der Zahl und nach der Anordnung der sie umgebenden Elektronen. Die Streuintensität nimmt annähernd proportional der Zahl der Elektronen zu. Dieser Faktor ist wichtig, wenn im Raumgitter Atome verschiedener Ordnungszahlen vorhanden sind.

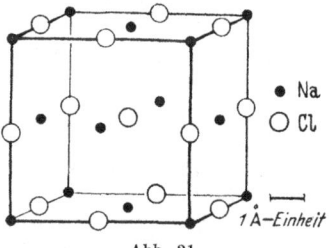

Abb. 31.
Elementarzelle von Natriumchlorid.

So ergeben die Na^+ und die Cl^--Ionen im Raumgitter des Kochsalzes verschiedene Streuintensitäten. Das Raumgitter des Kochsalzes besteht aus zwei ineinander gesetzten flächenzentrierten Gittern der Na-Ionen und der Cl-Ionen (Abb. 31), so daß sich insgesamt die Anordnung eines primitiven Raumgitters mit der halben Kantenlänge der Elementarzelle ergibt, wenn man den Unterschied zwischen den Na^+ und den Cl^--Ionen nicht beachtet. Die (111)-Ebenen des Gitters sind abwechselnd nur mit Na-Ionen und nur mit Cl-Ionen besetzt. Die Chlorionen halbieren die Abstände zwischen den Natriumionen. Würden diese beiden Ionenarten gleich stark streuen, so würde die Reflexion an der (111)-Ebene deshalb ausgelöscht werden. Da die Streuintensitäten A der beiden Partner jedoch verschieden sind, ergibt sich nur eine Schwächung der (111)-Linie. Die (222)-Linie tritt natürlich in verstärkter Intensität auf. Das Kaliumchlorid krystallisiert ebenso wie das Natriumchlorid. Die Ordnungszahl des Kaliums ist um zwei höher als die des Chlor. Da beide Partner im Raumgitter ionisiert sind, besteht dieses aus K^+- und Cl^--Ionen, die gleiche Zahlen von Elektronen enthalten. Ihre Streuintensität ist deshalb bis auf kleinere, mit der Anordnung der Elektronen verbundene Einflüsse gleich, und man erhält bei der Röntgenanalyse einfach das Bild eines primitiven kubischen Raumgitters mit der halben Kantenlänge der Elementarzelle. Die Raumgitterbestimmung des mit Kaliumchlorid isomorphen Kochsalzes ist lange Zeit das einzige Argument für die angegebene Atomanordnung im Kaliumchlorid gewesen, die röntgenometrisch nicht festgestellt werden konnte.

b) Zähligkeit der streuenden Ebenen. Wenn die Kryställchen in einem Haufwerk statistisch unregelmäßig orientiert sind, so wird die Zahl der Kryställchen, an denen eine bestimmte Ebene zur Streuung gelangen kann, proportional der Zahl der verschiedenen Richtungen sein, in denen die betreffende Ebene in der Elementarzelle vorkommt. So kehrt eine Würfelfläche in drei verschiedenen Richtungen wieder: (100), (010) und (001) (vgl. S. 16); die Rhombendodekaeder-Ebene in 6 Richtungen (110), (101), (011), (1$\bar{1}$0), ($\bar{1}$01), (0$\bar{1}$1), eine Oktaederfläche in 4 Richtungen (111), ($\bar{1}$11), (1$\bar{1}$1), (11$\bar{1}$)[1]. Unter sonst gleichen Umständen wird sich die Intensität des an der Würfelebene gestreuten Strahles zu der eines an einer Rhombendodekaeder-Ebene gestreuten wie 1 zu 2 verhalten.

Diese Regel gilt nur, solange die Kryställchen sich im Haufwerk nicht vorzugsweise in bestimmt orientierten Lagen befinden, d. h. nicht eine *Textur* aufweisen, widrigenfalls sich Fälschungen der Intensitäten ergeben. Für metallische Aggregate sind solche Störungen die Regel; ein aus der Schmelze erstarrtes Guß-stück, ein gewalztes und ein rekrystallisiertes Blech zeigen Abweichungen von der statistisch regellosen Verteilung der Orientierungen. In solchen Fällen ist eine Intensitätsanalyse einer Debye-Aufnahme unmöglich oder erschwert.

c) Störungen des Raumgitters. Diese können auch Änderungen der Intensität der beobachteten Linien bewirken.

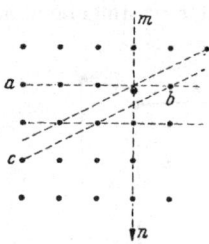

Abb. 32. Zur Beeinflussung der Intensität der Röntgenlinien durch thermische Bewegung.

Die bekannteste Störung dieser Art ist die thermische Bewegung; ihre Wirkung besteht nach der Theorie von M. v. Laue in einer Schwächung der Interferenzen, die um so stärker wird, je größer der Winkel ϑ und je geringer also die Identitätsperiode d der streuenden Ebene ist. Das kann man anschaulich in folgender Weise einsehen. Nehmen wir an, daß in der Ebene ab (Abb. 32) das mit einem kleinen Kreise umgebene Atom eine in der Richtung mn um die Strecke $\varDelta s$ verschobene Lage hat. Wenn die zur Zeichenebene senkrechte Ebene ab im Ganzen N-Atome enthält, wird von den N-Interferenzen mit den parallelen Ebenen eine geschwächt sein, und zwar um einen Betrag, der mit dem Verhältnis $\varDelta s/d$ zunimmt, wo d der Identitätsabstand der betrachteten Ebene ist. Betrachten wir jetzt die Streuung an der Ebene cb. Der relative Lagenfehler ist jetzt beinahe doppelt so groß, wie für die Ebene ab, und die Schwächung durch Interferenz entsprechend größer.

Die Störung durch thermische Bewegung, also durch statistisch ungeordnete Abweichungen der Atome von ihrer Gleichgewichtslage um verschiedene Beträge, die durch die thermische Bewegung gegeben sind, ist der exakten Berechnung zugänglich.

Es ist sehr beachtenswert, daß manche anderen Störungen des Raumgitters sich genau wie die thermischen verhalten, z. B. die infolge der plastischen Verformung (S. 391) oder durch Mischkrystallbildung (S. 36). Auf diese Fragen wird in den entsprechenden Abschnitten näher eingegangen werden. Daß die Störung durch Mischkrystallbildung ähnliche Folgen wie die thermische Bewegung haben kann, ergibt sich daraus, daß die verschiedenen Atome ja verschiedene Anordnungen (und Zahlen) der streuenden Elektronen aufweisen. Dadurch, daß in eine Netzebene ein Fremdatom eingebaut ist, ergibt sich eine Anordnung der Elektronen, die zum Teil von derjenigen seiner Nachbarn abweicht und eine „Rauhigkeit" der Ebene ergibt, die sich wie ein Störungszentrum auswirkt. Fernerhin ist der Raumbedarf verschiedener Atome verschieden, wodurch sich eine Verzerrung des Raumgitters in unmittelbarer Nähe des eingebauten Fremdatoms ergibt. Der Hauptunterschied gegenüber der Störung durch die thermische Bewegung besteht darin, daß bei der letzteren die Störung durch die Amplitude der thermischen Schwingungen bei unveränderter Gleichgewichts-

---

[1] Wir erinnern daran, daß eine gleichzeitige Umkehr aller Indizes-Vorzeichen keine neue Winkellage einer Ebene ergibt; so sind die Lagen ($1\bar{1}0$) und ($\bar{1}10$); ($1\bar{1}1$) und ($\bar{1}1\bar{1}$) identisch, werden jedoch in der Krystallographie doppelt gezählt (vgl. S. 16 Anmerkung 1).

lage entsteht, während in den betrachteten Fällen die Schwingungs-Amplitude zwar als normal, die Ruhelage aber als verschoben (gestört) gelten muß.

Störungen des Raumgitters können aber auch einen anderen Charakter haben. Eine bekannte Störung ist die sog. ,,Mosaik-Struktur" des Realgitters: Die Raumgitter bestehen in der Regel aus kleinen Mosaikblöcken (in der Größenordnung eines Würfels mit einer Kantenlänge von 10^{-3} bis 10^{-5} cm), d. h. aus Raumgittergebieten, die in sich annähernd fehlerfrei aufgebaut, aber gegen ihre Nachbarn etwas winkelverschoben sind. Bei sehr sorgfältig hergestellten Krystallen kann man die Mosaikstruktur weitgehend vermeiden. Die Mosaikstruktur steht im Zusammenhang mit einer Gruppe von Schwächungsfaktoren der Streuintensität, die man als Extinktion bezeichnet. Wir wollen sie nicht allgemein erörtern, sondern nur kurz im Zusammenhang mit der Mosaikstruktur besprechen.

Die Extinktion kommt zum Teil dadurch zustande, daß nicht nur die in den Krystallen eindringenden Wellen durch Streuung in einer bestimmten Richtung eine Reflexionswelle erzeugen, sondern daß das auch durch die gestreute Welle innerhalb des Raumgitters selbst geschieht, wodurch die gestreute Welle in ihrer, die Debye-Linie erzeugenden Richtung, gegenüber ihrer ursprünglichen Intensität geschwächt wird. Eine Folge davon ist, daß die aus den tieferen Schichten eines Krystalles stammenden Interferenzen sehr stark geschwächt werden. Eine Voraussetzung dafür ist aber natürlich, daß der ganze betrachtete Krystall ein ungestörtes Raumgitter aufweist. Sobald die einzelnen Mosaikbausteine untereinander Orientierungsunterschiede zeigen, kann es zur geschilderten Extinktion nicht mehr kommen; die von einem tiefer liegenden Block kommende, gestreute Welle geht durch Teile, die näher an der Oberfläche des Krystalles liegen, ungeschwächt hindurch. Eine experimentell beinahe immer erfüllte Voraussetzung hierfür ist allerdings, daß der auf den Krystall auffallende Röntgenstrahl genügend divergent ist, um der Braggschen Beziehung für verschieden orientierte Mosaikblöcke zu genügen. Im Gegensatz zur vorher betrachteten Störung durch Temperaturbewegung oder durch Fremdatome bewirkt die Mosaikstruktur eine *Erhöhung* der Streuintensität. Wenn die Krystallite mit den Mosaikblöcken kommensurabel werden, übernehmen sie deren Rolle; wenn die Krystallite jedoch größer sind, weiß man meistens nicht, ob sie Mosaikstruktur haben oder fehlerfrei sind; man weiß dann gar nicht, welche Intensität man zu erwarten hat, zumal der geschilderten Intensitätserhöhung sich eine Intensitätserniedrigung dadurch überlagern kann, daß infolge von Fehlorientierungen die Zahlen der der Braggschen Beziehung genügenden Volumenelemente verringert sind.

8. Anwendung der Röntgenstrahlen in der Metallkunde.

a) Untersuchung von Zustandsdiagrammen.

Bei der Untersuchung von Zustandsdiagrammen ist nicht nur die Analyse von Raumgittern von intermediären Krystallarten — sowohl zur Ergänzung und Sicherstellung anderweitiger Befunde, als auch vom krystallchemischen Standpunkt aus (vgl. Abschn. IV A : Intermetallische Verbindungen S. 130) — wichtig, sondern auch die Feststellung der Begrenzungen homogener Zustandsfelder mit Hilfe von Röntgenstrahlen. In den Mischkrystallen ändert sich die Gitterkonstante mit der Zusammensetzung mehr oder weniger erheblich, während der Typus des Raumgitters erhalten bleibt. Wenn man daher auf irgendeine Weise eine *Bestimmung* der Gitterkonstante in Abhängigkeit von der Zusammensetzung vorgenommen hat, kann man späterhin durch Ausmessung der Gitterkonstante eines Krystalles seine Zusammensetzung bestimmen.

Am wichtigsten ist die Anwendung dieses Verfahrens zur Bestimmung der Aufnahmefähigkeit von Zusätzen in das Raumgitter eines Metalles, also zur Bestimmung der Mischkrystallgrenzen eines an das reine Metall angrenzenden Mischkrystallgebietes. In der Regel nimmt die Konzentration der gesättigten Mischkrystalle mit der Temperatur ab. Man verfährt nun so, daß man Mischkrystalle mit verschiedenen Gehalten von Zusatzmetallen von genügend hohen Temperaturen abschreckt, bei denen sie noch sicher innerhalb des Homogenitätsgebietes liegen. Man erhält so die gewünschte Eichkurve der Gitterkonstanten. Man braucht nun nur Legierungen verschiedener Zusammensetzungen bei verschiedenen, niedrigeren Temperaturen durch Tempern ins Gleichgewicht zu bringen, um dann durch Bestimmung der Gitterkonstanten den Gehalt an Zusatz im Mischkrystall zu ermitteln. Ist er geringer als in der abgeschreckten Legierung, so bedeutet das, daß eine zweite Krystallart sich aus-

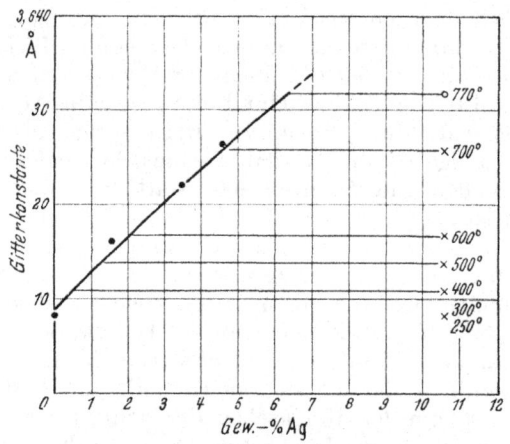

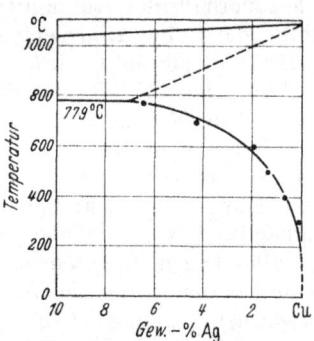

Abb. 33. Gitterkonstanten abgeschreckter und bei verschiedenen Temperaturen angelassenen, kupferreicher Kupfer-Silber-Legierungen

Abb. 34. Sättigungsgrenze der kupferreichen Mischkristalle im System Silber-Kupfer

(nach AGEEW, HANSEN und SACHS).

geschieden hat; die aus der Gitterkonstanten abgelesene Konzentration ergibt die Sättigungsgrenze des Mischkrystalles für die betreffende Temperatur.

Abb. 33 gibt die Ergebnisse solcher Messungen an den kupferreichen Mischkrystallen des Systems Kupfer-Silber, das ein Eutektikum mit begrenzter Mischkrystallbildung in der Nähe einer Komponente bildet, wieder. Die Kurve gibt die Gitterkonstante für Mischkrystalle verschiedenen Kupfergehaltes an. Diese Mischkrystalle sind durch Abschrecken von hohen Temperaturen gewonnen worden. In einer Legierung kann sich die Gitterkonstante mit zunehmendem Gehalt des Zusatzes nur solange ändern, als der Zusatz in den Mischkrystallen aufgenommen wird. Sobald eine zweite Phase auftritt, bleibt die Zusammensetzung des gesättigten Mischkrystalles von dem steigendem Gehalt des Zusatzes unbeeinflußt. Es genügt deshalb, Gitterkonstanten einer Legierung, die sicher aus zwei Phasen besteht, nämlich im vorliegenden Falle einer solchen mit 11% Ag, nach dem Tempern bei verschiedenen Temperaturen zu bestimmen, um die Zusammensetzung des gesättigten Mischkrystalles zu finden. Hierbei treten infolge nicht beseitigter Übersättigung bei geringen Beträgen der Übersättigung zuweilen Schwierigkeiten auf. Es empfiehlt sich deshalb, die Unabhängigkeit der Gitterkonstanten von der Zusammensetzung der Gesamtlegierung mit mehreren heterogenen Legierungen zu kontrollieren.

Auf Grund der Ergebnisse der Abb. 33 erhält man die Temperatur-Abhängigkeit der Sättigung, wie sie in Abb. 34 durch die Kurve wiedergegeben ist.

Auch in anderen Fällen kann man die Bestimmung der Gitterkonstanten zur *Analyse* einer Legierung benutzen. W. Jost[1] hat die Diffusion von Kupfer in Gold gemessen, indem er auf eine Kupferfläche elektrolytisch Gold in einer bekannten Schichtdicke niedergeschlagen und nach verschiedenen Temperzeiten die Gitterkonstante auf der Oberfläche des Goldes gemessen hat. Da Gold und Kupfer stark voneinander abweichende Gitterkonstanten haben, konnte er auf diese Weise die Zusammensetzung der Oberflächenschicht und damit die Diffusionskonstante bestimmen (vgl. S. 171).

In allen genannten Fällen ist es notwendig, die Gitterkonstante möglichst genau zu bestimmen.

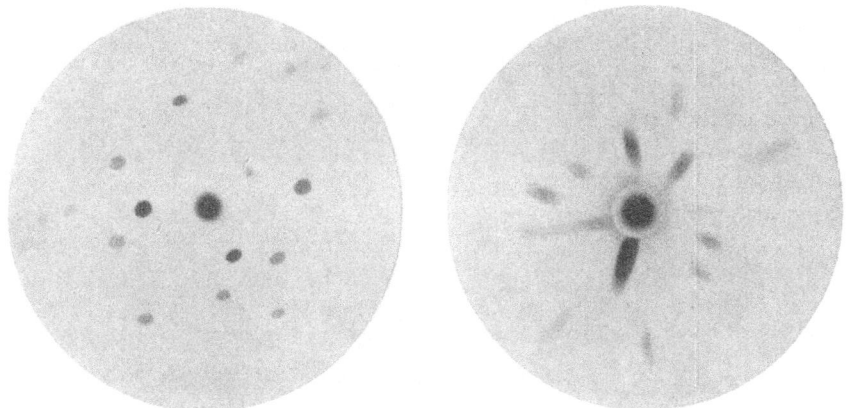

Abb. 35. Verzerrte Interferenzflecken (Asterismus) im Laue-Bild eines verformten Krystalles (nach Schmid und Boas).

b) Sondererscheinungen im Röntgendiagramm. Texturen.

Bei der Kaltreckung der Metalle treten Störungen auf. Die Gleitung ist bekanntlich kein ungestörter Vorgang, sondern ist mit Biegungen des Materials verbunden (Biegegleitung). Diese Biegungen, die bei Salzkrystallen optisch nachgewiesen werden können, ergeben in bestimmten Bereichen kontinuierliche Mannigfaltigkeiten von Orientierungen. Hierdurch entstehen an Stelle von scharfen Beugungspunkten auf einem Laue-Diagramm in der Regel streifenförmige Gebilde (Abb. 35, vgl. mit dem normalen Laue-Diagramm, Abb. 23). Eine genaue Untersuchung dieser als *Asterismus* bekannten Erscheinung ergibt die Möglichkeit, zuweilen recht genaue Aussagen über Einzelheiten des Gleitungsvorganges zu machen. Grundsätzlich ist aus dem Vorhandensein von Biegungen auf Spannungen zu schließen (vgl. S. 389).

Eine Folge der inneren Spannungen eines metallischen Körpers ist, daß die Abmessungen des Raumgitters an verschiedenen Stellen in verschiedener Weise und in verschiedenen Richtungen etwas verändert sind. Das heißt mit anderen Worten, daß die Debye-Reflexe nicht mehr scharf, sondern mehr oder weniger verschwommen sind (vgl. S. 390). Eine scharfe Ausbildung der Debye-Linien ist andererseits ein Beweis für die Freiheit von allzugroßen Eigenspannungen.

Auf Grund dieser beiden Feststellungen sind die Röntgenstrahlen ein wichtiges Hilfsmittel zur Untersuchung des Feinmechanismus der plastischen Verformung der Metalle. Auf die Änderungen der Intensitäten infolge der plastischen Verformung ist oben hingewiesen worden.

[1] Jost, W.: Z. phys. Chem., (B) **21** (1933), 158.

Andererseits kann man Spannungen durch die Verschiebung der Röntgeninterferenzen infolge Änderungen der Abmessungen der Elementarzelle messen,
wenn größere Bereiche unter gleicher Spannung stehen. Diese Methode hat
in den letzten Jahren eine größere Bedeutung erhalten (vgl. S. 418).

Außer der oben genannten Ursache der Verbreiterung einer Debye-Linie
gibt es noch einige andere. Besonders wichtig ist der Einfluß der Korngröße
(der kohärent streuenden Bezirke). Im allgemeinen gilt die Regel, daß, wenn
die linearen Abmessungen der Krystallite geringer als 0,001 mm sind, die Richtungen der gebeugten Strahlen so dicht beieinander liegen, daß die Reflexions-
punkte der einzelnen Krystallite nicht mehr wahrzunehmen sind, sondern daß

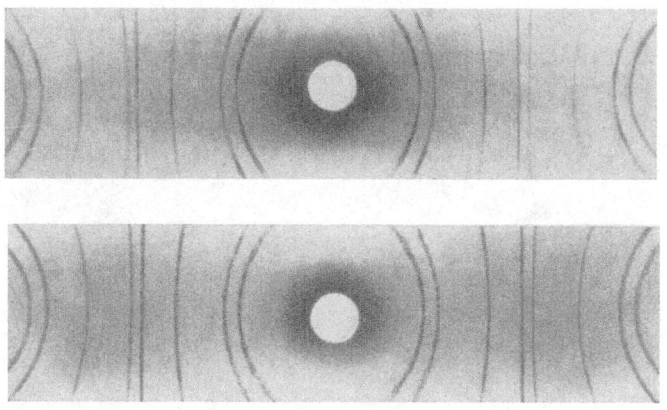

Abb. 36. Erhaltung der Gitterstruktur bei der Kaltreckung, Debye-Scherrer-Diagramm von Kupfer
(nach Schmid und Boas).

dann kontinuierliche Debye-Ringe entstehen. Sind die Krystallite dahingegen
größer, so spalten sich die Ringe in mehr oder weniger deutliche einzelne Schwärzungspunkte auf (Ab. 36). In der Regel ist das Gefüge eines rekrystallisierten
Metalles in dieser Weise zu erkennen.

Wenn die Krystallite andererseits in ihren linearen Abmessungen geringer,
als etwa 10^{-5} cm sind, so verlieren die Debye-Ringe ihre Schärfe, sie erleiden
eine Verbreiterung ähnlich wie unter dem Einfluß der Eigenspannungen. Der
Schluß aus einer Verbreiterung der Ringe auf Eigenspannungen ist also noch
nicht ein eindeutiger[1].

Bei Reaktionen im festen Zustande, der Bildung von Mischkrystallen aus
zwei Phasen oder bei Ausscheidungen einer zweiten Phase aus einem übersättigten Mischkrystall findet man auch des öfteren eine Verbreiterung der
Debye-Linien. Diese Verbreiterung ist vielfach eine Folge der bei der Ausscheidung eintretenden und noch nicht abgeschlossenen Diffusion: In den Mischkrystallen besteht ein Konzentrationsgefälle; wenn die Gitterkonstante sich mit
der Zusammensetzung ändert, was in der Regel der Fall ist, hat sie in dem vom
Röntgenstrahl getroffenen kleinen Gebiet bereits von Ort zu Ort verschiedene
kontinuierlich ineinander übergehende Werte, die eine Verbreiterung des Debye-
Ringes verursachen. Da solche Konzentrationsschwankungen außerdem Eigenspannungen zur Folge haben können, die ebenfalls zur Verbreiterung der Debye-
Linien beitragen und da in einem mit einem Konzentrationsgefälle behafteten

---

[1] Eine Analyse der Abhängigkeit der Verbreiterung vom Streuwinkel ergibt hierzu eine
Möglichkeit. Vgl. U. Dehlinger u. A. Kochendörfer: Z. Metallkde. 31 (1939), 231.

Krystall die einzelnen Kohärenzgebiete der Strahlung, die als einzelne, strahlende Krystalle wirken, bereits sehr klein sein und dadurch zur Verbreiterung der Debye-Linien beitragen können, ist die Feststellung der Ursachen einer beobachteten Linien-Verbreiterung in solchen Fällen keineswegs einfach.

. Abweichungen von der regellosen Orientierungsverteilung der Krystallite, die bei Intensitätsmessungen von Röntgenlinien stören, können andererseits durch Bestimmung der Lage der Maxima und Minima der Schwärzung auf Debye-Ringen mit Hilfe der Röntgenstrahlen quantitativ bestimmt werden (Texturbestimmung). Während das Vorhandensein eines bestimmten Debye-Ringes den Nachweis dafür erbringt, daß die streuenden Ebenen in einem bestimmten Winkel zur Richtung des Röntgenstrahles liegen, ergeben einzelne Schwärzungsmaxima auf einem solchen Kreis unmittelbar die Lage der Ebenen, die senkrecht zur Ebene des Röntgenstrahles und der Verbindungslinie des Schwärzungspunktes mit dem Punkt, in dem das Präparat vom Strahl getroffen wird, sein muß, und die entsprechend der von der statistischen abweichenden Orientierungsverteilung im Krystallhaufwerk besonders häufig auftreten. So einfach der Grundgedanke der Texturbestimmung ist, so umständlich kann ihre Durchführung zuweilen sein. Es kann nämlich vorkommen, daß die Mehrzahl der Debye-Ringe ganz ausbleibt, wenn die Orientierung der Krystallite im Präparat eine solche ist, daß die Braggsche Beziehung für die in Frage kommenden Ebenen bei der gewählten Richtung des Röntgenstrahles nicht erfüllt ist. Die Kunst des Experimentators besteht dann darin, solche Winkelstellungen des Präparates zum Röntgenstrahl zu finden, daß die Schwärzungspunkte auftreten, die er ausmessen kann. Auf die Einzelheiten der Texturbestimmungen kann hier nicht näher eingegangen werden[1] (vgl. Abb. 315 A, S. 384).

c) Bemerkung über die Grobstrukturuntersuchung.

Die genannten Beispiele genügen, um die überaus große Bedeutung der Röntgenstrahlen für die Metallkunde darzulegen. Oben ist nur von der sog. Feinstrukturuntersuchung, nicht aber von der Grobstrukturuntersuchung (Durchleuchtung) von Metallen gesprochen worden. Diese gestattet es, Hohlräume und Risse oder auch Inhomogenitäten innerhalb eines Stückes an Hand der schwächeren oder stärkeren Absorption des Strahles an den betreffenden Stellen festzustellen. Obgleich die praktische Bedeutung dieser Methode sehr groß ist, ist sie nur von geringerem theoretischem Interesse. Es kann auf sie deshalb im Rahmen dieses Buches nicht eingegangen werden[2].

D. Thermodynamische Grundlagen.

1. Einige thermodynamische Bezeichnungen und Definitionen.

Unter einem *stofflichen System*, im folgenden kurz *System* genannt, verstehen wir eine Gruppe von Stoffen in beliebigen Mengen, die in der Regel in einer physikalisch-chemischen Wechselwirkung miteinander stehen und die wir zu betrachten haben. So stellen Eis und Wasser, oder Eisen und eine Säure, oder Quecksilber und Zinn solche Systeme dar.

Wir nennen einen Körper *homogen*, wenn er in allen seinen räumlichen Teilen dieselbe Zusammensetzung und dieselben Eigenschaften hat. Damit ist zum Ausdruck gebracht, daß es sich hier nicht um eine atomistische Betrachtungsweise, sondern um eine solche im Sinne der Physik des Kontinuums handelt.

---

[1] Vgl. G. Wassermann: Texturen metallischer Werkstoffe. Berlin: Springer 1939.
[2] Vgl R. Glocker: Materialprüfung mit Röntgenstrahlen, 3. Aufl. Berlin: Springer 1949.

Die Teile, deren Eigenschaften bei der Feststellung der Homogenität betrachtet werden, sind so groß, daß man für sie etwa von einer Temperatur, von einer Dichte und von einem Druck sprechen kann. In dieser Formulierung ist eine *Lösung* ein homogener Körper, selbst wenn sie nur geringe Mengen des gelösten Stoffes enthält, so daß man von ihrer Konzentration erst bei einem Aggregat von Tausenden von Molekülen sprechen kann, während die Zusammensetzung kleinerer ins Atomistische gehender Bezirke erheblichen Schwankungen unterworfen ist.

Ein aus einem homogenen Körper bestehendes System nennen wir auch ein *homogenes System*. Ein System, das aus mehreren homogenen Teilen besteht, deren Eigenschaftsgrößen sich dann um endliche Beträge unterscheiden, heißt *heterogenes System*.

Für das betrachtete System ist die *räumliche Anordnung* der verschiedenen Körper gleichgültig. Wesentlich ist nur, daß sie miteinander in Berührung stehen, so daß eine Wechselwirkung stattfinden kann. Auch wird die Gesamtheit der körperlichen Teile mit übereinstimmenden Eigenschaften als *ein* Körper betrachtet, auch wenn sie miteinander geometrisch gar nicht zusammenhängen. So bildet das Eis *einen* Körper in Berührung mit Wasser, wobei es ganz gleichgültig ist, wie die Eiskrystalle etwa liegen oder ob es sich etwa um einen Krystall oder um viele Eisstücke handelt. Eine sehr wichtige Einschränkung muß jedoch gemacht werden. Die Lehre von den heterogenen Gleichgewichten in ihrer klassischen Form gilt nur solange, als die *Oberflächenkräfte vernachlässigt werden dürfen*. Die Teile müssen also alle so groß sein, daß ihre Oberflächenenergie gegenüber der Volumenenergie zu vernachlässigen ist. Das Studium des Gleichgewichtes zwischen den verschiedenen homogenen Teilen eines heterogenen Systems ist die eigentliche Aufgabe der *Lehre von den heterogenen Gleichgewichten*.

Einen homogenen Teil eines Systems nennen wir *Phase* der Materie. Je nach der Zahl der homogenen Teile unterscheiden wir demnach *einphasige* oder *homogene, zweiphasige, dreiphasige* und allgemeiner *mehrphasige* Systeme. Die Lehre von der Koexistenz der Phasen wird *Phasenlehre* genannt.

Aus der obigen Beschreibung der Phase folgt, daß die Phasen *grundsätzlich* mit mechanischen Mitteln voneinander trennbar sind.

Von der Zahl der Phasen, aus denen ein System aufgebaut ist, ist streng die Zahl seiner *Bestandteile*, also der Stoffe, aus denen es besteht, zu unterscheiden. Eine Lösung von Salz in Wasser ist zum Beispiel eine homogene Phase, aber ein *Zweistoffsystem*. Auf die genauere Festlegung dessen, was in körperlichen Systemen als *Bestandteil* zu betrachten ist, werden wir später zurückkommen. Im Augenblick sei erwähnt, daß es sich *bei metallischen Systemen* zunächst immer um die einzelnen *Metalle* als Bestandteile handelt. Diese werden vielfach *Komponenten* genannt.

Man unterscheidet demnach Einstoff- (unäre), Zweistoff- (binäre), Dreistoff- (ternäre) usw. Systeme.

2. Der erste Hauptsatz der Thermodynamik.

Der erste Hauptsatz der Thermodynamik lautet: Energie läßt sich nur verwandeln, aber nicht erzeugen oder vernichten. Wird einem körperlichen System eine Wärmemenge Q zugeführt und vom System die Arbeit A geleistet, so nimmt deshalb die innere Energie U des Körpers entsprechend um ΔU zu:

$$\Delta U = Q - A. \tag{1}$$

Hier wie im folgenden rechnen wir die dem *System zugeführte Wärme und die vom System geleistete Arbeit* positiv.

Das ist die analytische Formulierung des ersten Hauptsatzes.

In manchen Darstellungen der Thermodynamik wird umgekehrt die *zugeführte* Arbeit positiv gerechnet, was nur einen formalen Unterschied bedeutet. Man muß sich indes in jedem konkreten Fall darüber Rechenschaft abgeben, welche Vereinbarung getroffen worden ist.

Der Wert der inneren Energie ist durch den inneren Zustand eines Körpers oder eines Systems eindeutig bestimmt. Wenn das System aus einem Zustand 1 in einen anderen Zustand 2 übergeführt wird, so ist die hierbei auftretende Energieänderung $\Delta U_{1,\,2}$ deshalb unabhängig von den Zwischenzuständen, die bei diesem Übergang durchlaufen werden (unabhängig vom Wege). Analytisch formuliert erhalten wir:

$$U = f\,(x_1,\,x_2 \ldots) \tag{2}$$

wo $x_1, x_2 \ldots$ die den Zustand bestimmenden Variabeln sind, und

$$d\,U = \left(\frac{\partial U}{\partial x_1}\right) d\,x_1 + \left(\frac{\partial U}{\partial x_2}\right) d\,x_2 + \cdots \tag{3}$$

Die Änderung der Energie ist durch die Änderungen der Zustandsvariabeln eindeutig bestimmt.

In mathematischer Sprache ist $d\,U$ ein vollständiges Differential. Dahingegen ist die Wärmeaufnahme Q oder die geleistete Arbeit A beim Übergang 1—2 noch keineswegs durch die beiden Endzustände bestimmt. Das wollen wir zunächst für die Arbeit an einem einfachen Beispiel zeigen. Wir führen ein Mol eines idealen Gases, das bei der Temperatur T_1 das Volumen v_1 beim Druck p_1 hat, in einen anderen Zustand bei demselben Druck p_1, aber bei der höheren Temperatur T_2 und mit entsprechend höherem Volumen v_2 über. Diesen Übergang vollziehen wir auf zwei verschiedenen Wegen:

1. Weg. Wir erhitzen das Gas bei konstantem Druck p_1. Dabei leistet es die Arbeit

$$A_1 = \int_{v_1}^{v_2} p_1\,d\,v = p_1\,(v_2 - v_1) = p_1\,v_2\left(1 - \frac{v_1}{v_2}\right). \tag{4}$$

2. Weg. Wir erhitzen das Gas auf die Temperatur T_2 bei konstantem Volumen v_1, wobei keine Arbeit geleistet wird (aber der Druck auf p_2 steigt), und lassen es dann sich auf das Volumen v_2 und den Druck p_1 isotherm ausdehnen. Die hierbei geleistete Arbeit ist (vgl. S. 5)

$$A_2 = \int_{v_1}^{v_2} p\,d\,v = R\,T_2 \ln \frac{v_2}{v_1} = p_1\,v_2 \ln \frac{v_2}{v_1} \tag{5}$$

Die Ausdrücke (4) und (5) sind nicht gleich. Man sieht sofort, daß $A_2 > A_1$ ist, da ja unter dem Integral (5) der Druck verschiedene Werte zwischen p_2 und p_1 annimmt, während er in (4) immer den niedrigeren Wert p_1 behält, und die Integrationsgrenzen in beiden Fällen gleich sind.

Entsprechend sind auch die zugeführten Wärmemengen Q_1 und Q_2 in beiden Fällen verschieden, wie leicht unmittelbar nachgerechnet werden kann.

A und Q sind also nicht Funktionen des Anfangs- und des Endzustandes des Systems allein, sondern hängen noch von anderen Umständen, also von anderen Variabeln ab.

Diese anderen Variabeln wollen wir mit y_1, y_2, y_3 usw. bezeichnen[1]. Dann ist

$$Q = f(x_1, x_2, \ldots \qquad y_1, y_2 \ldots)$$

$$dQ = \left(\frac{\partial Q}{\partial x_1}\right) dx_1 + \left(\frac{\partial Q}{\partial x_2}\right) dx_2 \cdots + \left(\frac{\partial Q}{\partial y_1}\right) dy_1 + \left(\frac{\partial Q}{\partial y_2}\right) dy_2 + \cdots \qquad (6)$$

Damit ist auch Q selbst, also der Wärmeinhalt eines Systems nicht eine eindeutige Funktion des Zustandes des Systems und die unendliche kleine Änderung des Wärmeinhaltes auch nicht ein Differential einer solchen Funktion. Dasselbe gilt für die Arbeit A. Das bringen wir zum Ausdruck, indem wir für die unendlich kleinen Änderungen der Größen Q und A schreiben: $d'Q$ und $d'A$. Die Gl. (1), S. 38 des ersten Hauptsatzes erhält dann die Form

$$dU = d'Q - d'A \qquad (7)$$

Wenn die Arbeit in der Überwindung eines äußeren Druckes p besteht, wobei die Volumenabnahme dv beträgt, so erhält man aus (7)

$$dU = d'Q - pdv \qquad (8)$$

Das Volumen v ist selbstverständlich eine Zustandsfunktion des Systems, trotzdem die Arbeit pdv es nicht ist.

Unmittelbar meßbar sind nur die Energieänderungen, die beim Übergang eines Systems aus einem Zustand in einen anderen stattfinden, nicht dahingegen der Absolutbetrag der Energie eines Zustandes. Die Energie ist deshalb nur bis auf eine willkürliche Additionskonstante bestimmt.

3. Kreisprozeß und adiabatischer Prozeß.

Wenn ein System nach einer Reihe von Zustandsänderungen wieder in den Anfangszustand zurückkehrt, so hat es insgesamt einen Kreisprozeß durchgemacht. Ein Beispiel für einen Kreisprozeß ergibt bereits das Gas, das wir oben betrachtet haben. Wenn wir das Gas erst bei konstantem Volumen v_1 von der Temperatur T_1, auf die Temperatur T_2 erwärmen, wobei der Druck von p_2 auf p_2 steigt, es dann bei der Temperatur T_2 sich isotherm bis zum Druck p_1 ausdehnen lassen und bei konstantem Druck bis auf die Temperatur T_1 abkühlen lassen, so hat das Gas einen Kreisprozeß durchgemacht.

Bei einem Kreisprozeß ist $\varDelta U = 0$, also auf Grund von (1), S. 38, $Q = A$. (9) Ein Prozeß, bei dem dem System weder Wärme zugeführt, noch von ihm Wärme abgegeben wird, heißt *adiabatisch*. Für ihn gilt auf Grund der Gl. (1), S. 38, oder (8).

$$\varDelta U = -\varDelta A; \qquad dU = -pdv. \qquad (10)$$

Besteht das System aus einem idealen Gas, so hängt die Energie bekanntlich nur von der Temperatur, nicht aber vom Volumen ab.

$$U = C_v T + U_0, \qquad (11)$$

wo C_v die spezifische Molwärme bei konstantem Volumen ist[2].

---

[1] Eine solche Variable kann z. B. der Differentialquotient des Volumens nach der Temperatur dv/dT während des Überganges im betrachteten Beispiel sein. Das ist keine Zustandsfunktion sondern eine Übergangsfunktion.

[2] Bei allen thermodynamischen Betrachtungen ist T die absolute Temperatur.

Aus (10), S. 40 und (11) folgt für den adiabatischen Prozeß bei einem idealen Gase

$$C_v dT = -p\,dv \qquad (12)$$

$$C_v dT = -RT\,\frac{dv}{v} \qquad (13)$$

also für einen Prozeß zwischen den Temperaturgrenzen T_1 und T_2 und den zugehörigen Volumengrenzen v_1 und v_2

$$C_v \ln\frac{T_2}{T_1} = R\ln\frac{v_1}{v_2} \qquad (14)$$

Die linke Seite von (14) ist eine Funktion der Temperaturgrenzen T_1 und T_2 allein; das gilt also auch für die rechte Seite:

$$\frac{v_1}{v_2} = f\left(\frac{T_1}{T_2}\right) \qquad (15)$$

Das Verhältnis des Anfangs- und des Endvolumens beim adiabatischen Prozeß ist nur durch die Grenztemperaturen bestimmt und von der Größe des Anfangsvolumens unabhängig.

Auch die bei der adiabatischen Erwärmung aufgenommene oder bei der adiabatischen Abkühlung geleistete Arbeit ist auf Grund von (10), S. 40 durch die Temperaturgrenzen eindeutig bestimmt.

Jede periodisch arbeitende Maschine führt einen Kreisprozeß durch.

Der erste Hauptsatz der Thermodynamik beschränkt sich auf die Angabe der Wärme-, Energie- und Arbeitsbilanzen eines Prozesses auf Grund von (8), S. 40 und für einen Kreisprozeß von (9), S. 40. Der zweite Hauptsatz stellt darüber hinausgehend Beziehungen zwischen den Wärmeumsetzungen im System, etwa den Wärmeübergängen von einem Teil des Systems zu einem anderen, und der Arbeitsleistung A auf. Hierbei ergibt sich die Möglichkeit, Gleichgewichts-Kennzeichen für ein System aufzustellen und die Richtung möglicher Prozesse anzugeben, wie wir sehen werden.

4. Umkehrbare und nicht umkehrbare Prozesse.

In der Thermodynamik unterscheiden wir *umkehrbare (reversible)* und *nicht umkehrbare (irreversible)* Vorgänge. Ein umkehrbarer Vorgang läßt sich jederzeit durch eine unendlich kleine Änderung der Bedingungen umkehren. Wenn z. B. ein Behälter mit Wasser und mit Dampf vom Druck p einen Stempel treibt, auf den von außen ein Gegendruck $p-dp$ wirkt, so genügt eine unendlich kleine Änderung dieses Gegendruckes, um den Stempel unter dem Druck $p+dp$ zurückzutreiben. Der Vorgang ist umkehrbar (reversibel). Da $p-dp$ und $p+dp$ sich von dem Gleichgewichtsdruck p, unter dem der Stempel still steht, nur unendlich wenig unterscheiden, kann man auch sagen: Während eines umkehrbaren Vorganges befindet sich das System stets im Gleichgewicht. Diese Bemerkungen werden wir im weiteren benötigen.

Als Beispiel eines nicht umkehrbaren Vorganges können wir dahingegen das Heben des Stempels betrachten, wenn der Gegendruck um einen endlichen Betrag geringer als der Druck des Dampfes ist. In diesem Falle genügt es keineswegs, eine unendliche kleine Änderung vorzunehmen, um den Vorgang rückgängig zu machen, vielmehr muß hierzu der Gegendruck über die Höhe des Dampfdruckes, also um einen endlichen Betrag erhöht werden.

5. Der Carnotsche Kreisprozeß und die Formulierung des zweiten Hauptsatzes der Thermodynamik.

Von ähnlicher Bedeutung wie der erste Hauptsatz ist auch der zweite Hauptsatz der Wärmelehre.

Man kann ihn am einfachsten folgendermaßen formulieren: *Wenn in einem System Teile mit verschiedenen Temperaturen vorhanden sind, so kann in einem solchen System der einzige Effekt eines Prozesses nicht in einem Übergang der Wärme von tieferer auf höhere Temperatur bestehen.* Ebenso wie der erste Wärmesatz, ist auch der zweite nicht deduktiv abzuleiten; beide sind Erfahrungsgesetze.

Auch der zweite Hauptsatz hat weitreichende quantitative Konsequenzen, die jedoch nicht so einfach einzusehen sind wie beim ersten Hauptsatz. Um sie abzuleiten, führen wie den sogenannten Carnotschen Kreisprozeß durch und registrieren die dabei umgesetzten Wärmemengen.

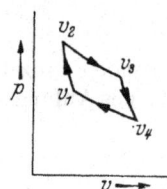

Abb. 37. Carnotscher Kreisprozeß in Druck-Volumen-Koordinaten.

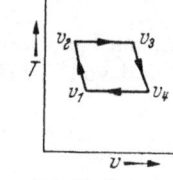

Abb. 38. Carnotscher Kreisprozeß in Temperatur-Volumen-Koordinaten.

Wir betrachten ein Mol eines idealen Gases bei der Temperatur T_1 mit dem Volumen v_1 und führen mit diesem Gase folgenden umkehrbaren Kreisprozeß durch. Dieser Kreisprozeß ist in Abb. 37 in Druck- und Volumenkoordinaten und in Abb. 38 in Temperatur- und Volumenkoordinaten dargestellt. Wir komprimieren das Gas zunächst adiabatisch bis auf das Volumen v_2, wobei es sich auf die Temperatur T_2 erwärmt. Wir lassen es sich nunmehr isotherm auf das Volumen v_3 ausdehnen, wobei die Arbeit $RT_2 \ln \frac{v_3}{v_2}$ geleistet wird und die entsprechende Wärmemenge Q_2 von dem Gase aufgenommen wird:

$$Q_2 = RT_2 \ln \frac{v_3}{v_2}. \tag{16}$$

Das kann in der Weise geschehen, daß das Gas in Berührung mit einem sehr großen Behälter von der Temperatur T_2 gebracht wird, der ohne merkliche Abkühlung die Wärmemenge Q_2 abgeben kann.

Wir lassen das Gas sich jetzt adiabatisch ausdehnen, wobei seine Temperatur auf T_1 sinkt. Das hierbei erreichte Volumen sei v_4. Als letzten Schritt komprimieren wir das Gas bei der Temperatur T_1 isotherm, wobei die Arbeit $RT_1 \ln \frac{v_4}{v_1}$ dem Gase zugeführt wird und die entsprechende Arbeitsgröße mit dem negativen Vorzeichen vom Gase geleistet wird. Eine entsprechende Wärmemenge

$$- Q_1 = RT_1 \ln \frac{v_4}{v_1} \tag{17}$$

gibt das Gas an einen großen Wärmebehälter von der Temperatur T_1 ab.

Damit ist das Gas in den ursprünglichen Zustand mit der Temperatur T_1 und sein Volumen v_1 zurückgekehrt, der Kreisprozeß ist abgeschlossen. Man nennt ihn nach seinem Erfinder den Carnotschen Kreisprozeß. Insgesamt ist hierbei die Wärmemenge

$$Q_2 + Q_1 = A = |Q_2| - |Q_1| \tag{18}$$

verbraucht und die gleiche Arbeit A geleistet worden. Hierbei werden, wie in der Regel in der Thermodynamik, die dem System zugeführten Wärmemengen positiv und die abgegebenen negativ gerechnet. A ist also die *Differenz* der Absolutbeträge der Wärmemengen $|Q_2|$ und $|Q_1|$. Auf Grund von (15) S. 41 ist

$$\frac{v_2}{v_1} = \frac{v_3}{v_4}, \tag{19}$$

da es sich um die Endwerte der Volumina nach adiabatischen Prozessen zwischen gleichen Temperaturen handelt. Folglich ist auch

$$\frac{v_3}{v_2} = \frac{v_4}{v_1}, \tag{20}$$

und nach (16), S. 42 und (17), S. 42

$$\frac{|Q_2|}{|Q_1|} = \frac{T_2}{T_1} \tag{21}$$

$$\frac{|Q_2| - |Q_1|}{Q_2} = \frac{A}{Q_2} = \frac{T_2 - T_1}{T_2}. \tag{22}$$

Während des Kreisprozesses ist als Teil von Q_2 die Wärmemenge Q_1 aus dem Behälter bei der Temperatur T_2 in den Behälter bei der Temperatur T_1 transportiert worden. Die nutzbar zur Erzeugung der Arbeit verwendete Wärmemenge $A = |Q_2| - |Q_1|$ steht somit bei gegebener Temperaturdifferenz der beiden Behälter in einem ganz bestimmten Verhältnis zur gesamten zugeführten Wärmemenge Q_2.

Das Verhältnis $\dfrac{A}{Q_2}$ wird der *Nutzeffekt* des Kreisprozesses genannt. Er spielt in der thermodynamischen Theorie der periodisch arbeitenden Maschinen eine grundlegende Rolle.

Mit Hilfe des zweiten Hauptsatzes der Wärmelehre läßt sich zeigen, daß dieses Ergebnis eine allgemeine Bedeutung für alle zwischen den Temperaturen T_2 und T_1 arbeitenden Kreisprozesse hat.

Wir nehmen nun an, daß das Ergebnis der obigen Gl. (22) nur für den Carnotschen Kreisprozeß gilt und daß es eine andere beliebige Vorrichtung geben kann, die in ähnlicher Weise ebenfalls in einem reversiblen Kreisprozeß eine gewisse Wärmemenge Q_4 dem Behälter bei der Temperatur T_2 entnimmt und einen Teil dieser Wärmemenge Q_3 an einen anderen Behälter bei der Temperatur T_1 abgibt, wobei dieselbe Arbeit wie beim betrachteten Carnot-Prozeß $A = |Q_4| - |Q_3|$ geleistet wird, wobei das Verhältnis $\dfrac{A}{Q_4}$ aber einen anderen Wert hat, als durch die Gleichung (22) gegeben ist. Nehmen wir an, daß dieses Verhältnis kleiner ist, daß die Maschine also schlechter arbeitet, als der Carnotsche Kreisprozeß. Wenn die Arbeitsleistung A beider Kreisprozesse gleich ist, heißt das mit anderen Worten, daß

$$|Q_4| > |Q_2| \text{ ist.}$$

Da die betrachtete Vorrichtung reversibel ist, können wir ihre Arbeitsrichtung umkehren. Dann wird die Arbeit $|Q_4| - |Q_3|$ aufgenommen und an den Behälter mit der höheren Temperatur T_2 die entsprechende Wärmemenge abgegeben, außerdem aber noch die Wärmemenge $|Q_3|$ von der tieferen Temperatur T_1 auf die höhere T_2 transportiert: Ein solcher Vorgang allein ist nicht im Widerspruch mit dem zweiten Wärmesatz, da bei dem Kreisprozeß ja eine gewisse Arbeit aufgenommen worden ist, die Änderung somit nicht *nur* in einem Wärmetransport auf eine höhere Temperatur besteht.

Wir koppeln nun diese umgekehrt unter Arbeitsaufnahme und Wärmeabgabe arbeitende Vorrichtung mit einer Vorrichtung, die den Carnotschen Kreisprozeß unter Arbeitsleistung durchführt. Da die geleistete Arbeit des Carnotschen Kreisprozesses und die aufgenommene Arbeit der zweiten Vorrichtung einander gleich sind, besteht der ganze Effekt des Kombinationsprozesses in einem Wärmetransport; und zwar wird die Wärmemenge $|Q_3| - |Q_1|$ von der Temperatur T_1 auf die höhere Temperatur T_2 gebracht. Das ist aber unmöglich, da es im Widerspruch mit dem zweiten Wärmesatz ist.

Würden wir umgekehrt die Annahme machen, daß die zweite betrachtete Vorrichtung günstiger als der Carnotsche Kreisprozeß arbeitet, so brauchten wir nur den letzteren umzukehren und mit dieser Vorrichtung zu koppeln, um wieder zu einem Widerspruch mit dem zweiten Wärmesatz zu gelangen.

Aus dem zweiten Wärmesatz folgt somit, daß alle reversiblen Kreisprozesse. die zwischen denselben Temperaturgrenzen arbeiten, den gleichen Nutzeffekt haben. Für solche Prozesse gilt ganz allgemein

$$\frac{|Q_2| - |Q_1|}{|Q_2|} = \frac{A}{|Q_2|} = \frac{T_2 - T_1}{T_2} \tag{23}$$

$$\frac{Q_2}{T_2} = \frac{|Q_1|}{T_1} \; ; \quad \frac{Q_2}{T_2} - \frac{|Q_1|}{T_1} = 0, \tag{24}$$

wobei zunächst angenommen wird, daß nur bei T_2 Wärme aufgenommen und nur bei T_1 abgegeben wird, während die Übergänge zwischen diesen beiden Temperaturen adiabatisch sind.

6. Übertragung auf beliebige Prozesse und Ableitung des Entropie-Begriffes.

Wir betrachten jetzt einen beliebigen Kreisprozeß, den man etwa mit einem Mol eines Gases durchführen kann, wobei auch die Temperaturänderungen nicht mehr adiabatisch durchgeführt zu werden brauchen, besonders da das Gas hierbei Wärme und Arbeit aufnehmen oder abgeben kann. Im p-v- und im T-v-Diagramm erhalten wir für einen solchen Prozeß etwa die Darstellung der Abb. 39 und Abb. 40, wobei der Inhalt der ersten Abbildung bekanntlich die beim Kreisprozeß insgesamt geleistete Arbeit darstellt. Einen solchen Prozeß können wir in eine unendlich große Reihe von unendlich kleinen Carnotschen Prozessen zerlegen, wie das in den beiden Abbildungen angedeutet ist.

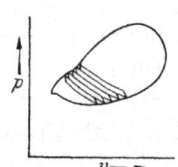 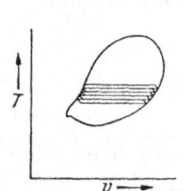

Abb. 39. Verallgemeinerter Carnotscher Kreisprozeß in Druck-Volumen-Koordinaten.

Abb. 40. Verallgemeinerter Carnotscher Kreisprozeß in Temperatur-Volumen-Koordinaten.

Wie man aus Abb. 39 sofort sieht, wird die von der Gesamtheit der Carnotschen Kreisprozesse geleistete Arbeit gleich der Arbeit des betrachteten Kreisprozesses. Für jeden unendlich kleinen Carnotschen Kreisprozeß gilt:

$$\frac{d'Q_2}{T_2} + \frac{d'Q_1}{T_1} = 0, \tag{25}$$

und daher auch für den gesamten Kreisprozeß[1]

$$\oint \frac{d'Q}{T} = 0, \tag{26}$$

---

[1] Der Kreis auf dem Integralzeichen bedeutet bekanntlich, daß über den ganzen Kreisprozeß zu integrieren ist.

wenn wir die aufgenommenen Wärmen wie immer positiv und die abgegebenen negativ rechnen. Betrachten wir zwei Zustände 1 und 2 im erörterten Kreisprozeß, so ist

$$\int_1^2 \left(\frac{d'Q}{T}\right)_a + \int_2^1 \left(\frac{d'Q}{T}\right)_b = 0;\quad \int_1^2 \left(\frac{d'Q}{T}\right)_a = \int_1^2 \left(\frac{d'Q}{T}\right)_b \tag{27}$$

wenn die Buchstaben a und b den Weg der betrachteten Zustandsänderung an Hand der Abb. 39 oder 40 entweder oben oder unten herum andeuten.

Die Integrale (27) sind somit nur durch den Anfangs- und Endzustand des Systems bestimmt und vom Wege, auf dem sich die betrachtete Zustandsänderung vollzieht, unabhängig. Das bedeutet aber, daß das Integral die Änderung einer Zustandsgröße angibt, die, wie die Energie oder das Volumen, durch den jeweiligen Zustand des Systems eindeutig bestimmt ist. Wir nennen diese Zustandsgröße *Entropie S* und schreiben demnach

$$\int_1^2 \left(\frac{d'Q}{T}\right)_{\text{rev.}} = S_2 - S_1 \tag{28}$$

Genau wie die Energie, ist die Entropie nur bis auf eine additive Konstante bestimmt. Wenn wir von einem Zustand 1 ausgehen und die Wärmemengen zusammenrechnen, die beim Übergang zum Zustand 2 dem System zugeführt werden, so steht diese Gesamtwärmemenge nicht in einer eindeutigen Beziehung zur Änderung des Zustandes. Wie wir gesehen haben, kann je nach dem beschrittenen Wege, ein größerer oder kleinerer Teil dieser Wärme etwa als Arbeit wieder abgeführt werden. Wir brauchen aber die zugeführten Wärmemengen dQ nur jeweils durch die Temperatur zu dividieren und dann zu addieren, um eine Summengröße zu erhalten, die für einen bestimmten Endzustand eindeutig definiert ist.

Es hat keinen Sinn, von einem Wärmeinhalt eines Körpers zu sprechen und ihn dadurch bestimmen zu wollen, daß man, von einem als Nullzustand gewählten Zustand ausgehend, alle bis zur Erreichung des jetzt betrachteten Zustandes zugeführten Wärmemengen zusammenzählt. Es hat aber wohl einen Sinn, von dem Entropieinhalt zu sprechen, ebenso, wie man von einem Energieinhalt eines Systems spricht[1].

Man kann auch sagen: man kann die dem System zugeführten Wärmemengen dadurch zu Zustandsfunktionen machen, daß man ihre Einheit der jeweiligen Temperatur proportional macht.

Aus (28) folgt:

$$T\,dS = (d'Q)\ldots_{\text{rev.}} \tag{29}$$

Alle unsere bisherigen Betrachtungen über die Entropie gelten nur für umkehrbare Prozesse, was in den Gl. (28) und (29) auch vermerkt worden ist. Wir werden gleich sehen, daß sie für nicht umkehrbare Vorgänge eine wesentliche Abänderung erfahren.

Wir nehmen an, daß eine Vorrichtung, die einem Wärmebehälter bei der Temperatur T_2 eine Wärmemenge $|Q_c|$ entnimmt, wie das Gas beim Carnotschen

---

[1] Zuweilen wird die für manche thermodynamische Berechnungen nützliche Größe $W = U + pV$ (die *Enthalpie*) als Wärmeinhalt in einem eingeschränkten Sinne bezeichnet. Die Enthalpie stimmt mit dem oben definierten Wärmeinhalt nur dann überein, wenn der Druck beim Nullzustand, beim betrachteten Zustand und während aller Übergänge gleich ist.

Prozeß, eine Arbeit A leistet und eine Wärmemenge $|Q|$ bei der tieferen Temperatur T_1 abgibt. Dieser Vorgang soll jedoch nicht reversibel sein. Wir koppeln diese Vorrichtung mit einem Carnotschen Kreisprozeß, der in umgekehrter Richtung läuft, und der dieselbe Arbeit A aufnimmt und eine Wärmemenge $|Q_1|$ an den Behälter bei der höheren Temperatur T_2 abgibt. Beide Prozesse zusammen leisten dann keine Arbeit. Ist $Q_6 > Q_2$, so besteht der ganze Änderungsvorgang nach Vollendung des kombinierten Kreisprozesses in einem Übergang der Wärmemenge $|Q| - |Q_2|$ von der höheren Temperatur T_2 auf die tiefere T_1. Wenn die beiden Temperaturbehälter nicht sehr groß sind, ergibt sich ein gewisser Temperaturausgleich zwischen ihnen. Ein solcher Vorgang ist nicht im Widerspruch mit dem zweiten Hauptsatz und ist deshalb möglich. Wir können nicht beide Vorgänge umkehren, da ja die Vorrichtung nicht reversibel arbeitet. Dahingegen ist es nicht möglich, daß $|Q_6| < |Q_2|$ ist, weil dann der umgekehrte Vorgang der Kombination in einem Wärmeübergang von einer tieferen auf eine höhere Temperatur allein bestehen würde, was durch den zweiten Hauptsatz der Wärmelehre verboten ist.

Wir haben somit

$$\frac{A}{|Q_6|} < \frac{A}{|Q_2|}. \tag{30}$$

Der Nutzeffekt der zwischen zwei Temperaturen arbeitenden Vorrichtung ist dann am größten, wenn sie umkehrbar arbeitet.

Für einen unendlich kleinen reversiblen Carnotschen Kreisprozeß gilt Gl. (25), wo $d'Q_2$ die Wärmeaufnahme bei der Temperatur T_2 und $|d'Q_1|$ die Wärmeabgabe bei der Temperatur T_1 ist, während $d'Q_2 + d'Q_1$ die Arbeitsleistung des Prozesses ist. Im Falle einer irreversiblen Durchführung des Prozesses ist der Nutzeffekt und damit auch diese Arbeitsleistung geringer, wir haben also

$$\frac{d'Q_2}{T_2} + \frac{d'Q_1}{T_1} < 0, \tag{30a}$$

und für einen irreversiblen endlichen Prozeß, entsprechend Gl. (26):

$$\oint \left(\frac{d'Q}{T'}\right)_{\text{irrev.}} < 0 \tag{31}$$

und für einen Übergang zwischen den Zuständen 1 und 2

$$\int_1^2 \left(\frac{d'Q}{T}\right)_{\text{irrev.}} < S_2 - S_1 \tag{32}$$

$$T\,dS > (d'Q)_{\text{irrev.}} \tag{33}$$

7. Das thermodynamische Gleichgewicht.

Außer der inneren Energie, dem Volumen und anderen Eigenschaftsgrößen gibt es, wie im Abschnitt 6 abgeleitet, noch eine mit der Wärmezufuhr $d'Q$ eng verbundene Größe, die eine Zustandsfunktion ist. Es ist das die Entropie, definiert durch die Beziehung

$$T\,dS \gtreqless d'Q, \tag{34}$$

für einen endlichen Prozeß gilt

$$S_2 - S_1 = \Delta S \gtreqless \int_1^2 \frac{d'Q}{T}. \tag{35}$$

Das Gleichheitszeichen gilt in (34) und (35) für reversible, das Ungleichheitszeichen für irreversible Vorgänge.

Eine anschauliche Vorstellung von einer Entropieänderung erhält man für einen isothermen Vorgang ($T =$ konst.). In diesem Falle ist

$$\varDelta S = S_2 - S_1 = \frac{\varDelta Q}{T}. \tag{36}$$

Das gilt z. B. für einen Schmelz- oder Erstarrungsvorgang eines reinen Stoffes, also für die Schmelz- oder Krystallisations-Entropie; man erhält sie aus den zugehörigen Wärmetönungen, indem man die letzteren einfach durch die absolute Temperatur dividiert, wobei der Prozeß reversibel geleitet sein muß.

Befindet sich das betrachtete System im Gleichgewicht, so bedarf es eines äußeren Anstoßes, um einen Vorgang (z. B. das Heben des Stempels) einzuleiten: der äußere Druck muß um dp gesenkt werden, und es kann ein umkehrbarer Prozeß eingeleitet werden. Ist der äußere Gegendruck jedoch um einen endlichen Betrag niedriger als der innere, so ist eine Voraussetzung für ein Gleichgewicht überhaupt nicht gegeben: in einem solchen System wird ohne äußeren Eingriff ein Vorgang stattfinden, bei dem nicht reversible Arbeit geleistet wird.

Ein stabiler Gleichgewichtszustand ist somit dadurch ausgezeichnet, daß von ihm ausgehend, kein irreversibler Vorgang möglich ist. Die Ungleichungen (31—33) dürfen also nicht erfüllt sein. Die Bedingung für einen Gleichgewichtszustand ist also

$$d S \lesseqgtr \frac{d'Q}{T}, \, d\, U \gtreqless T d S - p dv; \tag{37}$$

damit ist zum Ausdruck gebracht, daß ein Gleichgewichtszustand entweder nur reversibel ist (Gleichheitszeichen, bewegliches Gleichgewicht) oder gar nicht verlassen werden kann („stabiles" Gleichgewicht).

Wir stehen oft vor der Aufgabe, zu entscheiden, ob ein gegebener Zustand ein Gleichgewichtszustand ist oder nicht, oder vor der Aufgabe, unter gegebenen äußeren Bedingungen den Gleichgewichtszustand aufzusuchen. Das kann mit Hilfe der Gleichung (37) nur schlecht geschehen, vielmehr ist es erwünscht, der Gleichgewichtsbedingung die Form eines Minimum- oder Maximum-Satzes zu verleihen. Wir schreiben die Bedingung (37) hierzu in der Form:

$$d S = \frac{d'Q}{T} + \varDelta; \quad T d S = d U + p dv + T \varDelta, \tag{38}$$

wobei $\varDelta$ für den Gleichgewichtsfall entweder gleich Null oder negativ sein kann.

Es handelt sich bei dieser Betrachtung nun nicht darum, die Änderungen der Entropie für wirklich stattfindende reversible Prozesse im Zusammenhang mit den zugehörigen Änderungen der Energie, der Temperatur, des Druckes und des Volumens zu verfolgen. Wir halten vielmehr unser System unter bestimmten Bedingungen, z. B. seien seine Energie und sein Volumen konstant. Wir fragen uns nun, welcher Zustand in einer Reihe von Zuständen, die unter diesen Bedingungen möglich sind, dem Gleichgewicht entspricht. Ein Beispiel hierfür ist eine ideale verdünnte Lösung, in der die Energieänderung bei der Verdünnung gleich Null ist, ähnlich ist die innere Energie eines idealen Gases von der Verdünnung unabhängig Die Konzentration der Lösung kann überall konstant sein, oder sie kann Schwankungen aufweisen. Es ergibt sich auf diese Weise eine Reihe von Zuständen des betrachteten Systems, für welche die Energie und das Volumen dieselben Werte haben. Welcher von diesen Zuständen ist der Gleichgewichtszustand ?

Wenn wir nun Zustände eines Systems mit gleicher Energie und gleichem Volumen vergleichen, so ist also beim Übergang zwischen diesen Zuständen $dU = dv = 0$, und wir erhalten aus (38)

$$(d S)_{U, \, v} = \varDelta. \tag{39}$$

Wenn das System sich in einem Gleichgewichtszustand befindet, so ist die Änderung der Entropie bei konstanter Energie und konstantem Volumen Null oder negativ. Mit anderen Worten ist die Entropie ein Maximum, was wir auch so schreiben können:

$$(dS)_{U,\,v} \leqq 0; \qquad (d^2 S)_{U,\,v} < 0. \tag{40}$$

Es ist uns somit gelungen, für das Gleichgewicht eine Extrembedingung zu finden. Sie ist jedoch noch wenig zufriedenstellend. Zustandsänderungen bei konstanter Energie sind experimentell schwer durchführbar. Es ist deshalb wünschenswert, nach anderen Kriterien des Gleichgewichtes zu suchen. Bequemere Kriterien lassen sich mit Hilfe von anderen Gleichgewichtsfunktionen als die Entropie so aufstellen, daß in den betreffenden Gleichungen bei der Differentiation ein Teil der Variabeln ausfällt und nur die jeweils gewünschten Variabeln übrigbleiben. Solche ,,charakteristischen Funktionen'' haben W. Gibbs und später in Anlehnung an ihn R. Helmholtz und M. Planck aufgestellt. Die Größe

$$F = U - TS \tag{41}$$

nennen wir die *freie Energie* eines Systems. Wenn wir (41) differenzieren, erhalten wir

$$dF = dU - TdS - SdT \tag{42}$$

oder unter Benutzung von (38)

$$dF = TdS - T\Delta - pdv - TdS - SdT = -T\Delta - pdv - SdT. \tag{43}$$

Wenn die Gleichgewichtsbedingung bei konstantem Volumen und bei konstanter Temperatur gesucht wird, erhalten wir also dafür:

$$(dF)_{v,T} = -T\Delta \geqq 0. \tag{44}$$

Das System ist bei vorgegebener Temperatur und vorgegebenem Volumen im Gleichgewicht, wenn die freie Energie ein Minimum ist.

Diese Minimumbedingung ist oft sehr nützlich, für die Betrachtung der heterogenen Gleichgewichte jedoch vielfach auch nicht bequem. Hierbei haben wir des öfteren Zustände bei gleichem Druck zu vergleichen. Wenn wir zum Beispiel eine Flüssigkeit im Gleichgewicht mit ihrem Dampf betrachten, so ist es naheliegend, zur Beurteilung des Gleichgewichtes eine kleine Menge der Flüssigkeit bei konstanter Temperatur und bei konstantem Druck verdampfen zu lassen; hierbei ändert sich aber unvermeidlich das Volumen. Für die Betrachtung der heterogenen Gleichgewichte eignet sich deshalb mehr das *thermodynamische Potential*[1] Z, definiert als

$$Z = U - TS + pv, \tag{45}$$

wir differenzieren

$$dZ = dU - TdS - SdT + pdv + vdp.$$

Für einen möglichen Vorgang ist mit (38)

$$dZ = TdS - T\Delta - pdv - TdS - SdT + pdv + vdp \tag{46}$$
$$dZ = -T\Delta - SdT + vdp$$

Bei konstantem Druck und Temperatur ist somit im Gleichgewichtszustand

$$(dZ)_{p,T} \geqq 0, \tag{47}$$

während für jeden möglichen Vorgang umgekehrt gilt

$$(dZ)_{p,T} \leqq 0.$$

---

[1] In der physikalisch-chemischen Literatur wird Z vielfach *freie Enthalpie* genannt und mit dem Buchstaben G bezeichnet.

Im Gleichgewicht ist das thermodynamische Potential ein Minimum, wenn Zustände mit gleichem Druck und Temperatur miteinander verglichen werden.

Alle Größen U, S, V, F und Z sind massenproportional. Das thermodynamische Potential eines Bestandteiles n bezogen auf die Einheit seiner Masse in einer Phase, wird das *chemische Potential* μ genannt (vgl. S. 109 ff.).

$$\mu_n = \frac{Z}{m}. \tag{48}$$

Dahingegen wollen wir das Potential einer Masseneinheit der gesamten Phase mit ζ bezeichnen.

Wenn eine Phase (') mehrere Bestandteile 1, 2, 3 in Konzentrationen c_1', c_2', c_3' enthält, so ist das thermodynamische Potential der Masseneinheit der Phase

$$\zeta' = \mu_1' \, c_1' + \mu_2' \, c_2' + \mu_3' \, c_3' \ldots. \tag{49}$$

Für eine zweite Phase (''), die mit der Phase (') im Gleichgewicht sein soll, gilt

$$\zeta'' = \mu_1'' \, c_1'' + \mu_2'' \, c_2'' + \mu_3'' \, c_3'' \ldots. \tag{50}$$

Die Größen μ sind im allgemeinen Funktionen aller Konzentrationen.

Für bewegliche Gleichgewichte ist in den Beziehungen (39) und (44) $\varDelta = 0$: die Werte von S, F und Z bilden flache Maxima bzw. Minima. Mit solchen Gleichgewichten werden wir uns im folgenden ausschließlich befassen.

Wenn wir eine unendlich kleine Menge eines Bestandteiles n in einem im Gleichgewicht befindlichen System aus der ersten Phase in die zweite überführen, wobei beide in genügend großen Mengen vorhanden sind, so darf sich also das gesamte thermodynamische Potential nicht ändern; die Konzentrationen in den beiden Phasen ändern sich hierbei auch nicht, wenn ihre Mengen groß sind.

Die übergeführte Menge des Bestandteiles n sei dx_n. Es ist nun

$$d Z'' = \mu_n'' \, dx_n; \quad d Z' = - \mu_n' \, dx_n \tag{51}$$

$$d Z'' + d Z' = dx_n \, (\mu_n'' - \mu_n') = 0 \tag{52}$$

also
$$\mu_n'' = \mu_n'. \tag{53}$$

Eine solche Beziehung gilt für alle Bestandteile.

Die *chemischen Potentiale der Bestandteile von Phasen, die miteinander im Gleichgewicht sind, sind untereinander gleich.* Diese Beziehung ist überaus wichtig.

Im Einstoffsystem ist das chemische Potential μ in den einzelnen Phasen einfach gleich dem thermodynamischen Potential der Masseneinheit der ganzen Phase ζ. Für das Gleichgewicht mehrerer Phasen haben wir hier

$$\zeta' = \zeta'' = \zeta''' \tag{54}$$

8. Berechnung von Zustandsänderungen bei irreversiblen Prozessen.

Bei irreversiblen Prozessen treten, wie oben erörtert, an Stelle von Gleichungen Ungleichungen auf, und deshalb ist ihre unmittelbare Durchrechnung nicht möglich. Diese Schwierigkeit besteht z. B. bei dem einfachen Problem, die Entropiezunahme bei der isothermen Vermischung zweier bei gleichem Druck befindlicher vorher durch eine Wand von einander getrennter idealer Gase zu berechnen. Bei diesem Vorgang ändert sich bekanntlich die innere Energie U nicht; da das Volumen auch konstant bleibt und die Vermischung irreversibel verläuft, ist sie mit einer Zunahme der Entropie verbunden. Diese Zunahme ist zu berechnen.

Hierzu wird, wie immer in solchen Fällen, folgender Weg gewählt. Man führt den betrachteten Übergang reversibel durch. Das kann natürlich nicht unter Konstanthaltung der Energie und des Volumens geschehen, denn dann müßte

bei reversibler Durchführung des Prozesses ja die Entropie konstant bleiben.
Vielmehr gibt man für die Durchgangsstufen grundsätzlich die Bedingungen
$dU = 0$ und $dv = 0$ auf und erhält so die Möglichkeit, die verlangte Entropiezunahme reversibel durchzuführen.

Man verfährt also folgendermaßen: Wir nehmen an, daß die Menge des einen
Gases 1 x_1 Mole und die des zweiten $(1 - x_1)$ Mole beträgt, so daß insgesamt
ein Mol vorliegt. Das Molvolumen beider Gase sei v_1, sie stehen also unter gleichem
Druck. Das Gesamtvolumen des Gases 1 ist $x_1 v_1$, das des Gases 2 ist $(1 - x_1) v_1$.
Wir dehnen nun beide Gase zunächst isotherm und reversibel bis auf das Vo-
lumen v_1 aus. Hierbei wird vom ersten Gas die Arbeit $x_1 RT \ln \dfrac{v_1}{x_1 v_1}$ und vom

zweiten $(1 - x_1) RT \ln \dfrac{v_1}{(1 - x_1) v_1}$, insgesamt also die Arbeit A

$$\Delta A = - x_1 RT \ln x_1 - (1 - x_1) RT \ln (1 - x_1) = \Delta Q \tag{54a}$$

geleistet und selbstverständlich eine entsprechende Wärmemenge ΔQ aufgenommen, der die Entropiezunahme $T \Delta S = \Delta Q$ entspricht. Man nimmt nun

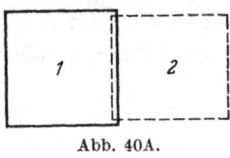

an, daß die Wände des das Gas 1 enthaltenden Behälters
durchlässig für das Gas 2 sind, während die Wände des
das Gas 2 enthaltenden Behälters für das Gas 1 durchlässig sind und bringt sie in der in Abb. 40A angedeuteten
Weise miteinander in Berührung. Man schiebt nun etwa
den Behälter 2 in den Behälter 1 hinein, bis sie sich decken.

Abb. 40A.

Hierbei dringt das Gas 1 ohne Widerstand und ohne
Arbeitsleistung in den Behälter 2 ein, und es findet eine völlige reversible Vermischung der Gase statt.

Die gesamte Arbeitsleistung bei der Herstellung der Mischung ist also durch
(54 a) dargestellt. Da der Energiegehalt sich nicht ändert, ist diese Arbeit auf
Grund der Gleichung

$$\Delta U = T \Delta S - \Delta A = 0$$

gleich der mit der absoluten Temperatur zu multiplizierenden gesuchten Entropiezunahme:

$$\Delta S = - R\, x_1 \ln x_1 - R\, (1 - x_1) \ln (1 - x_1). \tag{54b}$$

Dieser wichtige Ausdruck für die Vermischungsentropie zweier Gase wird sehr
oft, in der Metallkunde in der Regel in geeigneter Übertragung auf den festen
oder flüssigen Zustand gebraucht.

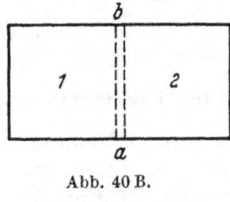

Die betrachteten zwei Stufen der Expansion und der
Vermischung bei der reversiblen Durchführung werden
in der Regel zu einer vereinigt. Man bringt die beiden
Gase bei dem ursprünglichen Druck miteinander in Verbindung, und zwar soll die Trennwand $a\,b$ (Abb. 40 B)
doppelt sein. Ihre linke Hälfte soll für das Gas 1 und ihre
rechte Hälfte für das Gas 2 durchlässig sein. Man läßt die

Abb. 40 B.

beiden Hälften auseinandergehen, wobei auf sie von außen
eine dem von dem Gase ausgeübten Druck das Gleichgewicht haltende Gegen-
kraft ausgeübt wird, so daß ihre Verschiebung reversibel erfolgt. Hierbei wird
wieder die Arbeit nach Gl. (54 a) geleistet.

In einer solchen Vorrichtung wird eine reversible Vermischung der Gase
nicht eintreten.

In ähnlicher Weise geht man vor bei thermodynamischer Ableitung der
Potentialformel von W. NERNST (S. 528) und bei der Berechnung des chemischen
Potentials μ oder ζ_K einer Komponente in einer Mischphase (S. 113 f.).

Wenn wir zwei verschiedene Zustände eines Systems ins Auge fassen, so hat die Frage, ob der eine oder der andere Zustand der stabilere ist nur bei Festsetzung bestimmter Bedingungen für den Übergang einen Sinn. In der Regel formuliert man einen solchen Vorgang, indem man sagt, daß das System „sich selbst überlassen" wird, daß man sich also äußerer Eingriffe enthält. Die Betätigung eines Gegendruckes im Falle der Vermischung zweier Gase (Abb. 40 B) bedeutet zweifellos einen solchen Eingriff, den man bei der Herstellung der Mischung gerne vermeidet. In diesem Fall sind die zwei Bedingungen $U = $ konst. und $V = $ konst., auch während des Überganges, die unmittelbar gegebenen, woraus die Entropiegröße als brauchbares Kriterium der Stabilität folgt. In diesem Falle wären aber auch das thermodynamische Potential und die freie Energie brauchbar, da ja auch der Druck und die Temperatur konstant bleiben.

Im Falle einer unterkühlten Flüssigkeit im Vergleich mit Krystallen ist das thermodynamische Potential die gegebene Bestimmungsgröße, weil die Temperatur beim Übergang leicht konstant zu halten ist und das System am natürlichsten unter konstantem Druck steht.

9. Die Gleichung von Clausius und Clapeyron.

Wir betrachten in einem Einstoffsystem das Gleichgewicht zweier Phasen, z. B. von Dampf und Schmelze oder von Krystallen und Schmelze. Wir haben dafür

$$\zeta'_T = \zeta''_T. \tag{55}$$

Diese Beziehung bleibt bestehen, wenn wir auf der Gleichgewichtskurve zu einer um dT verschiedenen Temperatur übergehen:

$$\zeta'_{T+dT} = \zeta''_{T+dT}. \tag{56}$$

Deshalb gilt für den Übergang

$$d\zeta' = d\zeta'' \tag{57}$$

Aus Gl. 46, S. 48 erhalten wir

$$-S'dT + v'dp = -S''dT + v''dp. \tag{58}$$

(Da es sich um einen umkehrbaren Vorgang handelt, ist nämlich $\Delta = 0$), und

$$\frac{dp}{dT} = \frac{S'' - S'}{v'' - v'} = \frac{\Delta Q}{T \Delta v}. \tag{59}$$

Der Differentialquotient des Druckes nach der Temperatur längs einer Gleichgewichtskurve zweier Phasen in einem Einstoffsystem ist gleich der Wärmeaufnahme bei dem Übergang der einen beteiligten Phase in die andere, dividiert durch die Temperatur mal der zugehörigen Volumenzunahme. ΔQ und ΔV gelten für den isothermen und isobaren Übergang.

Die Gleichung von Clausius-Clapeyron gilt in entsprechender Erweiterung auch für Systeme mit zwei oder mehreren Bestandteilen. Von ihrer Ableitung und Erörterung für diesen allgemeineren Fall soll hier abgesehen werden.

Die Formel von Clausius und Clapeyron kann anschaulich an Hand eines Kreisprozesses abgeleitet werden. Wir betrachten ein Mol eines Dampfes (Zustand 1), der bei der konstanten Temperatur T nur bei dem Druck p zur Flüssigkeit komprimiert wird (Zustand 2). Dann wird die Flüssigkeit beim Sättigungsdruck um dT erhitzt, wobei der Druck um dp steigt (Zustand 3). Bei der Temperatur $T + dT$ wird nun wieder ein Mol verdampft (Zustand 4) und der Dampf im gesättigten Zustand abgekühlt. In Abb. 41 A ist dieser Kreisprozeß im p-v-Diagramm dargestellt. Die Fläche 1 2 3 4 stellt die hierbei geleistete Arbeit dar;

sie ist bis auf unendlich kleine Glieder höherer Ordnung gleich $(v_1 - v_2)\, dp$. Wir betrachten analog das Entropie-Temperatur-Diagramm (Abb. 41 B). Der allgemeine Ausdruck für die bei einem reversiblen Kreisprozeß hineingesteckte Wärme ist $\oint T\, ds$. Dieses Integral ist nun identisch mit der im T—S-Diagramm umlaufenen Fläche. Für den betrachteten Kreisprozeß wird also die Wärmetönung durch das Viereck 1234 (Abb. 41 B) wiedergegeben und ist in diesem Falle gleich $s_1 - s_2\, dT$. Für einen Kreisprozeß ist die geleistete Arbeit gleich der aufgenommenen Wärme, woraus sofort die Gl. (59) folgt.

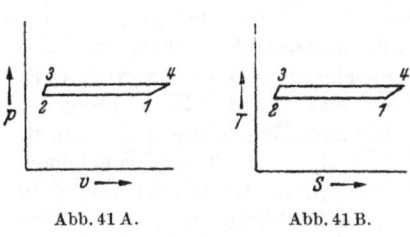

Abb. 41 A. Abb. 41 B.

Abb. 41 A und B. Zur Ableitung der Gleichung von CLAUSIUS-CLAPEYRON

III. Konstitutionslehre (Heterogene Gleichgewichte).

A. Einstoffsysteme.

1. Zustandsgleichung, Zustandsdiagramm.

Der Zustand eines aus einem chemisch einheitlichen Stoff bestehenden homogenen Körpers (einer Phase) ist durch eine Zustandsgleichung von der Form

$$f(x, p, T) = 0 \tag{1}$$

bestimmt, wo p der Druck, T die Temperatur und x eine Eigenschaftsgröße des Körpers ist. Gewöhnlich nimmt man dafür das spezifische Volumen; die Gl. (1) erhält dann die für Gase und Flüssigkeiten gebräuchliche Form

$$f(v, p, T) = 0 \,. \tag{2}$$

Jedoch kann x auch jede andere Eigenschaft sein. Mit Gl. (1) oder (2) ist, wenn p und T vorgegeben sind, der Zustand des Körpers eindeutig definiert. Nicht nur das x, sondern auch alle anderen Eigenschaftsgrößen haben ganz bestimmte Werte.

Auf Grund der Gl. (1) ist der Zustand eines homogenen Körpers aus einem Stoff eine Funktion von zwei unabhängigen Variabeln. In einem Diagramm mit den Koordinaten p, T und V wird er z. B. durch eine im allgemeinen krumme Fläche dargestellt, deren jedem Punkt ein anderer Wert von x und damit den übrigen Eigenschaften entspricht. In Abb. 41 C, die ein solches Diagramm schematisch wiedergibt, ist z. B. $a\,b\,c\,d\,k\,e\,f\,g\,a$ die Fläche des isotropen Zustandes, wo Dampf und Flüssigkeit im kritischen Punkt k ineinander übergehen. $i\,l\,m\,n$ ist die Zustandsfläche des Krystallzustandes.

Die Verhältnisse liegen anders, wenn zwei Phasen, etwa Dampf und Schmelze, miteinander in Berührung stehen. Bekanntlich hängt der Dampfdruck, unter dem eine aus einem Stoff bestehende Flüssigkeit steht, von der Temperatur ab und ist durch sie eindeutig bestimmt. p und T sind nicht mehr unabhängig voneinander veränderlich, sondern die Veränderung einer von diesen Größen bringt eine dadurch bestimmte Veränderung auch der anderen Größe mit sich. Die Zustände der beiden im Gleichgewicht befindlichen Phasen werden deshalb je durch eine räumliche Kurve, z. B. $k\,e$ für den Dampf und $k\,d$ für die Schmelze, dargestellt, die die in Frage kommenden Flächen der homogenen Phasen begrenzen. Die Fläche $e\,k\,d$ stellt die Gemenge von Dampf und Flüssigkeit dar, die sich bei gleichem Druck und Temperatur befinden. Die zusammengehörigen Dampf- und Flüssigkeitszustände o und p müssen deshalb auf je einer zu den Achsen T und P senkrechten Geraden $o\,p$ liegen.

Eine Gerade, die in einem Diagramm die Zustandspunkte von zwei miteinander im Gleichgewicht befindlichen Phasen verbindet, heißt *Konode*. Alle Gemenge von o und von p liegen auf der Konode $o\,p$.

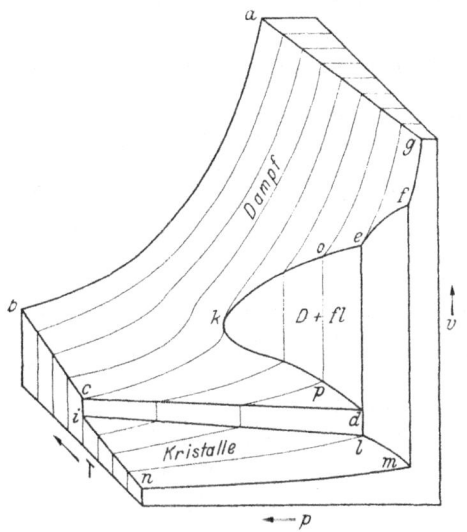

Die Fläche $e\,k\,d$ der Gemenge von Dampf und Schmelze entsteht, indem eine Konode $o\,p$ oder $e\,d$ auf den Kurven $k\,e$ und $k\,d$ abrollt. $e\,k\,d$ ist eine allgemeine Zylinderfläche.

Ähnliche Zylinderflächen sind $e\,f\,m\,l$ für Dampf und Krystalle und $c\,d\,l\,i$ für Schmelze und Krystalle.

Die drei Zustandspunkte e, d und l liegen auf einer Konode; bei dem Druck und der Temperatur der Konode

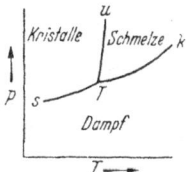

Abb. 41 C. Zustandsfläche eines Einstoffsystems.

Abb. 41 D. Druck-Temperatur-Diagramm
eines Einstoffsystems.

$e\,d\,l$ sind die drei Phasen Dampf, Schmelze und Krystalle miteinander im Gleichgewicht.

Wenn wir die räumliche Figur Abb. 41C auf die p-T-Ebene projizieren, erhalten wir das ebene Diagramm Abb. 41D. Die zweidimensionale Mannigfaltigkeit der Zeichenebene stellt allgemein die Drucke und die Temperaturen dar, bei denen die homogenen Phasen existenzfähig sind. Die räumlichen Begrenzungskurven der Phasen der Abb. 41C ergeben in der Abb. 41D entsprechende ebene Kurven. Für die Gemenge Schmelze-Dampf erhält man die Kurve $T\,k$, die in bekannter Weise im kritischen Punkt k endet. Ähnlich erhält man für die Gleichgewichte Dampf-Krystalle die Kurve $s\,T$ *(Sublimationskurve)* und für die Gemenge Krystalle-Schmelze die Kurve $T\,u$ *(Schmelzkurve)*.

Diese Kurven trennen die Flächen des Dampfes, der Flüssigkeit und der Krystalle voneinander. Diese drei Flächen treffen sich jedoch im Punkte T, der die Projektion der Konode $e\,d\,l$ (Abb. 41C) ist, und wo also alle drei Zustandsformen miteinander im Gleichgewicht sind. Das ist der *Tripelpunkt*. Außerhalb dieses Punktes kommen die Existenzfelder der einzelnen Phasen nicht gleichzeitig mit den beiden anderen in Berührung. Die drei Phasen eines einheitlichen Stoffes können also nur bei einer bestimmten Temperatur und bei einem bestimmten Druck miteinander im Gleichgewicht stehen. Für die gegenseitige Lage der drei Kurven $s\,T$, $u\,T$ und $T\,k$ beim Punkt T gibt es eine sehr einfache Beziehung. Die Fortsetzung jeder dieser Kurven jenseits von T muß zwischen

den beiden anderen Kurven liegen. Diese Fortsetzungen stellen nämlich unbeständige Zustände dar, so die Fortsetzung der Sublimationskurve oberhalb
von T, die Gleichgewichte der überhitzten Krystalle mit dem Dampf. Ein
solcher Zustand muß freiwillig in den bei derselben Temperatur stabilen Zustand
Dampf-Schmelze übergehen können. Dieser Übergang (über den Dampfzustand)
ist aber nur dann möglich, wenn der Dampfdruck der überhitzten Krystalle
größer als der der Schmelze ist, wenn also die Fortsetzung von sT oberhalb von
Tk liegt. Eine ähnliche Überlegung gilt für die Fortsetzung der Kurve kT zu
tieferen Temperaturen, woraus sich dann geometrisch die Gültigkeit der genannten Beziehung auch für die Fortsetzung der Kurve uT ergibt.

2. Phasenregel im Einstoffsystem.

Wir sehen, daß die Zahl der unabhängigen Variablen, also der Veränderungsmöglichkeiten des Systems, sich mit zunehmender Anzahl der Phasen verringert.
Eine jede Veränderungsmöglichkeit des Systems durch Änderung einer unabhängigen Variablen nennen wir einen *Freiheitsgrad*. Ein aus einem Stoff bestehender homogener Körper besitzt demnach zwei Freiheitsgrade, ein Zweiphasensystem im Gleichgewicht nur noch einen und das Dreiphasensystem im
Tripelpunkt gar keine mehr. Bezeichnen wir die Zahl der anwesenden Phasen
mit r und die Zahl der Freiheitsgrade mit f, so gilt also für ein Einstoffsystem

$$r + f = 3. \tag{3}$$

Diese Beziehung ist ein Sonderfall eines viel allgemeineren Gesetzes, wie wir später
nachweisen werden. Es ist die *Phasenregel* in ihrer Anwendung auf das Einstoffsystem. In ihrer allgemeinen Form, die weiter unten (S. 83) erörtert werden soll,
heißt sie

$$r + f = n + 2, \tag{4}$$

wo n die Zahl der Bestandteile des Systems ist.

Wir können diese Beziehung formal sehr einfach ableiten. Wir haben gesehen,
daß für eine Phase durch die Zustandsgleichung die Zahl der unabhängigen Veränderlichen auf 2 beschränkt wird:

$$f_1(x_1, T, p) = 0. \tag{5}$$

Besteht das System aus zwei Phasen, so gilt auch für die zweite Phase eine ähnliche Zustandsgleichung

$$f_2(x_2, T, p) = 0. \tag{6}$$

T und p sind für beide Phasen, die miteinander im Gleichgewicht stehen, gleich,
nicht dagegen x_1 und x_2; zwischen diesen besteht jedoch im Gleichgewichtsfall
eine eindeutige Beziehung.

$$x_2 = F(x_1). \tag{7}$$

In der Tat, das Volumen des Dampfes steht bei einer bestimmten Temperatur
zum Beispiel in einem bestimmten Verhältnis zum Volumen der Flüssigkeit.
Wir haben jetzt im ganzen 4 Veränderliche x_1, x_2, T und p und drei Beziehungsgleichungen zwischen ihnen, nämlich die beiden Zustandsgleichungen und die
Gl. (7). Die Zahl der Freiheitsgrade hat um einen abgenommen. In derselben
Weise können wir ableiten, daß die Zahl der Freiheitsgrade mit jeder Zunahme
der Zahl der Phasen um eine abnimmt und beim Einstoffsystem also bereits
bei drei Phasen gleich Null wird.

In diesem einfachsten Fall des Einstoffsystems bringen die gegebene formale Ableitung und die Phasenregel selbst der unmittelbaren Anschauung gegenüber nichts Neues. Wir werden sehen, daß sie in komplizierteren Fällen, wo die Anschauung versagt, von grundlegender Wichtigkeit ist.

3. Gestalt des Zustandsdiagrammes.

Die Neigung der Gleichgewichtskurven zweier Phasen eines einheitlichen Stoffes ist durch die Clausius-Clapeyronsche Gl. (59), S. 51

$$\frac{dp}{dT} = \frac{Q}{T(v_2 - v_1)} \tag{8}$$

gegeben, wo bekanntlich Q die bei dem Übergang einer Einheitsmenge aus der Phase 1 in die Phase 2 aufgenommene Wärmemenge und $v_2 - v_1$ die zugehörige Volumenzunahme bedeuten, wenn dieser Übergang bei konstanter Temperatur (also auch bei konstantem Druck) durchgeführt wird. Für die Verdampfungskurve ist also Q die Verdampfungswärme bei konstantem Druck und $v_2 - v_1$ die Volumenzunahme bei der Verdampfung. Für die Schmelzkurve ist Q die Schmelzwärme und $v_2 - v_1$ die Schmelzdilatation. Ähnliches gilt für die Sublimationskurve.

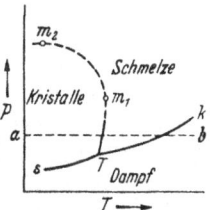

Abb. 42. Verlauf der Schmelzkurve nach G. Tammann.

Man sieht sofort, daß $\frac{dp}{dT}$ für die Schmelzkurve größer sein muß, als für die beiden anderen Kurven, da $v_2 - v_1$ hierbei sehr viel kleiner ist, wie das auch in Abb. 41 A und 41 B dargestellt worden ist.

Aus der Gleichung (59) ist ersichtlich, daß das Vorzeichen der Temperaturänderung des Schmelzpunktes mit steigendem Druck vom Vorzeichen von $v_2 - v_1$ abhängt. Ist das Volumen v_2 der Schmelze größer als das des Krystalles, so steigt die Schmelztemperatur mit dem Druck. So verhalten sich die meisten Stoffe und die meisten Metalle. Ist dahingegen $v_2 < v_1$, so ist $\frac{dp}{dT} < 0$; das bekannteste Beispiel hierfür ist das Wasser; so verhalten sich fernerhin z. B. Wismut, Antimon und anscheinend Silicium.

G. Tammann hat angenommen, daß die Schmelzkurve die in Abb. 42 wiedergegebene Form mit einem Temperaturmaximum hat. Dieser Schluß wurde unmittelbar durch die Beobachtung nahegelegt, daß $\frac{dp}{dT}$ mit steigendem Druck größer wurde, sowie durch die an einigen Stoffen gemachte Erfahrung, daß die Schmelzdilatation $v_2 - v_1$ mit steigendem Druck abnimmt, während die Schmelzwärme sich kaum ändert. Eine weitere Extrapolation zu höheren Drucken ergibt auf Grund der Gl. (8) $\frac{dp}{dT} = \infty$ für den Druck, für den $v_2 = v_1$ geworden ist. Für die Schmelzkurve einer Reihe von Stoffen konnte aus Messungen bei hohen Drucken annähernd eine quadratische Gleichung

$$T = T + b\,p - c\,p^2 \tag{9}$$

interpoliert werden, aus der sich die Koordinaten des maximalen Schmelzpunktes m berechnen ließen. Spätere Messungen von P. W. Bridgman[1] haben jedoch gezeigt, daß die Extrapolation der quadratischen Form (9) auf höheren Druck unzulässig ist, c wird mit steigendem Druck geringer. Damit wird es zweifelhaft,

---

[1] Bridgman, P. W.: Proc. Amer. Acad. 49 (1914), 627 und spätere Arbeiten.

ob das Maximum m_1 wirklich überhaupt immer besteht. Es ist nur in einem Falle und zwar in einem Zweistoffsystem experimentell realisiert worden, nämlich für die Reaktion

$$Na_2SO_4 \cdot 10\, H_2O \leftrightarrows Na_2SO_4 + 10\, H_2O \tag{10}$$

also für das Schmelzen des Glaubersalzes im eigenen Krystallwasser.

Im Punkte m_1 haben die beiden koexistierenden Phasen dasselbe spezifische Volumen. Mit anderen Worten: die Gl. (2) definiert in diesem Falle den Zustand des Körpers noch nicht vollständig. Das ist nur dort möglich, wo wenigstens einer der Partner des Gleichgewichtes ein Krystall ist, der nicht nur durch seine Dichte, sondern auch durch die Anisotropie seiner Eigenschaften charakterisiert ist. Im übrigen ist m_1 nur ein singulärer Punkt, in dem zwei für beide Zustände verschiedene Gl. (2) für gleiche p und T ausnahmsweise das gleiche V ergeben. Im allgemeinen gilt nach wie vor die Regel, daß durch ein Wertepaar von p und T der Zustand des einheitlichen Körpers eindeutig bestimmt ist.

4. Allotrope Modifikationen.

Viele Stoffe weisen allotrope Modifikationen auf, sie krystallisieren in verschiedenen Krystallformen, denen auch verschiedene Eigenschaften entsprechen. Die Modifikationen stellen also verschiedene Phasen dar. In der Regel kann nur die eine Krystallphase in Berührung mit der Schmelze stehen, während sich die andere erst bei tieferer Temperatur bildet. Ein p-T- Diagramm für einen solchen Fall ist schematisch in Abb. 43 dargestellt. Es kommt aber auch vor, daß zwei oder mehr krystalline Phasen mit der Schmelze im Gleichgewicht sein können. Dann sind einige Phasen dieser Art nur bei hohen Drucken beständig, und es gibt Beispiele, wo die Begrenzungskurven solcher Phasen ein Druckmaximum m_2 (oder Druckminimum) aufweisen, wie in Abb. 44 für die Krystallarten I und II dargestellt ist.

Solche Fälle kennt man z. B. beim Wasser, beim Phenol usw. Für den Punkt m_2 ist auf Grund der Gl. (8), $Q = 0$, die Phasenumwandlung erfolgt ohne Wärmetönung. Für Gleichgewichtskurven des isotropen Zustandes (Schmelze-Dampf) gibt es solche singulären Punkte nicht.

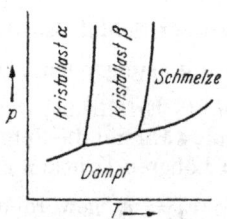

Abb. 43. Druck-Temperatur-Diagramm mit zwei Krystallphasen, die beide mit dem Dampf im Gleichgewicht stehen können.

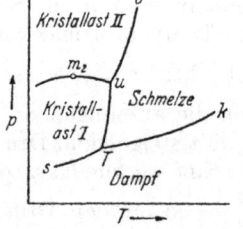

Abb. 44. Druck-Temperatur-Diagramm mit zwei Krystallphasen, deren eine nur bei erhöhtem Druck auftritt.

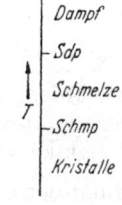

Abb. 45. Zustandsdiagramm eines Einstoffsystems bei konstantem Druck.

5. Diagramm für konstanten Druck.

Arbeitet man bei konstantem Druck, wie meistens in der Metallkunde, so verzichtet man auf eine Veränderliche, also auf einen Freiheitsgrad. An Stelle der Schmelzkurve bekommt man für den gewählten Druck einen bestimmten Schmelzpunkt mit der Zahl Null der Freiheitsgrade, für das Sieden den Siedepunkt bei dem in Frage kommenden Druck. Die Phasenregel (3) S. 54 erhält jetzt die Form:

$$r + f = 2 \qquad (11)$$

für p konstant.

Das Zustandsdiagramm eines einheitlichen Körpers bei konstantem Druck im p-T-Diagramm ist deshalb eine Linie, wie sie in Abb. 45 aufgerichtet ist. Diese Linie stellt einen isobaren Schnitt $a\,b$ in Abb. 42 dar.

6. Schmelz-, Siede- und Umwandlungstemperaturen der reinen Metalle.

In Tab. 4 sind die Schmelzpunkte und Siedepunkte der Metalle mit Einschluß von einigen Halbmetallen und Metalloiden für den Druck einer Atmosphäre angegeben. Die Umwandlungspunkte finden sich in Tab. 77, S. 475 und 78, S. 476.

B. Zweistoffsysteme.

1. Phasenregel bei Zweistoffsystemen.

Besteht eine homogene Phase aus zwei Stoffen, so ist ihr Zustand, außer von dem Druck und der Temperatur, noch von der Zusammensetzung abhängig, d. h. von dem Mengenverhältnis $m_1 : m_2$ der beiden Bestandteile. Statt dieses Mengenverhältnisses führen wir die Konzentration

$$c_1 = \frac{m_1}{m_1 + m_2}$$
$$c_2 = \frac{m_2}{m_1 + m_2} \qquad (12)$$

ein. Von diesen ist nur eine unabhängig veränderlich, da

$$c_1 + c_2 = 1$$

Tabelle 4. Schmelzpunkte und Siedepunkte bei Atmosphärendruck von Metallen und einigen Halbmetallen und Metalloiden in Celsiusgraden (vorwiegend nach G. BORELIUS und A. E. v. ARKEL).

Li 180 ~1300	Be ~1300 ~2970											B 2300	C ~3900	N -210,5 -196	O -219 -183
Na 98 880	Mg 650 1100											Al 660 ~2500	Si 1414 2600	P 44 280,5	S 112,8 444,5
K 63,5 762	Ca 850 ~1700	Sc	Ti 1727 >3000	V 1700	Cr 1860±60 ~2660?	Mn 1244 2150?	Fe 1535 2740?	Co 1478 ~3200?	Ni 1455 3200?	Cu 1084 2600	Zn 419,4 907	Ga 29,8 ~2300	Ge 960	As (817) ~630	Se 220,5 688
Rb 39 ~700	Sr 771 ~1370	J	Zr 2130	Nb ~2500	Mo 2600 ~5000	Ma	Ru 1950 >2700	Rh 1966 >2500	Pd 1554 2200	Ag 960,5 2170	Cd 321 ~767	In 156,4	Sn 232 2275?	Sb 630,5 1635	Te 452,5 1390
Cs 30 ~700	Ba 710 ~1500		Hf 2230	Ta 3030 ~4100	W 3400 ~6000	Re 3170	Os 2500 >5300	Ir 2454 >4800	Pt 1773 4100	Au 1063 2950	Hg -38,9 357	Tl 303,5 1457	Pb 327,4 1740	Bi 271 1560	
Ra			Th 1827 ~3500	Pa	U ~1690										

ist. In der Zustandsgleichung einer homogenen Phase von stetig veränderlicher Zusammensetzung haben wir demnach dem Einstoffsystem gegenüber eine Variable mehr:

$$f(v, p, T, c_1) = 0. \tag{13}$$

Das Zustandsgebiet einer homogenen Phase ist also ein *Raum* im räumlichen p-T-c-Diagramm.

Die weiteren Betrachtungen führen wir für den vereinfachten Fall durch, daß $p = $ konst. und etwa gleich dem Atmosphärendruck ist. Wir erhalten dann statt (13).

$$f(v, T, c_1) = 0. \quad (p = \text{konst.}) \tag{14}$$

In einem Temperatur-Konzentrations-Diagramm ist eine homogene Phase veränderlicher Zusammensetzung durch ein Zustandsfeld dargestellt. Wir nehmen an, daß der gewählte konstante Druck oberhalb der *Dampf-Gleichgewichtsdrucke* aller Phasen liegt. Dann kommt die Dampfphase in unserem Zustandsdiagramm gar nicht vor, wir haben ein *kondensiertes* System.

Tritt in einem binären System zur ersten eine zweite Phase hinzu, findet z. B. etwa die Krystallisation aus einer Salzlösung statt, so sinkt die Zahl der Freiheitsgrade um einen. Wir haben nur noch eine unabhängige Variable. Legen wir z. B. die Konzentration fest, so ist damit die Temperatur, bei der die Lösung mit den Krystallen im Gleichgewicht ist und damit der Zustand aller Phasen des Systems eindeutig festgelegt. Schreiben wir dahingegen die Temperatur vor, bei der ein Krystall im Gleichgewicht mit der Lösung sein soll, so stellt sich eine genau definierte Konzentration ein. Tritt als dritte Phase noch eine zweite Krystallart, etwa das Salz hinzu, so ist das nur bei einer bestimmten Temperatur (der eutektischen, s. S. 64) möglich, und damit ist auch die Konzentration der Lösung bestimmt. Wir haben keine Freiheitsgrade mehr.

Für die Zweistoffsysteme gilt also bei konstantem Druck die Beziehung (vgl. Gl. 11, S. 57)

$$r + f = 3 \ (p = \text{konst.}) \tag{15}$$

oder ohne diese Einschränkung:

$$r + f = 4 \tag{16}$$

Die Zahl der Freiheitsgrade ist um eine höher als beim Einstoffsystem.

Wir können die Phasenregel für das Zweistoffsystem ähnlich ableiten, wie für das Einstoffsystem, wenn wir berücksichtigen, daß in den Gl. (5—7), S. 54 als eine neue Variable die Konzentration hinzukommt. Wir wollen hierauf nicht eingehen, sondern diese Betrachtung bis zu einer allgemeinen Ableitung der Phasenregel zurückstellen (S. 83). Hier bemerken wir nur, daß die Phasenregel in einer zu den Gl. (15) und (16) analogen Form für Systeme aus beliebig vielen Bestandteilen gilt. Die Zahl der Freiheitsgrade nimmt mit der Zahl der Phasen nach derselben Regel ab. Wir erhalten die allgemeine bekannte Formulierung der Phasenregel

$$r + f = n + 2, \tag{17}$$

wo n die Zahl der Bestandteile des Systems ist. Die Gl. (3), S. 54 und (11), S. 57 ergeben sich daraus sofort, wenn $n = 1$ oder $= 2$ gesetzt wird. Bei konstantem Druck erniedrigt sich die Zahl der Freiheitsgrade um einen

$$(r + f)_{p = \text{konst.}} = n + 1. \tag{18}$$

In der Form (18) oder (16) werden wir von der Phasenregel für Zweistoffsysteme ständig Gebrauch machen.

Die Phasenregel als abstrakte Formulierung einer allgemein gültigen experimentellen Tatsache ist bei der Betrachtung von Einstoffsystemen, wie bereits erwähnt, von geringem Nutzen. Eine konkrete Überlegung gibt uns dort schneller und anschaulicher einen Überblick über die Verhältnisse als eine Bezugnahme auf die Phasenregel. Auch bei binären Systemen kommt man bei der Erörterung der Zustandsdiagramme noch ohne sie aus. Sie ergibt jedoch bereits oft die Möglichkeit kürzerer bequemer Formulierungen. Ganz unentbehrlich ist sie bei der Betrachtung von Systemen mit mehr Bestandteilen, wo die unmittelbare Anschauung uns im Stich läßt.

2. Das Zustandsdiagramm.

a) Allgemeines.

Die auf Grund der Gl. (14) S. 58 bestimmte Zustandsfläche einer Phase in einem Zweistoffsystem ist durch Grenzkurven begrenzt, die ihre Zustände im Gleichgewicht mit je einer anderen Phase angeben. Dieser zweiten Phase entspricht umgekehrt eine andere Grenzkurve, die ihren Gleichgewichten mit der ersten Phase entsprechen. Die Endpunkte dieser Grenzkurven geben die Zustände der in Frage kommenden Phase wieder, wenn sie im Gleichgewicht mit 2 anderen Phasen ist. Wenn wir die Eigenschaftsgrößen der Phasen, zu denen auch das Volumen V gehört, nicht zur Darstellung zu bringen wünschen, können wir das räumliche Zustandsdiagramm des Zweistoffsystems auf die c-T-Ebene projizieren. In dieser Projektion ergeben die Zustandsflächen der Phasen ebene Gebiete und die Projektionen ihrer räumlichen Grenzkurven ebene Begrenzungskurven. Man erhält so das in der Metallkunde so viel angewandte ebene Zustandsdiagramm, aus dem die Temperaturen und die Konzentrationen abzulesen sind, bei denen einzelne Phasen existenzfähig sind.

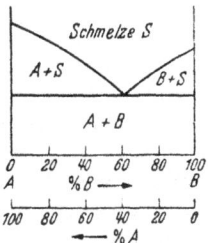

Abb. 46. Schema eines binären Zustandsdiagrammes.

Man pflegt hierbei die Konzentration als Abszisse und die Temperatur als Ordinate aufzutragen. Da die Konzentration nicht über 1 (bzw. über 100%) steigen kann, ist das Diagramm hier durch eine Abschlußordinate begrenzt und hat die in Abb. 46 wiedergegebene Form. Als Abszisse sind die Konzentrationen des Bestandteiles B aufgetragen; im Punkte B ist seine Konzentration $c_B = 1$, also die des A-Bestandteiles $c_A = 0$, im Anfangspunkt A ist umgekehrt die Konzentration von $c_B = 0$ und das System besteht nur aus der Komponente A. Da $c_A + c_B = 1$ ist, ist für jeden Punkt X:

$$\frac{AX}{AB} = c_B \; ; \qquad \frac{XB}{AB} = c_A \; .$$

Die Konzentrationen werden vielfach in Prozenten angegeben; das ist in der unter der Abb. 46 angegebenen Konzentrations-Skala geschehen. Man pflegt im Zustandsdiagramm meistens nur die Konzentration von B anzugeben.

In Abb. 46 sind die Zustandsfelder als Beispiel für den später (S. 63) zu erörternden Fall eines mechanischen Gemenges der Bestandteile angegeben.

b) Die Hebelbeziehung.

Wir wünschen, eine Mischung mit der Konzentration c an B durch Vermischen von zwei anderen Teilmischungen c_1 und c_2 herzustellen. Wir wollen die Mengen von den beiden Mischungen, die wir hierzu benötigen, berechnen.

Wir nehmen hierzu X_1-Einheiten der Mischung c_1; die darin enthaltene Menge von B ist $X_1 c_1$. Da wir insgesamt eine Einheitsmenge der Mischung c herzustellen haben, ist die Menge der Mischung c_2 dann $1 - X_1$ und die Menge von B in dieser Mischung $(1 - X_1)c_2$. Die Gesamtmenge von B in der Mischung c, die sich ergibt, wenn wir beide Teilmischungen vereinigen, ist

$$c = X_1 c_1 + (1 - X_1)\, c_2;$$

$$X_1 = \frac{c_2 - c}{c_2 - c_1}$$

$$1 - X_1 = \frac{c - c_1}{c_2 - c_1} \qquad (19)$$

$$\frac{X_1}{1 - X_1} = \frac{c_2 - c}{c - c_1}$$

Die Konzentrations-Differenzen in (19) sind in der Darstellung der Abb. 46 einfach die entsprechenden Strecken.

Wie man sieht, gilt die Hebelbeziehung: Die Mengen X_1 und $X_2 = 1 - X_1$ der Teilmischungen von c_1 und von c_2, die zur Herstellung der Gesamtmischung notwendig sind, ergeben sich, wenn an den Enden c_1 und c_2 eines Hebels mit dem Stützpunkt c solche Gewichtsmengen X_1 und X_2 aufgehängt werden, daß der Hebel im Gleichgewicht ist.

Man ersieht daraus, daß die Gültigkeit der Hebelbeziehung in keiner Weise von dem Zustand und der Natur der beteiligten Mischungen abhängt. Es kann sich um zwei Phasen mit den Konzentrationen c_1 und c_2 handeln, in die eine Schmelze c zerfällt, es kann sich aber auch um Gemenge von Bohnen und Erbsen handeln, die in Konzentrationen c_1 und c_2 vorhanden sind und die so zu vermischen sind, daß ein Gemenge c entsteht; es kann sich vor allen Dingen um die Aufgabe handeln, eine Legierung von der Zusammensetzung c aus den vorhandenen Gemengen c_1 und c_2 (die einheitliche Legierungen oder grobe mechanische Mischungen sein können) zu erschmelzen.

Bei der Erörterung von Zustandsdiagrammen binärer Mischungen ist die Hebelbeziehung überaus wichtig.

c) Wahl der Konzentrations-Variablen.

Grundsätzlich ist es gleichgültig, in welcher Weise die Zusammensetzung einer Legierung angegeben wird, ob etwa in Volumen-Prozenten, in Gewichts- oder in Atomprozenten. Zweckmäßig ist es, hierfür eine streng additive Größe zu nehmen. Als solche bietet sich nur die Masse, das heißt die Rechnung in Gewichts- oder in Atomprozenten, nicht aber das Volumen, da bei der Legierungsbildung eine Volumenänderung auftreten kann.

Will man in einem Diagramm eine Eigenschaft in Abhängigkeit von der Zusammensetzung auftragen, so empfiehlt es sich, sich so einzurichten, daß diese Eigenschaft sich mit der Zusammensetzung linear ändert, wenn mechanische Gemenge der Bestandteile vorliegen. Diese Bedingung ist erfüllt, wenn die spezifische Eigenschaft, um die es sich handelt, auf dieselbe Einheit wie die Konzentration bezogen ist. Die spezifischen Volumina der Bestandteile A und B seien v_A und v_B. Dann ist das Volumen der Mischung mit der Konzentration c (Gewichtsbruchteil) an B:

$$v_A\,(1 - c) + v_B\, c = v_c. \qquad (20)$$

Dieses Volumen ist aber auch zugleich das gesuchte spezifische Volumen, da die betrachtete Gesamtmasse der Mischung wieder 1 ist.

Nehmen wir statt dessen an, daß wir die Atom-Volumina V_A und V_B in Abhängigkeit von der Konzentration in Grammen auftragen wollen. Das Volumen des Anteiles A ist $\dfrac{V_A(1-c)}{M_A}$, das des Anteiles B $\dfrac{V_B\,c}{M_B}$, das Volumen der erhaltenen Legierung ist

$$\frac{V_A\,(1-c)}{M_A} + \frac{V_B\,c}{M_B} = V_c\left(\frac{1-c}{M_A} + \frac{c}{M_B}\right), \tag{21}$$

wo M_A und M_B die Atomgewichte der Bestandteile und V_c das Atomvolumen der Legierung, d. h. das Gesamtvolumen geteilt durch die Gesamtzahl der Atome, darstellen. Man sieht, daß in diesem Falle eine der Gl. (20) entsprechende einfache Beziehung nicht besteht: Die Kurve der Atomvolumina, in Gewichtsprozenten aufgetragen, würde krumm sein. Will man mit Atomvolumina arbeiten, so muß man eben auch die Menge der Bestandteile in Atomen rechnen.

Wenn wir statt des spezifischen Volumens die Dichte in Abhängigkeit von der Konzentration in Gewichtsprozenten auftragen wollen, erhalten wir aus (20),

$$\frac{1-c}{d_A} + \frac{c}{d_B} = \frac{1}{d_c}, \tag{22}$$

also ebenfalls keine lineare Beziehung.

Würden wir bei der Konzentrationsangabe in Gewichten statt des spezifischen Volumens v eine Funktion dieser Größe, also etwa eine Potenz, auftragen wollen, so würden wir auch keine linearen Beziehungen im Falle einer mechanischen Mischung erhalten. Die Dimension der Dichte ist $m^1 \cdot v^{-1}$, die des spezifischen Volumens $v^1\,m^{-1}$. Die Voraussetzung dafür, daß eine Eigenschaft eines mechanischen Gemenges in einem Diagramm linear verläuft, ist ganz allgemein, daß diese Eigenschaft hinsichtlich der Konzentrations-Variabeln minus erster Dimension ist.

Die magnetische Susceptibilität (vgl. S. 287) wird auf die Einheit des Volumens bezogen, sie enthält das Volumen in der minus ersten Potenz. Man muß deshalb für ihre Darstellung die Menge der Bestandteile in Volumenanteilen angeben. Dieser Maßstab hat aber, wie bemerkt, den Nachteil, daß er nicht streng additiv ist. Deshalb ist es zweckmäßiger, die Susceptibilität für eine solche Betrachtung mit dem spezifischen Volumen zu multiplizieren und also auf die Masseneinheit zu beziehen. Natürlich kann man sie auch auf ein Gramm-Atom beziehen und die Darstellung in Atomprozenten wählen. Diese Betrachtungen gelten nur für spezifische Größen, die also auf eine bestimmte Einheitsmenge bezogen werden. Für solche Eigenschaften, in welche die einzelnen linearen Abmessungen in verschiedener Weise eingehen, wie z. B. für die elektrische Leitfähigkeit, ergeben sich kompliziertere Verhältnisse. Wenn die Gleichgewichtsbedingung erfordert, daß die Werte einer Eigenschaft für die Bestandteile eines Gemenges gleich sind, so ist der Wert der betrachteten Größe für ein Gemenge konstant.

d) Gewichtsprozente und Atomprozente.

Für theoretische Betrachtungen empfiehlt es sich in der Regel, die Menge der Bestandteile nach Atomen zu rechnen. Da unsere Waagen aber nicht Atomeinheiten, sondern Masseneinheiten wiegen, so wird eine Legierung praktisch immer nach Massen- oder Gewichtseinheiten (Gewichtsprozenten) zusammengestellt. Die Beziehung zwischen Atom- und Gewichtsprozenten ergibt sich durch folgende einfache Betrachtung.

Eine Mischung enthalte x-Gewichtsprozente des Bestandteiles A mit dem Atomgewicht M_A und $(100-x)$-Gewichtsprozente des Bestandteiles B mit dem Atomgewicht M_B. In 100 Gewichtseinheiten der Legierung sind dann enthalten $\dfrac{x}{M_A}$ Grammatome von A und $\dfrac{100-x}{M_B}$ Grammatome von B. Die Legierung enthält deshalb

$$X = \frac{\dfrac{100\,x}{M_A}}{\dfrac{x}{M_A} + \dfrac{100-x}{M_B}} = \frac{100\,x\,M_B}{x\,M_B + (100-x)\,M_A} = \frac{100}{1 + \dfrac{100-x}{x} \cdot \dfrac{M_A}{M_B}} \tag{23}$$

Atomprozente A und entsprechend:

$$100 - X = \frac{(100-x)\,M_A}{x\,M_B + (100-x)\,M_A} \tag{24}$$

Atomprozente B. (23) und (24) sind die Formeln zum Umrechnen von Gewichtsprozenten in Atomprozente.

Ist die Zusammensetzung der Legierung umgekehrt in Atomprozenten angegeben und enthält sie X Atomprozente von A, so ist das Gewicht von A in 100 g der Legierung $X \cdot M_A$ und das von B: $(100 - X)\,M_B$. Die Gewichtsprozente von A ergeben sich zu

$$x = \frac{X \cdot M_A}{X \cdot M_A + (100 - X) \cdot M_B} \tag{25}$$

und die von B zu

$$(100 - x) = \frac{(1 - X) \cdot M_B}{X\,M_A + (1 - X) \cdot M_B} \tag{26}$$

(25) und (26) sind die Formeln zum Umrechnen von Atomprozenten in Gewichtsprozente.

3. Formen des Zustandsdiagrammes.

a) Übersicht.

Erfahrungsgemäß kann das Verhalten zweier Metalle zueinander (und das gilt auch für andere Stoffe) in binären Mischungen ein verschiedenes sein; die Metalle können miteinander Mischkrystalle bilden oder sich aus den Schmelzen rein ausscheiden; es können intermediäre Krystallarten (Verbindungen)[1] gebildet werden usw. Je nach diesem Verhalten ändern sich die Gleichgewichtsverhältnisse bei der Erstarrung und damit das Zustandsdiagramm. Wir können eine Reihe von typischen Grundfällen unterscheiden, aus denen durch Kombination alle möglichen Zustandsdiagramme entstehen können. Diese Grundfälle sind folgende:

A. Die Bestandteile sind in der Schmelze in allen Verhältnissen mischbar.

a) Sie krystallisieren aus der Schmelze im reinen Zustand aus,

b) sie bilden eine *kongruent* schmelzende Verbindung mit einem Schmelzpunktmaximum,

---

[1] Unter einer *intermediären Krystallart* versteht man eine besondere Krystallart, die allgemein in einem Mehrstoffsystem zwei oder mehr Bestandteile enthält. Wenn diese Krystallart nur bei einer bestimmten Zusammensetzung existenzfähig ist, heißt sie *singuläre* Krystallart.

Die Bezeichnung der intermediären Krystallarten als chemische Verbindungen stammt aus der Zeit, als man meinte, man könne die Legierungen auf Grund ähnlicher Vorstellungen über Moleküle, wie sie sich in der Chemie der Gase und Lösungen ausgebildet haben, behandeln. Heute wissen wir, daß das unzulässig ist. Im folgenden werden wir die Bezeichnung Verbindung für intermetallische Krystallarten gelegentlich wegen ihrer Kürze benutzen. Über die atomistische Berechtigung dieser Bezeichnungsweise vgl. S. 130 ff.

c) sie bilden eine Verbindung mit einem verdeckten Maximum, die unter Zersetzung, *inkongruent*, schmilzt,

d) sie bilden miteinander eine lückenlose Reihe von Mischkrystallen,

e) sie bilden begrenzte Mischkrystallreihen mit einem Eutektikum,

f) sie bilden begrenzte Mischkrystallreihen mit einem Peritektikum.

B. Die Bestandteile bilden im flüssigen Zustand eine Mischungslücke.

b) Mechanisches Gemenge der Bestandteile.

Scheiden sich aus einer verdünnten Lösung von B in der Schmelze von A bei der Erstarrung Krystalle von reinem A ab, so ist im Gültigkeitsgebiet der

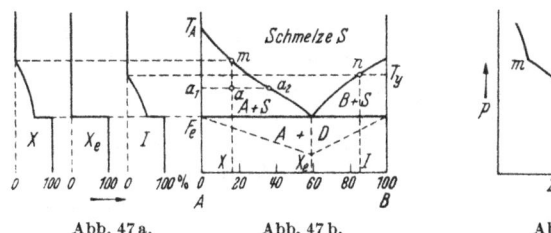

Abb. 47 a.   Abb. 47 b.   Abb. 47 c.

Abb. 47 a—c. Zustandsdiagramm des mechanischen Gemenges zweier Komponenten, a Mengenanteile der Krystalle in den Legierungen X, X_e und I der Abb. 47 b bei verschiedenen Temperaturen, c Schema einer Abkühlungskurve.

idealen Lösungen nach der Formel von VAN 'T HOFF die *Schmelzpunktserniedrigung* pro Atom des Zustandes auf 1000 Atome der Schmelze:

$$\varDelta T = \frac{R T_s^2 \; ^1)}{1000\, r} \tag{27}$$

wo T_s der Schmelzpunkt des Lösungsmittels und r seine Schmelzwärme ist.

Durch Zusatz eines zweiten Stoffes wird der Schmelzpunkt einer sich rein ausscheidenden Komponente *immer* erniedrigt, und zwar um so mehr, je höher der Gehalt am zweiten Bestandteil ist. Mit zunehmender Konzentration an B sinkt deshalb die Temperatur des Beginnes der Krystallisation von A längs einer nach rechts abfallenden Kurve $T_A m$ (Abb. 47 b). Diese Kurve gibt also die Temperaturen und die Zusammensetzungen der an Krystallen gesättigten Schmelzen wieder. Solche Kurven werden allgemein *Liquidus-Kurven* genannt. Wir betrachten eine Legierung X. Wenn sie bei der Abkühlung die Temperatur T_x (Punkt m) erreicht hat, beginnt die Abscheidung von A. Dadurch reichert sich die Schmelze an B an, und die Gleichgewichtstemperatur zwischen den Krystallen von A und der Schmelze sinkt. Die Krystallisation von A aus der Schmelze erfolgt nicht bei konstanter Temperatur, sondern in einem Temperaturintervall.

Dieses Ergebnis ist in Übereinstimmung mit der Phasenregel. Aus $r + f = 3$ folgt für die Zahl $r = 2$ der Phasen: $f = 1$. Wir haben somit noch einen Freiheitsgrad. Sobald die Temperatur aber festgelegt wird, ist auch die Zusammensetzung aller Phasen eindeutig bestimmt.

Mit zunehmender Anreicherung der Schmelze an B wird ein Punkt e erreicht, in dem die Schmelze *auch an* B gesättigt ist. Jetzt ist sie im Gleichgewicht mit den Krystallen von A und von B zugleich, es besteht kein Freiheitsgrad mehr: Dieses Gleichgewicht kann nur bei einer Temperatur T_e und nur bei einer Zusammensetzung der Restschmelze X_e bestehen.

---

[1] Gl.(27) ist eine unmittelbare Folge der Gleichung von CLAUSIUS-CLAPEYRON, wenn es sich um ideale verdünnte Lösungen handelt.

Die Kurve $T_A\,e$ gibt die Zusammensetzung der Schmelzen an, die bei verschiedenen Temperaturen im Gleichgewicht mit A-Krystallen stehen, also auch die Temperaturen, bei denen die Schmelzen verschiedener Zusammensetzungen zu krystallisieren anfangen. Sie wird auch die *Kurve des Beginnes der Krystallisation* genannt.

e ist gleichzeitig der Endpunkt einer von dem Schmelzpunkt des reinen B ausgehenden Kurve des Beginnes der Krystallisation von B, die genau so zustandekommt wie die erörterte Kurve $T_A\,e$ des Beginnes der Krystallisation von A.

Bei der Temperatur T_e besteht das Gleichgewicht Schmelze

$$s \rightleftarrows \text{Krystalle von } A \,+\, \text{Krystalle von } B \tag{28}$$

Bei Wärmeentziehung findet die Reaktion von links nach rechts statt, bis die gesamte Schmelze e verbraucht ist. Damit ist der Krystallisationsvorgang der Legierung abgeschlossen. Die Krystallisation nach dem Schema (28) nennt man die *eutektische Krystallisation*.

Man sieht leicht, daß die Krystallisation aller Legierungen nach der primären Ausscheidung von A oder von B mit der eutektischen Krystallisation abschließt.

Oberhalb der Kurve $T_A\,e\,T_B$ bestehen die Legierungen aus homogenen Schmelzen. Jeder Punkt der Ebene gibt die Zusammensetzung und Temperatur, beschreibt also den Zustand einer geschmolzenen Legierung. Auch auf den Kurven $T_A\,e$ und $T_B\,e$ bestehen noch die ganzen Legierungen aus den homogenen Schmelzen. Diese Schmelzen sind jedoch bereits an der A- oder B-Krystallart gesättigt. Unterhalb dieser Kurven entsprechen den einzelnen Punkten keine Zustände homogener Phasen mehr. Im Punkt a befindet sich z. B. eine Legierung X nicht in dem Zustand einer Phase, deren Zusammensetzung und Temperatur durch a angegeben wäre. Vielmehr ist eine solche Legierung in zwei Phasen *zerfallen*, deren Zusammensetzung wir finden können, wenn wir durch a eine Isotherme $a_1\,a_2$ ziehen und ihren Schnittpunkt mit den Begrenzungslinien des Gebietes A und s aufsuchen (a_1 und a_2). Eine Isotherme und auch isobare Gerade, die die Zustandspunkte zweier, miteinander im Gleichgewicht stehender Phasen verbindet, wird in Mehrstoffsystemen allgemein *Konode* genannt. Dieser Bezeichnung werden wir uns des öfteren, auch bei Dreistoffsystemen bedienen (vgl. für das Einstoffsystem S. 53). Mit Hilfe der Hebelbeziehung können wir dann zugleich die Mengenanteile der beiden Phasen, der Krystallart A und der Schmelze s, berechnen.

In Abb. 47a sind die Mengenanteile des Krystallisierten (z. B. in Atomprozenten) als Abszissen in Abhängigkeit von der Temperatur als Ordinate für verschiedene Legierungen X, X_e und I aufgetragen worden, jeweils von einem neuen Nullpunkt der Abszisse ausgehend.

Es ist zu betonen, daß die Gestalt der Kurven der Abb. 47a sich nicht mit den entsprechenden Teilen der Kurve in Abb. 47b deckt. Zuweilen findet man eine Darstellung, bei der diese Kurventeile für die Abb. 47a einfach aus der Abb. 47b abgegriffen worden sind. Diese Darstellung ist falsch. Man sieht das sofort, wenn man bedenkt, daß der Abstand $a\,a_2$ in Abb. 47b auf Grund der Hebelbeziehung proportional dem Verhältnis der Menge des Krystallisierten zur Menge der Schmelze ist:

$$\frac{\text{Menge der Krystalle}}{\text{Menge der Schmelze}} = \frac{a\,a_2}{a_1\,a} \,. \tag{28}$$

Die Strecke $a_1 a$ ist für die Legierung X von der Menge des Krystallisierten unabhängig, die ihr entsprechende Menge der Schmelze nimmt mit sinkender Temperatur ab, dahingegen geben die Abszissen der Kurve in Abb. 47a unmittelbar die absoluten Mengen der Krystalle in einer gegebenen Menge der Legierung an.

Zur experimentellen Bestimmung der Mengenanteile verschiedener Phasen mißt man eine Eigenschaft, die für verschiedene Phasen verschiedene Werte hat, z. B. die elektrische Leitfähigkeit, den Wärmeinhalt usw. Diese Eigenschaften sind auch für die einzelnen Phasen Temperaturfunktionen. Dadurch werden die Kurven der Abb. 47a *verzerrt* und man bekommt die typische Gestalt der Abkühlungskurven Abb. 47c.

Auf die Methodik der Konstitutionsforschung wird in Abschn. III. F. auf S. 104 etwas näher eingegangen werden.

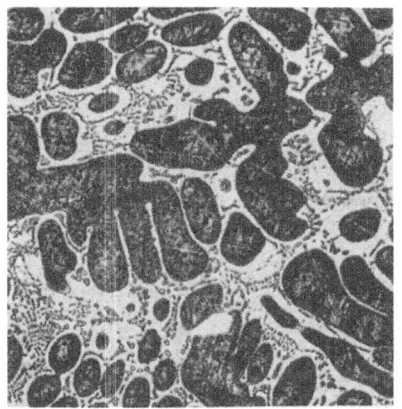

Abb. 48. Struktur einer Legierung mit 60% Zn und 40% Cd, Zink primär. (nach G. MASING, Grundlagen der Metallkunde).

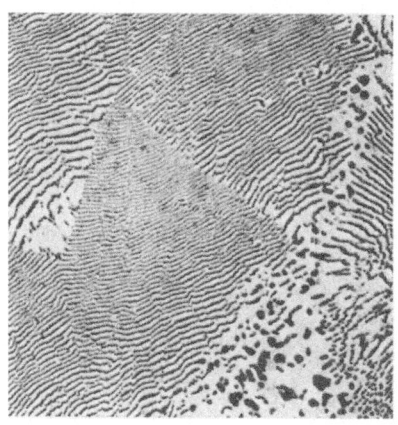

Abb. 49. Struktur einer Legierung mit 18% Zn und 82% Cd, eutektisches Gefüge. (nach G. MASING, Grundlagen der Metallkunde).

Im Schliffbild der aus dem Schmelzfluß erstarrten A-reicheren Legierungen sieht man primär ausgeschiedene größere Krystallite von A, wie die Abb. 48 am Beispiel der Zink-Cadmium-Legierungen zeigt. Zwischen den primären Krystalliten befindet sich das Eutektikum in lamellarer Ausbildung, das in reiner Form für die eutektische Zusammensetzung in Abb. 49 wiedergegeben ist. Jenseits der eutektischen Konzentration finden sich die primären Krystalle des anderen Bestandteiles.

c) Die Bestandteile bilden eine intermediäre Krystallart (Verbindung) mit einem Schmelzpunkts-Maximum.

Die Schmelzkurve vieler binärer Mischungen (Abb. 50) besteht aus drei Ästen, $T_A e_1$, auf dem die Schmelze mit den Krystallen von A, $T_B e_2$, auf dem sie mit den Krystallen von B im Gleichgewicht ist, und $e_1 T_V e_2$ mit einem Temperatur-Maximum in T_V. In diesem letzteren Konzentrationsbereich scheidet sich aus der Schmelze eine intermediäre Krystallart einer bestimmten (singulären) Zusammensetzung V aus. Die Erstarrung verläuft im allgemeinen genau so wie unter a) geschildert worden ist. Im Teil AV ist e_1 die zuletzt erstarrende eutektische Schmelze; die krystallisierten Legierungen bestehen aus einem Gemenge von A und der intermediären Krystallart V, im Konzentrationsgebiet BV bestehen sie aus B und V, die zuletzt erstarrende Restschmelze ist e_2.

Wenn V eine Verbindung wäre, die ohne jegliche Zersetzung schmilzt, würde sie sich wie eine unabhängige Komponente verhalten, und das Zustandsdiagramm würde einfach in zwei Zustandsdiagramme AV und VB zerfallen[1]. In der Regel lassen sich jedoch in den metallischen Schmelzen Moleküle von Verbindungen, deren Zusammensetzung der intermediären Krystallart entspräche, gar nicht oder nur in beschränktem Maße nachweisen. Eine solche Verbindung ist im Schmelzfluß also dissoziiert:

$$A_mB_n \rightleftarrows mA + nB \tag{29}$$

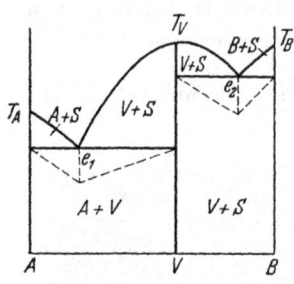

Abb. 50. Zustandsdiagramm
mit einer Verbindung
mit einem offenen Maximum.

Für das Dissoziationsgleichgewicht ergibt sich

$$K = \frac{x}{(c - xn)^n (1 - c - xm)^m} \tag{30}$$

Hier ist x die Zahl der Moleküle der Verbindung in der Masseneinheit der Schmelze, c die Konzentration von B in der Legierung. Dann geben die beiden Faktoren des Nenners die Zahlen der freien A- und B-Atome in der Masseneinheit an. Durch Differentiation erhält man:

$$\frac{dx}{dc} = Kn(c-xn)^{n-1}(1-c-xm)^m\left(1-n\frac{dx}{dc}\right)$$
$$- Km(1-c-xm)^{m-1}(c-xn)^n\left(1+m\frac{dx}{dc}\right) \tag{32}$$

für $\dfrac{dx}{dc} = 0$ ergibt sich

$$n(1-c-xm) = m(c-xn), \text{ und } c = \frac{n}{m+n}. \tag{32}$$

Bei der Zusammensetzung der Legierung A_mB_n ist der Differentialquotient der Menge der Moleküle dieser Zusammensetzung in der Schmelze nach der Konzentration gleich Null. Es ist leicht einzusehen, daß die Menge dieser Moleküle bei der genannten Zusammensetzung ein Maximum ist.

Da man am einfachsten annehmen kann, daß die Gleichgewichtstemperatur zwischen Schmelze und der Krystallart A_mB_n durch die Konzentration der Moleküle dieser Formel in der Schmelze bestimmt ist, versteht man, daß auch auf der Schmelzkurve $e_1 T_V e_2$ für den Punkt T_V die Beziehung $\dfrac{dT}{dc} = 0$ gilt an Stelle des durch die Gl. (77), S. 127 bestimmten Wertes dieses Differentialquotienten an den reinen Komponenten. Im Schmelzpunkt der Verbindung bildet die Schmelzkurve ein abgeflachtes Maximum mit einer Horizontaltangente.

Es muß betont werden, daß es auf Grund der Krystallstruktur der intermetallischen Verbindungen (vgl. S. 130 ff.) in der Regel keinen Sinn hat, im Krystallzustand vom Molekül A_mB_n zu sprechen und etwa sich vorzustellen, daß die Verbindung *beim Schmelzen dissoziiert*. Jedoch liegt der geschilderten Betrachtung im Sinne der üblichen Molekularchemie die Vorstellung zugrunde, daß aus dem Krystall zunächst Moleküle A_mB_n der Schmelze entstehen, die dann in A und B-Atome dissoziieren. Eine derartige Annahme, auch wenn sie eine reine Fiktion darstellt, wird bei physikalisch-chemischen Betrachtungen bekanntlich sehr oft mit Erfolg angewandt. So werden etwa den festen Körpern, die an einer Gasreaktion teilnehmen, Dampfdrucke zugeschrieben, und auf Grund dieser Dampfdrucke wird das Gleichgewicht im homogenen gasförmigen System

---

[1] In einem solchen Falle müßte man annehmen, daß die Schmelze, die der Zusammensetzung der Verbindung entspricht, ausschließlich aus den Molekülen dieser Verbindung besteht.

berechnet. Hierbei können die Dampfdrucke so klein sein, daß die Gleichgewichts-einstellung in *Wirklichkeit* sicher nicht über den Dampf der festen Körper erfolgt. Im vorliegenden Falle des Schmelzpunktes einer intermediären Krystallart ist für deren Krystallisation notwendig, daß sich an ihrer Oberfläche Atome von A und B in relativen Mengen m und n zusammenfinden. Die Wahrscheinlich-keit für die Entstehung solcher krystallisationsfähigen Gruppen von Atomen in Schmelzen berechnet sich aber genau ebenso wie die Wahrscheinlichkeit der Bildung eines Moleküls A_mB_n in der Schmelze. Das Ergebnis unserer Rech-nung gilt auch für diese Vorstellungsbasis.

F. RUER[1] hat durch Berechnung von thermodynamischen Potentialen ganz unabhängig von der Gültigkeit der Gesetze der verdünnten Lösungen in Schmelzen, die die Voraussetzung für die Anwendung des Massenwirkungsgesetzes in seiner einfachen Form sind, gezeigt, daß im Schmelzpunkt einer ohne Abscheidung einer anderen Krystallart schmelzenden Krystallart die Schmelzkurve eine hori-zontale Tangente hat. Das läßt sich auch graphisch zeigen[2].

Es gibt nun andererseits viele Fälle, in denen bei der Vermischung der flüssigen Komponenten zu einer flüssigen Legierung Wärme entwickelt wird, ein Nachweis dafür, daß in der Schmelze eine Wechselwirkung zwischen den Komponenten stattfindet. Auch in solchen Fällen ist es unwahrscheinlich, daß es zur Bildung von wohl ausgebildeten starren Komplexen, die sich als Einheiten bewegen, im Sinne der Molekularvorstellung der klassischen Chemie kommt. Vielmehr wird man, nicht unähnlich wie in starken Elektrolyten, etwa unter dem Einfluß der Ladungsverschiebungen auf die Komponenten (der Ionisation) oder im Sinne der erhöhten Stabilität bestimmter Konzentrationen von freien Elektronen, eine bevorzugte, aber bewegliche Gruppierung der Bestandteile zu Komplexen der Brutto-Zusammensetzung der intermediären Krystallart annehmen. Je sta-biler solche Gruppierungen sind, desto höher wird unter sonst gleichen Umständen die Schmelztemperatur der intermediären Krystallart und desto steiler der Abfall der Liquidusäste zu beiden Seiten des Maximums sein. Für die Bil-dung und die Stabilität der genannten Komplexe werden z. T. ähnliche Momente maßgebend sein wie im Krystallzustand.

Entsprechend den Gebieten der primären Krystallisation der beiden Kom-ponenten oder der Verbindung bestehen die aus dem Schmelzfluß erstarrten Legierungen aus den in Frage kommenden primären größeren Krystallen mit dem dazwischenliegenden Eutektikum. Die Struktur der reinen Verbindung im Mikroskop unterscheidet sich nicht von derjenigen der reinen Komponente.

d) Die Bestandteile bilden eine intermediäre Krystallart, die unter Zersetzung schmilzt (inkongruent schmelzende Verbindung).

Wenn eine singuläre, intermediäre Krystallart V (Abb. 51a) bei einer Erhitzung auf eine bestimmte Temperatur T_V zerfällt, so können dabei entweder zwei neue Krystallarten, im einfachsten Falle die beiden Komponenten oder eine Schmelze und eine andere Krystallart, im einfachsten Falle eine Komponente entstehen; wir betrachten den zweiten Fall. Bei der Zersetzungstemperatur von V sind drei Phasen anwesend, nämlich V, die Komponente B und die Schmelze S (Abb. 51a); es handelt sich also um ein nonvariantes Gleichgewicht: Sowohl die Temperatur als auch die Zusammensetzung der Schmelze S ist definiert.

---

[1] RUER, F.: Z. phys. Chem. **64** (1908), 357.
[2] MASING, G.: Z. Elektrochem. **59** (1943), 216.

Wenn Schmelzen des Konzentrationsbereiches $S\,T_B$ abgekühlt werden, krystallisiert aus diesen primär B, bis die Temperatur T_V erreicht ist, hier findet eine Reaktion

$$\text{Schmelze } S + B \to V \tag{33}$$

statt, die bei Wärmeentziehung nach rechts verläuft: die Krystalle von B reagieren mit der Restschmelze S unter Bildung der Krystalle von V. Eine solche Reaktion wird die *peritektische* oder *Übergangsreaktion* genannt. Liegt die Zusammensetzung der Legierung zwischen V und B, so wird bei der peritektischen Reaktion zuerst die Schmelze S aufgebraucht; damit gewinnt das System einen Freiheitsgrad und kann sich weiter abkühlen; die Erstarrung ist jetzt abgeschlossen, im festen Zustand bestehen die Legierungen aus einem Gemenge von B- und V-Krystallen.

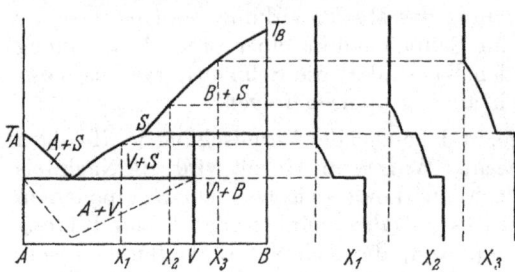

Abb. 51a. Zustandsdiagramm mit einer unter Zersetzung schmelzenden Verbindung.

Abb. 51b. Mengenanteile der verschiedenen Krystallarten bei verschiedenen Temperaturen.

Enthält die Legierung weniger B als der Zusammensetzung V entspricht, so wird bei der Reaktion (33) zuerst B aufgebraucht, es verbleibt die Schmelze mit Krystallen von V. Das System ist wieder univariant, die Temperatur kann bei Wärmeentziehung wieder sinken, und V krystallisiert aus der Schmelze nunmehr primär, bis die Zusammensetzung der Schmelze den eutektischen Punkt erreicht hat. Hier ist die Schmelze nicht nur an V, sondern zugleich auch an A gesättigt, wir haben also ein System mit drei Phasen und ohne Freiheitsgrad; die Erstarrung endet deshalb, wie im Falle a) bei der konstanten eutektischen Temperatur.

Die Phasen, in die die Legierungen in den einzelnen Feldern zerfallen, sind in Abb. 51a wieder durch Buchstaben angegeben.

Die Mengen der einzelnen Phasen, aus denen die Legierungen bei verschiedenen Temperaturen im Gleichgewichtsfalle bestehen, sind in Abb. 51b für die Zusammensetzungen X_1, X_2, X_3 der Abb. 51a schematisch wiedergegeben. In jedem einzelnen Punkt können diese Mengen aus dem Diagramm Abb. 51a auf Grund der Hebelbeziehung abgeleitet werden. Der wirkliche Verlauf der Untersuchung ist natürlich ein umgekehrter. Nachdem man auf Grund irgendwelcher Feststellungen, z. B. durch Feststellung der Wärmetönungen bei der Abkühlung oder bei der Erhitzung, der Temperaturabhängigkeit des elektrischen Widerstandes, der magnetischen Susceptibilität usw. Diagramme nach Art der Abb. 51b aufgestellt hat, wird aus diesem das Zustandsdiagramm Abb. 51a abgeleitet.

In Wirklichkeit treten bei der Krystallisation von Legierungen dieses Typus erhebliche Störungen auf, die die Ausbildung der Gleichgewichtsstrukturen verhindern oder erschweren. Bei der peritektischen Reaktion, Gl. (33), bilden sich nämlich an den Berührungsflächen der primären Krystalle und der Schmelze *Säume* der peritektisch entstehenden Krystallart V, die die Berührung zwischen den primären Krystallen und der Schmelze unterbinden; die peritektische Reaktion kann deshalb nicht zu Ende gehen, und es bilden sich als „Umhüllungen" bezeichnete Strukturen. Abb. 52 zeigt sie am Beispiel der Nickel-Wismut-Legierungen, deren Zustandsdiagramm in Abb. 53 wiedergegeben ist. Wie man sieht, tritt in diesem Zustandsdiagramm zweimal eine peritektische Reaktion, bei 655° und bei etwa 470° auf. Die Legierung mit 50 At%-Ni müßte im Gleich-

gewichtszustand nur aus der Krystallart NiBi bestehen. In Wirklichkeit sieht man helle primäre Krystallite von Nickel, umgeben von breiten, grau geätzten Gebieten der Verbindung NiBi, zwischen denen sich weiterhin die schwarz geätzte Krystallart $NiBi_3$ findet. Die Reaktion der Nickelkrystalle mit der Schmelze ist durch die Säume von NiBi unterbunden worden.

Es mögen hier einige Überlegungen mitgeteilt werden über die Ursachen, die dazu führen können, daß eine Krystallart bei der Erhitzung in eine andere Krystallart und die Schmelze zerfällt oder, mit anderen Worten, sich nicht aus der Schmelze der ihr entsprechenden Zusammensetzung krystallisieren kann. Hier ist zunächst der Umstand zu nennen, daß eine *andere* Krystallart, etwa eine Komponente, so viel stabiler ist, daß sie sich zuerst ausscheidet. Ihre Löslichkeit ist in der

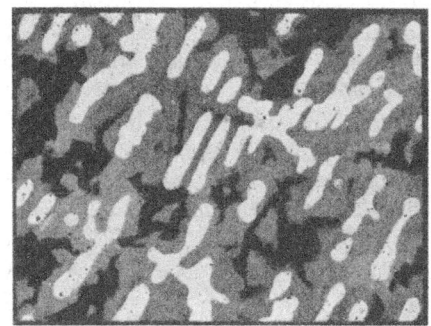

Abb. 52. Umhüllungen bei der Zusammensetzung NiBi (nach W. GUERTLER, Metallographie).

Schmelze geringer als die der betrachteten intermediären Krystallart, so daß zunächst die Ausscheidung der ersteren statt der zweiten stattfindet. Mit sinkender Temperatur muß dann die Löslichkeit der intermediären Krystallart im Vergleich zur Löslichkeit der Komponente sinken, bis sie untereinander gleich geworden, was dann die Krystallisation

der intermediären Krystallart ermöglicht. Diese Betrachtung ist frei von molekular-kinetischen Überlegungen und bedeutet nur eine etwas vertiefte Diskussion des Gleichgewichtsdiagrammes. Sie zeigt bereits, daß der „Zerfall" der intermediären Krystallart bei der Erhitzung gar nicht bedeutet, daß sie als solche ihre Existenzfähigkeit verliert. Sie ist nur nicht mehr konkurrenzfähig mit einer anderen, stabileren Krystallart, der sie den Platz räumen muß. Deshalb ist es sehr wohl möglich, daß sie unter besonderen Umständen, etwa, wenn die Keimbildung der stabileren Krystallart versagt, statt ihrer in einem metastabilen Gleichgewicht aus der Schmelze entsteht.

Diese Überlegung hat eine allgemeine Bedeutung für das Verständnis der heterogenen Gleichgewichte.

Molekularkinetisch kann eine Verschiebung der Stabilität der intermediären Krystallart gegenüber der Schmelze etwa folgenden Grund

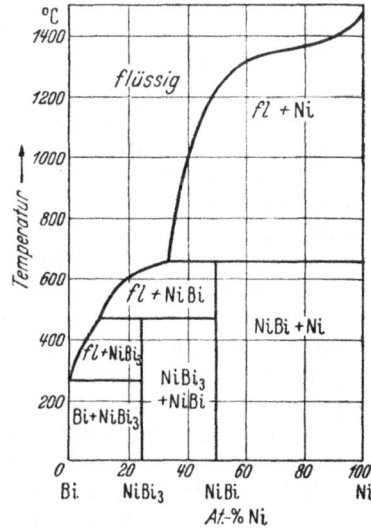

Abb. 53.
Zustandsdiagramm der Bi-Ni-Legierungen.
(nach M. HANSEN)

haben. Die Anordnung der Bausteine ist im Krystallzustand durch die Gittersymmetrie bestimmt. Hierdurch wird unter anderem auch die Verhältniszahl der Gitterbausteine, also die Zusammensetzung der intermediären Krystallart bestimmt. In der Schmelze entfällt dieser Faktor in der Hauptsache, und die durch Affinitätskräfte irgendwelcher Art bestimmte bevorzugte Atomgruppe kann eine abweichende Zusammensetzung haben. Dadurch wird aber die Zahl der Gruppen von der Zusammensetzung der Krystallart herabgesetzt und ihre Krystallisation erschwert.

e) Die Bestandteile bilden in allen Verhältnissen Mischkrystalle.

Ganz anders als in den bisher geschilderten Fällen erfolgt die Erstarrung, wenn die Bestandteile miteinander Mischkrystalle in allen Verhältnissen zu bilden vermögen. Unter Mischkrystallen versteht man homogene, krystalline Körper stetig veränderlicher Zusammensetzung. Vom Standpunkt der Thermodynamik aus sind sie also den flüssigen Lösungen völlig analog. Die krystallisierten Legierungen bilden deshalb überhaupt nur *eine* Krystallphase, die sich in ihrer Zusammensetzung von der einen Komponente bis zur anderen erstreckt.

Das Zustandsdiagramm ist für diesen Fall in Abb. 54 wiedergegeben. Der Schmelzpunkt eines reines Stoffes kann durch mischkrystallbildende Zusätze sowohl erniedrigt als auch erhöht werden. Er wird erniedrigt, wenn die Schmelze im Gleichgewicht mit einem Mischkrystall steht, der weniger von dem Zusatz enthält als die Schmelze. So steht der Mischkrystall h im Gleichgewicht mit der Schmelze g bei der Temperatur der Horizontalen gh. Da die Schmelze mehr vom Zusatz, in diesem Falle A, enthält, krystallisiert die Legierung bei niedrigerer Temperatur als das reine B. Umgekehrt wird die Erstarrungstemperatur eines Stoffes durch den Zusatz erhöht, wenn sich der Zusatz in dem Krystall anreichert. Der Krystall T_3 enthält mehr vom Zusatz, in diesem Falle von B, als die mit ihm im Gleichgewicht stehende Schmelze s. Dementsprechend wird die Erstarrungstemperatur von A durch Zusatz von B erhöht.

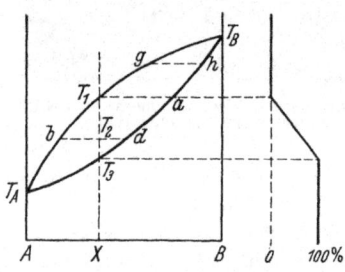

Abb. 54. Schema der Erstarrung einer lückenlosen Mischkrystallreihe.

Während bei der Erstarrung der bisher betrachteten Systeme nur die Schmelze ihre Zusammensetzung während der Krystallisation stetig änderte, tritt das jetzt auch beim Mischkrystall ein. Eine Schmelze von der Zusammensetzung X scheidet bei der Abkühlung bei Erreichung des Punktes T_1 einen Mischkrystall von der Zusammensetzung a aus. T_1 ist die Temperatur des Beginnes der Erstarrung, sie liegt also auf der Liquiduskurve. Durch Ausscheidung von Mischkrystallen, die reicher an B als die Schmelze sind, verarmt diese an B. Damit wandert sie längs der Liquiduskurve T_1T_A nach links. Auch die Zusammensetzung der sich ausscheidenden Krystalle ändert sich mit der Zusammensetzung der Schmelze und mit der Gleichgewichts-Temperatur. Bei T_2 ist z. B. die Schmelze b mit dem Mischkrystall d im Gleichgewicht. Die Änderung der Zusammensetzung der Mischkrystalle erfolgt, genau wie in der Schmelze (nur in der Regel langsamer), durch *Diffusion*. Nachdem der Mischkrystall die Zusammensetzung der gesamten Legierung im Punkt T erreicht hat, kommt jetzt der Rest der Schmelze zur Krystallisation, indem er vom Mischkrystall aufgenommen wird. Auf Grund der Hebelbeziehung muß die Menge der Schmelze in der Tat Null sein.

$T_A b T_1 g T_B$, die *Liquiduslinie*, gibt die Temperaturen an, bei denen die Erstarrung der Schmelzen verschiedener Zusammensetzungen beginnt. Sie gibt also auch die Zusammensetzung der an den Mischkrystallen gesättigten Schmelze für verschiedene Temperaturen an. Die *Soliduslinie* $T_A T_3 dah T_B$ gibt umgekehrt die Zusammensetzung der Mischkrystalle an, die bei verschiedenen Temperaturen mit den Schmelzen im Gleichgewicht stehen. Sie gibt die Temperaturen an, bei denen das *Schmelzen* der betreffenden Legierungen beginnt oder die Erstarrung zu Ende geht.

Die Mengen des Krystallisierten in Abhängigkeit von der Temperatur sind für die Legierung X rechts neben dem Zustandsdiagramm dargestellt.

Außer in diesem einfachsten Schema kann die Krystallisationskurve einer ununterbrochenen Reihe von Mischkrystallen ein Temperaturminimum oder -maximum aufweisen (vgl. Abb. 55 u. 56). Man überzeugt sich leicht durch rein geometrische Betrachtungen, daß in diesen Extrempunkten die Zusammensetzungen der Schmelze und der Mischkrystalle identisch sind. Deshalb krystallisiert eine solche Legierung bei konstanter Temperatur.

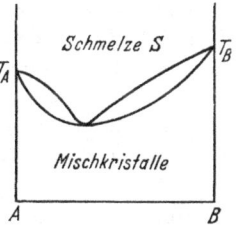

Abb. 55. Mischkrystallreihe mit einem Minimum.

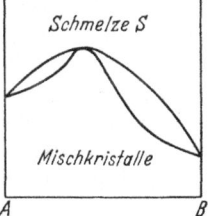

Abb. 56. Mischkrystallreihe mit einem Maximum.

Im Gleichgewicht bestehen alle Legierungen des betrachteten Typus aus einheitlichen Krystallen und ihre Mikrostruktur unterscheidet sich demnach nicht von derjenigen reiner Metalle. Die verzögerte Diffusion im Mischkrystall hat jedoch zur Folge, daß die Konzentration im Mischkrystall nicht ausgeglichen ist (Zonenkrystalle) (Abb. 57). Auf diese Verhältnisse wird bei der Betrachtung des Krystallisationsvorganges näher eingegangen werden (vgl. S. 228).

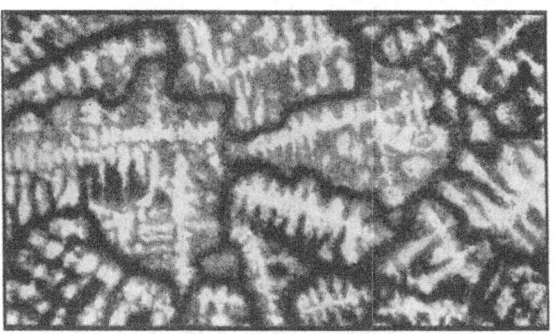

Abb. 57. Zonenkrystalle in einer Cu-Ni-Legierung (nach W. GUERTLER, Metallographie).

f) Die Bestandteile bilden miteinander begrenzte Reihen von Mischkrystallen mit einem Eutektikum.

Der Krystallisationsverlauf dieses Falles ist aus Abb. 58a ersichtlich, das nur geringer Erläuterungen bedarf. In den Konzentrationsgebieten AX und JB findet die Erstarrung genau so, wie unter Abschnitt d geschildert, statt. Nach dem Ende der Erstarrung bestehen die Legierungen aus homogenen α- oder β-Mischkrystallen[1]. Die Schmelze ist in diesem Fall bei ungestörtem Verlauf der Erstarrung verbraucht, ehe sie den eutektischen Punkt e erreicht hat. Anders verhalten sich die Legierungen des mittleren Konzentrationsbereiches XJ, wie etwa die Legierung Z. Die Erstarrung beginnt auch bei dieser Legierung genau wie bei den Legierungen der Gebiete AX und JB, es scheiden sich α-Misch-

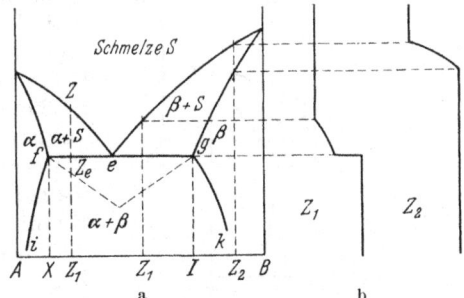

Abb. 58a u. b. Schematisches Zustandsdiagramm mit Mischkrystallen und einer eutektischen Lücke.

krystalle aus. In diesem Falle wird jedoch die eutektische Temperatur T_e erreicht, ehe die Erstarrung zu Ende gegangen ist. Die Legierung besteht noch

---

[1] Einzelne Mischkrystallgebiete pflegt man mit griechischen Buchstaben zu bezeichnen.

bei dieser Temperatur auf Grund der Hebelbeziehung zum Teil $\frac{fZ_e}{fe}$ aus der Restschmelze und nur zum Teil $\frac{Z_e e}{fe}$ aus den α-Krystallen von der Zusammensetzung J_g. Diese Schmelze steht aber zugleich im Gleichgewicht mit den β-Krystallen der Zusammensetzung J, sie ist auch an ihnen gesättigt. Wir haben vor uns drei Phasen und bei konstantem Druck ein nonvariantes System. Die Erstarrung muß im eutektischen Punkte, genau, wie unter a) geschildert, bei konstanter Temperatur und bei konstanter Zusammensetzung aller beteiligten Phasen, also der beiden Mischkrystalle α und β und der Schmelze e zu Ende gehen. Die Schmelze zerfällt hier eutektisch in α_f und β_g

$$\text{Schmelze } s \underset{\lessgtr}{\gtrless} \alpha_f + \beta_g \tag{34}$$

Ganz analog erstarren die Legierungen des Konzentrationsgebietes $e\,g$ unter primärer Ausscheidung von β-Mischkrystallen.

In der Regel hängt die Sättigungs-Konzentration der Mischkrystalle α und β von der Temperatur ab, wie das durch den Verlauf der Sättigungskurve fi und gk angedeutet ist.

In Abb. 58 b sind für die Legierungen Z_1 und Z_2 die Mengen des Krystallisierten in Abhängigkeit von der Temperatur mit angegeben.

Die Strukturen der Legierungen des betrachteten Typus ergeben sich sofort, wenn man berücksichtigt, daß es sich hierbei um eine Kombination der Mischkrystallbildung mit der eutektischen Krystallisation handelt. In dem mittleren Konzentrationsgebiet XJ bestehen die Legierungen je nach der Zusammensetzung aus primären α- oder β-Krystallen und dem dazwischen liegenden Eutektikum. In den Konzentrationsgebieten AX und JB bestehen die Legierungen nach der Erstarrung aus homogenen Mischkrystallen; jedoch treten auch hier leicht Störungen durch Zonenbildung infolge unvollständiger Diffusion auf. Wenn mit sinkender Temperatur die Mischkrystallgebiete enger werden, scheidet sich bei der Abkühlung aus übersättigten α-Krystallen β, und aus β-Krystallen umgekehrt α aus. Dieser Vorgang wird in Abschnitt XI C, S. 492 eingehend behandelt werden.

g) Die Bestandteile bilden begrenzte Mischkrystallreihen mit einem Peritektikum.

Wenn die Mischkrystallbildung eine begrenzte ist, braucht sich bei der Erstarrung nicht ein Eutektikum zu bilden (Abb. 59 a). Es kann sich auch um eine peritektische Reaktion handeln, ähnlich wie sie unter c) besprochen wurde. Die Legierungen der Konzentrationsbereiche AX und JB erstarren zu homogenen Mischkrystallen. Bei der Abkühlung der Legierung Z scheiden sich erst β-Mischkrystalle ab. Bei der Temperatur T_p reagiert der Krystall b mit der Schmelze d unter Bildung des Mischkrystalles a, nonvariant. Da die Zusammensetzung der Legierung im vorliegenden Falle zwischen d und a liegt, wird hierbei der Mischkrystall b aufgezehrt und die Schmelze erstarrt bei sinkender Temperatur zu einem homogenen Mischkrystall a. Bei Legierungen deren Konzentrationen zwischen a und b

a　　　　　　　b
Abb. 59 a u. b.
Erstarrungsdiagramm mit Mischkrystallen und einer peritektischen Lücke.

liegen, wird bei der peritektischen Reaktion zuerst die Schmelze aufgezehrt, die Krystallisation findet also bei dieser Temperatur ihren Abschluß; die Legierungen bestehen im Krystallzustand aus einem Gemenge von α und β-Krystallen.

Die Mengenanteile der Schmelze und der Krystalle sind für die Legierung Z rechts neben Abb. 59b angegeben. Für die übrigen Zusammensetzungen ergeben sie sich, wie früher erörtert, aus dem Zustandsdiagramm.

Die Strukturen der Legierungen nach der Erstarrung ergeben sich aus der Gestalt des Zustandsdiagrammes, sie sind z. T. homogen, z. T. im Gebiet $d\,b$ heterogen. Durch Zonenbildung und durch peritektische Umhüllungen ergeben sich meistens Störungen, die leicht überblickt werden können.

h) Die Bestandteile bilden im flüssigen Zustand eine Mischungslücke, und im festen Zustand ein mechanisches Gemenge.

Die Mischbarkeit zweier beschränkt mischbarer Flüssigkeiten hängt von der Temperatur ab und nimmt mit steigender Temperatur in der Regel zu (Abb. 60). Die Zusammensetzungen beider miteinander im Gleichgewicht befindlichen Schmelzen nähern sich mit stei-
gender Temperatur, bis sie im kritischen Punkt K mit-
einander identisch werden. Kühlt man eine Legierung etwa der Zusammensetzung K von hohen Temperaturen ab, so zerfällt sie unterhalb von K in zwei Teil-
schmelzen S_1 und S_2. Die zueinander gehörigen Konzen-
trationen beider Äste erhalten wir, wenn wir durch die Mischungslücke horizontale Linien (Konoden, vgl. S. 64) wie $a\,b$ hindurchlegen. Da bei Gegenwart von zwei flüssigen Schichten die Zahl der Freiheitsgrade $=1$ ist, entsprechen jeder Temperatur ganz bestimmte Konzentrationen der beiden flüssigen Phasen. Nach genügender Temperaturerniedrigung wird ein Punkt erreicht, in dem die Schmelze c an den Krystallen von B gesättigt ist; B beginnt zu krystallisieren. Wir haben nun in Gegenwart von drei Phasen ein nonvariantes Gleichgewicht (monotektische Reaktion)

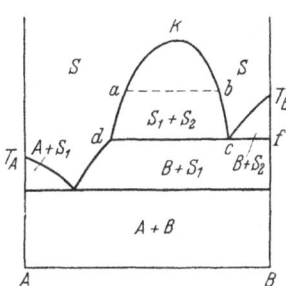

Abb. 60. Mischungslücke in der Schmelze, mechanisches Gemenge im Krystallzustand.

$$\text{Schmelze } c \rightleftarrows B + \text{Schmelze } d. \qquad (35)$$

(Gerade $d\,c\,f$, Abb. 60)

Die Temperatur bleibt konstant, bis die ganze Schmelze c aufgebraucht ist: dann schreitet die primäre Krystallisation von B, die im nonvarianten Gleichgewicht begonnen hat, fort, bis die Erstarrung im eutektischen Punkte ihr Ende findet.

Die Legierungen des Konzentrationsintervalles cB krystallisieren genau wie geschildert, nur mit dem Unterschied, daß hier der Erstarrungsvorgang mit der univarianten primären Ausscheidung von B aus der B-reichen Schmelze beginnt. Erst nachdem die Schmelze den Punkt c erreicht hat, findet die non-
variante monotektische Reaktion statt.

Die Legierungen der Konzentrationen A bis d werden von der Existenz einer Mischungslücke im flüssigen Zustande nicht beeinflußt.

4. Mengen der Krystalle und der Schmelze im Verlaufe der Erstarrung.

Für die Deutung der Wärmeeffekte und der Änderungen der Eigenschaften im Verlaufe der Erstarrung einer Legierung ist es wichtig, sich über die Menge der Krystallite, die während der einzelnen Stadien der Erstarrung gebildet werden, zu unterrichten. Eine derartige Bestimmung hat H. HANEMANN[1] für

---

[1] HANEMANN, H.: Z. anorg. u. allg. Chem. **90** (1915), 67.

einige Fälle der Zweistoffsysteme graphisch durchgeführt. Hier soll eine einfache analytische Ableitung seiner Ergebnisse mitgeteilt werden[1].

Wir betrachten zunächst die Krystallisation einer Schmelze x_0 (Abb. 61a), aus der sich die eine Komponente A ausscheidet. Bei der Temperatur T im Verlaufe der Erstarrung enthält die Schmelze den Anteil x_l der zweiten Komponente B, bei der um dT tieferen Temperatur $x_l + dx_l$. Auf Grund der Hebelbeziehung ist der Anteil der Krystalle in der Gesamtlegierung im ersteren Falle $\dfrac{x_l - x_0}{x_l}$, im zweiten Falle $\dfrac{x_l + dx_l - x_0}{x_l + dx_l}$, die Differenz ist also:

$$\frac{x_0\, dx_l}{(x_l + dx_l)\, x_l} \sim \frac{x_0\, dx_l}{x_l^2}.$$

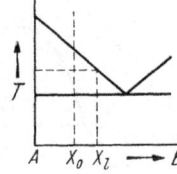  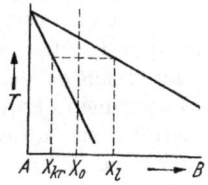

a   b   Abb. 61 c. Krystallmengen

Abb. 61 a u. b. Krystallmengen bei der Ausscheidung   bei der Erstarrung

einer reinen Komponente.   von Mischkrystallen.

Die pro Grad Temperaturerniedrigung krystallisierende Menge ist somit

$$\frac{dm}{dT} = \frac{x_0}{x_l^2} \cdot \frac{dx_l}{dT}. \tag{36}$$

$\dfrac{dx_l}{dT}$ ist die Neigung der Liquiduskurve, die wir als Gerade annehmen wollen.

Die Menge des pro Grad Temperaturerniedrigung erstarrten Metalles nimmt im Verlaufe der Erstarrung ab. Deshalb erhält man bei einer derartigen Legierung für die primäre Krystallisation eine Kurve nach Abb. 61b, Kurven derselben Art erhält man, wenn man als Abszisse Eigenschaftsgrößen aufträgt, die sich bei der Krystallisation ändern.

Wir betrachten jetzt die Erstarrung von Mischkrystallen (Abb. 61c) bei der Temperatur T. Der Anteil der Schmelze ist gleich $\dfrac{x_0 - x_{kr}}{x_l - x_{kr}}$, wo x_0 die Zusammensetzung der gesamten Legierung ist. x_{kr} ist die Zusammensetzung der Krystalle und x_l die der Schmelze. Bei einer um dT niedrigeren Temperatur erhalten wir für den Anteil der Schmelze dahingegen

$$\frac{x_0 - x_{kr} - dx_{kr}}{x_l + dx_l - x_{kr} - dx_{kr}}.$$

Die Differenz beider Ausdrücke ergibt die Erstarrungsmenge pro Grad zu

$$\frac{(x_0 - x_{kr})\dfrac{dx_l}{dT} + (x_l - x_0)\dfrac{dx_{kr}}{dT}}{(x_l - x_{kr})^2} = \frac{dm}{dT}. \tag{37}$$

Wir nehmen an, daß im Verlaufe der Erstarrung $\dfrac{dx_l}{dT}$ und $\dfrac{d_{kr}}{dT}$, also die Neigungen der Liquidus- und der Soliduskurve, konstant und diese Kurven gradlinig sind. Dann überzeugt man sich durch Differentiation des Zählers nach der

---

[1] Masing, G.: Z. Metallk. **33** (1941), 36.

Temperatur, daß er temperaturunabhängig ist. $\frac{dm}{dT}$ nimmt also mit sinkender Temperatur ab, wenn $x_l - x_{kr}$, also der Abstand zwischen der Liquidus- und Soliduslinie, zunimmt (Verlauf wie auf Abb. 61 c). Die Abkühlungskurve hat die schematisch in Abbildung 61 f wiedergegebene Gestalt. Nimmt $x_l - x_{kr}$ mit sinkender Temperatur umgekehrt ab, nähern sich also die Liquidus- und Soliduslinien, so hat die Erstarrungskurve die Form der Abb. 61 e. Sind die beiden Linien zueinander parallel, so bleiben die pro Grad Temperaturerniedrigung erstarrenden Mengen konstant (Abb. 61 d).

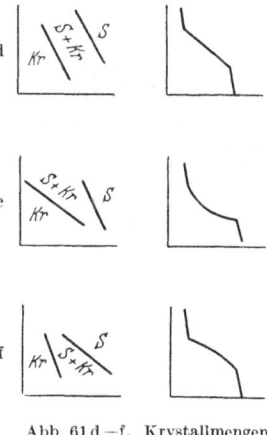

Abb. 61 d – f. Krystallmengen bei der Erstarrung von Mischkrystallen.

Diese Betrachtungen sind insbesondere von Interesse für den vorletzten erörterten Fall. Hier kann die Verzögerung am Ende der Erstarrung einen zweiten thermischen Effekt vortäuschen. Auch kann man bei kleineren thermischen Effekten leicht den Anfang der Erstarrung oder Umsetzung übersehen, indem man diesen Anfang in das Temperaturgebiet der größten Verzögerung auf der Abkühlungskurve verlegt.

5. Ableitung der binären Zustandsdiagramme mit Hilfe des thermodynamischen Potentials.

a) Das chemische Potential und das $\zeta - x$-Diagramm.

Die Definitionsgleichung des chemischen Potentials (S. 49) läßt sich auch in der Form schreiben:

$$\mu_n^a = \left(\frac{\partial \zeta}{\partial x_n}\right)_{pT} \tag{38}$$

wo ζ das thermodynamische Potential der Mengeneinheit des gesamten Systems ist (vgl. S. 110). Diese Gleichung besagt, daß das chemische Potential des Bestandteiles n in der Phase a gleich dem Zuwachs des thermodynamischen Potentials des ganzen Systems ist, wenn der Phase a die Menge dx_n dieses Bestandteiles zugeführt wird, dividiert durch die Menge dx_n dieses Bestandteiles, also mit anderen Worten, gleich dem Differentialquotienten des thermodynamischen Potentials des Systems nach der Menge des Bestandteiles in der betreffenden Phase. Hierbei ist es ganz gleichgültig, auf welche Menge ζ bezogen wird und ob die übrigen Phasen, mit denen keine Veränderungen vorgenommen werden, mitgerechnet werden oder nicht. Die Voraussetzung ist, daß die Zuführung der Menge dx_n bei konstantem Druck und bei konstanter Temperatur erfolgt, wie das durch die Indizes angegeben ist.

Es läßt sich zeigen, daß die Größe μ in einer unmittelbaren Beziehung auch zu den anderen thermodynamischen Funktionen steht:

$$\mu_n = \left(\frac{\partial U}{\partial x_n}\right)_{SV} = \left(\frac{\partial S}{\partial x_n}\right)_{UV} = \left(\frac{\partial F}{\partial x_n}\right)_{VT} \tag{39}$$

wo U, wie immer, die innere Energie, S die Entropie und F die freie Energie des Systems bedeuten. Die Veränderlichen, die bei der Zufuhr der Masse dx_n konstant zu halten sind, sind jeweils als Indizes angegeben. Diese Beziehungen sollen hier nicht abgeleitet werden.

Wir betrachten ein Gemenge zweier Phasen (Abb. 62) mit den Gehalten X_1 und X_2 an B, und den Potentialen ζ_1 und ζ_2 (Strecken $X_1\,a$ und $X_2\,b$) im binären System AB. Das thermodynamische Potential ζ dieses Gemenges mit m Teilen von X_1 und $(1-m)$ Teilen von X_2 ist

$$\zeta_1\,m + \zeta_2\,(1-m) = \zeta. \tag{40}$$

Da die Mengen m und $m-1$ sich auf Grund der Hebelbeziehung mit der Zusammensetzung linear ändern, gilt auf Grund von (40) dasselbe auch für ζ. Für ein mechanisches Gemenge zweier Phasen X_1 und X_2 erhalten wir deshalb für die thermodynamischen Potentiale der Masseneinheit die Gerade $a\,b$.

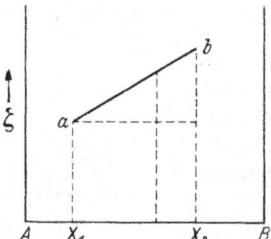

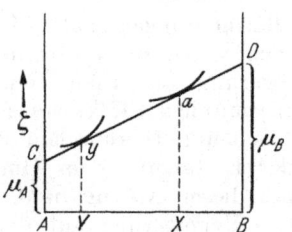

Abb. 62. Das thermodynamische Potential   Abb. 63. Gleichgewicht zweier Phasen
eines Gemenges. Y und X.

Wir betrachten das thermodynamische Potential einer homogenen Phase X (Abb. 63), es möge sich mit der Zusammensetzung längs der Kurve bei a ändern. Wenn die Zusammensetzung der Phase sich um dx ändert, so kann das dadurch geschehen, daß zu ihrer Einheitsmasse dx Masseneinheiten des Bestandteiles B hinzugefügt und gleichzeitig dx Einheiten des Bestandteiles A fortgenommen werden. Wenn die Änderung der Zusammensetzung klein genug ist, kann man annehmen, daß die Eigenschaften der Phase sich hierbei nur unendlich wenig ändern. Mit anderen Worten wird sich das Potential der gesamten Phase hierbei um die Größe

$$d\,\zeta_X = \mu_B^X\,dx - \mu_A^X\,dx = (\mu_B^X - \mu_A^X)\,dx$$

ändern. Hieraus folgt

$$\frac{d\,\zeta_X}{d\,x} = \mu_B^X - \mu_A^X \tag{41}$$

wo μ_B^X und μ_A^X die chemischen Potentiale der Bestandteile *in der Phase X* (nicht im reinen Zustand!) sind. Die Neigung der Potentialkurve ist gleich der Differenz der chemischen Potentiale der Bestandteile in der Phase.

Tragen wir $AC = \mu_A^X$ und $BD = \mu_B^X$ auf und berücksichtigen wir, daß für die gesamte AB Strecke $x = 1$ ist, so folgt aus der Definitionsgleichung von ζ:

$$\zeta = (1-x)\,\mu_A + \mu_B$$

daß die gerade Linie, die die beiden Potentiale μ_A^X und μ_B^X miteinander verbindet, die Kurve der Potentiale im Punkte X tangiert. Gleichzeitig sieht man, daß alle homogenen Mischungen, deren Potentiale auf der Geraden CD liegen, gleiche chemische Potentiale μ_A und μ_B der Bestandteile haben. Nur solche Phasen können miteinander im Gleichgewicht sein. Zugleich gilt für jede solche Phase, sofern sich ihre Zusammensetzung wie bei Schmelzen oder bei Mischkrystallen kontinuierlich ändern kann, daß ihre Potentialkurve in einem solchen Falle die Gerade CD tangiert. So sind die Phasen X und Y in Abb. 63 z. B. miteinander im Gleichgewicht.

b) Das Potential eines mechanischen Gemenges und einer ununterbrochenen Reihe von Schmelzen oder Mischkrystallen.

Wir haben bereits gesehen, daß die thermodynamischen Potentiale, die wir immer auf die Einheit der Masse beziehen wollen, für ein mechanisches Gemenge sich nach der Mischungsregel aus den Potentialen der Bestandteile der mechanischen Mischung berechnen lassen. Für ein mechanisches Gemenge der Krystalle zweier Metalle stellen sie eine gerade Linie mn (Abb. 64) dar. Wir können die Darstellung noch etwas vereinfachen, wenn wir berücksichtigen, daß das thermodynamische Potential als Summanden die Energie U und die Entropie S enthält, welche beiden Größen nur bis auf eine additive

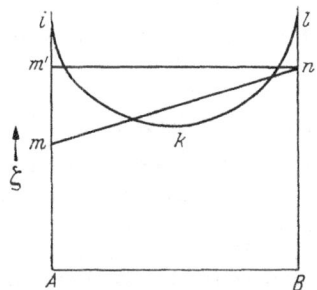
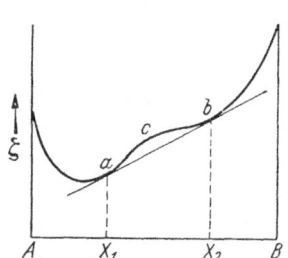

Abb. 64. Das thermodynamische Potential eines Gemenges und von Schmelzen oder Mischkrystallen.

Abb. 65. Entmischung einer Mischphase in zwei Teilphasen X_1 und X_2.

Konstante bestimmbar sind. Es bedeutet deshalb keine Einschränkung der Allgemeinheit der Betrachtungen, wenn wir die Potentiale der beiden Komponenten im Krystallzustand untereinander gleich setzen. Für ein mechanisches Gemenge zweier Metalle erhalten wir dann eine horizontale Gerade $m'n$. Nach dieser Festsetzung können wir die Potentiale der Metalle im flüssigen Zustand wegen der verschiedenen Schmelzwärme nicht mehr willkürlich wählen. Sie werden deshalb in der Regel verschieden sein.

Für eine kontinuierliche Folge von Mischkrystallen oder miteinander unbegrenzt mischbaren Schmelzen erhalten wir dahingegen eine durchhängende Kurve wie ikl. Für eine solche Kurve gilt überall

$$\frac{d^2\zeta}{dx^2} > 0.$$

Würde die Kurve eine abweichende Gestalt, wie etwa in Abb. 65 dargestellt haben, so könnte man zu einer derartigen Kurve eine für zwei Punkte a und b gemeinsame Tangente legen. Die Ordinaten der Geraden ab stellen die Potentiale der Mischungen für den Fall dar, daß sie aus einem mechanischen Gemenge von X_1 und von X_2 bestehen. Man sieht, daß diese Potentiale niedriger sind als die Potentiale des Kurventeiles acb. Da das thermodynamische Potential eine Minimumfunktion ist, folgt daraus, daß die homogenen Mischkrystalle oder Schmelzen im Konzentrationsgebiet X_1 und X_2 nicht beständig sind. Die Legierungen zerfallen hier in ein Gemenge der beiden Phasen X_1 und X_2, von denen wir oben gezeigt haben, daß für sie die chemischen Potentiale der Bestandteile gleich sind.

Die Kurve ikl (Abb. 64) hat die Eigenart, daß sie an den beiden Komponenten die Ordinaten Ai und Bl tangiert. Mit anderen Worten ist in A: $\frac{d\zeta}{dx} = -\infty$, und in B: $\frac{d\zeta}{dx} = +\infty$.

Diese Regel kann thermodynamisch streng begründet werden. Man sieht sie jedoch am einfachsten ein, wenn man die Mischungen in unmittelbarer Nähe etwa von A als ideale Lösungen betrachtet. Dann gelten für den Bestandteil B in der Schmelze oder im Mischkrystall die Gesetze der idealen Gase. Für diese haben wir

$$dU = Tds - pdv$$

$$dU = c_v dT; \quad pv = RT$$

$$c_v dT = Tds - RT\frac{dv}{v}$$

$$S = S_0 + c_v \ln T + R\ln v$$

$$\mu_B = U - TS + pv = c_v T - TS_0 - Tc_v\ln T - TR\ln v + RT = K_1 + K_2\ln c \quad (42)$$

also ist μ_B bei $c = 0$ (Abb. 65) gleich $-\infty$, und dasselbe gilt auf Grund von Gl. (41) für $\frac{d\zeta}{dc}$.

c) Gang der Potentiale im Erstarrungsintervall.

Für eine Temperatur oberhalb der Temperaturen des Beginnes der Krystallisation sind die Potentialwerte der Schmelze aller Konzentrationen niedriger als die der Krystalle, da die Schmelzen beständiger als die Krystalle sind. Für niedrigere Temperaturen muß nach vollständiger Erstarrung das Umgekehrte gelten. Im Erstarrungsintervall müssen die Kurvenzüge der Potentiale der Schmelzen und der Krystalle ihre gegenseitige Lage wechseln. Das ist im Einklang mit der Forderung der Thermodynamik. Aus der Definitionsgleichung des thermodynamischen Potentials (45) S. 48 folgt nämlich:

$$\left(\frac{d\zeta}{dT}\right)_p = -S. \quad (43)$$

Wenden wir diese Gleichung auf die Krystalle und auf die Schmelzen an, so erhalten wir

$$\frac{d\zeta_{Kr} - d\zeta_{Schm}}{dT} = \frac{d(\zeta_{Kr} - \zeta_{Schm})}{dT} = S_{Schm} - S_{Kr}. \quad (44)$$

Mit sinkender Temperatur sinkt die Differenz, die gerade Linie und die Kurve nähern sich erst und schneiden sich dann. Es sei bemerkt, daß über die absoluten Werte der $\frac{d\zeta}{dT}$ keine Aussagen gemacht werden können, da die Entropie ja eine willkürliche Konstante enthält; eine solche Aussage hätte deshalb gar keinen Sinn. Der Temperaturkoeffizient der Potentiale, etwa der Schmelze, kann positiv oder negativ sein. Die Aussage der letzten Gleichung über den Temperaturgang der Differenz der Potentiale behält jedoch ihren vollen Sinn. Wir nehmen der Einfachheit halber meistens an, daß $\frac{d\zeta}{dT}$ für die Schmelze $= 0$ ist, daß die Lage der Kurve für die Schmelze $i\,k\,l$ (Abb. 64) also von der Temperatur unabhängig ist. Dann sinkt die horizontale Gerade der Kristalle $m'\,n$ mit sinkender Temperatur.

Wir wollen nun mit Hilfe des thermodynamischen Potentials einige Zustandsdiagramme ableiten.

d) Entstehung einer Mischungslücke im flüssigen Zustand.

Bei der Temperatur T_1 (Abb. 66) ist für die ganze Kurve der Potentiale $\frac{d^2\zeta}{dx^2} > 0$. Es besteht eine lückenlose Mischbarkeit. Bei einer tieferen Temperatur T_3 ist für einen Teil der Kurve $\frac{d^2\zeta}{dx^2} < 0$, und es entsteht eine Mischungslücke, deren Grenzen wie bei Abb. 65 erörtert, durch die Berührungspunkte der gemeinsamen Tangente zu den beiden Kurvenästen führen. Zwischen diesen beiden Temperaturen gibt es eine Übergangsform der Potentialkurve, in der im Punkte $k \; \dfrac{d^2\zeta}{d\,x^2} = 0$ wird. Das ist der kritische Punkt, bei dem die Mischungslücke beginnt. Indem wir die Konzentrationen der Grenze der Mischungslücke in einem T-x-Diagramm auftragen, erhalten wir das übliche Schaubild (Abb. 66, unterer Teil).

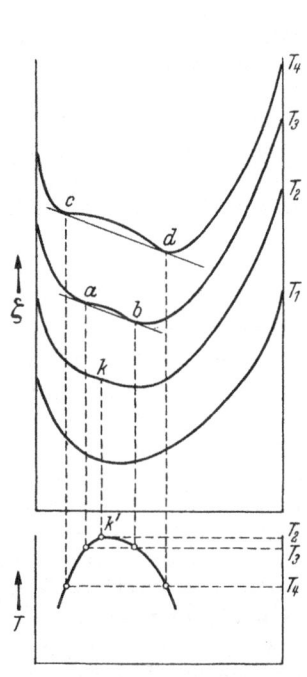

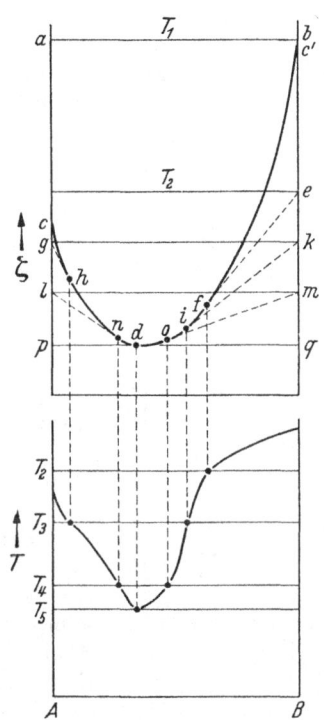

Abb. 66. Mischungslücke im flüssigen Zustand.   Abb. 67. Erstarrung eines mechanischen Gemenges.

e) Erstarrung eines mechanischen Gemenges der Bestandteile.

In diesem Falle, ebenso wie in dem nachfolgend betrachteten, brauchen wir eine Gestaltsänderung der Potentialkurve der Schmelzen mit abnehmender Temperatur, wie sie im Falle einer Mischungslücke im flüssigen Zustand bestanden hat, nicht ins Auge zu fassen. Oberhalb des Schmelzintervalles bei der Temperatur T_1 liegt die Potentialkurve der Krystallgemenge, die in diesem Falle eine gerade Linie $a\,b$ ist, oberhalb der Potentialkurve $c\,d\,c'$ der Schmelze (Abb. 67). Indem wir die Lage der letzteren als fixiert ansetzen, brauchen wir nur die Verschiebung der Linie $a\,b$ mit sinkender Temperatur zu betrachten. Bei der tieferen Temperatur T_2 ist das Potential der krystallisierten Komponente B niedriger als das der flüssigen, ihr Schmelzpunkt ist also schon unterschritten, nicht jedoch der der Komponente A. Im Teilgebiet $e\,f$ ergibt die gerade Verbindungslinie dieser Punkte niedrigere Werte der Potentiale, als der entsprechende Teil der Kurve der Schmelze $c'\,f$. Die Legierungen bestehen hier deshalb im Gleichgewichtszustand aus Krystallen von B und aus Schmelzen der Zusammensetzung f, während der restliche Teil der Legierungen noch flüssig ist. Bei der Temperatur T_3 ist auch

die Schmelztemperatur von A bereits unterschritten, anschließend an beide
Komponenten ergeben sich heterogene Gebiete $A + S$ und $B + S$, bis zu den
Konzentrationen, die den Berührungspunkten der Geraden gh und ki mit der
Potentialkurve der Schmelze entsprechen. Ebenso sind die Legierungen grundsätzlich bei der Temperatur T_4 aufgebaut, nur ist das Konzentrationsintervall
der Schmelze geringer geworden (ndo). Sobald die Gerade der Potentiale (pq)
der Krystalle die Schmelzkurve berührt (im Punkt d), ist nur noch die eine

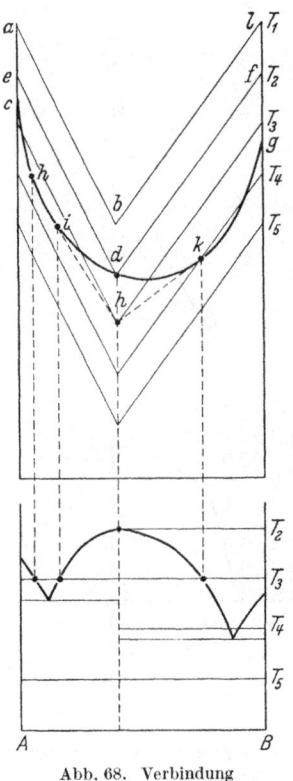

Schmelze der Zusammensetzung d mit den Krystallen
im Gleichgewicht: der eutektische Punkt ist erreicht. Bei
tieferen Temperaturen sind die Legierungen alle fest.

Indem wir auf Grund der Abb. 67 isotherme
Schnitte in einem T-x-Diagramm konstruieren, wobei
wir die Grenzkonzentrationen der Phasen aus dieser
Abbildung abgreifen, erhalten wir das bekannte
Erstarrungsdiagramm eines mechanischen Gemenges
(Abb. 67, unterer Teil). Wir haben es jetzt ohne
irgendwelche molekularen Überlegungen streng thermo-
dynamisch abgeleitet.

f) Erstarrung einer Verbindung mit einem Temperaturmaximum.

In diesem Falle (Abb. 68) haben die Potentiale
der krystallisierten Legierungen den Verlauf der gebrochenen Linien abl; da sie ja aus mechanischen
Gemengen der Verbindung V mit der Komponente A
oder der Komponente B bestehen. Der Punkt b muß
unterhalb der geraden Verbindungslinie al liegen, da
sonst V nicht beständig wäre und in ein Gemenge
der beiden Bestandteile zerfallen würde. Bei der
Temperatur T_2 erreicht die gebrochene Gerade im
Punkt d die Potentialkurve der Schmelze cdg: der
Erstarrungspunkt der Verbindung ist erreicht. Bei
der Temperatur T_3 hat sich um V herum schon ein
Gebiet der Gemenge der Krystalle von V mit den

Abb. 68. Verbindung
mit offenem Maximum.

Schmelzen ausgebildet, deren Konzentrationen durch
die Berührungspunkte der Geraden hi und hk mit der
Kurve cdg gegeben sind. Auch der Schmelzpunkt von A ist bereits unterschritten. Die Verfolgung der weiteren Erstarrung geschieht genau ebenso, wie
im Falle des mechanischen Gemenges der Komponenten mit dem einzigen Unterschied, daß die geraden Teilstrecken ab und bl beim Durchschreiten des Er-
starrungsgebietes eine zur Abszissenachse geneigte Lage haben. Bei der Temperatur T_4 ist der eutektische Punkt zwischen A und V, bei der Temperatur T_5
der eutektische Punkt zwischen V und B unterschritten und damit der Erstarrungsvorgang abgeschlossen. Durch Übertragung der Ergebnisse in ein
T-x-Diagramm erhalten wir das übliche Bild (Abb. 68, unterer Teil).

g) Allgemeine Ableitung der isothermen Tangente im Temperaturmaximum. Schmelzkurve beim eutektischen Punkt.

Es läßt sich leicht zeigen, daß die Schmelzkurve am Maximum bei einer
Verbindung eine horizontale Tangente als eine unmittelbare Folge der Gestalt
der Kurven des thermodynamischen Potentials hat. Wir führen unsere Be-

trachtung für den geometrisch einfachsten Fall durch, daß die Kurve der Potentiale der Schmelze ein Kreisbogen ist und daß die Verbindung bei gleichen Anteilen der beiden Bestandteile liegt (Abb. 69). Wir nehmen an, daß der Temperaturkoeffizient des Potentials der Verbindung beim Schmelzpunkt keine Unstetigkeit erleidet. Beim Schmelzpunkt liegt ihr Potential auf der Kurve der Schmelze bei wenig tieferer Temperatur um $a = K \cdot \varDelta T$ tiefer in Punkt L. Wir erhalten

$$LM^2 = (r + a)^2 - r^2 = 2\,ra + a^2, \tag{45}$$

wo M der Berührungspunkt der Tangente LM mit dem Kreisbogen ist; seine Abszisse gibt demnach die Konzentration der Schmelze, die bei der betreffenden Temperatur im Gleichgewicht mit den Krystallen der Verbindung steht, an.

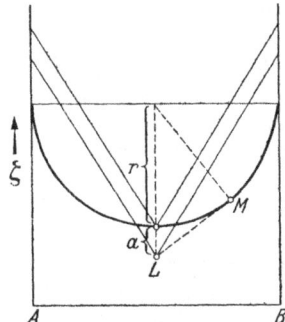
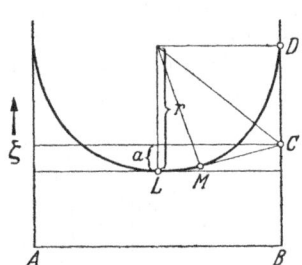

Abb. 69. Ableitung der horizontalen Tangente im Erstarrungsmaximum.

Abb. 70. Verlauf der Liquiduskurven am eutektischen Punkt.

Wenn a dem Werte Null zustrebt, nähert sich die Richtung von LM immer mehr der Horizontalen, wir können also LM gleich dem Konzentrationsunterschied zwischen Schmelze und Verbindung setzen.

Wir erhalten aus (45)

$$\frac{d\,x}{d\,T} = \frac{LM}{\varDelta T} = \frac{K\sqrt{2\,ra + a^2}}{a} = K\sqrt{\frac{2r}{a} + 1}. \tag{46}$$

Wenn a dem Werte Null zustrebt, wird sein Differentialquotient $= \infty$, die Kurve hat also eine horizontale Tangente.

Das gilt unter der Voraussetzung, daß die beiden Geraden, die die Potentiale der Mischungen der Verbindung mit den beiden Komponenten darstellen, sich unter einem endlichen Winkel schneiden.

Beim eutektischen Punkt ergibt sich die Konstruktion der Abb. 70.

Oberhalb des eutektischen Punktes ist

$$CM = CD = r - a, \quad LM = r - MC = a$$
$$\frac{d\,(LM)}{d\,T} = K. \tag{47}$$

Die Neigung der Kurven des Beginnes der Krystallisation ist am eutektischen Punkt endlich.

Im Berührungspunkt mit einer reinen Komponente liegen die Verhältnisse wieder anders. Die Gerade der Potentiale der mechanischen Gemenge des festen Zustandes durchschneidet zwar beim Schmelzpunkt die Potentialkurve der Schmelze ähnlich wie im Maximum beim Schmelzpunkt einer Verbindung. Der Umstand jedoch, daß die letztere Kurve bei der Zusammensetzung der reinen Komponente eine senkrechte Tangente hat, und daß zugleich $\dfrac{d^2\zeta}{d\,c^2} = \infty$

ist[1], bewirkt, daß die Schmelzkurve in diesem Punkt mit der Konzentrationsachse trotzdem einen endlichen Winkel bildet, wie er sich auch aus der Theorie der Gefrierpunktserniedrigung verdünnter Lösungen ergibt.

Wir sehen, daß das Gesetz, daß eine Schmelzkurve bei einer Verbindung im Maximum eine horizontale Tangente haben muß, sich ganz allgemein auch ohne speziellere molekulare Vorstellungen ableiten läßt (vgl. oben S. 66). Allerdings ist hier auf folgendes aufmerksam zu machen. Eine durchgehende Kurve der thermodynamischen Potentiale wie sie bisher für die Schmelzen angenommen wurde, besteht nur unter der Voraussetzung, daß die betrachteten Gleichgewichte beweglich sind; diese Voraussetzung liegt ja der ganzen Lehre von den heterogenen Gleichgewichten zugrunde. Hieraus folgt aber, daß auch die homogenen Gleichgewichte, also die molekularen Zustände der Phasen, die letzten Endes die Eigenschaften der Phasen und damit das heterogene Gleichgewicht bestimmen, ebenfalls beweglich sein müssen. Dieses bedeutet aber wiederum, daß Bedingungen zwischen den Konzentrationen der Reaktionsteilnehmer nach Art der durch das Massenwirkungsgesetz geforderten bestehen, und daß damit bei jeder Konzentration jede Molekülart, die im System überhaupt vorkommt, wenn auch in einer geringen Menge, so doch vorhanden sein muß. Das heißt mit anderen Worten, daß eine Schmelze der Zusammensetzung der Verbindung nicht ausschließlich aus Molekülen dieser Verbindung bestehen kann, sondern bis zu einem gewissen Grade dissoziiert ist. Auf dieser molekularen Voraussetzung haben wir aber oben auf S. 66 auch unsere Ableitung der Gestalt des Maximums abgeleitet. Das Ergebnis ist jedoch, wie wir jetzt auf Grund der thermodynamischen Ableitung sehen, von der *speziellen Form* des Massenwirkungsgesetzes unabhängig.

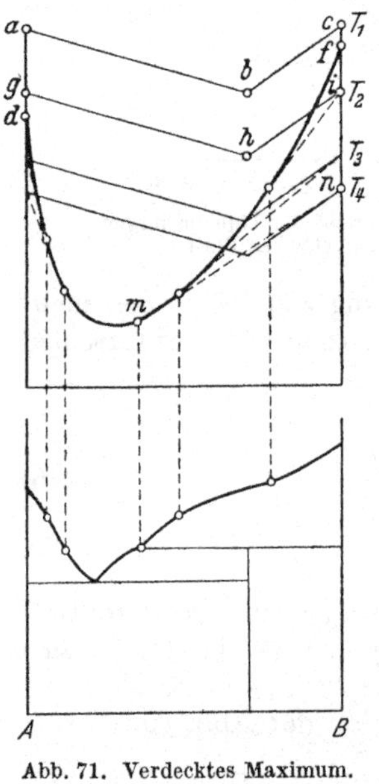

Abb. 71. Verdecktes Maximum.

h) Erstarrung einer Verbindung ohne Temperaturmaximum.

Dieser Fall (Abb. 71) unterscheidet sich von den vorhergehenden nur durch eine abweichende gegenseitige Lage der Potentialkurven der Schmelze und der festen Legierungen. Bei der Temperatur T_2 hat die Krystallisation von B begonnen, die Temperatur T_3, bei der das Potential der Verbindung auf der Kurve dmf liegt, hat keine ausgezeichnete Bedeutung; die Krystallisation von V kann hier noch nicht beginnen, da ein Gemenge der Schmelze mit den Krystallen von B noch beständiger ist. Erst bei der Temperatur, bei der die Tangente zur Kurve dmf zugleich auf der Verbindungsgeraden der Potentiale von B und von V, nämlich auf mn liegt, beginnt die Krystallisation von V. Bei tieferen Temperaturen kann B in Berührung mit der Schmelze nicht mehr auftreten. Hieraus ergibt sich das bekannte Zustandsdiagramm (Abb. 71, unterer Teil) des verdeckten Maximums.

i) Erstarrung einer ununterbrochenen Reihe von Mischkrystallen.

Da die Mischkrystalle thermodynamisch den Schmelzen äquivalent sind, ergibt sich für sie eine ähnliche durchhängende Kurve abc (Abb. 72) wie die

---

[1] MASING, G.: Z. Elektrochem. **49**, (1943) 216.

stark ausgezogene für die Schmelze *def*. Bei Temperaturerniedrigung erreicht
die Kurve der Mischkrystalle die Kurve der Schmelze bei der in der Abbildung gegebenen gegenseitigen Lage der Kurven im Punkte *f* (Kurve *ghf*). Hier ist der Schmelzpunkt von *B* erreicht. Bei der Temperatur T_3 schnei-
det die Kurve der Mischkrystalle bereits die Kurve
der Schmelze. Die Minimumforderung des Potentials
ergibt, daß die Legierungen zwischen *k* und *l* ein
Gemenge des Mischkrystalles der Konzentration *l*
und der Schmelze *k* bilden. Die Punkte *k* und *l* sind
hier wieder als Berührungspunkte mit der gemeinsamen Tangente der beiden Kurven gegeben. Mit
weiter sinkender Temperatur verschiebt sich das
Intervall solcher Gemenge zu höheren *A*-Konzen-
trationen hin, bis schließlich der Schmelzpunkt von *A*
erreicht wird (T_5). Aus diesen isothermen Schnitten
ergibt sich in Abb. 72, unterer Teil, das bekannte
Erstarrungsdiagramm einer ununterbrochenen Reihe
von Mischkrystallen.

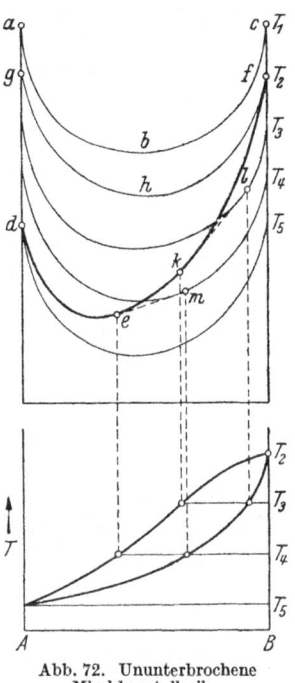

Abb. 72. Ununterbrochene
Mischkrystallreihe.

k) Zusammenfassende Bemerkung.

Wir wollen darauf verzichten, weitere Konstitutionsfälle in ähnlicher Weise zu erörtern. Sie bieten
nichts grundsätzlich Neues.

Da die qualitativen Ansätze über die Potentiale
thermodynamisch völlig gesichert sind, haben auch
die Schlußfolgerungen denselben Grad der Sicherheit,
wie die Hauptsätze der Thermodynamik. Es muß
darauf hingewiesen werden, daß die thermodynamischen Größen, oder exakter, ihre Differenzen, die
die Basis für unsere Erörterungen gewesen sind, in
einer Reihe von Fällen bereits einer experimentellen Bestimmung zugänglich
sind. Es ergibt sich daraus die Möglichkeit, Zustandsdiagramme thermodynamisch abzuleiten, was theoretisch einen erheblichen Gewinn bedeutet (vgl. S. 108).

C. Phasenregel.

1. Ableitung der Phasenregel.

Wir haben schon erwähnt, daß die Phasenregel bei der Betrachtung von
Einstoff- und Zweistoffsystemen vielfach entbehrt werden kann; sie ist jedoch
gänzlich unentbehrlich bei Drei- und Mehrstoffsystemen, weil die unmittelbare
Anschauung uns hier aus Mangel an täglicher Erfahrung im Stich läßt. Es ist
deshalb zweckmäßig, die Ableitung und allgemeine Erörterung der Phasenregel
der Besprechung der ternären Systeme voranzustellen.

Bei der Besprechung der Phasenregel sind wir von der Zustandsgleichung
einer Phase eines einfachen Stoffes ausgegangen, die wir in der Form der Gl. (5)
S. 54

$$f(v, T, p) = 0 \tag{48}$$

geschrieben haben. Für das Zweistoffsystem ergab sich dann die Form der
Gl. (13) S. 58

$$f(c, v, T, p) = 0 , \tag{49}$$

6*

wobei c die Konzentration, d. h. das Verhältnis der Menge eines Bestandteiles zur Gesamtmenge der Phase ist. Für die Erörterung der Phasenregel ist es bequemer, die Konzentration anders zu definieren. Unter der Volumenkonzentration eines Stoffes verstehen wir seine Menge (etwa in Gramm oder in Grammolekülen angegeben) in einem Einheitsvolumen der homogenen Mischungsphase. Wir wollen die Volumenkonzentration mit einem großen C bezeichnen. Da das spezifische Volumen v mit der Volumenkonzentration durch die Beziehung

$$v = \frac{1}{C} \qquad (50)$$

in einem Einstoffsystem verknüpft ist, können wir statt Gl. (48) schreiben:

$$f(C, T, p) = 0, \qquad (51)$$

statt Gl. (49) erhalten wir

$$f(C_1, C_2, T, p) = 0, \qquad (52)$$

wobei ersichtlich ist, daß die Angabe zweier Volumenkonzentrationen mit derjenigen einer durch das Mengenverhältnis definierten Konzentration und des spezifischen Volumens identisch ist.

Für eine aus n Bestandteilen zusammengesetzte homogene Phase erhalten wir ganz allgemein

$$f(C_1, C_2, C_3 \ldots C_n, T, p) = 0. \qquad (53)$$

Diese Gleichung enthält $n + 1$ unabhängige Veränderliche; das aus einer Phase bestehende System hat also $n + 1$ Freiheitsgrade; für das aus einer Phase bestehende System ist die Phasenregel:

$$r + f = n + 2 \qquad (54)$$

somit erfüllt.

Wir nehmen nun an, daß das System aus zwei Phasen a und b besteht; für diese Phasen haben wir die Zustandsgleichungen

$$\left. \begin{array}{l} \text{für } a\text{:} \quad f(C_1^a, C_2^a, C_3^a \ldots C_n^a, T, p) = 0 \\ \text{für } b\text{:} \quad f(C_1^b, C_2^b, C_3^b \ldots C_n^b, T, p) = 0 \end{array} \right\} \qquad (54\text{a})$$

Wenn die Phasen miteinander im Gleichgewicht stehen, sind der Druck p und die Temperatur T in beiden gleich. Dahingegen sind die Volumenkonzentrationen C verschieden. Wir haben also insgesamt zunächst $2n + 2$ Variable und zwei Gleichungen, also $2n$ unabhängige Veränderliche.

Die Volumenkonzentrationen C^b der zweiten Phase sind jedoch nicht unabhängig von denjenigen C^a der ersten Phase. Für jeden Bestandteil besteht vielmehr ein Verteilungsgleichgewicht, das in der allgemeinen Form

$$C_m^b = f(C_1^a, C_2^a, C_3^a \ldots C_m^a, C_n^a, T, p) \qquad (55)$$

geschrieben werden kann.

Beim Hinzutreten einer zweiten Phase haben wir insgesamt n neue Variable, dahingegen aber $n + 1$ neue Bestimmungsgleichungen hinzubekommen, die Zahl der Freiheitsgrade ist also tatsächlich um einen gesunken.

Dasselbe Spiel wiederholt sich jedesmal, wenn eine neue Phase hinzutritt. Auch die Zusammensetzung der dritten Phase ist durch n Gleichungen der Form (55) mit derjenigen der ersten verknüpft, wir erhalten also mit den Konzentrationen der dritten Phase n neue Variable, dahingegen dank den Beziehungen (55) und dank der Zustandsgleichung $(n + 1)$ neue Bestimmungsstücke. Die Zahl der unabhängigen Variablen ist wieder um 1 zurückgegangen. Es ist hierbei offensichtlich gleichgültig, ob wir die Konzentrationen der dritten Phase C^c auf Grund der Gl. (55) aus denen der ersten oder aus denen der zweiten Phase an Hand der Gleichung

$$C_m^c = f\,(C_1^b, C_2^b, C_3^b \ldots C_n^b,\, T,\, p) \tag{56}$$

bestimmen. Da nämlich die C^b auf Grund von (55) sämtlich Funktionen der C^a, T und p sind, können wir sie in (56) einsetzen und erhalten dann C_m^c in Abhängigkeit von den Konzentrationen der ersten Phase bestimmt. Die Gleichung (55) ist diesen gegenüber nicht unabhängig und ergibt keine neuen Bestimmungsstücke.

Wir können unsere Betrachtung in derselben Weise fortsetzen und erhalten das Ergebnis, daß jedesmal bei der Erhöhung der Anzahl der Phasen um eine die Zahl der unabhängigen Variablen, also der Freiheitsgrade, um eine zurückgeht. Ihre Summe $r + f$ bleibt deshalb konstant und zwar gleich $n + 2$, wie sich das für das homogene System aus einer Phase unmittelbar ergibt.

Die formale thermodynamische Ableitung der Phasenregel ergibt sich folgendermaßen: Das System aus n Bestandteilen bestehe aus r Phasen; für jeden Bestandteil ergeben sich $r - 1$ Beziehungen von der Form $\mu_m^A = \mu_m^B$, (vgl. S. 49) das ergibt $(r-1)n$ Beziehungen, zu denen r Zustandsgleichungen treten. Die Zahl der Veränderlichen ist dahingegen $n\,r + 2$ (sämtliche Volumenkonzentrationen, Druck und Temperatur). Die Differenz $\{n\,r + 2\} - \{(r-1)\,n + r\}$ ergibt die Zahl f der unabhängigen Veränderlichen (der Freiheitsgrade), es folgt:

$$r + f = n + 2. \tag{57}$$

Die zuerst von E. Riecke gegebene, oben dargestellte Ableitung dürfte anschaulicher sein und hat den Vorzug, sich leichter einzuprägen.

2. Unabhängige Bestandteile.

Wir haben gesehen, daß für die Phasenregel die Zahl n der unabhängigen Bestandteile des Systems maßgebend ist. Ihre Natur, die gar nicht zur Erörterung kommt, ist hierbei in der Tat gleichgültig. Für den Fall der metallischen Systeme wird man nicht im Zweifel sein, daß man praktischerweise die reinen Metalle, aus denen das System aufgebaut ist, als *Komponenten* oder *unabhängige Bestandteile* wählen wird. Trotzdem ist eine eingehende Erörterung dieses Begriffes notwendig.

Wir haben als unabhängige Bestandteile diejenigen definiert, deren Konzentrationsangaben notwendig sind, um eine Phase des Systems aufzubauen. Betrachten wir wieder die Volumenkonzentrationen, so muß man zur vollständigen Beschreibung der Zusammensetzung einer Phase offenbar angeben, wieviele Mengeneinheiten von jedem Bestandteil in dem Einheitsvolumen der Phase enthalten sind; wir brauchen also n Angaben bei n unabhängigen Bestandteilen.

Es können aber Umstände eintreten, durch die die Zahl der unabhängigen Bestandteile sich verändern kann, und zwar kann sie sich verringern, wenn zwischen den Konzentrationen funktionelle Beziehungen auftreten, und sie kann größer werden, wenn solche funktionelle Beziehungen, die aus der ursprünglichen Bestimmung der Zahl der Komponenten in Rechnung gesetzt wurden, ihre Wirksamkeit verlieren. Wir wollen das am Fall des Systems H_2, O_2 und H_2O erörtern.

Wenn wir uns bei tiefen Temperaturen befinden (oder einen negativen Katalysator benutzen), findet die Reaktion

$$2\,H_2 + O_2 \rightleftarrows 2\,H_2O \tag{57a}$$

praktisch nicht statt. Die Konzentrationen des H_2O sind daher von denjenigen des H_2 und O_2 ganz unabhängig. Wir haben somit ein System mit drei unabhängigen Bestandteilen vor uns, ein ternäres System. Wir brauchen jedoch nur die Temperatur zu erhöhen oder an Stelle eines negativen Katalysators einen positiven zu nehmen, um die Reaktion (57) in Gang zu bringen. Dann ergibt das Massenwirkungsgesetz

$$K = \frac{c_{H_2O}^2}{c_{H_2}\, c_{O_2}^2} = f\,(T) \tag{58}$$

und die Konzentrationen von H_2, O_2 und H_2O in einer Phase sind nicht voneinander unabhängig, sondern durch die Beziehung (58) verknüpft. Die Zahl der unabhängigen Bestandteile hat sich um eins verringert, wir haben ein binäres System. Die Rechnungen werden nicht verändert, wenn wir statt dessen sagen, daß die Zahl der Komponenten drei geblieben ist, daß aber die Beziehung (58) hinzugekommen ist.

Streng genommen ist es nicht richtig, die unabhängigen Bestandteile als diejenigen anzugeben, die zum Aufbau einer Phase notwendig sind, oder als diejenigen, deren Volumenkonzentrationen angegeben werden müssen, damit die Phase definiert ist. Solange der Zustand der Phase sich nicht ändert, ist diese Angabe gar nicht kontrollierbar. Hierzu ist es nötig, daß eine zweite Phase zugegen ist. Die Zahl der Volumenkonzentrationen, die angegeben werden müssen, um eine kleine Menge dieser zweiten Phase aus der ersten aufzubauen, ergibt erst die Zahl der Komponenten. Betrachten wir das reine Wasser bei gewöhnlicher Temperatur. Wir wissen nicht, ob es sich um ein Einstoff- oder um ein Zweistoffsystem handelt. Wir lassen es jedoch verdampfen. Der Zustand des Dampfes ist durch *eine* Konzentrationsangabe bestimmt, nämlich durch die Menge des Wassers pro Volumeneinheit. Also handelt es sich unter diesen Umständen um ein Einstoffsystem. Finden wir dahingegen, daß die Zusammensetzung des Dampfes von derjenigen der Flüssigkeit abweicht, wie das der Fall wäre, wenn das Wasser bis zu einem gewissen Grade in Bestandteile dissoziiert wäre, so müßten wir zwei Volumenkonzentrationen angeben, etwa die des freien H_2 und des freien O_2; das H_2O wäre dann auf Grund des Massenwirkungsgesetzes gegeben. In diesem Falle handelt es sich also um ein Zweistoffsystem. Die Zahl der unabhängigen Bestandteile eines Systems ist also nicht unter allen Umständen konstant. Sie kann sich je nach den Umständen ändern. Diese Aussage entspricht formal ebenso dem Sinn der Phasenregel, wie die oben erörterte Einführung von *zusätzlichen Bedingungen* zwischen den Mengen der Komponenten.

W. Hume-Rothery[1] hat grundsätzliche Einwendungen dagegen erhoben, daß man bei der Betrachtung der heterogenen Systeme die Konzentrationen als Massenteile in der Masseneinheit der Phase im Sinne der Gl. (13) S. 58 und nicht als Volumenkonzentrationen bestimmt und die Meinung ausgesprochen, daß die Betrachtung der so bestimmten Systeme auf Grund der Phasenregel im Grunde genommen nicht erlaubt sei. Diese Bedenken dürften unberechtigt sein, da zwischen den beiden Arten von Konzentrationen, wie oben durch kleine und große Buchstaben ausgedrückt, die einfachen Beziehungen bestehen:

$$c_1 = \frac{C_1}{C_1 + C_2}\;;\quad C_1 = \frac{c_1}{V}\;;\quad C_2 = \frac{(1 - c_1)}{V}\;;\quad C_1 + C_2 = \frac{1}{V}. \;\Big\} \tag{59}$$

Es ist demnach ganz gleichgültig, ob man die Veränderlichen c und v oder C_1 und C_2 benutzt. Benutzt man die ersteren, so ergibt sich bei gegebenen c, p und T das spezifische Volumen v eindeutig aus der Zustandsgleichung, benutzt

---

[1] Hume-Rothery, W.: J. Inst. Metals **35** (1926) 295.

man die letztere, so ergibt sich bei gegebenen C_1, p und T die zweite Konzentration C_2, nämlich die Masse des zweiten Stoffes in der Volumeneinheit aus der Zustandsgleichung. In beiden Fällen verbleibt nach Festlegung von p und T und von $(n-1)$ Konzentrationen, wo n die Zahl der unabhängigen Bestandteile ist, kein Freiheitsgrad mehr.

3. Sonderfälle.

Es gibt eine Reihe von Fällen, in denen die Phasenregel *anscheinend* Ausnahmen erleidet, was dazu führt, daß man von Einschränkungen der Phasenregel spricht. Diese Formulierung ist irreführend. Die scheinbaren Ausnahmen beruhen nämlich darauf, daß zwischen den Konzentrationen der Phasen zusätzliche Bedingungen auftreten, durch die die Zahl der unabhängigen Variablen — man könnte auch sagen der unabhängigen Bestandteile — und also die Zahl der Freiheitsgrade herabgesetzt wird.

Im binären Diagramm ist der bekannteste Fall dieser Art das Temperatur-Maximum oder -Minimum einer Begrenzungskurve eines Feldes homogener Phasen, z. B. der Liquiduskurve. Zunächst überzeugt man sich geometrisch sofort davon, daß in einem solchen Maximum oder Minimum die beiden koexistierenden Phasen dieselbe Zusammensetzung haben müssen. Betrachten wir z. B. ein Minimum der Soliduskurve; wenn die Schmelze, die im Gleichgewicht mit den Krystallen dieses Minimums steht, eine andere Zusammensetzung haben würde, dann würde sie außerhalb des Gebietes der Schmelzen liegen, was unmöglich ist.

Aus der Tatsache, daß beide Phasen dieselbe Zusammensetzung haben, folgt, daß während der heterogenen Reaktion keine Änderung ihrer Zusammensetzungen stattfindet. Um den Zustand der sich aus der ersten Phase bildenden zweiten Phase zu definieren, braucht man nur die Angabe einer Volumenkonzentration C_1 des einen Bestandteiles. Die Volumenkonzentration des zweiten Bestandteiles ergibt sich dann automatisch aus der Forderung, daß die Zusammensetzungen beider Phasen gleich sein müssen. Wir haben somit nur drei Variable, C_1, p und T, und die Verhältnisse liegen wie in einem Einstoffsystem *(quasiunäres System)*.

Dieses Ergebnis läßt sich verallgemeinern. Wenn zwei Phasen eines aus n Komponenten bestehenden Systems dieselbe Zusammensetzung haben, so verhält sich das System wie ein Einstoffsystem. In der Tat, die Gleichheit der Zusammensetzung zweier Phasen a und b ergibt zwischen ihnen einen Übergang

$$a \rightleftarrows b,$$

an dem die übrigen etwa vorhandenen Phasen gar nicht beteiligt sind. Der Übergang wird gar nicht beeinflußt, wenn wir die übrigen Phasen fortnehmen und nur die Phasen a und b behalten. Für diese Phasen gilt aber dieselbe Überlegung, wie die soeben für ein Zweistoffsystem durchgeführte.

Ein besonders einfaches Beispiel für diesen Fall ergibt sich, wenn eine Phase eine Umwandlung erleidet, bei der sich ihre Zusammensetzung nicht ändert. Dann ist es ganz gleichgültig, wieviele Komponenten und wieviele Phasen das System enthält: Die Umwandlung vollzieht sich wie im Einstoffsystem bei konstanter Temperatur, wenn der Druck konstant gehalten wird.

Allgemein gilt, daß, wenn zwei Phasen dieselbe Zusammensetzung haben, sich das System wie ein Einstoffsystem verhält. Bei Gegenwart von zwei Phasen ist das System bei konstantem Druck nonvariant.

Als weiteres Beispiel betrachten wir den Fall in einem ternären System, in dem die Zusammensetzungen von 3 Phasen auf einer Geraden liegen (Abb. 74 S. 89). Es ist zunächst klar, daß eine solche Aussage bei zwei Phasen noch gar keinen Sinn hat und erst bei drei Phasen Bedeutung bekommt. Die Forderung, daß die Konzentrationen alle auf der Geraden MN liegen, bedeutet eine zusätzliche Bedingungsgleichung zwischen den beiden unabhängigen Konzentrationen, etwa c_B und c_C (die dritte ist dann durch die Gleichung $c_A + c_B + c_C = 1$ bestimmt). Somit bleibt auf dem Schnitt MN nur eine Konzentrationsvariable übrig, das System verhält sich wie ein binäres und ist bei Gegenwart von drei Phasen und bei konstantem Druck wieder nonvariant.

Ein Vierstoffsystem besitzt drei unabhängige Konzentrationsvariable, seine Zusammensetzungen können nicht mehr in einem ebenen Dreieck dargestellt werden; hierzu benötigt man ein räumliches Gebilde *(Konzentrationstetraeder)*. Wenn nun in einem solchen Vierstoffsystem die Bestimmung getroffen wird, daß drei koexistierende Phasen auf einer Geraden liegen, so wird eine solche Gerade bekanntlich durch zwei Gleichungen zwischen den Koordinaten, in diesem Fall Konzentrationsvariablen bestimmt. Die Zahl der unabhängigen Bestandteile ist damit um 2 gesunken, wir haben also wieder ein quasibinäres System. Offensichtlich verhält sich jedes System, in dem die Zusammensetzungen von drei Phasen auf einer Geraden liegen, wie ein binäres System. Je größer nämlich die Zahl der unabhängigen Bestandteile im System ist, desto mehr Gleichungen sind erforderlich, um die betrachtete Gerade zu definieren.

Liegen in einem Vierstoffsystem die Zusammensetzungen von *vier* Phasen auf einer Ebene, so bedeutet das eine lineare Beziehung zwischen den drei unabhängigen Konzentrationsvariablen. Es verbleiben damit nur zwei unabhängige Konzentrationsvariable, das System ist ein quasiternäres. Wieder ist es bei Gegenwart von vier Phasen und bei konstantem Druck nonvariant. Auch das gilt offenbar unabhängig davon, wieviele unabhängige Bestandteile das System ursprünglich enthält.

Wir sehen, daß alle diese scheinbaren Ausnahmen in Wirklichkeit sich bei der konsequenten Anwendung der Phasenregel ergeben. Wir wollen davon absehen, die Bedingungen für solche scheinbaren Einschränkungen der Phasenregel systematisch abzuleiten.

D. Dreistoff-Systeme.

1. Darstellung.

a) Das Konzentrationsdreieck.

Die Zusammensetzung eines ternären Systems wird durch zwei unabhängige Konzentrationen c_1 und c_2 bestimmt. Die dritte Konzentration errechnet sich dann aus der Gleichung $c_1 + c_2 + c_3 = 1$. Zur Darstellung der Zusammensetzung braucht man für ternäre Systeme deshalb eine Ebene. Man nimmt ein gleichseitiges Dreieck Abb. 73 und macht von der Tatsache Gebrauch, daß die Summe der drei von einem beliebigen Punkt M auf die Seiten gefällten Lote konstant ist. Man benutzt deshalb die Höhen Ma, Mb und Mc als Maß für die Konzentrationen c_A, c_B und c_C der drei Bestandteile. Der senkrechte Abstand Ma vom Punkt A bis zur Seite BC ist z. B. das Maß für die Konzentration des Stoffes A. Entsprechendes gilt für die beiden anderen Bestandteile. Den Eckpunkten A, B und C entsprechen dann die reinen Komponenten. An Stelle der Höhen Ma, Mb und Mc können die Konzentrationen an den Strecken $m_1B = m_2C$ für A, $m_3C = m_4A$ für B und $m_5A = m_6B$ für C abgelesen werden, wenn $m_1m_2 \parallel CB$, $m_5m_6 \parallel AB$ und $m_3m_4 \parallel AC$ ist. Allen

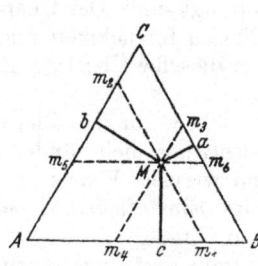

Abb. 73. Darstellung der Zusammensetzung in einem ternären System.

Punkten auf den Geraden $m_1 m_2$, $m_3 m_4$ oder $m_5 m_6$ entsprechen gleiche Gehalte an A, B oder C. Alle Legierungen dahingegen, die auf einer durch eine Ecke hindurchgehenden Geraden, z. B. AM liegen, enthalten die beiden anderen Komponenten, im genannten Beispiel B und C, in einem konstanten Verhältnis. Die Zusammensetzungen der entsprechenden binären *Randlegierungen* liegen auf den Seiten AB, AC und BC.

b) Die Hebelbeziehung.

Liegen drei Mischungen M, P und N (Abb. 74) auf einer Geraden, so kann die Mischung P nach der Hebelbeziehung aus den Mischungen M und N hergestellt werden, ganz ebenso, wie in einem binären System. Zum Beweise ziehen wir etwa die Geraden $Mm \parallel Pp \parallel Nn \parallel AC$ bis zu den Schnittpunkten mit der Seite CB. Der Gehalt C_B^m an B in m ist gleich dem Gehalt C_B^M in M, und entsprechendes gilt für die Punkte p und n:

$$\begin{aligned} C_B^m &= C_B^M \\ C_B^n &= C_B^N \\ C_B^p &= C_B^P. \end{aligned} \tag{60}$$

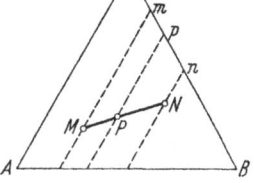

Für das binäre System CB gilt auf Grund der Hebelbeziehung

$$\frac{x_m}{pn} = \frac{x_n}{pm}, \tag{61}$$

Abb. 74. Hebelbeziehung im ternären System.

wo x_m und x_n die Mengenanteile der Mischungen m und n sind. Da die Gehalte der Mischungen M, N und P an der Komponente B gleich den Gehalten der Mischungen m, n und p sind, müssen auch die Mengenanteile x_M und x_N der Mischungen M und N, die zur Herstellung der Mischung P notwendig sind, der Bedingung (61) genügen; da ferner gilt:

$$\frac{mp}{MP} = \frac{np}{NP} = \frac{mn}{MN}, \tag{62}$$

so ergibt sich:

$$\frac{x_M}{PN} = \frac{x_N}{PM}; \tag{63}$$

was zu beweisen war.

c) Schwerpunktsbeziehung für drei Phasen.

Haben wir drei Mischungen M, N, O (Abb. 75), so ergeben sie zusammen eine Gesamtmischung P, die im Innern des Dreiecks MNO liegt. Das ergibt sich sofort aus folgender Betrachtung: Wir bringen erst die Mischungen M und N zusammen; ihr Gemenge liegt auf der Geraden MN etwa im Punkte S. Wir erhalten die gesuchte Endmischung, wenn wir S mit O vermengen. Dieses Gemenge muß auf der Geraden SO, also im Innern des Dreiecks MNO liegen.

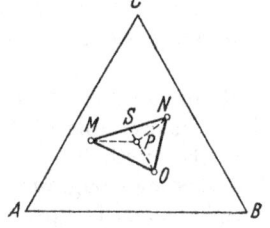

Abb. 75. Schwerpunktsbeziehung für 3 Phasen. Eutektisches Vierphasengleichgewicht.

Wenn x_M, x_N, x_O und x_S die Mengen der Mischungen M, N, O und S darstellen, so ist auf Grund der oben erörterten Hebelbeziehung

$$\frac{x_O}{x_S + x_O} = \frac{x_O}{x_M + x_N + x_O} = \frac{SP}{SO} = \frac{\text{Fläche } \triangle MNP}{\text{Fläche } \triangle MNO}. \tag{64}$$

Analog erhalten wir

$$\frac{x_N}{x_M + x_N + x_O} = \frac{\text{Fläche } \Delta\, MPO}{\text{Fläche } \Delta\, MNO}. \tag{65}$$

$$\frac{x_M}{x_M + x_N + x_O} = \frac{\text{Fläche } \Delta\, NPO}{\text{Fläche } \Delta\, MNO} \tag{66}$$

Die Menge der drei Mischungen M, N, O, aus denen sich eine Gesamtmischung P ergibt, verhalten sich wie die Flächen der von den betreffenden Mischungspunkten abgekehrten Teildreiecke im Dreieck MNO.

Da es sich hierbei um eine verallgemeinerte Hebelbeziehung handelt, ist der Punkt P der Schwerpunkt eines Dreiecks, in dessen Ecken die Mengen x_M, x_N und x_O der betreffenden Mischungen angebracht sind.

d) Vierphasengleichgewichte.

Eine Phase P kann in drei Phasen M, N und O zerfallen oder umgekehrt aus ihnen entstehen (Abb. 75). Bei konstantem Druck erhalten wir bei Gegenwart von vier Phasen ein nonvariantes Gleichgewicht. Die Reaktion kann geschrieben werden:

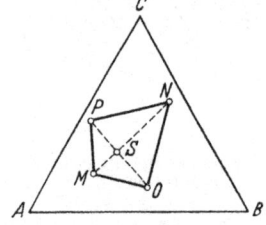

Abb. 76. Peritektisches
Vierphasengleichgewicht.

$$P \rightleftarrows M + N + O. \tag{67}$$

Der Punkt P kann sowohl die Zusammensetzung einer Phase als auch die Gesamtzusammensetzung eines Gemenges von drei anderen Phasen M, N und O in entsprechenden Mengenverhältnissen darstellen.

Sind die vier Phasen eines nonvarianten Gleichgewichtes so angeordnet, daß P außerhalb des Dreieckes der drei übrigen Phasen M, N und O liegt (Abbildung 76), so kann eine Mischung P nicht aus den drei Teilmischungen M, N und O aufgebaut werden. Eine Umsetzung zwischen den einzelnen Phasen, wenn die Punkte M, N, O und P solche darstellen, kann nur in der Weise geschehen, daß M und N in einem solchen Verhältnis zusammentreten, daß sie eine Mischung S bilden, die auf dem Schnittpunkt der beiden Geraden MN und OP liegt und wiederum einem Gemenge von P und O entspricht. Die Reaktion, die sich bei diesem nonvarianten Gleichgewicht abspielt, ist also

$$M + N \leftrightarrows O + P. \tag{68}$$

Auf diese Fälle wird bei der Betrachtung der nonvarianten Gleichgewichte im ternären System einzugehen sein.

Beim ternären System ist die Zeichenebene bereits für die Darstellung der Zusammensetzung in Anspruch genommen. Die Temperatur als dritte Variable muß als räumlich senkrecht zur Ebene des Papiers aufgetragen (gedacht) werden. Das Zustandsdiagramm, das, ähnlich wie beim binären System, das System bei verschiedenen Temperaturen wiedergibt, erfordert also eine räumliche Darstellung, die auf der Zeichenebene des Papiers nur in der Projektion oder im Schnitt wiedergegeben werden kann.

2. Erstarrungstypen.

Die Zahl der verschiedenen Erstarrungstypen ist im ternären System viel größer als im binären. Im folgenden soll nur ein Fall eingehend erörtert werden, um die typische Betrachtungsweise bei einem ternären System darzulegen. Einige andere Fälle werden ganz kurz beschrieben. Für das tiefere Eindringen in die Gleichgewichtslehre der ternären Systeme ist eine elementare, aber eingehende Darstellung des Verfassers und die sehr eingehende und gründliche Schilderung von R. VOGEL[1] zu empfehlen.

Auch in ternären Systemen kommen, wie in binären, Mischungslücken im flüssigen Zustand vor. Wir beschränken uns indessen bei unseren Beispielen auf den Fall der lückenlosen Mischbarkeit in der Schmelze.

a) Die Bestandteile bilden im Krystallzustand ein mechanisches Gemenge.

α) **Erstarrungsgang.**

Wird eine Schmelze der Zusammensetzung X (Abb. 77) abgekühlt, so wird eine Temperatur erreicht, bei der sie an einer Krystallart, im vorliegenden Fall an B gesättigt ist. Es beginnt die Krystallisation von B. Da die Gesamtzusammensetzung der Mischung unverändert bleiben muß, ändert sich hierbei die Zusammensetzung der Schmelze längs $X x_e$, der geraden Fortsetzung der Geraden BX, und die Temperatur sinkt hierbei. Wir haben zwei Phasen und also nach der Phasenregel zwei Freiheitsgrade: die Gesamtheit der Zustandspunkte der an B gesättigten Schmelzen verschiedener Zusammensetzung wird durch eine *Fläche der primären Krystallisation von B* dargestellt. Die Schmelze verarmt immer mehr an B und erreicht schließlich einen Punkt x_e, in dem sie auch an einer zweiten Krystallart, im vorliegenden Falle an A gesättigt ist. Es scheiden sich jetzt gleichzeitig A und B aus. Solange die Schmelze auf der Verlängerung von $B' x_e$ liegt, kann die Menge von A indessen nur unendlich klein sein. Mit fortschreitender

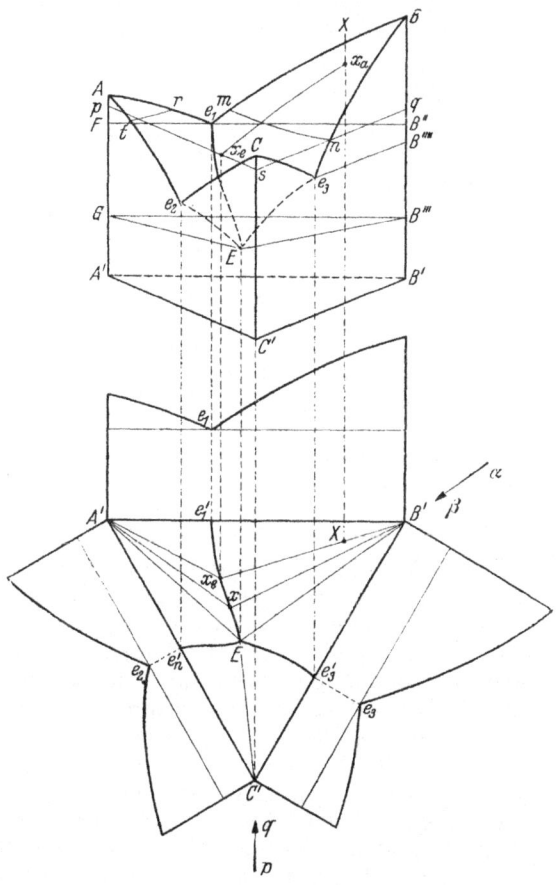

Abb. 77 (unten).
Projektion des Körpers Abb. 78 auf die Konzentrationsebene.
Abb. 78 (oben).
Erstarrungskörper eines mechanischen Gemenges.

Krystallisation muß die Zusammensetzung der Schmelze sich ändern — die Zusammensetzungen der Krystalle sind ja konstant — und zwar so, daß X, die Gesamtzusammensetzung der Legierung, innerhalb des Dreieckes liegt, dessen Ecken die einzelnen Phasen darstellen, aus denen die Legierung besteht, also innerhalb eines Dreieckes $A'B'x$. Die Mengenanteile der einzelnen Phasen be-

[1] MASING, G.: Ternäre Systeme. Leipzig: Akademische Verlagsges. m. b. H. 1933. 2. Aufl. 1949. — VOGEL, R.: Die heterogenen Gleichgewichte. Bd. II des Handbuches der Metallphysik von G. MASING. Leipzig: Akademische Verlagsges. m. b. H. 1937.

stimmen sich nach der Schwerpunktsbeziehung (S. 89). Mit fortschreitender Krystallisation bewegt sich die Schmelze längs einer Kurve $x_e E$. Wir haben ein System mit drei Phasen und also einem Freiheitsgrad: Die Gesamtheit der Zusammensetzungen der Schmelze und die Temperatur wird durch eine räumliche Kurve dargestellt, deren Projektion $x_e E$ ist. In E ist die Schmelze auch an C gesättigt. Es besteht hier ein nonvariantes Gleichgewicht, und es findet die *eutektische* Reaktion statt:

$$E \rightleftharpoons A + B + C. \tag{69}$$

Hierbei zerfällt die Schmelze in *drei* Krystallarten. Man nennt E den *ternären eutektischen Punkt*.

Die Kurve $x_e E$, längs der sich während der gleichzeitigen Abscheidung von A und B die Schmelze bewegt, wird als die *binäre eutektische Kurve* bezeichnet, die im ternären System univarianten Gleichgewichten entspricht.

Ganz ähnlich erfolgt die Erstarrung aller anderen Legierungen des betrachteten Systems. Der Erstarrungsgang ist in der Übersicht wiedergegeben.

Konzentrationsgebiet	Primäre Ausscheidung	Binäre eutektische Kurve
$B\,e_1\,E\,B$	B	$e_1\,E$
$B\,e_3\,E\,B$	B	$e_3\,E$
$C\,e_3\,E\,C$	C	$e_3\,E$
$C\,e_2\,E\,C$	C	$e_2\,E$
$A\,e_2\,E\,A$	A	$e_2\,E$
$A\,e_1\,E\,A$	A	$e_1\,E$

Abschluß der Erstarrung: Im festen Zustand bestehen alle Legierungen aus den drei Krystallarten A, B und C.

β) Zustandsflächen und Zustandsräume.

In Abb. 78 ist die *Schmelzfläche* des betrachteten Systems in räumlicher Darstellung wiedergegeben, wobei die Temperatur, wie allgemein üblich, senkrecht zur Konzentrationsebene nach oben aufgetragen ist. Abb. 77 ist die Projektion der Abb. 78 auf die Konzentrationsebene. Die einander entsprechenden Punkte sind in beiden Abbildungen mit gleichen Buchstaben bezeichnet. Diese Fläche gibt die Gesamtheit der Temperaturen und der Zusammensetzungen der Schmelze wieder, die an A, B oder C gesättigt sind. Dementsprechend besteht diese Fläche aus drei Teilen: $Ae_1\,Ee_2\,A$; $Be_1\,Ee_3\,B$ und $Ce_2\,Ee_3\,C$. Auf den Kurven der binären eutektischen Krystallisation $e_1 E$, $e_3 E$ und $e_2 E$ sind die Schmelzen zugleich an A und B, B und C und A und C gesättigt. Im ternären eutektischen Punkt E sind sie zugleich an den drei Krystallarten gesättigt.

Nachdem der Zustandspunkt der Legierung X bei der Abkühlung die Fläche der gesättigten Schmelzen $Be_1\,Ee_3\,B$ im Punkte x_a durchstoßen hat, kommt er in den *Raum* der primären Krystallisation, der die Gemenge der Schmelze mit der Krystallart B darstellt. Nach oben ist dieser Raum durch die Fläche $Be_1\,Ee_3\,B$, nach den Seiten hin durch die Begrenzungsebenen des Raumprismas des ternären Systems $Be_1\,e_1'\,B'$ und $Be_3\,e_3'\,B'$ begrenzt. Wir müssen nun nur noch seine Begrenzungen nach unten finden. Er findet sein Ende, wenn die Schmelzen außer an B auch an A oder an C gesättigt sind, d. h. wenn sie auf den eutektischen Kurven $e_1 E$ oder $e_3 E$ liegen. Die zugehörigen Zustandspunkte der Krystallart B liegen alle auf der Achse BB', zwischen dem Punkt B'' und dem Punkt B''', der bei der Temperatur des ternären eutektischen Punktes E liegt. Die Legierungszustände die aus den Gemengen der eutektischen Schmelzen der Kurven $e_1 E$ und $e_3 E$ und der Krystallart B bestehen, liegen alle auf Konoden, die die Punkte der

Kurven $e_1 E$ und $e_3 E$ mit der Achse BB' verbinden. Diese untere Begrenzungsfläche des Raumes der primären Krystallisation von B können wir also wie folgt beschreiben. Er entsteht, indem Isothermen, deren Enden sich auf BB' und auf den Kurven der binären eutektischen Krystallisation $e_1 E$ und $e_3 E$ befinden, längs der Kurven $e_1 E$ und $e_3 E$ entlanggleiten, bis der Punkt E erreicht ist.

Diese Flächen stellen die Gesamtheit der Gemenge aus B und der Schmelze dar, die zugleich an A oder an C gesättigt sind.

Der so begrenzte Raum der primären Krystallisation von B ist in Abb. 79 in der Blickrichtung des Pfeiles $\alpha\beta$ der Abb. 77 wiedergegeben.

Für die primäre Krystallisation von A und C bestehen ähnliche Zustandsräume.

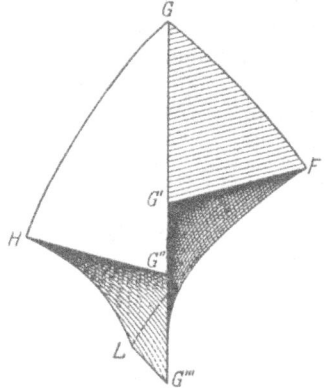

Abb. 79. Zustandsraum der primären Krystallisation einer Komponente.

Die binäre eutektische Krystallisation, an der B beteiligt ist, erfolgt in verschiedener Weise, je nachdem, ob die eutektische Kurve $e_1 E$ oder $e_3 E$ getroffen wird, indem A oder C als zweite Krystallphase auftritt. Der Dreiphasenraum $A + B +$ Schmelze kann dahingegen auch erreicht werden, wenn A primär krystallisiert und die Zusammensetzung der Schmelze dann die Kurve $e_1 E$ erreicht. Nach unten findet dieser Dreiphasenraum seine Begrenzung durch die isotherme Ebene der ternären eutektischen Krystallisation (Abb. 78). Nach oben hin ist er durch die geschilderten Schraubenflächen $B'' e_1 E B'''$ und eine entsprechende $F e_1 E G$ für die Krystallisation von A begrenzt. In der Blickrichtung des Pfeiles pq (Abb. 77) gesehen, erhält er also die in Abb. 78 dargestellte Form. Die Rückseite dieses Raumes ist die Prismenebene $B e_1 A A' B'$ der Abb. 78. Ähnliche Zustandsräume bestehen für die Phasengemenge: Schmelze $+ B + C$ und Schmelze $+ A + C$.

Wir sehen, daß die folgende Regel für die sich berührenden Zustandsgebiete durchweg erfüllt ist. Ein Raum mit n Phasen steht in Berührung längs einer Fläche entweder mit einem Raum mit $n - 1$ oder mit $n + 1$ Phasen, nicht jedoch mit einem solchen mit $n - 2$ oder mit $n + 2$ Phasen. In der Tat, auf den Einphasenraum der Schmelze

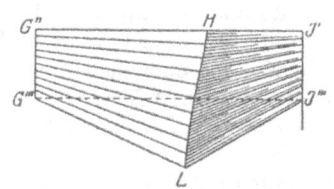

Abb. 80. Zustandsraum einer binären eutektischen Krystallisation.

folgt der Zweiphasenraum der primären Krystallisation und auf diesen der Dreiphasenraum der binären eutektischen Krystallisation. Der Vierphasenraum der ternären eutektischen Krystallisation ist zu einer isothermen Ebene degeneriert, deshalb stehen die Dreiphasenräume der binären eutektischen Krystallisation in Berührung mit dem Dreiphasenraum des Krystallisierten. Die Berührungsfläche ist in diesem Falle eine isotherme Ebene des nonvarianten Gleichgewichtes. Hieraus folgt, daß nur Räume mit $n + 1$ Phasen sich miteinander längs isothermer Ebenen berühren können.

Auf Kurven treffen sich dagegen Räume, deren Phasenzahl sich um 2 (oder um 0) unterscheidet, und in einzelnen Punkten Räume, deren Phasenzahl sich um 3 (oder um 0) unterscheidet.

Diese Regel ist bei der Betrachtung der ternären Systeme sehr nützlich. Sie gestattet es, in weniger übersichtlichen Fällen Fehler zu vermeiden.

Insgesamt besteht das Raumdiagramm aus folgenden Zustandsräumen:

1-Phasenräume: Schmelze s oder l

2-Phasenräume: $s + A$; $s + B$; $s + C$

3-Phasenräume: $s + A + B$; $s + A + C$; $s + B + C$; $A + B + C$.

γ) Projektionen und Schnitte.

In Abb. 77 ist eine Projektion der Raumfigur Abb. 78 auf eine zur Temperaturachse senkrechten Ebene dargestellt. Die in dieser Projektion auftretenden Kurven $e_1' E$, $e_2' E$ und $e_3' E$ sind *Projektionen* der räumlichen *Schnitte* verschiedener Zustandsflächen untereinander. Wir können ebene Darstellungen des ternären Systems auch auf andere Weise gewinnen, indem wir *isotherme Schnitte* durch die Raumfigur (Abb. 78) legen; solche Schnitte sind in Abb. 81—83 wiedergegeben.

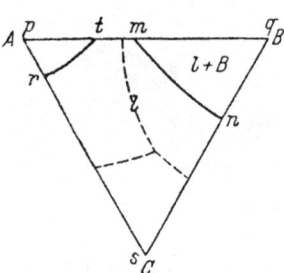
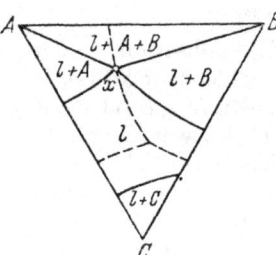
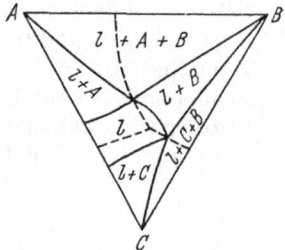

Abb. 81.	Abb. 82. Isothermer Schnitt	Abb. 83. Isothermer Schnitt
Isothermer Schnitt oberhalb der eutektischen Kurven.	nach Unterschreitung eines eutektischen Punktes.	nach Unterschreitung von 2 eutektischen Punkten.

Abb. 81 gibt z. B. den Schnitt pqs (Abb. 78) wieder. Dieser Schnitt liegt unterhalb der Schmelzpunkte von A und B, aber noch oberhalb des Schmelzpunktes von C. mn ist auf beiden Bildern der Schnitt der Liquidusfläche der primären B-Krystallisation mit der isothermen Ebene, $qmnq$ ist die Schnittfläche des Raumes der primären Krystallisation von B mit dieser Ebene. Entsprechendes gilt für die Kurve rt und für die Schnittebene $prtp$ für die Krystallisation von A. Die einzelnen Zustandsflächen sind durch Angabe der in ihnen auftretenden Phasen gekennzeichnet (z. B. l = Schmelze). Die Projektionen der binären eutektischen Kurven sind aus Abb. 77 punktiert übertragen worden.

Abb. 82 zeigt einen isothermen Schnitt unterhalb des eutektischen Punktes e_1, aber oberhalb der Punkte e_2 und e_3. ABx ist der isotherme Schnitt mit dem Raum der binären eutektischen Krystallisation in Abb. 80. In Abb. 83 ist bereits die binäre eutektische Temperatur von e_3 (Abb. 78), aber noch nicht die von e_2 unterschritten. Wir haben dementsprechend zwei Dreiphasenflächen $A + B + l$ und $B + C + l$, in den in ihnen liegenden Legierungen findet eine binäre eutektische Krystallisation statt.

Die isothermen Schnitte geben die Gleichgewichtsverhältnisse im ternären System bei verschiedenen Temperaturen wieder; sie sind sehr anschaulich. Das, was die Untersuchungsergebnisse einer Reihe von Legierungen bei sinkenden Temperaturen unmittelbar angibt, ist aber der zur Temperaturachse *parallele* Schnitt. Man pflegt, um die Ergebnisse übersichtlicher zu gestalten, die zu untersuchenden Legierungen auf geraden Schnitten durch das Konzentrationsdreieck anzulegen, wie z. B. kl oder Cm (Abb. 84a).

Für die auf kl liegenden Legierungen bekommt man den Schnitt Abb. 84b, der auf der Linie kl parallel zur Temperaturachse errichtet ist. Für jede Legierung dieses Schnittes kann man aus Abb. 84b die Zustandsräume ablesen, die sie im Verlaufe der Erstarrung durchläuft. Bei den Legierungen des Teilgebietes rechts der Kurve e_1E beginnt die Erstarrung mit der Krystallisation von B, an das Feld der Schmelze (S) schließt sich hier deshalb mit sinkender Temperatur das Feld der Gemenge von Schmelze und von B-Krystallen an. Während der Krystallisation von B ändert sich die Zusammensetzung der Schmelzen auf Konoden, die die Fortsetzung der geraden Verbindungslinien des Darstellungspunktes der Legierung und des Punktes B ist. Im Teilgebiet ln erreichen die Zusammensetzungen der Schmelzen hierbei die eutektische Kurve e_3E, für diese Legierungen schließt sich also an die primäre Krystallisation von B die binäre eutektische Krystallisation von B und C an, wie man das auch in Abb. 84 b sieht. Bei den Legierungen der Teilstrecke links von n krystallisieren gleichzeitig B und A eutektisch im Anschluß an die primäre Ausscheidung von B. Im Teilgebiet links von e_1E beginnt die Krystallisation mit der primären Ausscheidung von A, an die sich die binäre eutektische Krystallisation von A und C oder von A und B anschließt. Den Abschluß der Erstarrung bildet für alle Legierungen die ternäre eutektische Krystallisation; im festen Zustand bestehen sie alle aus den Krystallen von A, B und C.

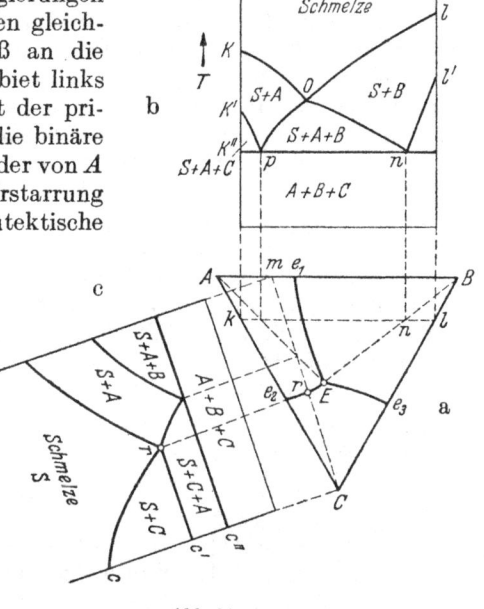

Abb. 84 a—c.
Zur Konzentrationsebene senkrechte Schnitte.

Es muß auf eine Eigenart der zur Konzentrationsebene senkrechten Schnitte aufmerksam gemacht werden, die sie von den binären Zustandsdiagrammen, wie wir sie auf S. 62 ff. erörtert haben, unterscheidet. Im binären Zustandsdiagramm geben alle Kurven unmittelbar Zusammensetzungen von Legierungen in den in Frage kommenden Zustandspunkten an. Im Schnittdiagramm Abb. 84 b gilt das nur für die Begrenzungskurven KO und lO von Einphasengebieten, nicht jedoch für die anderen Kurven. Zum Beispiel stellt die Kurve On überhaupt nicht Zusammensetzungen von einzelnen Phasen, sondern die Zusammensetzung von *Phasengemengen*, nämlich von $s + B$, die an A gesättigt sind, dar. Die einzelnen Bestandteile der Gemenge dieser Phasen liegen außerhalb des Schnittes kl die sie verbindenden Konoden *durchstechen* lediglich den Schnitt der Abb. 84 b in den Punkten der betreffenden Kurven. Schnitte, bei denen ausnahmsweise alle Phasen in der Schnittebene liegen, heißen *quasibinär*.

In ähnlicher Weise ist der auf der Linie mC errichtete Schnitt Abb. 84 c zu erörtern. Die Schmelzen aller Legierungen des Teiles Cr treffen nach der primären Krystallisation von C die eutektische Kurve e_2E in ein und demselben Punkte r. Dementsprechend beginnt bei allen diesen Legierungen die eutektische Krystallisation von C und A bei derselben Temperatur der Isothermen $c'r$, wie man in Abb. 84 sieht.

Bei der Untersuchung eines ternären Systems werden nicht, wie wir es getan haben, aus dem bekannten Raumdiagramm die einzelnen Schnitte, wie Abbildung 81—84, erschlossen. Wenn das Raumdiagramm bekannt ist, können aus ihm diese Schnitte völlig eindeutig abgelesen werden. In Wirklichkeit stellen die zur Konzentrationsebene senkrechten Schnitte die unmittelbare Zusammenfassung von experimentellen Befunden dar, aus deren Gesamtheit das ternäre, räumliche Zustandsdiagramm synthetisch abgeleitet werden muß. Wenn die Zahl der untersuchten Schnitte genügend groß und ihre Gestalt genügend gesichert ist, ist auch diese Ableitung eindeutig. In Wirklichkeit sind alle Schnitte infolge der unvermeidlichen experimentellen Fehler interpoliert. Die Natur der auftretenden Phasen und in diesem Zusammenhang auch die Bedeutung der Kurven und der Zustandsfelder ist ohne hypothetische Annahmen nicht festzulegen. Besonders schwer ist die Festlegung eines Schnittes, weil besonders in komplizierteren Fällen ein nicht unerheblicher Teil der Grenzkurven sich der unmittelbaren Beobachtung entzieht. Erst durch Vergleich der Befunde verschiedener zweckmäßig angelegter Schnitte kann nach Ausmerzung von Widersprüchen, die durch falsche Annahmen bei ihrer Konstruktion entstanden sind, das räumliche Zustandsdiagramm ermittelt werden. Diese Konstruktion ist besonders in komplizierteren Fällen recht schwierig und ohne sorgfältige Kontrollen leicht Irrtümern ausgesetzt.

Im betrachteten einfachen Fall kann aus dem Schnitt Abb. 84b bereits die Lage des eutektischen Punktes E in Abb. 84 a abgeleitet werden. Aus Abb. 84 b liest man nämlich die Lage der Punkte n und p auf der Geraden kl (Abb. 84a) ab. Die in n und p liegenden Legierungen zeichnen sich dadurch aus, daß in ihnen unmittelbar im Anschluß an die primäre Ausscheidung von A oder von B die ternäre eutektische Krystallisation im Punkte E stattfindet. Die Punkte B, n und E und die Punkte A, p und E liegen also auf je einer Geraden (Konode). Man erhält also den Punkt E, indem man die Geraden Ap und Bn bis zu ihrem Schnittpunkt fortsetzt.

Aus dem Schnitt Cm (Abb. 84c) kann dahingegen lediglich abgeleitet werden, daß E auf der Fortsetzung der Geraden durch A liegt. Um seine Lage eindeutig festzulegen, müßte man in diesem Fall noch einen zweiten Schnitt untersuchen.

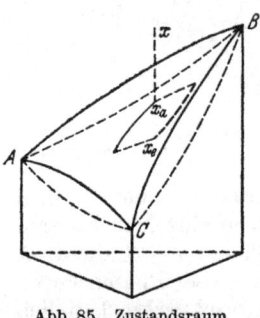

Abb. 85.   Zustandsraum
bei lückenloser
Mischkrystallbildung.

b) Mischkrystalle in allen Verhältnissen.

Dieser Fall ist sehr einfach, da die Legierungen sowohl im flüssigen als auch im festen Zustand nur aus je einer Phase bestehen. Die Liquidus- und die Solidusflächen sind beide stetig und treffen sich in den Schmelzpunkten der Komponenten (Abb. 85). Sie schneiden die Seitenebenen des Zustandsprismas in den *Liquidus-* und *Solidus-kurven* der binären Teilsysteme. Die Erstarrung aller Legierungen erfolgt in einem Intervall, wie bei der Erstarrung von binären Mischkrystallen, unter Ausgleich der Konzentration beider Phasen durch Diffusion.

Da die Legierungen im Verlaufe der Erstarrung nur aus zwei Phasen — Schmelze und Mischkrystalle — bestehen, geht die die Konzentrationspunkte dieser Phasen verbindende Konode immer durch den Konzentrationspunkt der Gesamtlegierung.

c) Beschränkte Mischkrystallbildung bei allen Bestandteilen. Ternäres Eutektikum.

Dieser Konstitutionsfall unterscheidet sich von dem unter a behandelten hauptsächlich nur dadurch, daß jeder Komponente ein Mischkrystallgebiet zugeordnet ist. Wir haben dementsprechend folgende Zustandsräume:

a) Homogene Räume: Schmelze, drei Mischkrystalle A, B und C.

b) Zweiphasenräume: drei Räume der primären Krystallisation von A, B und C; drei Räume der festen Gemenge von $A + B$, $A + C$ und $B + C$.

c) Dreiphasenräume: drei Räume der binären eutektischen Krystallisation: $s + A + B$, $s + A + C$, $s + B + C$; das Gemenge der drei Krystallarten $A + B + C$.

d) Eine binäre Verbindung mit offenem Maximum. Keine Mischkrystallbildung.

Ein binäres System AB, in dem eine singuläre Krystallart mit einem offenen Maximum auftritt, zerfällt in erster Näherung einfach in zwei eutektische Systeme (S. 65f.). Im einfachsten Falle gilt das auch für ein ternäres System, in dem eine binäre Verbindung mit offenem Maximum auftritt (Abb. 86). Das ternäre System ABC besteht aus den zwei eutektischen Systemen AVC und CVB Im ganzen treten im System fünf binäre eutektische Punkte und zwei ternäre eutektische Punkte E_1 und E_2 auf. Die Gerade VC stellt einen quasibinären

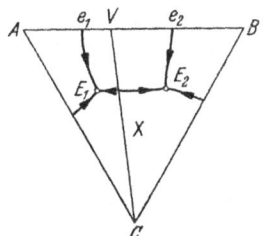

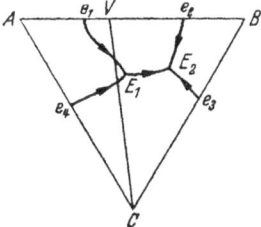

Abb. 86. Eine binäre Verbindung
mit offenem Maximum. 1. Fall.

Abb. 87. Eine binäre Verbindung
mit offenem Maximum. 2. Fall.

Schnitt dar, d. h. die aus allen auf diesem Schnitt liegenden Mischungen im Verlaufe der Erstarrung entstehenden Phasen liegen ebenfalls in diesem Schnitt. Er verhält sich wie ein binäres System. Die binäre eutektische Kurve $E_1 E_2$ hat im Schnitt VC ein Maximum (einen Sattelpunkt), wie sich am einfachsten bei der Betrachtung des thermodynamischen Potentials ergibt.

Der geschilderte einfache Aufbau des ternären Systems ist jedoch nicht der einzig mögliche. Wenn man eine Legierung in der Nähe von C betrachtet, die auf der geraden Verbindungslinie zwischen V und C liegt, so ist es nicht unbedingt notwendig, daß die Schmelze, nachdem eine gewisse Menge C auskrystallisiert ist, zuerst die Sättigung an der Verbindung V erreicht. Es ist sehr wohl möglich, daß die Schmelze schon vorher an einer zweiten Komponente, etwa an A gesättigt ist. Das heißt aber, daß die binäre eutektische Kurve $e_4 E_1$ in diesem Falle über die Linie VC in das ternäre System hineingeht (Abb. 87). Nachdem die binäre eutektische Krystallisation von A und C begonnen hat, reichert sich die Schmelze an B an, bis sie auch an V gesättigt ist (E_1). Hier haben wir den Fall, daß der Zustandspunkt der Schmelze E_1 außerhalb des Dreieckes der drei Krystallphasen A, V und C liegt. Es findet hier deshalb keine eutektische, sondern eine *ternäre peritektische Reaktion* statt:

$$E_1 + A \rightleftarrows V + C. \tag{70}$$

Mit dieser Reaktion findet die Krystallisation ihren Abschluß, da die Schmelze E_1 nach Gl. (70) gerade aufgebraucht wird. Dasselbe gilt für alle Mischungen, die innerhalb des Dreieckes AVC liegen. Bei Mischungen im Dreieck VBC wird dahingegen bei der peritektischen Reaktion zuerst A verbraucht, und es setzt von E_1 ausgehend wieder eine binäre eutektische Krystallisation von C und V ein, bis sie im ternären eutektischen Punkt E_2 ihren Abschluß findet. In diesem Fall ist VC kein quasibinärer Schnitt mehr.

Wir haben diese Verhältnisse betrachtet, weil man aus diesem Beispiel ersieht, wie im ternären System bei verhältnismäßig einfachen Begrenzungssystemen Komplikationen auftreten können. Wir wollen indessen diesen Fall nicht eingehender verfolgen.

e) Lückenlose Mischkrystallbildung in einem Randsystem, Eutektika in den beiden anderen.

Dieser Fall soll etwas ausführlicher behandelt werden, da er typische Abweichungen von dem bisher Behandelten aufweist.

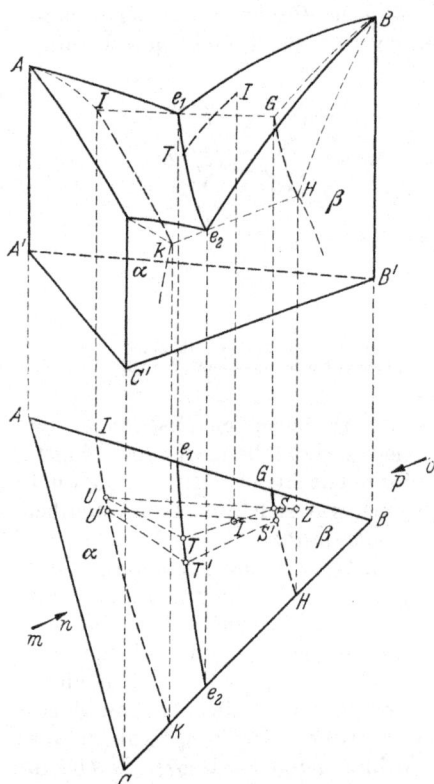

Abb. 88. Mischkrystalle in einem binären System, eutektische Lücken in beiden anderen.

Wir nehmen an, daß die Komponenten A und C miteinander eine lückenlose Reihe von Mischkrystallen bilden, während in den Randsystemen $A - B$ und $B - C$ neben beschränkter Mischbarkeit im Krystallzustand Eutektika auftreten. Im ganzen System treten deshalb nur zwei Krystallarten auf, nämlich die an B reichen Mischkrystalle, die wir mit β bezeichnen wollen, und die an B armen im Anschluß an die Mischkrystallreihe $A - C$, die wir mit α bezeichnen. Die höchstmögliche Zahl der gleichzeitig auftretenden Phasen ist 3, es besteht also überhaupt keine Möglichkeit zur Bildung von nonvarianten Gleichgewichten. Die Erstarrungsverhältnisse sind in der Raumfigur Abb. 88 und in dem zugehörigen Konzentrationsdreieck (Abb. 88) dargestellt. Hierbei ist angenommen worden, daß die Temperatur des eutektischen Punktes e_1 höher als die von e_2 ist. Die innerhalb des Teiles $GHKJ$ liegende Legierung I krystallisiert in folgender Weise. Die Erstarrung beginnt nach Erreichung der Liquidusfläche, wobei sich primär die Krystallart β, vom Punkte Z ausgehend, auszuscheiden beginnt. Die Schmelze verarmt während der primären Erstarrung an B und durchläuft die Konzentrationen der Kurve IT, während die Mischkrystalle die Konzentrationen der Kurve ZS durchlaufen. Beim Erreichen des Punktes T ist die Schmelze auch an der Krystallart α der Konzentration U gesättigt; solange ihre Ausscheidung noch nicht begonnen hat, geht die Konode ST durch den Punkt I der Gesamtzusammensetzung der Legierung. Sobald sich eine zweite Krystallart ausscheidet, muß der Punkt I in das Innere des Dreieckes UST rücken, dessen Eckpunkte die Zusammensetzungen der beteiligten Phasen darstellen. Das geschieht, indem alle drei Zusammensetzungen sich im Verlaufe der nunmehr beginnenden binären eutektischen Krystallisation sich längs der Kurven $e_1 e_2$, GH und UK nach dem unteren Teil der Abb. 88 hin bewegen. Hierbei entfernt sich die die Krystalle β und die Schmelze verbindende Konode immer mehr vom Punkt I, und die die beiden Mischkrystalle verbindende Konode US

rückt immer näher, entsprechend dem Umstand, daß die Menge der Schmelze abnimmt und die Menge der Krystalle zunimmt. Die Krystallisation findet ihren Abschluß, sobald die letztere Konode den Punkt I erreicht hat, in dem die Restschmelze von der Zusammensetzung T' von den Mischkrystallen U' und S' aufgenommen wird. Nach Abschluß der Krystallisation stehen α und β miteinander im Gleichgewicht, wobei ihre Grenzkonzentrationen sich im allgemeinen mit sinkender Temperatur ändern.

Eine binäre eutektische Krystallisation braucht also nicht immer in ein nonvariantes Gleichgewicht zu münden wie im Fall der mechanischen Gemenge ohne Mischkrystallbildung, sondern sie führt wieder zu einem Zweiphasengebiet. Das wird dadurch ermöglicht, daß die Zusammensetzungen aller beteiligten Phasen sich in der angegebenen Weise ändern.

Da die Konodendreiecke STU und $S'\,T'\,U'$ selbstverständlich isotherm sind, während die Kurven $e_1\,e_2$, HG und UK vom binären System AB zum System BC hin zu tieferen Temperaturen abfallen, entsteht im ternären System ein Raum der binären eutektischen Krystallisation in Form einer flachen, eckigen Röhre, deren Seitenflächen durch die Konoden Schmelze — Krystalle α, Schmelze — Krystalle β und $\alpha - \beta$ gebildet werden, und die in dem binären Systemen AB und BC zu den isothermen Geraden JG und HK entartet. Zwischen der eutektischen Krystallisation zweier Mischkrystalle in einem binären System und einer solchen im ternären System besteht somit der Unterschied, daß sich im letzteren Falle zwischen die Gebiete der primären Krystallisation und das Gebiet der $\alpha + \beta$-Gemenge ein neuer, im binären System fehlender Raum $s + \alpha + \beta$ einschiebt. Wie in manchen bisher betrachteten Fällen ist das für die Krystallisation des ternären Systems durchaus typisch, und eine solche Möglichkeit ist bei Überlegungen, die von den Verhältnissen in binären Systemen ausgehen, immer im Auge zu behalten. Einen sicheren Leitfaden gibt hier der auf S. 93 erörterte Zusammenhang zwischen den Phasenzahlen der sich berührenden Räume.

Insgesamt umfaßt das betrachtete Raumdiagramm folgende Zustandsräume:

1. Homogene Räume: Schmelze s, Mischkrystalle α und β.
2. Zweiphasenräume: $s + \alpha$, $s + + \beta$, $\alpha + \beta$.
3. Dreiphasenraum der binären eutektischen Krystallisation.

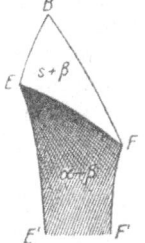
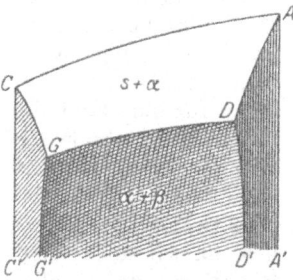

Abb. 89. Zustandsraum der β-Krystalle in Abb. 88.

Abb. 90. Zustandsraum der α-Krystalle in Abb. 88.

Einige dieser Räume sind schematisch in den Abb. 89 und 90 wiedergegeben.

Das betrachtete, auf den angegebenen binären Systemen aufgebaute ternäre Diagramm stellt den einfachsten möglichen Fall dar. Wie in den meisten Fällen können im ternären System Komplikationen auftreten, auch abgesehen etwa von der Bildung neuer ternärer Krystallarten.

Die Kurven $e_1\,e_2$, GH und JK der Abb. 88 können etwa innerhalb des Systems Maxima oder Minima aufweisen. Sie können sich im Konzentrationsdreieck (Abb. 88) überschneiden, wodurch Übergänge vom eutektischen zum peritektischen Fall entstehen. Eine andere Variante entsteht fernerhin, wenn die Systeme AB und BC peritektische Lücken bilden. Wenn das eine binäre System eutektisch und das andere peritektisch ist, ergibt sich im ternären System ein Übergang von dem einen zum anderen Fall.

Auf die Besprechung aller dieser Fälle, die durch konsequente Anwendung der Phasenregel und der bereits erörterten Regeln ohne neue grundsätzliche Schwierigkeiten überblickt werden können, soll hier nicht eingegangen werden.

f) Abschließende Bemerkung.

Das Gebiet der Dreistofflegierungen ist viel zu umfangreich und schwierig, als daß es eine eingehendere Darstellung im Rahmen eines allgemeinen Lehrbuches der Metallkunde finden könnte. Vorangehend ist nur versucht worden, den Leser an Hand von Beispielen im Grundsätzlichen in die Gedankengänge bei der Behandlung der Dreistoffsysteme einzuführen. Hierzu sind zwei Konstitutionsfälle ausführlich behandelt und einige andere angedeutet worden. Viele grundsätzliche Fragen konnten überhaupt nicht berührt werden.

E. Systeme mit vier und mehr Bestandteilen.

1. Vorbemerkung.

Sehr viele Legierungen der Technik bestehen aus vier oder mehr Bestandteilen. Man denke nur an die gewöhnlichen Stähle, die neben Eisen und Kohlenstoff als weitere Zusätze oder Verunreinigungen Mangan, Silizium, Phosphor und Schwefel enthalten. Ähnlich enthalten viele sog. Sondermessinge neben Kupfer und Zink außerdem Eisen, Nickel, Mangan und Aluminium in verschiedenen Kombinationen und die Aluminium-Legierungen neben Aluminium Kupfer, Eisen, Silizium, Mangan und Magnesium, wieder in verschiedenen Kombinationen. An der großen technischen Bedeutung der Legierungen mit vier und mehr Bestandteilen kann demnach nicht gezweifelt werden.

Die systematische Entwicklung der Konstitutionslehre dieser Legierungen ist entscheidend durch den Umstand erschwert, daß sie nur in ganz beschränktem Maße räumlich dargestellt werden kann. Wir haben ja in einem Vierstoffsystem drei unabhängige Konzentrationen von drei Bestandteilen, während die vierte Konzentration dann durch die drei ersten bestimmt ist. Damit brauchen wir schon für die Darstellung der Konzentrationen allein drei Koordinaten, also ein räumliches Gebilde. Wenn eine weitere Variable dazukommt, wie der Druck oder die Temperatur, haben wir keine Möglichkeit der räumlichen Darstellung mehr. Eine graphische oder räumliche Darstellung der Ergebnisse ist aber auf dem Gebiete der heterogenen Gleichgewichte besonders wichtig und unentbehrlich, da wir noch nicht die Möglichkeit haben, sie in analytischer Form durch Funktionen darzustellen.

Die genannte Schwierigkeit ist so erheblich, daß man sich in der Praxis in der Regel mit approximativen Betrachtungen begnügt, wobei man den Umstand ausnützt, daß die meisten Bestandteile der Mehrstoffsysteme der Technik nur in geringen Mengen, etwa als Verunreinigungen vertreten sind, wie das z. B. für die Kohlenstoffstähle gilt. Man betrachtet einen solchen Stahl in der Regel approximativ im Rahmen des Zustandsdiagrammes der Eisen-Kohlenstoff-Legierungen und trägt der Gegenwart anderer Bestandteile Rechnung, indem man berücksichtigt, daß etwa die im Zweistoffsystem isothermen Linien im Mehrstoffsystem das nur *annähernd* sind, daß ein eutektischer oder eutektoider Punkt, je nach den Mengen der Zusätze, eine etwas verschiedene Lage bekommt und übrigens gar nicht mehr ein nonvariantes Gleichgewicht darstellt. Das als Grundlage der Betrachtung dienende Zweistoff- oder Dreistoffsystem wird also „verschmiert", so daß es nur eine summarische Übersicht über die Verhältnisse gestattet. Mit einer solchen begnügt man sich, da eine systematische Darstellung viel zu schwerfällig wäre.

Wir wollen uns hier darauf beschränken, die Darstellung der Konzentration und im Anschluß daran den Erstarrungsgang eines mechanischen Gemenges der Bestandteile im Vierstoffsystem kurz zu erörtern[1].

2. Das Konzentrationstetraeder.

Wenn das System aus vier gleichberechtigten Partnern besteht, wählt man für die Darstellung der Konzentration, ähnlich dem Konzentrationsdreieck im ternären System, im Vierstoffsystem das gleichseitige Tetraeder (Abb. 91). Die Ecken stellen die reinen Komponenten A, B, C und D dar. Auf den Kanten AB, BC, BD, AC, CD und AD befinden sich die binären Mischungen der genannten Bestandteile, die Begrenzungsebenen ABD, ABC, BCD und ACD sind die Konzentrationsdreiecke der am Vierstoffsystem beteiligten ternären Systeme und die Mischungen, die alle vier Bestandteile enthalten, werden durch Punkte im Innern des Tetraeders dargestellt. Hierbei macht man von der Tatsache Gebrauch, daß die Summe der vier senkrechten Abstände eines Punktes im Innern bis zu den vier Begrenzungsebenen der ternären Systeme für alle Punkte konstant und gleich der Höhe des Tetraeders ist. Die Längen der Lote von einem Punkt E auf die Ebenen des Tetraeders sind also proportional den Gehalten der den in Frage kommenden Ebenen gegenüberliegenden Komponenten.

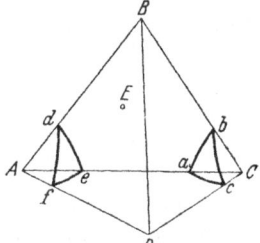

Abb. 91.
Konzentrationstetraeder und isothermer Schnitt in einem quaternären System.

Wie im ternären System können diese Konzentrationen den entsprechenden Seiten des Tetraeders abgegriffen werden.

Alle Zusammensetzungen, die auf einer Verbindungsgeraden zwischen zwei Konzentrationspunkten liegen, können aus Mischungen dieser Konzentrationen als Bestandteile hergestellt werden. Für die Mengen dieser Bestandteile gilt die Hebelbeziehung. Ähnlich liegen alle Mischungen, die aus drei Teilmischungen M, N und O zusammengestellt sind, auf dem ebenen Dreieck MNO. Die Mengenanteile der Teilmischungen ergeben sich aus dem Schwerpunktsatz. Alle Mischungen, die aus den vier Teilmischungen M, N, O und P hergestellt werden können, liegen im Innern des durch diese vier Punkte gebildeten Tetraeders; die Anteile der Teilmischungen sind durch den Schwerpunktsatz bestimmt. Die Gesamtmischung liegt im Schwerpunkt des Tetraeders, in dessen Ecken die in Frage kommenden Mengen der Teilmischungen liegen.

Nach der Phasenregel sind bei willkürlich gewähltem Druck an einem nonvarianten Gleichgewicht fünf Phasen beteiligt. Je nach der Konzentrationslage der einzelnen Phasen sind hier, ähnlich wie beim Vierphasengleichgewicht im Dreistoffsystem, verschiedene nonvariante Reaktionen möglich. Wir betrachten das Gleichgewicht einer Schmelze s mit vier Krystallarten E, F, G und H. Liegt die Konzentration der Schmelze innerhalb des von den Konzentrationspunkten von E, F, G und H gebildeten Tetraeders, so handelt es sich um die eutektische Reaktion:

$$s \rightleftarrows E + F + G + H. \qquad (71)$$

---

[1] Eine ausführlichere Darstellung findet sich bei R. VOGEL. Die heterogenen Gleichgewichte, Bd. II des Handbuches der Metallphysik von G. MASING, Leipzig: Akademische Verlagsges. m. b. H. 1937.

Liegt s dahingegen außerhalb jenes Tetraeders und durchsticht die gerade Verbindungslinie von s zur von s abgewandten Tetraederecke H das Tetraeder, so handelt es sich um die peritektische Reaktion erster Art:

$$s + H \rightleftarrows E + F + G. \tag{72}$$

Schneidet eine Ebene sHG das Tetraeder, so handelt es sich um die peritektische Reaktion zweiter Art

$$s + H + G \rightleftarrows E + F. \tag{73}$$

Diese Verhältnisse liegen im Vierstoffsystem wesentlich komplizierter als im Dreistoffsystem. Hierauf soll hier nicht näher eingegangen werden.

Während eine einzelne Phase bei konstantem Druck und Temperatur nach der Phasenregel drei Freiheitsgrade hat, hat ein Gemenge zweier Phasen nur zwei Freiheitsgrade. Die Zusammensetzungen der beiden Phasen werden in diesem Falle deshalb durch im allgemeinen krumme Flächen dargestellt, von denen die eine zu einer Seitenebene des Tetraeders oder zu einer Kante oder zu einem der Punkte A, B, C oder D entarten kann. Im letzteren Falle stellt die andere Fläche abc oder def (Abb. 91) die Zusammensetzungen der zweiten Phase dar, die mit der in Frage kommenden reinen Komponente im Gleichgewicht sind.

3. Erstarrung eines mechanischen Gemenges der vier Bestandteile. Isotherme Darstellungen.

Im flüssigen Zustande stellen alle Punkte im Innern des Konzentrationstetraeders (Abb. 91) homogene Schmelzen dar. Nachdem die Krystallisationstemperatur eines Bestandteiles C unterschritten worden ist, entsteht vom Punkt C ausgehend eine Schmelzfläche abc, die die Zusammensetzungen der an C gesättigten Schmelzen darstellt und mit sinkender Temperatur von C abrückt und sich erweitert. Sobald die Krystallisationstemperatur einer zweiten Komponente A erreicht wird, entsteht dort eine zweite ähnliche Fläche def. Indem sich die beiden Flächen abc und def mit sinkender Temperatur erweitern, treffen sie sich auf der Kante AC, wie in Abb. 92 dargestellt.

Mit weiterhin sinkender Temperatur entsteht eine Rinne ae (Abb. 93) der an A und C gleichzeitig gesättigten Schmelzen. Das jetzt entstandene Dreiphasengebilde hat bei konstanter Temperatur nur noch einen Freiheitsgrad. Inzwischen entstehen mit sinkender Temperatur auch in der Nähe der Punkte B und D Flächen der primären Krystallisation, wie das in Abb. 94 für D dargestellt ist (Fläche ghi). Sobald die Punkte c der Fläche $ebca$ und i der Fläche ghi sich auf der Seite CD treffen, ist die eutektische Temperatur im binären System CD erreicht. Mit weiter sinkender Temperatur entwickelt sich vom Punkte c ausgehend eine ähnliche eutektische Rinne der an C und D gleichzeitig gesättigten Schmelzen ci (Abb. 95), wie ae. Der Punkt c liegt auf der Ebene BCD, der Punkt i auf ACD, ähnlich wie a auf ACD und e auf ABC liegt.

Sobald die eutektische Temperatur im binären System AD unterschritten ist, entsteht eine ganz ähnliche Rinne der an A und D gleichzeitig gesättigten Schmelzen fg (Abb. 96). f liegt auf der Ebene ABD, g auf der Ebene ACD. Die drei Rinnen der drei Phasengleichgewichte ae der Phasen A, C und Schmelze, ci der Phasen C, D und Schmelze, fg der Phasen A, D und Schmelze rücken mit sinkender Temperatur zusammen, bis sich die Punkte a, g und i auf der Ebene ACD treffen (Abb. 97). Jetzt ist der ternäre eutektische Punkt im System ACD

erreicht. Bei weiterer Abkühlung rückt der Punkt a, der an A, C und D gleichzeitig gesättigten Schmelze von der Ebene ACD aus in das Innere des Tetraeders.

Die inzwischen von B ausgehende Fläche der an diesem Bestandteil gesättigten Schmelze stößt ganz ähnlich, wie bisher geschildert, auf die Flächen der primären Krystallisation von A, C und D nacheinander auf den Kanten BA, BC und BD. Von dort ausgehend, bilden sich wieder Rinnen von doppelt an B und A, B und C B und D gesättigten Schmelzen, die, das Innere des Tetraeders durchstechend,

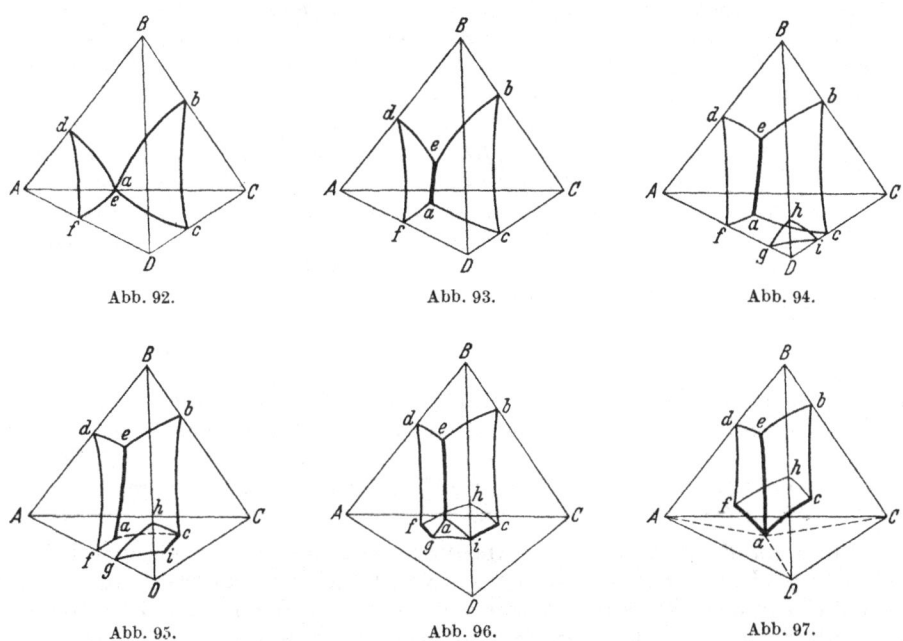

Abb. 92.   Abb. 93.   Abb. 94.

Abb. 95.   Abb. 96.   Abb. 97.

Abb. 92. Isothermer Schnitt bei Erreichung eines binären eutektischen Punktes.
Abb. 93—97. Isotherme Schnitte bei fortschreitender Krystallisation eines mechanischen Gemenges.

auf den Flächen ABC und ABD, ABC und BCD und ABD und BCD enden. Indem im ganzen sechs solcher Rinnen mit sinkender Temperatur zusammenrücken, treffen sie sich nacheinander auf den Begrenzungsebenen der ternären Systeme in ternären eutektischen Punkten. Diese (im ganzen vier) Punkte der Gleichgewichte zwischen drei Krystallarten und der Schmelze, die bei konstanter Temperatur und Druck keinen Freiheitsgrad mehr haben, rücken, jeder vom eutektischen Punkt des in Frage kommenden Grenzsystems ausgehend, mit sinkender Temperatur in das Innere des Tetraeders vor, bis sie sich in einem Punkt treffen. Das ist der *quaternäre eutektische Punkt*. Bei dieser Temperatur ist die Erstarrung abgeschlossen.

Wir wollen davon absehen, den angedeuteten Erstarrungsgang in allen Einzelheiten unter Betrachtung der entstehenden Mehrphasenräume zu erörtern. Grundsätzlich erfolgt das auf Grund derselben Prinzipien wie bei den ternären Systemen und kann vom Leser selbst durchgeführt werden. Natürlich ist der Fall der quaternären Systeme jedoch erheblich komplizierter und die Mannigfaltigkeit der möglichen Kombinationen größer.

4. Erstarrung eines mechanischen Gemenges der vier Bestandteile.
„Polythermisches Modell"[1].

Bisher haben wir die Phasenverteilung bei verschieden festgehaltenen Temperaturen räumlich dargestellt. Wir haben also isotherme „Schnitte" betrachtet ähnlich wie bei den Dreistoffsystemen etwa in den Abb. 81a—c. Wie dort können wir auch bei den quarternären Systemen eine andere Darstellung wählen. Wir können nämlich das gesamte Erstarrungsdiagramm, das verschiedene Temperaturen umfaßt und das sich hier nicht anschaulich darstellen läßt, in den Konzentrationsraum des Tetraeders „projizieren", indem wir verschiedenen Temperaturen zugeordnete Gleichgewichte zur Darstellung bringen, aber darauf verzichten, zugleich im Diagramm die Temperatur anzugeben. Eine solche „polythermische" Darstellung des betrachteten Systems ist in Abb. 98 wiedergegeben. Wir wollen sie ganz kurz erörtern.

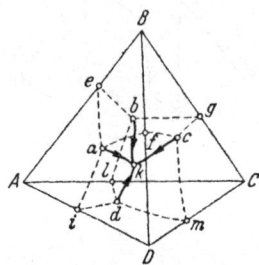

Von den vier ternären eutektischen Punkten: a im System ABD, b im System ABC, c im System BCD und d im System ACD gehen bei sinkender Temperatur Kurven von ternären eutektischen Krystallisationen in das Innere des Tetraeders aus, die sich im Punkte k der quarternären eutektischen Krystallisation entsprechend dem Gleichgewicht

$$\text{Schmelze} \rightleftarrows A + B + C + D \qquad (74)$$

Abb. 98. Das „polythermische" Modell der Erstarrung eines mechanischen Gemenges.

treffen. Durch Pfeile ist jeweils die Richtung der sinkenden Temperatur auf den Kurven dargestellt. Durch die schwachen gestrichelten Kurven sind die binären eutektischen Krystallisationen auf den begrenzenden ternären Systemen ähnlich wie in Abb. 77 wiedergegeben.

Man kann die Darstellung der Abb. 98 vervollständigen, indem man bei den interessierenden Punkten die zugehörigen Gleichgewichtstemperaturen hinschreibt. Auf diese Weise erhält man eine Darstellung des quarternären Systems, die im betrachteten einfachsten Falle vielfach ausreichend sein wird, ähnlich wie die Darstellung Abb. 86 mit Angabe der eutektischen Punkte eine für viele Zwecke ausreichende Kenntnis eines ternären Systems vermittelt.

F. Bemerkungen über die Methoden der Konstitutionsforschung.
1. Die mikroskopische und die Röntgenmethode.

Es soll nicht die Aufgabe der nachfolgenden Zeilen sein, die Technik der Konstitutionsforschung im einzelnen darzustellen; wir wollen uns vielmehr auf einige grundsätzliche Überlegungen beschränken.

Die Hauptaufgabe der Konstitutionsforschung besteht darin, die Existenzgebiete der einzelnen Krystallarten bei verschiedenen Temperaturen festzulegen und damit die Aufstellung eines Zustandsdiagrammes zu ermöglichen. Grundsätzlich geschieht das in zweierlei Weise. Entweder man macht den Aufbau der Legierungen unmittelbar sichtbar, oder man schließt aus Änderungen der verschiedenen Eigenschaften auf die Überschreitung von Phasengrenzen im Verlaufe einer Behandlung.

---

[1] RITZAU, G.: Darstellung quaternärer Systeme durch Temperatur-Konzentrations-Schnittdiagramme. Wiss. Veröff. Siemens-Werken Werkstoff-Sonderh. 1940 44—49.

Zur ersten Gruppe gehört vor allen Dingen die mikroskopische Schliffuntersuchung, die es gestattet, meistens nach einer geeigneten Ätzbehandlung eines Schliffes festzustellen, ob das untersuchte Stück aus einer oder aus mehreren Krystallarten besteht und vielfach, z. B. aus dem Verhalten beim Ätzen, auch über die Natur der einzelnen Krystallarten Aufschlüsse zu gewinnen. Die Untersuchung eines Schliffes gibt aber mehr. Sie zeigt die *Anordnung* der einzelnen Gefügebestandteile und gestattet damit, Rückschlüsse auf ihre Entstehungsbedingungen zu ziehen, wie sie sich aus dem Zustandsdiagramm ergeben. Bei der Erörterung der Konstitution von Legierungen ist der Zusammenhang zwischen dem Zustandsdiagramm und den entstehenden Gefügeformen vielfach besprochen worden.

Diese zwei Merkmale, nämlich die Möglichkeit, die Zahl und die Natur der auftretenden Krystallarten zu erkennen und an Hand von Schliffen den Entstehungsvorgang des resultierenden Gefüges aufzudecken, machen die mikroskopische Betrachtung von Schliffen bereits zur wichtigsten Methode der Konstitutionsforschung. Ganz besonders wertvoll ist hierbei ihre große Einfachheit und Wandelbarkeit. Man kann die Vergrößerungen je nach Bedarf verschieden wählen, man kann verschiedene Ätzmittel anwenden, man kann sich des polarisierten Lichtes bedienen, und man kann leicht und bequem makroskopisch große Teile der Untersuchung zugänglich machen. Auch ist ihre große Empfindlichkeit zu betonen. Es gelingt vielfach, mit ihrer Hilfe Mengen einer Krystallart aufzudecken, die Bruchteile eines Prozentes ausmachen, allerdings unter günstigen Bedingungen, wenn nämlich ihre Kryställchen nicht zu klein sind[1].

Ihre Grenzen sind in erster Linie durch Schwierigkeiten der sicheren Identifizierung von Krystallarten gegeben. Es kommt nur zu häufig vor, daß zwei Krystallarten sich so ähnlich beim Ätzen verhalten, daß sie im Schliffbild nicht unterschieden werden können, vor allen Dingen in komplizierteren Diagrammen, wenn die Krystallarten überhaupt einander ähnlich sind. Eine weitere Grenze ist durch die Auflösung des Mikroskopes, die für gewöhnliches weißes Licht bekanntlich bei etwa 1000 facher Vergrößerung liegt, gegeben. Objekte, deren lineare Abmessungen unterhalb 10^{-3} mm liegen, werden, wenn überhaupt, nur noch unscharf und verzerrt gesehen. Allerdings gelingt des öfteren unter dem Mikroskop eine indirekte Wahrnehmung einer zweiten Krystallart, wenn nämlich die Ätzbarkeit eines Krystalles durch Bildung von Lokalelementen mit submikroskopisch feinen Ausscheidungen beeinflußt wird.

Eine sehr wesentliche Ergänzung der optischen Schliffuntersuchung bildet die Röntgenuntersuchung, die die Bestimmung des Raumgitters der im untersuchten Stück auftretenden Krystallarten gestattet. Das ergibt eine sehr viel tiefergehende und vielfach auch sicherere Identifizierung von Krystallarten als nach der mikroskopischen Methode allein. Wie erörtert (vgl. S. 36), liegt die Grenze, bei der die DEBYE-SCHERRER-Linien unscharf zu werden beginnen, unterhalb einer Krystallgröße von etwa 10^{-4} mm. Die Grenze der Sichtbarmachung eines Kryställchens mit Hilfe der Röntgenstrahlen liegt 2—3 Zehnerpotenzen unterhalb der kleinsten mikroskopisch sichtbaren Größe. Hinsichtlich der Menge der Krystallarten, die röntgenometrisch noch durch Identifizierung des Raumgitters feststellbar sind, ist die Röntgenmethode der mikroskopischen Schliffuntersuchung gegenüber in der Regel nicht unwesentlich unterlegen. Ganz roh pflegt man diese Grenze etwa mit 5% anzugeben, sie hängt jedoch noch von vielen Bedingungen ab. An erster Stelle ist die Streuintensität der

---

[1] HUME-ROTHERY, W. hat in wiederholten kritischen Betrachtungen die genannten Vorzüge der mikroskopischen Methode hervorgehoben. Vgl. verschiedene Arbeiten in J. Inst. Metals.

Krystallart zu nennen, die von dem Atomgewicht oder, was dasselbe besagt, von der Ordnungszahl im Periodischen System abhängt und mit dieser, wie wir gesehen haben, sehr schnell steigt. Deshalb wäre es z. B. ein hoffnungsloses Beginnen, etwa im Grauguß Graphit neben den eisenhaltigen Krystallarten röntgenometrisch feststellen zu wollen. Auch wird die Empfindlichkeit des Nachweises einer zweiten Krystallart erheblich geringer, wenn ihre Dispersität zu hoch ist, da die DEBYE-SCHERRER-Linien dann verbreitert und entsprechend weniger intensiv werden.

Wenn die Gitterkonstante einer Krystallart von der Zusammensetzung abhängt, gestattet ihre Vermessung die Angabe der genauen Zusammensetzung der Krystallart. Das ist neben der mikroskopischen wohl die empfindlichste Methode zur Feststellung von Grenzkonzentrationen von Mischkrystallen und damit zum Nachweis von hochdispersen Ausscheidungen.

Auf einige mit der Röntgenmethode zusammenhängende Verhältnisse ist bereits (S. 33) eingegangen worden.

Auch bei der Anwendung der Röntgenmethode kommt es vor, daß miteinander sehr ähnliche Raumgitter nicht mehr unterschieden werden, wenn die Untersuchung nicht bis in alle Feinheiten durchgeführt wird, was nicht immer möglich ist. Es zeigt sich immer häufiger, daß in Zustandsdiagrammen Mischungslücken auch zwischen Krystallarten auftreten, die in demselben Raumgitter krystallisieren, also grundsätzlich durchaus Mischkrystalle bilden könnten, auch in ihrem Aufbau übereinstimmen und nur ganz kleine Unterschiede der Gitterkonstanten oder der Atomanordnung aufweisen. In solchen Fällen ist die röntgenometrische Unterscheidung benachbarter Krystallarten sehr schwierig. Meistens ergeben solche Krystallarten auch beim Ätzen keine größeren Unterschiede, so daß eine Kontrolle mit Hilfe der optischen Methode nicht gelingt.

Im allgemeinen ergänzen sich aber die mikroskopische und die röntgenometrische Methode bei der Konstitutionsuntersuchung in einer sehr fruchtbaren Weise, da ihre Feststellungen einen verschiedenen Charakter haben und sie verschiedene Empfindlichkeitsgrenzen haben.

2. Die thermische Analyse.

Einen ganz anderen Charakter haben die Untersuchungsmethoden, bei denen im Verlaufe der Erhitzung oder der Abkühlung eine Eigenschaft gemessen und aus dieser auf heterogene Umsetzungen geschlossen wird. Die bekannteste dieser Methoden ist die thermische Analyse von G. TAMMANN[1] im engeren Sinne des Wortes. Man bestimmt die Abkühlungsgeschwindigkeit einer Legierung in Abhängigkeit von der Temperatur, man nimmt also eine Abkühlungskurve auf (vgl. Abb. 47). Da die heterogenen Umsetzungen in der Regel mit Wärmetönungen verbunden sind, ergeben sie auf der Abkühlungskurve *„thermische Effekte"*, aus denen sie erschlossen werden können. Auf diese Weise ist man in der Lage, die *Entstehungsgeschichte* des Gefüges, das man dann etwa mikroskopisch untersuchen kann, zu verfolgen. Es liegt auf der Hand, daß ein solches Untersuchungsverfahren für die Aufstellung eines Zustandsdiagrammes sehr nützlich ist.

Der grundsätzliche Mangel der beschriebenen thermischen Analyse im engeren Sinne des Wortes besteht darin, daß die Abkühlungsgeschwindigkeit nicht zu klein gewählt werden darf, da sonst die thermischen Effekte durch Wärmeausgleich mit dem Ofen verwischt werden.

Diesen Mangel besitzt nicht die thermische Analyse im erweiterten Sinne des Wortes, wobei eine physikalische Eigenschaft wie der elektrische Widerstand

---

[1] TAMMANN, G.: Z. anorg. Chem. **37**, (1903) 303; **45**, (1905) 24; **47**, (1905) 289.

oder die magnetische Susceptibilität im Verlaufe der Abkühlung oder Aufheizung gemessen wird. Hierbei kann die Temperaturänderung beliebig langsam vorgenommen werden, so daß die Voraussetzungen für die Erreichung des Gleichgewichtes viel günstiger sind. Aber auch hierbei pflegt man nur selten die völlige Erreichung des Gleichgewichtes abzuwarten, da die Untersuchung sonst allzu umständlich werden würde, und begnügt sich mit einer Annäherung an das Gleichgewicht.

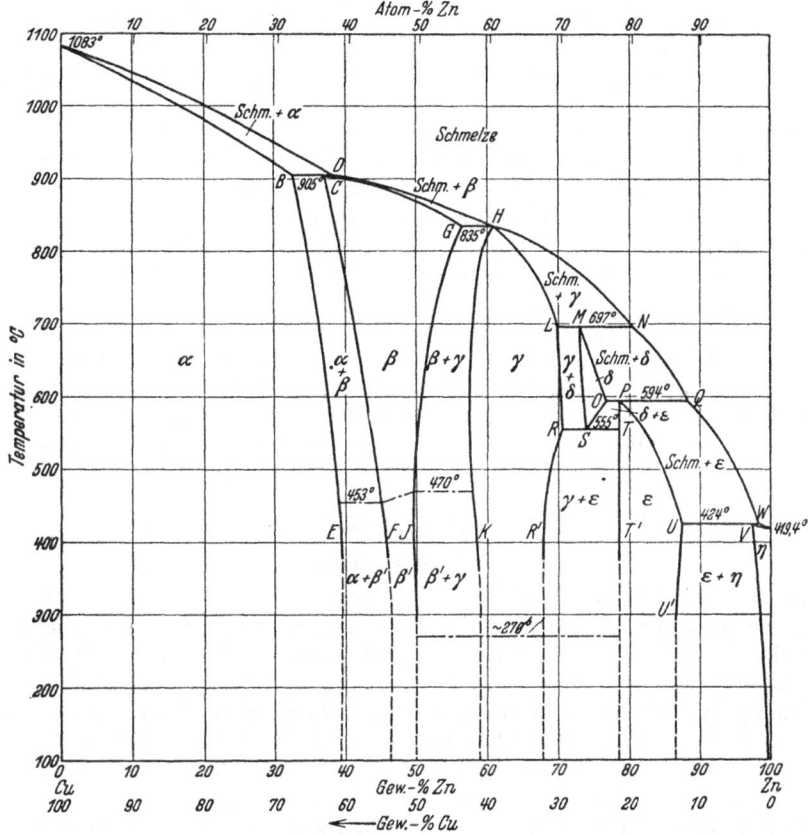

Abb. 99. Zustandsdiagramm der Kupfer-Zink-Legierungen (nach M. HANSEN).

3. Schwierigkeiten der Gleichgewichtseinstellung.

Die größte Schwierigkeit bei der exakten Untersuchung von Zustandsdiagrammen, besonders wenn sie kompliziert sind, besteht in der großen Trägheit, mit der sich zuweilen Gleichgewichte, besonders im festen Zustand und bei tieferen Temperaturen einstellen. Die beste Methode nützt nichts, wenn das System sich nicht im Gleichgewichtszustand befindet. Um die Erreichung des Gleichgewichts zu gewährleisten, pflegt man die untersuchten Legierungen lange Zeit (bis zu einem Monat und mehr) bei konstanter Temperatur zu halten und sie hiernach entweder nach Abschrecken im Schliff oder im Röntgenbild zu untersuchen, oder aber eine Eigenschaft bei der Erhitzungstemperatur zu messen. Es gelingt aber vielfach nicht, das Gleichgewicht zu erreichen. Um seine Erreichung zu erleichtern, ist es sehr nützlich, die Legierung plastisch zu verformen.

Bei spröden Legierungen genügt es, sie zu mörsern. Sie kann dann jedoch in der Regel nur nach der Röntgenmethode untersucht werden. Einen interessanten Kunstgriff haben bei der Untersuchung der Sättigungsgrenze der α-Mischkrystalle im Kupfer-Zink-Diagramm R. Genders und G. L. Bailey[1] angewandt. Wie man aus dem Zustandsdiagramm Abb. 99 sieht, bestehen die Legierungen mit 55—63% Cu nach der Erstarrung zunächst aus homogenen β-Mischkrystallen, aus denen sich bei der Abkühlung α ausscheidet. Die nebeneinander im Gleichgewicht bestehenden α- und β-Krystalle haben verschiedene Zusammensetzungen. Bei Verschiebung des Gleichgewichtes zwischen ihnen muß Diffusion eintreten, die bei tiefen Temperaturen nur träge verläuft. Ein mit β in Berührung stehender α-Krystall weist daher Zonenstruktur auf, die nur sehr schwer zu beseitigen ist. Den mit dem β—α-Übergang verbundenen Diffusionsvorgang kann man jedoch ganz vermeiden oder zum mindesten sehr günstig beeinflussen, wenn man die β-Mischkrystalle obiger Zusammensetzungen sehr schnell in das Gebiet überführt, in dem sie im Gleichgewichtszustand aus homogenen α-Krystallen bestehen. Dann kann eine β → α-Umwandlung ohne Konzentrationsänderungen und ohne Diffusion durch einfaches Umklappen des Raumgitters aus der raumzentrierten β- in die flächenzentrierte α-Form stattfinden. Die Konzentration, bei der es nicht mehr gelingt, auf diese Weise ein homogenes α-Gefüge zu erhalten, gibt die Sättigungsgrenze der α-Krystalle ungleich genauer an, als bei Versuchen, das Gleichgewicht nach langsamer Abkühlung herzustellen. So war auch das Ergebnis der Arbeit von R. Genders und G. L. Bailey, daß die Sättigungsgrenze der α-Mischkrystalle, über die bis dahin nicht genau übereinstimmende Angaben vorlagen, bei einem um 2—3% höheren Zinkgehalt liegt, als früher angenommen wurde.

G. Zur Energetik binärer Systeme.

1. Vorbemerkung.

Das Zustandsdiagramm gibt nur rein empirisch und formal die Existenzgebiete verschiedener Phasen und ihre Begrenzungen an. Zwar wird seine Gestalt und seine Stabilität thermodynamisch mit Hilfe des thermodynamischen Potentials erörtert. Aber dieses letztere wird nur qualitativ angesetzt, soweit es notwendig ist, die thermodynamische Zulässigkeit einer auf Grund der Beobachtungen angenommenen Gestalt des Diagramms zu kontrollieren.

Hinter der Aufgabe der Aufstellung eines solchen Zustandsdiagrammes stehen zwei viel tiefere Aufgaben. Erstens handelt es sich darum, die quantitativen Zusammenhänge zwischen dem Zustandsdiagramm und den sie bestimmenden thermodynamischen Größen tatsächlich zu erfassen, d. h. entweder auf Grund der Gestalt des Zustandsdiagrammes die in Frage kommenden thermodynamischen Größen zu ermitteln, oder aber auf Grund ihrer Kenntnis das Zustandsdiagramm abzuleiten. Zweitens geht es darum, das Zustandsdiagramm oder, was letzten Endes auf dasselbe hinausläuft, die in Frage kommenden thermodynamischen Größen auf atomistischer Basis zu verstehen und abzuleiten. Beide Betrachtungsweisen berühren und ergänzen sich gegenseitig.

Man braucht nur einen Blick auf ein komplizierteres binäres Zustandsdiagramm zu werfen, um zu verstehen, daß wir noch sehr weit davon entfernt sind, jene Aufgaben zu lösen. Es handelt sich hier um Anfänge, die aber bereits so viele positive Resultate erbracht haben, daß ihre kurze Erörterung notwendig ist.

Da das Zustandsdiagramm die Grenzen der Existenzgebiete homogener Phasen angibt, so hat die angedeutete Behandlung des Zustandsdiagrammes eine

---

[1] Genders, R., u. G. L. Bailey: J. Inst. Metals **33**, (1925) 213.

entsprechende Behandlung, also die quantitative Thermodynamik und Atomistik der homogenen metallischen Phasen zur Voraussetzung.

Wir beschränken uns im folgenden hauptsächlich auf die Besprechung binärer Systeme.

2. Eine homogene Phase.

a) Einige grundlegende Beziehungen.

Ein homogenes System bestehe aus je $n_1, n_2, n_3 \ldots$ Molen der Bestandteile $1, 2, 3 \ldots Y$ sei eine Eigenschaft des Systems. Wir können schreiben

$$Y = f(n_1, n_2, n_3, \ldots), \tag{1}$$

da Y eine Funktion sowohl der Masse des Gesamtsystems als auch der Zusammensetzung ist. Handelt es sich um eine massenproportionale Eigenschaft des Systems (Quantitätsparameter nach A. EUCKEN; z. B. innere Energie U, Entropie S, freie Energie F, thermodynamisches Potential Z, Volumen V u. a. m.), so gilt fernerhin

$$aY = f(an_1, an_2, an_3 \ldots), \tag{2}$$

wo a ein beliebiger Faktor ist.

Gl. (1) und (2) stellen gemeinsam die mathematische Definition der sogenannten homogenen Funktionen ersten Grades dar. Daraus ergibt sich eine wichtige Folgerung (Eulerscher Satz). Durch Differentiation nach a bei konstanten $n, n_1, n_2 \ldots$ erhalten wir aus (2)

$$Y = \frac{\partial f}{\partial (an_1)} n_1 + \frac{\partial f}{\partial (an_2)} n_2 + \cdots \tag{3}$$

Da a beliebige Werte haben kann, können wir es gleich 1 setzen und erhalten

$$Y = \frac{\partial f}{\partial n_1} n_1 + \frac{\partial f}{\partial n_2} n_2 + \cdots = y_1 n_1 + y_2 n_2 + \cdots \tag{3a}$$

wo

$$y_1 = \frac{\partial f(n_1 n_2, \cdots)}{\partial n_1}, \quad y_2 = \frac{\partial f(n_1, n_2, \ldots)}{\partial n_2} \quad \text{usw.} \tag{3b}$$

ist.

Aus (3b) ersieht man, daß die $y_1 y_2 \ldots$ nicht nur homogene Funktionen nullten Grades der n sind, sondern fernerhin den einschränkenden Bedingungen jedes partiellen Differentialquotienten

$$\frac{\partial y_1}{\partial n_2} = \frac{\partial y_2}{\partial n_1} = \frac{\partial f}{\partial n_1 \partial n_2} = \frac{\partial f}{\partial n_2 \partial n_1} \tag{3c}$$

genügen müssen.

Wenn wir die Molenbrüche

$$x_1 = \frac{n_1}{n_1 + n_2 + n_3 + \cdots} \quad x_2 = \frac{n_2}{n_1 + n_2 + n_3 + \cdots} \quad x_3 = \cdots \tag{4}$$

einführen, ist also auch

$$\frac{Y}{n_1 + n_2 + n_3 + \cdots} = y = f(x_1, x_2, x_3 \ldots) = y_1 x_1 + y_2 x_2 + \cdots \tag{4a}$$

Setzt man in (3)

$$a = \frac{1}{n_1 + n_2 + n_3 + \cdots},$$

so erhält man aus dieser Gleichung und aus (3a)

$$y_1 = \frac{\partial f(x_1, x_2, \ldots)}{\partial x_1} \quad y_2 = \cdots \quad \text{usw.} \tag{4b}$$

Da die Summe der Konzentrationen $x_1 + x_2 + \cdots$ gleich 1 ist, verringert sich infolge der Konstanthaltung der Gesamtmasse beim Übergang von Gl. (3a) zu (4a) die Zahl der unabhängigen Variabeln um 1.

Die Werte von y_1, y_2, ... nach (3a), können als spezifische Werte von Y für die Mengeneinheit der einzelnen Bestandteile in der in Frage kommenden Phase betrachtet werden.

Wenn Y zum Beispiel das Volumen der gesamten Mischung darstellt, ist y ihr Volumen pro Mol der Mischung und y_1, y_2, y_3 ... sind die Molvolumina der einzelnen Komponenten in der betrachteten Mischphase. Sie weichen im allgemeinen von den Molvolumina derselben Stoffe im reinen Zustande ab, nämlich dann, wenn bei der Vermischung der Bestandteile eine Volumenänderung eintritt. So ist das Molvolumen des Wassers in einer Schwefelsäurelösung ein anderes als in destilliertem Wasser.

Durch Differentiation von (3a) erhalten wir:

$$dY = \underbrace{y_1\,dn_1 + y_2\,dn_2 + \cdots}_{m} + n_1\,dy_1 + n_2\,dy_2 + \cdots \tag{5}$$

Der Teil m der Gl. (5) stellt aber bereits auf Grund (1) das vollständige Differential von Y dar. Also ist

$$n_1\,dy_1 + n_2\,dy_2 + n_3\,dy_3 + \cdots = 0 \tag{6}$$

Wenn wir uns auf 2 Bestandteile beschränken, erhalten wir

$$n_1\,dy_1 + n_2\,dy_2 = 0 \tag{7}$$

oder, wenn wir die Molenbrüche $\dfrac{n_1}{n_1 + n_2}$ und $\dfrac{n_2}{n_1 + n_2}$ (wieder mit x_1 und x_2 bezeichnet), in Gl. (7) einführen und nach x_2 differenzieren

$$x_1\frac{dy_1}{dx_2} + x_2\frac{dy_2}{dx_2} = 0. \tag{8}$$

Diese Gleichung wurde von DUHEM aufgestellt. Ihre Bedeutung beruht hauptsächlich darauf, daß man mit ihrer Hilfe aus bekannten Werten für y_1 für verschiedene Konzentrationen solche für y_2 ableiten kann. Hierzu schreiben wir, da $x_1 + x_2 = 1$ ist, (8) in der Form

$$dy_2 = -\frac{x_1}{x_2} \cdot \frac{dy_1}{dx_2}\,dx_2 \tag{9}$$

Die Beziehung (6) ist eine rein mathematische Folge der Beziehung (4), also des Umstandes, daß die betrachtete Eigenschaft Y massenproportional ist. Sie gilt also nicht für solche Eigenschaften wie etwa Lichtabsorption oder elektrisches Leitvermögen, da diese Eigenschaftswerte nicht von der Menge (dem Volumen) der Mischung, sondern auch von der geometrischen Gestalt, in der sie vorliegt, abhängen. Das sind eben keine Quantitätsparameter.

Wir haben für die betrachteten Eigenschaftsgrößen drei Bestimmungswerte eingeführt, die sehr wichtig sind und die man streng von einander unterscheiden muß. Das ist der Eigenschaftswert Y der gesamten Mischung, bestehend aus $(n_1 + n_2 + n_3 + \cdots)$ Molen. Das ist die *integrale Gesamtgröße*, also etwa das Gesamtvolumen einer beliebigen gerade betrachteten Mischung. Wir haben fernerhin den Wert y dieser Größe für die Mischung, jedoch bezogen auf die Einheitsmenge der letzteren, also die Größe der Gl. (3)

$$y = \frac{Y}{n_1 + n_2 + n_3 + \cdots}$$

eingeführt. Wir nennen sie die *integrale molare Eigenschaftsgröße* und bezeichnen sie im Gegensatz zur Eigenschaftsgröße für die Gesamtmischung mit dem entsprechenden *kleinen Buchstaben ohne Index*.

Eine ganz andere Bedeutung haben die Größen y_1, y_2 ... in Gl. (3 a). Das sind die Eigenschaftswerte nicht der Einheitsmenge der Mischung, sondern der Mengeneinheiten der einzelnen Bestandteile in der Mischung. Wir nennen sie *partielle molare Größen* und bezeichnen sie durch einen kleinen Buchstaben mit einem Index, der den in Frage kommenden Bestandteil angibt. So erhalten wir für die verschiedenen Eigenschaften folgende Bezeichnungen:

innere Energie: U, u, und u_1, u_2 ... usw.
Entropie: S, s, und s_1, s_2 ... usw.
freie Energie: F, f, und f_1, f_2 ... usw.
thermodynamisches Potential: Z, ζ, und ζ_1, ζ_2, oder μ_1, μ_2 ... (vgl. S. 48 f.) usw.
Enthalpie: W, w, und w_1, w_2 ... usw.
Volumen: V, v, und v_1, v_2 ... usw.

Der *Sinn* der partiellen molaren Größen ist auf Grund der Gl. (3 a) ganz klar. So ist etwa das partielle molare Volumen der Schwefelsäure $v_{H_2SO_4}$ in einer 1 %igen wäßriger Lösung von H_2SO_4 das Volumen, das H_2SO_4 in 100 Molen der Mischung einnimmt. Viel schwieriger ist jedoch das Problem ihrer experimentellen Bestimmung, da ihre Werte ja in den Mischphasen in der Regel von ihren Werten im reinen Zustand der Komponente abweichen. Die Bestimmungsmöglichkeit ergibt sich, da ja y_1, y_2 ... etwa auf Grund von (4) die partiellen Differentialquotienten der integralen Gesamtgröße Y nach den Teilmengen der Komponenten n_1, n_2 ... sind, also:

$$ y_. = \left(\frac{\partial Y}{\partial n_1} \right)_{n_2, n_1, \ldots = \text{const}} \qquad y_. = \left(\frac{\partial Y}{\partial n_2} \right)_{n_1, n_2, \ldots = \text{const}} \text{usw.} \tag{10} $$

Die partielle molare Größe etwa der Komponente 1, also etwa ihr partielles molares Volumen v_1, ist der Zuwachs des Gesamtvolumens V, wenn die Mengen aller übrigen Komponenten konstant gehalten werden und nur die Menge der Komponente 1 um ein Mol zunimmt. Hierbei darf aber die Zusammensetzung der Mischung sich nicht ändern, da ja v_1 von der Zusammensetzung abhängt. Das ist exakt nur möglich, wenn die Gesamtmenge der Menge unendlich groß ist. Annähernd wird diese Bedingung erfüllt, wenn man das eine Mol der Komponente 1 zu einer *sehr großen Menge* der Gesamtmischung zusetzt.

Die Richtigkeit dieser Festsetzung ist auch anschaulich klar, denn wenn etwa 1 Mol H_2SO_4 zu einer sehr großen Menge der 1 %igen H_2SO_4-Lösung zugesetzt wird, ändern sich ja die Eigenschaften der Lösung, also auch ihr spezifisches Volumen, nicht. Das einzige, was sich ändert, ist die Menge des H_2SO_4, die um ein Mol zunimmt, und die Zunahme des Gesamtvolumens der Mischung ist also nichts anderes als das Volumen $v_{H_2SO_4}$ eines Mols von H_2SO_4 innerhalb der Mischung. Dieses Volumen hat nichts mit dem Molvolumen der reinen H_2SO_4 zu tun.

Wie weit der Unterschied beider Größen gehen kann, ergibt sich aus der Tatsache, daß es Fälle, z. B. von wäßrigen Lösungen gibt, in denen beim Zusatz einer Komponente überhaupt keine Volumenzunahme sondern insgesamt eine Kontraktion eintritt. In einem solchen Fall ist das partielle molare Volumen der Komponente negativ, und es hat keinen Sinn, es als das wahre Molvolumen der Komponente innerhalb der Mischung zu betrachten. Hier sinkt die Bedeutung des partiellen molaren Volumens zu derjenigen einer nur formalen Rechengröße herab.

Bei den im weiteren betrachteten thermodynamischen Größen wird diese Schwierigkeit nicht auftreten. Sie zeichnen sich ja alle dadurch aus, daß sie nur bis auf ein unbestimmtes konstantes Additionsglied definiert sind. Man braucht also bei der anschaulichen Betrachtung nur ihren Absolutwert genügend groß anzusetzen, um der erwähnten Schwierigkeit zu entgehen. Beim Volumen ist das nicht möglich.

Oft sind die integralen Eigenschaftsgrößen experimentell bestimmbar, und es entsteht die Aufgabe, aus ihnen die partiellen molaren Größen zu berechnen. Das ist z. B. vielfach der Fall bei Mischungswärmen. In anderen Fällen, wie z. B. beim thermodynamischen Potential, sind die partiellen molaren Größen experimentell zugänglich, und es müssen die integralen Größen berechnet werden. Für ein binäres System können diese Rechnungen in folgender Weise durchgeführt werden. Aus

$$y = x_1 y_1 + x_2 y_2 \tag{12}$$

folgt mit Rücksicht auf

$$x_1 + x_2 = 1 \tag{13}$$

und auf (8):

$$\frac{d y}{d x_2} = y_2 - y_1. \tag{14}$$

Das ergibt mit (12) und (13):

$$\left.\begin{aligned} y_2 &= y + (1 - x_2)\frac{d y}{d x_2} \\ y_1 &= y - (1 - x_1)\frac{d y}{d x_2} \end{aligned}\right\} \tag{15}$$

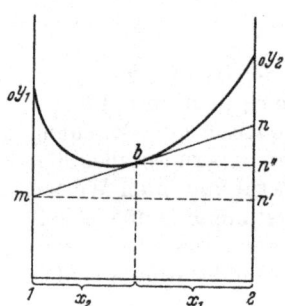

Abb. 100. Geometrische Interpretation von partiellen molaren Größen.

Die Gleichungen (14) und (15) werden wir vielfach zu verwenden haben. Sie gestatten eine einfache geometrische Interpretation (Abb. 100). Die Kurve $_0y_1\, b\, _0y_2$ stelle die integralen molaren Werte y einer Eigenschaft dar. Die Ordinaten ihrer Endpunkte $_0y_1$ und $_0y_2$ stellen zugleich die partiellen molaren Werte für die reinen Komponenten dar. Wenn mbn eine Tangente zur Kurve $_0y_1 b_0y_2$ ist, haben wir im Punkte b

$$\frac{d y}{d x_2} = \frac{n\,n'}{m\,n'} = y_2 - y. \tag{15a}$$

Die Ordinaten der Punkte m und n stellen nämlich die partiellen molaren Größen y_1 und y_2 in der Mischung b dar, da aus ihnen linear nach (12) die integrale molare Größe y berechnet werden kann, und da $mn' = x_1 + x_2 = 1$ ist. (15) ergibt sich einfach nach der Hebelbeziehung.

Meistens interessieren nicht die thermodynamisch ohnehin nicht faßbaren absoluten Größen y, y_1, y_2, sondern nur ihre Änderungen gegenüber passend gewählten Ausgangszuständen. Als solche wählen wir die Zustände der reinen Komponenten, für die also gesetzt wird

$$_0y_2 = _0y_1 = 0 \tag{16}$$

y_2 und y_1 bedeuten dann die Zunahmen der partiellen molaren Größen bei dem Übergang von den reinen Komponenten zur Mischung, und y die Zunahme des Wertes der Eigenschaftsgröße beim Übergang von einem mechanischen Gemenge der Bestandteile zur Mischphase. Die so angesetzten Differenzgrößen wollen wir im folgenden mit dem Zeichen $\varDelta$ vor der Bezeichnung der Größe kennzeichnen; W. Schottky, H. Ulich und C. Wagner[1] nennen diese Größen „Restgrößen" und bezeichnen sie mit gotischen Buchstaben.

Das partielle molare thermodynamische Potential wird *chemisches Potential* genannt (vgl. S. 49). Diese Benennung werden wir im folgenden anwenden. Wir

---

[1]. Vgl. Thermodynamik von W. Schottky, H. Ulich und C. Wagner, Berlin: Springer 1929 und spätere Arbeiten der Verfasser.

wollen es in diesem Kapitel wegen der Symmetrie mit ζ_1, ζ_2 und nicht mit μ_1, $\mu_2 \ldots$ wie bisher bezeichnen.

Alle bisher abgeleiteten Beziehungen gelten auch für die Restgrößen, wobei zu bemerken ist, daß die Differentialquotienten beim Übergang zu Restgrößen überhaupt keine Änderung erfahren.

Folgende Bemerkung mag nicht überflüssig sein. Auf den ersten Blick kann es überraschend erscheinen, daß man die partielle molare Größe y_1, Gl. (10) sowohl durch Gl. (4b) als auch durch Gl. (15) ausdrücken kann. Das liegt daran, daß man y einmal formal gemäß Gl. (4a) als Funktion zweier Variabeln behandeln und das andere Mal von vornherein die Beziehung $x_1 + x_2 = 1$ berücksichtigen kann.

b) Das thermodynamische und das chemische Potential.

Das Potential ist für unsere Betrachtungen eine besonders wichtige Größe, da wir bei der Herstellung und Veränderung der Mischungen bei konstantem Druck und bei konstanter Temperatur arbeiten. In diesem Zusammenhang ist das Potential ein Stabilitätsmaß einer Mischung.

Auf Grund seiner Definition ist das Potential durch den Ausdruck gegeben

$$Z = U - TS + pV = W - TS, \tag{17}$$

und zwar gilt das auch für die molaren Größen:

$$\zeta = u - Ts + pv = w - Ts, \tag{18}$$

$$\mu_1 = \zeta_1 = u_1 - Ts_1 + pv_1 = w_1 - Ts_1 \tag{19}$$

oder auch für die Restgrößen, das heißt für die Änderung des Potentials bei der Herstellung einer Mischung, — besonders wichtig für die partielle molare Größe (das chemische Potential $\Delta \mu_1 = \Delta \zeta_1$):

$$\Delta \mu_1 = \Delta \zeta_1 = \Delta u_1 - T \Delta s_1 + p \Delta v_1 = \Delta w_1 - T \Delta s_1. \tag{20}$$

Wenn wir (20) differenzieren, erhalten wir, wenn wir auch irreversible Vorgänge berücksichtigen

$$d \Delta \zeta_1 = T d \Delta s_1 - p d \Delta v_1 - T d \Delta s_1{}^{ir} - T d \Delta s_1 - \Delta s_. d T + p d \Delta v_1 + \Delta v_1 dp$$

Also

$$d \Delta \zeta_1 = - T d \Delta s_1{}^{ir} - \Delta s_1 d T + \Delta v_1 dp \tag{21}$$

oder bei $p = $ konst und $T = $ konst

$$d \Delta \zeta_1 = - T d \Delta s_1{}^{ir} \tag{22}$$

Das Potential ändert sich bei $p = $ konst., $T = $ konst. überhaupt nur bei einem irreversiblen Prozeß.

Wenn wir die beiden Bestandteile mit einander in Berührung bringen und sie sich selbst überlassen, aber für konstanten Druck und für konstante Temperatur sorgen, werden sie sich automatisch irreversibel vermischen, sofern die Mischung überhaupt stabil ist. Dann ist aber $\Delta \zeta_1 < 0$. Für die Frage der Vermischung ist es notwendig, $\Delta \zeta_1$ zu berechnen. Diese Größe ist auf Grund von (4) eindeutig definiert, sowohl für eine reversible als auch für eine irreversible Durchführung des Vorgangs. Im ersteren Fall kann jedoch die Bedingung $p = $ konst., $T = $ konst. *während des Überganges* nicht eingehalten werden.

Wir wenden zur Berechnung von $\Delta \zeta_1$ denselben Kunstgriff an, den wir oben, S. 50, zur Berechnung der Mischungsentropie zweier Gase benutzt haben. Wir geben *für den Übergang* die Bedingung $p = $ konst. auf und führen ein Mol etwa der Komponente 1 aus dem reinen Zustand in die Mischung über. Hierbei ändert sich ihr Potential um den Betrag

$$\Delta\,\zeta_1 = \int_0 v\,d_0 p\,, \qquad (23)$$

wo $_0 v$ das Molvolumen der reinen Komponente 1 während des Überganges und $_0 p$ den zugehörigen Druck bedeutet.

Um den Vorgang reversibel durchzuführen, erniedrigen wir zunächst den Druck über der reinen Komponente bis auf ihren Gleichgewichtsdampfdruck $_0\pi_1$; wenn das Volumen der kondensierten Phasen gegenüber dem Volumen des Dampfes zu vernachlässigen ist, gilt das auch für das entsprechende Teilintegral in (23). Wir lassen nun ein Mol von 1 verdampfen, wobei das Potential sich nicht ändert (der Index $_0$ bedeutet, daß es sich um die reine Komponente handelt). Wir lassen dieses Mol sich jetzt bis auf den Dampfdruck π_1 über der Mischphase ausdehnen. Hierfür erhalten wir die Arbeit:

$$\int_{0\pi_1}^{\pi_1} v_D\,dp = RT \ln \frac{\pi_1}{_0\pi_1}\,, \qquad (24)$$

wenn die Gasphase sich wie ein ideales Gas verhält. Als letztes lassen wir das Mol beim Druck π_1 in die Mischung reversibel kondensieren, wobei $\Delta\,\zeta_1$ sich nicht ändert, und erhöhen den Druck auf den anfänglichen Wert. Wir haben also:

$$\Delta\,\zeta_1 = \int_0 v\,d_0 p = RT \ln \frac{\pi_1}{_0\pi_1}\,. \qquad (25)$$

Für ideale Gase gilt bei $T = $ konst.

$$\int v\,dp = -\int p\,dv.$$

Da die Arbeiten bei der Verdampfung und bei der Kondensation sich gegenseitig aufheben, ist die (negative) Differenz zwischen dem chemischen Potential einer Komponente in der Mischung und im reinen Zustand näherungsweise gleich der Arbeit, die beim Übergang von der reinen Komponente zur Mischung vom System reversibel aufgenommen wird.

Damit ist der Anschluß der Größe $\Delta\,\zeta_1$ an das Experiment erreicht, da die Partialdrucke der Komponenten grundsätzlich meßbar sind.

c) Aktivität und Aktivitätskoeffizient.

Wenn ein System Abweichungen vom Verhalten idealer Mischungen aufweist, pflegt man das durch Einführung des Begriffes der *Aktivität* zu berücksichtigen, die an Stelle der Konzentration einer idealen Mischung tritt. Wenn man verdünnte Lösungen betrachtet, so fallen Aktivität und Konzentration bei unendlicher Verdünnung zusammen. Bei konzentrierteren Lösungen, insbesondere bei solchen, die sich bis zur reinen Komponente erstrecken, ist eine andere Normierung praktischer. Die Aktivität eines Bestandteiles i in einer Mischung wird als Verhältnis des Partialdruckes dieses Bestandteiles π_i zu seinem Dampfdruck in reinem Zustand $_0\pi_i$ definiert:

$$a_i = \frac{\pi_i}{_0\pi_i}\,. \qquad (26)$$

Es ist klar, daß diese Normierung von der bei verdünnten Lösungen üblichen abweicht. Sie ergibt ja für den reinen Bestandteil $a = 1$, also auch $a = x$, trotzdem sein Verhalten von dem eines idealen Gases in der Regel stark abweichen wird. Aus Gl. (25) ergibt sich dann sofort

$$\Delta\,\zeta_i = RT \ln a_i. \qquad (27)$$

Als Aktivitätskoeffizienten bezeichnen wir den Quotienten von Aktivität a_i und Molenbruch (Konzentration) x_i:

$$f_i = \frac{a_i}{x_i}. \tag{28}$$

f ist bei idealen Mischungen gleich 1, sein abweichender Rest kennzeichnet die Abweichung vom idealen Verhalten.

Aus Gl. (8) und (27) erhalten wir

$$x_1 \frac{d\ln a_1}{d x_2} + x_2 \frac{d\ln a_2}{d x_2} = 0 \tag{29}$$

und

$$x_1 \frac{d\ln f_1}{d x_2} + x_2 \frac{d\ln f_2}{d x_2} = x_1 \frac{d\ln \frac{a_1}{x_1}}{d x_2} + x_2 \frac{d\ln \frac{a_2}{x_2}}{d x_2}$$

$$= x_1 \frac{d\ln a_1}{d x_2} + x_2 \frac{d\ln a_2}{d x_2} = 0. \tag{30}$$

Aus (30) folgt

$$\ln f_1 = - \int\limits_0^{x_2} \frac{x_2}{1-x_2} \cdot \frac{d\ln f_2}{d x_2} d x_2. \tag{31}$$

Für die Rechnung ist bequemer zu schreiben

$$\ln f_1 = \int\limits_0^{x_2} \frac{\ln f_2}{(1-x_2)^2} d x_2 - \frac{x_2}{1-x_2} \ln f_2. \tag{32}$$

Sind die Werte von f_2 für verschiedene x_2 bekannt, so lassen sich hieraus die entsprechenden Werte von f_1 berechnen. Die Durchführung der Rechnung als partielle Integration ist bequemer, da f_2 als Funktion der Zusammensetzung nicht analytisch gegeben ist. Man muß die Auswertung also graphisch durchführen. Hierbei ist aber wünschenswert, die graphische Differentiation $\left(\frac{d\ln f_2}{d x_2}\right)$ zu vermeiden, da sie ungenau ist.

d) Einige Bestimmungsmethoden der thermodynamischen Größen.

Wir haben gesehen, daß die *Abnahme* des chemischen Potentials einer Komponente bei Überführung in die Mischung annähernd gleich der hierbei reversibel *geleisteten* Arbeit ist. Diese Arbeit kann wie erörtert (S. 114) über die Dampfdrucke gemessen werden, oder aber durch Bestimmung der elektromotorischen Kraft eines Elementes, dessen Elektroden die reine Komponente und die Mischphase sind. Beide Methoden haben zur Voraussetzung, daß der Platzwechsel (Diffusion) in der Mischphase so schnell erfolgt, daß keine wesentlichen Konzentrationsverschiebungen an der Oberfläche der Mischelektrode entstehen.

Bekanntlich gilt für den Temperaturkoeffizienten des thermodynamischen Potentials

$$\left(\frac{\partial \zeta_1}{\partial T}\right)_p = -s_1 \tag{32a}$$

$$\left(\frac{\partial \varDelta \zeta_1}{\partial T}\right)_p = -\varDelta s_1. \tag{32b}$$

In diesem Falle muß unter dem Differential das Zeichen $\varDelta$ behalten bleiben, da der Temperaturgang von ζ_1 für die reinen Komponenten und für die Mischung verschieden sein kann.

Durch Multiplikation von $\varDelta s$ mit der Temperatur erhält man mit Gl. (18) die experimentell zugänglichen Mischungswärmen, aus denen der Temperaturkoeffizient des $\varDelta \zeta$ berechnet werden kann. Aus dem Temperaturkoeffizienten des $\varDelta \zeta$ ergibt sich die Mischungsentropie, die, insbesondere bei festen Legierungen, der Messung schwer zugänglich ist. Diese steht, wie wir gleich erörtern wollen, in einem engen Zusammenhang mit dem atomistischen Bau der Mischphasen.

e) Vereinfachte Annahmen über den atomistischen Aufbau der Phasen.

α) Ideale und reguläre Mischungen.

Die Durchführung der Rechnungen im allgemeinen Fall ist oft schwierig, auch fehlen vielfach die experimentellen Grundlagen. Man ist deshalb auf vereinfachende Annahmen angewiesen.

Am einfachsten gestalten sich die Verhältnisse, wenn man die Mischung als ideale Lösung betrachtet, wie etwa eine Mischung zweier idealer Gase. In einem solchen Fall ist die Mischungswärme $\varDelta w$ gleich Null und die Mischungsentropie auf Grund von Gl. (54b) S. 50

$$\varDelta s = - R\, x_1 \ln x_1 - R\, (1 - x_1) \ln (1 - x_1).$$

Für das thermodynamische Potential erhalten wir also

$$\varDelta \zeta = R T\, x_1 \ln x_1 + R T\, (1 - x_1) \ln (1 - x_1). \tag{33}$$

Für die partiellen molaren Größen ergibt sich auf Grund von (15)

$$\left. \begin{aligned} \varDelta s_1 &= - R \ln x_1 \\ \varDelta \zeta_1 &= R T \ln x_1 \end{aligned} \right\}. \tag{34}$$

Wir werden sehen, daß es Legierungen gibt, die annähernd ein ideales Verhalten zeigen.

Es gibt Fälle, in denen bei der Vermischung der Komponenten eine Energieänderung (Wärmetönung) auftritt, in denen man aber noch annähernd eine statistische Verteilung der Atome in der Mischung wie bei idealen Gasen annehmen kann. Dieser Annahme entspricht eine Mischungsentropie (33, 34) wie bei idealen Gasen. Diese Annahme bedeutet nun eine Approximation. Denn die Energieänderung bei der Vermischung bedeutet die Betätigung von Anziehungs- oder Abstoßungskräften zwischen den Atomen der Partner und damit eine Abweichung von der exakten statistischen Verteilung. Theoretisch ist schwer zu beurteilen, wieweit eine solche Approximation zulässig ist; das wird zweifellos um so mehr der Fall sein, je geringer $\varDelta w$ bzw. $\varDelta u$ ist. Die Erfahrung lehrt, daß es Fälle gibt, in denen sie zulässig ist.

Solche Mischungen heißen nach HILDEBRAND *regulär*. Für eine reguläre Mischung gilt also

$$\left. \begin{aligned} \varDelta \zeta &= \varDelta w + R T\, x_1 \ln x_1 + R T\, (1 - x_1) \ln (1 - x_1) \\ \varDelta \zeta_1 &= \varDelta w_1 + R T \ln x_1 \end{aligned} \right\}. \tag{35}$$

Diese Gleichungen gelten unabhängig davon, ob der Übergang von einem mechanischen Gemenge beider Komponenten zur Mischungsphase bzw. die Überführung eines Mols der Komponente 1 reversibel erfolgt oder nicht. Sie gestatten eine Aussage über die gegenseitige Stabilität der Gebilde unter der Voraussetzung, daß der Druck und die Temperatur nicht nur in beiden Zuständen sondern auch während des Überganges konstant bleiben. Die Berechnung von $\varDelta \zeta$ bzw. $\varDelta \zeta_1$ erfolgt mit Hilfe eines reversiblen Prozesses, bei dem, wie oben erwähnt, in den Zwischenstufen die Bedingung $p = $ konst. aufgegeben wird.

Für einen solchen Übergang gilt:

$$T\, ds = du + p\, dv$$

Bei einer idealen Mischung ist $du = 0$, und die Mischungsentropie ergibt sich einfach aus der reversiblen Vermischungsarbeit. Wenn für eine reguläre Mischung festgesetzt wird, daß die Vermischungsentropie denselben Wert behält wie eine ideale Mischung, so folgt, daß die Arbeit $p\, dv$ jetzt einen abweichenden Wert hat. Wenn wir aber zwei Gase reversibel vermischen wollen, so ergibt die im obigen Fall (S. 50) berechnete Ausdehnungsarbeit der Partner vor der Vermischung noch nicht die gesamte Vermischungsarbeit; z. B. kann sich bei Betätigung einer Affinität zwischen den Komponenten eine Volumenverminderung bei Vermischung unter konstantem Druck ergeben.

Ein besonders einfacher und beinahe der einzig praktisch durchgeführte Ansatz für eine reguläre Mischung ergibt sich, wenn eine Energie- und Enthalpie-Änderung bei der Vermischung sich nur durch aus beiden Komponenten bestehende Paare von Atomen, die im kleinsten möglichen Abstand voneinander stehen, auftritt. Die Enthalpie-Änderung bei der Vermischung ist dann proportional der Zahl solcher Gruppen und ist durch einen Ausdruck

$$C \cdot x_1\, x_2 = C\, x_1\, (1 - x_1) \tag{36}$$

gegeben. Für $\Delta \zeta$ erhalten wir mit (35)

$$\Delta \zeta = C\, x_1\, (1 - x_1) + R\, T\, x_1 \ln x_1 + R\, T\, (1 - x_1) \ln (1 - x_1) \tag{36a}$$

und für die partielle molare Größe (chemisches Potential) $\Delta \zeta_1$ auf Grund von (15)

$$\Delta \zeta_1 = C\, (1 - x_1)^2 + R\, T \ln x_1 \tag{37}$$

Hieraus ergibt sich eine sehr einfache Beziehung zum Aktivitätskoeffizienten:

$$\Delta \zeta_1 = R\, T \ln a_1 = R\, T \ln x_1 + R\, T \ln f_1 \tag{38}$$

$$R\, T \ln f_1 = C\, (1 - x_1)^2 \tag{39}$$

Aus (35) folgt die vielfach nützliche allgemeinere Beziehung

$$R\, T \ln f_1 = \Delta\, w_1 \tag{39a}$$

β) Mischkrystallphasen mit geringem Fehlordnungsgrad.

Bisher haben wir außer den idealen reguläre Mischungen betrachtet, die sich den idealen nähern und nur geringe Abweichungen von statistischer Verteilung der Atome der Bestandteile aufweisen. Jetzt wenden wir uns dem umgekehrten Grenzfall zu, wenn die Abweichungen von der vollständig geordneten Anordnung der Atome nur gering sind. Da die Entropie eine besonders enge Beziehung zur Statistik der Anordnungen der Bausteine aufweist, empfiehlt sich die Erörterung dieser Größe, zumal die partielle molare Entropie durch Messung des Temperaturkoeffizienten der elektromotorischen Kraft bestimmt werden kann (vgl. Gl. (32a)).

Wir nehmen zunächst an, daß dem Molenbruch p der Komponente 1 und q der Komponente 2 eine völlig geordnete Verteilung der Atome der Komponenten im Raumgitter entspricht. Der wirkliche Gehalt x_1 am Bestandteil 1 soll etwas größer als p sein. Dann ist ein Teilgitter wie bei der Zusammensetzung der geordneten Phase durch Atome der Komponente 1 restlos besetzt. Im zweiten Teilgitter sind dahingegen pro Mol der Mischphase $(x_1 - p)\, N$ Plätze durch die Komponente 1 und der Rest, also $(q - x_1 + p)\, N = (1 - x_1)\, N$ Gitterplätze durch Atome 2 besetzt (N = Loschmidtsche Zahl). Die Gesamtzahl der möglichen Anordnungen (Zahl der Komplexionen W) in dem zweiten Teilgitter ist gleich der Zahl der Permutationen aus $(q\,N)$ Elementen zu $(q\,N)$, dividiert durch die Zahl der Permutationen aus $(x_1 - p)\,N$ Elementen zu $(x_1 - p)\,N$ und durch die Zahl der Permutationen aus $(1 - x_1)\,N$ Elementen zu $(1 - x_1)\,N$, da ja die Atome 1 und 2 je unter sich nicht unterscheidbar sind, also

$$W = \frac{(q\,N)!}{\{(x_1 - p)\,N\}!\,\{(1 - x_1)\,N\}!} \,. \tag{43}$$

Die Wahrscheinlichkeit eines Zustandes ist proportional der Zahl seiner Realisierungsmöglichkeiten, und die Entropie mit dieser durch die Boltzmannsche Beziehung

$$\varDelta\,s = k \ln W \tag{44}$$

verknüpft. Wir müssen hier das Restglied $\varDelta\,s$ schreiben, da bei den reinen Komponenten ja nur je eine Anordnung möglich und die „Unordnungsentropie" gleich 0 ist.

Wenn man bedenkt, daß nach der Stirlingschen Näherungsformel für große Z

$$\ln (Z!) = Z \ln Z - Z \tag{45}$$

ist, folgt aus (43) und (44):

$$\frac{\varDelta\,s}{k} = (q\,N) \ln (q\,N) - q\,N - (x_1 - p)\,N \ln \{(x_1 - p)\,N\} + (x_1 - p)\,N$$
$$- (1 - x_1)\,N \ln \{(1 - x_1)\,N\} + (1 - x_1)\,N. \tag{46}$$

Die Glieder ohne Logarithmus heben sich auf. Wir schreiben

$$(q\,N) \ln (q\,N) = (x_1 - p) \ln (q\,N) + (1 - x_1) \ln (q\,N)$$

und erhalten

$$\varDelta\,s = k\,N \left[(x_1 - p) \ln \frac{q}{x_1 - p} + (1 - x_1) \ln \frac{q}{1 - x_1} \right]$$

$$\varDelta\,s = R \left[(x_1 - p) \ln \frac{q}{x_1 - p} + (1 - x_1) \ln \frac{q}{1 - x_1} \right]. \tag{47}$$

Zur Berechnung der partiellen molaren Entropie $\varDelta\,s_1$ benutzen wir die Formel (15):

$$\varDelta\,s_1 = \varDelta\,s + (1 - x_1) \frac{d\,s}{d\,x_1} \tag{48}$$

und erhalten

$$\frac{d\,s}{d\,x_1} = R \ln \frac{q}{x_1 - p} - R \ln \frac{q}{1 - x_1} \tag{49}$$

und

$$\varDelta\,s_1 = R\,(x_1 - p) \ln \frac{q}{x_1 - p} - R\,(1 - x_1) \ln \frac{q}{1 - x_1} + R\,(1 - x_1) \ln \frac{q}{x_1 - p}$$

$$+ R\,(1 - x_1) \ln \frac{q}{1 - x_1}$$

$$\varDelta\,s_1 = R\,(1 - p) \ln \frac{q}{x_1 - p} \tag{50}$$

für $x_1 = p$ ergibt sich

$$\varDelta\,s_1 = + \infty. \tag{51}$$

Wenn $x_1 < p$ ist, ist umgekehrt das zweite Teilgitter restlos geordnet, und im ersten sind x_1 Atome 1 und $(p - x_1)$ Atome 2 enthalten. Genau dieselbe Betrachtung wie die soeben durchgeführte ergibt einen zu (50) analogen Ausdruck für die partielle molare Entropie der Komponente 2

$$\varDelta\,s_2 = R\,x_1 \ln \frac{p}{p - x_1}, \tag{52}$$

also für $x_1 = p$ wieder $\Delta s_2 = \infty$. Da die integrale molare Entropie $\Delta s = x_1 \Delta s_1$ $+ (1 - x_1) \Delta s_2$ aber immer endlich bleiben muß, folgt daraus für $p = x_1$ für den Bestandteil 1:

$$\Delta s_1 = -\infty . \tag{53}$$

Die partielle molare Entropie erleidet bei $p = x_1$ einen Sprung von $-\infty$ auf $+\infty$ (Abb. 101, Kurve $\alpha = 0$).

Wir nehmen jetzt an, daß auch bei der Konzentration p ein gewisser Unordnungsgrad besteht. Wir betrachten den Mischkrystall als aus „Primitivzellen" aufgebaut, die wie folgt definiert sind. Eine „Primitivzelle" ist die kleinste Gruppe von Bausteinen, die bereits die Zusammensetzung der gesamten Phase aufweist. Da die Atomverhältnisse in den geordneten Phasen einfach sind, ist auch die Primitivzelle in ihnen klein. Bei Au Cu enthält sie z. B. 2, bei Au Cu$_3$ 4 Atome. Sie hat mit der Elementarzelle des Raumgitters keine unmittelbaren Beziehungen.

A. ÖLANDER hat die Rechnung für den allgemeinen Fall von Primitivzellen beliebiger Größe durchgeführt. Die Rechnung ist einfach aber etwas umständlich. Wir deuten sie für den einfachsten Fall einer Verbindung $A B$ ($p = {}^1/_2$) an. Die Konzentration x soll von p abweichen.

Wir haben 3 Arten von Primitivzellen, die $A B$, die $A A$ und die $B B$-Zellen. Der Anteil der ersten sei c, der zweiten a, der dritten b; dann ist

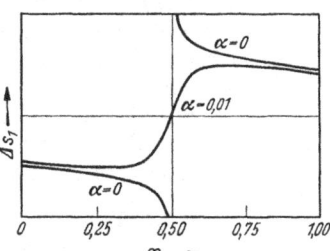

Abb. 101. Partielle molare Entropie geordneter Phasen.

$$a + b + c = 1. \tag{54}$$

Jede Zelle a enthält 2 A-Atome, jede Zelle c eines, jede Zelle b keines. Wir haben also

$$2 a + c = x_1. \tag{55}$$

Der stationär bestehende Unordnungsgrad ergibt sich durch eine Art bewegliches Gleichgewicht zwischen den verschiedenen Zellen, für welches wir das Massenwirkungsgesetz ansetzen können. Wir erhalten die Reaktionsgleichung

$$A A + B B = 2 A B \tag{56}$$

und somit

$$\frac{a \cdot b}{c^2} = K . \tag{57}$$

Wenn der Fehlordnungsgrad gering ist, kann näherungsweise geschrieben werden:

$$a \cdot b = K . \tag{58}$$

Wir berechnen nun die Unordnungsentropie, indem wir an Stelle von Atomen mit den „Primitivzellen" operieren. Die Gesamtzahl der Zellen N_l pro Mol zerfällt in $a N_l$ ($A A$)-Zellen, $b N_l$ (BB)-Zellen und $c N_l$ (AB)-Zellen, die jeweils untereinander nicht unterscheidbar sind, wobei die AB-Zelle als mit BA identisch betrachtet wird. Für die Gesamtzahl der Komplexionen erhalten wir

$$W = \frac{N_l!}{(a N_l)! \, (b N_l) \, ! \, (c N_l)!} \tag{59}$$

und für die Entropie

$$\begin{aligned}\Delta s &= -R \, (a \ln a + b \ln b + c \ln c) \\ &= -R \, \{ a \ln a + b \ln b + (1 - a - b) \ln (1 - a - b) \} . \end{aligned} \tag{60}$$

Indem wir wieder aus (60) mit Hilfe von (48) die partielle molare Entropie Δs_1 ausrechnen und mit Hilfe von (54), (55) und (57) a, b und c durch x_1 ausdrücken, erhalten wir Δs_1 als Funktion von x_1 in Gestalt einer integralförmigen Kurve (Abb. 101, $a = 0{,}01$). Wir wollen diese Rechnung hier nicht durchführen.

f) Experimentelle Ergebnisse.

In Tab. 5a—d[1] findet sich die Wärmeaufnahme bei der grundsätzlich isothermen Herstellung von Legierungen im flüssigen und im festen Zustande. Die Legierungen sind nach der Gestalt der Diagramme gruppiert, indem diese in ununterbrochene (oder beinahe ununterbrochene) Mischkrystallreihen, einfache eutektische Systeme, Systeme mit stark ausgeprägter Verbindungsbildung (meistens hohe Maxima) und Systeme mit mäßig ausgeprägter Verbindungsbildung grob eingeteilt worden sind. Bei vielen Systemen mag es zweifelhaft erscheinen, ob ihre Eingruppierung zweckmäßig erfolgt ist, für eine summarische Übersicht genügt sie jedoch. In den Tabellen ist die Wärmetönung, also die bei der Vereinigung der Metalle entwickelte Wärme ($-Q$) in Kilokalorien angegeben und wird im Sinne der üblichen Chemie positiv gerechnet. Unter „At-%" ist jeweils der Prozentgehalt des zu zweit genannten Metalles angegeben, bei dem das Maximum der Wärmeaufnahme oder -Entwicklung liegt. Dieser %-Gehalt gibt meistens, vor allen Dingen für die Schmelzen, nur ganz roh das in Frage kommende Konzentrationsgebiet an.

Tabelle 5a. Bildungswärmen von Legierungen mit ununterbrochenen Mischkrystallreihen.

Metallpaar	Schmelze		Krystallzustand	
	$(-Q)$ kcal	At-%	$(-Q)$ kcal	At-%
Ag-Au	+0,43	~50	+0,95	50
Au-Cu	0		+1,25	50
Bi-Sb	—0,3	50	0	
Pb-Tl	+0,35	60	+0,65	80

Wie man aus Tab. 5a sieht, findet bei der Mischkrystallbildung in den Legierungen Ag—Au und Au—Cu im Krystallzustand eine schwache Wärmeentwicklung statt. Bei Au—Cu ist das verständlich, da sich ja hier unterhalb etwa 400° Phasen mit geregelter Atomverteilung als Ausdruck einer Affinitätsbetätigung bilden. Offenbar besteht eine solche Affinität, wenn auch in schwächerem Maße, auch bei den Ag—Au-Legierungen. Wir werden sehen (S. 123), daß sie weit davon entfernt sind, ideale Mischungen darzustellen.

Bei der Vermischung im flüssigen Zustande von Metallen, die im Krystallzustand einfache eutektische Systeme mit geringer Mischkrystallbildung darstellen (Tab. 5b), findet meistens eine geringe Wärmeaufnahme statt, ein Anzeichen eines Widerstandes gegen die Vereinigung der Metalle, der durch das Mischungsglied der Entropie überwunden werden muß, da ja

$$\Delta \zeta = \Delta w - T \Delta s = -(-Q) - T \Delta s$$

sein muß. Wenn man annimmt, daß die betrachteten Systeme reguläre Mischungen darstellen, sieht man aus der letzten Spalte, daß in einigen Fällen $\Delta \zeta > 0$ herauskommt, was unmöglich ist. (Das Mischungsglied der Entropie wurde für $x = 50\%$ angesetzt.) Wahrscheinlich sind in diesen Fällen die Meßwerte nicht zuverlässig. In der Tat berechnet E. SCHEIL thermodynamisch nach einem Verfahren, auf

---

[1] Literaturangaben s. C. WAGNER, Thermodynamik metallischer Mehrstoffsysteme im Handbuch der Metallphysik von G. MASING, Bd. I, 2, Leipzig: Akad. Verl. Ges. 1940, sowie F. WEIBKE, u. O. KUBASCHEWSKI, Thermochemie der Legierungen, Berlin: Springer 1943.

Tabelle 5b. Bildungswärmen der Schmelzen in eutektischen Systemen.

Metallpaar	$\dfrac{(-Q)}{\text{kcal}}$	At-%	T °K	$\begin{array}{c}-\,T\varDelta s=\\+\,R\,T\ln 2\end{array}$	$f_2{}^{*}$	$f_1{}^{**}$	$f_2{}^{**}$
Ag—Bi	—1	40	1323	—0,93			
Ag—Cu	—0,8	45	1473	—1,03			
Ag—Pb	—1,6	40	1323	—0,93			
Al—Si	+0,8	50					
Al—Sn	—1,6	40	1073	—0,75			
Bi—Cd	~10					1	1
Bi—Cu	—1,6	60	1473	—1,03			
Bi—Hg	—0,2	75			>1		
Bi—Pb	+0,4	40			<1	0,48	0,48
Bi—Sn	+0,15	50			~1		~1
Cd—Pb	—0,6	40	623	—0,43	>1	3,5	5
Cd—Sn	—0,4	50			>1	1,8	2,0
Cd—Zn	—0,5	50			≧1	3,5	6,3
Hg—Pb	—0,3	30			>1		
Hg—Sn	—0,25	40			>1		
Hg—Zn	—0,13	50			>1		
Pb—Sb	+0,1	50					
Pb—Sn	—0,3	50					
Sn—Tl	—0,15	50				2,8	2,8
Sn—Zn	—0,8	40	723	—0,5	>1	5,8	2,2

* f_2 = Aktivitätskoeffizient des Zusatzmetalles auf Grund von Dampfdruckmessungen.
** f_1 und f_2: Aktivitätskoeffizienten für die Grenzkonzentrationen Null auf Grund von EMK-Messungen.

Tabelle 5c. Bildungswärmen von Legierungen mit mäßig ausgeprägten Verbindungen.

Metallpaar	Schmelze		Krystallzustand	
	$\dfrac{(-Q)}{\text{kcal}}$	At-%	$\dfrac{(-Q)}{\text{kcal}}$	At-%
Ag—Al	+1,1	30		
Ag—Cd	+0,38	50	+1,45	60
Ag—Mg	+3	50		
Ag—Sb	+1,1	35	+1,8	60
Ag—Sn	+1,2	35		
Ag—Zn	+2,3	50		
Al—Cu	+4,5	65	+5,2	67
Al—Mg	+1 bis +2	50	+7	57
Au—Cd	+1	50	+3,9	50
Au—Sb	+1,3	40	+1,3	67
Au—Sn	+3,3	50	+4,1	50
Au—Zn	+4,15	50	+5,5	50
Br—Tl	+1,2	60	+0,75	75
Ca—Cd			+7,5	75
Cd—Cu	+0,1			
Cd—Hg	+0,5	50	+1,15	50
Cd—Mg			+4,6	50
Cd—Sb	+0,65	50	+1,8	50
Co—Sb			+5	50
Co—Sn	<+0,5		+3,5	50
Cu—Sb	+0,8	40	+2 bis +3	25
Cu—Sn	+1	33	+1,8	25
Cu—Zn	+2	50	+3	60
Fe—Sb			+1,2	50
K—Na	—0,05	50		
Na—Tl			+4,5	50
Ni—Sb			+8	50
Sb—Sn	+1,15	35		
Sb—Zn	+0,75	60	+2	60

Tabelle 5 d. Bildungswärmen von Legierungen mit im
Diagramm stark ausgeprägter Verbindung.

Metallpaar	Schmelze		Krystallzustand	
	$(-Q)$ kcal	At.-%	$(-Q)$ kcal	At.-%
Al—Ca			+12,8	25
Al—Ce			+13?	33
Al—Co			+13,5	50
Al—Fe			+ 6,7	25
Al—Ni			+17	50
Bi—Ca			+23	60
Bi—Li			+14	75
Bi—Mg	+3	60	+ 7,3	60
Bi—Na			+11,4	75
Ca—Mg			+ 7,1	67
Ca—Pb			+15	33
Ca—Si			+56	67
Ca—Tl			+17	50
Ca—Zn			+ 8,7	50
Cd—Na			+ 2,8	50
Ce—Mg			+ 6,5	50
Co—Si			+12	50
Fe—Si			+ 9	50
Hg—K	+4	40	+ 6,5	50
Hg—Na	+3,3	50	+ 6	33
Li—Pb			+ 8,4	30
Li—Sb			+10	33
Li—Sn			+ 9,5	30
Li—Tl			+ 6,4	50
Mg—Pb	+2	33	+ 4,2	33
Mg—Sb			+13,6	40
Mg—Sn	+3,4	40	+ 5,6	33
Mg—Zn	+1,5	60	+ 4,2	67
Na—Pb			+ 5,8	50
Na—Sb			+12	25
Na—Sn			+ 6	50
Ni—Si	+14	40	+11,1	33
Ni—Sn	+ 4,5	40	+ 7,5	50

das wir hier nicht eingehen wollen, aus dem Zustandsdiagramm für das Paar Sn-Zn die Vermischungswärme zu nur $(-Q) = -0,8$ kcal pro Grammatom.

Die Verbindungsbildung im festen Zustand ist, wie Tab. 5a, 5c und 5d zeigen, immer mit mehr oder weniger starker Wärmeentwicklung verbunden. In allen bisher untersuchten Fällen mit Ausnahme der Na—K-Legierungen, die nur eine bereits bei Zimmertemperatur flüssige, unter Zersetzung schmelzende Verbindung KNa_2 bilden, findet im betrachteten Fall bei der Vermischung der flüssigen Metalle eine Wärmeentwicklung statt, die indes in der Regel erheblich geringer als im Krystallzustande ist. Sehr deutlich sieht man, daß die Bildungswärmen der stark ausgeprägten Verbindungen höher als die der schwach ausgeprägten sind.

Um die Größe der in den Tab. 5a—d auftretenden Wärmeeffekte abzuschätzen, sei daran erinnert, daß die atomaren Schmelzwärmen der Metalle numerisch in der Größenordnung der doppelten Kelvintemperatur des Schmelzpunkts, also bei den in den genannten Tabellen vorkommenden Metallen etwa zwischen 1 und 3 kcal/grAtom liegen.

Die Bestimmung der Aktivitäten und Aktivitätskoeffizienten erfolgt auf Grund der Beziehungen (26) und (27) über das chemische Potential. In Tab. 5b sind in den letzten Spalten die Aktivitätskoeffizienten angeführt, und zwar ist zunächst auf Grund der Messungen von Partialdrucken einer Komponente angegeben, ob f größer oder kleiner als 1 ist. Erfahrungsgemäß ist f_1 für den einen Bestandteil über alle Konzentrationen entweder größer oder kleiner als 1. Dann folgt aus der Beziehung von DUHEM-MARGULES in ihrer integrierten Form

$$\ln f_2 = -\frac{x_1}{1-x_1}\ln f_1 + \int_0^{x_1} \ln(f_1)\cdot\frac{dx_1}{(1-x_1)^2}.$$

dasselbe auch für den anderen Bestandteil. Bei den eutektischen Systemen der Tab. 5 b, wo allein genügend Material für eine systematische Diskussion vorliegt, sind für die meisten Konzentrationen die Abweichungen der Aktivitätskoeffizienten vom Wert 1 gering. Nur in der Nähe der Konzentration 0 des in Frage kommenden Bestandteiles weicht f stärker von 1 ab. In der Tab. 5 b sind in den beiden letzten Spalten die Werte von f für diese Grenzkonzentrationen für beide Bestandteile auf Grund der Messungen der elektromotorischen Kraft angegeben. Da der Konzentrationsverlauf von f für die eutektischen Systeme durch die Formel

$$\ln f_1 = a(1-x_1)^2 + b(1-x_1)^3$$

approximiert werden kann, ergeben sich in der Tat nur in der Nähe von $x_1 = 0$ stärkere Abweichungen für f_1 von 1. Wenn $b = 0$ ist, ergibt sich der bereits in Gl. (39) erörterte einfachste Fall der regulären Mischung. Die Aktivitäten liegen in diesem Fall für beide Bestandteile symmetrisch. Eine Asymmetrie ergibt sich durch das kubische Glied. Wenn die Werte von f_1 und f_2 in Tab. 5 b voneinander verschieden sind, so heißt das also, daß $b \neq 0$ ist.

Der Vergleich der Aktivitätswerte mit den Wärmetönungen der Schmelzen eutektischer Systeme (Tab. 5 b) bestätigt vollauf die auf Grund der letzteren bereits gezogenen Schlüsse. In allen Fällen, in welchen die Vermischung unter Wärmeaufnahme erfolgt, sind die Aktivitätskoeffizienten größer als 1, das Entweichungsbestreben (Fugazität) der Bestandteile aus der Mischung ist also größer als im Falle idealer Lösungen. Nur das System Bi—Pb weist geringere Werte der Aktivitätskoeffizienten auf; gleichzeitig ist aber seine Bildung mit einer Wärmeentwicklung verbunden. Es wäre von Interesse, auch für die drei

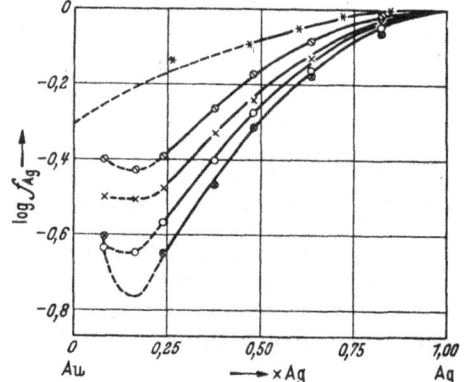

Abb. 102 A. Logarithmus des Aktivitätskoeffizienten in Ag-Au-Legierungen. $\oplus$ 410°, $\bigcirc$ 525°, $\times$ 650°, $\ominus$ 745°, $*$ flüssig 1085°. (Nach C. WAGNER und G. ENGELHARDT.)

anderen Fälle, in denen die Wärmetönung positiv ist, nämlich für Al—Si, Bi—Sn und Pb—Sb die Aktivitäten zu bestimmen.

Für die festen Legierungen sollen nur einige Beispiele erörtert werden. Für die festen Ag—Au-Legierungen gibt C. WAGNER für die mittleren Konzentrationen die Formel (für 200° C)

$$\log f_{Ag} = -1{,}5(1-x_{Ag})^2 \qquad (60\,a)$$

an. Danach wäre auch für das Gold dieselbe Beziehung zu erwarten (S. 117). Damit steht die Tatsache im Einklang, daß das Maximum der Bildungswärme etwa bei 50 At% liegt. Aus (60 a) berechnet sich für 50 At%, da es sich um reguläre Mischungen handelt, $RT \ln f_{Ag} = -0{,}86$ kcal, während die Bildungswärme in erträglicher Übereinstimmung zu 0,95 kcal/Atommol gefunden wurde. Abb. 102 A zeigt den Gang des $\log f_{Ag}$ für verschiedene Temperaturen[1].

---

[1] WAGNER, C., u. G. ENGELHARDT: Z. phys. Chem. (A) **159** (1932), 241.

Auffallend ist die starke Abweichung vom idealen Verhalten. Die Ursache für den verzögerten Abfall bzw. für den Wiederanstieg der Aktivitätskoeffizienten bei geringen Silberkonzentrationen ist unklar. Es scheint sich hier eine experimentelle Fehlerquelle eingeschlichen zu haben. Vielleicht besteht sie in einer zu langsamen Diffusion des Silbers in den Legierungen zusammen mit Isolationsmängeln der experimentellen Anordnung. Diese letzteren können einen geringen Kurzschlußstrom unter ständiger Abscheidung von Silber an der Legierungselektrode bewirken, wodurch dort eine Ag-Anreicherung an der Oberfläche und eine entsprechende Erhöhung seiner Aktivität zustande kommen muß.

Die Au—Cu-Legierungen verhalten sich sehr exakt wie reguläre Mischungen, wie ein Vergleich der aus dem Temperaturgang der EMK berechneten Werte von $T \varDelta s_{Cu}$ mit $RT \ln x_{Cu}$ ergibt. Es ist kaum zu bezweifeln, daß auch die Ag-Au-Legierungen, für die eine solche Rechnung nicht explizite durchgeführt worden ist, sich wie oben erwähnt ähnlich verhalten. Der Konzentrationsgang der Aktivitäten ist aber bei den Au-Cu-Legierungen weniger übersichtlich, wie Abb. 102 B zeigt[1]. Aus dem beinahe linearen Verlauf von log f_{Cu} im mittleren Konzentrationsbereich sieht man, daß von einer Gültigkeit der quadratischen Beziehung wie bei den Ag-Au-Legierungen keine Rede sein kann. Die Abweichung vom idealen Verhalten ist noch stärker, als bei jenen Legierungen. Der abnorme Verlauf der Aktivitäten bei geringen Kupferkonzentrationen dürfte dieselbe Ursache wie bei den Gold-Silber-Legierungen haben.

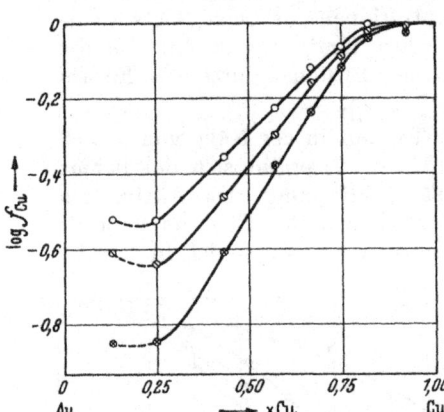

Abb. 102 B. Logarithmus des Aktivitätskoeffizienten in Cu-Au-Legierungen. ⊕ 390°, ⊖ 527°, ○ 604°.
(Nach C. WAGNER und G. ENGELHARDT.)

Es ist auffallend, daß in den Ag-Au-Legierungen sich im Kryställzustand so starke Affinitäten betätigen.

Tab. 6 gibt die Aktivitätskoeffizienten von Cu—Zn-Legierungen bei 800° C auf Grund der Messungen von Partialdrucken wieder.

Tabelle 6. Aktivitätskoeffizienten von Cu—Zn-Legierungen.
Messungen von W. Seith und W. Kraus

Phase	x_{Zn}	f_{Zn}	Phase	x_{Zn}	f_{Zn}
α	0,10	0,08	β	0,40	0,4
	0,20	0,155		0,45	0,53
	0,30	0,31		0,50	0,78
	0,35	0,41			

Es bestehen auch hier weitgehende Abweichungen vom idealen Verhalten. Auffallend ist der starke Anstieg der Aktivitätskoeffizienten des Zinks bei mittleren Konzentrationen, da das Maximum der Bildungswärme bei höheren Zn-Gehalten liegt.

Auf Grund des Konzentrationsverlaufs der Entropie ist, wie auf S. 117 auseinandergesetzt, in einer Reihe von Fällen der Fehlordnungsgrad, das heißt der Anteil der in das in Frage kommende Teilgitter nicht hineingehörenden Atome, bestimmt worden (Tab. 7).

---

[1] WAGNER, C., u. G. ENGELHARDT: Z. phys. Chem. (A) **159**, (1932) 241.

Tabelle 7. Fehlordnungsgrad von intermediären Krystallarten nach
A. ÖLANDER und (für Cu-Au) nach F. WEIBKE und U. VON QUADT.

Phase	Temperatur °C	Fehlordnungs-Grad	Phase	Temperatur °C	Fehlordnungs-Grad
AgCd	400	0,025			
Ag_5Cd_8	400	0,005	SbCd	265	$2,5 \cdot 10^{-5}$
AuCd	430	0,002	AuCu	370	0,005
CuZn	500	0,005	Au_2Cu_3	370	0,04
Cu_5Zn_8	475	0,005	$AuCu_3$	370	0,004

Als Beispiel für die Bestimmung der Änderung des chemischen Potentials $\Delta\mu$ (hier mit p bezeichnet) bei der Legierungsbildung (aus EMK-Messungen) seien in Abb. 103 die Ergebnisse von H. S. BENT und A. E. FORZIATI[1] wiedergegeben. Das μ des ·Natriums im reinen Zustande wird $= 0$ gesetzt; seine Werte in den anderen Phasen müssen alle negativ sein, da sonst die Phasen nicht beständig wären. In einem Gemenge zweier Phasen wird das Potential und somit das $\Delta\mu$ der unedleren gemessen; für $\Delta\mu$ ergibt sich eine horizontale Linie. Die Sprünge bei den Zusammensetzungen der einzelnen Krystallarten entstehen durch das Verschwinden der jeweils unedleren Krystallart. An Stelle der μ-Werte hätte man auch in verändertem Maßstab die unmittelbar gemessenen EMK-Werte auftragen können.

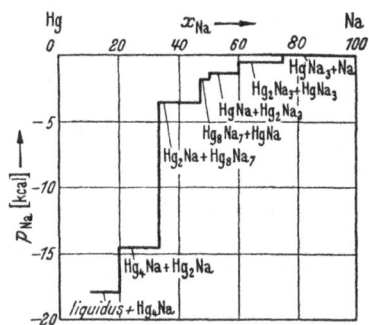

Abb. 103. Chemische Potentiale p_{Na} in Na-Hg-Legierungen.

3. Zweiphasengleichgewichte.

a) Allgemeine Behandlung von Gleichgewichtskurven.

Die Gleichgewichtsbedingung zweier Phasen miteinander ist bekanntlich die Gleichheit der chemischen Potentiale, also der partiellen molaren Größen jedes Bestandteiles. Wir haben also, wenn wir die beiden Phasen durch die Zeichen ' und " unterscheiden:

$$\mu_1' = \mu_1'' \left(\text{oder } \zeta_1' = \zeta_1''\right). \qquad (61)$$
$$\mu_2' = \mu_2'' \left(\zeta_2' = \zeta_2''\right).$$

Wir können nun ähnlich vorgehen, wie bei der Ableitung der Gleichung von CLAUSIUS-CLAPEYRON für das Einstoffsystem (vgl. S. 51). Solange wir uns längs einer Gleichgewichtskurve bewegen, bleibt die Bedingung (61) bestehen. Für Übergänge längs der Gleichgewichtskurve haben wir deshalb

$$d\mu_1' = d\mu_1''$$
$$d\mu_2' = d\mu_2'' \qquad (62)$$

also

$$\left(\frac{\partial\mu_1'}{\partial T}\right)_{x_2'} dT + \left(\frac{\partial\mu_1'}{\partial x_2'}\right)_T dx_2' = \left(\frac{\partial\mu_1''}{\partial T}\right)_{x_2''} dT + \left(\frac{\partial\mu_1''}{\partial x_2''}\right)_T dx_2'' \qquad (63)$$

bei konstantem Druck. Eine ebensolche Beziehung gilt für den zweiten Bestandteil:

$$\left(\frac{\partial\mu_2'}{\partial T}\right)_{x_2'} dT + \left(\frac{\partial\mu_2'}{\partial x_2'}\right)_T dx_2' = \left(\frac{\partial\mu_2''}{\partial T}\right)_{x_2''} dT + \left(\frac{\partial\mu_2''}{\partial x_2''}\right)_T dx_2'' \qquad (64)$$

wobei gilt:
$$x_1 + x_2 = 1. \qquad (65)$$

[1] BENT, H. E., u. A. E. FORZIATI: J. amer. chem. Soc. 58, (1936) 2220.

Durch Kombination von (63) u. (64) erhalten wir Ausdrücke für $\dfrac{d\,T}{d\,x_2'}$ und $\dfrac{d\,T}{d\,x_2''}$. die den Verlauf der beiden Gleichgewichtskurven bestimmen. Hierzu bedenken wir zunächst, daß der Differentialquotient des Potentials nach der Temperatur gleich der negativen Entropie ist:

$$\left(\frac{\partial\,\mu_1'}{\partial\,T}\right) = -\,s_1' \quad \text{usw.} \tag{66}$$

Wir erhalten aus (63) und (65)

$$(s_1'' - s_1')\,d\,T = \left(\frac{\partial\,\mu_1''}{\partial\,x_2''}\right)d\,x_2'' - \left(\frac{\partial\,\mu_{\cdot}'}{\partial\,x_2'}\right)d\,x_2' \tag{67}$$

$$(s_2'' - s_2')\,d\,T = \left(\frac{\partial\,\mu_2''}{\partial\,x_2''}\right)d\,x_2'' - \left(\frac{\partial\,\mu_2'}{\partial\,x_2'}\right)d\,x_2'. \tag{68}$$

Auf Grund der Beziehung (8) von Duhem haben wir

$$(1 - x_2)\,\frac{\partial\,\mu_1}{\partial\,x_2} + x_2\,\frac{\partial\,\mu_2}{\partial\,x_2} = 0. \tag{69}$$

Wir brauchen nur (67) mit $(1 - x_2')$ und (68) mit x_2' zu multiplizieren und die beiden Gleichungen zu addieren, um $d\,x_2'$ zu eliminieren. Wir erhalten

$$d\,T\,\{(s_1'' - s_1')\,(1 - x_2') + (s_2'' - s_2')\,x_2'\} = \left\{\left(\frac{\partial\,\mu_1''}{\partial\,x_2''}\right)(1 - x_2') + \left(\frac{\partial\,\mu_2''}{\partial\,x_2''}\right)x_2'\right\}d\,x_2'', \tag{70}$$

oder mit (69)

$$\{(s_1'' - s_1')\,(1 - x_2') + (s_2'' - s_2')\,x_2'\}\,d\,T = \left(x_2' - \frac{x_2''\,(1 - x_2')}{(1 - x_2'')}\right)\frac{\partial\,\mu_2''}{\partial\,x_2''}\,d\,x_2'' \tag{71}$$

oder

$$\left(\frac{d\,T}{d\,x_2''}\right)_{\text{Coex}} = \frac{(x_2' - x_2'')\,\dfrac{\partial\,\mu_2''}{\partial\,x_2''}}{\{(s_1'' - s_1')\,(1 - x_2') + (s_2'' - s_2')\,x_2'\}\,(1 - x_2'')} \tag{72}$$

und analog

$$\left(\frac{d\,T}{d\,x_2'}\right)_{\text{Coex}} = \frac{(x_2' - x_2'')\,\dfrac{\partial\,\mu_2'}{\partial\,x_2'}}{\{(s_1'' - s_1')\,(1 - x_2'') + (s_2'' - s_2')\,x_2''\}\,(1 - x_2')} \tag{73}$$

(72) und (73) bestimmen den Verlauf beider Begrenzungskurven eines Gleichgewichtes und grundsätzlich die Gestalt des Zustandsdiagrammes, wenn die zugehörigen thermodynamischen Größen bekannt sind. Diese sind $s_1'' - s_1'$, $s_2'' - s_2'$, also die partiellen molaren Entropiezunahmen beim Übergang der Komponenten 1 und 2 aus der Phase ' in die Phase ", und $\dfrac{\partial\,\mu_2''}{\partial\,x_2''}$ und $\dfrac{\partial\,\mu_2'}{\partial\,x_2'}$, also der Konzentrationsverlauf des chemischen Potentials des einen Bestandteiles. Wenn dieser Verlauf nur für den anderen Bestandteil bekannt ist, ist es leicht, ihn mit Hilfe der Gleichung von Duhem-Margules für den in Frage kommenden Bestandteil auszurechnen. Wenn andererseits nur die integralen Größen bekannt sind, kann man aus ihnen und ihrem Konzentrationsverlauf die gesuchten partiellen molaren Größen auf Grund von (15) berechnen. Alle genannten Größen sind grundsätzlich Temperaturfunktionen, zur Durchführung der Rechnung muß also auch ihre Temperaturabhängigkeit bekannt sein.

Es gibt kaum einen Fall, in dem diese Voraussetzungen erfüllt wären, so daß jene Aufgabe der Berechnung eines Zustandsdiagrammes aus energetischen Daten im allgemeinen Fall noch nicht in Angriff genommen werden kann. Umgekehrt könnte man auf Grund von (72) und (73) aus dem bekannten Zustandsdiagramm die thermodynamischen Größen berechnen; die meisten Zustandsdiagramme sind hierfür nicht genügend genau bekannt.

b) Grenzfall geringer Konzentrationen.

Wohl ergeben sich aber in einigen Grenzfällen Vereinfachungen, die die Durchführung der Rechnung gestatten. Ein solcher Fall liegt z. B. in unmittelbarer Nähe einer Komponente, etwa von 1, vor. In einem solchen Fall ist innerhalb der geschwungenen Klammer das Glied $(s_2'' - s_2') x_2'$ wegen Kleinheit von x_2' zu vernachlässigen, und an Stelle des Gliedes $(s_1'' - s_1') (1 - x_2')$ können wir näherungsweise $({}_0 s_1'' - {}_0 s_1')$ schreiben. Das ist die Entropiezunahme der ersten Komponente im reinen Zustand beim Übergang aus der Phase ' in die Phase '', also die durch die absolute Temperatur dividierte zugehörige reversible Übergangswärme ${}_0 q_1$. x_2' ist gegenüber der 1 zu vernachlässigen. Für $\Delta \mu_1$ können wir schreiben, wenn wir die stark verdünnte Mischung wie eine reguläre behandeln:

$$\Delta \mu_2 = \Delta w_2 + RT \ln x_2. \tag{74}$$

Hier ist Δw_2 die Übergangswärme eines Moles des Bestandteiles 2 aus dem reinen Zustand in die Mischung. Ihre Abhängigkeit von der Konzentration können wir in stark verdünnten Lösungen vernachlässigen. Wir erhalten somit

$$\frac{\partial \mu_2''}{\partial x_2''} = \frac{RT}{x_2''}, \quad \frac{\partial \mu_2'}{\partial x_2'} = \frac{RT}{x_2'} \tag{75}$$

und aus (72) und (73)

$$\left(\frac{dT}{dx_2''}\right)_{\text{Coex}} = \frac{(x_2' - x_2'') RT^2}{{}_0 q_1 x_2''} \tag{76}$$

$$\left(\frac{dT}{dx_2'}\right)_{\text{Coex}} = \frac{(x' - x_2'') RT^2}{{}_0 q_1 x_2'}. \tag{77}$$

Indem wir den reziproken Wert von (76) von dem reziproken Wert von (77) abziehen, erhalten wir

$$\frac{d(x_2' - x_2'')}{dT} = \frac{{}_0 q_1}{RT^2} \tag{78}$$

und, zwischen der Gleichgewichtstemperatur ${}_0 T_1$ der reinen Komponente 1 und der in Frage kommenden Temperatur integriert unter der Annahme $\frac{d\, {}_0 q_1}{dT} = 0$:

$$_0 q_1 \left(\frac{1}{{}_0 T_1} - \frac{1}{T}\right) = R (x_2' - x_2''). \tag{79}$$

Das ist eine der Gestalten, in denen die wichtige Formel von Van't Hoff für die Gefrierpunktserniedrigung durch Zusätze dargestellt werden kann. Wir können sie auch unmittelbar ableiten.

Die abgeleiteten allgemeinen Ausdrücke sind wie erwähnt unübersichtlich und enthalten z. T. schwer experimentell zugängliche Größen. Es empfiehlt sich deshalb oft, anders vorzugehen und direkt speziell vereinfachte Probleme zu behandeln.

Wir erhalten aus (61), indem wir die allgemeinen Ausdrücke für reguläre Lösungen einführen:

$$_0\mu_1' + \Delta w_1' + RT \ln x_1' = {}_0\mu_1'' + \Delta w_1'' + RT \ln x_1'' \tag{80}$$

$$_0\mu_2' + \Delta w_2' + RT \ln x_2' = {}_0\mu_2'' + \Delta w_2'' + RT \ln x_2'. \tag{81}$$

In diesen Gleichungen sind ${}_0\mu_1'$ und ${}_0\mu_2'$ die chemischen Potentiale der reinen Komponenten im Zustand der Phase '; ${}_0\mu_1''$ und ${}_0\mu_2''$ sind diese Größen für die Phase ''. Da bei der betrachteten Temperatur die in Frage kommenden Phasen miteinander nicht im Gleichgewicht stehen, ist die eine der Phasen für die reinen Komponenten unterkühlt oder überhitzt. Deshalb ist bei der betrachteten Temperatur T auch ${}_0\mu_1' \neq {}_0\mu_1''$; ${}_0\mu_2' \neq {}_0\mu_2''$.

Wir betrachten den Verlauf der Gleichgewichtskurven in unmittelbarer Nähe der Komponente 1. Dann können in (80) die Glieder $\varDelta w_1'$ und $\varDelta w_1''$ vernachlässigt werden, da die Überführung der Komponente 1 aus dem reinen Zustand in die Mischung mit einer um so geringeren Wärmetönung verknüpft ist, je geringer der Gehalt der Mischphase an der Komponente 2 ist. Komponente 1 ist hier das Lösungsmittel. Wir erhalten dann:

$$_0\mu_1'' - {}_0\mu_1' \approx RT \ln \frac{x_1'}{x_1''}. \tag{82}$$

Auf Grund der Definition des Potentials μ (S. 48) ist

$$\frac{\partial\,({}_0\mu_1'' - {}_0\mu_1')}{\partial\,T} = -\,({}_0s_1'' - {}_0s_1') \tag{83}$$

wo $_0s_1''$ und $_0s_1'$ die Entropien der Komponente 1 im reinen Zustand in den Phasen $''$ und $'$ sind.

Wenn die Temperaturabhängigkeit der Glieder $_0s_1''$ und $s_{0\,1}'$ vernachlässigt wird, kann (83) zwischen der Gleichgewichtstemperatur $_0T_1$ der reinen Komponente, bei der $_0\mu_1' = {}_0\mu_1''$ ist, und der betrachteten Temperatur T integriert werden:

$$_0\mu_1'' - {}_0\mu_1' = -\,({}_0s_1'' - {}_0s_1')\,(T - {}_0T_1) = RT \ln \frac{x_1'}{x_1''} \tag{84}$$

oder in der gewöhnlichen Schreibweise

$$\frac{_0q_1}{R}\left(\frac{1}{{}_0T_1} - \frac{1}{T}\right) = -\ln\frac{x_1'}{x_1''} = -\ln\frac{1 - x_2'}{1 - x_2''} \approx (x_2' - x_2'') \tag{85}$$

in Übereinstimmung mit (79).

Die wichtigste Anwendung dieser Gleichung ist das Problem der Beeinflussung der Schmelztemperatur eines Stoffes durch Zusätze. Eine andere Anwendung der Gl. (72) betrifft die Temperaturabhängigkeit der Konzentration binärer Mischkrystalle, die mit einer zweiten Phase von temperaturunabhängiger Zusammensetzung im Gleichgewicht sind. Wir betrachten diese zweite Phase $'$ als die Komponente 2, x_2' ist also $= 1$, und wir erhalten, wenn x_2'' sehr klein ist mit (75)

$$\left(\frac{dT}{dx_2''}\right)_{\mathrm{Coex}} \approx \frac{RT}{x_2''\,(S'' - S_2')} = \frac{RT^2}{q_2\,x_2''} \tag{86}$$

$$x_2'' = A e^{-\frac{q}{RT}} = A\,e^{-\frac{B}{T}}. \tag{86a}$$

Das ist die bekannte van't Hoffsche Gleichung für gesättigte Mischkrystalle. Sie gilt, wie wir sehen, wenn die Temperatur- und Konzentrationsabhängigkeit der Wärmeaufnahme beim Übergang eines Mols des gelösten Stoffes (2) in eine große Menge des Mischkrystalles vernachlässigt wird. Fernerhin wird, wie erwähnt, angenommen, daß die Zusammensetzung der anderen Phase, mit welcher der Mischkrystall α in Gleichgewicht steht, temperaturunabhängig ist, und daß die Legierungen wie z. B. reguläre Mischungen behandelt werden können.

Wie man aus (79) oder (85) sieht, bestimmt die Übergangswärme der im Überschuß vorhandenen Komponente 1 Temperaturabhängigkeit der Konzentrationsdifferenz $(x_2' - x_2'')$ der beiden Phasen, während sie über die Größe von x_2' oder x_2'' nichts aussagt. Hierüber erhält man Auskunft durch Verwendung der Gl. (81). Wir erhalten aus ihr analog zu (82)

$$_0\mu_2'' - {}_0\mu_2' + \varDelta w_2'' - \varDelta w_2' = RT \ln \frac{x_2'}{x_2''} \tag{87}$$

oder

$$_0q_2\left(\frac{T}{{}_0T_2} - 1\right) + \varDelta w_2'' - \varDelta w_2' = RT \ln \frac{x_2'}{x_2''}. \tag{88}$$

Hier ist $_0q_2$ die molare Übergangswärme aus der Phase ' in die Phase '' für die reine Komponente 2. Das hat zur Voraussetzung, daß beide Phasen sich über das ganze Zustandsdiagramm erstrecken. Es kann sich also etwa um die Krystallisation einer ununterbrochenen Reihe von Mischkrystallen handeln. Fernerhin kann die betrachtete Temperatur T weit von der Übergangstemperatur der zweiten Komponente liegen; es ist also im allgemeinen unzulässig, die Temperaturabhängigkeit von $\Delta_0 w_2$ zu vernachlässigen und $_0\mu_2'' - _0\mu_2'$ in der angegebenen Weise durch $\Delta_0 w_2$ darzustellen. $\Delta w_2''$ und $\Delta w_2'$ sind die Auflösungswärmen der Komponente 2 in der praktisch reinen Komponente 1. U. DEHLINGER[1] nimmt stillschweigend an, daß sie untereinander gleich sind; sie fallen dann in Gl. (88) heraus. Im allgemeinen wird das sicher nicht gelten.

Aus (85) und (88) können unter den gegebenen Voraussetzungen x_2' und x_2'' einzeln berechnet werden.

c) Entmischungskurve mit kritischem Punkt[2].

Als letztes betrachten wir eine ununterbrochene Mischkrystallreihe, die bei sinkender Temperatur nach Unterschreitung eines kritischen Punktes, in dem beide Phasen identisch werden (Abb. 136, S. 181), in 2 Phasen α und β zerfällt. Dieselben Betrachtungen gelten grundsätzlich für die Entmischung von Flüssigkeitsgemischen. Wir nehmen an, daß wir es mit regulären Mischungen zu tun haben und daß eine Mischungsenthalpie lediglich durch die Wechselwirkung von Atompaaren im kürzesten Abstand zustande kommt. Wir wollen zeigen, daß der Verlauf der Restpotentiale bei tieferen Temperaturen durch eine Kurve nach Art der Abb. 123, S. 165 wiedergegeben wird und beim kritischen Punkte in eine durchhängende Kurve übergeht. Wir haben dann (vgl. S. 117) für beide Mischkrystalle auf Grund der Beziehungen (36a) und (37)

$$\mu_1' = _0\mu_1' + C (1 - x_1')^2 + RT \ln x_1'$$
$$\mu_1'' = _0\mu_1'' + C (1 - x_1'')^2 + RT \ln x_1'' \tag{89}$$

Wir nehmen demnach an, daß das Diagramm Abb. 136 völlig symmetrisch ist. Die beiden Mischkrystalle unterscheiden sich nur durch die Konzentration. $_0\mu_1''$ und $_0\mu_1'$ sind die partiellen molaren Potentiale (chemischen Potentiale) der Komponente 1 im reinen Zustand, aber in Zuständen der beiden verschiedenen Phasen. Einer dieser beiden Zustände ist unbeständig, $1 - x_1'' = x_1'$. Da die beiden Phasen strukturell identisch und nur innerhalb der Mischungslücke unbeständig sind, ist auch $_0\mu_1^\alpha = _0\mu_1^\beta$. Die Gleichgewichtsbedingung $\mu_1' = \mu_1''$ ergibt dann

$$C (1 - 2 x_1') + RT \ln \frac{x_1'}{1 - x_1'} = 0. \tag{90}$$

Man sieht sofort, daß diese Gleichung für alle $x_1' \neq \frac{1}{2}$ zwei symmetrische Lösungen ergibt, die die Konzentrationen der miteinander im Gleichgewicht befindlichen Phasen angeben. Das gilt nur, wenn $C > 0$ ist, wenn also die Mischkrystallbildung mit Wärmeaufnahme erfolgt. Bei $C < 0$ ergibt (90) überhaupt keine reellen Lösungen (in diesem Falle entstehen infolge der Affinität der Komponenten zueinander Zustände geringer Fehlordnungsgrade). Bei $C > 0$ nimmt die Breite der Mischungslücke mit sinkender Temperatur zu. Wenn $x_1' = \frac{1}{2}$ ist, ist die kritische Temperatur erreicht. Hier ist $C = 2 RT_{\mathrm{krit}}$.

---

[1] DEHLINGER, U.: Chemische Physik der Metalle und Legierungen, S. 26. Leipzig: Akad. Verlagsges. 1939.
[2] vgl. auch S. 165.

Ein Fall dieser Art liegt bei den Nickel-Gold-Legierungen vor, wobei wir die Unsymmetrie der Mischungslücke vernachlässigen. Die kritische Temperatur ist 1150° K, die Konstante C also 4600 cal pro Molatom. Bei 900° K berechnet sich x_1 zu 8 At.-% bzw. 92 At.-%, in befriedigender Übereinstimmung mit der Erfahrung.

Grundsätzlich haftet dieser Rechnung natürlich derselbe Fehler wie dem gesamten Ansatz der regulären Mischungen an: die Anordnung der Atome der Bestandteile muß Abweichungen von idealer statistischer Verteilung aufweisen, wodurch das logarithmische Entropie-Glied sich ändern muß.

Es sei erwähnt, daß aus (90) für kleine x_1' wieder die van't Hoffsche Gleichung in vereinfachter Form entsteht, wenn man x_1' und $2\,x_1'$ neben 1 vernachlässigt:

$$C = RT \ln x_1'; \; x_1' = e^{-\frac{C}{RT}} \tag{91}$$

Wenn man bedenkt, daß für sehr geringe x_1 bei der Überführung eines Mols der Komponente 1 aus dem reinen Zustand in die Mischung alle übergeführten Atome dieser Komponente Paar-bindungen mit Atomen von 2 eingehen, sieht man, daß $C = \Delta w_1$, also der partiellen molaren Überführungswärme der Komponente 1 aus der Phase '' in die Phase ' ist. Abgesehen von der Vertauschung der Phasenbezeichnung unterscheidet sich Gl. (91) von (86) durch das Fehlen der Konstante A. Man ersieht bereits aus (90), daß hier keine willkürliche Konstante auftreten kann, da die gesamte Entmischungskurve durch die eine individuelle Konstante C bestimmt ist. Hier steckt eine zu weitgehende Vereinfachung, die vor allen Dingen in dem symmetrischen Ansatz liegt. Die Erfahrung wird durch (86a) wiedergegeben (vgl. S. 166; s. auch G. BORELIUS[1]).

IV. Der atomistische Aufbau des metallischen Krystalles[2].

A. Intermetallische Krystallarten. Reine Metalle.

1. Allgemeines.

a) Definition einer intermetallischen Verbindung.

Als G. TAMMANN anfangs des 20. Jahrhunderts an die Erforschung der Legierungen ging, stand die Frage der Affinität zwischen den Metallen, also die Frage der intermetallischen Verbindungen, im Vordergrund der Aufmerksamkeit.

Die Definition einer Verbindung im Sinne der klassischen Chemie ist sehr einfach. Sie ist durch das Molekül gekennzeichnet, das durch Affinitätskräfte zusammengehalten wird und sich als Ganzes bewegen kann (Diffusion, thermische Bewegung). Für die Verbindungen gilt das Gesetz der einfachen Proportionen, d. h. die Natur ist bestrebt, das Verbindungsmolekül aus einer geringen Anzahl von Atomen unter Wahrung der Valenzen aufzubauen.

[1] BORELIUS, G.: Ann. Phys. [5] 28, (1937) 507, und spätere Arbeiten.

[2] Vgl. die zusammenhängenden Darstellungen von W. HUME-ROTHERY: The Structure of Metals and Alloys. The Institute of Metals. London 1936 und neuere Auflage und U. DEHLINGER, Chemische Physik der Metalle und Legierungen, Leipzig: Akad. Verlagsges. m. b. H., 1939.

Der Nachweis einer Verbindung geschah in der Chemie durch ihre Herstellung (Isolierung) und Analyse. Ergab die Analyse ein einfaches Atomverhältnis, zumal in Übereinstimmung mit den Valenzen, so galt die Verbindung als nachgewiesen.

Eine typische Verbindung dieser Art zeichnet sich dadurch aus, daß ihre Zusammensetzung von den Herstellungsbedingungen weitgehend unabhängig ist. Das gilt z. B. für die meisten durch Reaktionen entstehenden Fällungen in wäßrigen Lösungen.

Dieses Verfahren zur Feststellung einer Verbindung und ihrer Zusammensetzung ließ sich bei Metallen nicht durchführen. Die Versuche, Verbindungen durch Herauslösen des Überschusses der Komponenten aus Legierungen zu isolieren (Rückstandsanalyse) führten meistens zu den größten Fehlern. Der Grund für das Versagen der Rückstandsanalyse bestand offenbar darin, daß das Angriffsmittel (z. B. eine Säure) die metallische Substanz zu stark angriff, so daß die feineren Unterschiede des chemischen Verhaltens verschiedener Krystallarten gar nicht zur Geltung kommen konnten. Durch eine bessere Anpassung des Lösungsmittels an die Natur des Metalles ist es in der letzten Zeit in einigen Fällen gelungen, in dieser Beziehung entscheidende Fortschritte zu machen. Als ein in manchen Fällen zweckmäßiges Angriffsmittel erwies sich flüssiges Ammoniak[1]. In diesem lösen sich viele Metalle im Gegensatz zu manchen intermetallischen Verbindungen. Es handelt sich hier aber nur um Ausnahmefälle.

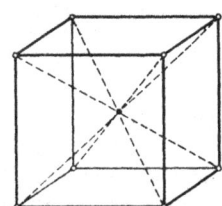

Abb. 104. CsCl-Struktur (Struktur der Verbindung CuBe) (weiße Kreise: Cs-Ionen; schwarzer Kreis: Cl-Ion oder umgekehrt).

Bei Legierungen war man in der Regel gezwungen, zum Nachweis und zur Bestimmung der Zusammensetzung von Verbindungen das Zustandsdiagramm aufzustellen, aus dessen Gestalt dann auf die Verbindung geschlossen werden konnte. Wenn auf der Schmelzkurve z. B. ein Maximum gefunden wurde, so wurde eine Verbindung vermutet. Diese Vermutung wurde bestätigt, wenn es sich herausstellte, daß die diesem Maximum entsprechende Legierung im Mikroskop homogen war, während Legierungen benachbarter Zusammensetzungen etwa zwei Krystallarten aufwiesen. Die Zusammensetzung der Verbindung wurde fernerhin durch solche indirekte Feststellungen, wie die Bestimmung der Menge des Eutektikums, (der Zeitdauer der eutektischen Krystallisation, oder der Änderung einer Eigenschaft bei der eutektischen Krystallisation) kontrolliert. Ergaben alle diese Feststellungen eine Zusammensetzung, die in der Nähe einer einfachen Proportion lag, so galt eine Verbindung der entsprechenden Formel als nachgewiesen.

Eine wesentliche Vertiefung dieser Feststellung erbrachte die Röntgenanalyse, indem mit ihrer Hilfe das *Raumgitter* der Verbindungen bestimmt wurde. Wenn man z. B. fand, daß eine Krystallart mit 10—13 Gew.-% Be und 87—90 Gew.-% Cu homogen ist und daß sie fernerhin ein kubisches Gitter bildet, in dem die Cu- und Be-Atome regelmäßig verteilt sind, so daß in einer Elementarzelle ein Atom, etwa das im räumlichen Zentrum befindliche, das Be und das andere das Cu ist und daß alle nächsten Nachbarn eines Atoms jeweils die Atome der anderen Komponente sind (Abb. 104), so konnte damit als erwiesen gelten, daß hier eine Verbindung CuBe mit 12 Gew.-% Be vorliegt; diese Zusammensetzung liegt ja innerhalb des oben erwähnten homogenen Bereiches.

---

[1] ZINTL, E., J. GOUBEAU u. W. DULLENKOPF: Z. phys. Chem. A **154** (1931), 1.

Die Röntgenanalyse ergab ein neues wichtiges Kriterium einer Verbindung in der *Anordnung* der Atome im Raumgitter. In der Regel kann man im Raumgitter einer Verbindung mehrere Gruppen von verschiedenen strukturell gleichwertigen Gitterteilen (mehrere Teilgitter) unterscheiden.

So besteht das Raumgitter des Kochsalzes bekanntlich aus zwei ineinandergestellten flächenzentrierten Raumgittern, deren eines durch positive Na·- und das andere durch negative Cl'-Ionen besetzt ist (vgl. Abb. 104A). Für Strukturen

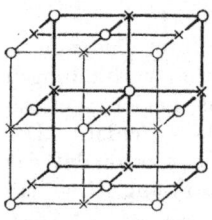

Abb. 104A. Struktur von NaCl (weiße Kreise: Na-Ionen; Kreuze: Cl'-Ionen oder umgekehrt).

dieser Art haben A. WESTGREN[1] und G. PHRAGMÉN die Regel aufgestellt, daß in einer „idealen" Verbindung die strukturell gleichwertigen Gitterpunkte nur von *einer* Atomart besetzt sein dürfen. Im Falle des Kochsalzes ist diese Bedingung offenbar erfüllt, und es kann auch *auf Grund der Röntgenanalyse* angenommen werden, daß im Kochsalz auf ein Chloratom ein Natriumatom kommen muß.

Ein anderes Beispiel bietet die Struktur des Flußspates, in der auch einige intermetallische Verbindungen krystallisieren. Die Calciumionen bilden im Flußspat ein flächenzentriertes Raumgitter, die Ionen des Fluors ein primitives kubisches Gitter einer halb so großen Gitterkonstante. Diese beiden Gitter sind, ineinandergesetzt, wie in Abb. 105 dargestellt.

Wenn also z. B. für die Verbindung Mg_2Si dieses Raumgitter gefunden wird, wobei das eine Teilgitter von Si- und das andere von Mg-Atomen besetzt ist, so ersieht man, daß eine Formel Mg_2Si auch *strukturell vernünftig* ist.

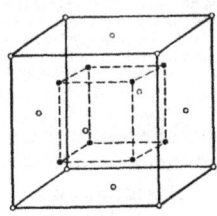

Abb. 105. Struktur des Flußspates CaF_2 (schwarze Kreise: F-Ionen: weiße Kreise: Ca-Ionen).

Allgemeiner ergibt die röntgenometrische Strukturbestimmung (im Zusammenhang mit der Dichte, vgl. S. 28) die Anzahl der Atome in der Elementarzelle und die Verteilung der Atome der Verbindungspartner auf die einzelnen Teilgitter. Damit ergeben sich auch die Teilzahlen der Atome und die Formel der Verbindung. Das auf die festen Metalle ohnehin nicht anwendbare Kriterium der Bewegung des Moleküls der Verbindung als Ganzes wird damit überflüssig.

Jedoch stellten sich der Erforschung der intermetallischen Verbindungen auf dieser Grundlage alsbald Schwierigkeiten entgegen:

1. Bei der systematischen Untersuchung von Zustandsdiagrammen stellte sich bald heraus, daß die meisten intermediären Krystallarten über einen kleineren oder größeren Konzentrationsbereich homogen sind, d. h. daß diesen nicht eine bestimmte „singuläre" Zusammensetzung zukommt, sondern daß ihnen ein Bereich von Mischkrystallen zugeordnet ist. In der Regel ist es möglich, innerhalb dieser homogenen Bereiche mehrere Formeln für Verbindungen aufzustellen, und man weiß dann nicht, welche als Träger des Raumgitters zu betrachten ist.

Zwar vermag die Röntgenuntersuchung hierüber eine Entscheidung zu bringen, indem man auf Grund der Strukturbestimmung diejenige Zusammensetzung, also dasjenige Verhältnis der Atome der Komponenten als die reine Verbindung anspricht, bei der jene Bedingung, daß strukturell gleiche Gitterpunkte nur von je einer Atomart besetzt sind, erfüllt ist. Aber bei den benachbarten Konzentrationen innerhalb des Bereiches der homogenen Mischkrystalle ist diese Bedingung sicher nicht erfüllt. Daraus folgt, daß die Atome der Legierungspartner

[1] WESTGREN, A., u. G. PHRAGMÉN: Phil. May (6) 50 (1925) 311. Zsigmondy-Festschrift Erg.-Bd. der Koll. Zeitschr. **36**, (1925) 86, Vergl. den Bericht in Z. Metallk. **18** (1926), 59.

(in Substitutionsmischkrystallen, vgl. S. 164) die Fähigkeit haben, sich in den einzelnen Gitterpunkten zu ersetzen. Die Metalle sind gegen derartige Fehlbesetzungen merkwürdig tolerant, und es entsteht die Frage, ob jene Definition der Verbindung von G. PHRAGMÉN und A. WESTGREN überhaupt noch zu Recht besteht.

2. Diese Bedenken werden dadurch wesentlich verschärft, daß es eine Reihe von Fällen gibt, in denen die, wie oben angegeben, definierten Verbindungen im reinen Zustand gar nicht beständig sind, sondern immer einen Überschuß der einen oder der anderen Komponente enthalten. So bildet im System Na—Pb die intermediäre Krystallart mit 68—72 At.-% Pb ein kubisch flächenzentriertes Gitter mit 4 Atomen in der Elementarzelle. Von den 4 primitiven Teilgittern dieses flächenzentrierten kubischen Raumgitters ist eines mit Atomen geringerer Ordnungszahl besetzt, als die drei anderen, wie sich das aus der geringeren Streuungsintensität des ersteren ergibt. Eine solche Struktur ist schematisch in Abb. 106 dargestellt[1]. Die kubische Symmetrie eines solchen Gitters bleibt nur erhalten, wenn alle Plätze der erwähnten drei Teilgitter von gleichen Atomen besetzt sind.

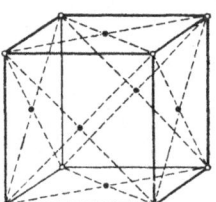

Abb. 106. Struktur einer Verbindung AB_3 (weiße Kreise: A; schwarze Kreise: B).

Die chemische Formel der Verbindung darf also nicht mehr als 4 Atome enthalten. Die erörterte Struktur läßt für sie nur die Formel $NaPb_3$ zu, der 75 At.-% Pb entsprechen, während die in das Existenzgebiet der Krystallart fallenden Formeln Na_2Pb_7 oder etwa Na_2Pb_5 ganz ausgeschlossen sind.

Man muß also annehmen, daß die betrachtete intermediäre Krystallart auf der strukturellen Basis der Verbindung $NaPb_3$ aufgebaut ist, in der aber ein Teil der Pb-Atome in statistischer Verteilung durch Na-Atome ersetzt ist.

In solchen Fällen hat es atomistisch keinen Sinn, innerhalb des experimentell gefundenen Homogenitätsbereiches eine Verbindung zu suchen. Die Krystallart Na_2Pb_5 stellt vielmehr Mischkrystalle der Verbindung $NaPb_3$ mit Na dar. Aber es erscheint auch zweifelhaft, wie weit es noch einen Sinn hat, von der letzteren Verbindung zu sprechen, da sie ja nicht existenzfähig ist.

Auf alle Fälle ergibt sich hieraus, daß man ohne Prüfung mit Hilfe von Röntgenstrahlen keine Berechtigung hat, auf Grund des Zustandsdiagrammes die Zusammensetzung einer Verbindung formelmäßig festzulegen. Es ist anzunehmen, daß Schwierigkeiten, wie die geschilderten, nur auftreten werden, wenn die intermediäre Krystallart ein mehr oder weniger ausgedehntes Gebiet homogener Mischkrystalle bildet, wie das in der Regel der Fall ist. Ist das nicht der Fall, so ist es sehr unwahrscheinlich, daß man sie in dem betrachteten Sinne als den Mischkrystall einer anderen Verbindung mit einem Überschuß der einen Komponente betrachten darf.

3. Eine weitere Schwierigkeit entstand dadurch, daß die Natur bei intermetallischen Krystallarten keineswegs einfache Atomproportionen bevorzugt, oft im Gegenteil. So hat eine sehr exakte Strukturuntersuchung gezeigt, daß es keine Verbindung Na_4Pb_5 gibt, daß vielmehr die richtige Formel $Na_{15}Pb_4$ sein muß.[1] Ähnliche Fälle gibt es des öfteren.

Nun gibt es allerdings Fälle, wo in metallischen Systemen Verbindungen mit einfachen Atomproportionen auftreten, die vielfach den Valenzen entsprechen, nämlich, wenn die Metalle in ihren Eigenschaften polare Gegensätze zeigen.

---

[1] ZINTL, E., u. A. HARDER: Z. phys. Chem. B **34** (1936), 238.

Abgesehen von solchen Fällen hat es jedoch gar keinen Sinn, innerhalb eines Homogenitätsbereiches nach einfachen Formeln zu suchen.

Die Einfachheit der Formel ist kein Anzeichen einer Verbindung mehr, ganz abgesehen davon, daß die Verbindung, wie unter 2. auseinandergesetzt, gar nicht innerhalb des homogenen Bereiches zu liegen und im reinen Zustande realisierbar zu sein braucht.

4. Es hat sich weiterhin gezeigt, daß es singuläre Krystallarten gibt, die einfachen Atomproportionen entsprechen, deren Gitterstruktur mit diesen Proportionen im Einklang ist, und die trotzdem keine regelmäßige Verteilung der Atome der Bestandteile im Gitter aufweisen. Ein Beispiel dieser Art ist die Krystallart Ag_3Al[1]. Das Fehlen einer regelmäßigen Atomverteilung ist hier durch eine sehr sorgfältige Strukturanalyse mit Sicherheit nachgewiesen worden.

Beide Krystallarten besitzen nur einen sehr engen Homogenitätsbereich, es handelt sich also um singuläre Krystallarten im wahren Sinne des Wortes. Im ganzen Raumgitter, makroskopisch betrachtet, kommt z. B. auf 3 Silber-Atome genau ein Aluminium-Atom. Im Atomistischen fehlt jedoch eine Ordnung völlig. Für das einzelne Aluminium-Atom ist es ganz gleichgültig, ob es nur von Ag-Atomen oder zum Teil auch von Al-Atomen umgeben ist.

Dieses Ergebnis hat A. WESTGREN bewogen, seine oben gegebene Definition der Verbindung aufzugeben und nur noch von Strukturen oder von Krystallarten zu sprechen[2].

Bevor wir zur systematischen Erörterung der intermetallischen Krystallarten schreiten, soll zunächst ein Überblick über einige Legierungsreihen gegeben werden, aus dem sich bereits die starken Abweichungen von den Regeln der klassischen Chemie ergeben.

b) Einige Beispiele von intermetallischen Verbindungen.

In den Tab. 8, 9 und 10 sind die wichtigsten Legierungen des Natriums, des Magnesiums und des Aluminiums als Beispiele angeführt. Die natriumreichsten Verbindungen der Elemente 2—3 Stellen vor den Edelgasen im Periodischen System (Tab. 8) entsprechen den einfachen Valenzregeln der klassischen Chemie. Bei den Verbindungen mit Zinn und mit Blei gilt das bereits nicht mehr, da an Stelle der erwarteten Formel Na_4Sn und Na_4Pb die viel komplizierteren $Na_{15}Sn_4$ und $Na_{15}Pb_4$ treten (vgl. Tab. 8). Hier versagen bereits die Ansätze der klassischen Chemie. Die Verbindungen mit einem höheren Gehalt am Bestandteil 2—3 Stellen vor den Edelgasen können als „polyanionige" Verbindungen (z. B. Polysulfide) aufgefaßt werden[3]. Bei den Verbindungen des Natriums mit Zinn und mit Blei dürfte ein solcher Ansatz in Anbetracht ihrer großen Unübersichtlichkeit bereits nicht fruchtbar sein, zumal auch die Gitterstrukturen keine Anhaltspunkte für diesen Ansatz ergeben. Noch mehr gilt das für die Legierungen mit Gallium, Indium und Thallium, bei denen valenzmäßig zusammengesetzte Verbindungen überhaupt nicht auftreten, ganz besonders aber für die Legierungen mit Cadmium und mit Quecksilber. Man gewinnt hier den Eindruck, daß der Ansatz einer Valenz als Aufbauprinzip völlig versagt. Für diese Verbindungen müssen andere Aufbauprinzipien bestimmend sein.

----

[1] WESTGREN, A. F., u. A. J. BRADLEY: Philos. Magazine [7] 6 (1928), 280.
[2] WESTGREN, A. F., u. G. PHRAGMÉN: Trans. Faraday Soc. 25 (1929), 379.
[3] Vgl. Zusammenfassung über die ZINTELschen Arbeiten von F. LAVES: Naturwissensch. 29 (1941), 244.

Tabelle 8. Intermetallische Verbindungen des Natriums im zusammengerückten Periodischen System.

Na_2K					Na_4S_3 Na_4S_7 Na_2S_2 Na_2S_4 Na_4S_5 Na_4S_9 Na_2S_3 Na_2S_5?
		$NaGa$?	$NaGe$?	Na_3As Na_3As_3? Na_3As_7? $NaAs_5$?	Na_2Se Na_2Se Na_2Se_3 Na_2Se_4 Na_2Se_6
Na_2Cs	$NaCd_2$ $NaCd_6$	$NaIn$	$Na_{15}Sn_4$ Na_2Sn Na_4Sn_3 $NaSn$ $NaSn_2$	Na_3Sb $NaSb$	Na_2Te $NaTe$ $NaTe_3$
$NaAu_2$	Na_3Hg Na_7Hg_8 Na_5Hg_2 $NaHg_2$ Na_3Hg_2 $NaHg_4$ $NaHg$	Na_4Tl? Na_2Tl $NaTl$	$Na_{15}Pb_4$ Na_5Pb_2 Na_2Pb $NaPb$ $NaPb_3$	Na_3Bi $NaBi$	

Beim Magnesium (Tab. 9) ist die Grenze zwischen den Legierungen mit dreiwertigen und vierwertigen Partnern viel deutlicher ausgeprägt. Die Verbindungen mit den Elementen 2—4 Plätze vor den Edelgasen entsprechen durchweg den normalen Valenzen („Zintl"-Grenze, vgl. 161) ganz im Gegensatz zu den Legierungen mit Metallen, wo die Valenz offensichtlich gänzlich versagt.

Tabelle 9. Die wichtigsten intermetallischen Verbindungen des Magnesiums im zusammengerückten Periodischen System.

Mg_2Li	Ca_3Mg_4	Mg_3Al_2? Mg_2Al_3	Mg_2Si		
Mg_2Cu $MgCu_2$	$MgZn$ $MgZn_2$ $MgZn_5$		Mg_2Ge	Mg_3As_2	$MgSe$
Mg_3Ag $MgAg$	$MgCd_2$	Mg_9Ce Mg_3Ce $MgCe$ $MgCe_4$	Mg_2Sn	Mg_3Sb_2	Mg_2Ni $MgNi_2$
Mg_3Au Mg_5Au_2 Mg_2Au $MgAu$	Mg_3Hg Mg_5Hg_3 $MgHg$ $MgHg_2$	Mg_5Tl_2 Mg_2Tl $MgTl$	Mg_2Pb	Mg_3Bi_2	

Sowohl das Natrium als auch das Magnesium sind ausgesprochen sehr unedle Metalle. Ihr Verhalten zu den Halbmetallen oder Nichtmetallen ist offenbar weitgehend durch den polaren Gegensatz diesen Elementen gegenüber bestimmt.

Das bereits zu den Metallen der zweiten Art (Tab. 10) gehörende Aluminium zeigt eine auffallend geringe Affinität zu den anderen Metallen dieser Gruppe und zu den Halbmetallen. Für die Bildung einer polaren Verbindung ist im Falle des Aluminiums eine sehr viel ausgesprochenere nichtmetallische Natur des anderen

Verbindungspartners notwendig als beim Magnesium oder beim Natrium. Die Verbindungen des Aluminiums mit den metallischen Elementen lassen jedes Anzeichen einer normalen Valenzbetätigung vermissen.

Tabelle 10. Die wichtigsten intermetallischen Verbindungen des Aluminiums im zusammengerückten Periodischen System.

LiAl	Al_3Mg_2 Al_2Mg_3?				Al_3V?	Al_3Ni Al_2Ni AlNi
Al_2Cu AlCu Al_3Cu_5 $AlCu_2$ $AlCu_3$	Al_3Ca Al_2Ca		AlAs	Al_2Se_3	Al_6Cr? Al_4Cr?	Al_4Co Al_5Co_2 AlCo
$AlAg_2$? $AlAg_3$	Al_4Ce Al_2Ce AlCe $AlCe_2$ $AlCe_3$	AlSb	Al_2Te_3	Al_6Mn Al_4Mn Al_3Mn	Al_3Fe Al_5Fe_2 Al_2Fe AlFe
Al_2Au AlAu $AlAu_2$ Al_2Au_5						

Die Legierungen der Metalle der Cu-Gruppe und der achten Gruppe des kurzperiodischen Systems haben eine ausgesprochene Neigung zur Bildung von größeren Mischkrystallgebieten, so daß eine Erörterung der Formeln etwaiger Verbindungen auf Grund der Zustandsdiagramme meistens müßig wäre. In den Fällen, wo singuläre Krystallarten auftreten, gehorchen sie meistens nicht den Valenzregeln.

Die Erörterung der intermetallischen Verbindungen muß auf einer anderen Basis als der Vorstellung des chemischen Moleküls erfolgen, zumal in der Krystallstruktur meistens keine Anzeichen für eine Molekülbildung vorliegen. Dieser Frage wenden wir uns jetzt zu.

2. Systematische Erörterung.

a) Die Bindungstypen in Krystallen.

Bekanntlich gibt es vier Arten der interatomaren Bindung, die zu entsprechenden Raumgittertypen führen:

1. Ionenkrystalle (Heteropolare Bindung),
2. Krystalle mit homöopolarer Bindung,
3. Krystalle mit metallischer Bindung,
4. Krystalle mit Bindung auf Grundlage der Van der Waalschen Kräfte (Restvalenzen).

Die vierte Gruppe brauchen wir hier nicht zu erörtern, da sie keine Beziehung zu metallischen Strukturen zeigt[1].

---

[1] DEHLINGER, U. [Z. Elektrochem. 46 (1940), 402] vertritt den Standpunkt, daß die metallische Bindung durch Restvalenzen zustande kommt und deshalb grundsätzlich eine Untergruppe von 4 darstellt. Das ist eine Definitionsfrage. Die Unterschiede zwischen typischen Vertretern der Gruppe 4 (z. B. krystallisierte Edelgase oder Molekülgitter) und Metallen sind jedoch so erheblich, daß die oben gegebene Unterteilung praktischer erscheint.

α) Das Ionengitter.

Das Ionengitter ist aus Ionen entgegengesetzten Vorzeichens aufgebaut, zum Beispiel das Chlornatriumgitter aus positiven Na^+-Ionen und aus negativen Cl^--Ionen. Seine Entstehung verdankt ein derartiges Raumgitter dem Bestreben der Atome, nach Art der Edelgase vollständig aufgefüllte Schalen von äußeren Elektronen zu bilden. Das wird im Falle des Natriums dadurch erreicht, daß das Natriumatom ein Elektron abspaltet und damit die Konfiguration des Neons erhält mit dem Unterschiede, daß es eine positive Aufladung als Ion erhält. Beim Chlor wird derselbe Zustand erreicht, indem es ein Elektron aufnimmt, und damit zu einem negativ geladenen Ion mit einer dem Argon entsprechenden Zahl von Elektronen gelangt.

Zwischen den Ionen wirken Coulombsche Kräfte, denen der Krystall im wesentlichen seine Stabilität verdankt. Die Ionen verhalten sich in erster Näherung wie geladene Kugeln ohne bevorzugte Richtung der Kräfte im Raum. Dem entspricht der Krystallbau der Ionenkrystalle, der in seinen typischen Vertretern einfach dem Bestreben nach möglichst großer Annäherung der entgegengesetzt geladenen Ionen, also nach dichtesten Packungen entspricht. Die Volumina der Cäsium- und der Chlorionen unterscheiden sich z. B. nicht stark, demnach ergibt sich ein raumzentriertes Gitter, in dessen Raummitte jeweils ein Cäsium- oder Chlorion sich befindet, das von 8 Ionen entgegengesetzten Vorzeichens umgeben ist (Abb. 104). Der Abstand zwischen ihnen ist $\dfrac{a\sqrt{3}}{2}$, während zwischen zwei Ionen gleichen Vorzeichens der Abstand a besteht.

Der Radius des Natriumions ist sehr viel geringer als der des Chlorions. Deshalb bestände grundsätzlich für das Chlorion die Möglichkeit, sich mit 12 Natriumionen zu umgeben. Umgekehrt finden jedoch in der nächsten Umgebung des Natriumions nur 6 Chlorionen Platz. Dem entspricht die bekannte Struktur des Kochsalzes, die insgesamt die Anordnung eines primitiven kubischen Gitters darstellt, in dem die Gitterpunkte jedoch abwechselnd mit Natrium- und Chlorionen besetzt sind, die auf diese Weise zwei ineinandergesetzte flächenzentrierte Raumgitter mit der doppelten Gitterkonstante bilden (Abb. 104A). Der Abstand zwischen den nächsten Ionen entgegengesetzten Vorzeichens ist $\dfrac{a}{2}$, zwischen Ionen gleichen Vorzeichens $\dfrac{a}{\sqrt{2}}$.

Allgemein wird der Gittertypus bei Ionenkrystallen bei Forderung der dichtesten Packung bereits durch das Verhältnis der Ionenradien der Partner bestimmt, worauf zuerst V. M. GOLDSCHMIDT hingewiesen hat.[1]

Ein weiteres Beispiel für einen heteropolaren kubischen Krystall bildet das Calciumfluorid CaF_2 (Abb. 105). Die Calciumionen bilden ein flächenzentriertes Gitter (Gitterlagen: $0\,0\,0$, $0\,\dfrac{1}{2}\,\dfrac{1}{2}$, $\dfrac{1}{2}\,0\,\dfrac{1}{2}$, $\dfrac{1}{2}\,\dfrac{1}{2}\,0$) während die Fluorionen die Gitterlagen $\dfrac{1}{4}\,\dfrac{1}{4}\,\dfrac{1}{4}$, $\dfrac{1}{4}\,\dfrac{1}{4}\,\dfrac{3}{4}$, $\dfrac{1}{4}\,\dfrac{3}{4}\,\dfrac{1}{4}$, $\dfrac{3}{4}\,\dfrac{1}{4}\,\dfrac{1}{4}$, $\dfrac{1}{4}\,\dfrac{3}{4}\,\dfrac{3}{4}$, $\dfrac{3}{4}\,\dfrac{3}{4}\,\dfrac{1}{4}$, $\dfrac{3}{4}\,\dfrac{1}{4}\,\dfrac{3}{4}$, $\dfrac{3}{4}\,\dfrac{3}{4}\,\dfrac{3}{4}$ einnehmen. In der Elementarzelle befinden sich also 8 Fluor- und 4 Calciumionen.

Die Fluorionen ergeben ein primitives kubisches Gitter mit der Gitterkonstante $\dfrac{a}{2}$.

Jedes Ca-Ion befindet sich im Raumzentrum einer solchen primitiven Gitterzelle und ist von 8 F-Ionen umgeben. Nur jede zweite primitive F-Zelle enthält ein Ca-Ion. Jedes F-Ion ist deshalb in tetraedrischer Anordnung nur von 4 Ca-Ionen umgeben.

---

[1] Vergl. z. B. O. HASSEL: Kristallchemie, (wissensch. Fortsch. Ber. Bd. 34) Dresden und Leipzig. 1934.

Der Abstand zwischen benachbarten Ca-Ionen ist $\dfrac{a}{\sqrt{2}}$, zwischen benachbarten F-Ionen $\dfrac{a}{2}$ und zwischen Ca- und F-Ionen $\dfrac{a\sqrt{3}}{4}$. Die heteropolare Bindung äußert sich in den hohen Koordinationszahlen und in dem geringen Abstand der Ca- und F-Ionen. Man kann also annehmen, daß das Gitter im wesentlichen aus Ca$^{\cdot\cdot}$ und F^{-}-Ionen aufgebaut ist.

Die Einhaltung des Valenzverhältnisses zwischen den positiven und negativen Ionen entspricht im Falle der Ionenkrystalle einfach der Forderung der Elektro-Neutralität.

β) Homöopolare Bindung.

In einer ganz anderen Art erzeugt die homöopolare Bindung eine edelgas-ähnliche Struktur der beteiligten Atome. Hier kann nicht auf die Theorie dieser Bindung eingegangen werden, es genügt vielmehr, von ihr ein rohes anschauliches Bild zu geben, wie es bereits in den ersten Arbeiten von W. KOSSEL enthalten ist.

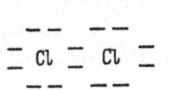

Abb. 107. Schema der homöopolaren Bindung im Cl$_2$-Molekül.

Bei der Bindung eines Cl$_2$-Moleküls aus zwei Chloratomen wird pro Atom je ein Valenzelektron von den 7 vorhandenen zwischen den beiden Atomen ausgetauscht, es gehört diesen beiden gemeinsam, wie es das Schema (Abb. 107) wiedergibt. Diese Anordnung enthält auf zwei Chloratome 14 Elektronen, die Elektro-Neutralität ist also gewahrt, gleichzeitig sind aber zwei Konfigurationen mit je 8 Elektronen um die Cl-Kerne entstanden. Bei dieser Art der Erzeugung einer edelgasähnlichen Konfiguration handelt es sich also, wie bei der Bildung negativer Ionen, grundsätzlich um eine *Auffüllung* der Elektronenschalen. Es ist deshalb verständlich, daß diese Art der Molekülbildung sich in der Hauptsache in den letzten Reihen des Periodischen Systems findet.

Mit der Bildung des Chlormoleküls sind die homöopolaren Verkettungsmöglichkeiten erschöpft. Sie ergeben noch keine zwei- oder dreidimensionalen Verkettungen, wie sie zum Aufbau eines Raumgitters erforderlich sind. In der Tat besteht auch das Raumgitter des festen Chlors aus Cl$_2$-Molekülen, die sich in einzelnen Gitterpunkten befinden und die nur durch Van der Waalsche Kräfte zusammengehalten werden.

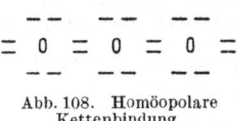

Abb. 108. Homöopolare Kettenbindung.

Bei einem Atom mit 6 Valenzelektronen ergibt sich grundsätzlich bereits die Möglichkeit der Bildung einer linearen Kette durch homöopolare Bindungen (Abb. 108). Beim Kohlenstoff, der im Flächen-Modell eine Anordnung nach Abb. 109 ergibt, besteht die Möglichkeit, ein Raumgitter aufzubauen. Im räumlichen Fall entsteht so das Raumgitter des Diamanten, in dem bekanntlich je ein Kohlenstoffatom von 4 tetraedrisch angeordneten Nachbaratomen umgeben ist, mit denen es je 2 Elektronen gemeinsam hat. Jedes Atom ist somit von 8 Elektronen umgeben. (Abb. 108A)

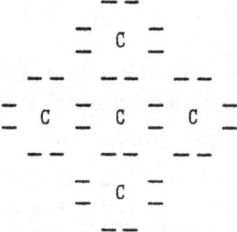

Abb. 108A. Homöopolare Bindung eines vierwertigen Elementes.

Die Elektronenbrücken der homöopolaren Bindung entsprechen den Valenzstrichen der klassischen Chemie. Sie haben die Eigenart einer bestimmten Ausrichtung im Raum. Wenn durch die Bildung einer homöopolaren gebundenen Aggregation von Atomen ein Raumgitter entsteht, so wird die Anordnung der Atome nicht durch die Forderung einer dichtesten Packung, sondern durch die Richtung der Valenzen bestimmt. So ist das Raumgitter des Diamanten verhältnismäßig wenig dicht gepackt, da es nur eine Koordinationszahl 4 aufweist, während die dichteste Packung bekanntlich einer Koordinationszahl 12 entspricht.

Bei Raumgittern von Elementen kann eine heteropolare Ionenbildung nicht zustande kommen. Sie ergeben homöopolare Krystalle oder, wie wir später sehen werden, Strukturen mit metallischer Bindung. Auch gibt es viele Verbindungen, die homöopolare Struktur aufweisen. Im Sinne des Erörterten kann man sie auf Grund der geometrischen Anordnung unter anderem daran erkennen, daß das Raumgitter eine auffallend kleine Koordinations-zahl aufweist, also eine Abweichung von der dich-testen Packung der Atome, die durch die gerich-teten Valenzkräfte hervorgerufen wird, oder aber daran, daß geringere Abstände zwischen gleichen Atomen vorherrschen, zwischen denen keine heteropolare, sondern nur eine homöopolare Af-finität bestehen kann.

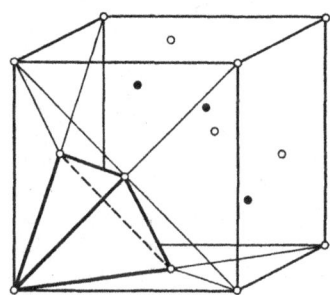

Abb. 109. Struktur der Zinkblende (weiß: Zn; schwarz: S, oder umgekehrt. Ein schwarzer Gitterpunkt ist durch das Tetraeder verdeckt).

Ein Beispiel für die Diamantstruktur bildet die Zinkblende ZnS. Die Zn-Atome und die S-Atome bilden je ein flächenzentriertes Raumgitter, die ebenso ineinander gesetzt sind, wie die beiden flächenzentrierten Teilgitter des Diamantgitters (Abb. 109). Die Zn-Atome nehmen also etwa die Lage $0\ 0\ 0$, die S-Atome die Lage $\frac{1}{4}\ \frac{1}{4}\ \frac{1}{4}$ ein, oder umgekehrt. Jedes Zn-Atom ist von 4 S-Atomen umgeben, und umgekehrt, die Koordinationszahl ist nur 4. Hierin äußert sich der homöopolare Charakter der Bindung. Wäre das Gitter durch Coulombsche Kräfte gehalten, so würde sich bei der gegebenen Zusammen-setzung das CsCl- oder das NaCl-Gitter gebildet haben. Bei ZnS wird aber die Struktur offenbar durch im Raum fixierte Valenzrichtungen, also durch Bin-dungen von grundsätzlich homöopolarem Charakter bestimmt.

Andererseits entsprechen die Abstände

$$Zn - S = \frac{a\sqrt{3}}{4}\ ;\ Zn - Zn = S - S = \frac{a}{\sqrt{2}}$$

in ihrem gegenseitigen Verhältnis durchaus dem hetero-polaren Fall. Sie beweisen, daß die homöopolaren Bindungskräfte vorwiegend zwischen den Atomen ver-schiedener Art bestehen. Da die Elektronenaffinitäten des Zn und des S recht verschieden sind, ist eine ziemlich weitgehende Ionisierung der Partner anzu-nehmen, die jedoch nicht allein die Verhältnisse bestimmt.

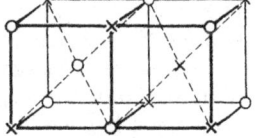

Abb. 110. Struktur des NaTl (zwei Teilzellen).

Ein anderes Beispiel, in dem sich die Wirkung homöopolarer Bindungen be-merkbar macht, ist die Verbindung NaTl. Die beiden Komponenten Na und Tl bilden je ein Diamantgitter; diese Gitter haben die Atomlagen (vgl. S. 17)

$$Tl:\ 2\ \text{flächenzentrierte Gitter } 0\ 0\ 0,\ \frac{1}{4}\ \frac{1}{4}\ \frac{1}{4}$$

$$Na:\ 2\ \text{flächenzentrierte Gitter } \frac{1}{2}\ \frac{1}{2}\ \frac{1}{2},\ \frac{3}{4}\ \frac{3}{4}\ \frac{3}{4}$$

Es entsteht die Anordnung Abb. 110. Jedes Na-Atom ist in gleichen Abständen von 4 Na- und von 4 Tl-Atomen umgeben. Die hohe Koordinationszahl ($4+4$ wie bei CsCl) entspricht den heteropolar aufgebauten Krystallen, während die gleiche Nähe der beiden Partner-Atome auf eine nennenswerte Beteiligung homöo-polarer Kräfte hinweist.

E. ZINTL und G. WOLTERSDORF[1] haben für die NaTl-Struktur folgende Deutung vorgeschlagen. Das tragende Gerüst der Struktur ist das Teilgitter der Tl-Atome, das durch Aufnahme je eines Elektrons je 4 Valenzelektronen pro Atom aufweist und dadurch die Fähigkeit zur Bildung einer Diamantstruktur erwirbt. Die viel kleineren Natriumionen füllen nur die Lücken des Tl-Gitters aus. Auf Grund dieser Vorstellung sind die zwischen den beiden Teilgittern wirkenden Kräfte heteropolar, das Gitter der Tl-Atome dagegen ist in sich homöopolar aufgebaut.

γ) Metallische Bindung.

Die Raumgitter der metallischen Elemente, am typischsten in den ersten Gruppen des Periodischen Systems, entstehen auf ganz andere Weise. Auch sie sind dadurch gekennzeichnet, daß das Metallatom bestrebt ist, Edelgasstruktur anzunehmen. Das wird durch Ionisierung, also durch Abgabe der Valenzelektronen bewirkt, die jedoch als freie Elektronen im Raumgitter des Metalles verbleiben. Von der heteropolaren Ionenbildung von Verbindungen unterscheidet sich demnach die metallische Bindung dadurch, daß die positiven Ionen zwar ein Raumgitter bilden, ähnlich, wie die Natriumionen im Kochsalz ein Teilgitter bilden, daß die negativen Ionen, in diesem Falle die freien Elektronen, aber dank ihrer freien Beweglichkeit nicht an bestimmte Orte gebunden sind. Die Kräfte, die in diesem Metallgitter wirksam sind, sind, ebenso wie in einem Ionengitter, elektrostatischer Natur. Von Valenzkräften in bestimmten Richtungen kann keine Rede sein. Dem entspricht auch die Neigung der Metalle, Raumgitter mit dichtesten Kugelpackungen zu bilden.

δ) Übergangsfälle. Allgemeines über metallische Strukturen.

Es ist zu beachten, daß, wie sich das bereits aus obigem ergibt, die geschilderten drei Typen der Bindung im Krystall in ihrer reinen Ausbildung Grenzfälle darstellen, und daß es zwischen ihnen zahlreiche Übergangsstrukturen gibt. Diese Mischstrukturen treten dann auf, wenn die Energiegehalte der in Frage kommenden Möglichkeiten sich nicht stark voneinander unterscheiden. Man stellt sich die Übergangsfälle so vor, daß die Elektronenanordnungen des einen und des anderen Typus abwechselnd realisiert werden, indem die Elektronen etwa zwischen beiden Anordnungen oscillieren.

Auch bei Metallen und intermetallischen Verbindungen gibt es zahlreiche Übergangsfälle zur Ionen- und zur homöopolaren Bindung. Die Möglichkeit derartiger Übergänge wird verständlich, wenn man bedenkt, daß die Darstellung eines Metalles als eines in ein Elektronengas eingebetteten Ionengitters eine Idealisierung darstellt. In Wirklichkeit sind die Metallatome im Raumgitter nicht restlos ionisiert. Wenn auch die Elektronen sich „frei" von einem Metallatom zum anderen bewegen, so daß für längere Zeiten nicht angegeben werden kann, welchem Atom ein Elektron zuzuordnen ist, so kreisen sie doch für kürzere Zeiten in einer mehr oder weniger losen Bindung um die Atomrümpfe und neutralisieren diese oder laden sie negativ für kürzere Zeiten auf. In einer anderen Formulierung kann gesagt werden, daß in einem metallischen Körper in einem gegebenen Zeitpunkt ein gewisser Teil der Atome positiv ionisiert, der Rest aber neutral oder negativ ionisiert ist. In einer Legierung z. B. von Natrium und Antimon können benachbarte Atome der beiden Bestandteile in einem gegebenen Augenblick eine Edelgaskonfiguration dadurch erreichen, daß das Natrium seine Valenzelektronen an das Antimon abgibt, also eine heteropolare Bindung entsteht,

---

[1] ZINTL, E., u. G. WOLTERSDORF: Z. Elektrochem. **41** (1935), 876.

die an der betreffenden Stelle indes nur für kurze Zeit zu bestehen braucht und einer anderen, etwa einer metallischen Platz macht. Der Übergang zwischen den metallischen Bindungen und der homöopolaren Bindung ist am einfachsten an den reinen Elementen zu verfolgen, was wir jetzt tun werden.

Tab. 11 gibt die Übersicht des Periodischen Systems. Man pflegt diese Elemente in 2 Gruppen zu unterteilen, die in der Tabelle durch einen Strich getrennt sind, in die „wahren" Metalle (Metalle erster Art) und in die Metalle zweiter Art. Die „wahren" Metalle zeigen, zu einem geringen Teil mit gewissen Komplikationen, Strukturen dichtester Kugelpackungen, sie krystallisieren entweder kubisch flächenzentriert, kubisch raumzentriert oder in der dichtesten Packung des hexagonalen Systems. Bei den Elementen der Gruppe B zeigen sich in ihrer Struktur bereits mehr oder weniger stark Merkmale der homöopolaren Bindung. So ist das Verhältnis der Achsen c und a bei den hexagonalen Metallen Zink und Cadmium etwa 1,89, während der dichtesten Packung der Wert 1,633 entspricht. Von den 12 Nachbaratomen, mit denen das Zink oder das Cadmiumatom im Raumgitter umgeben ist, befinden sich nur 6 im geringsten Abstand (die in der Basisebene liegenden), während die übrigen 6 außerhalb der Basisebene von dem betrachteten Atom weiter entfernt sind. Diese auffallende Abweichung von der Struktur der dichtesten Packung wurde als Anzeichen der homöopolaren Bindung betrachtet, die zwischen einem Zinkatom und seinen 6 nächsten Nachbarn besteht. Aber Zink und Cadmium sind andererseits typische Metalle. Ihre Struktur sollte eben einen Übergang zwischen der reinen metallischen und der homöopolaren Bindung darstellen. Neuerdings wird hierfür allerdings auch eine andere quantentheoretische Deutung gegeben, auf die hier nicht eingegangen werden kann[1].

Ähnliche Überlegungen gelten für solche Elemente wie Mangan, Antimon, Wismut usw.

Auch viele intermetallische Krystallarten haben teilweise den Charakter homöopolarer Bindung.

Sowohl für die Ionen- wie auch für die homöopolare Bindung ist charakteristisch, daß sie bestimmte einfache Atomproportionen verlangt, die erste mit Rücksicht auf die Elektronenneutralität, die zweite wegen der gegenseitigen Ausrichtung nach Valenzen.

Auf Grund des vorstehenden können wir schon erwarten, daß die intermetallischen Verbindungen durchaus nicht nach einem einheitlichen Gesetz aufgebaut sein werden. Bei der reinen metallischen Bindung ist anzunehmen, daß das Elektronengas, also die Konzentration der freien Elektronen, von entscheidendem Einfluß auf die Bindung von Krystallarten sein wird. Als zweites Moment ist hierbei die Forderung dichter Packung zu nennen, die je nach der Zusammensetzung der Verbindung verschieden gut erfüllt sein kann. Im Falle von Ionenverbindungen kommt neben der Forderung der Elektroneutralität ebenfalls diejenige nach dichter Raumerfüllung in Frage. Im Falle einer homöopolaren Bindung ergibt sich die Forderung nach bestimmten Valenzverhältnissen. Wir wollen im nächsten Abschnitt die metallischen Strukturen im einzelnen behandeln.

Wie man sieht, ist der Bau der Metalle schon wegen des Ineinandergreifens verschiedener Bauprinzipien verhältnismäßig kompliziert. Die Argumente meistens rein geometrischen Charakters auf Grund der Raumgitterbestimmung, wie sie heute vorliegen, reichen nur für eine erste qualitative und oft unsichere Beschreibung aus. Weitere Einblicke darf man von der Bestimmung der Elektronenlagen auf Grund der Fourier-Analyse (vgl. S. 30) erwarten, die indes bis

---

[1] Vgl. H. Jones: Proc. roy. Soc. 144 (1934), 225.

Tabelle 11. Das langperiodische System.

← Metalle 1. Art → → B-Metalle ← Metalle 2. Art →

A-Metalle (unedle Metalle) — Übergangsmetalle (T-Metalle) — Edelmetalle

Li-Gr.	Be-Gr.	Sc	Ti	V	Cr	Mn	Fe	Co	Ni	Cu (Edelm.)	Zn	B-Gr.	C-Gr.	N-Gr.	O-Gr.	Halog.	Edelg.
																1 H 1,008	2 He 4,003
3 Li 6,94 kub.8	4 Be 9,02 hex.12											5 B 10,82 kub.4	6 C 12,01 kub.4	7 N 14,008	8 O 16,00	9 F 19,00	10 Ne 20,18
11 Na 23 kub.8	12 Mg 24,32 hex.12											13 Al 26,97 kub.12	14 Si 28,06 kub.4	15 P 30,98 rhomb.	16 S 32,06	17 Cl 35,46	18 Ar 39,94
19 K 39,10 kub.8	20 Ca 40,08 hex.12 kub.12	21 Sc 45,10	22 Ti 47,90 hex.12	23 V 50,95 kub.8	24 Cr 52,01 kub.8	25 Mn 54,93 [1]	26 Fe 55,85 kub.12 kub.8	27 Co 58,94 kub.12 hex.12	28 Ni 58,69 kub.12	29 Cu 63,57 kub.12	30 Zn 65,38 hex.(12)	31 Ga 69,72 rhomb.	32 Ge 72,60 kub.4	33 As 74,91 rhomb.	34 Se 78,96	35 Br 79,92	36 Kr 83,7
37 Rb 85,48 kub.8	38 Sr 87,63 kub.12	39 Y 88,92 hex.12	40 Zr 91,22 kub.8 hex.12	41 Nb 92,91 kub.8	42 Mo 95,95 kub.8	43 Ma	44 Ru 101,7 hex.12	45 Rh 102,91 kub.12	46 Pd 106,7 kub.12	47 Ag 107,88 kub.12	48 Cd 112,41 hex.(12)	49 In 114,76 tetr.12	50 Sn 118,70 tetr.4	51 Sb 121,76 rhomb.	52 Te 127,61	53 J 126,92	54 Xe 131,3
55 Cs 132,91 kub.8	56 Ba 137,36 kub.8	57 71 [2]	72 Hf 178,6 hex.12	73 Ta 180,88 kub.8	74 W 183,92 kub.8	75 Re 186,31 hex.12	76 Os 190,2 hex.12	77 Ir 193,1 kub.12	78 Pt 195,23 kub.12	79 Au 197,2 kub.12	80 Hg 200,61	81 Tl 204,39 hex.(12)	82 Pb 207,21 kub.12	83 Bi 209,00 rhomb.			
	88 Ra 226,05	89 Ac	90 Th 232,12 kub.12	91 Pa	92 U 238,07 monokl.?												

[1] Mangan hat 4 Modifikationen; aus den meisten Legierungen krystallisiert es kubisch 12.

[2] Seltene Erden.

Links neben dem Symbol des Elementes die Atomnummer.
Unter dem Symbol des Elementes das Atomgewicht.
Darunter die Raumgitterbezeichnung.

Die Zahl rechts neben der Raumgitterbezeichnung ist die Koordinationszahl.

kub. 4 = Diamantstruktur.
kub. 8 = kubisch raumzentriert.
kub.12 = kubisch flächenzentriert.
hex.12 = hexagonale dichteste Kugelpackung.
hex.(12) = dasselbe nur angenähert.

jetzt nur für das Magnesium und für das Aluminium durchgeführt worden ist[1]. Auch ist die magnetische Analyse oft nützlich, da sie auf Grund des paramagnetischen oder diamagnetischen Verhaltens eine Aussage über die Ionisierung gestattet (vgl. S. 392 ff.).

Wir sind heute noch nicht so weit, daß wir mit Sicherheit die Existenz, die Zusammensetzung und die Struktur einer Verbindung voraussagen können. Wohl aber können wir größere Gruppen von Verbindungen, in denen sich das eine oder andere der oben erörterten Prinzipien besonders deutlich auswirkt, und deren Auftreten in diesem Zusammenhang verstehen. Daneben gibt es noch sehr viele Verbindungen, die nicht in größere Zusammenhänge eingeordnet werden konnten.

b) Eine allgemeine thermodynamische Betrachtung.

Wir wollen eine allgemeine thermodynamische Betrachtung anstellen, die sowohl die Abweichungen der intermetallischen Verbindungen von einfachen Proportionen als auch die Existenz anschließender Mischkrystallgebiete verständlich macht.

Im Sinne der bisherigen Betrachtungen sind folgende Stabilitätstendenzen eines metallischen Krystalles festzustellen:

1. Die rein metallische Bindung, also eine solche unter Vermittlung der freien Elektronen. Das Verhalten der letzteren muß von Einfluß auf die Stabilität einer Krystallart sein.

2. Im Rahmen der metallischen Bindung die Forderung der dichtesten Packung und

3. Affinität im Sinne einer heteropolaren oder homöopolaren Bindung.

Die freien Elektronen (das „Elektronengas") bilden einen integrierenden Bestandteil einer metallischen Struktur. Bei der Berechnung der freien Energie oder des thermodynamischen Potentials dieser Struktur, die letzten Endes über thermodynamische Stabilität und damit über Existenzfähigkeit einer Phase entscheidet, müssen wir auch die freie Energie oder das thermodynamische Potential der freien Elektronen berücksichtigen. Diese freie Energie der Elektronen hängt, wie man auf Grund der Quantenmechanik heute weiß, von der Elektronenkonzentration ab (vgl. die Alkalimetalle, S. 145). Bei der Betrachtung von Mischkrystallen werden wir sehen, daß sie bei Erreichung eines bestimmten Verhältnisses der Elektronenzahl zur Atomzahl sehr schnell ansteigt. Wir müssen wohl annehmen, daß im Falle der intermediären Krystallarten ähnliche Verhältnisse auch bei der Unterschreitung einer bestimmten Elektronenzahl auftreten. Das thermodynamische Potential der freien Elektronen wird also, wenn die beiden Bestandteile ver-

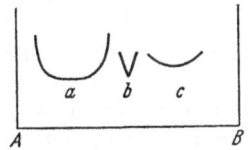

Abb. 111. Stabilitätsverhältnisse von intermediären Phasen.

schiedene Wertigkeit aufweisen, in Abhängigkeit von der Konzentration etwa durch das Schema a (Abb. 111) wiedergegeben werden. Die thermodynamischen Potentiale der Elektronen hängen von der Gitteranordnung der Krystalle ab. Die Abb. 111a gilt also für bestimmte Arten der Raumgitter, die irgendwie vorgegeben sein sollen.

Wir nehmen an, daß in der betrachteten Legierung außerdem heteropolare Bindungskräfte wirksam sind. Die Bedingung der Elektroneutralität verlangt,

---

[1] In beiden Fällen ist eine im wesentlichen gleichmäßige Verteilung des Elektronengases im Raumgitter zwischen den Atomrümpfen im Sinne einer rein metallischen Struktur gefunden worden.

Vgl. BRILL, R., C. HERMANN u. Cl. PETERS: Ann. Physik [5], **41** (1942), 37.

daß die Zahlen der positiven und negativen Ionen im umgekehrten Verhältnis zu ihrer Elektronenwertigkeit stehen. In einem Salzkrystall darf ein etwaiger Überschuß nicht ionisiert sein, wenn die Wertigkeiten fest vorgeschrieben sind. Das Einbauen von neutralen Atomen in ein Ionengitter scheint aber einen sehr starken Zwangszustand (eine starke Erhöhung des thermodynamischen Potentials) herbeizuführen. Sein Ablauf in Abhängigkeit von der Konzentration ist schematisch in Abb. 111b wiedergegeben: die Verbindung ist nur bei einer bestimmten Zusammensetzung existenzfähig. Anders liegen die Verhältnisse, wenn einer der Partner oder beide in verschiedenen Wertigkeiten auftreten können. Dann ist nämlich der Bedingung der Elektroneutralität für einen ganzen Konzentrationsbereich genügt, wenn auch die Stabilität der Bindung sich ändern wird. Für die Konzentrationsabhängigkeit des thermodynamischen Potentials erhalten wir in einem solchen Fall das Schema Abb. 111c. Eine weitere Variations-

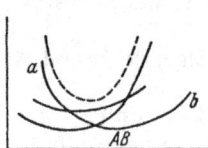

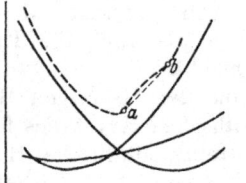

Abb. 111A. Superposition verschiedener Stabilitätseinflüsse einer intermediären Phase.

Abb. 111B. Durch Superposition von Stabilitätseinflüssen entstehen 2 Phasen.

möglichkeit ergibt sich, wenn der Körper metallischen Charakter aufweist, also der Ausgleich der positiven Ladungen der Kationen außer durch Anionen auch durch freie Elektronen erfolgen kann. In einem solchen Fall dürfte die Stabilität der Krystallart durch den Überschuß an Kationen nicht so stark beeinträchtigt werden.

Ähnliche Verhältnisse bestehen, wenn es sich im Krystall nicht um heteropolare sondern um homöopolare Bindungen handelt.

Das Stabilitätsprinzip der dichtesten Packung ergibt — für jede Raumgitteranordnung und für jedes Radienverhältnis in anderer Weise — eine weitere Minimumbedingung des thermodynamischen Potentials; auch hier wird es sich um ein flaches Minimum im Potential-Konzentration-Diagramm handeln.

Die drei durch die freien Elektronen, die heteropolaren oder homöopolaren Bindungen und die geometrischen Raumgitterverhältnisse gegebenen Bedingungen sind voneinander ziemlich unabhängig. Es ist deshalb nicht anzunehmen, daß die durch sie bestimmten Minima des thermodynamischen Potentials bei gleichen Konzentrationen liegen. Das gesamte thermodynamische Potential ergibt sich aus der Überlagerung der drei Teilbeträge, wobei sich recht mannigfaltige Verhältnisse ergeben können. Abb. 111A gibt sie schematisch für den Fall wieder, daß eine durchhängende Potentialkurve resultiert. Wenn die Teilkurve a b die Potentiale angibt, wie sie durch die Affinität bestimmt werden, so sieht man, daß das Existenzgebiet (gestrichelte Kurve) von der durch die Affinität bestimmten Zusammensetzung abweicht. Abb. 111B zeigt dahingegen den Fall, daß die Wechselwirkung der drei Potentialkurven zur Ausbildung von zwei intermediären Krystallarten a und b führt (vgl. S. 77).

Manche Eigenarten von Zustandsdiagrammen werden auf diese Weise verständlich, vor allen Dingen die Fälle, in denen, wie das mit steigender Verfeinerung der Beobachtungsmittel immer häufiger festgestellt wird, zwischen Krystallarten mit übereinstimmender Gitterstruktur schmale heterogene Streifen auftreten.

3. Einzelne Strukturtypen.

a) Alkalimetalle. Edelmetalle.

Ehe wir an die Betrachtung der Verbindungen gehen, wollen wir die in manchen theoretischen Zusammenhängen einfacheren Strukturen der Alkalimetalle erörtern, die neben einer stabilen Edelgasschale nur ein Valenzelektron aufweisen. Auffallenderweise krystallisieren diese Metalle, wie Tab. 11 lehrt, im kubisch raumzentrierten Gitter, während man auf Grund der allgemeinen Erwägungen bei diesen typischsten Metallen eine Koordinationszahl 12, also ein kubisch flächenzentriertes Gitter oder die dichteste hexagonale Packung erwarten sollte. Die Erklärung scheint die genauere Betrachtung der in den Alkalimetallen vorhandenen freien Elektronen zu geben.

Die moderne Theorie lehrt, daß sich die Elektronen im Raumgitter eines Metalles, trotzdem sie frei beweglich sind, keineswegs wie ein ideales Gas verhalten. Ihre Eigenschaften sind durch das Raumgitter, in dem sie sich befinden, stark beeinflußt, und zwar ist ihre Energie, da das Elektronengas entartet ist, zunächst umgekehrt proportional zu $V^{\frac{2}{3}}$, wo V das Atomvolumen ist (vgl. S. 275), während die kinetische Energie eines idealen Gases bekanntlich unabhängig von dem Volumen ist. Zu dieser kinetischen Energie der Elektronen kommt die potentielle Energie der Anziehung durch die positiv geladenen Metallionen, die durch einen Ausdruck der Form $K_0 - K_2 V^{-\frac{1}{3}}$ gegeben ist[1]. Die Gesamtenergie des Elektronengases ist also durch den Ausdruck

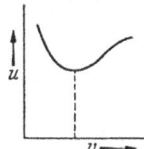

Abb. 111 C. Energie des Elektronengases in Abhängigkeit vom Volumen.

$$U = K_0 + K_1 V^{-\frac{2}{3}} - K_2 V^{-\frac{1}{3}}$$

gegeben, der in Abb. 111 C schematisch dargestellt ist. Durch die Elektronenenergie des Gitters wird als Stabilitätsvolumen das dem Minimum entsprechende angestrebt. Die physikalischen Eigenschaften der Alkalimetalle, insbesondere ihre Kompressibilität, sind in Übereinstimmung mit den Forderungen der Elektronenenergie und können aus ihr berechnet werden. Während der Ionenradius z. B. des Natriumions, wie man ihn aus seinen Salzen kennt, etwa 0,98 Å beträgt, ist der halbe Abstand der Mittelpunkte der kugelförmig gedachten Atome im metallischen Natrium gleich 1,89 Å. Man muß daraus schließen, daß das Volumen des Natriums und der Alkalimetalle durch die Elektronenenergie bestimmt ist und daß die Elektronenenergie eine Berührung der Natriumionen bis zur dichtesten Packung verhindert.

Vom Standpunkt der Packungsdichte ist in diesem Falle also die kubisch flächenzentrierte Anordnung der Atome der kubisch raumzentrierten nicht überlegen. Vielleicht wird die Entscheidung zugunsten der letzteren durch folgende Überlegung von I. C. SLATER[2] verständlich. Jedem Atom ist im Alkalimetall ein Elektron zugeordnet; diese Elektronen haben jeweils zu 50% positiven, zu 50% negativen Spin. Es wird angenommen, daß Atome mit Elektronen verschiedenen Spins sich wie verschiedene Atomarten verhalten und bestrebt sind, eine geordnete Verteilung anzunehmen derart, daß ein Atom in der nächsten Umgebung

---

[1] Sie steigt wie bei zwei Kugeln mit Ladungen gleichen Vorzeichens im Abstand r linear mit $- a/r$ an, woraus sich für das Volumen die Wurzel dritter Potenz ergibt.

[2] SLATER, J. C.: Phys. Rev. **35** (1930), 509; **36** (1930), 57. Vgl. auch U. DEHLINGER: Gitteraufbau metallischer Systeme in Handbuch der Metallphysik von G. MASING, Bd. I, 1 Leipzig: Akad. Verl.-Ges. m.b.H. 1935 und Chemische Physik der Metalle und Legierungen Leipzig: Akad. Verl.-Ges. 1939.

nur von Atomen mit Elektronen mit einem Spin entgegengesetzten Vorzeichens umgeben ist. Eine solche Verteilung läßt sich bei gleichen Atomzahlen beider Komponenten im raumzentrierten Gitter herstellen, wenn die Raummitte des Elementarwürfels jeweils von der einen Atomart, die Ecken des Elementarwürfels dagegen von der anderen Atomart besetzt werden. Im flächenzentrierten Gitter läßt sich dahingegen bei diesem Atomverhältnis eine derartig einfache regelmäßige Atomverteilung nicht herstellen. Es ist also verständlich, daß die Alkalimetalle raumzentriert krystallisieren.

Bei dieser Betrachtung schreiben wir jedem Atom ein Elektron zu. Die Elektronen sind also nicht völlig frei. Das entspricht dem quantenmechanischen Bild eines Metalles, nach dem die Valenzelektronen von einem Atom zum anderen oscillieren, so daß die Atome einen Teil der Zeit nicht ionisiert sind.

Im Gegensatz zu den Alkalimetallen ergeben die Metalle Kupfer, Silber und Gold viel geringere Kompressibilitäten, als die Theorie des Elektronengases erfordert. Die Ionenvolumina in polaren Krystallen sind etwa 5 ; 9 und 10 cm³/ Mol und die Atomvolumina im metallischen Zustand 7 ; 10 und 10 cm³/Mol. Wie man sieht, ist der Unterschied gering. Daraus kann man folgern, daß die Metallatome sich in diesen Metallen unmittelbar berühren; unter diesen Umständen kann die Kompressibilität nicht mehr durch das Elektronengas bestimmt sein.

Dem viel edleren Charakter dieser Metalle im Vergleich zu den Alkalimetallen entsprechend ist anzunehmen, daß sie im metallischen Zustand viel weniger ionisiert sind, d. h. daß die Zahl der freien Elektronen jeweils geringer ist[1]. Hierauf ist wohl das geringere Atomvolumen dieser Metalle zurückzuführen.

b) Die Hume-Rothery-Phasen.

W. Hume-Rothery hat 1927 bemerkt, daß in vielen Legierungen Phasen mit einer bestimmten Krystallstruktur dann auftreten, wenn die Valenzelektronenkonzentration, also das Verhältnis der Zahl der Valenzelektronen zur Zahl der Atome, einen bestimmten Wert hat[2]. Ausgehend vorwiegend von den Cu-Zn-Legierungen (Diagramm Abb. 99), stellte er fest, daß für eine Reihe von Verbindungen dieses Verhältnis $\frac{3}{2}$ ist. Diese Verbindungen krystallisieren entweder in der Struktur des β-Messings (kubisch raumzentrierte CsCl-Struktur; der Umstand, daß der Existenzbereich der β-Phase bei tieferen Temperaturen etwas abseits von der idealen Zusammensetzung CuZn liegt, macht im Zusammenhang mit dem oben S. 143 ausgeführten keine grundsätzlichen Schwierigkeiten) oder in der komplizierteren Struktur des β-Mangans, die hier nicht erörtert werden soll. Eine andere Gruppe mit der Valenzelektronenkonzentration $\frac{21}{13}$ krystallisiert im γ-Messing-Gitter, eine dritte mit der Elektronenkonzentration $\frac{7}{4}$ im Gitter des ε-Messings (hexagonale dichteste Kugelpackung). Unmittelbar nach der Entdeckung von W. Hume-Rothery bestand der Eindruck, daß sie das Grundgesetz der metallischen Verbindungsbildung überhaupt enthalte. Spätere Untersuchungen haben gezeigt, daß neben dem Prinzip von W. Hume-Rothery auch andere konkurrierende Prinzipien existieren, wie das bereits auf S. 143 ausgeführt worden ist.

In den Tab. 12, 13 und 14 sind nach H. Witte[3] die wichtigsten und am sichersten festgestellten Verbindungen aufgezählt, die in den Hume-Rothery-Struk-

---

[1] Wagner, C.: Thermodynamik metallischer Mehrstoffsysteme in Handbuch der Metallphysik von G. Masing Bd. I, 2. Leipzig: Akad. Verl.-Ges. m. b. H., 1940.

[2] Zusammenfassende Darstellung von W. Hume-Rothery: The structure of metals and alloys. Besonders S. 98—105. London 1936, zahlreiche spätere Auflagen.

[3] Witte, H.: Metallwirtschaft 16 (1937), 237.

turen krystallisieren. In der ersten Spalte ist jeweils die der geforderten Elektronenkonzentration entsprechende Formel angegeben. Wenn die Formel ganz unsicher ist, befindet sich zwischen den Metallsymbolen ein Bindestrich. Die nachfolgende zweite Spalte enthält die der Formel entsprechenden Zusammensetzungen in At-% des zu zweit genannten Metalles, und die dritte und vierte Spalte die wirklich beobachteten Phasengrenzen in At-% und die ihnen entsprechenden Elektronenkonzentrationen. Die letzteren sind mit der am Kopf der Tabelle geforderten Elektronenkonzentration zu vergleichen.

Tabelle 12.   Hume-Rothery-Phasen mit β-Messing- bzw. β-Mn-Struktur (ideale Elektronenkonzentration pro Atom 1,5).

Nr.	Formel	At.-% des 2. Metalles nach der Formel	Phasengrenzen etwa	
			in At.-% des 2. Metalles	in Elektronen pro Atom
1	Ag_3Al	25,0	20—31	1,41—1,62
2	AgCd	50	41—56	1,41—1,56
3	AgMg	50	40—66	1,40—1,66
4	AgZn	50	39—58	1,39—1,57
5	AlCo	50	47—75	1,58—0,74
6	$AlCu_3$	75	68—81	1,64—1,38
7	AlFe	50	50	1,50
8	AlNd	50	50	1,50
9	AlNi	50	45—60	1,65—1,20
10	AuCd	50	44—58	1,44—1,58
11	AuMg	50	34—59	1,34—1,59
12	AuZn	50	37—57	1,36—1,57
13	BeCo	50	50	1,00
14	BeCu	50	53—50	1,50—1,47
15	BeNi	50	50	1,00
16	BePd	50	50	1,00
17	Cu_3Ga	25	19—27	1,39—1,55
18	Cu_3In	25	18—24	1,36—1,48
19	CuPd	50	38—50	1,00
20	Cu_5Sn	16,7	13,5—22	1,40—1,66
21	CuZn	50	36—56	1,36—1,56
22	FePt	50	35—65	1,00
23	HgMg	50	51	2,00
24	Mn_3Si	25	25	1,00
25	NiZn	50	47—58	0,95—1,17
26	CeMg	50	50—62	1,00—1,24
27	$CeMg_3$	75	75	1,50
28	LaMg	50	50—60	1,00—1,20
29	$LaMg_3$	75	75	1,50
30	MgPr	50	50	1,00
31	Mg_3Pr	25	25	1,50

Bei der Berechnung der Valenzelektronenkonzentration sind in der Regel die üblichen chemischen Wertigkeiten eingesetzt. Ein Zweifel über ihren hier einzusetzenden Wert kann zunächst bei Elementen, die verschiedene Wertigkeitsstufen haben, entstehen. Hier sind — in der Regel mit gutem Erfolg — die durch die Stellung im periodischen System bestimmten Wertigkeiten eingesetzt worden, so für Zinn 4, für Kupfer und Gold 1 usw. Bei der Durchsicht der Tabellen fällt auf, daß man den Elementen der Gruppe der ferromagnetischen Metalle Fe, Co und Ni die Wertigkeit 0 zuschreiben muß, um der Regel von W. HUME-ROTHERY zu genügen. Das sieht man z. B. an den Verbindungen 5, 7, 9, 38, 39, 40, 42, 43, 44, 45, 46, 53, 54, 55, 56 und 57. Das gilt ganz besonders für die γ-Messingstrukturen (38—57), während bei den β-Messingstrukturen der Ansatz der

10*

Tabelle 13. Hume-Rothery-Phasen mit γ-Messing-Struktur
(ideale Elektronenkonzentration pro Atom 1,62).

Nr.	Formel	At.-% des 2. Metalles nach der Formel	Phasengrenzen etwa	
			in At.-% des 2. Metalles	in Elektronen pro Atom
32	Ag_5Cd_8	61,5	57,5—63	1,58—1,63
33	Ag_5Hg_8	61,5	60,5	1,60
34	$AgLi_3$	75	75	1,00
35	Ag_5Zn_8	61,5	60,4—67	1,60—1,67
36	Al_4Cu_9	69,3	63—69	1,74—1,62
37	Au_5Zn_8	61,5	65—79	1,65—1,79
38	$Be_{21}Ni_5$	19,2	17,5—18	1,65—1,64
39	$Be_{21}Pt_5$	19,2	19,2	1,62
40	$Cd_{21}Cc_5$	19,2	19,2	1,62
41	Cd_8Cu_5	38,5	36—48	1,64—1,52
42	$Cd_{21}Ni_5$	19,2	19,2	1,62
43	$Cd_{21}Pd_5$	19,2	19,2	1,62
44	$Cd_{21}Pt_5$	19,2	19,2	1,62
45	$Cd_{21}Rh_5$	19,2	19,2	1,62
46	Co_5Zn_{21}	81	78—85	1,56—1,70
47	Cu_9Ga_4	30,8	30—38	1,59—1,76
48	$CuHg$	50	50,0	1,50
49	Cu_9In_4	30,8	29—31	1,58—1,62
50	$Cu_{31}Si_8$	20,5	18	1,54
51	$Cu_{31}Sn_8$	20,5	20—21	1,60—1,63
52	Cu_5Zn_8	61,5	57—70	1,57—1,70
53	Fe_5Zn_{21}	81	70—77	1,40—1,55
54	Ni_5Zn_{21}	81	70—85	1,40—1,71
55	Pd_5Zn_{21}	81	81	1,62
56	Pt_5Zn_{21}	81	81	1,62
57	Rh_5Zn_{21}	81	81	1,62

Tabelle 14. Hume-Rothery-Phasen mit ε-Messing-Struktur
(ideale Elektronenkonzentration pro Atom 1,75).

Nr.	Formel	At.-% des 2. Metalles nach der Formel	Phasengrenzen etwa	
			in At.-% des 2. Metalles	in Elektronen pro Atom
58	Ag_5Al_3	37,5	27—40	1,54—1,80
59	Ag-As		10,5	1,42
60	$AgCd_3$	75	65—81	1,65—1,81
61	Ag-Hg		44,7	1,45
62	Ag-In		26—32	1,51—1,63
63	Ag-Sb		10—14	1,39—1,58
64	Ag_3Sn	25	12—23	1,37—1,69
65	$AgZn_3$	75	67—90	1,67—1,90
66	$AuCd_3$	75	62—65	1,62—1,65
67	Au-Hg		21—27	1,21—1,27
68	Au_3Sn	25	12—16	1,36—1,48
69	$AuZn_3$	75	89	1,89
70	Bi-Pb		67—75	4,33—4,25
71	Cd-Li		14,5—29	1,86—1,71
72	Cd-Mg		75	2,00
73	Cu_3Ge	25	25	1,75
74	Cu-Sb		19—25	1,76—2,00
75	Cu_3Si	25	14,5	1,44
76	Cu_3Sn	25	24,5—25,1	1,73—1,75
77	$CuZn_3$	75	78—87	1,78—1,87
78	Fe-Zn		87—93	1,74—1,87

Wertigkeit 1 meistens zu besseren Ergebnissen führt (13, 15, 16, 19, 24, 25). Im Rahmen der Regel von W. Hume-Rothery wird man also bei den β-Messingverbindungen dieser Metalle mit der Wertigkeit 1 und bei den γ-Messingverbindungen mit der Wertigkeit 0 rechnen. Die darin enthaltene Abweichung von der allgemeinen Wertigkeitsvorschrift mutet wie eine gewisse Willkür an und ist geeignet, die Bedeutung der Regel von W. Hume-Rothery zu vermindern. Man muß jedoch bedenken, daß diese Metalle dazu neigen, im metallischen Zustand andere Zahlen von freien Elektronen aufzuweisen, als die man auf Grund ihrer Wertigkeit erwartet hätte (0 bei Palladium in den Legierungen mit Cu, Ag und Au, vgl. S. 299, und 0,6 bei Nickel auf Grund des Wertes seiner ferromagnetischen Sättigung, vgl. S. 301). So ist es möglich, daß die Regel von W. Hume-Rothery hier tiefere Einblicke in metallische Strukturen eröffnet. Bei der Berechnung der Elektronenkonzentrationen ist für die genannten Metalle in den Tabellen überall die Wertigkeit 0 angenommen worden. Auch die Elemente Ce, La, Nd und Pr sind als nullwertig angesetzt worden[1].

Daß die Vorschrift der Elektronenkonzentration nicht das einzige bestimmende Prinzip der metallischen Verbindungsbildung ist, ergibt sich aus der Gesamtanzahl der in Tab. 15 enthaltenen, in die Tab. 12 z. T. nicht übernommenen Verbindungen des β-Messingtypes, die abweichende Elektronenkonzentrationen aufweisen. Hier sind offenbar nicht die Elektronenkonzentrationen, sondern andere Faktoren für die Verbindungsbildung maßgebend (vgl. S. 143). Die vielen Fälle, in denen die Forderung der Elektronenkonzentration 1,5 in verblüffender Weise durch die Formel der Verbindung erfüllt ist, während der normale Wertigkeitsansatz völlig versagt, beweisen jedoch überzeugend, daß in der Hume-Rothery-Regel ein Grundprinzip der Verbindungsbildung gefunden worden ist[2].

Tabelle 15. Valenzelektronenkonzentration kubisch raumzentrierter Legierungsphasen.

	Li	Na	Be	Mg	Ca	Sr	Zn	Cd	Al	Sn	Pd
Fe	—	—	—	—	—	—	—	—	3/2	—	—
Co	—	—	—	—	—	—	—	—	3/2	—	—
Ni	—	—	—	—	—	—	—	—	3/2	—	—
Cu	—	—	3/2	—	—	—	3/2	—	3/2	3/2	1/2
Ag	1	—	—	3/2	—	—	3/2	3/2	—	—	—
Au	—	—	—	—	—	—	3/2	3/2	—	—	—
Zn	3/2	—	—	—	—	—	—	—	—	—	—
Cd	3/2	—	—	—	—	—	—	—	—	—	—
Hg	3/2	—	—	—	—	—	—	—	—	—	—
Ga	2	—	—	—	—	—	—	—	—	—	—
In	2	2	—	—	—	—	—	—	—	—	—
Tl	2	2	—	5/2	5/2	5/2	—	—	—	—	—

Viel überzeugender sind die γ-Messingverbindungen (Tab. 13). Wie ein Blick auf die letzte Spalte zeigt, weist trotz der großen Mannigfaltigkeit der Formeln von den 26 aufgeführten Verbindungen nur *eine* (AgLi$_3$, Nr. 34) eine krasse Abweichung von der theoretischen Elektronenkonzentration auf, während bei 48 (CuHg) und 50 (Cu$_{31}$Si$_8$) nur geringere Abweichungen auftreten.

Während man bei der Verbindungsbildung nach dem CsCl-Typ zwei konkurrierende Prinzipien, nämlich die Elektronenkonzentration und etwa die

---

[1] Zur Begründung vgl. U. Dehlinger: Gitteraufbau metallischer Systeme. Handbuch der Metallphysik von G. Masing, Bd. I., 1. Teil, Leipzig: Akadem. Verlagsges. m.b.H., 1935.
[2] Eine Reihe von Verbindungen mit NaTl-Struktur (S. 139) folgt der Hume-Rothery-Regel.

Forderung einer guten Raumausfüllung von etwa gleicher Stärke annehmen muß, von denen sich je nach den Umständen das eine oder das andere stärker auswirkt, ist der γ-Messingtyp in der Regel überhaupt nur durch das Stabilitätsprinzip des Elektronengerüstes möglich. Dem entspricht auch die sehr wenig übersichtliche Struktur dieses Typs. Wenn man die Gitterkonstante eines raumzentrierten kubischen Gitters verdreifacht, enthält die Elementarzelle 54 Atome. Von diesen fehlen beim γ-Messing das zentrale Atom und die in den Würfelecken befindlichen Atome, die Elementarzelle enthält also 52 Atome. Ihre Lagen sind wegen des Fehlens dieser zwei Atome um geringe Beträge verzerrt.

Eine solche Struktur kann nicht durch Forderungen der Affinität oder der Raumerfüllung allein zustande kommen; sie wird durch ganz spezielle Umstände ermöglicht, unter denen die Elektronenkonzentration offenbar eine besondere Rolle spielt.

H. Jones[1] ist es gelungen, eine Energieberechnung für das Elektronengas des γ-Messings etwa auf der auf S. 145 angedeuteten Basis durchzuführen. Es hat sich ein Minimum im Konzentrationsgebiet um 1,62 Elektronen pro Atom ergeben. Fernerhin wurde gefunden, daß bei einer Elektronenkonzentration 1,73 ein starker Anstieg der Elektronenenergie eintritt, so daß höhere Konzentrationen im Existenzgebiet der γ-Messingphasen nicht auftreten dürften. Tab. 13 zeigt, daß diese Forderung befriedigend erfüllt ist. Es gibt zwar einige Fälle (37, 47, 49), in denen eine etwas höhere Elektronenkonzentration erreicht wird, jedoch ist einerseits nicht sicher, daß die Zahl der freien Elektronen im Metallzustand immer genau der Wertigkeit der Elemente entspricht, und sind andererseits die Phasengrenzen nicht sehr genau bestimmt.

Bei den ε-Messingphasen weichen die tatsächlichen Elektronenkonzentrationen von der geforderten 1,75 vielfach stark ab. Diese Gruppe kann deshalb wohl an sich nicht mehr als Bestätigung der Regel von W. Hume-Rothery betrachtet werden. Auch erscheint es nicht ausgeschlossen, daß die ideale Elektronenkonzentration für diesen Typ eine andere als die von W. Hume-Rothery angegebene 1,75 ist. Eine Energieberechnung der freien Elektronen ist in diesem Falle noch nicht durchgeführt worden.[2] Wohl konnte aber das Abfallen des Achsenverhältnisses, wie es mit zunehmender Elektronenkonzentration auftritt, elektronentheoretisch berechnet werden.

Die Hume-Rothery-Phasen weisen meistens größere Homogenitätsbereiche auf, wodurch die angegebenen Verbindungsformeln an Bedeutung verlieren. An Stelle der bestimmten Elektronenkonzentrationen treten Konzentrationsbereiche. Theoretisch entstehen hierdurch keine Schwierigkeiten, auch wenn die Idealformel am Rande oder etwas außerhalb des Homogenitätsgebietes liegt, wenn man die Wechselwirkung der verschiedenen stabilitätsbestimmenden Faktoren berücksichtigt (S. 143).

Manche Verbindungen, die zu den Hume-Rotheryschen gerechnet werden, weisen verzerrte Strukturen auf, wodurch Zweifel darüber entstehen können, ob sie zur genannten Gruppe zu rechnen sind. In Anlehnung an H. Witte[3] sind sie nicht berücksichtigt worden. Indem man die Grenzen der Gruppe der Hume-Rothery-Phasen anders zieht, ergeben sich nur geringere Unterschiede, durch die die oben gezogenen Schlußfolgerungen nicht berührt werden.

Von der Überzeugung ausgehend, daß der Elektronenkonzentration eine grundsätzliche Bedeutung zukommt, hat W. Hume-Rothery neuerdings in einer

---

[1] Jones, H.: Proc. roy. Soc. London A 144 (1934), 225.
[2] Vgl. U. Dehlinger: Z. Phys. 94 (1935), 231.
[3] Witte, H.: l. c., vgl. S. 146.

Reihe z. T. mit G. V. RAYNOR veröffentlichten Arbeiten seinen ursprünglichen summarischen Ansatz in Anpassung an experimentelle Ergebnisse vielfach verfeinert. An der Fruchtbarkeit einer solchen Betrachtungsweise dürfte grundsätzlich kein Zweifel bestehen[1].

c) Laves-Phasen.

Es gibt eine große Anzahl von Verbindungen allgemein der Formel AB_2, für deren Aufbau anscheinend vorwiegend geometrische Faktoren maßgebend sind. Sie sind sehr eingehend von F. LAVES untersucht worden und werden wohl allgemein als Laves-Phasen bezeichnet. Die Laves-Phasen weisen bei dem Radienverhältnis der Atome $A : B = 1,225$ die beste Raumerfüllung auf. Die Voraussetzung für ihre Bildung ist, daß das Atomradienverhältnis sich diesem Wert einigermaßen nähert, womit der maßgebende Einfluß der geometrischen Raumerfüllungsverhältnisse für diese Strukturen bereits gezeigt ist. Bevor wir die Laves-Phasen systematisch erörtern, soll ihre Struktur an den Beispielen von $MgCu_2$ und von $MgZn_2$ beschrieben werden.

α) Struktur der Verbindung $MgCu_2$.

$MgCu_2$ krystallisiert kubisch flächenzentriert, mit einer Gitterkonstanten $a = 7,03$ und mit 24 Atomen in der Elementarzelle. Die einzelnen Atome nehmen folgende Punktlagen in folgenden flächenzentrierten Teilgittern ein:

$$8 \text{ Mg } (A) \quad 0\,0\,0 \qquad 16 \text{ Cu } (B) \quad \frac{3}{8}\,\frac{3}{8}\,\frac{5}{8}$$

$$\frac{1}{4}\,\frac{1}{4}\,\frac{1}{4} \qquad\qquad \frac{3}{8}\,\frac{5}{8}\,\frac{3}{8}$$

$$\frac{5}{8}\,\frac{3}{8}\,\frac{3}{8}$$

$$\frac{5}{8}\,\frac{5}{8}\,\frac{5}{8}$$

Die Magnesiumatome weisen demnach die Anordnung des Diamantgitters auf.
In Abb. 112 ist eine Elementarzelle $b\,c\,d\,e$ mit ihrer nächsten Umgebung in der Aufsicht wiedergegeben. Die z-Koordinate steht senkrecht zur Papierebene; ihre Werte sind an den in Frage kommenden Punktlagen angeschrieben. Abb. 113 zeigt das Raumgitter in perspektivischer Ansicht. Bei Bedarf sind die in Frage kommenden Atome durch kleine oder große Buchstaben bezeichnet. Die Kupferatome sind durch kleine, die Magnesiumatome durch große Kreise angedeutet. Die oben angegebenen Punktlagen des Kupfers sind in der Abbildung durch entsprechende Zahlen gekennzeichnet. Sie ergeben ein Tetraeder, dessen obere Kante, z. B. $f\,i$, und untere Kante, z. B. $g\,h$, parallel zur Ebene des Papiers (zur Basisebene 001 der Zelle) sind. Indem man, von diesen Punkten ausgehend, die zugehörigen flächenzentrierten Gitter auf Grund der Vorschrift (S. 17) entwickelt, erhält man innerhalb der Elementarzelle die 16 Atomlagen f bis v des Kupfers. Sie sind in Abständen $\dfrac{a\sqrt{2}}{4}$ auf Geraden angeordnet, die den Flächendiagonalen parallel sind. In Abb. 112 sind die der Basisfläche parallelen Geraden angedeutet. Während der Abstand der Kupferatome auf diesen Geraden $\dfrac{a\sqrt{2}}{4}$ ist, beträgt der horizontale Abstand zwischen den Geraden selbst $\dfrac{a\sqrt{2}}{2}$.

---

[1] HUME-ROTHERY, W. z. T. gemeinsam mit G. V. RAYNOR, vorwiegend in den Nachkriegsjahrgängen des J. Inst. Metals.

Die Kupferatome sind in Tetraedern angeordnet, die gemeinsame Ecken haben. Die Fortsetzungen fs und in der oberen Kante des Tetraeders $fgih$ bilden die unteren Kanten der Tetraeder $qfts$ und $imnp$. Diese Tetraeder

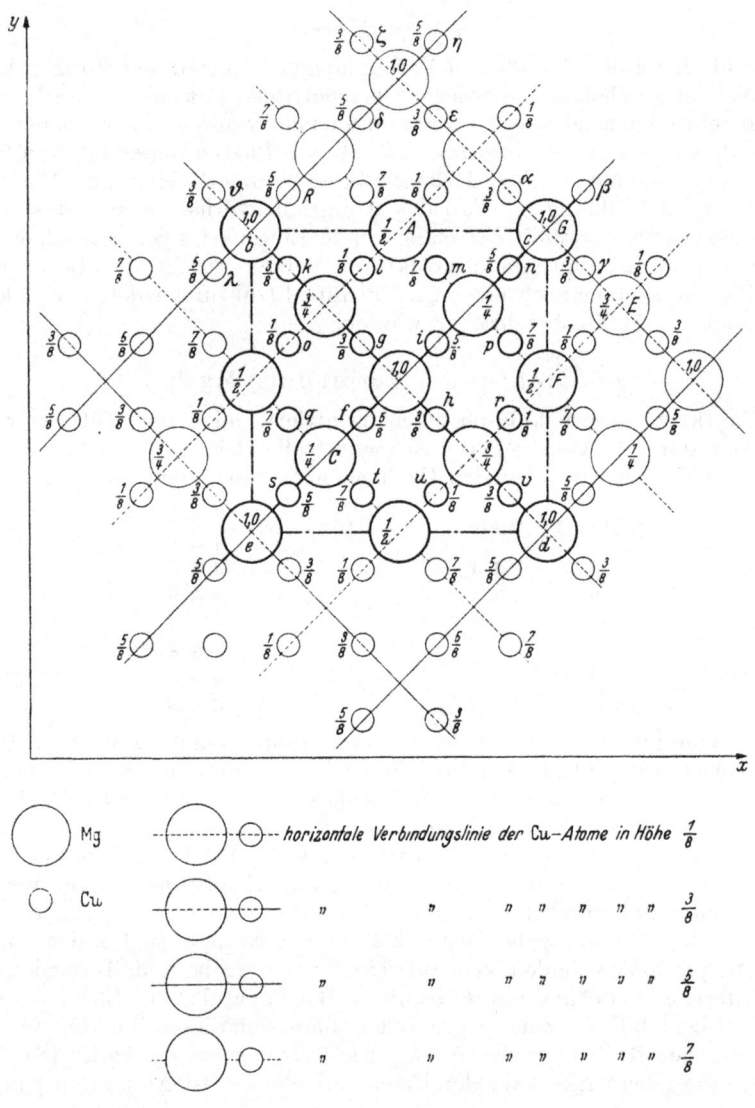

Abb. 112. Anordnung der Gitterpunkte in der Verbindung MgCu₂. Aufsicht in der [100]-Richtung.

sind in der perspektivischen Darstellung Abb. 113 zu sehen Die in gleichen Höhen über der Basisebene befindlichen Tetraeder bilden ein verhältnismäßig loses quadratisches Netz, z. B. die Tetraeder $fgih$, $n\alpha\beta\gamma$, $\delta\zeta\eta\varepsilon$ und $\lambda\vartheta\Re k$. In der Lücke zwischen diesen Tetraedern befindet sich das Magnesiumatom A in der Höhe $\frac{1}{2}$. Die Ebene (001) darf in einem kubischen Gitter den Ebenen (100) und (010) gegenüber nicht bevorzugt sein. In der Tat befinden sich in gleichen Abständen unterhalb von A in den Höhen $-\frac{1}{8}$ und $+\frac{1}{8}$ und oberhalb von A in den Höhen $+\frac{7}{8}$ und $+\frac{9}{8}$ entsprechende Kupfertetraeder, die mit je zwei der oben betrachteten Tetraeder entsprechende Quadrate in den Ebenen (100) und (010) ergeben.

Eine derartige Anordnung gilt für jedes Magnesiumatom, z. B. für das in der Punktlage $\frac{1}{4}\,\frac{1}{4}\,\frac{1}{4}$ befindliche C-Atom. Es ist in gleicher Höhe von 4 Tetraedern umgeben, von denen das eine $h\,r\,v\,u$ ist.

Jedes Kupferatom gehört zu 2 Tetraedern, die in verschiedener Höhe liegen, z. B. das Atom g zu $o\,k\,l\,g$ und $f\,g\,i\,h$. Es hat also im kleinsten Abstand 6 Cu-Nachbarn. Dieser Abstand beträgt $\frac{a}{4}\sqrt{2} = 0{,}3535\,a$. Jedes Mg-Atom ist im Abstand $a\sqrt{(\frac{3}{8})^2 + (\frac{1}{8}) + (\frac{1}{8})^2} = 0{,}4145\,a$ von 12 Cu-Atomen umgeben, die zu den benachbarten Tetraedern gehören. Beim Mg-Atom A handelt es sich z. B. um

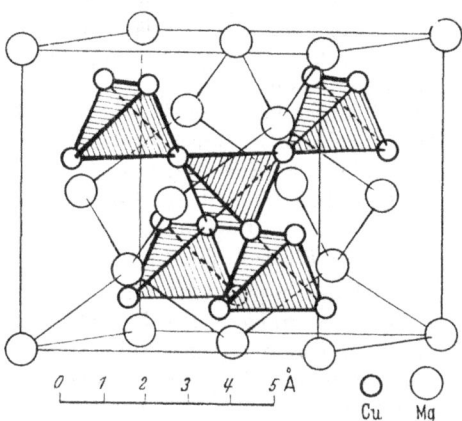

Abb. 113. Elementarzelle der Verbindung MgCu₂.

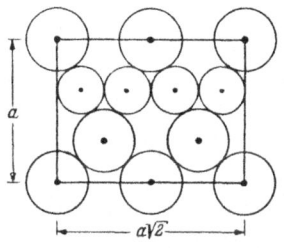

Abb. 113 A. Schnitt in der (110)-Ebene der Elementarzelle von MgCu₄.

die Cu-Atome $\mathfrak{R}$, k, α, n, δ, ε, g, i und je 2 in den unterhalb und oberhalb A liegenden Tetraedern. Umgekehrt ist jedes Cu-Atom in demselben Abstand von 6 Mg-Atomen umgeben. Jedes Mg-Atom ist von 4 nächsten Mg-Atomen in Abständen $a\sqrt{(\frac{1}{4})^2 + (\frac{1}{4}) + (\frac{1}{4})^2}\,a = 0{,}4325\,a$ umgeben. Die Abstände zwischen je zwei Cu- oder je zwei Mg-Atomen sind zugleich die Durchmesser der als kugelförmig gedachten Atome, wenn sie sich berühren. Wenn auch die Cu- und Mg-Atome sich gegenseitig berühren würden, wären die Abstände ihrer Zentren $\frac{(0{,}3535 + 0{,}4325)\,a}{2} = 0{,}393\,a$. Demgegenüber haben wir für diesen Abstand oben den Wert $0{,}4145\,a$ gefunden.

Wir erhalten demnach folgendes Bild der Struktur der Mg-Cu₂-Phase. Sie besteht aus zwei räumlichen Netzwerken von sich innerhalb des Netzwerkes berührenden Atomen (Mg-Netzwerk und Cu-Netzwerk), die sich gegenseitig nicht berühren. Die Anordnung ergibt sich anschaulich aus Abb. 113A, in der ein Schnitt der Elementarzelle in der (110)-Ebene dargestellt ist[1]. Die großen Mg-Atome berühren sich untereinander, ebenso die kleinen Cu-Atome. Zwischen den Cu-Atomen einerseits und den Mg-Atomen anderseits ergibt sich jedoch ein Abstand, der in der Abb. 113A nicht zur Darstellung gebracht wurde, um ihre Übersichtlichkeit nicht zu stören.

---

[1] SCHULZE, E. R.: Z. Elektrochem. **45** (1939), 849.

Die Atome innerhalb je eines räumlichen Netzwerkes können sich in beiden Netzwerken gleichzeitig nur berühren, wenn die Atomradien die oben angegebenen Größen haben, also im Verhältnis

$$\text{Mg} : \text{Cu} = A : B = \frac{\sqrt{3}}{\sqrt{2}} = 1{,}225$$

zueinander stehen. Damit erklärt sich die oben angegebene Regel, daß eine Voraussetzung für die Entstehung von Laves-Phasen ein dem obigen Wert sich näherndes Atomradienverhältnis ist.

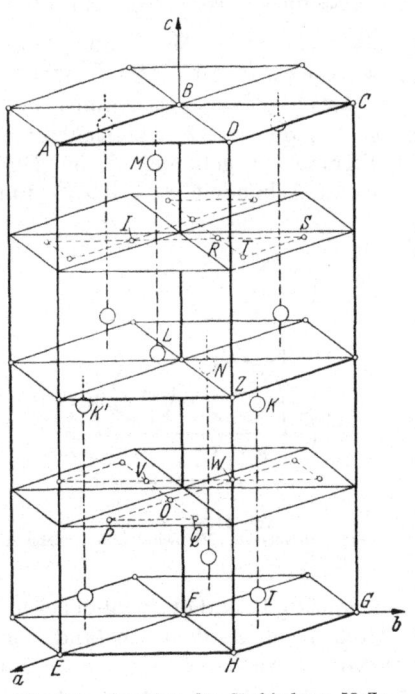

Abb. 114. Struktur der Verbindung MgZn₂ (kleine Kreise: Zn; große Kreise: Mg).

β) Struktur der Verbindung MgZn₂.

Im Gegensatz zu $MgCu_2$ krystallisiert $MgZn_2$ im hexagonalen System. Bei der Erörterung des kubischen flächenzentrierten und des hexagonalen Gitters dichtester Packung haben wir gesehen (S. 20), daß beide im Idealfall eines Atomgitters gleiche Raumerfüllungszahlen aufweisen. Das gilt jedoch nur für das Achsenverhältnis $c : a = 1{,}633$. In Wirklichkeit treten schwächere oder stärkere Abweichungen von diesem Achsenverhältnis auf.

Auch im $MgZn_2$-Gitter äußert sich die geringere Symmetrie des hexagonalen Gitters dem kubischen gegenüber darin, daß nicht, wie bei $MgCu_2$, alle Atomlagen durch die Gittersymmetrie eindeutig fixiert sind, sondern auch „freie" Atomlagen möglich werden (vgl. S. 17).

In Abb. 114 sind drei nebeneinanderliegende Elementarzellen des $MgZn_2$ dargestellt, wobei die Begrenzung einer Zelle A B C D E F G H stark ausgezogen wurde. In dieser Zelle befinden sich 4 Mg- und 8 Zn-Atome und zwar in den Lagen

Mg: $(\frac{1}{3}, \frac{2}{3}, v)$ $(\frac{1}{3}, \frac{2}{3}, \frac{1}{2} - v)$ $(\frac{2}{3}, \frac{1}{3}, \frac{1}{2} + v)$ $(\frac{2}{3}, \frac{1}{3}, 1 - v)$
     I K L M

Zn: (000), $(00\frac{1}{2})$
     F N

     $(2u, u, \frac{1}{4})$ $(1 - u, u, \frac{1}{4})$ $(1 - u, 1 - 2u, \frac{1}{4})$
        O P Q

     $(u, 2u, \frac{3}{4})$ $(u, 1 - u, \frac{3}{4})$ $(1 - 2u, 1 - u, \frac{3}{4})$.
        R S T

Die Buchstaben geben die einzelnen Atome in Abb. 114 und in der Aufsicht Abb. 115 an. Die Lagen der Atome in den Nachbarzellen ist durch die Symmetrieforderung des hexagonalen Gitters gegeben, daß sie sich in Richtungen der Achsen a, b und c in Abständen der Gitterkonstanten wiederholen.

Während die Mg-Atome alle äquivalente Lagen einnehmen, zerfallen die Lagen der Zn-Atome in 2 nicht gleichwertige Gruppen I (H und Z) und II (die

übrigen Atome). In der Lage I besetzen die Zn-Atome die Ecken des Elementarkörpers und außerdem die Mitten der senkrechten Begrenzungskanten in der
Höhe $c = \frac{1}{2}$. Die Zn-Atome der zweiten Lagen besetzen dahingegen die Ecken
der kleineren Dreiecke $O\,P\,Q$ und $R\,S\,T$ in den horizontalen Ebenen $c = \frac{1}{4}$
und $c = \frac{3}{4}$. Die Seitenlängen dieser Dreiecke und die Abstände in der in diesen
Ebenen entstehenden Ketten der Zn-Atome betragen $a\,(1-3\,u)$. Die Ungleich-
wertigkeit der beiden Lagen Zn I und Zn II wird sehr schön durch die von
H. WITTE[1] beschriebene Struktur der Verbindung Mg_2Cu_3Si belegt. In dieser
befinden sich die Si-Atome in den Lagen I, die Cu-Atome in den Lagen II.

Die Mg-Atome sind zu tetraedrischen Gebilden wie Abb. 116 zusammengeschlossen, die das ganze Gitter durchziehen. Das Atom L befindet sich in der
Mitte des Tetraeders. Jedes Mg-Atom hat 4 nächste Nachbarn, wobei die Ab-

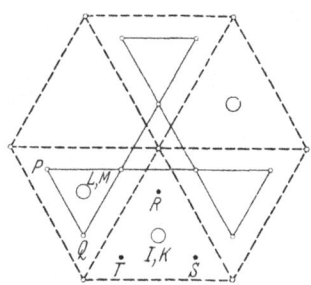
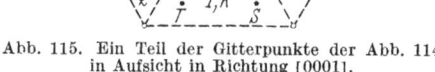
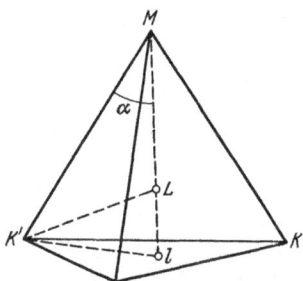

Abb. 115. Ein Teil der Gitterpunkte der Abb. 114   Abb. 116. Lage der Mg-Atome in der $MgZn_2$-Struktur
in Aufsicht in Richtung [0001].   bei dichtester Kugelpackung.

stände z. B. von L zu K, K' und M untereinander gleich sind. Die Zn-Atome,
wie z. B. O, V, W und F befinden sich je in den Ecken eines Tetraeders,
dessen Mitte unbesetzt ist.

Wir wollen jetzt die Bedingungen für die ideal dichteste Atompackung im
$MgZn_2$-Gitter ableiten. Zunächst ist ihre Voraussetzung, daß die Ketten der
Zn-Atome P, O, W; V, O, Q usw. äquidistant besetzt sind. Der Abstand $P\,O$
ist $a\,(1-3\,u)$, der Abstand $O\,W$ gleich $3\,u\,a$ (Abb. 114). Aus der Forderung,
daß beide Abstände gleich sind, ergibt sich $u = \frac{1}{6}$ und die Entfernung der in
einer c-Ebene befindlichen Zn-Atome $= \frac{a}{2}$. Die weitere Forderung ist offenbar,
daß die Abstände der Atome V, O, W bis zum Atom F ebenfalls $a/2$ sind, mit
anderen Worten, daß $F\,V\,O\,W$ ein reguläres Tetraeder ist. Die Höhe dieses
Tetraeders ist dann $\dfrac{a\,\sqrt{2}}{2\,\sqrt{3}}$, und $c = \dfrac{a\,2\sqrt{2}}{\sqrt{3}} = 1{,}633\,a$. Für das Verhältnis $c:a$
ergibt sich die bekannte Forderung der dichtesten Packung. In Abb. 114 ist
c im Interesse der Klarheit sehr stark vergrößert.

Es bleibt noch die c-Koordinate v der Mg-Atome zu bestimmen; sie ergibt
sich aus der Forderung, daß etwa das Tetraeder, dessen Schwerpunkt in L liegt
und dessen Eckpunkte M, K, K' und ein in der Horizontalebene von K und K'
liegender, perspektivisch *vor* der Abb. 114 befindlicher Punkt R sind, regulär ist
(Abb. 116). l liegt in der Basisebene des Tetraeders, also ist $l\,L = 2\,v\,c$. Wir
erhalten

$$\cos\alpha = \frac{K'M}{2\,M\,L} = \frac{M\,l}{K'M}$$

oder

$$\cos\alpha = \frac{a}{2\,M\,L} = \frac{c}{2\,a}.$$

[1] WITTE, H.: Z. angew. Mineralogie 1 (1938), 255.

Wenn $c = \dfrac{2\sqrt{2}}{\sqrt{3}}\, a$ ist, ergibt sich hieraus

$$M\,L = \frac{3}{8}\, c, \text{ und } v = \frac{1}{16}.$$

Wir können jetzt die kürzesten Atomabstände berechnen. Wir erhalten:

$$Mg - Mg = M\,L = \frac{3\,c}{8} = \frac{a\sqrt{3}}{2\sqrt{2}} = 0,612\, a$$

$$Zn - Zn \; = a/2$$

$$Mg - Zn \; = (\text{z. B. für } F \text{ und } I) = \sqrt{\left(\frac{c}{16}\right)^2 + \left(\frac{2}{3}\cdot\frac{\sqrt{3}}{2}\, a\right)^2} = \frac{a\sqrt{11}}{4\sqrt{2}} = 0,586\, a$$

Wenn wir annehmen, daß die Zn-Atome unter sich und die Mg-Atome unter sich sich berühren, findet zwischen Mg- und Zn-Atomen keine unmittelbare Berührung statt.

Das MgZn$_2$-Gitter weist also dieselbe Eigenschaft auf, wie das MgCu$_2$-Gitter. Es ist von je einem Netzwerk aus sich berührenden Mg-Atomen einerseits und von sich berührenden Zn-Atomen andererseits durchzogen. Diese Netzwerke durchdringen sich gegenseitig, ohne in unmittelbarer Berührung miteinander zu stehen.

Für das Verhältnis der Atomradien der beiden Partner ergibt sich $\dfrac{\sqrt{3}}{\sqrt{2}} = 1,225$, genau wie beim kubischen MgCu$_2$-Gitter.

Der Umstand, daß MgCu$_2$ kubisch und MgZn$_2$ hexagonal ist, ergibt auch hier die Konsequenz, daß im ersteren die Oktaederebenen in den zu ihnen senkrechten Richtungen eine Schichtenfolge A-B-C, A-B-C aufweisen, während sich für MgZn$_2$ die Schichtenfolge A-B-A-B ergibt (vgl. S. 21).

Außer dem MgCu$_2$-Typ und dem MgZn$_2$-Typ gibt es noch den hexagonalen MgNi$_2$-Typ, der als Übergang zwischen den beiden obigen betrachtet werden kann, in dem einige Laves-Phasen krystallisieren. Wir wollen ihn nicht näher erörtern.

γ) Existenzbedingungen der Laves-Phasen.

Tab. 16 enthält nach F. LAVES und H. J. WALLBAUM die bisher bekannten Laves-Strukturen. Man überzeugt sich sofort, daß das Verhältnis der Zahl der Valenzelektronen zur Zahl der Atome die verschiedensten Werte aufweist, so daß von einer Einhaltung der Regel von HUME-ROTHERY keine Rede sein kann. Auch spielen die normalen Wertigkeiten der Elemente nicht die geringste Rolle. Sie sind ohne ersichtliche Ordnung über das ganze Periodische System verstreut.

Der Umstand, daß die A- und B-Atome sich in den Laves-Phasen nicht berühren, zeigt schon, daß ihre gegenseitige Affinität nicht ihr entscheidendes Bauprinzip sein kann. Wohl am deutlichsten ist das an der Verbindung KNa$_2$ zu sehen, da beide Partner in einer Gruppe des Periodischen Systems übereinanderstehen. Dahingegen weisen die Laves-Phasen eine hohe Raumerfüllung (Verhältnis des Volumens der Gesamtheit der sich wenn möglich berührenden kugelförmigen Atome zum Gesamtraum) von 0,71 auf, gegenüber 0,682 für das kubisch raumzentrierte Gitter und 0,741 für die hexagonale und kubische dichteste Packung (vgl. S. 14 ff.). Die Bildung der Verbindung KNa$_2$ ermöglicht es also den Metallen Kalium und Natrium, ihre Raumerfüllung zu erhöhen. Die Bildung dieser Verbindung scheint der beinahe reine Ausdruck des für die Metalle so typischen Strebens nach hoher Raumerfüllung zu sein. Die Atomradien sind für beide Alkalimetalle praktisch gleich im reinen Zustand (Na 1,86 Å; K 2,30 Å) und in der Verbindung (Na 1,88 Å; K 2,30 Å). Hierbei ist allerdings die Koordi-

Tabelle 16. Verzeichnis einiger Laves-Phasen[1].

MgCu$_2$-Typ	Radien-verhältnis	Mg Ni$_2$-Typ	Radien-verhältnis	Mg Zn$_2$-Typ	Radien-verhältnis
CaAl$_2$	1,38	MgNi$_2$	1,29	KNa$_2$	1,23
MgCu$_2$	1,25	Mg(CuAl)	1,18	MgZn$_2$	1,17
Mg(NiZn)	1,23	Mg(ZnCu)	1,21	Mg(CuAl)	1,18
Mg(Co$_{0,7}$Zn$_{1,3}$)	1,21	Mg(Ag$_{0,4}$Zn$_{1,6}$)	1,16	Mg(Cu$_{1,5}$Si$_{0,5}$)	1,24
Mg(Ni$_{1,8}$Si$_{0,2}$)	1,30	Mg(Cu$_{1,4}$Si$_{0,6}$)	1,23	Mg(Ag$_{0,9}$Al$_{1,1}$)	1,12
Mg(Ag$_{0,8}$Zn$_{1,2}$)	1,14	β-TiCo$_2$	1,15	CaMg$_2$	1,23
CeAl$_2$	1,27	Zr$_{0,8}$Fe$_{2,2}$	1,26	Ca(AgAl)	1,37
LaAl$_2$	1,30	Nb$_{0,8}$Co$_{2,2}$	1,17	CrBe$_2$	1,13
TiBe$_2$	1,28	Ta$_{0,8}$Co$_{2,2}$	1,16	MnBe$_2$	1,16
(FeBe)Be$_4$	1,06			FeBe$_2$	1,12
(PdBe)Be$_4$	1,11			VBe$_2$	1,20
CuBe$_{2,35}$	1,13			ReBe$_2$	1,21
AgBe$_2$	1,27			MoBe$_2$	1,24
(AuBe)Be$_4$	1,14			WBe$_2$	1,25
Cd(CuZn)	1,15			WFe$_2$	1,11
α-TiCo$_2$	1,15			TiFe$_2$	1,14
ZrFe$_2$	1,26			TiMn$_2$	1,11
ZrCo$_2$	1,27			ZrMn$_2$	1,21
ZrW$_2$	1,13			ZrCr$_2$	1,25
NbCo$_2$	1,17			ZrV$_2$	1,18
TaCo$_2$	1,16			ZrRe$_2$	1,17
BiAu$_2$	1,26			ZrOs$_2$	1,20
PbAu$_2$	1,22			ZrRu$_2$	1,21
NaAu$_2$	1,33			ZrIr$_2$	1,19
KBi$_2$	1,30			TaMn$_2$	1,11
CeNi$_2$	1,47			TaFe$_2$	1,15
CeCo$_2$	1,44			NbMn$_2$	1,12
CeMg$_2$	1,14			NbFe$_2$	1,16
GdMn$_2$	1,37			CaLi$_2$	1,25
GdFe$_2$	1,41			SrMg$_2$	1,35
LaMg$_2$	1,16			BaMg$_2$	1,40
CuZnCd				CaCd$_2$	1.29
Mg(Cu,Si)$_2$	1,23			CaAg$_{1,9}$Mg$_{0,1}$	1,37
				CaAg$_{1,5}$Mg$_{0,5}$	
				CaMg$_{1,3}$Ag$_{0,7}$	

nationszahl 8 des kubisch-raumzentrierten Gitters zu berücksichtigen, die von Einfluß auf den Atomradius ist (S. 259).

Fernerhin ist zu bemerken, daß die reinen Alkalimetalle ja flächenzentriert (oder hexagonal) krystallisieren würden, wenn die Forderung der hohen Raumerfüllung bei ihnen der bestimmende Aufbaufaktor wäre. Er tritt hier zurück, da das Volumen in der Hauptsache durch das Elektronengas bestimmt wird (S. 145). Es ist nicht ohne weiteres verständlich, warum sich dieser Faktor in der Verbindung so viel stärker bemerkbar machen soll.

Ein gewisses Mindestmaß an Affinität, also gewisse Beziehungen zwischen den Atomstrukturen der Partner, muß natürlich auch bei den Laves-Phasen bestehen. In der Tat gibt es ziemlich viele Fälle, in denen die Metalle untereinander überhaupt keine Verbindungen bilden, trotzdem die Radienquotienten der Partner günstig liegen; in diesen Fällen fehlt das notwendige Mindestmaß an Affinität, ebenso wie es fehlt, wenn sich im flüssigen Zustand Mischungslücken bilden.

Diese Affinität überlagert sich dem geometrischen Aufbauprinzip der Laves-Phase und beeinflußt sie in verschiedenen Beträgen.

Es gibt andererseits zahlreiche Fälle, in denen Verbindungen anderer Typen und Zusammensetzungen gebildet werden, auch wenn die geometrischen Verhält-

---

[1] Vgl. LAVES, F., u. H. J. WALLBAUM: Z. anorg. allg. Chem. **250** (1942), 110.

nisse für die Bildung von Laves-Phasen günstig liegen. In solchen Fällen braucht nach einer richtigen Bemerkung von E. R. Schulze[1] nicht geschlossen zu werden, daß keine Tendenz zur Bildung einer Laves-Phase vorliegt. Die Laves-Phase tritt nur deshalb nicht in Erscheinung, weil andere Phasen infolge irgendwelcher Umstände *noch beständiger* sind.

Die wichtigsten Voraussetzungen für die Laves-Phasen sind deshalb:

1. Ein gewisser, meist schwacher Betrag der Affinität zwischen den Partnern.
2. Ein günstiges Radienverhältnis der Elemente.
3. Ein ausgesprochenes Bestreben nach guter Raumerfüllung, ein Kennzeichen typischer Metalle.

U. Dehlinger und E. R. Schulze[1] haben versucht, das Problem der Affinität zwischen den Partnern der Laves-Phasen eingehender zu analysieren, jedoch ist das sehr schwierig, solange keine anderen experimentellen Unterlagen außer der geometrischen Raumgitteranalyse vorhanden sind.

d) NiAs-Typ.

Eine große Anzahl von Verbindungen krystallisiert im Typ des Nickel-Arsenids. Es handelt sich um ein hexagonales Gitter, das wie folgt zu beschreiben ist.

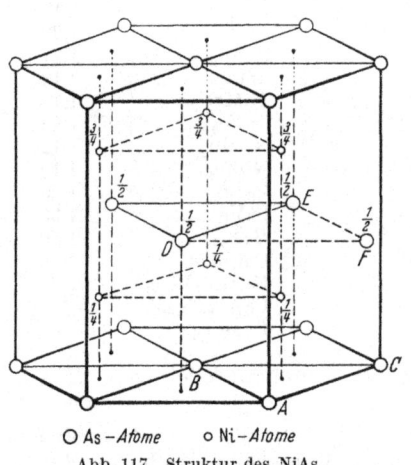

O As—Atome   o Ni—Atome
Abb. 117. Struktur des NiAs.

Ni: $000,\ 00\frac{1}{2}$;

As: $\frac{2}{3}\ \frac{1}{3}\ \frac{1}{4},\ \frac{1}{3}\ \frac{2}{3}\ \frac{3}{4}$

Das Nickel besetzt somit ein primitives hexagonales Gitter mit der senkrechten Achse $\frac{1}{2}\,c$. Das Arsen besetzt ein hexagonales Gitter dichtester Packung mit der Achse c. Das ersieht man sofort, wenn man die hexagonale Zelle verschiebt um

$$\frac{2\,a}{3}\,;\quad \frac{1\,a}{3}\,;\quad \frac{c}{4}\,.$$

Dann erhält man für Ni und As die Lagen

As: $000;\ \frac{2}{3}\ \frac{1}{3}\ \frac{1}{2}$;

Ni: $\frac{1}{3}\ \frac{2}{3}\ \frac{3}{4};\ \frac{1}{3}\ \frac{2}{3}\ \frac{1}{4}$.

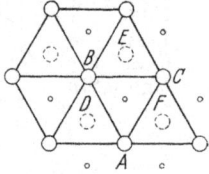

Abb. 118. Aufsicht auf das NiAs-Gitter in der [0001]-Richtung (kleine Kreise: Ni, große Kreise: As).

Das Ni-As-Gitter ist in Abb. 117 perspektivisch und in Abb. 118 in Aufsicht wiedergegeben. Die senkrechten Abstände über der Basisebene sind jeweils durch Bruchteile der c-Achse angegeben. Man sieht, daß die von den As-Atomen in 000-Lagen gebildeten Dreiecke aus zwei Gruppen bestehen. Oberhalb (und unterhalb) der Dreiecksmitte der einen Gruppe befinden sich in den Höhen $\pm\frac{1}{2}$; $\pm\frac{3}{2}$; $\pm\frac{5}{2}$ ... ebenfalls As-Atome, aus denen mit den Atomen in den Dreiecksecken tetraedrische Gebilde entstehen. Je 2 Tetraeder haben eine Dreiecksbasis gemein. Über den Dreiecken der zweiten Gruppe befinden sich in der Höhe $\frac{1}{2}$ keine As-Atome, sondern wieder Dreiecke, z. B. das Dreieck $D\,E\,F$ über $A\,B\,C$. Aus diesen beiden Dreiecken mit Hinzunahme der seitlichen Dreiecke $B\,D\,E$, $C\,E\,F$, $A\,D\,F$, $A\,B\,D$, $B\,C\,E$ und $A\,C\,F$ entsteht ein oktaedrisches Gebilde. Innerhalb solcher Oktaeder sind Lücken („oktaedrische Lücken"), in

---

[1] Schulze, E. R.: Z. Elektrochem. **45** (1939), 849.

denen sich in den Höhen $\pm \frac{1}{4}; \pm \frac{3}{4}; \pm \frac{5}{4} \ldots$ die Ni-Atome befinden, während die Zentren der Tetraeder bei der Zusammensetzung NiAs frei sind. Die Ni-Atome bilden senkrechte Ketten.

Wenn das As-Gitter eine ideale dichteste Packung sich berührender Atome aufweisen würde, wäre $\frac{c}{a} = 1{,}633$. Der Abstand der sich berührenden As-Atome ist a, der Abstand zweier As-Atome, zwischen denen noch ein Ni-Atom liegt (vgl. Abb. 118), wäre dann $a\sqrt{2}$. Der Durchmesser des Ni-Atoms wäre demnach nur $(\sqrt{2} - 1)\, a \sim 0{,}41\, a$. Da der senkrechte Abstand der Ni-Atome gleich $\frac{c}{2} = \frac{a\sqrt{2}}{\sqrt{3}}$ wäre, wären sie weit davon entfernt, sich zu berühren. In Wirklichkeit liegen die Verhältnisse etwas anders. Der Radius des Ni-Atoms ist im Verhältnis größer und der des As-Atoms kleiner, so daß weder die Ni-Atome unter sich, noch die As-Atome sich berühren können, trotzdem das Achsenverhältnis $\frac{c}{a}$ nur 1,39 ist. Vergleicht man die Atomdurchmesser im NiAs-Gitter, wie sie sich aus der Forderung der gegenseitigen Berührung der Partner ergeben, mit den Atomradien im Element, so ergibt sich im NiAs-Gitter eine Kontraktion. Hieraus ist auf eine starke heteropolare Affinität zwischen den beiden Partnern des NiAs-Gitters zu schließen. Ein Blick auf Tab. 17 lehrt, daß man in jedem Vertreter des NiAs-Typus eindeutig das Kation und das Anion angeben kann.

Tabelle 17. Verbindungen des NiAs-Typus.

	a	c	$\dfrac{c}{a}$
FeS	3,43	5,79	1,69
CoS	3,37	5,14	1,53
NiS	3,42	5,30	1,55
FeSe	3,61	5,87	1,63
CoSe	3,59	5,27	1,47
NiSe	3,66	5,33	1,46
FeTe	3,80	5,65	1,49
CoTe	3,89	5,36	1,38
NiTe	3,95	5,36	1,36
NiAs	3,61	5,03	1,39
FeSb	4,06	5,13	1,26
CoSb	3,87	5,19	1,34
NiSb	3,92	5,11	1,30
$Fe_{1,76}Ge$	4,03	5,02	1,25
$Co_{1,73}Ge$	3,92	5,00	1,27
$Ni_{1,7}Ge$	3,84	4,99	1,30
FeSn	4,23	5,21	1,23
CoSn	4,10	5,17	1,26
$Ni_{1,5}Sn$	4,08	5,17	1,27
$Ni_{1,8}In$	4,18	5,15	1,23
CrTe	3,98	6,21	1,56
CrSb	4,11	5,46	1,33
MnS	4,13	5,74	1,39
MnTe	4,12	6,69	1,62
MnAs	3,71	5,70	1,53
MnSb	4,12	5,78	1,40
PtSn	4,10	5,42	1,32
$Cu_{1,81}In$	4,27	5,24	1,23

Bei der allgemeinen Erörterung des Typus werden wir diese Bezeichnungen benutzen.

Neben dem heteropolaren Bindungsprinzip ist in der NiAs-Struktur auch eine homöopolare Komponente der Affinität zwischen den Kationen wahrzunehmen. Diese äußert sich in der Verringerung ihres Abstandes $\left(\text{das Verhältnis}\,\dfrac{c}{a}\right)$ mit der Abnahme der Elektronenaffinität der Anionen (Reihen S — Se — Te; Te — Sb — Sn — In) bei gleichem Kation. Gleichzeitig macht sich eine andere Erscheinung bemerkbar. Das Verhältnis der Zahl der Kationen zur Zahl der Anionen steigt stark an und nähert sich der 2, wie Tab. 17 zeigt. Die Zahl der anionischen Atome pro Zelle bleibt hierbei annähernd 2, die Zahl der Kationen steigt jedoch an. Diese müssen also in das Gitter eingebaut werden. Das kann nur in den oben erwähnten tetraedrischen Lücken geschehen, wie das auch die Intensitätsanalyse der Röntgenlinien zeigt.

Die Kennzeichnung der Verbindungen des NiAs-Typs durch eine bestimmte stöchiometrische Formel ist äußerst unexakt, ja oft irreführend, da ihnen meistens ausgedehntere Homogenitätsgebiete zugeordnet sind. Ganz allgemein liegen ihre Zusammensetzungen zwischen $A\,B$ und $A_2\,B$, wie das die Abb. 119 und 120 für einige Verbindungen des Eisens und des Nickels zeigen.

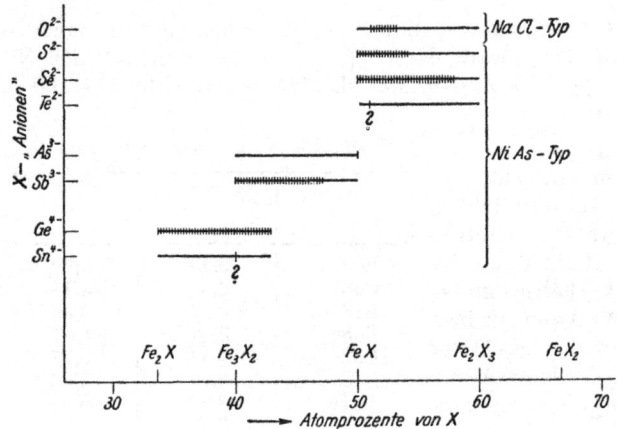

Abb. 119. Homogenitätsgebiete der Eisenverbindungen des NiAs-Typus (nach F. LAVES und H. J. WALLBAUM).

Wenn alle Lücken in den oben besprochenen Doppeltetraedern mit Kationen gefüllt sind, hat die Verbindung die Formel $A_2\,B$. F. LAVES und H. J.WALLBAUM[1] haben darauf aufmerksam gemacht, daß dann eine ausgesprochene Ähnlichkeit der NiAs-Struktur mit der Struktur des γ-Messingtyps entsteht, wenn außerdem

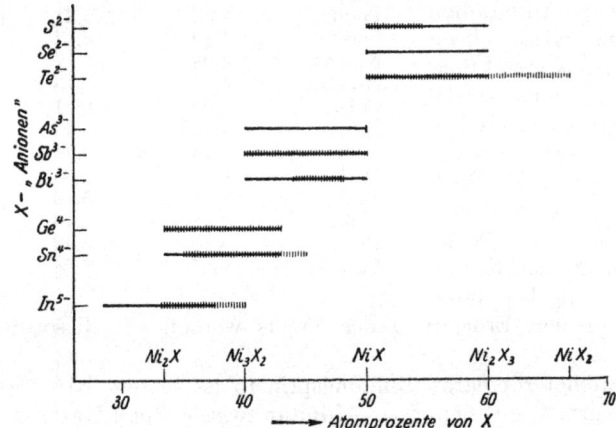

Abb. 120. Homogenitätsgebiete der Nickelverbindungen des NiAs-Typus (nach F. LAVES und H. J. WALLBAUM).

das Achsenverhältnis $\dfrac{c}{a} = 1{,}225$ ist. Das verdeutlicht Abb. 121 für die beiden Verbindungen Cu_9Ga_4 oder etwa Cu_4Cd_5 (Richtung [111] in der Papierebene, Ebene [111] senkrecht dazu) und Cu_2In oder Ni_2In. Die Ähnlichkeit springt in die Augen, wobei allerdings in der γ-Messingstruktur die Verteilung der Atomlagen auf die beiden Partner von derjenigen im NiAs-Typ weitgehend abweichend und

---

[1] LAVES, F., u. H. J. WALLBAUM: Z. angew. Mineralogie 4 (1941), 17.

zum Teil wenig übersichtlich ist. Wegen dieses letzteren Umstandes mag es dahingestellt bleiben, ob die Schlußfolgerung von F. LAVES und H. J. WALLBAUM, daß der Bindungstyp der γ-Messingstruktur und der Ni As-Verbindungen weitgehend derselbe ist und man in der ersteren auch die Wirksamkeit heteropolarer Kräfte annehmen muß, berechtigt ist.

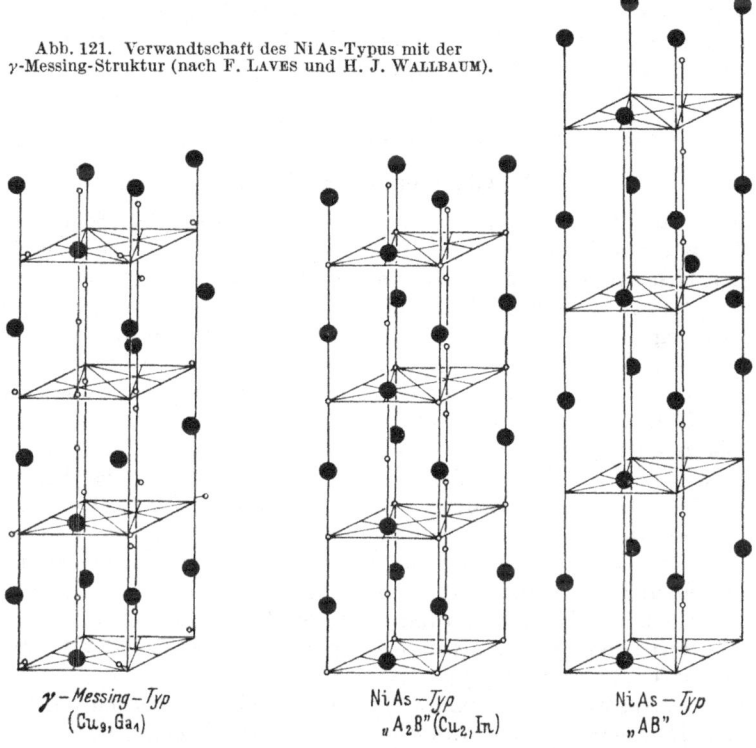

Abb. 121. Verwandtschaft des Ni As-Typus mit der γ-Messing-Struktur (nach F. LAVES und H. J. WALLBAUM).

e) Zintlsche Phasen.

E. ZINTL hat mit einer Reihe von Mitarbeitern die Verbindungen in den Systemen mit Alkali- und Erdalkali-Metallen eingehend untersucht und systematisiert[1]. Die Tab. 8 und 9 stammen hauptsächlich aus seinen Arbeiten. Es hat sich gezeigt, daß Verbindungen der obigen Metalle mit den Elementen 2—4 Stellen vor den Edelgasen im flüssigen Ammoniak löslich sind, wobei stromleitende Elektrolyte entstehen. Das Alkalimetall wandert zur Kathode, das Halbmetall, oder Nichtmetall vielfach als Komplex, zur Anode. Der polare Charakter solcher Verbindungen in ammoniakalischer Lösung ist deshalb unverkennbar. Sie scheiden sich aus Ammoniak meistens als Ammoniakate aus und ändern ihre Struktur vielfach weitgehend, wenn man ihnen das Ammoniak entzieht, wobei die entstehenden ammoniakfreien Verbindungen metallischen Charakter annehmen, ohne die Löslichkeit in Ammoniak einzubüßen. Im Gegensatz dazu sind die Verbindungen der obengenannten Metalle mit den metallischen Elementen, die weiter vor den Edelgasen stehen, in Ammoniak unlöslich. Gleichzeitig weisen sie kompliziertere Gitterstrukturen auf, während die Verbindungen

---

[1] Vgl. den zusammenfassenden Bericht von F. LAVES: Naturwiss. **29** (1941), 244.

mit den Elementen 2—4 Stellen vor den Edelgasen (sog. Zintlsche Phasen) einfache salzartige Strukturen haben. In den Zintlschen Phasen sind die Abstände
zwischen den nicht gleichnamigen Atomen immer kleiner als zwischen gleichnamigen, worin sich bereits rein geometrisch eine gewisse polare Affinität zwischen
den Komponenten äußert. Wenn man fernerhin den großen Unterschied der
Elektronenaffinität der Komponenten berücksichtigt, kommt man zum Schluß,
daß in den Zintlschen Phasen heteropolare Affinitätskräfte in dem oben angegebenen Sinne wirksam sind, indem die Aufenthaltsdauer eines freien Elektrons
am „Anion" wesentlich größer als am „Kation" ist.

B. Mischkrystalle.

1. Allgemeine Einteilung.

Mischkrystalle als zu flüssigen Lösungen analoge Gebilde zeichnen sich dadurch aus, daß innerhalb bestimmter Konzentrationsgrenzen, die im Falle einer
lückenlosen Mischkrystallreihe bei den reinen Komponenten liegen können, jede
Zusammensetzung im Sinne der Makrophysik und somit der Phasenlehre homogen
ist. Die Analogie mit flüssigen Lösungen läßt erwarten, daß die Bausteine der
Mischkrystalle nur molekulare Größenordnung haben. Diese Frage konnte erst
exakter bearbeitet werden, nachdem die Röntgenanalyse den Nachweis erbracht
hatte, daß die Bausteine des Krystalles Atome bzw. Ionen sind, die im Rahmen
der metallischen Strukturen nicht zu molekularen Gruppen zusammengeschlossen
sind. Die große Beweglichkeit der Bausteine, wie sie durch die Tatsache der
schnellen Diffusion erwiesen wird, läßt vermuten, daß die sich hierbei bewegenden
Bausteine die einzelnen Atome oder Ionen selbst sind. Ist das der Fall, so ist ein
Mischkrystall als ein atomdisperses Gebilde zu betrachten. Einen unmittelbaren
Nachweis hierfür hat die Intensitätsberechnung der Beugung von Röntgenlicht
erbracht, die sich bei Al-Cu-Legierungen im Einklang mit diesem Ansatz ergab[1].
Wir betrachten es im folgenden als erwiesen, daß die Bausteine des Mischkrystalles
(meistens ionisierte) Atome sind.

Die Zusammensetzung eines Krystalles kann sich kontinuierlich ändern, indem

a) in die Raumgitterlücken Atome eines Zusatzes eingebaut werden (Einlage-
rungs- oder Überschußmischkrystalle);

b) Atome eines zweiten Metalles die Atome eines ersten Metalles an ihren
Gitterplätzen Atom für Atom ersetzen (Substitutionsmischkrystalle);

c) in einer Verbindung ein Teil der Gitterplätze, die der einen Komponente
zugeordnet sind, unbesetzt ist. Durch die Erhöhung oder die Herabsetzung der
Zahl der unbesetzten Plätze ändert sich die Gesamtzusammensetzung (Defektmischkrystalle).

Alle drei Arten von Mischkrystallen sind bekannt. Ihre Unterscheidung kann
durch Kombination der Dichtebestimmung mit der röntgenometrischen Ausmessung der Elementarzelle erfolgen. Wenn das Volumen der Elementarzelle v,
das Gewicht des Atoms m und die Zahl der Atome pro Elementarzelle n ist,
ergibt sich für die Dichte D:

$$D = \frac{n \cdot m}{v}.$$

Auf diese Weise kann die Atomzahl n pro Zelle bestimmt werden. Ändert sie
sich mit der Konzentration nicht, so handelt es sich um einen Substitutionsmisch-
krystall. Nimmt sie mit der Konzentration des Zusatzes zu und ergibt sie für

---

[1] HENGSTENBERG, J., u. G. WASSERMANN: Z. Metallkde. **23**, (1931) 114. Vgl. auch dieses
Buch S. 32 und 497.

seine Konzentration Null die für das in Frage kommende Gitter erwartete Zahl der Atome (z. B. 4 für das kubisch flächenzentrierte Gitter), so liegt ein Einlagerungsmischkrystall vor. Ergibt sich eine Zahl n, die unterhalb der für das in Frage kommende Gitter erwarteten theoretischen liegt, so handelt es sich um einen Defektkrystall, dessen Konzentrationsänderungen eine Änderung von n zur Folge haben, wenn nur das Teilgitter der einen Komponente unvollständig besetzt ist. Wenn beide Teilgitter unvollständig besetzt sind, liegen die Verhältnisse komplizierter. Grundsätzlich kann auch ein Defektgitter Substitutionsmischkrystalle bilden.

2. Einlagerungsmischkrystalle (Interstitiäre Mischkrystalle).

Die reinen Metalle besitzen in der Regel einfache Raumgitter mit recht dichten Packungen. Deshalb können in den Zwischengitterplätzen nur kleine Atome eingebaut werden, die auch bereits stärkere Störungen des Raumgitters verursachen. Es ist deshalb verständlich, daß Einlagerungsmischkrystalle dieser Art nur bis zu geringen Konzentrationen des Zusatzes existenzfähig sind. Am besten sind die Mischkrystalle des Eisens mit B, N und vor allen Dingen mit C untersucht.

Das flächenzentrierte Raumgitter weist im Zentrum oder in der Mitte der Kante eine Lücke auf, die von 6 Atomen in der Anordnung eines regulären Oktaeders umgeben ist. Wenn sich die kugelförmig gedachten Atome auf den Flächendiagonalen berühren, findet sich in einer solchen oktaedrischen Lücke Platz für eine Kugel mit dem Durchmesser 0,315 a, wo a die Gitterkonstante ist. Im raumzentrierten Gitter befinden sich die entsprechenden Lücken in den Flächen- oder Kantenmitten, wobei die Oktaeder tetragonal verkürzt sind und die in den Lücken gedachten Kugeln zwischen je 2 Atomen gequetscht sind. In solchen Lücken haben nur Kugeln mit dem Durchmesser 0,13 a Platz. Sie können etwas Raum gewinnen, indem sie nach oben, unten oder nach den Seiten um die Strecke $a/4$ ausweichen. Sie erhalten damit eine stabile symmetrische Lage im Mittelpunkt eines Tetraeders, aber auch hier können nur Kugeln mit einem Radius bis 0,1475 a untergebracht werden[1]. In diesem Zusammenhang ist verständlich, daß die Löslichkeit von C ebenso wie der übrigen genannten Elemente im flächenzentrierten γ-Eisen sehr viel höher als im raumzentrierten α-Eisen ist.

Der Einlagerungscharakter der Mischkrystalle des Eisens für C, N und B ist nachgewiesen worden. Das Gewicht des Wasserstoffes und seine Löslichkeit sind so gering, daß für ihn ein solcher unmittelbarer Nachweis nicht möglich ist. Das sehr geringe Volumen des Wasserstoffs, seine große Diffusionsgeschwindigkeit und geringe Aktivierungswärme der Diffusion (vgl. S. 178) lassen es jedoch sicher erscheinen, daß es sich bei ihm um Einlagerungsmischkrystalle handelt.

Bei komplizierteren Raumgittern von Verbindungen können auch Atome mit größerem Volumen in größeren Mengen in Gitterlücken eingebaut werden. Besonders lehrreich sind in diesem Zusammenhang die Verbindungen des NiAs-Typus (vgl. S. 158). Wie dort erörtert, ist der hexagonale Idealbau von NiAs dadurch gekennzeichnet, daß die oktaedrischen Lücken der dichtesten Packung der As-Atome von Ni-Atomen besetzt sind, während die tetraedrischen Lücken frei bleiben. Bei der Aufnahme weiterer Mengen von Nickel oder von anderen elektropositiveren Elementen im Mischkrystall werden in steigendem Maße auch die tetraedrischen Lücken besetzt, und zwar bei einigen Verbindungen bis zur Konzentration Me_2X. Solche Krystalle hat man als Einlagerungs- und Überschuß-

---

[1] Vgl. E. SCHEIL: Z. anorg. allg. Chem. **211**, (1933) 249.

Mischkrystalle zu betrachten, wenn man vom NiAs-Gitter als dem normal vollbesetzten ausgeht. Man kann sie aber auch als Defektkrystalle beschreiben, wenn man das Me_2X-Gitter als das normale betrachtet.

3. Substitutionsmischkrystalle. Beständigkeitsgrenzen von Mischkrystallen.

Der normale Typ eines metallischen Mischkrystalles ist der der Substitution. Damit die Atome der Partner sich gegenseitig ersetzen (substituieren) können, müssen sie eine gewisse Ähnlichkeit haben, jedoch sind die Anforderungen in dieser Beziehung ziemlich gering, wie man das daran sieht, daß es kaum intermetallische Systeme ganz ohne Mischkrystallbildung gibt. Tab. 18 enthält die binären Systeme, die als lückenlose Reihen von Mischkrystallen aus der Schmelze erstarren oder bei tieferen Temperaturen solche Reihen bilden. Im allgemeinen werden solche Systeme von miteinander eng verwandten Metallen gebildet. Besonders häufig sind sie in der 8. Gruppe des kurzperiodischen Systems. Eine der Voraussetzung für eine lückenlose Mischkrystallbildung ist ein nicht zu großer Unterschied der Gitterkonstanten der Komponenten, der etwa 10% nicht übersteigen darf. Die Krystallstruktur der Komponenten muß die gleiche sein. Die Paare Cu-Ag, Cu-Au und Ag-Au bilden ein überzeugendes Beispiel für die Tatsache, daß die Abmessungen des Raumgitters allein nicht für die Mischkrystallbildung maßgebend sind. Au und Ag haben die praktisch übereinstimmende Gitterkonstante 4,04 Å, das Cu 3,608 Å. Au und Cu bilden eine lückenlose Reihe von Mischkrystallen, Ag und Cu ergeben mechanische Gemenge mit Mischkrystallbildungen am Rande des Diagrammes. (Abb. 426, S. 506).

Tabelle 18. Binäre Systeme mit lückenloser Mischkrystallbildung.

Ag-Au	Cs-K	Mo-Ta
Ag-Pd	Cs-Rb	Mo-W
As-Sb	Cu-Mn	Nb-Ta
Au-Cu	Cu-Ni	Nb-Mo
Au-Ni	Cu-Pd	Nb-W
Au-Pd	Cu-Pt	Ni-Pd
Au-Pt	Cu-Rh	Ni-Pt
Bi-Sb	α Fe-V	Pd-Rh
Ca-Sr	γ-Fe-Co	Pd-Pt
Co-Ni	γ-Fe-Ni	Pt-Rh
Co-Pd	γ-Fe-Pd	Se-Te
Co-Pt	γ-Fe-Pt	Si-Ge
Cr-α-Fe	Hf-Zr	Ta-W
Cr-Mo	Ir-Pt	Ti-Zr
Cr-W	K-Rb	

W. HUME-ROTHERY weist darauf hin, daß bei ausgesprochener Verbindungsbildung die Mischkrystallgebiete an den Komponenten besonders klein werden. Das ist verständlich. Zunächst weist eine ausgesprochene Verbindungsbildung meistens auf eine gewisse polare Affinität zwischen den Komponenten hin, wegen der auf der Ähnlichkeit der Partner beruhende Mischkrystallbildung herabgesetzt werden muß. Auch abgesehen hiervon werden durch die Bildung einer Verbindung, die einem ausgesprochenen Minimum des thermodynamischen Potentials entspricht, die Grenzen der Mischkrystallbildung anschließend an die Komponenten zu tieferen Konzentrationen des Zusatzes herabgedrückt, wie die schematische Abb. 122 zeigt. Ohne Verbindungsbildung liegen die Mischkrystallgrenzen an Punkten a und b der gemeinsamen Tangente ab. Durch die Bildung einer Verbindung mit dem Potentialwert c werden die Grenzen, wie ersichtlich, nach d und e verschoben.

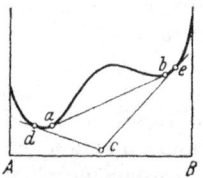

Abb. 122. Einfluß der Bildung einer intermediären Krystallart auf die Mischkrystallgrenzen an den Komponenten.

Der Gittertypus bleibt im Falle der begrenzten Mischkrystallbildung im ganzen Konzentrationsbereich der Mischkrystalle erhalten. Eine auffallende Ausnahme bildet das Mangan mit geringeren Zusätzen der ferromagnetischen Metalle Fe, Co oder Ni. Hier nimmt die Tetragonalität des Mangangitters mit zunehmender Menge des Zusatzes ab, bis das Raumgitter noch im Bereich der Mischkrystalle kubisch wird.

Die Temperaturabhängigkeit der Lage der Sättigungsgrenze von Mischkrystallen ist recht mannigfaltig und hängt unter anderem auch von der Temperaturabhängigkeit der Zusammensetzung der Phase ab, mit der der gesättigte Mischkrystall im Gleichgewicht ist. Im einfachsten Falle, daß die Bildungsenergie des Mischkrystalles und die Zusammensetzung jener zweiten Krystallart von der Temperatur unabhängig ist, ergibt sich die Näherungsformel von H. VAN'T HOFF, die hier halbkinetisch abgeleitet werden soll[1].

Wir berücksichtigen im Krystall nur die Wechselwirkung der nächsten Nachbarn. Der Überschuß der Energie der Paare aus den beiden Komponenten A und B gegenüber der Energ der Paare gleicher Atome A-A oder B-B, die wir einander gleich setzen, sei pro Mol ΔU. Wir nehmen an, daß die Entropieänderung bei der Mischkrystallbildung rein statistischen Charakter hat und gleich ist der Entropiezunahme bei der Mischung zweier idealer Gase, die wir oben (vgl. S. 50) zu

$$\Delta s = - x_1 R \ln x_1 - (1 - x_1) R \ln (1 - x_1) \qquad (1)$$

abgeleitet haben, wo x_1 der Molenbruch einer, etwa der ersten Komponente ist. Wenn die Volumenänderung bei der Mischkrystallbildung zu vernachlässigen ist, erhalten wir für die Änderung des thermodynamischen Potentials eines Moles des Gemenges von x_1 Atomen der Komponente A und $(1 - x_1)$ Atomen der Komponente B.

$$\Delta \zeta = \frac{n}{2} \cdot x_1 (1 - x_1) \Delta u + R T \{ x_1 \ln x_1 + (1 - x_1) \ln (1 - x_1) \} \qquad (2)$$

Der Faktor $x_1 (1 - x_1)$ ergibt sich aus der Annahme, daß die Verteilung der Atome im Mischkrystall statistisch ungeordnet ist. Dann ist $x_1 (1 - x_1)$ der Anteil der A-B-Bindungen, während die Anteile der A-A- und der B-B-Bindungen x_1^2 und $(1 - x_1)^2$ sind (vgl. S. 117). n ist die Koordinationszahl des Gitters. Jedem Atom entsprechen n Paarbindungen, an deren jeder jedoch noch ein zweites Atom teilnimmt.

Unter den eingeführten vereinfachten Annahmen ist das Diagramm völlig symmetrisch. Das gilt auch für die thermodynamischen Potentiale (Abb. 123). Die Lage des gesättigten Mischkrystalles ist durch die Forderung $\frac{\partial \zeta}{\partial x_1} = 0$ bestimmt. Aus (2) erhalten wir

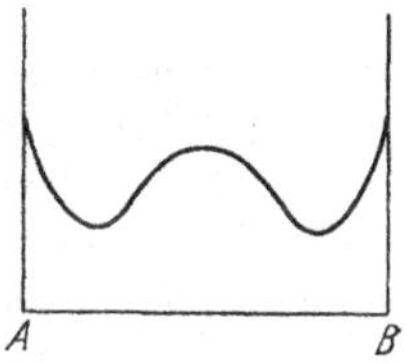

Abb. 123. Verlauf des thermodynamischen Potentials im symmetrischen Fall bei begrenzter Mischkrystallbildung.

$$\frac{\partial \Delta \zeta}{\partial x_1} = \frac{n}{2} (1 - 2 x_1) \Delta u + R T \ln \frac{x_1}{1 - x_1} = 0. \qquad (3)$$

Wenn x_1 so klein ist, daß x_1 und $2x_1$ der 1 gegenüber zu vernachlässigen sind, erhalten wir

$$\ln x_1 = \frac{\frac{n}{2} \Delta u}{R T} \qquad (4)$$

$\frac{n}{2} \Delta u = \frac{\partial \Delta u}{\partial x_1}$ ist die Energieaufnahme bei der Auflösung von 1 Mol im Mischkrystall, also die negative Lösungswärme. Gl. (4) ist eine spezielle Form der Formel von VAN'T HOFF:

$$\ln x_1 = A - \frac{B}{T}, \qquad (5)$$

---

[1] Vgl. R. BECKER: Ann. Phys. [5] **32** (1938), 128. — U. DEHLINGER: Chemische Physik der Metalle. S. 23—25. Leipzig: Akad. Verlagsges. m. b. H. 1938. Dieser Fall wird bereits in S. 129 behandelt. Da jener Abschnitt nicht für alle Leser bestimmt ist, wird hier die Ableitung noch einmal in etwas anderer Form gegeben.

in der die Konstante $A = 0$ gesetzt ist. Hinsichtlich der exakteren thermodynamischen Ableitung der Formel (4) und (5) unter Anwendung der Gasgesetze muß auf die Originalliteratur sowie auf S. 127 verwiesen werden[1].

Es ist sehr beachtenswert, daß es ziemlich viele Fälle gibt, in denen die Formel (4) bzw. (5) durch die Erfahrung recht gut bestätigt wird. Meistens handelt es sich um Fälle geringer Mischkrystallbildung; für solche gelten ja auch (4) und (5) nur. Ein primitiver kinetischer Ansatz ohne jede Berücksichtigung spezieller metallischer Eigenschaften genügt bereits, um die Verhältnisse richtig zu beschreiben. Tab. 19 gibt einige Ergebnisse von G. TAMMANN und W. OELSEN[1] wieder.

Tabelle 19. Sättigungsgrenzen der Mischkrystalle.

Co in Cu				Cu in Al			
$\log c = -\dfrac{2269}{T} + 2{,}343$				$\log c = -\dfrac{1995}{T} + 2{,}846$			
$c = $ Gew.-% Co				$c = $ Mol-% $CuAl_2$			
t° C	gef.	ber.	Δ in % des gef.	t° C	gef.	ber.	Δ in % des gef.
1070	4,51	4,50	0,2	548	2,62	2,62	0
1030	4,00	4,00	0	540	2,42	2,47	—2
1010	3,75	3,75	0	520	2,17	2,17	0
985	3,52	3,44	2,3	500	1,87	1,85	1
945	3,07	3,01	2,0	450	1,15	1,24	—6
890	2,51	2,47	1,6	400	0,79	0,76	4
845	2,00	2,03	—1,5	350	0,39	0,44	—12
800	1,72	1,69	1,8	300	0,32	0,23	29
755	1,40	1,36	2,8	200	0,24	0,042	84
690	0,94	0,97	—3	20		$1{,}1 \cdot 10^{-4}$	
645	0,71	0,75	—5,7				
545	0,33	0,37	—13				
502	0,26	0,26	0				
402	0,22	0,15	35				
20		$4 \cdot 10^{-6}$					

In einigen anderen Fällen bestimmt ein anderer Ansatz die Sättigungsgrenze des Mischkrystalles.

H. JONES[2] hat berechnet, daß die erste Brillouin-Zone des Kupfers (vgl. S.277) gefüllt ist, wenn die Elektronenkonzentration die mit zunehmenden Gehalt des mehrwertigen Zusatzes ansteigt, den Wert 1,362 Elektronen pro Atom erreicht. Bei Überschreitung dieser Elektronenkonzentration würde sich eine sprungweise Erhöhung der Elektronenenergie und damit des chemischen Potentiales ergeben; jene Grenze muß also näherungsweise die höchstmögliche Elektronenkonzentration angeben.

In Tab. 20 sind die maximalen Elektronenkonzentrationen, wie sie sich aus dem Zustandsdiagramm ergeben, für einige Cu- und Ag-Legierungen zusammengestellt. Sie stimmen mit der Rechnung gut überein.

Der Ansatz von H. JONES, ebenso wie die Beziehung von H. VAN'T HOFF, stellt eine Maximumbedingung der Sättigung eines Mischkrystalles dar. Die

Tabelle 20.

Legierung	max.Elektronen-Konzentration
Cu-Zn	1,384
Cu-Al	1,408
Cu-Ga	1,406
Cu-Sn	1,270
Cu-Ge	1,360
Ag-Zn	1,378
Ag-Cd	1,366
theoretisch	1,362

[1] TAMMANN, G., u. W. OELSEN: Z. anorg. Chem. **186**, (1930) 257.
[2] Vgl. N. F. MOTT, u. H. JONES: The theory of the properties of metals and alloys. Oxford 1936.

durch die eine dieser beiden Beziehungen angegebene Sättigungsgrenze wird tatsächlich erreicht, wenn sie nicht durch die andere Beziehung oder durch andere Umstände, als welche auch bei der Betrachtung von Mischkrystallen, wie bei den Verbindunge n, vor allen Dingen die Volumenverhältnisse zu nennen sind, schon vorher überschritten wird. Die Theorie fordert also, daß die Sättigungsgrenze gleich oder niedriger als die von H. JONES berechnete sein muß. In diesem Zusammenhange ist es berechtigt, für den Vergleich mit der Rechnung den Maximalwert der Löslichkeit zu wählen nach dem Zustandsdiagramm, wie das H. JONES tatsächlich gemacht hat.

Grundsätzlich gilt für die Sättigungsgrenzen von Mischkrystallen dasselbe, was für die Verbindungen S. 143 ausgeführt worden ist. Die Stabilität eines Mischkrystalles wird durch die Energie der Elektronen, durch die Volumenverhältnisse, durch thermodynamische Beziehungen nach Art der Gl. (4) und wahrscheinlich noch durch andere Faktoren bestimmt, deren Bedeutung von Fall zu Fall verschieden groß sein wird, die aber grundsätzlich alle wirksam sind. Durch das Zusammenwirken dieser Faktoren wird der Verlauf der die Stabilität kennzeichnenden Kurve des thermodynamischen Potentials bestimmt, die z. B. nach einem Minimum einen mehr oder weniger steilen Anstieg aufweisen kann. Die genaue Lage der Sättigungsgrenze wird durch den Berührungspunkt der Doppeltangente mit der Potentialkurve bestimmt.

4. Defektmischkrystalle.

Typische Defektmischkrystalle sind vor allen Dingen bei Verbindungen von Metallen mit Halbmetallen oder Nichtmetallen bekannt. Eines der am besten untersuchten Beispiele ist das Eisenoxydul FeO (Wüstit). Der Wüstit ist überhaupt nur oberhalb etwa 570° beständig und zerfällt bei tieferen Temperaturen im Gleichgewichtszustand in das Eisen und Fe_3O_4. Er umfaßt ein Mischkrystallgebiet, das temperaturabhängig ist und etwa von 51 bis 52,5 At-% O reicht. Im reinen Zustand ist das FeO also überhaupt nicht realisierbar. Es krystallisiert im NaCl-Gitter (vgl. S. 132).

Der Überschuß des Sauerstoffs kommt, wie insbesondere E. R. JETTE und F. FOOTE[1] gezeigt haben, dadurch zustande, daß ein Teil der Gitterplätze unbesetzt ist. Während das flächenzentrierte Teilgitter der O-Atome voll besetzt ist, weist das Teilgitter der Fe-Atome Lücken auf. Wenn man den Wüstit als einen Ionenkrystall auffaßt, heißt das natürlich, daß entweder ein Teil der Sauerstoffatome nur einwertig oder gar nicht ionisiert ist oder aber, was sicher den Tatsachen entspricht, das Eisen zum Teil im Zustand dreiwertiger Ionen vorliegt.

Diese Verhältnisse hängen zweifellos mit dem großen Volumen der O-Ionen und dem viel geringeren Volumen der Fe-Ionen zusammen. Das Gerüst der O-Ionen ist starr und unbeweglich und ist der eigentliche Träger des Raumgitters. Die Fe-Ionen können sich verhältnismäßig leicht durch Diffusion bewegen, wodurch auch zweifellos der Konzentrationsausgleich und gegebenenfalls Konzentrationsänderungen in diesen Mischkrystallen zustande kommen.

Ganz ähnlich verhalten sich bekanntlich viele andere Ionenkrystall-Salze, in denen die elektrolytische Leitung bis zu 100% durch das bewegliche Kation erfolgt, während die Wanderungsgeschwindigkeit der Anionen gering oder Null ist (z. B. AgJ).Die Wanderungsgeschwindigkeit im Potentialgefälle ist bekanntlich ebenso, wie die Diffusionsgeschwindigkeit ein Maß für die Beweglichkeit im Raumgitter.

---

[1] JETTE, E. R., u. F. FOOTE: Trans. amer. Inst. min. metallurg. Eng. Iron Steel Div. **105**, (1933) 276.

Vor mehreren Jahren sind einige Verbindungen gefunden worden, in denen sich auch bei der durch die recht einfache Krystallstruktur vorgeschriebenen Zusammensetzung eine zu niedrige Atomzahl in der Elementarzelle ergibt[1]. Diese Verbindungen bilden in der Regel nach beiden Seiten Mischkrystalle. Es handelt sich z. B. um TiO, FeS, FeSe u. a. m.

In diesen Fällen muß beiden Teilgittern eine gewisse Beweglichkeit zukommen. Die Ursache der unvollständigen Besetzung des Gitters in diesen Fällen ist nicht bekannt. Vielleicht liegt sie in einem nicht vollständigen Konzentrationsausgleich, so daß in einem Krystall nebeneinander Überschuß- und Unterschußzonen bestehen, die beide Lücken — die eine der Kationen, die andere der Anionen — aufweisen. Ein Einbau größerer Atome durch Einlagerung ist in einem einfachen Raumgitter nicht möglich.

V. Diffusion[2].

1. Grundlegende Beziehungen.

Wenn in einer Phase ein Konzentrationsgefälle besteht, hat es das Bestreben, sich auszugleichen. Der Ausgleich findet statt, indem die Bestandteile von Gebieten höherer Konzentration nach solchen niedrigerer Konzentration wandern. Diesen Vorgang nennt man Diffusion. Der bekannteste Vorgang dieser Art ist der langsame Konzentrationsausgleich etwa in geschichteten Lösungen.

Die Diffusion ist ein Vorgang, der freiwillig einsetzt und nicht reversibel ist; das bedeutet, daß eine Phase mit einem Konzentrationsgefälle thermodynamisch nicht im Gleichgewicht sein kann. Das ist eine Folge davon, daß das chemische Potential eines Bestandteiles einer homogenen Phase ganz allgemein eine Funktion seiner Konzentration $\mu_x = f(C_x)$ ist.

Gleichheit der chemischen Potentiale der Bestandteile ist aber eine Voraussetzung dafür, daß zwei Gebilde miteinander im Gleichgewicht sind. So ist die Diffusion als ein nicht umkehrbarer Prozeß thermodynamisch verständlich. Ganz unabhängig hiervor ist das Problem des molekularen Mechanismus der Diffusion, der in der Hauptsache die Diffusionsgeschwindigkeit bestimmt. Beide Betrachtungsweisen ergänzen sich gegenseitig.

Die Diffusionsgeschwindigkeit wird durch die beiden Fickschen Diffusionsgesetze geregelt. Das erste Ficksche Gesetz besagt, daß die pro Zeiteinheit durch eine Flächeneinheit hindurchtretende Menge m des Bestandteiles, also die Diffusionsgeschwindigkeit an einer bestimmten Stelle in einer Richtung x proportional dem Differentialquotienten der Konzentration in dieser Richtung ist:

$$\frac{dm}{dt} = -D \cdot \frac{\delta c}{\delta x}. \tag{1}$$

Der Faktor D heißt *Diffusionskoeffizient* oder *Diffusionskonstante*. Da die Dimension der Masse pro Flächeneinheit $m^1 x^{-2}$ und die Dimension der Konzen-

---

[1] HÄGG, G.: Z. phys. Chem. B **22**, (1933) 444, 453; P. EHRLICH: Z. anorg. allg. Chem. **260** (1949), 19; KLEMM, W.: Naturwissenschaften **37** (1950), 150.

[2] Ausführlichere Darstellungen, aus denen die Zahlen des Textes meistens stammen, finden sich bei W. SEITH, Diffusion in Metallen (Platzwechselreaktionen) Berlin: Julius Springer 1939, sowie bei W. JOST: Diffusion und chem. Reaktion in festen Stoffen. Dresden: Theodor Steinkopf 1937.

tration $m^1 x^{-3}$ ist, ergibt sich für die Diffusionskonstante D die Dimension $x^2 t^{-1}$. Die Diffusionskonstante wird vielfach in cm² pro Tag angegeben. Da sie die Dimension der Masse nicht enthält, ist ihr Wert von der benutzten Masseneinheit unabhängig. Es ist also gleichgültig, ob man die Masse und dann auch die Konzentration in Molen oder in Grammen rechnet; man wird bei grundsätzlichen Betrachtungen das erste vorziehen.

Diese Gleichung ist durchaus analog der Grundgleichung der Wärmeleitung:

$$\frac{dQ}{dt} = -K \frac{\delta T}{\delta x}, \tag{2}$$

nach der die pro Zeiteinheit durch eine Einheitsfläche hindurchströmende Wärmemenge proportional dem Temperaturgefälle in der in Frage kommenden Richtung ist. In der Tat kann die durch einen Querschnitt diffundierende Stoffmenge mathematisch genau ebenso wie eine durch eine Fläche durch Wärmeleitung hindurchgehende Wärmemenge behandelt werden. Der Unterschied besteht in der Hauptsache darin, daß es bei Problemen der Wärmeleitung auch Fälle gibt, in denen im Körper an bestimmten Stellen oder in bestimmten Gebieten Wärme erzeugt wird (z. B. durch Strom). Im Gegensatz dazu kann sich bei der Diffusion nur die Verteilung einer konstanten Stoffmenge ändern. (Der Diffusionsstrom ist quellenfrei.)[1]

Das erste Ficksche Gesetz genügt zur Bestimmung der Diffusionskonstante D in einem stationären Fall, in dem an der in Frage kommenden Stelle die Konzentration sich mit der Zeit nicht ändert und die hindurchgehenden Stoffmengen irgendwie bestimmt werden können. Im Falle der Diffusion im festen Zustand ist diese Bedingung experimentell nur selten erfüllt, wie das im Falle eines wirklich stattfindenden Konzentrationsausgleiches ja auch nicht anders sein kann.

Das zweite Ficksche Gesetz bestimmt die zeitliche Konzentrationsänderung an einer bestimmten Stelle des Körpers, wenn die durch Diffusion herangeführte und abgeführte Stoffmenge nicht gleich sind. Wir betrachten (wie in der Wärmelehre) ein Volumenelement dV von der Dicke dx und von den Grundflächen 1 (Abb. 124); durch die linke Fläche 1 wird dem Volumenelement pro Zeiteinheit die Stoffmenge $\frac{dm_1}{dt} = -D_1\left(\frac{\delta c}{\delta x}\right)_1$ zugeführt, durch die rechte Fläche 2 pro Zeiteinheit die Stoffmenge $\frac{dm_2}{dt} = -D_2\left(\frac{\delta c}{\delta x}\right)_2$ abgeführt. D ist im allgemeinen eine Funktion der Konzentration. Die Differenz ergibt die Zunahme der Stoffmenge im Volumenelement dV pro Zeiteinheit oder, durch das Volumen des Elementes $dV = dx$ dividiert, die Konzentrationszunahme $\frac{\delta c}{\delta t}$ mit der Zeit:

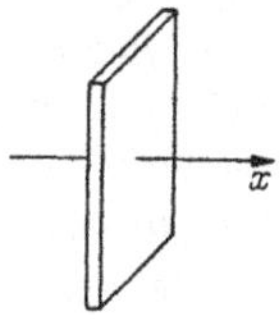

Abb. 124. Zum Fickschen Diffusionsgesetz.

$$\frac{dm_1}{dt} - \frac{dm_2}{dt} = \frac{\delta c}{\delta t} \cdot dx = D_1\left(\frac{\delta c}{\delta x}\right)_1 - D_2\left(\frac{\delta c}{\delta x}\right)_2 \tag{3}$$

$$\frac{\delta c}{\delta t} = \frac{\delta}{\delta x}\left(D \frac{\delta c}{\delta x}\right) = \frac{\delta D}{\delta x} \cdot \frac{\delta c}{\delta x} + D \cdot \frac{\delta^2 c}{\delta x^2} \tag{4}$$

---

[1] Es ist grundsätzlich rationeller, die Gl. (1) in der Form $\frac{dm}{dt} = -D' \cdot \left(\frac{\delta \mu}{\delta x}\right)_t$ zu schreiben, wo μ das chemische Potential (S. 49) ist. Die treibende Kraft der Diffusion ist nämlich das Gefälle von μ und nur im Gebiete der idealen verdünnten Lösungen unmittelbar das Konzentrationsgefälle. D' ist dann eine reine Beweglichkeitsgröße, was für D nicht ohne weiteres gilt.

(4) ist der Ausdruck für das verallgemeinerte zweite Ficksche Gesetz. Fick hat angenommen, daß D von der Konzentration unabhängig ist, was vielfach annähernd zutrifft, und hat dann erhalten:

$$\frac{\delta c}{\delta t} = D \frac{\delta^2 c}{\delta x^2}. \tag{5}$$

Das ist der eigentliche Ausdruck des zweiten Fickschen Gesetzes.

Das zweite Ficksche Gesetz gilt in der betrachteten Form für das ebene oder lineare Problem, in dem die Flächen gleicher Konzentration (Niveauflächen) parallele Ebenen sind oder mit genügender Annäherung als solche betrachtet werden können. Im allgemeinen Fall muß jedoch, ähnlich wie in den analogen Problemen der Wärmeleitung, auch die Änderung des Strömungsquerschnittes beim Übergang von einer Niveaufläche zur benachbarten berücksichtigt werden[1].

Es ist schon erwähnt worden, daß die Diffusionskonstanten im allgemeinen von der Konzentration abhängen. Viel wichtiger und größer ist ihre Temperaturabhängigkeit, die durch eine Formel von der Form

$$D = A \, e^{-\frac{U}{RT}} \tag{6}$$

(vgl. S. 7) wiedergegeben werden kann, wo R die Gaskonstante, U die Aktivierungsenergie pro Mol und A eine Konstante oder wenigstens eine von der Temperatur sehr erheblich weniger als der Exponentialausdruck abhängige Größe darstellt. Wir werden auf diese Formel näher eingehen, wenn wir die Theorie der Diffusion besprechen werden. Im Augenblick sei nur erwähnt, daß man die Temperaturabhängigkeit der Diffusion am zweckmäßigsten zur Darstellung bringt, indem man $\ln D$ als Ordinate und $1/T$ als Abszisse aufträgt, wie das in den Abb. 126—131 geschehen ist.

2. Experimentelle Methoden der Diffusionsmessung.

Bei festen Stoffen und insbesondere bei Metallen werden die Diffusionsversuche vielfach so durchgeführt, daß zwei etwa zylindrische Stücke der beiden Metalle oder Legierungen, zwischen denen die Diffusion verfolgt werden soll, auf einer zur Zylinderachse senkrechten Ebene dicht aneinander gesetzt werden. In einem solchen Falle findet die Diffusion nur in einer Richtung, nämlich senkrecht zur Berührungsfläche der Metalle statt, es handelt sich also um ein einachsiges Problem. Nachdem das zusammengesetzte Stück längere Zeit auf der gewünschten Temperatur gehalten worden ist, wird es in zur Diffusionsrichtung senkrechte möglichst dünne Scheiben zerschnitten und diese Scheiben analysiert. Man erhält auf diese Weise die Konzentrationsverteilung über die Länge des Stückes. Um hieraus die Diffusionskonstante zu berechnen, muß man die Differentialgleichung (4) oder (5) integrieren. Die Integration läßt sich nicht geschlossen durchführen und führt auf das Gaußsche Fehlerintegral, dessen Wert man aus den

---

[1] Man erhält dann die allgemeiner gültigen Beziehungen:

$$\frac{\delta m}{\delta t} = - D \left(\frac{\delta c}{\delta x} + \frac{\delta c}{\delta y} + \frac{\delta c}{\delta z} \right)$$

für die durch eine Flächeneinheit hindurchtretende Masse und

$$\frac{\delta c}{\delta t} = D \left(\frac{\delta^2 c}{\delta x^2} + \frac{\delta^2 c}{\delta y^2} + \frac{\delta^2 c}{\delta z^2} \right)$$

für die Konzentrationszunahme in einem Volumenelement, wenn $\left(\dfrac{dD}{dc} \right) = 0$ ist.

Tabellen entnehmen kann. Wie man sieht, ist die Rechnung nicht mehr elementar. Wir wollen auf sie nicht näher eingehen. Abb. 125 zeigt schematisch den Verlauf der Konzentration in einem so zusammengesetzten Stück nach verschiedenen Zeiten, wobei angenommen wird, daß die beiden Stücke so lang sind, daß an ihrem von der Verbindungsseite abgekehrten Ende während des ganzen Versuches praktisch die Konzentration der reinen Ausgangsstoffe herrscht. Beim Beginn des Versuches besteht an der Grenzfläche ein Konzentrationssprung, der sich im Laufe der Zeit immer mehr ausgleicht. Aus dem Verlauf der hierbei entstehenden Konzentrationsverteilungen kann D berechnet werden.

Ist die Diffusionskonstante für beide Bestandteile gleich und unabhängig von der Konzentration der Legierung, so bleibt an der ursprünglichen Trennfläche während des ganzen Versuches die konstante Konzentration 50/50 bestehen. Hängt D dahingegen von der Konzentration ab, so verlagert sich die Schicht, in der die Konzentration 50/50 herrscht,

im Verlaufe des Versuches nach der einen Richtung und die Konzentrationsverteilungen erleiden eine gewisse Verzerrung. CH. MATANO[1] hat die Veränderlichkeit von D berücksichtigt und für diesen Fall die Berechnung der Konzentrationsverteilungskurve durchgeführt, und F. N. RHINES und R. F. MEHL[2] haben in ähnlicher Weise versucht, bei der Verfolgung der Diffusion von Aluminium in Kupfer aus der Form der Konzentrationskurve D für verschiedene Konzentrationen zu berechnen. Die Abweichung dieser Kurven vom

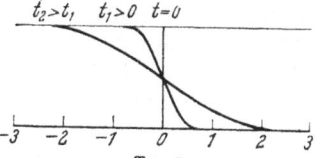

Abb. 125. Konzentrationsverlauf beim linearen Diffusionsproblem (nach W. SEITH).

symmetrischen Verlauf ist jedoch vielfach wohl zu gering, um aus ihr exakte Schlüsse dieser Art ziehen zu können. Will man die Konzentrationsabhängigkeit von D genauer bestimmen, so muß man als Partner der Diffusion von Anfang an Legierungen nahe beieinanderliegender Zusammensetzungen wählen, so daß der Mittelwert für das Konzentrationsintervall zwischen diesen Legierungen mit genügender Annäherung als der Wert von D für eine bestimmte Konzentration angesetzt werden kann, wie das W. SEITH und W. KRAUSS[3] gemacht haben.

Es ist selbstverständlich, daß die Anordnung der Diffusionspartner nach Wunsch auch geändert werden kann. So haben W. FRAENKEL und H. HOUBEN[4] die Diffusion zwischen Gold und Silber studiert, indem sie in eine Öffnung in dem einen Metall einen passenden Stift aus dem anderen Metall einschlugen. In solchen Fällen ändert sich die Rechnung, die Grundlagen der Methode bleiben jedoch dieselben. In dem genannten Falle haben W. FRAENKEL und H. HOUBEN die Diffusion verfolgt, indem sie die Wanderung einer bestimmten Grenzkonzentration, die der Resistenzgrenze (vgl. S. 555) entspricht, mit der Zeit durch Ätzversuche festgestellt haben.

Auch in manchen anderen Fällen ist die Diffusion ohne chemische Analyse der Diffusionsschichten untersucht worden. W. JOST[5] hat auf Drähte aus einigen Metallen dünne Schichten von Gold oder Silber von gemessener Dicke elektrolytisch niedergeschlagen und das Einwandern des Metalles der Drahtseele bis zur Oberfläche des Goldes oder des Silbers festgestellt, indem er die Gitterkonstante gemessen hat. Eine Voraussetzung für die Anwendung dieser Methode ist eine genügend starke Abhängigkeit der Gitterkonstanten von der Konzentration

[1] MATANO, CH.: Japan. J. Phys. 8, (1933) 109.
[2] RHINES, F. N.. u. R. F. MEHL: Amer. Inst. Met. Eng. Techn. Publ. 1938, No. 883.
[3] SEITH, W., u. W. KRAUSS: Z. Elektrochem. 44, (1938) 98.
[4] FRAENKEL, W., u. H. HOUBEN: Z. anorg. u. allg. Chem. 116, (1921) 1.
[5] JOST, W.: Z. phys. Chem. 39, (1930) 73.

des Mischkrystalles. Bei Au-Cu-Legierungen, die bei der hohen Versuchstemperatur
aus einer ununterbrochenen Reihe von Mischkrystallen bestehen, ändert sich
die Gitterkonstante mit der Konzentration stark, da die Gitterkonstanten des
Goldes und des Kupfers ziemlich verschieden sind (Au: 4,070 Å; Cu: 3,608 Å).
Die Konzentration konnte deshalb in diesem Falle durch Bestimmung der
Gitterkonstanten mit Hilfe von Röntgenstrahlen mit genügender Genauigkeit
bestimmt werden.

Eine sehr elegante Methode haben nach dem Vorgang einiger anderer Forscher
W. SEITH und W. KRAUSS[1] bei der Untersuchung der Diffusion in Kupfer-Zink-
Legierungen höherer Kupfer-Konzentration, wo die Legierungen homogene Mischkrystalle bilden (0 — ca. 30% Zn, vgl. Abb. 99) ausgearbeitet. Eine Kugel mit
einem bestimmten Zn-Gehalt wurde in einer Atmosphäre von Zn-Dampf bestimmten Dampfdruckes, der einer anderen bekannten Zn-Konzentration ent-
sprach, gehalten. Hierbei entsteht auf der Oberfläche sehr schnell eine sehr
dünne Schicht mit einem Zn-Gehalt, der praktisch dem Zn-Dampfdruck entspricht. Die Geschwindigkeit der weiteren Zink-Abscheidung auf der Legierungs-
kugel wird durch die Diffusion im Innern der Legierung bestimmt. Durch Ge-
wichtsbestimmungen der Kugel nach verschiedenen Diffusionszeiten konnte
auf diese Weise die Diffusionskonstante errechnet werden.

H. BÜCKLE[2] hat die Konzentration in der Diffusionszone mit Hilfe der
Messung der Mikrohärte nach H. HANEMANN und E. O. BERNHARDT[3] an mikroskopisch kleinen Härteeindrücken bestimmt, nachdem die Konzentrationsabhängigkeit der Mikrohärte durch unabhängige Messungen festgestellt worden
war. Die Anwendung dieser eleganten Methode, die grundsätzlich eine Konzen-
trationsmessung in viel dünneren mikroskopischen Gebieten gestattet als das mit
Hilfe der chemischen Analyse möglich ist, findet ihre Grenze in der oft nicht
ausreichenden Genauigkeit der Bestimmung der Mikrohärte.

Eine andere elegante Methode der Diffusionsmessung beruht auf der Radio-
aktivität[4]. Man hat vielfach die Möglichkeit, einem metallischen Material eine
bekannte Menge eines radioaktiven Stoffes einzuverleiben. Indem man die
Emanation mißt, kann man die Konzentration eines Zusatzes in der Nähe der
Oberfläche verfolgen und unter Berücksichtigung der Lebensdauer der Emanation
die Diffusionskonstante berechnen. Diese Methode ist besonders wichtig bei
der Bestimmung der sog. Selbstdiffusion. Wenn man einem Metall sein radio-
aktives Isotop einverleibt, so ist die Diffusionsgeschwindigkeit dieses Isotops
praktisch dieselbe, mit der eine Atomwanderung (Platzwechsel) der Atome im
reinen Metall stattfindet. Die Bestimmung dieser Diffusionskonstante ist wichtig,
da die Diffusionsgeschwindigkeit innerhalb eines Metalles stark von der Natur
des diffundierenden Stoffes abhängt.

Bei den meisten Versuchen über die Diffusion in festen Metallen besteht
die größte Schwierigkeit in der Herstellung eines sicheren atomaren Kontaktes
zwischen den Diffusionspartnern. Es ist klar, daß jede Lücke oder auch jedes
Hindernis an der Berührungsfläche die Diffusion stark verlangsamen und die
Ergebnisse völlig fälschen kann. Es sei bemerkt, daß bei den oben erwähnten
Versuchen von W. FRAENKEL und H. HOUBEN[5] ein auffallend geringer Wert
der Diffusionskonstanten gefunden wurde. Offenbar war es ihnen nicht gelungen,

---

[1] Siehe S. 17 und Anmerkung 3.
[2] BÜCKLE, H.: Z. Elektrochem. 49 (1943), 238; Z. Metallkde. 34 (1942), 130.
[3] HANEMANN, H., u. E. O. BERNHARDT: Z. Metallkde. 32 (1940), 35.
[4] Verschiedene Arbeiten von G. v. HEVESY und von W. SEITH mit Mitarbeitern, vgl.
W. SEITH: Diffusion in Metallen. Berlin: Springer 1939.
[5] Siehe S. 171.

einen einwandfreien Kontakt zwischen Gold und Silber herzustellen. Eine Sicherheit, daß diese Fehlerquelle völlig behoben worden ist, kann in der Regel überhaupt nicht gegeben werden. Hierauf kann meistens nur auf Grund einer guten
Übereinstimmung von Ergebnissen geschlossen werden.

Beim Eisen läßt sich die Geschwindigkeit der C-Aufnahme durch Diffusion
im Schliffbild verfolgen. Nach langsamer Abkühlung erhält man sehr typische
Gefügebilder, aus denen mit ziemlicher Sicherheit auf den C-Gehalt geschlossen
werden kann. Natürlich kann die Diffusion hier auch durch Analyse von dünnen
abgedrehten Scheiben bestimmt werden.

Wenn der diffundierende Bestandteil in das untersuchte Metall aus einer
Gasphase eintritt, besteht die Möglichkeit, bei der Diffusion einen stationären
Zustand herzustellen, indem für die Versuche eine porenfreie Membran des in
Frage kommenden Metalles benutzt wird, und an den beiden Oberflächen eine
bestimmte Druck- oder Aktivitätsdifferenz des Gases aufrecht erhalten wird.
In solchen Fällen wird die Diffusionsgeschwindigkeit nach der Menge des pro
Zeiteinheit hindurchtretenden Gases beurteilt. Zur Bestimmung der Diffusionskonstante ist außer der Dicke der Membran die Kenntnis der Konzentration
des diffundierenden Stoffes innerhalb des Metalles an den beiden Oberflächen
erforderlich; ohne diese kann man nur relative Werte der Diffusionskonstante,
etwa in Abhängigkeit von der Temperatur, bestimmen. Eine Schwierigkeit
kann entstehen, wenn die heterogenen Reaktionen an der Oberfläche des Metalles
nicht genügend schnell verlaufen[1].

3. Tatsachenmaterial.

In den nachfolgenden Abbildungen und Tabellen ist eine Reihe von Werten
der Diffusionskonstanten für verschiedene Metalle und Legierungen und für ver-

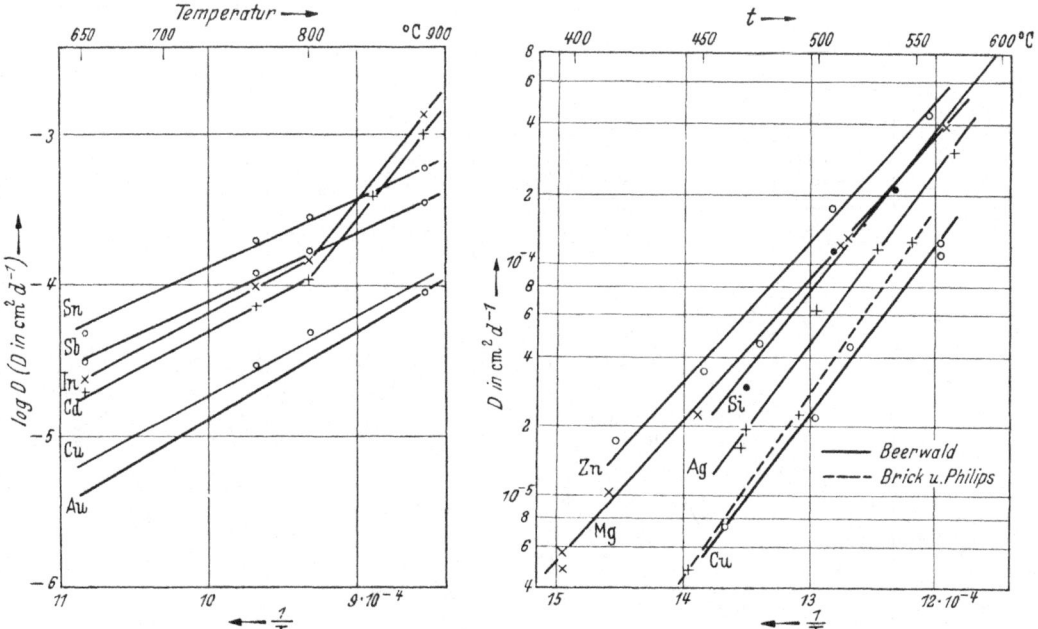

Abb. 126. Diffusion verschiedener Metalle in Silber
(dekadische Logarithmen von D) (nach W. SEITH).

Abb. 127. Diffusion verschiedener Metalle in Aluminium
(nach W. SEITH).

[1] Verschiedene Arbeiten von G. v. HEVESY und von W. SEITH mit Mitarbeitern, vgl.
W. SEITH: Diffusion in Metallen. Berlin: Springer 1939.

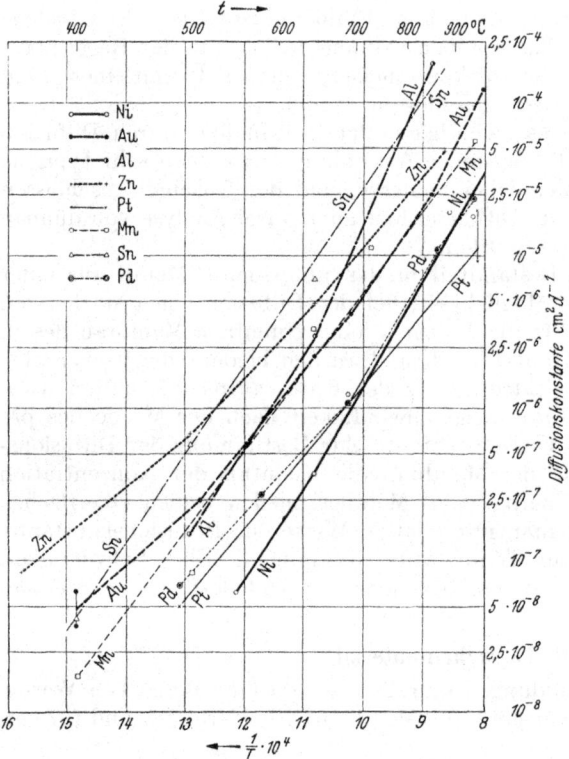

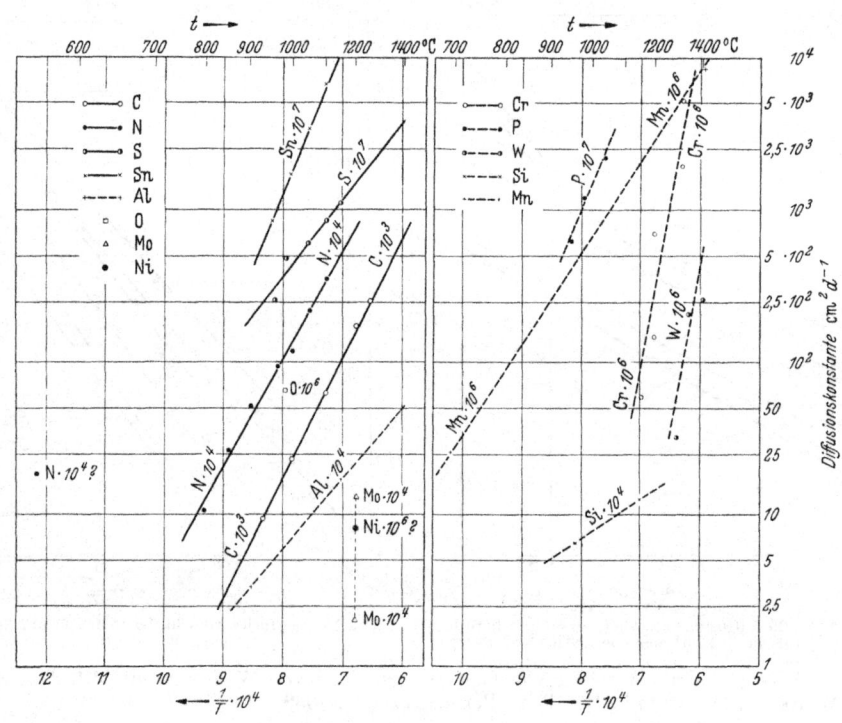

schiedeneTemperaturen angegeben. Trotz der guten Übereinstimmung der Werte in einzelnen Versuchsreihen, wie sie sich vor allen Dingen in der Temperaturabhängigkeit äußert, findet man zwischen den Ergebnissen der verschiedenen Forscher erhebliche Abweichungen, so daß die Diffusionskonstante in der Mehrzahl der Fälle nur der Größenordnung nach sicher bekannt sein dürfte. Selbstverständlich haben die Ergebnisse verschiedener Forscher oft einen sehr verschiedenen Grad der Sicherheit, so daß eine eingehende

Links:
Abb. 128. Diffusion verschiedener Metalle in Kupfer (nach W. SEITH).

Unten:
Abb. 129. Diffusion verschiedener Metalle in Eisen (nach W. SEITH).

Kritik der Zuverlässigkeit im Einzelfalle unentbehrlich ist. Unter diesen Umständen ist ein Abgreifen der Werte aus einer Abbildung ausreichend genau, ja

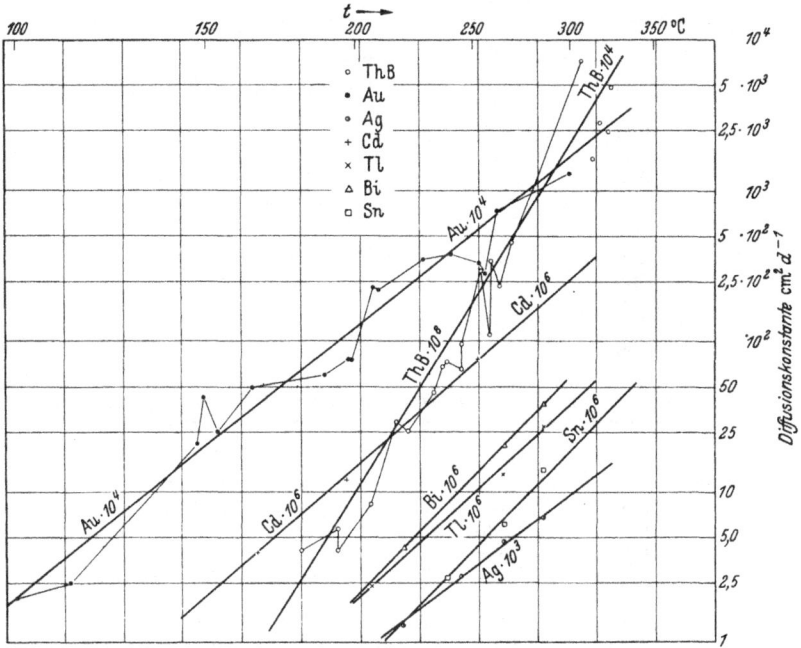

Abb. 130. Diffusion verschiedener Metalle in Blei (nach W. SEITH).

vielfach dank der Möglichkeit der Interpolation sicherer, als bei der Benutzung von Einzelwerten aus den Tabellen. Deshalb sind die meisten Beobachtungen über Diffusion in den Abb. 126—130 in der D—$1/T$-Darstellung wiedergegeben, während nur wenige in Tabellen zusammengestellt sind. Alle Werte sind geradlinig interpoliert worden. Wenn die Interpolation einigermaßen sicher erscheint, wird sie durch ausgezogene Linien, widrigenfalls durch gestrichelte wiedergegeben; im letzteren Fall soll die gestrichelte Gerade nur die wahrscheinliche Größenordnung der Diffusionskonstanten und ihres Temperaturkoeffizienten angeben.

Wie man sieht, lassen sich die Werte der Diffusionskonstanten vielfach in der $\ln D$—$1/T$-Darstellung geradlinig interpolieren. In vielen Fällen, vor allen

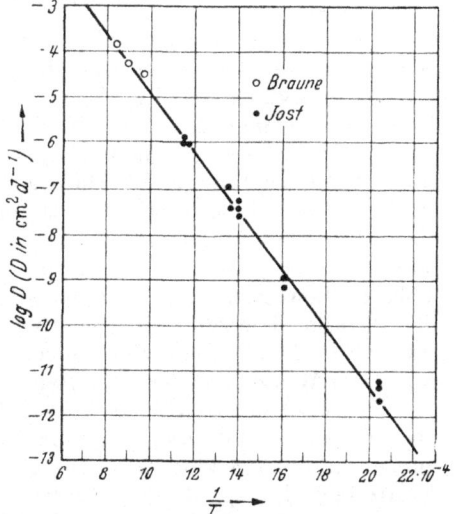

Abb. 131. Temperaturabhängigkeit der Diffusion von Gold in Silber (dekadische Logarithmen) (nach W. SEITH).

Dingen, wenn die Beobachtungen große Temperaturintervalle umfassen, ist eine stärkere Zunahme der Diffusionsgeschwindigkeit mit der Temperatur wahrzunehmen. Die Diffusionsgeschwindigkeit von Gold in Silber läßt sich jedoch in der $\ln D$—$1/T$-Darstellung ausgezeichnet durch eine gerade Linie wiedergeben (Abb. 131).

Tabelle 21. Einige Werte der Diffusionskonstanten D von Kohlenstoff in Eisen.

$t\,°C$	$\dfrac{D \cdot 10^5}{cm^2\,d^{-1}}$	Beobachter
925	1000	J. Runge[1]
800	130	A. Bramley und A. J. Jinkings[2]
850	130	
900	648	
950	1020	
1000	1730	
1050	2420	
1100	3880	
925	935	M. Paschke und A. Hauttmann[3]
1000	2330	
1100	6250	
1200	17700	
1250	24600	

Tabelle 22. Diffusionskonstante D von Stickstoff in Eisen.

$t\,°C$	$\dfrac{D \cdot 10^5}{cm^2\,d^{-1}}$	Beobachter
800	104	A. Bramley und G. Turner[4]
850	260	
900	520	
950	930	
1000	1170	
1050	2160	
1100	3460	

4. Theorie der Diffusion.

In einem idealen Gase führen die einzelnen Moleküle eine zickzackförmige Bewegung aus, die aus geraden Strecken zwischen den Zusammenstößen mit Nachbarmolekülen besteht. In mehratomigen Gasen finden zwar innerhalb der Moleküle Schwingungen statt. Nach dem Gesetz von der Erhaltung des Schwerpunktes sind diese Schwingungen jedoch ohne jeden Einfluß auf die Bewegung der Moleküle als Ganzes. Die Diffusion kommt dadurch zustande, daß nach einem statistischen Ausgleich aller Zusammenstöße in einem Konzentrationsgefälle eine Geschwindigkeitskomponente in der Diffusionsrichtung übrigbleibt. Man betrachtet das Gas in diesem Falle als ein System von elastischen Kugeln in lebhafter Bewegung. Es ist verständlich, daß die Diffusionsgeschwindigkeit und die Diffusionskonstante in einem solchen Falle lediglich durch die Energie der translatorischen Bewegung der Moleküle bestimmt, und zwar annähernd proportional der Wurzel aus der absoluten Temperatur ist.

Ein ganz anderes Bild bietet ein fester Körper, insbesondere ein Krystall. Die Atome oder Moleküle, die die einzelnen Gitterpunkte besetzen, führen Schwingungen aus, deren kinetische Energie ein Maß für die Temperatur ist. Bei der Erörterung der spezifischen Wärme werden wir sehen, daß diese kinetische Energie im einfachsten Falle gleich der potentiellen Energie ist (S. 254). Bei genügend hohen Temperaturen, bei denen die spezifische Wärme dem Gesetz von Dulong und Petit folgt, können wir annehmen, daß die kinetische Energie

[1] Runge, J.: Z. anorg. Chem. 115 (1921), 293.
[2] Bramley, A., u. A. J. Jinkings: Iron Steel Inst. Carnegie Scol. Mem. 15 (1926), 127, 155.
[3] Paschke, M., u. A. Hauttmann: Arch. Eisenhüttenw. 9 (1935), 305.
[4] Bramley, A., u. G. Turner: Iron Steel Inst. Carnegie Scol. Mem. 17 (1928), 23.

dieser Schwingungen eine ebensolche Maxwellsche Verteilung zeigt wie bei Gasen. Dasselbe gilt dann auch für ihre potentielle Energie. Ein Verlassen eines Gitterplatzes durch ein Atom kann nur dann in Frage kommen, wenn diese Energie besonders groß ist und die Energie, die das Atom an seinem Platze festzuhalten sucht, überwinden kann. Bekanntlich ist der Bruchteil der Atome oder Moleküle, die mindestens die Energie U haben, im Falle der Maxwellschen Verteilung näherungsweise durch die Formel

$$\frac{\varDelta N}{N} = e^{-\frac{U}{RT}} = e^{-\frac{u}{kT}} \tag{7}$$

gegeben, wobei die erste Form auf ein Mol und die zweite auf ein Molekül bezogen ist (vgl. S. 7).

Da die Diffusionsgeschwindigkeit im wesentlichen proportional der Anzahl $\frac{\varDelta N}{N}$ ist, ist somit die Temperaturabhängigkeit der Diffusionskonstante, wie sie durch Formel (6) gegeben ist, verständlich.

Das Wesentliche ist hier die Existenz einer Aktivierungsenergie U, deren Größe, wie immer in solchen Fällen, aus dem Temperaturkoeffizienten von D bestimmt werden kann (vgl. S. 8).

$$\frac{d \ln D}{d\, 1/T} = -\frac{U}{R}. \tag{8}$$

In den Tabellen 23, 24 ist eine Reihe von Werten von A und von U (Gl. 6) angegeben. Man sieht, daß sich U zwischen etwa 14000 und 90000 cal/gr mol

Tabelle 23. Konstanten der Diffusion.

Partner	A cm² d⁻¹	U cal · 10³	Partner	A cm² d⁻¹	U cal · 10³
C in Fe	$4,2 \cdot 10^4$	37	Pd[1] in Cu	1,58	27
N		31	Sn	355	31
Al		44	Sn[1]	2140	40
Sn		46	Pt	0,09	22
P		46	Au	0,6	22
S		27			
Cr		135	Pb in Pb	$5,8 \cdot 10^5$	28
			Sn	$3,5 \cdot 10^5$	26
Au in Au	$8 \cdot 10^5$	63	Tl	$2,2 \cdot 10^3$	19
Cu	50	27	Bi	$1,6 \cdot 10^3$	18
Pd	96	37	Hg	$3,0 \cdot 10^4$	19
Pt	107	39	Cd	$1,6 \cdot 10^2$	15
Ag	2510	38	Ag	$6,5 \cdot 10^3$	15
Fe	10	24,4	Au	$3,0 \cdot 10^4$	14
Ni	150	31,2			
			Cu in Ni	90	35
Au in Ag	46	30			
Pd	0,55	20	Mo in W	54	80
Cd	4,2	22	Th	$33 \cdot 10^3$	90
In	6,3	24			
Sn	6,75	21	Cu in Pt	$4,2 \cdot 10^3$	55,7
Sb	4,6	22	Ni	68	43,1
Cu	5,1	25			
			Cu in Al	$7,25 \cdot 10^3$	32,6
Al in Cu	620	39	Ag	$9,5 \cdot 10^4$	32,6
Mn	0,6	23	Zn	10^6	27,8
Ni	5,6	30	Si	$7,8 \cdot 10^4$	30,5
Zn	0,26	20	Mn	$1,7 \cdot 10^{11}$	64,2
Pd	0,14	22			

[1] getempert.

Tabelle 24. Aktivierungsenergien der Diffusion von Gasen in Metallen.

Gas und Metall	$\dfrac{U}{cal}$	Gas und Metall	$\dfrac{U}{cal}$	Gas und Metall	$\dfrac{U}{cal}$
H in Ni	27000	H in Cu	33000	O in Ag	45000
H in Pt	38000	H in Fe	19000	N in Mo	90000
H in Mo	40000	H in Al	62000	CO in Fe	37000
H in Pd	8700				

bewegt. U liegt damit in der Größenordnung der Aktivierungsenergie der chemischen Reaktionen. Der Diffusionsprozeß bedeutet also einen tiefen Eingriff in die Struktur des Krystalles. Dasselbe lehrt ein Vergleich mit den Wärmetönungen einiger anderer Vorgänge in Metallen, wie das Tabelle 25 für Blei zeigt:

Tabelle 25.

Schmelzwärme	1100 cal/g-Atom
Energiegehalt im Krystallzustand beim Schmelzpunkt	3500 ,, ,, ,,
Aktivierungsenergie der Selbstdiffusion	27900 ,, ,, ,,
Verdampfungswärme	36200 ,, ,, ,,

Man ersieht hieraus, daß der Zwischenzustand während des Diffusionsschrittes (,,Energie-Berg'' bei der Diffusion) sehr erheblich energiereicher als der geschmolzene Zustand des Metalles ist. Der Energiegehalt eines unbeständigen Zwischenzustandes ist nicht viel geringer als der des verdampften Metalles. Es unterliegt also keinem Zweifel, daß die Diffusion sich über sehr energiereiche Zwangszustände hinweg vollzieht.

Für die besonders gut untersuchte Diffusion verschiedener Metalle in Blei ergibt sich, wie man aus Tab. 23 sieht, daß der Wert von U mit dem horizontalen Abstand des betreffenden Elementes vom Blei im Periodischen System systematisch ansteigt, während die Werte vom A erstaunlich große Schwankungen aufweisen. Diese Schwankungen sind bemerkenswert, da man nicht ohne weiteres einsieht, warum dieser ,,sterische Faktor'' der Diffusion etwa von Pb in Pb den zweihundertfachen Betrag des sterischen Faktors bei Tl in Pb ausmachen soll.

Der atomare Mechanismus der Diffusion ist noch wenig geklärt. Zweifellos wird er bei Substitutions- und Einlagerungs-Mischkrystallen Unterschiede zeigen, da bei den ersteren das Ergebnis eines Diffusions-Schrittes ein Platzwechsel zweier Atome, und beim zweiten nur die Wanderung eines Einlagerungsatomes im Raumgitter ist. Bei einem Platzwechsel müssen zwei Atome gleichzeitig oder beinahe gleichzeitig durch energetisch stark benachteiligte Stellungen hindurchgehen. Viel wahrscheinlicher ist jedoch, daß die beiden Schritte eines Platzwechsels, nämlich der Übergang eines Atomes von einem Platz an einen anderen und das Besetzen des frei gewordenen Platzes durch ein Atom, voneinander getrennt erfolgen. Hierfür gibt es vor allen Dingen zwei Möglichkeiten, die beide *Fehlstellen* im Raumgitter zur Voraussetzung haben. Es ist möglich, daß das Raumgitter vereinzelt Leerstellen aufweist (Abb. 132a) und daß der Elementarschritt der Diffusion darin besteht, daß ein zur Leerstelle benachbartes Atom diese Leerstelle besetzt. Auf diese Weise kommt es zum Hin- und Herwandern von Leerstellen, durch das im Endeffekt statistisch eine Wanderung der Atome in Richtung des Konzentrationsgefälles zustande kommt. Für eine solche Auffassung spricht der Umstand, daß es bei Mischkrystallen, wie mit aller Sicherheit nachgewiesen worden ist (vgl. S. 167), Raumgitter mit solchen Leerstellen gibt.

Eine andere Möglichkeit ist schematisch in Abb. 132b dargestellt. Hier befindet sich ein Atom auf einem Zwischengitterplatz, wohin es sich infolge von thermischen Schwankungen begeben hat. Nach dieser Auffassung springt im Raumgitter bei höherer Temperatur eine gewisse Menge der Atome aus dem Raumgitter in Zwischenplätze, wobei vermutlich Leerstellen entstehen, und eine entsprechende Anzahl, im stationären Falle dieselbe, wieder aus den Zwischen-
gitterplätzen in die Raumgitterplätze zu-
rückspringt. Auf diese Weise entsteht eine
Art Reaktionsgleichgewicht zwischen den
Gitteratomen G und den Atomen der Zwischengitterplätze Z

$$G \gtrless Z.$$

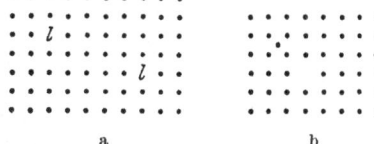

Abb. 132a u. b. Raumgitter mit Leerstellen und mit einem Atom auf einem Zwischengitterplatz.

In einem solchen Falle kommt die Dif-
fusion sowohl durch die Wanderung der Atome von einem Zwischengitterplatz zum anderen als auch durch das Entstehen, Wiederaufbauen und Wandern der Leerstellen zustande. Es ist wahrscheinlich, daß in verschiedenen Fällen die verschiedenen Vorgänge in verschiedenem Maßstabe am Diffusionsprozeß teilnehmen. Wenn das Raumgitter nur einen gewissen Überschuß an Atomen in Zwischen-
gitterplätzen, aber keine Leerstellen aufweist, kann die Neubesetzung der Zwischengitterplätze und das Zurückspringen der Atome in normale Gitterplätze nur an den Korngrenzen (oder an Fehlstellen) erfolgen. In einem solchen Falle wäre eine größere Abhängigkeit der Diffusionsgeschwindigkeit von der Korngröße zu erwarten.

Eine solche ist tatsächlich zuweilen, jedoch durchaus nicht immer beobachtet worden. Sie hat ihre Ur-
sache in einer erhöhten Beweglichkeit der atomaren Bausteine auf inneren und äußeren Oberflächen, wie sie von M. VOLMER und Mitarbeitern ja tatsächlich nachgewiesen worden ist (vgl. S. 208). Durch eine eingehende Analyse ist es J. LANGMUIR gelungen, die Ge-
schwindigkeiten der drei Arten der Diffusion, nämlich auf der freien Oberfläche, an den Korngrenzen und im Innern des Raumgitters am Beispiel der Diffusion des Thoriums in Wolfram einzeln zu ermitteln (Abbildung 133)[1]. Wie man sieht, ist die Diffusionskon-
stante an den Korngrenzen um 2—4 Zehnerpotenzen höher, als im Gitter, und die Diffusionskonstante auf der Oberfläche wieder um 2 Potenzen höher. Man sieht ferner, daß die Temperaturkoeffizienten der Diffusion und somit die Aktivierungsenergien (S. 177) einen um-

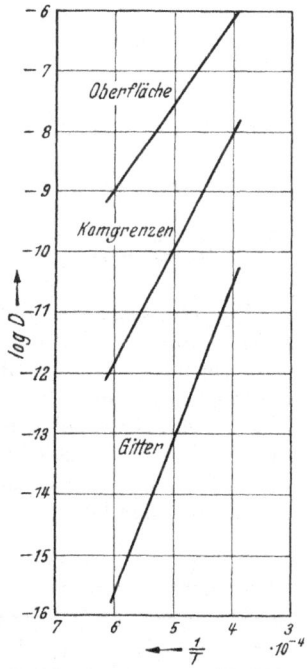

Abb. 133. Diffusion des Thoriums in Wolfram (nach W. SEITH).

gekehrten Gang zeigen. In anderen Fällen wie z. B. bei der Diffusion von Zink in Kupfer und Messing, ist ein Einfluß der Korngröße nicht festgestellt worden.

Es scheint bei verwandten Elementen eine Beziehung der Aktivierungswärme der Diffusion zur absoluten Schmelztemperatur zu bestehen. Ihr Verhältnis ist nahezu konstant und gleich 20, wie man aus Tab. 26 für die Diffusion verschiedener Metalle in Gold nach W. SEITH ersieht:

---

[1] LANGMUIR, I.: Z. angew. Chem. **46** (1933), 719.

Tabelle 26.

Metall	T_s	U cal	$\dfrac{U}{T_s}$
Cu	1356°	27 400	20,2
Pd	1826°	37 400	20,4
Pt	2047°	39 000	19,0

Für die Diffusion von Cu—Ni ergibt sich U/T_s zu 20,6, für Mo im W 21,3.

5. Diffusion und Reaktion.

Die Verhältnisse werden wesentlich komplizierter, wenn gleichzeitig mit der Diffusion eine Bildungsreaktion einer intermediären Krystallart stattfindet. Diese Verhältnisse sind eingehend von M. G. OKNOW und L. S. MOROZ[1] studiert worden.

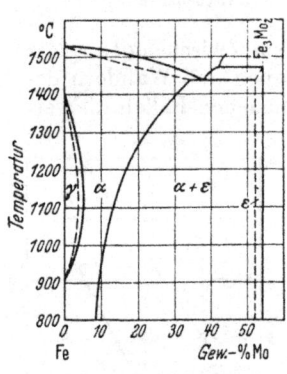

Abb. 134. Teildiagramm der Fe-Mo-Legierungen.

Wir betrachten die Vorgänge am Beispiel der Diffusion des Molybdäns in Eisen, wenn ein Stück Eisen, dicht in Molybdän-Pulver gepackt, auf hohe Temperaturen erhitzt wird. Hierbei kann die Diffusion des Eisens in das Molybdän wohl vernachlässigt werden, da der Schmelzpunkt des Molybdäns sehr viel höher liegt und die Diffusionskonstante in ihm entsprechend niedriger ist. Das Teildiagramm der Fe-Mo-Legierungen ist in Abb. 134 wiedergegeben.

Grundsätzlich sind hier folgende Vorgänge möglich:

1. Die Diffusion von Mo in das flächenzentrierte Raumgitter des γ-Eisens hinein.

2. Bildung der raumzentrierten α-Phase und Diffusion in dieser.

3. Bildung der intermediären Krystallart Fe_3Mo_2.

Die Vorgänge wurden durch Analyse der abgenommenen dünnen Schichten, mikroskopisch und mit Röntgenstrahlen verfolgt. Die Ergebnisse sind in Tab. 27 zusammengestellt. Wie man sieht, tritt zunächst eine Diffusion des Mo in das γ-Gitter auf. Nach längerer Diffusionszeit findet man auf der Oberfläche des Versuchsstückes noch eine raumzentrierte Schicht und die Krystallart Fe_3Mo_2. Man sieht, daß nach Erreichung der Sättigungskonzentration des γ-Mischkrystalles an Mo etwa gleichzeitig die Bildung von α und von Fe_3Mo_2 erfolgt und zwar lange bevor an der Berührungsfläche mit Fe_3Mo_2 etwa die Sättigungs-

Tabelle 27. Diffusion und Reaktion.

Legierung	T °C	Zeit Std.	1. Schicht			2. Schicht			3. Schicht	
			Gitter	%	Sättigung %	Gitter	%	Sättigung %	Gitter	%
Mo in Fe	980	3		2,8	3 ?	—	—		—	—
	1000	2		3,0	3 ?	—	—		—	—
	1000	25					8,9	11	Fe_3Mo_2	54,2
	1200	0,75		4	4 ?	—	—		—	—
	1200	10					10	16	Fe_3Mo_2	53,8
Si in Ni	880	0,5		0,5	6,5	—	—			
	880	1		2,8	6,5	Ni_2Si	20,2			
	880	5				Ni_2Si	20,18			
	890	10		6,4	6,5	Ni_2Si	19,4			

[1] OKNOW, M. G., u. L. S. MOROZ: J. techn. Phys. 11 (1941), 593.

konzentration an Mo erreicht wird. Dieses Ergebnis ist durch Bestimmung des Konzentrationsgefälles innerhalb der Mischkrystalle sichergestellt worden (vgl. Abb. 135). Die Annahme, daß an der Oberfläche des α-Mischkrystalles in Wirklichkeit etwa eine sehr dünne Schicht mit der Sättigungskonzentration entstehen würde, ist nicht möglich, da das Mo dann durch Diffusion auch in das Innere des α-Krystalles abwandern müßte, wo es festgestellt werden würde. Ähnliche Betrachtungen wurden bei der Diffusion von Wolfram, Silicium und Beryllium in Eisen und von Silicium in Nickel (für das letzte Paar siehe ebenfalls Tab. 27) gemacht.

Die Ergebnisse von M. G. OKNOW und L. S. MOROZ sind sehr beachtenswert. Man neigt in der Regel dazu, bei verzögerten Vorgängen solcher Art, wie die Diffusion, anzunehmen, daß die Grenzkonzentration der beteiligten Phasen dem Gleichgewichtsdiagramm entsprechen. Diese Annahme ist mit jener anderen identisch, die für Elektrolyte bei der Anwendung der Nernstschen Formel erörtert wird (vgl. S. 538), nämlich daß, wenn ein heterogener und nie homogener Vorgang miteinander gekoppelt sind, der erstere so schnell verläuft, daß für die Geschwindigkeit des Gesamtvorganges lediglich der letztere als der langsamere zu betrachten ist. Im vorliegenden Falle würde das heißen, daß z. B. der heterogene Vorgang der Bildung der α-Krystall-art in Berührung mit der Krystallart Fe_3Mo_2 so schnell verläuft, daß eine Entstehung der letzteren Krystallart nicht möglich ist, ehe die Sättigungskonzentration der α-Krystalle erreicht worden ist: vorher müßte ein etwa gebildeter Saum von Fe_3Mo_2 durch Reaktion mit α sofort wieder aufgezehrt werden.

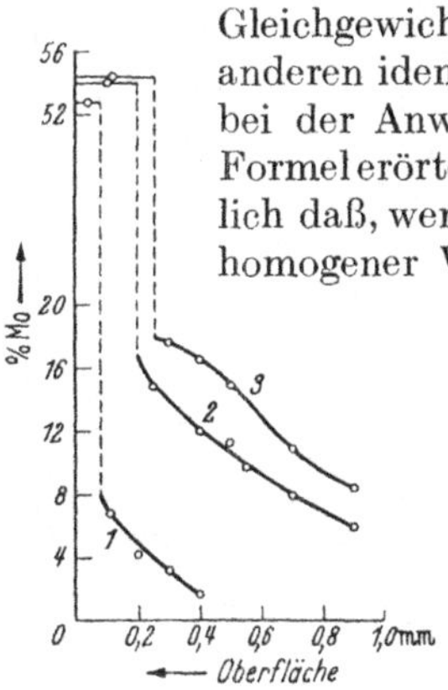

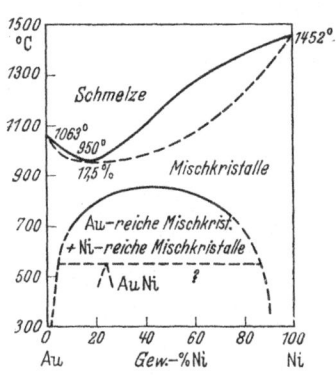

Abb. 135. Konzentrationsverlauf in der Grenzschicht bei der Diffusion von Molybdän in Eisen (nach OKNOW u. MOROZ).

Abb. 136. Zustandsdiagramm der Au-Ni-Legierungen (nach M. HANSEN).

Dem ist durchaus nicht so. Auch die heterogenen Vorgänge erfolgen in Legierungssystemen mit Geschwindigkeiten, die mit den Diffusionsgeschwindigkeiten kommensurabel sind. Bei tieferen Temperaturen sind nicht nur die homogenen Vorgänge wie die Diffusion stark verlangsamt, sondern auch die heterogenen, selbst wenn sie nicht durch den Keimbildungsvorgang gehemmt sind, das heißt, wenn die Phasen, um deren Wechselwirkung es sich handelt, bereits vorhanden sind.

Der geschilderte Fall ist nicht der einzige dieser Art. Im System Gold-Nickel besteht bei tieferen Temperaturen eine Mischungslücke im Krystallzustand, während aus der Schmelze zunächst eine ununterbrochene Reihe von Mischkrystallen erstarrt (vgl. Abb. 136). An diesem System sind viele kinetische Studien des Zerfallsvorganges durchgeführt worden, auf die wir weiterhin einzugehen haben werden (s. S. 507). Im Augenblick sei nur auf folgendes hingewiesen. Ein Mischkrystall mittlerer Zusammensetzung wird nach dem Abschrecken von höherer Temperatur zunächst im unterkühlten Zustand erhalten und zerfällt dann langsam bei einer Erhitzung auf etwa 400°. Hierbei entstehen ein diamagnetischer goldreicher und ein ferromagnetischer nickelreicher Mischkrystall. Da die Abhängigkeit der Curie-Temperatur von dem Goldgehalt des letzteren bekannt ist, kann durch ihre Messung seine Konzentration ermittelt werden[1]. Es zeigt sich nun, daß die Curie-Temperatur der ausgeschiedenen nickelreichen Krystalle zunächst niedriger ist und bei weiterem Tempern bei derselben Temperatur wie vorher langsam ansteigt. Hieraus ist zu schließen, daß ihr Nickelgehalt ansteigt. Der Endwert, dem dieser Gehalt zustrebt, kann nur dem Gleichgewicht der Abb. 136 entsprechen. Die zuerst gebildeten Keime der nickelreichen Krystallart sind also noch an Gold übersättigt.

Das ist auch durchaus verständlich. Bei der starken Unterkühlung werden die einzelnen Keime nur klein sein und aus wenigen Atomen bestehen. Ein solcher Keim sondert sich aus dem übersättigten Mischkrystall aus, sobald er eine genügende thermodynamische Beständigkeit erlangt hat. Das kann aber bereits der Fall sein,

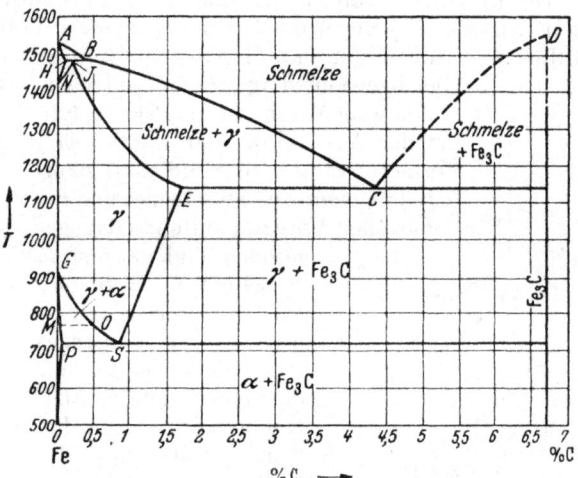

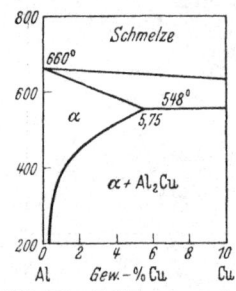

Abb 137. Teildiagramm der
Al-reichen Al-Cu-Legierungen.

Abb. 138. Zustandsdiagramm der Fe-C-Legierungen.
Das Zementitsystem.

wenn seine Zusammensetzung noch weit von der Gleichgewichtskonzentration des gesättigten Mischkrystalles entfernt ist. Es ist sehr wahrscheinlich, daß auch die gebildeten goldreichen Krystalle nicht der Gleichgewichts-Konzentration entsprechen. Wir besitzen jedoch keine bequeme Möglichkeit, um ihre Konzentration zu bestimmen und ihre späteren Änderungen zu verfolgen. Vielleicht wäre das durch Messung der magnetischen Suszeptibilität möglich.

Das Zustandsdiagramm als Gleichgewichtsdiagramm gibt nur den Endzustand eines bis zum Gleichgewicht verlaufenen Prozesses und damit in der Regel seine mögliche Richtung an. Sonst versagt es jedoch bei tieferen Temperaturen bei der Betrachtung der Vorgänge im festen Zustand weitgehend. Man muß sich davor hüten, sich ohne Kritik und zu weitgehend an das Zustandsdiagramm zu halten.

In derselben Richtung liegen Beobachtungen über Entstehung von intermediären Phasen bei tieferen Temperaturen. Nach dem Zustandsdiagramm (Abb. 137) ist die Krystallart CuAl$_2$ im Gleichgewicht mit dem Al-reichen Mischkrystall. Man weiß jedoch, daß bei Erhitzung eines übersättigten Al-reichen Mischkrystalles auf mäßige Temperaturen sich zunächst eine andere tetragonale Phase unbekannter Zusammensetzung ausscheidet, die im Gleichgewichtsdiagramm anscheinend keinen Platz hat[2]. Erst bei höheren Temperaturen tritt

---

[1] GERLACH, W.: Z. Metallkde. **40** (1949), 281.
[2] Das bedeutet, daß sie mit keiner anderen Phase des Diagramms im Gleichgewicht sein kann. Sie könnte natürlich metastabil sein, d. h. im Gleichgewicht unter der Voraussetzung des Ausbleibens anderer Phasen auftreten.

an ihre Stelle die Krystallart CuAl$_2$ (vgl. S. 499). Ähnlich scheinen die Verhältnisse bei den Fe-C-Legierungen zu liegen. Beim Anlassen des tetragonalen Martensits, also einer sehr stark übersättigten festen Lösung von Kohlenstoff im raumzentrierten α-Eisen, scheidet sich nach Untersuchungen von G. KURDJUMOW[1] zunächst nicht die nach dem Zustandsdiagramm (Abb. 138) zu erwartende Krystallart Fe$_3$C aus, sondern eine andere von unbekannter Zusammensetzung[2].

Es ist natürlich nicht ausgeschlossen, daß die genannten vorübergehend gebildeten Krystallarten in den in Frage kommenden Temperaturgebieten in Wirklichkeit stabil sind und daß sie in den bisher bekannten Zustandsdiagrammen übersehen worden sind, da ihre Bildungsgeschwindigkeit zu gering ist. Zu dieser Annahme besteht jedoch im Rahmen unserer Betrachtungen keine Veranlassung. Bei der Erörterung der allgemeinen Gesetze der Keimbildung bei organischen Stoffen werden wir darauf hinweisen, daß instabile Krystallarten oft eine viel höhere Keimbildungszahl haben und sich deshalb leicht zunächst an Stelle der stabilen bilden. Dasselbe dürfte auch in metallischen Systemen möglich sein, zumal instabile intermediäre Verbindungen bekannt sind. Natürlich muß aber eine solche Verbindung ein gewisses Mindestmaß an thermodynamischer Stabilität besitzen, damit sie sich überhaupt bilden kann. Bei dem Vorgang ihrer Bildung muß das thermodynamische Potential des gesamten Systems *geringer* werden, wenn der Vorgang bei konstanter Temperatur und bei konstantem Druck geleitet wird.

VI. Entstehung des krystallinischen Metallkörpers.

A. Vorbemerkung.

In der Aufbaulehre haben wir den Aufbau der Metalle und Legierungen im Krystallzustand und im Gleichgewicht mit der Schmelze beschrieben, jedoch unter ganz bestimmten Gesichtspunkten. Im Vordergrund der Erörterung stand die Frage des Gleichgewichts verschiedener Phasen untereinander; ihre Anordnung und Ausbildungsform wurde nur im Zusammenhang mit dem Zustandsdiagramm betrachtet. Eigenarten des Krystallisationsvorganges, die im Metallstück etwa dadurch entstehen, daß während der Erstarrung die Wärme nach außen abgeleitet wird und dadurch ein Temperaturgefälle entsteht, oder der atomistische Vorgang der Krystallisation blieben außerhalb des Rahmens der Betrachtung. Jetzt wollen wir uns dem Vorgang der Krystallisation aus der Schmelze, aber auch aus dem Dampf oder aus Elektrolyten als solchem zuwenden, wobei sowohl die Kinetik der Krystallbildung, als auch alle Eigenarten der Krystallisation, die mit der Tatsache zusammenhängen, daß man es in der technischen Wirklichkeit mit Metallstücken mittlerer Größe zu tun hat, die mit mittleren Geschwindigkeiten (Erstarrungszeiten der Größenordnungen von 30 Sek. bis 30 Min.) zur Erstarrung gebracht werden, besprochen werden sollen.

Wenn eine Metallschmelze in eine keramische oder metallische Form (letztere wird *Kokille* genannt), vergossen wird, wie das in der Technik geschieht, hat das Gußstück im polierten und geätzten Schliff, der etwa durch seine Mitte

---

[1] ARBUSOW, M., u. G. KURDJUMOW: J. techn. Phys. **10** (1940), 1093.
[2] Vgl. G. MASING: Naturwiss. **30** (1942), 157.

in der Querrichtung gelegt ist, die Struktur der Abb. 139. Es handelt sich hier
um eine in Kokille vergossene Legierung von Eisen mit etwa 4% Si, die im Gleichgewicht homogene Mischkrystalle bildet. Ein ähnliches Gefüge findet man bei
technischem Kupfer (Abb. 165) und bei technischem Aluminium (Abb. 166). Es ist für
Metalle und Legierungen, die homogen oder annähernd homogen erstarren, typisch.

Die verschieden gefärbten Körner stellen, wie in der Lehre von den heterogenen Gleichgewichten erörtert, die Krystalle des Materials dar, die verschieden
orientiert sind und daher nach dem Ätzen das Licht verschieden reflektieren.

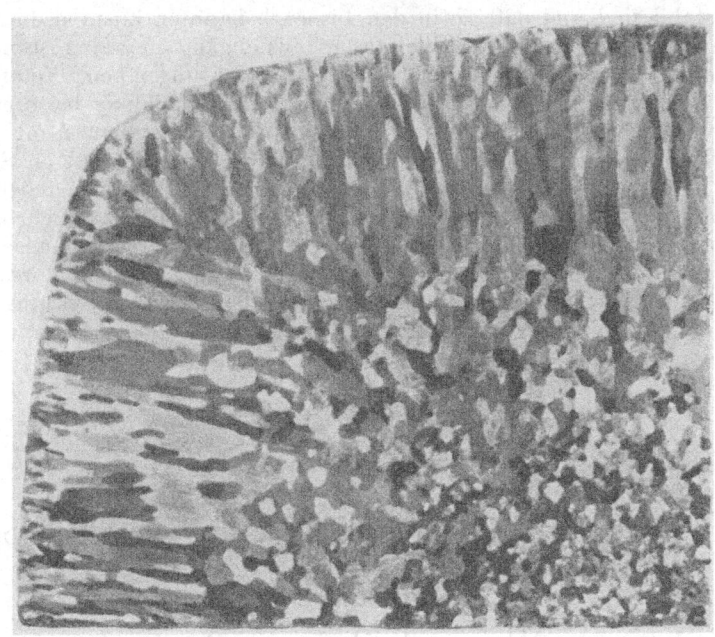

Abb. 139. Krystallgefüge eines Gußblockes aus Eisen mit 4% Si × 1 (Transformatorenstahl)
(nach OBERHOFFER III).

Solche Bilder erhält man nur bei schräger Belichtung des Objektes, während bei
senkrechter Beleuchtung die Helligkeitskontraste in der Regel nur gering sind.

Man sieht, daß die einzelnen Krystalle sehr unregelmäßige Begrenzungs-
formen haben. Das liegt daran, daß sie nicht frei wachsen konnten, sondern in
ihrem Wachstum durch ebenfalls wachsende Nachbarn gehemmt worden sind.
Solche Krystalle eines Konglomerates pflegt man, wie oben erörtert, *Krystallite*
zu nennen. Das Gefüge, das aus solchen Krystalliten besteht, heißt *allotriomorph*,
das heißt fremdgestaltlich.

Es handelt sich darum, die Krystallgestaltung eines solchen Gußstückes zu
verstehen. Zunächst muß jeder Krystallit aus der Schmelze entstanden und
gewachsen sein. Wir haben also die Keimbildung und das Wachstum der Krystallite zu betrachten.

B. Die Keimbildung.

1. Definition des Schmelzpunktes und die Unvermeidbarkeit einer Unterkühlung bei der Keimbildung.

Der Schmelzpunkt eines Stoffes ist dadurch gekennzeichnet, daß die Krystalle
im Gleichgewicht mit der Schmelze stehen, und zwar handelt es sich um größere
Individuen, bei denen das Volumen gegenüber der Oberfläche groß ist, so daß

die Oberflächenenergie gegenüber der inneren Energie zu vernachlässigen ist. Das ist ja eine der allgemeinen Bedingungen, unter denen die im vorigen Kapitel besprochenen Gesetze der heterogenen Gleichgewichte gelten.

Bei der Temperatur des Schmelzpunktes findet also weder ein Schmelzen der Krystalle, noch eine Krystallisation der Schmelze statt. Bei träge krystallisierenden Stoffen pflegt man die genaue Schmelztemperatur als solche festzustellen, bei der unter dem Heizmikroskop keine Verschiebung der Grenze zwischen Krystallen und Schmelze stattfindet; noch viel weniger besteht die Möglichkeit zur Bildung von neuen Keimen bei der Temperatur des Schmelzpunktes, da sie im ersten Augenblick infolge ihrer Kleinheit eine nennenswerte freie Oberflächenenergie aufweisen, die ihre Beständigkeit der Schmelze gegenüber herabsetzt. Ein thermodynamisch weniger beständiges Gebilde kann aber nicht auf Kosten des beständigeren wachsen.

Im nachfolgenden sollen die Grundlagen der Keimbildung an dem einfachsten und am eingehendsten theoretisch untersuchten Fall der Tröpfchenbildung aus dem Dampf erörtert werden. Die hier gewonnenen Ergebnisse werden wir dann auf die Krystallbildung übertragen.

2. Abhängigkeit des Dampfdruckes eines Flüssigkeitskeimes vom Radius.

Für den einfachsten Fall der Bildung von flüssigen Keimen (Tröpfchen) aus Dampf kann leicht abgeleitet werden, daß ihr Dampfdruck mit dem abnehmenden Radius der Tröpfchen zunimmt. Der Grundgedanke der Ableitung ist folgender: Bei der Verdampfung einer geringen Menge (dn Mole) der Flüssigkeit aus einer ebenen Oberfläche ab Abb. 140 und ihrer Kondensation auf einem aus dn Molen bestehenden Tropfen c mit dem Radius r vergrößert sich die Oberfläche F_n der ganzen Flüssigkeit insgesamt durch das Anwachsen des Tropfens um dF, und es entsteht eine zusätzliche freie Oberflächenenergie $\sigma\,dF$, wo σ die Oberflächenspannung ist. Da der Vorgang isotherm und das Gesamtvolumen des Systems im Ausgangs- und im Endzustand dasselbe ist, muß dem System bei der reversiblen Durchführung des Überganges ein der Zunahme der freien Energie, die hier als Oberflächenenergie auftritt, gleicher Arbeitsbetrag zugeführt werden (vgl. thermodynamische Einleitung S. 48). Diese Arbeit ergibt sich daraus, daß der Dampfdruck p_n des Tropfens höher als der Druck p_∞ über der ebenen Oberfläche ist. Die verdampfte Menge dn muß erst im Gaszustand auf den Druck p_n komprimiert werden, ehe sie sich auf dem Tropfen kondensieren kann. Hierzu ist die Arbeitszufuhr

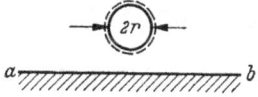

Abb. 140. Zur Abhängigkeit des Dampfdruckes von der Tropfengröße.

$$dA = dn \cdot RT \ln \frac{p_n}{p_\infty}$$

notwendig, während die Arbeiten bei der Verdampfung und bei der Kondensation sich gegenseitig aufheben. Wir erhalten also

$$RT \ln \frac{p_n}{p_\infty} \cdot dn = \sigma\,dF \tag{1}$$

Wir brauchen nur dn und dF als Funktionen des Tropfenradius auszudrücken, um die Abhängigkeit des Druckes vom Radius festzustellen.

Das Volumen des aus n Molen des Molvolumens v_m bestehenden kugelförmigen Tropfens mit dem Radius r ist

$$V = n \cdot v_m = \frac{4\,\pi\,r^3}{3}. \tag{2}$$

Folglich

$$dn = \frac{4\,\pi\,r^2 \cdot dr}{v_m}. \tag{3}$$

Für die Oberfläche F des kugelförmigen Tropfens erhalten wir

$$F_n = 4\,\pi\,r_n{}^2, \quad dF = 8\,\pi\,r_n \cdot dr \tag{4}$$

also mit (1) und (3)

$$\ln \frac{p_n}{p_\infty} = \frac{2\,\sigma\,v_m}{RT} \cdot \frac{1}{r_n} \tag{5}$$

Der Logarithmus des Verhältnisses des Dampfdruckes des Tropfens zum Dampfdruck der ebenen Oberfläche ist umgekehrt proportional dem Radius des Tropfens
(Thomsonsche Beziehung). Jeder Übersättigung $\dfrac{p_n}{p_\infty}$ gegenüber dem Sättigungszustand über einer ebenen Oberfläche .entspricht eine bestimmte „kritische"
Tröpfchengröße, deren Dampfdruck gerade gleich p_n ist. Diese Übersättigung
ist analog einer Unterkühlung bei einem Gleichgewicht zwischen Schmelze und
Krystall. Größere Tröpfchen haben einen niedrigeren Dampfdruck und wachsen
in einem Dampf vom Druck p_n weiter, kleinere haben einen höheren Dampfdruck und sind unbeständig.

Soll sich in dem übersättigten Dampf vom Druck p_n spontan ein Tröpfchen
bilden, so besteht hierbei grundsätzlich dieselbe Schwierigkeit wie ohne Übersättigung. In beiden Fällen muß die Kondensation über die anfängliche Bildung
von Tröpfchen gehen, deren Größe geringer als die kritische ist, die also, wenn
sie sich bilden, wieder verdampfen sollten. Die Keimbildung erfolgt in einem solchen übersättigten Dampf so, daß sich zunächst infolge von Schwankungserscheinungen kleine und kleinste Keime der unterkritischen Größe *(Subkeime)*
bilden, die dank ihrer Unbeständigkeit nur eine sehr geringe Lebensdauer
besitzen und zum größten Teil wieder verdampfen, während nur ein geringerer
Teil durch Anlagerung weiterer Dampfmoleküle wächst, bis er die kritische
Größe erreicht und damit thermodynamisch beständig wird. Bei der Keimbildung
müssen wir die Wahrscheinlichkeit der Bildung eines kritischen Tröpfchens betrachten, dessen weiteres Wachstum, da es mit Zunahme der thermodynamischen Beständigkeit verbunden ist, freiwillig und ungestört verläuft.

3. Wahrscheinlichkeit der Bildung eines kritischen Tropfenkeimes und die hierzu erforderliche Arbeitsleistung.

Wir betrachten ein sehr großes Dampfvolumen bei dem der kritischen Keimgröße $v_m n$ entsprechenden Druck p_n und lassen in ihm einen solchen Keim isotherm entstehen. Es handelt sich also um einen Übergang bei konstanter Temperatur und bei konstantem Volumen; seine Wahrscheinlichkeit W wird deshalb
durch die Abnahme der freien Energie oder durch die bei dem Übergang maximal
geleistete Arbeit -A (die geleistete Arbeit rechnen wir negativ) bestimmt (vgl.
thermodynamische Grundlagen, S. 48). Im Sinne des Satzes von Boltzmann-
Einstein gilt deshalb

$$-\frac{A}{T} = k \ln W \tag{6}$$

oder

$$W = e^{-\frac{A}{kT}}. \tag{7}$$

Die Zahl J der Tropfen vom kritischen Radius r_n, die pro Zeiteinheit entstehen, ist ihrer Bildungswahrscheinlichkeit proportional:

$$J = C e^{-\frac{A}{kT}}. \tag{8}$$

Um die Geschwindigkeit der Bildung von kritischen Tropfen, also auch der Keimbildung anzugeben, müssen wir somit ihre Bildungsarbeit A bei spontaner Kondensation aus dem Dampf berechnen. Zur Kondensation eines kritischen Tropfens mit n-Molekülen muß zunächst ein viel kleinerer Tropfen mit einem höheren Dampfdruck p entstehen. Wir nehmen an, daß bei dem Druck p dn-Mole kondensieren. Um diese Kondensation reversibel durchzuführen, muß man den Dampf erst vom Druck p_n auf den Druck p komprimieren. Hierzu ist ein Arbeitsaufwand

$$R T \ln \frac{p}{p_n} \cdot d n \qquad (9)$$

erforderlich. Um fernerhin dn-Mole beim Druck p zu kondensieren, muß die Arbeit

$$R T\, d n$$

aufgewendet werden, wenn der Dampf verdünnt ist und für ihn die Gasgesetze gelten. Die Arbeit zur Kondensation eines Tropfens von seiner Bildung bis zur Erreichung der kritischen Größe ist also

$$R T \int\limits_0^{r_n} \ln \frac{p}{p_n} \cdot d n + R T\, n \qquad (10)$$

Hierbei ist jedoch das Volumen des Dampfes um $n V_m$, wo V_m sein Molvolumen beim Druck p_n ist, kleiner geworden, während wir nach der Entstehung des kritischen Tropfens in einem gegebenen konstanten Volumen fragen. Um wieder das alte Volumen zu erhalten, müssen wir den Dampf sich um das Volumen $n V_m$ ausdehnen lassen, wobei bei einem genügend großen Gesamtvolumen das System die Arbeit $p v = R T n$ leistet. Die zugeführte Arbeit ist also einfach

$$A = R T \int\limits_0^{r_n} \ln \frac{p}{p_n} d n \qquad (11)$$

Aus (5) folgt

$$\ln \frac{p}{p_n} = \ln \frac{p}{p_\infty} - \ln \frac{p_n}{p_\infty} = \frac{2 \sigma V_m}{R T} \left(\frac{1}{r} - \frac{1}{r_n} \right) \qquad (12)$$

und unter Berücksichtigung von (3)

$$A = 8 \pi \sigma \int\limits_0^{r_n} \left(\frac{1}{r} - \frac{1}{r_n} \right) r^2\, d r = 8 \pi \sigma \left(\frac{r_n^2}{2} - \frac{r_n^2}{3} \right) = \frac{4 \pi r_n^2 \sigma}{3} \qquad (13)$$

oder mit (4)

$$A = \frac{F_n \sigma}{3}, \qquad (14)$$

wo F_n die Oberfläche des Tropfens und σ die Oberflächen-Spannung ist[1].

Die Bildungsarbeit eines kritischen Keimes bei seinem spontanen Aufbau im Dampf ist also gleich einem Drittel der Oberflächen-Energie des kritischen Keimes. Dieser Beziehung kommt eine allgemeinere Bedeutung zu, wie wir später sehen werden.

Da wir die Bildung des kritischen Tropfens reversibel durchgeführt haben, gibt die aufgewendete Arbeit die Zunahme der freien Energie des Systems an

---

[1] Auf den ersten Blick erscheint es erstaunlich, daß der Arbeitsaufwand A nicht gleich der gesamten Oberflächenenergie des Tröpfchens ist. Das liegt daran, daß beim Wachstum bis zur kritischen Größe das Tröpfchen gegen den Kapillardruck $2\sigma/r$, unter dem es steht, eine Arbeit leistet, die gleich dem zweiten Glied des Integranden in Gl. (13) ist.

und ist als maximale Arbeit vom Wege unabhängig. Es ist also gleichgültig, auf welche Weise wir von dem betrachteten Dampfraum ohne kritischen Tropfen zu einem solchen mit einem kritischen Tropfen gelangen. Hierbei nimmt die freie Energie so lange zu, bis der Tropfen die kritische Größe erreicht hat. Das ist der unbeständigste Zustand des Systems. Bei weiterer Zunahme der Größe des Tropfens wird $\left(\dfrac{1}{r} - \dfrac{1}{r_n}\right)$ unter dem Integralzeichen (13) (S. 187) und damit die weiterhin aufzuwendende Arbeit *negativ*, die Beständigkeit des Systems nimmt also wieder zu.

Auf den ersten Blick hat man den Eindruck, daß dieses Ergebnis paradox ist. In der Tat nimmt ja der Dampfdruck des Tropfens bei seinem Wachstum auch unterhalb der kritischen Größe ständig ab, seine thermodynamische Unbeständigkeit müßte deshalb hierbei abnehmen statt zu steigen. Das wäre richtig, wenn die Betrachtung sich auf eine *konstante Masse* in Tropfenform beziehen würde. m-Tropfen mit einem Radius r_m sind weniger beständig, als $(m-1)$ Tropfen mit einem entsprechenden größeren Radius, wenn ihre Gesamtmassen gleich sind. Im vorliegenden Falle bleibt jedoch nicht die Masse, sondern die Tropfenzahl während ihres Wachstums konstant.

Ein System, bestehend aus Dampf des Druckes p_n und einem kritischen Tröpfchen, ist thermodynamisch weniger beständig als ein dampfförmiges System, das in demselben Raum dieselbe Stoffmenge, aber nur im Dampfzustand enthält, trotzdem der Gleichgewichtsdruck des kritischen Tropfens gleich dem im Dampfraum herrschenden Druck ist. Das scheint im Widerspruch mit der Lehre von den heterogenen Gleichgewichten zu stehen, nach der im Falle zweier miteinander im Gleichgewicht stehender Phasen die Änderung der Menge der Phasen ohne Änderung des thermodynamischen Potentials erfolgt. Es ist jedoch zu berücksichtigen, daß die Lehre von den heterogenen Gleichgewichten in der elementaren Form nur unter der Voraussetzung gilt, daß die Oberflächenenergie der Phasen zu vernachlässigen ist. Im vorliegenden Fall ist diese Bedingung nicht erfüllt, die Oberflächenenergie spielt im Gegenteil eine entscheidende Rolle und die Lehre von den heterogenen Gleichgewichten kann also in ihrer üblichen Form nicht angewendet werden. Fernerhin ist die Gleichheit der thermodynamischen Potentiale in benachbarten Zuständen nur dann ein Kriterium eines stabilen Gleichgewichtes, wenn das thermodynamische Potential zugleich ein Minimum ist, während es im vorliegenden Fall umgekehrt ein Maximum ist (vgl. S. 48).

Bei der Übersättigung Null, also beim Gleichgewichtsdruck, ist die kritische Keimgröße $= \infty$, also J Gl. (8) $= 0$; mit zunehmender Unterkühlung wird F geringer und J damit größer.

Eine eingehendere kinetische Betrachtung anderer Formulierung haben L. FARKAS[1] und R. BECKER und W. DÖRING[2] angestellt.

Mit Hilfe dieser Rechnung kann angegeben werden, wie die mittlere Zeit, die zur Bildung eines Tropfens der kritischen Größe von der Übersättigung, also von r_n und von $\dfrac{p_n}{p_\infty}$ abhängt. Es ergibt sich aus der exponentiellen Abhängigkeit Gl. (15), daß diese Bildungszeit mit zunehmender Übersättigung außerordentlich schnell abnimmt. Sie beträgt bei Wasserdampf für eine zweifache Übersättigung 10^{62} Jahre, für eine dreifache mehrere tausend Jahre, für eine vierfache etwa 1 Sekunde und für die fünffache 10^{-10} Sekunden. Hieraus folgt, daß die experimentell beobachtbaren Keimbildungsgeschwindigkeiten alle

---

[1] FARKAS, L.: Z. phys. Chem. **125** (1927), 236.
[2] BECKER, R., u. W. DOERING: Ann. Phys. **24** (1935), 719.

in einem engen Übersättigungsbereich um 4 herum liegen. Bei geringeren Übersättigungen würde man säkuläre Zeiträume brauchen, um eine Keimbildung zu beobachten; höhere sind einfach nicht realisierbar.

4. Tropfenbildung an einer Wand.

Findet die Kondensation an einer bereits vorhandenen flüssigen oder festen Oberfläche statt, so wird die Keimbildung im allgemeinen erleichtert. Wir betrachten hier nur den letzteren Fall, da er im Zusammenhang mit der Krystallisation aus der Schmelze von Interesse ist.

Findet die Kondensation an einer festen ebenen Oberfläche statt, so hat der entstehende Flüssigkeitskeim eine von der Kugel abweichende Gestalt. Während seine Berührungsfläche mit der Anlage eben ist, stellt seine freie Oberfläche nur einen Teil einer Kugeloberfläche dar. Der Randwinkel und damit die Gestalt des Tropfens hängt in bekannter Weise mit den Oberflächenspannungen der festen Wand gegen den Dampf $\sigma_{I/II}$, der Wand gegen den Tropfen $\sigma_{II/III}$ und des Tropfens gegen den Dampf $\sigma_{I/III}$ zusammen (Abb. 40A). Das Gleichgewicht der Kräfte verlangt nämlich für die Grenze des Tropfens a:

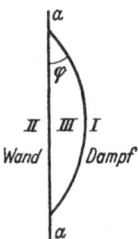

Abb. 140 A. Zur Tropfenbildung an einer Wand.

$$\sigma_{I/II} = \sigma_{II/III} + \sigma_{I/III} \cdot \cos \varphi. \qquad (16)$$

Bei einer gegebenen Übersättigung ist der Krümmungsradius r_n des Tropfens im vorliegenden Falle derselbe, wie bei einem kugelförmigen Tropfen, da der für die Stabilität eines Keimes entscheidende Dampfdruck nur von der Krümmung der Oberfläche abhängt, das Volumen des Tropfens jedoch entsprechend kleiner ist. Die zum Aufbau eines Keimes für diesen Radius notwendige Arbeit ist ebenfalls kleiner und läßt sich ähnlich, wie oben für einen kugelförmigen Tropfen geschehen, berechnen; nur muß man die entsprechende, andere Beziehung zwischen dem Volumen und dem Krümmungsradius des Tropfens einsetzen. Wir werden diese Rechnung hier nicht durchführen. Auch in diesem Falle läßt sich zeigen, daß die kritische Arbeit gleich einem Drittel der Zunahme der Oberflächen-Energie des Systems infolge der Bildung des Tropfens ist; sie beträgt also

$$A_k = \frac{1}{3} \left(\sigma_{I/III} \cdot F_{I/III} + \sigma_{II/III} F_{II/III} - \sigma_{I/II} F_{II/III} \right) \qquad (17)$$

wo $F_{n/m}$ die Größen der in Frage kommenden Berührungsflächen sind oder mit (16)

$$A_k = \frac{\sigma_{I/III}}{3} \left(F_{I/III} - F_{II/III} \cdot \cos \varphi \right). \qquad (18)$$

Wenn der Randwinkel $\varphi = 0$ ist, also eine volle Benetzung stattfindet, ist auch $F_{I/III} = F_{II/III}$ und $A_k = 0$. In diesem Falle kann auch beim Gleichgewichtsdruck bereits Kondensation stattfinden. An konkaven Stellen der festen Oberfläche, an Rissen und Rauhigkeiten kann $A_k < 0$ werden. In diesem Falle tritt dort vorzeitige Kondensation auf, wie das auch die Erfahrung vielfach lehrt. Allerdings kann eine solche Kondensation sich nur auf eine dünne Adsorptionshaut beschränken; sobald die Oberfläche der adsorbierten Flüssigkeiten eben wird, hört die weitere Adsorption auf.

Aus diesen Betrachtungen sieht man, daß die Keimbildung an festen Körpern sehr stark erleichtert werden muß. Das gilt nicht nur für die Kondensation von Flüssigkeiten aus Dämpfen sondern für jede Entstehung einer neuen Phase innerhalb einer bereits vorhandenen.

5. Krystallbildung aus dem Dampf (Reifbildung).

Bei der Bildung von Krystallen aus dem Dampf besteht der Unterschied gegenüber der Keimbildung von Flüssigkeiten darin, daß die Krystalle nicht Kugelform annehmen wie Flüssigkeitstropfen, wenn sie dem Einfluß äußerer Kräfte entzogen sind. Die Überlegung von W. Thomson läßt sich jedoch durch eine sehr einfache Erweiterung auch auf diesen Fall anwenden. Wir nehmen an, daß der Dampf vom Drucke p_∞ in Berührung mit einem sehr großen Krystalle steht, dann von diesem dn-Mole verdampfen und wieder auf einem kleinen Krystall mit dem Dampfdruck p_n kondensiert werden. Wir können dann auch in diesem Fall die Gleichung (1) (S. 185) verwenden[1]. Wenn die Gestalt des Krystalles beim Wachstum unverändert bleibt, ist sein Volumen proportional der dritten Potenz einer übrigens willkürlich gewählten Lineardimension a. Wir haben also

$$V = v_m\, n = K_v \cdot a^3 \qquad dn = \frac{3\,K_v \cdot a^2\, da}{v_m}. \tag{19}$$

Die Oberfläche des Krystalles ist hingegen proportional dem Qudarat der Lineardimension a:

$$F = K_f \cdot a^2; \quad dF = 2\,K_f\, a\, da \tag{20}$$

Aus (1) S. 185, (19) und (20) erhalten wir:

$$\ln \frac{p_n}{p_\infty} = \frac{2\,K_f}{3\,K_v} \frac{\sigma \cdot v_m}{RT} \cdot \frac{1}{a}. \tag{21}$$

Für ein kugelförmiges Gebilde geht (21), wie das sein muß, in (5) S. 186 über.

Für den Zusammenhang zwischen dem Dampfdruck und den Abmessungen eines Krystalles gilt demnach eine ganz ähnliche Beziehung wie für einen Flüssigkeitstropfen. Der Unterschied besteht lediglich in der Größe des Proportionalfaktors[2]. Wir können also unsere Betrachtungen über die kritische Keimgröße und ihre Abhängigkeit vor der Übersättigung auch auf diesen Fall übertragen. Für die Bildungsarbeit des kritischen Keimes erhalten wir allgemein für eine einfache Krystallform

$$A_k = \frac{\sigma F}{3} \tag{22}$$

wo F die Gesamtoberfläche des Krystalles ist, und für eine Kombinationsform

$$A_k = \frac{1}{3} \sum \sigma_n F_n \tag{23}$$

wo σ_n und F_n die Oberflächenspannungen und Oberflächengrößen der verschiedenen Krystallbegrenzungsebenen sind.

Der atomare Mechanismus der Keimbildung der Krystalle aus dem Dampf ist ausführlich von R. Becker und W. Döring untersucht worden[3].

Grundsätzlich ist also die Keimbildung von Krystallen aus einem übersättigten Dampf genau ebenso zu behandeln wie die einer Flüssigkeit. Beim Gleichgewichtsdruck ist zunächst die Keimbildung unmöglich. Im Falle eines übersättigten Dampfes werden zunächst durch Schwankungserscheinungen kleine unbeständige Keime gebildet, von denen nur ein sehr kleiner Teil die kritische Größe erreicht. Je höher diese Größe ist, desto unwahrscheinlicher ist die Bildung eines kritischen Keimes. Zwischen der Übersättigung und der Keimbildungs-Ge-

---

[1] Stranski, J. N.: Z. phys. Chem. **136** (1928), 259 und spätere Arbeiten.
[2] Bei Krystallen mit Symmetrie-Zentrum ergibt sich derselbe Faktor wie in (5), wenn als lineare Abmessung der senkrechte Abstand der Fläche vom Zentrum (Zentraldistanz) angesetzt wird, J. N. Stranski, a. a. O.
[3] Becker, R., u. W. Döring: Ann. Phys. **24** (1935), 719.

schwindigkeit ergibt sich also qualitativ derselbe Zusammenhang wie bei Flüssigkeiten. Eine quantitative Durchführung der Rechnungen ist allerdings schon aus dem Grunde unmöglich, daß die Werte der Oberflächen-Spannungen der Krystalle unbekannt sind.

6. Allgemeines über Krystallkeimbildung in Schmelzen.

Für die Krystallisation aus der Schmelze gelten ähnliche Überlegungen, wenn wir in Anbetracht der größeren Kompliziertheit des flüssigen Zustandes gegenüber dem gasförmigen auch weniger in der Lage sind, eine exakte Beschreibung des Vorganges zu geben.

Wir erhalten sofort Anschluß an unsere bisherigen Betrachtungen über die Kondensation von Krystallen aus dem Dampf durch folgende Überlegung. Unsere bisherigen Betrachtungen waren rein thermodynamischen Charakters und beruhten auf dem Beständigkeitsbereich der betrachteten Gebilde. Sie sind deshalb von dem speziellen atomistischen Mechanismus des Vorganges unabhängig. In Abb. 141 ist das p-T-Diagramm eines Einstoffsystems wiedergegeben. Der Dampfdruck der unterkühlten Flüssigkeiten ist größer als der der Krystalle, und zwar um Beträge, die bei nicht zu großen Unterkühlungen diesen proportional gesetzt werden können. Die unterkühlte Schmelze steht mit einem Dampf von höherem Druck p_n im Gleichgewicht als der Gleichgewichtsdruck des Krystalles p_∞ bei derselben Temperatur. Für die durchgeführte Betrachtung

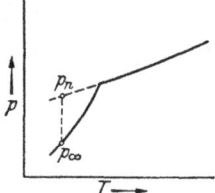

Abb. 141. Zur Keimbildung bei der Krystallisation einer Schmelze.

ist es nun gleichgültig, ob wir von dem Dampf des Druckes p_n oder von der mit ihm in Gleichgewicht befindlichen Schmelze ausgehen. Der Unterschied ist nur kinetischen Charakters. Wir können also auch für die Krystallisation die obigen Betrachtungen wiederholen, wobei an Stelle des Übersättigungsdruckes qualitativ die Unterkühlung zu treten hat. Ohne eine solche kann sich in Abwesenheit von störenden Oberflächen kein Keim bilden; auch beim Vorhandensein einer Unterkühlung bleibt die Keimbildung ein seltenes Ereignis.

Hat ein Keim einmal die kritische Größe überschritten, so wächst er weiter, und zwar mit zunehmender Geschwindigkeit, da seine Stabilität mit seiner Größe weiter zunimmt, bis der Einfluß der Oberflächenenergie zu vernachlässigen ist. Das Merkmal der Keimbildung ist also eine „autokatalytische" Beschleunigung im Sinne der Reaktionskinetik, indem eine Reaktion (die Kondensation, die Krystallisation) bei einer gewissen Unterkühlung zunächst überhaupt nicht wahrnehmbar beginnt und dann nach Bildung der ersten Keime mit nicht unerheblicher Geschwindigkeit fortschreitet. Grundsätzlich muß die Keimbildung auch in der Schmelze durch Gegenwart von festen Oberflächen beeinflußt werden und in der Regel gefördert werden. Hierbei kommt es auf die Impfwirkung der festen Unterlage an, die ganz besonders dann vorhanden ist, wenn die Unterlage eine ähnliche Krystallstruktur wie der Keim hat. Erfahrungsgemäß genügt hierfür eine Übereinstimmung in den Atomabständen bis auf etwa 5%. Auch wenn die Krystallstrukturen der Unterlage und des krystallisierenden Stoffes verschieden sind, kann eine Impfwirkung zustande kommen, wenn beide Krystallarten Ebenen mit ähnlichen Gitterpunktkonfigurationen aufweisen.

Die Bildungsarbeit eines Keimes, dessen Größe unter der kritischen liegen mag, wird auf Grund der Gl. (14) oder (18), S. 189 lediglich durch die Größe seiner Oberfläche bestimmt. Bei konstanter Oberfläche ändert sich die Zahl der gebildeten Keime einer konstanten vorgegebenen Größe in der Nähe des Gleichgewichtes (des Schmelzpunktes) nicht diskontinuierlich. Auch im Gleichgewicht, also ohne jede Übersättigung oder Unterkühlung, bilden sich und vergehen wieder in ununterbrochener Folge keimartige Gebilde. Ihre Lebensdauer wird mit steigender Temperatur immer geringer, und damit auch ihre durchschnittliche Größe. Diese Betrachtung gilt sowohl für den Dampf wie für die Schmelze.

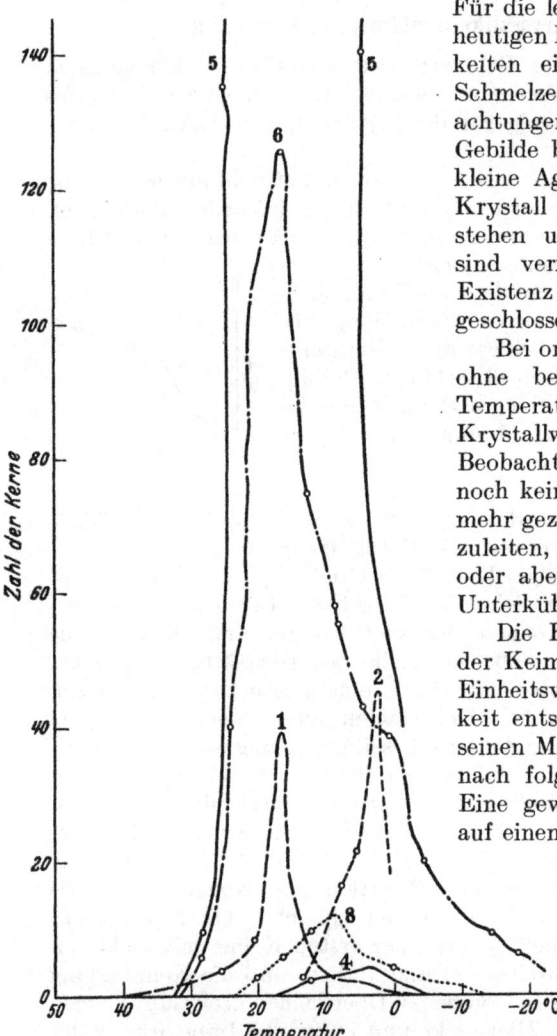

Für die letztere haben wir auf Grund der heutigen Kenntnisse der Struktur der Flüssigkeiten eine konkretere Vorstellung. Viele Schmelzen können auf Grund von Beobachtungen mit Hilfe von Röntgenstrahlen als Gebilde beschrieben werden, in denen sich kleine Aggregate in Anordnungen, die dem Krystall entsprechen, ununterbrochen entstehen und wieder aufgelöst werden. Das sind vermutlich die *Subkeime*, auf deren Existenz wir aus ganz anderen Überlegungen geschlossen haben.

Bei organischen Stoffen findet des öfteren ohne besondere Vorsichtsmaßnahmen bei Temperaturen, bei denen bereits schnelles Krystallwachstum stattfindet, in den der Beobachtung zugänglichen Zeiten überhaupt noch keine Keimbildung statt, man ist vielmehr gezwungen, um die Krystallisation einzuleiten, entweder mit Krystallen zu impfen, oder aber die Keimbildung durch stärkere Unterkühlung zu erzwingen.

Die Keimzahlen K.Z., d. h. die Zahlen der Keime, die in der Zeiteinheit in einem Einheitsvolumen der unterkühlten Flüssigkeit entstehen, sind von G. TAMMANN und seinen Mitarbeitern[1] an organischen Stoffen nach folgender Methode gemessen worden. Eine gewisse Menge des Präparates wurde auf einen Objektträger in flüssigem Zustande aufgebracht und das ganze auf die Temperatur abgekühlt, bei der lebhafte Keimbildung eintrat. Wenn das lineare Krystallwachstum bei diesen Temperaturen bereits sehr gering war, was vielfach der Fall war, entzogen sich die so gebildeten Keime zunächst der Betrachtung. Sie mußten „entwickelt" werden, was durch Erhitzung auf höhere Tem-

Abb. 142. Keimbildungszahlen in Betol nach G. TAMMANN.
1 Betol dreimal umkrystallisiert. 2 Betol + 0,5% Naphtalin.
4 Betol einmal umkrystallisiert. 5 Betol + 5% Benzamid.
6 Betol + 0,1% Anissäure. 8 Betol + 0,1% Perchloräthan.

peratur geschah, bei der zwar schnelleres Wachstum, aber nicht neue Keimbildung stattfand. Nach einiger Zeit wurden die sichtbar gewordenen Krystalle gezählt und ihre Zahl der Keimzahl (K.Z.) bei der tieferen Temperatur gleichgesetzt. Auf diese Weise wurden Kurven erhalten, wie die in Abb. 142 am Beispiel des Betols dargestellten.

---

[1] TAMMANN, G.: Aggregatzustände, S. 223. Leipzig: L. Voss, 1922.

Der Schmelzpunkt des reinen Betols liegt bei etwa 91°. Man sieht, daß eine nennenswerte Keimbildung erst nach einer Unterkühlung von über 50° beobachtet wird.

So einleuchtend und elegant diese Methode ist, ist sie grundsätzlich nicht fehlerfrei, wie zuerst M. VOLMER und A. WEBER betont haben[1], und zwar aus dem Grunde, daß die oben erörterte kritische Keimgröße von der Unterkühlung abhängig ist. Von den bei der Keimbildungstemperatur entstandenen Keimen werden bei der späteren „Entwicklungs"-Temperatur deshalb nur diejenigen wachsen, deren Größe die kritische Größe bei dieser Temperatur übersteigt, während die kleineren größtenteils wieder aufschmelzen werden. Man kann auf diese Weise also nur einen Teil der bei der tieferen Temperatur gebildeten Keime zählen, und es ist schwer, die Größe des Fehlers anzugeben. Er kann jedenfalls recht erheblich sein. Trotzdem ist diese Methode ausgezeichnet geeignet, um einen allgemeinen qualitativen Überblick über die Temperaturabhängigkeit der K.Z. wiederzugeben.

So sieht man aus Abb. 142, einen wie großen Einfluß in der Schmelze gelöste Zusätze auf die K.Z. haben können. Das einmal umkrystallisierte Betol (Verunreinigungen nicht angegeben, Kurve 4) hat die geringste K.Z.; durch dreimaliges Umkrystallisieren steigt sie sehr erheblich (Kurve 1); durch Zusätze von Anissäure und besonders von Benzamid steigt die K.Z. weiterhin stark, während sie durch Zusatz von Naphthalin nur wenig beeinflußt und durch Zusatz von Perchloräthan erniedrigt wird.

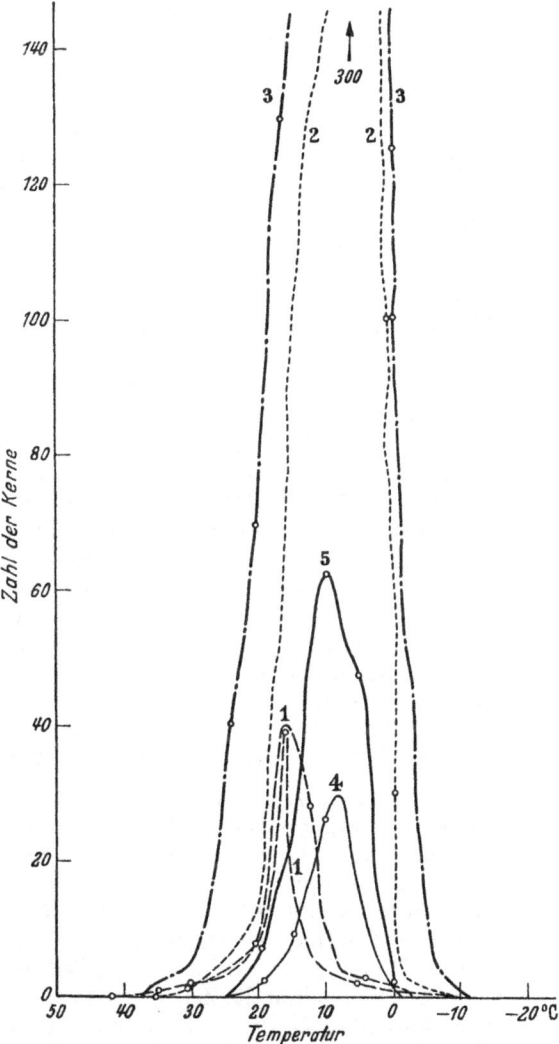

Abb. 143. Keimbildungszahlen in Betol nach G. TAMMANN.
1 und 1 Betol zweimal umkrystallisiert. 2 Betol + 0,5% Schmirgel. 3 Betol + 0,5% Bergkrystall. 4 Betol + 0,5% Feldspat. 5 Betol + 0,5% Feldspat (geschmolzen).

Die K.Z. wird nicht nur durch Zusätze, die in der Schmelze löslich sind, beeinflußt, sondern oft auch sehr stark durch unlösliche Beimengungen, von denen irgendeine Wechselwirkung mit der Schmelze nicht zu erwarten ist. So sieht man aus Abb. 143, daß die K.Z. des Betols durch Bergkrystall und Schmirgel

---

[1] VOLMER, M., u. A. WEBER: Z. phys. Chem. **119** (1926), 277.

äußerst stark erhöht wird; durch Feldspat wird sie mäßig erniedrigt; wird aber der Feldspat vorher umgeschmolzen, so wird sie erhöht. Sorgfältig gereinigte Metalldrähte erhöhen in der Regel die Keimzahl. Die sichtbaren Keime bilden sich nur selten am Metall.

Es ist nicht zu bezweifeln, daß Erscheinungen nach Art der Adsorption hier eine sehr große Rolle spielen müssen, wenn sie auch nicht alle Beobachtungen erklären können; offenbar wird diese Einwirkung weniger durch die chemische Natur, als durch krystallographische Umstände (Raumgitter, Krystallform) bestimmt. Des näheren sind diese Fragen im vorliegenden Fall nicht geklärt.

Wahrscheinlich wird vielfach nicht die Keimbildung als solche durch Verunreinigungen herabgesetzt, sondern das Wachstum bereits gebildeter Subkeime behindert, so daß sie nicht die kritische Größe erreichen können und sich entweder wieder auflösen oder doch der Beobachtung entgehen.

Der überaus große Einfluß von Verunreinigungen und Nebenumständen auf die Keimbildung macht es wahrscheinlich, daß sie unter normalen Bedingungen des Versuches oder der Praxis eine überragende Rolle spielen und die wahren Gesetzmäßigkeiten der *ungestörten* Keimbildung weitgehend verdecken. So hat z. B. W. Rix[1] in einer Probe Salol wiederholt Keime erzeugt und mechanisch beseitigt. Hierdurch wurde die Keimbildung ständig verringert; durch wiederholte derartige Behandlung ist es ihnen gelungen, das Salol in einer solchen Weise zu verändern, daß es mehrere Jahre im unterkühlten Zustand gehalten werden konnte, ohne zu krystallisieren. Es dürfte unzweifelhaft sein, daß die zuerst gebildeten Keime restlos an Staubteilchen und ähnlichen Störungsherden entstanden sind und eine ungestörte Keimbildung im Salol bisher überhaupt nicht beobachtet werden konnte. Es gelang auch, die Keimbildung durch eine Ultrafiltration der Schmelze praktisch völlig zu verhindern. Ebenso ist es natürlich auch möglich, daß bei den oben beschriebenen Versuchen von G. TAMMANN über den Einfluß von Zusätzen auf die Keimbildung ihre Wirkung zum Teil gar nicht auf die Wechselwirkung mit der Schmelze selbst, sondern mit den in ihr noch vorhandenen Verunreinigungen zurückzuführen ist.

7. Keimbildung in Metallschmelzen.

Bei Metallen besteht keine Möglichkeit, die Keimbildung in derselben Weise wie bei den organischen Stoffen zu verfolgen. erstens, weil sie undurchsichtig sind, und zweitens, weil, soviel wir wissen, die Keimbildung schon bei geringen Unterkühlungen im Temperaturbereich sehr erheblicher Wachstumsgeschwindigkeiten der Krystalle lebhaft wird. Deshalb hat E. SCHEIL[2] in diesem Falle ein anderes Verfahren angewandt.

Eine Probe Zinn wird für längere Zeit einige Grade unterhalb seines Schmelzpunktes gehalten und die Zeit registriert, bei der sich ein Keim bildet. Seine Bildung führt nämlich die sofortige Krystallisation der ganzen Probe und eine erhebliche Wärmetönung herbei. Dieser Versuch wird sehr oft wiederholt, wobei die Keimbildung in unregelmäßiger Weise nach verschiedenen Zeiten eintritt. Die Gesamtheit dieser Versuche ist offenbar einem einzigen Versuch äquivalent, bei dem die gesamte Zahl der Proben *gleichzeitig* bei der betreffenden Temperatur gehalten wird und die Zeit, bei der die eine Probe nach der anderen krystallisiert, registiert wird.

Wenn wir annehmen, daß die Keimbildungsbedingungen im Verlaufe des Versuches sich nicht ändern, wird die Zahl der pro Zeiteinheit krystallisierenden,

---

[1] Rix, W.: Z. Krystallogr. **96** (1937), 159.
[2] Scheil, E.: Z. Metallkde. **32** (1940), 171.

also die Menge der aus dem Versuch herausfallenden Proben, proportional ihrer Restmenge sein. Wenn wir die zur Zeit t noch vorhandene Anzahl der flüssigen Proben mit n bezeichnen, erhalten wir für die Geschwindigkeit der Keimbildung

$$- \frac{d\,n}{d\,t} = Kn \qquad (24)$$

also die Gleichung des radioaktiven Zerfalles, der ja auch dadurch gekennzeichnet ist, daß seine Wahrscheinlichkeit pro Mengeneinheit sich mit der Zeit nicht ändert und damit seine Geschwindigkeit einfach proportional der jeweiligen Menge des zerfallenden Stoffes ist. (vgl. S. 7)

Gleichung (24) ergibt integriert:

$$\ln \frac{n}{n_0} = - Kt \qquad (25)$$

wo n_0 die anfängliche Zahl der Proben zur Zeit Null bedeutet. Trägt man also n in Abhängigkeit von t logarithmisch auf, so muß man eine Gerade erhalten. Wie Abb. 144 zeigt, ist das nicht ganz der Fall. Wie man an der ausgezogenen Kurve sieht, verzögert sich die Keimbildung bei einer Unter-

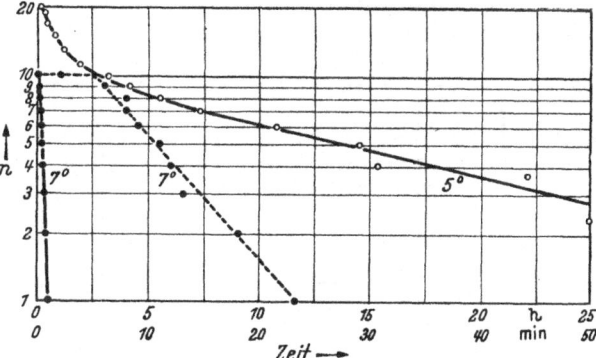

Abb. 144. Einfluß der Unterkühlung auf die Kernbildung bei Zinn (gestrichelte Kurve in größerem Maßstab) nach E. SCHEIL.

kühlung von 5° mit der Zeit zunächst stärker als auf Grund der Gleichung des radioaktiven Zerfalles zu erwarten gewesen wäre. Die *Keimbildungsfähigkeit* des Zinns nimmt also mit der Zeit ab. Es liegt nahe, diese Erscheinung auf Veränderungen in den oben erwähnten äußeren Umständen, also etwa auf eine Beseitigung von heterogenen Verunreinigungen (zu Boden sinken oder Aufsteigen an die Oberfläche, Herausperlen von Gasen) zurückzuführen. Bei einer etwas stärkeren Unterkühlung (linke ausgezogene Kurve) erfolgt die Keimbildung bereits etwa zehnmal so schnell; die rechte gestrichelte Kurve gibt die linke Kurve in vergrößertem Maßstab wieder. Die von G. TAMMANN an organischen Stoffen beobachtete Temperaturabhängigkeit der K.Z. wird auch hier gefunden. Sie steigt sehr viel schneller als proportional der Unterkühlung an. Wie man sieht, sind die überhaupt erzielbaren Unterkühlungen sehr gering. Bei den Versuchen von E. SCHEIL haben sie bei Zinn kaum mehr als 7° betragen. Es gilt für Metalle allgemein, daß die Unterkühlungsfähigkeit nur gering ist, und daß feste Metalle demnach bei der Herstellung aus der Schmelze ausnahmslos immer im krystallisierten Zustand vorliegen. Durch verhältnismäßig hohe Unterkühlungsfähigkeit zeichnet sich Antimon und auch Wismut aus.

In den meisten Fällen läßt sich die isotherme Keimbildung bei unterkühltem Zinn annähernd nach dem radioaktiven Zerfallsgesetz wiedergeben, zuweilen treten jedoch auch stärkere Abweichungen auf. Vielfach findet man eine *Anlaufperiode*, deren Zeit bis zu 20 Minuten betragen kann, während der die Keimbildung noch nicht einsetzt (Abb. 142). Die Anlaufzeit schwankt stark und zeigt keinen deutlichen Zusammenhang mit der Unterkühlung. Die theoretische Deutung der Anlaufzeit ist noch nicht gesichert. Es ist auch noch nicht experimentell sichergestellt, ob sie oder umgekehrt ihr Fehlen wie in Abb. 144 auf Störungen zurückzuführen ist.

Es besteht sehr deutlich noch ein anderer Zusammenhang, nämlich der Einfluß der der Erstarrung voraufgegangenen Überhitzung des Zinns auf die Keimbildung. Die Keimbildungsgeschwindigkeit nimmt mit der Überhitzung stark ab. Das ist dieselbe Erscheinung, die schon des öfteren an organischen Schmelzen beobachtet worden ist[1]. Ihre Ursache ist noch unbekannt. Wahrscheinlich ist sie auf Störungen irgendwelcher Art, etwa auf Verunreinigungen zurückzuführen, die bei der stärkeren Überhitzung entweder aus der Schmelze beseitigt werden oder aber sich in ihr auflösen und damit die Wirksamkeit als Keime verlieren.

Die isotherme Methode der Keimbildungsgeschwindigkeit ist sehr zeitraubend. Deshalb haben L. HORN und G. MASING[2] eine andere Methode angewandt. Die Gleichung (24) S. 195 können wir in der Form schreiben:

$$\frac{d \ln n}{d T} \cdot \frac{d T}{d t} = f(T), \qquad (26)$$

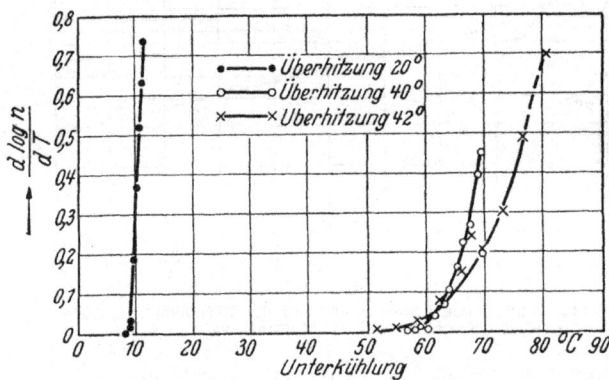

Abb. 145. Einfluß der Überhitzung einer Antimonschmelze auf die Keimbildung (nach L. HORN u. G. MASING).

wo die Unterkühlung mit sinkender Temperatur T zunimmt, da die Konstante K und damit die Keimbildungsgeschwindigkeit selbst ja eine Funktion der Temperatur ist.

Wenn wir die Proben mit einer konstanten Geschwindigkeit $\frac{d T}{d t}$ abkühlen, können wir bei jeder in kurzer Zeit eine Krystallisation erzwingen. Wie bei E. SCHEIL, wird die Krystallisation durch die einsetzende Wärmeentwicklung angezeigt. Indem man eine und dieselbe Probe eine große Anzahl von Malen abkühlt und immer wieder aufheizt, was schnell automatisch geschehen kann, erhält man eine ähnliche Statistik wie bei E. SCHEIL, d. h., eine Reihe von zugehörigen Werten von n und T. Man erhält $\frac{d \ln n}{d T}$ und damit bei konstanter Abkühlungsgeschwindigkeit das gesuchte $f(T)$. Abb. 145 zeigt einige Ergebnisse beim Antimon. Man sieht den starken Einfluß der vorherigen Überhitzung. Indem man die Mittelwerte der Unterkühlungen einer großen Anzahl von Schmelzen in Abhängigkeit von der Überhitzung aufträgt, bekommt man die Abb. 146 für Antimon und Aluminium. Es scheint, daß der Einfluß einem Grenzwert zustrebt, der bei Antimon bei einer Überhitzung von 50—60° erreicht ist, während er bei Aluminium auch bei 200° Überhitzung noch nicht erreicht ist. Am Beispiel des Antimons konnte gezeigt werden, daß der Einfluß der Überhitzung beseitigt wird, sobald das Metall einmal zur Erstarrung gebracht worden ist. Dieser Befund spricht mit dem erwähnten Grenzwert dafür, daß es sich um Verunreinigungen vielleicht oxydischer Natur handelt, die als Keimbildner wirken und bei höherer Temperatur in Lösung gehen. Bei der Erstarrung des Antimons müssen sie sich wieder ausscheiden und ihre Wirksamkeit wieder erlangen.

---

[1] OTHMER, P.: Z. anorg. allg. Chem. **91** (1915), 209. — TAMMANN, G.: Aggregatzustände, S. 241. Leipzig 1922. — KORNFELD, G.: Wien. Monatsh. **37** (1916), 609.
[2] HORN, L., u. G. MASING: Z. Elektrochem. **46** (1940), 109.

Diese Methode liefert natürlich nur zuverlässige Ergebnisse über die Funktion $f(T)$, wenn die Keimbildung ohne Anlaufzeit sofort einsetzt. In vielen Fällen scheint das zweifelhaft zu sein. Die

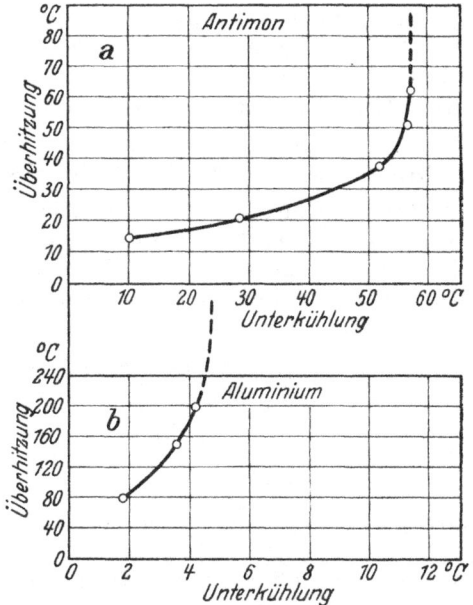

Zusammenhänge mit der Überhitzung der Schmelze bleiben bestehen.

Auch bei Metallen wird die Keimbildung in hohem Maße durch äußere Umstände, in erster Linie durch Kontakt mit anderen Körpern, beeinflußt. In Glastiegeln konnte E. SCHEIL keine reproduzierbaren Werte der K.Z. erhalten. Bei wiederholtem Aufschmelzen einer Probe wurde die K.Z. immer geringer. Erst durch Verwendung von Quarztiegeln konnte diese Schwierigkeit überwunden werden. R. VOGEL[1] hat an Legierungen des Eisens mit Phosphor festgestellt, daß die Keimbildung an glatten Wänden viel geringer als an rauhen war.

Abb. 146. Einfluß der Überhitzung der Schmelze auf die Unterkühlbarkeit des Antimons und des Aluminiums (nach L. HORN u. G. MASING).

C. Das Krystallwachstum in der Schmelze.

1. Definition der linearen Krystallisationsgeschwindigkeit. Ihre formale Richtungsabhängigkeit.

Unter Krystallisationsgeschwindigkeit kann man zweierlei verstehen, erstens die Zunahme der Masse des Krystallisierten in einer Probe nach erfolgter Keimbildung unter gegebenen Bedingungen pro Zeiteinheit, und zweitens die Geschwindigkeit, mit der sich eine Krystallgrenze vorschiebt (K.G.) Mit dieser zweiten, der sog. „linearen" Krystallisationsgeschwindigkeit werden wir uns hier ausschließlich beschäftigen.

Wenn eine Ebene des Krystalles sich beim Wachsen verschiebt, bleibt sie sich parallel. Die lineare Krystallisationsgeschwindigkeit ist dann der Vektor dieser Verschiebung in der Zeiteinheit senkrecht zur Ebene.

Eine solche lineare Krystallisationsgeschwindigkeit kann bei Krystallbruchstücken unregelmäßiger Form für alle Richtungen, auch wenn sie nicht mit den Normalen zu den natürlichen Ebenen des Krystalles übereinstimmen, definiert werden[2]. Eine in eine Lösung getauchte Krystallkugel wächst zu einer typischen Krystallform mit ebenen Kanten und Ecken. Das beweist, daß die Vektoren der K.G. in verschiedenen Richtungen verschiedene Größen haben, die durch die Natur des Krystalles bestimmt sind.

Eine kleine Kugel r (Abb. 147) möge sich zu einem Würfel auswachsen. Dann werden die Vektoren der K.G. in verschiedenen Richtungen, wenn sie

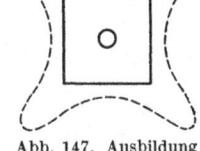

Abb. 147. Ausbildung von Krystallpolyedern infolge der Richtungsabhängigkeit der Krystallisationsgeschwindigkeit (nach R. GROSS).

---

[1] VOGEL, R.: Arch. Eisenhüttenwes. **3** (1929), 369.
[2] Vgl. R. GROSS: Abh. sächs. Ges. Wiss., Math. phys. Kl. **35** (1918), 135.

als Leitstrahlen vom Zentrum der Kugel r aus gelegt werden, mit ihren Enden
etwa die gestrichelte Fläche beschreiben. Das weitere Vorwachsen an den Ecken
und Kanten über die Würfelebene hinaus wird durch die Oberflächenenergie
an diesen Stellen verhindert.

Eine solche Definition der Vektoren der Wachstumsgeschwindigkeit in verschiedenen Richtungen hat jedoch mehr eine formale als eine physikalische
Bedeutung, wie sich aus der Analyse des Krystallisationsvorganges ergibt.

2. Grundvorstellung des Krystallwachstums nach W. Kossel - J. N. Stranski [1].

Wir betrachten eine Krystallfläche $abcd$ (Abb. 148) und stellen die einzelnen
Atome als Würfel dar, die durch eine dichte geordnete Lagerung wie Bausteine
den Krystall ergeben. Das ist sicherlich ein sehr stark und roh idealisiertes Bild,
das jedoch für unseren Zweck ausreicht. Wir betrachten die Verhältnisse auf

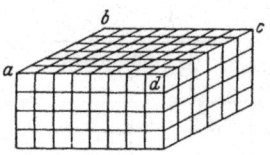
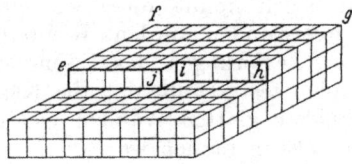

Abb. 148.　　　　　　　　　　　　　　Abb. 149.
Zum Krystallisationsmodell nach Kossel-Stranski.　　Zum Krystallisationsvorgang nach Kossel-Stranski.

der als sehr groß gedachten Ebene; das Verhalten an den Ecken und Kanten
werden wir später erörtern.

Ein Krystall mit einer solchen Ebene befinde sich in einer Schmelze oder in
seinem Dampf. Wenn er aufschmelzen soll, muß zunächst ein Atom aus der
Ebene $abcd$ heraustreten und in die Schmelze abwandern. Es unterliegt im
Krystall der Anziehungskraft von vier Nachbarn in der Ebene und von dem
unter ihm liegenden Atom, also von 5 Atomen, wenn man nur die Wechselwirkung
der unmittelbaren Nachbarn berücksichtigt. Diese Anziehung muß überwunden
werden. Hierzu ist eine gewisse Schmelzenergie U_5 erforderlich. Soll dahingegen auf der Ebene ein Krystallisationsvorgang einsetzen, so muß sich aus
der Schmelze zunächst ein Atom auf der Ebene ablagern. Hierbei kommt es in
Wechselwirkung nur mit *einem* Atom der glatten Unterlage, und die frei werdende
erste Krystallisationsenergie U_1 ist geringer als die soeben betrachtete *erste*
Schmelzenergie U_5. Die Energie des auf der Ebene zuerst abgelagerten Atoms
ist also größer als die der Atome in der Ebene selbst und seine Beständigkeit
geringer. Die Anlagerung eines Atoms auf einer ungestörten Netzebene ist deshalb ein sehr seltener Vorgang.

Sobald sich auf der Oberfläche ein Atom angelagert hat, tritt das nächste aus
der Schmelze ankommende beim Anlagern an dieses erste bereits mit zwei Atomen
des Krystalles in Wechselwirkung, mit dem seitlichen Nachbar und mit einem
Atom der Unterlage. Der Gewinn an Energie U_2 ist größer als beim ersten Atom.
Jetzt kann die Krystallisation schon leichter stattfinden. Hat sich erst eine
Kette von Atomen auf der Ebene gebildet, so können weitere Atome der Schmelze
an sie seitlich angelagert werden. Das erste Atom tritt hierbei wieder in Wechselwirkung mit nur zwei Nachbaratomen. Die weiteren sich anlagernden Atome
haben jedoch bereits je drei Nachbarn. Diese Anlagerung stellt offenbar den
allgemeinsten Fall beim Wachsen einer Krystallebene dar. Er ist in Abb. 149

---

[1] Kossel, W.: Nachr. Ges. Wiss. Göttingen **1927**, 135; Stranski, J. N.: Z. phys. Chem.
136 (1928), 259.

wiedergegeben. Ein Teil der neuen Ebene *efghij* ist schon aufgewachsen, der Krystallisationsvorgang findet gerade an der Kante *ih* statt, indem sich ein Atom in der einspringenden Ecke *i* anlagert. Dieser Schritt ist (im Gegensatz etwa zur Ablagerung des ersten Atoms auf der Ebene) „wiederholbar", indem sich ein Atom nach dem anderen unter denselben Bedingungen anlagern kann. Damit hängt es auch zusammen, daß jetzt der Energiegewinn bei der Anlagerung gleich dem Energieaufwand beim Abschmelzen eines Atoms ist, da es sich ja in beiden Fällen um Atome handelt, die mit je drei Nachbarn in energetischer Wechselwirkung stehen.

Diese von W. Kossel und von J. N. Stranski gegebene Vorstellung über die Verhältnisse an der Oberfläche des Krystalles ist für Ionenkrystalle rechnerisch weitgehend durchgebildet worden und kann heute als für diese Krystalle gesichert und allgemein sehr wahrscheinlich gelten.

Den Vorgang des Krystallwachstums können wir uns nun bei einer gewissen Unterkühlung wie folgt vorstellen. Ein Teil der neuen Ebene ist schon gebildet, die Krystallisation schreitet mit einer bestimmten Geschwindigkeit längs der Kanten *hi* in wiederholbaren Schritten vor, wobei jedesmal die Energie U_3 gewonnen wird. Der Energiegewinn bei der seitlichen Anlagerung eines Atoms an die Kante *ej* würde nur geringer sein und U_2 betragen. Eine solche Anlagerung findet deshalb seltener statt; sobald sie aber einmal stattgefunden hat, wächst die neue Kante wieder mit der normalen Geschwindigkeit. Noch seltener wird wie erwähnt, ein Element einer neuen Ebene durch ein einziges etwa an die Ebene *efghij* (Abb. 149) von oben angelagertes Atom gebildet werden, denn der Energiegewinn ist hierbei nur U_1. Bei kleinen Krystallen können wir deshalb annehmen, daß zuerst eine Ebene *efgh* durch seitliches Wachstum restlos ausgebildet wird und daß dann eine gewisse Stockung im Wachstum eintritt, bis das erste Element einer neuen Ebene durch den Anlagerungsschritt U_1 angelegt worden ist. Das weitere Wachstum einer neuen Ebene erfolgt wieder verhältnismäßig schnell, sie schießt an, bis sie voll ausgebildet ist, usw.

Man sieht, daß das Krystallwachstum nach dieser Vorstellung nicht ein stetiger und gleichmäßiger, sondern ein bis zu einem gewissen Grade intermittierender Vorgang ist. Die Anlage neuer Ebenen hat alle Kennzeichen einer Keimbildung. Das erste Element einer solchen Ebene ist weniger beständig und bildet sich deshalb nur mit Verzögerung, sein Weiterwachstum erfolgt aber ohne die Hemmung, die seiner Bildung im Wege gestanden hat. Man spricht deshalb in diesem Zusammenhange von *Flächenkeimen*.

Vielfach sind die Verhältnisse insofern komplizierter, als die Bausteine nicht nur mit ihren nächsten, sondern auch mit den zweit- und drittnächsten Nachbarn in Wechselwirkung stehen, wenn diese Wechselwirkung auch wesentlich geringer ist. Von dieser Wechselwirkung im einzelnen hängt die Ausbildungsfähigkeit einzelner Flächen am Krystall ab. Auf diese, namentlich von J. N. Stranski[1] untersuchten Probleme, können wir hier nicht eingehen.

Von wesentlichem Einfluß auf den Wachstumsvorgang muß die in Abschnitt D, S. 208 behandelte, auf den Krystallflächen zweifellos vorhandene bewegliche Atomschicht nach M. Volmer und J. Estermann[2] sein. Die Atome oder Moleküle, die beim Wachstum in das Raumgitter eingebaut werden, stammen nicht nur unmittelbar aus der Schmelze, sondern auch aus dem Vorrat der adsorbierten Schicht.

---

[1] Stranski, J. N.: Z. phys. Chem. B **38** (1938), 451. Atti X. Congr. int. Chim. Roma **2** (1938), 514.

[2] Volmer, M., u. J. Estermann: Z. Phys. **7** (1921), 13.

3. Störungen des Krystallwachstums.

Der beschriebene Vorgang ist natürlich idealisiert. In Wirklichkeit werden in der Schmelze, wie oben beschrieben, in gewisser Menge Subkeime gebildet werden, die zum größten Teil zwar wieder aufschmelzen, zu einem geringeren Teil aber auf die Krystallflächen gelangen. Dort werden sie natürlich sofort angelagert. Der Grund für diese Annahme liegt neben den oben mitgeteilten Überlegungen über Keimbildung darin, daß das Raumgitter eines wachsenden Krystalles erfahrungsgemäß desto stärker gestört ist, je stärker die Unterkühlung ist, also je schneller er wächst. Die röntgenometrisch festgestellten Störungen bestehen in Winkelfehlern des Raumgitters, in der sog. Mosaik-Struktur, die sich dadurch auszeichnet, daß der Krystall als aus kleinen Raumelementen aufgebaut betrachtet werden kann, die zwar in sich kaum gestört sind, die aber nicht ganz richtig zum Krystall zusammengebaut sind, mit kleinen Winkelfehlern und Spannungen. R. GROSS und H. MÖLLER[1] haben diese Verhältnisse bei der Krystallisation des Kochsalzes aus wässeriger Lösung genau studiert und gefunden, daß bei sehr langsamer Krystallisation beinahe fehlerfreie Krystalle gebildet werden, daß sie bei zunehmender Übersättigung, die in diesem Zusammenhange mit der Unterkühlung äquivalent ist, mehr Fehler aufweisen und daß zuletzt bei starken Übersättigungen ungeordnetes Wachstum stattfindet, indem nicht ein einheitlicher Krystall wächst, sondern auf einem bereits vorhandenen Krystall ein Aggregat von Krystallen angesiedelt wird. Die Keime dieser Krystalle müssen sich bereits in der Lösung vorher gebildet haben und werden bei zu schnellem Wachstum ungeordnet angelagert.

Neben Störungen durch in der Schmelze oder im Dampf bereits vorhandene Subkeime können bei schneller Krystallisation auch durch fehlerhaften Einbau einzelner Bausteine (Atome) Störungen des Raumgitters auftreten. Es ist schwer, beide Gruppen von Erscheinungen experimentell zu unterscheiden. Die Winkelfehler des Mosaikkrystalles und die Ansiedelung von neuen ungeordneten Keimen auf einem bereits vorhandenen Krystall sprechen für die hauptsächliche Einwirkung von Subkeimen. Ähnliche Beobachtungen haben H. ALTERTHUM und F. KOREF[2] an wachsenden glühenden Wolfram-Einkrystalldrähten gemacht, auf die auf S. 209 eingegangen wird.

Auf Grund des Mitgeteilten ist es nicht berechtigt, wie das früher zuweilen geschah, die Keimbildung und das Krystallwachstum als grundsätzlich ganz verschiedene Vorgänge zu betrachten. Die Keimbildung ist vielmehr, allerdings in etwas anderen Zusammenhängen, ein integrierender Bestandteil des linearen Krystallwachstums.

Hier entsteht natürlich die Frage, welche krystallographischen Orientierungen man im Krystall atomistisch als Ebenen betrachten darf. Die „atomistische Rauhigkeit" einer solchen Ebene darf nicht zu groß sein. Es wird sich also nur um niedrig indizierte Ebenen handeln können, die beim Krystallwachstum als solche tatsächlich auftreten. Die Existenz von vicinalen Ebenen, die in Berührung mit einfach indizierten Ebenen in der Nachbarschaft von Vertiefungen usw. aufzutreten pflegen, zeigt jedoch, daß die Indizierung zuweilen ziemlich hoch sein kann. Dieses Problem ist noch keineswegs gelöst.

Die geschilderte Vorstellung vom Krystallwachstum macht es verständlich, daß zuweilen, wie beim Kochsalz, eine Kugel nicht zu einem einheitlichen Würfel auswächst, sondern zu einem Würfel mit zahlreichen Stufen und Treppen. Der

---

[1] GROSS, R., u. H. MÖLLER: Neues Jahrb. f. Mineral. usw., Beilageband L III, Abt. A (1925), 95.

[2] KOREF, F.: Z. Elektrochem. 28 (1922), 511.

schematische Ansatz von Wachstumsgeschwindigkeitsfaktoren verschiedener Größe und verschiedener Richtung (Abb. 147) kann hier nicht zum Ziele führen. Aus einer Kugel kann auf diese Weise nach einigen glatten Zwischenformen nur ein glatter Würfel entstehen, nicht aber ein geripptes Gebilde. Die Entstehung eines solchen Gebildes wird jedoch verständlich, wenn man annimmt, daß beim Kochsalz das Wachstum nur sehr bevorzugt auf Flächenelementen der Würfelebene stattfinden kann, und daß es durch Angliederung von Keimen aus der Lösung gefördert wird.

Die verschiedenen Krystallflächen zukommende verschiedene K.G. hängt von der Anlagerungsmöglichkeit von Atomen im Rahmen der Kossel-Stranskischen Vorstellung ab. Hierbei werden sowohl energetische als auch kinetische Momente von Bedeutung sein.

Bei allen diesen Betrachtungen ist der Einfluß der Oberflächenspannung unberücksichtigt geblieben, der bei Metallen bei einer Krystallisation aus Legierungen in der Nähe des Schmelzpunktes des Metalles vielfach die Ausbildung von stark *abgerundeten* Krystallformen bewirkt. Eine exaktere theoretische Vorstellung über den Wachstumsvorgang in einem solchen Falle besitzen wir nicht.

4. Einfluß der Krystallisationswärme und der Diffusion bei Lösungen. Dendritenbildung. Einfluß der Unterkühlung auf die Krystallform.

Die lineare Krystallisationsgeschwindigkeit wird oft entscheidend durch die Krystallisationswärme und bei den Lösungen durch Diffusion in der Lösung beeinflußt. Stellen wir uns vor, daß in einer übersättigten Lösung ein würfelförmiger Krystall wächst. An der Krystallgrenze verarmt die Lösung an der krystallisierenden Substanz, weil sie bei der Krystallisation aus der Lösung entnommen wird. In der Nähe des Krystalles entsteht deshalb ein Konzentrationsgefälle, durch welches neue Mengen des krystallisierenden Stoffes an den Krystall durch Diffusion herangebracht werden müssen, wodurch der Krystallisationsvorgang aufrecht erhalten wird. A. A. Noyes[1], W. Nernst[2] und E. Brunner[3] haben gezeigt, daß in solchen Fällen vielfach der Vorgang der Diffusion gegenüber dem heterogenen Vorgang der Krystallisation selbst sehr viel langsamer erfolgt, so daß unmittelbar an der Krystalloberfläche die Sättigungskonzentration aufrecht

Abb. 150. Schema eines Dendriten.

erhalten wird, während die Krystallisationsgeschwindigkeit praktisch durch die Geschwindigkeit der Diffusion bestimmt wird. Als ganz exakt kann diese Schlußfolgerung nicht gelten, denn sonst würde das Wachstum von wohl ausgebildeten Krystallformen und vor allen Dingen deren Entstehung aus Bruchstücken beliebiger Form unerklärlich sein. Sicher ist aber, daß dieser Diffusionsstrom die Krystallisation wesentlich beeinflussen muß.

Die Krystalle wachsen vielfach nicht in einer geschlossenen (globulitischen) Form, sondern in Form von verzweigten Gebilden, wie ein solches schematisch in Abb. 150 wiedergegeben ist. Solche Krystallgebilde heißen *Dendriten* (Tannenbaum-Krystalle). Ein dendritischer Krystall weist in allen seinen Verzweigungen einheitliche Orientierung auf, er ist also ein einheitlicher Krystall, dessen äußere

---

[1] Noyes, A. A., u. W. R. Withney: Z. phys. Chem. **23** (1897), 689.
[2] Nernst, W.: Z. phys. Chem. **47** (1904), 52.
[3] Brunner, E.: Z. phys. Chem. **47** (1904), 54.

Form aber verkümmert ist. Es besteht im allgemeinen die Regel, daß die Richtungen der einzelnen Dendriten-Äste zu den *Ecken* einer globulitischen Krystallform und nicht zu seinen Ebenen senkrecht stehen. Ein allen bekanntes Beispiel eines Dendriten-Gebildes stellt ein Schneestern dar. Ein anderes bekanntes Beispiel sind Eisenkrystalle, die sich in Erstarrungshohlräumen bilden (Abb. 151).

Die Entstehung derartiger Dendriten aus übersättigten Lösungen hat O. LEHMANN wie folgt erklärt. An der ebenen Oberfläche eines Krystalles kann während

der Krystallisation die Zufuhr frischer Krystallsubstanz in der Lösung nur durch Diffusion aus *einer* Richtung erfolgen, an einer Kante aus zwei Richtungen, an einer Ecke aus drei Richtungen. Die durch das Krystallwachstum verursachte Verarmung der Lösung wird also an einer Ecke viel schneller behoben werden und dort wird das Krystallwachstum bevorzugt stattfinden, während das Wachstum auf der Ebene zurückbleibt.

Selbstverständlich kann das dendritische Wachstum von den Ecken eines Krystalles aus nur mit Hilfe von Flächenkeimen oder wahrscheinlich sogar vorwiegend durch Anlagerung von Subkeimen aus der Lösung erfolgen. Für das letztere spricht insbesondere der Umstand, daß ein dendritisches Wachstum erst bei stärkeren Übersättigungen oder Unterkühlungen auftritt.

$$V = \frac{1}{5}$$

Abb. 151. Dendriten im Erstarrungsraum einer Eisenschmelze.
(Aus OBERHOFFER.)

Einen ähnlichen Einfluß hat, vorwiegend bei Schmelzen reiner Stoffe, die an der Krystallgrenze entwickelte Krystallisationswärme, wie R. VOGEL ausgeführt hat[1]. Wir betrachten wieder einen würfelförmigen Krystall, der in einer unterkühlten Schmelze des reinen Stoffes wachsen möge. Die an der Krystallfläche entwickelte Wärmemenge kann nur durch die Schmelze abgeführt werden. Diese Wärmeableitung wird nun an den Krystallecken viel schneller erfolgen können, als an den Ebenen, an denen die *Wärmestauung* eine Stockung des Krystallwachstums herbeiführen wird, das ausschließlich oder beinahe ausschließlich von den Ecken aus in dendritischen Formen, die sich wieder und immer wieder verästeln, erfolgen wird. Bei reinen Stoffen tritt die Dendritenbildung erst bei stärkeren Unterkühlungen auf.

Eine Voraussetzung hierfür ist natürlich, daß die Wärmeabgabe von der krystallisierenden Fläche aus an die Schmelze erfolgt. Findet dahingegen das

---

[1] VOGEL, R.: Z. anorg. u. allg. Chem. **116** (1921), 21.

Krystallwachstum nach dem Schema der Abb. 152 statt, wobei von links in Richtung des oberen Pfeiles eine Krystallwand in die Schmelze vorwächst, während die Wärme nach links in der Richtung des unteren Pfeiles durch die Krystalle abgeleitet wird, so können in einem reinen Stoff keine Dendriten entstehen. In der Tat, eine etwa vorspringende Ecke der Krystallfront ab wird in ihrem Wachstum behindert sein, weil die Wärmeabfuhr von ihr schlechter als an der ebenen Oberfläche der Krystallfront erfolgen kann.

Trotzdem bleibt eine solche Oberfläche, wenn man etwa durch Erstarrenlassen der Schmelze auf einem Kupferrohr eine Krystallhaut erzeugt, wobei durch das Kupferrohr Wasser fließt, während es in die Schmelze taucht, so daß die Krystallisationswärme durch die Schicht der Krystalle in das Rohr abgeleitet wird, nicht glatt, sondern nimmt bei mittleren Krystallisationsgeschwindigkeiten eine körnige Gestalt mit wohl ausgebildeten Krystallflächen an. Die Ausbildung dieser Krystallflächen erfolgt nicht unter dem Einfluß der Wärmeabfuhr, ja sogar bis zu einem gewissen Grade im Widerstreit mit ihr und ist darauf zurückzuführen, daß die Vektoren der K.G., von denen eben die Rede war, in verschiedenen Richtungen verschieden groß sind.

Krystallisationsrichtung ⟶

Kristall $\quad\begin{smallmatrix}a\\b\end{smallmatrix}\quad$ *Schmelze*

⟵ *Wärmefluß*

Abb. 152. Zum Krystallwachstum im Wärmefluß.

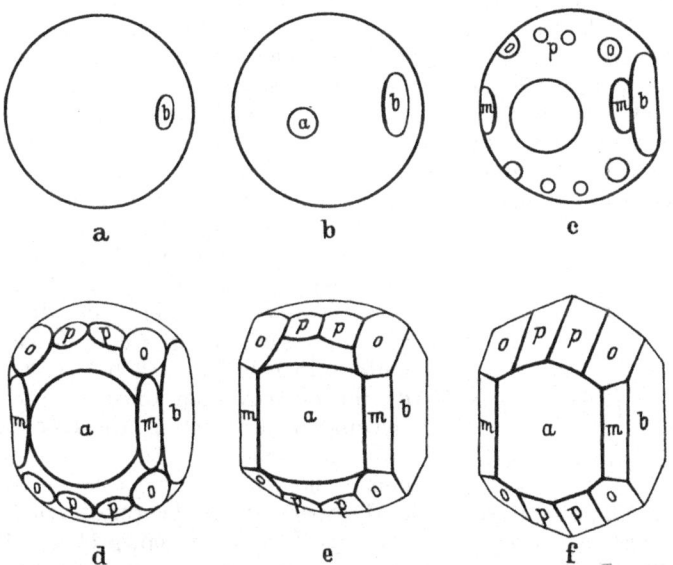

Abb. 153 a—f. Krystallisation von Salol (nach NACKEN). f Krystallform bei einer Unterkühlung von 1,5°. e—a nachträgliche Rückbildung der Krystallform bei geringerer Unterkühlung von 0,5° (bei erneutem Einsetzen stärkerer Unterkühlung werden die Formen a bis f durchlaufen).

K. NACKEN[1] hat die Krystallisation des Salols bei sehr geringen Unterkühlungen untersucht. In einer Schmelze, deren Temperatur 1,5° unterhalb des Schmelzpunktes lag, wuchs ein flächenreiches Polyeder, wie Abb. 153f zeigt. Wurde die Unterkühlung auf 0,5° ermäßigt, so fing der Krystall, der in ständigem weiterem Wachstum begriffen war, an, sich abzurunden und erhielt nach und nach die Formen e, d, c, b und zuletzt a. Wurde die Unterkühlung vergrößert, so wurden die Formen rückwärts durchlaufen.

---

[1] NACKEN, K.: N. Jahrb. f. Min. **1915** II, 133 u. **1917**, 191.

Bei stärkeren Unterkühlungen werden die Krystalle des Salols und ähnlicher organischer Stoffe flächenärmer, bis schließlich Dendrite und fadenförmige Gebilde entstehen.

Hieraus muß man wohl mit G. TAMMANN den Schluß ziehen, daß die Unterschiede der linearen K.G. von der Krystallrichtung mit zunehmender Unterkühlung größer werden. Zwischen der Beobachtung von K. NACKEN und der oben erörterten Theorie von KOSSEL-STRANSKI scheint ein Widerspruch zu bestehen. Es ist jedoch zu berücksichtigen, daß diese Theorie nur für den einfachsten Fall der Ionenkrystalle durchgebildet worden ist und für so komplizierte Gebilde wie große organische Moleküle vielleicht weitgehender Abänderungen bedarf.

5. Messung der Krystallisationsgeschwindigkeit (K. G.) nach G. TAMMANN in Röhrchen.

Zur Messung der linearen K. G., zunächst an organischen Stoffen niedriger Symmetrie mit bequem gelegenem Schmelzpunkt, hat G. TAMMANN[1] folgendes Verfahren angewandt.

Die Schmelze wird in ein in einem Thermostaten befindliches U-Röhrchen eingefüllt und in einem Schenkel mit einem Krystallsplitter geimpft. Von diesem Krystallsplitter ausgehend schießt eine Krystallfront im Röhrchen vor, und zwar nach kurzer Einlaufzeit mit konstanter Geschwindigkeit. Es wird nun die Geschwindigkeit der Verschiebung der Krystallgrenze mit der Zeit in Abhängigkeit von der Temperatur des Thermostaten gemessen.

Eine solche Messung ist einigermaßen exakt nur in einem Temperaturgebiet möglich, in dem die Krystalle dendritisch oder fadenförmig wachsen.

Trägt man die Ergebnisse in Anhängigkeit von der Temperatur des Thermostaten auf, so erhält man eine Kurve nach Art der Abb. 154.

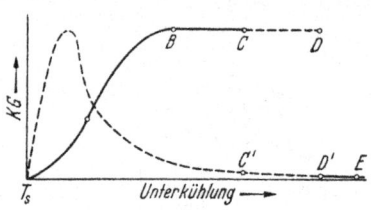

Abb. 154. Lineare Krystallisationsgeschwindigkeit (nach G. TAMMANN).

Beim Schmelzpunkt T_s ist die K.G. gleich Null. Bei geringen Unterkühlungen bilden sich zunächst flächenreiche Polyeder. Hier kann man, wie erwähnt, noch keine stationären oder gut reproduzierbaren Werte der K.G. messen. Unterhalb B bilden sich bereits Krystallfäden, die mit einer zeitlich konstanten meßbaren Geschwindigkeit wachsen. Die Krystallfront wird nur von wenigen Fäden gebildet, zwischen denen zunächst reichlich Schmelze verbleibt, ihre Anzahl nimmt mit sinkender Temperatur des Thermostaten (zunehmende Unterkühlung) zu, ebenso die K.G. Es kommt nun ein größeres Temperatur-Intervall BC, in dem die K.G. von der Badtemperatur unabhängig ist. Bei stärkeren Unterkühlungen, als dem Punkte C entsprechend, stellt sich zunächst kein konstanter Wert der K.G. ein, sie ist nach der Impfung meistens sehr klein, steigt jedoch nach kürzerer Zeit und erreicht dann den maximalen, der Strecke BC entsprechenden Wert. In diesem Gebiet krystallisiert bereits der größte Teil der Schmelze an der vorderen Krystallfront.

Das Gebiet BC konstanter maximaler K.G. bildet sich nur aus, wenn der absolute Wert der K.G. (in Glasröhrchen bei Versuchen von G. TAMMANN etwa über 3 mm/min) und der Durchmesser des Röhrchens nicht zu klein und der thermische Austausch zwischen Thermostatenflüssigkeit und der krystallisierenden Schmelze nicht zu gut ist. Widrigenfalls werden Kurven nach Art der Abb. 155

---

[1] TAMMANN, G.: Aggregatzustände. II. Aufl. Leipzig: Verlag L. Voß 1923.

erhalten. Hier ist das Gebiet BC zu einem Punkt zusammengeschrumpft. In dem Teil CD werden in diesem Falle, im Gegensatz zu den Verhältnissen der Abb. 154 von Anfang an konstante und reproduzierbare Werte der K.G. erhalten.

G. TAMMANN hat zuerst auf die große Bedeutung der Krystallisationswärme bei der Erklärung dieser Ergebnisse hingewiesen. Es ist sehr unwahrscheinlich, daß die K.G., eine Größe, die offenbar von der Temperatur-Beweglichkeit der Moleküle abhängt, in einem größeren Temperaturgebiet BC, oft mit erstaunlicher Genauigkeit, temperaturunabhängig sein soll. Hieraus geht hervor, daß die wahre Temperatur an der Grenze Krystall—Schmelze, die die K.G. bestimmen muß, im ganzen Gebiet BC konstant ist. Auf alle Fälle kann sich diese Grenztemperatur sehr erheblich von der gemessenen Temperatur des Bades unterscheiden.

Der Umstand, daß die Ausbildung des Gebietes BC an nicht zu kleine Werte der K.G. und an nicht zu guten thermischen Kontakt mit dem Thermostaten gebunden ist, läßt fernerhin schließen, daß hierfür der Wärmeaustausch mit der Thermostaten-Flüssigkeit an der Grenze Krystall—Schmelze praktisch ausgeschaltet sein muß, daß die Krystallisationswärme also lediglich zur Erwärmung der Schmelze verbraucht wird (adiabatische Führung der Krystallisation). Würde an dieser Grenze die gesamte Schmelze auf einmal krystallisieren, so müßte die Beziehung gelten

$$\Delta T \sim \frac{r}{c} \leqq T_s - T_0, \tag{27}$$

wo ΔT die Temperaturerhöhung durch die Krystallisation, r die Schmelzwärme und c die spezifische Wärme der Schmelze bedeuten. Die Temperatur an der Krystallgrenze kann hierbei nicht über den Schmelzpunkt steigen, also ist ΔT kleiner oder gleich der Differenz $T_s - T_0$ zwischen der Schmelztemperatur und der Temperatur des Bades. In allen der Rechnung zugänglichen Fällen ist bis zum Punkte C und bis zu noch tieferen Temperaturen herab diese Bedingung nicht erfüllt. Hieraus folgt, daß im ganzen Gebiet BC an der Front der vorwachsenden Nadeln noch nicht die gesamte Schmelze krystallisieren kann, was auch die unmittelbare Beobachtung bestätigt. Ein Teil verbleibt zunächst flüssig zwischen den Verästelungen der Krystallnadeln und erstarrt erst später, jetzt natürlich unter Wärmeableitung an das Bad.

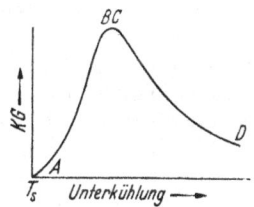

Abb. 155. Fall einer geringen linearen Krystallisationsgeschwindigkeit (nach G. TAMMANN.)

Im Gebiet der Badtemperaturen $T_s B$ (Abb. 154 u. 155) hängt die beobachtete K.G. von dem Wärmeaustausch mit dem Bade ab, und zwar nimmt sie mit zunehmendem Wärmeaustausch zu; der Punkt B rückt dadurch zu höheren Temperaturen, die Größe der maximalen K.G. wird jedoch nicht beeinflußt. Im Gebiet BC werden nur seine Temperaturgrenzen durch diesen Wärmeaustausch beeinflußt, wie es auf Grund des oben Mitgeteilten auch nicht anders sein kann. Im Gebiet $T_s B$ *hemmt* also die Krystallisationswärme den Fortschritt der Krystallisation. Im Gebiet BC fällt diese Hemmung fort.

Wenn im Gebiet BC die wahre Temperatur an der Grenze Krystall—Schmelze unabhängig von der Temperatur des Thermostaten ist, so muß für die Abhängigkeit der K.G. von *dieser* wahren Temperatur eine Temperaturkurve wie die in Abb. 154 punktiert dargestellte gelten.

G. TAMMANN hat angenommen, daß an der Grenze Krystall—Schmelze die Temperatur des Schmelzpunktes erreicht wird. Diese Annahme kann nur näherungsweise gelten, da der Schmelzpunkt als die Gleichgewichtstemperatur zwischen Schmelze und Krystall definiert ist. Es ist heute mit Sicherheit nachgewiesen, daß diese Annahme für langsam krystallisierende Stoffe, wie Salol und Glycerin, auch nicht näherungsweise zutrifft[1].

Es läßt sich zeigen, daß im Gebiet BC die höchste auf der punktierten Kurve überhaupt auftretende K.G. besteht und damit auch die Temperatur des wahren Maximums der K.G.. nämlich T_{max} herrschen muß.

Wir nehmen an, daß in einer gewissen Anzahl Krystallfäden nebeneinander wachsen, und zwar so, daß zwischen ihnen noch eine gewisse Menge Schmelze verbleibt, so daß die Krystallisationswärme dazu verbraucht wird, um die *gesamte* Schmelze und die erstarrenden Krystalle auf die Temperatur an der Krystallgrenze zu erwärmen. Hinter der Krystallfront entstehen neue Krystallfäden, so daß nach und nach die ganze Schmelze krystallisiert. In einer kurzen Entfernung hinter der Krystallfront muß deshalb die Temperatur höher als an der Grenze sein.

Wir nehmen an, daß die Temperatur an der Krystallfront infolge einer Schwankungserscheinung etwas höher als T_{max}, die K.G. also etwas geringer als K.G $_{max}$ sei. Ein solcher Zustand ist labil. In der Tat, wenn die K.G. eines der vorwachsenden Fäden sich zufällig virtuell etwas erhöhen sollte (und solche Schwankungserscheinungen müssen wir immer annehmen), so wird seine Spitze dadurch aus der Krystallfront in die kältere Schmelze vorschießen, die Grenztemperatur sinken und die K.G. weiter steigen müssen. Es wird sich also unter diesen Umständen von selbst die K.G.$_{max}$ und an der Grenze T_{max} einstellen.

Würde die Temperatur an der vordersten Krystallfront umgekehrt unterhalb T_{max} liegen, so würden die Krystalle etwas hinter der Front schneller wachsen, als unmittelbar an der Front, sie würden an die Front vordringen und dort eine höhere Wärmeentwicklung und damit eine Temperaturerhöhung bewirken, bis T_{max} und damit auch das Maximum der K.G. erreicht ist.

Eine Voraussetzung für diese Überlegung ist der geeignete Ablauf der Krystallisation an der Krystallfront und unmittelbar dahinter. Bei höheren Temperaturen im Gebiet AB liegt die Temperatur der Schmelze entweder von vornherein oberhalb von T_{max} oder so nahe an dieser, daß das Vorwachsen weniger Krystallnadeln, die keine stationäre Krystallfront zustande bringen, bereits die Temperatur der Krystallspitzen auf T_{max} steigern würde. Unterhalb von C verhindert die Wärmeableitung an den Thermostaten die Erreichung der Temperatur T_{max}.

Bei sehr niedrigen Werten der K.G. ist infolge der vorherrschenden Bedeutung der Wärmeleitung die Temperatur an der Grenze Krystall—Schmelze nicht wesentlich höher als die Temperatur des Thermostaten. Das gilt für den Teil C' D' E' der Kurve Abb. 154 und für sehr langsam krystallisierende Stoffe.

Eine einigermaßen zuverlässige Messung der T_{max}, ja überhaupt der Temperatur an der Grenze Krystall—Schmelze ist sehr schwierig und konnte bisher wohl noch nicht einwandfrei durchgeführt werden.

Jedoch erscheint es heute sicher, daß bei träge krystallisierenden organischen Stoffen T_{max} erheblich unterhalb des Schmelzpunktes liegt. Für diese Stoffe gilt, wie oben erwähnt, G. TAMMANNs Annahme, daß T_{max} in der Nähe der Schmelztemperatur liegt, auch nicht annähernd. Wasser, Phosphor und die Metalle zeichnen sich dahingegen durch hohe Werte der K.G. aus, die die Temperaturerhöhung an der Krystallgrenze sehr begünstigen. Deshalb ist anzunehmen, daß für die Metalle die Überlegung von G. TAMMANN, daß unter praktisch reali-

[1] VOLMER, M., u. M. MARDER: Z. phys. Chem. A **154** (1931), 97. — POLLATSCHEK, A.: Z. phys. Chem. A **142** (1929), 289.

sierbaren Bedingungen an der Grenze Krystall—Schmelze die Schmelztemperatur herrscht, eine brauchbare Näherung darstellt.

Eine Voraussetzung für die ungestörte Aufnahme der Kurve $ABCD$ (Abb. 155) ist das Ausbleiben der Keimbildung in diesem Temperaturgebiet der Unterkühlungen. Diese Bedingung ist oft nicht erfüllt, insbesondere bei Stoffen mit hohen K.G., also auch bei Metallen. Für diese sind deshalb nur die Anfänge AB dieser Kurve bestimmt worden.

Der Parallelismus zwischen Keimbildung und K.G. darf als eine der vielen Bestätigungen für die oben entwickelten Vorstellungen gelten, nach denen ein Keimbildungsprozeß einen wichtigen Bestandteil des linearen Krystallwachstums bildet.

Wenn die Wärme durch den Krystall abgeleitet wird (und nicht zur Erwärmung der Schmelze dient), wie das bei der schnellen Erstarrung der Metalle in Metallkokillen meistens der Fall ist, sind die Bedingungen des linearen Krystallwachstums wesentlich andere. Alle Erscheinungen, die mit der gleichzeitigen Krystallisation nur eines *Teiles* der Schmelze an der Krystallfront zusammenhängen, fallen weg. Die Krystallfront ist bei allen Unterkühlungen massiv. Es darf also auch nichts Ähnliches wie ein Gebiet konstanter K.G. geben. Die tatsächlich beobachteten Werte der K.G. müssen sich der theoretischen Kurve (gestrichelt, Abb. 154) unmittelbar anschließen. Leider läßt sich auch hierbei die K.G. in Abhängigkeit von der Temperatur unmittelbar nur schwer messen, weil man die Temperatur an der Krystallgrenze nicht bestimmen kann.

6. Krystallisationsgeschwindigkeit in Mehrstoffsystemen.

Es ist außerordentlich merkwürdig, daß man bei Bestimmung der linearen K.G. nach G. TAMMANN in Kapillarröhren mit Lösungen zu definierten stationären Werten der K.G. des gelösten Stoffes kommt[1]. Hieraus ist zu schließen, daß unter den Bedingungen des Versuchs keine zunehmende Anreicherung der Restschmelze vor der Krystallfront am Lösungswinkel zustande kommt. Es scheint jedoch, daß das nur für solche Fälle gilt, in denen die Kryställchen in Form von sehr dünnen Nadeln oder Blättchen mit Spitzen wachsen. Unter diesen Bedingungen beziehen die Krystallspitzen an der Krystallfront den zu ihrem Aufbau notwendigen Stoff offenbar in der Hauptsache aus der an sie *seitlich* angrenzenden Schmelze, wozu wohl auch die Volmersche Beweglichkeit der Moleküle auf der Oberflächenschicht der Krystalle (vgl. S. 208) beitragen dürfte.

Noch merkwürdiger ist, daß das Gebiet der maximalen K.G. genau wie bei reinen Stoffen, auch bei den untersuchten Gemischen sich auf ein ganzes Gebiet von Unterkühlungen erstreckt. Auch das gilt, soweit man weiß, nur für Krystalle, die bei stärkeren Unterkühlungen in Form von spitzen Nadeln wachsen.

In den Legierungen der Technik zeichnen sich die primären Krystalle wohl ausnahmslos durch eine hohe Symmetrie aus. Deshalb sind bei ihnen den Beobachtungen in Röhrchen mit leicht schmelzenden organischen Stoffen analoge Erscheinungen nicht zu erwarten.

D. Ergänzungen.

1. Krystallisation aus dem Dampfraum.

Der Hauptzweck der vorangegangenen Erörterung der Krystallisation der Metalle war, ihre Entstehung aus dem Schmelzfluß zu schildern, die bei weitem am wichtigsten ist. Außerdem können kompakte Metalle aus der Gasphase, wie bereits erwähnt, und kathodisch aus Elektrolyten gewonnen werden. Die

---

[1] TAMMANN, G., u. A. A. BOTSCHWAR: Z. anorg. Chem. **157** (1926), 27.

Gewinnung von Metallpulver durch Reduktion seiner Verbindungen unterhalb des Schmelzpunktes, wie sie in großem Maßstabe bei Wolfram und bei Molybdän geübt wird, ist für uns hier ohne Interesse, da hierbei zunächst Metallpulver gewonnen wird. Bei der Schilderung der Keimbildung und des Krystallwachstums ist gelegentlich die Entstehung der Metalle aus der Gasphase gestreift worden, wo das zur systematischen Erörterung der Zusammenhänge notwendig war. Hier soll auf die Eigenarten der Krystallisation der Metalle aus der Gasphase und aus Elektrolyten eingegangen werden.

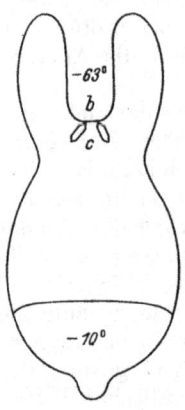

Abb. 156. Zum Versuch von M. VOLMER und J. ESTERMANN.

Über Keimbildung von Metallen aus der Gasphase liegen keine speziellen Erfahrungen vor. Über das Krystallwachstum aus der Gasphase verfügen wir dahingegen über sehr wichtige grundlegende Versuche. M. VOLMER und J. ESTERMANN[1] haben Quecksilber bei $-10°$ im Hochvakuum verdampfen und gegen eine auf $-63°$ gekühlte Glaswand strömen lassen (Abb. 156). Hierbei findet auf der Glasoberfläche von b zunächst keine Kondensation statt. Etwa nach einer Minute entstehen Krystallflitterchen c, die die Form von dünnen Scheiben haben und etwa senkrecht auf der Glasoberfläche stehen. Sie wachsen beim Sättigungsdruck des Quecksilbers bei $-10°$. Ihre größte seitliche Ausdehnung betrug nach Abschluß des Versuches etwa $3 \cdot 10^{-2}$ cm, ihre Dicke nur etwa den 10^{-4} Teil davon, also etwa $3 \cdot 10^{-6}$ cm, während aus der kinetischen Theorie die Stoßzahl und damit aus der Zahl der auf eine Oberflächeneinheit in derselben Zeit auftreffenden Metallatome sich eine Zunahme der linearen Abmessungen von $3 \cdot 10^{-5}$ cm errechnen läßt. In der seitlichen Richtung sind die Kryställchen also etwa 10^3 mal so schnell gewachsen, wie es auf Grund der Zahl der auftreffenden Atome möglich gewesen wäre. Hieraus ist zu schließen, daß Atome, die auf die breiten Basisflächen der Krystalle auftreffen, mit zum Wachstum an den Kanten beigetragen haben, sie werden auf den glatten Basisflächen nicht gleich eingebaut, sondern bilden eine leicht bewegliche Adsorptionsschicht; sobald sie an die Ecken kommen, werden sie dort eingebaut. Dieser Befund steht durchaus im Einklang mit den früher erörterten Vorstellungen über das Krystallwachstum überhaupt (S. 198). Er hat eine durchaus grundsätzliche Bedeutung. Wenn ein Krystall in einem beweglichen Gleichgewicht mit einer anderen Phase steht, befinden sich auf seinen Ebenen in einer gewissen Anzahl leicht bewegliche

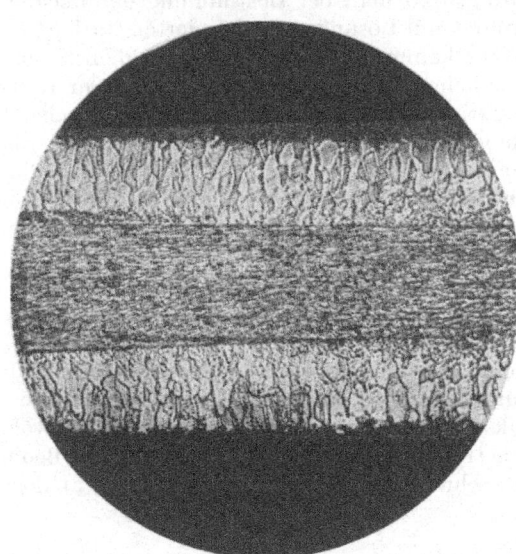

Abb. 157.
Aufgedampfte feinkrystalline Wolframschicht (nach KOREF).

[1] VOLMER, M., u. J. ESTERMANN: Z. Phys. 7 (1921), 13. — VOLMER, M.: Phys. Z. 22 (1921), 646. — VOLMER, M.: Kinetik der Phasenbildung. Dresden u. Leipzig: Theodor Steinkopf 1939.

adsorbierte Atome oder Moleküle, die noch nicht in das Raumgitter eingebaut sind. Die Zahl solcher Atome auf einer Ebene ist um so größer, je „glatter" sie im atomistischen Sinne ist.

Beim Krystallwachstum werden die Atome meistens durch „wiederholbare" Schritte (S. 198) eingebaut, eine Anlage neuer Netzebenen findet nur als Ausnahme statt.

Ist die Zufuhr von Atomen aus der anderen Phase zu groß, so findet eine solche Anlage von neuen Ebenen beschleunigt statt, ja es kann sogar dazu kommen, daß neue Krystallkeime mit abweichender Orientierung entstehen. Das wird durch Beobachtungen des Krystallwachstums an glühenden Wolframdrähten in einer Atmosphäre von $WCl_6 + H_2$ beobachtet. An der glühenden Oberfläche findet hierbei eine Reduktion des WCl_6 zu metallischem

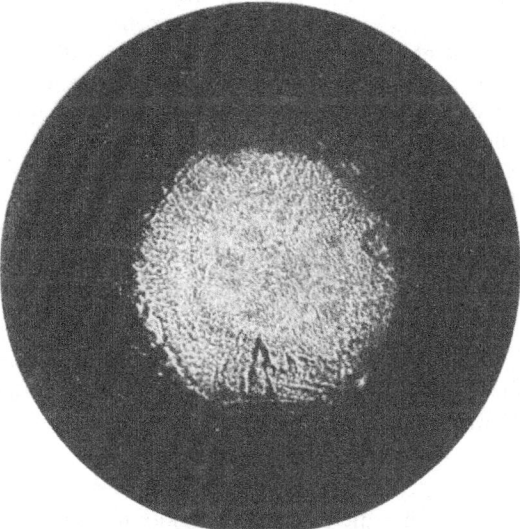

Abb. 158. Ungestört aufgedampfte Schicht auf einem Wolframeinkrystalldraht (nach KOREF).

Wolfram statt, das sich auf dem glühenden Wolframdraht ablagert. Dieser Vorgang ist der normalen Reifbildung analog. Er ist eingehender von F. KOREF[1] untersucht worden. Hierbei entstehen auf einem vielkrystallinen Wolframkörper mit gestreckten Krystalliten säulenförmige Krystalle (Abb. 157), bei denen man deutlich sieht, daß sie, von einzelnen Kernen auf der ursprünglichen Metalloberfläche ausgehend, nach außen ohne wesentliche Korn-Neubildung wachsen. Wird zum Aufwachsen ein aus einem einzigen Krystall bestehender Wolframdraht benutzt, so wächst er als ein einziger Krystall weiter, wenn das Wachstum langsam erfolgt (Abb. 158). Läßt man den Draht jedoch schneller wachsen, so entstehen in der aufgewachsenen Schicht mehrere Krystallite (Abb. 159). Es ist nicht daran zu zweifeln, daß das

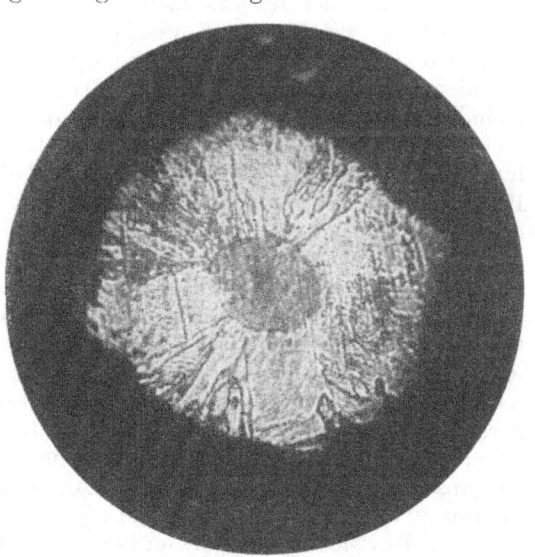

Abb. 159. Gestört aufgedampfte Schicht auf einem Einkrystalldraht (nach KOREF).

auf Störungserscheinungen beim Aufwachsen zurückzuführen ist, jedoch braucht es sich nicht um einen Keimbildungsvorgang zu handeln. Im Gegensatz zu ähn-

---

[1] KOREF, F.: Z. Elektrochem. **28** (1922), 511.

lichen Versuchen mit Kochsalz in Lösungen (S. 200) befinden wir uns beim Wolfram nämlich im Temperaturgebiet einer lebhaften Rekrystallisation (vgl. S. 431), d. h., die Beweglichkeit der Metallatome ist bereits erheblich. Wenn das Aufwachsen wegen seiner erhöhten Geschwindigkeit unter Bildung einer zerklüfteten Oberfläche erfolgt, so wird diese Zerklüftung durch einen Sintervorgang ausgeglichen werden, wobei einige vorstehende Teile beim Anlagern an das Metall ihre Richtung und damit ihre Orientierung ändern können. In diesem Falle ist es also wohl nicht statthaft, wie wir das bei der Betrachtung des Wachstums von Kochsalzkrystallen aus wässeriger Lösung getan haben, die Bildung von Subkeimen in der Nähe des Drahtes im gasförmigen Zustand anzunehmen, da ja die Temperatur, von der Oberfläche des glühenden Drahtes ausgehend, im Gasraum schnell sinkt, wodurch die Reduktions-Reaktion gehemmt wird, ganz abgesehen von der erhöhten Schwierigkeit der Keimbildung innerhalb der Gasphase im Vergleich zur Anlagerung an bereits vorhandenes festes Metall.

Späterhin sind einige andere Metalle nach einer ähnlichen Methode hergestellt worden. Es handelt sich um die schwer schmelzbaren Metalle Zirkon, Tantal, Titan u. a. m[1].

2. Keimbildung in Elektrolyten.

G. Tohmfor und M. Volmer[2] haben gezeigt, daß bei der kathodischen Abscheidung eines Metalles aus einem Elektrolyten auf einer aus einem anderen Metall bestehenden Kathode zunächst eine Verzögerung eintritt (es ist zunächst eine Überspannung erforderlich), bis sich eine dünne Schicht des Metalles ausgeschieden hat, an der sich die weitere Ausscheidung ungestört vollziehen kann. Es handelt sich hier grundsätzlich um eine Keimbildung, die in ähnlicher Weise erschwert ist, wie bei der Krystallbildung aus Schmelzen oder aus Dämpfen. Jedoch muß sich der Keimbildungsvorgang von den bisher betrachteten unterscheiden. Bei der Keimbildung in Dämpfen und Schmelzen haben wir die Keimbildung als ein stetiges Wachstum der Subkeime bis zur Größe des kritischen Keimes betrachtet. Im Falle einer Metallausscheidung aus einem Elektrolyten handelt es sich jedoch um einen *Entladungsvorgang*, der nur in atomarer Berührung mit der Kathode stattfinden kann. Man kann sich den Stromdurchgang in der Tat nur als durch eine Reihe von atomistischen Entladungsvorgängen bewirkt denken. Die Stromverteilung im Atomistischen wird allerdings nicht dieselbe gleichmäßige zu sein brauchen, wie wir sie makroskopisch wahrnehmen. Man kann also annehmen, daß die Ausscheidung des Metalles nicht an der ganzen Oberfläche der Kathode, sondern an einigen bevorzugten Stellen stattfindet. An Stelle der kritischen Übersättigung oder Unterkühlung tritt hier die kathodische Potentialerniedrigung, die einen zusätzlichen Zwang zur Metallabscheidung darstellt. Wird die Potentialerniedrigung, bei der die Metallabscheidung in der Praxis beginnt, als kritische Überspannung bezeichnet, so werden bei geringeren Überspannungen an einzelnen Stellen Atome entladen werden, die jedoch unbeständig sind und die sich vorwiegend wieder im Elektrolyten unter Ionenbildung auflösen. Das Metall wird also im ganzen nicht zum Stromdurchgang beitragen. Erst, wenn die Überspannung so groß geworden ist, daß die Auflösungs-Geschwindigkeit der abgeschiedenen Metallatome so weit abgenommen hat, daß sie Zeit haben, sich zu wachstumsfähigen Kryställchen zu gruppieren, wird die Keimbildung einsetzen.

---

[1] Vgl. A. E. van Arkel: Reine Metalle. Berlin: Julius Springer 1939.
[2] Tohmfor, G., u. M. Volmer: Ann. Phys. **33** (1938), 109.

Über den Vorgang, der zur Bildung von wachstumsfähigen Keimen führt, kann man sich folgende Vorstellung machen. Es kann sich zunächst darum handeln, daß größere Keime durch ein Wechselspiel der Abscheidung und Wiederauflösung entstehen. Dieser Vorgang muß wesentlich erleichtert werden durch die Existenz einer an der Oberfläche der Kathode adsorbierten Schicht von Ionen, die bei jedem kathodischen Vorgang ähnlich wie bei der Abscheidung des Wasserstoffes anzunehmen ist (vgl. S. 537 ff.). In dieser adsorbierten Ionenschicht wird die Konzentration der Ionen dem Elektrolyten gegenüber sehr wesentlich erhöht, also der angedeutete Austauschprozeß erleichtert sein.

Ähnlich, wie wir bei der Betrachtung der Keimbildung aus der Gasphase gesehen haben, daß auch beim Gleichgewichtsdruck *grundsätzlich* eine ständige Bildung und Wiederverdampfung oder Wiederauflösung von Subkeimen anzunehmen ist, müssen wir auch für die Wechselwirkung eines Metalles mit dem Elektrolyten annehmen, daß dort nach dem Prinzip des beweglichen Gleichgewichtes sich in statistischer Unordnung auch beim Gleichgewichtspotential Subkeime bilden und wieder aufgelöst werden. Das gilt allerdings nur, solange die Kathodenoberfläche aus einem mit dem abzuscheidenden Metall nicht isomorphen anderen Metall mit wesentlich abweichender Struktur besteht. Sobald sie mit einer Schicht des abzuscheidenden Metalles bedeckt ist, ist für den Wachstumsvorgang eine weitere Keimbildung nicht nötig. Es liegt hier dann ein Vorgang des linearen Wachstums vor, der im nächsten Abschnitt behandelt werden soll.

3. Elektrolytisches Krystallwachstum[1].

Findet die kathodische Abscheidung eines Metalles auf einer Unterlage aus demselben oder einem verwandten Metall statt, so liefert diese Unterlage, wenn ihre Oberfläche sauber (gebeizt) ist, die Keime, auf denen das elektrolytisch niedergeschlagene Metall weiter wächst, oder sie erleichtert seine Keimbildung doch beträchtlich. Das äußert sich darin, daß der elektrolytische Kupferniederschlag die etwa vorhandene Textur (s. S. 37) der Kupferunterlage selbst bei größeren Dicken behält, unabhängig davon, ob die Unterlage vorher kalt verformt worden ist oder nicht. Im Hinblick auf die später zu besprechenden Erscheinungen bei der Rekrystallisation (S. 422) ist es von Interesse darauf hinzuweisen, daß somit eine Kaltreckung die Fähigkeit der Krystallite, als Keime für das elektrolytische Wachstum zu wirken, nicht aufhebt. Bei der Erhöhung der Stromdichte auf 12—15 mA/cm² in einer sauren $CuSO_4$-Lösung verschwindet die Textur[2]. Das ist ein Beweis dafür, daß während der Abscheidung erneut eine Keimbildung stattfindet, ähnlich, wie das beim Wachstum von Kochsalz aus Lösungen beobachtet wurde (vgl. S. 200). Die Einordnung der reduzierten Metallatome in das Raumgitter der Unterlage kann nicht schnell genug erfolgen, so daß eine Bildung von neuen Kryställchen erfolgt. Es ist anzunehmen, daß dieser Vorgang durch die starke Polarisation bei der kathodischen Kupferabscheidung erleichtert wird, die in ihrer Bedeutung einer Überspannung äquivalent ist.

Es ist in vielen Fällen in Übereinstimmung mit der Erhaltung der Textur der Unterlage beobachtet worden, daß Krystallite der Unterlage im kathodischen Niederschlag unmittelbar weiterwachsen (Abb. 160). Dasselbe Bild erhält man sehr auffallenderweise auch, wenn man mit geringen Stromdichten das kubisch flächenzentrierte Kupfer auf dem raumzentrierten Messing mit 46% Zn

---

[1] Eine ausgezeichnete kurze Übersicht über die Texturausbildung kathodischer Niederschläge findet man in G. WASSERMANN: Texturen metallischer Werkstoffe. S. 56 ff. Berlin: Springer 1939.

[2] WOOD, W. A.: Proc. phys. Soc. **43** (1931), 138.

(vgl. S. 488) oder das ebenfalls flächenzentrierte Nickel auf einer Unterlage aus dem raumzentrierten Eisen wachsen läßt[1]. Beim Niederschlagen von raumzentriertem Chrom auf Kupfer wurde festgestellt, daß die (110)-Ebene der Chromkrystalle parallel der (111)-Ebene der Kupferkrystalle ist[2]. Es ist das derselbe Orientierungszusammenhang, der bei der γ-α-Umwandlung beim Eisen (bei der

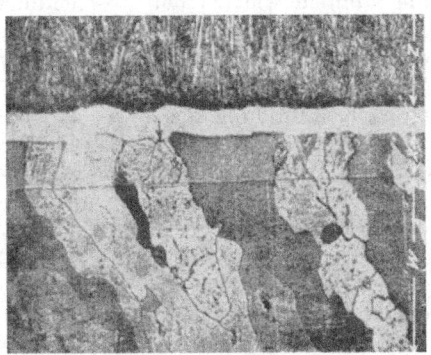

Martensitbildung) auftritt und der überhaupt charakteristisch für den Übergang zwischen einem flächenzentrierten und einem raumzentrierten Gitter ist. Wie bei der Erörterung der martensitischen Umwandlung des Eisens gezeigt werden wird (S. 484), zeigen die (110)-Ebene des raumzentrierten und die (111)-Ebene des flächenzentrierten Raumgitters eine auffallende Übereinstimmung der Atomanordnung, so daß eine Keimbildung eines raumzentrierten Metalles auf dieser Ebene einer flächenzentrierten Unterlage wesentlich erleichtert sein muß.

Abb. 160. Weiterwachsen der Krystallite der Kupferunterlage (Schicht W) im kathodischen Niederschlag (Schicht X). J und Z Deckschichten zur Erleichterung des Schleifprozesses (aus G. WASSERMANN).

Die in der Technik elektrolytisch hergestellten Metalle zeigen keine deutlichen Zusammenhänge des Gefüges mit demjenigen der Unterlage, schon, weil die Unterlage feinkrystallin zu sein pflegt. Dieses Gefüge erinnert an dasjenige der aus der Schmelze erstarrten Blöcke (vgl. S. 217). Unmittelbar in Berührung mit der Unterlage beim Beginn der Elektrolyse findet man eine feinkrystalline

Abb. 161.   Gefüge von Elektrolytkupfer (aus G. WASSERMANN).

Zone ohne ausgesprochene oder mit einer nur schwachen Textur. Mit zunehmendem Abstand von der Unterlage werden die Krystallite größer und erhalten immer mehr einen stengeligen Charakter. Gleichzeitig tritt eine sehr deutliche Textur auf (Abb. 161 u. 162)[3]. Es handelt sich hier offenbar um eine *Auswahl* der wachstumsfähigen Krystallite und zwar in einer ähnlichen Weise, wie in der Zone der Stengelkrystalle eines technischen Gußstückes (vgl. S. 218). Im Verlaufe des Wachstums bleiben die Krystallite, deren Wachstumsgeschwindigkeit in der Richtung des Stromflusses geringer ist, zurück und werden nach und nach ausge-

---

[1] HOTHERSALL, A. W.: Trans. Faraday Soc. **31** II (1935), 1242.
[2] COCHRANE, W.: Proc. phys. Soc. London **48** (1936), 723.
[3] GLOCKER, R. u. E. KAUPP: Z. Phys. **24** (1924), 121.

merzt. Bei Kupfer wurde eine Textur beobachtet, bei der die [110]-Richtung senkrecht zur Oberfläche der Kathode steht. Diese Textur kann stark von den Abscheidungsbedingungen abhängen; so wurde beim Niederschlagen von Eisen auf Kupfer aus einer Lösung von Ferroammonsulfat mit einer Stromdichte von 1 mA/cm² eine stark ausgeprägte Textur mit der Faserachse [111] senkrecht zur Kathode, bei der Stromdichte von 15 mA/cm² keine Textur, aus einer 50%igen sauren Lösung von FeCl₃ auf Eisen eine schwache Orientierung ([100] und [110] senkrecht zur Kathode), auf Kupfer unter denselben Bedingungen eine regellose Orientierung, aus einer 50%igen FeCl₃-Lösung mit Zusatz von CaCl₂ auf Kupfer und auf Eisen eine Texturausbildung von mittlerer Stärke mit einer Faserachse [112] beobachtet. Wir finden hier dieselbe Erscheinung, wie bei

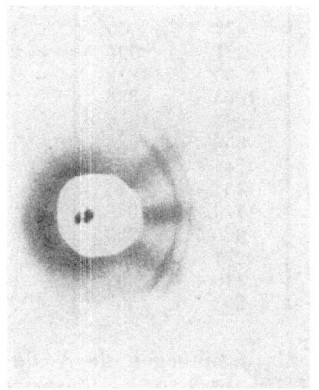 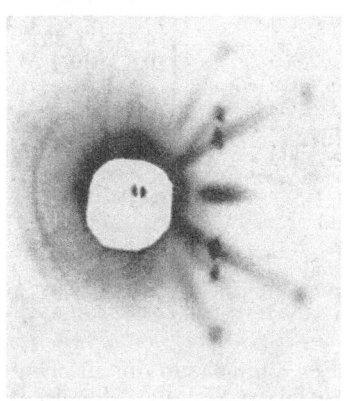

Abb. 162. Unterseite einer elektrolytisch erzeugten Kupferschicht (nach R. GLOCKER), Texturaufnahme.   Abb. 163. Oberseite einer elektrolytisch erzeugten Kupferschicht (nach R. GLOCKER), Texturaufnahme.

der Krystalltracht. Bekanntlich krystallisiert das Kochsalz aus einer wässerigen Lösung in Form von Würfeln, bei Zusatz von Harnstoff jedoch in Form von Oktaedern. Das besagt, daß im ersteren Falle [100] und im zweiten Falle [111] die Richtung der geringsten Wachstumsgeschwindigkeit ist (vgl. S. 197). Ähnlich scheint auch beim kathodisch abgeschiedenen Kupfer die Wachstumsgeschwindigkeit in den verschiedenen krystallographischen Richtungen durch Lösungsgenossen im Elektrolyten beeinflußt zu werden. Es sei bemerkt, daß die Faserachse der kathodischen Niederschläge in den beschriebenen Fällen nicht mit der Faserachse der Stengelkrystalle im Gußstück übereinstimmt (vgl. S. 218).

Bei höherer Stromdichte bleibt der elektrolytische Niederschlag auch bei größerer Dicke feinkörnig. Eine Unterbrechung der Elektrolyse führt, wenn die Oberfläche nicht erneut sorgfältig abgebeizt wird, zu einer neuen Ausbildung einer feinkörnigen Grundschicht bei der Fortsetzung der kathodischen Abscheidung: die geringen, etwa oxydischen Verunreinigungen, die sich auf der Oberfläche der Kathode während der Pause des Stromdurchganges bilden, reichen aus, um die Wirksamkeit der Unterlage als Keim zu vernichten.

Durch Elektrolyse einer Lösung von Antimonchlorid wird an der Platinkathode amorphes Antimon niedergeschlagen.

E. Eigenschaftsänderungen bei der Krystallisation.

1. Krystallisationswärme.

Bei der Erstarrung der Metalle aus dem Schmelzfluß wird die Krystallisationswärme frei; in Tab. 28 ist sie für einige Metalle angegeben. Für die Metalle gilt die Näherungsbeziehung, daß die atomare Schmelzwärme numerisch gleich der doppelten absoluten Temperatur des Schmelzpunktes ist, mit anderen Worten ist die Schmelzentropie (die Entropie-Zunahme beim Schmelzen) etwa gleich 2. Man sieht aus der Tab. 28, daß diese Beziehung annähernd erfüllt ist. Das ist die sog. Richardsche Regel.

Tabelle 28.　Schmelzwärme und Schmelzentropie einiger Metalle.

Element	Schmelzwärme			Schmelztemperatur		Schmelzentropie $\dfrac{\text{cal}}{\text{g-Atom u. }^{\circ}\text{C}}$
	cal/g	Mittelwert cal/g	cal/g-Atom	$^{\circ}$C	absolut	
Aluminium . . .	76,8 —94,0	85	2310	660	933	2,5
Antimon	38,9	—	4670	630,5	903,5	5,7
Blei	4,78— 6,45	55	1160	327	600	1,9
Cadmium . . .	10,8 —13,7	12,2	1380	321	594	2,3
Eisen, rein	49,4	—	2750	1539	1812	1,5
Gold	15,9 —16,3	16,1	3170	1063	1336	2,4
Kupfer	41,0 —43,0	42,0	2670	1083	1356	1,97
Magnesium . . .	72	—	1750	650	923	1,9
Mangan	36,7	—	2010	1244	1517	1,3
Nickel	58,1 —73	65	3790	1452	1725	2,2
Platin	27,2	—	5300	1773	2046	2,6
Silber	21,1 —26,0	23,5	2550	960,5	1233,5	2,1
Wismut	10,2 —12,6	11,4	2380	271,0	544	4,4
Zink	23 —29,9	26,5	1700	419,4	692,4	2,5
Zinn	13,3 —14,65	14	1700	232	505	3,4

Für die meisten organischen Verbindungen gilt dahingegen die Waldensche Regel, nach der die Schmelzentropie den Wert 12—15 hat. G. TAMMANN hat die Vermutung ausgesprochen[1], daß der geringe Wert der Schmelzentropie bei den Metallen auf ihre Plastizität zurückzuführen sei, indem diese ein Anzeichen für eine bereits im Raumgitter eingetretene Lockerung der Bindung zwischen den Bausteinen sei. Dem entsprechend hat G. TAMMANN angenommen, daß die organischen Verbindungen, die (ausnahmsweise) eine geringere Schmelzentropie aufweisen, auch im Krystallzustand plastisch sein würden. Auf seine Veranlassung von K. MIETHING[2] durchgeführte Versuche haben diese Vermutung im allgemeinen bestätigt. Die Plastizität wurde unter dem Mikroskop beobachtet, indem kleine Kryställchen der in Frage kommenden Stoffe mit dem Deckglas gepreßt wurden. Zwischen den verschiedenen Stoffen zeigte sich ein sehr deutlicher Unterschied. Entweder konnte in Fällen der niedrigen Schmelzentropie die Plastizität schon sehr weit unterhalb des Schmelzpunktes an der Formänderung der Krystalle nachgewiesen werden, oder aber die Kryställchen brachen bei hoher Schmelzentropie selbst in der Nähe der Schmelztemperatur. Nur das Naphthalin bildete eine Ausnahme. Es ist nicht verwunderlich, daß eine so summarische Überlegung, wie die von G. TAMMANN, nicht allen Einzelheiten der Struktur eines Krystalles gerecht werden kann, die dann unter Umständen das Auftreten der Plastizität verhindern können.

O. KUBASCHEWSKI[3] hat die Schmelzentropien von einigen intermetallischen Verbindungen gemessen und festgestellt, daß sie meistens zwischen 3 und 4 liegen, also nennenswert höher sind, als bei den reinen Metallen. Diese Verbindungen sind in der Regel spröde. C. WAGNER[4] hat den höheren Wert der Schmelzentropie

---

[1] Persönliche Mitteilung.
[2] Nicht veröffentlicht.
[3] KUBASCHEWSKI, O.: Z. Elektrochem. 47 (1941), 475.
[4] WAGNER, C.: Z. Metallkd. 31 (1939), 18.

der metallischen Verbindungen dadurch gedeutet, daß beim Schmelzen die regelmäßige Anordnung der Atome, die für das Raumgitter einer Verbindung charakteristisch ist, aufgehoben wird (in der Regel kann man in der Schmelze die Existenz der Verbindungen nicht mehr nachweisen). Dieser Aufhebung der regelmäßigen Anordnung muß eine zusätzliche Wärmeaufnahme, also auch eine erhöhte Schmelzentropie entsprechen. Im Hinblick auf die viel allgemeineren Überlegungen von G. TAMMANN erscheint es jedoch zweifelhaft, ob der Ansatz von C. WAGNER den Hauptgrund für die Erhöhung der Entropie angibt.

Tabelle 29. Schmelzwärme und Schmelzentropie einiger organischer Stoffe.

Substanz	Schmelzwärme		Schmelztemperatur		Schmelzentropie cal/g-At. u. °C
	cal/g	cal/mol	°C	absolut	
Ameisensäure . .	52,61	2420	+ 8,6	281,6	8,59
Buttersäure . . .	28,41	2500	− 8	265	9,43
Essigsäure	45,82	2750	+16,54	289,54	9,5
Glycerin	42,5	3910	+13	286	13,7
Benzol	30,08	2348	+ 5,3	278,3	8,4
Betol	18,0	4750	+93	366	13
Formanilid	28,3	3430	+46	319	10,8
Menthol	18,4	2950	+42,0	315	9,35

2. Volumenänderung bei der Erstarrung.

Da die Schmelze und die Krystalle des erstarrten Metalles zwei beim Schmelzpunkt miteinander im Gleichgewicht befindliche verschiedene Phasen darstellen, sind ihre spezifischen Volumina, wie auch die anderen Eigenschaften, verschieden. Bei der Erstarrung findet eine Volumenänderung, in der Regel eine Kontraktion statt.

Im festen Zustand bestimmt man das spezifische Volumen der Metalle in der Regel durch Dichtemessung bei Zimmertemperatur und durch Bestimmung der thermischen Ausdehnung mit Hilfe der Messung der linearen Abmessungen (der Länge) eines Probestückes im Dilatometer. Bekanntlich berechnet sich der Volumen-Ausdehnungskoeffizient β aus dem linearen Ausdehnungskoeffizienten unter der Voraussetzung, daß die Ausdehnung nach allen Richtungen gleich ist, nach der Formel

$$\beta \sim 3\,\alpha. \qquad (28)$$

Die Messung der Länge eines Stückes hat zur Voraussetzung, daß das Stück noch eine gewisse Festigkeit besitzt, welche Bedingung in der Nähe des Schmelzpunktes nicht genügend erfüllt ist. Man muß deshalb das Volumen im festen Zustande bis zur Schmelztemperatur extrapolieren.

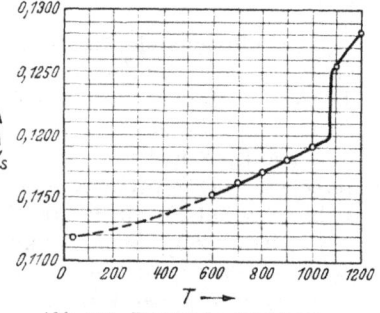

Abb. 164. Thermische Ausdehnung und Erstarrungskontraktion bei Kupfer (nach F. SAUERWALD).

Die Messung des spezifischen Volumens in der Schmelze erfolgt am bequemsten nach dem Archimedischen Prinzip mit Hilfe eines Tauchkörpers, der von der Schmelze nicht angegriffen wird. Für viele Metalle genügen dieser Bedingung Tauchkörper aus Wolfram oder Molybdän. Die spezifischen Volumina im flüssigen Zustand müssen ebenfalls abwärts bis zum Schmelzpunkt extrapoliert werden. Auf diese Weise erhält man z. B. für das Kupfer die in Abb. 164 wiedergegebene Volumenkurve[1]. Im flüssigen Zustand ist der thermische Ausdehnungskoeffizient in der Regel größer als im Krystallzustand.

In der Tab. 30 sind die Erstarrungskontraktionen einiger Metalle in Anlehnung an das Periodische System wiedergegeben.

Tabelle 30. Ausdehnung beim Schmelzen in Prozent für einige metallische Stoffe.

Stoff	Volumen- zunahme beim Schmelzen in %	Raumgitter	Koordinations- zahl
Cu	+4,25	kubisch flächenzentriert	12
Ag	+3,4		
Au	+5,03		
Al	+6,26		
Pb	+3,38		
Mg	+4,1	hexagonal verzerrte	6 (12)
Zn	+4,7	dichteste Packung	
Cd	+4,72		
Na	+2,5	kubisch raumzentriert	8
K	+2,5		
Rb	+2,5		
Cs	+2,5		
Sb	—0,95	rhomboedrisch	3
Bi	—3,3		
Ga	—3,24	rhombisch	1 (7)
Sn	+2,6	tetragonal	3 (6)
Si[2]	—10	Diamantgitter	4
AlSb	—1,5	,, ,,	4
Mg_2Sn	—2,2	Fluoritgitter	4 (Mg)
Mg_2Pb	∼—2,6		

Die Werte sind meistens dem Buch von A. E. VAN ARKEL: Reine Metalle, Berlin: Springer (1939) entnommen.

Die Volumenänderung beim Schmelzen erhält erhöhtes Interesse im Zusammenhang mit dem Problem der atomaren Struktur der Schmelze. Das Raumgitter des festen Metalles bricht beim Schmelzen im wesentlichen zusammen. Falls im festen Zustande eine dichte Packung der Atome vorliegt, kann dieser Zusammenbruch nicht zu einer Volumenverminderung führen, vielmehr ist entsprechend der stärkeren molekularen Bewegung innerhalb der Schmelze eine Volumenzunahme zu erwarten. Eine Voraussetzung für die Möglichkeit einer Volumenabnahme beim Schmelzen ist nur dann gegeben, wenn die Anordnung im Krystallzustand von derjenigen einer dichtesten Kugelpackung stärker abweicht. Diese Voraussetzung ist bei Wismut und Antimon erfüllt; da diese beiden Elemente in einem rhomboedrisch schwach verzerrten kubischen primitiven Raumgitter krystallisieren. Über die Ursache des großen Unterschiedes der Schmelzkontraktion bei diesen Elementen kann jedoch noch nichts ausgesagt werden. Das tatsächliche Volumen der Schmelze muß natürlich weitgehend durch ihre Struktur bestimmt werden. Auf Grund von zahlreichen Röntgenuntersuchungen scheint es, daß die Struktur der meisten Schmelzen wie folgt

---

[1] SAUERWALD, F.: Lehrbuch der Metallkunde des Eisens und der Nichteisenmetalle. Berlin: Springer 1929.
[2] v. WARTENBERG, H.: Naturwissenschaften **36** (1949), 373.

beschrieben werden kann. Entweder sie enthalten sehr kleine Elemente des Raumgitters, aus dem sie entstanden sind, die im Sinne der Bildung von Subkeimen (S. 192) stets sich bilden und wieder auflösen, oder aber zum mindesten die dem Raumgitter des Metalles in festem Zustand nahekommenden Anordnungen von wenigen Atomen bilden sich stets neu und lösen sich wieder auf. Beide Beschreibungen unterscheiden sich nur dadurch, daß im ersten Fall die Ordnung etwas weitergehend als im zweiten durchgebildet ist. In Tab. 30A sind einige bisher bekannt gewordene Ergebnisse zusammengestellt[1].

Nach R. GLOCKER und Mitarbeitern[2] unterscheidet sich das amorphe Antimon von dem krystallinischen dadurch, daß in ersterem die „Koordinationszahl" 4 an Stelle von 3 in letzterem ist. Im amorphen Antimon würden demnach Gruppen vorherrschen, in denen ein Atom von 4 anderen etwa in gleichen Abständen umgeben ist. Dieses Ergebnis ist aus einer schwierigen Fourier-Analyse des amorphen Antimons gewonnen worden und ist vielleicht nicht endgültig. Auch ist es nicht sicher, daß die Strukturen des amorphen Antimons bei Zimmertemperatur und seiner Schmelze identisch sind.

Tabelle 30a.
Struktur einiger Schmelzen.

Element	Zahl und Abstand der Nachbarn eines Atoms (zweite und folgende Zahlen die nachfolgenden Abstände) im Gitter		in der Schmelze	
Pb	12	3,49 Å	8	3,40 Å
			4	4,37
Tl	12	3,45	8	3,30
			4	4,22
In	4	3,24	8	3,17
	8	3,37	4	3,88
Au	12	2,88	11	2,86
Sn	4	3,02	10	3,20
	2	3,15		
	4	3,76		
Ga	1	2,43	11	2,77
	6	2,75		
Bi	3	3,09	7—8	3,32
	3	3,46		
Ge	4	2,43	8	2,70

3. Allgemeines über Eigenschaftsänderungen bei der Erstarrung.

Außer dem Volumen und der inneren Energie ändern sich auch die anderen Eigenschaften bei der Erstarrung sprunghaft, mit Ausnahme der Intensitätsgrößen (Druck, elektrochemisches Potential) und der mit ihnen verwandten. So ändern sich vor allen Dingen diskontinuierlich die Werte der optischen, elektrischen und magnetischen Eigenschaften. Ihre Änderungen sind jedoch für die Ausbildung des krystallinischen Metallkörpers nicht von derjenigen Bedeutung wie die Änderung der inneren Energie (Krystallisationswärme) und die Volumenänderung. Deshalb sollen jene anderen Änderungen erst bei der systematischen Besprechung der in Frage kommenden Eigenschaften zur Erörterung gelangen.

F. Entstehung des technischen Metallkörpers aus der Schmelze.

1. Gefüge eines technischen Gußstückes.

a) Beschreibung des Gefüges. Einfluß der Herstellungsbedingungen.

Soll Metall gewalzt oder geschmiedet werden, so wird es in der Regel in metallische Formen (Kokillen) von einfacher Gestalt vergossen (Barren- oder Knüppel-Guß). Wird dem Metall dahingegen bereits beim Gießen die fertige Gebrauchsform erteilt, so spricht man von Formguß. Der Formguß kann auch

---

[1] HENDUS, H.: Z. Naturforsch. 2a (1947), 505.
[2] Vgl. R. GLOCKER: Materialprüfung mit Röntgenstrahlen, 3. Aufl. S. 372. Berlin: Springer 1949.

sowohl in Kokillen als auch in Sandformen hergestellt werden. Für eine grundsätzliche Erörterung ist die Betrachtung der einfachsten Formen eines Barrens lehrreicher. Wir werden uns deshalb ausschließlich mit Gußstücken dieser Form befassen.

In der neuen Zeit hat man, vor allen Dingen für Aluminium und Messing, andere Gießverfahren entwickelt, bei denen auch abweichende Gußgefüge entstehen, (z. B. Strangguss, vgl. S. 596). Diese sollen hier nicht behandelt werden.

Die Abb. 139, S. 184 und 165 stellen die Gefüge der Querschliffe eines gegossenen Stückes aus Eisen mit 4% Si (Transformatorstahl) und von technischem Kupfer, das als Verunreinigung in der Hauptsache bis 1% Cu_2O enthält, dar. In beiden Fällen kann man im Gußstück sehr deutlich folgende Teile unterscheiden.

$$V = \frac{2}{9}$$

Abb. 165. Gefüge eines liegend gegossenen Kupferblockes (nach P. SIEBE und L. KATTERBACH).

In unmittelbarer Nähe der Gußform befindet sich eine dünne Zone mit feinkrystallinem Gefüge. Die Prüfung mit Röntgenstrahlen ergibt, daß die Krystallite dieser Zone in willkürlichen Orientierungen liegen. In das Innere des Gußstückes fortschreitend, findet sich eine Zone von Stengelkrystallen, deren Längsabmessung in der Richtung senkrecht zur Wand der Gußform viel größer als die Querabmessungen ist. Innerhalb dieser Zone werden die Krystallite mit zunehmender Entfernung von der Kokillenwand größer. Die Röntgenuntersuchung zeigt, daß die Krystallite dieses Teiles eine *Textur*, d. h. eine bevorzugte Orientierung aufweisen. Die Längsachse senkrecht zur Kokillenfläche entspricht einer bestimmten Krystallachse, die Querorientierung dahingegen ist willkürlich (statistisch ungeordnet; *Fasertextur* mit *Faserachse* senkrecht zur Kokillenwand).

Nach den bisher vorliegenden Erfahrungen ist die Faserachse bei allen bis heute untersuchten kubischen Metallen die Würfelachse [100], nämlich bei den flächenzentrierten Kupfer, Silber, Gold, Blei, Aluminium und α-Messing, sowie bei den raumzentrierten siliciumhaltigen Eisen (vgl. S. 581), β-Messing (vgl. Abb. 99) und einer Eisen-Nickel-Aluminium-Dauermagnetlegierung. Bei den hexagonalen Metallen Zink und Cadmium liegt die Faserachse in der Basisebene, jedoch ist ihre Richtung in dieser Ebene nicht näher definiert. Alles, was man über die Textur hier aussagen kann, ist, daß die hexagonale Achse senkrecht zur Wachstumsrichtung steht[1].

---

[1] WASSERMANN, G.: Texturen metallischer Werkstoffe. Berlin: Springer 1939.

Die Zone der Stengelkrystalle wird ganz unvermittelt durch eine dritte Zone meist kleinerer Krystallite sehr unregelmäßiger Gestalt, bei denen keine Richtung bevorzugt ist, abgelöst. Die Untersuchung mit Röntgenstrahlen lehrt, daß ihre Orientierung eine statistisch ungeordnete ist.

Bei technischem Aluminium ist an im Laboratorium gegossenen Proben der Einfluß der Erstarrungsbedingungen auf die Ausbildung der Stengelkrystallite systematisch studiert worden[1]. Abb. 166a—d und 167a—c zeigen die wichtigsten Ergebnisse

Ein bei 700° in eine bei 20° gehaltene Kokille vergossenes Stück zeigt eine breite Zone feiner Krystalle am Rande; die schmale Zone der Stengelkrystalle ist nur undeutlich zu sehen; im Innern befindet sich die Zone der etwas gröberen Krystallite unregelmäßiger Begrenzungen. Wird die Kokille vor dem Gießen auf 200° erhitzt, so ist die feinkörnige Randzone sehr viel schmaler. Dafür hat sich eine deutliche Zone verhältnismäßig feiner Stengelkrystalle ausgebildet. Ein ähnliches Bild findet man beim Vergießen in eine auf 400° erhitze Kokille, nur scheint jetzt die feinkörnige Randzone ganz zu fehlen. Wird die Schmelze in eine auf 600° erhitzte Kokille vergossen, so fehlt auch die Zone der Stengelkrystalle. Das gesamte Gefüge entspricht offenbar dem mittleren Teil der Abb. 165.

Das feinkörnige Gefüge der äußeren Zone der Abb. 166a läßt auf das Vorhandensein von zahlreichen Keimen bei der Erstarrung schließen. Ob diese Keime durch spontane Keimbildung in der Schmelze entstanden sind, oder ob sie als feine soeben gebildete Bruchstücke von der Wand her in das Innere der Schmelze hineingespült worden sind (der in die Kokille fließende Metallstrahl ruft eine lebhafte Bewegung der Schmelze hervor), läßt sich vorerst nicht sagen. Auf alle Fälle muß die Krystallisation dieser Zone mit erheblicher Unterkühlung zustande gekommen sein.

Die weit geringere Abschreckwirkung der auf 200° erhitzten Kokille hat zur Folge, daß die Unterkühlungszone nur noch sehr schmal

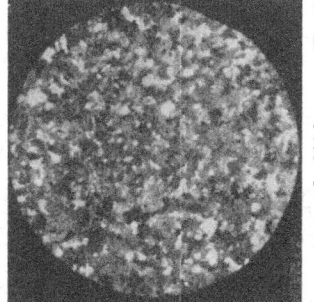

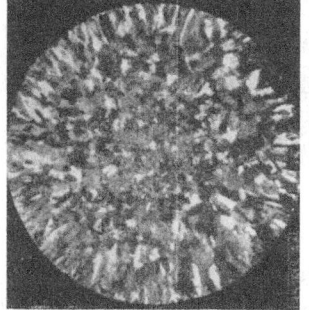

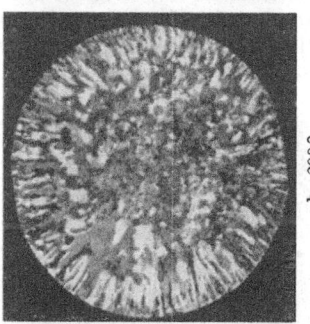

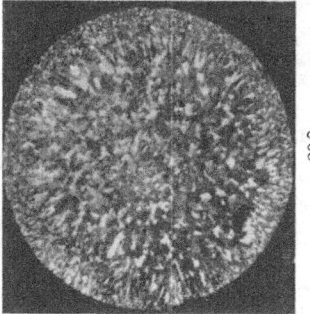

Abb. 166. Gußgefüge von technisch reinem Aluminium in Abhängigkeit von der Temperatur der Kokille. Gießtemperatur 700° (nach E. SCHEIL).
a 20°   b 200°   c 400°   d 600°   V = 1

ist. Schon in geringer Entfernung von der Kokillenwand reicht die Unterkühlung nicht mehr zur Bildung des feinkörnigen Gefüges aus. Da die Wärmeentziehung durch die Kokille im Falle der Kokille von 20° bei gleich tief in das Innere

[1] SCHEIL, E.: Z. Metallkd. **21** (1929), 286; **29** (1937), 404.

fortgeschrittener Krystallisation wesentlich stärker ist, als durch die auf 200° erhitzte Kokille, muß auch die noch flüssige Schmelze im Innern im ersteren Falle sich stärker abgekühlt haben. Hier muß sie deshalb ihre Überhitzung, die der Größenordnung nach 50° beträgt, zu einem viel größeren Teil eingebüßt haben, als im Falle der auf 200° erhitzten Kokille. An der Krystallfront kann aber in der Schmelze nur dann ein wesentliches Temperaturgefälle bestehen,

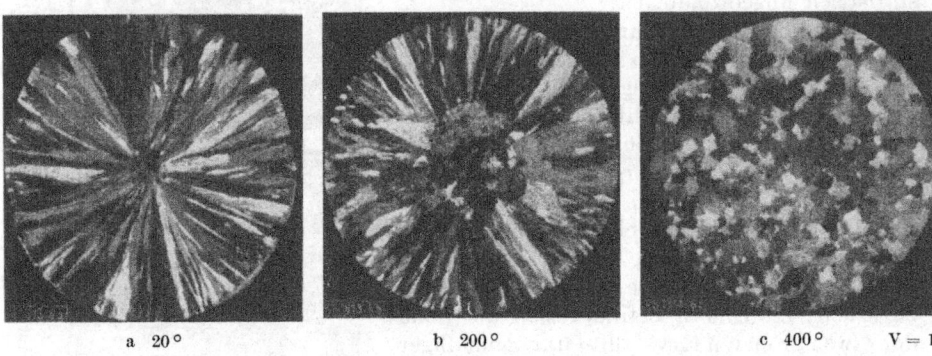

a 20° b 200° c 400° V = 1

Abb. 167. Wie Abb. 166, jedoch Gießtemperatur 900° (nach E. SCHEIL).

wenn die Schmelze noch überhitzt ist. Es ergibt sich hieraus, daß für die Ausbildung der Stengelkrystalle anscheinend ein größeres Temperaturgefälle in der Schmelze eine Voraussetzung ist.

Im Falle einer auf 400° erhitzten Kokille haben sich die Bedingungen der Stengelkrystallbildung noch nicht wesentlich verschoben.

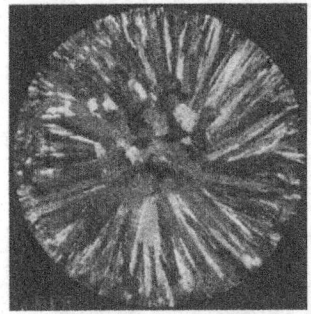

V = 1

Abb. 168. Wie Abb. 166a, die Schmelze jedoch vorher auf 900° erhitzt. (nach E. SCHEIL)

In einer auf 600° erhitzten Kokille erfolgt der Wärmeabfluß nach außen und die Erstarrung so langsam, daß eine etwaige Überhitzung der Schmelze beseitigt wird, ehe die Krystallisation wesentlich in das Innere fortgeschritten ist. Wenn wir wie oben annehmen, daß ein Temperaturgefälle in der Schmelze eine Voraussetzung der Stengelkrystallbildung ist, so ist das Fehlen der Stengelkrystalle in diesem Falle verständlich.

Ein wesentlich verschobenes Bild erhalten wir, wenn die Schmelze bei 900° vergossen wird. Wie bei der Erörterung der Keimbildung gezeigt worden ist, wird die Keimbildung beim Aluminium durch eine Überhitzung herabgesetzt. Das wird durch den Vergleich der Abb. 167a mit der Abb. 166 bestätigt.

Im zweiten Falle ist die äußere, durch lebhafte Keimbildung entstandene Zone der feinen Krystalle viel schmaler als im ersten. Die Strukturen der Abb. 167a und b lassen sich also nicht ohne weiteres mit denjenigen der Abb. 166a—d vergleichen. Sie zeigen jedoch eine im Rahmen des bisherigen verständliche Reihenfolge. Der höheren Gießtemperatur der Schmelze in Abb. 167a gegenüber der Abb. 166 entspricht das beinahe gänzliche Fehlen der feinkrystallinen Randzone und das Vorhandensein der Stengelkrystalle bis in das Zentrum des Gußstückes hinein, während man in Abb. 167b im Innern wieder das regellose Gefüge sieht. Im letzteren Falle hat das Temperaturgefälle in der Schmelze gegen das Ende der Erstarrung zur Weiterbildung der Stengelkrystalle nicht mehr ausgereicht. Die Erstarrungsgeschwindigkeit in der Kokille bei 200° Abb. 167b ist

geringer als beim Stück Abb. 167 a. Dementsprechend gleicht sich das Temperaturgefälle in der Schmelze in einem früheren Erstarrungsstadium aus, und
im Innern entsteht eine Zone von unregelmäßig begrenzten Krystalliten. Beim
Vergießen einer auf 900° erhitzten Schmelze in eine auf 400° erhitzte Kokille
ist die Erstarrungsgeschwindigkeit bereits so gering, wie etwa bei der Abb. 166d.
Die Voraussetzungen für die Bildung der Stengelkrystalle sind nicht mehr gegeben.
    Abb. 169 zeigt das Gefüge eines vorher auf 900° C erhitzt gewesenen und
bei 700° C vergossenen Aluminiums. Bei gleicher Gießtemperatur wie Abb. 167
ist die Keimbildung wesentlich herabgesetzt.
    Man sieht, daß die Ausbildung der Stengelkrystalle durch ein starkes Tem-
peraturgefälle an der Krystallfront gefördert wird.

b) Erklärung des Gefüges eines technischen Metallstückes.

    Wie ist das Gefüge eines technischen Gußstückes zu erklären?
    Wenn das flüssige Metall auf die kalte Kokillenwand auftrifft, muß dort, wie
erwähnt, eine lebhafte Keimbildung einsetzen. Es besteht keine Veranlassung,
bevorzugte Richtungen für die Orientierung der Keime anzunehmen. In der
Tat haben wir ja auch gesehen, daß die Orientierungen in dieser äußeren sog.
Keimbildungszone, statistisch ungeordnet sind. Aus dieser Zone entwickelt sich
die Zone der Stengelkrystalle. In der Keimbildungszone wachsen alle Krystalle
in der Richtung entgegengesetzt dem Wärmefluß. Die Wärme wird durch die
Krystalle abgeleitet. Nun ist die lineare Krystallisations-Geschwindigkeit verschiedener krystallographischer Flächen und Richtungen verschieden (vgl. S.197).
Die Krystallite, die zufällig so angeordnet sind, daß die Vektoren der höchsten
K.G. in Richtung des Wärmeflusses liegen, wachsen schneller als die ungünstiger
orientierten und überwuchern die letzteren, so daß zuletzt nur solche Krystallite
übrig bleiben, die ein Maximum der K.G. in Richtung der Krystallisation besitzen. Offenbar findet in dieser Zone der Erstarrung keine Keimbildung mehr
statt, denn sonst würden immer wieder Krystallite willkürlicher Orientierungen
entstehen. Der Umstand, daß auf diese Weise eine Auswahl der Krystallite bestimmter Orientierung stattfindet, ist ein weiterer Beweis dafür, daß während
ihrer Krystallisation an der Krystallfront nicht genau die Temperatur des
Schmelzpunktes herrschen kann, weil sonst die K.G. lediglich durch den für
alle gleichen Wärmefluß bestimmt werden würde (vgl. S. 202). Die ungünstig
orientierten Krystallite könnten dann nicht hinter den anderen zurückbleiben.
Die so oder anders an den Krystallspitzen bestehenden Unterkühlungen reichen
aber nicht aus, um eine erneute Keimbildung herbeizuführen.
    Im Sinne dieser Erörterung muß die größte Wachstumsgeschwindigkeit der
kubischen Metalle in ihrer Schmelze in der [100]-Richtung liegen. Bei der Erörterung des elektrolytischen Krystallwachstums (S. 213) sind wir der Tatsache
begegnet, daß unter veränderten Bedingungen eine andere krystallographische
Richtung dem Maximum der K.G. entspricht. Das ist durchaus im Einklang
mit der Tatsache, daß die Krystalltracht, also die äußere Begrenzung eines
Krystalles, von der Zusammensetzung der Lösung abhängen kann, aus der er
entsteht. Es ist also nicht ausgeschlossen, daß die Richtung der höchsten Wachstumsgeschwindigkeit bei diesen Metallen etwa bei der Reifbildung aus der Dampfphase wieder eine andere sein wird.
    Bei den hexagonalen Metallen Zink und Cadmium scheint jedoch eine volle
Übereinstimmung zwischen dem Wachstum aus dem Dampf und aus der Schmelze
zu bestehen. M. VOLMER und R. GROSS [1] haben beobachtet, daß bei der Konden-

---

[1] VOLMER, M., u. R. GROSS: Z. Phys. 5 (1921), 31.

sation aus sehr verdünnter Dampfatmosphäre äußerst dünne Cadmium-Blättchen wachsen, ähnlich den Quecksilber-Kryställchen (vgl. S. 208), bei denen die hexagonale c-Achse um mehrere Zehnerpotenzen kürzer als die Abmessungen der Basisfläche ist, in Übereinstimmung mit der Textur der Stengelkrystalle, aus der zu schließen ist, daß die höchste Wachstumsgeschwindigkeit in der Basisebene liegt. Auch die Beobachtungen über eutektische Krystallisation sind damit in Einklang.

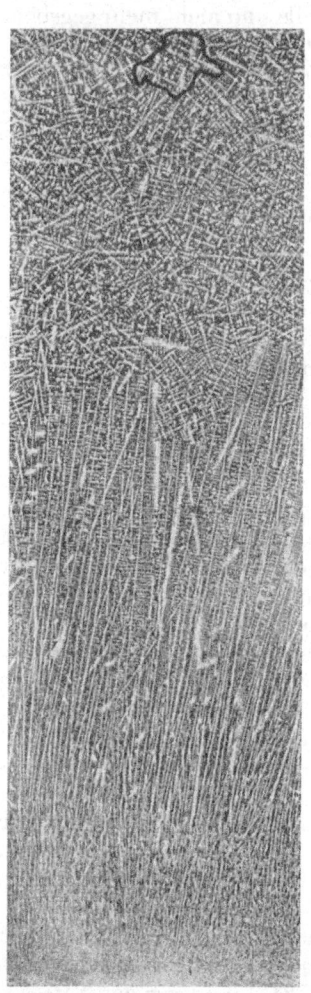

Abb. 169. Teilausschnitt vom Rand (unten) bis zur Mitte eines Stahl-Gußblocks mit 0,8% C, 1% Mn und 0,1% P (aus OBERHOFFER).

V = 1

Andererseits unterliegt es keinem Zweifel, daß in der dritten Zone willkürlich orientierter Krystallite erneut eine Keimbildung stattfindet. Diese Zone beansprucht das größte theoretische Interesse.

Es ist die Meinung geäußert worden, daß diese erneute Keimbildung auf eine verstärkte Wärmeabfuhr pro Flächeneinheit der Krystallfront in einem fortgeschrittenen Stadium der Erstarrung zurückzuführen sei[1]. Die Rechnung ergibt jedoch, daß eine verstärkte Wärmeabfuhr im Falle eines zylindrischen Blockes erst gegen das Ende der Erstarrung im zentralen Teil des Blockes eintreten kann, während sie bis dahin infolge des sich verringernden Temperaturgefälles in der erstarrten immer dicker werdenden äußeren Schicht des Metalles abnimmt. Dagegen lehrt die Erfahrung, wie man aus den Abb. 139 und 165 sieht, daß die erneute Keimbildung schon in einem verhältnismäßig frühen Stadium der Erstarrung auftritt. Sie entspricht also nicht einer verstärkten, sondern im Gegenteil einer herabgesetzten Wärmeabfuhr von der Krystallfront.

Es scheint, daß in den bisher bekannten Fällen die Ursache für die Entstehung einer zweiten Keimbildungszone in der Anreicherung von niedriger schmelzenden Verunreinigungen an der Krystallfront liegt. Beim Kupfer ist bekannt, daß das Kupferoxydul sich in den zuletzt erstarrenden Teilen des Blockes anreichert. Die primären, beinahe sauerstofffreien Kupfer-Krystalle treiben das Oxydul in der Schmelze vor sich her, das sich an ihrer Front immer mehr anreichert. Damit wird aber die Temperatur des Beginnes der Erstarrung des Kupfers erniedrigt. Dahingegen ist die gesamte Restschmelze im Innern des noch nicht erstarrten

Blockes noch nicht wesentlich an Oxydul angereichert, sie hat also eine höhere Erstarrungstemperatur und kann sehr wohl unterkühlt sein, während an der Krystallfront die Krystallisation stattfindet. Sobald diese Unterkühlung die zur Keimbildung notwendige Größe erreicht hat, muß dort Krystallisation einsetzen, und zwar gleichzeitig in größeren Gebieten der Schmelze. Es ist natürlich möglich, daß diese Keimbildung nicht spontan stattfindet, sondern daß durch

---

[1] KÖRBER, F.: Arch. Eisenhüttenwes. 5 (1931/32), 350.

die lebhafte Wirbelbewegung der Schmelze während des Gießens Keime von den Krystallen abgerissen und in die Keimbildungszone verschleppt werden[1].

Daß im Inneren der Keimbildungszone die Schmelze vor der Krystallisation als Ganzes unterkühlt gewesen sein muß, wird beim Stahl dadurch bewiesen, daß die Krystallite dort mit nach allen Richtungen gebildeten Verästelungen ausgesprochen dendritisch werden im Gegensatz zur Zone der Stengelkrystalle, wo die unter dem Einfluß der Diffusion gebildeten Dendriten eindeutig nach dem Innern des Stückes gerichtet sind. Das ist ein Beweis dafür, daß die Krystalli-sationswärme in der Keim-bildungszone von den Krystall-fronten tatsächlich *an die Schmelze* abgeführt wird, die von ihr aufgewärmt wird, wäh-rend in der Stengelkrystall-zone die Wärmeabfuhr umge-kehrt *durch die Krystalle* er-folgt. Abb. 169 zeigt das sehr deutlich am Beispiel eines Stahles mit 0,8% C in natür-licher Größe. Unten befindet sich die Berührungsfläche mit der Kokille mit der typischen Keimbildungszone kleiner Kry-

Abb. 170. Gegossenes Reinstaluminium $V = \frac{1}{5}$
(nach HANEMANN-SCHRADER).

stalle. Darüber sieht man die nach oben gerichteten Dendritengerippe, an die sich im oberen Drittel die Zone der regellos gelagerten Dendriten anschließt.

Man könnte natürlich vermuten, daß eine erneute Keimbildung im Innern auch ohne solche Verunreinigungen auftreten kann, wenn die Temperatur an der Grenze Metall—Schmelze bei der Krystallisation nicht unwesentlich unterhalb des Schmelzpunktes liegt. Eine solche Annahme wäre im Sinne der Erörterungen im vorigen Abschnitt sicherlich nicht möglich. Indessen zeigen die Beobachtungen am Zink und Aluminium verschie-dener Reinheit, daß die Zone der Stengelkrystalle mit zu-nehmendem Reinheitsgrad sich immer mehr in das Innere er-streckt und daß z. B. beim Aluminium höchster Reinheit mit einem Gehalt von etwa 99,99% die innere Keimbildungszone ganz verschwindet, wie man auf Abb. 170 sieht. Man hat also heute keine Veranlassung, anzunehmen, daß bei der Krystalli-sation von Metallen an der Grenze Krystall-Schmelze unter normalen Bedingungen wesentlich unterhalb des Schmelz-punktes liegende Temperaturen bestehen[2].

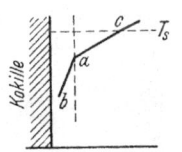

Abstand von der Kokillenwand

Abb. 170 A. Zur Tem-peraturverteilung in einem erstarrenden Gußstück.

Es bleibt noch der des öfteren erwähnte Einfluß des Temperaturgefälles auf die ungestörte Bildung der Stengelkrystalle, also auf die Keimbildung an ihrer Front zu erklären. Der Temperaturverlauf in einem krystallisierenden Guß-stück ist schematisch in Abb. 170A dargestellt. Wir nehmen in erster Näherung an, daß die Wärmeabfuhr von der Krystallfront bei gleichem Abstand von der Kokillenwand durch die Natur und Beschaffenheit der Kokille bestimmt ist. Dann wird das Temperaturgefälle im krystallisierten Teil in einem bestimmten Augenblick durch die Kurve *a b* dargestellt sein. Die Neigung dieser Kurve ist der pro Zeiteinheit von der Krystallfront abgeführten Wärmemenge Q pro-

[1] GENDERS, R.: J. Inst. Met. **35** (1926), 259.
[2] CLAUS, W., u. R. HENSEL: Gießerei **1931**, S. 399, 437, 476 u. 499.

portional. Diese Wärme wird bei a zum Teil als Krystallisationswärme q_r frei, zum Teil kommt sie aus der überhitzten Schmelze durch Wärmeleitung (q_l). Es ist also

$$Q = q_r + q_l \tag{29}$$

wobei in der Regel $q_r > q_l$ ist. Wenn die Überhitzung 100° beträgt, so ist der damit gegebene Wärmevorrat gleich 100 c_l, wo c_l ihre molare spezifische Wärme

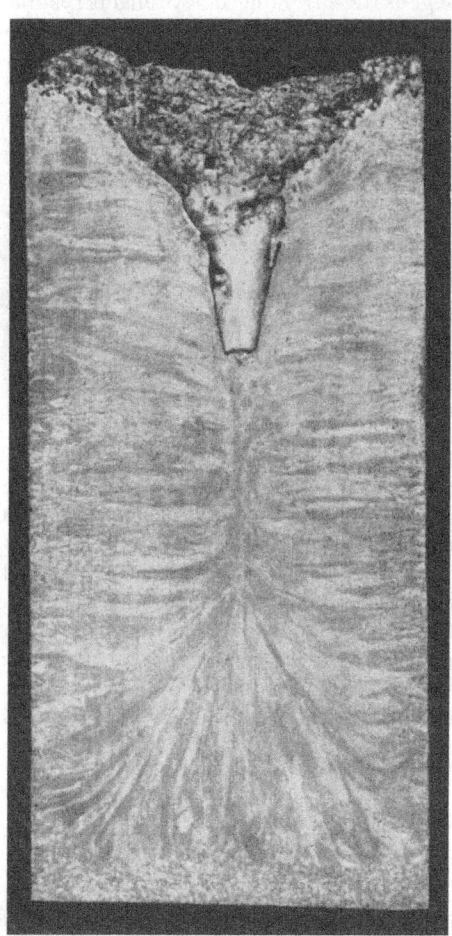

ist. Die molare spezifische Wärme der Schmelze kann der Größenordnung nach gleich 10 gesetzt werden, die aus der Schmelze pro Mol durch Wärmeleitung abzuführende Wärmemenge ist also $\sim$ 1000 cal; die molare Schmelzwärme der Metalle ist etwa $= 2\,T_s$, wo T_s die Schmelztemperatur ist (S. 214). Bei Aluminium beträgt sie etwa 1850 cal. Also ist $q_r \sim 2\,q_l$. Wenn die Überhitzung und damit q_l auf die Hälfte sinkt, sinkt deshalb Q nur um etwa 15—20%, da ja q_r konstant bleibt. Die Krystallisationsgeschwindigkeit steigt somit erheblich langsamer, als das Temperaturgefälle in der Schmelze abnimmt. Hieraus folgt aber, daß die Flüssigkeit im Teil ac, die so weit unterkühlt ist, daß nun ihre Keimbildung stattfinden kann, bei geringerem Temperaturgefälle bedeutend länger in unterkühltem Zustand verbleibt als bei größerem Temperaturgefälle, womit im ersten Falle die größere Wahrscheinlichkeit der Keimbildung und der Ablösung der Zone der Stengelkrystalle durch eine Keimbildungszone gegeben ist.

2. Erstarrungshohlräume.

a) Lunkerbildung bei reinen Metallen.

Abb. 171.
Lunkerausbildung in einem in eine
Steinkokille vergossenen Zinkblock
(nach BAUER u. ZUNCKER).

$$V = \frac{3}{4}$$

Mit der Feststellung der Volumenänderung bei der Erstarrung ist für den Physiker das Problem erledigt. Für den Techniker beginnt hier jedoch erst das Problem der Formänderung des Stückes infolge der Erstarrungskontraktion, also der Hohlräume, ihrer Zahl, Größe und Anordnung, die die technische Eignung des gegossenen Stückes wesentlich beeinflussen können.

Beim Vergießen des Metalles in offene, einfach geformte Kokillen fällt infolge der Erstarrungskontraktion die Oberfläche des Metalles bei der Erstarrung ein, es bildet sich ein Lunker (Abb. 171 am Beispiel des zylindrischen Gußstückes aus Zink).

Wir betrachten die Erstarrung einer breiten und hohen, aber verhältnismäßig dünnen Platte (Abb. 172) und nehmen an, daß die Wärmeabgabe nur nach den beiden Breitseiten aa und bb, nicht aber nach den Schmalseiten und nicht nach unten und oben erfolgt. Unter dieser vereinfachten Voraussetzung wollen wir den Lunker berechnen.

Wenn die Wärmeabgabe gleichmäßig erfolgt, wird die Grenze der Krystalle auf den zu aa und bb parallelen Ebenen cc fortschreiten. Der Abstand der Grenze Krystall—Schmelze, von der Mittelebene ee sei zu einem bestimmten Zeitpunkt x, die Höhe der Schmelze in diesem Augenblick h, die Breite der Kokille in der zu x senkrechten Richtung f. Das Volumen der Schmelze innerhalb der Flächen cc ist fhx. Wenn die Strecke x um dx abnimmt, krystallisiert das Volumen $fhdx$. Mit der Krystallisation dieses Volumens ist eine Volumenabnahme $fhsdx$ verbunden, wenn s die Erstarrungskontraktion, wie immer auf eine Volumeneinheit bezogen, darstellt. Diese Volumen-Abnahme muß dadurch ausgeglichen werden, daß die Oberfläche der Schmelze sinkt, und zwar um dh. Damit ist eine Volumen-Abnahme der Schmelze um $fxdh$ verbunden. Es ist also

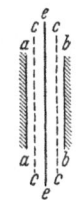

Abb. 172. Zur Berechnung der Lunkerbildung.

$$fh\,s\,dx = fxdh$$

$$\frac{dh}{h} = s\,\frac{dx}{x} \tag{30}$$

$$\frac{h}{h_0} = \left(\frac{x}{x_0}\right)^s \sim \left(\frac{x}{x_0}\right)^{0,02\ \text{bis}\ 0,06}. \tag{31}$$

Wenn h_0 die Höhe beim Beginn der Erstarrung und x_0 die halbe Dicke der ganzen Kokille ist.

Beim Zink ist s zum Beispiel etwa gleich 6%. Wir erhalten also

$$\frac{h}{h_0} = \left(\frac{x}{x_0}\right)^{0,06}. \tag{32}$$

Hieraus ergeben sich für verschiedene Werte von $\dfrac{x}{x_0}$ folgende Werte von $\dfrac{h}{h_0}$:

$\dfrac{x}{x_0}$	0,0036	0,025	0,16	0,4
$\dfrac{h}{h_0}$	0,7	0,8	0,9	0,95

Der so berechnete Lunker ist in Abb. 173 durch die gestrichelte Kurve dargestellt.

Für $x = 0$ wird auch $h = 0$. Der Lunker muß in der Mitte bis zum Boden des Gußstückes reichen. Das wird nicht eintreten können, erstens, weil eine gewisse Wärmeabgabe auch nach unten stattfinden wird, und zweitens, weil Teile der Schmelze capillar an den Krystallen hängen bleiben, sobald der Lunker genügend fein geworden ist.

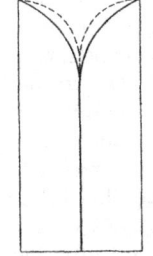

Abb. 173. Berechnete Lunkerkurve für ein zylindrisches (ausgezogen) und für ein flaches (gestrichelt) Gußstück.

Der Einfluß der Wärmeabgabe an den Boden der Kokille kann in erster Annäherung sehr leicht angegeben werden. Wir nehmen an, daß die Wärmeabgabe nach unten sich zwar im Verlauf der Erstarrung ändert, aber in einem konstanten Verhältnis K zur Wärmeabgabe nach den Seiten bleibt. Mit anderen Worten, daß die Erstarrungsgeschwindigkeit auch von unten nach oben im Verhältnis K zur Erstarrungsgeschwindigkeit in horizontaler Richtung steht und daß die Wärmeabflüsse nach unten und nach den Seiten sich nicht gegenseitig beeinflussen. Dann steht die Höhe der von unten erstarrten Strecke im Verhältnis K zur von den Seiten erstarrten Strecken

und die Grenze, auf der sich die senkrechten Fronten der von den Seiten erstarrten mit der horizontalen Front des von unten erstarrten treffen, liegt auf
einer zur Ebene des Papiers senkrechten Geraden. Die Treffpunkte bewegen
sich im Verlauf der Erstarrung längs der Geraden xz und yz

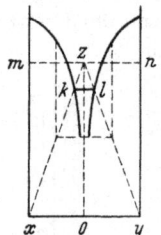

(Abb. 174), wobei $\dfrac{mz}{oz} = \dfrac{oz}{nz} = K$ ist. Die untere Begrenzung
des Lunkers ist einfach durch den Schnittpunkt dieser Ge-
raden mit der oben für die Erstarrung nach den Seiten abgeleiteten Lunkerbegrenzung kl gegeben. Die Begrenzung des
Lunkers nach unten ist unter diesen Voraussetzungen eben.

Abb. 174. Lunker bei
Wärmeabfuhr nach
den Seiten und nach
unten, schematisch.

Im Falle eines zylindrischen Stabes, bei dem nur nach den
Seiten hin Wärme abgeführt wird, ist das Volumen einer kon-
zentrischen Schicht von der Dicke dr gleich $h\,2\,\pi\,r\,dr$, wo r
der Radius der Schicht und h die Höhe des Zylinders ist; die
Volumenabnahme wegen der Erstarrungskontraktion ist also
$h \cdot 2\,\pi\,r\,dr \cdot s$. Das Volumen der vom Zylinder mit dem Ra-
dius r eingeschlossenen Flüssigkeit ist $h\,\pi\,r^2$ und seine Abnahme infolge der
Erstarrung der dünnen dr-Schale gleich $\pi\,r^2\,dh$. Wir erhalten also

$$2\,\pi\,r\,h\,dr\,s = \pi\,r^2\,dh \tag{33}$$

$$\frac{h}{h_0} = \left(\frac{r}{r_0}\right)^{2s}.$$

Das ergibt für Zink für verschiedene r folgende Werte:

$\dfrac{r}{r_0}$	0	10^{-8}	0,004	0,017	0,06	0,16	0,4	0,64
$\dfrac{h}{h_0}$	0	0,1	0,5	0,6	0,7	0,8	0,9	0,95

In Abb. 173 gibt die ausgezogene Linie diese Ergebnisse wieder.
Streng genommen muß bei der Berechnung des Lunkers noch die Schrump-
fung der bereits erstarrten Schale unter dem Einfluß der thermischen Kontraktion berücksichtigt werden, was jedoch in der Regel nur eine geringfügige
Korrektion bedingt (vgl. bei der umgekehrten Blockseigerung, S. 240).
Im großen und ganzen stimmt die beobachtete Form des Lunkers, von
kleineren Unregelmäßigkeiten abgesehen, mit der berechneten überein. Sie unterscheidet sich von ihr indessen insofern, als die Schmelze stärker eingefallen ist
als berechnet, und daß der Lunker in der Mitte unvermittelt einen horizontalen
Abschluß findet. Dieser letztere ergibt sich in derselben Weise, wie für ein
flaches Gußstück berechnet, bei Berücksichtigung einer zusätzlichen Erstarrung
von unten her. Der annähernd horizontale Abschluß stellt eine bemerkenswerte
Bestätigung unseres Ansatzes dar. E. SCHEIL[1] hat die Lunkerbildung unter etwas
exakteren Voraussetzungen und für kompliziertere Formen berechnet, die sich
zum Teil noch besser der technischen Wirklichkeit anpassen. Worauf ist aber
das stärkere Einfallen der Schmelze zurückzuführen?
Die Metalle haben in der Regel im flüssigen Zustande einen nicht unerheblichen Ausdehnungskoeffizienten (vgl. Abb. 164). Ist das Metall beim Vergießen
in die Kokille überhitzt gewesen, so befindet sich die Schmelze im Verlaufe
der Erstarrung, wenigstens zum Teil, bei höherer Temperatur und hat deshalb
ein größeres Volumen. Der Größenordnung nach kann die Volumenabnahme
der Schmelze über eine Temperaturspanne von 100° etwa 1% betragen, während

---

[1] SCHEIL, E.: Z. Metallkd. **32** (1940), 265.

die Erstarrungs-Kontraktion 2—6% beträgt. Die Volumenabnahme infolge der Abkühlung der Schmelze nach dem Vergießen kann also sehr wohl den Lunker um 10—30% erhöhen. Das erstarrte Metall muß dementsprechend stärker einfallen, was wahrscheinlich eine der Ursachen für die Unterschiede zwischen der betrachteten und der berechneten Lunkerform beim Zink (S. 226) ist.

b) Lunkerbildung bei Legierungen.

Es ist bekannt, daß Aluminium-Legierungen vielfach eine geringere Neigung zur Bildung eines tiefen Lunkers (Fadenlunkers) zeigen als das reine Metall. Man hat deshalb des öfteren die Vermutung geäußert, daß die Erstarrungskontraktion dieser Legierungen wesentlich geringer als die des reinen Aluminiums sein muß. Die exaktere Untersuchung durch den amerikanischen Forscher R. J. Anderson[1] hat aber gezeigt, daß die Verhältnisse ganz anders liegen. Er hat dasselbe Volumen von reinem Aluminium und von einer Legierung mit 4% Cu unter gleichen Bedingungen in eine metallische Kokille vergossen und die Gußstücke ausgemessen. Es zeigte sich, daß die Tiefe des Lunkers bei der Legierung geringer (afb, Abb. 175), daß aber auch die Höhe des Gußstückes am Rand niedriger war. Berechnete man das Volumen des Lunkers, vom Rand des erstarrten Metalles ausgehend, so war es bei der Legierung geringer. Berechnete man es aber von der Höhe aus, die die Schmelze vor der Erstarrung gehabt hatte, so war es in beiden Fällen gleich. Die Erstarrungskontraktion hat sich also durch Zusatz des Kupfers zum Aluminium in den Grenzen der beobachteten Fehler nicht geändert, wohl aber die Lunkerform. Die Schmelze hat sich als Ganzes *gesetzt*. Es ist klar, daß diese flachere Form des Lunkers technisch günstiger ist.

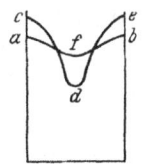

Abb. 175. Lunkerform bei reinem und bei kupferhaltigem Aluminium (nach R. J. Anderson).

Diese Erscheinung ist wohl folgendermaßen zu erklären. Das reine Metall erstarrt von Anfang an in seiner ganzen Masse. An der Berührungsfläche mit der Kokille bildet sich eine massive feste Kruste, die die Höhe behält, die sie bei der Erstarrung gehabt hat, wenn man von der späteren thermischen Kontraktion im Krystallzustand absieht. Diese Höhe entspricht der Höhe der Schmelze beim Beginn der Erstarrung.

Ganz anders erstarrt eine Legierung. Es bilden sich in ihr Dendrite, die von der Restschmelze umgeben sind (vgl. S. 202). Sie bilden keine massive Kruste, sondern berühren die Kokillenwand nur an einigen Stellen. Sie werden an ihr nicht haften bleiben, sondern von der sich bewegenden Schmelze fortgeschwemmt werden. Das Niveau der Schmelze erhält dadurch die Möglichkeit, in den Anfängen der Erstarrung zu sinken, und die Ergebnisse von R. J. Anderson werden verständlich. In den späteren Stadien der Erstarrung verfilzen sich die Dendriten und es kommt doch zu einer, wenn auch verflachten Lunkerbildung.

c) Porosität und Einfallstellen.

Außer der Lunkerbildung tritt als Folge der Erstarrungskontraktion eine Mikroporosität des erstarrten Metallstückes auf. Sie läßt sich in der Regel nicht ganz vermeiden, denn gegen das Ende der Erstarrung verhindert die Reibung der Restschmelze an den immer enger werdenden, noch mit der Schmelze gefüllten Kanälen die Nachlieferung der Schmelze an die Stellen, an denen infolge der Krystallisation eine Volumenkontraktion auftritt. Das tritt jedoch in un-

---

[1] Anderson, R. J.: Secondary aluminium: metallurgy, technology, raw materials, production, economics, and utilization. London: Chapman & H. 1933.

gleich höherem Maße bei Legierungen auf, wo die dendritische Verfilzung viel stärker ist. Ein typisches Beispiel dafür bietet die Gußbronze (Cu 91 — 85%, Sn 9—15%). Bei der Gußbronze pflegt man die Bildung der Mikroporosität durch Desoxydation mit Phosphor[1] und durch Erhöhung des hydrostatischen Druckes (hohes Niveau des Schmelzspiegels) zu bekämpfen.

In Abhängigkeit von den Erstarrungsbedingungen kann es vorkommen, daß innere Hohlräume entstehen, wenn in den weiter nach außen liegenden Zonen die Erstarrung bereits abgeschlossen ist und die Restschmelze keinen Zutritt mehr zur erstarrenden Zone im Innern hat.

Wenn die Erstarrungsbedingungen solche sind, daß in einem Gußstück an einer bestimmten Stelle die Erstarrung in der Nähe der Oberfläche später zu Ende geht als an den benachbarten Stellen, so kann die Restschmelze an die in Frage kommende Stelle nicht nachfließen. Im Innern des Gußstückes bildet sich ein Hohlraum, in dem Unterdruck herrscht. Die dünne, den Hohlraum nach außen abschließende Kruste der erstarrten Legierung bricht unter dem von außen wirkenden Atmosphärendruck ein und ergibt die Einfallstelle.

Solche Einfallstellen entstehen dort, wo das Gußstück Verdickungen aufweist und damit langsamer als an anderen Stellen erstarrt oder wo der Wärmeabfluß an die Gußform herabgesetzt ist. An Stelle von Einfallstellen können poröse Stellen mit bloßliegendem Dendritengerippe entstehen.

Die Bildung von Einfallstellen wird durch ein großes Erstarrungsintervall begünstigt, weil hierbei eine starke Verfilzung der primären Dendriten auftritt, die das Nachfließen der Restschmelze an die gefährdeten Stellen erschwert. Bei Legierungen, die bei konstanter Temperatur erstarren (z. B. eutektische Legierungen) ist diese Gefahr bedeutend geringer.

Bei einer gegebenen Legierung kann die Gefahr einer Einfallstelle nur durch Veränderung des Wärmeabflusses durch Änderung der Wärmeleitfähigkeit der Gußform (Anbringung von metallischen Abschreckplatten bei Sandguß) oder durch Verzögerung der Erstarrung an anderen Stellen (Anbringung von verstärkten Steigern) bekämpft werden.

Die so oder anders auftretende Mikroporosität setzt die Größe des Lunkers herab. Bei Barren ist das von Vorteil, weil der den Lunker umschließende Teil des Gußstückes abgeschnitten und verworfen werden muß. Man ist deshalb in der Technik zuweilen bereit, eine gewisse Porosität in Kauf zu nehmen, wenn nur damit die Lunkerbildung vermieden wird. Das ist z. B. dann statthaft, wenn die Poren beim Verarbeiten des Gusses (z. B. beim Walzen) zugeschweißt werden, wie z. B. bei Kupfer und beim Stahl. In diesen Fällen wird übrigens die Lunkerbildung hauptsächlich durch die Gasentbindung aus der Schmelze bei der Erstarrung vermieden.

3. Entmischungserscheinungen bei der Erstarrung von Legierungen.

a) Zonenbildung in Mischkrystallen (Kornseigerung).

α) Zonenbildung und Diffusion.

Die wesentliche Folge des Umstandes, daß die Zusammensetzung der Krystalle bei Legierungen im Gleichgewichtszustand von der der Schmelze abweicht, ist, daß das Wachstum durch die Verarmung der Schmelze an dem Bestandteil,

---

[1] Der Phosphor vermag die unter dem Mikroskop in einer sauerstoffhaltigen Zinnbronze sichtbaren Krystallen der Zinnsäure SnO_2 nicht durch Reduktion zu beseitigen. Vermutlich enthält eine solche Bronze außerdem Zinnsäure in kolloidaler Suspension; diese wird vom Phosphor reduziert. Dadurch wird die Schmelze erheblich leichtflüssiger und kann besser nachfließen.

der in den Krystallen der Schmelze gegenüber angereichert ist, in Berührung mit den Krystallen gehemmt wird. Diese Hemmung muß durch Diffusion und durch Konvektion beseitigt werden. Wenn Mischkrystalle zur Krystallisation gelangen, muß sich ihre Zusammensetzung während der Krystallisation ebenfalls ändern, was in diesem Falle nur durch Diffusion geschieht.

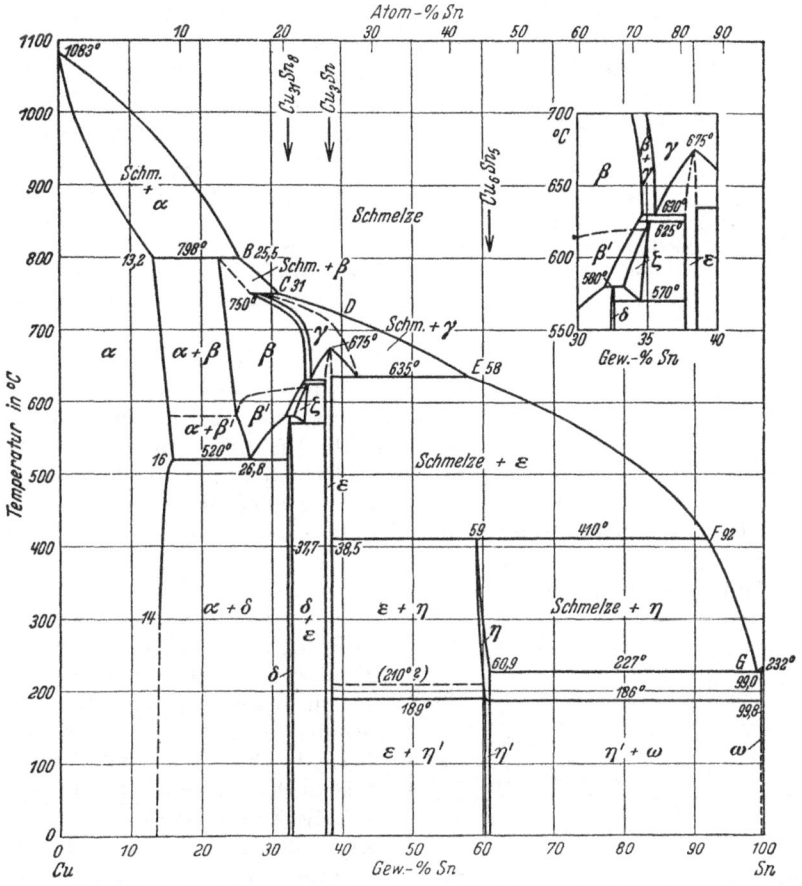

Abb. 176. Zustandsdiagramm der Kupfer-Zinn-Legierungen (nach M. Hansen).

Es ist oben bereits darauf hingewiesen worden, daß die Diffusion in Mischkrystallen ein langsamer Vorgang ist, der bei im Experiment oder in der Technik üblichen Abkühlungsgeschwindigkeiten nicht der Erstarrung zu folgen vermag, wodurch Zonenkrystalle mit nur teilweise ausgeglichener Konzentration entstehen. Demgegenüber findet der Konzentrationsausgleich in der Schmelze wesentlich schneller statt. Bei der Betrachtung der Erstarrung von Legierungen können etwaige Hemmungen des Konzentrationsausgleiches in der Schmelze vernachlässigt werden, jedoch keineswegs immer und in allen Zusammenhängen, vor allen Dingen, wenn es sich um einen Konzentrationsausgleich über große Entfernungen, z. B. in technischen Gußstücken handelt (vgl. S. 233 ff.).

Bei der Erörterung der Konstitution von Legierungen ist gelegentlich kurz auf die besonderen Verhältnisse hingewiesen worden, die bei ihrer Erstarrung auftreten und die entstehenden Gefüge beeinflussen. Insbesondere ist ausführlicher die Anordnung der Krystallite besprochen worden, die typische Zusammenhänge mit der Gestalt des Zustandsdiagrammes aufweist. Hierauf soll hier nicht wieder eingegangen werden. Dahingegen erfordert der Vorgang der Krystallisation bei Legierungen eine eingehende Besprechung, weil hier neue Erscheinungen auftreten, die bei reinen Metallen nicht in Frage kommen.

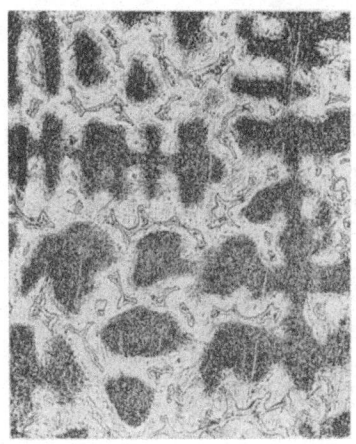

V = 300

Abb. 177. Dendriten und Zonenkrystalle in einer Gußbronze mit 90% Cu und 10% Sn (nach G. SACHS).

Wir haben gesehen (S. 71), daß bei der Erstarrung von Mischkrystallen aus der Schmelze in diesen nur ein unvollständiger Konzentrationsausgleich durch Diffusion stattfindet. Dadurch entstehen die bekannten Zonenkrystalle, in denen ein Konzentrationsgefälle in Richtung des linearen Krystallwachstums besteht. Ein solches Gefüge ist bereits in Abbildung 57 gezeigt worden. Das Zustandsdiagramm der Kupfer-Zinn-Legierungen ist in Abb. 176 wiedergegeben. Wir wollen die Zonenbildung eingehender an Hand dieses Bildes erörtern.

Die Diffusion bewirkt eine Anreicherung der ursprünglich gebildeten zinnärmeren Krystallkerne an Zinn bei fortschreitender Erstarrung. Ihr Ausbleiben und ihre Verzögerung bedeutet deshalb einen niedrigeren durchschnittlichen Zinngehalt der Krystalle. Deshalb ist die Restschmelze umgekehrt an Zinn angereichert und zwar mehr, als dem Ende der Erstarrung bei Einhaltung des Gleichgewichtes, also bei ungestörter Diffusion entspricht. Eine Zinnbronze mit 10% Sn besteht nach dem

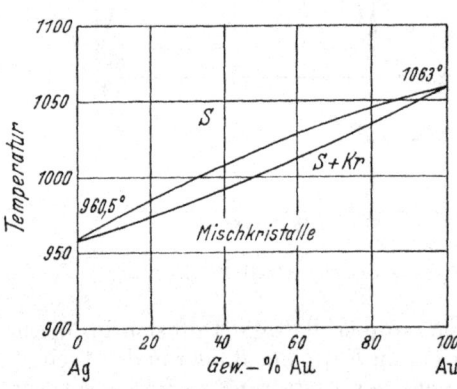

Abb. 177A. Zustandsdiagramm der Ag-Au-Legierungen (nach M. HANSEN).

Gleichgewichtsdiagramm nach der Erstarrung aus homogenen α-Krystallen. Dahingegen sieht man in Abb. 177 neben diesen in kleinen Mengen einen zweiten Strukturbestandteil der sich bei näherer Betrachtung als ein eutektischer herausstellt. Es handelt sich um die Zerfallsprodukte des β-Mischkrystalles im Einklang mit dem Zustandsdiagramm. Erfahrungsgemäß treten bei Zinnbronze beim Sandguß Spuren des Eutektoids bereits beginnend mit einem Gehalt von etwa 5% Sn auf. Die Konzentrationsunterschiede zwischen der inneren und der äußeren Zone erreichen also mit Sicherheit etwa 10%.

Die Neigung zur Bildung von Zonen-Krystallen mit erheblichen Konzentrations-Unterschieden ist bei verschiedenen Legierungen sehr verschieden. In erster Linie hängt sie von dem Konzentrations-Unterschied zwischen der Schmelze und der mit ihr im Gleichgewicht stehenden Mischkrystalle ab, also von der Größe des Erstarrungs-Intervalles. Solche Legierungen wie die Messinge (Kupfer-Zink) (vgl. das Zustandsdiagramm Abb. 99), Gold-Silber-Legierungen (vgl. Zustandsdiagramm 177A) oder Eisen-Nickel-Legierungen (vgl. Abb. 470), neigen wenig zur Bildung von Zonenkrystallen, wenn sie bei ihnen auch mit Sicherheit nach der

Erstarrung nachzuweisen sind. Dahingegen neigen die Kupfer-Zinn-Legierungen
hierzu ziemlich stark.

Die Bildung von Zonenkrystallen und die damit verbundenen Erscheinungen
(Auftreten von neuen Phasen im Widerspruch mit dem Zustandsdiagramm)
wird vielfach als *Kornseigerung* bezeichnet.

β) Beseitigung der Kornseigerung durch Homogenisieren.

Die infolge der verzögerten Diffusion entstandenen Zonenkrystalle werden
durch längere Erhitzung auf höhere Temperaturen durch erneute Diffusion homogenisiert (Abb. 178). Wenn man die Diffusionskonstante in Abhängigkeit von
der Temperatur und der Zusammensetzung
sowie die Konzentrationsverteilung beim Beginn der Diffusion kennt, kann man grundsätzlich den Konzentrationsausgleich während der Homogenisierungs-Glühung berechnen. Hierzu fehlt in der Regel die
Kenntnis der Konzentrationsverteilung in
den Zonenkrystallen. Man pflegt den Erfolg
einer Homogenisierungsglühung im geätzten
Schliff zu verfolgen. Sobald keine Unterschiede im Verhalten der verschiedenen Teile
eines Krystalles dem Ätzmittel gegenüber
mehr wahrzunehmen sind, gilt die Homogenisierung als abgeschlossen. Dieses Kriterium scheint recht empfindlich zu sein, obgleich man hierfür keine quantitativen Angaben machen kann.

V = 300
Abb. 178. Wie Abb. 177, jedoch bei 650°
½ Std. homogenisiert (nach G. SACHS).

J. A. VERÖ[1] hat eine Zinnbronze mit
13% Sn und 87% Cu vergossen; im Gleichgewichtszustand besteht sie aus homogenen
α-Mischkrystallen, deren Sättigungsgrenze etwa bei 14% Sn liegt. Infolge der
Zonenbildung ist der durchschnittliche Gehalt der Zonenkrystalle an Zinn
geringer, und die Restschmelze reichert sich an Zinn an, so daß es dort zur
peritektischen Ausscheidung einer zweiten Krystallart (β) kommt, die bei tieferen
Temperaturen einen eutektoiden Zerfall [vgl. Zustandsdiagramm (Abb. 176)]
erleidet.

Der Zinngehalt des Eutektoids beträgt etwa 23%. Wenn man die Menge
des Eutektoids im Schliff planimetrisch bestimmt, kann man auf Grund seiner
Zusammensetzung und der Zusammensetzung der Gesamtlegierung den Durch-
schnittsgehalt der primären α-Krystalle an Zinn berechnen. Wenn man nun
weiterhin annimmt, daß die primären Krystalle im Gegensatz zur Wirklichkeit
keine Zonenkrystalle bilden, sondern beim Beginn der Diffusion überall die gleiche
Zusammensetzung haben, kann man aus der Abnahme der Menge des Eutektoids
mit der Erhitzungszeit den Diffusionsvorgang berechnen. Es ist J. A. VERÖ auf diese
Weise gelungen, die Diffusionskonstante des Zinns in der Legierung in sehr guter
Übereinstimmung mit anderen Erfahrungen zu bestimmen. Das beweist, daß
der Einfluß der ursprünglichen zonenweisen Verteilung des Zinns in α-Mischkrystallen der Konzentrationsverteilung gegenüber, wie sie sich im Verlaufe der
Diffusion einstellt, bald verschwindet.

---

[1] VERÖ, J. A.: Mitt. hüttenmännischen Abt. d. ung. Palatin-Joseph-Univ. **12** (1940), 141.

γ) Berechnung der Kornseigerung im Falle fehlender Diffusion.

Wenn die Diffusion in den Mischkrystallen im Verlaufe der Erstarrung gänzlich unterbunden ist, was einen dem Gleichgewichtsfall entgegengesetzten Grenzfall darstellt, läßt sich der Erstarrungsvorgang rechnerisch verfolgen ähnlich
wie auf S. 64 im Gleichgewichtsfalle.

Wir nehmen an, daß in den Mischkrystallen im Verlaufe der Erstarrung
überhaupt keine Diffusion stattgefunden hat. Der Mengenanteil der Schmelze
der Legierung x_0 (Abb. 179) bei der Temperatur T sei y. (Das ist also die Menge
der Schmelze in 1 g der Legierung). y kann im vorliegenden Falle nicht aus dem
Zustandsdiagramm auf Grund der Hebelbeziehung berechnet werden, da die
Krystalle in ihrer Gesamtheit nicht die Zusammensetzung x_1 haben. Da in
ihnen kein Konzentrationsausgleich durch Diffusion stattgefunden hat, liegt ihre
Durchschnittszusammensetzung links von x_1, und es ist unsere
Aufgabe, sie zu berechnen.

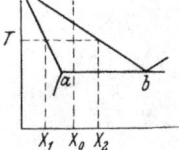

Wenn die Temperatur um dT sinkt, krystallisiert eine
Menge dy der Schmelze, und zwar zu Krystallen der Zusammensetzung x_1. Wir können dy mit Hilfe der Hebelbeziehung berechnen. Es ist

$$\frac{dy}{y} = -\frac{dx_2}{x_2 - x_1}. \tag{34}$$

Abb. 179. Zur Berech-
nung der Kornseige-
rung nach E. SCHEUER.

Hierbei betrachten wir nur die Änderung der Zusammensetzung der Schmelze; die bereits ausgeschiedenen Krystalle
beteiligen sich in keiner Weise an der Konzentrationsänderung. Hierdurch
unterscheidet sich der hier betrachtete Vorgang von den auf S. 71 bei Mischkrystallen im Gleichgewichtsfall erörterten.

Wir nehmen an, daß der Gehalt an der Komponente B in der Schmelze im
Gleichgewichtsfall immer der p-fache des Gehaltes im gesättigten Mischkrystall
bei derselben Temperatur ist, also

$$x_2 = px_1 \tag{35}$$

und aus Gl. (34)

$$\frac{dy}{y} = -\frac{dx_2}{x_2\left(1 - \dfrac{1}{p}\right)} \tag{36}$$

$$\left(1 - \frac{1}{p}\right) \ln \frac{y}{y_0} = -\ln \frac{x_2}{x_0}.$$

Beim Beginn der Erstarrung ist die gesamte Legierung flüssig, also $y_0 = 1$
und die Zusammensetzung der Schmelze x_2 ist die der ganzen Legierung x_0;
wir erhalten also für einen Punkt im Verlaufe der Erstarrung

$$\left(1 - \frac{1}{p}\right) \ln y = -\ln \frac{x_2}{x_0}. \tag{37}$$

Die Zusammensetzung der Schmelze x_2 ist eine Funktion $f(T)$ der Temperatur.
Indem wir diese Funktion in Gl. (37) einführen, können wir die Menge der
Schmelze y in Abhängigkeit von der Temperatur berechnen.

Diese Rechnung läßt sich mit dem Experiment vergleichen, wenn die Mischkrystallbildung, wie in Abb. 180 angegeben, begrenzt ist und mit einer eutektischen Krystallisation endet. Die Menge des Eutektikums läßt sich dann im Schliff
planimetrisch bestimmen. E. SCHEUER[1] hat diese Rechnung für die aluminium-

[1] SCHEUER, E.: Z. Metallkd. 23 (1931), 237—241.

reichen Kupfer-Aluminium-Legierungen, deren Konstitution sich aus Abb. 180 ergibt, durchgeführt. Die Ergebnisse finden sich in Abb. 181. Man sieht, daß die Menge des Eutektikums im Kokillenguß der berechneten entspricht; beim Vergießen in metallische Formen findet also die Erstarrung so schnell statt, daß eine Diffusion im Mischkrystall praktisch nicht zustande kommt. Die gestrichelte Kurve gibt die Flächenanteile des Eutektikums für die in eine Sandform vergossene Legierung wieder.

Auf Grund der Gl. (34) kann man auch für andere Ansätze über den Verlauf der Liquidus- und der Solidus-Linie, aus Gl. (35) die Abhängigkeit der krystalli-

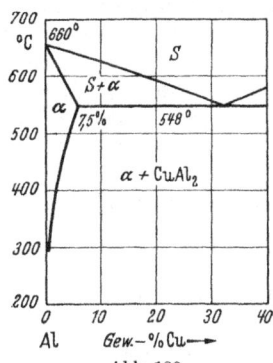

Abb. 180.
Aluminiumseite der Zustandsdiagrammes Al-Cu.

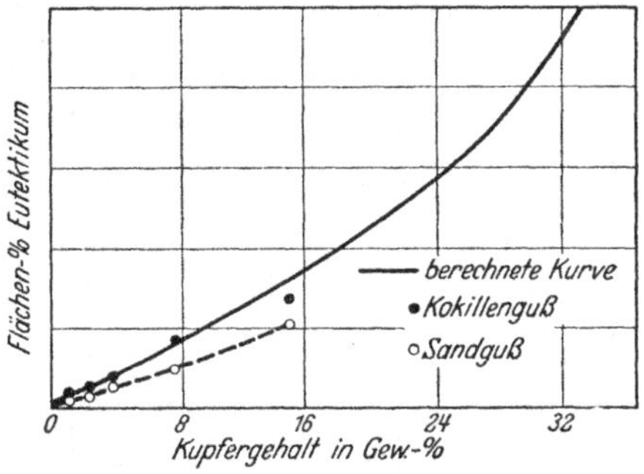

Abb. 181. Berechnete und gemessene Kornseigerung
bei Cu-haltigem Aluminium (nach E. Scheuer).

sierten Mengen verschiedener Zusammensetzungen von der Menge der Schmelze und von der Temperatur berechnen[1]. Wir wollen hier von der Durchführung einer derartigen Rechnung absehen.

b) Blockseigerung.

Die in Abschnitt a besprochene Kornseigerung bedeutet die Entstehung von Konzentrationsunterschieden infolge mangelhafter Diffusion in Mischkrystallen. In technischen Gußstücken werden darüber hinaus zwischen den makroskopischen Teilen des Gußstückes in der Regel größere oder kleinere Konzentrationsunterschiede beobachtet, die man als *Blockseigerung* bezeichnet. Die Blockseigerung kann verschiedene Ursachen haben.

α) Schwereseigerung.

Die Krystalle haben eine andere Dichte als die Schmelze, sie haben deshalb das Bestreben, in der Schmelze herabzusinken oder nach oben zu steigen. Die hieraus entstehende Entmischung wird als *Schwereseigerung* bezeichnet. Sie ist natürlich nur möglich, wenn die Krystalle nicht an den Formwandungen haften, sondern sich in der Schmelze frei bewegen können. Wie wir oben gesehen haben (S. 227), ist diese Bedingung bei Legierungen augenscheinlich erfüllt. Die Schwereseigerung ist desto größer, je größer der Dichte-Unterschied zwischen den Krystallen und der Schmelze ist; da die Erstarrungskontraktion bei Metallen einige Prozente beträgt, und die Volumenänderungen bei etwaiger Bildung von intermediären Krystallarten sowie beim Vermischen flüssiger Metalle in der Regel nicht erheblich sind, sind für den Dichte-Unterschied zwischen der Schmelze und den sich ausscheidenden Krystallen in erster Linie der Dichteunterschied

---

[1] Scheil, E.: Z. Metallkd. **34** (1942), 70.

der metallischen Komponenten und der Konzentrationsunterschied zwischen
Krystallen und Schmelze maßgebend. Der weitere Faktor, der die Schwereseigerung fördert, ist die Zeit; die Seigerung ist deshalb desto größer, je langsamer
die Abkühlung ist und je langsamer die Menge der primären Krystalle mit sinkender Temperatur zunimmt, je größer also das Temperaturintervall ist, in dem die
Krystalle in der Schmelze frei schweben können, was sich aus dem Zustandsdiagramm ergibt. Im allgemeinen ist hierfür die Bildung eines mechanischen
Gemenges mit dem Abschluß der Krystallisation in einem eutektischen Punkt
ohne nennenswerte Mischkrystallbildung günstig. Die Schwereseigerung kann
sich in der Hauptsache nur in den ersten Stadien der Erstarrung auswirken,
so lange die Krystalle in der Schmelze frei beweglich sind und also ihre Menge
nicht zu groß ist, da sie sich sonst,
insbesondere bei der in Legierungen
vorherrschenden dendritischen Erstarrung, gegenseitig in ihrer Bewegung
stören.

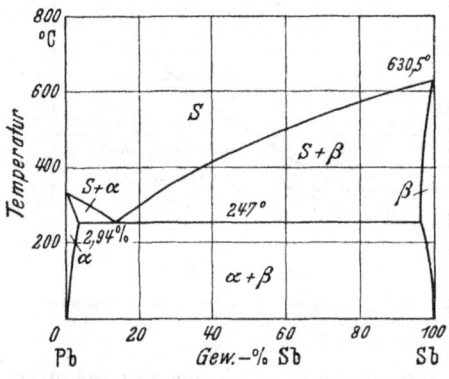

Abb. 182. Zustandsdiagramm der Pb-Sb-Legierungen
(nach M. HANSEN).

Eines der wichtigsten Beispiele für
die Schwereseigerung stellt die Gar-
schaumbildung bei der Erstarrung des
übereutektischen Gußeisens mit mehr
als etwa 4,25% C dar (vgl. Diagramm,
Abb. 457, S. 566), indem sich primär
Graphitkrystalle ausscheiden, die viel
leichter als die Schmelze sind, an die
Oberfläche steigen und dort als „Gar-
schaum" abgeschöpft werden müssen.
Die Schwereseigerung des Graphits ist
neben der Bildung grober Graphitkrystalle eine der Ursachen, die der technischen Verwendung des übereutektischen Eisens entgegensteht.

Ein anderer bekannter und technisch wichtiger Fall ist die Schwereseigerung
in den verschiedensten Hartbleilegierungen, die alle neben Blei Antimon enthalten.
Die Dichte des Bleies beträgt bei Zimmertemperatur 11,34 g/cm³, die des Antimons 6,69 g/cm³, der Unterschied ist also erheblich. Das Zustandsdiagramm
der Blei-Antimon-Legierungen ist in Abb. 182 wiedergegeben. Die Konzentration
des eutektischen Punktes ist etwa 13% Sb. Da das spezifische Volumen
(nicht Dichte, vgl. S. 61) sich in der Schmelze im vorliegenden Falle, wo zwischen
den Komponenten kaum eine Betätigung der chemischen Affinität wahrzunehmen ist, mit der Zusammensetzung beinahe genau linear ändert, ist die Zusammensetzung der Legierung von erheblichem Einfluß auf die Seigerung. Die
untereutektischen Legierungen mit weniger als 13% Antimon neigen hierzu nur
wenig, da der Dichte-Unterschied zwischen der Schmelze und den Bleikrystallen
nicht erheblich ist. Auch nimmt die Menge der primär ausgeschiedenen Blei-
krystalle mit sinkender Temperatur schnell zu (für ihre Berechnung vgl. S. 64).

In den übereutektischen Legierungen, deren Zusammensetzung schon wegen
der Sprödigkeit der Antimonkrystalle die eutektische Konzentration nicht sehr
erheblich überschreiten darf, ist der Konzentrations- und damit der Dichte-
Unterschied zwischen der bleireichen Schmelze und den sich primär ausscheidenden Antimonkrystallen erheblich. Die Schwereseigerung in diesen Legierungen
wird weiterhin dadurch erleichtert, daß die primären Antimonkrystalle nicht
dendritisch, sondern kompakt wachsen (Abb. 183a u. b) im Gegensatz zu Blei und
ausgesprochen metallischen Elementen, deren primäre Kristallisation beinahe
ausnahmslos dendritisch erfolgt. Abb. 183a u. b zeigen die Schwereseigerung in

einer Blei-Antimon-Legierung mit 15% Sb. Die Neigung zur Seigerung ist in diesen Legierungen so groß, daß man sie nur durch *sehr schnelle* Abkühlung bekämpfen kann. Stücke mit größeren Wanddicken lassen sich deshalb aus reinen übereutektischen Blei-Antimon-Legierungen überhaupt nicht einwandfrei herstellen.

Um die Verwendung von Legierungen mit primären Antimonkrystallen, die z. B. für die Erzeugung von guten Laufeigenschaften in Lagern wertvoll sind, doch zu ermöglichen, bedient man sich bei Blei-Antimon-Legierungen (meistens mit einem gewissen Zinn-Gehalt) eines Kunstgriffes. Man setzt nämlich Kupfer in solchen Mengen zu, daß sich in der Legierung primär die Krystallart Cu_2Sb ausscheidet, die ausgesprochen nadelig oder dendritisch krystallisiert. Das Filzwerk der Dendrite fängt die später sich bei der binären eutektischen Krystalli-

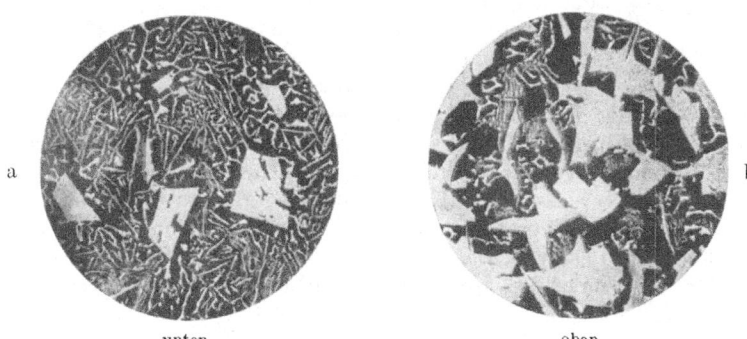

a   b

unten   oben
Abb. 183 a u. b. Schwereseigerung in einer übereutektischen Pb-Sb-Legierung.

sation ausscheidenden Antimonkrystalle auf und verhindert ihr Aufsteigen an die Oberfläche der Schmelze.

In geringerem Umfange findet die Schwereseigerung bei der Erstarrung aller Legierungen statt, die in einem Temperaturintervall krystallisieren und bei denen demnach ein Unterschied zwischen der Zusammensetzung der Schmelze und der Krystalle auftritt. Sie hat jedoch meistens keine entscheidende technische Bedeutung.

β) Direkte und umgekehrte Blockseigerung.

Unabhängig von der Schwereseigerung ist eine gewisse Entmischung der Legierung zu erwarten, wenn die Erstarrung schnell, also mit einer starken einseitigen Wärmeabfuhr erfolgt. In diesem Falle entsteht innerhalb der in der Erstarrung begriffenen Legierung ein größeres Temperaturgefälle und die Erstarrung verläuft im Querschnitt eines Barrens nicht gleichzeitig, vielmehr eilen die äußeren mit der Kokillenwand in Berührung stehenden Schichten voraus. Unter diesen Umständen haften auch die primär sich bildenden Krystalle am Ort ihrer Entstehung an der Kokillenwand.

Wenn sich an der Kokillenwand primäre Krystalle abscheiden, die einen Überschuß der Komponente *A* der Gesamtlegierung gegenüber enthalten, so reichert sich die Schmelze in der Berührungszone mit den Krystallen an der Komponente *B* an. Unter günstigen Bedingungen kann ein Konzentrationsausgleich zwischen der Restschmelze der Randzone und der Gesamtschmelze im Innern stattfinden, ehe diese letztere krystallisiert. Das muß als Endergebnis zu einer Anreicherung an *A* in der Außenzone führen, der eine Anreicherung an *B* im mittleren Teil des Gußstückes entspricht. Diese Art der Seigerung, die man als *direkte Steigerung* bezeichnet, findet man in geringem Maße bei Au-Ag-Legierungen, nur selten bei anderen.

Meistens findet aber bei schneller Erstarrung von Legierungen eine andere Art der Seigerung, die sog. *umgekehrte Blockseigerung* statt. Sie besteht darin, daß an der Kokillenwand im Falle einer Legierung X (Abb. 184) eine Anreicherung an der Komponente B festgestellt wird. Diese von O. BAUER und H. ARNDT[1] zuerst systematisch verfolgte Erscheinung war überraschend und hat viele Untersuchungen angeregt. Auch sind zahlreiche Erklärungsversuche für ihre Entstehung unternommen worden.

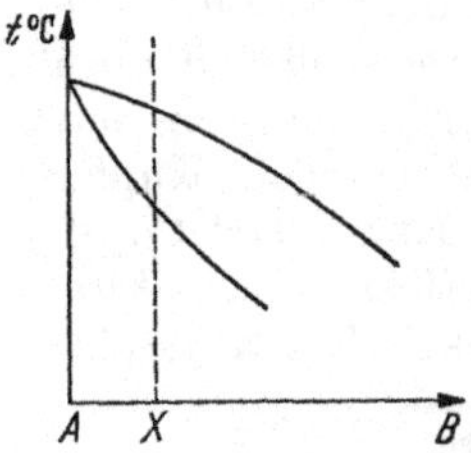

Abb. 184. Schema der direkten Seigerung.

In Tabelle 31 ist eine Reihe von Legierungen zusammengestellt, die diese Art der Seigerung aufweisen. Es handelt sich beinahe ohne Ausnahme um Mischkrystalle bildende Legierungen.

O. BAUER und H. ARNDT haben bereits auf einige wesentliche Bedingungen hingewiesen, die die umgekehrte Blockseigerung fördern. Zunächst wird sie durch eine schnelle Erstarrung, also durch eine starke Wärmeableitung nach der Wand der Gußform hin und ein starkes Temperaturgefälle in der erstarrenden Legierung gefördert. Es genügt deshalb z. B. im Laboratoriums-Experiment die Kokille, in die Zinnbronze vergossen wird, auf dunkle Rotglut zu erhitzen, um die umgekehrte Blockseigerung praktisch zu verhindern. Zweitens muß der Abstand zwischen der Liquiduskurve und der Soliduskurve möglichst groß sein. Damit hängt erstens ein meistens großer Unterschied der Zusammensetzungen der

Tabelle 31.
Umgekehrte Blockseigerung, berechnet aus der Erstarrungskontraktion.

Leg.	x_0 %	y %	$y - x_0$ %	Erstarrungskontraktion s	ΔC % ber.	ΔC % beob.	Bemerkungen
Cu-Sn	7,5	12,5	5	0,04	0,2	0,4	x_0 als Mittelwert
Al-Zn	17	30	13	0,06	0,78	0,83	der analytisch
Al-Cu	1,2	2,4	1,2	0,06	0,072	0,21	bestimmten Kon-
Al-Cu	3,1	7,1	4	0,06	0,24	0,33	zentrationen der
Al-Cu	3,66	8	4,34	0,06	0,26	0,32	Randzone und der Mitte ange-
	3,1	7,1	4	0,06	0,24	0,17	nommen.
	11,0	20	9	0,06	0,54	0,65	
Ag-Cu	12,25	20	8	0,05	0,40	0,89	oben
	12,25	20	8	0,05	0,40	0,32	unten } im
Cu-Zn	91,45	96,5	5	0,045	0,22	0,15	oben } Guß-
	91,1	96,1	5	0,045	0,22	0,50	oben } stück
	88	94	6	0,045	0,27	0,34	oben
Bi-Sb	31,5					0,35	

Die Prozentgehalte beziehen sich auf die an zweiter Stelle genannte Komponente.
Die Werte der Erstarrungskontraktion sind zum Teil unsicher.

Schmelze und der Krystalle, der überhaupt die primäre Voraussetzung für jede Art der Seigerung bildet, zusammen, und zweitens ist der Temperaturabstand zwischen dem Beginn und dem Ende der Erstarrung einer Legierung groß. Mit dieser Form des Zustandsdiagrammes hängt in der Regel zusammen eine starke Neigung der sich primär ausscheidenden Krystalle, Dendriten zu bilden. Eine solche ist nach der Auffassung von O. BAUER und H. ARNDT ebenfalls wichtig für die Ausbildung einer umgekehrten Blockseigerung.

[1] BAUER, O., u. H. ARNDT: Z. Metallkd. **13** (1921), 497.

γ) Ursachen der umgekehrten Blockseigerung.

αα) Krystallisationskraft.

O. BAUER und H. ARNDT haben die Ursache der umgekehrten Blockseigerung darin erblickt, daß die Dendriten der primären Ausscheidung „über den ihnen zustehenden Raum hinaus" in das Innere der Schmelze vordringen und auf diese Weise bewirken, daß die Restschmelze umgekehrt sich am Rande des Guß-stückes ansammelt und dort eine Anreicherung an der Komponente *B* herbei-führt (Abb. 185, Schicht a). Über die Ursache eines derartigen Vordringens der primären Krystalle in das Innere der Schmelze haben O. BAUER und H. ARNDT sich nicht geäußert. Hierfür gibt es eine ganz bestimmte Ursache in der sog. *Krystallisationskraft*[1], deren Existenz heute als erwiesen gelten kann. Wenn man gebrannten Kalk löscht, so wird er auseinandergetrieben, sein äußerlich wahrnehmbares Volumen nimmt hierbei er-heblich zu, obgleich das *wahre* Volumen des Calcium-hydroxydes geringer als die Summe der Volumina des Wassers und des wasserfreien Kalkes ist. Zugleich wird die Masse porös. Die Ursache für diese Volumenzunahme kann nur darin liegen, daß die Krystalle des Calcium-hydroxyds bei ihrem Wachstum sich gegenseitig stoßen und auseinandertreiben. Eine derartige Krystallisations-kraft ist von E. SCHEIL[2] bei der Reaktion von flüssigem Zink mit einem massiven Eisenstück unmittelbar nach-gewiesen worden[3]. Hierbei bildet sich auf der Oberfläche des Eisens eine intermediäre, zink- und eisenhaltige Kry-stallart (Hartzink), die in der Lage ist, bei ihrem Wachs-tum ein erhebliches Gewicht, das auf ihr ruht, zu heben.

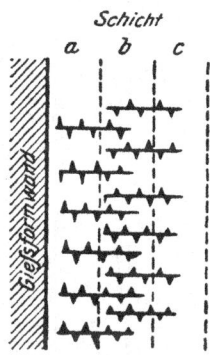

Abb. 185. Schema der umgekehrten Seigerung (nach BAUER u. ARNDT).

Die Ursache dieser Krystallisationskraft ist nicht mit Sicherheit nachgewiesen. Am wahrscheinlichsten ist die Annahme, daß es sich hierbei um eine Capillarwirkung handelt. Die in ihrer typischen Gestalt wachsen-den Krystalle werden von der Schmelze benetzt. An ihren vorwachsenden Spitzen wird die Schmelze verbraucht und capillar nachgesaugt, wobei die ebenfalls wachsenden Nachbarkrystalle, selbst gegen einen mechanischen Wider-stand, beiseite geschoben werden. Es ist verständlich, daß die primären Kry-stalle auf diese Weise sich „über den ihnen zur Verfügung stehenden Raum hinaus" vorschieben können.

J. H. WATSON[4] ist es gelungen, diesen Effekt, wenn auch vielleicht nicht völlig einwandfrei, an einer Kupfer-Silber-Legierung unmittelbar zu zeigen. Neben beschränkter Mischkrystallbildung in der Nähe der Komponenten bilden Silber und Kupfer miteinander ein einfaches eutektisches System; das Eutekti-kum enthält 71,5% Ag (Abb. 186). J. H. WATSON hat eine Legierung mit 50% Ag längere Zeit bei konstanter Temperatur im Krystallisationsintervall ge-halten. Hierbei haben sich grobe Kupferkrystalle gebildet und sind dank ihrem geringeren spezifischen Gewicht an die Oberfläche der Schmelze gestiegen (Schwereseigerung). Nun wurde eine sehr schnelle Krystallisation der Le-gierung von oben erzwungen, indem ein kalter Metallkörper mit der Oberfläche der Schmelze in Berührung gebracht wurde. Hierbei erstarrte die Legierung

---

[1] MASING, G., u. C. HAASE: Wiss. Veröff. Siemens VI, 1 (1927), 21.

[2] SCHEIL, E., u. H. WURST: Z. Metallkde. **30** (1938), 4.

[3] C. CORRENS hat in sorgfältigen Messungen gezeigt, daß ein in einer Lösung wachsender Krystall ein Gewicht zu heben vermag (CORRENS, C., u. W. STEINBORN: Z. Krystallogr. (A) **101** (1939), 117.

[4] WATSON, J. H.: J. Inst. Met. 49 (1932), 347.

ziemlich feinkörnig. Auf einem Längsschliff war sehr deutlich zu sehen, daß die groben dendritischen Kupferkrystalle, die sich vor dem Abschrecken der Legierung gebildet hatten, sich nicht mehr an der Oberfläche befanden, sondern daß zwischen ihnen und der Oberfläche sich eine Schicht bedeutend feinerer Kupferkrystalle geschoben hatte, die sich später gebildet haben mußte.

Durch diesen Versuch ist mit aller Sicherheit nachgewiesen, daß bei schneller Wärmeabfuhr an der Oberfläche einer Legierung primär gebildete Krystallite fort von der Oberfläche in den „ihnen nicht zustehenden Raum" fortgeschoben werden können. Es ist durchaus nicht ausgeschlossen, daß ähnliche, hierfür günstige Bedingungen auch beim normalen Metallguß in metallische Formen bestehen.

Der Versuch von J. H. WATSON kann nur mit Vorbehalt als unmittelbarer

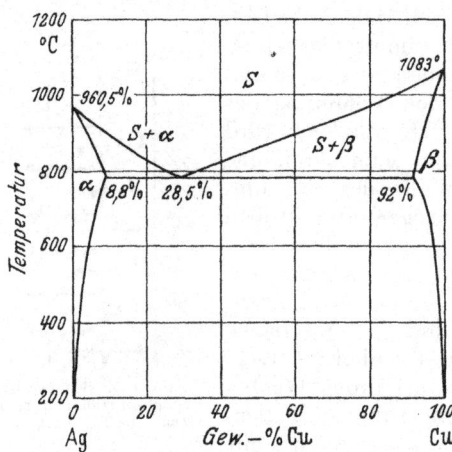

Abb. 186. Zustandsdiagramm der Ag-Cu-Legierungen (nach M. HANSEN).

Nachweis der Verschiebung durch eine Krystallisationskraft gelten, da durch die plötzliche Berührung mit dem kalten Metall in der oberen Schicht der Schmelze Turbulenzströme entstanden sein müssen, deren Auswirkung auf die in der Schmelze schwebenden Kupferkrystalle nicht mit Sicherheit übersehen werden kann[1].

Daß eine der Krystallisationskraft analoge Ursache auch bei der Diffusion im Krystallzustand wirksam sein kann, haben G. MASING und L. KOCH gezeigt[2]. Beim Konzentrationsausgleich der Zonenkrystalle von Wismut und Antimon werden die Legierungen porös, ihr Volumen nimmt zu, ganz ähnlich wie beim Löschen von Kalk.

Daß ein Gewirr von Dendriten, wie sie die primären Krystalle in den betrachteten Legierungen in der Regel darstellen, bei ihrem Wachstum, wie geschildert, durch capillares Nachsaugen eine Krystallisationskraft entwickeln und damit in das Innere der Schmelze getrieben werden können, ist ohne weiteres verständlich. Der Tatbestand der umgekehrten Blockseigerung wäre damit erklärt. Damit ist jedoch an und für sich noch keineswegs erwiesen, daß die betrachtete Verschiebung der Krystalle immer die entscheidende Ursache der umgekehrten Blockseigerung ist, da es für diese noch einen zweiten Grund geben kann, dessen Betrachtung wir uns jetzt zuwenden.

$\beta\beta$) Volumenabnahme bei der Erstarrung.

Bei der Krystallisation nimmt das Volumen der Metalle in der Regel ab (vgl. S. 216). Wir nehmen an, daß an der Berührungsfläche mit der Gußform die dort vorhanden gewesene dünne Legierungsschale in dendritischer Form erstarrt ist. Das spezifische Volumen der Schmelze mit $x_0\%$ der Komponente B sei v_s und die Erstarrungskontraktion s. Infolge der Erstarrungskontraktion entstehen zwischen den Dendritenästen Hohlräume, in die in Richtung auf die Kokillenwand entgegen der Krystallisationsrichtung die Restschmelze nachfließt. Ihre durchschnittliche Zusammensetzung sei y. Die gesamte Masse der erstarrten Schicht pro Volumeneinheit ist jetzt $(1 + s)\, d_f$ geworden, wo d_f die zur Verein-

[1] TH. HEUMANN hat beim Vergießen von Legierungen auf Platten beobachtet, daß die primären Krystalle nicht an der Oberfläche liegen. HEUMANN, TH.: Z. Metallkde. 34 (1942), 133.

[2] MASING, G., u. L. KOCH: Z. Metallkde. 25, (1933) 137.

fachung der Rechnung als von der Konzentration unabhängig angenommene Dichte der Schmelze ist. Die Gesamtmenge der zweiten Komponente in dieser Menge ist[1] $x_0 \cdot d_f + s \cdot y \cdot d_f$. Die Konzentration der Gesamtlegierung in der Außenzone ist also nach der Erstarrung $\frac{x_0 + s \cdot y}{1 + s}$, und die Konzentrationsänderung:

$$\Delta c = \frac{x_0 + s\,y}{1 + s} - x_0 = \frac{s\,(y - x_0)}{1 + s} \approx s\,(y - x_0). \tag{38}$$

Wenn man für y die aus dem Zustandsdiagramm entnommene, der Erstarrung der halben Legierungsmenge entsprechende Konzentration der Schmelze einsetzt, erhält man die Zusammensetzung der äußeren Schale der Gußstücke und kann den Betrag der umgekehrten Blocksteigerung abschätzen. In Tab. 31 sind die Ergebnisse der Rechnung für einige Legierungen mit den experimentellen Ergebnissen zusammengestellt. Wie man sieht, läßt sich in vielen Fällen die gesamte Blockseigerung auf dieser Grundlage berechnen[2].

Es sind jedoch mit voller Sicherheit Fälle von umgekehrter Seigerung bekannt, die nicht auf das geschilderte Nachsaugen der Restschmelze zurückgeführt werden können.

Die Kupfer-Zink-Legierungen mit etwa 85—90% Zn zeigen die umgekehrte Blockseigerung in einem so starken Maße, daß sie durch capillare Verschiebung der Restschmelze nicht erklärt werden kann. Bei diesen Legierungen scheint die Krystallisationskraft sich besonders stark auszuwirken. Beim Ende der Erstarrung nimmt nämlich das Volumen der Legierung ziemlich gleichmäßig nach allen Richtungen zu. Erfolgt die Erstarrung in einem keramischen Tiegel, so wird dieser bei der Erstarrung auseinandergetrieben, bei der Erstarrung in einer metallischen Kokille wird das Gußstück eingeklemmt. Solche Erscheinungen sind bei einer etwaigen Gasabgabe während der Erstarrung niemals beobachtet worden; im Falle der Gasabgabe wird die Restschmelze in Gestalt von Perlen aus der noch porösen Oberfläche der Schmelze herausgepreßt. Nichts derartiges beobachtet man dahingegen bei der betrachteten Legierung. Nach der Erstarrung ist sie aber porös. Es dürfte unzweifelhaft sein, daß sich in dieser Legierung, deren primäre Krystalle (δ) (Abb. 99) hexagonal sind und demnach eine niedrigere Symmetrie haben, ein Krystallisationsdruck wirksam sein muß.

Man kommt zum Schluß, daß bei der umgekehrten Blockseigerung mindestens zwei Ursachen wirksam sind, nämlich die capillare Rückwanderung der Restschmelze und das Vorschieben der primären Krystalle durch die Krystallisationskraft. In welchem Umfange im Einzelfalle, insbesondere dann, wenn die Legierung eine stärkere Erstarrungskontraktion zeigt und die umgekehrte Seigerung nicht groß ist, die beiden Ursachen wirken, ist zur Zeit kaum zu entscheiden[3].

In gewissem Umfange muß auch die direkte Seigerung, d. h. das Vortreiben der Schmelze vor der Front der primären Krystalle, in jedem Falle auftreten. Sie wird sich desto eher auswirken können, je weniger ausgesprochen die

---

[1] Das gilt, da die Volumeinheit der am Rande von Anfang an befindlichen Schmelze als Ganzes erstarrt ist.

[2] E. Scheil hat die Berechnung der Seigerung mit wesentlich erhöhter Genauigkeit durchgeführt [Z. Metallkd. **38** (1947), 69].

[3] Neuerdings haben P. Brenner und W. Roth [Z. Metallkd. **32** (1940), 10] auf Grund von Beobachtungen an Aluminiumlegierungen sich dafür ausgesprochen, daß die umgekehrte Blockseigerung lediglich durch capillare Rückwanderung der Restschmelze zu erklären sei und der Ansatz der Krystallisationskraft widerlegt sei. Der Umstand, daß man die Blockseigerung auf jener Basis zuweilen berechnen kann, ist jedoch kein Beweis dafür, daß nicht andere Faktoren (Krystallisationskraft) hierbei wirksam sein können.

Dendritenbildung ist; das ist wieder der Fall, wenn der Konzentrationsunterschied zwischen Schmelze und Krystall nur gering ist. Es ist also verständlich, daß in den Silber-Gold-Legierungen, deren Zustandsdiagramm in Abb. 177A dargestellt ist, die direkte Blockseigerung überwiegt. In sehr geringem Maße scheint das auch bei den Kupfer-Nickel-Legierungen der Fall zu sein. Andere Legierungen mit nahe aneinander liegenden Liquidus- und Solidus-Kurven sind auf Seigerungen kaum untersucht worden.

γγ) Hypothese des Schrumpfdruckes.

R. Kühnel[1] hat vermutet, daß durch thermische Kontraktion der äußeren bereits erstarrten Schicht ein Schrumpfdruck auf die im Innern noch befindliche Schmelze ausgeübt wird, die dann nach außen ausgepreßt wird und eine entsprechende Konzentrationsverschiebung bewirkt. Es kann gezeigt werden, daß diese Ursache sich bei Erstarrung von Gußstücken unter technischen Bedingungen meistens nicht auswirken kann, sondern in der Schmelze unter dem Einfluß der Erstarrungskontraktion sich umgekehrt ein Unterdruck bzw. ein Hohlraum ausbilden muß (vgl. Lunkerbildung, S. 225).

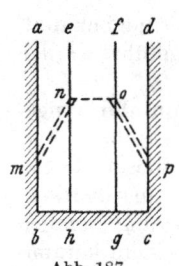

In Abb. 187 sei $abcd$ die als genügend hoch gedachte zylindrische Kokille, bis auf den Teil $efgh$ sei das Metall bereits erstarrt. Um die Betrachtungen zu vereinfachen, nehmen wir an, daß es sich um eine Legierung mit konstanter Erstarrungstemperatur handelt, und daß sie beim Vergießen in die Form nicht überhitzt gewesen ist. Die Temperaturverteilung im Metall wird dann etwa durch die gebrochene Linie mn, no, op wiedergegeben. Innerhalb der Schmelze (no) herrsche die Temperatur des Schmelzpunktes, der bereits erstarrte Teil befinde sich unter solchen Bedingungen, daß bei fortschreitender Erstarrung die Temperaturverteilungskurven op und nm sich, ohne ihre Richtung und Form zu ändern, zu tieferen Temperaturen verschieben. Für eine kurze Zeit während der Erstarrung kann das als erste Annäherung gelten, wenn man zugleich die Wärmeabgabe an die Gußform berücksichtigt. Durch die Erstarrung einer Schale von der Dicke dr und der Höhe h wird eine Volumenabnahme der Schmelze um $s \cdot 2 \pi hr \cdot dr$ herbeigeführt, andererseits kontrahiert sich durch die entsprechende Abkühlung um $dT = \dfrac{dT}{dr} \cdot dr$ das Metall um $\pi r^2 h \beta \dfrac{dT}{dr} dr$, wo β der kubische Ausdehnungskoeffizient des festen Metalles ist. Eine Bedingung dafür, daß die Schmelze (nachdem sie nach oben keinen Abfluß hat) auf die erstarrte Metallschale überhaupt einen Druck ausüben kann, also für die Entstehung eines Schrumpfdruckes, ist

$$2 s < \beta r \frac{dT}{dr} \tag{39}$$

Abb. 187.
Zur Frage des
Schrumpfdruckes.

s hat die Größenordnung 0,05, β die Größenordnung 0,00005. Wir erhalten also

$$\frac{2s}{\beta} \sim 2 \cdot 10^3 < r \frac{dT}{dr}. \tag{40}$$

Wenn man bedenkt, daß im Verlaufe der Erstarrung technischer Gußstücke die bereits erstarrte Schicht sehr oft dicker als 1 cm ist, daß die Oberfläche der Kokille bereits erhitzt ist, und daß die Abweichung des Temperaturgefälles in ihr vom linearen Verlauf nicht sehr groß ist, kann man für $\dfrac{dT}{dr}$ höchstens $3 \cdot 10^2$ Grad/cm setzen. Wenn der Durchmesser der noch nicht erstarrten Schicht 2 cm beträgt, ist die rechte Seite gleich $6 \cdot 10^2$, die Gleichung also noch nicht erfüllt.

[1] Kühnel, R.: Z. Metallkd. 18 (1926), 273.

Daß sie im Rahmen der technischen Erfahrungen in der Regel nicht erfüllt ist, geht auch aus dem Auftreten eines Lunkers bei Legierungen, die eine umgekehrte Blockseigerung zeigen, hervor. Die Theorie des Schrumpfdruckes zur Erklärung der umgekehrten Seigerung ist also in der ganz allgemeinen Form nicht haltbar.

Sowohl Antimon als auch Wismut dehnen sich bei der Erstarrung erheblich aus (vgl. S. 216), und dasselbe gilt zweifellos für die Schmelzen ihrer Legierungen. Diese Legierungen zeigen ausgesprochene umgekehrte Seigerung, wie Tab. 31 ebenfalls zeigt. In einem solchen Fall kann bei der Erstarrung unabhängig von der Erstarrungsgeschwindigkeit ein Schrumpfdruck entstehen. Im Zusammenhang mit der bei diesen Legierungen ausgesprochenen Neigung zur Entwicklung einer der Krystallisationskraft entsprechenden Erscheinung selbst bei der Diffusion[1] ist nicht zu bezweifeln, daß in diesem Falle die umgekehrte Seigerung auch auf eine ähnliche Ursache zurückzuführen sein kann.

c) Gasentbindung bei der Erstarrung.

α) Änderung der Löslichkeit von Gasen in Metallen bei der Erstarrung.

Gase bilden mit Metallen Mehrstoffsysteme, wenn sie im Metall gelöst werden. Ihre besondere Bedeutung beim Erstarrungsvorgang rechtfertigt jedoch ihre Erörterung im Zusammenhang mit der Hohlraumbildung im festen Metall.

Die Löslichkeit von Gasen in Metallen ist vor allen Dingen von A. SIEVERTS und Mitarbeitern[2] studiert worden. Einige Ergebnisse finden sich in Abb. 187A. Wie man sieht, nimmt die Löslichkeit des Wasserstoffes in Kupfer, Eisen und Nickel mit steigender Temperatur zu; hieraus folgt, daß die Gasaufnahme im Metall endotherm ist, trotzdem bei der Aufnahme des Wasserstoffes durch die Metalle, wie man leicht nachrechnen kann, eine Verdichtung auftritt. Die Löslichkeit in den genannten Metallen ist proportional der Wurzel aus dem äußeren Druck, unter dem das Wasserstoffgas steht. Im Sinne des Massenwirkungsgesetzes bedeutet das, daß bei der Auflösung des Wasserstoffes eine Dissoziation des Wasserstoffes in einzelne Atome stattfindet:

$$H_2 \rightarrow 2\,H \qquad (41)$$

$$\frac{\sqrt{[H_2]}}{[H]} = \text{konst.} \qquad (42)$$

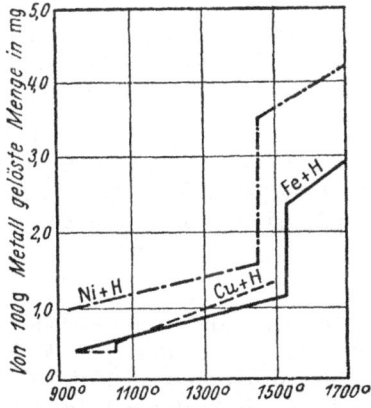

Abb. 187A. Löslichkeit von Wasserstoff in Metallen (nach SIEVERTS).

Auf diese Dissoziation ist der schwach endotherme Charakter des Auflösungsvorganges des Wasserstoffes in den Metallen zurückzuführen. Da die Wärmeaufnahme bei der Dissoziation des Wasserstoffes sehr erheblich (etwa 100000 cal/mol), die Wärmeaufnahme bei der Gasaufnahme, wie aus dem schwachen Temperaturkoeffizienten der Löslichkeit folgt, jedoch nur gering ist, muß bei der Auflösung des *atomaren* Wasserstoffes im Metall an sich eine starke Wärmeentwicklung stattfinden. Die Auflösung des Wasserstoffes in den Metallen stellt also eine richtige chemische Reaktion dar, bei der sich erhebliche Affinitäten betätigen.

---

[1] MASING, G. u. O. OVERLACH: Wiss. Veröff. Siemens IX, **2**, (1930) 331.
[2] SIEVERTS, A.: Z. Metallkd. **21**, (1929) 37.

Im vollen Einklang damit stehen die Beobachtungen über die chemische (sog. aktivierte) Adsorption des Wasserstoffes an Metallen, z. B. an Nickel[1]. Bei sehr tiefen Temperaturen werden nur sehr geringe Mengen Wasserstoff adsorbiert, man beobachtet keinen größeren Temperaturkoeffizienten der Adsorptionsgeschwindigkeit. Bei etwas höheren Temperaturen tritt jedoch ein anderer Vorgang auf. Es werden wesentlich größere Mengen Wasserstoff adsorbiert, und die Adsorptionsgeschwindigkeit steigt stark mit der Temperatur an. Das ist ein Beweis dafür, daß der Adsorptionsvorgang, wie eine chemische Reaktion einer Aktivierungswärme bedarf, und daß dabei wie bei der chemischen Umlagerung somit unbeständige Zwischenzustände höherer Energien durchlaufen werden. Man deutet diese Beobachtungen in dem Sinne, daß bei sehr tiefen Temperaturen lediglich die Wasserstoffmoleküle unter der Einwirkung der van der Waalsschen Kräfte adsorbiert werden, daß bei höheren Temperaturen dahingegen an der Oberfläche des Metalles eine engere Verbindung zwischen dem Wasserstoff und dem Metall unter Aufspaltung des Wasserstoffmoleküls in Atome stattfindet. Es ist nicht zu bezweifeln, daß die Auflösung des Wasserstoffes im Metall über eine solche chemische Adsorption geht.

A. Coehn[2] hat durch Wanderungsversuche im elektrischen Felde nachgewiesen, daß der Wasserstoff sich im Palladium in Gestalt von Protonen $H^{\cdot}$ befindet. Es ist anzunehmen, daß das auch für andere Metalle gilt. Ebenso wie die Metallatome ist auch der Wasserstoff innerhalb des Metalles ionisiert; darin äußert sich der metallähnliche Charakter des Wasserstoffes, der ja bereits in der Bildung positiver Ionen in Elektrolyten zutage tritt[3].

Ähnliche Verhältnisse müssen auch bei der Lösung des Wasserstoffes in flüssigen Metallen herrschen, wie sich z. B. aus dem positiven Temperaturkoeffizienten seiner Löslichkeit ergibt.

Die Löslichkeit von SO_2 in flüssigem Kupfer ist ebenfalls proportional der Wurzel aus dem SO_2-Druck. Würde man annehmen, daß beim Auflösen von SO_2 im Kupfer die Reaktion

$$SO_2 + 6\,Cu = Cu_2S + 2\,Cu_2O \tag{43}$$

stattfindet, so müßte die Löslichkeit auf Grund des Massenwirkungsgesetzes proportional der kubischen Wurzel aus dem Gasdruck sein. Auf Grund von (43) gilt nämlich im Gleichgewicht

$$p_{SO_2} = k_1 \cdot \frac{[Cu_2O]^2\,[Cu_2S]}{[Cu]} = k_2 \cdot [Cu_2S]^3 \tag{43a}$$

Der Umstand, daß die Löslichkeit proportional seiner Quadratwurzel ist, beweist, daß die Bestandteile des SO_2 im flüssigen Kupfer nicht an drei, sondern im ganzen an zwei Moleküle gebunden sind. Eine molekulare Erklärung für diesen eigenartigen Befund konnte bisher nicht gegeben werden.

Beim Schmelzen tritt bei den Metallen (wie z. B. bei Eisen, Nickel und Kupfer u. a.) eine sprunghafte Erhöhung der Wasserstoffaufnahme ein. Umgekehrt muß bei der Erstarrung eines wasserstoffhaltigen Metalles eine Gasabgabe stattfinden.

Ähnlich scheinen auch die Gase Kohlenmonoxyd und Stickstoff bei der Erstarrung des Metalles eine sprunghafte Abnahme der Löslichkeit zu erleiden.

---

[1] Eucken, A.: Grundriß der phys. Chemie, bei der Akad. Verlagsges., Leipzig, mehrere Auflagen.

[2] Coehn, A.: Z. Elektrochem. 35, (1929) 676.

[3] Die Wanderung von Legierungsbestandteilen im Felde in verschiedenen anderen Fällen ist eingehend bei E. Schwartz: Elektrolytische Wanderung in flüssigen und festen Metallen, Leipzig: J. A. Barth 1940, beschrieben worden.

Der Einfluß des Druckes auf die Löslichkeit ist in diesen Fällen nicht untersucht worden, so daß auf dieser Grundlage nichts über den molekularen Zustand von Kohlenmonoxyd und Stickstoff im Metall ausgesagt werden kann. Die Aufnahme des Sauerstoffes durch flüssiges Silber ist proportional der Quadratwurzel aus dem Sauerstoffdruck, was auch verständlich ist, wenn man annimmt, daß der Sauerstoff im flüssigen Silber sich in Gestalt von Ag_2O befindet. Die meisten anderen Metalle werden durch Sauerstoff oxydiert, d. h. es entsteht eine zweite oxydische Phase.

Bei der technischen Herstellung von Metallstücken gelangen die Gase in das flüssige Metall teilweise aus der Atmosphäre, teilweise durch Reaktion innerhalb des Metalles. Das bekannteste Beispiel für den letzteren Fall, das wir anschließend eingehender erörtern werden, ist die Bildung von CO im flüssigen Eisen durch Reaktion des gelösten Kohlenstoffes mit den suspendierten oder gelösten Oxyden.

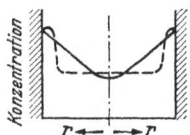

Abb. 188.
Konzentrationsverteilung bei Gasseigerung und bei umgekehrter Seigerung.

β) **Entmischungserscheinungen infolge der Gasabgabe bei der Erstarrung.**

Es ist die Vermutung geäußert worden, daß die umgekehrte Blockseigerung allgemein (S. 235) auf die Entwicklung der in der Schmelze gelösten Gase bei der Erstarrung zurückzuführen sei. Es ist selbstverständlich, daß, wenn das Gerüst der bereits erstarrten Krystalle noch porös ist und im Innern der noch flüssigen Legierung durch Gasabgabe ein erhöhter Druck entsteht, hierdurch die Schmelze nach außen und nach oben gepreßt werden muß. Das beobachtet man auch

Abb. 189. Aus der Oberfläche eines kupferhaltigen Aluminiumblockes herausgepreßte kupferreiche Schwitzperlen (aus G. SACHS).

z. B. fast stets bei Bronzen (hauptsächlich H_2-Abgabe), wenn man sie im Sand vergießt[1]. Um diese Erscheinung an der Seitenoberfläche eines Gußstückes zu verhindern, pflegt man den Sand möglichst frühzeitig von der Form abzu-

---

[1] P. BRENNER und W. ROTH. [l. c. S. 239] haben darauf hingewiesen, daß auch der hydrostatische Druck der Restschmelze ihr Herauspressen aus einem noch porösen Gußstück einer im Strangguß (S. 596) hergestellten Aluminium-Legierung hervorrufen kann. Der Umstand, daß bei der Perlenbildung bei Bronzen kein Zusammenhang mit der Höhe festzustellen ist, spricht dafür, daß die Hauptursache für diese Erscheinung, wenigstens bei diesen Legierungen, die Gasentwicklung bei der Erstarrung sein muß.

schlagen und sie dann mit Wasser abzuschrecken. Die Capillarkanäle krystallisieren auf diese Weise zu. Wenn es somit keinem Zweifel unterliegt, daß es in vielen Fällen eine Seigerung durch Gasentwicklung gibt, so muß doch betont werden, daß sie mit der eigentlichen umgekehrten Blockseigerung nur eine äußere Verwandtschaft hat. Erstens ist die Verteilung der Bestandteile bei der umgekehrten Seigerung und bei Gasentwicklung eine verschiedene (Abb. 188). Abb. 189 zeigt die Oberfläche eines Blockes aus einer Aluminiumlegierung mit wenigen Prozenten Kupfer, auf deren Oberfläche durch einen Gasdruck im Innern an Kupfer angereicherte Schwitzperlen hervorgepreßt worden sind. Ihre Zusammensetzung nähert sich dem eutektischen Punkt zwischen Aluminium und der Krystallart $CuAl_2$.

Zweitens ist ihre Abhängigkeit von der Abkühlungsgeschwindigkeit eine andere. Es ist schon erwähnt worden, daß die umgekehrte Blockseigerung stark auftritt beim Vergießen in eine kalte Metallform und bereits durch das Vorwärmen der Form unterbunden wird. Es unterliegt keinem Zweifel, daß die Abkühlung im Sand noch langsamer als in einer vorgewärmten Metallform ist; hier tritt aber die Seigerung durch Gasabgabe besonders stark auf. Bei sehr geringen Abkühlungsgeschwindigkeiten können die sich bildenden Gase durch die Oberfläche des noch flüssigen Metalles entweichen, ehe sie die Restschmelze nach außen pressen. Bei erhöhter Abkühlungsgeschwindigkeit finden die sich entwickelnden Gase keine Zeit und Möglichkeit mehr, nach oben aus dem Gußstück zu entweichen. Im Innern entsteht ein Überdruck, der die Restschmelze nach außen preßt. Bei stärkerer Wärmeabfuhr verläuft die Erstarrung so schnell, daß die Außenhaut genügend dicht erstarrt ist, ehe eine nennenswerte Gasabgabe zustandekommt. Das ist das eigentliche Gebiet der umgekehrten Blockseigerung, wo sich ein starkes Temperaturgefälle zwischen Kern und Rand entwickelt. Bei den höchsten Abkühlungsgeschwindigkeiten, die nur bei sehr kleinen Gußstücken erreichbar sind, erstarrt die ganze Schmelze auf einmal ohne Entwicklung eines starken Temperaturgefälles und ohne umgekehrte Seigerung.

Eine besondere Bedeutung hat die Gasabgabe bei der Erstarrung des Stahles; wir wollen sie kurz betrachten und dabei auch den Einfluß der Erstarrungsgeschwindigkeit auf die Gasabgabe etwas eingehender erörtern.

Die Hauptquelle des Gasgehaltes des technischen Stahles ist die Frischreaktion, der das Roheisen bei der Stahlherstellung unterworfen wird:

$$C + FeO \leftrightarrows CO + Fe. \tag{44}$$

Das Kohlenoxyd befindet sich vielfach bereits in der Stahlschmelze in einer übersättigten Lösung, bei der Erstarrung reichert sich die Schmelze noch mehr an Kohlenoxyd an und es kommt zu seiner Entbindung. Ein Stahlblock, der aus kohlenoxydhaltigem Material hergestellt worden ist, hat das Gefüge der Abb. 190. Am Rande befindet sich eine dichte Zone. Hier hat bei der Erstarrung noch keine Gasentwicklung stattfinden können, da die Erstarrung und Abkühlung zu schnell verlaufen sind: Das Kohlenoxyd ist in übersättigter Lösung im Krystallverband oder in mikroskopischen Hohlräumen zwischen den Krystalliten eingepreßt geblieben. Auf diese äußere Zone folgt eine stark poröse Zone mit großen Hohlräumen. Hier hat das aus der Schmelze austretende Kohlenoxyd bereits Zeit gehabt, sich zu großen Blasen zu vereinigen, konnte aber noch nicht an die Oberfläche steigen, ehe die Erstarrung zu Ende ging. Im Innern finden sich weniger Hohlräume dieser Art. Das sich entwickelnde Kohlenoxyd hat hier zum Teil genügend Zeit gehabt, um die Schmelze nach oben zu verlassen. Das Entweichen der Gase aus der Oberfläche des flüssigen Stahles verursacht ein „Kochen" des Stahles. Deshalb nennt man einen Stahl, der ohne vorherige Beseitigung des Kohlenoxydes vergossen worden ist, „unberuhigt".

In Wirklichkeit enthält der Stahl immer noch Oxyde sehr unedler Elemente, wie Manganoxyd usw., die nicht so leicht mit dem Kohlenstoff reagieren. Da der technische Stahl auch nicht ideal homogen ist, sondern von Art zu Art unvermeidlich Schwankungen der Zusammensetzung ausweist, tritt eine Reaktion zwischen dem gelösten Kohlenstoff und den Oxyden zum Teil erst beim Vergießen auf.

Um das Kochen des Stahles zu vermeiden, setzt man Elemente mit starker Affinität zum Sauerstoff zu, vor allen Dingen Silicium. Hierdurch wird das in der Schmelze gelöste Kohlenoxyd sowie leichter zersetzliche Oxyde reduziert. Ein solcher sog. „beruhigter" Stahl ist frei von den durch die Kohlenoxydabgabe während der Erstarrung hervorgerufenen Hohlräumen, dafür zeigt er aber ohne Vorsichtsmaßnahmen die unangenehme Erscheinung eines stark eingefallenen Lunkers und hat natürlich Änderungen der Eigenschaften, die auf einen gewissen Siliciumgehalt zurückzuführen sind. Diese beiden Umstände setzen der Verwendung des beruhigten Stahles Schranken, besonders, wenn man bedenkt, daß die Hohlräume im Stahl beim Walzen im glühenden Zustand gut verschweißt werden.

Der Stahl erleidet als Begleiterscheinung der Gasblasenbildung im Innern eine besondere Art der Entmischung, die man als Gasblasenseigerung bezeichnet. Während in den Gasblasen zunächst etwa Atmosphärendruck herrscht, sinkt bei weiterer Abkühlung der Druck infolge der thermischen Kontraktion des Gases. Die Gasblase saugt deshalb aus der Umgebung die noch flüssige Restschmelze nach, die in der Hauptsache schwefel- und phosphorhaltig ist. Am Rande der Gasblasen bilden sich auf diese Weise spröde

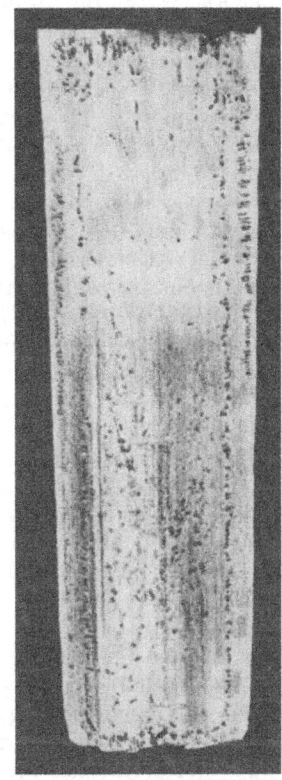

Abb. 190. Gasblasenanordnung in einem Block aus weichem unberuhigtem Stahl (nach OBERHOFFER).

Sulfid-Phosphidanreicherungen, die nach dem Zudrücken der Gasblasen bei der plastischen Verformung als Nester im Werkstoff auftreten und natürlich Fehler des Werkstoffes bedeuten.

VII. Physikalische Eigenschaften der Metalle.

A. Das Metallatom.

Obgleich die Lehre vom metallischen Atom nicht eigentlich zum Gegenstand der Metallkunde gehört, muß hierauf kurz eingegangen werden, da die Atome die Bausteine der metallischen Aggregationen sind.

Die Gesamtheit der chemischen Elemente stellen wir im langperiodischen System dar (Tab. 11, S. 142). Die links neben dem Symbol angegebene Ziffer ist jeweils die Ordnungszahl des Elementes, unter dem Symbol befindet sich das

Atomgewicht und die Angabe der Krystallstruktur, auf die wir auf S. 253 zu sprechen kommen werden.

Die Atome bestehen aus positiv geladenen Kernen und aus Elektronen, die um die Kerne auf elliptischen Bahnen kreisen. Die Ordnungszahl gibt die Zahl der Elektronen im Atom und zugleich die positive Ladung des Kernes an, da das Atom als Ganzes elektroneutral ist.

Im Sinne der heutigen Wellenmechanik stellt ein Elektron in Wirklichkeit ein Bündel von Wellen dar und ist grundsätzlich über einen größeren Raum „verschmiert". Die Beschreibung des Atoms erfolgt dementsprechend in einer rein formalen Weise unter Angabe von Energiezuständen und von Regeln für ihre Übergänge. Wir wollen uns im folgenden einer anschaulicheren Betrachtungsweise bedienen, die die Vorstellung der körperhaften Natur der Elektronen benutzt und sich in diesem Sinne an die ältere Quantentheorie anlehnt. Wenn eine derartige Beschreibung vom Standpunkt der heutigen theoretischen Physik auch nicht als völlig exakt zu betrachten ist, so reicht sie für unsere Zwecke aus. Genauere Darstellungen des Atombaues finden sich in den Lehrbüchern der Physik.

Infolge der Coulombschen Anziehung zwischen Kern und Elektron und seiner Geschwindigkeit ist die Energie eines kreisenden Elektrons um so höher, je weiter seine Bahn vom Kern entfernt ist, und zwar ist die Energie des Elektrons auf Grund der klassischen Mechanik eindeutig gegeben durch die große Achse seiner Bahnellipse und unabhängig von der Exzentrizität der Ellipse. Es wird in der Quantentheorie angenommen, daß ein Elektron beim Kreisen auf einer Ellipse, im Widerspruch mit der Maxwellschen Theorie, keine Energie ausstrahlt und daß es nur eine beschränkte Anzahl von solchen Elektronenbahnen gibt, die stabil sind; es sind diejenigen, deren Radien oder große Achsen sich zueinander wie Quadrate der ganzen Zahlen $1:4:9$ usw. verhalten.

Beim Übergang von einer stabilen Bahn zu einer anderen tritt ein Sprung in der Energie des Elektrons auf. Fällt ein Elektron von einer Bahn mit einem größeren Radius und dementsprechend mit einer höheren Energie auf eine Bahn mit einem geringeren Radius und niedrigerer Energie herunter, so wird dabei eine gewisse Energiemenge abgegeben und zwar in Form einer Strahlung mit einer derartigen Frequenz ν, daß die Energieabgabe $h\nu$ beträgt, wenn h das Plancksche Wirkungsquantum ist. Das ist die Grundlage, auf der die Erklärung aller Linien eines Spektrums basiert. Damit ein Elektron umgekehrt von einer Bahn mit einem geringeren Radius auf eine solche mit einem größeren gehoben werden kann, ist die Zufuhr der Energiedifferenz zwischen den beiden Elektronenbahnen notwendig. Diese Energiedifferenz $U_1 - U_2$ ist wiederum gleich $h\nu$: es wird bei einem solchen Übergang die Strahlung mit der Frequenz ν vom Atom absorbiert.

Einen Grenzfall von derartigen Übergängen bildet ein Übergang eines Elektrons von einer bestimmten Bahn auf eine Bahn mit dem Radius unendlich, also eine völlige Abgabe des Elektrons durch das Atom (Ionisierung) und umgekehrt die Aufnahme eines Elektrons durch ein bereits ionisiertes Atom.

Die Reihe der beschriebenen, auf Grund der Quantentheorie möglichen elliptischen Bahnen wird durch die Reihenfolge der sog. Hauptquantenzahlen n charakterisiert, die den oben angegebenen Röntgenstrahlungsserien entsprechen. Einer höheren Hauptquantenzahl entspricht ein höheres Energieniveau.

Die Aussage, daß die Energie eines Elektrons auf einer elliptischen Bahn durch ihre Hauptachse eindeutig bestimmt ist, gilt nur unter der Voraussetzung, daß der Atomrumpf, der aus einer Gruppe von Elektronen mit Bahnellipsen geringeren Umfanges und mit geringerer Energie und aus dem Atomkern besteht und um den das betrachtete Elektron kreist, so klein ist, daß er im Vergleich mit der Bahnellipse als Punkt approximiert werden kann und daß es im Aphel nicht zu einer unmittelbaren Berührung zwischen Rumpf und dem rotierenden Elektron kommt. In Wirklichkeit „taucht" das Elektron im Aphel in die Elektronenwolke, deren Schwerpunkt sich im Brennpunkt der Ellipse befindet, immer bis zu einem gewissen Grade ein. Dadurch wird die von dem äußeren Teil der Elektronenwolke des Rumpfes, der vom Brennpunkt weiter entfernt liegt als das kreisende Elektron selbst, ausgeübte Abstoßungskraft aufgehoben und die Anziehung durch den Rest des Rumpfes verstärkt. Für eine mit dem reziproken Quadrat der Entfernung auf ein Teilchen wirkende Kraft ergibt sich bekanntlich allgemein, daß eine homogene Hohlkugel, innerhalb derer sich das Teilchen befindet, auf dieses Teilchen überhaupt keine Kraft ausübt, während die Kraftwirkung der Kugel mit zentrisymmetrisch verteilter Masse, außerhalb derer sich das Teilchen befindet, nach Richtung und Größe gleich ist der Kraftwirkung der gleichen im Zentrum punktförmig befindlichen Masse.

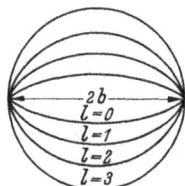

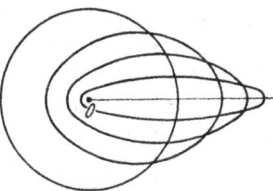

Abb. 191. Bahnen eines Elektrons bei verschiedenen Werten der Nebenquantenzahl l.

Abb. 192. Wirkliche Anordnung der Bahnen nach Abb. 191.

Infolgedessen wird die Ellipsenbahn verzerrt, und die Energie des Elektrons ist nicht mehr unabhängig von ihrer Exzentrizität. Die Quantentheorie behauptet wiederum, daß nicht alle Exzentrizitäten stabile Bahnen ergeben, daß das Verhältnis zwischen der großen Achse b und der kleinen Achse a der Ellipse vielmehr gleich n/l sein muß, wo n die oben eingeführte Hauptquantenzahl und l eine ganze Zahl ist, die jedoch höchstens gleich $n - 1$ sein kann[1]. Auch der Wert Null ist für die Zahl l zugelassen. In diesem Fall entartet die Ellipse zu einer geraden Linie, auf der das Elektron schwingt; es muß hierbei bei jeder Schwingung durch den Kern dringen. Wieso das möglich sein soll, wird nicht erörtert. Dieses Problem ist u. a. dafür bestimmend gewesen, die anschauliche Beschreibung des Atoms mit Hilfe von bestimmten Elektronenbahnen aufzugeben und sich auf die Angabe der Energieverhältnisse zu beschränken.

l heißt die *Nebenquantenzahl* oder die *Drehimpulsquantenzahl*. Sie charakterisiert die Bewegung des Elektrons auf seiner Bahn in Abhängigkeit von der Gestalt der Ellipse[2].

Die Energieunterschiede zwischen den Bahnen verschiedener Nebenquantenzahlen l für ein und dieselbe Hauptquantenzahl n (also bei einer bestimmten großen Achse der Bahnellipse) sind für Atome mit niedriger Ordnungszahl unbedeutend. Sie werden größer bei Atomen mit höherer Ordnungszahl und schwereren und größeren positiven Kernen, weil hierbei das auf der elliptischen Bahn kreisende Elektron einer höheren Energie im Aphel sich dem Kern sehr stark nähern (in den Rumpf „eintauchen") kann.

---

[1] Damit ist im Sinne der neueren Quantentheorie des Atombaues die Kreisbahn ausgeschlossen.

[2] Sie ist mit dem Drehimpuls des um den Rumpf rotierenden Elektrons J durch die Quantenbeziehung $J^2 = \dfrac{h}{2\pi} l (l + 1)$ verknüpft; hierauf kann hier nicht weiter eingegangen werden.

In Abb. 191 sind einige Bahnen des Elektrons für die Hauptquantenzahl
$n = 4$ und für verschiedene Werte der Nebenquantenzahl aufgetragen. Abb. 192
zeigt dieselben Bahnen in ihrer wirklichen gegenseitigen Anordnung. 0 ist das
Zentrum des Atomrumpfes.

Durch die Einführung der Nebenquantenzahl wird die Anzahl der möglichen
Energiesprünge beim Übergang von einer Bahn zu einer anderen entsprechend
der Beziehung $h\nu = \Delta E$ vergrößert. Es wird damit einer Anzahl von Linien
im Spektrum Rechnung getragen, die auf Grund der Hauptquantenzahl allein
nicht gedeutet werden konnten.

Mit der Haupt- und Nebenquantenzahl ist jedoch die Gesamtheit der möglichen Energiezustände noch keineswegs erschöpft. Um die Gesamtheit der
Spektrallinien zu erfassen, ist die Einführung von noch zwei weiteren Varia-
tionsmöglichkeiten notwendig.

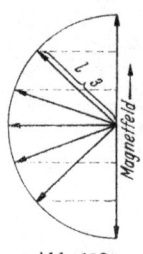

Bekanntlich findet im Magnetfeld eine komplizierte Aufspaltung der Spektrallinien statt (Zeeman-Effekt). Diese Aufspaltung ergibt sich daraus, daß die Ebenen der Ellipsen, auf
denen die Elektronen um das Atom kreisen, sich in einem
Magnetfeld auf Grund der Quantentheorie in bestimmte Winkel
zur Richtung des magnetischen Feldes einstellen. Wenn wir die
Nebenquantenzahl l durch einen zur Bahnellipse senkrechten Pfeil
darstellen, so ergeben sich die möglichen Richtungen der Ellipse
im Magnetfelde, wenn die Projektionen der Nebenquantenzahl auf
die Richtung des Magnetfeldes ganze, positive und negative Zahlen
(einschließlich von Null) sind. Wenn die Nebenquantenzahl drei
ist, ergibt sich z. B. die in Abb. 193 wiedergegebene Mannigfaltigkeit. Wenn die Ebene der Ellipse senkrecht zum Magnetfeld steht, also l zum
Magnetfeld parallel ist, ergibt sich für die Länge der genannten Projektion die
Zahl 3. In Abb. 193 sind die verschiedenen anderen möglichen Richtungen des
l-Vektors angegeben, bei denen sich jene Projektionen zu 3, 2, 1, 0, —1, —2, —3
ergeben. Die negativen Zahlen entsprechen denselben Winkeln wie die positiven,
aber dem umgekehrten Umlaufsinn des Elektrons auf der Ellipse.

Abb. 193.
Magnetische
Quantenzahl.

Diese neue Zahl, die die möglichen Richtungen der Elektronenbahnen im
Magnetfeld charakterisiert, nennt man die magnetische Quantenzahl m. Wie man
aus ihrer Ableitung sofort sieht, kann sie alle ganzzahligen Werte von $+l$ bis $-l$
annehmen. Ohne Magnetfeld sind die entsprechenden Energiezustände identisch,
sie sind in der Terminologie der Quantenmechanik „entartet".

Um die Dublett-Natur der meisten Spektrallinien zu erklären, nimmt man
fernerhin bekanntlich an, daß das etwa als eine ausgedehnte Kugel gedachte
Elektron einen Drall (spin), also eine um die eigene Achse kreisende Bewegung
besitzt. Die Achse des Dralles ist parallel der Achse der Bahnellipse des Elektrons. Der Rotationssinn des Elektrons kann entweder mit dem der Bewegung
auf der Ellipse übereinstimmen oder ihm entgegengesetzt sein. Da in beiden
Fällen Magnetfelder entstehen, die in verschiedener Weise in Wechselwirkung
stehen, ergibt das zwei verschiedene Energieniveaus für das Elektron, die durch
eine neue Quantenzahl s, die nur zwei Werte annehmen kann, beschrieben
werden. Man schreibt ihr die beiden Werte $+\frac{1}{2}$ und $-\frac{1}{2}$ zu, da die aufeinanderfolgenden Quantenzahlen sich ja immer um eine Eins unterscheiden, und da beide
Zustände antisymmetrisch sind. Der Energieunterschied der beiden Zustände
ist gering, entsprechend dem geringen Unterschied der zugehörigen Spektrallinien.

Wenn die Nebenquantenzahl $l = 0$ ist, so sind die beiden Quantenzustände
$+\frac{1}{2}$ und $-\frac{1}{2}$ energetisch äquivalent. Die Spektrallinien, die den Übergängen
innerhalb der Energieniveaus mit der Hauptquantenzahl $n = 1$ entsprechen,

für die also die Nebenquantenzahl stets Null ist, ergeben deshalb durch den Elektronendrall keine Aufspaltung.

In Tab. 32 ist die Gesamtheit der Quantenzustände, die ein Elektron in einem Atom annehmen kann, wiedergegeben. Die Gruppen der Quantenbahnen, die zu einer Hauptquantenzahl n gehören, also dieselbe Länge der großen Ellipsenachse haben, unterscheiden sich untereinander durch ihre Energie nur wenig und werden zu ,,Energieschalen`` zusammengefaßt (Hauptquantenschalen). Die einzelnen Werte der Nebenquantenschalen l ergeben *Stufen* innerhalb dieser Schalen.

Die Quantenzustände sind in Tab. 32 für die Hauptquantenzahlen $n = 1$ bis $n = 4$ vollständig zusammengestellt, für die höheren Hauptquantenzahlen nicht mehr, da sie in Atomen nicht mehr im Grundzustand vorkommen (vgl. weiter unten).

Tabelle 32. Die Gesamtheit der Quantenzustände der Elektronen im Atom.

	Bezeichnung	Zahl der Quantenzustände	Zahl der Quantenzustände in der Hauptquantenschale
$n = 1$ $\quad l = 0$ $\ m = 0$	$1s$	2	2
$n = 2$ $\quad l = 0$ $\ m = 0$	$2s$	2	8
$\qquad\quad l = 1$ $\ m = -1, 0, +1$	$2p$	6	
$n = 3$ $\quad l = 0$ $\ m = 0$	$3s$	2	
$\qquad\quad l = 1$ $\ m = -1, 0, +1$	$3p$	6	18
$\qquad\quad l = 2$ $\ m = -2, -1, 0, +1, +2$	$3d$	10	
$n = 4$ $\quad l = 0$ $\ m = 0$	$4s$	2	
$\qquad\quad l = 1$ $\ m = -1, 0, +1$	$4p$	6	32
$\qquad\quad l = 2$ $\ m = -2, -1, 0, +1, +2$	$4d$	10	
$\qquad\quad l = 3$ $\ m = -3, -2, -1, 0, +1, +2, +3$	$4f$	14	
$n = 5$ $\quad l = 0$ $\ m = 0$	$5s$	2	
$\qquad\quad l = 1$ $\ m = -1, 0, +1$	$5p$	6	50
$\qquad\quad l = 2$ $\ m = -2, -1, 0, +1, +2$	$5d$	10	
usw.			
$n = 6$ $\quad l = 0$ $\ m = 0$	$6s$	2	
$\qquad\quad l = 1$ $\ m = -1, 0, +1$	$6p$	6	
$\qquad\quad l = 2$ $\ m = -2, -1, 0, +1, +2$	$6d$	10	
usw.			
$n = 7$ $\quad l = 0$ $\ m = 0$	$7s$	2	
usw.			

Die Gesamtzahlen der aus der Hauptquantenzahl n, der Nebenquantenzahlen l und der magnetischen Quantenzahl m sich ergebenden Elektronenbahnen sind mit Rücksicht auf den Elektronendrall zu verdoppeln, was in der vorletzten Reihe geschehen ist. Links sind schematisch einige, durch die Werte von n und l sich ergebenden Ellipsenbahnen wiedergegeben.

In der vierten Reihe ist eine der heute üblichen Bezeichnungen der Elektronenbahnen angegeben, die sich historisch entwickelt hat und meistens empirische Kennzeichen der den Übergängen der in Frage kommenden Bahnen entsprechenden Strahlung angibt. s ist die Abkürzung für ,,scharf``, $p$ für ,,prinzipal``, d für ,,diffus`` und $f$ für ,,fundamental``.

Von der Gesamtheit der Quantenzustände, die die Elektronen in einem Atom einnehmen können, und die in Tab. 32 wiedergegeben sind, werden bei gewöhnlicher Temperatur Zustände der niedrigsten Energien stark bevorzugt. Mit steigender Temperatur treten in zunehmendem Maße Zustände höherer Energie auf.

Damit hängt ja der Umstand zusammen, daß die optische Emission nur bei höheren Temperaturen stattfindet. Beim absoluten Nullpunkt sind die Zustände der möglichst niedrigen Energie streng vorgeschrieben („Grundzustand" des Atoms).

Der Bau des Atoms und die Quantenzustände der Elektronen im Grundzustand ergeben sich aus dem Gesetz, das „Pauli-Verbot" heißt. Nach diesem Gesetz, das bisher nicht endgültig begründet werden konnte, darf jeder Quantenzustand nur von einem Elektron besetzt sein. Die in Tab. 32 angegebenen Quantenzustände entsprechen im allgemeinen steigenden Energieniveaus. Ist die Ordnungszahl eines Elementes gegeben, so kann deshalb auch sofort die Verteilung der Elektronen angegeben werden, die die geringste Gesamtenergie ergibt. Bei Atomen mit steigender Ordnungszahl werden fortschreitend die verschiedenen Energieniveaus besetzt, wobei immer die niedrigsten, auf Grund des Pauli-Verbotes noch zulässigen vorgezogen werden. Das Pauli-Verbot ergibt eine eindeutige Vorschrift für die Verteilung der Elektronen auf verschiedene Quantenzustände in den Atomen.

Bei den Elementen mit niedrigen Ordnungszahlen, also mit geringen Elektronenzahlen, liegen die Verhältnisse insofern einfach, als mit steigenden Haupt- und Nebenquantenzahlen n und l stets eine Zunahme der Energie verbunden ist. Bei Elementen mit höheren Elektronenzahlen werden die Verhältnisse zum Teil komplizierter, und es kann sogar vorkommen, daß Elektronen, die einer höheren Hauptquantenzahl entsprechen, eine geringere Energie haben als die der vorangehenden niedrigeren Hauptquantenzahl, nämlich dann, wenn durch die starke Elliptizität der Nebenquantenzahl dem Term $l = 0$ eine genügende Erniedrigung der Energie entspricht. In solchen Fällen werden einige der Zustände der höheren Quantenzahlen, etwa der fünften Schale, bereits besetzt, wenn einige der Quantenzustände der vierten Schale noch unbesetzt sind.

Tab. 33 ergibt die bekannte Besetzung der Elektronenschalen für die chemischen Elemente. Sie ist hauptsächlich aus den Spektren erschlossen worden. Wie man sieht, werden bei den Elementen Wasserstoff bis Argon (1 bis 18) zunächst die Zustände der geringsten Hauptquantenzahl n und Nebenquantenzahlen l besetzt. Das Argon, wie alle Edelgase außer Helium, zeichnet sich dadurch aus, daß alle Niveaus mit den niedrigeren n voll besetzt sind und daß die äußeren Elektronen, entsprechend dem höchsten n, eine „abgeschlossene Schale" von s- und p-Elektronen bilden. Beim Kalium entsteht die erste Ausnahme: es wird jetzt nicht die Dreier-Schale aufgefüllt, sondern das äußere Elektron befindet sich in $4\,s$. Das $4\,s$-Niveau bleibt auch bei den nachfolgenden Elementen bis einschließlich Kupfer ganz oder zur Hälfte besetzt, während das $3\,d$-Niveau nach und nach aufgefüllt wird. Es ist das Kennzeichen der Übergangselemente, daß bei ihnen ein höheres Hauptquantenniveau besetzt wird, ehe das nächstniedrigere aufgefüllt ist. Dieselbe Erscheinung wiederholt sich bei den Elementen Rubidium bis Palladium, wo sich die nächste Gruppe der Übergangsmetalle befindet. Hier werden die $4\,d$-Niveaus nach und nach aufgefüllt, während die $5\,s$-Niveaus schon ganz oder halb besetzt sind. Eine Abweichung gegenüber den Elementen 19—28 besteht darin, daß bei den Elementen 37 und den weiteren in der $n = 4$-Schale bereits die Möglichkeit der Entstehung von f-Elektronen gegeben ist. Von dieser Möglichkeit wird jedoch zunächst kein Gebrauch gemacht, bis bei den 14 Elementen der seltenen Erden (Lanthan 57 bis Cassiopeium 71) das $4\,f$-Niveau gefüllt wird, während die Auffüllung des $5\,d$-Niveaus bei den Übergangsmetallen Hafnium 72 bis Platin 78 erfolgt. In den $n = 5$- und $n = 6$-Schalen werden die f-Niveaus überhaupt nicht mehr besetzt.

Besonders beständig sind Elektronenbesetzungen mit abgeschlossenen Schalen oder zumindest mit abgeschlossenen Stufen, die also durch eine Höchst-

Tabelle 33. Elektronenanordnungen der Elemente im Periodischen System.

Elemente 1–36:

Z	El	K s	L s	L p	M s	M p	M d	N s	N p
1	H	1							
2	He	2							
3	Li	2	1						
4	Be	2	2						
5	B	2	2	1					
6	C	2	2	2					
7	N	2	2	3					
8	O	2	2	4					
9	F	2	2	5					
10	Ne	2	2	6					
11	Na	2	2	6	1				
12	Mg	2	2	6	2				
13	Al	2	2	6	2	1			
14	Si	2	2	6	2	2			
15	P	2	2	6	2	3			
16	S	2	2	6	2	4			
17	Cl	2	2	6	2	5			
18	Ar	2	2	6	2	6			
19	K	2	2	6	2	6		1	
20	Ca	2	2	6	2	6		2	
21	Sc	2	2	6	2	6	1	2	
22	Ti	2	2	6	2	6	2	2	
23	V	2	2	6	2	6	3	2	
24	Cr	2	2	6	2	6	5	1	
25	Mn	2	2	6	2	6	5	2	
26	Fe	2	2	6	2	6	6	2	
27	Co	2	2	6	2	6	7	2	
28	Ni	2	2	6	2	6	8	2	
29	Cu	2	2	6	2	6	10	1	
30	Zn	2	2	6	2	6	10	2	
31	Ga	2	2	6	2	6	10	2	1
32	Ge	2	2	6	2	6	10	2	2
33	As	2	2	6	2	6	10	2	3
34	Se	2	2	6	2	6	10	2	4
35	Br	2	2	6	2	6	10	2	5
36	Kr	2	2	6	2	6	10	2	6

Elemente 37–71:

Z	El	K	L	M	N s	N p	N d	N f	O s	O p	O d	O f	P s
37	Rb	2	8	18	2	6			1				
38	Sr	2	8	18	2	6			2				
39	Y	2	8	18	2	6	1		2				
40	Zr	2	8	18	2	6	2		2				
41	Nb	2	8	18	2	6	4		1				
42	Mo	2	8	18	2	6	5		1				
43	(Ma)	2	8	18	2	6	6		1				
44	Ru	2	8	18	2	6	7		1				
45	Rh	2	8	18	2	6	8		1				
46	Pd	2	8	18	2	6	10						
47	Ag	2	8	18	2	6	10		1				
48	Cd	2	8	18	2	6	10		2				
49	In	2	8	18	2	6	10		2	1			
50	Sn	2	8	18	2	6	10		2	2			
51	Sb	2	8	18	2	6	10		2	3			
52	Te	2	8	18	2	6	10		2	4			
53	J	2	8	18	2	6	10		2	5			
54	Xe	2	8	18	2	6	10		2	6			
55	Cs	2	8	18	2	6	10		2	6			1
56	Ba	2	8	18	2	6	10		2	6			2
57	La	2	8	18	2	6	10		2	6	1		2
58	Ce	2	8	18	2	6	10	1	2	6	1		2
59	Pr	2	8	18	2	6	10	2	2	6	1		2
60	Nd	2	8	18	2	6	10	3	2	6	1		2
61	(Il)	2	8	18	2	6	10	4	2	6	1		2
62	Sm	2	8	18	2	6	10	5	2	6	1		2
63	Eu	2	8	18	2	6	10	6	2	6	1		2
64	Gd	2	8	18	2	6	10	7	2	6	1		2
65	Tb	2	8	18	2	6	10	8	2	6	1		2
66	Dy	2	8	18	2	6	10	9	2	6	1		2
67	Ho	2	8	18	2	6	10	10	2	6	1		2
68	Er	2	8	18	2	6	10	11	2	6	1		2
69	Tu	2	8	18	2	6	10	12	2	6	1		2
70	Yb	2	8	18	2	6	10	13	2	6	1		2
71	Cp	2	8	18	2	6	10	14	2	6	1		2

Elemente 72–92:

Z	El	K	L	M	N	O s	O p	O d	P s	P p	P d	Q s
72	Hf	2	8	18	32	2	6	2	2			
73	Ta	2	8	18	32	2	6	3	2			
74	W	2	8	18	32	2	6	4	2			
75	Re	2	8	18	32	2	6	5	2			
76	Os	2	8	18	32	2	6	6	2			
77	Ir	2	8	18	32	2	6	7	2			
78	Pt	2	8	18	32	2	6	9	1			
79	Au	2	8	18	32	2	6	10	1			
80	Hg	2	8	18	32	2	6	10	2			
81	Tl	2	8	18	32	2	6	10	2	1		
82	Pb	2	8	18	32	2	6	10	2	2		
83	Bi	2	8	18	32	2	6	10	2	3		
84	Po	2	8	18	32	2	6	10	2	4		
85	—	2	8	18	32	2	6	10	2	5		
86	Nt	2	8	18	32	2	6	10	2	6		
87	—	2	8	18	32	2	6	10	2	6		1
88	Ra	2	8	18	32	2	6	10	2	6		2
89	Ac	2	8	18	32	2	6	10	2	6	1	2
90	Th	2	8	18	32	2	6	10	2	6	2	2
91	Pa	2	8	18	32	2	6	10	2	6	3	2
92	U	2	8	18	32	2	6	10	2	6	4	2

Entnommen: EMELÉUS, H. J. u. J. S. ANDERSON: Ergebnisse und Probleme der modernen Anorganischen Chemie. S. 10, Tab. 4. Berlin: J. Springer 1940.

zahl der zulässigen Elektronen besetzt sind. Dementsprechend sind die Edelgase chemisch inert. Bei den übrigen Elementen besteht im allgemeinen das Bestreben, sich den Edelgasen im Aufbau zu nähern, indem sie Elektronen abgeben (positive Ionen bilden) oder durch Aufnahme von überzähligen Elektronen negativ ionisiert werden. So wird beim Chlor durch Bildung des Chlorions die stabile Konfiguration des Argons, beim Natrium durch Bildung des Natrium-Kations die Konfiguration des Neons realisiert.

Im Gegensatz zu den Metalloiden zeichnet sich das Metallatom im allgemeinen dadurch aus, daß es ein oder mehrere äußere Elektronen leicht abgibt, wobei es sich der Struktur eines Edelgases nähert. Es neigt dazu, positiv geladene Ionen zu bilden. Das äußert sich in der geringen Elektronen-Abspaltungsarbeit, wie man aus Tab. 34 sieht, und aus der Fähigkeit, mit Metalloiden, vor allen Dingen Halogenen, Ionengitter zu bilden, in denen die Valenzelektronen von den Metallatomen abgespalten sind und sich bei den negativ ionisierten Atomen des Metalloids befinden. Am deutlichsten tritt das jedoch in der Ausbildung metallischer Eigenschaften im krystallinen und im flüssigen Zustand in Erscheinung. Im Metall sind die Atome vorwiegend ionisiert und die Elektronen leicht beweglich (freie Elektronen).

Tabelle 34. Ionisierungsarbeiten einiger Metalle (in Elektronenvolt).

Li	5,37	Mg	7,63	Y	6,6
Na	5,09	Ca	6,25	La	5,59
K	4,32	Sr	5,68	Cu	7,67
Rb	4,19	Ba	5,21	Ag	7,58
Cs	3,86	Al	5,94	Au	9,20
Be	9,30	Sc	6,7		

Wir werden bei der Besprechung verschiedener Metalleigenschaften auf den hier erörterten Atombau zurückgreifen müssen.

Die geschilderten Verhältnisse gelten streng genommen nur für den verdünnten Gaszustand. Bei höheren Drucken treten bekanntlich bereits bei Gasen Linienverbreiterungen auf, die Schärfe der Energieniveaus nimmt, zweifellos unter dem Einfluß der Wechselwirkung mit Nachbarmolekülen, ab. Diese Wechselwirkung ist viel intensiver im flüssigen oder festen Metall. Hierbei werden die Energieniveaus „verschmiert", es treten an ihre Stelle Energiebänder. Einem bestimmten Elektron kommen im Metallatom demnach verschiedene kontinuierlich verteilte Energien zu, je nach den Umständen der Wechselwirkung mit den Nachbaratomen. Da jedem Elektron in einem gegebenen Augenblick eine bestimmte Energie zukommt, so bedeutet das Energieband, daß die Elektronen an verschiedenen Atomen sich in etwas voneinander abweichenden Energiezuständen befinden. Die etwa auf spektroskopischem Wege gewonnene Aussage über ein Energieband beschreibt also nicht etwa den Zustand eines bestimmten Atoms oder jedes Atoms, sie stellt vielmehr eine statistisch gemittelte Aussage über die Gesamtheit der der Beobachtung unterliegenden Atome dar.

Es kommt zuweilen vor, ja es ist für das Metall geradezu charakteristisch, daß solche Energiebänder sich überlappen können. In einem solchen Fall taucht das höhere Energieband zum Teil in das tiefere hinein. Das heißt, ehe das gesamte tiefere Energieband restlos „aufgefüllt' ist, wird bereits teilweise das nächsthöhere in seinen tiefsten Energieregionen besetzt. So kann es vorkommen, daß ein Band, also ein Elektronenniveau, aus dem durch Störungserscheinungen sich dieses Energieband entwickelt hat, als nur mit einem Bruchteil, etwa $1/n$, eines Elektrons besetzt beschrieben wird. Das heißt natürlich nur, daß nur in einem $1/n$-Teil der Atome dieses Niveau besetzt und in den übrigen Atomen frei ist. Wir werden solchen Verhältnissen bei der Besprechung der Leitfähigkeit und des magnetischen Verhaltens der Metalle begegnen.

Auch die scharfe Abgrenzung der „äußeren" oder der „Valenzelektronen" anderer Elektronen des Atoms gegenüber ist bei Metallen im festen Zustande nicht mehr möglich. So hat die Frage, ob das Eisen im metallischen Zustand etwa „zweiwertig" oder „dreiwertig" ist, kaum noch einen Sinn. Zweiwertig oder dreiwertig wird es erst in seinen Verbindungen. Auch die Angabe der Anzahl der „freien" Elektronen im Metall verliert an Bestimmtheit.

Von den Störungen der besprochenen Art werden natürlich in der Hauptsache die höheren Energieniveaus entsprechenden äußeren Elektronen betroffen, da sie unmittelbar der Einwirkung der Nachbaratome ausgesetzt sind. Die tieferen „abgeschirmten" Energieniveaus bleiben beinahe ungestört. Das gilt z. B. für aus den tiefsten Niveaus kommende Röntgenstrahlen-Emission und Absorption.

In der Tab. 35 sind die Raumgitter der Metalle mit ihren Gitterkonstanten zusammengestellt. Die Metalle bevorzugen Raumgitter mit hohen Packungsdichten der Atome, also solche mit hoher Symmetrie und mit hohen Koordinationszahlen. Darin äußert sich die metallische Bindung, auf die des näheren bei der Erörterung der Strukturen intermetallischer Krystallarten eingegangen worden ist (S. 140). Die Beziehungen der einzelnen Raumgittertypen zueinander sind bereits (s. S. 21) erörtert worden.

Tabelle 35. Raumgitter der Metalle mit ihren Gitterkonstanten.

Element	Atom-nummer	Krystallgitter			
		Struktur	Gitterkonstanten		
			a in Å	c in Å	$\dfrac{c}{a}$
Lithium	3	raumzentriert kubisch	3,5019		
Beryllium	4	α-Be: hexagonale dichteste Packung	2,2680	3,5942	1,57
Kohlenstoff	6				
Graphit		Graphitgitter (hexagonal)	2,46	6,78	
Diamant		Diamantgitter (kubisch)	3,560		
Natrium	11	raumzentriert kubisch	4,282		
Magnesium	12	hexagonale dichteste Packung	3,202	5,199	1,624
Aluminium	13	flächenzentriert kubisch	4,041		
Silicium	14	Diamantgitter	5,41$_7$		
Kalium	19	raumzentriert kubisch	5,333		
Calcium	20	α-Ca: flächenzentriert kubisch	5,56		
		β-Ca: hexagonale dichteste Packung	3,94	6,46	1,64
Titan	22	α-Titan: hexagonale dichteste Packung	2,953	4,729	1,60
		β-Titan: raumzentriert kubisch	3,32		
Vanadin	23	raumzentriert kubisch	3,034		
Chrom	24	raumzentriert kubisch	2,878		
Mangan	25	α-Mn: kubisch (eigener Typ)	8,894		
		β-Mn: kubisch (eigener Typ)	6,300		
		γ-Mn: flächenzentriert tetragonal	3,774	3,526	
Eisen	26	α(δ)-Fe: raumzentriert kubisch	2,861		
		γ-Fe: flächenzentriert kubisch	3,564		
Cobalt	27	α(ε)-Co: hexagonale dichteste Packung	2,507	4,07$_2$	1,62
		β-Co: flächenzentriert kubisch	3,545		
Nickel	28	flächenzentriert kubisch	3,517		
Kupfer	29	flächenzentriert kubisch	3,608		
Zink	30	hexagonale dichteste Packung	2,659	4,937	1,86
Gallium	31	orthorhombisch	4,517	7,645	1,7
Germanium	32	Diamantgitter	5,64$_7$		
Arsen	33	Arsengitter (rhombisch)	4,035	α=57°16′	
Selen	34	hexagonal (eigener Typ)	4,337	4,944	
Rubidium	37	raumzentriert kubisch	5,62	bei —173°	
Strontium	38	flächenzentriert kubisch	6,07$_5$		
Yttrium	39	hexagonale dichteste Packung	3,663	5,814	1,56
Zirkon	40	α-Zr: hexagonale dichteste Packung	3,22$_3$	5,123	1,59
		β-Zr: raumzentriert kubisch	3,61	bei 867°	

Tabelle 35. (Fortsetzung.)

Element	Atom-nummer	Krystallgitter			
		Struktur	Gitterkonstanten		
			a in Å	c in Å	$\dfrac{c}{a}$
Niob	41	raumzentriert kubisch	$3,29_4$		
Molybdän	42	raumzentriert kubisch	$3,140$		
Ruthenium	44	hexagonale dichteste Packung	$2,69_5$	$4,27$	$1,586$
Rhodium	45	flächenzentriert kubisch	$3,795$		
Palladium	46	flächenzentriert kubisch	$3,882$		
Silber	47	flächenzentriert kubisch	$4,0778$		
Cadmium	48	hexagonale dichteste Packung	$2,973$	$5,607$	$1,88$
Indium	49	flächenzentriert tetragonal	$4,58_5$	$4,941$	
Zinn	50	α-Sn: Diamantgitter	$6,46$		
		β-Sn: raumzentriert tetragonal	$5,819_4$	$3,175_3$	
Antimon	51	Arsengitter (rhombisch)	$4,49_8$	$= 57°\,6,5'$	
Tellur	52	Selengitter (hexagonal)	$4,445$	$5,912$	
Cäsium	55	raumzentriert kubisch	$6,05$	bei $-173°$	
Barium	56	raumzentriert kubisch	$5,01_5$		
Lanthan	57	α-La: hexagonale dichteste Packung	$3,75$	$6,06$	$1,62$
		β-La: flächenzentriert kubisch	$5,296$		
Cer	58	α-Ce: hexagonale dichteste Packung	$3,65$	$5,91$	$1,62$
		β-Ce: flächenzentriert kubisch	$5,143$		
Neodym	60	hexagonale dichteste Packung	$3,657$	$5,88$	$1,58$
Erbium	68	hexagonale dichteste Packung	$3,74$	$6,09$	$1,63$
Hafnium	72	hexagonale dichteste Packung	$3,20_0$	$5,07_7$	$1,59$
Tantal	73	raumzentriert kubisch	$3,29_6$		
Wolfram	74	raumzentriert kubisch	$3,158$		
Rhenium	75	hexagonale dichteste Packung	$2,755$	$4,449$	$1,62$
Osmium	76	hexagonale dichteste Packung	$2,730$	$4,314$	$1,64$
Iridium	77	flächenzentriert kubisch	$3,831$		
Platin	78	flächenzentriert kubisch	$3,916$		
Gold	79	flächenzentriert kubisch	$4,070$		
Quecksilber	80	einfach rhomboedrisch	$2,999$	$\alpha = 70°\,32'$	
Thallium	81	α-Tl: hexagonale dichteste Packung	$3,450$	$5,52$	$1,60$
		β-Tl: flächenzentriert kubisch	$4,841$		
Blei	82	flächenzentriert kubisch	$4,939$		
Wismut	83	Arsengitter (rhombisch)	$4,736$	$\alpha = 57°\,16'$	
Thorium	90	flächenzentriert kubisch	$5,077$		
Uran	92	orthorhombisch			

B. Die spezifische Wärme der Metalle.

Für die meisten Metalle gilt bei gewöhnlicher Temperatur in erster Annäherung bekanntlich das Gesetz von DULONG und PETIT, nach dem die spezifische Wärme pro Gramm-Atom in grober Annäherung gleich 6 (oder in der meistens benutzten Formulierung gleich 6.4) ist. Dieses Gesetz kann anschaulich und sehr leicht plausibel gemacht werden. In erster Näherung können die Schwingungen der Atome eines festen Körpers als quasi-elastisch betrachtet werden, d. h., die rück-treibende Kraft ist proportional dem Abstand von der Ruhelage. Für eine solche Schwingung kann gezeigt werden, daß die potentielle Energie des schwingen-den Teilchens im zeitlichen Mittel gleich der kinetischen Energie ist[1]. Auf Grund

---

[1] Die Gleichung einer elastischen Schwingung ist $x = A \sin \dfrac{2\,\pi\,t}{T}$, wo x der Abstand von der Ruhelage, t die Zeit und T die Schwingungsdauer ist. Hieraus folgt:

$$\frac{dx}{dt} = \frac{2\,\pi\,A}{T} \cos \frac{2\,\pi\,t}{T}$$

der zeitliche Mittelder klassischen Theorie ist die kinetische Energie eines Gramm-Atoms, die sich in reiner Form bei einem einatomaren Gase äußert, gleich $\dfrac{3RT}{2}$; für einen quasi-elastisch schwingenden Körper ergibt sich für die Temperatur-Energie das Doppelte, $3RT$, oder für die Atomwärme:

$$3R \sim 6 \text{ cal/Grad} \tag{1}$$

In Tab. 36 ist eine Reihe von Werten der Atomwärme bei konstantem Druck C_p und bei konstantem Volumen C_v angegeben. Unmittelbar ist in allen Fällen nur C_p gemessen worden, während C_v nach der thermodynamischen Formel

$$C_p - C_v = \frac{\beta^2 V T}{\varkappa} \tag{2}$$

berechnet worden ist, wegen deren Ableitung auf die Lehrbücher der Thermo-dynamik verwiesen werden muß[1]. Hier ist β der Volumen-Ausdehnungs-Koeffizient, $\varkappa$ die Kompressibilität und V das Atomvolumen des Stoffes. Man sieht, daß das Gesetz von DULONG und PETIT für C_v etwas besser erfüllt ist als für C_p. Die oben angedeutete theoretische Ableitung gilt ja auch für die erste Größe, welche überhaupt nur tieferes theoretisches Interesse beansprucht.

Tabelle 36.
C_p und C_v bei verschiedenen Temperaturen in cal/Grad · Mol nach A. EUCKEN.

Metall	° C	C_p	C_v	° C	C_p	C_v	° C	C_p	C_v
Pt	20	6,1	5,95	500	6,8	6,4	1600	7,45	6,65
Cu	20	5,8	5,65	500	6,7	6,2	1000	7,5	6,5
Ag	20	6,0	5,75	500	6,7	6,0	900	7,3	6,1
Au	20	6,15	5,8	500	6,7	6,0	1000	7,4	6,1
Pb	20	6,35	5,9	300	7,3	6,4	—	—	—

Im Sinne der Ableitung des Gesetzes von DULONG und PETIT müßte die spezifische Wärme von der Temperatur unabhängig sein. Während C_p mit der Temperatur nicht unerheblich ansteigt, was auf Grund der Gl. (2) auch verständlich ist, ist der Anstieg von C_v erheblich geringer. Auf die Ursache dieses Anstieges werden wir später zurückkommen (s. S. 258). Zunächst kann festgestellt werden, daß das Gesetz von DULONG und PETIT für eine Reihe von Metallen in genügender Näherung erfüllt ist.

Ganz anders verhält sich die Atomwärme bei tiefen Temperaturen. Bekanntlich sinkt sie zu sehr niedrigen Werten, wie Abb. 194 für Kupfer und Blei zeigt. Dieser Abfall der spezifischen Wärme ist bekanntlich mit Hilfe der Quanten-

---

wert der kinetischen Energie ist:

$$\frac{2 m \pi^2 A^2}{T^3} \int\limits_0^T \cos^2 \frac{2 \pi t}{T} \, dt = \frac{m \pi A^2}{4 T^2} \int\limits_0^T \left(1 + \cos \frac{4 \pi t}{T}\right) d \frac{4 \pi t}{T} = \frac{m \pi^2 A^2}{T^2} \cdot$$

Beim Durchgang durch die Nullage ist die potentielle Energie gleich Null, und die kinetische Energie hat ihr Maximum. Ihr Wert ist $\dfrac{m}{2}\left(\dfrac{d x}{d t}\right)^2 = \dfrac{2 m \pi^2 A^2}{T^2} \cdot$ Da die Gesamt-energie zeitlich konstant ist, ist das zugleich ihr Wert während der ganzen Bewegung. Der Mittelwert der kinetischen Energie macht davon die Hälfte aus.

[1] Vgl. auch G. BORELIUS: Handbuch der Metallphysik von G. MASING. Bd. I, 1. Leipzig: Akadem. Verlagsgesellschaft 1935.

theorie zum ersten Male von A. EINSTEIN qualitativ erklärt worden. Nach M. PLANCK ist die Energie des linearen Oscillators gleich

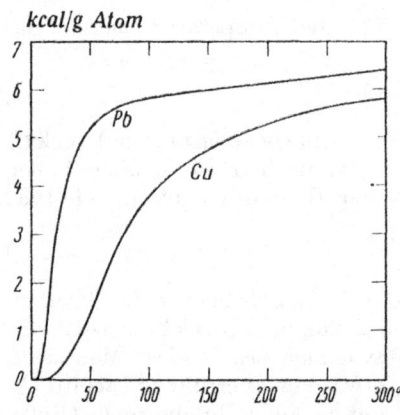

kcal/g Atom

Abb. 194. Zur Temperaturabhängigkeit der spezifischen Wärme (aus BORELIUS).

$$u = \frac{h\nu}{e^{\frac{h\nu}{kT}} - 1}. \tag{3}$$

k ist hier die Boltzmannsche Konstante. Durch Differentiation nach der Temperatur erhält man

$$\frac{du}{dT} = \frac{h^2 \nu^2 e^{\frac{h\nu}{kT}}}{kT^2 \left(e^{\frac{h\nu}{kT}} - 1\right)^2}. \tag{4}$$

Das ist die spezifische Wärme eines linearen Oscillators. Durch Reihenentwicklung von $e^{\frac{h\nu}{kT}}$ und Vernachlässigung höherer Glieder, erhält man für hohe Temperaturen aus Gl. (3) und (4):

$$u = kT; \quad \frac{du}{dT} = k. \tag{5}$$

Diese Gleichungen können auf ein schwingendes Atom oder Ion angewendet werden.

Den in einem Körper schwingenden Massenteilchen kommen drei Freiheitsgrade zu; ihre Energie ist deshalb gleich $3\,kT$, oder, auf ein Mol gerechnet $3\,RT$, in Übereinstimmung mit Gl. (1).

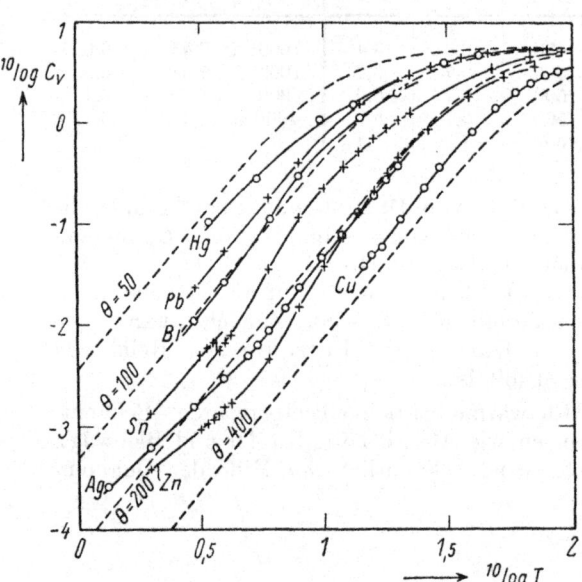

Abb. 195. Zur Prüfung des T^3-Gesetzes von P. DEBYE (aus BORELIUS).

Der primitive Ansatz des festen Körpers als System von linearen Oscillatoren einer Frequenz hat zwar den Abfall der spezifischen Wärme bei tiefen Temperaturen erklärt, aber quantitativ für sie viel zu niedrige Werte ergeben. Von P. DEBYE ist ein verfeinertes Bild des Schwingungszustandes eines festen Körpers gegeben worden, indem ein ganzes Schwingungsspektrum mit verschiedenen Frequenzen angesetzt wird. Man betrachtet hierbei den Körper als von elastischen Wellen verschiedener Frequenz durchzogen und erhält hierbei einen möglichen Höchstwert der Frequenz ν_g, der für einen Körper charakteristisch ist. Bei der Berechnung der Energie und der spezifischen Wärme muß man über die verschiedenen Frequenzen integrieren. Man erhält auf diese Weise für die Energie eines Atoms einen Ausdruck von der Form

$$u = F\left(\frac{T}{h\,\nu_g/k}\right) = F\left(\frac{T}{\Theta}\right). \tag{6}$$

Der Nenner kann als eine Temperatureinheit Θ betrachtet werden, die für den betreffenden Körper charakteristisch ist, da sie neben universellen Konstanten h und k durch die Grenzfrequenz ν_g bestimmt wird. Man nennt ihn die *charakteristische Temperatur*. Indem man die Temperatur als Vielfaches der charakteristischen Temperatur rechnet, erhält man für die innere Energie und damit für die spezifische Wärme aller krystalliner Körper eine universelle Funktion F.

Bekanntlich hat sich die Formel (6) bedeutend besser als (4) bewährt. Für sehr tiefe Temperaturen ergibt sich daraus das bekannte Grenzgesetz

$$C_v = \text{const} \left(\frac{T}{\Theta}\right)^3. \qquad (7)$$

Die spezifische Wärme ist proportional der dritten Potenz der Temperatur. In Abb. 195 ist C_v als Funktion von $\frac{T}{\Theta}$ in doppelt logarithmischem Maßstab aufgetragen. Die gestrichelten Kurven sind auf Grund der Formel von P. DEBYE für verschiedene Werte von Θ berechnet worden. Wie man sieht, schmiegen sich die experimentellen Kurven dem theoretischen Gang gut an, wenn auch Abweichungen unverkennbar sind. Nach neuen Erfahrungen fällt die spezifische Wärme bei den tiefsten Temperaturen jedoch keineswegs nach der Formel (7) ab, vielmehr ergeben sich Komplikationen, die auf die atomistische Struktur zurückzuführen sind, die bei der Ableitung der Formel von P. DEBYE nicht hinreichend berücksichtigt wurde.

In Tab. 37 sind je in Zeile 4 die charakteristischen Temperaturen für eine Reihe von Metallen ange-

Tabelle 37. Charakteristische Temperaturen in Kelvin-Graden.

453 Li 474	1555 Be 1060 1000														
370,1 Na 192	923 Mg 350 305	932 Al 374 398													
336 K 113 94	1123 Ca 244 230	Sc	1993 Ti 396	1973 V 413	2163 Cr 459 485	1517 Mn 368	1808 Fe 407 420	1751 Co 397 385	1728 Ni 425 370	1357 Cu 329 315	692 Zn 213	293 Ga 125	1233 Ge 236	1073 As 224	493 Se 135
312 Rb 69	1030 Sr 148	Y	2403 Zr 275	2773 Nb 301	2873 Mo 357 380		2723 Ru 352	2238 Rh 315	1827 Pd 270	1233 Ag 210 215	594 Cd 134 172	429 In 106	505 Sn 111	903 Sb 142 140	725 Te 120
301,3 Cs 50	983 Ba 116	1099 La 152	2503 Hf 213	3303 Ta 263 245	3653 W 315 306	3443 Re 283	2973 Os 256	2827 Ir 247 295	2046 Pt 212 225	1336 Au 164 170	241 Hg 84 96	576 Tl 88 100	600 Pb 89 88	544 Bi 80	Po

1. Zeile (über dem Symbol): Schmelzpunkt in Kelvin-Graden.
2. Zeile: Symbol des Elementes.
3. Zeile: Charakteristische Temperatur, berechnet nach der Formel $\Theta = 137 \sqrt{\dfrac{T_s}{A V^{2/3}}}$, vgl. S. 258
4. Zeile: Charakteristische Temperatur, berechnet aus der spezifischen Wärme.

geben, wie man sie aus den experimentell bestimmten spezifischen Wärmen erhält. Darüber sind je in Zeile 1 die Schmelzpunkte eingetragen. Fernerhin sind je in Zeile 3 die nach der Formel $\Theta = 137 \sqrt{\dfrac{T_s}{A V^{2/3}}}$ berechneten charakteristischen Temperaturen angegeben[1]. Diese Formel geht von der Voraussetzung aus, daß beim Schmelzpunkt T_s die Schwingungsamplitude einen gewissen Bruchteil des Atomabstandes erreicht. A ist das Atomgewicht, V das Atomvolumen. Man sieht, daß das Verhältnis der charakteristischen Temperatur zur Schmelztemperatur nicht konstant ist. Zwischen Θ und der Temperatur des Schmelzpunktes allein besteht also keine einfache Beziehung.

Das Metall darf nicht allein als System von atomaren Oscillatoren, die als Ganzes schwingen, betrachtet werden, da es ja außer den Metallionen aus Elektronengas besteht. Bei der Erörterung der elektrischen Leitfähigkeit wird darauf hingewiesen werden, daß die spezifische Wärme der Elektronen bei gewöhnlicher und bei tieferen Temperaturen zu vernachlässigen ist, da das Elektronengas entartet ist. Bei höheren Temperaturen nähert es sich jedoch mehr dem Zustand eines idealen Gases und seine spezifische Wärme muß etwas bemerkbar werden. Jedoch ist die spezifische Wärme des Elektronengases wohl noch zu klein, um den Anstieg der spezifischen Wärme C_v bei hohen Temperaturen, der aus Tab. 36 ersichtlich ist, zu erklären.

Aus der Tatsache, daß der Körper mit steigender Temperatur in steigendem Maße Strahlung aussendet, ist zu schließen, daß seine Atome sich zum Teil nicht mehr im Grundzustand, sondern in angeregten Zuständen, denen eine höhere Energie entspricht, befinden. Auf diesen Umstand ist wohl der Anstieg der spezifischen Wärme bei konstantem Volumen bei höherer Temperatur in der Hauptsache zurückzuführen.

C. Volumen und thermische Ausdehnung.

1. Reine Metalle.

In Tab. 38 sind im Rahmen des Periodischen Systems die Dichten und die Atomvolumina, d. h. die mit dem Atomgewicht multiplizierten spezifischen Volumina bei Zimmertemperatur und nach H. BILTZ auf $0°$ K extrapoliert, eingetragen. Auf die bekannten, im Periodischen System auftretenden Regelmäßigkeiten braucht hier nicht eingegangen zu werden; sie sind von Bedeutung bei der Bildung von intermetallischen Verbindungen und von Mischkrystallen.

Von dem so definierten Atomvolumen der alten klassischen Chemie unterscheidet sich völlig das Atomvolumen, das man erhält, wenn man die Atome als Kugeln betrachtet, die im Raumgitter miteinander in Berührung stehen, wie wir das z. B. in Abb. 9, 10, 11 getan haben. Dieses Atomvolumen ist natürlich geringer als das in der Tabelle angegebene und zwar im Verhältnis der Raumerfüllungszahl, die wir in Abschnitt II B erörtert haben. Um Verwechslungen zu vermeiden, bevorzugt man hierfür die Angabe von Atomradien, aus denen sich die Volumina der kugelförmigen Atome leicht berechnen lassen.

V. M. GOLDSCHMIDT[2] hat gezeigt, daß für sehr viele Raumgitter von Verbindungen konstante Radien der Elemente angesetzt werden können (vgl. jedoch

---

[1] LINDEMANN, F. A.: Phys. Z. **11** (1910), 609. — BORELIUS, G.: Handbuch der Metallphysik I 1, S. 251. Leipzig: Akademische Verlagsgesellschaft 1935.
[2] GOLDSCHMIDT, V. M.: Z. pbys. Chem. **133** (1928), 397.

Tabelle 38. Dichte und Atomvolumina der Elemente im Periodischen System.

Gruppe	Element	Dichte bei 18° C	Atomvolumen	Gruppe	Element	Dichte bei 18° C	Atomvolumen
1	Li	0,53	13,00	8	Fe	7,87	7,09
	Na	0,97	23,7		Ru	12,43	8,18
	K	0,86	45,4		Os	22,70	8,40
	Rb	1,53	55,8	9	Co	8,70	6,81
	Cs	1,87	71,0		Rh	12,42	8,29
2	Be	1,86	4,86		Ir	22,65	8,53
	Mg	1,74	13,98	10	Ni	8,90	6,59
	Ca	1,51	26,01		Pd	12,03	8,87
	Sr	2,60	33,72		Pt	21,48	9,09
	Ba	3,61	38,16	11	Cu	8,93	7,12
3	Al	2,70	10,00		Ag	10,50	10,27
	Y	4,57	19,45		Au	19,30	10,22
	La	6,19	22,59	12	Zn	7,13	9,17
4	Ti	4,43	10,82		Cd	8,64	13,01
	Zr	6,49	14,05		Hg	14,19	14,13
	Hf	13,31	13,42	13	Ga	5,93	11,75
5	V	6,16	8,27		In	7,30	15,73
	Nb	8,57	10,86		Tl	11,85	17,25
	Ta	16,69	10,88	14	Ge	5,35	13,70
6	Cr	7,21	7,21		Sn	7,28	16,27
	Mo	10,22	9,39		Pb	11,34	18,27
	W	19,26	9,55	15	As	5,73	13,05
7	Mn	7,46	7,35		Sb	6,69	18,22
	Re	21,05	8,86		Bi	9,85	21,33

z. B. S. 159). Hierbei gilt allerdings die Regel, daß der Radius mit zunehmender Koordinationszahl etwas zunimmt, wie das Tab. 39 zeigt.

Diese Beziehung wird anschaulich verständlich, wenn man bedenkt, daß die Atome in Wirklichkeit nicht starre Kugeln sind, sondern durch die Wechselwirkung mit den Nachbarn deformiert werden. Man kann sie sich als elastische Kugeln vorstellen, die unter dem Einfluß der Anziehungskräfte gegeneinander gepreßt werden. Je geringer die Zahl der Nachbaratome, je geringer also die Koordinationszahlen, desto stärker werden die Atome hierdurch in den Richtungen der Verbindungsgeraden der Zentren der Nachbaratome zusammengepreßt werden.

Tabelle 39.

Koordinationszahl Übergang	Atomabstand Verminderung in %
12 → 8	3
12 → 6	4
12 → 4	12

Bei der Betrachtung der Atomradien ist fernerhin der Ionisierungszustand der Atome im Raumgitter zu berücksichtigen. Die Volumina der Anionen sind erheblich größer als die der neutralen Atome, die der Kationen geringer, wie das Tab. 40 an einigen Beispielen für das letztere zeigt.

Wenn man berücksichtigt, daß man in Strukturen von intermetallischen Verbindungen vielfach Übergänge zwischen Ionen- und Atomgittern hat, wird es verständlich, daß der Ansatz eines konstanten Radius für ein Atom nur eine erste Näherung darstellen muß. Auch die oben angedeutete mehr oder weniger starke Deformation der Atome in den Raumgittern (Polarisierbarkeit) führt zu Änderungen des scheinbaren Atomradius.

Tabelle 40. Volumen des Atoms und des Kations.

Element	V_A	V_I	Element	V_A	V_I	Element	V_A	V_J
Li	12,6	1,5	Sr	33,2	11	Ga	11,7	2
Na	22,8	6,5	Ba	(37,3)	16	In	15,3	4
K	43,4	16	Zn	8,9	3	Tl	16,9	6
Rb	53,1	20	Cd	12,7	6	Ti	10,7	1
Cs	65,9	26	Hg	13,8	8	Zr	13,9	2,5
Cu	7,0	5	Al	9,9	0 (?)	Hf	13,4	2,5
Ag	10,1	9	Sc	(15)	2	Th	19,7	6
Mg	13,8	2	Y	20,2	6	Ge	13,5	1
Ca	25,6	6,5	La	22,8	8	Sn	16	2
						Pb	17,9	5

V_A = Atomvolumen, V_I = Ionenvolumen.

Aus W. Biltz: Raumchemie der festen Stoffe, S. 207, Tab. 22 (Auszug). Leipzig: L. Voß 1934.

Während der Ausdehnungskoeffizient der kubischen Metalle von der Richtung im Raumgitter unabhängig ist, ändert er sich bei Metallen niedrigerer Symmetrie mit der Richtung (Tab. 41). Besonders stark ist der Unterschied bei den hexagonalen Metallen Zink und Kadmium. Eine Folge der großen Richtungsabhängigkeit der thermischen Ausdehnung bei Zink und Kadmium ist, daß in vielkrystallinen Stücken dieser Metalle bei größeren Temperaturänderungen unvermeidlich kleine plastische Verformungen stattfinden[1]. Es ist nicht ausgeschlossen, daß das von einer gewissen technischen Bedeutung sein kann (vgl. Kapitel über Rekrystallisation).

Tabelle 41. Lineare Ausdehnungskoeffizienten
(etwa bei Zimmertemperatur).

Metall	$\alpha \cdot 10^6$	Metall	$\alpha \cdot 10^6$	Metall	$\alpha \parallel \cdot 10^6$	$\alpha \perp \cdot 10^6$
Al	22,5	Cu	16,2	Zn	63,9	14,1
Cr	6,5	Ag	18,7	Cd	52,6	21,4
Mo	4,8	Au	14,0	Sn	30,5	15,5
W	4,3	Pb	28,3	Bi	14,0	10,4
Fe	11,6	Na	72,0	Sb	15,6	8,0
Ni	11,5	K	83,0	Te	—1,6	27,2
Pt	8,9	Mn	21,0	Mg	26,4	25,6

$\parallel$ und $\perp$ bedeutet parallel und senkrecht zur hexagonalen Achse.

Auf die durch den Ferromagnetismus bedingten Anomalien der thermischen Ausdehnung (Invar-Problem) wird bei der Besprechung der Eigenschaften der Nickellegierungen eingegangen werden (vgl. S. 606).

Für die thermische Ausdehnung gilt roh die angenäherte Beziehung, daß die gesamte Längenzunahme im Krystallzustand vom absoluten Nullpunkt bis zum Schmelzpunkt 2% beträgt. In Abb. 196 ist die Längenzunahme $\frac{\Delta l}{l}$ in Abhängigkeit von $\frac{T}{\Theta}$ aufgetragen. Alle Kurven sollten bei der Ordinate $\frac{\Delta l}{l} 10^2 = 2$ enden, man sieht, daß dieses nur in roher Annäherung gilt.

---

[1] Vgl. W. Boas u. R. W. K. Honeycombe: Proc. roy. Soc. London A 186 (1946), 57; 188 (1947), 427.

Hieraus folgt, daß der thermische Ausdehnungskoeffizient bei mittleren Temperaturen in erster Näherung umgekehrt proportional der absoluten Schmelztemperatur ist. Niedrig schmelzende Metalle haben einen hohen, hoch schmelzende einen niedrigen Ausdehnungskoeffizienten.

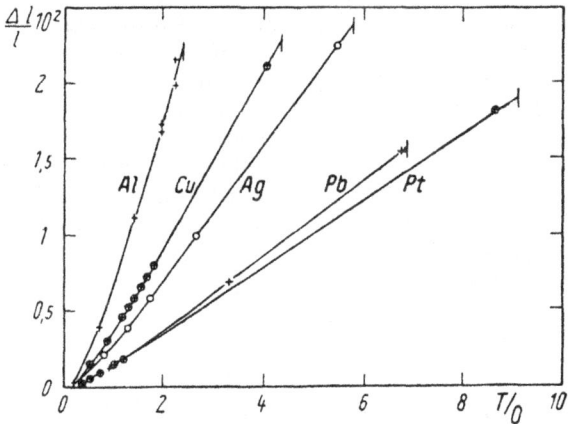

Abb. 196. Relative Längenausdehnung der Metalle bis zum Schmelzpunkt (aus BORELIUS).

2. Eine Beziehung zwischen der spezifischen Wärme und der thermischen Ausdehnung.

Zwischen der thermischen Ausdehnung und der spezifischen Wärme besteht eine enge Beziehung, was auch verständlich ist, da die thermische Ausdehnung als Folge der Zunahme der Schwingungsamplitude, also auch der Schwingungsenergie, der Atome mit steigender Temperatur betrachtet werden muß. Nach E. GRÜNEISEN[1] gilt die empirische Beziehung:

$$\frac{V - V_0}{V_0} = \frac{U}{1 - \dfrac{U}{b}}\, a, \tag{8}$$

wo V_0 das Volumen beim absoluten Nullpunkt, U die innere Energie und a eine individuelle Konstante ist, während b annähernd eine universelle Konstante zu sein scheint (43000—48000 cal/mol). Die Gl. (8) ist an den Metallen Iridium, Platin, Kupfer und Gold geprüft worden.

Die innere Energie U ist b gegenüber ziemlich gering, für 1000° K erhält man etwa $U = \int_0^T C_v\, dT < 6000$ cal. Bei tieferen Temperaturen erhält man deshalb annähernd

$$\frac{V - V_0}{V_0} \sim a\,U$$

$$\frac{1}{V_0}\frac{dV}{dT} = \beta = a\left(\frac{dU}{dT}\right)_p = a\,C_p \sim a\,C_v \tag{9}$$

wenn man berücksichtigt, daß auf Grund der Formel (2), S. 255, der Unterschied zwischen C_p und C_v zu vernachlässigen ist. Aus (9) folgt die wichtige Tatsache, daß der thermische Ausdehnungskoeffizient beim absoluten Nullpunkt gleich Null wird.

[1] GRÜNEISEN, E.: Ann. Physik **26** (1908), 211; **39** (1912), 286; Handbuch der Physik, Bd. X (1926), 43.

3. Volumen und thermische Ausdehnung von Legierungen.

Es ist im vorhergehenden (S. 60) gezeigt worden, daß bei der Darstellung der Zusammensetzung von Legierungen in Gewichts- oder Atomteilen die Betrachtung des auf die Einheit der Konzentration bezogenen Volumens zweckmäßiger als die Betrachtung der Dichte ist, da für ein mechanisches Gemenge nur im ersten Falle eine lineare Beziehung herauskommt. Die Erörterung des Volumens von mechanischen Gemengen bietet deshalb kein weiteres Interesse.

Für Mischkrystalle gilt in einiger Annäherung die Vegardsche Regel, nach der der Atomradius in Mischkrystallen sich mit der Zusammensetzung linear ändert. Von dieser Regel gibt es jedoch zahlreiche Abweichungen nach beiden Seiten hin, vgl. Abb. 197. Das Einzige, was allgemein behauptet werden kann,

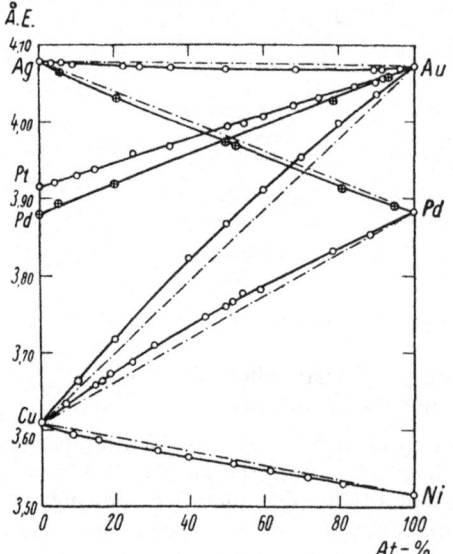

Abb. 197. Gitterkonstanten-Konzentrationsdiagramm von Mischkrystallreihen (aus BORELIUS).

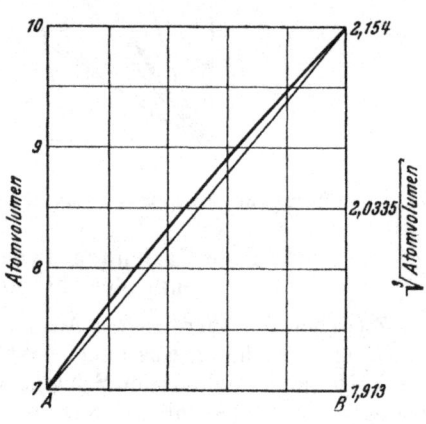

Abb. 198. Additivität des Atomvolumens und der Gitterkonstante (Schema).

ist, daß die Werte der Volumina von Mischkrystallen wohl immer zwischen den Werten für die Komponenten liegen, wenn ihre Differenzen etwas erheblicher sind.

L. VEGARD[1] hat seine Regel als den einfachsten Ansatz für den Fall aufgestellt, daß keine gegenseitige Beeinflussung der Komponenten im Mischkrystall stattfindet. Es ist jedoch durchaus zweifelhaft, ob man hierfür zweckmäßigerweise den linearen Verlauf des Atomradius oder des Atomvolumens, also der dritten Potenz des Radius anzusetzen hat. Wenn nämlich bei der Bildung der Mischkrystalle weder eine Kontraktion noch eine Dilatation stattfinden soll, müssen die Atomvolumina additiv sein (Abb. 198, schwach ausgezogene Linie). In einem solchen Fall ergibt sich aber für die Atomradien eine schwach nach oben konvexe Kurve.

Die Additivität der Atomvolumina bedeutet jedoch eine gewisse Deformation der sich berührenden kugelförmigen Atome bei der Legierungsbildung. Hierbei bleibt die Raumerfüllung nämlich dieselbe wie bei den reinen Komponenten, was bei voneinander abweichenden Atomvolumina nicht ohne Deformation der Atome möglich ist. Wenn die Atome als elastisch starre Kugeln betrachtet werden, ergibt sich deshalb für die Mischkrystalle die Vegardsche Beziehung, bei der jedoch die Raumerfüllung von der bei den reinen Metallen abweicht (geringer ist).

---

[1] VEGARD, L.: Videnskapsselsk. skrifter. Oslo Nr. 4 (1927), 4; Nr. 6 (1921).

Der thermische Ausdehnungskoeffizient eines Gemenges berechnet sich wie das Volumen nach der Mischungsregel aus den Ausdehnungskoeffizienten der Komponenten. Bei Mischkrystallen weicht der Ausdehnungskoeffizient von dem nach der Mischungsregel berechneten in der Regel ab, sowohl nach unten als auch nach oben, jedoch liegt sein Wert zwischen den Werten der Ausdehnungskoeffizienten der beiden Komponenten.

Bei intermediären Krystallarten läßt sich weder über das Volumen, noch über den Ausdehnungskoeffizienten eine allgemeine Regel aufstellen.

Wenn ein mechanisches Gemenge mehrerer Krystallarten mit verschiedenen Ausdehnungskoeffizienten erwärmt wird, entstehen in den Krystallarten der Bestandteile Spannungen, weil die Volumina der Bestandteile sich gegenseitig anpassen müssen. In erster Linie wird es sich hierbei um Kompressions- und Dilatationsspannungen handeln, bei einer unregelmäßigen Gestalt der Krystallite jedoch auch um davon abweichende gerichtete Spannungen. Im letzteren Falle kann es grundsätzlich zur Überschreitung der Elastizitätsgrenze und zu plastischen Verformungen infolge der Temperaturänderungen kommen, besonders wenn man berücksichtigt, daß die Elastizitätsgrenze bei höheren Temperaturen sehr niedrig ist. Man kann sich durch eine einfache Überschlagsrechnung von der Größe des Effektes Rechenschaft ablegen. Der thermische Volumenausdehnungskoeffizient des Kupfers ist etwa $5 \cdot 10^{-5}$, der des Eisens $3,5 \cdot 10^{-5}$, die Differenz $1,5 \cdot 10^{-5} = 1,5 \cdot 10^{-3}\%$. Bei einer Temperaturerhöhung um $100°$ erreicht die Differenz $0,15\%$ oder für die lineare Ausdehnung $> 0,05\%$. Die Dehnung bei der Elastizitätsgrenze liegt sowohl bei reinem Eisen als auch bei reinem Kupfer bei gewöhnlicher Temperatur wesentlich tiefer. Deshalb kann man die Legierungen des Kupfers mit Eisen, die miteinander ein mechanisches Gemenge bilden, überhaupt nicht in einem plastisch völlig unverformten Zustand herstellen, wenn man sie bei höheren Temperaturen durch Zusammenschmelzen oder Sintern herstellt. Dieser Fall hat eine erhebliche Rolle bei der Erörterung der ferromagnetischen Eigenschaften gespielt (vgl. S. 319 u. 320).

4. Kompressibilität der Metalle.

In Tab. 42 sind die Kompressibilitätskoeffizienten der Metalle zusammengestellt. Sie zeigen einen deutlichen Zusammenhang mit den Valenz-Elektronen-Volumina in den Metallen, die wie folgt bestimmt sind. Das Atomvolumen, wie es röntgenometrisch oder durch eine Dichtebestimmung gewonnen wird, wird

Tabelle 42. Kompressibilitätskoeffizienten meistens bei 30° C.

$$\varkappa \cdot 10^7, \quad \varkappa = \frac{1}{v}\frac{d V}{d p} \text{ in } (\text{kg/cm}^2)^{-1} \text{ nach Bridgman u. a.}$$

	1	2	3	4	5	6	7	8	9	10	11	12	13	14	15	16
2	Li 86	Be 7,8														
3	Na 142	Mg 29,5	Al 13,4													
4	K 232	Ca 57	Sc	Ti 8,0	V 6,1	Cr 6,0	Mn 7,9	Fe 5,9	Co 5,4	Ni 5,3	Cu 7,2	Zn 16,6	Ga 20	Ge 14,1	As 44	Se 11,8
5	Rb 328	Sr 82	Y	Zr 11,0	Nb 5,7	Mo 3,5	Ma	Ru 3,4	Rh 3,6	Pd 5,3	Ag 9,9	Cd 20	In 25,0	Sn 18,8	Sb 24,0	Te 50,8
6	Cs 364	Ba 102	La 35	Hf 9,0	Ta 4,8	W 2,9	Re 2,7	Os 2,6	Ir 2,7	Pt 3,6	Au 5,8	Hg 34	Tl 34,8	Pb 23,7	Bi 29,2	Po

als Summe des Volumens der ionisierten Metallatome und der Elektronen betrachtet. Für die Abschätzung des ersteren gibt es verschiedene, meistens indirekte Verfahren[1]. Das Volumen der gesamten Valenz-Elektronen ist also die Differenz zwischen dem Atomvolumen und dem Ionenvolumen. Das Volumen eines einzelnen Elektrons oder das Elektronenvolumen schlechthin erhält man durch Division dieser Differenz durch die Zahl der Valenzelektronen. Trägt man diese Elektronenvolumina gegen die Kompressibilitäten logarithmisch auf, erhält man die Kurve der Abb. 199. Die Kompressibilität nimmt mit steigendem Elektronenvolumen zu.

Die heutige Elektronentheorie gestattet die Kompressibilität des Gases der freien Elektronen im Metall zu berechnen. Die so berechnete Kompressibilität

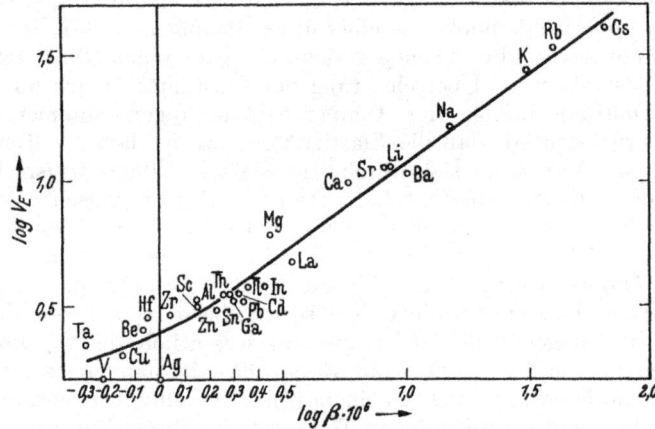

Abb. 199. Kompressibilität und Raumbeanspruchung pro Elektron V_E (aus W. BILTZ).

stimmt bei den Alkali-Metallen mit der beobachteten überein; sie wird also durch die Valenz-Elektronen bestimmt, während die Ionen selbst, also die näher am Atomkern liegenden Elektronen-Systeme, nicht in Wechselwirkung treten. Die Verhältnisse müssen ganz andere sein, wenn das Elektronenvolumen gering ist, wenn also die inneren Elektronen der verschiedenen Atome miteinander in nahe Berührung kommen. In diesem Falle wird die Volumenänderung bei einer Drucksteigerung im wesentlichen durch die viel starreren Systeme der inneren Elektronen bestimmt werden. Der oben angegebene Zusammenhang zwischen Elektronenvolumina und Kompressibilität ist also durchaus verständlich.

D. Elektrische Leitfähigkeit, Wärmeleitfähigkeit.

1. Tatsachenmaterial zur elektrischen Leitfähigkeit.

a) Leitfähigkeit und Widerstand reiner Metalle.

Der elektrische spezifische Widerstand ϱ ist der Widerstand eines Würfels von einem Zentimeter Kantenlänge. Sein reziproker Wert ist das spezifische elektrische Leitvermögen λ. Der Widerstand R eines Metallstückes von konstantem Querschnitt ist direkt proportional der Länge l und umgekehrt proportional dem Querschnitt q:

$$R = \varrho \frac{l}{q}. \tag{10}$$

---

[1] Vgl. W. BILTZ: Raumchemie der festen Stoffe. Leipzig: L. Voß 1934.

Bei einer Temperaturänderung ändern sich auch die Abmessungen des Körpers. Für seinen Widerstand gilt daher:

$$\frac{R_t}{R_0} = \frac{\varrho_t \, l_t \, q_0}{\varrho_0 \, l_0 \, q_t} = \frac{\varrho_t}{\varrho_0(1+\alpha t)}, \quad (11)$$

wo die mit dem Index 0 versehenen Werte sich auf die Temperatur 0° C beziehen, und wo α der lineare Ausdehnungskoeffizient ist.

In der Regel wird die thermische Ausdehnung des Metalles vernachlässigt. Das kann auf Grund von S. 260 für das gesamte Temperaturgebiet des festen Zustandes einen Fehler im spezifischen Widerstand bis zu etwa 2% herbeiführen und läuft darauf hinaus, daß man den Widerstand auf Abmessungen des Körpers bei einer fixierten Temperatur etwa bei 0° C bezieht. Das ist auch insofern sinnvoller, als jeweils die Widerstände derselben Masse des Metalles verglichen werden und nicht verschiedener Massen, die bei verschiedenen Temperaturen in einer Volumeneinheit vorhanden sind. Wir werden deshalb allgemein schreiben:

$$\frac{R_t}{R_0} = \frac{\varrho_t}{\varrho_0} = \frac{\lambda_0}{\lambda_t}, \quad (12)$$

und damit den Widerstand auf eine Masse beziehen, die bei 0° C die Volumeneinheit einnimmt.

In der Tab. 43 sind die spezifischen Widerstände der Metalle bei 0°, ihre mittleren Temperaturkoeffizienten zwischen 0° und 100°. Für die nicht kubischen Metalle Be, Mg, Ti, Zr, Hf, Os, Co, Zn, Cd, Ga, In, Tl, Sn, As, Sb und Bi sind die Mittelwerte quasiisotroper Krystallhaufwerke angeführt.

Tabelle 43. Spezifischer Widerstand bis 0° C und sein mittlerer Temperaturkoeffizient bei 0—100° der Metalle im Periodischen System.

Periode 1	Periode 2	Periode 3	Periode 4	Periode 5	Periode 6	Periode 7
He	Ne	Ar	Kr	Xe		
H	F	Cl	Br	J		
	O	S	Se	Te		
	N	P	As 26,0	Sb 38,7 / 5,4	Bi 111,0 / 4,45	
	C	Si 300 bis 1500 / 0,3-0,07	Ge	Sn 10,09	Pb 19,28 / 4,22	
	B	Al 2,50 / 4,67	Ga 38,0 / (3,96)	In 8,2 / 5,1	Tl 15,0 / 5,2	
			Zn 5,45 / 4,20	Cd 7,24 / 4,26	Hg 19,7	
			Cu 1,56 / 4,31	Ag 1,52 / 4,10	Au 2,04 / 3,98	
			Ni 6,58 / 6,75	Pd 10,72 / 3,77	Pt 9,81 / 3,92	
			Co α 6,20 / 6,58	Rh 4,58 / 4,43	Ir 4,93 / 4,11	
			Fe α 8,71 / 6,57	Ru	Os 95,0 / 4,45	
			Mn α β 150	Ma	Re 25,8 / 4,63	
			Cr 15,0	Mo 5,03 / 4,73	W 4,91 / 4,82	U 19,3
			V 170	Nb 21,7	Ta 14,0 / 3,47	Pa
			Ti 42,0 / 5,46	Zr 41,0 / 4,4	Hf	Th 130
			Sc	Y		Ac
	Be 3,25 / 10,0	Mg 3,94 / 4,2	Ca 4,30 / 3,8	Sr 30,3 / 3,5	Ba 60,0	Ra
	Li 8,5 / 4,35	Na 4,27 / 5,5	K 6,10 / 5,7	Rb 11,62 / 4,8	Cs 19,0 / 5,0	

1. Reihe: Symbol der Elemente.
2. Reihe: Spezifischer Widerstand · 10^6.
3. Reihe: Temperaturkoeffizient des elektrischen Widerstandes · 10^3 zwischen 0 und 100° C.

Im Periodischen System zeigen sich hinsichtlich des elektrischen Widerstandes der Metalle gewisse Hinweise auf Regelmäßigkeiten, die jedoch nicht eindeutig sind[1]. Der spezifische Widerstand ist nicht eine einfache Funktion der Ordnungszahl eines Elementes. Den geringsten Widerstand zeigen die Metalle Kupfer, Silber und Gold, neben ihnen von den technischen Metallen Aluminium und Zink. Deshalb wird neben Kupfer das Aluminium für elektrische Leitungen benutzt. Bei Mangel an Aluminium werden auch Leitungen aus Zink verwandt.

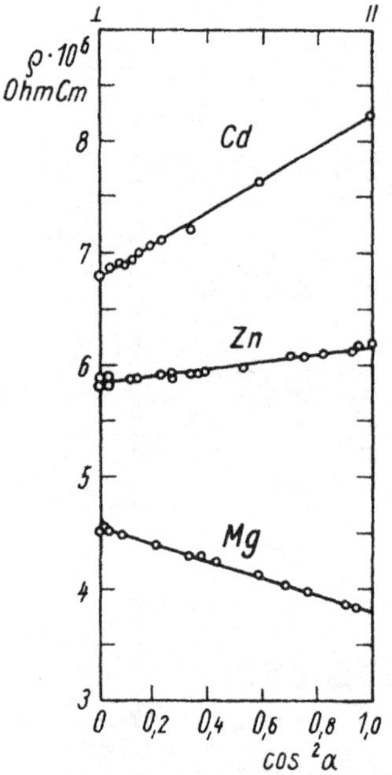

Der spezifische Widerstand hängt in Übereinstimmung mit den optischen Eigenschaften bei kubischen Krystallen nicht von der Richtung ab[2], wohl aber bei den Krystallen aller anderen Krystallklassen. Abb. 200 gibt die Verhältnisse für die hexagonalen Metalle Magnesium, Zink und Cadmium wieder. α ist der Winkel zwischen der Richtung, in der gemessen wird, und der Basisebene des Krystalles. Nach der Theorie[3] ist

$$\varrho_\alpha = \varrho_\perp + (\varrho_\parallel - \varrho_\perp) \cdot \cos^2 \alpha.$$

Wie man sieht, ist diese lineare Beziehung gut erfüllt. Tab. 44 gibt die Widerstandswerte für einige nicht kubische Metalle in Richtungen der Hauptsachen wieder.

Mit steigender Temperatur nimmt der elektrische Widerstand der Metalle zu, und zwar liegt der Temperatur-Koeffizient ganz roh in der Größenordnung des Ausdehnungs-Koeffizienten idealer Gase. Bei tiefen Temperaturen sinkt der Widerstand der ganz reinen Metalle sehr stark, und es spricht alles dafür, daß er beim absoluten Nullpunkt gleich Null wird — auch unabhängig von der Supraleitfähigkeit. In Abb. 201 und 202 stellen die unteren mit „ideal" bezeichneten Kurven die auf völlig reines Metall extrapolierten Widerstände von Platin und von Gold als Beispiel dar. Auf die weiteren, in diesen Abbildungen dargestellten Zusammenhänge werden wir in Abschnitt b, S. 271 zurückkommen.

Bei höheren Temperaturen steigt der Widerstand der festen Metalle (mit Ausnahme der ferromagnetischen Metalle Eisen, Kobalt und Nickel) in erster Annäherung proportional der absoluten Temperatur an. Ziemlich einfache Ver-

Abb. 200.
Richtungsabhängigkeit des Widerstandes hexagonaler Krystalle (aus BORELIUS).

Tabelle 44. Anisotropie des Widerstandes nichtkubischer Metalle.

Metall	Symbol	c/a	T° abs.	$\varrho_\parallel / \varrho_\perp$	$10^4 \cdot \varrho_\parallel$	$10^4 \cdot \varrho_\perp$
Magnesium	Mg	1,624	273	0,829	0,0350	0,0422
Zink	Zn	1,86	273	1,082	0,0583	0,0539
Cadmium	Cd	1,88	293	1,208	0,0824	0,0682
Zinn	Sn	0,541	273	1,451	0,1313	0,0905
Antimon	Sb	1,32	293	0,768	0,321	0,426
Wismut	Bi	1,303	293	1,27	1,38	1,09

[1] Übersichtlichere Zusammenhänge im Rahmen des Periodischen Systems ergeben sich beim Einsetzen des atomaren Widerstandes. Vgl. z. B. MÜLLER-POUILLET: Lehrbuch der Physik. 11. Aufl., S. 10. Braunschweig: F. Vieweg 1934.

[2] Außer im Magnetfeld bei tiefen Temperaturen. Vgl. z. B. E. JUSTI: Leitfähigkeit und Leitungsmechanismus fester Stoffe. Göttingen: Vandenhoeck & Ruprecht 1948.

[3] Vgl. z. B. G. BORELIUS: Handbuch der Metallphysik, Bd. 1, S. 322.

hältnisse findet man, wenn man als Einheit der Temperaturzählung die Größe der charakteristischen Temperatur Θ und als Einheit des Widerstandes den Wider-

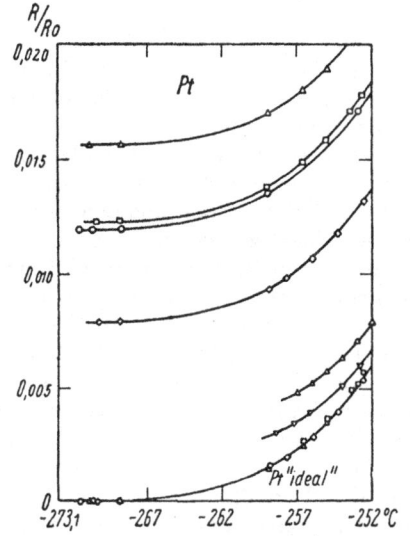

Abb. 201. Widerstand von Pt-Proben verschiedener Reinheit (aus BORELIUS).

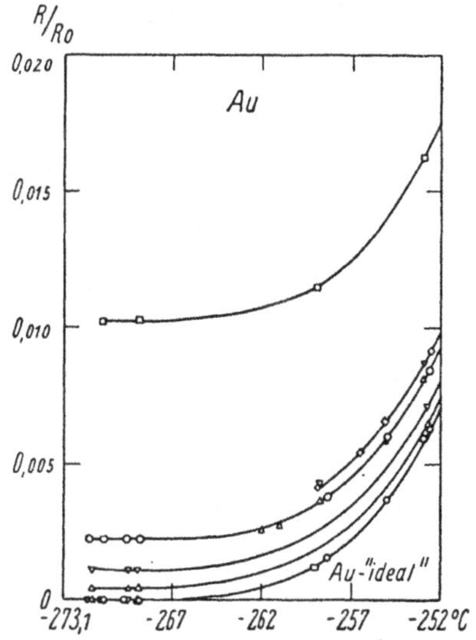

Abb. 202. Widerstand von Au-Proben verschiedener Reinheit (aus BORELIUS).

stand ϱ_Θ bei dieser Temperatur wählt. Wie man in Abb. 203 sieht, wo links oben auch die aus den spezifischen Wärmen abgeleiteten charakteristischen

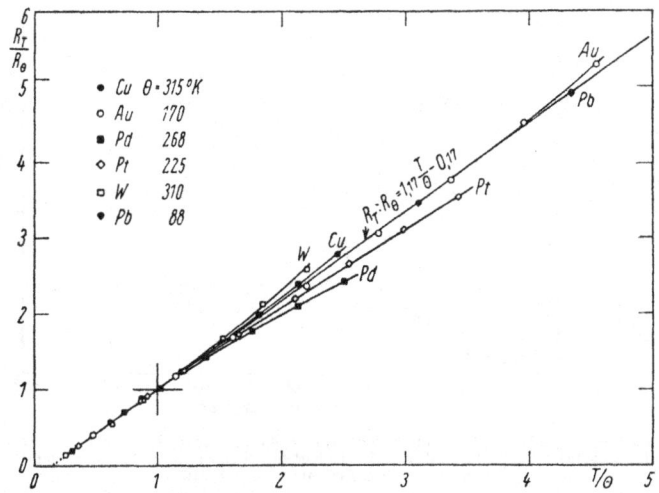

Abb. 203. Temperaturabhängigkeit des Widerstandes bei höheren Temperaturen (aus BORELIUS).

Temperaturen angegeben sind (vgl. S. 257), liegen die „reduzierten" Widerstände bei Temperaturen oberhalb etwa $T = 0,2\,\Theta$ auf einer Geraden; bei höheren Temperaturen streben die Werte allerdings etwas auseinander. Man kann annähernd schreiben:

$$\frac{\varrho_T}{\varrho_\Theta} = K_1 \cdot \frac{T}{\Theta}, \tag{13}$$

wo K_1 eine universelle Konstante ist.

Bei sehr tiefen Temperaturen $\left(\text{für } \dfrac{T}{\Theta} \leqq 0{,}1\right)$ gilt dahingegen annähernd:

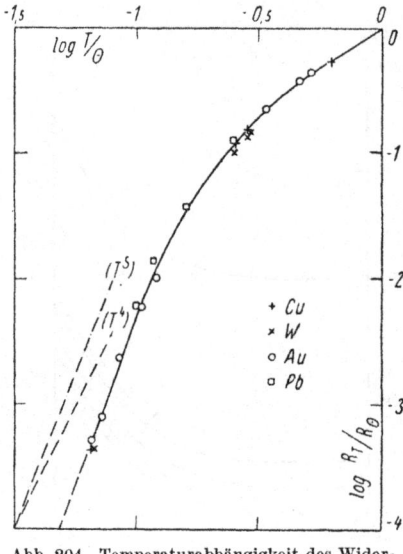

Abb. 204. Temperaturabhängigkeit des Widerstandes bei tiefen Temperaturen (aus BORELIUS).

$$\frac{\varrho_T}{\varrho_\Theta} = k \cdot \frac{T^5}{\Theta} \qquad (14)$$

wie das Abb. 204 zeigt. Die gestrichelten Linien geben die Neigung der Kurve für die Exponenten 4 und 5 an.

E. GRÜNEISEN[1] hat einige halb empirische Beziehungen abgeleitet, die die Gebiete der tiefen und der höheren Temperaturen gleichzeitig decken sollen.

Die ferromagnetischen Metalle weisen im ferromagnetischen Gebiet niedrigere Widerstände, als oberhalb des Curie-Punktes (S. 292) auf. In Abb. 205 ist der Verlauf des Widerstandes für Nickel und im Vergleich dazu für Palladium, das in seinem Widerstandsverlauf eine große Ähnlichkeit mit Nickel hat und auch in derselben Gruppe des Periodischen Systems steht, aber nicht ferromagnetisch ist, aufgetragen. Es ist wohl sicher, daß die im Ferromagneticum stattfindende Gleichrichtung der magnetischen Dipole den Widerstand beeinflußt und zwar erniedrigt, da sie die „thermische Unordnung" herabsetzt (vgl. S. 291).

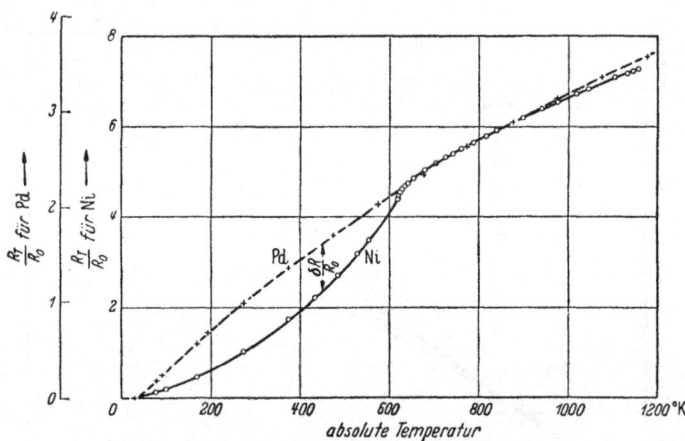

Abb. 205. Temperaturabhängigkeit des Widerstandes (im Verhältnis zum Widerstand R_0 bei 0° C) bei Nickel und Palladium. Die Maßstäbe sind so gewählt, daß die Kurven dicht oberhalb des Curie-Punktes von Nickel zusammenfallen (aus BECKER-DÖRING).

b) Elektrischer Widerstand von Legierungen.

Der elektrische Widerstand eines Gemenges zweier Bestandteile hängt von ihrer Anordnung ab. Ist sie so, daß die Bestandteile hintereinander (etwa lamellar) geschaltet sind, so ist der Widerstand des mechanischen Gemenges die Summe der Teilwiderstände der Bestandteile. Ist die Konzentration der Komponente A

---

[1] GRÜNEISEN, E.: Verh. dtsch. phys. Ges. **20** (1918), 36.

gleich x_A, und diejenige der Komponente B gleich $1 - x_A$, so erhalten wir für einen Einheitswürfel des Gemenges

$$\varrho_G = \varrho_A \cdot x_A + \varrho_B \cdot (1 - x_A). \tag{15}$$

Der Widerstand hängt von der Zusammensetzung linear ab. Hierbei ist es zweckmäßig, die Zusammensetzung in Volumenanteilen anzugeben, da der spezifische Widerstand ja auf die Einheit des Volumens bezogen wird (vgl. S. 60).

Liegen dagegen die beiden Bestandteile parallel nebeneinander, so ist die *Leitfähigkeit* des Gemenges die Summe der Leitfähigkeiten der beiden Anteile und ändert sich mit der Zusammensetzung linear.

$$\lambda_G = \lambda_A x_A + \lambda_B (1 - x_A) \tag{16}$$

$$\varrho_G = \frac{\varrho_A \cdot \varrho_B}{\varrho_B \cdot x_A + \varrho_A (1 - x_A)}. \tag{17}$$

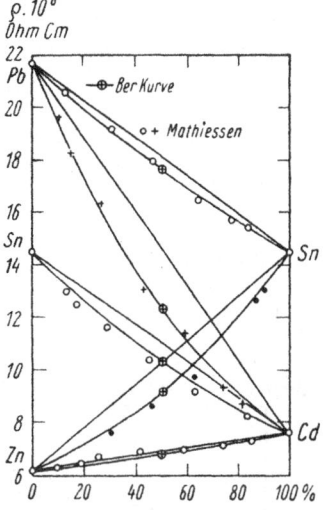

Wie man sieht, hängt der Widerstand in diesem Falle nicht linear von der Zusammensetzung ab.

Abb. 206 gibt einige an Gemengen gemessene Widerstandskurven wieder. Die Abweichung von der Additivität der Widerstände ist nicht unerheblich. Vielfach sind die Leitfähigkeiten annähernd additiv, oft auch die Logarithmen der Widerstände:

$$\ln \varrho_G = x_A \ln \varrho_A + (1 - x_A) \ln \varrho_B$$

$$\varrho_G = \varrho_A{}^{x_A} \cdot \varrho_B{}^{(1 - x_A)}. \tag{18}$$

Abb. 206. Widerstand von mechanischen Gemengen (aus BORELIUS).

In Wirklichkeit werden die Bestandteile weder streng parallel noch hintereinander geschaltet sein. Infolge der Stromverteilung, die für den Stromdurchgang den besser leitenden Bestandteil bevorzugt, stellt der Ansatz des additiven Verhaltens der Leitfähigkeiten eine bessere Näherung dar als der der Additivität der Widerstände. Der Widerstand des lamellaren Perlits ist höher als des kugeligen (vgl. S. 574).

Bei Aufnahme eines Zusatzes in das Raumgitter, d. h. bei Bildung von Mischkrystallen wird der Widerstand des reinen Metalls erhöht, und zwar ist der zusätzliche Widerstand $\Delta \varrho$ vielfach von der Temperatur unabhängig. Man erhält also

$$\varrho_{Leg} = \varrho_{Met} + \Delta \varrho \tag{19}$$

$$\frac{d\varrho_{Leg}}{dT} = \frac{d\varrho_{Met}}{dT}. \tag{20}$$

Der Differentialquotient des Widerstandes nach der Temperatur wird durch Mischkrystallbildung vielfach nicht beeinflußt. Das gilt aber nicht für den *Temperaturkoeffizienten* des Widerstandes, da dieser ja gleich

$$\alpha_{Leg} = \frac{1}{\varrho_{Leg}} \cdot \frac{d\varrho_{Leg}}{dT} \tag{21}$$

ist. Dieser ist, wie wir aus (22) sehen:

$$\frac{1}{\varrho_{Leg}} \cdot \frac{d\varrho_{Leg}}{dT} = \frac{1}{\varrho_{Met}} \frac{d\varrho_{Met}}{dT} \frac{\varrho_{Met}}{\varrho_{Leg}} \tag{22}$$

umgekehrt proportional zum Widerstand selbst. Mit anderen Worten ist

$$\alpha_{Leg} \cdot \varrho_{Leg} = \alpha_{Met} \cdot \varrho_{Met} = \text{const.}$$

Man sieht, daß der Temperaturkoeffizient des elektrischen Widerstandes durch Mischkrystallbildung immer erniedrigt wird, da der Widerstand selbst erhöht wird.

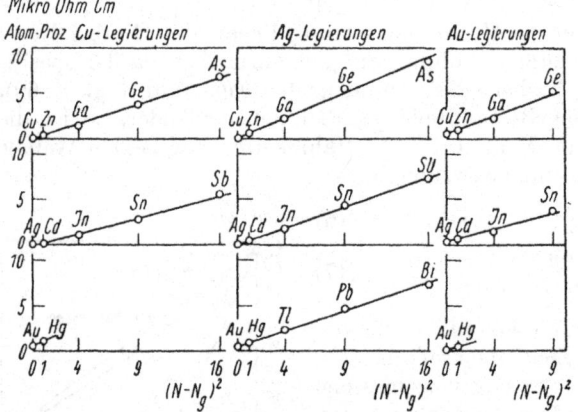

Abb. 207. Atomare Widerstandserhöhungen von Cu, Ag und Au durch Zusätze in Abhängigkeit von der Wertigkeitsdifferenz (aus BORELIUS).

Die Gl. (20) ist der Ausdruck des sog. Matthiessenschen Gesetzes, die Gl. (22) ist eine unmittelbare mathematische Konsequenz aus ihm.

Für geringere Zusätze im Mischkrystall ist die Widerstandserhöhung der Konzentration proportional, was auch verständlich ist, wenn die einzelnen Atome des Zusatzes noch in so geringen Mengen vorliegen, daß sie sich nicht gegenseitig stören. Die atomaren Widerstandserhöhungen sind für Legierungen des Kupfers, Silbers und Goldes mit den Übergangsmetallen in Abb. 207 wiedergegeben. Sie steigen mit dem Quadrat der Wertigkeitsdifferenz des Zusatzes dem Grundmetall gegenüber linear an und werden durch die Formel von J. O. LINDE[1]

$$\Delta \varrho = K_1 + K_2 (N_z - N_g)^2 \quad (23)$$

gut wiedergegeben. Allgemein gilt die Regel von A. L. NORBURY[2], daß die Widerstandserhöhungen desto größer sind, je weiter der horizontale Abstand des Zusatzes im Periodischen System vom Grundmetall ist.

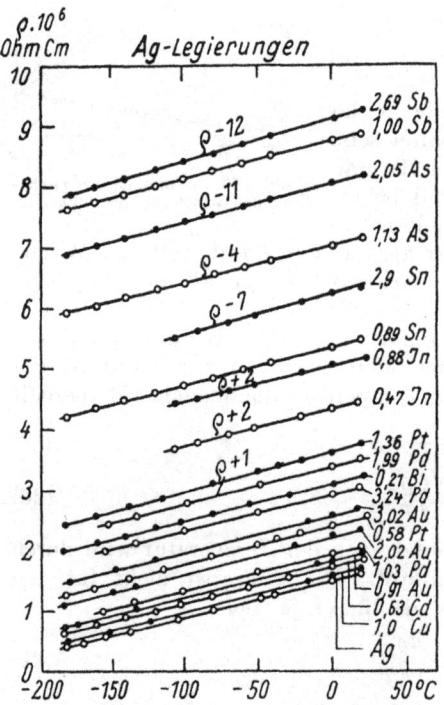

Abb. 208. Temperaturabhängigkeit des Widerstandes verdünnter Silber-Legierungen (nach LINDE).

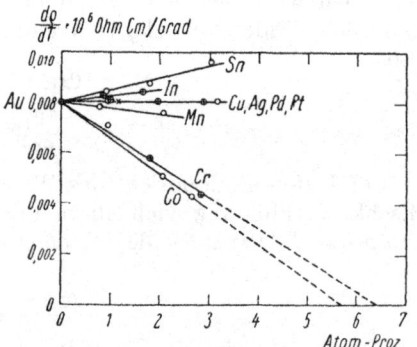

Abb. 209. Differentialquotient des Widerstandes nach der Temperatur bei Goldlegierungen (aus BORELIUS).

[1] LINDE, J. O.: Handbuch der Metallphysik von G. MASING, II, S. 336 u. 976 (G. BORELIUS). Leipzig: Akad. Verlagsgesellschaft 1935. — LINDE, J. O.: Ann. Phys. 10 (1931), 52; 14 (1932), 353; 15 (1932), 219; Metallwirtsch. 12 (1933), 173.
[2] NORBURY, A. L.: Trans. Faraday Soc. 16 (1921), 570.

Die Matthiessensche Regel ist für diese Legierungen annähernd erfüllt. In Abb. 208 sieht man am Beispiel der Silberlegierungen, daß die Neigung aller Widerstandskurven nahezu gleich und übereinstimmend mit der des reinen Silbers, also auch $\dfrac{dR}{dT}$ für alle Legierungen gleich ist.

Die Matthiessensche Regel versagt jedoch zum Teil völlig bei Legierungen der Metalle Kupfer, Silber und Gold mit den Übergangsmetallen, die im Periodischen System links stehen, wie man das in Abb. 209 für die Legierungen des Goldes mit Chrom und Kobalt sieht, während sie für die Legierungen des Goldes mit Kupfer, Silber, Palladium und Platin sehr gut und mit Mangan, Indium und Zinn noch annähernd erfüllt ist. Bei Constantan (etwa 58 % Cu, 42 % Ni) oder Manganin (etwa 85 % Cu, 12 % Mn, 3 % Al) ist der Widerstand annähernd unabhängig von der Temperatur, was auch die Basis der technischen Verwendung dieser Legierungen ist. Allgemein gelten die besprochenen Gesetzmäßigkeiten nicht für Legierungen, die ferromagnetisch sind.

Während der prozentuale Fehler der Widerstandsbestimmung eines Metalles durch kleine Verunreinigungen bei gewöhnlicher Temperatur nicht sehr groß ist, wird er auf Grund der Gl. (19) bei sehr tiefen Temperaturen, bei denen der Widerstand selbst sehr klein wird, sehr erheblich. Hier

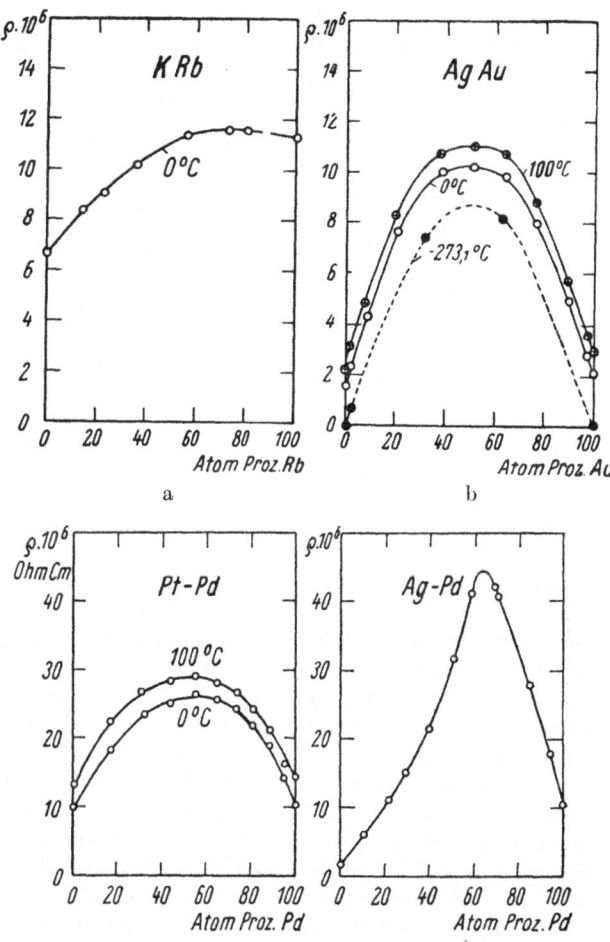

Abb. 210 a—d. Widerstands-Konzentrationskurven bei Mischkrystallreihen ungeordneter Atomverteilung (aus BORELIUS).

kann auf Grund des Matthiessenschen Gesetzes eine Korrektur durchgeführt werden, da die Gl. (19) oder (20) unabhängig von der Temperatur erfüllt ist. Für eine Reihe von verschiedenen verunreinigten Proben hat $\dfrac{d\varrho}{dT}$ denselben Wert.

Wenn man die Widerstände dieser Proben in Abhängigkeit von der Temperatur aufträgt, so muß man dann Kurven erhalten, die sich durch eine Parallelverschiebung senkrecht zur Temperaturachse ineinander überführen lassen. Diese Forderung ist, wie man aus Abb. 201 und 202 sieht, vielfach annähernd erfüllt.

Wenn man nun annimmt, daß der Widerstand des reinen unverletzten Metalles beim absoluten Nullpunkt gleich Null wird, so können wir eine Idealkurve für den Widerstand des reinen Metalles konstruieren, die höchstwahrscheinlich keine gröberen Fehler enthält.

Wie man sieht, sinkt $\dfrac{d\varrho}{dT}$ bei tiefen Temperaturen auf sehr kleine Werte herab.

Die Beziehungen nach Art der Gl. (19 u. ff.) können nur für verdünnte Mischkrystalle gelten. Für den Widerstandsverlauf ununterbrochener Mischkrystallreihen erhält man Kurven ähnlich den in den Abb. 210a—d wiedergegebenen. Die Kurve für die Silber-Palladium-Legierungen ist als abnorm zu bezeichnen. Palladium zeigt übrigens in seinen Legierungen oft ein vom normalen abweichendes Verhalten (vgl. S. 299). Typisch sind dahingegen die Kurven für die Silber-Gold- und die Platin-Palladium-Legierungen. Für die Darstellung des Widerstandes ganzer Legierungsreihen hat G. Borelius[1] eine verallgemeinerte Fassung des Matthiessenschen Gesetzes vorgeschlagen, indem er angenommen hat, daß der Differentialquotient des Widerstandes nach der Temperatur bei Mischkrystallen der Mischungsregel folgt:

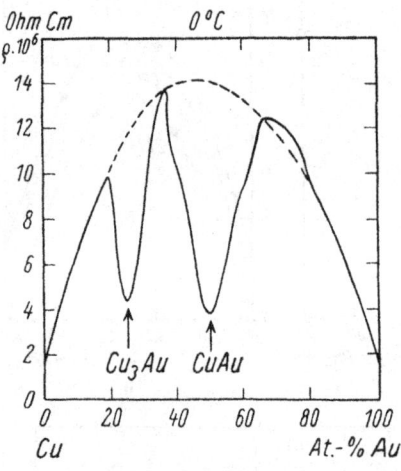

Abb. 211. Widerstand der Cu-Au-Legierungen.

$$\frac{d\varrho_{Leg}}{dT} = p\,\frac{d\varrho_A}{dT} + q\,\frac{d\varrho_B}{dT}, \qquad (24)$$

wo p und q die Anteile der beiden Bestandteile A und B in den Legierungen sind. Sie müssen natürlich auf dieselbe Einheit bezogen sein, wie die Widerstände ϱ_A und ϱ_B. Für verdünnte Mischkrystalle ergibt sich hieraus sofort als Näherung die Gl. (20), wenn p annähernd 1 und das zweite Glied der rechten Seite zu vernachlässigen ist. Wie man aus Abb. 210b und c sieht, ändern sich die senkrechten Abstände der Widerstandskurven, die verschiedenen Temperaturen entsprechen, in der Tat annähernd linear mit der Zusammensetzung.

Diese Gesetzmäßigkeit gilt nur für normale Mischkrystalle, d. h., solche mit statistischer Atomverteilung im Raumgitter. Die Herstellung regelmäßiger Atomverteilungen („Überstrukturen") hat eine starke Erniedrigung des Widerstandes zur Folge, so daß sich z. B. bei den Gold-Kupfer-Legierungen der in Abb. 211 wiedergegebene Widerstandsverlauf ergibt. Dieser Verlauf ist verständlich, da durch die Herstellung regelmäßiger Verteilungen die Störung des Raumgitters durch Fremdatome verringert wird (vgl. S. 282).

c) Supraleitfähigkeit.

Bei sehr niedrigen Temperaturen sinkt der Widerstand vieler Metalle innerhalb weniger hundertstel Grad auf etwa den 10^{-6}ten Teil und wird unmeßbar klein. Die Metalle werden *supraleitend*. Die Temperatur im Übergangsgebiet, bei der der Widerstand auf die Hälfte gesunken ist, wird *Sprungpunkt* genannt. Tab. 45 zeigt dort, wo Temperaturen angegeben sind, die bisher als supraleitend nachgewiesenen Metalle nebst ihren Sprungpunkten. Man sieht, daß vor allen Dingen

---

[1] Borelius, G.: Handbuch der Metallphysik von G. Masing. Leipzig: Akademische Verlagsgesellschaft 1935.

die zwei-, drei- und vierwertigen *B*-Metalle einerseits und die vier- und fünf-
wertigen Übergangsmetalle andererseits, außerdem Aluminium und Magnesium
supraleitend werden. Beim Molybdän wird auf die Supraleitfähigkeit nur indirekt aus dem Verhalten der Molybdän-Kohlenstoff-Legierungen geschlossen.
Außer den reinen Metallen gibt es zahlreiche Verbindungen, die supraleitend
werden, so die Nitride TiN, ZrN, VN, die Karbide von Titan, Zirkon, Hafnium,
Niob, Tantal, Molybdän und Wolfram, das Zirkonborid und das Tantalsilicid.
Die Krystallarten $AuPb_2$ und Sb_2Tl_7 sind supraleitend.

Tabelle 45. **Temperaturen des Einsetzens der Supraleitfähigkeit (Sprungpunkte)**
der Metalle in °K.

Al 1,14											
Sc	Ti 1,81	V 4,3	Cr	Mn	Fe	Co	Ni	Cu	Zn 0,79	Ga 1,07	Ge
Y	Zr 0,70	Nb 9,22	Mo 1,0?	Ma	Ru	Pd	Rh	Ag	Cd 0,54	In 3,37	Sn ∫ tetra-3,69 \gonal 1,8 grau
La 4,71	Hf 0,35	Ta 4,38	W	Re 0,95	Os	Ir	Pt	Au	Hg 4,17	Tl 2,38	Pb 7,26
	Th 1,32		U 1,25								

Der Zusatz eines zweiten Metalles beeinflußt die Temperaturlage des Sprungpunktes in der einen oder in der anderen Richtung. Durch Zusatz von Wismut
zu Blei, Zinn und Thallium wird die Temperatur des Sprungpunktes erhöht.
Die beiden nicht supraleitenden Metalle Gold und Wismut bilden eine supra-
leitende Krystallart Au_2Bi mit einem Sprungpunkt bei 1,8° K. Abb. 212 zeigt
die Sprungpunkte in den Legierungen Pb—In, die
zwei nur durch eine schmale Lücke getrennte Mischkrystallreihen bilden. Es ist zu bemerken, daß bei
den Mischkrystallen an Stelle eines Sprungpunktes
ein Sprungintervall bis etwa 0,5° tritt[1]. Dieser Befund spricht dafür, daß mit dem Eintritt der Supraleitfähigkeit eine richtige Phasenumwandlung verbunden ist[1]. Jedoch konnte eine solche weder durch
eine Volumenänderung noch im Röntgenbild nachgewiesen werden. Zu berücksichtigen sind hierbei
wohl die großen experimentellen Schwierigkeiten der
Arbeiten bei sehr tiefen Temperaturen, so daß die
genannten negativen Ergebnisse vielleicht nicht als
endgültig zu bezeichnen sind.

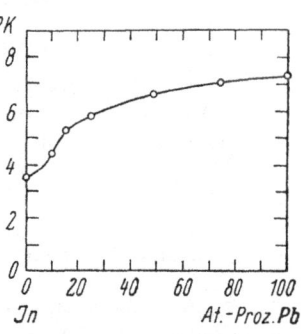
Abb. 212. Sprungpunkte der Zn-Pb-Legierungen (nach MEISSNER und Mitarbeitern).

Die Temperaturlage des Sprungpunktes sinkt
anscheinend mit zunehmender Korngröße. Bei einem einzelnen Krystall ist das
Sprungintervall selbst besonders klein.

Beim Übergang in den supraleitenden Zustand findet eine Wärmeentwicklung
wie bei einer Umwandlung statt, fernerhin ändern sich die spezifische Wärme,
die thermische Leitfähigkeit und die Thermokraft.

Durch ein Magnetfeld wird der endliche Widerstand unterhalb des Sprungpunktes wieder hergestellt.

---

[1] MEISSNER, W., H. FRANZ u. H. WESTERHOFF: Ann. Physik **13** (1932), 505 u. 967;
17 (1933), 593.

Theoretisch ist das Auftreten der Supraleitfähigkeit noch nicht völlig aufgeklärt[1]. Man nimmt an, daß es mit einer Wechselwirkung zwischen den Leitungselektronen zusammenhängt; man hat auf diese Weise versucht, die Supraleitfähigkeit auf der Basis der Quantentheorie verständlich zu machen[2].

2. Wärmeleitfähigkeit.

Das Wärmeleitvermögen der Metalle steht in enger Beziehung zu ihrer elektrischen Leitfähigkeit, wie das am deutlichsten durch das in vielen Fällen bestätigte Wiedemann-Franzsche Gesetz gezeigt wird, nach dem das Verhältnis von Wärmeleitfähigkeit λ_w und elektrischer Leitfähigkeit λ_{el} proportional der absoluten Temperatur ist:

$$\frac{\lambda_w}{\lambda_{el}} = KT = 3 \left(\frac{R}{F}\right)^2 T \, , \tag{25}$$

wo R die Gaskonstante und F die Faradaysche Zahl bedeutet. Eine solche Verwandtschaft zwischen den beiden Erscheinungsgruppen ist verständlich, da auch die Wärmeleitung bei Metallen in der Hauptsache auf die freien Elektronen zurückzuführen ist.

Auch das Verhalten der Wärmeleitfähigkeit bei Legierungen ist durchaus demjenigen der elektrischen Leitfähigkeit analog. Insbesondere wird die erstere auch durch Mischkrystallbildung stark herabgesetzt.

Da die elektrische Leitfähigkeit bei höheren Temperaturen der Temperatur roh umgekehrt proportional ist, ist das Wärmeleitvermögen annähernd temperaturunabhängig. Während die erstere, wie erörtert (S. 271), erst bei tieferen Temperaturen ein empfindliches Kriterium der Reinheit eines Metalles wird, gilt das bei dem letzteren auch bereits bei Zimmertemperatur[3]. Allerdings ist die Messung der Wärmeleitfähigkeit wesentlich umständlicher.

3. Theorie der elektrischen Leitfähigkeit.

a) Grundvorstellungen der Theorie freier Elektronen.

Die elektrische Leitfähigkeit der Metalle beruht auf dem Vorhandensein von freien Elektronen. Man stellt sich das Metall als Gerüst von Metallionen vor, die also etwa je ein Elektron verloren haben, zwischen denen sich das Elektronengas befindet[4]. Die ursprüngliche Theorie der elektrischen Leitfähigkeit von P. DRUDE[5] betrachtete die Elektronen als ideales Gas, das sich zwischen den Ionen des Metalles frei bewegt, und konnte auf diese Weise einige Zusammenhänge (so z. B. das Wiedemann-Franzsche Gesetz Gl. (25) erklären.

Wie jedes Gas sollte das Elektronengas jedoch nach der klassischen Theorie der Freiheitsgrade eine molare spezifische Wärme in derselben Größe $\frac{3}{2}R$ wie die einatomigen Gase haben; seine thermische Energie sollte deshalb

$$E = \tfrac{3}{2} RT \tag{26}$$

pro Elektronenmol sein, wo R die Gaskonstante ist. Die nach dem Gesetz von DULONG und PETIT etwa 6 cal/Grad betragende Atomwärme der Metalle ist jedoch im Widerspruch mit diesem Ansatz. Es ist oben gezeigt worden (254), daß in einem quasielastisch schwingenden System die potentielle (elastische) Energie und die kinetische Energie einander gleich sind. Da die kinetische Energie

---

[1] LAUE, M. v.: Theorie der Supraleitung. Berlin u. Göttingen: Springer-Verlag 1947.
[2] HEISENBERG, W.: Z. Naturforsch. 2a (1947), 185.
[3] Vgl. A. E. v. ARKEL: Reine Metalle. Berlin: Springer 1939.
[4] Vgl. jedoch die einschränkenden Bemerkungen auf S. 252
[5] DRUDE, P.: Ann. Phys. 1 (1900), 566; 3 (1900), 370; 7 (1902), 687.

eines Atomes gleich $\frac{3}{2} RT$ ist, ergibt sich für einen quasielastisch gebundenen Körper die spezifische Atomwärme $3R = 6$. Da wir ein Metall in erster Annäherung als einen solchen quasielastisch gebundenen Körper betrachten können, so sieht man, daß bereits ohne Berücksichtigung des Elektronengases die tatsächlich beobachtete spezifische Wärme auf derselben Basis wie bei Nichtleitern berechnet wird; würden die Elektronen im Metall sich wie ein ideales Gas verhalten, so wäre für die Metalle im krassen Widerspruch zur Erfahrung eine Atomwärme in der Größenordnung von 9 cal/Grad zu erwarten.

Eine Lösung dieser Schwierigkeit brachte A. SOMMERFELD[1], indem er im Anschluß an W. PAULI[2] darauf aufmerksam machte, daß das Elektronengas in den Metallen bei gewöhnlicher Temperatur entartet sein muß. Die Theorie der Gasentartung besagt, daß das Gas beim absoluten Nullpunkt eine Energie pro Molekül von der Größe:

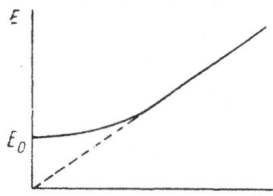

Abb. 213. Elektronenenergie als Funktion der Temperatur bei Gasentartung (aus BORELIUS).

$$E_0 = \frac{3h^2}{10m} \left(\frac{3N}{8 \pi V} \right)^{\frac{2}{3}} \qquad (26a)$$

besitzt. In (26) ist h das Plancksche Wirkungsquantum, m die Masse des Moleküls und N die Zahl der Moleküle im Volumen V. Im Zusammenhang damit erhält man für die Energie des entarteten Gases eine in Abb. 213 schematisch dargestellte ausgezogene Kurve. Die innere Energie geht mit sinkender Temperatur nicht wie bei einem idealen Gas auf den Nullpunkt zu (gestrichelte Linie), sondern weicht nach größeren Energiewerten hin ab. Die spezifische Wärme im Gebiet der Entartung wird durch die Formel $C_v = 5{,}9 \dfrac{kT}{E_0}$ ausgedrückt und ist deshalb wesentlich herabgesetzt.

Während man bei den Gasen im Gebiete der experimentell erreichbaren Temperaturen und Dichten eine nennenswerte Entartung nicht nachweisen kann, ergibt sich auf Grund der geringen Masse und der außergewöhnlich großen Dichte der Elektronen im Metall aus (26) ein recht hoher Wert für die Nullpunkts-Energie (für Silber, Gold und Kupfer 4—5 Elektronen-Volt[3] pro Atom = etwa 10^5 cal pro Mol) der sehr groß gegen $\frac{3}{2} RT$ ist. Ein solches Gas befindet sich bei gewöhnlicher Temperatur noch im ersten schwach ansteigenden Teil der Energiekurve; seine spezifische Wärme beträgt bei 300° abs. etwa $1{,}2 \cdot 10^{-2}$ cal/Grad und ist zu vernachlässigen.

Die angedeuteten Zusammenhänge ergeben sich, wenn man für die entarteten Gase mit der Fermi-Statistik rechnet. Hierbei geht man folgendermaßen vor. Der Zustand eines Teilchens wird durch seine räumliche Lage, also durch seine Raumkoordinaten x, y, z und durch seine Geschwindigkeit mit ihren drei Komponenten in den Richtungen der Koordinatenachsen v_x, v_y, v_z definiert. Statt der Geschwindigkeiten rechnet man zweckmäßiger mit den Komponenten des Impulses $p_x = m v_x$, $p_y = m v_y$, $p_z = m v_z$. Man kann den Zustand eines Teilchens beschreiben, indem man den „Phasenraum" mit den sechs Koordinaten x, y, z, p_x, p_y, p_z betrachtet. Jedem Punkt eines solchen Phasenraumes entspricht nicht nur eine bestimmte Lage x, y, z des Teilchens, sondern auch bestimmte Werte p_x, p_y, p_z. Sein Impuls ist also der Größe und der Richtung nach bestimmt.

[1] SOMMERFELD, A.: Z. Phys. 47 (1928), 43. — FRANK, N. H. u. A. SOMMERFELD: Rev. mod. Phys. 3 (1931), 1. — SOMMERFELD, A. u. N. H. FRANK: Z. Phys. 64 (1930), 650.

[2] PAULI, W.: Z. Phys. 41 (1927), 81.

[3] Ein Elektronenvolt ist gleich $0{,}38 \cdot 10^{-19}$ cal; pro Mol Elektronengas, also pro $6{,}06 \cdot 10^{23}$ Elektronen ergibt das 23100 cal.

Die Fermi-Statistik verlangt nun, daß in jedem Volumenelement des Phasenraumes sich nur ein Teilchen befinden darf. Für die Größe ΔV_p dieses Volumenelementes erhalten wir

$$\Delta V_p = \Delta x \, \Delta y \, \Delta z \, \Delta p_x \, \Delta p_y \, \Delta p_z = h^3. \tag{27}$$

Der Impuls hat die Dimension $m \cdot l \cdot t^{-1}$, ΔV_p also die Dimension $l^6 \, t^{-3} \, m^3$. Das Wirkungsquantum h hat die Dimension (Energie mal Zeit) $l^2 \, t^{-1} \, m$. Man sieht, daß ΔV_p die Dimension von h^3 hat. Die Größe des Volumenelementes im Phasenraum, in dem sich nur ein Teilchen befinden darf (der Elementarzelle), wird gleich h^3 gesetzt, wie in (27) geschehen.

Bekanntlich betrachtet man heute die Elektronen als Wellen oder Wellenpakete. Unsere bisherigen Betrachtungen werden dadurch nicht beeinflußt, nur muß man sich darüber klar sein, daß man die Elektronen nicht als scharf lokalisierte, materielle Teilchen, sondern über das ganze Metall als Wellen „verschmiert" denken muß. Jedem Elektron kommt somit das gesamte Volumen V des Metalles zu, und für die Elementarzelle des Phasenraumes erhalten wir

$$V \cdot \Delta p_x \, \Delta p_y \, \Delta p_z = h^3. \tag{28}$$

Auf Grund dieser Festsetzung brauchen wir nicht mehr den sechsdimensionalen Phasenraum sondern nur noch den Impulsraum mit den Koordinaten p_x, p_y, p_z zu betrachten. Da die Impulse gerichtete Größen sind, entspricht jedem Volumenelement nicht nur eine bestimmte Größe des Impulses $p = \sqrt{p_x^2 + p_y^2 + p_z^2}$, sondern auch eine bestimmte Richtung. Mit der Bestimmung, daß durch jede Elementarzelle des Impulsraumes der Zustand eines Elektrons definiert ist, sind nicht nur die Energien, sondern auch die Richtungen der Elektronenwellen gequantelt. Eine Kugeloberfläche im Impulsraum mit dem Radius p und mit dem Mittelpunkt im Koordinatenanfangspunkt stellt die Gesamtheit der Zustände mit der kinetischen Energie $\dfrac{p^2}{2m} = \dfrac{mv^2}{2}$ dar. Von dieser Gesamtheit wird aber nur die Zahl realisiert, die gleich ist der Zahl der Elementarzellen, die von der Kugeloberfläche geschnitten werden.

Den Elektronen als Wellenzügen sind Frequenzen zugeordnet, die auf Grund der Beziehung $E = h\nu$ den Energien proportional gesetzt werden. Dem System der Energieniveaus entspricht deshalb ein System von möglichen Frequenzen, die sich gegenseitig eindeutig definieren.

Für ein freies Elektron kann der Frequenz ν eindeutig eine Wellenlänge λ zugeordnet werden. Wenn es jedoch nicht mehr frei sondern durch die Felder der Nachbaratome gestört ist, wird diese Zuordnung nicht streng, es treten mit dem Grade der Störung zunehmende Abweichungen auf. Analoges gilt ja auch für kompliziertere mechanische Systeme, z. B. für die Oberwellen einer schwingenden kreisförmigen Membran. Während eine bestimmte Frequenz für solche Schwingungen charakteristisch ist, sind die Wellenlängen in verschiedenen Abständen von dem Mittelpunkt verschieden. In einem solchen Fall hat es überhaupt keinen Sinn mehr, von einer bestimmten Wellenlänge zu sprechen, an ihre Stelle ist ein *Band* von Wellenlängen getreten. In den nachfolgenden Erörterungen können die Wellenlängen deshalb nicht durch Frequenzen ersetzt werden. Da im Krystallgitter also eine eindeutig definierte Wellenlänge nicht mehr vorliegt, verstehen wir im folgenden darunter die Wellenlänge des entsprechenden freien Elektrons, d. h. die Wellenlänge des Zustandes, in den ein Zustand im Krystall übergehen würde, wenn man die Störung der Elektronen durch das Ionengitter kontinuierlich abschalten könnte.

b) Wechselwirkung zwischen den Elektronen und dem Raumgitter.
Reziprokes Gitter und Brillouinsche Zonen.

Die Energie der Elektronenwellen ist in einem krystallinen Raumgitter im Gegensatz zu einem freien Elektron nicht eindeutig durch die Wellenlänge λ gegeben, da sie durch das Raumgitter beeinflußt (verzerrt) wird. Während sie ohne Verzerrung durch das Raumgitter in Abhängigkeit von den Wellenlängen unter Vernachlässigung der Quantelung die Kurve (Abb. 214) ergibt, erhält man — in eindimensionaler Darstellung — für das Raumgitter die vielfach unterbrochene Kurve in Abb. 215. Bestimmten Wellenlängen entsprechen Sprünge der Energie; dazwischenliegende Werte der Energie können nicht bestehen. Diese Wellenlängen genügen der Braggschen Beziehung $2\,d \sin \vartheta = n\lambda$ oder

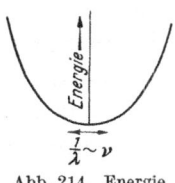

Abb. 214. Energie einer unverzerrten Elektronwelle.

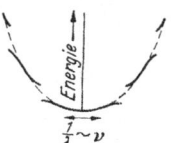

Abb. 215. Energie einer durch das Raumgitter verzerrten Elektronwelle.

$2\,d = n\lambda$ für $\vartheta = \dfrac{\pi}{2}$ oder $= \dfrac{3\,\pi}{2}$, die für eine Verstärkung der abgebeugten Röntgenstrahlen durch Interferenz erfüllt sein muß[1].

Für die weiteren Erörterungen ist es zweckmäßig, das sog. reziproke Gitter zu benutzen. Wir führen es für die in der Ebene des Papiers liegende Netzebene ein. In Abb. 216 ist eine Netzebene dargestellt. Wir betrachten einen Gitterpunkt 0; die zur Ebene des Papiers senkrecht stehend gedachte Gitterebene $a'b'$ liegt im Abstand d_{ab} von der ihr parallelen, durch den Punkt 0 gehenden Ebene ab. Wir tragen nun in Abb. 217 den Punkt 0, der dem ebenso bezeichneten Punkt in Abb. 216 entspricht, auf und bringen den Tatbestand, daß im Raumgitter in

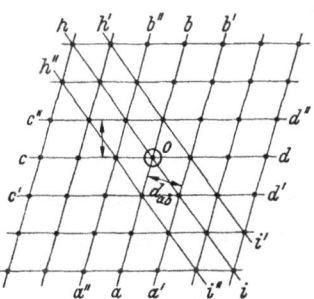

Abb. 216. Ableitung des reziproken Gitters im Flächenmodell.

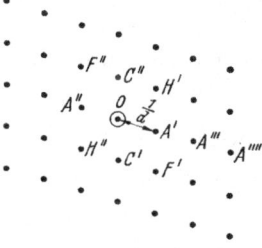

Abb. 217. Reziprokes Gitter im Flächenmodell

Abständen d_{ab} voneinander die Ebenen $ab, a'b', a''b''$ liegen, in folgender Weise zur Darstellung. Vom Punkte 0 aus tragen wir in der zu diesen Ebenen senkrechten Richtung die Strecke $\dfrac{1}{d_{ab}}$ auf. Der an ihrem Ende befindliche Punkt A' ist die Darstellung im reziproken Gitter der Ebenen-Schar $ab\ a'b'\ a''b''$. In ganz ähnlicher Weise stellen wir die Ebenenscharen $cd, c'd', c''d''$ (Punkte C', C'') die Ebenen $c'b', cb, c''b''$ (in Abb. 216 nicht ausgezogen) (Punkt F', F''), und die Ebenen $hi, h'i', h''i''$ (Punkt H', H'') dar. Entsprechend den geringeren Abständen d dieser höher indizierten Ebenen sind die Abstände $\dfrac{1}{d}$ im reziproken Gitter größer. Wir stellen hier ohne Beweis fest, daß die weiteren nicht im einzelnen

---

[1] Da die Elektronen Wellencharakter haben, werden sie von Krystallen bekanntlich nach denselben geometrischen Gesetzen wie Röntgenstrahlen gebeugt.

bezeichneten Punkte des reziproken Gitters in ähnlicher Weise Scharen von Gitterebenen angeben, die zu den Verbindungsgeraden dieser Punkte mit dem Punkt 0 senkrecht stehen. Punkten, die auf Geraden liegen, die durch den Punkt 0 hindurchgehen, wie z. B. der Punktreihe $A''\ OA'\ A'''\ A''''$, kommt hierbei folgende Bedeutung zu. Man sieht gleich, daß aus ihren Abständen von 0 Netzebenenabstände zu berechnen wären, die gleich $\dfrac{d_{ab}}{n}$ sind, wo n steigende ganze Zahlen bedeutet. Damit ist aber auch klar, was diese Punkte darstellen. Sie entsprechen den Interferenzen höherer Ordnung im Röntgenversuch. Die Braggsche Gleichung $2d\ \sin\vartheta = n\lambda$ läßt sich ja in der Form $\dfrac{2d}{n}\ \sin\vartheta = \lambda$ schreiben und ergibt, daß eine Interferenz höherer Ordnung einer solchen der ersten Ordnung mit kleinerer Identitätsperiode äquivalent ist (vgl. S. 26).

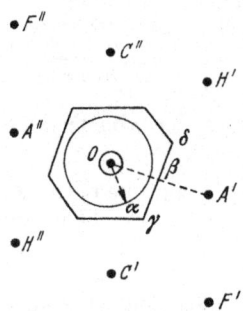

Abb. 218. Die erste Brillouin-Zone des Flächengitters.

Wir müssen diese Punkte in das reziproke Gitter aufnehmen, da es in der Hauptsache die Aufgabe hat, einen Überblick über alle im Gitter möglichen Röntgeninterferenzen zu geben. Aus diesem Grunde muß man auch zur Kennzeichnung der einzelnen reflektierenden Ebenen außer den Punkten C', F', A' und H', die zu dem Punkte 0 zentrisymmetrischen Punkte C'', F'', A'' und H'' aufnehmen, um anzugeben, daß die interferierenden Strahlen nicht nur in einer Richtung, sondern ebenso in der *umgekehrten* verlaufen können.

Das gegebene Schema hat eine formale Ähnlichkeit mit einem gewöhnlichen Gitter und wird deshalb auch als ein Gitter bezeichnet, wenn auch die Bedeutung der einzelnen „Gitterpunkte" eine ganz andere, als im gewöhnlichen Gitter ist.

Wir betrachten jetzt Elektronenwellen verschiedener Wellenlängen λ. Da im reziproken Gitter die reziproken Abstände aufgetragen werden, können wir eine in einer bestimmten Richtung mit der Wellenlänge λ schwingenden Elektronenwelle durch einen in der entsprechenden Richtung von 0 in der Entfernung $\dfrac{1}{\lambda}$ liegenden Punkt α darstellen (Abb. 218). Die Gesamtheit der Elektronenwellen, die das Gitter mit dieser Wellenlänge durchziehen, ist dann durch eine um den Punkt 0 mit dem Radius $\dfrac{1}{\lambda}$ beschriebenen Kugel dargestellt. Aus der Braggschen Gleichung folgt

$$\frac{1}{\lambda} = \frac{n}{2\,d\sin\vartheta}. \tag{29}$$

Die größte Wellenlänge, bei der an der betrachteten Ebene mit dem Netzabstand d eine Braggsche Interferenz stattfinden kann, liegt bei $\vartheta = \dfrac{\pi}{2}$, wobei die Braggsche Beziehung die Form

$$\frac{1}{\lambda} = \frac{1}{2\,d} \quad\text{annimmt.} \tag{30}$$

Das entspricht einer senkrechten Incidenz auf die betrachtete Ebene. Wenn wir die Ebene A im reziproken Gitter (Abb. 217, 218) betrachten, so sehen wir hieraus sofort, daß die durch Punkt β ($0\,A' = 2\ 0\,\beta$) dargestellten Schwingungen nach den obigen Erörterungen gerade der Braggschen Beziehung genügen müssen. Ebenso erfüllen alle Schwingungen, deren reziproke Wellenlängen durch Leitstrahlen von 0 nach Größe und Richtung auf die Gerade $\gamma\,\beta \perp 0\,A'$ dargestellt werden, die Braggsche Beziehung. Man sieht nämlich sofort, daß alle

Punkte der Strecke $\gamma\delta$ unter Berücksichtigung des Elektronenwellencharakters der Elektronen der Beziehung (29) genügen. Ganz analog zu Abb. 215 ergeben sich längs dieser Linie wiederum Unstetigkeiten der Energie in Abhängigkeit von der Wellenlänge.

In ganz ähnlicher Weise erhalten wir die die Braggschen Bedingungen erfüllenden Wellenlängen für die Ebenen C und H. In allen Fällen ergeben sich gerade Linien, die die Abstände von 0 nach A', C', H', A'', C'' und H'' halbieren. Es ergibt sich so die eckige erste Zone, die die durch die Abstände von Punkt 0 wiedergegebenen erlaubten größten Elektronen-Wellenlängen enthält und die durch die Begrenzungslinien, die die Schnitte der entsprechenden zur Papierebene senkrechten Ebenen darstellt, nach kleineren Wellenlängen hin abgeschlossen ist. Diese Wellenlängenzone heißt die „erste Brillouin-Zone". Im dreidimensionalen Raumgitter ist diese Zone ein Polyeder, dessen Gestalt aus dem reziproken Gitter abgeleitet werden kann. An sie schließt sich die zweite Brillouinsche Zone an, die kleinere Wellenlängen (höhere erlaubte Energien) begrenzt und ähnlich durch ein Polyeder mit Begrenzungsebenen dargestellt wird, die die Braggsche Beziehung an anderen Gitterebenen oder in höheren Ordnungen erfüllen, und die wieder verbotenen Energiebändern entsprechen.

Die Oberfläche einer um den Punkt O beschriebenen Kugel gibt die Gesamtheit aller Elektronenwellen mit gleichen Wellenlängen an. Während nach der Fermi-Statistik diese auch die Gesamtheit der Elektronen-Niveaus gleicher Energie angibt, gilt das im Krystall nur für Werte von $\frac{1}{\lambda}$ die weit von den Begrenzungen der Brillouin-Zonen entfernt liegen. An diesen tritt hingegen eine zusätzliche Beschränkung durch die Braggsche Beziehung hinzu; durch das körperliche Raumgitter, innerhalb dessen die Elektronenwellen laufen, ergibt sich weiterhin eine Verzerrung der Energie-Niveaus, so daß die Energie durch die Wellenlänge nicht mehr eindeutig bestimmt ist, sondern außerdem von der Richtung im Raumgitter abhängt.

Die oben erörterten, der Energie der bewegten Elektronen zugeordneten Frequenzen sind streng zu unterscheiden von den Frequenzen einer vom Atom emittierten oder absorbierten Strahlung, die auf andere Weise entstehen.

Die Folge der Quantelung ist, daß die Energieniveaus nicht in kontinuierlicher Folge, sondern nur in den durch die Quantentheorie gestatteten, zu Bändern verzerrten Niveaus besetzt sind. Die höheren Niveaus in dem Gebiet der Valenzelektronen sind stark gestört, und es kommt bei ihnen zu den weiterhin kurz erörterten Überlappungserscheinungen (vergl. auch S. 253).

Mit steigender Temperatur werden neben der ersten Zone der Valenzelektronen in zunehmendem Maße auch die Niveaus der zweiten oder auch der höheren Brillouin-Zonen in Anspruch genommen, wie ja hierbei die Vorschrift der restlosen Bevorzugung der niedrigsten verfügbaren Energie-Niveaus nicht mehr gilt.

Die Theorie ergibt, daß einer voll besetzten Brillouin-Zone 2 Elektronen pro Atom (mit entgegengesetztem Spin) entsprechen. Sie stellt das Energieband der entsprechenden Höhe dar und geht von der Näherung einer so weitgehenden Störung der Elektronen durch die Felder des Raumgitters aus, daß die Energiebänder nur durch die der Braggschen Beziehung, wie oben erörtert, entsprechenden Lücken unterbrochen sind, sofern keine Überlappungen der Bänder auftreten. In erster Näherung ist eine solche Betrachtungsweise nützlich.

Die erste Brillouin-Zone entspricht deshalb dem Energieniveau der 2 innersten Elektronen $1s$, die zweite dem $2s$, die dritte dem ersten der $2p$-Elektronen usw., bis die Zone der Valenzelektronen erreicht ist. Bei den Metallen mit geringer Ordnungszahl sind nur wenig Brillouin-Zonen vorhanden (das Lithium-Atom enthält 3 Elektronen; die erste Brillouin-Zone ist in ihm deshalb ganz, die zweite nur etwa zur Hälfte gefüllt). Bei Elementen höhere Ordnungszahlen sind dahingegen mehrere, zum Teil viele Brillouin-Zonen gefüllt. Im Rahmen der Erörterung der Leitfähigkeit interessieren in der Hauptsache die letzten den Valenzelektronen zugeordneten Zonen.

c) Das Zustandekommen der elektrischen Leitfähigkeit in einem Raumgitter.

Auf Grund des zuletzt erörterten kann es vorkommen, daß eine innerhalb einer bestimmten Brillouinschen Zone liegende Schwingung einer höheren Energie entspricht, als eine Schwingung in der nächsthöheren Brillouin-Zone. Da die Elektronen beim absoluten Nullpunkt die Zustände niedrigster Energie einnehmen, folgt hieraus, daß die erste Brillouinsche Zone von Elektronen-Schwingungen nicht voll ausgefüllt ist, während bereits die zweite zum Teil besetzt ist. Man drückt das aus, indem man sagt, daß sich die Energiebänder „überlappen". Neben solchen Körpern, deren Beispiele die meisten Metalle darstellen, gibt es auch andere, in denen dem Übergang von der ersten Brillouinschen Zone zur zweiten ein Energiesprung entspricht, so daß dazwischen ein Band von in allen Richtungen verbotenen Energie-Niveaus liegt.

Eine Voraussetzung dafür, daß ein Krystall den Strom leitet, ist, daß im Körper ein Energiegefälle der Elektronen auftreten kann, das ihre bevorzugte Bewegung in einer Richtung, also die Stromleitung ermöglicht. Ist in einem Krystall eine Brillouin-Zone aufgefüllt, so besteht für ein solches Gefälle innerhalb der ersteren Zone keine Möglichkeit[1]. Wenn auch in den weiteren Zonen ähnliche Verhältnisse herrschen, ist der Krystall ein Isolator[2]. Für das Zustandekommen der Leitfähigkeit ist das Vorhandensein von nicht ganz gefüllten Brillouin-Zonen Voraussetzung. Da die Metalle sämtlich Leiter sind, so müssen sich in ihnen nicht aufgefüllte Brillouin-Zonen vorfinden. Hier gibt es zwei Möglichkeiten, für die Beispiele bekannt sind. Die letzte Zone ist nicht ganz gefüllt, wie das bei den Alkalimetallen der Fall ist. Oder aber die zwei letzten Zonen überlappen sich. Dieser Fall kommt bei Metallen höherer Ordnungszahl mit vielen Elektronen vor, wo die Energieunterschiede der letzten Niveaus nur noch gering sind (z. B. bei Kupfer), wo sich die $3d$ und die $4s$-Zonen überlappen.

d) Theoretische Vorstellungen über den Einfluß von Temperatur und Zusätzen auf die elektrische Leitfähigkeit.

Wir haben oben bereits bemerkt, daß der Widerstand reiner Metalle beim absoluten Nullpunkt gleich Null wird. Die Elektronenwellen werden also durch ein streng einheitliches regelmäßiges Raumgitter nicht gestört. Mit steigender Temperatur nimmt der Widerstand zu. Das Zustandekommen des elektrischen Widerstandes in reinen Metallen führt man auf die Störungen des Raumgitters durch die thermischen Schwingungen zurück. Wenn die das Metall durchziehenden Elektronenwellen an denen sich außerhalb ihrer Ruhelage befindenden schwingenden Gitterpunkten vorbeiziehen, werden sie gestreut, wobei sie einen Teil ihrer

---

[1] In einer voll besetzten Brillouin-Zone sind alle Elektronenwellen nach Richtung und Wellenlänge bestimmt. Eine Änderung der Richtung einer Elektronenwelle, die eine Voraussetzung für einen Stromdurchgang ist, ist wegen des Pauli-Verbotes in derselben Zone unmöglich. Die Richtungsänderung wäre nur möglich beim Übergang in eine andere Zone.

[2] Für die Betrachtung der Isolatoren eignet sich die erörterte Theorie weniger, da in ihnen die Elektronenniveaus weniger gestört sind und eine Annäherung von der Seite einer weitgehenden Störung her sehr ungenau wird.

Energie an die Atome in Form von Wärmeschwingungen abgeben. Umgekehrt bleibt die Wärmeenergie des Körpers nicht ohne Einfluß auf die Elektronenschwingungen, so daß die letzteren mit der ersteren an den Störungsstellen gekoppelt sind. Wird durch das Metall Strom durchgeleitet, so überlagern sich den ungeordneten Elektronenwellen einseitig gerichtete Wellen, die eine Störung des Gleichgewichtes zwischen den Elektronenwellen und den thermischen Schwingungen der Atome und damit eine Wärmeentwicklung und einen Ohmschen Widerstand bedeuten.

Solche Störungen müssen mit steigender Temperatur zunehmen, da die thermische Bewegung zunimmt. Der positive Temperaturkoeffizient des Widerstandes bei Metallen ist also verständlich. Wie sich aus der spezifischen Wärme ergibt, die annähernd dem Dulong-Petitschen Gesetz folgt, ist die Verteilung der thermischen Schwingungsenergie der Atome (oder Ionen) in Metallen bei gewöhnlichen und höheren Temperaturen annähernd klassisch, wie sie von C. MAXWELL angegeben ist. Am stärksten werden die Elektronenwellen natürlich durch die mit der höchsten Energie schwingenden Atome unter Wärmeentwicklung gestreut; jedoch auch jede geringere Schwingung muß eine gewisse, wenn auch eine schwächere Streuung hervorrufen.

Die Gesamtheit derartiger Störungen kann man in groben Zügen beschreiben, wenn man zum Bilde eines punktförmigen Elektrons zurückkehrt. Man kann dann annehmen, ähnlich wie das früher bereits P. DRUDE[1] getan hatte, daß die freien Elektronen eine gewisse freie Weglänge haben, nach der sie durch Zusammenstoß mit einem Atom ihre in Richtung des Feldes liegende Geschwindigkeit wieder verlieren. Das tritt nach der neuen Theorie jedoch nur an den Störungszentren auf. Es ergibt sich eine freie Weglänge von 10—100 Atomabständen bei gewöhnlicher Temperatur. Diese Größe läßt sich experimentell prüfen. Man sieht jedoch, wie roh das zur Bestimmung der „freien Weglänge" benutzte Bild ist, da in Wirklichkeit die Streuung der Elektronenwelle nicht nur an einzelnen wenigen Atomen sondern an sehr vielen in verschiedenen Beträgen erfolgt.

A. EUCKEN und F. FÖRSTER[2] haben auf folgende Weise die freie Weglänge der Elektronen in Silber und in Wismut gemessen. Wenn ein Elektron die Grenzfläche eines Metallstückes trifft, so wird es dort in ähnlicher Weise gestreut und gebremst wie an einer Störungsstelle innerhalb des Raumgitters. Für sehr dünne Drähte ergibt sich daher eine Erhöhung des spezifischen Widerstandes, und zwar nach der Formel

$$\varrho_d = \varrho_\infty \left(1 + \frac{8}{3\,\pi} \cdot \frac{l}{d} \right), \tag{31}$$

wo d der Durchmesser des Drahtes, l die mittlere freie Weglänge, ϱ_d der spezifische Widerstand des Drahtes vom Durchmesser d und ϱ_∞ der Widerstand eines dickeren Stückes ist, bei dem der Einfluß der Begrenzungsflächen zu vernachlässigen ist. Wenn man annimmt, daß die Zahl der freien Elektronen im Metall von der Temperatur unabhängig ist, kann der Widerstand ϱ_∞ als umgekehrt proportional der freien Weglänge angenommen werden; wir erhalten

$$\varrho_d = \varrho_\infty + \frac{\text{const}}{d} = \varrho_\infty + \Delta\varrho. \tag{32}$$

$\Delta\varrho$ ist von der Temperatur unabhängig. Für die Widerstandserhöhung unter dem Einfluß der äußeren Begrenzungsflächen gilt also das Matthiessensche Gesetz.

[1] DRUDE, P.: l. c. S. 274.
[2] EUCKEN, A., u. F. FÖRSTER: Z. Metallkd. **26** (1934), 232. — EUCKEN, A., u. L. RIEDEL: Ann. Physik **28** (1937), 603. — RIEDEL, L.: Metallwirtsch. **16** (1937),634; **17** (1938), 1105, 1134.

Durch Widerstandsmessungen an Drähten von $d \sim 1\,\mu$ bei der Temperatur des siedenden Wasserstoffes wurde nach Gl. (32) l bestimmt, und auf Grund der Temperaturabhängigkeit auf $0°$ C umgerechnet. Es ergab sich $l_0 = 57,7 \cdot 10^{-7}$ cm $\pm$ 1,5%, während sich aus der Quantentheorie nach FERMI-SOMMERFELD der Wert $57,5 \cdot 10^{-7}$ cm berechnet. Die Gitterkonstante des Silbers beträgt bekanntlich $4,078 \cdot 10^{-8}$ cm. Bei $0°$ C ist die freie Weglänge der Elektronen im Silber etwa das 160fache der Gitterkonstante.

Für Wismut ergab sich die freie Weglänge bei $0°$ C zu etwa $1,1 \cdot 10^{-3}$ cm, woraus sich schätzen läßt, daß ein freies Elektron pro 10^6 Bi-Atome kommt. Unter diesen Umständen sind die Voraussetzungen für eine Gas-Entartung der Elektronen auf Grund der Formel (26) nicht erfüllt, die Elektronen müssen sich demnach wie ein ideales Gas, „klassisch" verhalten und die normale Atomwärme $C_v = \dfrac{3\,R}{2}$ besitzen. Sie macht sich bei der großen Verdünnung der Elektronen nicht bemerkbar. Die elektrischen Verhältnisse beim Wismut sind jedoch noch durchaus ungeklärt.

In Mischkrystallen treten an Stelle der Störungen durch die thermische Bewegung der Gitterpunkte die Fremdatome, die infolge ihrer von dem Hauptmetall abweichenden Struktur eine Störung der Wellenbewegung und eine mit Wärmeaufnahme verbundene Streuung verursachen. Diese Streuung ist desto stärker, je größer der Unterschied im Atombau der beiden Komponenten und ihr Abstand im Periodischen System ist, wie oben erörtert. Das quadratische Gesetz von J. O. LINDE (vgl. S. 270) ist allerdings theoretisch noch nicht erklärt worden. Da die Struktur der Atome in der Hauptsache temperaturunabhängig ist, ist auch verständlich, daß die Störung durch Fremdatome temperaturunabhängig sein muß, damit ergeben sich die Matthiessenschen Gesetze. Der Umstand, daß das nicht in allen Fällen zutrifft, beweist, daß zwischen den Atomen der Komponenten bei der Mischkrystallbildung tiefergehende Beeinflussungen stattfinden, die nicht temperaturunabhängig sind. Wir werden bei der Betrachtung der ferromagnetischen Eigenschaften (S. 299) sehen, daß man auch sonst vielfach Hinweise auf derartige Beeinflussungen in Mischkrystallen hat.

Es ist in den einfachsten Fällen gelungen, die Widerstandserhöhung durch Mischkrystallbildung theoretisch in der richtigen Größenordnung zu berechnen. Diese Rechnungen auf quantenmechanischer Basis sind jedoch sehr kompliziert und nicht frei von willkürlichen Annahmen. Auch befindet sich die Quantenmechanik des Raumgitters heute noch in so lebhafter Entwicklung, daß diese Rechnungen nicht als endgültig anzusehen sind.

E. Magnetische Eigenschaften.

1. Einführung. Grundtatsachen und Definitionen.

a) Das Coulombsche Gesetz. Feldstärke, Induktion und Magnetisierung.

Zur Einführung in den Magnetismus der Metalle und Legierungen betrachten wir zunächst die analogen elektrischen Erscheinungen.

Wenn wir eine metallische Kugel elektrisch aufladen und sie in Berührung mit einer ebenso großen anderen ungeladenen Kugel bringen, stoßen sich die beiden Kugeln nach dem Coulombschen Gesetz ab, und zwar mit einer Kraft P

$$P = \frac{K\,e^2}{r^2},\tag{33}$$

wo r der Abstand der beiden (gegenüber r als sehr klein gedachten) Kugeln und e die Ladung (gleichen Vorzeichens) der beiden Kugeln ist. Allgemein gilt für zwei verschieden große Ladungen

$$P = \frac{K\,e_1\,e_2}{r^2}. \tag{34}$$

Als Einheit der Ladung wird im CGS-Maßsystem diejenige definiert, die eine gleichgroße, gleichnamige Ladung im Vakuum im Abstand von 1 cm mit einer Kraft 1 Dyn abstößt. Damit wird in Gl. (34) für das Vakuum $K = 1$. In anderen Medien nimmt K andere Werte an.

Elektrische Ladungen entgegengesetzten Vorzeichens ziehen einander an. Das ergibt sich aus (34) sofort, wenn die beiden Ladungen e verschiedene Vorzeichen haben und wenn man Anziehungskräfte wie immer negativ rechnet.

Jedem Punkt des die Ladung umgebenden Raumes entspricht eine bestimmte mechanische Kraft, die etwa auf die Einheit der Ladung wirkt. Dieser Raum ist somit der Sitz eines elektrischen Kraftfeldes. Die Feldstärke in einem gegebenen Punkt definieren wir als die mechanische Kraft, die dort auf die Einheit der Ladung wirkt, und kennzeichnen sie durch die Dichte der Feldlinien, die jeweils die Richtung der Kraft angeben[1].

Als eine Einheit des Feldes definieren wir ein Feld mit einer solchen Kraftliniendichte, daß in ihm auf die Einheit der Ladung die Kraft eins ausgeübt wird. Zur Feldmessung benutzen wir hierbei eine in das Feld gebrachte, und um das Feld nicht zu verzerren, sehr kleine Ladung $\varDelta e$, der dann die Kraft $\varDelta P$ entspricht.

Wir erhalten dann sofort das Feld der Coulombschen Kraft, das von einer elektrischen punktförmigen Ladung e ausgeht, wenn wir von ihr gleichmäßig nach allen Richtungen Feldlinien ausgehen lassen. Ihre Anzahl ist proportional zu e. Ihre Dichte ist umgekehrt proportional dem Quadrat des Abstandes von der Ladung e. Nach (34) wird nämlich die Feldstärke

$$E = \frac{e}{r^2}. \tag{35}$$

Da das zugleich auf Grund des Coulombschen Gesetzes die von der Ladung eins im Abstand 1 ausgeübte Kraft ist, können wir sagen, daß die Ladung eins im Abstand eins im Vakuum die Feldstärke eins erzeugt. Die Gesamtheit der Feldlinien, die von der Einheitsladung ausgehen und die mit einer Dichte 1 die Kugeloberfläche im Abstand 1 von der punktförmigen Ladung durchstoßen, ist im Vakuum gleich $4\,\pi$. Von einer Ladung e gehen entsprechend $4\,\pi\,e$ Kraftlinien aus.

In einem körperlichen Medium ist die Feldstärke auf Grund der Gl. (34) der für das Medium charakteristischen Größe K proportional. Ihren reziproken Wert nennt man die *Dielektrizitätskonstante* ε. Die von einer Ladung ausgehende Feldstärke ist der Dielektrizitätskonstante des Mediums umgekehrt proportional. Die Gesamtzahl der von einem geladenen Körper ausgehenden Feldlinien ergibt sich damit zu

$$\frac{4\,\pi\,e}{\varepsilon}. \tag{35a}$$

Jede Feldlinie endet grundsätzlich auf einer Ladung, sie verbindet Ladungen entgegengesetzten Vorzeichens.

---

[1] Diese Feldlinien werden vielfach als Kraftlinien bezeichnet. Da mit diesem letzteren Ausdruck jedoch zuweilen auch andere Felder gekennzeichnet werden, deren Auswirkung nicht rein mechanischen Charakters ist, ist in der Darstellung das Wort Feldlinien gewählt worden (im Gegensatz zu Induktionslinien und Magnetisierungslinien, vgl. S. 286).

Die magnetischen Erscheinungen unterscheiden sich von den elektrischen dadurch, daß man die Ladungen nicht trennen kann. Zu einer positiven Ladung M gehört eine mit ihr gekoppelte negative. Um das Coulombsche Gesetz bei Magneten nachzuweisen, müssen wir deshalb zwei Magnete miteinander in Wechselwirkung bringen und etwa die von den beiden Polen c und d (Abb. 219) ausgehenden, auf a und b wirkenden Kräfte bestimmen. Diese Pole entsprechen elektrischen Ladungen. Es ergibt sich dabei auch für die mechanische Wechselwirkung der magnetischen Pole, die bekanntlich an Stelle der elektrischen Ladungen treten, dasselbe Coulombsche Anziehungs- und Abstoßungsgesetz.

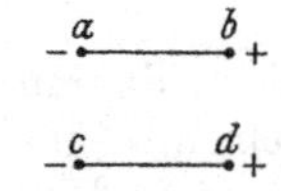

Abb. 219. Wechselwirkung der Pole zweier Magnete.

Wir kommen auch für die magnetischen Erscheinungen zu einer analogen Definition der Feldstärke und der Ladung. Auch bei einer magnetischen Ladung M treten $\dfrac{4\,\pi\,d_0\,M}{\mu}$ Kraftlinien aus dem Körper aus. Die mechanische Kraft zwischen zwei punktförmigen Ladungen M_1 und M_2 im Abstand r ist

$$P = \frac{1}{\mu}\,\frac{M_1\,M_2}{r^2}, \tag{36}$$

wo die Größe μ analog der Dielektrizitätskonstante ε für das elektrische Feld von der Natur des Mediums zwischen den Ladungen abhängt und im Vakuum gleich 1 ist. Sie wird *Permeabilität* genannt.

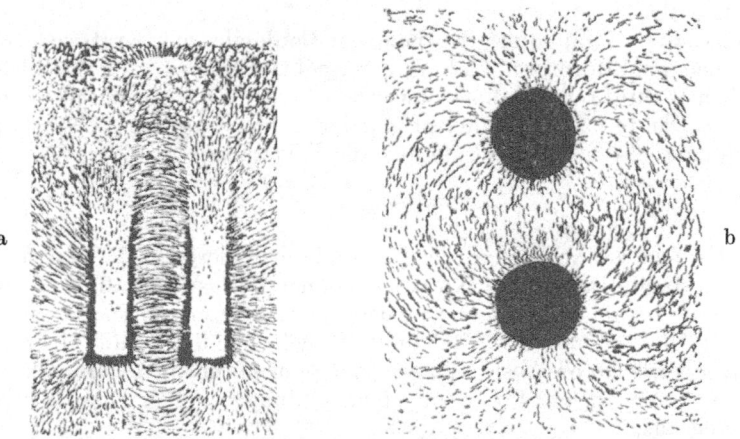

a   b

Abb. 220 a und b. Feldlinien eines Hufeisenmagneten. a seitlich, b von oben gesehen.

Für die von einer Ladung M herrührende magnetische Feldstärke, die allgemein mit $\mathfrak{H}$ bezeichnet wird, ergibt sich entsprechend (35)

$$\mathfrak{H} = \frac{1}{\mu}\,\frac{M}{r^2} \tag{37}$$

und für die Zahl der Feldlinien Z_P

$$Z_P = \frac{1}{\mu}\,4\,\pi\,M\,. \tag{38}$$

In der Physik wird nachgewiesen, daß die Gesamtzahl der bei dem Pol M aus dem Körper austretenden Feldlinien unabhängig von ihrer räumlichen Verteilung ist. Auch in Abb. 220a u. 220b treten aus den Polen $+$ und $-$ je eines

Hufeisen-Magneten $\dfrac{4\,\pi\,M}{\mu}$ Feldlinien aus, wo μ die Permeabilität des dazwischenliegenden Mediums ist, trotzdem die Kraftlinien infolge der Wechselwirkung
der Pole einseitig ausgerichtet sind.

Wir wollen die physikalische Bedeutung von μ anschaulich erörtern. Da
die Feldstärke durch die Zahl der Feldlinien definiert ist, verlaufen sie in einem
konstanten Feld im gleichen Abstand, also parallel. Wir betrachten ein solches
seitlich unendlich breit ausgedehntes Feld im Vakuum, ohne uns nach der
Art seiner Erzeugung zu fragen und nehmen an, daß es durch eine senkrecht zu
den Feldlinien liegende Schicht endlicher Dicke mit einem Medium der Permeabilität μ unterbrochen wird (Abb. 221).

Wenn die Feldstärke und damit die Dichte der
Feldlinien im Vakuum rechts und links von der Schicht $\mathfrak{H}$

ist, ist sie innerhalb der Schicht $\mathfrak{H}_\mu = \dfrac{\mathfrak{H}}{\mu}$. Die Dif-

ferenz, nämlich $\mathfrak{H}\left(1 - \dfrac{1}{\mu}\right)$ Feldlinien pro cm² enden

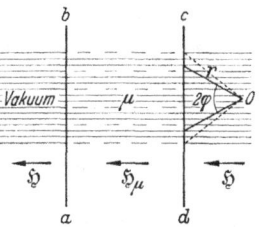

Abb. 221.
Querschicht der Permeabilität μ
im homogenen Magnetfeld.

an der Ebene cd und beginnen wieder an der Ebene ab.
Wir können also das Verhalten der Schicht beschreiben,
in dem wir sie durch ein Vakuum ersetzen, an dessen
Grenzebenen cd und ab Ladungen mit der Flächendichte $-m$ und $+m$ sitzen. Die erste setzen wir negativ
an, da wir annehmen, daß das positive Feld der ganzen
Anordnung durch positive Pole rechts außerhalb der Abbildung erzeugt wird.
Um die Kraftwirkung der Schicht cd im Vakuum rechts von cd zu berechnen,
betrachten wir einen Punkt 0, und beschreiben von ihm ausgehend eine Kegel-
schale mit dem Radius r und dem Winkel $2\,\varphi$. Wenn der Öffnungs-
winkel $2\,\varphi$ um $2\,d\,\varphi$ vergrößert wird, wie durch die von 0 ausgehenden gestrichelten Geraden angedeutet, so wird auf der Ebene cd ein Kreisring mit
der Fläche

$$\frac{2\,\pi\,r^2 \sin\varphi\,d\varphi}{\cos\varphi}. \tag{41}$$

herausgeschnitten.

Die in Richtung des Feldes auf die Einheitsladung in 0 wirkende Kraft ist

$$m\,2\,\pi \sin\varphi\,d\varphi. \tag{42}$$

Indem wir von $\varphi = 0$ bis $\varphi = \dfrac{\pi}{2}$ integrieren, erhalten wir für die in 0 von
der gesamten unendlich ausgedehnten mit der Oberflächenladung m belegten
Ebene cd ausgehende Kraft und demnach die Feldstärke

$$\mathfrak{H}_{-m} = +\,2\,\pi\,m. \tag{43}$$

In diesem Ausdruck tritt der Abstand des Punktes 0 von cd nicht auf. Daraus ergibt sich, daß die Wirkung der Ladung $+m$ auf der Ebene ab im Punkte 0
gleich

$$\mathfrak{H}_{+m} = -\,2\,\pi\,m$$

ist. Beide Wirkungen der Ladungen auf cd und auf ab heben sich außerhalb
der Schicht $abcd$ auf, wie es auch sein muß.

Innerhalb der Schicht addieren sie sich jedoch, und ergeben gemeinsam die
Feldstärke

$$4\,\pi\,m,$$

die entgegengesetzt dem äußeren Felde gerichtet ist. Wir erhalten somit

$$\mathfrak{H}_\mu = \mathfrak{H} - 4\,\pi\,m. \tag{44}$$

Links von der Ebene ac im Vakuum besteht also durch die magnetische Aufladung der Zwischenschicht $abcd$ gar keine Störung, das Feld ist dort wieder gleich $\mathfrak{H}$. Die Wirkung der magnetischen Pole, die sich irgendwo rechts von der Ebene cd befinden, und die das betrachtete Feld erzeugen mögen, hat sich also durch die Zwischenschicht $abcd$ ungestört fortgepflanzt.

Wenn die Schicht $abcd$ seitlich endlich begrenzt ist, gilt das nicht mehr, es treten Feldverzerrungen auf und die Rechnung wird unübersichtlich. Daher mußten wir bei unserer Betrachtung ein unendlich ausgebreitetes Feld annehmen.

Statt (44) können wir schreiben:

$$\mathfrak{H} = \mathfrak{H}_\mu + 4 \pi m. \tag{45}$$

Innerhalb der materiellen Schicht $abcd$ bestehen demnach zweierlei Wirkungen des Magnetfeldes $\mathfrak{H}$, erstens eine mechanische Kraft auf dort befindliche Ladungen, also die Feldstärke $\mathfrak{H}_\mu$, und zweitens ein von den Ladungsbelegungen an den Grenzen herrührendes Glied $4 \pi m$.

Da die Feldstärke $\mathfrak{H}$ im Vakuum, wie wir gesehen haben, sich über das körperliche Medium $abcd$ hinweg unverändert fortzupflanzen vermag, hat sie auch für dieses Medium eine Bedeutung, die indes von der ʻFeldstärke, die die beschriebenen mechanischen Wirkungen hat, abweicht. Sie wird Induktion $\mathfrak{B}$ genannt:

$$\mathfrak{B} = \mathfrak{H}_\mu + 4 \pi m = \mu \, \mathfrak{H}_\mu. \tag{46}$$

Würden mehrere zu $abcd$ analoge Platten mit verschiedenen μ senkrecht zum Felde stehen, so hätte in jeder von ihnen zwar die Feldstärke einen anderen Wert, jedoch der Ausdruck (46), also die Induktion, immer denselben Wert, nämlich denjenigen der Feldstärke im Vakuum.

Die Magnetpole entgegengesetzten Vorzeichens (magnetische Mengen) sind untrennbar mit einander verbunden. Der Prototyp eines Magneten ist deshalb ein dünner zylindrischer Stab, der auf beiden Endflächen mit magnetischer Menge M von der Flächendichte $m = \dfrac{M}{q}$, wo q der Querschnitt des Stabes ist, belegt ist. Wenn sein Magnetisierungszustand nicht von dem Felde abhängt, in dem er sich befindet (permanenter Magnet), übt das Feld auf ihn ein mechanisches Moment $Ml = mql$ aus, wenn der Stab senkrecht zu den Feldlinien steht.

Wir stellen uns den magnetisierten Zustand in der Weise vor, daß im Innern des Körpers in einer gewissen Anzahl Elementarmagnete in Richtung des Feldes ausgerichtet werden. Ihre Wirkungen nach außen heben sich überall bis auf die Endflächen auf, wo die Pole (die Belegungen mit magnetischer Menge) auftreten. Da der Zustand eines in der geschilderten Weise magnetisierten Körpers einheitlich ist, so ist es sinnvoll, von dem magnetischen Moment der Volumeneinheit zu sprechen, das auftreten würde, wenn aus dem betrachteten Körper ein Element von der Länge und dem Querschnitt eins oder, da beide in den Ausdruck des magnetischen Momentes mql in derselben Weise eingehen, von dem magnetischen Moment der Volumeneinheit $\mathfrak{J}$ zu sprechen. Man bezeichnet sie als spezifische Magnetisierung; man sieht, daß sie der magnetischen Belegungsdichte der Pole numerisch gleich ist.

$$\mathfrak{J} = \frac{M l}{q l} = m. \tag{47}$$

Da die Magnetisierung den inneren Zustand des magnetisierten Körpers bezeichnet, wird sie immer an Stelle der magnetischen Flächendichte m gesetzt, und man erhält aus Gl. (46)

$$\mathfrak{B} = \mathfrak{H}_\mu + 4 \pi \mathfrak{J}. \tag{48}$$

$\mathfrak{J}$ ist ein Vektor, der die Besetzungsdichte des Magnetikums mit Elementarmagneten (Dipolen) angibt. Er hat in jedem Punkt des Körpers einen bestimmten Wert, der im Falle eines ungleichmäßig magnetisierten Körpers von Ort zu Ort nach Größe und Richtung variieren kann. Deshalb kann man von einem *Magnetisierungsfeld* und von *Magnetisierungslinien* sprechen.

Die Größe $\mathfrak{B}$ hat eine große praktische Bedeutung, weil die Induktionswirkung eines Stromes proportional zu $\mathfrak{B}$ ist. Dort, wo es sich um Induktionswirkungen handelt (z. B. im Transformator), kommt es deshalb auf die Größe $\mathfrak{B}$ an, wo es sich um mechanische Wirkungen von Magneten handelt (permanente Magnete, Relais), ist meistens $\mathfrak{J}$ maßgebend. Bei physikalischen Erörterungen ist die Betrachtung der Magnetisierung derjenigen der Induktion vorzuziehen, da die erstere den magnetischen Zustand des Körpers (Zahl und Ausrichtung der Elementarmagnete) angibt, während in die zweite noch die Feldstärke eingeht.

$\mathfrak{B}$ definiert ein *Induktionsfeld*, dem *Induktionslinien* entsprechen (im Schrifttum werden sie zuweilen als Kraftlinien bezeichnet).

Wir unterscheiden demnach im magnetischen Körper drei Felder: das mechanisch definierte magnetische Feld $\mathfrak{H}_\mu$, das Induktionsfeld $\mathfrak{B}$ und das Magnetisierungsfeld $\mathfrak{J}$.

Aus Gl. (48), erhalten wir, da

$$\frac{\mathfrak{B}}{\mathfrak{H}_\mu} = \mu \tag{49}$$

$$\mu = 1 + 4\pi \frac{\mathfrak{J}}{\mathfrak{H}_\mu} = 1 + 4\pi\varkappa. \tag{50}$$

$$\mathfrak{B} = (1 + 4\pi\varkappa)\,\mathfrak{H}_\mu \tag{51}$$

Bei den meisten Stoffen (Paramagnetika und Diamagnetika) sind μ und $\varkappa$ charakteristische Stoffkonstanten. Die Induktion und die Magnetisierung sind also der Feldstärke proportional. Bei den Ferromagnetika sind μ und $\varkappa$ selbst Funktionen der Feldstärke, wie wir sehen werden.

$\varkappa$ wird die *Susceptibilität* eines Stoffes genannt. Sie ist bei paramagnetischen und diamagnetischen Stoffen numerisch gleich der spezifischen Magnetisierung unter dem Einfluß der Feldstärke 1. Wie die spezifische Magnetisierung wird sie auf die Volumeneinheit bezogen. Sie wird deshalb wohl auch *Volumensusceptibilität* genannt. Oft ist es nützlich, sie auf die Masseneinheit durch Multiplikation mit dem spezifischen Volumen v zu beziehen; sie wird dann *spezifische Susceptibilität* genannt und mit χ bezeichnet.

$$\chi = \varkappa \cdot v \tag{52}$$

Die auf ein Grammatom bezogene Größe heißt *Atomsusceptibilität* χ_A

$$\chi_A = \varkappa\, v\, A\,, \tag{53}$$

wo A das Atomgewicht ist. Bei theoretischen Betrachtungen ist die Atomsusceptibilität vorzuziehen.

Mit Ausnahme der ferromagnetischen Stoffe ist die Susceptibilität $\varkappa$ sehr gering, sie hat eine Größenordnung von 10^{-6} bis 10^{-3} im erörterten CGS-Maßsystem.

b) Bemerkungen zu den magnetischen Einheiten.

Die Einheit der Feldstärke ist auf Grund der obigen Erörterung ein Feld, in dem auf eine Einheit der magnetischen Menge die Einheitskraft 1 Dyn ausgeübt wird. Diese Einheit heißt *Oersted*. Da die Induktion im CGS-Maßsystem auf Grund der Gl. (48) dieselbe Dimension wie die Feldstärke hat, kommt ihm auch dieselbe Einheit zu. Die Einheit der Induktion wird *Gauß* genannt.

Wir haben oben die Feldstärke $\mathfrak{H}$, die Magnetisierungs-Intensität $\mathfrak{J}$ und die Induktion $\mathfrak{B}$ auf Grund ihrer mechanischen Kraftwirkungen eingeführt. Wenn man es mit Magneten zu tun hat, die Pole haben, ist das durchaus zweckmäßig, denn bei ihrer Anwendung, etwa als permanente Magnete, sei es in der Technik, sei es für physikalische Messungen, werden ihre mechanischen Wirkungen nutzbar gemacht. Anders steht es jedoch mit der Induktion, die meistens in geschlossenen Ringsystemen (oder ihnen angenäherten Anordnungen) ohne Pole zur Erzeugung von Induktionsstößen in magnetischen Feldern benutzt wird. Eine mechanische Wirkung kommt hier gar nicht in Frage, es interessiert nur die Höhe der induzierten elektromotorischen Kraft. Deshalb ist die Zurückführung der Induktion $\mathfrak{B}$ auf mechanische Wirkungen praktisch unzweckmäßig. In ähnlichem Zusammenhang ist es auch praktischer, das magnetische Feld nicht magnetostatisch, sondern elektromagnetisch zu bestimmen, wie es in Wirklichkeit auch meistens geschieht. Wir wollen diese praktischen Meßeinheiten hier einführen.

Die magnetische Feldstärke in einer stromdurchflossenen Spirale ist bekanntlich direkt proportional der Stromstärke I und der Zahl der Windungen pro Zentimeter Spiralenlänge n_H

$$\mathfrak{H} = K_1\, I\, n_H. \tag{54}$$

Indem wir $K_1 = 1$ setzen, ergibt sich als Einheit der Feldstärke diejenige, die durch die Stromstärke 1 Amp. in einer Spirale mit einer Windung pro cm erzeugt wird. Auf Grund der Ableitung der elektromagnetischen Maßeinheiten ist 1 Oersted $= 10/4\,\pi = 0{,}796$ Amp/cm. Die Induktion $\mathfrak{B}$ mißt man bekanntlich, indem man in das Feld eine Induktionsspule bringt, deren Windungsringe senkrecht zur Feldrichtung stehen. Der Querschnitt des von der Induktionsspule umschlossenen Bündels der Kraftlinien des Feldes sei q, die Zahl der Windungen der Induktionsspirale n_B; dann ist nämlich nach dem Induktionsgesetz der beim Einschalten des Feldes in der Spule am ballistischen Galvanometer gemessene Spannungsstoß, also das Integral $\int E dt$ gleich

$$\int E dt = K_2\, n_B\, q\, \mu\, \mathfrak{H} = K_2\, n_B\, q\, \mathfrak{B}. \tag{55}$$

Mißt man den Spannungsstoß in Voltsekunden pro Einheit der umflossenen Fläche und pro Induktionswindung, während das Feld wie oben in Oersted bzw. die Induktion in Gauß gemessen wird, so hat die Konstante K_2 den Wert $10^{-8}\,\dfrac{\text{Volt}\cdot\text{sec}}{\text{Gauß}\cdot\text{cm}^2}$. Unter einem Gauß verstehen wir somit den Zustand des Magnetikums, bei dessen Herstellung ein Spannungsstoß von 10^{-8} Volt $\cdot$ sec erfolgt. Wenn die Feldstärke in Ampere pro Windungsdichte der primären Spule $= 1$ gemessen wird, so erhält man für die Konstante den Wert $\dfrac{4\,\pi}{10}\cdot 10^{-8}\,\dfrac{\text{Volt}\cdot\text{sec}}{\text{Amp}\cdot\text{cm}}$.

Häufig wird die Induktion $\mathfrak{B}$ nicht wie in Gl. (46) magnetostatisch, sondern elektrisch definiert. Man versteht dann darunter den Spannungsstoß pro Einheit der Windungsfläche, der bei der Herstellung des zu betrachtenden magnetischen Zustandes erzeugt wird, also

$$\mathfrak{B} = \frac{\int E dt}{n_B\, q} \tag{56}$$

Wegen des Induktionsgesetzes (55) erhält man dann an Stelle von (46) die Gleichung

$$\mathfrak{B} = K_3\, \mu \cdot \mathfrak{H} \tag{57}$$

und an Stelle von Gl. (48)

$$\mathfrak{B} = K_2\,(4\,\pi\,\mathfrak{J} + \mathfrak{H}) \qquad (58)$$

Das Verhältnis von $\mathfrak{J}$ zu $\mathfrak{H}$, also die Susceptibilitätsgrößen $\varkappa$, χ und χ_A sind hiervon unabhängig. $\mathfrak{B}$ und $\mathfrak{H}$ haben jetzt verschiedene Dimensionen; K_2 wird meistens mit μ_0 bezeichnet.

Die Frage des zweckmäßigsten magnetischen Maßsystems ist zur Zeit noch durchaus umstritten. Wir sind bei unseren Betrachtungen von den besonders anschaulichen mechanischen Wirkungen der Magnete ausgegangen; man kann jedoch auf eine Zurückführung der Maßgrößen auf eine derartige einheitliche Grundlage auch gänzlich verzichten und als Grundeinheiten neben cm, g, sec auch noch das Volt und das Ampere einführen. Tut man das, so bekommt die zahlenmäßige Verknüpfung des Oersteds mit dem Gauß eine nur rein konventionelle Bedeutung.

2. Diamagnetismus, Paramagnetismus und Ferromagnetismus.

Die Proportionalität zwischen Feldstärke und Magnetisierung gilt nicht für die ferromagnetischen Körper; für diese ist die Susceptibilität nicht mehr eine Konstante sondern hängt von der Feldstärke ab.

Ehe wir auf das Verhalten der diamagnetischen, paramagnetischen und ferromagnetischen Metalle eingehen, wollen wir kurz die theoretischen Grundlagen für das magnetische Verhalten des einzelnen Atoms andeuten, wobei hinsichtlich eingehender Darstellung auf die Lehrbücher der Physik und auf Spezialwerke verwiesen werden muß.

Es ist zu erwarten, daß das Verhalten eines Atoms durchsichtig sein wird, solange es nicht durch Nachbaratome beeinflußt wird. Das gilt für das verdünnte Gas, bis zu einem gewissen Grade für eine verdünnte Lösung. Unter diesen Voraussetzungen ist es gestattet, das Verhalten des Körpers nach dem Verhalten eines einzelnen Atoms zu beurteilen.

Ein Atom besteht aus dem Kern und den um den Kern kreisenden Elektronen. Jedes in einer geschlossenen Bahn um den Kern kreisende Elektron stellt einen Ampereschen Ring dar, einen Elementarmagneten von einem bestimmten Moment. Dieses Moment wird das *Bahnmoment* des Elektrons genannt. Aber auch jedem Elektron für sich schreiben wir heute ein magnetisches Moment infolge des *Elektronendralles* (spin) zu, indem wir es uns in einem sehr groben Bild als eine mit Elektrizität belegte rotierende Scheibe vorstellen. Dieses Moment wird das *Spinmoment* genannt.

Die Erfahrung lehrt nun, daß ein Atom oder Ion mit abgeschlossenen Elektronenschalen (z. B. Edelgas-Konfiguration) als Ganzes kein magnetisches Moment hat. Ein solches System mit in verschiedenen Richtungen kreisenden Elektronen verhält sich etwa wie ein System von ringförmigen Leitern, dessen Gesamtstromstärke gleich Null ist. Wird ein solcher Ring in ein Magnetfeld gebracht, so wird in ihm bekanntlich ein Strom induziert, der auf Grund der Lenzschen Regel eine solche Richtung hat, daß durch ihn ein magnetisches Gegenfeld erzeugt wird, dessen Richtung der Richtung des den Strom erzeugenden Magnetfeldes entgegengesetzt ist. Im betrachteten Atom wirkt sich das so aus, daß die einzelnen um den Kern kreisenden Elektronen Verzögerungen oder Beschleunigungen erfahren, so daß das Atom insgesamt in eine drehende Bewegung versetzt wird und ein Ringstrom und damit ein magnetisches Moment des Atoms hervorgerufen wird. In ähnlicher Weise kann ein Moment entstehen, wenn ein Atom sich in einem konstanten Felde dreht.

Bei einer schrägen Lage der Elementarströme zur Richtung des Magnetfeldes entsteht hierbei eine Präzessionsbewegung des als Kreisel aufzufassenden Atoms um die Feldrichtung (Larmor-Präzession). Ein in ein Feld gebrachter Körper, der aus einem System solcher Atome oder Ionen besteht, wird also infolge der Larmor-Präzession in seinem Innern ein negatives Magnetisierungsfeld aufweisen: $\varkappa$ ist negativ, und der Körper ist diamagnetisch. Die Feldstärke in einem diamagnetischen Körper ist auf Grund der Beziehung (51) größer als im Vakuum, allerdings nur um einen sehr geringen Betrag, da $\varkappa$ bei Diamagnetika einen Wert von etwa 0,001 nicht übersteigt.

Die betrachtete Induktionswirkung und die Larmor-Präzession sind die Folge der allgemeinen Sätze der Elektrizitätslehre und als solche grundsätzlich für alle Körper gültig. Ganz unabhängig von seinem sonstigen Verhalten hat also jeder Körper einen gewissen Diamagnetismus, der indessen durch andere Effekte gänzlich verdeckt werden kann; dasselbe gilt auch für das Elektronengas als solches (s. weiter unten).

Der durch die Larmor-Präzession hervorgerufene Diamagnetismus ist temperaturunabhängig.

Weisen die einzelnen Atome oder Moleküle dahingegen ein magnetisches Moment auf, das im allgemeinen vorhanden ist, wenn die Atome keine Edelgas-Konfiguration besitzen, so verhält sich der Körper ganz anders. Ohne Einfluß des äußeren magnetischen Feldes nehmen die Atome und die magnetischen Momente alle möglichen Richtungen und Lagen im Raume ein, wenn das magnetische Moment der Atome nicht zu groß und ihre Wechselwirkung zu vernachlässigen ist (vgl. weiter unten unter Ferromagnetismus). Wird der Körper jedoch in ein magnetisches Feld gebracht, so richten sich die Elementarmagnete der einzelnen Atome in dem Felde bis zu einem gewissen Betrage aus, und zwar so, daß zwischen den Atomen ein Magnetisierungsfeld desselben Vorzeichens wie das des äußeren Feldes entsteht. Wir haben das Bild des paramagnetischen Körpers vor uns, und die Susceptibilität ist positiv.

Dieser Einstellung im Magnetfeld wirkt die thermische Bewegung der Atome oder Moleküle entgegen. Im einfachsten Falle, bei Gasen, ergibt sich für die Susceptibilität in Abhängigkeit von der Temperatur nach dem Curie-Gesetz

$$\chi = \frac{K}{T} \tag{59}$$

daß sie umgekehrt proportional der Temperatur ist.

Auch in einem festen Körper muß sich in ähnlicher Weise wie im Gase die Larmor-Präzession ausbilden; die festen Körper müssen deshalb sämtlich einen Diamagnetismus aufweisen, der indessen durch ungleich stärkere Wirkungen des Paramagnetismus und des Ferromagnetismus völlig verdeckt wird. Beim Paramagnetismus treten in festen Körpern durch die Wechselwirkung der Atome untereinander erhebliche Störungen auf, so daß das Curie-Gesetz des Paramagnetismus nicht mehr gilt. Vielfach gilt es in der allgemeineren Form:

$$\chi = \frac{K}{T - \Theta}, \tag{60}$$

wo Θ eine positive oder negative Stoffkonstante ist.

Wir haben gesehen, daß der Diamagnetismus eine Eigenschaft des Atoms ist. Da die diamagnetischen Atome kein magnetisches Moment aufweisen, ist eine Wechselwirkung zwischen ihnen im festen Körper in stärkerem Maße nicht zu erwarten. Es ist deshalb anzunehmen, daß der Diamagnetismus des einzelnen Atoms, sofern nicht anderweitige Einflüsse (z. B. durch das Gas der freien Elektronen) hinzutreten, sich auch im festen Körper ungestört auf Grund der Larmor-

Präzession auswirken wird. Anders liegen die Verhältnisse bereits bei den paramagnetischen Atomen oder Molekülen. Diese haben ein magnetisches Moment und müssen deshalb grundsätzlich in Wechselwirkung mit ihren Nachbarn kommen, wenn sie genügend nahe liegen und wenn die Verhältnisse hierzu günstig sind. Es ist deshalb zu erwarten, daß im festen Körper mit paramagnetischen Bausteinen erhebliche Komplikationen gegenüber dem für das freie Atom gegebenen Schema auftreten werden. Das äußert sich bereits darin, daß das Gesetz von P. Curie vielfach nur in seiner erweiterten Form gilt und allgemeiner darin, daß der geschilderte Paramagnetismus nur in selteneren Fällen in der ungestörten Form auftritt.

Eine extreme Störung durch Wechselwirkung von paramagnetischen Atomen stellt der Ferromagnetismus dar. Wenn das magnetische Moment eines Atomes auf einen Elektronenspin zurückzuführen ist, so ist eine ähnliche Wechselwirkung mit den Spins benachbarter Atome zu erwarten, wie das bei einer Atombindung zwischen zwei Atomen etwa des Wasserstoffs der Fall ist. Bekanntlich tauschen hierbei die am Molekül beteiligten Atome ständig ihre Valenzelektronen aus. Das Molekül ist in der Regel nur dann beständig, wenn die am Austausch beteiligten Elektronen Spins entgegengesetzten Vorzeichens haben (sich antiparallel einstellen). Das gilt z. B. für das Wasserstoffatom. Im Metall muß sich ein solches Verhalten in einer Erschwerung der paramagnetischen Ausrichtung der Spins äußern. Es scheint, daß das darin zum Ausdruck kommt, daß die „Curie-Temperatur Θ" (Gl. 60) negativ wird; solche Metalle, als deren Vertreter man Palladium und vor allen Dingen Platin nennen kann (vgl. S. 295) werden *antiferromagnetisch* genannt. In der mathematischen Sprache der Theorie kennzeichnet man ein solches Verhalten, indem man sagt, daß das *Austauschintegral* der Atome negativ ist[1]. Wenn dahingegen das Austauschintegral positiv ist, so heißt das, daß die Spins benachbarter Atome das Bestreben haben, sich gleich parallel auszurichten. Wenn das in stärkerem Maße der Fall ist, heißt der Körper *ferromagnetisch*. Grundsätzlich ist er dadurch gekennzeichnet, daß in elementaren Bereichen (den *Weißschen Bezirken*) beim absoluten Nullpunkt alle Elementarspins einheitlich ausgerichtet sind. Ein Weißscher Bezirk ist also, auch ohne ein äußeres Feld, von vornherein magnetisiert, und zwar in einem Maße, das um viele Größenordnungen das der paramagnetischen Körper in praktisch herstellbaren Feldern übertrifft. Während die Susceptibilität der paramagnetischen Körper wohl immer unter 10^{-3} liegt, hat sie bei ferromagnetischen Metallen Werte von 10^1—10^3. Nach außen macht sich die Magnetisierung eines einzelnen Weißschen Bezirkes nicht bemerkbar, weil die Richtung des Spins in jedem Weißschen Bezirk eine andere ist und die Magnetisierungen sich im Gesamtkörper gegenseitig aufheben. Die Wirkung eines äußeren Feldes besteht in diesem Falle nicht in der Erzeugung einer Magnetisierung, wie bei diamagnetischen Stoffen, sondern in ihrer einheitlichen Ausrichtung im gesamten Körper. In genügend starken Feldern gelingt das vollkommen. Man erhält dann einen Zustand des Ferromagnetismus, den man als „*Sättigung*" bezeichnet; bei weiterer Erhöhung des magnetischen Feldes steigt der Wert der Magnetisierung nicht mehr. Die Sättigungsmagnetisierung des Gesamtkörpers ist gleich der spontanen Magnetisierung der Weißschen Bezirke, die auf diese Weise meßbar ist. Aus ihrer Höhe kann die Zahl der ausgerichteten Spins pro Atom berechnet werden. Beim absoluten Nullpunkt wirkt sich diese ungestört aus· mit steigender

---

[1] Das „Austauschintegral" gibt die Energie an, die zur Überführung eines Elektronenspins aus einer zum nächsten Nachbarn parallelen in eine antiparallele Lage aufzuwenden ist.

Temperatur wirkt die thermische Bewegung der vollen Ausrichtung der Elementar-magnete in steigendem Maße entgegen; die Sättigung nimmt ab, bis sie annähernd auf Null zurückgeht. Die Temperatur, bei der das stattfindet, wird *Curie-Temperatur* oder *Curie-Punkt* genannt (Abbildung 222).

In dieser Abbildung ist die Sättigung der drei ferromagnetischen Metalle als Bruchteil der Sättigung bei $0°$ K als Funktion der Temperatur in Bruchteilen der Curie-Temperatur aufgetragen. Man sieht, daß die Sättigung mit steigender Temperatur erst langsam und dann in der Nähe des Curie-Punktes sehr schnell abnimmt. Die Übereinstimmung des Temperaturverlaufes der Sättigung ist für die drei ferromagnetischen Metalle praktisch vollkommen. Oberhalb des Curie-Punktes sind die ferromagnetischen Metalle paramagnetisch, wie oben erwähnt, wobei Θ in Gl. (60) in diesem Fall die Curie-Temperatur ist.

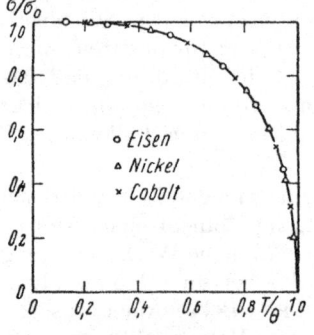

Abb. 222. Temperaturabhängigkeit der Sättigungsmagnetisierung bei ferromagnetischen Metallen (aus BORELIUS).

3. Magnetisches Verhalten der reinen Metalle.

In der Tab. 46 sind die Atom-Susceptibilitäten der Elemente im Periodischen System wiedergegeben.

Ein nach oben gerichteter Pfeil bedeutet, daß χ_A mit steigender Temperatur zunimmt; bei den diamagnetischen Stoffen heißt das also, daß der Absolutwert von χ_A mit steigender Temperatur abnimmt; umgekehrt bedeutet ein nach unten gerichteter Pfeil, daß χ_A mit steigender Temperatur abnimmt. Ein Doppelpfeil bedeutet, daß die Temperaturabhängigkeit von χ_A sehr groß ist. Wir

Tabelle 46. Magnetisches Verhalten der

H								
—4								
Li		Be		B		C		N
+4		—9↘		—8		— 6[2] / —62[3]		—12
Na		Mg		Al		Si		P
+12		+6		+16		—4		—27
K		Ca		Sc		Ti		V
+16		(+44)		?		+57		+76
	Cu		Zn		Ga		Ge		As
	—6		—10		—17↗		—9↗		—23
Rb		Sr		Y		Zr		Nb
+6		(—10)		?		+91		+120
	Ag		Cd		In		Sn		Sb
	—22		—20		—13↗		—42[4] / + 3[5]		—98↗
Cs		Ba		La		Hf		Ta
—13		(+44)		—		?		+147↘
	Au		Hg		Tl		Pb		Bi
	—30		—24[6]		—49↗		—25		—280↗[7]

1. Ein nach unten gerichteter Pfeil bedeutet eine geringe, ein Doppelpfeil eine starke Abnahme des Paramagnetismus mit steigender Temperatur; nach oben gerichtete Pfeile weisen entsprechend auf eine Zunahme hin. Geklammerte Werte sind unsicher. 2. Diamant.

wollen das Verhalten der Elemente nunmehr durchsprechen, wobei unsere Aufmerksamkeit sich hauptsächlich auf die Metalle richten wird.

Die Edelgase sind sämtlich diamagnetisch, wie das auf Grund der Erörterungen auf Seite 290 zu erwarten gewesen ist. Der Absolutwert von χ_A nimmt hier mit steigendem Atomgewicht zu, da ja die Zahl der Elektronen, durch deren Zusammenwirken die Larmor-Präzession zustandekommt, mit steigendem Atomgewicht ebenfalls zunimmt.

Bekanntlich haben die Atome der verschiedenen Elemente das Bestreben, durch Ionisierung, also durch Abgabe oder Aufnahme von Elektronen, Edelgas-Konfiguration anzunehmen, sofern das möglich ist. Hierauf ist zum Teil der metallische Charakter vieler Elemente zurückzuführen, weil hierdurch das Vorhandensein freier Elektronen im Metall verständlich wird. Besonders gilt das für die auf die Edelgase folgenden metallischen Elemente der ersten Vertikalreihen des Periodischen Systems. Aber auch die Metalle Kupfer, Silber und Gold ergeben durch Abgabe je eines Elektrons eine Elektronenkonfiguration mit abgeschlossenen Schalen (vgl. S. 251), wenn die Elemente mit dieser Elektronenzahl auch in Wirklichkeit nicht den Charakter von Edelgasen haben (Nickel, Palladium, Platin). In Tab. 47 ist für einige Metalle der Ionisierungszustand angegeben, der eine edelgasähnliche Konfiguration ergibt.

Wir haben bei der Erörterung der elektrischen Leitfähigkeit gesehen, daß es sehr wahrscheinlich ist, daß die Alkalimetalle im metallischen Zustand tatsächlich aus Kationen, die von Elektronengas umgeben sind, bestehen. Dasselbe nehmen wir in erster Annäherung für Kupfer, Silber und Gold an. Ob das auch für die zweiwertigen Metalle gilt, ist bereits zweifelhaft, zumal die χ_A-Werte der Metalle Calcium, Strontium und Barium noch nicht zuverlässig gemessen sind. Bei höherwertigen Metallen treten offenbar Komplikationen auf, über deren Natur wir nur selten bestimmte Aussagen machen können.

Elemente[1]. $\chi_{At} \cdot 10^6$ bei Zimmertemperatur.

						He −2
O +1700 ↘↘		F ?				Ne −7
	S −15	Cl −20				Ar −19,5
Cr +150		Mn +490	Fe Co Ni			
	Se −25	Br −32	ferromagnetisch			Kr −28
Mo +54		Ma ?	Ru +43 ↗	Rh +110	Pd +550 ↘↘	
	Te −40	J −46				X −42
W +41	Po ?	Re +68	Os +9 ↗	Ir +25 ↗	Pt +156 ↘↘	
		—				Rn ?

3. Graphit. 4. Graues (nichtmetallisches) Zinn. 5. Metallisches Zinn. 6. Bei −183°.

Nach W. KLEMM:
Magnetochemie, S. 202. Leipzig: Akademische Verlagsgesellschaft m.b.H. 1936.

Es fällt auf, daß die Metalloide der drei letzten Vertikalreihen, die jeweils vor einem Edelgas stehen, diamagnetisch sind und zwar mit χ_A-Werten, in der Größenordnung des nachfolgenden Edelgases. Die Annahme, daß diese Elemente im Elementarzustand Konfigurationen der in Frage kommenden Edelgase aufweisen, ist jedoch kaum möglich, da hierzu eine negative Aufladung der Atome durch Aufnahme von Elektronen notwendig wäre, die durch nichts kompensiert werden kann, während bei den Metallen die Kompensation der Ladung der Kationen durch das Elektronengas erfolgt. Wir schließen hieraus, daß der Diamagnetismus der genannten Elemente auf andere, noch unbekannte Ursachen zurückgeführt werden muß.

Tabelle 47. Ionen, bei denen Diamagnetismus zu erwarten ist.

Li+	Be++	Cu+	Zn++
Na+	Mg++	Ag+	Cd++
K+	Ca++	Au+	Hg++
Rb+	Sr++		
Cs+	Ba++		

Bei der Betrachtung der Alkalimetalle, denen wir uns jetzt zuwenden, ist außer den Atomrümpfen das Elektronengas zu berücksichtigen. Dieses weist, wie die Theorie lehrt, eine paramagnetische Susceptibilität von der Größe[1]

$$\chi_A^{El} = 1,25 \cdot 10^{-6} \, f^{1/3} \, V^{2/3} \tag{60a}$$

pro Gramm-Atom des Elektronengases auf. Hier ist f das Verhältnis der Zahl der freien Elektronen zur Zahl der Atome und V das den Elektronen zur Verfügung stehende Volumen. Es ist noch nicht ganz sicher, ob hierbei das gesamte Atomvolumen des Metalles oder nur das Volumen nach Abzug des Ionenvolumens zu rechnen ist. Für Alkalimetalle ist mit großer Wahrscheinlichkeit $f = 1$ anzunehmen. In der Tab. 48 sind in der ersten Reihe die Werte der χ_A aus der Tab. 46 übernommen, in Reihe 2 für die Alkalimetalle der Wert der diamagnetischen

Tabelle 48. Magnetisches Verhalten der Alkalimetalle und der Edelmetalle.

	Li	Na	K	Rb	Cs	Cu	Ag	Au
1. χ_A gemessen	+ 4	+12	+16	+ 6	—12	— 6	—22	—30
2. Diamagnetismus des Kations	— 1	— 6	—15	—22	—35	—18	—31	—50
3. χ_A^{El} aus 1 minus 2	+ 5	+18	+31	+28	+23	+12	+ 9	+20
4. χ_A^{El} nach Gl. (60a) berechnet	+ 7	+10	+16	+19	+22	+4,6	+6,3	+6,3
5. $\dfrac{\text{Ionenvolumen}}{\text{Atomvolumen}} \cdot 100$	12	28	37	38	39	71	89	?

Atom-Susceptibilität, wie er auf Grund des Verhaltens in Salzen für die Kationen zu erwarten ist. Für die Edelmetalle sind die entsprechenden Werte durch Interpolation der Werte für die Alkalimetalle auf Grund ihrer Kernladungen berechnet worden. Diese Rechnung ist mit erheblichen Unsicherheiten behaftet. In Reihe 3 ist die atomare Susceptibilität für die Elektronen als Differenz zwischen 1 und 2 in Reihe 4 auf Grund der Formel (60a) angegeben, wobei für V das gesamte Atomvolumen eingesetzt wurde. Für die Alkalimetalle stimmen die berechneten und die in Reihe 3 angegebenen Werte der Größenordnung nach überein, bei

---

[1] Auf Grund der Theorie folgt, daß das Elektronengas außer Paramagnetismus auch einen dreimal so schwachen Diamagnetismus aufweist. Der angegebene Wert von χ_A^{El} ergibt sich aus ihrer Differenz.

den Metallen Kupfer, Silber und Gold treten stärkere Abweichungen von den gemessenen Werten nach der negativen Seite auf. Man könnte versucht sein, das darauf zurückzuführen, daß in diesen Metallen keine vollständige Ionisation der Atome vorliegt, so daß die paramagnetische Komponente nicht nur vom Elektronengas, sondern zum Teil auch von den Metallatomen selbst herrührt. Jedoch kann hierüber nichts Genaueres ausgesagt werden. In erster Näherung wollen wir für unsere Betrachtungen diese Abweichungen vernachlässigen und die Metalle Kupfer, Silber und Gold als vollständig ionisiert betrachten. Abb. 223 und 224 zeigen das Verhalten dieser Gruppe von Elementen. Da der Paramagnetismus

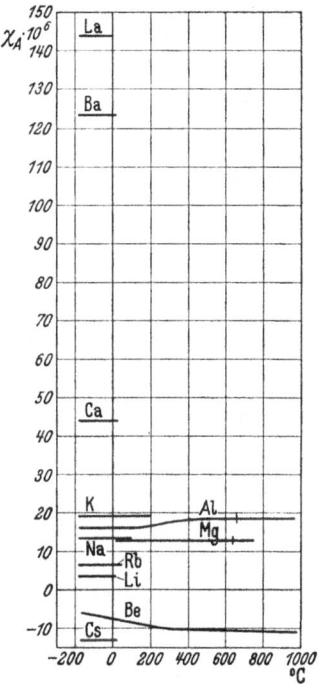

Abb. 223. Atomsusceptibilität der Gruppen 1—3 des Periodischen Systems (aus BORELIUS).

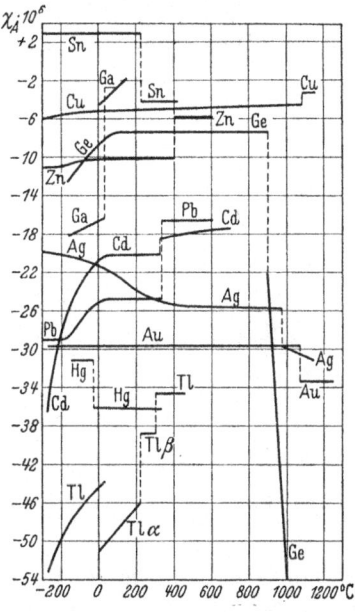

Abb. 224. Atomsusceptibilität der Metalle der Gruppen 4—10 im langperiodischen System (aus BORELIUS).

des Elektronengases temperaturunabhängig ist, ist dasselbe auch für das Verhalten der betrachteten Metalle zu erwarten. Mit Ausnahme des Silbers und des Aluminiums ist diese letzte Bedingung annähernd erfüllt. Somit erscheint das Verhalten der Alkalimetalle und wohl auch der Metalle Kupfer, Silber und Gold verständlich und das der Metalle Zink, Cadmium und Quecksilber mindestens qualitativ nicht unverständlich. Über die Natur des Paramagnetismus der Übergangsmetalle Titan-Mangan, Zirkon-Ruthenium und Tantal-Iridium läßt sich dahingegen nichts Bestimmtes aussagen. Auch die Temperaturabhängigkeit steht hier durchaus nicht in Übereinstimmung mit der elementaren Theorie. Zum größten Teil ist die paramagnetische Susceptibilität temperaturunabhängig, zum Teil steigt sie sogar mit der Temperatur an. Das einzige, was als sicher angenommen werden kann, ist, daß diese Erscheinungen auf die Wechselwirkung der von einer Edelgaskonfiguration weit entfernten Atome zurückzuführen sind. Mangan bildet mit seiner hohen Atom-Susceptibilität einen Übergang zu den ferromagnetischen Metallen. In Abb. 225 ist außer dem Verhalten dieser Metalle das Verhalten des Palladiums und des Platins dargestellt. Die letzteren Metalle verhalten sich abweichend von den übrigen. Ihre Werte lassen sich nämlich, wie bereits erwähnt, nach der Formel (60), S. 290, berechnen, wobei man für Palladium den Wert $\Theta = -227°$ und für Platin $\Theta = -1000°$ und mehr einsetzen muß. Da die neutralen Atome für beide Metalle abgeschlossene Elektronenkonfigurationen aufweisen (Tab. 33, S. 251), muß angenommen werden, daß beide Metalle, wenigstens zum Teil, aus Ionen und freien Elektronen bestehen. Die gegenseitige Störung der Atomspins scheint in erster Linie in einer antiparallelen Ausrichtung zu bestehen, so daß die Metalle antiferromagnetisch (S. 291) werden. Das Platin weist jedoch noch weitere wenig geklärte magnetische Anomalien auf[1].

Auffallend einfach verhalten sich die Metalle der seltenen Erden, die annähernd das Curie-Gesetz, Gl. (59), S. 290, befolgen (Abbildung 226). Im Zusammenhang mit unserer

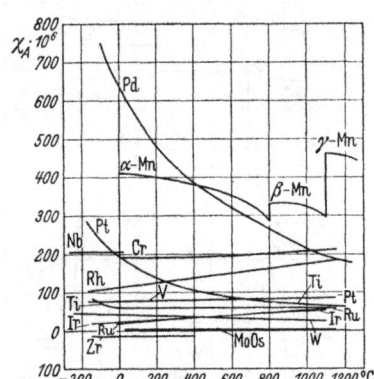

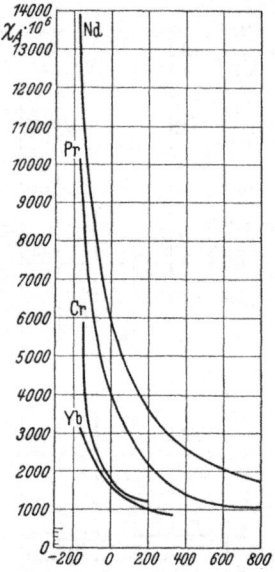

Abb. 225. Atomsusceptibilität der Metalle der Gruppen· 11—14 im langperiodischen System (aus Borelius).   Abb. 226. Atomsusceptibilität der seltenen Erdmetalle (aus Borelius).

grundsätzlichen Erörterung des Paramagnetismus ist das so zu verstehen, daß die paramagnetischen Atome oder Ionen sich im Metall nicht gegenseitig stören. Bis zu einem gewissen Grade wird das verständlich, wenn man den Aufbau der Atome der seltenen Erden betrachtet.

Bei diesen Elementen sind die inneren Schalen 1, 2 und 3 sowie die Schalen 4s, 4p und 4d voll ausgefüllt, in der Schale 4f steigt die Zahl der Elektronen von Lanthan bis Cassiopeium von 0 bis 14 an, die Schalen 5s und 5p sind wieder voll ausgefüllt, außerdem ist die Schale 5d mit je einem Elektron und 6s mit je 2 Elektronen besetzt. Die drei letzteren sind die Valenzelektronen. Es ist wahrscheinlich, daß der Sitz des magnetischen Momentes die nicht voll ausgefüllte Schale 4f ist. Diese Schale ist nach außen hin durch die Elektronen der höheren Hauptquantenschalen 5 und 6 abgeschirmt. Offenbar ist diese Abschirmung so vollständig, daß eine Störung durch die Nachbaratome sich nicht mehr bemerkbar macht, und die Metalle sich wie ein ideales paramagnetisches Gas (O_2) verhalten.

Abb. 227 zeigt das Verhalten einer Reihe von Metallen, die vor den Metalloiden stehen. Die Elemente Antimon und Wismut, die unmittelbar an der Grenze der Metalloide stehen, zeigen einen abnorm starken Diamagnetismus mit

---

[1] Collet, P. u. G. Folx: J. phys. Radium (7) **1** (1930), 144; **2** (1931), 290, 353; C. r. Acad. Sci. Paris **192** (1931), 930.

einer starken Temperatur-Abhängigkeit, der theoretisch noch nicht endgültig geklärt worden ist.

Bei den ferromagnetischen Metallen läßt sich theoretisch nachweisen, daß der Sitz des Ferromagnetismus die Elektronenspins und nicht die Bahnmomente der Elektronen sind. Das Moment eines Elektronenspins läßt sich berechnen; es heißt das Bohrsche Magneton und ist eine natürliche Grundlage bei magnetischen Berechnungen. Auffallenderweise ergeben sich aus den Sättigungswerten beim absoluten Nullpunkt folgende Zahlen der Magnetonen pro Atom:

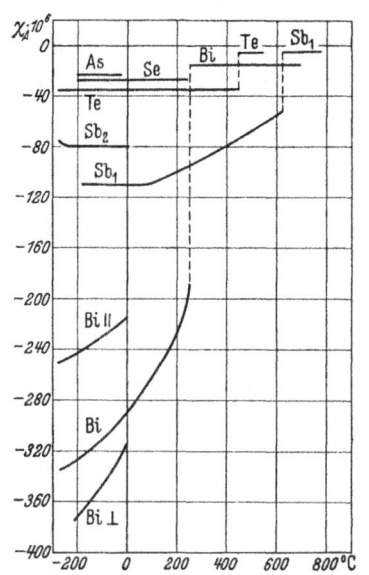

Fe	2,22
Co	1,71
Ni	0,61

Das beweist, daß die einzelnen Atome innerhalb des Ferromagnetikums sich nicht einheitlich verhalten, denn ein Atom kann nicht eine gebrochene Zahl

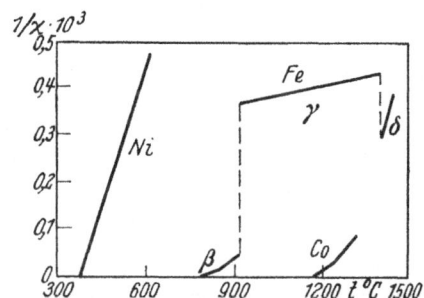

Abb. 227. Atomsusceptibilität der Elemente der Gruppen 15—16 im langperiodischen System (aus Borelius).

Abb. 228. Verhalten von Fe, Co und Ni oberhalb der Curie-Temperatur (aus Klemm).

von Spins aufweisen. Auf das Verhalten des Nickels werden wir bei der Besprechung einiger seiner Legierungen eingehen (S. 301).

Nachdem die ferromagnetischen Metalle oberhalb der Curie-Temperatur ihren Ferromagnetismus verloren haben, sind sie paramagnetisch. Die Abhängigkeit der χ_A-Werte von der Temperatur ist aus Abb. 228 zu ersehen. Sie ist recht unübersichtlich. Wenn man versucht, sie mit Hilfe der Curie-Weißschen Beziehung zu berechnen, erhält man für verschiedene Modifikationen verschiedene Θ-Werte. Für ein normales Paramagnetikum läßt sich das Atommoment nach der Formel

$$\mu = 2{,}84 \sqrt{\chi_A (T - \Theta)} \qquad (61)$$

berechnen[1]. Führt man diese Rechnung für die ferromagnetischen Metalle durch, so erhält man Atommomente, die ganz verschieden sind und meistens erheblich höher als die Atommomente im ferromagnetischen Zustand liegen. Die Ursache dieses auffallenden Verhaltens ist noch nicht aufgeklärt.

Die Ursache für das Auftreten des Ferromagnetismus bei bestimmten Metallen ist nicht endgültig geklärt. Nach den vorliegenden theoretischen Ansätzen kommt es zunächst darauf an, daß eine der inneren Schalen nicht ausgefüllt ist. Diese Bedingung ist bei allen Übergangsmetallen erfüllt. Fernerhin soll das Verhältnis

---

[1] Vgl. W. Klemm: Magnetochemie. Leipzig: Akademische Verlagsgesellschaft 1936.

des Atomradius zum Radius dieser Schale nicht weniger als etwa 3 betragen. Tab. 49 gibt dieses Verhältnis für einige Metalle wieder.

Beachtenswert ist, daß Mangan die Grenze von 3 beinahe erreicht. Es liegt an der Grenze des Ferromagnetismus; es müßte eine geringe Änderung der Bedingungen genügen, um es ferromagnetisch zu machen. In der Tat sind viele seiner Legierungen, auch mit nicht-ferromagnetischen Metallen, ferromagnetisch (Tab. 50).

Tabelle 49.

Cr	Mn	Fe	Co	Ni	Pd	Pt
2,36	2,94	3,26	3,64	3,96	2,82	2,46

Tabelle 50.
Ferromagnetische Manganlegierungen.

Legierungsreihe	Gehalt des Zusatz-elementes in At.-%	Curie-Punkt °C
Mn—N . .	4—10	∼500°
Mn—P. . .	30—50	∼20° bei Mn_5P_2
Mn—As . .	40—50	∼130° bei MnAs
Mn—Sb . .	30—50	315° für Mn_2Sb
		315° für Mn_3Sb_2
		330° für MnSb
Mn—Bi .	bei 50	∼370°
Mn—S. . .	bei 50	
Mn—Se . .	?	
Mn—Te . .	?	
Mn—C. . .	25	
Mn—Si . .	?	
Mn—Sn . .	20—30	150° für Mn_4Sn
		∼ 0° für Mn_2Sn
Mn—H . .	?	
Mn—B . .	∼ 50	

Aus: R. Becker, W. Döring: Ferromagnetismus.

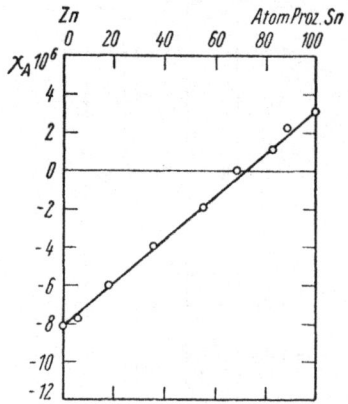

Abb. 229. Atomsusceptibilität des mechanischen Gemenges Zn - Sn (aus Borelius).

4. Magnetisches Verhalten von Legierungen.

a) Verhalten des mechanischen Gemenges.

Die Susceptibilität der mechanischen Gemenge berechnet sich additiv aus den Susceptibilitäten der Bestandteile (vgl. Abb. 229). Eine Voraussetzung für die genaue Gültigkeit dieser Beziehung ist, daß die Susceptibilität auf dieselbe Einheitsmenge bezogen wird wie die Konzentrationsangaben (vgl. S. 60). Die auf die Einheit des Volumens bezogene Susceptibilität würde dieser Bedingung in einer Darstellung in Gewichts- oder Atomprozenten nicht genügen; sie würde eine Darstellung in Volumenprozenten erfordern. In Abb. 229 ist korrekterweise die Atom-Susceptibilität auf Atomprozente bezogen.

b) Verhalten der Mischkrystalle mit Kupfer, Silber und Gold.

Während das elektrische Leitvermögen der Metalle durch Aufnahme von Fremdbestandteilen im Mischkrystall, wie wir gesehen haben (S. 269), sehr stark herabgesetzt wird, wird das magnetische Verhalten von Metallen durch Mischkrystallbildung vielfach lange nicht so stark und nicht einheitlich beeinflußt. Das ist durchaus verständlich. In der Tat, es handelt sich bei der elektrischen Stromleitung um eine Fortbewegung der Elektronen über überatomare Abstände durch das Raumgitter hindurch, bei den magnetischen Eigenschaften dahingegen lediglich um ihre Bewegung im Verbande des einzelnen Atoms, wenn auch eine gewisse Beeinflussung durch die Nachbaratome zustande kommen kann. Wenn wir annehmen, daß Mischkrystalle der Kupfer-Gold- und der Silber-Gold-Legierungen wie die reinen Metalle die Atome in Gestalt von positiven Ionen enthalten, deren Diamagnetismus auf der Basis der Larmor-Präzession (S. 290) entsteht, so ist zunächst zu erwarten, daß diese diamagnetische Komponente sich in den Legierungen additiv verhalten wird. Für das paramagnetische Verhalten des Elektronengases sind keine größeren Abweichungen von den reinen Metallen zu erwarten. So ist in diesem Falle auch für die Mischkrystalle ein additives Verhalten der Susceptibilität zu erwarten. Diese Erwartung wird durch die Erfahrung annähernd bestätigt, wie Abb. 230 zeigt.

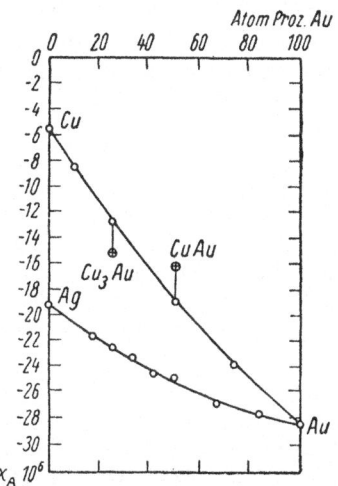

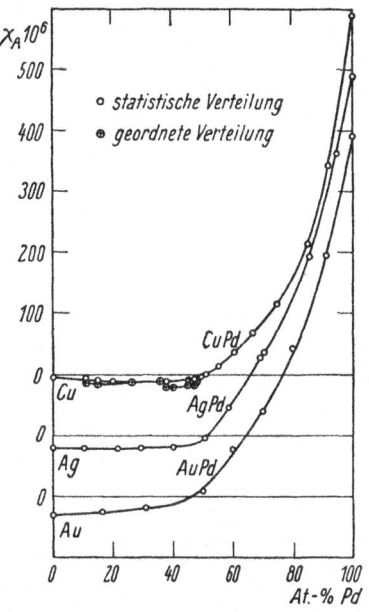

Abb. 230. Atomsusceptibilität der Legierungen Ag-Au und Cu-Au (nach SEEMANN, VOGT und SHIMIZU).

Abb. 231. Atomsusceptibilität der Mischkrystallreihen Cu-Pd, Ag-Pd und Au-Pd (nach SVENSSON und VOGT).

In dieser Abbildung sind zugleich die Atom-Susceptibilitäten der Legierungen der Zusammensetzungen Cu_3Au und $CuAu$ bei geordneter Verteilung der Atome der Komponenten wiedergegeben (vgl. S. 480). Für die auftretenden, nicht unerheblichen Abweichungen vom ungeordneten Zustand läßt sich keine allgemeine Regel angeben. Man sieht aber deutlich, daß der Bindungszustand der Atome einen größeren Einfluß auf das magnetische Verhalten hat. Wenn man annimmt, daß das Gold als sehr edles Metall im metallischen Zustand nicht völlig ionisiert ist, wodurch sich seinem Diamagnetismus eine paramagnetische Komponente überlagern muß, so kann man die Abweichungen vom linearen Verlauf bei seinen Legierungen mit Silber und mit Kupfer vielleicht darauf zurückführen, daß in diesen der Grad seiner Ionisierung größer ist.

Ganz anders verhalten sich die Legierungen des Palladiums mit den Metallen der Kupfergruppe, wie Abb. 231 zeigt. Das paramagnetische Palladium bewirkt beim Zusatz zu Gold eine nur sehr schwache Verschiebung der Susceptibilität nach der positiven Seite, beim Silber und beim Kupfer wird die Susceptibilität sogar schwach nach der negativen Seite hin verschoben. Es ist also nicht zu bezweifeln, daß das Palladium sich in diesen Legierungen im diamagnetischen Zustand befindet. Extrapoliert man die nur wenig gekrümmten Kurven der Legierungen mit geringeren Palladiumgehalten geradlinig bis zum reinen

Palladium hin, so erhält man eine diamagnetische Atom-Susceptibilität für das Palladium in dem Zustande, in welchem es sich in den genannten Legierungen befindet, in der Größenordnung von $-30 \cdot 10^{-6}$.

Nun ist das magnetische Verhalten des Palladiums in den Legierungen verhältnismäßig einfach. Als neutrales Atom hat es eine edelgasähnliche Konfiguration, die ein diamagnetisches Verhalten erwarten läßt, genau wie das einwertige Silberion. Es ist also kaum daran zu zweifeln, daß das Palladium sich in den Mischkrystallen mit Kupfer, Silber und Platin tatsächlich in Gestalt von neutralen Atomen befindet. Dieser Befund ist sehr auffallend und bisher theoretisch noch nicht erklärt.

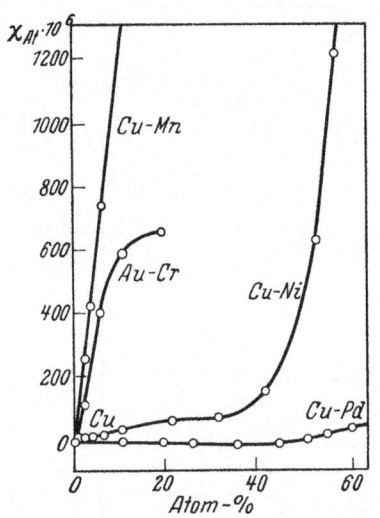

Erst bei höheren Palladiumgehalten kommt seine paramagnetische Natur zum Vorschein.

Ähnlich wie das Palladium verhalten sich auch die Metalle Platin und Nickel in ihren Mischkrystallen mit Kupfer, Silber und Gold. Allerdings tritt hier von Anfang an eine geringe Steigerung der Susceptibilität auf. Das Platin zeigt in seinem magnetischen Verhalten eine ziemlich große Analogie mit dem Palladium; auch hier wird man annehmen, daß es sich, wenigstens in einem gewissen Prozentsatz, in den Mischkrystallen mit Kupfer, Silber und Gold im Zustand von elementaren Atomen befindet.

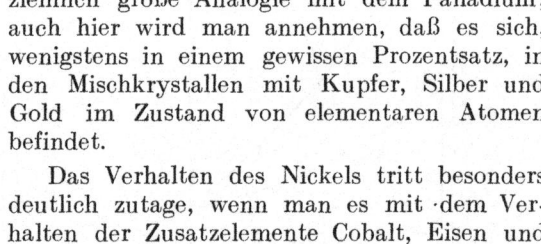

Abb. 232. Atomsusceptibilität der Cu- bzw. Au-reichen Mischkrystalle mit Mn, Cr, Ni und Pd (aus KLEMM).

Das Verhalten des Nickels tritt besonders deutlich zutage, wenn man es mit ·dem Verhalten der Zusatzelemente Cobalt, Eisen und Chrom vergleicht (Abb. 232). Das Nickel weist zwar eine nicht abgeschlossene 3 d-Elektronenschale und zwei Valenzelektronen in der nächsten 4 s-Schale auf. Es spricht aber alles dafür, daß die Energieniveaus in diesen beiden Zuständen sich nur wenig unterscheiden. Eine Folge davon ist, daß das Nickel im metallischen Zustand, wie wir sehen werden (S. 301), in der 3 d-Schale insgesamt im Durchschnitt 9,4 Elektronen (statt 8!) und in der 4 s-Schale nur 0,6 (statt 2) enthält. Damit nähert es sich aber bereits sehr erheblich der Konfiguration des Kupferions, die edelgasähnlich ist. Es ist deshalb nicht zu verwundern, daß es sich in den genannten Legierungen auch beinahe wie Platin und Palladium verhält.

Ganz anders verhalten sich, wie bereits erwähnt, die verdünnten Mischkrystalle der Metalle Kupfer, Silber und Gold mit Chrom, Mangan und Cobalt. Die Susceptibilität steigt bei diesen Legierungen von Anfang an stark an. Wenn man hieraus die magnetischen Momente der Zusatzmetalle gemäß Gl. (61) berechnet, erhält man Werte, die diejenigen dieser Metalle im reinen Zustand übertreffen. Es scheint, daß es möglich ist, dieses Verhalten auf die Bildung von zweiwertigen Ionen dieser Metalle zurückzuführen, die untereinander bei verdünnten Mischkrystallen zunächst noch keine Wechselwirkung zeigen, so daß das Temperaturgesetz von CURIE-WEISS erfüllt wäre.

Die niedrigeren Durchschnittswerte der magnetischen Momente in den reinen Metallen sind also auf die Zwischenwirkung der Atome, also auf eine Art antiferromagnetische Störung zurückzuführen.

c) Verhalten der Mischkrystalle mit Nickel.

Von den Mischkrystallen der ferromagnetischen Metalle mit geringeren Gehalten anderer Bestandteile wollen wir hier nur die Legierungen des Nickels besprechen, die besonders eingehend untersucht worden und einer theoretischen Erörterung zugänglich sind. Abb. 233 zeigt die Durchschnittszahlen der Magnetonen pro Atom der Legierung bei einer Reihe von Mischkrystallen des Nickels mit anderen Elementen, und zwar extrapoliert auf den absoluten Nullpunkt, so daß die thermische Bewegung keine Störung verursacht. Besonders beachtenswert sind zunächst die Legierungen des Nickels mit Kupfer. Diese zeigen einen linearen Abfall der Magnetonenzahlen mit steigendem Kupfergehalt, der extrapoliert bei 60 Atom-% Cu den Wert Null erreicht. Bei diesem Gehalt verliert sich also der ferromagnetische Charakter des Metalles. Es ist zu bemerken,

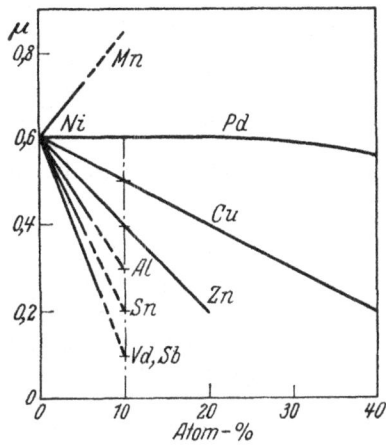

Abb. 233. Anzahl der Magnetonen pro Atom in Mischkrystallen des Nickels (aus KLEMM).

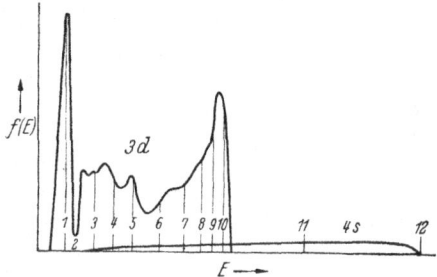

Abb. 234. Die Dichte des Energie-Niveaus im 3 d- und 4 s-Band bei Nickel (aus BECKER-DÖRING).

daß die Atommomente in diesem Falle aus der ferromagnetischen Sättigung und nicht auf der Grundlage der Theorie der paramagnetischen Stoffe berechnet werden. Dieses Verhalten läßt sich wie folgt deuten.

Wir haben schon erwähnt (S. 300), daß die Energieniveaus der 3 d- und 4 s-Elektronenschalen sich in ihrer Höhe beim Nickel nur wenig unterscheiden und zum Teil überdecken. Eine genauere von J. C. SLATER[1] durchgeführte Rechnung hat die in Abb. 234 wiedergegebene Energieverteilung ergeben. In dieser Abbildung stellen die Abszissen die Energieniveaus der einzelnen Elektronen dar, während die Ordinaten die Zahlen der Elektronen, die den einzelnen Niveaus entsprechen, angeben. $f(E)\, dE$ ist die Zahl der Elektronen mit einer Energie zwischen E und $E + dE$. Die von der 3 d-Kurve umgrenzte Fläche stellt die Gesamtzahl der 3 d-Elektronen dar, wenn diese ganze Schale gefüllt ist, also pro Atom 10 Elektronen enthält. Ähnlich ergibt sich für zwei 4 s-Elektronen die 4 s-Kurve. Wie man sieht, überschneiden sich die beiden Energieflächen der 3 d- und der 4 s-Elektronen; das heißt, daß die 4 s-Elektronen zum Teil niedrigere Energieniveaus aufweisen, als die 3 d-Elektronen. Da beim absoluten Nullpunkt das Gesetz der Besetzung der niedrigsten Energieniveaus vor den höheren streng gilt (vgl. S. 48), folgt aus der in Abb. 234 gegebenen Energieverteilung, daß das Band der 3 d-Elektronen nicht vollbesetzt sein kann, sondern einen Teil der Elektronen an das 4 s-Band abgeben muß. Die Grenzniveaus beider Bänder müssen gleich sein. Die senkrechte Gerade 10 gibt diese Grenze an für den Fall,

---

[1] SLATER, J. C.: Phys. Rev. **49** (1936), 537.

daß die Gesamtzahl der Elektronen im 3d- und 4s-Niveau, wie beim Nickel 10 pro Atom beträgt. Diese Gerade liegt bei einer Besetzung des 3d-Bandes mit 9,4 Elektronen und des 4s-Bandes mit 0,6 Elektronen pro Atom im Durchschnitt. Da die Atome nur mit ganzen Zahlen von Elektronen besetzt sein können, ergeben die obigen Brüche nur die durchschnittlichen Elektronengehalte der Schalen, die im zeitlichen oder räumlichen Mittel durch statistische Schwankungen eingehalten werden.

Es ist oben darauf hingewiesen worden, daß das unaufgefüllte 3d-Band der Sitz der ferromagnetischen Eigenschaften des Nickels ist. Die Magnetonenzahl des Nickels ist 0,6 pro Atom, also ein Magneton pro ein im 3d-Band fehlendes Elektron durchschnittlich. Man braucht nur dieses Band aufzufüllen, um den Ferromagnetismus des Nickels zu beseitigen. Das Kupferatom hat nun, wie wiederholt betont wurde, wahrscheinlich einen sehr ähnlichen Bau wie das Nickel. Wir können ihm deshalb annähernd dieselbe Energieverteilung zwischen dem 3d- und 4s-Energieband zuweisen wie beim Nickel, mit dem einzigen Unterschied, daß die Gesamtheit der für die beiden Bänder zur Verfügung stehenden Elektronen nicht 10, sondern 11 pro Atom ist. Infolgedessen ist das 3d-Niveau beim Kupfer vollständig ausgefüllt und Kupfer ist nicht ferromagnetisch. In einem aus Kupfer und Nickel bestehenden Mischkrystall treten die Elektronen der Atome in Wechselwirkung und streben überall die niedrigsten Niveaus an. In der Gegend des Niveaus 10 ist die Besetzung des 4s-Bandes nur ein kleiner Bruchteil der Besetzung des 3d-Bandes und kann vernachlässigt werden. Wird die durchschnittliche Elektronenkonzentration erhöht, so kann man deshalb näherungsweise ansetzen, daß der gesamte Überschuß der Elektronen zur Auffüllung des 3d-Bandes verbraucht wird. Auf diese Weise ergibt sich, daß bei einem Gehalt von 10,6 Elektronen pro Atom im Durchschnitt das 3d-Band vollständig besetzt sein wird, also der Ferromagnetismus verschwinden muß, was bei 60% Cu tatsächlich erreicht wird. Da der durchschnittliche Elektronengehalt proportional dem Kupfergehalt zunimmt, ergibt sich überhaupt ein mit diesem linear abnehmender Gehalt an Nickelatomen, bei denen in dem 3d-Band noch Lücken bestehen. Die Sättigungsmagnetisierung muß also mit dem Kupfergehalt linear abnehmen.

Aus der Tatsache, daß die Kupferatome ihre 4s-Elektronen dem ganzen Raumgitter zur Verfügung stellen, ist zu schließen, daß das Kupfer ionisiert ist. Daran ändert nichts der Umstand, daß ein Teil dieser Elektronen wie geschildert, beim Kupfer verbleibt. Die 4s-Elektronen sind eben *frei* beweglich und die Atome, zu denen sie gehören, deshalb ionisiert.

In Abb. 233 sind die Sättigungsmagnetisierungen in Zahlen der Magnetonen pro Atom auch für die Legierungen des Nickels mit Zink, Aluminium, Zinn, Vanadium und Antimon wiedergegeben. Wie man sieht, sinkt die Magnetonenzahl in diesen Mischkrystallen zunächst ebenfalls linear mit der Konzentration des Zusatzes. Extrapoliert man die so erhaltenen geraden Linien bis zur Konzentration von 10%, wie das in der Abb. 233 geschehen ist, so sieht man, daß die Erniedrigungen pro $\frac{1}{10}$ Atomanteil in der Legierung für diese Metalle 0,2, 0,3, 0,4 und 0,5 Magnetonen betragen. Diese Zahlen sind den Wertigkeiten der zugesetzten Elemente proportional und bedeuten, daß pro Atom des zugesetzten Metalles die Magnetonenzahl um je 2, 3, 4 und 5 zurückgeht. Diese Ergebnisse können in denselben Zusammenhängen gedeutet werden wie die mit dem einwertigen Kupfer erhaltenen. In diesen Fällen kann zwar keine Rede mehr davon sein, daß die zugesetzten Metalle dem Nickel ähnlich gebaut sind. Wenn ihre Valenzelektronen aber höheren Energieniveaus entsprechen als die 3d-Elektronen des Nickels und wenn die Elektronen wieder die Möglichkeit haben, sich über das ganze Raumgitter zu verteilen, muß die Magnetonenzahl sich in einer wenig verschiedenen Weise vermindern. Wir nehmen an, daß die zugesetzten Elemente kein mit Elektronen stärker besetztes Band in der Höhe der Spitze des 3d-Bandes des Nickels besitzen. Dann werden etwa bei einem Zusatz von 10 Atomen pro Hundert eines vierwertigen Elementes dem Nickel 40 Elektronen pro Hundert zur Verfügung gestellt werden. Da die Legierung 90 Atome Nickel pro 100 enthält, wird das Nickel im Durchschnitt pro Atom $^4/_9 = 0{,}44$ Elektronen aufnehmen, und die Magnetonzahl der gesamten Legierung wird 0,16 pro Atom betragen. Die Abweichung von dem gefundenen Wert von etwa 0,20 übersteigt nicht die Fehlergrenzen der Messungen. Im übrigen ist es durchaus wahrscheinlich, daß das zugesetzte Element bei den höchsten Niveaus des 3d-Bandes des Nickels auch mit Elektronen besetzte Bänder haben wird. In diesem Fall wird ein Teil der Valenzelektronen bei den Atomen des Zusatzes verbleiben, und die Rechnung liefert dann ein ähnliches Ergebnis wie beim Kupfer.

Wichtig ist die wohl sichere Feststellung, daß die Atome aller zugesetzten Elemente sich im Nickel im Zustand von vollständig ionisierten Kationen befinden. Bei höheren Konzentrationen treten Störungen infolge der Wechselwirkung der Atome des Zusatzes untereinander auf.

5. Die ferromagnetischen Metalle[1].

a) Die Magnetisierungsschleife (Hysteresisschleife).

Die ferromagnetischen Stoffe weisen bei der Magnetisierung ein vom Diamagnetismus und vom Paramagnetismus abweichendes Verhalten auf. Die Magnetisierungsintensität hängt bei ihnen, wie erwähnt, nicht mehr linear und auch nicht mehr eindeutig mit der Feldstärke H zusammen, sondern ergibt ein viel komplizierteres Bild. In Abb. 235 tragen wir die Magnetisierungsintensität J in Abhängigkeit vom äußeren Felde H auf. Wenn der Metallkörper zuerst in das Magnetfeld gebracht wird, steigt J von A ausgehend längs der Kurve AB zunächst schneller als linear mit H und dann wieder langsamer, bis bei genügend starken Feldern die Magnetisierungskurve

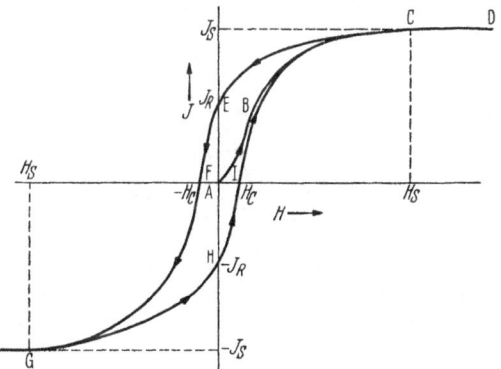

Abb. 235. Schema einer Magnetisierungskurve (aus BECKER-DÖRING).

praktisch parallel der H-Achse wird. Eine weitere Steigerung des Feldes bewirkt keine Zunahme der Magnetisierung mehr, das Material ist *gesättigt*. Läßt man H nun wieder sinken, so wird nicht etwa wieder die ursprüngliche Kurve ABC rückwärts durchlaufen, sondern die Magnetisierung sinkt nur langsamer längs der Kurve CEF. Im Punkte E ist das Feld Null, trotzdem besteht noch eine endliche Magnetisierung (remanenter Magnetismus). Man muß das Vorzeichen der Feldstärke umkehren, um diese Magnetisierung zu beseitigen, Punkt F. Die Feldstärke im Punkt F wird Koerzitivkraft H_c oder $\mathfrak{H}_c$ genannt. Bei weiterer Zunahme der negativen Feldstärke steigt die negative Magnetisierung weiter, bis etwa bei G die negative, der positiven numerisch gleiche

---

[1] Eine eindringliche Darstellung des Ferromagnetismus bringt das Buch von R. BECKER u. W. DÖRING: Ferromagnetismus. Berlin: Springer 1939.

Sättigung erreicht wird. Wird jetzt die negative Feldstärke gesenkt und nach Durchschreitung des Nullwertes zu positiven Werten gesteigert, so durchläuft die Magnetisierung die Kurve *GHC*, die der Kurve *CEFG* ähnlich ist und aus dieser durch Drehung um 180° um den Punkt *A* entsteht.

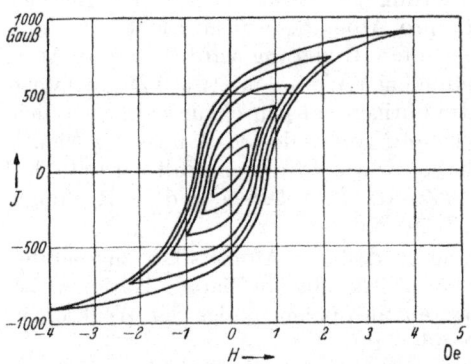

Abb. 236. Magnetisierungskurven bei verschieden hoher Aussteuerung.

Ähnliche, aber kleinere Schleifen entstehen, wenn die Magnetisierung nicht bis zur Sättigung durchgeführt worden ist (Abb. 236). Die Kurve *A B C* (Abb. 235) kann niemals rückwärts durchlaufen werden; sobald sie einmal verlassen worden ist, wird sie nicht wieder durchlaufen. Sie heißt deshalb die *Neukurve* (oder jungfräuliche Kurve).

Der Umstand, daß bei einem Magnetisierungszyklus eine endliche Fläche im $\mathfrak{H}$-J- oder im $\mathfrak{H}$-$\mathfrak{B}$-Diagramm durchlaufen wird, beweist, daß hierbei Arbeit ($\oint \mathfrak{H} dJ$)[1] verbraucht wird, die durch die umschriebene Fläche gemessen wird. Da die Arbeit eines reversiblen isothermen Kreisprozesses gleich Null ist, beweist die Existenz der Hysteresisschleife, daß die Magnetisierungsvorgänge im Ferromagneticum, wenigstens zum Teil, irreversibel verlaufen. Beim Durchlaufen der Schleife wird eine der aufgenommenen Arbeit gleiche Wärmemenge entwickelt, die ihrer Natur nach der Reibungswärme verwandt ist.

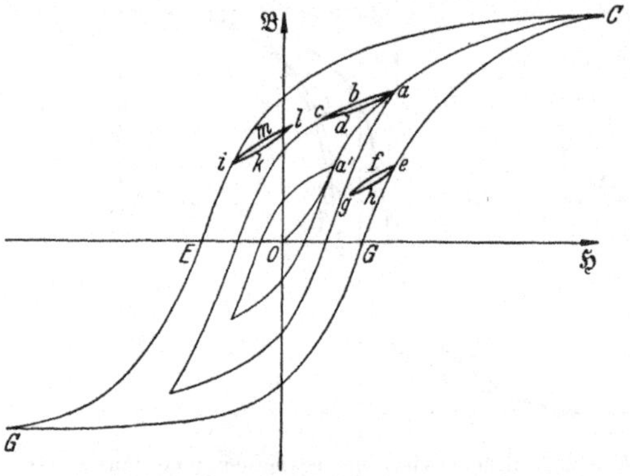

Abb. 237. Zur Ableitung der reversiblen Permeabilität.

Wird die Aufmagnetisierung in einem Punkt *a* oder *e* unterbrochen (Abb. 237) und nur eine kurze Strecke *abc* oder *efg* der Entmagnetisierungskurve rückwärts durchlaufen, so entsteht nach erneuter Aufmagnetisierung eine kleine Schleife *abcda* oder *efghe*, die mit dem oberen Teil natürlich auf der ursprünglichen Aufmagnetisierungskurve liegt. Eine ebensolche Schleife wird auf dem Ast *CEG* erzeugt, wenn zuerst der Ast *ikl* in einer Richtung entgegengesetzt der bisherigen Feldänderung auf der Kurve *CEG* durchlaufen wird. Im Grenzfall einer unendlich kleinen *ac*- oder *eg*- *oder il*-Strecke nähert sich diese Schleife einer geraden Linie. Das bedeutet aber, daß ein solcher unendlich kleiner Hin- und Her-Magnetisierungsprozeß reversibel verläuft. Der Wert $\dfrac{dB}{dH}$ auf dieser Linie wird *reversible Permeabilität* $\mu_{rev.}$ genannt. Während die gewöhnliche Permeabilität $\dfrac{B}{H}$ den oben geschilderten Verlauf hat, wird die reversible Permeabilität mit steigendem Feld immer kleiner.

---

[1] Es läßt sich zeigen, daß $\mathfrak{H} dJ$ die zur Erhöhung der Magnetisierung von J auf $J + dJ$ bei der Feldstärke H erforderliche Arbeit ist.

b) Spontane Magnetisierung. Weißsche Bezirke und Blochsche Wände.

Die Grundvorstellungen über das Zustandekommen des Ferromagnetismus sind bereits oben (S. 291) angedeutet worden. Hier sollen sie noch einmal als Einleitung zur eingehenden Besprechung der Vorgänge auf der Magnetisierungskurve besprochen werden. Die Voraussetzung für das Zustandekommen des Ferromagnetismus ist das Vorhandensein von magnetischen Dipolen in den Atomen oder Ionen und den Elektronen des Metalles. Während aber im Falle des Paramagnetismus diese Dipole infolge der thermischen Bewegung eine annähernd statistisch ungeordnete Lage einnehmen und die Wechselwirkung zwischen den einzelnen Dipolen meistens verhältnismäßig gering ist, üben die Dipole des ferromagnetischen Metalles eine starke richtende Kraft aufeinander aus (sie stellen sich zueinander parallel). Auf Grund der entsprechenden Messungen (Verhältnis des magnetischen Momentes des Dipols zum mechanischen) ist der Sitz des Ferromagnetismus im Atom nicht die Bahn der Elektronen in den Atomen (Bahnmomente), sondern der Elektronenspin. Die Elektronenspins der benachbarten Atome stellen sich zueinander, und zwar über ganze mikroskopische Bezirke, parallel ein. Die mathematische Voraussetzung hierfür ist, daß das sog. Austauschintegral positiv ist (vgl. S. 291).

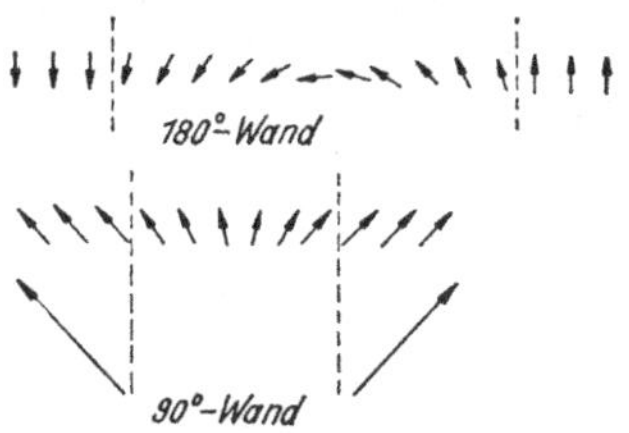

Die Tatsache, daß ein ferromagnetischer Körper als ganzer, ohne äußere Einwirkung nicht magnetisiert ist, wird darauf zurückgeführt, daß diese Gleichrichtung nur innerhalb der einzelnen Bezirke erfolgt, wobei die Orientierung der Elementarmagnete sich von Bezirk zu Bezirk statistisch unregelmäßig ändert, so daß der Körper als ganzer kein magnetisches Moment aufweist. Diese Vorstellung ist zuerst von P. WEISS entwickelt worden; die kleinen, einheitlich ausgerichteten („spontan magnetisierten") Magnetisierungsgebiete werden, wie erwähnt, Weißsche Bezirke genannt.

Abb. 238.   Schema der Blochschen Wände.

Jeder Weißsche Bezirk ist, wie oben erwähnt, bis zur Sättigung magnetisiert, d. h. die Elementarmagnete sind in ihm soweit einheitlich ausgerichtet als das die thermische Bewegung gestattet. Beim absoluten Nullpunkt ist die Ausrichtung eine vollständige, soweit das die Verhältnisse in Atomen gestatten, bei höheren Temperaturen wird sie zunächst etwas geringer und bricht bei einer bestimmten Temperatur, dem schon genannten Curie-Punkt, unter dem Einfluß der thermischen Bewegung zusammen. Oberhalb des Curie-Punktes ist der Stoff nicht mehr ferromagnetisch. Der Einfluß eines äußeren Feldes und damit die Vorgänge in der geschilderten Magnetisierungsschleife bestehen daher nur in der Ausrichtung der Weißschen Bezirke in Richtung des Feldes.

Wegen der positiven Austauschenergie entspricht der einheitlichen Ausrichtung eines Weißschen Bezirkes ein Minimum der freien Energie; nur deshalb ist der Zustand der spontanen Magnetisierung der thermodynamisch beständige. An den Begrenzungen der Weißschen Bezirke ist diese Bedingung nicht erfüllt. Hier stehen Elektronen mit verschieden gerichteten Spins nebeneinander, wodurch eine zusätzliche Energie erzeugt wird. Eine solche Berührungsfläche ist deshalb thermodynamisch unbeständig. Der Zwangszustand an der Berührungsfläche zweier Weißscher Bezirke wird dadurch vermindert, daß der Orientierungsübergang zwischen beiden nicht plötzlich, sondern über eine große Zahl von Atomen mit den zugehörigen Spins (in der Regel etwa bis 30) stetig erfolgt. Es entsteht so ein schematisch in Abb. 238 wiedergegebenes

Gebilde, die sog. Bloch-Wand, die die einzelnen Weißschen Bezirke voneinander trennt. Die Bloch-Wand ist Sitz einer erhöhten Energie, ähnlich wie die Oberfläche einer Flüssigkeit, deshalb kommt ihr grundsätzlich eine Oberflächenenergie zu und deshalb hat sie das Bestreben, sich zu verkürzen. Ein Krystall, in dem alle Weißschen Bezirke einheitlich ausgerichtet sind, und der somit im ganzen einheitlich magnetisiert ist, ist deshalb im Idealfall ohne die Störungen, auf die wir noch zu sprechen kommen (S. 310), thermodynamisch beständiger als ein Krystall im unmagnetisierten Zustand. Abgesehen von den erwähnten Störungen entsteht der äußerlich nicht magnetisierte Zustand auch durch ähnliche Trägheitserscheinungen wie beim vielkrystallinen Metall, die es verhindern, daß es sich in einen Einzelkrystall verwandelt, trotzdem zwischen den Krystalliten eine Oberflächenenergie besteht und jede Krystallitoberfläche ein Element des thermodynamischen Zwangszustandes ist.

Die Richtung der Magnetisierungsspins in einem Weißschen Bezirk ist nicht willkürlich, sie ist vielmehr durch zwei Momente bestimmt: durch die sog. Krystallenergie und durch die im Körper vorhandenen und nie völlig fehlenden Eigenspannungen.

c) Die Krystallenergie.

In einem Krystallgitter sind bestimmte Richtungen der spontanen Magnetisierung energetisch bevorzugt. Beim Eisen ist es die [100]-Richtung, beim Nickel die [111]-Richtung. Solche Richtungen gibt es für das Eisen 6, für das Nickel 8. Im ungestörten Zustand ist jeder Weißsche Bezirk in einer dieser Richtungen magnetisiert. Die Wirkung dieser spontanen Magnetisierung hebt sich nach außen durch die statistische Mannigfaltigkeit der Vektorenrichtungen der spontanen Magnetisierung innerhalb des Krystalles auf. Der Unterschied gegenüber einem vielkrystallinen Körper besteht jedoch darin, daß jetzt nicht alle Richtungen des Spinvektors vorkommen, sondern nur die durch die Krystallenergie des Einkrystalles bevorzugten.

Der genannte Unterschied im Verhalten des Eisens und des Nickels ist mit Sicherheit nicht auf ihre verschiedenen Raumgitter zurückzuführen, da es viele Eisen-Nickel-Legierungen gibt, die wie das Nickel ein flächenzentriertes kubisches Gitter besitzen und trotzdem in der Richtung der Würfelkante, wie das Eisen, spontan magnetisiert sind.

Für die Abhängigkeit der Krystallenergie von der Richtung ergibt sich für das kubische Raumgitter theoretisch die angenäherte Beziehung

$$U_{kr} = {}_0U_{kr} + {}_1U_{kr} \left(\alpha_1^2 \alpha_2^2 + \alpha_2^2 \alpha_3^2 + \alpha_3^2 \alpha_1^2\right) + {}_2U_{kr} \alpha_1^2 \alpha_2^2 \alpha_3^2 , \qquad (62)$$

wo ${}_0U_{kr}$, ${}_1U_{kr}$ und ${}_2U_{kr}$ Konstanten und α_1, α_2 und α_3 die Cosinusse der Winkel zwischen der Richtung des äußeren Feldes und den Richtungen der Würfelkanten sind.

In Abb. 239 sind die Magnetisierungskurven von Eisenkrystallen wiedergegeben, wenn die Feldrichtungen in den an den Kurven angegebenen Krystallrichtungen liegen. Man sieht zunächst, daß der Höchstwert der Magnetisierung, also die Sättigung, unabhängig von der Orientierung des Krystalles im Felde ist, wie das auch sein muß. Beim Krystall, dessen [100]-Richtung in Richtung des Feldes steht, wird die Sättigung schon bei geringen Feldern beinahe völlig erreicht. (Die geringe Ausbiegung an der oberen Kante der Kurve ist auf Störungen etwa durch Spannungen zurückzuführen.) Dieses Verhalten führen wir darauf zurück, daß die freie Krystallenergie in der [100]-Richtung im Eisen ein Minimum ist. Der Koeffizient des Gliedes ${}_1U_{kr}$ in Gl. (62) hat für die Richtungen [100] den Wert Null und ist sonst immer positiv; ${}_1U_{kr}$ muß beim Eisen deshalb ebenfalls positiv sein, während ${}_2U_{kr}$ ein Korrektionsglied darstellt, dem nur geringere

Bedeutung zukommt. Aus dieser Betrachtung folgt in Übereinstimmung mit der Erfahrung, daß die spontane Magnetisierung der Weißschen Bezirke beim Eisen im ungestörten Zustand immer in den Richtungen der Würfelkanten liegt. Die Wirkung des äußeren Feldes besteht zunächst nur darin, die Vektoren der spontanen Magnetisierung in diejenigen Richtungen der Würfelkanten auszurichten, die mit dem Felde den geringsten Winkel bilden, wo-
mit bereits praktisch die
Sättigung ($J_s = 1700$ Gauß)
erreicht wird. Wenn das
Feld in der [111]-Richtung
liegt, so sind die Kompo-
nenten der Magnetisierung
in der Feldrichtung nach
Einstellung der Vektoren in
die günstigsten Richtungen
der Würfelkanten, die mit
der Feldrichtung Winkel
unter 90° bilden,

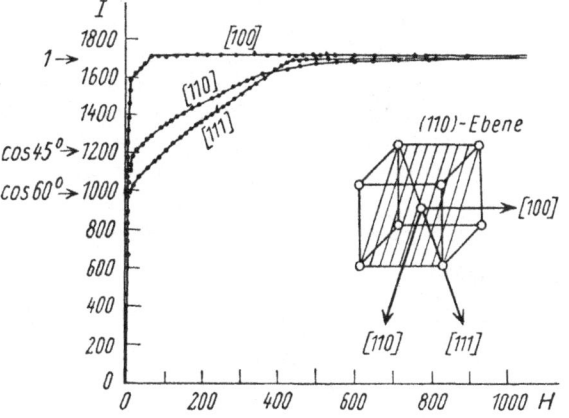

$$\frac{J_s}{\sqrt{3}} \sim \frac{1700}{\sqrt{3}} \sim 980 \text{ Gauß,}$$

Abb. 239. Magnetisierungskurven von Eiseneinkrystallen
(nach HONDA und KAYA).

während laut Abb. 239 die Magnetisierungskurve bei etwa $J = 1000$ Gauß zu höheren Feldern abbiegt. Wenn das Feld in der Richtung der Flächendiagonalen [110] liegt, so ist die Komponente der Magnetisierung in der Feldrichtung nach erfolgter Ausrichtung
in kleineren Feldern

$$\frac{J_s}{\sqrt{2}} \sim \frac{1700}{\sqrt{2}} \sim 1200 \text{ Gauß}$$

praktisch in voller Über-
einstimmung mit Abb. 239.
Nachdem diese erste Aus-
richtung der am günstigsten
gelagerten durch die Kry-
stallenergie gegebenen Vektoren erfolgt ist, besteht der
weitere Einfluß des Feldes
darin, daß die Spinvektoren
gegen die Krystallenergie
in die Richtung des Feldes
gewaltsam eingedreht wer-
den. Dieser Vorgang ist

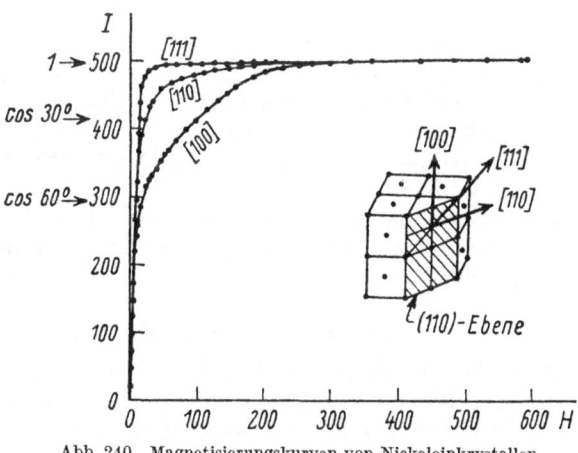

Abb. 240. Magnetisierungskurven von Nickeleinkrystallen
(nach KAYA).

reversibel und ist in diesem Sinne analog etwa der elastischen Verformung.

Beim Nickel ist, wie erwähnt, [111] die Richtung der leichtesten Magnetisierung und die natürliche Lage der Vektoren der spontanen Magnetisierung
(Abb. 240). Dementsprechend ist $_1U_{kr}$ in Gl. (62) negativ. Seine Sättigungsmagnetisierung J_s ist beinahe 500 Gauß, in der [100]-Richtung ist die Komponente des Magnetisierungsvektors in der Richtung des Feldes nach Ausrichtung
der Vektoren im Rahmen der durch die Krystallenergie gestatteten Richtungen

$$\frac{J_s}{\sqrt{3}} \sim \frac{500}{\sqrt{3}} \sim 290 \text{ Gauß,}$$

20*

während die Magnetisierungskurve in Wirklichkeit etwa bei $J = 300$ Gauß abbiegt; für die [110]-Richtung ergibt sich entsprechend

$$J = \frac{J_s \sqrt{2}}{\sqrt{3}} \sim 408 \text{ Gauß}.$$

Die entsprechende Kurve in Abb. 240 ergibt hier keinen Knick, sondern biegt langsam von der Ordinatenachse ab, so daß keine unmittelbare Kontrolle der theoretischen Voraussage möglich ist.

Die zwischen den Magnetisierungskurven der Richtungen der leichteren und der schwereren Magnetisierung eingeschlossene Fläche ist ein Maß für den Unterschied der zur Magnetisierung bis zur Sättigung in den beiden Richtungen erforderlichen Energie. Er ist beim Eisen bei Zimmertemperatur etwa 10 mal so groß

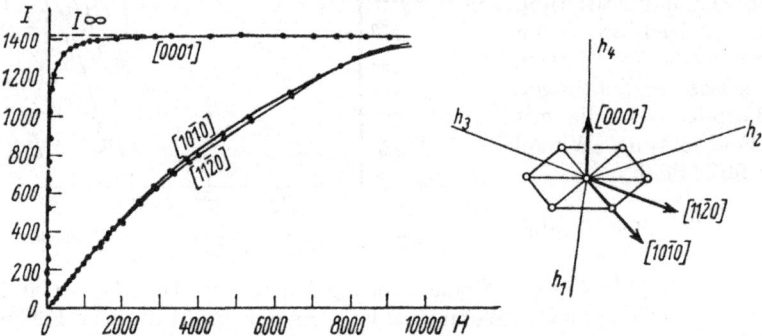

Abb. 241. Magnetisierungskurven von Kobalteinkrystallen (nach KAYA).

wie beim Nickel. Im Rahmen der gesamten Magnetisierungsvorgänge, auch an vielkrystallinen Metallen, auf die wir im weiteren zu sprechen kommen, spielt die Überwindung der Krystallenergie beim Eisen deshalb eine viel größere Rolle als beim Nickel.

Beim Kobalt ist die hexagonale Achse [0001] die Richtung der leichtesten Magnetisierung (Abb. 241).

Im allgemeinen ist die Krystallenergie so groß, daß die „federnde" Auslenkung der Magnetisierungsvektoren gegen sie in Richtung des Feldes erst bei ziemlich hohen Feldstärken erfolgt.

d) Magnetostriktion und Spannungen.

Ein wesentlich anderer Widerstand gegen die Ausrichtung, überhaupt gegen eine Richtungsänderung der Magnetisierungsvektoren im Ferromagneticum ergibt sich aus dem Umstand, daß die spontane Magnetisierung eine Formänderung des magnetisierten Bezirkes bei annähernd konstantem Volumen bewirkt, wobei die Abmessungen in der Feldrichtung sich anders ändern als quer dazu. Im einfachsten Falle, den wir zunächst erörtern wollen, ist diese Formänderung unabhängig von der Orientierung des Krystalles zum Feld[1]. Eine Folge dieser Formänderung ist eine Längenänderung eines Stabes oder Drahtes bei seiner Magnetisierung durch ein äußeres Feld in einer bestimmten Richtung, normalerweise in der Richtung der Achse. Diese Längenänderung nennt man *Magnetostriktion*.

---

[1] In Wirklichkeit ist diese Richtungsabhängigkeit beim Eisen sehr erheblich, beim Nickel gering. Sie bedingt eine weitere Komplikation in dem Verhalten der Ferromagnetica, auf die wir indessen nicht eingehen wollen, da unsere Betrachtungen vorwiegend nur einen qualitativen Charakter haben.

Die Magnetostriktion, wie man sie normalerweise beim Magnetisieren mißt, entspricht nicht der größten möglichen Formänderung eines Weißschen Bezirkes. Diese wäre erreicht, wenn alle Vektoren der spontanen Magnetisierung vor der Einwirkung des Feldes quer zu ihm stehen würden. In Wirklichkeit sind sie statistisch unregelmäßig verteilt (wenn die Probe quasiisotrop ist). Aus der an einem quasiisotropen Stab gemessenen Magnetostriktion ergibt sich die wahre, der Richtungsänderung der spontanen Magnetisierung um 90° entsprechende Magnetostriktion durch Multiplikation mit 2.

Wenn die Magnetisierungsvektoren in den Weißschen Bezirken oder ihren Teilen ihre Richtung ändern, so hat das auch eine Formänderung zur Folge, die eine innere Verspannung bewirkt, also einen Zwangszustand herbeiführt.

Die Wechselwirkung zwischen der Magnetostriktion und den Spannungen kann man sehr gut verfolgen, wenn man etwa Nickel unter einer mechanischen Spannung magnetisiert.

In Abb. 242 sind die Neukurven für ausgeglühtes Nickel unter verschiedenen Zugbelastungen nach J. A. EWING wiedergegeben[1]. Man sieht, wie die Magnetisierung des Nickels mit zunehmender Zugbelastung fortschreitend erschwert wird. Dieses Ergebnis ist wie folgt zu

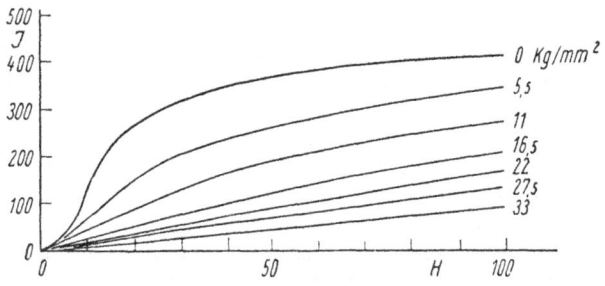

Abb. 242. Magnetisierungskurven von ausgeglühtem Nickel bei verschiedenen Zugbelastungen (nach EWING).

verstehen. Wird ein unter Zugbeanspruchung stehendes Ferromagneticum in ein Feld gebracht, so nimmt die Energie des Feldes durch Ausrichtung der Magnetisierungsvektoren des Ferromagneticums ab. Andererseits tritt beim Nickel hierbei eine Verkürzung auf, die eine Arbeitsaufnahme und eine Erhöhung der elastischen Energie gegen den Zug bedeutet. Dadurch wird die Magnetisierung in der Längsrichtung erschwert. Je stärker der Zug, desto mehr werden die Verhältnisse von dem mechanischen Faktor der Energie beherrscht, desto geringer wird also auch die Magnetisierung bei gleichem Felde sein.

Die Magnetostriktion nimmt, soweit sie untersucht worden ist, mit steigender Temperatur stark ab; auch die Anisotropie der Magnetostriktion im Krystall wird geringer.

Wir beschränken uns im folgenden auf die Betrachtung der Verhältnisse innerhalb eines Krystalliten, der aus einer größeren Anzahl von Weißschen Bezirken bestehen möge.

Bei der Unterschreitung des Curie-Punktes während der Abkühlung entstehen an verschiedenen Stellen des Krystalles „Keime" von Weißschen Bezirken, von denen anzunehmen ist, daß sie in den verschiedensten krystallographisch günstigen Richtungen orientiert sind. Wenn das Material auch in der Nähe des Curie-Punktes bereits eine Magnetostriktion besitzt, entstehen nach der Ausbildung der Weißschen Bezirke Eigenspannungen, die jedoch zunächst unterhalb des Curie-Punktes infolge des geringen Wertes der Magnetostriktion auch nur sehr klein sein können. Es ist anzunehmen, daß sie bei Nickel, dessen Curie-Punkt bei etwa 358° C, also wesentlich unterhalb der mechanischen Entspan-

---

[1] In neuerer Zeit hat hierüber besonders eingehend M. KERSTEN gearbeitet; vgl. z. B. Z. Phys. 71 (1931), 553; 76 (1932), 505; 82 (1933), 723; 85 (1933), 708.

nungstemperatur liegt, wesentlich niedriger sind als zufällige „wilde" Spannungen, die, insbesondere als Folge kleiner Verunreinigungen, in Metallen nie fehlen. Die Richtungen der Magnetisierungsvektoren passen sich diesen Eigenspannungen in dem Sinne an, daß sie mit Hilfe der Magnetostriktion die Eigenspannungen zu verkleinern suchen. Beim Eisen, dessen Curie-Punkt bei 770° C liegt, finden wir etwas andere Verhältnisse. Die Entspannungstemperatur des Eisens dürfte etwa bei 500° C liegen. Bei höheren Temperaturen können sich im Eisen deshalb keine wesentlichen Spannungen halten. Bei der Unterschreitung der Curie-Temperatur treten infolge der Magnetostriktion der Weißschen Bezirke Eigenspannungen auf, die sich jedoch bei der hohen Temperatur ausgleichen können. In diesem Falle passen sich die Verspannungen den Vektoren der spontanen Magnetisierung in dem Sinne an, daß kleine, durch die Magnetostriktion geforderte plastische Verformungen auftreten. Jedoch können bei der weiteren Abkühlung infolge der Änderung der Magnetostriktion und ihrer Richtungsabhängigkeit mit der Temperatur zusätzliche Spannungen entstehen. Alle makroskopischen Erfahrungen sprechen dafür, daß unter der gleichzeitigen Einwirkung der mechanischen Eigenspannungen (S. 400) und der spontanen Magnetisierung ein nichtmagnetisierter Zustand entsteht, der ein Gleichgewichtszustand ist und also einem Minimum der freien Energie entspricht, so daß jede Änderung des Zustandes etwa unter dem Einfluß eines äußeren Feldes einen Zwangszustand darstellt; nach der Beseitigung des Feldes strebt das Ferromagneticum wieder dem Gleichgewichtszustande zu.

Der Vorgang der Magnetisierung durch ein äußeres Feld besteht, wie bereits erwähnt, darin, daß die Magnetisierungsvektoren aller Weißschen Bezirke fortschreitend in die Richtung des äußeren Feldes übergeführt werden.

e) Die Wandverschiebungen.

Wir sind jetzt genügend vorbereitet, um die Teilvorgänge zu verfolgen, die sich im Verlaufe der Magnetisierung unter dem Einfluß eines äußeren Feldes abspielen. Einen Teilvorgang, die unmittelbare Drehung der Magnetisierungsvektoren in starken Feldern, haben wir schon kennengelernt. Jetzt müssen wir die Vorgänge verfolgen, die die Magnetisierung in schwachen Feldern ohne Erhöhung der Krystallenergie ermöglichen.

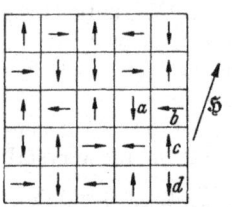

Abb. 243. Orientierung der Weißschen Bezirke ohne äußere Magnetisierung (grob schematisch).

Wir betrachten als Beispiel einen Krystall, dessen Richtungen leichtester Magnetisierung die Würfelkanten sind, die gegeneinander in Winkeln von 90° und 180° stehen. Das quadratische Muster in Abb. 243 stellt schematisch im Flächenmodell die Bezirke verschiedener Orientierungen des Vektors dar, die statistisch ungeordnet sind[1]. Hierbei wird der Einfachheit halber von den Verzerrungen, die wie gerade eben erörtert durch die Spannungen auftreten, abgesehen. Das Stück ist also als Ganzes nicht magnetisiert, wir befinden uns am Anfang der Neukurve. Wenn die Probe in ein Magnetfeld der durch den Vektor $\mathfrak{H}$ angedeuteten Richtung gebracht wird, so müssen sich die einzelnen Magnetisierungsvektoren der Richtung des Feldvektors nähern oder sich in sie einstellen. Das geschieht zunächst auf dem Wege der reversiblen Wandverschiebung. Von den Bezirken c und b hat der erstere eine größere Komponente in Richtung des Feldes. Deshalb wird der Bezirk c bei Einschaltung des Feldes das Bestreben haben,

---

[1] Das Bild 243 ist roh schematisch; die Energie an den Berührungsflächen Weißscher Bezirke ist nicht berücksichtigt worden.

auf Kosten von b zu wachsen. Dem wirkt die magnetostriktive Erhöhung der
Spannungsenergie entgegen, so daß die Wandverschiebung nur begrenzt ist.
Ein zweiter Faktor, der die Wandverschiebung erschwert, und auf den M. KERSTEN[1]
vor kurzer Zeit aufmerksam gemacht hat, ist folgender: Es ist oben erwähnt
worden, daß die Blochsche Wand der Sitz einer erhöhten Energie ist (S. 306).
Deshalb verhält sie sich wie eine gespannte Haut und hat das Bestreben, sich zu
verkürzen. Wenn sich im Ferromagneticum nicht ferromagnetische Einschlüsse
befinden, so ist die Blochsche Wand bestrebt, sich an sie anzulehnen, da über
die Einschlüsse hinweg die angegebene allmähliche Umorientierung der Magnetisierungsvektoren nicht notwendig ist, und dort die magnetische Oberflächenenergie
der Grenze des Weißschen Bezirkes geringer ist. Unter dem Einfluß der äußeren
Felder verschiebt sich die Blochsche Wand, die hierbei an den Einschlüssen
haften bleibt und sich wie eine elastische
Membran aufbläht. Ihre Oberfläche und
damit auch ihre Energie nimmt hierbei zu.

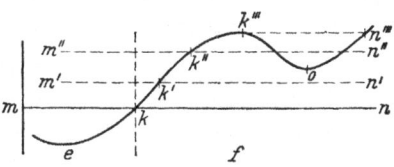

Abb. 244. Zu den 90°-Wandverschiebungen (Schema).

In Abb. 244 ist die Abszisse eine Orts-
koordinate, als Ordinate ist die Differenz
$U_e - U_f$ der freien Energie bei der Orientierung des Bezirkes e und bei der Orientierung des Bezirkes f für verschiedene
Orte aufgetragen. Dort, wo $U_e < U_f$
ist, ist die Vektorrichtung des Bezirkes e stabil, wo $U_e > U_f$ ist, umgekehrt
die Orientierung von f die stabilere. Die Grenze der beiden Bezirke liegt also
dort, wo die Ordinate die Nullinie mkn ($U_e = U_f$) kreuzt (bei k). Links von k
ist also die Stabilität der Orientierung e, rechts die Stabilität der Orientierung f
größer. Demnach gibt der Punkt k die Grenze der beiden Weißschen Bezirke ohne
äußeres Feld wieder. Wird nun das Feld in Richtung der spontanen Magnetisierung des Teiles e eingeschaltet, so wird die Magnetisierungsrichtung des Bezirkes e stabiler, die des Bezirkes f weniger beständig und $U_e - U_f$ wird kleiner.
Die Beständigkeitsgrenze (Nullinie) rückt daher in eine höhere Lage $m' n'$, und
die Grenze der beiden Bezirke verschiebt sich nach k'. Durch Verschiebung der
bei k befindlichen Wand zwischen den zwei Weißschen Bezirken hat sich e vergrößert, f verkleinert.

Wenn das magnetisierende Feld wieder beseitigt wird, rückt die Nullinie
in ihre alte Lage mn zurück, und die Wandverschiebung wird wieder rückgängig
gemacht. Diese Wandverschiebung und damit die Magnetisierung ist reversibel
gewesen.

Wenn durch ein stärkeres Feld die Nullinie höher in die Lage $m'' n''$ gerückt
wird, liegt ein Gebiet um o herum unterhalb dieser Linie. Hier wäre also wieder
die Magnetisierungsrichtung von e beständiger. Ein Keim einer neuen Magnetisierungsrichtung entsteht aber offenbar sehr schwer und zwar wegen der Existenz
der Wandenergie. Die Verhältnisse liegen hier ganz ähnlich wie bei der gewöhnlichen Keimbildung. Deshalb wird das Gebiet um o die Orientierung von f
behalten, und nach Aufhebung des Feldes wird die alte Grenze der Bezirke bei k
wieder hergestellt werden.

Sobald jedoch die Nullinie die Höhe des Maximums bei k''' erreicht, rollt
die Wand zwischen e und f von k''' ausgehend über die ganze Senke um o herum
bis n''', wo die neue Grenze der Orientierungen e und f entsteht. Bei einer nachträglichen Herabsetzung des Feldes geht die Grenze längs $n''' n'' o$ zurück; solange
die Nullinie oberhalb o liegt, bleibt die Grenze zwischen o und n'' liegen und läuft

[1] KERSTEN, M.: Phys. Z. **44** (1943), 63.

über k''' auf die Linie $e\,k''$ erst zurück, nachdem die Nullinie durch eine weitere Senkung des Feldes unterhalb von o gesunken ist. Wir sehen, daß der Magnetisierungsprozeß jetzt nicht mehr umkehrbar verläuft. Die Hysteresisschleife, wie wir sie in Abb. 235 erörtert haben, ist jedoch dadurch noch nicht völlig zu erklären; bei dieser bleibt ja auch bei der Feldstärke Null noch eine gewisse Induktion bestehen, während sie im Falle des betrachteten Modelles der Wandverschiebung hierbei auf Null sinken muß.

Eine zur B- oder J-Achse unsymmetrische Lage der Hysteresisschleife ist beim Magnetisieren nur selten beobachtet worden. Es ist anzunehmen, daß die irreversiblen Vorgänge in den betrachteten Zusammenhängen in der Regel nur eine geringe Bedeutung haben. Da die Weißschen Bezirke sich durch die gegenseitige Anpassung der Magnetisierungsvektoren und der magnetostriktiven Verspannungen ausbilden, ist anzunehmen, daß die energetischen Verhältnisse in den Weißschen Bezirken einheitlicher sind, als das z. B. für f durch die Kurve $k\,k'''o\,n'''$ dargestellt ist.

Im Sinne unserer bisherigen Betrachtungen sind die Energieunterschiede der verschiedenen Orientierungen der Magnetisierungsvektoren in einem Weißschen Bezirk im wesentlichen durch die Wechselwirkung der Magnetostriktion mit den Spannungen bestimmt. Eine quantitative Abschätzung ergibt für den Anfang der Neukurve, wo Störungen durch andere Prozesse noch nicht bestehen, also für die Anfangspermeabilität die Näherungsbeziehung:

$$\mu_0 \sim \frac{8}{3}\,\frac{J_s^2}{\lambda\,\sigma_i} + 1\,, \tag{62a}$$

wo J_s die Sättigungsmagnetisierung, λ die Sättigungsmagnetostriktion und σ_i der Mittelwert der Eigenspannungen ist. Hierbei ist die Änderung der Wandenergie bei der Magnetisierung nicht berücksichtigt.

Neben den betrachteten Wandverschiebungen zwischen den Bezirken, deren Vektoren der spontanen Magnetisierung untereinander einen Winkel bilden — im Falle des betrachteten Modelles der bevorzugten Magnetisierung in den [100]-Richtungen handelt es sich um einen Winkel von 90° —, ist noch das Verhalten von benachbarten Bezirken zu erörtern, deren Magnetisierungsvektoren zueinander entgegengesetzt gerichtet sind, also einen Winkel von 180° bilden. Wenn wir die Bezirke c und d Abb. 243 betrachten, so ist c im Felde der angegebenen Richtung energetisch bevorzugt, da sein Magnetisierungsvektor einen geringeren Winkel mit der Feldrichtung bildet als der von d. Der Bezirk c muß deshalb das Bestreben haben, auf Kosten des Bezirkes d zu wachsen. Im Gegensatz zu dem bisher betrachteten Falle ist mit einer Änderung der Magnetisierungsrichtung um 180° keine Änderung der Spannungsenergie des in Frage kommenden Bezirkes verbunden, da die Magnetostriktion in beiden um 180° verschobenen Richtungen gleich und die Magnetisierung nicht mit einer Gestaltsänderung verbunden ist. Wenn der Bezirk d trotzdem nicht sofort bei den kleinsten Feldern vom Bezirk c aufgezehrt wird, so ist das darauf zurückzuführen, daß die zwischen ihnen liegende Wand, die eine gewisse Oberflächenenergie hat, auf Grund kleiner zufälliger Schwankungen oder Fehlern des Krystalles oder von Einschlüssen bevorzugte Lagen geringster Energien hat, wo sie liegen bleibt. Für die Wandenergie in Abhängigkeit von der Lage erhalten wir die in Abb. 245 schematisch wiedergegebene Kurve, a ist die Gleichgewichtslage der Wand im Felde Null. Durch ein äußeres Feld wird sie nach rechts verschoben, wobei die Energie der Wand steigt. Man erhält also genau dieselben Verhältnisse wie bei der vorher betrachteten Wandverschiebung, und die Verschiebung wird zunächst reversibel sein. Der Unterschied gegenüber Abb. 244 besteht darin, daß sich jetzt nicht die Energie des Weißschen

Bezirkes in seinem Innern sondern nur die Energie der Wand ändert. Sobald die Feldstärke jedoch so groß geworden ist, daß ein Maximum der Wandenergie erreicht ist, verschiebt sie sich sprungweise weiter, entweder, bis sie an ein zufällig höheres Maximum gelangt, oder aber, bis der ganze Bezirk d sich nach c umgerichtet hat. Eine derartige Wandverschiebung wird auch im Felde Null nicht rückgängig gemacht, sie kann also die Grundlage der Hysteresisschleife sein.

Die irreversible Wandverschiebung vollzieht sich praktisch sprungweise über endliche Strecken; die hierbei eintretende sprungweise Zunahme der Induktion kann mit Hilfe von Verstärkern durch Geräusche wahrgenommen werden (Barkhausen-Sprünge, Barkhausen-Geräusche).

Die freie Energie einer 180°-Wand ist erheblich höher als die einer 90°-Wand, da sie einer stärkeren Störung in der Ausrichtung der Vektoren entspricht. Grundsätzlich muß die Wandenergie bei jeder Wandverschiebung, auch bei der in Abb. 244 betrachteten, im Sinne der Abb. 245 berücksichtigt werden. Da sie im Falle der 90°-Wände geringer ist, so spielt sie dort offenbar den magnetostriktiven Verspannungen gegenüber eine untergeordnete Rolle. Das wird dadurch bewiesen, daß man die Höhe der Anfangspermeabilität μ_0 auf Grund von Verspannungen gut abschätzen kann. Andererseits ist der

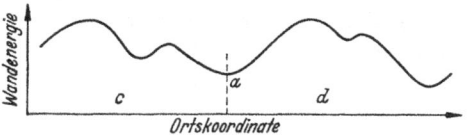

Abb. 245. Wandenergie in Abhängigkeit von der Lage der Wand (Schema).

Widerstand gegen die Wandverschiebungen im Sinne der Abb. 245 bei 180°-Wänden offenbar so groß, daß der Umklapp-Prozeß vorwiegend bei höheren Feldern in Gang kommt. Es ist gezeigt worden, daß die Wandverschiebungen beim Beginn der Neukurve tatsächlich bis auf wenige Prozent an 90°-Wänden stattfinden[1].

Als Ursache für die Unterschiede der Wandenergie an verschiedenen Stellen des Ferromagneticums muß man zunächst die Wechselwirkung mit Spannungen betrachten. Es ist anzunehmen, daß eine Blochsche Wand auch eine mechanische Verzerrung des Raumgitters bedeutet, wodurch die Wechselwirkung mit Eigenspannungen sofort gegeben ist. Es ist aber auch anzunehmen, daß die Energie und damit die Lage der Wände durch Verunreinigungen des Metalles, die sich magnetisch stark vom Hauptmetall unterscheiden, beeinflußt werden muß. Auf eine geistreiche Theorie der magnetischen Nachwirkung, die J. L. SNOEK[2] auf dieser Basis gegeben hat, sei hier nur hingewiesen (vgl. auch S. 399). Neuerdings hat M. KERSTEN[3] gezeigt, daß für die Beurteilung der Koerzitivkraft H_c die Wechselwirkung der Blochschen Wände mit den nicht ferromagnetischen heterogenen Verunreinigungen anscheinend in der Regel ausschlaggebend ist. Die Koerzitivkraft liegt ja im steilsten Teil der Magnetisierungsschleife, wo die nicht reversiblen Wandverschiebungen vorherrschen.

Wir haben darauf hingewiesen, daß die Blochsche Wand ein Ort erhöhter freier Energie ist, da sich dort Atome mit Spins verschiedener Richtungen berühren. Das ist nur durch Überwindung der Austauschenergie möglich. Die Energie der Blochschen Wand wird dadurch erniedrigt, daß sie, wie geschildert, eine endliche Dicke über viele Atomschichten hat. Sie kann nun sehr wesentlich weiter erniedrigt werden, wenn sie durch Säume von nicht ferromagnetischen Verunreinigungen hindurchgeht. In diesem Falle liegen nämlich die Spins mit verschiedenen Richtungen an beiden Seiten des Verunreinigungssaumes und ihre

[1] KERSTEN, M.: Vgl. z. B. BECKER-DÖRING, Ferromagnetismus. Berlin: Springer 1938.
[2] SNOEK, J. L.: Physica (Haag) 8 (1938), 663.
[3] KERSTEN, M.: Phys. Z. 44 (1943), 63.

Wechselwirkung ist im wesentlichen aufgehoben. Bei geeigneter Lage der Spin-vektoren zur Verunreinigung können dort zwar freie Pole entstehen, die in Wechselwirkung mit den Polen entgegengesetzten Vorzeichens auf der anderen Seite der Verunreinigungen einen Sitz der potentiellen Energie bedeuten. Diese Energie der Coulombschen Kräfte ist jedoch um viele Größenordnungen geringer, als die zu überwindende Austauschenergie.

Die Blochsche Wand klebt also an solchen Verunreinigungsteilchen. Bei An-legung eines Feldes verhält sie sich wie eine elastische Membran. Sie bläht sich zunächst zwischen den Verunreinigungsteilchen auf und verläßt sie, wenn sie so stark geweitet ist, daß bei einer Loslösung von der Verunreinigung im ganzen eine Verkürzung der Wand durch ihre Wiederausrichtung möglich wird. Es scheint, daß die Berücksichtigung dieser Zusammenhänge für das Verständnis vieler Erscheinungen im Ferromagneticum sehr wichtig werden wird.

Durch die bisher betrachteten Prozesse werden die zum Felde ungünstiger gerichteten Bezirke durch die günstiger gerichteten aufgezehrt. Nach ihrer Voll-endung sind die Winkel zwischen den Magnetisierungsvektoren der Bezirke und der Feldrichtung alle kleiner als 90°, bei kubischen Metallen kleiner als 45°. Sie sind jedoch noch keineswegs restlos in Richtung des Feldes ausgerichtet. Das geschieht durch den dritten Teilprozeß der Drehung der Vektoren, der oben schon erörtert wurde (S. 307), wobei sie aus der krystallographisch günstigen Lage in weniger günstige gedreht werden. In den neuen Lagen werden die Vektoren nur „elastisch" wie durch eine Feder gehalten. Nach Beseitigung des Feldes kommen sie in ihre frühere Lage zurück. Die Drehungsprozesse sind also reversibel, wenn sie sich um nicht mehr als etwa die Hälfte des Winkels zwischen zwei optimalen Richtungen der Magnetisierung im Raumgitter erstrecken. Im letzteren Falle kann es vorkommen, daß beim Ein-drehen in die Feldrichtung das Maximum der Krystallenergie überschritten wird und der Vektor beim weiteren Eindrehen keinen Widerstand mehr leistet. Er schwenkt dann irreversibel um einen endlichen Winkel ein. Die Verhältnisse können durch das Vorhandensein von Eigenspannungen, die die Energien der Vektorenlagen beeinflussen, noch wesentlich kompliziert werden.

Durch die betrachteten drei Teilprozesse, die reversiblen Wandverschiebungen unter Winkeländerungen um 90° (bei anderen Vorzugslagen der Magnetisierung im Raumgitter kann es sich um andere Winkel handeln), die Wandverschiebungen unter Umkehr der Magnetisierungsrichtung und durch die Drehungen, vollzieht sich die technische Magnetisierung. Wir wollen jetzt diese Teilprozesse in eine engere Beziehung zur Hysteresisschleife bringen.

f) Magnetisierungsschleife eines vielkrystallinen Metalles.

In einem vielkrystallinen Stück sind die Magnetisierungsvektoren vor der Einwirkung des äußeren Feldes in gleichmäßiger statistischer Verteilung über alle Richtungen verstreut. Wir sehen bei dieser Betrachtung vom Einfluß der Krystallorientierung ab[1] und nehmen an, daß die Lagen der Magnetisierungs-vektoren durch die Wechselwirkung der Magnetostriktion mit den Eigenspan-nungen bestimmt sind.

In einem solchen Falle ist der Ablauf des Magnetisierungsprozesses leicht zu übersehen. Wir nehmen an, daß die 90°-Wand-Verschiebungen, im Gegensatz zu den 180°-Wand-Verschiebungen, alle reversibel sind. Wenn wir den Körper bis zur Sättigung magnetisiert haben und dann das Feld auf Null sinken lassen (bis zum Remanenzpunkt), werden die Vektoren der spontanen Magnetisierung

---

[1] Wir nehmen mit anderen Worten an, daß die Magnetostriktion richtungsunabhängig ist.

unter dem beherrschenden Einfluß der Spannungen alle Dreh- und 90°-Wand-verschiebungsprozesse rückwärts durchlaufen. Die 180°-Wandverschiebungen sind dahingegen ohne jeden Einfluß auf die magnetostriktiven Verspannungen; für sie besteht keine Veranlassung, rückwärts durchlaufen zu werden. Die Spin-vektoren werden jetzt in gleichmäßiger Verteilung alle unter Winkeln, die kleiner als 90⁰ sind, zur ursprünglichen Feldrichtung stehen.

Wir betrachten eine Lagenkugel Abb. 246. Vor der Einwirkung des Feldes ist sie in allen Richtungen mit Vektoren in gleicher Dichte besetzt. Die Magneti-sierungsintensität, die einem räumlichen Winkel $d\varphi \sin \varphi\, d\psi$ ($\varphi = $ Polabstand; $\psi = $ Azimut) entspricht, ist dann

$$dJ = i\, d\varphi\, \sin \varphi\, d\psi, \qquad (63)$$

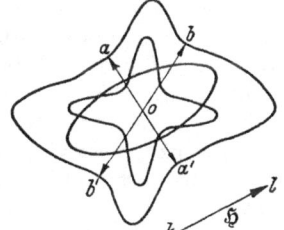

wo i eine vom Winkel unabhängige Konstante ist. Das Inte-gral von (63) über die ganze Kugel ist die Sättigungsmagne-tisierung des Körpers:

Abb. 246. Lagenkugel der Magnetisierungs-vektoren.

$$J_s = 4\, \pi i. \qquad (64)$$

Im Sättigungsfall sind alle Vektoren parallel in Richtung des Feldes $a\,b$ ge-richtet. Im Remanenzpunkt nach Beseitigung des Feldes ist nur die halbe, dem Felde zugekehrte Lagenkugel mit Magnetisierungsvektoren besetzt, aber in doppelter Dichte, wie vor der Einwirkung des äußeren Feldes; wir haben also jetzt

$$dJ = 2\, i\, d\varphi\, \sin \varphi\, d\psi. \qquad (65)$$

Wir messen jedoch nur die Komponente der Magnetisierung in Richtung des Feldes. Für diese erhalten wir

$$dJ \cos \varphi = 2\, i \cos \varphi \sin \varphi\, d\varphi\, d\psi, \qquad (66)$$

wo φ der Winkel zwischen der Feldrichtung und der Richtung des betrachteten Magnetisierungsvektors ist.

Um die gesamte Komponente der Magnetisierungs-vektoren in der Feldrichtung zu erhalten, müssen wir jetzt über die halbe Kugel integrieren und erhalten

$$J_R = 2\, i \int_0^{\frac{\pi}{2}} \sin \varphi \cos \varphi\, d\varphi \int_0^{2\pi} d\psi = 2\, \pi i \qquad (67)$$

$$J_R = \frac{1}{2} J_s. \qquad (68)$$

Die Remanenz ist gleich der Hälfte der Sättigung. Diese Beziehung ist in vielen Fällen erfüllt, es gibt davon allerdings auch zahlreiche Abweichungen.

Abb. 247. Superposition der Krystallenergie mit mechanischen Spannungen.

Diese sind nicht verwunderlich, wenn man bedenkt, wie wesentlich vereinfacht das Bild gewesen ist, auf Grund dessen wir die Beziehung (68) abgeleitet haben. Wir haben ja hierbei angenommen, daß die Gleichgewichtslagen der Weißschen Vektoren ausschließlich durch die Spannungen bestimmt sind. Sobald die Krystallenergie als wesentlicher bestimmender Faktor hinzukommt, ändern sich die Verhältnisse erheblich. In Abb. 247 sollen die Leitstrahlen vom Punkt o proportional den Beträgen der Krystallenergie (Kurve mit der vierzähligen Symmetrie) und der elastischen Spannungsenergie (elliptische Kurve) sein. Die Gleichgewichtslage des Weißschen Vektors ist dadurch gegeben, daß ihre Summe ein Minimum ist. Wenn die Krystallenergie sehr klein gegen die Spannungs-energie ist, beeinflußt sie die Lage des Minimums, das im Aphel der Spannungs-ellipse liegt, kaum. Wenn die Krystallenergie etwa von derselben Größe wie die

Spannungsenergie ist, wird eine Kompromißlage als Gleichgewichtslage eingenommen. Dieser Umstand würde aber die Höhe der Remanenz noch nicht beeinflussen. Viel wesentlicher ist folgendes. Wenn die Krystallenergie groß ist, treten selbst in Wechselwirkung mit der Spannungsenergie auf der resultierenden Kurve statt der zwei Minima (entsprechend einer bestimmten und der ihr entgegengesetzten Richtung des Spinvektors) nunmehr vier Minima bei a, b, a' und b' auf. Ist die Richtung des Vektors ursprünglich $\overrightarrow{oa}$ gewesen, und die Richtung des Feldes durch den Pfeil $\overrightarrow{kl}$ gegeben, so kann sich durch eine 180°-Wandverschiebung nur die Richtung $\overrightarrow{oa'}$ einstellen. Solange das Feld kl klein ist, kann eine 90°-Wandverschiebung von dem nach oa' nach dem $\overrightarrow{ob}$ orientierten Weißschen Bezirk nicht stattfinden, da die Lage $\overrightarrow{ob}$ infolge der Spannungen energetisch ungünstiger ist. Beim Eindrehen von der Richtung $\overrightarrow{oa}$ aus in die Richtung des Feldes steigt zunächst die Energie, der Vorgang ist reversibel; sobald aber das Maximum der Energie bei m überschritten wird, fällt der Vektor automatisch in das nachfolgende Minimum b hinein und wird von dort aus weiter ausgerichtet. Bei der Beseitigung des Feldes besteht nun keine Veranlassung für den Vektor, in die Lage oa zurückzukehren, er wird vielmehr in der Lage ob verbleiben. Der Vektor oa' wird, nachdem er in die Feldrichtung eingedreht ist, nach Beseitigung des Feldes nicht wieder in seine ursprüngliche Lage zurückkehren, er wird vielmehr automatisch auch die Lage ob annehmen. Gleichgültig wie der Mechanismus gewesen ist, mit dessen Hilfe die Magnetisierungsvektoren in die Feldrichtung gezwungen wurden[1], können sie nach Beseitigung des Feldes nur in die Lage des nächsten Minimums kommen, das zur Feldrichtung günstiger liegt, als das einer Umkehr der Vektorrichtung um 180° entsprechen würde. Wenn derartige Verhältnisse überall herrschen, werden im Remanenzpunkt die Winkel der Magnetisierungsvektoren mit der Magnetisierung kleiner sein, als bei der obigen Ableitung der Remanenz angenommen wurde. Die Remanenz wird deshalb höher sein. Weitere Komplikationen können dadurch entstehen, daß die Magnetostriktion richtungsabhängig ist, wie das bei Eisen und den raumzentrierten eisenreichen Legierungen der Fall ist. In allen diesen Fällen ist eine Erhöhung der Remanenz zu erwarten. In der Tat werden auch vielfach Remanenzwerte zwischen etwa 50% und 80% der Sättigung beobachtet.

Selbstverständlich treten weitere Abweichungen auf, wenn die Hauptvoraussetzung der bisherigen Überlegungen, nämlich die Quasiisotropie der Weißschen Bezirke und der Spinvektoren, im Ausgangszustand nicht erfüllt ist. Wenn die Vektoren der spontanen Magnetisierung im Gleichgewichtszustand unter dem beherrschenden Einfluß der Spannungen etwa alle senkrecht zur Feldrichtung stehen, wird auch die Remanenz beinahe bis auf Null herabsinken. Solche Fälle sind in der Tat bekannt (S. 321). Stehen die Vektoren dahingegen alle parallel oder antiparallel der Feldrichtung, so ist die Remanenz sehr hoch, und zwar im Idealfall gleich der Sättigung. Derartige Abweichungen von der quasiisotropen Verteilung der Spinvektoren verursachen ja bereits äußere mechanische Beanspruchungen, wie wir das im Falle des Nickels gesehen haben.

Bei der Betrachtung einer Magnetisierungsschleife wie in Abb. 235 muß darauf geachtet werden, daß das Feld, in dem sich die Probe in Wirklichkeit befindet, von dem außen angelegten Feld abweichen kann. Das ist immer dann der Fall, wenn in der Probe unter dem Einfluß des äußeren Feldes Pole entstehen. Auf einem in ein homogenes Feld gebrachten Stab entstehen z. B. an seinen

---

[1] Es kann sich um normale Wandverschiebungen handeln.

Stirnflächen Pole, zwischen denen Feldlinien verlaufen. Ihre Richtung ist entgegengesetzt der Richtung der Feldlinien des Außenfeldes $\mathfrak{H}_0$, so daß das die Probe in Wirklichkeit umgebende und in ihr bestehende Feld $\mathfrak{H}_x$ geschwächt wird, und zwar um einen der Magnetisierungsintensität proportionalen Betrag:

$$\mathfrak{H}_x = \mathfrak{H}_0 - NJ \qquad (68\,\mathrm{a})$$

N wird der Entmagnetisierungsfaktor genannt. Er hängt im wesentlichen nur von der Gestalt der Probe ab. Bei zylindrischen Stäben ist er desto größer, je kleiner das Verhältnis der Länge zum Durchmesser des Stabes ist.

Eine Ringprobe, die etwa durch eine um sie gewundene Drahtspirale magnetisiert wird, weist keine freien Pole auf. Demnach ist in diesem Falle $N = 0$ und $\mathfrak{H}_x = \mathfrak{H}_0$.

Der Entmagnetisierungsfaktor bewirkt, daß zur Magnetisierung stärkere Felder benötigt werden. Die scheinbare Permeabilität sinkt deshalb, die Magnetisierungsschleife wird in Richtung der $\mathfrak{H}$-Achse gestreckt. Die Koerzitivkraft wird jedoch in der $\mathfrak{H}$-J-Kurve nicht beeinflußt, weil sie $J = 0$ entspricht.

Die durch das Verschwinden der Induktion ($\mathfrak{B} = 0$) definierte Koerzitivkraft hängt dahingegen in gewissem Grade von dem Entmagnetisierungsfaktor ab, da ihr auf Grund der Gleichung $\mathfrak{B} = \mathfrak{H} + 4\,\pi J$ ein endlicher Wert von J entspricht.

Nach Beseitigung des Außenfeldes $\mathfrak{H}_0$ befindet sich die Probe in einem Eigenfeld $\mathfrak{H}_x = -NJ$ entgegengesetzten Vorzeichens.

Während der Entmagnetisierungsfaktor in der Regel eine lästige Störung bei der technischen Anwendung weicher magnetischer Materialien darstellt, wird er mit Vorteil dort benutzt, wo es sich darum handelt, Abweichungen der Magnetisierungskurve vom linearen Verlauf möglichst niedrig zu halten, wie z. B. in den Entstörungselementen der Nachrichtenübermittlung über lange Strecken (Pupinspulen). Hier benutzt man Preßlinge aus Pulver von hochpermeablem Material (z. B. reinem Eisen oder Permalloy) mit geeigneter Isolation zwischen den Einzelteilchen. Durch den hohen damit entstehenden Entmagnetisierungsfaktor erleidet man zwar eine sehr starke Einbuße an Permeabilität (sie sinkt auf 50—150 herab), gleichzeitig werden aber die mit der Aufrichtung der Magnetisierungsschleife verbundenen störenden irreversiblen Prozesse bei gleichem äußeren Feld weitgehend unterdrückt.

g) Weiche und harte ferromagnetische Materialien.

Unter den Ferromagnetica sind zwei extreme Typen zu unterscheiden, die indessen stetig ineinander übergehen, nämlich die *weichen* und die *harten* ferromagnetischen Werkstoffe. Die ersteren zeichnen sich durch hohe Permeabilität und geringe Werte der Koerzitivkraft, die zweiten umgekehrt durch hohe Werte der Koerzitivkraft und niedrige Werte der Permeabilität aus. In den letzteren steigt also die Induktion mit zunehmendem Felde nur langsam, der Magnetisierungsvorgang ist wesentlich erschwert, in den ersteren erfolgt er besonders leicht.

Wir wollen nun überlegen, welche Eigenschaften einen weichen und welche einen harten Charakter eines Ferromagneticums bedingen. Auf Grund der Formel (62a), S. 312 sieht man, daß zur Erzeugung eines Werkstoffes mit besonders hoher Anfangspermeabilität zwei Bedingungen notwendig sind: die Eigenspannungen und die Magnetostriktion müssen gering sein. Streng genommen muß die letzte Forderung durch die Angabe, daß die Magnetostriktion in allen Krystallrichtungen gering sein muß, ergänzt werden. Bei höheren Feldern werden die Verhältnisse durch das Hinzukommen nicht reversibler Vorgänge komplizierter. Immerhin gestattet die Formel (62a) einen gewissen Überblick auch über den Gesamtverlauf der Permeabilität auf der Schleife.

In Abb. 248 sind die Magnetostriktionen bei der Sättigung für vielkrystalline Eisen-Nickel-Legierungen verschiedener Konzentrationen wiedergegeben; es handelt sich also um Mittelwerte verschiedener Richtungen. Wie man sieht, geht die Magnetostriktion etwa bei 80% Ni durch Null. Bei den nickelreichen Eisen-Nickel-Legierungen ist die Richtungsabhängigkeit der Magnetostriktion nur gering, deshalb genügt Abb. 248 für die Beurteilung ihres Einflusses auf die Permeabilität. In Abb. 249 ist die Anfangspermeabilität μ_0 für verschiedene Eisen-Nickel-Legierungen wiedergegeben. Man sieht, daß im großen und ganzen in der Tat μ_0 umgekehrt wie die Magnetostriktion verläuft. In der Nähe von 80% Ni durchläuft die letztere den Wert Null, und etwa bei dieser Konzentration liegt auch der Höchstwert von μ_0 mit etwa 10000 (eine

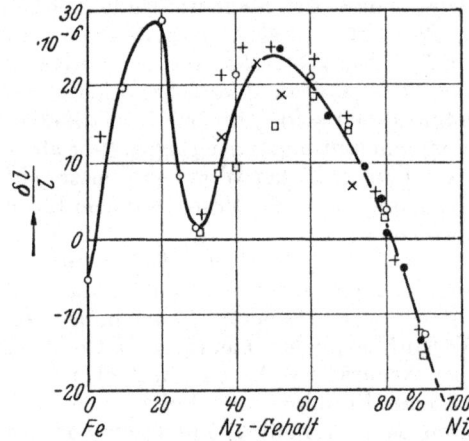

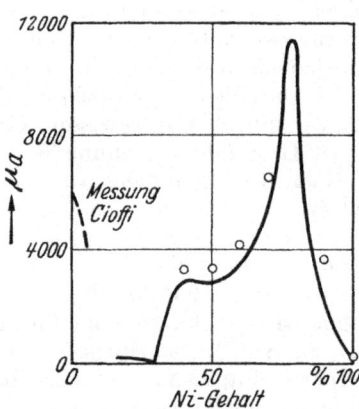

Abb. 248. Sättigungsmagnetiostriktion von vielkrystallinen Ni-Fe-Legierungen (nach verschiedenen Forschern).

Abb. 249. Werte der Anfangspermeabilität in der Fe-Ni-Reihe.

von G. W. ELMEN entdeckte Legierung „Permalloy")[1]. Diese Legierung zeigt diese Eigenschaft allerdings nur, wenn man durch verhältnismäßig schnelle Abkühlung die Herstellung einer regelmäßigen Atomverteilung Ni_3Fe im kubisch-flächenzentrierten Raumgitter verhindert. Tut man das nicht, so liegt die Permeabilität erheblich niedriger. Die Magnetostriktion ist eine Konstante des betrachteten Raumgitters und hängt von den Eigenspannungen und damit von der Vorbehandlung des Werkstoffes, sowie von geringen Zusätzen, ganz gleichgültig, ob sie im Mischkrystall oder heterogen enthalten sind, wenn überhaupt, nur sehr wenig ab. In diesem Zusammenhang braucht man nur die Werte der Magnetostriktion zu messen, um die Legierungen mit der höchsten Anfangspermeabilität zu finden. Auf diese Weise hat der japanische Forscher MASUMOTO[2] bei der systematischen Untersuchung der Magnetostriktion im Legierungssystem Fe-Si-Al die Legierung „Sendust" mit 9—10% Si und mit 4—7% Al gefunden. Ihre Magnetostriktion beträgt unter 10^{-6}. Ihre Anwendung wird durch ihre große Sprödigkeit und Härte sowie dadurch erschwert, daß das Minimum der Magnetostriktion sehr steil ist, so daß nur geringe Abweichungen von der vorgeschriebenen Zusammensetzung bereits zu erheblich niedrigeren μ_0-Werten führen. Auf eine ähnliche Weise haben O. v. AUWERS und H. NEUMANN[3] die „Legierung 1040" hergestellt, die etwa 72% Ni, 11% Fe, 14% Cu und 3% Mo enthält und deren

[1] ELMEN, G. W.: J. Franklin Inst. **195** (1923), 621.
[2] MASUMOTO, H.: Sc. Rep. Tohoku Univ. Sendai, [1] Honda-Festschrift (1936), 388.
[3] NEUMANN, H.: Arch. techn. Messen 4 (1934), Z 913.

Magnetostriktion sich dem Werte Null nähert. Sie besitzt die Anfangspermeabilität von etwa 40 000.

Neuerdings ist es in den USA gelungen, durch eine besonders sorgfältige technische Herstellung und thermische Behandlung eine Variante des Permalloy mit 79% Ni, 5% Mo, 0,5% Mn, Rest Eisen mit ganz hervorragenden Eigenschaften herzustellen[1]. Die neue „Supermalloy" genannte Legierung hat eine Anfangspermeabilität μ_0 von 50—120 000 und eine Maximalpermeabilität von etwa 370 000.

Das zweite Bestimmungsmoment der Permeabilität, die Eigenspannungen, hängen im Gegensatz zur Magnetostriktion sehr stark von der Struktur und der Behandlung der Legierung ab. Zunächst hat sich herausgestellt, daß die Legierung nur aus einer homogenen Krystallart bestehen muß (in Wirklichkeit handelt es sich immer um homogene Mischkrystalle), damit hohe Werte der Permeabilität erreicht werden können. Das ist verständlich, da verschiedene Krystallarten an ihren Berührungsebenen Störungen der Ausbildung des Raumgitters, auch mechanische Verspannungen hervorrufen müssen (vgl. S. 372), an denen die Bloch-Wände haften. Eine weitere Quelle der Gitterverzerrungen liegt in den nie ganz fehlenden Unterschieden der thermischen Ausdehnung der einzelnen Krystallarten. Mit der Forderung der Homogenität ist zugleich die Forderung der Freiheit von gitterfremden Verunreinigungen gegeben. Als solche kommen weniger Metalle, die so gut wie alle in gewissem Umfange miteinander Mischkrystalle bilden, als nichtmetallische oder halbmetallische Bestandteile in Frage; das heißt, daß die Legierungen mit besonderer Sorgfalt hergestellt und besonders sauber sein müssen.

Es ist fernerhin selbstverständlich, daß man bei ihrer Behandlung alles vermeiden muß, was geeignet ist, Eigenspannungen zu erzeugen, in erster Linie jede plastische Verformung nach dem letzten Glühen, gegen die die weichen ferromagnetischen Legierungen in der Tat ganz außerordentlich empfindlich sind. Solche geringen plastischen Verformungen können nicht nur durch mechanische Einwirkungen, sondern auch z. B. durch zu schnelle Temperaturwechsel hervorgerufen werden.

Beim reinen Eisen ist die Magnetostriktion erheblich und ändert ihr Vorzeichen mit der Richtung. Wenn man annimmt, daß es in unmagnetisiertem Zustand völlig spannungsfrei ist, kann man die Anfangspermeabilität berechnen. Der so errechnete theoretisch mögliche Höchstbetrag[2] ist 12 000. Es ist bemerkenswert, daß er mit den Messungsergebnissen an dem reinsten bisher hergestellten Eisen übereinstimmt.

Während man bei der Auswahl von magnetisch weichen Legierungen sein Augenmerk in erster Linie auf die Magnetostriktion richtet, ist man beim reinen Eisen, da hier die Magnetostriktion ja vorgegeben ist, gezwungen, alle Maßnahmen zur Beseitigung der Eigenspannungen und der kleinsten Verunreinigungen zu treffen.

Im Gegensatz zu den magnetisch weichen Legierungen wird von den magnetisch harten Legierungen (den permanenten Magneten) verlangt, daß sie nach erfolgter Sättigung ihre Magnetisierung selbst in stärkeren Feldern entgegengesetzten Vorzeichens zu einem erheblichen Teil behalten, d. h. daß sowohl die umkehrbaren als auch nicht umkehrbaren Prozesse erst bei starken Feldern verlaufen. Ein permanenter Magnet muß in erster Linie eine hohe Koerzitivkraft aufweisen, daneben auch eine niedrige Anfangspermeabilität. Hierzu müssen die

---

[1] Boothby, O. L., u. R. M. Bozorth: J. appl. Phys. 18 (1947), 173.
[2] Kersten, M.: Z. techn. Phys. 12 (1932), 665.

permanenten Magnete bei einer Magnetostriktion von genügender Höhe einen sehr hohen Gehalt an Eigenspannungen oder an heterogenen Verunreinigungen haben, und zwar, wie oben erwähnt, in möglichst hoch disperser Form.

Wenn man die Entwicklung der Werkstoffe für permanente Magnete verfolgt, stellt man bei allen heterogene, hoch disperse oder stark verspannte Gefüge fest.

Während man beim technisch reinen Eisen im ausgeglühten Zustand $H_c \approx 1$ findet, erreicht es bei Kohlenstoffstahl, der aus dem γ-Gebiet abgeschreckt und auf $400°$ erhitzt worden ist, den Wert von 17. Wie wir später sehen werden (S. 574), besteht der Stahl in diesem Zustand aus einem Gemenge von α-Eisen und von Zementit Fe_3C in der höchsten Dispersität. Eine wesentliche Erhöhung der Koerzitivkraft brachten Zusätze von Wolfram, Chrom und vor allen Dingen von Kobalt neben einem Kohlenstoffgehalt von etwa 1%. Alle diese Stähle werden aus dem γ-Zustand abgeschreckt und im abgeschreckten Zustand (Martensit) als Magnete verwendet. Die erreichten Werte der Koerzitivkräfte findet man in Tab. 51. Die Magnete bestehen aus Martensit (vgl. S. 483), und zwar müssen alle Maßnahmen dafür getroffen werden, daß der Martensit möglichst feinkörnig ist. Diese Maßnahmen bestehen darin, daß nach einer sorgfältigen Homogenisierungsglühung im γ-Zustand der Stahl zunächst abgeschreckt wird; dann ist er martensitisch aber noch verhältnismäßig grobkörnig. Um ihn feinkörniger zu machen, erhitzt man ihn 1—2mal auf eine Temperatur unmittelbar oberhalb der γ-α-Umwandlung, um ihn dann jedesmal wieder abzuschrecken. Diese Behandlung ist im Zusammenhang mit den Erörterungen über die Stähle im Anhang verständlich.

Tabelle 51. Koerzitivkraft einiger Materialien für permanente Magnete (vorwiegend nach Arch. techn. Messen Z 912—1 (1937)).

Material	H_c in Oersted
Fe $+$ 1% C, gehärtet und bei $400°$ angelassen	21
Fe $+$ 5—6,5% W; 0,5—0,8% C	68
34% Co; 1,5—5% Cr, 1% C Rest Fe	243
24—30% Ni; 9—13% Al, mit Zusätzen von Co, Ti, Cu, Rest Fe	400—900
77,8% Pt, 22,2% Fe	1570
76,7% Pt, 23,3% Co, von $1200°$ abgeschreckt	2650

Ein sehr wesentlicher Fortschritt in der Erzielung hoher Koerzitivkräfte ist, zunächst genau wie bei den martensitischen Magneten rein empirisch, durch Ausscheidungshärtung, d. h. durch Ausscheidung eines Zusatzes von extrem disperser Form aus dem Mischkrystall erzielt worden. W. KÖSTER[1] hat etwa gleichzeitig mit B. A. ROGERS und K. S. SELJESATER[2] auf dieser Basis Eisen-Kobalt-Wolfram- und Eisen-Kobalt-Molybdän-Magnete entwickelt. Am wichtigsten sind jedoch die sog. Mishima-Magnete[3] geworden, die neben Eisen 24—30% Nickel und 10—15% Aluminium enthalten und nach einer geeigneten Behandlung die Erreichung von Koerzitivkräften bis 400—900 Oersted (mit weiteren verbessernden Zusätzen) gestatten. Man neigte bis vor kurzem dazu, die hohen Koerzitivkräfte dieser Legierungen auf Verspannungseffekte, die fein disperse Ausscheidungen begleiten sollen, zurückzuführen. Daß solche Verspannungen in gewisser Höhe

---

[1] KÖSTER, W.: Z. Elektrochem. 38 (1932), 549 und Arch. Eisenhüttenwes. 6 (1932/33), 175.
[2] ROGERS, B. A. u. K. S. SELJESATER: Trans. amer. Soc. Steel 19 (1931), 553.
[3] MISHIMA, T.: Ohm 19 (1932) 7; Stahl und Eisen 53 (1933), 79.

auftreten, ist meistens anzunehmen; daß sie die hohen Koerzitivkräfte erklären sollen, war immer schwer verständlich. Erst die Betrachtungen von M. KERSTEN[1] über den Einfluß von heterogenen Beimengungen auf die Energie der Bloch-Wände (S. 313) haben sie wirklich verständlich gemacht.

Es hat sich herausgestellt, daß bei einigen ferromagnetischen Legierungen nach einer geeigneten mechanischen und thermischen Vorbehandlung ohne Anwendung von Spannungen die Elementarvektoren im gewalzten Band senkrecht zur Längsrichtung des Bandes stehen. Es handelt sich um Fe-Ni-Legierungen mit etwa 40% Ni, zum Teil mit Zusätzen von Kupfer. In solchen Legierungen erreicht man ohne Zuhilfenahme einer inneren Entmagnetisierung (vgl. S. 317) eine weitgehende Unterdrückung der irreversiblen Prozesse, da ja 180°-Sprünge bei der Magnetisierung in der Längsrichtung des Bandes grundsätzlich unterbunden sind. Die Permeabilität ändert sich mit dem Felde sehr wenig. Deshalb wurden diese Materialien *Isoperm* genannt. Beim kupferhaltigen Isoperm hängt der Effekt mit der aushärtungsartigen Ausscheidung des Kupfers zusammen, beim kupferfreien mit einer bestimmten Textur (Texturisoperm). Trotz vieler Bemühungen ist es bisher nicht gelungen, eine zufriedenstellende Erklärung für das Verhalten des Isoperms zu finden[2].

F. Thermoelektrizität.

Wird ein Leiterkreis aus zwei Metallen zusammengestellt und befinden sich die beiden Verbindungsstellen der beiden Metalle bei verschiedenen Temperaturen, so entsteht in dem Leiterkreis eine elektromotorische Kraft, die von den Temperaturen der beiden Verbindungsstellen der Metalle T_1 und T_2 abhängt:

$$E_{T_1 T_2} = f(T_1, T_2). \tag{69}$$

Wird die Temperatur der einen Lötstelle T_2 um dT geändert, während die Temperatur der anderen T_1 konstant gehalten wird, so ändert sich E um dE. Der Differentialquotient von E nach T_2 wird als Thermokraft e des in Frage kommenden Metallpaares bei der Temperatur T_2 bezeichnet:

$$e_{T_2} = \left(\frac{\partial E}{\partial T_2}\right)_{T_1}. \tag{70}$$

Die elektromotorische Kraft E ist hinsichtlich der Temperatur eine additive Größe; es gilt also

$$E_{T_3 T_2} = E_{T_3 T_1} + E_{T_1 T_2}. \tag{71}$$

Deshalb ist die Größe der Thermokraft e_{T_2} in Gl. (70) davon unabhängig, bei welcher Temperatur T_1 die zweite Verbindungsstelle der beiden Metalle sich befindet, wenn sie nur konstant gehalten wird. Die Thermokraft ist für verschiedene Metallkombinationen verschieden groß. Sie ändert sich fernerhin in der Regel mit der Temperatur. Deshalb steigt die elektromotorische Kraft E Gl. (69) mit der Temperatur nicht linear an und ist nicht durch die Temperaturdifferenz $T_2 - T_1$ allein gegeben, sie hängt vielmehr bei gegebener $T_2 - T_1$ noch von dem Absolutwert von T_1 und T_2 ab.

Wählt man einen bestimmten Wert von T_1, etwa 0° C, als Bezugswert, verwendet aber bei der praktischen Durchführung der Messungen andere und zuweilen im Verlaufe einer Meßreihe sich ändernde Werte der T_1 (indem die „Nullklemmen" etwa in einem Wasserbehälter mit einer nicht konstant gehaltenen Temperatur liegen), so kann man auf Grund der gemessenen elektro-

---

[1] KERSTEN, M.: Phys. Zeitschr. **44** (1943), 63.
[2] Vgl. z. B. BECKER-DÖRING: Ferromagnetismus. S. 427 Berlin: Springer 1938.

motorischen Kraft aus einer Eichkurve oder einer Tabelle die Temperatur T_2 finden, indem man den aus der Eichkurve entnommenen Wert der Thermospannung zwischen 0° C und der jeweils benutzten Temperatur T_1 zur gemessenen Thermospannung addiert. Die gemäß der Eichkurve zu dieser Summe gehörende Temperatur ist T_2. Wird unter dieser Voraussetzung abgelesen, so darf man, um sie zu korrigieren, nicht die gesamte Temperaturdifferenz des Wasserbades hinzuzählen, vielmehr nur einen Bruchteil davon, wenn die elektromotorische Kraft schneller als temperaturproportional ansteigt. Hierfür gibt es Tabellen in Funktion von T_2.

Die Thermokraft hängt vielfach ziemlich stark von geringen Verunreinigungen eines Metalles und in geringerem Maße von seinem Zustand (weich oder hart) ab. Bei genauen Messungen dürfen die Thermoelementdrähte deshalb nicht willkürlich verformt (gebogen usw.) werden.

Das Vorzeichen der Thermokraft wird willkürlich durch folgende Regel festgesetzt. Entsteht durch die Temperaturerhöhung der Kontaktstelle T_2 der Metalle a und b um dT eine zusätzliche EMK im Stromkreise, die am Meßinstrument in der Richtung von a zu b gerichtet ist, so ist a bei der Temperatur T_2 positiv gegen b und umgekehrt. In der Regel bleibt das Vorzeichen der Thermokraft eines Metallpaares bei allen Temperaturen bestehen, es gibt jedoch auch Ausnahmen hiervon (z. B. bei Wolfram-Molybdän).

In der Tab. 52 ist die EMK einiger für die Temperaturmessungen des öfteren gebrauchten Metallpaare wiedergegeben, wenn $T_1 = 0°$ C ist.

Wird ein elektrischer Strom der Stärke I Amp. während t Sekunden durch eine Kontaktstelle zweier Metalle a und b geschickt, so wird hierbei unabhängig von der entwickelten Joule-Wärme je nach der Stromrichtung die Wärmemenge Q entwickelt oder aufgenommen, die proportional der hindurchgegangenen Elektrizitätsmenge q ist (Peltier-Effekt):

$$Q = \pi I t = \pi q \qquad (72)$$

Tabelle 52. Elektromotorische Kraft in mV einiger für Thermoelemente häufig benutzter Legierungspaare. Eine Lötstelle bei 0°C.

°C	PtRh-Pt	Cu-Constantan	Fe-Constantan	Ni-NiCr
100	0,64	4,28	5,40	3,85
200	1,42	9,29	10,99	8,02
300	2,29	14,86	16,56	11,97
400	3,21	20,87	22,07	15,26
500	4,17	—	27,58	18,42
600	5,18	—	32,27	21,74
700	6,23	—	39,30	25,32
800	7,31	—	45,72	28,86
900	8,43	—	52,29	32,47
1000	9,56	—	58,22	36,04
1100	10,72	—	—	39,73
1200	11,89	—	—	—
1300	13,07	—	—	—
1400	14,26	—	—	—
1500	15,45	—	—	—
1600	16,63	—	—	—

π heißt der *Peltier-Koeffizient*. Er ist für verschiedene Metallkombinationen additiv.

Unter der Voraussetzung, daß die reversiblen thermoelektrischen Erscheinungen (die Thermokraft und der Peltier-Effekt) von den irreversiblen (Wärmeleitung und Joulesche Wärme) unabhängig sind, läßt sich für sie eine unmittelbare thermodynamische Beziehung ableiten, wie das W. Thomson gezeigt hat. Ist e die Thermokraft und besteht zwischen den Kontaktstellen die Temperaturdifferenz dT, so wird beim Durchgang der Elektrizitätsmenge q die elektrische Arbeit $qe \cdot dT$ geleistet, während gleichzeitig die Wärmemenge $Q = \pi q$ bei der höheren Temperatur aufgenommen wird. Auf Grund des zweiten Hauptsatzes gilt (vgl. S. 44)

$$eq \cdot dT = \pi q \frac{dT}{T}, \text{ oder } \pi = eT. \qquad (73)$$

Es ist keineswegs sicher, daß es grundsätzlich gestattet ist, in einem solchen Fall wie dem betrachteten die reversiblen Erscheinungen ohne Berücksichtigung der irreversiblen (der Wärmeleitung und der Jouleschen Wärmeentwicklung) zu betrachten. Die Tatsache, daß Gl. (73) von der Erfahrung bestätigt wird, zeigt, daß das im vorliegenden Fall zulässig ist.

Wenn in einem Elektrizitätsleiter zwischen zwei Punkten eine Temperaturdifferenz besteht, so wird dort je nach der Stromrichtung zum Temperaturgefälle eine Wärmemenge dQ_σ entwickelt, die proportional der durchgeflossenen Elektrizitätsmenge ist:

$$dQ_\sigma = \sigma q \cdot dT \qquad (74)$$

(*Thomson-Effekt*). Der Thomson-Koeffizient σ ist von Metall zu Metall verschieden.

Betrachten wir wieder den soeben erörterten thermoelektrischen Kreis, so ist auf Grund des Prinzips der Erhaltung der Energie die geleistete Arbeit gleich der insgesamt aufgenommenen Wärmemenge. Die letztere setzt sich zusammen aus den Peltier-Wärmen (72) an den Kontaktstellen und aus den Thomson-Wärmen (74) im Temperaturgefälle; wir erhalten somit

$$eq \cdot dT - (\pi + d\pi) q + \pi q + \sigma_a q\, dT - \sigma_b q\, dT = 0, \qquad (75)$$

oder

$$e - \frac{d\pi}{dT} + \sigma_a - \sigma_b = 0 \qquad (76)$$

auf Grund von (73) ist

$$\frac{d\pi}{dT} = e + T \frac{de}{dT}, \qquad \text{und wird erhalten}$$

$$\frac{de}{dT} = \frac{\sigma_a}{T} - \frac{\sigma_b}{T}. \qquad (77)$$

Da, wie oben erwähnt, $\frac{de}{dT} \neq 0$ ist, müssen die Thermokoeffizienten σ_a und σ_b endliche und verschiedene Werte haben. Auf diese Weise hat THOMSON seinerzeit in der Tat die Existenz des Thomson-Effekts theoretisch vorausgesagt.

Die atomistische Ursache der Thermokraft ist in der ungleich großen Dichte der freien Elektronen zweier Metalle zu suchen. Bringt man zwei Metalle miteinander in Berührung, so werden von dem elektronenreicheren Elektronen zum elektronenärmeren übergehen, jedoch wird dieser Übergang durch das sich dabei gleichzeitig ausbildende elektrische Gegenfeld bereits auf Null abklingen, wenn erst ein sehr kleiner Teil der freien Elektronen das Metall gewechselt hat. Im thermodynamischen Gleichgewicht bildet sich daher eine bestimmte Berührungsspannung (Volta-Potential) zwischen den Metallen aus, die temperaturabhängig ist. Deshalb ergibt sich zwischen der warmen und der kalten Verbindungsstelle eines Thermoelementes eine temperaturabhängige Spannungsdifferenz. Führt man die Betrachtungen quantitativ durch, so trifft man bei Anwendung der Fermi-Statistik auf das Elektronengas die richtige Größenordnung der gemessenen Thermokräfte. Ihre Unterschiede an verschiedenen Metallen und weitere detailliertere Zusammenhänge entziehen sich noch der theoretischen Behandlung.

G. Elastisches Verhalten der Metalle.

1. Spannung.

Wenn ein fester Körper der Wirkung von äußeren Kräften P ausgesetzt und durch eine Haltevorrichtung an einer Bewegung gehindert wird, entstehen in ihm elastische Gegenkräfte, die man, wenn sie auf eine Einheit der Fläche F bezieht, elastische Spannungen P/F nennt. Auf einen Körper A (Abb. 250) wirke eine äußere Kraft P_2. Dann übt die Haltevorrichtung auf den Körper A dieselbe, aber entgegengesetzt gerichtete Kraft $-P_2$ aus, denn sonst würde sich der Körper in Bewegung setzen. Der Körper ist auf Zug beansprucht, in ihm sind *Zugspannungen* entstanden[1]. Die Zugspannung beruht also auf zwei entgegengesetzt gerichteten Kräften; sie ist ein *Tensor*; bei ihr sind im Gegensatz zur Kraft Richtung und Gegenrichtung gleich. Das Maß der Spannung ist die auf die Oberflächeneinheit wirkende Kraft.

Wir betrachten im Körper A eine zur Papierebene senkrechte Ebene aa' und fragen uns, welche Spannungen auf diese Ebene wirken. Um diese Frage zu entscheiden, denken wir uns den Teil des Körpers A rechts von aa' fortgenommen und die Wirkung dieses Körperteiles durch Einwirkung von äußeren Kräften ersetzt, so daß das Gleichgewicht des linken Teiles des Körpers A nicht gestört wird. Wir nehmen an, daß es sich insgesamt um eine in Richtung des Körpers nach rechts wirkende Kraft P handelt, die wieder auf die Fläche aa' gleichmäßig verteilt ist. Diese Kraft, die wir uns durch den Vektor mn dargestellt denken, zerlegen wir in eine Komponente mo senkrecht zur Ebene aa' und in eine Komponente mq parallel zu dieser Ebene. Dann ist

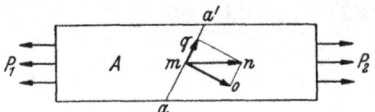

Abb. 259. Kräfte und Spannungen.

$$\left.\begin{array}{l} mq = mn \sin \varphi \\ mo = mn \cos \varphi \end{array}\right\} \tag{78}$$

wo φ der Winkel zwischen der Normalen zur Ebene aa' und der Stabachse des Körpers A ist.

Wenn die Fläche des zur Stabachse senkrechten Querschnittes gleich f ist, ist die Fläche der Ebene aa' gleich $\dfrac{f}{\cos \varphi}$. Um aus den Gl. (78) die auf aa' wirkenden Spannungen zu erhalten, müssen wir die Kräfte durch diese Fläche dividieren. Wir erhalten somit für die zur Ebene aa' senkrechte Spannung $\sigma_{aa'}$ und für die zu ihr parallele tangentiale Spannung $\tau_{aa'}$:

$$\sigma_{aa'} = \frac{mo \cos \varphi}{f} = \frac{mn \cos^2 \varphi}{f} = \sigma \cos^2 \varphi \tag{79}$$

$$\tau_{aa'} = \frac{mq \cos \varphi}{f} = \frac{mn \sin \varphi \cos \varphi}{f} = \sigma \sin \varphi \cos \varphi, \tag{80}$$

wenn σ die Spannung auf die Endfläche ist.

$\sigma_{aa'}$ ist eine auf die Ebene aa' wirkende Zugspannung, sie ist bestrebt, die rechte Hälfte des Körpers von der linken abzulösen. Die Spannung $\tau_{aa'}$ hat dahingegen das Bestreben, die rechte Hälfte nach *rechts oben* abzuschieben. Ihr wirkt in der linken Hälfte eine Kraft nach *links unten* entgegen, die beide zusammen ein Kräftepaar ergeben.

Die zur Ebene aa' senkrecht stehende Spannung $\sigma_{aa'}$ wird als *Normalspannung* auf dieser Ebene bezeichnet, die Spannung $\tau_{aa'}$ als *Schubspannung* auf dieser Ebene.

In der Mechanik des absolut starren Körpers wird nur die Wechselwirkung der äußeren Kräfte betrachtet, während die Reaktion des Körpers selbst auf diese Kräfte außerhalb der Betrachtung bleibt. Dementsprechend kann der Angriffspunkt einer Kraft ohne Änderung der Verhältnisse in Richtung der Kraft oder in der entgegengesetzten beliebig verschoben werden. Im Falle der Abb. 250 würden die beiden gleichen und entgegengesetzt gerichteten Kräfte P_1 und P_2 sich einfach aufheben, auch könnten ihre Angriffspunkte z. B. vertauscht werden.

---

[1] Im folgenden werden, wie allgemein üblich, stets die Zugspannungen positiv und die Druckspannungen negativ gerechnet.

In der Elastizitätstheorie werden dahingegen die äußeren Kräfte als im Gleichgewicht befindlich betrachtet, und es kommt *nur* an auf die Reaktion des Körpers selbst gegen diese Kräfte. Der Angriffspunkt einer Kraft spielt hier eine entscheidende Rolle. Würde man die Angriffsflächen der Kräfte P_1 und P_2 miteinander vertauschen, so würde im Körper anstatt einer Zugspannung eine Druckspannung entstehen.

Wir sehen fernerhin, daß eine bestimmte Spannung immer einer bestimmten Ebene im Körper zugeordnet ist. Im allgemeinen sind die Spannungen auf Ebenen nicht gleichmäßig verteilt. An Stelle der endlichen Ebene hat man dann ein unendlich kleines Element einer Fläche zu betrachten, wodurch aber die bisherigen Erörterungen nicht grundsätzlich geändert werden.

Wie die Normalspannung durch eine Kraft gemessen wird, so wird die Schubspannung durch ein Kräftepaar gemessen. Ein Kräftepaar ist bestrebt, den linken Körperteil (Abb. 250) nach Abhebung des rechten zu drehen. Diese Drehung wird durch ein zweites Kräftepaar verhindert, das mit den betrachteten Spannungen automatisch gegeben ist, wie wir gleich sehen werden.

Wir betrachten einen Elementarwürfel mit der Kantenlänge dx, der mit einer seiner Ebenen 1 auf der Ebene aa' liegen mag (Abbildung 250), und zwar so, daß eine andere Fläche 3 (in der Papierebene) zur Kraftrichtung parallel sei (Abb. 251). Auf die Fläche 1 wirkt

Abb. 251.
Kräftepaare und Scherspannungen.

dann, wie oben erörtert, die Schubspannung $\tau_{aa'}$, Gl. (80) ein. Aber eine Schubspannung von derselben absoluten Größe wirkt auf Grund der Gl. (80) auch auf die Ebene 2, da sie zu 1 senkrecht ist. Dieser Schubspannung entspricht das Kräftepaar II, das, wie man sieht, dem auf die Ebene 1 wirkenden Kräftepaar I gleich, aber entgegengesetzt gerichtet ist. Bekanntlich wird ein Kräftepaar durch einen Vektor dargestellt, der auf der Ebene der das Paar bildenden Kräfte senkrecht steht und konventionell so gerichtet ist, daß, wenn man in Richtung des Vektors blickt, diese Kräfte eine Drehung in Richtung des Uhrzeigers zu bewirken suchen.

So steht der Vektor des Kräftepaares I senkrecht auf der Ebene des Papiers nach oben, während der Vektor des Kräftepaares II von gleicher Größe ebenfalls senkrecht auf der Ebene des Papiers steht, aber nach unten weist. Die Schubspannung wird demnach, ebenso wie eine Zugspannung, durch zwei in entgegengesetzten Richtungen wirkende Vektoren dargestellt.

Wir können unsere Betrachtungen für den Fall beliebig gerichteter Kräfte, die in einem Körper Spannungen erzeugen, verallgemeinern. Wenn wir in diesem Körper eine unendlich kleine Ebene betrachten, können wir die Gesamtheit der auf diese Ebene wirkenden Kräfte durch eine resultierende Kraft ersetzen, die im allgemeinen schräg auf dem Element der Ebene stehen wird. Wir können dann die entsprechende Spannung in eine Normalspannung und eine Schubspannung zerlegen.

2. Hauptspannung. Isotrope Beanspruchung.

Auf das Element einer Fläche, das senkrecht zu der resultierenden Spannung steht, wirken offenbar keine Schubspannungen ein. Eine solche unendlich kleine Fläche sei in Abb. 252 durch A dargestellt. Wir betrachten einen unendlich kleinen Würfel, dem A angehört und auf diesem eine zu A senkrechte, aber sonst beliebige Fläche B. Wir bestimmen die auf diese Fläche wirkenden Spannungen auf dieselbe Weise wie bisher, indem wir die Einwirkung des vor dieser Ebene liegenden Körperteiles durch eine resultierende Kraft *b* ersetzen. Wäre die resultierende Kraft *b* nicht zur Ebene *A* parallel, so würde sie bei der Zerlegung in eine Normal- und Tangentialkraft auf der Ebene *B* eine Komponente der Tangentialkraft in Richtung *a* ergeben, die zusammen mit der auf die gegenüberliegende Ebene wirkenden Kraft ein Kräftepaar ergeben würde, das durch ein gleiches und entgegengesetzt gerichtetes, auf die Ebene *A* und die ihr gegenüberliegende Ebene wirkendes Kräftepaar kompensiert werden muß. Die resultierende Spannung *a* würde also nicht senkrecht zur Ebene *A* stehen, was im Widerspruch mit unserer Annahme steht. Aus dem Ansatz, daß die resultierende Spannung *a* auf der Ebene *A* senkrecht steht, folgt also, daß die auf die Ebene *B* wirkende resultierende Spannung parallel zur Ebene *A* ist. Wir können nun offenbar durch Drehen um die Achse *a* eine zu *A* senkrechte Ebene *B* finden, die zum Kraftvektor *b* senkrecht steht. Auf diese Ebene wirken demnach keine Schubspannungen.

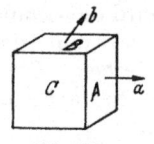

Abb. 252.
Zur Ableitung der
Hauptspannungen.

Die Resultierende der von dem vor der Papierebene stehenden Körperteil auf die Ebene *C* wirkenden Kräfte muß aus ähnlichen Überlegungen parallel zu den Ebenen *A* und *B* sein. Dann ist sie aber auch senkrecht zu *C*, auf diese Ebene wirkt somit auch keine Schubkraft.

Das ist ein wichtiges Ergebnis, da die Rechnungen vielfach wesentlich vereinfacht werden, wenn in ihnen keine Schubspannungen auftreten. In jedem Körperpunkt existieren also drei zueinander senkrechte Ebenen, auf die nur Normalspannungen und keine Schubspannungen wirken. Die auf diese Fläche wirkenden Normalspannungen heißen *Hauptspannungen*. Die Richtungen der Hauptspannungen lassen sich oft mit Hilfe von Symmetriebetrachtungen angeben. So stehen in einem langen, an den Enden verschlossenen zylindrischen Rohr, das von innen einem hydrostatischeń Druck ausgesetzt ist, die Hauptspannungen in radialer Richtung, in Richtung der Rohrachse und in Richtung der zu den ersten Richtungen senkrechten Tangente.

Allgemein kann der Spannungszustand in einem Punkt des Körpers dadurch bestimmt werden, daß wir ein unendlich kleines Raumelement mit ebenen, meistens zueinander senkrechten Begrenzungen herausgeschnitten denken und die Einwirkung der Körperteile, die beim Herausschneiden beseitigt worden sind, auf die Ebenen des Raumelementes durch Kräfte ersetzen. Dann müssen die Kräfte auf die verschiedenen Ebenen sich das Gleichgewicht halten in dem Sinne, daß das Raumelement weder eine translatorische, noch eine rotatorische Bewegung erhalten darf. Indem man die Ebenen des betrachteten Elementarkörpers in bestimmten Richtungen wählt, kann man die auf diese Ebenen wirkenden Spannungen angeben.

Von diesem Verfahren haben wir bei der Betrachtung des Würfels bereits Gebrauch gemacht (Abb. 251 und 252).

Wir können aber auf diese Weise auch ein anderes Problem lösen, nämlich die auf eine Fläche beliebiger Richtung im betrachteten Punkt wirkende Spannung aus den Normalspannungen zu bestimmen, indem wir mit einer Fläche der in Frage kommenden Richtung, die im unendlich kleinen Würfel also eben ist, den Elementarwürfel schneiden. Aus den auf die Würfelflächen wirkenden bekannten Normalkräften können wir auf Grund obiger Gleichgewichtsbedingung die auf die betrachtete Fläche wirkenden Kräfte und Spannungen berechnen.

Wir benutzen diese Bemerkung nur, um aus Abb. 252 noch eine Schlußfolgerung zu ziehen. Sind zwei von den Hauptspannungen untereinander gleich, etwa die Normalspannung σ auf die Ebenen B und C, so wirken auch auf alle anderen zu A senkrechten Ebenen im betrachteten Punkte des Körpers nur *Normalspannungen*, aber keine *Schubspannungen*. Um das zu beweisen, schneiden wir den Würfel der Abb. 253 durch eine solche Ebene M, wir erhalten ein dreieckiges Prisma, das senkrecht zur Papierebene steht. Auf die Grundflächen dieses Prismas, die der Ebene des Papiers parallel sind, wirken nur Normalspannungen, sie werden also die Spannungen auf die Flächen B, C und M nicht beeinflussen.

Da die Normalspannungen auf den Flächen B und C untereinander gleich sind, sind die auf sie wirkenden Normalkräfte den Strecken kp und lp proportional; diese Kräfte sind durch mn und no dargestellt. Man sieht sofort, daß die resultierende Kraft senkrecht zur Ebene M steht und daß

$$\frac{mo}{lk} = \frac{mn}{kp} = \frac{no}{lp}$$

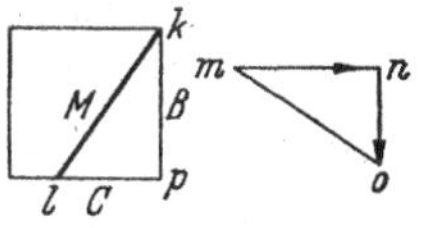

Abb. 253. Zur Ableitung der hydrostatischen Zug- oder Druckbelastung.

ist, somit wirkt auf die Ebene M dieselbe Spannung wie auf B und C. Auf M wirkt keine Scherspannung.

Durch eine ähnliche Betrachtung kann gezeigt werden, daß, wenn auf die Fläche A (Abb. 252) auch eine ebenso große Normalspannung wirkt, die Spannungen im betrachteten Punkte in allen Richtungen gleich und alle Normalspannungen sind. Auf das Körperelement wirken in einem solchen Fall überhaupt keine Schubspannungen, es steht unter hydrostatischem Zug oder Druck.

3. Spannungen und Deformationen im isotropen Körper.

Wir kehren zum einfachsten Fall der Zugbelastung eines Stabes, wie er in Abb. 250 dargestellt worden ist, zurück. Dieser Belastungsfall ist am geeignetsten, um grundsätzlich das Verhalten eines Stoffes bei der elastischen und plastischen Beanspruchung zu schildern und bildet die Grundlage des Zugversuches, auf Grund dessen in der Technik in erster Linie das Verhalten eines Werkstoffes beurteilt wird.

Unsere bisherigen Betrachtungen betrafen nur Spannungen und waren rein geometrischer Natur; deshalb haben sie auch ganz allgemeine Gültigkeit, unabhängig von der Struktur des beanspruchten Körpers. Jetzt wenden wir uns der Betrachtung der mit der Belastung verbundenen Verformungen zu. Übersteigen die äußeren, auf den Körper wirkenden Spannungen nicht eine gewisse Größe, so sind die Formänderungen des Körpers *elastisch*, d. h. reversibel. Nach Aufhebung der äußeren Last gehen sie auch sofort zurück. Dieses elastische Verhalten der Körper wollen wir jetzt erörtern. Wird eine gewisse Belastungsgrenze überschritten, so findet entweder eine bleibende Formänderung statt, oder der Körper geht zu Bruch. Mit diesen Erscheinungen werden wir uns später befassen.

Die Formänderungen, auch im elastischen Gebiet, hängen von der Struktur des Körpers ab. Wir betrachten deshalb zuerst den isotropen Körper, dessen Eigenschaften von der Richtung unabhängig sind.

Wird ein Stab von gleichförmigem Querschnitt, etwa ein Zylinder, auf Zug beansprucht, so ist die Längenzunahme einer Längeneinheit (die Dehnung λ) proportional der angelegten Zugspannung σ

$$\frac{\Delta l}{l_0} = \lambda = s\sigma. \tag{81}$$

Der Proportionalitätsfaktor s heißt Elastizitätskoeffizient; l_0 ist die Anfangslänge des Stabes. Aus Gl. (81) folgt

$$\sigma = \frac{\lambda}{s} = E\,\lambda. \tag{82}$$

E heißt der Elastizitätsmodul des Stoffes (vgl. Tab. 53, S. 331).

Die Gl. (81) und (82) enthalten das Hookesche Gesetz der Proportionalität zwischen Spannungen und Formänderungen, das für geringe rein elastische Formänderungen, wie sie bei Metallen nur vorkommen, recht exakt gilt. Dahingegen gilt es z. B. gar nicht für den Kautschuk, wo die elastischen Dehnungen sehr erheblich sein können.

Erfahrungsgemäß erleidet auch der Querschnitt des Stabes bei der elastischen Dehnung eine elastische Formänderung, er zieht sich zusammen, und zwar ist die Abnahme einer Einheit der linearen Querabmessung proportional der Dehnung λ. Der Proportionalitätsfaktor μ heißt die *Poissonsche Konstante* oder die *Poissonsche Querkontraktionszahl*.

Eine Volumeneinheit, etwa ein Würfel, hat deshalb im gedehnten Zustand das Volumen $(1 + \lambda)\,(1 - \mu\lambda)^2$, und die spezifische Volumenzunahme beträgt

$$\frac{\Delta V}{V} \approx (1 + \lambda)\,(1 - 2\,\mu\lambda) - 1 \approx \lambda\,(1 - 2\,\mu) \tag{83}$$

unter Vernachlässigung der höheren Potenzen der kleinen Größe λ.

Wird auf einen Würfel statt eines Zuges ein einachsiger Druck ausgeübt, so verkürzt er sich in Richtung des Druckes (der Stauchung). Außerdem tritt an Stelle der Querkontraktion die Querdehnung. Die Verhältniszahlen μ und E behalten auch für die Stauchung ihre Werte.

Wir betrachten nun einen Einheitswürfel, der einem allseitigen Druck p ausgesetzt ist. Dann wirkt auf jede seiner Seitenflächen die Druckspannung $-\sigma = +p$. Unter dem Einfluß dieser Spannung tritt eine Verkürzung $-\lambda = \dfrac{p}{E}$ in Richtung der betrachteten Druckkomponente, fernerhin eine Dehnung um je $\dfrac{\mu\,p}{E}$ in derselben Richtung unter dem Einfluß der auf jede der beiden anderen Ebenenpaare wirkenden Druckkomponenten ein. Die gesamte Änderung der Kantenlänge ist also

$$- \frac{p\,(1 - 2\,\mu)}{E}$$

und die entsprechende Änderung des Volumens des Einheitswürfels

$$\frac{\Delta V}{V} = - \frac{3\,p\,(1 - 2\,\mu)}{E} = - \varkappa\,p, \tag{84}$$

wo die Kompressibilität $\varkappa$ gleich $- \dfrac{1}{V}\dfrac{dV}{dp}$ ist.

Wir erhalten also folgende Beziehung zwischen Kompressibilität und Querkontraktion:

$$\varkappa = \frac{3\,(1 - 2\,\mu)}{E}. \tag{85}$$

Da das Volumen aller Körper durch Druck verkleinert wird, ist

$$\varkappa > 0 \quad \text{und} \quad \mu < \frac{1}{2}.$$

Dann folgt aus (83), daß bei einer reinen Zugbeanspruchung immer eine Volumenzunahme auftritt. Der Wert von μ liegt bei verschiedenen Stoffen zwischen $\dfrac{1}{2}$ und $\dfrac{1}{4}$.

Unter der Annahme von Zentralkräften zwischen den Atomen ergibt sich auf Grund der mathematischen Raumgittertheorie für einen isotropen Körper allgemein $\mu = \dfrac{1}{4}$. Dahingegen sind bei quasiisotropen Metallen abweichende Werte gemessen worden (vgl. Tab. 53, S. 331).

Die Wechselwirkung zwischen den Elektronenhüllen der Atome im Metall ist viel komplizierter, als daß sie als Wirkung von Zentralkräften beschrieben werden könnte. Dagegen bewährt sich dieser Ansatz bei einigen kubischen flächenzentrierten Salzgittern.

Wirken auf die Seiten eines Elementarwürfels allgemein die verschiedenen Normalspannungen σ_x, σ_y, σ_z, so entstehen dadurch die spezifischen Längenänderungen

$$
\left.
\begin{aligned}
\varepsilon_x = \lambda_x = \frac{\sigma_x}{E} - \frac{\mu\sigma_y}{E} - \frac{\mu\sigma_z}{E} = s_{11}\sigma_x + s_{12}\sigma_y + s_{12}\sigma_z \\
\varepsilon_y = \lambda_y = \frac{\sigma_y}{E} - \frac{\mu\sigma_x}{E} - \frac{\mu\sigma_z}{E} = s_{12}\sigma_x + s_{11}\sigma_y + s_{12}\sigma_z \\
\varepsilon_z = \lambda_z = \frac{\sigma_z}{E} - \frac{\mu\sigma_x}{E} - \frac{\mu\sigma_y}{E} = s_{12}\sigma_x + s_{12}\sigma_y + s_{11}\sigma_z,
\end{aligned}
\right\}
\tag{86}
$$

wo also

$$
\left.
\begin{aligned}
s_{11} &= \frac{1}{E} \\
s_{12} &= -\frac{\mu}{E}
\end{aligned}
\right\}
\tag{87}
$$

ist.

Bei dieser allgemeinen Darstellung bezeichnen wir in Anlehnung zum Beispiel an E. Schmid und W. Boas[1] die Dehnungen mit ε und die verallgemeinerten Elastizitätskoeffizienten mit s.

Wir haben oben gesehen, daß einer Zugbeanspruchung eine Schubspannung auf einer Ebene, deren Winkel mit der Zugrichtung φ ist, von der Größe

$$
\tau = \sigma \sin\varphi \cos\varphi \tag{88}
$$

entspricht. Wie immer werden wir hier die Schubspannungen mit τ bezeichnen. Dieser Ausdruck hat seinen Höchstwert $= \dfrac{\sigma}{2}$, wenn $\varphi = 45°$ ist.

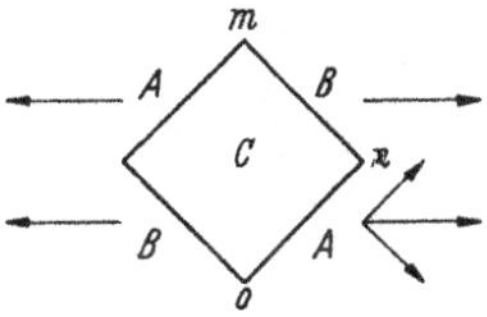

Wir betrachten innerhalb des Zugstabes einen Einheitswürfel, dessen zwei Ebenen A und B senkrecht zur Ebene des Papiers und unter 45° zur Zugrichtung stehen, während die dritte C parallel zur Ebene des Papiers und zur Zugrichtung ist (Abb. 254). Wir zerlegen die auf die Ebene A und B wirkenden Spannungen in Richtung der Achse des Stabes in eine normale und eine Schubspannung. Die Größen beider sind je $\dfrac{\sigma}{2}$. Unter dem Einfluß der auf die Fläche A wirkenden Normalspannung nimmt die Länge mn zu um $\dfrac{\sigma}{2E}$, sie verkürzt sich dagegen unter dem Einfluß der Querkontraktion, verursacht durch die Normalspannung auf B, um $\dfrac{\mu\sigma}{2E}$. Die Gesamtverlängerung der Kanten mn (und ebenso der Kanten on) beträgt also je

$$
\frac{\sigma}{2E}(1 - \mu).
$$

Abb. 254. Zur Frage der Volumenkonstanz bei Scherdeformationen.

---

[1] Schmid, E., u. W. Boas: Kristallplastizität S. 15 ff. Berlin: Springer 1935.

Dagegen verkürzt sich die Einheitsdicke des Würfels senkrecht zur Ebene des Papiers um

$$\frac{2\,\mu\,\sigma}{2\,E} = \frac{\mu\,\sigma}{E},$$

da in dieser Richtung auf C ja keine Normalspannung wirkt, aber sich die Querkontraktion der beiden Spannungen auf A und B auswirkt. Die Gesamtvolumenzunahme ist also:

$$\frac{\sigma}{E}\,(1 - \mu) - \frac{\mu\,\sigma}{E} = \frac{\sigma}{E}\,(1 - 2\,\mu). \tag{89}$$

Dieser Ausdruck ist mit dem in Gl. (83) gegebenen identisch. Die gesamte Volumenänderung des Würfels (Abb. 254) ist also durch die *Normalspannungen* bewirkt worden, die Schubspannungen beeinflussen das Volumen *gar nicht*.

Die Wirkung der Schubspannungen besteht vielmehr in einer *Winkeländerung* des Elementarwürfels ohne *Volumenänderung*. In der Tat ist das ja eine Folge der Gesamtdeformation unter dem Einfluß der Zugbeanspruchung, so daß das Quadrat C durch Verlängerung in Richtung des Zuges und durch Verkürzung in Richtung senkrecht dazu eine rhombische Form erhält, wie man das in Abb. 255 sieht.

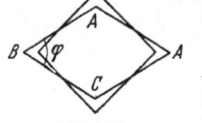

Abb. 255.
Gestaltsänderung bei der Schubdeformation.

Der vorher rechte Winkel bei B hat sich in den Winkel $A\,B\,C = \varphi$ verwandelt. Genau wie für die Zugspannung gilt auch für die Schubspannung τ, daß sie der Verformung, also in diesem Falle der Winkeländerung γ proportional ist:

$$\tau = G\,\gamma \tag{90}$$

G ist der *Schubmodul*, er ist für verschiedene Metalle in Tab. 53 angegeben; sein reziproker Wert ist der *Schubkoeffizient*, der meistens als der Elastizitätskoeffizient mit dem Buchstaben s (mit einem entsprechenden Index) bezeichnet wird. Nun ist:

$$\gamma = \frac{\pi}{2} - \varphi$$

$$\operatorname{tg}\frac{\varphi}{2} = \frac{A\,C}{B\,D} = \frac{1 - \mu\,\lambda}{1 + \lambda} \approx 1 - \mu\,\lambda - \lambda = 1 - \lambda\,(1 + \mu)$$

$$\text{und } \frac{\gamma}{2} \approx \operatorname{tg}\frac{\gamma}{2} = \operatorname{tg}\left(\frac{\pi}{4} - \frac{\varphi}{2}\right) = \frac{1 - \{1 - \lambda\,(1 + \mu)\}}{1 + \{1 - \lambda\,(1 + \mu)\}} = \frac{\lambda\,(1 + \mu)}{2 - \mu\,\lambda - \lambda} \approx \frac{\lambda\,(1 + \mu)}{2}$$

$$\gamma_{45°} \approx \lambda\,(1 + \mu), \tag{91}$$

wobei durch den Index 45° angedeutet ist, daß die Schubdeformation auf einer zur Zugrichtung unter dem Winkel 45° stehenden Ebene erfolgt. Gl. (91) ergibt den Zusammenhang der Längenzunahme beim Zugversuch, der Querkontraktion und der Schubdeformation unter dem Winkel von 45° zur Richtung der Zugspannung.

Fernerhin ist

$$\gamma_{45°} = \lambda\,(1 + \mu) = \frac{\tau_{45°}}{G} = \frac{\sigma}{2\,G} = \frac{E\,\lambda}{2\,G}$$

also

$$\frac{E}{2\,G} = (1 + \mu). \tag{92}$$

Diese Gleichung gibt eine allgemeine Beziehung zwischen Zugmodul, Schubmodul und Poissonscher Querkontraktionszahl μ. Sie gilt jedoch nicht für anisotrope Körper (Krystalle), da wir bei ihrer Ableitung angenommen haben, daß E, G und μ von der Richtung unabhängig sind, was für den Krystall nicht gilt. Sie ergibt u. a. eine bequeme Möglichkeit, die Zahl μ zu berechnen, indem G z. B. aus Torsionsmessungen und E aus einem Zugversuch bestimmt wird. Wir verallgemeinern wieder unsere Betrachtungen. Auf die Ebenen eines Elementarwürfels sollen die Normalspannungen σ_x, σ_y, σ_z, in den Richtungen x, y, z und die Schubspannungen τ_{yz}, τ_{xz}, τ_{xy} wirken. Die den letzteren entsprechenden Kräftepaare liegen in den Ebenen yz, xz, xy, also senkrecht zu x, y, z. Die Normalspannungen ergeben nach (86) die Deformationen:

$$\varepsilon_x = s_{11}\sigma_x + s_{12}\sigma_y + s_{12}\sigma_z$$
$$\varepsilon_y = s_{12}\sigma_x + s_{11}\sigma_y + s_{12}\sigma_z \qquad (93)$$
$$\varepsilon_z = s_{12}\sigma_x + s_{12}\sigma_y + s_{11}\sigma_z,$$

und die Schubspannungen die Schubdeformationen[1]

$$\gamma_{yz} = s_{44}\tau_{yz}$$
$$\gamma_{xz} = s_{44}\tau_{xz} \qquad (94)$$
$$\gamma_{xy} = s_{44}\tau_{xy}.$$

Durch die sechs Gleichungen (93) und (94) ist das elastische Verhalten eines isotropen Körpers im betrachteten Punkt vollkommen beschrieben. Die einzelnen Elastizitätskoeffizienten haben folgende Bedeutung:

$$s_{11} = \frac{1}{E} \qquad s_{12} = -\frac{\mu}{E} \qquad s_{44} = \frac{1}{G}. \qquad (95)$$

Ferner folgt aus Gl. (95) mit (92):

$$\frac{s_{44}}{2s_{11}} = 1 - \frac{s_{12}}{s_{11}} \; ; \quad s_{44} = 2\,(s_{11} - s_{12}). \qquad (96)$$

Das elastische Verhalten eines isotropen Körpers wird also durch *zwei* elastische Konstanten s_{11} und s_{12} oder s_{11} und s_{44}, oder s_{12} und s_{44} oder E und μ, oder G und μ oder E und G vollständig beschrieben.

Die in den Gl. (93) — (96) gegebene allgemeinere Darstellung bietet für den isotropen Körper keine Vorteile der anschaulichen Darstellung mit dem Elastizitätsmodul E und dem Schub- oder Scherungsmodul G gegenüber. Sie soll eine kurze Betrachtung des elastischen Verhaltens von Krystallen vorbereiten, wo die abstraktere Darstellung unentbehrlich ist.

Körper, die aus zahlreichen, regellos orientierten Krystalliten bestehen, wie vielfach Metallstücke, verhalten sich elastisch in vielen Beziehungen annähernd wie isotrope Körper. Sie werden quasiisotrop genannt. Nur der Umstand, daß viele metallische Körper des praktischen Lebens quasiisotrop sind, rechtfertigt die Erörterungen dieses Paragraphen im Rahmen eines Lehrbuches der Metallkunde.

In Tab. 53 sind die elastischen Konstanten einiger quasiisotroper Metalle gegeben.

Tabelle 53. Elastische Eigenschaften vielkrystalliner Metalle.

	Elastizitäts-Modul E $\cdot 10^6 \frac{kg}{cm^2}$	Schub-Modul G $\cdot 10^6 \frac{kg}{cm^2}$	Poissonsche Zahl μ
Aluminium . .	0,74	0,27	0,34
Blei	0,17	0,08	0,45
Eisen	2,12	0,8	0,27
Schmiedeeisen	2,17	0,83	0,28
Stahl	2,0	0,8	0,20
Wo-Stahl . .	2,42		
Grauguß . . .	1,0	0,5	0,26
Gold	0,81	0,28	0,42
Kupfer . . .	1,2	0,46	0,35
Messing . . .	1,05	0,43	0,35
Nickel	2,03	0,79	0,3
Silber	0,80	0,29	0,38
Wolfram . . .	3,62	1,35	0,17
Zink	0,35—1,3	0,28—0,47	0,2—0,3

[1] Der an sich willkürliche Index 44 ergibt sich aus der allgemeinen Beschreibung der Verformung eines Krystalles (S. 332).

4. Spannungen und Deformationen eines Krystalles.

In den allgemeinen Gl. (93) und (94), die das elastische Verhalten des isotropen Körpers beschreiben, hängen die Deformationen ε und γ nur je von einem Teil der Spannungsgrößen ab. So kommen in den Ausdrücken für die Dehnungen ε die Schubspannungen und in den Ausdrücken für die Scherungen γ die Normalspannungen nicht vor. Der allgemeinste Ansatz für die Deformation eines Volumenelementes eines anisotropen Körpers lautet jedoch

$$
\begin{aligned}
\varepsilon_x &= s_{11}\sigma_x + s_{12}\sigma_y + s_{13}\sigma_z + s_{14}\tau_{yz} + s_{15}\tau_{xz} + s_{16}\tau_{xy} \\
\varepsilon_y &= s_{21}\sigma_x + s_{22}\sigma_y + s_{23}\sigma_z + s_{24}\tau_{yz} + s_{25}\tau_{xz} + s_{26}\tau_{xy} \\
\varepsilon_z &= s_{31}\sigma_x + s_{32}\sigma_y + s_{33}\sigma_z + s_{34}\tau_{yz} + s_{35}\tau_{xz} + s_{36}\tau_{xy} \\
\gamma_{yz} &= s_{41}\sigma_x + s_{42}\sigma_y + s_{43}\sigma_z + s_{44}\tau_{yz} + s_{45}\tau_{xz} + s_{46}\tau_{xy} \\
\gamma_{xz} &= s_{51}\sigma_x + s_{52}\sigma_y + s_{53}\sigma_z + s_{54}\tau_{yz} + s_{55}\tau_{xz} + s_{56}\tau_{xy} \\
\gamma_{xy} &= s_{61}\sigma_x + s_{62}\sigma_y + s_{63}\sigma_z + s_{64}\tau_{yz} + s_{65}\tau_{xz} + s_{66}\tau_{xy}.
\end{aligned}
\tag{97}
$$

Im allgemeinen Fall eines anisotropen Körpers hängen also die Dehnungen nicht nur von Normalspannungen σ, sondern auch von den auf die Ebenen eines Elementarwürfels wirkenden Schubspannungen τ und umgekehrt die Schubdeformationen auch von den Normalspannungen ab.

Es ergeben sich sechs Gleichungen mit insgesamt 36 Konstanten s. Infolge der Krystallsymmetrie verringert sich die Anzahl der unabhängigen Koeffizienten jedoch erheblich. Schon das trikline System mit der niedrigsten Symmetrie weist nur 21 unabhängige, elastische Koeffizienten auf. Aber für das trikline, monokline und teilweise für das hexagonale und das tetragonale System gilt noch, daß die Dehnungen nicht nur durch die Normalspannungen, sondern auch durch die Schubspannungen und umgekehrt bestimmt sein können.

Wir betrachten im folgenden nur das kubische System. Hierbei stellt man den Elementarwürfel in das Koordinatensystem so hinein, daß die Richtungen x, y und z mit den Achsenrichtungen im Krystall zusammenfallen. ε_x, ε_y und ε_z stellen also z. B. die Dehnungen in der Richtung der drei Würfelkanten dar. Es ergibt sich für dieses System:

$$
\begin{aligned}
\varepsilon_x &= s_{11}\sigma_x + s_{12}\sigma_y + s_{12}\sigma_z \\
\varepsilon_y &= s_{12}\sigma_x + s_{11}\sigma_y + s_{12}\sigma_z \\
\varepsilon_z &= s_{12}\sigma_x + s_{12}\sigma_y + s_{11}\sigma_z \\
\gamma_{yz} &= s_{44}\tau_{yz} \\
\gamma_{xz} &= s_{44}\tau_{xz} \\
\gamma_{xy} &= s_{44}\tau_{xy}.
\end{aligned}
\tag{98}
$$

Die Gleichheit aller Koeffizienten s_{11}, s_{12} und s_{44} je untereinander ergibt sich aus der Symmetrie, die verlangt, daß die Achsen x, y, z gleichwertig sind. Würden fernerhin z. B. die Dehnungen ε auch von den Scherspannungen τ abhängen, so würde das zur Konsequenz haben, daß ein kubischer Würfel unter dem Einfluß des hydrostatischen Druckes nur dann seine Würfelgestalt behalten würde, wenn auch Schubspannungen mitwirken würden. Bei einer reinen Druckbelastung würde er dagegen schiefwinklig werden und seine Symmetrie verlieren, was im Widerspruch mit der Erfahrung steht.

Die Gl. (98) erinnern sehr an die Gl. (93) und (94) des vorigen Paragraphen für den isotropen Körper. Der einzige Unterschied besteht darin, daß die Beziehung (96) S. 331 nicht gilt, vielmehr ist s_{44} eine unabhängige Konstante. Das elastische Verhalten eines kubischen Krystalles wird also durch 3 Konstanten bestimmt.

Die Definitionsgleichungen für den Elastizitätsmodul E (82) S. 328 und für G (90) S. 330 bleiben bestehen. Aber diese beiden Moduli sind von der Richtung im Krystall abhängig. Auf ihre Berechnung in verschiedenen Richtungen wollen wir hier nicht eingehen. Die Querkontraktion μ hängt von der Richtung ab. Das sieht man z. B. aus Gl. (85). Diese Gleichung bleibt für einen Würfel mit Kanten in den Hauptachsen des Krystalles unverändert bestehen. Für andere Richtungen muß die Kompressibilität $\varkappa$ ihren Wert behalten. Da E sich jetzt geändert hat, muß sich auch μ ändern, und zwar wird man in der Regel nicht mit *einem* Wert von μ auskommen, wenn die betrachteten Seitenflächen des Würfels nicht krystallographisch äquivalent sind.

Auch die Gl. (92) gilt nicht mehr.

Für die Abhängigkeit des Elastizitätsmoduls und des Schubmoduls von der Richtung ergeben sich die Beziehungen, die nicht abgeleitet werden sollen:

$$\frac{1}{E} = s_{11} - 2\left[(s_{11} - s_{12}) - \frac{1}{2}s_{44}\right](\gamma_1^2\,\gamma_2^2 + \gamma_2^2\,\gamma_3^2 + \gamma_3^2\,\gamma_1^2)$$

$$\frac{1}{G} = s_{44} + 4\left[(s_{11} - s_{12}) - \frac{1}{2}s_{44}\right](\gamma_1^2\,\gamma_2^2 + \gamma_2^2\,\gamma_3^2 + \gamma_3^2\,\gamma_1^2) \qquad (99)$$

γ_1, γ_2, γ_3 sind hier die Cosinusse der Winkel zwischen der Achse des Stabes, der gedehnt wird im Falle der Bestimmung von E und der tordiert wird im Falle der Bestimmung von G, und den drei krystallographischen Hauptrichtungen des Krystalles.

Aus dieser Formel folgt, daß für die krystallographischen Hauptrichtungen

$$\frac{1}{E} = s_{11}; \quad \frac{1}{G} = s_{44} \qquad (100)$$

ist, da hier je zwei von den Cosinussen γ_1, γ_2, γ_3 Null sind.

Für die Richtung [110] einer Flächendiagonale im Elementarwürfel ergibt sich, da $\gamma_1 = \gamma_2 = \dfrac{\sqrt{2}}{2}$ und $\gamma_3 = 0$ ist:

$$\frac{1}{E} = s_{12} + \frac{1}{2}s_{44}$$

$$\frac{1}{G} = 2\,(s_{11} - s_{12}\ s_{44}) + . \qquad (101)$$

Tab. 54 gibt das Verhältnis der Elastizitäts- und Schubmoduli für verschiedene krystallographische Richtungen für einige Metalle wieder.

Tabelle 54. Richtungsabhängigkeit der elastischen Moduli.

Metall	$\dfrac{E_{[111]}}{E_{[100]}}$	$\dfrac{G_{[111]}}{G_{[100]}}$
W	1,00	1,00
Al	1,21	0,86
Cu	2,85	0,407
Ag	2,72	0,443
Au	2,72	0,443
Fe	2,15	0,510

Aus der Richtungsabhängigkeit der Elastizitätsmoduli folgt eine wichtige Konsequenz für das elastische Verhalten der vielkrystallinen Metalle, in denen die einzelnen Krystallite verschieden orientiert sind. Würden sich diese Krystallite frei verformen können, so würden sie sich etwa bei einer einachsigen Zugbeanspruchung um verschiedene Beträge dehnen. Da sie jedoch miteinander molekular verbunden sind, findet ein Ausgleich der Verformungen einzelner Krystallite statt, indem sie sich in ihren Verformungsbeträgen nur um soviel unterscheiden, als es die elastische Verspannung mit den Nachbarkrystalliten zuläßt. Diese stehen deshalb unter *verschiedenen* Spannungen, je nach ihrer Orientierung, die nur in ihrem Mittelwert die von außen angelegte Spannung ergeben.

Es ist überhaupt unmöglich, einem aus einer Mehrzahl von Krystallen verschiedener Orientierungen bestehenden Körper eine bis ins Molekulare gleichmäßige Spannung zu erteilen.

VIII. Plastische Verformung.

A. Makroskopische Beschreibung.

1. Der Zugversuch. Härte.

a) Allgemeine Beschreibung des Zugversuchs.

Übersteigt die dem Metall aufgeprägte Spannung eine gewisse Grenze, so tritt entweder bei spröden Metallen der Bruch ein, oder das Metall fängt an, sich plastisch zu verformen: nach Beseitigung der auf das Metall wirkenden Kraft gehen die Verformungen nur zu einem kleineren Teil zurück, zum größeren Teil bleiben sie als *bleibende Formänderungen* bestehen. Dieses Verhalten kann man grundsätzlich am besten an Hand des Dehnungs- und Zerreißversuches übersehen, der auch die Grundlage der technischen Prüfung der Festigkeitseigenschaften darstellt.

Beim Dehnungsversuch wird ein flacher oder besser runder Stab, etwa nach Abb. 256, in die Backen einer Zerreißmaschine eingespannt und gedehnt, wobei

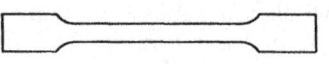

Abb. 256. Zerreißstab (Schema).

die Kraft und die Längenzunahme des Stabes gemessen werden. Im mittleren Teil des Stabes in genügender Entfernung von den Schultern herrscht hierbei ein *einachsiger* Spannungszustand[1]. Es wirkt nur die Zugspannung in der Längsrichtung, in den Querrichtungen treten keine Kräfte auf.

Hierauf beruht die grundsätzliche Bedeutung des Zugversuches.

Man pflegt den Querschnitt des Zerreißstabes vor dem Zugversuch zu bestimmen, und die Zugkraft durch diesen Querschnitt q_0 zu dividieren. Auf diese Weise erhält man die *Zugspannung* beim Beginn des Versuches. Um aus der Zugkraft auch im weiteren Verlauf des Zugversuches die Spannung zu berechnen, müßte man die Zugkraft durch den jeweiligen, während der plastischen Dehnung sich ändernden Querschnitt q_x dividieren. Man würde dann die *wahre* (,,*effektive*") *Spannung* q_x erhalten. In der Praxis der Werkstoffprüfung pflegt man das nicht zu tun, sondern dividiert die Zugkraft stets durch den Anfangsquerschnitt q_0. Der Quotient $\dfrac{P}{q_0}$ hat im Verlauf des Dehnungsversuches dann nicht die Bedeutung einer wahren Spannung mehr; er stellt vielmehr die Zugkraft pro Einheit des ursprünglichen Querschnittes dar; wir werden sehen, daß für ein solches, grundsätzlich nicht korrektes Vorgehen, außer der Bequemlichkeit, auch andere gewichtige Gründe sprechen. Wir bezeichnen diesen Quotienten mit L und nennen ihn Nennlast[2].

Trägt man nun L als Ordinate auf in Abhängigkeit von der Dehnung, also von den auf die Einheit der ursprünglichen Länge des Stabes bezogenen Längenzunahmen λ, wie sie durch Längenbestimmung des ganzen Stabes zwischen zwei von den Schultern genügend weit entfernten Marken gemessen werden, auf, so erhält man das *Dehnungs-* oder *Zerreißdiagramm* (Schema der Abb. 257). Bei Anlegung geringerer Spannungen tritt zunächst eine rein elastische Dehnung des Stabes längs der Hookeschen Geraden auf. Wird die Last aufgehoben, so geht auch die Dehnung praktisch vollständig zurück, der Stab kehrt in den Punkt 0 zurück.

---

[1] Das gilt wegen der Anisotropie der elastischen Eigenschaften ganz streng nur für einen isotropen Körper, für einen quasiisotropen nur im statistischen Mittel (vgl. S. 333).

[2] In der Literatur wird er zuweilen auch als ,,Nennspannung" bezeichnet. Wir vermeiden diese Bezeichnung, um nicht den Eindruck aufkommen zu lassen, daß es sich doch um die wirkliche Spannung handeln könnte.

Nach Überschreitung einer gewissen Grenze beginnt eine Abweichung von der Hookeschen Geraden, die Dehnungen nehmen mehr als proportional den Spannungen zu: die plastische Verformung hat begonnen.

Wird der Stab in diesem Gebiet, etwa nach Erreichung des Punktes B, wieder entlastet, so findet nur eine elastische Verkürzung auf einer von einer der Hookeschen Geraden parallelen Linie nur sehr wenig abweichenden Kurve BCD statt, die Dehnung OD ist bleibend. Bei der Wiederbelastung findet ein beinahe rein elastische Dehnung fast bis zum Punkt B statt, etwa im Punkte G mündet die Wiederbelastungskurve in die ursprüngliche Dehnungskurve ein. Die ganz schlanke Hysteresisschleife $BCDFG$ kommt von der sog. *elastischen Nachwirkung* her, ohne welche sich wieder eine Hookesche Gerade ergeben würde. Im Augenblick lassen wir die elastische Nachwirkung außer acht (vgl. S. 398).

Die Spannung, bei der die plastische Verformung beginnt, wird die wahre Elastizitätsgrenze σ_E des Stoffes genannt. Wir sehen, daß die Grenzlast, die noch elastisch getragen wird, nach einer Dehnung bis zum Punkt B annähernd bis zur Ordinate dieses Punktes gestiegen ist. Das gilt für alle Punkte der Kurve $OBGZ$. Sie gibt die Werte der Nennlasten L an, die nach den entsprechenden Dehnungen vom Stab gerade noch elastisch getragen werden. Unter dem Einfluß der plastischen Dehnung hat also eine Verfestigung stattgefunden.

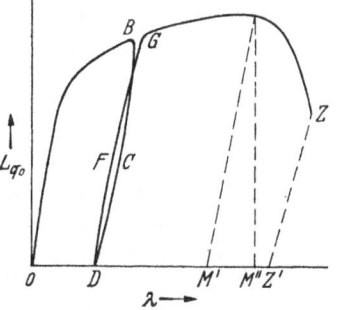

Abb. 257. Dehnungskurve, schematisch.

Es wäre irreführend, jene Grenzlast als die Elastizitätsgrenze des verfestigten Körpers zu bezeichnen, da diese als Spannungsgröße auf den jeweiligen Querschnitt bezogen wird. Die Elastizitätsgrenze ist höher als die Grenzlast, da der Querschnitt bei der Dehnung geringer geworden ist (vgl. S. 328).

Mit zunehmender Dehnung wachsen die Werte der Nennlast L immer langsamer und fangen nach Erreichung eines Maximums bei der Dehnung M'' an, wieder zu sinken. Diesem Punkt, dem die sog. Höchstlast entspricht, kommt eine besondere Bedeutung zu.

Wir haben oben gesehen, daß bei einer elastischen Dehnung eine Volumenzunahme in einem festen Verhältnis zur Dehnung auftritt (S. 328). Dahingegen ändert sich das Volumen bei der plastischen Verformung bis auf kleine Beträge, die hier außer acht gelassen werden können, nicht (vgl. S. 391). Wir können also schreiben:

$$q_x \cdot l_x = V = \text{const.} \tag{1}$$

Da die Länge l_x bei der Dehnung zunimmt, nimmt der Querschnitt q_x entsprechend ab.

Bis zur Erreichung des Höchstpunktes der Kurve verteilt sich die Querschnittabnahme $\varDelta q$ und die Längenzunahme gleichmäßig über den ganzen Stab. Um die Notwendigkeit eines derartigen Verhaltens zu beweisen, nehmen wir an, daß durch eine zufällige Schwankung oder durch einen äußeren Eingriff an einer Stelle eine etwas größere Dehnung stattgefunden hat als an den benachbarten. Dieser größeren Dehnung entspricht eine höhere Ordinate der Verfestigungskurve, das stärker gedehnte Stück vermag elastisch eine höhere Last zu tragen als seine Umgebung. Infolgedessen werden sich bei weiterer Dehnungsbeanspruchung nur die umgebenden Teile dehnen, bis die Unterschiede der Dehnung sich ausgeglichen haben: die makroskopisch wahrgenommene Dehnung bleibt gleichmäßig.

Diese Verhältnisse ändern sich nach Überschreitung des Maximums. Jetzt vermag ein zufällig stärker gedehntes Stück nur eine geringere Last als ein wenig gedehntes zu tragen. Nach Überschreitung des Maximums wird die Dehnung labil. Sie ist nicht mehr gleichmäßig, sondern konzentriert sich auf eine Stelle des Stabes, wo sich eine *Einschnürung* ausbildet (Abb. 258). Die übrigen Teile des Stabes nehmen an der plastischen Verformung nicht mehr teil.

Nachdem die Einschnürung einen gewissen Betrag erreicht hat, findet im Punkt Z (Abb. 257) der Bruch des Stabes statt.

Man pflegt in der Technik nun in erster Linie die Höchstlast zu messen (technische Zerreißfestigkeit L_Z)[1]. Fernerhin bestimmt man die gesamte Längenzunahme des Stabes nach dem Bruch und also nach der Entlastung OZ', bezogen auf eine Einheit der ursprünglichen Länge, also die Summe der gleichmäßigen Dehnung OM' nach der Entlastung im Punkt M'[2] und der Einschnürungsdehnung $M'Z'$ und die Abnahme des Querschnittes nach dem Bruch $\left(\text{Querkontraktion } \dfrac{\Delta q}{q_0}\right)$.

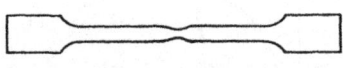

Abb. 258. Einschnürung, schematisch.

Die Höchstlast ist, wie oben erwähnt, nicht die wahre Spannung, da sie nicht auf den wirklichen Querschnitt des Stabes, sondern auf den Anfangsquerschnitt bezogen ist. Trotzdem hat sie eine ganz bestimmte technische Bedeutung. Sie gibt an, eine wie große Last, auf die Einheit des Konstruktionsquerschnittes bezogen, ein auf Zug beanspruchtes Konstruktionselement zu tragen vermag, ehe es zu Bruch geht. Die Frage, wie weit im Höchstpunkt der Querschnitt abgenommen hat, interessiert den Konstrukteur in diesem Zusammenhang gar nicht. Er will wissen, wie groß er den anfänglichen Querschnitt zu wählen hat, damit eine bestimmte Last mit Sicherheit getragen werden kann.

Demgegenüber hat die Bruchdehnung nur eine rein konventionelle Bedeutung. Streng genommen hat es ja auch nur für die gleichmäßige Längenzunahme Sinn, sie auf die Längeneinheit zu beziehen. Deshalb pflegt man zuweilen außer der Gesamtdehnung auch die gleichmäßige Dehnung bis zum Maximum zu bestimmen.

b) Die wahre (effektive) Spannung.

Die wahre Spannung σ_{q_x} ist mit der auf den ursprünglichen Querschnitt bezogenen Nennlast L durch die Beziehung verknüpft

$$L = \frac{\sigma_{q_x} \cdot q_x}{q_0}, \tag{2}$$

oder mit (1):

$$L = \frac{\sigma_{q_x} \cdot V}{q_0 \, l_x} \tag{3}$$

und

$$\frac{dL}{dl} = \frac{V}{q_0}\left(\frac{1}{l_x} \cdot \frac{d\sigma_{q_x}}{dl} - \frac{\sigma_{q_x}}{l_x^2}\right). \tag{4}$$

Für das Maximum der Lastkurve gilt somit:

$$\frac{d\sigma_{q_x}}{dl} = \frac{\sigma_{q_x}}{l_x}, \tag{5}$$

links davon:

$$\frac{d\sigma_{q_x}}{dl} > \frac{\sigma_{q_x}}{l_x}, \tag{6}$$

---

[1] Man pflegt in der technischen Literatur die Höchstlast L_Z vielfach mit K_Z oder auch mit σ_B oder σ_Z zu bezeichnen, was nicht ganz korrekt ist, da L_Z, wie erörtert, keine Spannungsgröße ist.

[2] Die Strecke OM'' gibt die Dehnung bei dem Maximum *unter Last* an.

und rechts davon:

$$\frac{d\sigma_{q_x}}{d l} < \frac{\sigma_{q_x}}{l_x}. \tag{7}$$

Die wahre Verfestigung steigt mit zunehmender Dehnung, auch nach Überschreitung der Höchstlast weiter an, aber weniger als proportional der jeweiligen Länge des ganzen Stabes.

Führen wir in die Gl. (5), (6) und (7) die Dehnung $\lambda = \dfrac{l - l_0}{l_0}$ ein, so erhalten wir, da

$$\frac{d\sigma_{q_x}}{d l} = \frac{d\sigma_{q_x}}{l_0\, d\lambda} \tag{8}$$

ist, z. B. aus (5)

$$\frac{d\sigma_{q_x}}{d\lambda} = \frac{\sigma_{q_x} \cdot l_0}{l} = \frac{\sigma_{q_x}}{1 + \lambda}. \tag{9}$$

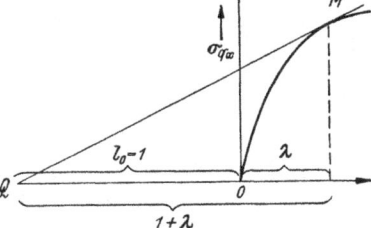

Auf Grund von (5) oder (9) ist es leicht, die Höchstlast im Diagramm der effektiven Spannungen in Abhängigkeit von der Dehnung graphisch zu ermitteln (Abb. 259). Im

Abb. 259. Ermittelung der Höchstlast aus dem σ-λ-Diagramm.

Punkt M der Höchstlast geht die Tangente zur Kurve OM durch den Punkt Q, der im Abstand 1 auf der negativen Abszissenachse liegt.

Diesen Betrachtungen kommt für die plastische Verformung allgemein eine grundsätzliche Bedeutung zu. Wird bei irgendeinem Verformungsvorgang, z. B. beim Drahtziehen, der Werkstoff auf Zug beansprucht, so kann er sich nur dann gleichmäßig verformen, wenn er sich hierbei verfestigt, und zwar mindestens im Betrage, der durch die Gl. (5) oder (9) angegeben ist, widrigenfalls an den auf Zug beanspruchten Stellen Einschnürungen und Brüche auftreten.

Beim Stauchversuch *steigt* der Querschnitt q_x stets im Verlauf der Stauchung. Da auch die effektive Spannung σ_{q_x} infolge der Verfestigung zunimmt oder zum mindesten konstant bleibt, muß auch die Nennlast ständig wachsen. Eine Höchstlast gibt es beim Stauchversuch nicht, und es besteht kein Grund für die etwaige Ausbildung von der Einschnürung analogen lokalen Ausbauchungen.

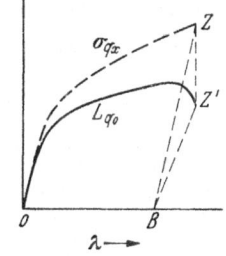

Abb. 260. Dehnungsdiagramm, bezogen auf effektive Spannungen.

Zur Berechnung der effektiven auf den jeweiligen Querschnitt bezogenen Spannungen braucht man im Bereich der gleichmäßigen Dehnungen bis zum Höchstpunkte (Abb. 257) auf Grund der Gl. (1) nur die Dehnungen zu messen. Rechts von Maximum ist man gezwungen, die Querschnittsabnahme unmittelbar in der Einschnürung zu messen, was weniger genau ist. Die Hauptfehlerquelle der Spannungsberechnung liegt in diesem Gebiete indessen darin, daß der Spannungszustand nicht mehr einachsig ist. In der Einschnürung entwickeln sich Spannungen, die auch schräg zur Stabachse stehen.

Trägt man die effektive Spannung σ_{q_x} in Funktion der Dehnungen λ auf, so erhält man an Stelle der Abb. 257 etwa die gestrichelte Kurve der Abb. 260. Die Spannungen steigen bis zum Bruch. Man erhält so das wahre Verfestigungsgesetz des Stoffes. Wenn man die Verfestigung auch während der Einschnürung verfolgen will, benutzt man hierbei als Maß der plastischen Formänderung die Querschnittsabnahme in der Einschnürung, da die Dehnung ja ihre exakte Bedeutung verliert. Da der Werkstoff nur in der Einschnürung bis an die augen-

blickliche Plastizitätsgrenze belastet ist, ist die etwaige Querschnittsabnahme
außerhalb der Einschnürung ohne Interesse.

Es hat sich herausgestellt, daß der Zusammenhang zwischen der Querkontraktion $\dfrac{\Delta q}{q_0}$, die durch die Beziehung

$$\frac{\Delta q}{q_0} = \frac{q_x}{q_0}\,\lambda = \frac{l_0}{l_x}\,\lambda \tag{10}$$

mit der Dehnung verbunden ist, und der effektiven Spannung σ_{q_x} ein besonders
einfacher und zwar annähernd linearer ist (Abb. 261):

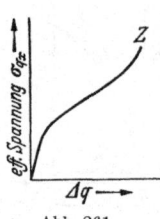

Abb. 261.
Verfestigung in
Abhängigkeit
von der Quer-
schnittsabnahme.

$$\sigma_{q_x} = \sigma_0 + \frac{a\,\Delta q}{q_0}. \tag{11}$$

Das gilt für das Gebiet stärkerer plastischer Verformung etwa
im Gebiet der beginnenden Einschnürung. Im Gebiet starker
Einschnürungen tritt, wie man sieht, eine Abweichung der
Spannungen nach oben auf. Es ist jedoch zweifelhaft, ob diese
Abweichung reell ist, da, wie wir bemerkt haben, der Spannungs-
zustand hier nicht mehr einachsig ist.

Auf Grund der linearen Beziehung (11) läßt sich das Maximum
der Dehnungskurve (Abb. 257) ableiten. Es ist

$$L = \frac{q_x\,\sigma_{q_x}}{q_0} = \frac{q_x\,\sigma_0}{q_0} + \frac{a\,(q_0 - q_x)\,q_x}{q_0^{\,2}} = \frac{(\sigma_0 + a)\,q_x}{q_0} - \frac{a\,q_x^{\,2}}{q_0^{\,2}} \tag{12}$$

$$\frac{d\,L}{d\,q_x} = \frac{\sigma_0 + a}{q_0} - \frac{2\,a\,q_x}{q_0^{\,2}}.$$

Da mit der Längenzunahme eine Abnahme des Querschnittes q_x verbunden
ist, ist vor dem Maximum $\dfrac{d\,L}{d\,q_x} < 0$ und hinter dem Maximum $\dfrac{d\,L}{d\,q_x} > 0$.

Für den Anfang der Dehnungskurve ist:

$$\frac{d\,L}{d\,q_x} = \frac{\sigma_0 - a}{q_0}. \tag{13}$$

Wenn a kleiner als σ_0 ist, ist die Bedingung für eine gleichmäßige Dehnung
vom Anfang der Verformung an nicht erfüllt: der Werkstoff erleidet sofort eine
Einschnürung. So verhalten sich Metalle bei mäßigen Verformungsgeschwindigkeiten bei höheren Temperaturen, bei denen die Verfestigung nur gering ist.

Die lineare Beziehung (11) läßt sich nicht theoretisch ableiten, zumal die
Theorie der Verfestigung noch in ihren Kinderschuhen steckt; es handelt sich
um eine rein empirische Formel, die auch nur annähernd in gewissen Bereichen
gilt.

Wir haben oben (S. 333) gesehen, daß der Elastizitätsmodul eines Krystalles
von der Richtung abhängt. In einem quasiisotropen Körper ist er makroskopisch
in allen Richtungen gleich. Da der Elastizitätsmodul durch die interatomaren
Bindungskräfte bestimmt wird, die sich bei der plastischen Verformung gar nicht
oder kaum ändern werden, ändert sich der Elastizitätsmodul auch bei der
plastischen Verformung kaum, solange der Körper quasiisotrop ist. Wir werden
später sehen, daß diese Bedingung bei Krystallhaufwerken nicht erfüllt ist;
durch eine plastische Verformung findet in ihnen eine Ausrichtung der Krystallite
(Texturbildung) statt.

Aber auch abgesehen hiervon sind die Hookeschen Geraden nach verschiedenen Verformungen in der Abb. 257 streng genommen nicht miteinander
parallel, da hier als Ordinaten ja nicht die wirklichen Spannungen σ_x, sondern

die auf den Anfangsquerschnitt bezogenen Nennlasten L aufgetragen sind. Deshalb nimmt der *scheinbare* Elastizitätsmodul auf Abb. 257 mit steigender Verformung ab. Diese Verhältnisse sind in Abb. 260 am Beispiel der wahren Hookeschen Geraden ZB und der gefälschten (scheinbaren) $Z'B$ verdeutlicht worden.

c) Meßwerte für den Beginn der plastischen Verformung.

Die technische Zerreißfestigkeit gibt die Höchstlast an, die ein gegebener Körper pro Einheit des ursprünglichen Querschnittes tragen kann. Bei der Belastung tritt jedoch eine oft erhebliche bleibende Dehnung auf. Für die meisten Konstruktionen der Technik ist eine bleibende Formänderung während des Betriebes überhaupt unzulässig, und es tritt die Aufgabe auf, die Elastizitätsgrenze zu bestimmen.

Wir haben die Elastizitätsgrenze als die Spannung definiert, bei der eine Abweichung von der Hookeschen Geraden und damit eine plastische Verformung beginnt. Bei den vielkrystallinen Metallen ist das keine scharfe Grenze, bei der etwa eine unstetige Richtungsänderung der Dehnungskurve auftreten würde, vielmehr setzt die plastische Verformung nur ganz allmählich ein, indem zur fortschreitenden elastischen Dehnung in immer stärkerem Maße eine bleibende Dehnung hinzutritt. Damit entsteht eine erhebliche experimentelle Schwierigkeit bei der Bestimmung der Elastizitätsgrenze. Sie kann nur in der Weise erfolgen, daß man bei ihr einen gewissen Betrag der plastischen Verformung nachweist. Da die plastische Verformung schleichend einsetzt, hängt die Höhe der ermittelten Elastizitätsgrenze stark von der Empfindlichkeit des Verfahrens und somit von dem Betrage der plastischen Verformung, den man als für die sichere Erreichung der Elastizitätsgrenze kennzeichnend gewählt hat, ab.

Damit verliert die praktische Elastizitätsgrenze ihre grundsätzliche Bedeutung und wird zu einer konventionellen Größe. Wir haben in der Regel überhaupt keine Möglichkeit, die wahre Elastizitätsgrenze genau zu bestimmen.

Zur Bestimmung des Beginnes der plastischen Verformung bedient man sich in der Regel zweier Verfahren.

Man kann die Abweichung der Dehnungskurve von der Hookeschen Geraden als Anzeichen der plastischen Verformung benutzen, indem man den Neigungswinkel der Dehnungskurve (Abb. 257) bestimmt und den Punkt wählt, bei dem der Differentialkoeffizient der Spannung (oder Nennlast; bei den geringen in Frage kommenden Dehnungen ist der Unterschied belanglos) nach der Dehnung um einen gewissen Betrag, z. B. um 10%, von demjenigen der Hookeschen Geraden abweicht. Den so bestimmten Beginn der plastischen Verformung nennt man die Proportionalitätsgrenze; sie wird verhältnismäßig selten bestimmt.

Das andere Verfahren zur Feststellung der plastischen Verformung ist die Messung der bleibenden Dehnung. Man belastet den Stab mit steigenden Spannungen, entlastet ihn immer wieder und mißt mit besonders feinen Werkzeugen die Länge nach der jeweiligen Entlastung. Die gesuchte Grenze liegt bei der Spannung, nach deren Beseitigung ein bestimmter Betrag der plastischen Verformung bleibt. Ist dieser Betrag sehr gering, so spricht man von der technischen Elastizitätsgrenze, die man etwa bei 0,001% ($\sigma_{0,001}$-Grenze), bei 0,003% ($\sigma_{0,003}$-Grenze), bei 0,01% ($\sigma_{0,01}$-Grenze) oder bei 0,02% ($\sigma_{0,02}$-Grenze) bleibender Dehnung festlegen kann. Bei gröberen Messungen pflegt man von der Streckgrenze zu sprechen. Unter dieser verstand man ursprünglich folgende Erscheinung. Die meisten Stähle zeigen ein von der Norm der Abb. 257 abweichendes Dehnungsdiagramm, das schematisch in Abb. 262 wiedergegeben ist. Nachdem die plastische Verformung erst in geringem Umfange in der Größenordnung von

22*

0,10—0,24% eingesetzt hat, sinkt die Last beim Punkt S_r plötzlich ab, es treten
starke Schwankungen der Last auf, und sie steigt erst bei höherer Dehnung
wieder an. Die Spannung beim Punkt S_r, bei der eine starke plastische Verformung eintritt, nennt man die obere Streckgrenze des Stahles, das Minimum
der Spannung im Bereich bis zu S_u die untere Streckgrenze.

Auf die Ursache dieser abnormen Erscheinungen, die auch bei anderen
Legierungen auftreten (jedoch niemals bei ganz reinen Metallen), soll hier nicht
näher eingegangen werden. So oder anders ist das Auftreten der oberen
Streckgrenze darauf zurückzuführen, daß der Widerstand des Werkstoffes gegen
plastische Verformung plötzlich geringer wird, etwa, weil in ihm ein spröder
Bestandteil zu Bruch geht und die Spannung nicht mehr mittragen kann.

Während bei vielen Stählen die Streckgrenze somit eindeutig gegeben ist,
wählt man für die Werkstoffe, die keine obere Streckgrenze aufweisen, für die
Streckgrenze ein konventionelles Maß und
bestimmt sie als die Spannung, nach

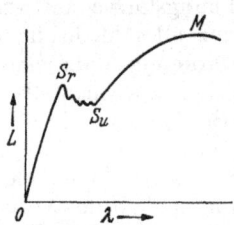

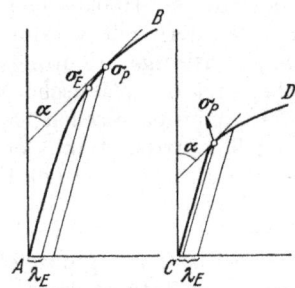

Abb. 262.   Abb. 263.
Verfestigungskurve mit oberer und unterer Streckgrenze.   Elastizitätsgrenze und Proportionalitätsgrenze.

deren Beseitigung eine bleibende Verformung von 0,2% verbleibt ($\sigma_{0,2}$-Grenze).
Die Streckgrenze kann viel bequemer gemessen werden als die Elastizitätsgrenze,
stellt aber ein viel unsicheres Maß für die Spannung beim Beginn der plastischen
Verformung dar.

Die Frage, ob die Bestimmung des Beginnes der plastischen Deformation an
der technischen Elastizitätsgrenze oder an der Proportionalitätsgrenze genauer ist,
hat gelegentlich zu Erörterungen Veranlassung gegeben. Eine solche Erörterung
ist zwecklos. Es läßt sich nämlich sehr leicht zeigen, daß ihr gegenseitiges Verhältnis ganz von der Gestalt der Dehnungskurve abhängt.

Wenn die plastische Verformung nur sehr allmählich einsetzt, wie bei der
Kurve AB in Abb. 263, so kann die durch einen bestimmten Neigungswinkel
der Dehnungskurve definierte Proportionalitätsgrenze σ_p sehr wohl oberhalb
der durch die bleibende Dehnung bestimmten Elastizitätsgrenze σ_E liegen; setzt
die plastische Dehnung dahingegen schneller ein, so liegt, wie die Kurve CD
zeigt, die Proportionalitätsgrenze *niedriger* als die Elastizitätsgrenze.

d) Härte.

Um ein Maß für die Festigkeitseigenschaften eines metallischen Werkstoffes
schnell und bequem zu gewinnen, pflegt man seine Härte zu messen. Hierunter
versteht man den Widerstand gegen das Eindringen eines viel härteren Körpers
in die Oberfläche des Probestückes. Als Eindringkörper werden Kugeln (Kugel-
druckhärte H_B nach BRINELL), kegelförmige Körper (Kegelhärte nach LUDWIK,
Rockwellhärte R_C nach ROCKWELL) oder vierseitige Pyramiden (Vickershärte)
aus hartem Stahl oder aus Diamant benutzt. Am wichtigsten ist die Messung

der Brinellhärte. Als Härtemaß wird hierbei das Verhältnis der aufgelegten Last P zur Oberfläche der in der Probe erzeugten Kalotte mit dem Durchmesser d verwendet, also ist

$$H_B = \frac{2\,P}{\pi\,D\,(D - \sqrt{D^2 - d^2})} \quad \text{(in kg/mm}^2\text{)}$$

wo D der Durchmesser der Eindringkugel ist. Der Durchmesser des Eindruckes d kann mikroskopisch gemessen oder aus der Eindringtiefe mit Hilfe eines speziellen Tiefenmessers (Rockwellhärte R_b) abgelesen werden. Auch die Kegel-Rockwellhärte R_c wird an der Eindringtiefe abgelesen. Man pflegt hierbei nicht die Oberfläche der Kugelkalotte zu berechnen, sondern benutzt die in Skalenteilen unmittelbar abgelesene Differenz zwischen einem Festwert und Eindringtiefe. Man erhält so eine konventionelle Zahl, die von der Höhe der Brinellhärte erheblich abweicht. Tab. 55 gibt angenähert die Beziehung zwischen der Brinellhärte einerseits und den Rockwellhärten R_b (mit Kugel) und R_c (mit Kegel) wieder.

Tabelle 55. Angenäherte Rückführung der Rockwellhärte auf die Brinellhärte.

Brinellhärte kg/mm²	R_b (Kugel)	R_c (Kegel)
100	60	—
150	80	—
200	95	16
300	110	32
400	115	43
500	—	51
600	—	59
700	—	66
800	—	73

Außer den genannten Verfahren, die Härte zu messen bzw. auszuwerten, gibt es noch eine Reihe von anderen, denen indes eine geringere Bedeutung zukommt.

e) Festigkeitswerte einiger Metalle und Legierungen.

In der Tab. 56 sind die aus den Dehnungskurven bestimmten Zahlenwerte und Härten für eine Reihe von metallischen Materialien angegeben. Sie stellen keinen Anspruch auf hohe Genauigkeit und sollen in der Hauptsache nur die Größenordnung angeben, in denen man sich beim Dehnungs- und Zerreißversuch bei Metallen bewegt.

Tabelle 56. Richtwerte für mechanische Eigenschaften einiger metallischer Materialien.

Material	Zusammensetzung	Zerreißfestigkeit kg/mm²	Dehnung %	Brinellhärte
Kohlenstoffstahl	0,2% C	ca. 45	25	130
	0,5% C	ca. 70	13	200
Gehärteter Stahl	0,8—1,2% C	200	0—1	560—700
Kupfer, weich	—	15—25	40	50
Kupfer, hart	—	40	5	110
Messing, weich	70% Cu 30% Zn	40	50	180
Messing, hart	70% Cu 30% Zn	70	3—5	170
	58% Cu 42% Zn	45	35	100
Walzbronze, weich . . .	94% Cu 6% Sn	40—50	60	75
Walzbronze, hart	—	bei 90	5	170
Aluminium, weich . . .	—	7—11	30—45	15—25
Aluminium, hart	—	15—23	2—8	35—40
Duralumin, ausgehärtet .	—	40—45	15—20	110—120
Elektron	—	16—30	1—8	35—70
Nickel, hart	—	80	2	180—200
Nickel, weich	—	40—45	40—45	80—90

f) Problematik der plastischen Deformation von Metallen.

Die Verfestigung, die wir beim Zerreißversuch kennengelernt haben, ist an die Bedingung geknüpft, daß der Versuch unterhalb einer nicht scharfen, aber für jedes Metall charakteristischen Temperaturgrenze durchgeführt wird. Unterhalb dieser Temperatur spricht man von *Kaltverformung* oder von *Kaltreckung* und beobachtet eine bleibende Verfestigung von nennenswertem Betrage. Oberhalb dieser Temperatur tritt die Verfestigung nur in geringeren Beträgen und für kurze Zeiträume auf; sie wird alsbald durch Rekrystallisation beseitigt (S. 422 ff.), das ist das Temperaturgebiet der *Warmreckung* oder der *Warmverformung*.

Im folgenden haben wir uns zunächst mit der Kaltreckung zu beschäftigen, und es treten zwei Probleme auf:

1. Wie kommt eine plastische Verformung eines krystallinischen Körpers zustande, und

2. welche Eigenschaftsänderungen zieht die Kaltverformung nach sich, wie ist insbesondere die Verfestigung zu verstehen.

Zur Behandlung beider Fragen eignen sich die vielkrystallinen Stücke der Technik schlecht. Ihre Erforschung hat auch erst entscheidende Fortschritte gemacht, als es gelang, Versuchsstücke aus einem Krystall herzustellen. Das geschieht grundsätzlich entweder durch Krystallisation aus der Schmelze, indem man durch geeignete Temperaturregelung dafür sorgt, daß das ganze Stück nur von einem Keim ausgehend krystallisiert oder durch Rekrystallisation.

2. Die Geometrie der plastischen Deformation von Krystallen.

a) Deformation von Salzkrystallen.

Bei der plastischen Verformung paßt sich das Metall, wie jeder Gebrauchsgegenstand des täglichen Lebens lehrt, der Gestalt des Verformungswerkzeuges an. Ein Einfluß der krystallinen Natur des gegossenen Metalles macht sich hierbei normalerweise nicht bemerkbar. Es entsteht die Frage, wie eine solche Verformung bei einem aus Krystalliten bestehenden Werkstoff möglich ist.

Bei Salzkrystallen sind seit Reusch (1875) zwei Arten der plastischen Verformung bekannt, die *Translation* und die *einfache Schiebung*. Wird ein Koch-

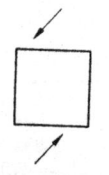

Abb. 264. Scherungsbeanspruchung eines Kochsalzkrystalles, schematisch.

salzkrystall bei genügend hoher Temperatur (bei tieferen Temperaturen ist er zu spröde) in der in Abb. 264 schematisch dargestellten Art auf Scherung beansprucht, so findet nicht eine gleichmäßige Formänderung in Anpassung an die äußere Kraft wie bei amorphen Stoffen statt, sondern es erfolgt, wie die makroskopische Beobachtung lehrt, eine Abschiebung um endliche Strecken

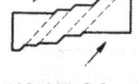

Abb. 265. Schema der Translation.

auf einzelnen krystallographisch definierten Ebenen und in vorgeschriebenen krystallographischen Richtungen statt, wie Abb. 265 zeigt. Der mechanische Zusammenhang zwischen den aufeinander um endliche Strecken geglittenen Krystallteilen ist nicht gelockert, der Krystall behält seine Orientierung, und die Krystallstruktur ist auf Grund optischer und röntgenographischer Wahrnehmungen im wesentlichen ungestört. Eine solche Abscherungsdeformation heißt *Translation*. Die Ebenen, auf denen die Verschiebung der Krystallteile stattfindet, heißen *Gleitebenen*. Eine Eigenart der Translation besteht darin, daß die einzelnen Translationswege nicht begrenzt sind, die durch Translation bewirkte Deformation kann, von Störungen abgesehen, beliebig groß werden: immer ist der Krystall nach vollzogener

Translation als Ganzes gesehen in seinem Aufbau und seiner Orientierung im wesentlichen unverändert und unversehrt, und nur seine äußere Gestalt hat sich geändert. Einen wesentlich anderen Charakter hat die *einfache Schiebung*, bei der unter der Einwirkung der scherenden Kraft ein Umklappen eines Teiles des Krystalles in die Zwillingsstellung erfolgt (Abb. 266a und b). Schon daraus sieht man, daß die *Ebene*, auf der sich der deformierte und der nicht deformierte Krystallteil berühren (Zwillingsebene) ebenso wie die *Richtung* der einfachen Schiebung krystallographisch definiert ist.
Die einfache Schiebung ist
eine stetige Deformation, bei
der die Wege, die die einzelnen Körperteilchen bis zur
umgeklappten Lage zurück-
legen, proportional ihrem
senkrechten Abstand von der

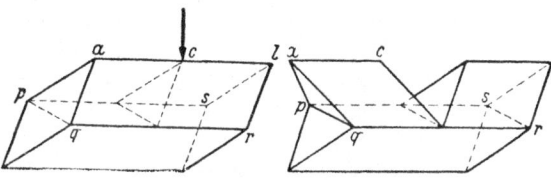

Abb. 266. Schema der mechanischen Zwillingsbildung (aus SCHMID-BOAS).

Zwillingsebene sind. Die Absolutbeträge der Wege sind jedoch durch die Forderung des Einschnappens in die Zwillingslage festgelegt. Ein Krystall erleidet also bei der einfachen Schiebung nur ganz bestimmte Deformationen um vorgeschriebene Beträge und hat sehr viel weniger Möglichkeit, sich der von außen aufgezwungenen Formänderung anzupassen als bei der Translation.

b) Gleitung bei Metallen.

J. A. EWING und W. ROSENHAIN haben bereits im Jahre 1900 gezeigt[1], daß bei der Deformation der Metalle eine Translation stattfindet, indem sie grob-
krystalline polierte Metalle geringen Ver-
formungen unterwarfen. Hierbei entstehen
auf der polierten Oberfläche auf jedem
Krystallit Scharen von parallelen Linien,
die in Wirklichkeit Stufen darstellen (Abbildung 267). Für jedes Korn liegen diese
Linien in einer charakteristischen Richtung.
Nach stärkeren Deformationen weisen die
Linien Krümmungen auf (Abb. 268); oft
treten auf je einem Krystalliten zwei oder
drei Scharen von sich kreuzenden Linien
auf (Abb. 269). J. A. EWING und W. ROSEN-
HAIN haben in Anlehnung an die Ergebnisse
von REUSCH und von MÜGGE an Salzkrystallen diese Linienbildung mit Recht
einer Translation zugeschrieben, die Linien

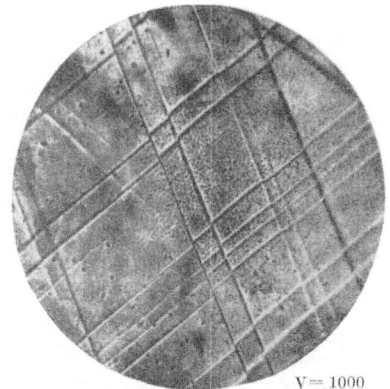

V = 1000

Abb. 267. Gleitlinien auf Blei (nach EWING und ROSENHAIN).

als Spuren einer solchen (*Gleitlinien*) angesprochen und ihre Bildung als den Grundvorgang bei der plastischen Verformung von Metallen betrachtet. Dieser Auffassung haben sich später in Deutschland E. HEYN[2] und G. TAMMANN[3] angeschlossen.

Die mechanische Zwillingsbildung wird vorwiegend bei Deformation von hexagonalen Metallen (Zink, Cadmium, Magnesium), zuweilen auch bei raum-

---

[1] EWING, J. A., u. W. ROSENHAIN: Phil. Trans A **193** (1900), 353.

[2] HEYN, E.: Handbuch der Materialprüfung von MARTENS. II. Bd. Berlin: Springer 1911/12.

[3] TAMMANN, G.: Lehrbuch der Metallographie. 1. Aufl. L. VOSS 1914.

zentrierten kubischen Metallen (Eisen), selten bei flächenzentrierten Metallen beobachtet. Abb. 270 gibt hierfür ein typisches Beispiel für das Zink.

Dünne Zwillingsstreifen sehen auf einem Schliff oft den Gleitlinien der Translation ähnlich. Eine Unterscheidung zwischen den beiden Gebilden ist indes in

Abb. 268. Gleitlinien auf Eisen (nach EWING und ROSENHAIN).

der Regel leicht. Wir haben gesehen, daß das Raumgitter des Krystalles und seine Orientierung an beiden Seiten der Translationsfläche unverändert sind. Die Gleitebene ist nur sichtbar, wenn sie eine *Stufe* auf der Oberfläche bildet. Wird eine solche Stufe, etwa durch ein erneutes Polieren, beseitigt, so verschwindet

V=100   V=12
Abb. 269. Sich kreuzende Gleitlinien auf Blei   Abb. 270. Mechanische Zwillinge bei Zink.
(nach EWING und ROSENHAIN).

damit die Gleitlinie und läßt sich auch etwa durch Ätzen nicht sichtbar machen[1]. Eine Zwillingslamelle tritt dahingegen dank ihrer von der Umgebung abweichenden Orientierung im geätzten Zustand besonders deutlich hervor. Nach erneutem Polieren ist sie zunächst unsichtbar, wird aber durch Ätzen wieder sichtbar gemacht.

Einen praktisch besonders wichtigen Fall stellen die sog. Neumannschen Linien dar, wie sie auf der Oberfläche des schlagartig bei tieferer Temperatur

---

[1] Nach stärkeren Deformationen treten Störungen der Translation auf, die durch das Ätzen festgestellt werden können (vgl. z. B. Abb. 338).

oder bei Zimmertemperatur verformten Eisens auftreten. Sie erinnern sehr an Translationslinien auf verformtem Eisen (Abb. 271), nur sind sie nicht wie diese gekrümmt. Nach Polieren und Ätzen treten sie bei stärkerer Vergrößerung jedoch deutlich als Zwillingslamellen mit unregelmäßigen Begrenzungen auf (Abb. 272).

Das Auftreten von Neumannschen Linien kann als Nachweis für eine stattgehabte schlagartige Beanspruchung des Eisens dienen und ist in diesem Zusammenhang oft z. B. bei der Untersuchung von Schadensfällen wichtig.

Auf Grund dieser und ähnlicher Beobachtungen entstand die Gleitungstheorie der plastischen Verformung von Metallen, die die gesamte plastische Formänderung bei Kry-

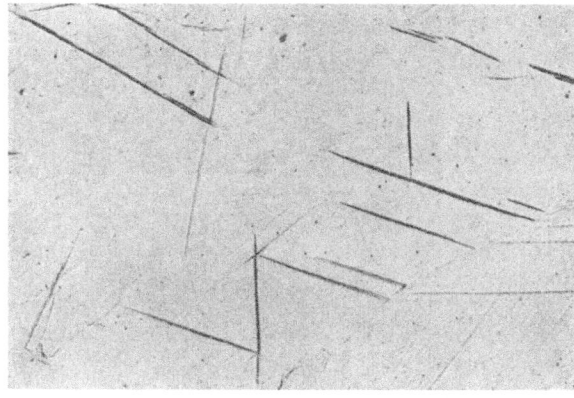

V= 150

Abb. 271. Neumannsche Linien (aus HANEMANN-SCHRADER).

stallen auf Gleitung zurückführt, und die besonders überzeugend und systematisch von G. TAMMANN vertreten wurde. Eine wesentliche Stütze erhielt diese Auffassung, als durch Debye-Scherrer-Aufnahmen mit Röntgenstrahlen erwiesen werden konnte, daß das Raumgitter nach weitgehender Kaltverformung erhalten bleibt. Abb. 273a und b geben die Debye-Aufnahmen eines rekrystallisierten und eines hartgezogenen Kupferdrahtes wieder. Während die Verteilung der Schwärzungen innerhalb einzelner Debye-Ringe verschieden ist, was mit der Orientierung der einzelnen Krystallite zusammenhängt, treten in beiden Fällen die den Gitterebenen verschiedener Indizierung entsprechenden Schwärzungsringe an denselben Stellen auf. Das Raum-

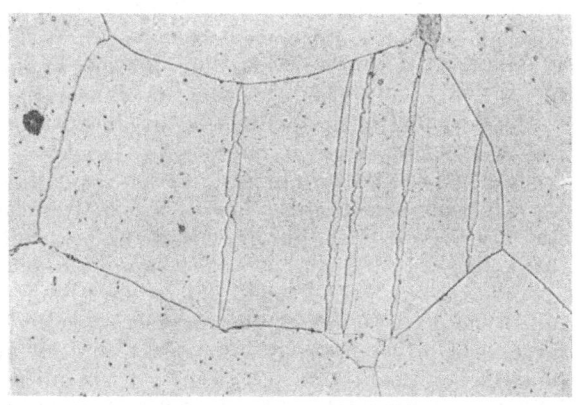

V=500

Abb. 272. Neumannsche Linien (aus HANEMANN-SCHRADER).

gitter des Kupfers ist also im kaltgereckten Metall im wesentlichen unverändert erhalten geblieben (vgl. S. 390).

Mit Hilfe der Röntgenstrahlen konnte jedoch nicht der Nachweis erbracht werden, daß nicht ein Teil des Metalles während der Verformung seine Krystallnatur verloren hätte, da die Erörterung der Intensitäten der Linien in diesem Falle schwierig ist. Deshalb konnte die entgegengesetzte Verlagerungshypothese von J. CZOCHRALSKI[1], welcher annahm, daß der wesentliche Vorgang bei der Kaltreckung ein banales (amorphes) Fließen unter Zerstörung der Krystall-

---

[1] CZOCHRALSKI, J.: Intern. Z. Metallographie **1916**, S. 1.

struktur und die krystallographische Gleitung nur eine weniger wichtige Begleiterscheinung sei, in dieser Form nicht als widerlegt gelten, bis der quantitative Nachweis erbracht worden war, daß die Gleitung die plastische Formänderung der Metalle voll beschreiben kann.

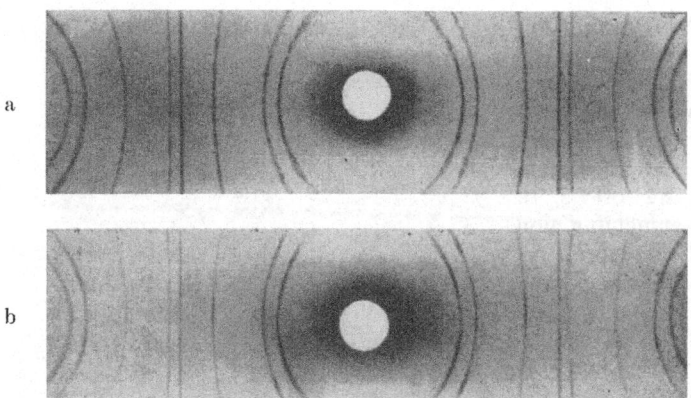

Abb. 273 a und b. Debye-Scherrer-Diagramm a) des weichen, b) des kaltgereckten Kupfers.

c) Quantitative Untersuchung der Translation bei kubischen Metallkrystallen.

Bei fehlerfreien kubischen Krystallen treten zuweilen so zahlreiche Translationsflächen auf, daß ihre Spuren auf der Oberfläche nicht makroskopisch sichtbar sind. Bei solchen Metallen wurde die plastische Verformung nach einem geistreichen Verfahren von G. J. TAYLOR und C. F. ELAM[1] durch Messung der Formänderungen bei der plastischen Verformung untersucht. Wir wollen dieses Verfahren an einem vereinfachten Beispiel erörtern. Es beruht auf dem Aufsuchen von Richtungen, in denen die Linearabmessungen des Körpers sich bei der Verformung nicht ändern. Wenn ein isotroper Körper, etwa ein Rundstab, plastisch gedehnt wird, so nimmt seine Länge zu, seine Querabmessungen dahingegen ab. Dazwischen muß es eine Richtung geben, die ihre Länge bei kleinen Verlängerungen des Stabes nicht ändert. Wenn man die Gesamtheit derartiger Richtungen von einem Punkt aus aufträgt, ergibt sich ein Kreiskegel *(unstretched cone)*. Findet dagegen die Verformung in einem einzelnen Krystall durch Translation auf einer Fläche und in einer Richtung statt, so behalten alle Geraden, die in dieser Ebene oder in einer dazu und zur Gleitrichtung senkrechten Ebene liegen, bei Translationsbeträgen ihre unveränderten Längen. Der Kegel (unstretched cone) entartet zu zwei zueinander senkrechten Ebenen, die sich jedoch untereinander noch sehr typisch unterscheiden.

Die materiellen Punkte, die auf der Gleitfläche liegen, verbleiben auf ihr auch nach beliebig großen Gleitungsbeträgen. Wenn man auf dem Stabe Strecken markiert, die auf einer Gleitfläche liegen, behalten sie auch nach größeren Gleitungsbeträgen ihre unveränderte Länge; hieraus folgt schon, daß auch die Winkel zwischen solchen in der Oberfläche liegenden Strecken unverändert bleiben. Dahingegen gleiten die Körperteilchen durch die zweite zur Gleitfläche senkrechte Scherungsfläche hindurch. Eine auf einer solchen Fläche markierte materielle Strecke verläßt diese Fläche nach endlichen Gleitungsbeträgen und verändert im allgemeinen ihre Länge; auch die Winkel zwischen Strecken, die ursprünglich auf einer zur Gleitfläche senkrechten Scherungsebene gelegen haben,

---

[1] TAYLOR, G. J., u. C. F. ELAM: Proc. roy. Soc. London, **102** (1923), 643; **108** (1925), 28.

ändern sich bei fortgesetzter Gleitung. Durch Verfolgung der Änderungen der Winkel zwischen solchen Strecken und den Strecken unveränderter Länge auf der Gleitfläche kann auch die Gleitrichtung bestimmt werden.

Wenn auf diese Weise die *Gleitelemente* grundsätzlich eindeutig festgelegt werden können, so ergibt sich im wirklichen Experiment eine Komplikation dadurch, daß man zunächst gar nicht in der Lage ist, auf den Scherungsflächen der Translation Strecken zu markieren. Erstens sind diese Flächen nämlich à priori nicht bekannt und zweitens liegen sie nicht auf der Oberfläche des Stabes. Man ist deshalb gezwungen, indirekt vorzugehen. Durch Vermessung der Längen- und Winkeländerungen auf den willkürlich orientierten Seiten- oder Basisflächen des Versuchsstückes kann man rechnerisch ermitteln, wie im Körper die Richtungen unveränderter Länge liegen. Es ergeben sich für kleinere Verformungen, wie für einen Einzelkrystall tatsächlich zu erwarten ist, die erwähnten zwei zueinander senkrechten Scherflächen, von denen sich die eine nach wiederholten Verformungsschritten als die Translationsfläche herausstellt.

Auf dieser Basis konnten G. J. Taylor und C. F. Elam die tatsächlich auftretende gesamte Verformung auf einige Winkelgrade genau, entsprechend den Fehlergrenzen der Messungen, berechnen. Damit war im Rahmen derselben Genauigkeit erwiesen, daß die plastische Verformung der Krystalle kubischer Metalle bei mäßigen Beträgen der Verformung in einer Reihe von Translationen und nur in einer solchen besteht, und zwar auf einer Gleitebene und in einer Gleitrichtung, die auf Grund von anderen Forschungen zu erwarten war.

Es ist im Auge zu behalten, daß diese Ergebnisse die Translation als makroskopischen Vorgang betreffen. Über tatsächlich vorhandene, bedeutsame Störungen der reinen Translation in mikroskopisch oder atomistisch kleinen Bereichen können sie nichts aussagen (vgl. S. 389).

Auf diese Weise ist die plastische Verformung mit eindeutigem Ergebnis bei Aluminium, Kupfer, Silber, Gold und Messing untersucht worden. Beim Eisen ergaben sich kompliziertere Verhältnisse, wie sich aus Tab. 57 ergibt. Sein Verhalten kann auch heute noch nicht als völlig geklärt betrachtet werden (vgl. S. 353).

d) Quantitative Untersuchung der Translation bei hexagonalen Metallen und bei Zinn.

Bei den hexagonalen Metallen Zink, Cadmium und Magnesium und bei Zinn ist eine andere Untersuchungsmethode angewandt worden. Man hat hierbei Einkrystalldrähte aus der Schmelze gezogen, indem man den Berührungspunkt des Drahtes mit der Schmelze in einem Wasserstoff- oder Kohlensäurestrom kühlte. Die so erhaltenen Drähte eignen sich wegen ihrer geringen Dicke weniger für sehr genaue Bestimmungen der Querabmessungen. Man hat hier deshalb in der Hauptsache den Zusammenhang zwischen der Orientierung des Drahtes und der Längenzunahme beim Zugversuch festgestellt. Die Orientierung konnte entweder mit Hilfe von Röntgenstrahlen, oder aber bei den hexagonalen Metallen mit Hilfe eines bei der Temperatur der flüssigen Luft durchgeführten Zerreißversuches ermittelt werden. Es stellte sich nämlich heraus, daß die Bruchfläche hierbei sehr genau die hexagonale Basisebene ist.

Während die Gleitebene der hexagonalen Metalle, wie erwähnt, die Basisebene ist, ist die Gleitrichtung die winkelhalbierende des in der Basis liegenden Sechsecks. Die Verhältnisse sind in Abb. 274a und b modellmäßig wiedergegeben. Das Modell ist aus Scheiben zusammengesetzt, die parallel zu der Gleitebene sind. Der nach unten weisende lange Pfeil in Abb. 274a stellt die große Achse des elliptischen Schnittes der Gleitebene mit dem Stab dar, durch das Sechseck ist

die Orientierung des Krystalles angedeutet, der nach rechts weisende kürzere
Pfeil gibt die Gleitrichtung wieder.

Wird nun der Stab auf Dehnung beansprucht, so findet eine Gleitung längs
der Gleitflächen statt, wie in den Abb. 275a und b angegeben. Hierbei tritt als
Begleiterscheinung der Verlängerung des
Stabes eine *Drehung* der Gleitebene auf; sie
dreht sich in die Richtung der Stabachse.

Wir können uns (schematisch) vorstellen, daß erst die Gleitung stattfinde

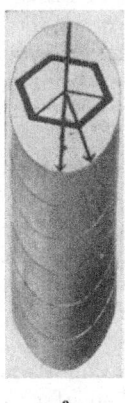    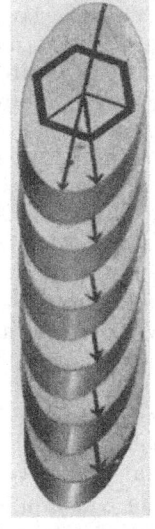 

a   b   a   b

Abb. 274 a und b. Schema der Translationsflächen   Abb. 275 a und b. Deformation des Krystalles
eines drahtförmigen Krystalles (aus SCHMID-BOAS).   Abb. 274 nach vollzogener Translation.

und dann die Drehung der Gleitebenen. Dann erhalten wir das in Abb. 276a und b
wiedergegebene Bild für die Dehnung eines Stabes, in dem nur der mittlere Teil
gedreht worden ist. Die Betrachtung der Zwischenstellung Abb. 276b ist für die
systematische Erörterung besonders bequem.

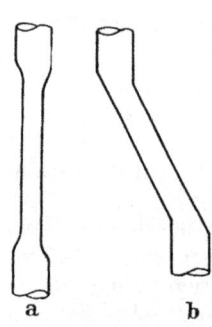

In Abb. 277 ist ein so gedehnter Stab dargestellt.
Während der Gleitung behalten die Gleitfläche und die
Gleitrichtung ihre Richtung. l_0 ist die betrachtete Länge
vor der Gleitung, l_1 ist die Länge desselben Krystallteiles
nach der Gleitung. BB' ist die Gleitrichtung. Dann ergibt
sich aus dem Dreieck ABB'

$$AB' \sin(AB'B) = AB \sin(ABB')$$

oder

$$\frac{l_1}{l_0} = 1 + \delta = \frac{\sin \lambda_0}{\sin \lambda_1}, \qquad (14)$$

a   b

Abb. 276a und b. Trans-
lation unter Ausmerzung
der Drehung
der Gleitfläche.

wo δ die Längenzunahme pro Längeneinheit (Dehnung), λ_0
der Winkel zwischen der Stabachse und der Gleitrichtung
vor der Dehnung und λ_1 der Winkel zwischen der Stabachse
und der Gleitrichtung nach vollzogener Dehnung ist[1].

Wenn AN das Lot auf die Fläche der Gleitellipse ist, die durch den Punkt B'
durchgeht (der Punkt N liegt also ebenfalls in dieser Gleitebene), so ist fernerhin

---

[1] Die Bezeichnungen werden in der nachfolgenden Rechnung in Anlehnung an E. SCHMID
und W. BOAS durchgeführt. Da die Winkel mit λ bezeichnet werden, wird die Dehnung, abweichend vom obigen, mit δ bezeichnet.

$$A N = l_1 \sin \chi_1 = l_0 \sin \chi_0 \tag{15}$$

$$\frac{l_1}{l_0} = 1 + \delta = \frac{\sin \chi_0}{\sin \chi_1}, \tag{16}$$

wo χ_0 und χ_1 die Neigungswinkel der Translationsfläche zur Stabachse *vor* und *nach* der Dehnung sind.

Durch die Gl. (14) und besonders (16) ist der Zusammenhang zwischen der Dehnung und der Orientierungsänderung gegeben.

Wir haben oben erörtert, daß die Translation bei gleichmäßiger Betätigung auf eine Scherungsdeformation hinausläuft. Das Maß einer Scherungsdeformation ist die hierbei eintretende Winkeländerung. Wenn wir die Gleitung der Schicht unterhalb der Gleitebene cd (Abb. 278) betrachten, so wird dann genau wie bei der einfachen Schiebung die bei der Gleitung zurückgelegte Strecke proportional dem Abstand von der Ebene cd sein. Als Maß der bei der Gleitung auf den einzelnen Gleitebenen zurückgelegten Strecken können wir also das Verhältnis der Strecken mn zu $m0$ betrachten; dieses Verhältnis wird die *Abgleitung a* genannt. Da die plastische Verformung in dieser Gleitung besteht, müssen die hierbei eintretenden Änderungen der Eigenschaften (z. B. Verfestigung) in viel zweckmäßigerer Weise in Abhängigkeit von der Abgleitung als von der Dehnung darstellbar sein, zumal, wie wir alsbald sehen werden, die eine Größe nicht ohne weiteres auf die andere zurückzuführen ist.

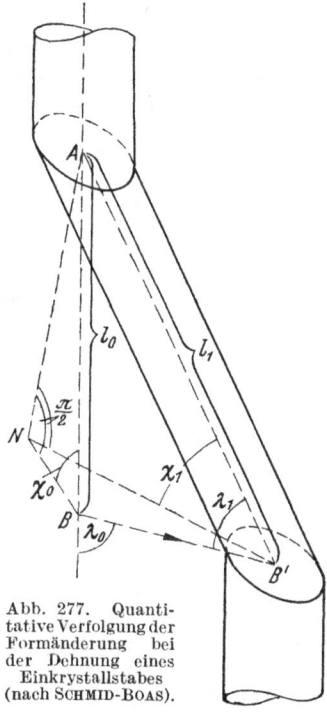

Abb. 277. Quantitative Verfolgung der Formänderung bei der Dehnung eines Einkrystallstabes (nach Schmid-Boas).

In dem uns interessierenden Falle ist nun gemäß Abb. 277 die Abgleitung

$$a = \frac{B B'}{A N}.$$

Wir wollen diese Größe in Abhängigkeit von den betrachteten Winkeln und von der Dehnung darstellen.

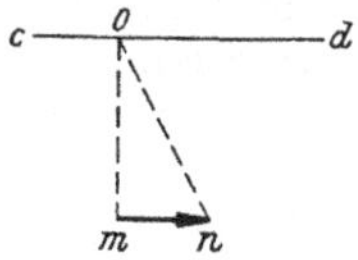

Aus dem Dreieck $A B B'$ ergibt sich die auf Grund des Sinus-Satzes:

$$B B' = \frac{l_1 \sin (\lambda_0 - \lambda_1)}{\sin \lambda_0} \tag{17}$$

Abb. 278. Abgleitung, schematisch.

$$a = \frac{B B'}{A N} = \frac{l_1 \sin (\lambda_0 - \lambda_1)}{l_0 \sin \chi_0 \sin \lambda_0} = \frac{l_1 \left(\sin \lambda_0 \sqrt{1 - \sin^2 \lambda_0 \frac{l_0^2}{l_1^2}} - \frac{l_0}{l_1} \sin \lambda_0 \cos \lambda_0 \right)}{l_0 \sin \chi_0 \sin \lambda_0}$$

$$a = \frac{1}{\sin \chi_0} \left(\sqrt{(1 + \delta)^2 - \sin^2 \lambda_0} - \cos \lambda_0 \right) \tag{18}$$

In differentieller Form ergibt sich leicht

$$da = \frac{dl}{l} \cdot \frac{1}{\sin \chi \cos \lambda} \tag{18a}$$

Aus (18) kann natürlich auch die Dehnung δ durch die Abgleitung a ausgedrückt werden:

$$1 + \delta = \frac{l_1}{l_0} = \sqrt{1 + 2a \sin \chi_0 \cos \lambda_0 + a^2 \sin^2 \chi_0}. \tag{18b}$$

Mit (18) haben wir die Abgleitung a als Funktion der Dehnung, des Neigungswinkels der Gleitebene zur Stabachse χ_0 und des Winkels zwischen dieser Stabachse und der ursprünglichen Gleitrichtung λ_0 dargestellt.

Die abgeleiteten Formeln lassen sich natürlich auch auf kubische Metalle anwenden, solange sich bei ihnen nur eine Gleitfläche betätigt, wie bei der oben erörterten Rechnung von G. J. TAYLOR und C. F. ELAM.

Während die Lage der Gleitebene und somit die Winkel χ_0 und χ_1 sich auf verschiedene Weise unmittelbar messen lassen, ist die Bestimmung der Gleitrichtung in der Gleitebene ungleich schwieriger. Im Rahmen der erörterten Methode benutzt man hierzu meistens folgenden Umstand: bei der fortschreitenden Dehnung verringert sich der Winkel λ zwischen der Drahtachse und der Gleitrichtung und strebt dem Grenzwert Null zu. Man bestimmt deshalb die krystallographische Orientierung der Drahtachse bei aufeinanderfolgenden Gleitschritten; hieraus kann durch Extrapolation die krystallographische Richtung berechnet werden, der die Drahtachse bei unendlich großer Dehnung zustrebt; diese Richtung ist die Gleitrichtung.

Mit Hilfe der erörterten oder ähnlicher Verfahren sind für zahlreiche Metalle die Translationselemente, d. h. die Gleitflächen und die Gleitrichtungen ermittelt worden. Innerhalb der Fehlergrenzen hat sich das Verhalten der Metallkrystalle auf dieser Grundlage quantitativ beschreiben lassen, so daß es heute als quantitativ nachgewiesen gelten kann, daß die Verformung von Metallkrystallen nur durch Translation erfolgt. In den Fällen wo Abweichungen von der einfachen Translation gefunden wurden, konnten sie entweder auf doppelte Translation (gleichzeitige Betätigung von zwei Translationsebenen) oder auf Zwillingsbildung (einfache Schiebung, vgl. nächsten Abschnitt) zurückgeführt werden.

Wenn zwei Translationssysteme sich gleichzeitig betätigen, handelt es sich einfach um eine Überlagerung von zwei Vorgängen, wie wir sie betrachtet haben. Die doppelte Translation ist noch einer geometrischen Analyse in den genannten Zusammenhängen zugänglich, wenn die Verhältnisse auch komplizierter sind. Eine gleichzeitige Betätigung von drei Translationsebenen läßt sich auf Grund der Formänderungen dahingegen praktisch nicht mehr analysieren. Die doppelte und dreifache Translation tritt bei hexagonalen Metallen anscheinend bei höheren Temperaturen auf, wo außer der Basisebene auch andere Ebenen sich als Translationsflächen betätigen können. Bei metallischen Krystallen hoher Symmetrie treten in fortgeschrittenen Verformungsstadien die mehrfachen Translationen immer auf.

e) Mechanische Zwillingsbildung.

Unter Zwillingen versteht man bekanntlich Krystalle, die auf einer Ebene so zusammengewachsen sind, daß diese eine Spiegelebene ist. Nicht nur die Krystallformen auf einer Seite einer Ebene lassen sich durch Spiegelung der auf der anderen Seite der Ebene liegenden erhalten, sondern, was viel wichtiger ist, auch die Raumgitteranordnungen. Die krystallographischen Richtungen sind auf beiden Seiten der Spiegelebene zueinander spiegelbildlich angeordnet.

Die Zwillinge entstehen bei Metallen entweder beim Wachstum der Krystalle, z. B. auch bei der Rekrystallisation *(Wachstumszwillinge)*, oder aber durch mechanische Beanspruchung *(mechanische Zwillingsbildung, einfache Schiebung)*.

Die Spiegelebene eines Zwillingspaares wird die Zwillingsebene genannt und mit K_1 bezeichnet. In dieser krystallographisch definierten Ebene findet die einfache Schiebung nur in einer bestimmten Richtung (der Gleitungsrichtung) ce Abb. 279 statt. Die zur Zwillingsebene senkrechte Ebene, in der die Richtung ce liegt, wird die *Ebene der (einfachen) Schiebung* genannt.

Die Zwillingsebene K_1 soll in Abb. 279 die Ebene des Papiers in der Geraden ab senkrecht schneiden, diese Gerade soll zugleich die in der Ebene des Papiers liegende Gleitungsrichtung ce angeben.

Die Richtung Oc klappt im gebildeten Zwilling in die symmetrische Lage Oe um, d. h. um den Winkel 2ψ. Dieser Winkel ist nicht willkürlich zu wählen, sondern ist durch die Krystallsymmetrie vorgegeben.

Bei der Zwillingsbildung verschieben sich die einzelnen Punkte oberhalb der Zwillingsebene ab nach rechts parallel zu ab in der Papierebene um Strecken, die ihrem Abstand von ab proportional sind. Dadurch verformt sich eine Kugel, die mit einem Einheitsradius um einen Punkt geschlagen worden ist, in ein Ellipsoid. Der Schnitt dieser Kugel (Kreis) und dieses Ellipsoids mit der Ebene der einfachen Schiebung (der Papierebene) ist in Abbildung 280 dargestellt.

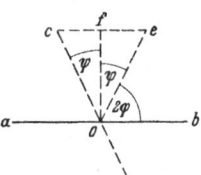

Abb. 279.
Zur mechanischen
Zwillingsbildung.

Geometrisch betrachtet ist die Zwillingsbildung der erörterten Art eine Scherungsdeformation und ist formal genau so zu behandeln wie die Translation, allerdings mit dem entschiedenen Unterschied, daß die Beträge der Translation willkürlich, die Beträge der einfachen Schiebung aber eindeutig durch den Winkel ψ gegeben sind. Auf alle Fälle können wir aber als Maß der Formänderung bei der Zwillingsbildung die *Abgleitung* oder *Schiebung* schlechthin betrachten, die durch das Verhältnis der waagerechten Strecke ce (Abb. 279) zum senkrechten Abstande der Geraden ce und ab gegeben ist. Für diese Schiebung s erhalten wir

$$s = 2 \operatorname{tg} \psi. \tag{19}$$

Wir haben schon erwähnt, daß wir die einfache Schiebung geometrisch ebenso wie die Translation behandeln können. Wir haben hierbei lediglich nicht den gesamten kontinuierlichen Vorgang der Formänderung zu betrachten, sondern haben die Formänderung herauszugreifen, bei welcher im Verlaufe einer in Richtung ab erfolgenden Gleitung das Metall die Abgleitung s aufweist. s ist also nur ein durch die Gl. (19) fixierter Sonderwert von a in den Gl. (18) und (18a). Demnach behalten diese Gleichungen auch im vorliegenden Falle ihre Gültigkeit, wenn wir an Stelle der veränderlichen a den Fixwert s einsetzen. Wir erhalten dann

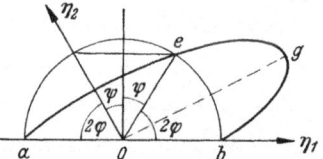

Abb. 280. Längenänderung bei der
mechanischen Zwillingsbildung.

$$\frac{l_1}{l_0} = 1 + \delta = \sqrt{1 + 2s \sin \chi_0 \cos \lambda_0 + s^2 \sin^2 \chi_0}. \tag{20}$$

In dieser Gleichung bedeutet χ_0 den Winkel zwischen der im allgemeinen nicht in der Ebene des Papiers liegenden Achse des Stabes mit der zur Papierebene senkrechten Zwillingsebene ab vor der Gleitung, und λ_0 den Winkel zwischen dieser Stabachse und der Geraden ab, also der Richtung der Gleitung η, genau, wie das bei der Betrachtung der Translation erörtert worden ist. Ein wesentlicher Unterschied besteht darin, daß bei Translation die Richtung ab und die entgegengesetzte einander gleichwertig sind, während die einfache Schiebung bei einer gegebenen Orientierung nur in einer Richtung stattfinden kann.

λ_0 ist der Winkel zwischen der Achse des Versuchsstabes und der positiven Richtung von ab; er kann sehr wohl $> \frac{\pi}{2}$ sein, wobei $\cos \lambda_0$ in Gl. (20) negativ wird. Das gilt z. B. bereits für die Richtung Oc (Abb. 279) der Stabachse.

Wir betrachten nun die Zwillingsbildung als plastische Deformation, und zwar am einfachsten im Rahmen eines Dehnungsversuches an einem Draht oder Stab wie bei der Translation. Es interessiert uns besonders die Frage der Längenänderung des Drahtes bei dieser Zwillingsbildung; denn die Zwillingsbildung wird sich als Deformationsmechanismus nur betätigen können, wenn sie bei einer Zugbeanspruchung eine Verlängerung des Drahtes ergibt. Wenn wir in Abb. 280 nur diejenigen Richtungen der Stabachse betrachten, die in der Ebene des Papiers liegen, so sieht man sofort, daß die in der Richtung $O\eta_2$ liegende

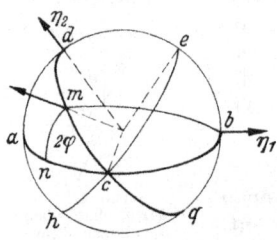

Abb. 281. Längenänderung bei der Zwillingsbildung je nach der Orientierung der Dehnungsrichtung zu den Zwillingselementen.

Stabachse weder eine Verlängerung noch eine Verkürzung ergeben kann, da die Strecke Oc (Abb. 279) sich ja hierbei in die gleichlange Strecke Oe verwandelt. Für alle Richtungen zwischen Oa und $O\eta_2$ (Abb. 280) ergibt sich bei der einfachen Schiebung eine Verkürzung, und nur für die Richtungen, die zwischen $O\eta_2$ und Ob liegen, eine Verlängerung, wie man leicht sieht, wenn man die Lagen der einzelnen Punkte des Kreises auf der Ellipse nach vollzogener Deformation verfolgt. Liegt die Stabachse in einer der Richtungen zwischen Oa und $O\eta_2$, so kann also bei der Dehnung eine Zwillingsbildung mit der Zwillingsebene ab nicht stattfinden.

In allgemeiner Form erhält man die Bedingung für die Längenänderung aus der Gl. (20). Für die Verlängerung Null, also für $\frac{l_1}{l_0} = 1$, erhalten wir

$$2\,s\sin\chi_0\cos\lambda_0 + s^2\sin^2\chi_0 = 0. \tag{21}$$

Die Lösungen dieser Gleichung sind

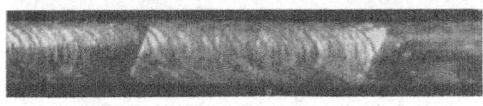

Abb. 282. Zwillingsbildung bei Einkrystalldrähten (aus SCHMID-BOAS).

Bi

Zn

Cd

1. $s = 0$ (22a)

2. $\sin\chi_0 = 0$; $\chi_0 = 0$ (22b)

3. $\dfrac{\sin\chi_0}{\cos\lambda_0} = -\dfrac{2}{s} = -c\,\mathrm{tg}\,\psi$.   (22c)

Gl. (22a) besagt, daß die Längenänderung für alle Richtungen Null ist, wenn der Betrag der Schiebung Null ist, was selbstverständlich ist. Auch Gl. (22b) liefert nur das selbstverständliche Ergebnis, daß die in der Zwillingsebene liegenden Richtungen ihre Länge behalten. Der in dieser Ebene liegende Einheitskreis acb (Abb. 281) behält bei der Zwillingsbildung seine Gestalt. Die Zwillingsebene wird deshalb auch als die erste Kreisschnittebene K_1 bezeichnet. Gl. (22c) besagt, daß jede Richtung, die vom Zentrum ausgehend auf dem großen Kreis dcq mündet, bei der Zwillingsbildung ihre Länge behält. Nach vollzogener Zwillingsbildung entsteht also aus dem Einheitskreis dcq wieder ein ebenso großer Kreis ech in einer zu dcq symmetrischen Lage. Man nennt die Ebene dcq deshalb die zweite Kreisschnittebene K_2.

Alle Richtungen, deren vom Zentrum ausgehende Einheitsvektoren die Einheitskugel links innerhalb des Winkels $2\,\varphi$ zwischen den beiden Kreisschnittebenen acb und dcq treffen, erleiden bei der Zwillingsbildung eine Verkürzung, die in der Ebene des großen Kreises $d\,c\,q$ liegenden Richtungen behalten, wie erwähnt, ihre Länge und alle übrigen Richtungen werden länger.

Der Betrag der plastischen Verformung, der durch die Zwillingsbildung zustandekommen kann, ist nur verhältnismäßig gering. Bei der plastischen Deformation der Metalle spielt sie deshalb eine geringere Rolle. Eine Ausnahme im Falle des Zinks und des Cadmiums werden wir auf S. 357 kennenlernen.

In Abb. 282 sind einige Beispiele von Zwillingslamellen wiedergegeben, wie sie bei Drähten beobachtet werden.

f) Gleitelemente der metallischen Krystalle.

Tab. 57 enthält die Bestimmungsstücke der Translation (*Translationselemente*) für eine Reihe von Metallen, d. h. die Gleitebenen T und die Gleitrichtungen t. Diese Elemente sind durch die Krystallstruktur bestimmt. Bei den flächenzentrierten Metallen ist die Translationsebene die Oktaederebene, die Translationsrichtung die Rhombendodekaederkante. Wenn man in den Elementarwürfel des flächenzentrierten Raumgitters die Oktaederebene einzeichnet (Abb. 283), so ergibt ihr Schnitt mit den Begrenzungsflächen des Elementarkörpers ein Dreieck, dessen Seiten den Richtungen der Rhombendodekaederkanten, also der Gleitungen entsprechen. Da es im Krystall vier verschiedene Lagen der Oktaederflächen (111),

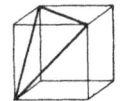

Abb. 283.
Gleitebene eines kubischen flächenzentrierten Metalles (Oktaederebene).

$(1\bar{1}1)$, $(11\bar{1})$ und $(\bar{1}11)$ gibt und da jeder der drei Kanten je zwei Gleitungsrichtungen entsprechen[1], ergeben sich für den flächenzentrierten Krystall im ganzen 24 Translationsmöglichkeiten auf vier verschiedenen Gleitebenen. Bei höherer Temperatur treten noch andere Gleitmöglichkeiten hinzu.

Tabelle 57. Translationselemente einiger Metalle bei 20° C.

Metall	Gittertypen	Gleitebene T	Gleit-richtung t	Dichtestbelegte	
				Gitterkante	Netzebene
Al, Cu, Ag Au Pb	kubisch flächenzentriert	(111)	$[10\bar{1}]$	1 $[10\bar{1}]$ 2 $[100]$ 3 $[112]$	1 (111) 2 (100) 3 (110)
a-Fe	kubisch raumzentriert	(101) (112) (123)	$[111]$	1 $[111]$ 2 $[100]$ 3 $[110]$	1 (101) 2 (100) 3 (111)
W		(112) (123)	$[111]$		
Mg, Zn, Cd	hexagonal dichteste Packung	(0001)	$[11\bar{2}0]$	$[11\bar{2}0]$	(0001)
β-Zinn (weiß)	tetragonal	(110) (100) (101) (121)	$[001]$ $[001]$ $[00\bar{1}]$	1 $[001]$ 2 $[111]$ 3 $[100]$ 4 $[101]$	1 (100) 2 (110) 3 (101)

---

[1] Der Ebene (111) entsprechen die Richtungen: $[1\bar{1}0]$, $[\bar{1}10]$; $[10\bar{1}]$, $[\bar{1}01]$; $[0\bar{1}1]$, $[01\bar{1}]$. Der Ebene $(11\bar{1})$: $[\bar{1}10]$, $[1\bar{1}0]$; $[011]$, $[0\bar{1}\bar{1}]$; $[101]$, $[\bar{1}0\bar{1}]$. Der Ebene $(1\bar{1}1)$: $[110]$, $[\bar{1}\bar{1}0]$; $[10\bar{1}]$; $[\bar{1}01$, $[011]$, $[0\bar{1}\bar{1}]$. Der Ebene $(\bar{1}11)$: $[110]$, $[\bar{1}\bar{1}0]$; $[101]$, $[\bar{1}0\bar{1}]$; $[01\bar{1}]$, $[0\bar{1}1]$. Richtung und Gegenrichtung ergeben zwei verschiedene Translationen; deshalb sind die Richtungen mit Umkehr aller Vorzeichen der Indices noch einmal anzuführen (im Gegensatz zu den Flächen). Jede Translationsrichtung ist bei je zwei Translationsflächen möglich. Vgl. die krystallographische Einleitung S. 16 Anmerkung 1.

In Spalte 5 sind die Belegungsdichten der verschiedenen Gitterebenen und Gittergeraden gegeben. Die Belegungsdichte einer Ebene ist proportional ihrem Abstand von der nächsten parallelen Gitterebene, da die Zahl der Gitterpunkte pro Volumeneinheit des Krystalls ja gegeben ist. Man sieht, daß bei flächenzentrierten Metallen als Gleitebene ausnahmslos die am dichtesten besetzte Ebene und als Translationsrichtung die am dichtesten besetzte Gittergerade fungiert. Nur bei höheren Temperaturen betätigt sich eine zweite Fläche als Translationsebene, aber mit der alten Translationsrichtung.

Wesentlich weniger übersichtlich liegen die Verhältnisse, wie bereits erwähnt, bei den kubischen raumzentrierten Metallen, wo sich als Gleitrichtung zwar wieder die am dichtesten besetzten Gittergeraden betätigen, als Gleitebenen aber zum Teil nur schwach besetzte Gitterebenen.

In Abb. 284 sind für das Eisen einige Gleitebenen wiedergegeben, die den Gleitrichtungen $[11\bar{1}]$ und $[\bar{1}\bar{1}1]$ (Gerade bg) zugeordnet sind: $[(101): bhg; (213):$

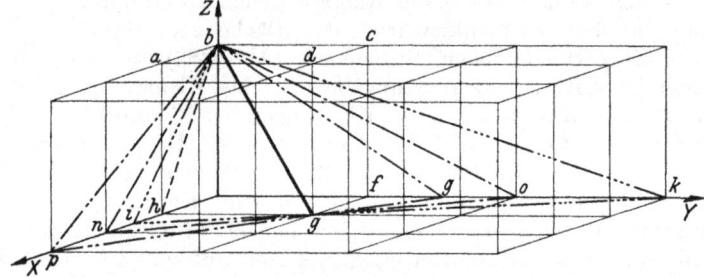

Abb. 284.　Gleitebenen beim Eisen.

$bik; (112): bno; (123): bpg]$. Die Gerade bg liegt noch in einer Anzahl von Gleitebenen, die in der Abbildung nicht dargestellt sind. Man sieht, daß die Mannigfaltigkeit der Gleitebenen bei dem Eisen außerordentlich groß ist.

Dieser Umstand hat sogar zur Auffassung geführt, daß beim Eisen bei der Translation die Gleitebene überhaupt nicht definiert ist, sondern nur die Gleitrichtung, und daß bei der Gleitung dünne in der Gleitrichtung liegende Stäbchen mit nicht definierten Seitenflächen aneinander vorbeigleiten ("pencil-slipping")[1]. Wenn auch diese Auffassung wahrscheinlich nicht zutreffend ist, so folgt aus der großen Zahl der beobachteten Gleitebenen, daß sie je nach äußeren Umständen verhältnismäßig sehr leicht gewechselt werden und als Bestimmungsstück der Translation nur eine viel geringere Bedeutung als bei flächenzentrierten Metallen haben.

Die Zahl der verschiedenen Gleitmöglichkeiten bei den kubisch raumzentrierten Metallen ist sehr groß. Hier ist jedoch die Zahl der möglichen Gleitrichtungen in den Raumdiagonalen des Elementarkörpers nur 8 gegenüber 24 in den Richtungen der Flächendiagonalen beim flächenzentrierten Raumgitter. Da die Plastizität der flächenzentrierten Metalle diejenige der raumzentrierten wohl übersteigt, ist zu schließen, daß hierfür die Mannigfaltigkeit der Gleitrichtungen wichtiger als die der Gleitebenen ist.

Bei den hexagonalen Metallen bestehen 6 verschiedene Gleitrichtungen, die indes alle in der Basisebene liegen. Die Anpassungsfähigkeit dieser Metalle an eine vorhandene äußere Deformation ist deshalb viel geringer als bei den kubischen Metallen.

Die Grundregel, daß die Translationselemente am dichtesten besetzt sein müssen, ist erfüllt; beim Magnesium betätigt sich bei höherer Temperatur

---

[1] TAYLOR, G. J., u. C. F. ELAM: Proc. roy. Soc. London **112** (1926), 337.

eine zweite Translationsebene und eine zweite Gleitrichtung. Das ist von der größten technischen Bedeutung, da beim Magnesium, wie wir später sehen werden (S. 357), die durch weitgehende Translation erschöpfte Verformungsfähigkeit nicht wie bei Zink und Cadmium mit Hilfe der Zwillingsbildung wiederhergestellt werden kann. Deshalb ist das Magnesium in der Regel erst oberhalb von 225° gut verformbar (vgl. jedoch[1]).

Die Translation der übrigen Metalle geringerer Symmetrie ist wieder weniger übersichtlich. Wie man sieht, herrscht auch hier die Tendenz vor, am dichtesten besetzte Gitterebenen und Gittergeraden als Translationselemente in Anspruch zu nehmen, die sich jedoch keineswegs voll auswirken kann.

Tabelle 58. Zwillingselemente von Metallkrystallen (aus SCHMID-BOAS).

Metall	Gittertypus Krystallklasse	1. Kreisschnittebene K_1	2. Kreisschnittebene K_2	Betrag der Schiebung S
α-Eisen	kubisch-raumzentriert O_h	(112)	$(11\bar{2})$	$0,7071$ $(= 1/2\,\sqrt{2}\,)$
Beryllium		$(10\bar{1}2)$	$(10\bar{1}\bar{2})$	$0,186$
Magnesium . . .		$(01\bar{1}2)$	$(10\bar{1}\bar{2})$	$0,131$
Zink	hexagonal, dichteste Kugelpackung D_{6h}	$(10\bar{1}1)$ $(10\bar{1}2)$	$(10\bar{1}\bar{2})$	$0,143$ $\left(= \dfrac{c/a^2 - 3}{c/a\,\sqrt{3}}\right)$
Cadmium		$(10\bar{1}2)$	$(10\bar{1}\bar{2})$	$0,175$
β-Zinn (weiß) . .	tetragonal D_{4h}	(331)	$(11\bar{1})$	$0,120$
Arsen		(011)	(100)	$0,256$
Antimon	rhomboedrisch D_{3d}	(011)	(100)	$0,146$
Wismut		(011)	(100)	$0,118$ $\left(= \dfrac{2\cos\alpha}{\sin\alpha/2}\right)$

In Tab. 58 sind die Zwillingselemente von einigen Metallkrystallen zusammengestellt. Die Bedeutung der Bezeichnungen K_1, K_2 und s ist oben dargelegt worden (S. 250). In Abb. 285 sind die Zwillingsebene K_1 (abc) und die zweite Kreisschnittebene K_2 (cbd) des Eisens dargestellt. Um die Darstellung übersichtlich zu machen, ist darauf verzichtet worden, die Atome im Raumgitter anzugeben. In Abb. 286 ist die Papierebene die zu K_1 und K_2 senkrechte Ebene der Schiebung (110). K_2' stellt die Lage der zweiten Kreisschnittebene K_2 nach vollzogener Zwillingsbildung dar. Wie das bei einer Scherungsdeformation sein muß, ist die Abgleitung für alle Punkte konstant; d. h., die Wege, die die einzelnen Gitterpunkte von ihrer ursprünglichen Lage bis zu ihrer Zwillingslage durchschreiten, sind dem Abstand von der Zwillingsebene K_1 proportional. Wir werden sehen, daß dieser reine Fall der Zwillingsbildung bei den hexagonalen Metallen nicht verwirklicht ist.

In Abb. 287 ist schematisch das Raumgitter der hexagonalen dichtesten Kugelpackung dargestellt, in der die Metalle Zink, Cadmium, Beryllium und

---

[1] ERNST, T., und F. LAVES kommen auf Grund einer sorgfältigen Untersuchung zu dem Ergebnis, daß die Plastizierung des Magnesiums oberhalb 225° nicht auf eine krystallographische Gleitung zurückgeführt werden kann [Z. Metallkde. 40 (1949), 1].

Magnesium krystallisieren. $efbd$ ist die Zwillingsebene (1101) (Pyramidenfläche 1. Art), die (1210)-Ebene $abcd$ (Prismenfläche 2. Art) die Ebene der
Schiebung. Wir erinnern daran, daß in einem hexagonalen Gitter dichtester
Kugelpackung in einer halben Höhe zwischen den beiden durch die Sechsecke
dargestellten Ebenen sich ein Atom g befindet, das in der Ebene $abcd$ liegt. In

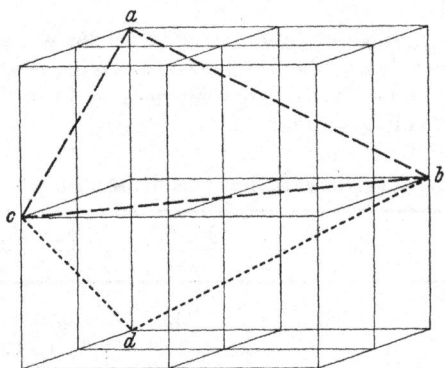

Abb. 285. Mechanische Zwillingsbildung beim Eisen.

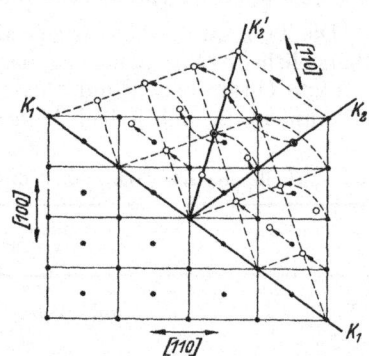

Abb. 286. Bewegung der Gitterpunkte bei der
mechanischen Zwillingsbildung nach Abb. 285.

Abb. 288 liegt die Ebene der einfachen Schiebung in der Papierebene, $K_1 K_1$ ist
die Projektion der zur Papierebene senkrechten Zwillingsebene und $O K_2'$ ist die
Lage der zweiten Kreisschnittebene nach erfolgter Zwillingsbildung im linken Teil
des Bildes. Die Zwillingslage wird erreicht, indem der linke obere Teil der Abbildung schräg nach links unten umklappt. Von den Gitterpunkten der Elementar-

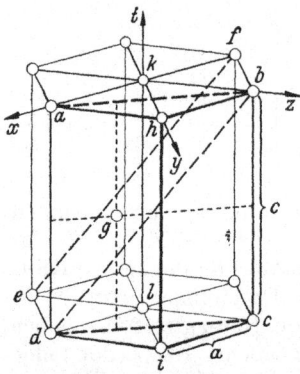

Abb. 287. Zur Zwillingsbildung beim
hexagonalen Metall.

zelle $akbhdlci$ (Abb. 287) vollziehen die Punkte a,
b, c, d (vgl. Abb. 288) die durch die ideale Zwillingsbildung vorgeschriebenen Bewegungen. Die von den
einzelnen Punkten durchschrittenen Wege sind den
Abständen von der Zwillingsebene $K_1 K_1$ proportional. Man sieht jedoch, daß der Punkt g usw., um
in die neue Lage im Zwillingsgitter zu gelangen,
ganz andere als die durch die Gesetze der Zwillingsbildung vorgeschriebenen Bewegungen vollziehen
müssen. Dasselbe gilt auch von den außerhalb der
Ebene der Schiebung Abb. 287 liegenden Punkten
i, l, k, h der Elementarzelle. In Abb. 288 sind die
im Widerspruch mit dem Gesetz der Zwillingsbildung vollzogenen Bewegungen durch gestrichelte
Schlangenlinien dargestellt. Es ergibt sich also, daß
nur ein Viertel der Atome des Raumgitters bei der
Zwillingsbildung normale Bewegungen durchführt.

Es ist erstaunlich, daß das Raumgitter der hexagonalen Metalle trotz der
tiefgreifenden, während der Zwillingsbildung sich in ihm vollziehenden Umwäl-
zungen seinen Zusammenhang behält. Die geschilderten Anomalien der Zwillingsbildung lassen die Analogie mit den Umklappvorgängen bei Umwandlungen,
auf die wir später zu sprechen kommen werden (S. 480), sehr deutlich hervortreten.

Wie man sofort sieht, wenn man in Abb. 288 den Kreisbogen $m a_3' a_3 b$ zieht,
verkürzen sich bei der Zwillingsbildung alle Richtungen, die zwischen $O a_3$ und
Ob liegen, alle übrigen verlängern sich. Wir haben oben gesehen, daß bei der
Translation der hexagonalen Metalle der Winkel zwischen der Basisebene und der

Dehnungsachse sich ständig verkleinert. Es ist deshalb mit Sicherheit damit zu rechnen, daß die Richtung der Zugachse nach größerer plastischer Verformung in Abb. 288 im Kreisbogen a_3m liegen wird, d. h. daß eine etwa auftretende Zwillingsbildung eine Verlängerung des Körpers bewirkt. Wenn beim Zink und beim Cadmium die Translationsmöglichkeiten wegen der starken Annäherung der Basisebene an die Richtung der Zugachse er-

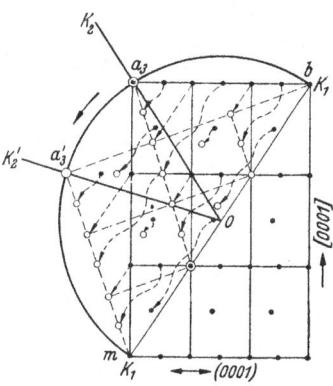

schöpft sind, da die die Translation bewirkende Schubkraft zu klein wird (bei Zink tritt das bei einem Winkel von etwa 17° zwischen Basisebene und Zugachse ein), kann als zusätzlicher Mechanismus unter dem Einfluß der Zugkraft eine Zwillingsbildung einsetzen. Der Winkel zwischen der Zugachse und der Basisebene in der neuen Zwillingslage ist, wie man aus Abb. 288 ersieht, größer als der vor der Zwillingsbildung. In der neuen Lage ist das Raumgitter einer erneuten Translation fähig, die solange verläuft, bis der Winkel zwischen Basisebene und Zugachse (oder allgemeiner der bei der Verformung sich verlängernden Achse) so klein geworden ist, daß wieder Zwillingsbildung einsetzt usw. Die Verformung des Zinks und des Cadmiums bei gewöhnlicher Temperatur stellt eine Wechselfolge von Translationen und Zwillingsbildungen dar.

Abb. 288. Bewegung der Atome bei der Zwillingsbildung im hexagonalen Raumgitter. • Lage der Atome vor der Zwillingsbildung; o Lage der Atome nach der Zwillingsbildung.

Bei einer Gitteranordnung nach Abb. 289 kann es zu einer solchen Wechselwirkung zwischen der Translation und Zwillingsbildung nicht kommen. In diesem Falle bewirkt nämlich die Zwillingsbildung eine Bewegung der linken Hälfte des Bildes nach rechts oben. Die Richtungen links von a_2 verkürzen sich bei der Zwillingsbildung, die Richtungen zwischen a_2 und b verlängern sich. Wenn die Zugachse nach einer fortgesetzten Verformung eine Richtung linear von da_2 erreicht hat, kann unter dem Einfluß der Zugkraft überhaupt keine Zwillingsbildung einsetzen, denn sie würde eine Verkürzung des Stückes bewirken. In einem solchen Falle tritt nach Erschöpfung der Translation ein Bruch des Metallkörpers ein.

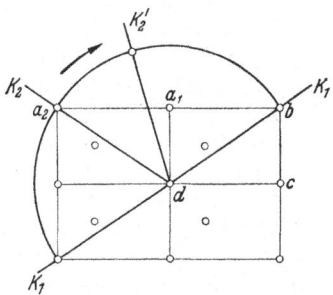

Eine Voraussetzung für die Betätigung der Zwillingsbildung nach Abb. 288 ist, daß $bc > dc$ (Abb. 287) ist, eine Voraussetzung für die Zwillingsbildung nach Abb. 289 ist, daß $bc < dc$ ist. Die Grenze zwischen beiden Möglichkeiten liegt bei $bc = cd$. Nun ist $dc = \sqrt{3}\,a$, wo a die Länge der

Abb. 289. Zur Zwillingsbildung bei Mg.

Kanten der Elementarzelle ist. Wenn das Achsenverhältnis $\frac{c}{a} > \sqrt{3} = 1{,}74$ ist, betätigt sich die Zwillingsbildung nach Abb. 288, im Falle, daß $\frac{c}{a} < \sqrt{3}$ ist, nach Abb. 289. Bei Magnesium ist $\frac{c}{a} = 1{,}63$, die Zwillingsbildung erfolgt also nach Abb. 289, und eine Ergänzung der Translation durch eine einfache Schiebung ist unmöglich. Das ist der Grund für die schlechte Verformbarkeit des Magnesiums und seiner Legierungen bei gewöhnlicher Temperatur. Die Verformbarkeit des Magnesiums wird wie erwähnt erst etwa oberhalb 225° auf Grund eines noch nicht endgültig geklärten Mechanismus besser.

3. Dynamik der plastischen Verformung.

a) Kritische Schubspannung und Verfestigung.

Bisher haben wir den geometrischen Mechanismus der plastischen Verformung verfolgt. Jetzt wenden wir uns den Spannungen zu, die hierbei aufzuwenden sind. Wir beschränken uns hierbei auf die wichtigere und besser untersuchte Translation.

Bei der Dehnungsbeanspruchung tritt die plastische Verformung bei einer ziemlich gut definierten Spannung ein, wie man das in Abb. 290 am Beispiel von Cadmium sieht. Die Grenze der plastischen Verformung ist bei einem Einzel-

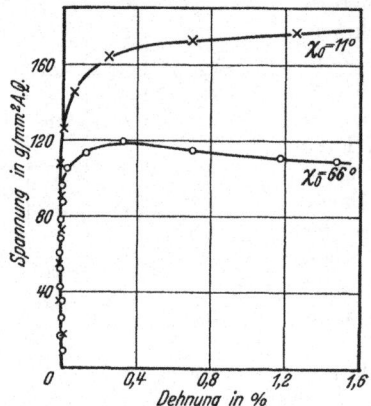

Abb. 290. Dehnungsbeginn bei 2 Cd-Krystallen (aus SCHMID-BOAS).

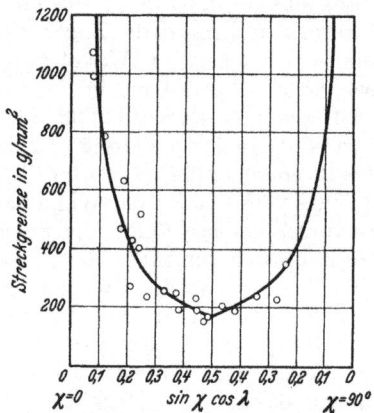

Abb. 291a. Streckgrenze in Abhängigkeit von der Orientierung bei Magnesiumkrystallen. Ausgezogene Linie: berechnet bei konstanter kritischer Schubspannung (aus SCHMID-BOAS).

krystall des hexagonalen Systems ungleich schärfer als bei einem vielkrystallinen Aggregat, wir bezeichnen sie als Streckgrenze.

Die Translation stellt eine Scherungsdeformation dar; es ist deshalb a priori wahrscheinlich, daß hierfür Schubspannungen maßgebend sein werden. Wenn σ die Zugspannung an einem Stab oder Draht aus einem einzigen Krystall und χ der Winkel zwischen der Zugrichtung und der Gleitebene ist, so entspricht auf dieser Gleitebene eine Fläche $1/\sin\chi$ der Einheitsfläche des senkrechten Querschnittes des Stabes (vgl. auch S. 324). Die auf diese Fläche wirkende Spannung ist also $\sigma\cdot\sin\chi$. Wenn χ der Winkel zwischen der Drahtachse und der Gleitrichtung ist, ist die Komponente der Spannung in der Gleitrichtung $\sigma\sin\chi\cos\lambda$. Das ist die gesuchte Scherspannung. In Abb. 291a stellt die ausgezogene Kurve die Werte der Streckgrenze σ in Abhängigkeit von $(\sin\chi\cdot\cos\lambda)$ dar, unter der Voraussetzung, daß die kritische Schubspannung τ_{krit} beim Beginn der plastischen Deformation unabhängig von der Orientierung ist. Es gilt nämlich $\sigma = \tau_{krit}/\sin\chi\cos\lambda$. Man sieht, daß die durch Kreise bezeichneten experimentellen Werte sich ausreichend dieser Kurve anschmiegen. Dasselbe Ergebnis wurde bei Zink- und bei Magnesiumkrystallen (Abb. 291b und c) und bei verschiedenen kubischen Krystallen gefunden. Durch unmittelbare Versuche wurde fernerhin nachgewiesen, daß die kritische Schubspannung durch den äußeren hydrostatischen Druck nicht beeinflußt wird[1]. Damit ist erwiesen, daß die auf der Gleitebene senkrecht stehende Normalkomponente keinen Einfluß auf die Translation hat und daß diese nach Erreichung eines bestimmten Wertes der Schubspannung, der *kritischen Schubspannung*, einsetzt.

---

[1] POLANYI, M., u. E. SCHMID: Z. Phys. **16** (1923), 336.

Wenn bei einer mehrachsigen Beanspruchung alle drei Hauptspannungen σ_1, σ_2 und σ_3 untereinander verschieden sind, gilt die Bedingung von R. VON MISES, daß ein kritischer Betrag der elastischen Schubenergie

$$K\{(\sigma_1 - \sigma_2)^2 + (\sigma_1 - \sigma_3)^2 + (\sigma_2 - \sigma_3)^2\}$$

für das Eintreten der plastischen Deformation maßgebend ist. Der Unterschied gegenüber dem oben besprochenen einfacheren Ansatz ergibt auch in extremen Fällen Unterschiede der kritischen Schubspannung unter 15%.

In Tab. 59 sind die kritischen Schubspannungen für eine Reihe von metallischen Krystallen angeführt. Sie sind im Vergleich mit den Grenzen der plastischen Verformung bei vielkrystallinen technischen Aggregaten außerordentlich niedrig.

Tabelle 59. Kritische Schubspannung von Metallkrystallen.

Metall	Reinheits-grad %	Kritische Schub-spannung kg/mm²
Cu	> 99,9	0,10
Ag	99,99	0,06
Au	99,99	0,09
Ni	99,8	0,58
Mg	99,95	0,083
Zn	99,96	0,094
Cd	99,996	0,058
β-Sn	99,99	0,133
Bi	99,9	0,221

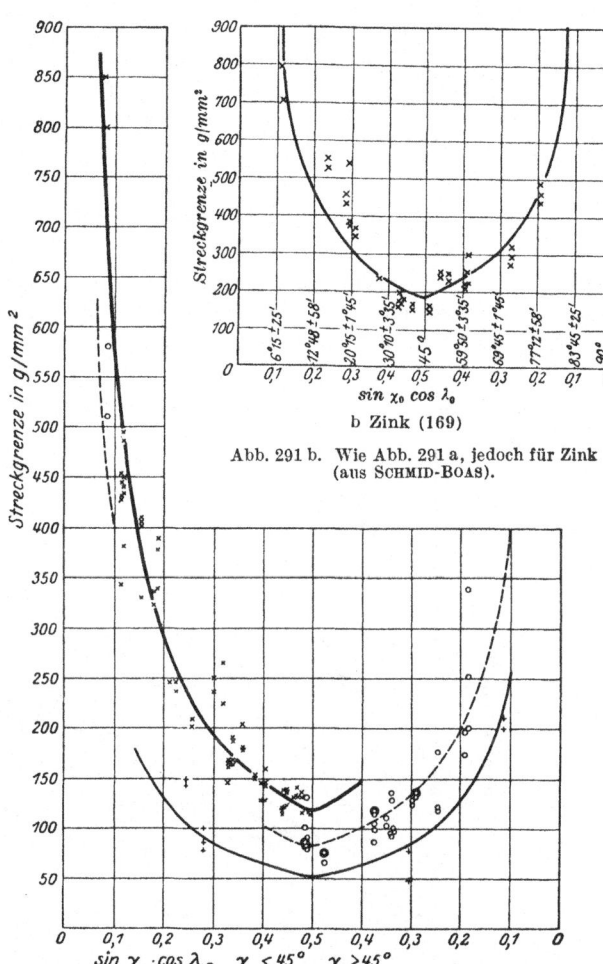

Abb. 291 b. Wie Abb. 291 a, jedoch für Zink (aus SCHMID-BOAS).

b Zink (169)

Abb. 291 c. Wie Abb. 291 a, jedoch für Cadmium (aus SCHMID-BOAS).

W. L. BRAGG hat folgende geistreiche Interpretation der kritischen Schubspannung gegeben[1]. Als der kleinste physikalisch mögliche Gleitschritt wird ein solcher um 1 Atomabstand λ längs einer Gleitfläche angenommen. Die Voraussetzung für das Eintreten dieses Gleitschrittes ist, daß die Spannungsenergie nach der Gleitung nicht höher als vor der Gleitung ist. In Abb. 292a ist ein Mosaikblock im unverspannten, in Abb. 292b im gespannten Zustande vor dem Gleitschritt und in Abb. 292c nach dem Gleitschritt wiedergegeben. Wenn $x \geqq \lambda/2$ ist, ist jene Bedingung erfüllt. Durch die stattgehabte Gleitung

---

[1] BRAGG, W. L., u. J. F. NYE: Proc. roy. Soc. A **190** (1947), 474; Physica XV, 1—2 (1949), 92.

ändert die Schubspannung $G \cdot x/L$ bei $x = \lambda/2$ ihr Vorzeichen, ohne ihre Größe
zu ändern. Es wird angenommen, daß die Gleitungen in den einzelnen Mosaikblöcken unabhängig auftreten. Bei Kenntnis des Schubmoduls G und der Abmessungen der Mosaikblöcke L kann man die kritische Schubspannung $G\,\lambda/2\,L$

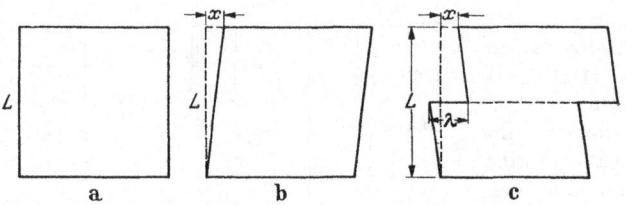

Abb. 292. Zur kritischen Schubspannung nach W. L. BRAGG.

berechnen. Bei vernünftigen Annahmen über L (= etwa 10^{-5} cm) ergibt sie
sich in der Größenordnung der beobachteten Werte der Tab. 59.

Vom Standpunkt der atomistischen Gleitungstheorie können gegen den
Ansatz von W. L. BRAGG mancherlei Einwände erhoben werden, und es ist
noch zweifelhaft, ob ihm wirklich physikalische Bedeutung zukommt.

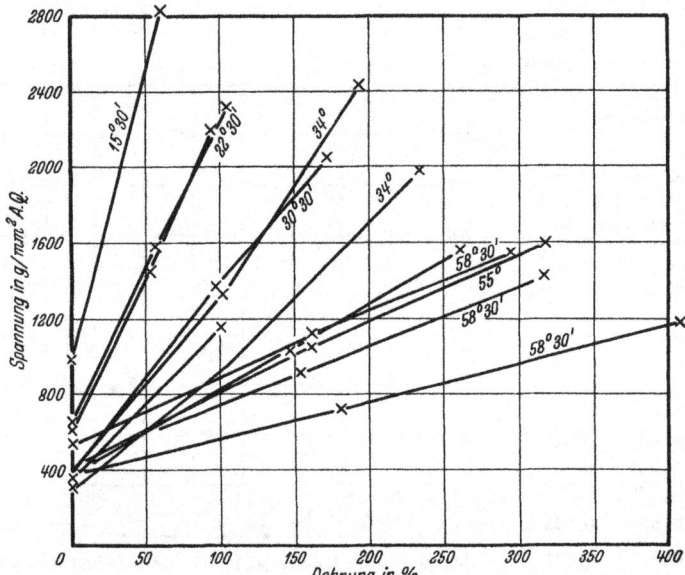

Abb. 293 a. Dehnungskurven von Zn-Krystallen.

Da die plastische Verformung aus einer Translation besteht, ist es zweckmäßig, die Abgleitung als ihr Maß zu benutzen. Abb. 293a und b zeigen,
wie je nach der Orientierung sehr stark streuende Dehnungskurven von Zinkkrystallen sich um eine gerade Linie gruppieren, sobald man sie als
Funktion der wirksamen Schubspannung und der Abgleitung darstellt. Die
kritische Schubspannung τ nimmt bei den hexagonalen Metallen und beim
tetragonalen Zinn mit der Abgleitung a annähernd linear zu:

$$\tau = K_1 + K_2 a. \tag{23}$$

Das ist das Verfestigungsgesetz der hexagonalen Metalle. Die Verfestigungskurve des vielkrystallinen Zinks würde ganz steil in der Nähe der Ordinatenachse in die Höhe steigen.

Bei Aluminiumkrystallen streuen die Spannungs-Dehnungskurven je nach der Orientierung des Krystalles in ähnlicher Weise (Abb. 294a). Durch Einführung der Schubspannung und der Abgleitung als Parameter ergeben die beobachteten Werte einen ziemlich engen Streubereich zwischen zwei ziemlich nahe aneinander liegenden Kurven (Abb. 294b). Während bei den hexagonalen

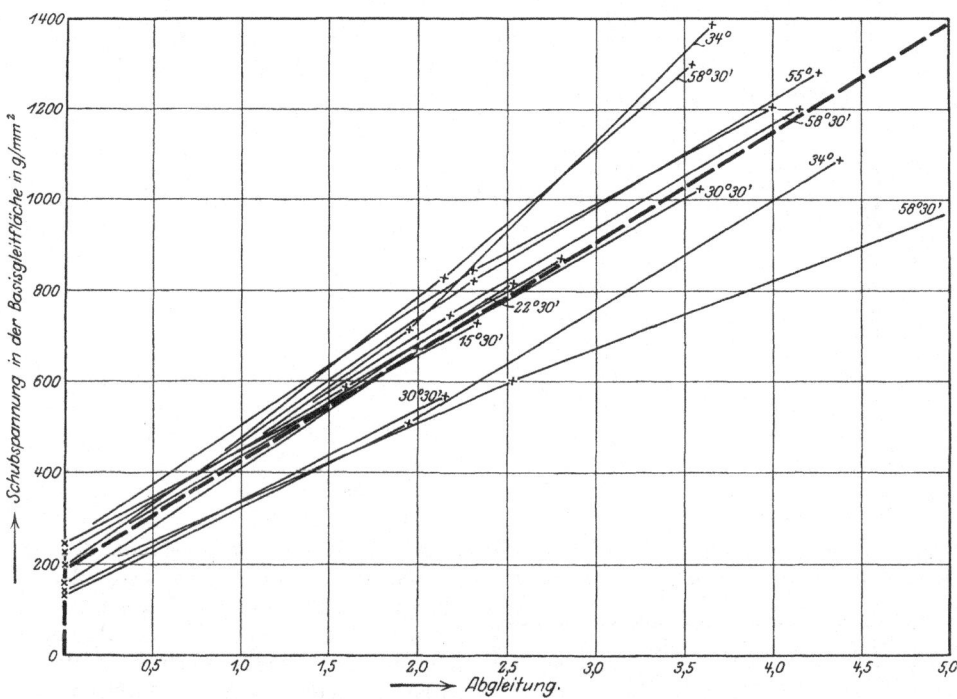

Abb. 293 b. Verfestigungskurven von Zn-Krystallen.

Metallen als Approximation eine gerade Verfestigungskurve gefunden wurde, findet man bei Aluminium und bei einigen anderen bisher untersuchten kubischen flächenzentrierten Metallen (ebenso wie beim rhombischen Naphthalin) eine Parabel

$$\tau^2 = K_1 a . \tag{24}$$

Es ist zu beachten, daß die Verfestigungskurve eines vielkrystallinen Werkstoffes bei Aluminium, im Gegensatz zu den hexagonalen Metallen, mitten zwischen den Kurven der Einkrystalle liegt. Dieser große Unterschied ist zweifellos in der Hauptsache auf die große Anzahl der Gleitungselemente der kubischen Metalle zurückzuführen, die eine leichte Anpassung der äußeren Gestalt der sich verformenden Krystallite an ihre Umgebung gestatten, während die Gleitung eines hexagonalen Metalles auf der Basisebene nur unter der Voraussetzung einer bestimmten äußeren Formänderung möglich ist. Wird diese durch zwangsweise Verknüpfung eines Krystalliten mit seinen Nachbarn verhindert, so wird der plastischen Verformung ein sehr viel größerer Widerstand entgegengesetzt.

In diesem Zusammenhang ist es wichtig darauf hinzuweisen, daß die Verfestigung beim Aluminium bei bestimmten Abgleitungen davon unabhängig ist, ob die Verformung mit einfacher oder mit doppelter Translation stattgefunden hat[1]. Eine gleichzeitige Betätigung von zwei Gleitebenen kann also ohne wesentliche Störungen erfolgen.

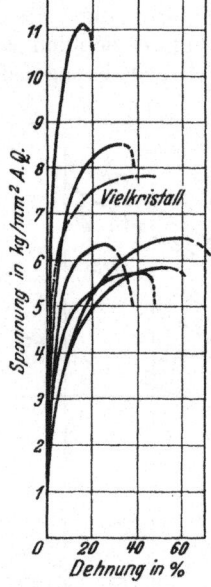

Abb. 294 a. Dehnungskurven von Al-Krystallen.

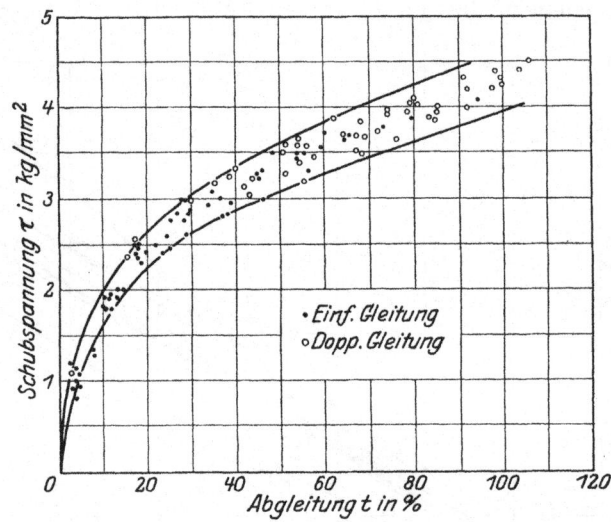

Abb. 294 b. Verfestigungskurven von Al-Krystallen.

Abb. 295 zeigt eine Reihe von Verfestigungskurven verschiedener Einkrystalle bei Zimmertemperatur. Man sieht, daß die gesamte erreichbare Abgleitung bei hexagonalen Metallen auffallenderweise viel größer ist als bei den kubischen flächenzentrierten Metallen. Die Verfestigung der kubischen Metalle ist sehr viel stärker als die der hexagonalen Metalle. Dieser Gegensatz ist nicht nur auf die Unterschiede der Schmelzpunkte zurückzuführen (je niedriger der Schmelzpunkt, desto geringer die Verfestigung), denn auch die beiden Metalle Aluminium mit dem Schmelzpunkt 660° und Magnesium mit dem Schmelzpunkt 650° zeigen den großen Unterschied der Verfestigung.

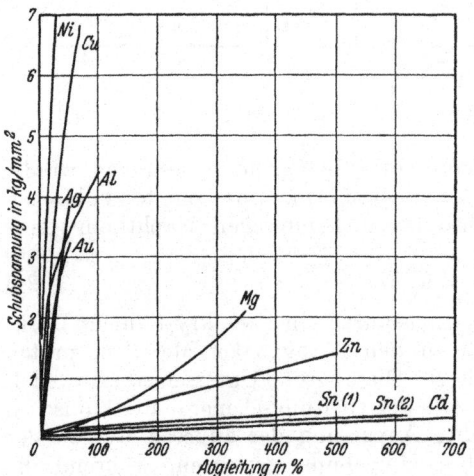

Abb. 295. Verfestigungskurven von Metallkrystallen.

Es ist die Annahme naheliegend, daß bei den kubischen Metallen auch dann, wenn die Translation nach makroskopischen Beobachtungen nach einem Gleitungssystem erfolgt, in Wirklichkeit doch bereits Ansätze der Gleitung auf einem zweiten oder auch dritten Gleitungssystem auftreten, wobei gegen-

---

[1] Hierbei ist die arithmetische Summe der einzelnen Abgleitungen zu nehmen.

seitige Störungen der Gleitung zustandekommen. In einem solchen Zusammenhang ist es auch verständlich, daß die makroskopisch feststellbare gleichzeitige Betätigung zweier Translationssysteme keine wesentliche Verschiebung der Verhältnisse mehr herbeiführt.

b) Temperaturabhängigkeit der kritischen Schubspannung und der Verfestigung.

Die Höhe der kritischen Schubspannung hängt in ziemlich erheblichem Maße von der Temperatur ab. Die Beobachtungen sind zu lückenhaft, um aus ihnen

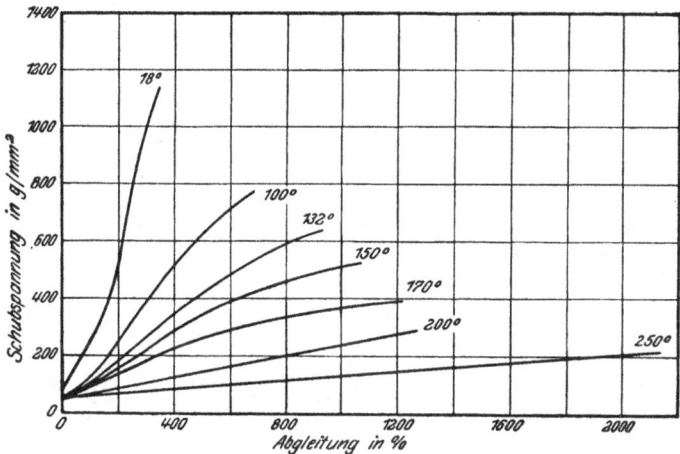

Abb. 296. Dehnungskurven von Zn-Einkrystallen bei den angegebenen Temperaturen in °C (aus SCHMID-BOAS).

eindeutige Zusammenhänge abzuleiten. Wir werden später jedoch sehen, daß sie sich im Rahmen der experimentellen Genauigkeit einem theoretisch abgeleiteten Verlauf erträglich anpassen (S. 374).

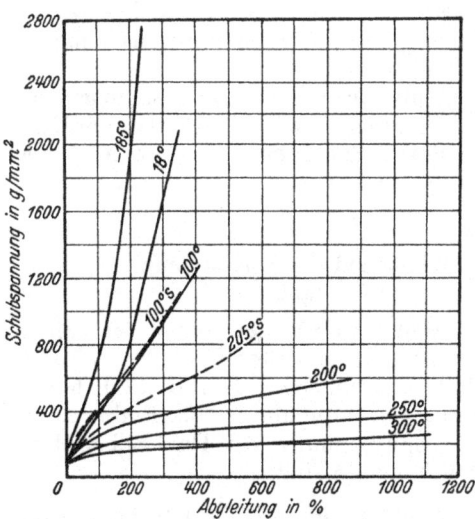

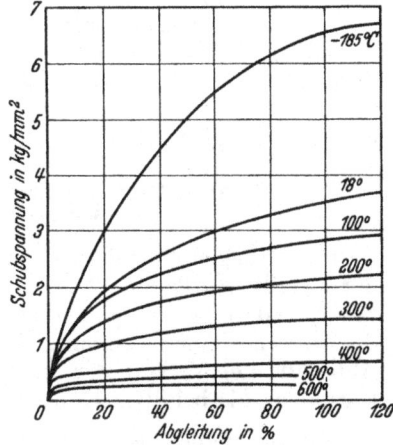

Abb. 297. Dehnungskurven von Mg-Einkrystallen bei den angegebenen Temperaturen in °C (aus SCHMID-BOAS).

Abb. 298. Dehnungskurven der Al-Einkrystalle bei den angegebenen Temperaturen (aus SCHMID-BOAS).

Die Verfestigung der Metalle nimmt mit steigender Temperatur stark ab, wie das die Abb. 296 für Zink, Abb. 297 für Magnesium und Abb. 298 für Alu-

minium zeigen. Das lineare Verfestigungsgesetz gilt für die hexagonalen Metalle
nur in roher Annäherung. Im Rahmen dieser Näherung behalten die Verfestigungskurven bei allen Temperaturen ihren linearen Charakter bei. Ebenso
bleiben die Verfestigungskurven der Aluminiumkrystalle bei allen Temperaturen
Parabeln. Die Temperaturabhängigkeit der Verfestigung kann bei Aluminium

durch den Wert der Konstante $K_1 = \dfrac{\tau^2}{a}$ und beim Zink der Konstanten $K_2 = \dfrac{\tau}{a + K_1}$

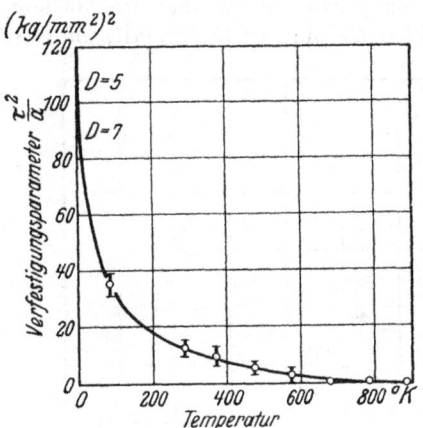

dargestellt werden. Man erhält so
die Kurven Abb. 299a und b. Wir
werden sie noch bei der theoretischen Erörterung der Verfestigung brauchen.

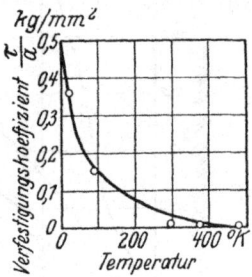

Abb. 299a. Temperaturabhängigkeit des Verfestigungs-
parameters bei Al-Einkrystallen (aus KOCHENDÖRFER).

Abb. 299b. Temperaturabhängigkeit des Ver-
festigungsparameters bei Zn-Einkrystallen
(aus KOCHENDÖRFER).

c) Die Richtungsabhängigkeit der Verfestigung.

Wenn ein Metall plastisch verformt worden ist, so ist die Verfestigung vom
Vorzeichen der Beanspruchung, mit der sie festgestellt wird, unabhängig. So ist
die Elastizitätsgrenze beim Zugversuch nach einer Verfestigung etwa durch
Dehnung ebenso hoch wie die bei einem Stauchversuch festgestellte. Das gilt
aber nur, wenn die bei der plastischen Verformung auftretenden Eigenspannungen
beseitigt werden. Näheres hierüber s. S. 412ff.

Da bei jeder plastischen Verformung unvermeidlich Eigenspannungen entstehen (vgl. S. 390), sind die gemessenen Verfestigungen in der Regel durch Eigenspannungen gefälscht. Um die wahre durch Störungen der Gleitung herbeigeführte Verfestigung zu bestimmen, muß man vorher die Eigenspannungen
eliminieren (vgl. S. 410).

d) Einfluß der Legierungsbildung auf die Verfestigung
bei der plastischen Verformung.

Durch Legierungsbildung tritt eine mehr oder weniger starke Verfestigung
der Metallkrystalle ein. Von Interesse ist hierbei in erster Linie die Aufnahme
von Fremdatomen in das Mischkrystallgitter. Abb. 300 zeigt z. B. die Erhöhung
der kritischen Schubspannung durch Zusatz von Cadmium zu Zink-Einkrystallen,
Abb. 301 den Verlauf der kritischen Schubspannung bei Gold-Silber-Misch-
krystallen, die bei allen Konzentrationen homogen sind.

Der Verlauf der Verfestigung, also die Zunahme der kritischen Schubspannung
mit zunehmender Abgleitung wird durch die im Mischkrystall aufgenommenen
Zusätze sehr viel weniger einheitlich beeinflußt. Abb. 302 zeigt die auf den
Anfangsquerschnitt bezogenen Spannungen in Abhängigkeit von der Dehnung
von Zinkkrystallen, denen verschiedene Beträge von Cadmium zugesetzt worden

sind. Wenn diese Abbildung wegen der unrationellen Bezugsgrößen auch nur einen qualitativen Überblick gestattet, so sieht man doch, daß die Verfestigung durch Zusatz von Cadmium erniedrigt wird, trotzdem die Streckgrenze erhöht wird. Bei Zusatz von Aluminium zu Magnesium wird sowohl die Streckgrenze als

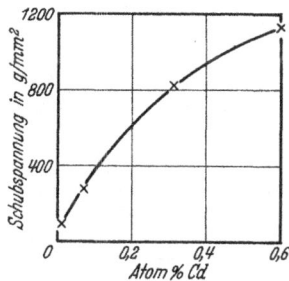

Abb. 300. Einfluß von Cadmium auf die kritische Schubspannung von Zn-Einkrystallen (aus SCHMID-BOAS).

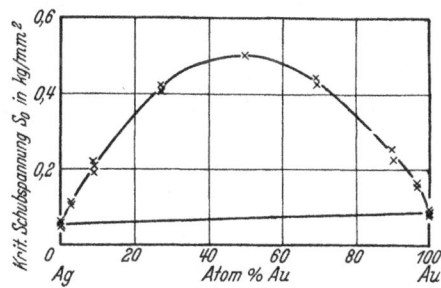

Abb. 301. Kritische Schubspannung bei Ag-Au-Mischkrystallen (aus SCHMID-BOAS).

auch die Verfestigung erhöht. Nach Überschreitung eines Gehaltes von etwa 7 At-% Al wird die Verfestigung wieder geringer (Abb. 303).

Am übersichtlichsten liegen heute die Verhältnisse wohl bei den Legierungen der flächenzentrierten Metalle Gold, Silber und Kupfer. Abb. 304 zeigt die Verfestigungskurve von reinem Kupfer und von Kupfer-Zinklegierungen mit den angegebenen Kupfergehalten. Während die kritische Schub-

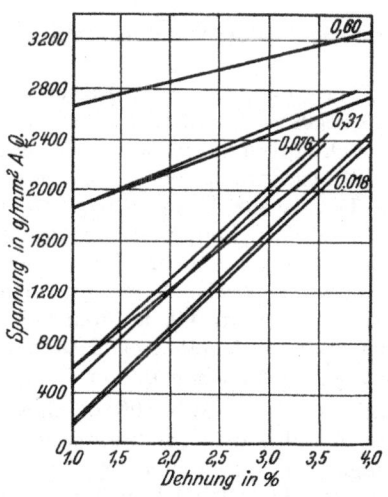

Abb. 302. Dehnungskurven von Zn-Einkrystallen mit dem angegebenen Cd-Gehalten in Prozent (aus SCHMID-BOAS).

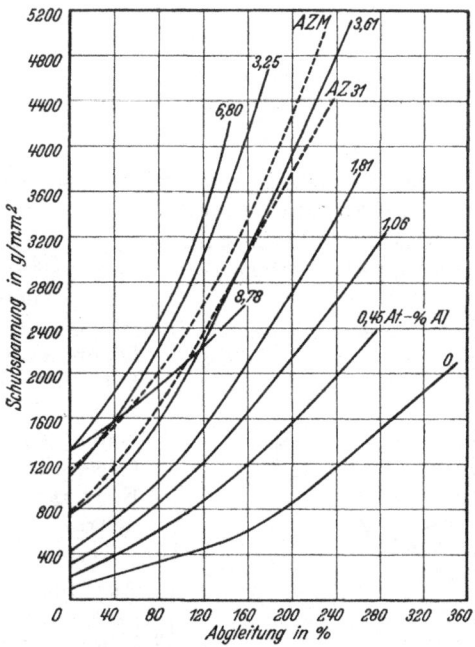

Abb. 303. Dehnungskurven von Mg-Einkrystallen mit Zusätzen von Al im Mischkrystall (aus SCHMID-BOAS).

spannung durch Zusatz von Zink wie erwähnt ansteigt, nimmt umgekehrt die Verfestigung sehr erheblich ab. Ja, es bildet sich ein Gebiet konstanter Schubspannung aus, das beim Messing mit 72% Cu sich beinahe über 20% erstreckt. Diese Erscheinung tritt des öfteren bei Mischkrystallen auf. Abb. 305 zeigt die Verfestigung einer Legierung der Zusammensetzung AuCu$_3$; im von hohen Tempe-

raturen abgeschreckten Zustand handelt es sich hier um einen Mischkrystall mit
ungeordneter Verteilung der Atome im Raumgitter. Wie man sieht, zeigt die
Verfestigungskurve bis etwa 40% Abgleitung nur einen geringen Anstieg. Nach
dem Anlassen bei 325° weist dieser Misch-
krystall eine geordnete Atomverteilung
auf. Die kritische Schubspannung ist
niedriger geworden, und die Verfestigungskurve nähert sich ihrem Charakter nach
derjenigen der reinen Metalle Gold oder
Kupfer.

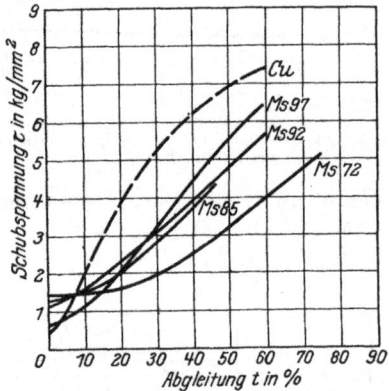

Abb. 304. Verfestigungskurven von α-Messing-Einkry-
stallen mit angegebenem Cu-Gehalt (aus SCHMID-BOAS).

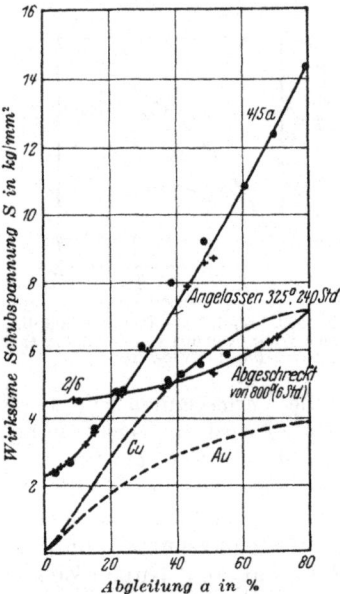

Abb. 305. Verfestigungskurven
von AuCu₃-Einkrystallen (aus SCHMID-BOAS).

Das Silber zeigt eigenartigerweise eine Verfestigungskurve, die an diejenige
der Mischkrystalle erinnert.

Das 72 er Messing zeigt im Gegensatz zu Kupfer folgende Eigenart. Das zuerst
in Tätigkeit getretene Translationssystem betätigt sich weiterhin allein, nachdem
durch Änderung der Orientierung ein zweites System
bereits dieselbe Schubspannung oder sogar eine
höhere aufweist. Das zweite Translationssystem
tritt erst verspätet in Tätigkeit, und die Orientierung des Krystalles gleitet dann in eine zu den
beiden Gleitungen symmetrische Lage ein. Im
Gegensatz dazu tritt das zweite Gleitsystem beim
Kupferkrystall sofort in Tätigkeit, sobald es geometrisch ebenso begünstigt ist wie das erste.

Diese Verhältnisse sind in Abb. 306 in einem
Ausschnitt der stereographischen Projektion wiedergegeben. Die beiden in Frage kommenden Translationssysteme weisen die Gleitrichtungen (011)
und (101) auf. Bei der Betätigung eines dieser
Systeme strebt die Achse des gedehnten Krystall-
stabes dem entsprechenden Pol zu. Bei reinem

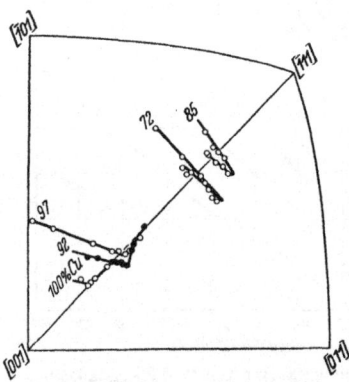

Abb. 306. Wirksame und latente Gleitungen bei Kupfer- und α-Messing-
Mischkrystallen (aus SCHMID-BOAS).

Kupfer bewegt sie sich also, wie die kurze ausgezogene Linie zeigt, in Richtung
auf den (011)-Pol. Sofort bei Erreichung der horizontalen Symmetrielinie tritt
auch das zweite System mit der Gleitrichtung (101) in Tätigkeit, und die Achse
bewegt sich auf der Symmetrielinie. Beim Messing bewegt sich die Achse zwar

zuerst wieder in Richtung auf den (011)-Pol (in der stereographischen Projektion auf einem großen Kreise); die Symmetrale wird in diesem Falle jedoch ziemlich weitgehend überschritten, ehe auch die zweite Translation beginnt. Die Ursache dieses Verhaltens ist noch durchaus ungeklärt.

B. Atomistische Theorie der Gleitung und der Verfestigung.

1. Begriff der Versetzung und der Versetzungslinie.

Die erste Frage, die bei der Erörterung der Gleitung beantwortet werden muß, ist: Wie ist die Entstehung einer Translationsebene und das Einsetzen einer Translation atomistisch zu verstehen? Eine solche Translation kann nicht gleichzeitig über eine lange Strecke hin entstehen, denn dazu wären gleichzeitige Verschiebungen einer sehr großen Anzahl von Atomen über labile Zwischenlagen sehr hoher Energie notwendig, die, wie auch die Natur der auf den Körper einwirkenden äußeren Kraft sei, wegen der hierzu insgesamt erforderlichen außerordentlich hohen Spannungsenergie unverständlich wären. Eine Gleitung muß vielmehr an irgendeiner Stelle „starten", um sich dann wie eine Welle fortzupflanzen. Wir werden im Verlaufe der weiteren Erörterung sehen, daß ein solcher Vorgang energetisch viel günstiger ist.

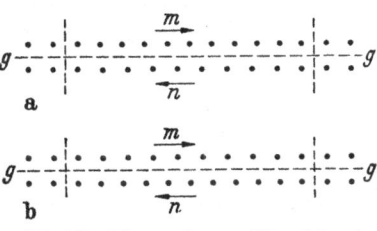

Abb. 307. Schema einer positiven (a) und einer negativen (b) Versetzung.

Für diesen Vorgang einer Translation hat man heute die Vorstellung einer *Versetzung* (Abb. 307), die in folgendem besteht[1]. gg sei die Gleitfläche, mn das Kräftepaar, das die Translation bewirkt, wobei der Krystall oberhalb von gg sich nach rechts und unterhalb von gg nach links verschiebt. Auf einer kleinen Strecke, die nur wenige Atome zu umfassen braucht, entspricht die Zahl der Atome oberhalb von gg um ein Atom nicht der entsprechenden Anzahl der Atome im Krystallteil unterhalb von gg. Die Zahl der Atome kann oben größer (Abb. 307 a) oder kleiner sein (Abb. 307 b). Eine derartige Versetzung stellt eine Störung des Raumgitters dar. Sie wirkt sich auch auf die tiefer und höher liegenden Atomreihen aus und ruft dort innere Spannungen und eine Krümmung des Raumgitters und der Gleitebene an der in Frage kommenden Stelle hervor. Sie bedingt eine erhebliche Energieanhäufung, da die Atome, die sich von beiden Seiten der Gleitebene gegenüberliegen, von ihren Gleichgewichtslagen weit entfernt sind, wodurch eine elastische Verspannung des Raumgitters von hoher Energie entsteht. Die in Abb. 307a dargestellte Versetzung bezeichnen wir als eine *positive*, die in Abb. 307b wiedergegebene als eine *negative*. Die positive Versetzung kann dadurch entstanden sein, daß im linken Raumgitterteil links oberhalb der Gleitebene gg eine Verschiebung der Atome nach rechts um einen Atomabstand stattgefunden hat. Hier hat also schon die Gleitung eingesetzt. Sie pflanzt sich fort, indem die Versetzung weiter nach rechts wandert, bis sie den Rand des Krystalles oder ein Hindernis erreicht. Dann hat auf dem ganzen Wege, den die Versetzung durchlaufen hat, eine Translation um einen Atomabstand stattgefunden.

---

[1] POLANYI, M.: Z. Physik 89 (1934), 660. — TAYLOR, G. J.: Proc. roy. Soc. London 145 (1934), 362.

Im Falle der negativen Versetzung Abb. 307b muß man umgekehrt annehmen, daß die Translation rechts begonnen hat und daß die Versetzung beim Fortschreiten der Translation nach links wandert.

Zwischen einer positiven und einer negativen Versetzung besteht physikalisch kein Unterschied.

Nach Abschluß einer solchen Translation, wenn sie etwa einen ganzen Krystall durchläuft, ist das Raumgitter wieder unversehrt, nur die äußere Gestalt des Krystalles hat sich etwas geändert.

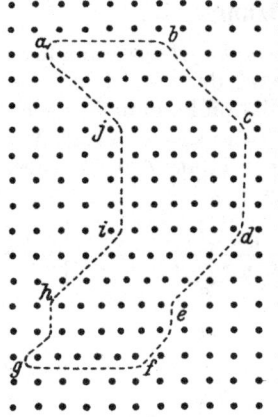

Abb. 308. Atomanordnung in einer Versetzungslinie (schematisch).

Bei der Gleitung bilden sich nicht nur einzelne Versetzungen, also Verdichtungen und Verdünnungen der Atomanordnung einzelner Atomketten, sondern es bilden sich Gleitebenen aus. Das bedeutet, daß Gruppen von Versetzungen entstehen, die in der zur Ebene des Papiers senkrechten Ebene gg (Abb. 307) liegen. Das Hindurchwandern nur einer Versetzung durch das Raumgitter ist energetisch ungünstig, da hiermit Atomverschiebungen nicht nur gegenüber den Atomketten unterhalb der Linie gg, sondern auch gegenüber den seitlich von ihr liegenden Atomketten entstehen würden. Eine Versetzung entsteht eben nicht allein, sondern sie „schleppt“ gleich eine gewisse Zahl von anderen Versetzungen mit sich („*Versetzungslinie*“ nach A. KOCHENDÖRFER). Wenn man die erste Ebene oberhalb der Linie gg (Abb. 307) betrachtet, ergibt sich in Aufsicht wahrscheinlich das in Abb. 308 dargestellte Bild. Die Versetzungen bilden und bewegen sich in Gruppen, die in den Gleitebenen liegen. Eine solche Gruppe stellt die von der Kurve $abcdefghij$ begrenzte Fläche dar.

Abb. 309. Gestalt einer Versetzungslinie, Schema.

Man sieht in Abb. 308 sofort, daß die Energie der Versetzungslinie in den Teilen $abcj$ und $ideh$ größer als im Teil $jcdi$ ist, da die Anordnungen der benachbarten Versetzungen in den ersteren gestört sind. Der Versetzungslinie kommt also eine Art „Oberflächenenergie“ und „Oberflächenspannung“ zu, die bestrebt ist, eine Versetzungslinie senkrecht zur Translationsrichtung auszurichten. Eine Versetzung, die sich gebildet hat bzw. in Bewegung gekommen ist, hat also das Bestreben, benachbarte Versetzungen mitzuschleppen. Für ihre Mitbewegung ist eine geringere Energie erforderlich als für die Bildung oder Bewegung der „führenden“ Versetzung. Es entsteht so nach Art einer Kettenreaktion eine „Versetzungslawine“, wie sie grob schematisch in Aufsicht in Abb. 309 wiedergegeben ist.

Wenn wir im weiteren von Versetzungen sprechen, so ist immer zu berücksichtigen, daß eigentlich das Verhalten von Versetzungslinien maßgebend ist.

Wie eine Versetzung, so stellt auch eine Versetzungslinie immer eine Anhäufung der Energie im Krystall dar, da eine Reihe von Atomen ihren Nachbarn gegenüber in verzerrten Lagen ist, insbesondere in der benachbarten Gleitebene. Zu ihrer Bildung ist also eine Energiezufuhr erforderlich. Bei der ungestörten Parallelwanderung der Versetzungslinie ändert sich zwar ihr Energiegehalt in ihren Gleichgewichtslagen nicht, da die Energieanhäufung nur ihre Lage im Krystall verändert. Ihre Wanderung erfordert indessen auch eine Aktivierungsenergie, da hierbei energiereichere Zwischenlagen durchlaufen werden.

Wir nehmen an, daß eine Versetzungslinie sich nicht über die ganze Breite des Mosaikblocks erstreckt, sondern daß nur der rechte Teil des Mosaikblockes eine Translation erlitten hat, während sie im linken noch nicht eingesetzt hat, wie das schematisch in Abb. 310A in Aufsicht auf die Gleitebene dargestellt ist. ab ist eine Versetzungslinie, die bei der Translation in der Richtung des Pfeiles die Strecke $da - cb$ durchlaufen hat. Der über dem Teil $dabc$ der Gleitebene liegende Teil des Krystalles hat also eine Verschiebung in der Pfeilrichtung um einen Netzebenenabstand erfahren, während in dem Teil $abgfeda$ die Gleitung noch nicht eingesetzt hat. An der Grenze da, die wir als senkrecht zur Versetzungslinie liegend denken, entsteht ein eigenartiger Verspannungszustand, den wir betrachten wollen.

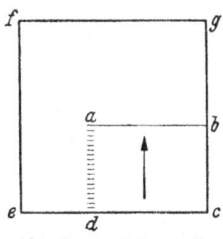

Abb. 310 A. Schema der seitlichen Begrenzung eines Gebietes, das eine Gleitung um einen Atomabstand erlitten hat. (ad: Schraubenversetzung).

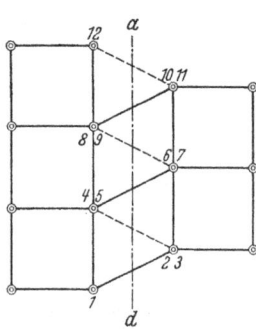

Abb. 310.B. Gestörte Zone an der Schraubenversetzung ad der Abb. 309, in grober Schematisierung.

Eine ganz grobe Skizze der Verhältnisse ist in Abb. 310B dargestellt, die wiederum eine Aufsicht auf die Gleitebene wiedergibt. Die großen Kreise stellen die Atome oberhalb der Ebene des Papiers (der Gleitebene), die kleinen die Atome unterhalb der Gleitebene dar. Rechts von da haben die ersteren eine Verschiebung um einen Atomabstand (in der Abbildung nach oben) erfahren. Sie sind bestrebt, die mit ihnen im Raumgitter gekoppelten Atome des linken Teiles mitzunehmen. Da der unter der Papierebene liegende tiefere Teil des linken Teiles mit dem unteren Teil des rechten Teiles, der *keine* Verschiebung erlitten hat, gekoppelt ist, wird der linke Teil des Raumgitters daran verhindert, die Bewegung des rechten oberen Teils mitzumachen und wird auf halbem Wege festgehalten. Die schrägen, die Linie da kreuzenden Linien stellen die zur Papierebene parallelen Verbindungslinien dar, die aus zu da vor der Glei-

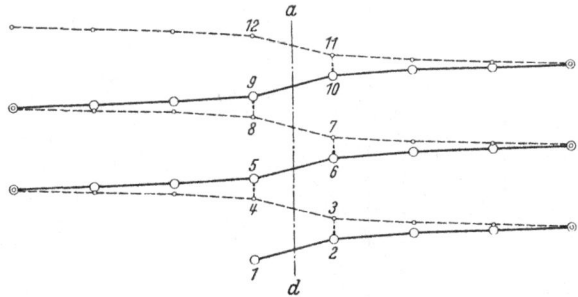

Abb. 310 C. Wie Abb. 310 B, jedoch unter Berücksichtigung der Verlagerung der anliegenden Atome.

tung senkrecht gewesenen Gittergeraden entstanden sind, und zwar die voll ausgezogenen für den oberen und die gestrichelten für den unteren Teil des Raumgitters. Der linke Teil des Raumgitters ist der unteren rechten Hälfte gegenüber vorgeeilt und ist hinter der oberen Hälfte zurückgeblieben.

Abb. 310 B ist insofern ganz inkorrekt, als sie die Verzerrung zwischen dem oberen und dem unteren Teil, die dadurch entsteht, daß der untere linke Teil den oberen am Mitgehen mit dem oberen rechten Teil hindert und ähnlich daß der obere rechte Teil durch den linken zurückgehalten, der untere rechte Teil dahingegen in der Richtung des Pfeiles vorangetrieben wird, vernachlässigt. Diese Verzerrungen sind in Abb. 310 C berücksichtigt. Die unteren Atome der linken Hälfte sind gegenüber den über ihnen liegenden Gitternachbarn zurückgeblieben, für die Atome der rechten Hälfte gilt das umgekehrte. Die Verzerrung beschränkt sich nicht auf die ersten Nachbarn der Grenze da, wie das in Abbildung 310C auch angedeutet ist. Es sei bemerkt, daß die Verzerrungen abklingend auch in den weiteren Ebenen oberhalb und unterhalb der Gleitebene bestehen.

Wie man sieht, liegen die Atome 1—12 in Abb. 310C auf einer in Richtung da laufenden Rechtsschraube, wie das noch einmal in Abb. 310D angedeutet ist.

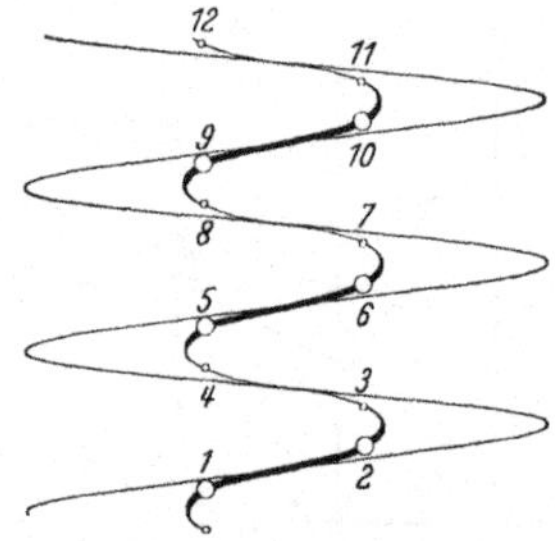

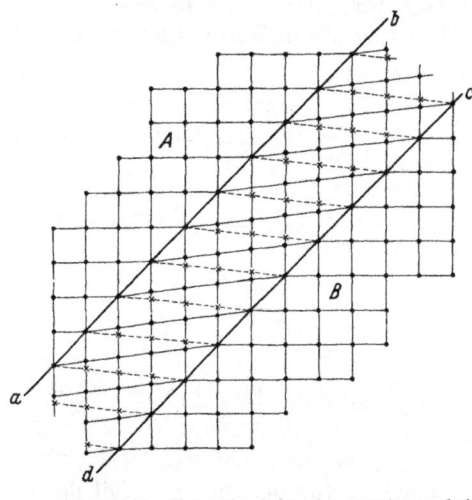

Abb. 310D. Darstellung der Störungszone bei $a\,d$ Abb. 310C als Schraubenversetzung.

Auch für die weiter von der Linie da abliegenden Atome ergeben sich ähnliche schraubenförmige Verzerrungen mit gleicher Ganghöhe.

Die beschriebene Störungslinie da hat eine ähnliche Bedeutung wie die Versetzung ab (Abb. 310 A). Sie grenzt wie diese ein Gebiet, in dem ein Gleitschritt stattgefunden hat, von demjenigen ab, in welchem noch keine Gleitung erfolgt ist. Man sieht auch sofort, daß eine Bewegung der Linie da nach links ein Fortschreiten der Gleitung in der Richtung da bedeutet. Deshalb wird die an der Linie da bestehende Störung als *Schraubenversetzung* (screw-dislocation) bezeichnet. Im Gegensatz dazu bezeichnen wir die früher besprochene Versetzung als *Stufenversetzung* (edge dislocation).

Eine Gleitung in der Richtung des Pfeiles um einen Gitterabstand im Mosaikblock $efgc$ kann grundsätzlich auf zweierlei Art zustande kommen, entweder durch Bewegung einer *Stufenversetzung* von ec nach oben bis fg, oder durch Bewegung der *Schraubenversetzung* cg von rechts bei cg bis ef. In beiden Fällen kann außerdem zwischen einer *positiven* und einer *negativen* Versetzung unterschieden werden.

Die Existenz von Schraubenversetzungen, die am Rande von Stufenversetzungen auftreten müssen, ist zuerst von J. M. BURGERS aufgezeigt worden[1]. Ihre besondere Bedeutung ergibt sich daraus, daß ähnliche Störungen immer auftreten, wenn die Versetzungslinie nicht senkrecht zur Gleitrichtung ist, wie das z. B. für jede gewellte Umsetzungslinie gilt (vgl. Abb. 309).

In Abb. 310E ist in einer ähnlich rohen Näherung wie in Abb. 310B eine unter einem Winkel von 45° zur Gleitrichtung liegende Versetzungslinie in Aufsicht auf die Gleitebene dargestellt. In Teil A hat noch keine Gleitung stattgefunden, im Teil B hat sich ein Gleitschritt vollzogen, so daß die durch Punkte wiedergegebenen Atome *oberhalb* der Papierebene sich um einen Atomabstand gegenüber den *darunter* liegenden verschoben haben. Dazwischen liegt die Versetzungslinie $abcd$. Die Atome des Teiles A sind gegenüber dem Teil B oberhalb der Gleitebene um einen halben Gitterabstand *zurückgeblieben*, unterhalb der Gleitebene gegenüber dem Teil B um einen halben Gitterabstand *vorgeeilt*. Daraus ergibt sich in etwa die für

Abb. 310E. Verzerrte Schraubenversetzung bei schräger Lage zur Gleitrichtung, schematisch.

---

[1] BURGERS, J. M.: Proc. kon. nederl. Akad. Wet. **42** (1939), 293, 378.

die oberen Atome durch Punkte und für die unteren Atome durch Kreuze angedeutete Anordnung analog einer gestörten Spirale oder Schraube.

Im weiteren wollen wir uns nur mit den eingehender theoretisch durchgearbeiteten Stufenversetzungen beschäftigen. Hierbei wird sowohl die Bildung wie auch die Wanderung der Versetzungen zu behandeln sein.

2. Geschwindigkeit der Bildung und Wanderung von Versetzungen.

Wenn ein Körper unter dem Einfluß von äußeren Kräften Formänderungen erleidet, so wird man erwarten, daß die Geschwindigkeit dieser Formänderungen von der Größe der äußeren Kräfte abhängt. Einfache Zusammenhänge dieser Art bestehen z. B., wenn eine zähe Flüssigkeit, also auch ein noch plastischer amorpher Körper etwa durch eine Röhre gepreßt wird. Bei unserer bisherigen Erörterung der Dehnungskurve auf S. 334 ff. haben wir diese Zusammenhänge unberücksichtigt gelassen und stillschweigend angenommen, daß bei der Überschreitung einer gewissen Spannungsgrenze — der Elastizitätsgrenze — die plastische Deformation einsetzt, während sie bei niedrigeren Beanspruchungen überhaupt nicht eintritt. Diese Betrachtungsweise hat eine gewisse Stütze in der Erfahrung insofern, als bei der praktischen Durchführung des Dehnungs- und Zerreißversuches der Einfluß der Dehnungsgeschwindigkeit auf die Werte der zugehörigen Spannungen bei mäßigen Änderungen der ersteren meistens zu vernachlässigen ist. Wir werden gleich sehen, daß diese Betrachtung nur in erster Näherung zulässig ist und daß man grundsätzlich einen Einfluß der Verformungsgeschwindigkeit auf die auftretenden Spannungen zu erwarten hat.

Wir betrachten nun die Bildung oder Wanderung von Versetzungslinien genauer und wenden auf sie dieselben Überlegungen an, die wir über die Geschwindigkeit der chemischen Reaktionen angestellt haben (S. 7). Der Bruchteil der Atome, die mindestens eine thermische Energie U_g besitzen, ist bei größeren Werten von U_g annähernd

$$e^{-\frac{U_g}{kT}}. \tag{25}$$

Unter sonst gleichen Umständen ist die Zahl der pro Zeiteinheit gebildeten Versetzungslinien oder die Zahl ihrer Wanderungsschritte und damit die Geschwindigkeit der Translation v diesem Ausdruck proportional, wenn U_g die für die Bildung oder für einen Wanderungsschritt ohne äußere Spannung erforderliche Energie ist:

$$v = K e^{-\frac{U_g}{kT}} \tag{26}$$

Wenn U_g sich nach dem Hookeschen Gesetz als elastische Energie berechnen läßt, ist sie gleich $\frac{V \tau_0^2}{2G}$, wo τ_0 die von dieser Energie zu überwindende Scherspannung, V das Volumen der Versetzungslinie und G der Schubmodul ist[1]. Wenn der Körper unter einer äußeren Spannung τ_a steht, braucht zur Aufbringung der notwendigen Energie nur die Spannung $\tau_0 - \tau_a$ und die Aktivierungsenergie $\frac{V(\tau_0 - \tau_a)^2}{2G}$ aufgebracht zu werden. Für die Verformungsgeschwindigkeit v erhalten wir daher:

$$v = K e^{-\frac{V(\tau_0 - \tau_a)^2}{2GkT}} = K e^{-\frac{U_g}{kT}\left(1 - \frac{\tau_a}{\tau_0}\right)^2}. \tag{27}$$

Die Erfahrung lehrt, daß $\tau_0 \approx 2,4\,\tau_a$ ist.

---

[1] Auf Grund des Hookeschen Gesetzes ist $U_g = V \int\limits_0^{a_0} \tau\, da = V \int\limits_0^{\tau_0} \frac{\tau\, d\tau}{G} = \frac{V \tau_0^2}{2G}$, wo a die Abgleitung ist.

Wenn diese Gleichung auf die Versetzungsbildung angewandt wird, muß die Bedeutung von τ_0, V und U_g erörtert werden. Es ist die Auffassung vertreten worden, daß τ_0 die kritische Schubspannung τ_g bedeutet, die notwendig ist, um die Gleitung in einem idealen Raumgitter herbeizuführen. Diese Größe kann theoretisch berechnet werden. Sie liegt in der Größenordnung von 500 kg/mm², ist also um das Hundert- bis Tausendfache größer als die experimentelle Spannung τ_a, bei der die plasticshe Deformation tatsächlich stattfindet. Hieraus würde sich im Widerspruch mit der Erfahrung (vgl. nächsten Abschnitt) ein verschwindend kleiner Einfluß der Spannung auf die plastische Deformation ergeben. Die so entstehende Schwierigkeit behebt man, indem man τ_a mit einem Faktor q multipliziert, den man als Kerbwirkungsfaktor interpretiert. Bekanntlich findet im Grunde einer Kerbe eine Spannungskonzentration statt (Abb. 311). Man erhält so die Formel

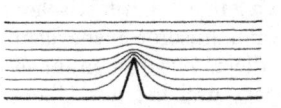

Abb. 311. Schema einer Kerbe.

$$v = K\,e^{-\dfrac{U_g}{kT}\left(1 - \dfrac{q\tau_a}{\tau_g}\right)^2}. \tag{28}$$

Es ist jedoch kaum möglich zu verstehen, wieso ein Kerbwirkungsfaktor in der Größenordnung von 100—1000 entstehen kann. Diese Auffassung ist fernerhin insofern inkonsequent, als U_g für den betrachteten Vorgang nicht die Aktivierungsenergie der Versetzungsbildung in einem ungestörten Raumgitter sein kann, da das Raumgitter ja durch die Kerbe gestört ist.

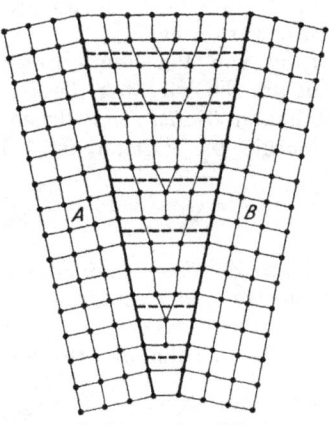

Abb. 311 A. Schema einer Störungszone an der Berührungsfläche zweier Mosaikblöcke A und B mit vorgebildeten Versetzungen, schematisch.

Man kann die Gl. (28) deshalb auch so interpretieren, daß nicht nur τ_a erhöht, sondern auch τ_g infolge von Gitterstörungen um das $\sqrt{q}$ fache erniedrigt ist. Dann muß auch im Ausdruck

$$U_g = \frac{V\tau_g{}^2}{2G} \tag{29}$$

τ_g entsprechend erniedrigt und V um das q fache vergrößert sein, da U_g eine aus der Temperaturabhängigkeit der plastischen Verformungsgeschwindigkeit (bei $\tau_a = $ const) experimentell ermittelte und demnach feststehende Größe bedeutet.

R. PEIERLS[1] hat berechnet, daß für die Wanderung der Versetzung in einem idealen Raumgitter eine Aktivierungsenergie in der Größenordnung der experimentellen Spannungsgrößen der plastischen Deformation erforderlich ist.

Wenn die experimentell erfaßte Gleitgeschwindigkeit auf den Vorgang der Wanderung zurückzuführen ist, ist es nicht nötig, in (27) einen Kerbwirkungsfaktor einzuführen; hierbei muß dann angenommen werden, daß die Entstehung von Versetzungen sehr leicht erfolgt.

Was nun diese betrifft, so ist sie innerhalb eines ungestörten Raumgitters nicht anzunehmen, schon weil eine durch einen Atomsprung bis in die nächste Atomlage gebildete Versetzung sich sofort wieder zurückbilden würde. Es ist anzunehmen, daß die Versetzungen am Krystallrand oder an der Oberfläche der Mosaikblöcke entstehen. Für die letzteren wird angenommen, daß sie gegenseitig etwas fehlorientiert sind. Es ergibt sich die in Abb. 311 A

---

[1] PEIERLS, R.: Proc. phys. Soc. **52** (1940), 34.

schematisch wiedergegebene Anordnung, in der, wie man sieht, bereits Störungen nach Art der Versetzungen vorgebildet sind. Es wird deshalb nur einer geringen Energie bzw. Spannung bedürfen, um hier eine Versetzung oder Versetzungslinie entstehen zu lassen (vgl. S. 33).

Bei der plastischen Deformation treten die beiden Vorgänge der Versetzungsbildung und ihrer Wanderung hintereinander auf. Hinsichtlich ihrer Wechselwirkung kann man zwei Grenzfälle unterscheiden. Wenn die Versetzungsbildung einer wesentlich höheren Aktivierungsenergie bedarf als ihre Wanderung, wird jede Versetzung die ihr zur Verfügung stehende freie Wegstrecke (bis zu einem Hindernis, also einem Krystallbaufehler, Mosaikrand oder einer Krystallgrenze) sehr schnell durchlaufen. Wenn die mittlere Zeit zwischen zwei Bildungsereignissen einer Versetzung am Block- oder Krystallrande wesentlich größer ist, als die zur Durchwanderung des Mosaikblockes gebrauchte Zeit, wird die Deformationsgeschwindigkeit praktisch durch die Bildungsgeschwindigkeit der Versetzungen bestimmt sein, auf die Gl. (27) anzuwenden ist. Ist umgekehrt die Wanderung der Versetzungen der trägere Vorgang, so daß am Rande des Mosaikblockes jeweils ein Vorrat von fertigen oder beinahe fertigen Versetzungen vorhanden ist, von denen nur einige nach Zufuhr einer höheren Aktivierungsenergie zu wandern beginnen, so ist die Deformationsgeschwindigkeit praktisch durch die Wanderungsgeschwindigkeit bestimmt, und auf diese ist Gl. (27) anzuwenden.

Den ersten Standpunkt nimmt neben E. OROWAN vor allen Dingen A. KOCHENDÖRFER[1] ein. Es entsteht hierbei die Schwierigkeit mit dem Kerbfaktor. Den zweiten Standpunkt nimmt z. B. N. F. MOTT ein. Wahrscheinlich liegen die Verhältnisse in Wirklichkeit komplizierter, und die Deformationsgeschwindigkeit wird durch beide Vorgänge bestimmt. Wendet man Gl. (27) auf eine experimentell beobachtete Deformation an, so handelt es sich bei den in ihr auftretenden Größen um Mittelwerte für mehrere ineinander greifende Vorgänge. Hierbei ist zu bedenken, daß die Aktivierungsenergie der Versetzungsbildung nicht wie bei einer chemischen Reaktion eine feststehende Größe ist, sondern von Ort zu Ort und von Mosaikblock zu Mosaikblock schwankt. Die Versetzungsbildung wird stark bevorzugt dort auftreten, wo die Aktivierungsenergie am niedrigsten ist. Aber auch an Stellen erschwerter Versetzungsbildung wird eine solche zuweilen eintreten.

3. Vergleich mit der Erfahrung.

Gl. (27) gilt nur für größere Werte von τ_a. Wenn sich τ_a der Null nähert, muß zur Berücksichtigung von sog. Gegenschwankungen dieser Ausdruck durch ein zweites Glied ergänzt werden. Dies bewirkt z. B. das Verschwinden der Fließgeschwindigkeit für die Spannung Null, während Gl. (27) dafür einen endlichen Wert angibt. Jedoch soll hier nicht weiter darauf eingegangen werden[2].

Zunächst ergibt sich aus Gl. (26) mit diesen Ergänzungen für die Abhängigkeit der Deformationsgeschwindigkeit v von der äußeren Spannung τ_a bei konstanter Temperatur eine Kurve nach Art der Abb. 311 B. Oberhalb eines gewissen Schwellenwertes steigt v mit τ_a außerordentlich schnell an. Hieraus folgt die allgemein bekannte experimentelle Tatsache der technischen Festigkeitsprüfung, daß die gemessenen Spannungsgrößen meistens kaum durch die Deformationsgeschwindigkeit beeinflußt werden. Das gilt allerdings ziemlich

Abb. 311 B. Schema der Geschwindigkeitsabhängigkeit der Spannung nach dem Ansatz von R. BECKER.

---

[1] KOCHENDÖRFER, A.: Plastische Eigenschaften, S. 6 ff.
[2] OROWAN, E.: Z. Phys. **98** (1936), 382; A. KOCHENDÖRFER: l. c. S. 81 ff.

genau nur im Gebiet der ausgesprochenen Kaltverformung, z. B. für Stähle oder für die meisten Kupferlegierungen, nicht jedoch für reines Kupfer oder für reinstes Eisen. Bei diesen Metallen rückt die Grenze der Warmreckung bereits zu nahe an die Zimmertemperatur. Der Ansatz (28) kann quantitativ mit der Erfahrung verglichen werden, wenn man bedenkt, daß der Einfluß der Geschwindigkeit im Rahmen der praktischen Dehnungsversuche auf den Wert von τ_a nur sehr gering ist. Wir können also die in der Literatur vorhandenen Werte der kritischen Spannung τ_a bei verschiedenen Temperaturen als bei konstanter Geschwindigkeit v bestimmt betrachten. Dann erhalten wir aber auch aus (28)

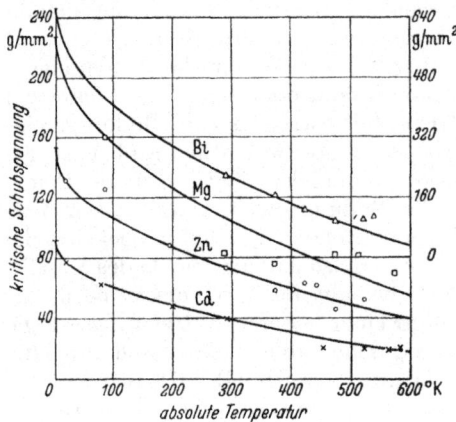

Abb. 311 C. Temperaturabhängigkeit der kritischen Schubspannung (der rechte Ordinatenmeßstab gilt für Bi) (aus A. KOCHENDÖRFER).

$$\frac{1}{T}\left(1 - \frac{\tau_a}{\tau_0}\right)^2 = \text{const} = \beta^2 \qquad (30)$$

$$\tau_a = \tau_0 \left(1 - \beta \sqrt{T}\right). \qquad (31)$$

Abb. 311 C zeigt, daß (31) mit passend gewählten Werten der Konstanten τ_0 und β die experimentellen Ergebnisse, soweit die sehr spärlichen Angaben reichen, gut wiedergibt. Die Werte dieser Konstanten sowie des temperaturabhängigen Quotienten $\dfrac{\tau_a}{\tau_0}$ für 291° sind für einige Metalle nach A. KOCHENDÖRFER in Tab. 60 zusammengestellt.

Tabelle 60. Konstanten der kritischen Schubspannung in g/mm² bei verschiedenen Temperaturen für einige Metalle.

Metalle	β	τ_0	$\dfrac{\tau_a}{\tau_0}$ (291°)	τ_a (291°)
Zn	0,030	155	0,49	75
Cd	0,033	92	0,44	40
Bi	0,039	321	0,32	135
W	0,035		0,40	

Zur Bestimmung der Aktivierungsenergie U_g muß man, ähnlich wie bei den chemischen Reaktionen, den Temperaturkoeffizienten der Verformungsgeschwindigkeit v, diesmal bei konstanter kritischer Spannung τ_a bestimmen. Im Gegensatz zur Bestimmung der Temperaturabhängigkeit der kritischen Schubspannung muß man hierbei die Verformungsgeschwindigkeiten genau messen. Zur Durchführung dieser Rechnung logarithmieren wir (27) und differenzieren bei konstantem τ_a nach der Temperatur:

$$\ln v = \ln K - \frac{U_g}{kT}\left(1 - \frac{\tau_a}{\tau_0}\right)^2 \qquad (32)$$

$$\left(\frac{d \ln v}{dT}\right)_{\tau_a} = \frac{1}{v}\left(\frac{dv}{dT}\right)_{\tau_a} = \frac{U_g}{kT^2}\left(1 - \frac{\tau_a}{\tau_0}\right)^2 = \frac{1}{T}\ln\frac{K}{v}. \qquad (33)$$

Indem man v bei zwei benachbarten Temperaturen mißt, kann man aus (33) K und damit aus (32) $\frac{U_g}{k}$ berechnen. Man erhält so als Mittelwert aus einigen Messungen an denselben Metallen wie in der Tab. 60

$$\frac{K}{v} \sim 4{,}8 \cdot 10^{12} \qquad U_g \sim 50\,000 \text{ cal/Mol} \qquad (34)$$

$$\ln \frac{K}{v} \sim \ln 4{,}8 \cdot 10^{12} = \; \sim 29 \; = \frac{T}{v} \cdot \frac{dv}{dT}. \qquad (35)$$

Der Temperaturkoeffizient der Fließgeschwindigkeit bei konstantem τ_a ist etwa 0,1. Die Fließgeschwindigkeit entzieht sich jedoch meistens wegen der mit der plastischen Verformung einhergehenden Verfestigung der unmittelbaren Beobachtung.

Wohl deshalb ist das Tatsachenmaterial, auf Grund dessen die obigen Zusammenhänge abgeleitet worden sind, noch sehr gering. Außer Wolfram, das manche Anomalien aufweist und vielleicht bei der Kaltreckung nicht als ein typisches Metall betrachtet werden kann, und dem Kupfer, bei dem das langsame Fließen im Bereiche der elastischen Nachwirkung beobachtet wurde, liegen mit Ausnahme des Naphthalins nur Beobachtungen an den leicht schmelzbaren Metallen bei Raumtemperatur vor, wo die Erholung bereits stark wirksam ist. Bei der Temperatur der flüssigen Luft konnten an diesen Metallen in der Hauptsache wegen der störenden Verfestigung keine völlig zuverlässigen Messungen durchgeführt werden[1].

4. Verfestigung. Einleitende Bemerkung.

Bisher haben wir die Bildung und Wanderung der Versetzungen ohne Rücksicht auf die bei der plastischen Deformation auftretende Verfestigung betrachtet. Diese besteht bekanntlich in einer Erschwerung des Gleitprozesses. Es muß dadurch also entweder die Bildung oder die Wanderung der Versetzungen oder beides erschwert sein. Die Ursache dieser Erschwerung kann nur in einer Störung der Struktur des deformierten Krystalles liegen. Jede Versetzungslinie stellt schon eine lokale Gitterstörung dar. Die die Verfestigung bewirkenden Gitterstörungen können deshalb von den im Gitter nach der plastischen Deformation liegengebliebenen Versetzungen herrühren oder aber anderweitige Gitterstörungen sein, die bei plastischer Deformation infolge von Unvollkommenheiten des Translationsprozesses entstanden sind.

5. Abhängigkeit
der Verfestigung von der Deformationsgeschwindigkeit.

Wie bei der Erörterung des Beginnes der plastischen Verformung, also der kritischen Schubspannung, muß auch bei der Besprechung der Verfestigung nach dem Einfluß der Verformungsgeschwindigkeit gefragt werden. Als Betrag der Verfestigung oder kurz als Verfestigung definieren wir hierbei die Differenz der kritischen Schubspannungen nach erfolgter plastischer Verformung und bei ihrem Beginn, wobei zur Messung in beiden Fällen dieselbe Dehngeschwindigkeit benutzt werden muß. Der Einfluß der Verformungsgeschwindigkeit auf die kritische Spannung bei einem gegebenen Betrag der Gesamtabgleitung läßt sich bequem verfolgen, wenn man die Dehnungsgeschwindigkeit sehr schnell verändert und die Messung der Spannung schnell (automatisch) durchführt.

---

[1] Vgl. A. Kochendörfer: Plastische Eigenschaften.

Unter solchen Bedingungen kann man mit ganz geringen Dehnungsbeträgen arbeiten, bei denen die Zunahme der Verfestigung zu vernachlässigen ist. Es stellt sich nun heraus, daß man stets wieder denselben Betrag der Verfestigung für ein in einer bestimmten Weise, z. B. mit einer bestimmten Geschwindigkeit v bis zur Abgleitung a, verformtes Material bekommt, wenn man alle Messungen bei einer und derselben willkürlichen Dehngeschwindigkeit während der Messung u durchführt. Die Verfestigung eines irgendwie verformten Krystalles ist demnach nach A. KOCHENDÖRFER eindeutig definiert als eine Differenz der kritischen Schubspannungen bei einer und derselben Dehngeschwindigkeit bei der Messung u vor der Verformung (τ_0) und nach der Verformung (τ_a) und ist unabhängig vom Werte von u

$$\varphi = \tau_a (u_2) - \tau_0 (u_2) = \tau_a (u_1) - \tau_0 (u_1). \tag{36}$$

Diese Beziehung betrifft nur die eindeutige Bestimmung der Verfestigung bei verschiedenen Meßgeschwindigkeiten u_1 und u_2. Von diesen Geschwindigkeiten streng zu unterscheiden ist die Verformungsgeschwindigkeit v während der

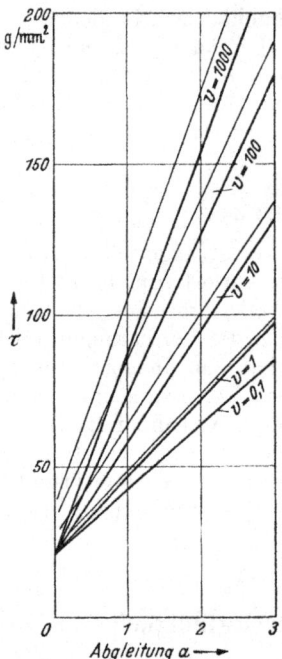

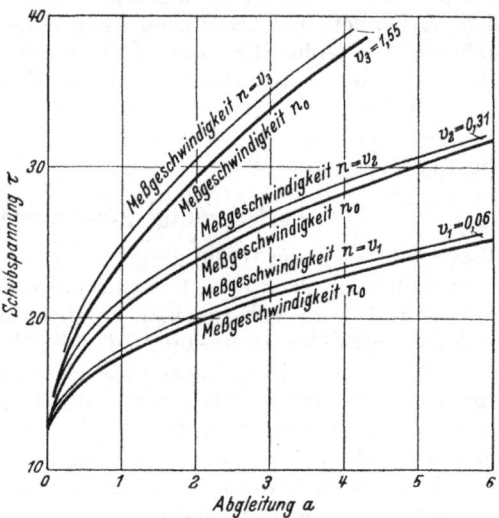

Abb. 311 E. Einfluß der Dehnungsgeschwindigkeit v bei der vorangegangenen Deformation und der Dehnungsgeschwindigkeit n_0 (im Text u) bei der Messung auf die Spannung. Für Naphthalinkrystalle. Nach KOCHENDÖRFER (1937).

← Abb. 311 D. Einfluß der Dehnungsgeschwindigkeit v bei der vorangegangenen Deformation und der Dehnungsgeschwindigkeit bei der Messung auf die Spannung. Für Cd-Krystalle. Nach ROSCOE (1936).

Durchführung der plastischen Verformung selbst. Von dieser hängt die Verfestigung in ziemlich erheblichem Maße ab, wie die Abb. 311 D und E zeigen. Diese Abbildungen geben die τ_a-Kurven wieder, wie sie für verschiedene Abgleitungsgeschwindigkeiten v gefunden wurden. Die Messung der kritischen Spannung erfolgte zunächst bei diesen Verformungsgeschwindigkeiten. Es ist also $u_1 = v$ (dünne Linien). Nach verschiedenen Abgleitungen wurde nun die Geschwindigkeit für kurze Zeit auf einen sehr niedrigen Betrag u_0 herabgesetzt, die kritische Schubspannung τ_{u_0} gemessen (dicke Linien) und wieder die alte Verformungsgeschwindigkeit v eingestellt, wobei keine nennenswerte Störung eintritt. Die Differenz der Ordinaten der beiden zu einer Verformungsgeschwindigkeit v gehörenden Kurven ist vom Betrage der Abgleitung unabhängig. Wohl ist aber die Verfestigung als solche von der Geschwindigkeit v ziemlich stark abhängig. Allgemeiner formuliert ist nicht nur die kritische Spannung, sondern auch ihre Änderung, also die Verfestigung von den Verformungsbedingungen abhängig, zu denen neben der Deformationsgeschwindigkeit vor allen Dingen die Temperatur gehört.

Der Umstand, daß die Verfestigung mit zunehmender Deformationsgeschwindigkeit erheblich zunimmt, beweist, daß hierbei stärkere Störungen des Raumgitters entstehen. Bei der Bildung oder bei der Wanderung der Versetzungen muß es also langsame Vorgänge geben, die nur unvollkommen der Deformation folgen können.

Wie erörtert, entsteht eine Versetzungslinie am Rande eines Mosaikblockes. Sie durchwandert unter dem Einfluß der äußeren Spannung den Mosaikblock und bleibt zunächst am anderen Rande des Mosaikblockes liegen. Dort kann natürlich der umgekehrte Prozeß wie der der Versetzungsbildung (die *Auflösung*) eintreten, indem aus der Versetzung ein Atom an die Grenzschicht der Mosaikblöcke abgegeben oder aus ihr aufgenommen wird. Hierzu wird eine Aktivierungsenergie von einer ähnlichen Größenordnung wie für die Versetzungsbildung erforderlich sein. Während die Versetzungsbildung jedoch immer an den energetisch günstigsten Stellen der Grenzschicht stattfinden kann, da durch die Außenspannungen nicht bestimmte Netzebenen als Gleitebenen vorgeschrieben sind, ist der Ort der Auflösung einer Versetzung durch ihre Lage gegeben. Im allgemeinen wird diese Lage energetisch ungünstig sein. Das führt dazu, daß an der Grenzschicht nach dem Durchlaufen des Mosaikblockes Versetzungen wahrscheinlich meistens liegen bleiben und im Zusammenhang mit den von den Versetzungen ausgehenden Spannungen schon eine Ursache der Verfestigung sein können.

6. Spannungshof einer Versetzung.

Eine Versetzung ist von einem Spannungshof umgeben, den G. J. Taylor in folgender Weise angegeben hat. Man betrachtet eine zylindrische Öffnung in einem spannungsfreien Material Abb. 312, deren Achse senkrecht zur Gleitrichtung liegt. Im linken Teil ist das Stück in der angedeuteten Weise aufgeschlitzt. Unter dem Einfluß geeigneter Spannungen wird die Öffnung in der angedeuteten Weise um den Gleitschritt λ verzerrt. Die hierdurch in der Umgebung bewirkte Spannung kann elastizitätstheoretisch berechnet werden. Nach Beseitigung der äußeren Beanspruchung, aber unter Aufrechterhaltung der verzerrten Form des Materials, etwa durch Verlöten der Schnittflächen in der neuen Lage, bleibt dieser Spannungszustand

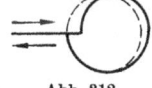

Abb. 312.
Zur Berechnung der Spannungen an einer Versetzung (nach G. J. Taylor).

erhalten. Dieser Verzerrungs- und infolgedessen auch dieser Spannungszustand des Raumgitters ist für Entfernungen vom Zentrum, die groß gegen die Gitterkonstante sind, gleich dem durch eine Versetzung hervorgerufenen. Hierbei wird die verzerrte Form durch interatomare Bindungskräfte aufrechterhalten. G. J. Taylor gibt die Schubspannung für eine positive $(+)$ oder negative $(-)$ Versetzung in der Gleitebene zu

$$\tau_i^{(\pm)} = \pm \frac{G\lambda}{\pi x} \tag{37}$$

an; x ist der Abstand der in Frage kommenden Stelle von der Versetzung in der Richtung, in welcher die positive Versetzung wandert, y die dazu und zur

Translationsebene senkrechte Richtung, λ der Abstand zweier Atome in der Translationsrichtung (ein Gleitschritt)[1].

Das Auftreten solcher oder ähnlicher Spannungen sieht man qualitativ sofort ein, wenn man die schematische Abb. 313 betrachtet. Oberhalb der Gleitebene ab besteht eine Verdichtung der Atome, unterhalb eine Verdünnung. Von der Verdichtung muß in beiden Richtungen ein Druck, von der Verdünnung ein Zug ausgehen. Die Kombination beider ergibt die in der Abb. 313 angedeutete Verzerrung des Raumgitters und die durch (37) gegebenen Schubspannungen. Links von der Versetzung sind die Spannungen so gerichtet, daß sie eine Gleitung in der umgekehrten Richtung wie diejenige, durch die die Versetzung zustande-

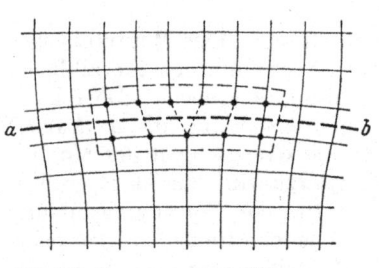

gekommen ist, zu bewirken suchen, rechts von der Versetzung in der entgegengesetzten Richtung Unterhalb und oberhalb der Versetzung sind sie gleich. Auf der Ordinate bei $x = 0$ sind sie Null.

Wenn zwei Versetzungen auf derselben Gleitlinie hintereinander liegen, so wird die links liegende positive Versetzung durch das Spannungsfeld der rechts liegenden ebenfalls positiven nach links getrieben und die rechts liegende nach rechts. Dasselbe gilt für 2 negative Versetzungen. *Gleichnamige Versetzungen stoßen sich ab.* Versetzungen entgegengesetzten Vorzeichens ziehen sich dahingegen an, wie sofort eine ähnliche Betrachtung ergibt.

Abb. 313. Spannungen und Gitterverzerrungen an einer Versetzung in Anlehnung an G. J. TAYLOR, schematisch.

Die Spannung τ Gl. (37) ist für $x = 10^{-5}$ cm und $y = 0$ bei $G \sim 3 \cdot 10^5$ kg/cm² und $\lambda \sim 3 \cdot 10^{-8}$ cm etwa gleich 3 kg/mm², sie liegt also für diese Entfernung in der Größenordnung der äußeren Spannungen.

7. Versuche einer Theorie der Verfestigung.

Wenn die Versetzungen nach dem Durchlaufen des Mosaikblockes gebunden liegen bleiben, liegt es nahe, sie für die Verfestigung verantwortlich zu machen. Hierbei müssen die Versetzungen örtlich fixiert bzw. ihre Bewegung erschwert sein.

In welcher Weise das erfolgt, ist noch weitgehend ungeklärt. G. J. TAYLOR hat dafür folgende Vorstellung entwickelt. Es ist anzunehmen, daß die Versetzungen im Verlaufe der Verformung unter dem Einfluß der zwischen ihnen wirkenden Kräfte eine regelmäßige Anordnung anstreben werden, etwa nach

---

[1] Für die Schubspannungen in der Gleitrichtung in verschiedenen Abständen y von der Gleitebene gibt G. J. TAYLOR die allgemeinere Formel

$$\tau_i^{(\pm)} = \pm \frac{G \lambda}{\pi} \cdot \frac{x}{x^2 + y^2}$$

an. Der diesem Ausdruck entsprechende Spannungszustand hat den Vorzug, daß in der Versetzungslinie keine zur Gleitrichtung senkrechte Spannungen auftreten, die die Behandlung des Problems erschweren würden. Eine exakte elastizitätstheoretische Rechnung führt jedoch zu dem abweichenden Ergebnis

$$\tau_i^{(\pm)} = \pm \frac{\lambda}{2\pi} \cdot \frac{G}{1-\mu} \left\{ \frac{x}{x^2 + y^2} - \frac{2xy^2}{(x^2 + y^2)^2} \right\}$$

(vgl. G. LEIBFRIED u. K. LÜCKE: Z. Phys. **126** (1949), 450.

Alle auf der Formel von G. J. TAYLOR fußenden Konsequenzen bedürfen deshalb einer kritischen Überarbeitung. Auch das Schema Abb. 313 erleidet dadurch eine Veränderung. Für $y = 0$ behält Gl. (37) ihre Gültigkeit.

Art der Abb. 314. Eine solche Anordnung ist stabil, da die Versetzungen gleichen Vorzeichens sich abstoßen und die entgegengesetzten Vorzeichens sich anziehen. Wenn auf eine solche Anordnung eine durch die Pfeile angedeutete Schubspannung wirkt, haben die positiven Versetzungen das Bestreben, nach rechts und die negativen nach links zu wandern. Dem wirken die Kräfte zwischen den Versetzungen entgegen, die überwunden werden müssen. Diese Kräfte nehmen zunächst zu, bis sie ein Maximum erreichen, wenn der horizontale Abstand zwischen den übereinander liegenden positiven und negativen Versetzungen einen bestimmten Bruchteil des Abstandes zwischen gleichnamigen Versetzungen erreicht hat. Bei weiterer Verschiebung fällt die Kraft ab, die Anordnung wird labil. Eine im Prinzip ähnliche Auffassung vertritt A. KOCHEN-DÖRFER. G. J. TAYLOR identifiziert die zu überwindende, vor der plastischen Deformation gar nicht vorhandene Spannungsschwelle mit der kritischen Schubspannung nach der Verfestigung und berechnet unter vereinfachenden Voraussetzungen die Verfestigung für einen Aluminiumeinkrystall annähernd in Übereinstimmung mit der Erfahrung. Eine Schwäche dieser Auffassung besteht darin, daß die beschriebene Verschiebung der Versetzungen bis zum Spannungsmaximum umkehrbar, also elastisch ist und sich der elastischen Verformung, die mit einer schwachen reversiblen Verzerrung des Raumgitters verbunden ist, überlagert. Das muß eine sehr

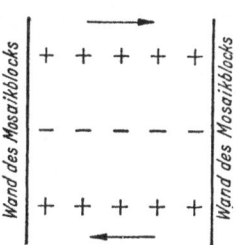

Abb. 314. Schematische An-ordnung der Versetzunge n in einem verfestigten Mosaik-block nach G. J. TAYLOR.

wesentliche Herabsetzung des Elastizitätsmoduls und eine Verzerrung des Hookeschen Gesetzes ergeben, die beide nicht beobachtet werden[1].

Man gewinnt den Eindruck, daß eine federnde Fixierung der Versetzungen oder Versetzungslinien in diesem Zusammenhang keine zufriedenstellende Annahme ist. Eine andere Fixierung wäre möglich, wenn zwei verschiedenen Gleitsystemen angehörende Versetzungen — oder wenn im Krystall bei der Gleitung gröbere Störungen entstehen würden — aneinander stoßen. Eine solche Anordnung könnte überhaupt nicht wandern und könnte die Wanderung einer neu gebildeten Versetzung begrenzen, ähnlich wie das etwa der Rand des Mosaikblockes tut. Auch eine starke lokale Krümmung des Raumgitters könnte dasselbe bewirken. Jedoch sind solche Vorstellungen noch nicht genügend begründet.

Nicht nur die Wanderung, sondern auch die Neubildung der Versetzungen muß durch das System der bereits vorhandenen Versetzungen erschwert werden. Am Blockrande müssen nämlich von den benachbarten Versetzungen aus Spannungen bestehen, die der äußeren Spannung entgegenwirken. Wenn wir diese Gegenspannung mit τ_v bezeichnen, erhalten wir für die Gleitung mit Verfestigung die Formel

$$v = A e^{-\frac{U}{kT}\left(1 - \frac{\tau_a - \tau_v}{\tau_g}\right)^2}. \tag{38}$$

Auch die Wanderung der Versetzungen muß durch das Spannungsfeld der im Innern gebundenen Versetzungen erschwert werden.

Der Umstand, daß durch Aufnahme von Fremdatomen im Krystall von den geringsten Konzentrationen ab eine Erschwerung der Gleitung eintritt, spricht dafür, daß die *Wanderung* der Versetzungen und ihre Störungen eine wesentliche Rolle bei der plastischen Deformation spielen.

---

[1] Auf Grund der Anmerkung S. 378 ist in Wirklichkeit nicht die in Abb. 314 gegebene regelmäßige Anordnung der Versetzungen stabil, sondern eine abweichende. Der geschilderte qualitative Gedankengang wird dadurch nicht beeinflußt.

N. F. Mott hat eine abweichende Vorstellung der Verfestigung gegeben. Wenn das Material mit Eigenspannungen behaftet ist, werden die Versetzungslinien, den Spannungen folgend, bestimmte Lagen (wie in Abb. 309) einnehmen. Diesen Spannungen wirkt die „Oberflächenspannung" der Versetzungslinie entgegen. Deshalb nimmt eine Versetzungslinie eine Lage ein, in der die Spannungen, unter denen sie steht, der „Oberflächenspannung" das Gleichgewicht halten. Man kann sich an einem einfachen Modell überlegen, daß eine solche Versetzungslinie bei einer plausiblen Verteilung der Eigenspannungen unter dem Einfluß einer äußeren Spannung zunächst reversible Lagenänderungen erleidet, bis sie bei einer Grenzspannung sich irreversibel zu bewegen beginnt. Bei geringeren Werten der äußeren Spannung kann diese Beugung und damit eine plastische Deformation unter Mitwirkung von thermischen Schwankungen grundsätzlich nach Gl. (27) stattfinden. Der Unterschied gegenüber dem nicht deformiert gewesenen Krystall besteht darin, daß die Eigenspannungen eine zusätzliche Hemmung der Translation bedeuten. Man nimmt nun an, daß im Metall Eigenspannungen als Folge von Störungen beim Gleitvorgang entstehen.

Bei einer größeren Dichte der im Raumgitter des kaltgereckten Metalles vorhandenen Versetzungen dürfte auch in diesem Falle dieselbe Schwierigkeit wie bei dem Modell von G. J. Taylor bestehen, nämlich, daß die grundsätzlich reversiblen Verschiebungen der Lage der Versetzungen eine stärkere Herabsetzung des Elastizitätsmoduls bedeuten müssen. In Wirklichkeit wird eine stärkere Erniedrigung des Elastizitätsmoduls nicht beobachtet; es wird eine Änderung um nur einige Prozente berichtet[1].

Nach dieser Auffassung ist es jedoch überhaupt nicht nötig, zur Erklärung der Verfestigung das Vorhandensein von in der einen oder der anderen Weise gebundenen Versetzungen in größerer Anzahl anzunehmen. Das Wesentliche des verfestigten Zustandes besteht nach dieser Auffassung in den Eigenspannungen, die die Bewegung der Versetzungen in der angedeuteten Weise erschweren, wobei N. F. Mott annimmt, daß die Bildung der Versetzungen verhältnismäßig sehr leicht erfolgt. Auch wenn die Bildung und die Wanderung etwa gleichberechtigte konkurrierende Vorgänge sind, erscheint auf dieser Basis eine Erklärung der Verfestigung möglich.

Ob die Verfestigung in der Hauptsache auf so oder anders fixierte gebundene Versetzungen oder auf Eigenspannungen zurückzuführen ist, kann heute nicht mit Sicherheit entschieden werden. Da die für die Verfestigung verantwortlichen Spannungswellen wahrscheinlich sehr fein sind („Spannungen 3. Art"), ist es nicht weiter erstaunlich, daß zuweilen (z. B. bei Messing) eine makroskopische Entspannung ohne Beseitigung der Verfestigung durch vorsichtige Erhitzung möglich ist (vgl. S. 411).

8. Temperaturabhängigkeit der Verfestigung.

Wir haben gesehen, daß die Verfestigung mit steigender Temperatur der Verformung stark abnimmt. Nun ist die Zahl der überhaupt gebildeten Versetzungen wohl einfach durch den Betrag der Abgleitung gegeben, wenn zwischen den beiden Größen vielleicht auch keine einfache Proportionalität besteht. Diese Zahl ist deshalb bei gegebener Abgleitung unabhängig von der Temperatur. Wenn wir andererseits an der Annahme festhalten, daß die Verfestigung durch die Anzahl der vorhandenen Versetzungen bestimmt ist, so folgt hieraus, daß es einen Mechanismus gibt, der die gebildeten Versetzungen und Versetzungslinien sofort

---

[1] Vgl. z. B. T. Kawai: Sc. Rep. Tohoku Univ. Sendai, I 19 (1930), 209.

wieder abbaut, so daß sie sich bei der Verfestigung nicht mehr auswirken können, und zwar mit steigender Temperatur in zunehmendem Maße.

Da dieser Vorgang durch Temperaturerhöhung stark gefördert wird, muß hierbei, ähnlich wie bei der Bildung von Versetzungen, eine Aktivierungsenergie auftreten. Den Abbau der Versetzungen, der atomistisch der umgekehrte Vorgang wie ihre Bildung ist, bezeichnet man als *Auflösung* (vgl. S. 377).

Es ist nun in der Tat ein Vorgang bekannt, bei dem ohne strukturelle, etwa im Mikroskop wahrnehmbare Änderungen die Verfestigung zurückgebildet wird. Das ist die Erholung, die wir später zu besprechen haben werden (S. 422). Abb. 315 zeigt die Abnahme der Spannung, unter der ein aus einem Krystall bestehender Zinndraht steht, wenn er nach

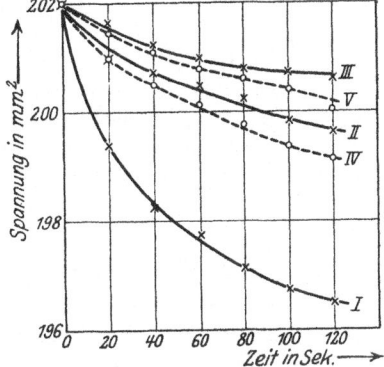

vorausgegangener Anspannung bei konstanter Länge gehalten wird. Die Spannung geht längs der Kurve *I* zurück. Wird er wieder bis auf die frühere Spannung angezogen, so geht die Spannung jetzt langsamer, aber doch deutlich zurück: der Krystall erholt sich. Die Erholung besteht wahrscheinlich in einer Auflösung von Versetzungen.

Abb. 315. Zur Erholung von Einkrystallen aus Zinn (aus SCHMID-BOAS).

Beim Versuch, auf dieser Basis die Temperaturabhängigkeit der Verfestigung unmittelbar zu erklären, ergibt sich jedoch eine Schwierigkeit. Die normale Erholung ist ein viel zu langsamer Vorgang, als daß er, zumal bei tieferen Temperaturen, gleichen Schritt mit der Verfestigung bei der plastischen Verformung halten könnte. So findet z. B. bei Reinaluminium mit ein paar hundertstel Prozent Verunreinigungen bei gewöhnlicher Temperatur in kürzeren Zeiten überhaupt noch keine merkliche Erholung statt, trotzdem seine Verfestigung, wie wir gesehen haben, bei Zimmertemperatur schon erheblich geringer als bei tiefen Temperaturen ist (vgl. Abb. 298). Will man den Einfluß der Temperatur auf die Verfestigung auf die Erholung zurückführen, so muß man annehmen, wie das A. KOCHENDÖRFER getan hat, daß sie während der plastischen Verformung nach anderen Gesetzen und vor allen Dingen viel schneller verläuft als nach bereits erfolgter Verformung. Das bedeutet also etwa, daß die Auflösung einer Versetzung bei ihrem Anprall nach der Wanderung gegen die Blockwand sehr viel leichter stattfindet als später, wenn sie sich bereits „gesetzt" hat.

Es ist A. KOCHENDÖRFER gelungen, auf dieser Basis die Temperaturabhängigkeit der Verfestigung unter vereinfachten Voraussetzungen in guter Übereinstimmung mit den Kurven der Abb. 299a und b zu berechnen. Wir verzichten auf die Wiedergabe dieser Rechnung, weil sie noch stark hypothetisch und etwas umständlich ist und weil einige der Annahmen sicher nicht zutreffen können. So wird angenommen, daß die Erholungsgeschwindigkeit (Zahl der pro Zeiteinheit aufgelösten Versetzungen) unabhängig von ihrer vorhandenen Zahl ist, während diese Geschwindigkeit offenbar mit ihrer Zahl zunehmen muß. Fernerhin wird angenommen, daß die Auflösung einer Versetzung durch die Verfestigung in ähnlicher Weise erschwert wird wie die weitere Gleitung. Das Ergebnis der Rechnung für Aluminium ist

$$\frac{\tau^2}{a} = 120{,}4 \left(1 - 1{,}198\, e^{-\frac{5}{\sqrt{T}}} \right) \; (\text{kg/mm}^2)^2 \qquad (39\,\text{a})$$

oder

$$\frac{\tau^2}{a} = 92{,}7\left(1 - 1{,}296\; e^{-\frac{7}{\sqrt{T}}}\right) \; (\text{kg}/\text{mm}^2)^2. \tag{39.b}$$

Ein Unterschied zwischen diesen beiden Formeln ergibt sich nur unterhalb 40° K, wo die Ergebnisse stark streuen, so daß eine Entscheidung zugunsten der einen oder der anderen nicht möglich ist. Der Verlauf der Kurve ist bei Wahl geeigneter übriger Zahlenwerte von dem Zahlenwert des Zählers im Exponenten nur sehr wenig abhängig.

Die Temperaturabhängigkeit der Verfestigung bei Cadmium läßt sich in der Form darstellen

$$\frac{\tau}{a} = 0{,}469\left(1 - 1{,}368\; e^{-\frac{7}{\sqrt{T}}}\right) \; (\text{kg}/\text{mm}^2). \tag{40}$$

Wenn man die Verfestigung auf Eigenspannungen in Anlehnung an N. F. MOTT zurückführen will, macht die qualitative Erklärung der Temperaturabhängigkeit der Verfestigung keine Schwierigkeiten. Man braucht nur anzunehmen, daß das System der Eigenspannungen, die als Folge der irgendwie gestörten Gleitung entstehen, auch temperaturabhängig ist. Diese Annahme macht wohl keine Schwierigkeiten.

9. Einfluß der Mischkrystallbildung auf die Verfestigung.

Sehr wenig theoretisch geklärt ist bis jetzt der Einfluß der Mischkrystallbildung auf die kritische Spannung und auf die Verfestigung. Der Umstand, daß bereits die geringsten Zusätze, also bereits Verunreinigungen in der Größenordnung von 0,01% und weniger, die plastische Verformung wesentlich erschweren können, wie das insbesondere beim Aluminium beobachtet worden ist[1], zeigt, daß der gehemmte Elementarvorgang sich über eine große Anzahl von Gitterpunkten erstrecken muß, oder, daß die Gleitung an zunächst wenigen bevorzugten Stellen einsetzt, die bereits durch ganz geringe Zusätze blockiert werden können. Nun durchläuft ja eine einzelne Versetzungslinie normalerweise einen ganzen Mosaik-Block und umfaßt in ihrer Ebene auf diese Weise 10^6 bis 10^8 Atome, die Wanderung der Versetzung muß also erschwert sein. Aber auch die Bildung der Versetzungen kann durch Zusätze erschwert sein. Die Theorie der Fehlstellen aller Arten leistet uns in diesem Zusammenhang gute Dienste. Wenn man annimmt, daß die Fremdatome sich bevorzugt an den Fehlstellen der Mosaikblockwände ansiedeln, so muß schon eine sehr geringe Anzahl genügen, um einen merklichen Einfluß zu haben. In der Tat, ein Mosaikblock von einer Kantenlänge von 1000 Atomen umfaßt bei einer würfelförmigen Gestalt 10^9 Atome. Er besitzt 6 Begrenzungsflächen mit insgesamt $6 \cdot 10^5$ Atomen. Wenn wir annehmen, daß diese Begrenzungsflächen $6 \cdot 10^3$ bevorzugte Fehlstellen aufweisen, so genügen bereits $6 \cdot 10^3$ Fremdatome, um sie zu blockieren. Wenn man bedenkt, daß an einer Trennungsfläche sich zwei Mosaikblöcke berühren, brauchen also nur $3 \cdot 10^3$ Atome $= 3 \cdot 10^{-4}\%$ aus dem einen Gitterblock zu stammen, um die Gleitung sehr erheblich zu stören. Auch ein kleinerer Prozentsatz wird einen sehr merklichen Einfluß haben müssen. Hinsichtlich des Einflusses der Mischkrystallbildung auf den Verlauf der Verfestigung bei der plastischen Verspannung läßt sich auf Grund des heutigen Standes unserer Kenntnisse nichts Bestimmtes aussagen. Es sind Einflüsse sowohl auf die Wanderung als auch auf die Bildung der Versetzungen denkbar.

---

[1] KOCHENDÖRFER, A.: Plastische Eigenschaften, S. 120 ff.

10. Plastische Deformation von vielkrystallinen Aggregaten im Vergleich mit derjenigen der Einzelkrystalle.

Es ist oben dargelegt worden, daß einzelne Krystalle bei der plastischen Verformung typische Formveränderungen erleiden, die sich von den Formänderungen, die ein isotroper Körper unter denselben Beanspruchungen erleiden würde, weitgehend unterscheiden. Beim einzelnen Krystall können diese Formänderungen ungestört erfolgen. In einem vielkrystallinen Aggregat sind die verschieden orientierten Krystalle durch Kohäsionskräfte fest miteinander verbunden. Entsprechend ihrer verschiedenen Orientierung haben sie das Bestreben, bei der Verformung auch ihre äußere Form in verschiedener Weise zu ändern, woran sie jedoch bis zu einem gewissen Grade durch ihre Nachbarn gehindert werden. In erster Näherung kann angenommen werden, daß Krystallite, die weit genug von der Oberfläche entfernt im Innern liegen, Formänderungen erleiden, die denjenigen des Gesamtkörpers geometrisch ähnlich sind. Die Formänderung des quasiisotropen Gesamtkörpers sind dieselben, wie die eines wirklich isotropen (amorphen) Körpers unter derselben Beanspruchung.

Die Geometrie der plastischen Verformung eines freien und eines im Aggregat fixierten Krystalles sind also verschieden. Infolge dieses Unterschiedes betätigen sich in den Krystalliten des Aggregates andere Gleitflächen und Gleitrichtungen als im freien Krystall. Grundsätzlich kann man aber auch hier annehmen, daß immer diejenige Gleitung stattfindet, der die größte Schubspannung entspricht. Sobald sie einsetzt, entstehen jedoch durch die hemmende Wirkung der Nachbarkrystalle so starke Gegenkräfte, daß diese Gleitung allein nicht weitergehen kann und durch eine zweite oder noch mehr andere gleichzeitig stattfindende Gleitungen, ergänzt wird. Es ist mathematisch bewiesen worden, daß die gleichzeitige Betätigung von 5 verschiedenen Gleitungen genügt, um jede vorgeschriebene Formänderung eines Körpers zu ermöglichen[1]. Man sieht also, wie der Zwang durch die Nachbarkrystalle durch die Betätigung mehrerer Gleitungen gleichzeitig stark herabgesetzt wird.

Trotzdem treten bei der plastischen Verformung auch solcher vielkrystalliner Metalle, die, wie die Metalle des kubischen Systems, über eine genügende Anzahl von Gleitmechanismen verfügen, und natürlich erst recht bei hexagonalen Metallen ohne jeden Zweifel starke Verkrümmungen innerhalb des Raumgitters auf, wie das vor allen Dingen durch das Auftreten des Asterismus im Laue-Diagramm einzelner Krystallite oder Krystallitgruppen oder in der Umwandlung von mit einzelnen Krystallpunkten besetzten Debye-Ringen in kontinuierliche bei der Kaltreckung mit aller Sicherheit nachgewiesen wird (vgl. S. 389). Die Betätigung der zur äußeren Spannung günstiger orientierten Gleitsysteme erfolgt also selbst mit Verkrümmungen leichter, als die einiger ungünstiger orientierten.

Die Gesamtheit der Translationen, zu denen bei den hexagonalen Metallen und beim Zinn eine Zwillingsbildung hinzutritt, die sich indessen bei stärkeren Verformungsgraden nur bei Zink und bei Cadmium nachweisen läßt (vgl. S. 353), bewirkt Orientierungsänderungen der einzelnen Krystallite, die alle einer oder mehreren (in der Regel 2) bestimmten bevorzugten Lagen zustreben: unter dem Einfluß der plastischen Verformung kommt es im Metall zur Ausbildung der sog. *Textur* (vgl. S. 37) wie man sie z. B. in Abb. 315 A sieht, wo die ungleichmäßige Verteilung der Schwärzungen auf den Debye-Scherrer-Ringen eine Folge bevorzugter Orientierungen der Krystallite ist. Trotz einiger verheißungsvoller Ansätze, zu denen auch die oben angedeutete Analyse der Formänderungen

---

[1] Vgl. z. B. A. Kochendörfer, Plastische Eigenschaften, S. 282.

bei mehreren Gleitungen gehört, ist es bisher nicht gelungen, die in vielkrystallinen Metallen tatsächlich auftretenden Texturen eindeutig zu erklären. Sie sind in Tab. 61a und b wiedergegeben. Wie man sieht, treten vielfach doppelte Texturen auf. Bei den kubischen Metallen zeichnen sich die Verformungstexturen, also die Krystalliten-Anordnungen, die bei fortgesetzter Formänderung einer bestimmten Art angestrebt werden, dadurch aus, daß mehrere Gleitmechanismen zur Verformungsrichtung symmetrisch liegen[1].

Viel einfacher ist das Verständnis der Texturen der hexagonalen Metalle, die ja nur die Basisebene als Translationsfläche besitzen. Wir haben gesehen, daß bei der Dehnung eines einzelnen Krystalles der Winkel zwischen der Basisebene und der Zugrichtung ständig geringer wird (S. 348). Da auch im viel-

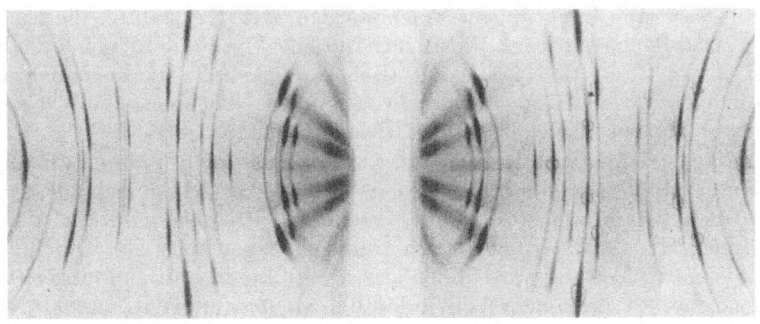

Abb. 315 A. Beispiel einer Textur im Röntgenbild (Al) (aus G. WASSERMANN).

krystallinen Aggregat keine Kombinationen durch andere Gleitebenen möglich sind, wirkt sich diese Tendenz auch dort aus, und die Texturen der Verformungen, bei denen eine Verlängerung in einer Richtung stattfindet, zeichnen sich, wie beim Magnesium und beim Zirkon, dadurch aus, daß der Winkel zwischen der Basisebene und der Richtung, in der das Metall gestreckt wird, mit zunehmendem Verformungsgrade immer kleiner wird. Eine Ausnahme bilden hier die Metalle Zink und Cadmium, da bei ihnen, wie auf S. 357 erörtert, in fortgeschrittenen Stadien der plastischen Verformung ergänzend eine Zwillingsbildung auftritt. Eine Folge davon ist, daß der Winkel zwischen Basisebene und der Richtung der Streckung des Metalles etwa beim Wert 18—23° stehen bleibt, statt sich Null zu nähern.

Wenn die Krystallite eines vielkrystallinen Metalles sich bei der plastischen Verformung gegenseitig behindern, so heißt das hier mit anderen Worten, daß die plastische Verformung eines solchen Metalles eine höhere Spannung erfordert, als die eines Einzelkrystalles. Der vielkrystalline Werkstoff ist dem Einzelkrystall gegenüber verfestigt. Über die Abhängigkeit dieser zusätzlichen Verfestigung von dem Betrage der plastischen Verformung kann man a priori nichts aussagen.

Wenn auch im Einzelkrystall Inhomogenitäten verschiedener Art vorhanden sind, deren Folge es ist, daß die Gleitung an einer Stelle eher einsetzt als an einer anderen, so daß der Übergang von der Hookeschen Geraden zur Fließkurve kein ganz diskontinuierlicher wird, so sind doch diese Inhomogenitäten geringer und der Beginn der plastischen Verformung läßt sich einigermaßen genau bestimmen. Viel komplizierter liegen die Verhältnisse beim vielkrystallinen Werkstoff. Die Krystallite erfordern infolge ihrer verschiedenen Orientierungen zur Erreichung

---

[1] Vgl. G. WASSERMANN: Texturen metallischer Werkstoffe. Berlin: J. Springer 1940. — TAYLOR, G. J.: J. Inst. Metals 62 (1938), 307.

Tabelle 61a. Walztexturen vielkrystalliner Metalle.

Metall	Parallel zur		Bemerkungen	Raumgitter
	Walzrichtung	Walzebene		
Ag, α-Messing, Pt,Zinn-bronze	[112]	(110)	bei hohen Temperaturen noch [100] (001)	kubisch flächenzentriert
Al, Au, Cu, Fe-Ni-Leg., Cu-Ni-Leg.	I [112] II [111]	I (110) II (112)		
α-Fe, Mo, W	I [110] II [110] III [110]	I (001) II (112) III (111)	Bei Mo und W nur I	kubisch raumzentriert
Mg, Zr Zn	[1120]	(0001) (0001) um 20° geneigt		hexagonal

I vorherrschend, II schwächer vertreten, III schwach.

Tabelle 61b. Ziehtexturen vielkrystalliner Metalle.

Metall	Parallel zur Drahtachse		Raumgitter
	stärker	schwächer	
Al Cu, Au, Ni, Pd Ag	[111] [111] [110]	[100] [111]	kubisch flächenzentriert
α-Fe, Mo, W	[110]		kubisch raumzentriert
Mg Zn	(0001) (0001) um 18° geneigt		hexagonal

der kritischen Schubspannung verschiedene Beträge der Spannung in der Verformungsrichtung. Die plastische Verformung beginnt deshalb bei verschiedenen Krystalliten nicht gleichzeitig. Zunächst kommen nur die am günstigsten orientierten ins Gleiten; diese Gleitung wird indessen alsbald durch die noch nur elastisch verformten Nachbarn aufgefangen, die ihrerseits erst bei höheren Spannungen zu gleiten beginnen. Die Folge davon ist, daß die plastische Verformung, wie bereits oben erörtert, schleichend einsetzt (vgl. S. 339). In derselben Richtung wirken bei Gußstücken die nie ganz fehlenden Hohlräume. In der Anfangsperiode der plastischen Verformung setzt diese also nur in einem Teil des Metallkörpers ein, während der Rest nur elastische Verformung mit einer entsprechenden Steigerung der Spannung erfährt. Erst nachdem die kritische Schubspannung aller Krystallite überschritten ist, setzt die gleichmäßige plastische Verformung ein. Dieses erste Stadium der Verformung nennt G. TAMMANN die Homogenisierung des Kraftfeldes. Die Vorgänge während der Homogenisierung des Kraftfeldes sind sehr unübersichtlich und entziehen sich der genaueren Analyse. Diese wird erst möglich, wenn das ganze Metallstück ins Fließen gekommen ist. Das dürfte bei Erreichung der Streckgrenze in der Regel wohl der Fall sein (vgl. jedoch S. 340). Um die Dehnungskurve eines quasiisotropen Metalles mit den Fließkurven der Einzelkrystalle vergleichen zu können, muß man die letzteren über die Orientierung mitteln. Man erhält auf diese Weise die „mittlere" Dehnungskurve eines einzelnen Krystalles. A. KOCHENDÖRFER[1] hat die Wahrnehmung gemacht, daß

[1] Vgl. A. KOCHENDÖRFER: Plastische Eigenschaften.

die Differenz der Spannungen beim Dehnungsversuch zwischen einem vielkrystallinen Metall im weichen Zustand und dem Einzelkrystall, wie diese aus der über verschiedene Spannungen gemittelten Dehnungskurve abzulesen ist, bei kubischen Metallen oberhalb der Streckgrenze von dem Betrage der Dehnung in grober Annäherung unabhängig ist. Das heißt, daß der Betrag der gegenseitigen Behinderung bei der Gleitung der Krystallite im Verlaufe der weiteren Verformung nach Erreichung der Streckgrenze nicht mehr ansteigt: die weitere Verfestigung ist beim vielkrystallinen Körper dieselbe wie beim Einzelkrystall.

Ganz anders liegen die Verhältnisse bei den hexagonalen Metallen. Die Differenz der Verfestigung des Einzelkrystalles und des vielkrystallinen Körpers nimmt mit zunehmender plastischer Verformung ständig zu. Dieses abweichende Verhalten ist verständlich, da die hexagonalen Metalle ja nur *eine* Gleitebene besitzen und die gegenseitige Behinderung der Krystallite beim Gleiten bei ihnen deshalb eine ungleich stärkere sein muß als bei kubischen Metallen.

In Tabelle 62 sind die Streckgrenzen einiger Metalle im Vergleich mit den kritischen Schubspannungen ihrer Krystalle nach A. KOCHENDÖRFER wiedergegeben. Zum Vergleich der beiden Werte muß man die der kritischen Schubspannung entsprechenden Längsspannungen über alle Orientierungen der Einzelkrystalle mitteln. Wenn man bedenkt, daß die Schubspannung beim Dehnungsversuch bei der günstigsten Orientierung nur die halbe Dehnungsspannung $\sigma/2$ erreicht, so sieht man, daß jener Mittelwert immer oberhalb der doppelten kritischen Schubspannung liegen muß. Für kubische Metalle mit ihren zahlreichen Gleitmöglichkeiten beträgt nach G. SACHS der Faktor etwa 2,238. Die geringere Mannigfaltigkeit der Gleitmöglichkeiten bei den hexagonalen Metallen bewirkt es, daß jener Faktor größer ist. Berücksichtigt man das, so kann man auf Grund der Tabelle 62 sagen, daß die Höhe der Streckgrenze bei hexagonalen Metallen in erster Näherung durch die ungestörten kritischen Schubspannungen der einzelnen Krystallite bestimmt wird. Vielleicht hängt das damit zusammen, daß, wie wir gesehen haben, die Einzelkrystalle dieser Metalle sich bei der Dehnung nur sehr wenig verfestigen.

Tabelle 62. Festigkeitseigenschaften einiger einkrystalliner und vielkrystalliner Metalle (nach A. KOCHENDÖRFER).

	Cu	Al	Ag	Au	Ni	Fe	Mg	Zn
				Einzelkrystalle				
Kritische Schubspannung kg/mm²	0,1	0,3	0,06		0,58	3,8	0,08	0,09
Schubspannung beim Bruch kg/mm²	6,8	4,4	3,9		7,0		2,1	1,4
Gesamtabgleitung in %	72,5	100	50		31		350	500
Mittelwert der Einkrystallstreckgrenzen in kg/mm²	0,22	0,67	0,13		1,3	8,4		
				Vielkrystalline Metalle				
Streckgrenze σ_s in kg/mm²	6—8	2,5—3,5	4—5		11—18	10—14	2,1	4
Zugfestigkeit in kg/mm²	21—24	7—11	13—15		40—53	18—25	10—13	2—7
Bruchdehnung in %	38—50	30—45	50		35—45	40—50	5—7	18—35
Elastizitätsmodul E kg/mm²	12500	6600	7000		20000	21800	4500	10100
E/σ_s	1780	2200	1550		1390	1820	2140	2500

Bei den kubischen Metallen ist dahingegen das Verhältnis der Streckgrenze der vielkrystallinen Werkstoffe zu den kritischen Schubspannungen sehr viel höher. Wir haben gesehen, daß bei diesen bei der Streckgrenze sich die volle gegenseitige Behinderung der Nachbarkrystalle bereits entwickelt hat, im Gegensatz zu den hexagonalen Metallen. Das ist sehr merkwürdig, da die kubischen Metalle sich von den hexagonalen bei elementarer Betrachtung nur durch eine größere Anzahl der Gleitmöglichkeiten unterscheiden, die eine gegenseitige Behinderung der Nachbarkrystalle höchstens erniedrigen, nicht aber erhöhen sollte. Die Ursache der hohen Streckgrenze der kubischen Metalle ist deshalb noch ganz ungeklärt.

Abb. 316. Fließen eines Krystalles bei einer (Biegedeformation, nach HELD u. LÖRCHER).

H. HELD[1] und E. LÖRCHER[2] haben unter der Leitung von U. DEHLINGER und von A. KOCHENDÖRFER die plastische Biegung von Einzelkrystallen untersucht und festgestellt, daß die Spannungen viel höher sind, als man sie bei Annahme der ungestörten Gleitung berechnen würde. Es ist nun unzweifelhaft, daß bei der makroskopischen Biegung des ganzen Krystalles eine elastische Biegung der einzelnen Gleitlamellen stattfindet, zu deren Erzeugung eine zusätzliche Spannungsbeanspruchung erforderlich ist (Abb. 316). Diese zusätzliche Spannung nennt A. KOCHENDÖRFER Spannungsverfestigung. Wie jede einseitige Spannung hat sie die Wirkung, daß die Deformation in der einen Richtung (weitere Biegung) zwar erschwert, in der entgegengesetzten Richtung aber (Wiederausrichtung des Streifens) um den-

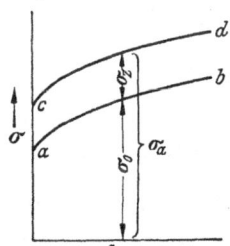

Abb. 317. *ab* Dehnungskurve eines Einkrystalles gemittelter Orientierung, *cd* Dehnungskurve eines vielkrystallinen Körpers nach dem Ansatz von A. KOCHENDÖRFER, schematisch.

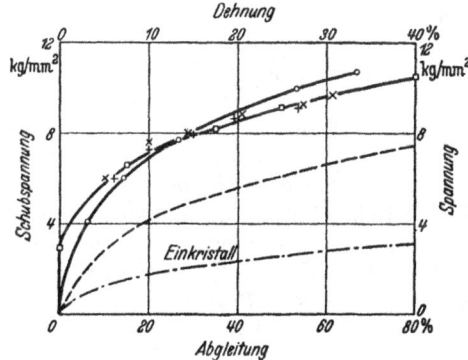

Abb. 318. Durchführung des Ansatzes von A. KOCHENDÖRFER am Aluminium.

selben Spannungsbetrag erleichtert wird (vgl. S. 412). Es handelt sich hierbei also gar nicht um eine wahre atomistische Verfestigung.

Auch abgesehen von der Spannungsverfestigung kann die Gleitung auf einer gekrümmten Gleitebene erschwert sein, was sich bei der Biegung eines Einzelkrystalles wahrscheinlich allerdings noch nicht auswirken wird.

A. KOCHENDÖRFER überträgt die Ergebnisse bei der Biegung eines Einzelkrystalles auf die Dehnung eines vielkrystallinen Stabes. Im Schema Abb. 317 ist *ab* die über die Orientierungen gemittelte Dehnungskurve eines Krystalles, *cd* diejenige eines vielkrystallinen Kupferkörpers. Wie bereits erwähnt, ist die Ordinatendifferenz dieser beiden Kurven unabhängig von der Dehnung λ.

[1] HELD, H.: Z. Metallkde. **32** (1940), 201.
[2] LÖRCHER, E.: Unveröffentlichte Versuche unter Mitwirkung von U. DEHLINGER und A. KOCHENDÖRFER. Vgl. A. KOCHENDÖRFER: Plastische Eigenschaften von Krystallen und metallischen Werkstoffen. S. 147 ff. Berlin: Springer 1941.

Abb. 318 zeigt die Betrachtung von A. KOCHENDÖRFER etwas ausführlicher. Die untere strichpunktierte Kurve stellt die an einem Aluminiumkrystall einer bestimmten Orientierung von C. F. ELAM und G. J. TAYLOR gefundenen Ergebnisse, die obere gestrichelte Kurve die daraus für den Mittelwert aller Orientierungen berechnete Verfestigungskurve. Die mit × und □ bezeichneten Punkte bezeichnen die Meßwerte von ELAM-TAYLOR an zwei vielkrystallinen Stäben desselben Materials. Die durch sie hindurchgehende, auf Grund des obigen Ansatzes berechnete Kurve zeigt die gute Übereinstimmung mit der Erfahrung. Die durch die Kreise hindurchgehende Kurve gibt das Ergebnis einer anderen Berechnung von G. J. TAYLOR[1] wieder, das, wie man sieht, mit der Erfahrung schlechter übereinstimmt.

A. KOCHENDÖRFER nimmt nun an, daß die hierdurch gegebene zusätzliche Spannung auf Verspannungen infolge der Knüllung bei der Gleitung des vielkrystallinen Werkstoffes zurückzuführen ist, und daß es sich hier wieder um eine „Spannungsverfestigung" handelt.

Diese Schlußfolgerung ist jedoch sicher nur zum Teil richtig. Bekanntlich findet bei der plastischen Verformung eine erhebliche Wärmeentwicklung statt, die 85—90% der aufgenommenen Arbeit entspricht (vgl. S. 394). In Abb. 317 stellen die von den Kurven *ab* und *cd* nach oben begrenzten Flächen die zur Dehnung von Ein- und Vielkrystallen aufgewendete Arbeit dar. Nur 10—15% dieser Arbeit sind als latente Wärme der Verfestigung aufgenommen worden; hiervon wird der größte Teil in die Energie der Versetzungen eingehen, so daß für die elastische Energie höchstens ein paar Prozent übrigbleiben. Die Fläche *dcab*, die nach jenem Ansatz die elastische Energie des verformten vielkrystallinen Metalles darstellen sollte, beträgt 30—40% der gesamten Arbeitsfläche. Die Schlußfolgerung ist unabweisbar, daß die Arbeit der Fläche *dcab* zum allergrößten Teil für die irreversible Erzeugung von Wärme verbraucht wird.

Diese Wärme hat den Charakter einer Reibungswärme, die auch bei der plastischen Verformung von Einzelkrystallen entsteht. Sie entsteht offenbar dadurch, daß bei der Erzeugung oder bei der Wanderung der Versetzungen als Nebeneffekt eine regellose Dispersion von elastischen Schwingungen stattfindet. Diese Reibung der Gleitung ist nun bei vielkrystallinem Metall erheblich größer, als beim Einzelkrystall, ein neuer Hinweis darauf, daß beim ersteren die Gleitung gestört ist. Es ist auffallend, daß diese zusätzliche Reibung bei kubischen Metallen anscheinend von dem Betrage der plastischen Verformung annähernd unabhängig ist.

11. Abschließende Bemerkung.

Auf Grund alles Vorstehenden können wir uns folgende summarische Vorstellung des kaltgereckten Zustandes eines Metalles machen. An den Versetzungslinien bestehen hohe lokale Spannungen und Energie-Anhäufungen. Diese Anhäufungen machen bei weitem den größten Teil der vom Metall aufgenommenen Energie aus. Die übrige Masse des Metalles ist mit Eigenspannungen behaftet, die in der Größenordnung der auf Grund makroskopischer Versuche möglichen liegen. Ihre Energie ist der Energie der Versetzungen gegenüber sehr gering. Diese Zusammenhänge werden bei der Besprechung der Rekrystallisation von Bedeutung sein.

Der Sitz der Verfestigung sind in der Hauptsache die Versetzungen und ihre Spannungshöfe, die indes anscheinend so geringe Abmessungen haben, daß sie noch keine Verbreiterung der Debye-Scherrer-Linien bewirken. Die Verspannung des übrigen Raumgitters, die an Hand der Verbreiterung der Debye-Scherrer-

---

[1] TAYLOR, G. J.: J. Inst. Met. **62** (1938), 307.

Linien und an dem Laue-Asterismus feststellbar ist, bildet eine Begleiterscheinung der plastischen Verformung, die anscheinend nicht unbedingt notwendig ist, und bei der vorsichtigen Deformation eines Einzelkrystalles nicht auftritt (wenigstens gilt das für den Asterismus). Bei vielkrystallinem Material wird sie im kaltgereckten Zustand meistens beobachtet.

Wir haben gesehen, daß, insbesondere bei höheren Temperaturen, eine Auflösung der Versetzungen (Erholung) stattfindet. Damit nimmt die Zahl der Versetzungen ab, und die Verfestigung muß ebenfalls geringer werden. Die Erfahrung lehrt jedoch, daß die Verfestigung vielfach nur zu einem kleineren Teil durch diesen Vorgang rückgängig gemacht werden kann; ihre volle Beseitigung wird erst durch die Rekristallisation (s. Kap. X), d. h. durch eine völlige Neubildung des Gefüges erreicht; hierbei findet ein Platzwechsel nicht nur vereinzelter Atome in den Versetzungen, sondern sämtlicher Atome im Raumgitter statt. Diese Tatsache bildet einen Beweis dafür, daß in kaltgereckten Metallen neben den gebundenen Versetzungen in den früher geschilderten Zusammenhängen (S. 378 ff.) noch eine andere Quelle der Verfestigung vorhanden sein muß. Erfahrungsgemäß kann bei einkrystallinen Proben vielfach eine völlige Entfestigung durch Erholung allein herbeigeführt werden, nicht dahingegen bei vielkrystallinem Material oder bei Einzelkrystallen nach starken und inhomogenen Verformungen. Das sind beides Voraussetzungen für eine starke Knüllung des Raumgitters bei der Verformung.

Man kann annehmen, daß diese Knüllung eine wesentliche Herabsetzung der Größe der Mosaikblöcke, vielleicht auch eine Zunahme des Betrages der Fehlorientierung zwischen den einzelnen Blöcken zur Folge hat. Beide Umstände müssen eine erneute plastische Verformung erschweren. Je kleiner ein Mosaikblock ist, desto geringer ist die plastische Verformung, die ein einzelner Gleitschritt bedeutet. Auch muß dadurch im Sinne von den Überlegungen von W. L. BRAGG (S. 359) die Elastizitätsgrenze steigen. Es läßt sich denken, daß die Störungen, die an den Grenzen der Mosaikblöcke vorliegen, insbesondere die Orientierungsunterschiede der einzelnen Blöcke untereinander und die damit zusammenhängenden Verspannungen nicht durch Auflösung von Versetzungen beseitigt werden können.

C. Änderungen der physikalischen und chemischen Eigenschaften durch plastische Verformung.

1. Änderungen des Röntgenbildes.

a) Laue-Asterismus.

Wenn ein Krystall, z. B. aus Aluminium, plastisch gedehnt wird, erleiden die Laue-Reflexe seiner verschiedenen Ebenen in weißem Röntgenlicht eine eigenartige streifenförmige Verzerrung, die man als Asterismus bezeichnet (Abb. 35a und b). Ihre Erklärung ist sehr einfach. Da die Lage des Interferenzpunktes bei gegebenen Gitterabständen durch die Orientierungslage einer Gitterebene bestimmt ist, besagt die in Abb. 35 wiedergegebene radiale Verbreiterung der Interferenzpunkte, daß die Orientierung nicht mehr einheitlich ist: Der Krystall ist *gekrümmt*[1]. Eine genauere Analyse dieses Asterismus hat ergeben, daß die Achse, um die der Krystall sich bei der Krümmung dreht, *in der Translationsebene*, und zwar *senkrecht zur Translationsrichtung* liegt[2]. Das ist eine Erscheinung, die man beim Auftreten der Biegegleitung zu erwarten hat (vgl. S. 35). Das

---

[1] Zuerst beschrieben von J. CZOCHRALSKI: Moderne Metallkunde. Berlin 1924.
[2] GROSS, R.: Z. Metallkde. **16** (1924), 18.

Analoge beobachtet man auf Debye-Scherrer-Aufnahmen, wo die einzelnen von den verschiedenen Krystalliten herrührenden Punkte auf einem Debye-Scherrer-Ring sich zu kontinuierlichen Schwärzungsstreifen vereinigen (Abb. 36). Auch hier ist das die Folge davon, daß an Stelle von diskreten Orientierungen der Krystallite kontinuierliche Folgen derselben in gekrümmten Krystalliten unveränderten Netzebenenabstandes entstehen.

Man weiß zwar, daß der Asterismus, je nach den Umständen, bei der Verformung in verschiedener Stärke auftreten kann, und daß er zurückgeht, wenn eine erste Verformung wieder plastisch rückgängig gemacht wird, während die mechanische Verfestigung hierbei zunimmt. Trotzdem war man lange geneigt, den Asterismus als allgemeine charakteristische Teilerscheinung der Gleitung und als mit der Verfestigung eng verbunden zu betrachten. Indes hat A. KOCHENDÖRFER bei Naphthalin[1] und bei Aluminium[2] gezeigt, daß man bei sehr vorsichtiger Verformung in einer Gleitebene und in der Gleitrichtung eine normale Verfestigung ohne jede Andeutung des Asterismus erhält. Der Asterismus stellt also keine notwendige Begleiterscheinung der Gleitung dar und ist mit der Verfestigung nicht unmittelbar verbunden.

Es ist oben erörtert worden, daß der Asterismus seine Ursache in groben Krümmungen des Raumgitters hat, die so geringe elastische Verformungen mit sich bringen, daß die Gitterkonstante sich nicht merklich ändert. Es ist verständlich, daß diese groben Erscheinungen mit dem atomistischen Vorgang der Verfestigung nicht ohne weiteres verknüpft sein können.

b) Die van Arkel-Verbreiterung der Debye-Scherrer-Linien.

Bei der Kaltreckung tritt eine Verbreiterung der Debye-Scherrer-Interferenzlinien auf (S. 36), auf die schon oben hingewiesen wurde (vgl. Abb. 36a u. 36b). Diese Verbreiterung hat mit Änderungen der Orientierung nichts zu tun, sie gibt vielmehr unmittelbar geringe Änderungen des Gitterparameters wieder, wie sie durch Eigenspannungen hervorgerufen werden können. Es ist auch nicht daran zu zweifeln, daß diese Verbreiterung in der Hauptsache durch Eigenspannungen, also durch kontinuierliche Änderungen des Parameters hervorgerufen wird[2]. Daneben ist allerdings eine Verbreiterung infolge der Verkleinerung der kohärent streuenden Bezirke (vgl. S. 36) in einem vielfach schwer angebbaren Betrage zu berücksichtigen.

Die Linienverbreiterung äußert sich qualitativ am einfachsten darin, daß die durch Strahlung benachbarter Wellenlängen α_1 und α_2 erzeugten getrennten Interferenzlinien (van Arkel-Aufspaltung[3]) bei der Deformation verwischt wird.

Während der Asterismus das Vorhandensein von Krümmungen angibt, aus denen auf das Vorhandensein von Spannungen geschlossen werden muß, zeigt die Verbreiterung der Debye-Scherrer-Linien unmittelbar die Verzerrungen des Raumgitters an, ohne welche Änderungen der Gitterkonstanten im vorliegenden Falle nicht denkbar sind; diese Schwankungen der Gitterkonstanten haben örtliche Krümmungen des Raumgitters zur Voraussetzung. Der Betrag der elastischen Formänderungen muß hierfür größer sein, als das für das Auftreten des Laue-Asterismus notwendig gewesen wäre.

---

[1] KOCHENDÖRFER, A.: Plastische Eigenschaften, S. 11ff.
[2] KOCHENDÖRFER, A.: Z. Phys. **126** (1949), 563.
[3] SMITH, C. S., u. E. E. STICKLEY: Phys. Rev. [1] **64** (1943), 191. — LIPSON, H., u. A. R. STOKES: Nature [London] **152** (1943), 20. — Vgl. A. KOCHENDÖRFER: Plastische Eigenschaften.

Die van Arkelsche Linien-Verbreiterung tritt eigenartigerweise nicht bei allen kaltgereckten Metallen auf. Man beobachtet sie beim Kupfer und bei anderen hochschmelzenden Metallen, nicht dahingegen beim Aluminium. Damit ist auch für diese Erscheinung nachgewiesen, daß sie nicht eine notwendige Begleiterscheinung der Gleitung und der Verfestigung ist. Ob sie bei vorsichtiger Verformung, bei der kein Asterismus festgestellt wird, auch auftritt, ist noch nicht geklärt worden.

c) Intensitätsänderungen der Röntgenlinien.

Die bei weitem am tiefsten gehende Änderung des Röntgenbildes infolge der Kaltreckung ist die Schwächung der Intensitäten der Reflexe höherer Ordnungen. Oben (S. 32) ist erörtert worden, in welcher Weise lokale Gitterstörungen, die ähnlich wie die Schwankungen der Gitterlagen infolge der Temperaturbewegung sich in regelloser Weise auf einzelne Atome erstrecken, die Schwächung der Interferenzen herbeiführen. Es scheint, daß diese übrigens nur in wenigen Fällen[1] bisher untersuchte Intensitätsänderung mit der Kaltreckung wirklich grundsätzlich verknüpft ist. In der Tat enthält jede Versetzungslinie verzerrte Lagen von Gitterpunkten, die zu dieser Erscheinung beitragen müssen.

2. Änderung der Dichte und des thermischen Ausdehnungs-Koeffizienten durch plastische Verformung.

Die Änderungen des spezifischen Volumens durch Kaltreckung sind gering (Tab. 63) und sind anscheinend auf banale Ursachen zurückzuführen. Dafür sprechen auch die stark schwankenden Einzelergebnisse der Messungen. Bei der plastischen Verformung von Gußstücken stellt man vielfach zunächst eine Dichtezunahme fest, die offensichtlich auf eine Schließung von Hohlräumen zurückzuführen ist. Die starke Dichteabnahme bei der plastischen Verformung von Eisen und Stahl ist anscheinend auf die Bildung von Hohlräumen an Perlitinseln (S. 567) zurückzuführen; solche Hohlräume konnten unmittelbar

Tabelle 63. Einfluß der Kaltreckung auf die Dichte der metallischen Werkstoffe.

Werkstoff	Behandlung	Änderung der Dichte in %
Pt.	Drahtziehen	—0,13
Pt-Ir	Drahtziehen	—0,08
Pt-Au		—0,05
Pt-Ni		—0,2
Pt-Ag		—0,06
Pt-Cu		—0,0
	gehämmert um 60%	—0,2
	gezogen um 60%	—0,3
	gedehnt um 4%	—0,13
Fe-Kohlenstoff-Stahl	gereckt um mehr als 90%	—0,4
	77% gewalzt	—0,12
	4% gedehnt	—0,36
	5% gedehnt	—0,51
Al	Drahtziehen	—0,3
	40% gedehnt	—0,3
Al-Einkrystalle	40% gedehnt	±0,0
W	gehämmert und gezogen	±0,3
Messing 63% Cu	4% gereckt	—0,16

---

[1] Vgl. die neueste Arbeit von G. WAGNER u. A. KOCHENDÖRFER: Ann. Phys. **6** (1949), 129, auf Grund derer der Effekt allerdings unsicher erscheint.

beobachtet werden (Abb. 319)[1]. Hohlkanäle können auch als Folgeerscheinung
der Zwillingsbildung entstehen[2].

Es ist zwar anzunehmen, daß Störungen des Raumgitters, wie sie bei der plastischen Verformung zustandekommen, grundsätzlich auch eine Änderung der Dichte

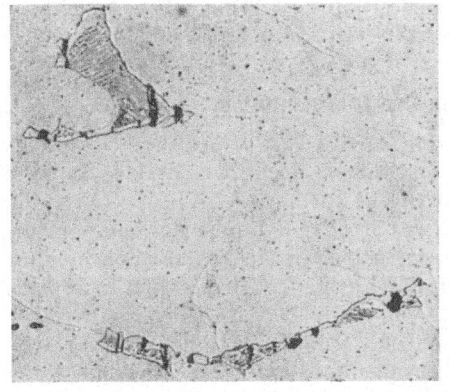

herbeiführen müssen, da ja ein Teil der
Gitterbausteine abnorme Lagen einnimmt. Offenbar sind diese Änderungen
an sich oder aber die Anzahl der Atome,
die abnorme Lagen einnehmen, so gering, daß sie sich der makroskopischen
Feststellung entziehen.

Die thermische Ausdehnung hat sich
bei Eisen und Bronze innerhalb der Fehlergrenze nicht geändert. Für Wolfram
wird die sehr unwahrscheinliche Zunahme um ca. 11% angegeben.

V = 500

Abb. 319. Hohlräume im Perlit infolge plastischer
Deformation (aus HANEMANN-SCHRADER).

3. Änderung des elektrischen Widerstandes. MATHIESSENsches Gesetz.

Durch die plastische Verformung in der Kälte wird das elektrische Leitvermögen
der Metalle herabgesetzt, wie man das aus Tab. 64 ersieht. Die Änderungen der
Leitfähigkeit sind bei verschiedenen Metallen sehr verschieden groß. Es ist bisher
nicht möglich gewesen, ihren Betrag mit anderen Eigenschaftsänderungen bei

Tabelle 64. Einige Angaben über Änderungen
des spez. Widerstandes von Metallen durch plastische Deformation.

Metall	Reckgrad	Änderung des spez. Wider-standes in %
Fe	>90% gezogen	+2
Armco Eisen	4% gedehnt	+0,96
1,3% C	4,5% gedehnt	+0,29
Ni.	>99% gezogen	+8
Cu	40—80% gezogen	+2
	4% gedehnt	+1,5
Mo	99% gezogen	+18
W	99% gezogen	+50
Ag	60% gezogen	+3
Pt.	99% gezogen	+6
α-Messing (63% Cu) . . .	4,3% gedehnt	+1,6
(α + β)-Messing (57% Cu).	4% gedehnt	+1

der Kaltreckung in Verbindung zu bringen. Die stärksten bisher beobachteten
Änderungen der Leitfähigkeit zeigen Molybdän, Wolfram und Messing. Der
große Betrag der Änderungen beim Wolfram und beim Molybdän hat es ermöglicht, einen Vergleich mit der Änderung des Temperaturkoeffizienten des elektri-

---

[1] HANEMANN, H., u. A. SCHRADER: Atlas Metallographicus.
[2] Vgl. z. B. G. TAMMANN: Lehrbuch der Metallkunde. 4. Aufl. Leipzig 1932, 170.

schen Widerstandes herbeizuführen. Der Temperaturkoeffizient nimmt in demselben Verhältnis wie das elektrische Leitvermögen ab[1]. Mit anderen Worten ist auch für die Widerstandszunahme durch Kaltreckung das Matthiessensche Gesetz erfüllt (vgl. S. 270). Bei Nickel und bei Platin treten Abweichungen auf, die jedoch wohl noch einer weiteren Kontrolle bedürfen; auch muß Nickel als ein ferromagnetisches Material Abweichungen zeigen.

Das Mathiessensche Gesetz besagt in anderer Formulierung, daß beim kaltgereckten Metall ein zusätzlicher von der Temperatur unabhängiger Widerstand auftritt. Die Gitterstörungen, die diesen zusätzlichen Widerstand hervorrufen, sind temperaturunabhängig. Das ist durchaus verständlich, da es sich im kaltgereckten Metall um eine Reihe von falschen Lagen der Gitterpunkte handelt, die als Schwerpunktslagen von der Temperatur unabhängig sind. Es ist zwar anzunehmen, daß diesen falschen Lagen der Gitterpunkte auch ein abnormer Schwingungszustand und damit auch der Temperaturkoeffizient der Schwingungs-Amplitude entspricht, wodurch der Störungszustand weiterhin durch die Temperatur beeinflußt werden könnte. Offenbar ist dieser zweite Effekt jedoch so klein, daß er zu vernachlässigen ist.

Man kann den Zustand eines kaltgereckten Metalles demjenigen eines weichen Metalles bei einer höheren Temperatur zuordnen, bei der das weiche Metall den gleichen spezifischen Widerstand, wie das kaltgereckte bei Zimmertemperatur aufweist. Da der Charakter der Störungen in beiden Fällen — sowohl durch Temperaturbewegung als auch durch Kaltreckung — anscheinend ein ähnlicher ist, kann man versuchen, die Energiezunahme des kalt gereckten Zustandes unmittelbar mit der Widerstandszunahme zu verknüpfen. Der Überschuß der Energie des Metalles bei der absoluten Temperatur T_1 gegenüber der Bezugstemperatur T_0 ist gleich $(T_1 - T_0) \cdot C_v$, wo C_v die Atom-Wärme ist. Diese Überschußenergie kommt im Gültigkeitsbereich des Dulong-Petitschen Gesetzes zur Hälfte als Potentialenergie der „falschen Atomlagen" und zur Hälfte durch die Erhöhung der Schwingungs-Amplitude zustande. Die zweite Hälfte fehlt beim kaltgereckten Metall. Die zusätzliche Energie eines kaltgereckten Metalles ist also

$$\frac{(T_1 - T_0)}{2} C_v, \tag{41}$$

wenn der Temperaturkoeffizient des Widerstandes mit α bezeichnet wird, kann man schreiben:

$$T_1 - T_0 = \frac{W_1 - W_0}{\alpha W_0} = \frac{\beta}{\alpha}, \tag{41a}$$

wobei β die prozentuale Widerstandszunahme durch die Kaltreckung bedeutet, und für die Zusatzenergie u_z gemessen in cal/Mol

$$u_z = \frac{C_v(T_1 - T_0)}{2} = \frac{C_v \beta}{2 \alpha} \approx 600 \, \beta. \tag{42}$$

J. A. M. van Liempt hat vorgeschlagen, die Größe β als Maß der Gitterstörung infolge der Verfestigung zu benutzen[2].

4. Verformungsenergie.

Die Arbeit, die bei der plastischen Verformung dem Metall zugeführt wird, geht zum größten Teil in Wärme über und wird nur zum kleinsten Teil vom Metall in Gestalt von innerer Energie aufgenommen. Diese zusätzliche Energie wird

---

[1] Geiss, W., u. J. A. M. van Liempt: Z. Phys. 41 (1927), 867.
[2] van Liempt, J. M. A.: Z. anorg. allg. Chem. 195 (1931), 366. J. A. M. van Liempt hat nicht berücksichtigt, daß bei der plastischen Deformation nur die Energie der Lage vergrößert wird. Dementsprechend fehlt bei ihm in Gl. (41) im Nenner der Faktor 2.

bei der Beseitigung der Kaltreckung und ihrer Folgen, also bei der Rekrystallisation bei einer nachfolgenden Erhitzung wieder frei. Sie kann nach verschiedenen Verfahren bestimmt werden. Man kann die Rekrystallisationswärme unmittelbar messen, man kann die entwickelte Wärme aus der Temperaturerhöhung eines Stabes etwa bei der Dehnung bestimmen und mit der aufgewendeten mechanischen Arbeit vergleichen, oder man kann sie aus der Differenz der Auflösungs- oder Oxydationswärme des weichen und des kalt gereckten Metalles bestimmen. Alle diese Verfahren sind für ihre Bestimmung angewendet worden. Die Ergebnisse zeigen eine erhebliche Streuung, was vor allen Dingen auf die schwankenden Bedingungen der plastischen Verformung, auf den geringen Betrag der zu messenden Energie und die damit verbundenen erheblichen Fehlerquellen zurückzuführen sein wird.

In den besonders sorgfältigen Arbeiten von W. S. FARREN und G. J. TAYLOR und von G. J. TAYLOR und H. QUINNEY[1] sind folgende Werte an aufgenommener Energie in Prozenten der geleisteten Arbeit an tordierten und an gedehnten Probestücken gemessen worden: in Kupfer bis 9%, in Eisen bis 15%, in Aluminium bis 10%, im Messing mit 70% Cu, 30% Zn bis 16%. Diese Werte dürften zur Zeit am zuverlässigsten sein. Das entspricht für Cu 1,15 cal/g, für Fe 1,2, für Al 1,16 und für Messing 0,75 cal/g.

Da das kalt gereckte Metall sich in einem Zwangszustand befindet, muß es thermodynamisch weniger beständig sein als das weiche Metall; es muß also bei derselben Temperatur eine höhere freie Energie besitzen. Wenn man ein galvanisches Element, dessen Elektroden aus dem kalt gereckten und aus dem weichen Metall bestehen, zusammenstellt, so muß deshalb das kalt gereckte Metall anodisch in Lösung gehen, während sich Metall im weichen Zustand an der Kathode abscheidet. Das kalt gereckte Metall muß also elektrochemisch unedler sein.

Es hat sich gezeigt, daß man die Oberfläche eines Metalles besonders wirksam verfestigen kann, indem man es schmirgelt. Bei qualitativen Versuchen hat es sich hierbei herausgestellt, daß in der Mehrzahl der Fälle das geschmirgelte Metall sich dem weichen gegenüber tatsächlich anodisch verhält. Die Unterschiede des galvanischen Potentials sind in der Regel sehr klein, sie übersteigen nicht einige Millivolt, das heißt, sie liegen beinahe innerhalb der Fehlergrenzen der Versuche.

Aus der Änderung des galvanischen Potentials ΔE eines verformten Metalles folgt eine Zunahme der inneren Energie gegenüber dem weichen Zustand zu $n F \Delta E$ pro Mol, wo F die Faradaysche Zahl und n die Wertigkeit ist. Diese Differenz hat den Charakter einer freien Energie, da sie in einem elektrochemischen Element grundsätzlich isotherm und reversibel die entsprechende Arbeit leisten kann; da jedoch bei der Messung des galvanischen Potentials eines inhomogenen Gebildes meistens nur das Potential des unedelsten Teiles gemessen wird (S. 562), ist es ganz unsicher, welcher Anteil des verformten Metalles das gemessene Potential wirklich aufweist. Aus diesem Grunde ist eine Berechnung der Zunahme der inneren Energie aus Potentialmessungen grundsätzlich unmöglich. Auch sind die Potentialmessungen aus verschiedenen Gründen ziemlich schwierig (S. 540). Der Umstand, daß die Änderung des Potentials die Zunahme der freien und nicht der gesamten inneren Energie angibt, spielt demgegenüber wohl gar keine Rolle.

Auch die Bestimmung der zusätzlichen Energie des verformten Metalles u_z aus der Zunahme des elektrischen Widerstandes in der auf S. 393 angegebenen Weise ist sehr unsicher. Auf Grund der Formel (42) würde man nämlich für Kupfer,

[1] FARREN, W. S., u. G. J. TAYLOR: Proc. roy. Soc. London (A) **107** (1925), 422. — QUINNEY, H., u. G. J. TAYLOR: Proc. roy. Soc. London (A) **143** (1934), 307; **163** (1937), 157

dessen Widerstandszunahme nach den bishergen Messungen 2% nicht übersteigt, bei Annahme des Wertes $\alpha = 0,004$ für den Temperaturkoeffizienten des Widerstandes, für u_z erhalten

$$u_z \sim \frac{6 \cdot 0,02}{2 \cdot 0,004} = 15 \text{ cal/Mol},$$

während nach den oben erwähnten unmittelbaren Messungen der Absolutwert für Kupfer 1,15 cal/gr = 73 cal/Mol beträgt. Das würde dafür sprechen, daß die Gitterstörungen, die die Erhöhung der inneren Energie bewirken, nur zum Teil eine Erhöhung des elektrischen Widerstandes zur Folge haben.

D. Sondererscheinungen.

1. Wechselfestigkeit und Ermüdung von Metallen.

Bei sehr vielen technischen Anwendungen werden die metallischen Teile nicht einer ruhenden, sondern einer schneller oder langsamer wechselnden Last, die hierbei auch ihr Vorzeichen ändern kann, ausgesetzt. Der einfachste Fall, mit dem wir uns zunächst auch beschäftigen werden, ist der eines Wechsels zwischen zwei numerisch gleichen Beanspruchungen entgegengesetzten Vorzeichens, wenn etwa ein Stab abwechselnd auf Zug und auf Stauchung beansprucht wird, oder wenn er in horizontaler Lage rotiert, während er in der Mitte durch ein Gewicht auf Biegung beansprucht wird.

Es ist frühzeitig erkannt worden, daß eine derartige Beanspruchung eine erhöhte Bruchgefahr bedeutet. Die Werkstoffe gehen nach einer größeren oder kleineren Zahl von Beanspruchungswechseln zu Bruch, auch wenn die Höhe der Beanspruchungen zum Beispiel die Streckgrenze nicht erreicht. Daraus ergibt sich die praktische Konsequenz, daß die Festigkeitswerte, wie sie in dem bisher besprochenen „statischen" Dehnungs- und Zerreißversuch und bei anderen einmaligen Beanspruchungen ermittelt werden, keinen ausreichenden Überblick über das Verhalten der Werkstoffe unter einer wechselnden Last ergeben und daß hierzu eine besondere Prüfung notwendig ist.

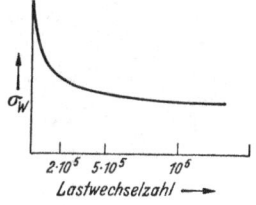

Abb. 320. Wöhler-Kurve der Ermüdung, schematisch.

Diese besteht darin, daß man die Beanspruchungen in rascher Folge zwischen einem positiven und einem in der Regel gleich großen negativen Wert wechseln läßt und die Zahl der Beanspruchungswechsel bis zum etwa eintretenden Bruch feststellt. Dabei erhält man für viele Stähle die in Abb. 320 dargestellte Kurve, in der die Spannung σ in Abhängigkeit von der Wechselzahl W, bei der der Bruch eintritt, aufgetragen wird. Diese Kurve heißt die Wöhler-Kurve nach einem Ingenieur, der sich als einer der ersten mit der Wechselfestigkeit beschäftigt hat. Nach einer Wechselzahl von etwa 10^7 wird die Wöhler-Kurve für viele Stähle zur Abszissenachse parallel. Mit anderen Worten, wenn ein Stahl eine bestimmte Wechselspannung während 10^7 Lastwechseln ausgehalten hat, wird er auch bei einer vielfachen Zahl von Lastwechseln nicht zu Bruch gehen: Wir haben damit die wahre Wechselfestigkeit σ_w ermittelt.

Noch ein anderer Umstand spricht dafür, diese Größe als eine wirkliche Stoffeigenschaft zu betrachten. Trägt man nämlich die Spannungen in Abhängigkeit vom *Logarithmus* der Wechselzahl auf, so erhält man aus der Wöhler-Kurve eine gerade Linie, die ziemlich unvermittelt in die horizontale Grenzkurve der Wechselfestigkeit übergeht (Abb. 321).

Man glaubte zunächst, hier ein allgemeines Naturgesetz vor sich zu haben. Die Beobachtungen an anderen Metallen, vor allen Dingen an Aluminium und seinen Legierungen, lehrten aber, daß das nicht zutrifft. Bei diesen Stoffen wird ein horizontaler Teil der Wöhler-Kurve auch nach so hohen Lastwechselzahlen wie 10^8 noch nicht erreicht. Es ist praktisch nicht möglich, eine Wechselspannung anzugeben, der diese Werkstoffe unbegrenzt standhalten würden. Das gilt auch für manche Sonderstähle. Bei der praktischen Verwendung der etwa nach 10^6 oder 10^7 Wechselzahlen ermittelten Wechselfestigkeit ist deshalb Vorsicht am Platze.

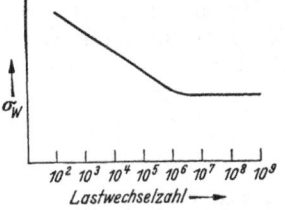

Abb. 321. Wechselfestigkeit von Stahl, schematisch.

Wenn ein Metallkörper unter dem Einfluß von dauernden Wechselbelastungen zu Bruch geht, so hat der Bruch ein vom normalen Bruch nach einmaliger starker Überlastung des Körpers *(Gewaltbruch)* typisch abweichendes Aussehen. Der Dauerbruch ist auffallend glatt, zeigt keinerlei Anzeichen einer bleibenden Verformung, auch bei einem Material mit hoher Bruchdehnung, und weist vielfach ringförmige Gebilde auf, die an die Jahresringe im Holz erinnern und auf einen Ausgangspunkt hinweisen, von dem der Bruch ausgegangen ist *(Dauerbruch)*. (Abb. 322). Beinahe immer findet man daneben im Bruch stark zerklüftete Oberflächen, wie sie für einen Gewaltbruch charakteristisch sind. Die Erklärung für diesen Befund ist folgende. Bei der Wechselbeanspruchung geht der Bruch von einer bestimmten Stelle (seltener von zwei Stellen) aus und weitet sich allmählich über größere Gebiete des Körpers aus. Das geschieht indessen nur ganz langsam über viele Tausende von Belastungswechseln. Die ganze Last muß nun der noch nicht zu Bruch gegangene Teil tragen. Die auf ihm lastende Spannung wird immer größer, da ja seine Fläche ständig abnimmt. Wenn seine Festigkeitsgrenze überschritten wird, geht er gewaltsam zu Bruch.

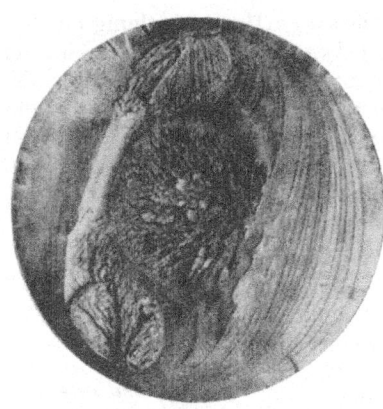

Abb. 322. Gefüge eines Dauerbruches (aus SIEBEL-THUM).

Die Erfahrung lehrt, daß Einkerbungen aller Art besonders leicht der Ausgangspunkt von Dauerbrüchen werden können, da ja im Grunde von Kerben eine sehr starke Spannungskonzentration stattfindet (Abb. 311 S. 272). Die Entstehung des Dauerbruches ist also so zu verstehen, daß zunächst an der Stelle einer Spannungsspitze oder eines Materialfehlers ein Anriß entsteht, der wie eine Kerbe wirkt und sich immer mehr ausbreitet. Der Dauerbruch ergibt, wie erwähnt, keine Anzeichen einer vorangegangenen Verformung, es ist ein spröder Bruch. Seine glatte Oberfläche ist zum Teil auf seine Entwicklung von einem *Kerb*grund aus und zum Teil auf das gegenseitige Abschleifen der Anrißflächen vor dem endgültigen Zubruchgehen des Stückes zurückzuführen.

Die Veränderungen im Werkstoff, die zum Dauerbruch führen, nennt man *Ermüdung.*

Rein elastische Beanspruchungen sind streng umkehrbar. Es ist also nicht einzusehen, wieso eine noch so oft wiederholte rein elastische Beanspruchung eine Veranlassung zum Dauerbruch geben könnte. Es hat sich deshalb schon frühzeitig die Anschauung durchgesetzt, daß geringe plastische Verformungen die Ursache der Ermüdung sind. Solche plastischen Verformungen werden vorzugsweise an einzelnen zufällig überlasteten Stellen des Werkstoffes stattfinden.

Die Wirkung einer überelastischen Verformung kann eine doppelte sein; sie kann eine Verfestigung oder einen Bruch herbeiführen. So tritt auch unter dem Einfluß der Wechselbeanspruchung im Metall eine nachweisbare Verfestigung auf. Bleibt die Wechselbeanspruchung um einen bestimmten endlichen Betrag unterhalb der Wechselfestigkeit bei der in Frage kommenden Wechselzahl, so nimmt die Wechselfestigkeit durch die Wechselbeanspruchung zu. Durch vorsichtige Erhöhung der Belastung über je geringe Wechselzahlen (je 10000 bis 20000) kann die Wechselfestigkeit nennenswert gehoben werden. Diese Behandlung, die übrigens kaum praktische Bedeutung hat, aber theoretisch sehr merkwürdig ist, nennt man *Hochtrainieren*. Hierbei befindet man sich also im Gebiete von Spannungen, die zwar oberhalb der Wechselfestigkeit für hohe Wechselzahlen, aber in Anbetracht der geringen Wechselzahlen im linken Teil unterhalb der Ermüdungskurve (Abb. 320) liegen. Geht man hierbei unvorsichtig vor und erhöht die Spannung zu schnell, oder wählt man für sie überhaupt einen zu hohen Wert, so ist der Erfolg ein umgekehrter. Eine Behandlung des Werkstoffes zu wenig unterhalb der Ermüdungskurve, aber mit so geringen Wechselzahlen, daß noch kein Dauerbruch eintritt, hat zur Folge, daß die Dauerbruchgrenze σ_w zu niedrigeren Werten sinkt. Die Veränderung des Werkstoffes durch eine derartige Behandlung mit zu hohen Spannungen nennt man *Zerrüttung*. Durch Zerrüttung wird der Elastizitätsmodul des Körpers erniedrigt, wie des öfteren beobachtet worden ist.

Die obere Spannungsgrenze für das Hochtrainieren nimmt mit der Spannungswechselzahl beim Trainieren ab und liegt überall unterhalb der Ermüdungskurve. Sie heißt *Schadenslinie*.

Es ist nicht daran zu zweifeln, daß im Gebiete der Zerrüttung bereits lokale Anrisse im Werkstoff entstehen. Wahrscheinlich sind sie auch die Ursache für die Erniedrigung des Elastizitätsmoduls und für die dort eintretende Erhöhung der inneren Dämpfung.

Die Zerrüttung beginnt oberhalb der Schadenslinie. Es ist sehr beachtenswert, daß der Werkstoff bereits lange vor dem nachweisbaren Eintreten des Dauerbruches eine Zerrüttung erleidet.

Zur Theorie der Wechselfestigkeit und der Ermüdung ist zu sagen, daß die wiederholten kleinen plastischen Verformungen der gefährdeten Stellen dort eine Verfestigung herbeiführen, durch die die plastischen Verformungswege immer kleiner werden. Andererseits tritt durch die ständige Betätigung der Gleitung hin und zurück nach und nach eine Schädigung des Werkstoffes und eine Rißbildung auf. Wenn die Verfestigung überwiegt, die Verformungen also dank ihr praktisch aufhören, wobei auch eine Übernahme der Belastungen durch Nachbar-Volumenelemente eine Rolle spielt, befindet sich der Körper unterhalb der Ermüdungsgrenze. Tritt keine genügende Entlastung durch die Nachbarteile ein, oder ist die Schädigung durch die wiederholte Gleitung zu groß, so wird die Zerreißfestigkeit an der gefährdeten Stelle überschritten, es tritt ein Anriß auf, und der Körper verfällt nach kürzerer oder längerer Zeit der Ermüdung[1].

Bei der Beurteilung der Bedeutung der Ermüdungsgrenze muß die mögliche Wechselzahl im praktischen Gebrauch berücksichtigt werden. Arbeitet eine Maschine mit einer Frequenz von 1 Sekunde und beträgt ihre zu erwartende Lebensdauer 10 Jahre, so entspricht das etwa $3,5 \cdot 10^8$ Belastungswechseln. Wenn man eine zehnfache Sicherheit hinzurechnet, wird man verlangen, daß die Ma-

---

Vgl. E. OROWAN: Proc. roy. Soc. London (A) 171 (1939), 79.

schine nach $3,5 \cdot 10^9$ Wechseln noch keine Ermüdung zeigt. Das heißt, man wird
für sie einen Stahl nur unterhalb der wahren Ermüdungsgrenze beanspruchen
können. Besitzt die Maschine jedoch etwa ein Regelventil, das vielleicht durchschnittlich einmal am Tage in Anspruch genommen wird, so ergibt das nur
3500 Belastungen oder mit einer zehnfachen Sicherheit 35000 Belastungen in
10 Jahren. Es würde eine Verschwendung bedeuten, für diesen Zweck so zu
konstruieren, daß der Werkstoff unterhalb der Ermüdungsgrenze für hohe
Wechselzahlen beansprucht wird. Vielmehr wird man sich an die Schadenslinie
halten und sie als Basis für die Berechnung der Konstruktion wählen.

2. Elastische Nachwirkung.

Wird ein metallischer Zerreißstab etwa aus Stahl bei gewöhnlicher Temperatur auf Zug unterhalb der Höchstlast bis zum Punkt A beansprucht, so er-

leidet er, wie wir erörtert haben (S. 334), eine
elastische und eine plastische Verformung (Abbildung 323). Hält man nun die Last konstant,
so findet mit der Zeit eine erst schnell und
dann immer langsamer verlaufende Nachdehnung statt, bis zuletzt die Länge etwa bei B
praktisch konstant bleibt. Wird der Stab jetzt
entlastet, so federt er auf einer Hookeschen
Geraden BC zurück. Wird er nun ohne Be-

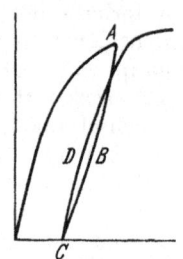

lastung liegen gelassen, so verkürzt er sich etwas,
zuerst schnell und dann langsamer, bis er im
Punkt D praktisch zur Ruhe kommt. Bei einer
schnellen Wiederbelastung bis zur früheren Last

Abb. 323.
Elastische
Nachwirkung,
Schema.

Abb. 324.
Mechanische
Hysteresisschleife,
Schema.

verformt er sich zunächst annähernd längs einer Hookeschen Geraden und erreicht
die Linie AB zwischen A und B in der Nähe des ersteren Punktes, etwa in A'.

Geht man nach Erreichung des Punktes A (Abb. 324) mit der Last mit
mäßiger Geschwindigkeit herunter, wie man sie auf der Zerreißmaschine messend
verfolgen kann, so erhält man eine Hysteresisschleife der bereits in Abb. 323
angedeuteten Art. Zunächst findet im Verlaufe der Entlastung eine gewisse
Nachdehnung statt, die Entlastungskurve ABC verläuft steiler, als die Hookesche Gerade, dann kehren sich die Verhältnisse um und der Teil BC hat eine
stärkere Neigung zur Ordinatenachse als diese Gerade. Belastet man sofort
wieder, so ist die Belastungskurve CDA zunächst steiler und dann weniger
steil als die Hookesche Gerade. Alle diese Effekte sind bei den meisten Metallen
bei Zimmertemperatur sehr klein. Bei Stahl sind sie in der Regel abnorm groß.
Da dort besondere Verhältnisse herrschen, eignet sich der Stahl nicht ohne
weiteres für ihre grundsätzliche Erörterung.

In geringerem Maße treten ähnliche Erscheinungen auch im Gebiete unterhalb
der Streckgrenze — oder der technischen Elastizitätsgrenze auf. Man bezeichnet
sie deshalb als elastische Nachwirkung, trotzdem es ganz klar ist, daß es sich nicht
um ein rein elastisches Phänomen handeln kann, sondern um die Folgeerscheinung
einer kleinen plastischen Verformung.

Hat ein Werkstoff eine Reihe von Beanspruchungen verschiedenen Vorzeichens
in kürzeren Zeiträumen durchgemacht, so tragen sie alle mit dem einen oder
anderen Vorzeichen und in der einen oder in der anderen Höhe zur elastischen
Nachwirkung bei. Nach einer Formulierung von L. BOLTZMANN hat das Metall
ein Erinnerungsvermögen für die erlittenen Verformungen. Sein Verhalten kann
formal als Superposition (Addition) von e-Funktionen beschrieben werden. Heute

wissen wir, daß eine plastische Verformung in einem vielkrystallinen Metall Verspannungen (Eigenspannungen) erzeugt, und daß diese Eigenspannungen die Ursache der „elastischen Nachwirkung" im entspannten Zustande sein müssen, genau so wie es die äußeren Spannungen beim Verweilen im Punkte A (Abb. 323) sind. Auf das Zustandekommen der elastischen Nachwirkung in diesem Zusammenhang werden wir auf S. 406 bei der Besprechung der Eigenspannungen eingehen. Würde es gelingen, ein reines Metall völlig sauber elastisch zu verformen, so dürften auch keine Nachwirkungserscheinungen auftreten. Wie H. v. WARTENBERG gezeigt hat, tritt bei Einkrystallen von Zink und Wolfram keine „elastische Nachwirkung" auf[1].

Im Gebiete geringer Deformationen hat J. L. SNOEK[2] bei Eisen, das Kohlenstoff oder Stickstoff enthält, einen speziellen Mechanismus der elastischen Nachwirkung nachgewiesen. Wie man vom Martensit her weiß (S. 483), ruft der in α-Eisen gelöste Kohlenstoff (dasselbe gilt auch für den Stickstoff) eine tetragonale Verzerrung des Gitters hervor. Durch einen geringfügigen Platzwechsel des Kohlenstoffs kann die Richtung der tetragonalen Verzerrung geändert werden. Unter dem Einfluß einer gerichteten mechanischen Beanspruchung sind die C-Atome bestrebt, Lagen einzunehmen, die eine entsprechende Deformation erleichtern. Das geschieht grundsätzlich durch Diffusion und erfordert deshalb eine gewisse Zeit. Nach Beseitigung der äußeren Beanspruchung kehren die gelösten Atome unter dem Einfluß der thermischen Bewegung oder von Eigenspannungen in ihre frühere Lage zurück.

Nachwirkungserscheinungen, zu denen auch die elastische Nachwirkung gehört, klingen oft nach einem logarithmischen Gesetz ab:

$$x = A - B \ln t$$

wo x die sich ändernde Größe, t die Zeit und A und B Konstanten sind. D. KUHLMANN[3] hat für ein solches Gesetz eine einfache Ableitung gegeben (vgl. auch Seite 440).

Eng verwandt mit der elastischen Nachwirkung sind Erscheinungen der mechanischen Dämpfung. Man nahm früher an, daß sie immer auf geringe plastische Deformationen zurückzuführen seien. In den letzten Jahren haben jedoch hauptsächlich C. ZENER und Mitarbeiter[4], gezeigt, daß sie bei gewissen Schwingungsfrequenzen auf einem termomechanischen Effekt beruhen. Die elastische Dehnung ist nämlich mit einer Abkühlung und die Stauchung mit einer Erwärmung verbunden. Wenn benachbarte Volumenelemente aus irgendwelchen Gründen verschiedenen Beanspruchungen ausgesetzt werden, tritt zwischen ihnen ein Wärmeaustausch ein. Ist seine Geschwindigkeit commensurabel mit der Frequenz des Beanspruchungswechsels, so führt der Wärmeaustausch zu einer gewissen Entlastung des Materials und zu einer Hysteresisschleife. Des näheren kann hier auf diese Erscheinungen nicht eingegangen werden.

3. Kriechen der Metalle.

Die „elastische Nachwirkung", wie sie etwa im Punkte A (Abb. 323) unter dem Einfluß einer ruhenden Last beobachtet wird, bildet einen Sonderfall einer allgemeineren Gruppe von Erscheinungen, die man das *Kriechen* der Metalle

---

[1] v. WARTENBERG, H.: Verh. d. Dtsch. physik. Ges. 20 (1918), 113.

[2] SNOEK, J. L.: Physica 8 (1941), 711; 9 (1942), 862. — DIJKSTRA, L. J.: Philips Res. Rep. 2 (1947), 357.

[3] KUHLMANN, D.: Z. Phys. 124 (1947), 468.

[4] ZENER, C.: Physica 15 (1949), 111; Trans. amer. J. M. E. 147 (1942). — READ, T. A.: Phys. Rev. 58 (1940), 371; J. appl. Phys. 12 (1941), 100.

(auf englisch *creep*) nennt, wie man es bei den höher schmelzenden Metallen wie Eisen, Stahl, Kupfer und seinen Legierungen oder Aluminium in der Hauptsache bei höheren Temperaturen und z. B. bei Zink bereits bei Zimmertemperatur beobachtet.

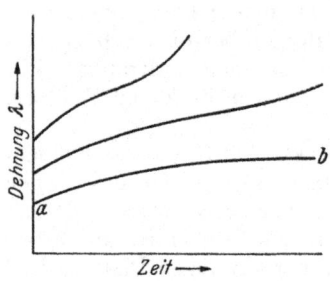

Setzt man ein Metall bei höherer Temperatur einer ruhenden Last in einer geeigneten Höhe aus, wobei ein langsames Fließen einsetzt, so beobachtet man, je nach der Höhe der Last folgendes (Abb. 325): Entweder die Dehnung verlangsamt sich ständig mit der Zeit, so daß der Körper einer konstanten Endlänge zustrebt (Kurve *ab*) oder aber, bei höheren Lasten oder Temperaturen, die Dehnungsgeschwindigkeit nimmt erst ab, um dann ständig anzusteigen, bis der Bruch des Stabes eintritt. Die höchste Belastung, bei der die Dehnung noch zum Stillstand kommt, wird *Dauerstandgrenze* genannt.

Abb. 325. Kriechen eines Metalles, Schema.

Als Ursache des Kriechens muß man wohl meistens eine Auflösung der Versetzungen annehmen, also grundsätzlich einen Erholungsprozeß.

IX. Eigenspannungen.

A. Natur, Entstehung und Wirkung von Eigenspannungen.

1. Defination und Bedeutung von Eigenspannungen.

Wenn auf einen festen Körper eine äußere Kraft ausgeübt wird, so entsteht im Körper ein Spannungszustand. Dieser Spannungszustand kann berechnet werden, wenn man die äußere Kraft kennt oder die elastischen Formänderungen des Körpers, die durch sie hervorgerufen werden, mißt.

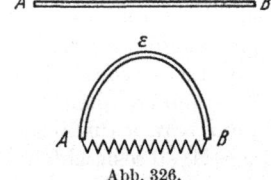

Es kann aber auch sein, daß Spannungen in einem Teil des Körpers durch Gegenkräfte, die von anderen Spannungen in einem anderen Körperteil herrühren, gehalten werden, ohne daß eine äußere Kraft auf den Körper einwirken würde. In einem solchen Falle sprechen wir von *Eigenspannungen*.

Abb. 326.
Zum Begriff der Eigenspannung.

Wir betrachten einen Metallstreifen *A B* (Abb. 326), der durch eine äußere Vorrichtung, etwa durch den Druck der Hände oder durch eine gespannte Feder elastisch zur Gestalt *A ε B* gebogen worden ist. Der Streifen enthält jetzt Biegespannungen.

Man braucht nur an Stelle der Feder etwa einen anderen dem Streifen *A B* ähnlichen Streifen zu setzen und seine Enden mit *A* und *B* etwa zu verlöten oder die elastische Feder als Bestandteil des Körpers zu betrachten, um einen zusammengesetzten Gesamtkörper, der jetzt mit Eigenspannungen behaftet ist, zu erhalten. Denn die Biegespannung in *A ε B* und die Zugspannung im Teil *A B* oder in der gespannten Feder halten sich innerhalb des Körpers das Gleichgewicht.

Hierbei hat sich der Spannungszustand in $A \varepsilon B$ in keiner Weise geändert. Schon an diesem Beispiel sehen wir, daß die Eigenspannungen sich ihrer Natur nach von den durch äußere Kräfte hervorgerufenen Spannungen in keiner Weise unterscheiden. Im Gegensatz zu den letzteren halten sie sich nur innerhalb des Körpers das Gleichgewicht.

Man kann sich deshalb fragen, welche Berechtigung man denn überhaupt hat, den Eigenspannungen eine gesonderte Betrachtung zu widmen. Die Notwendigkeit einer solchen ergibt sich einerseits aus der Art der Entstehung dieser Eigenspannungen als Begleiterscheinung technischer Formgebungs- und Behandlungs-Vorgänge und andererseits daraus, daß die Eigenspannungen sich meistens einer unmittelbaren Messung entziehen.

Erzeugt man einen Spannungs-Zustand durch eine bekannte äußere Kraft, so kennt man die Größe und Verteilung der Spannungen und hat es in der Hand, die Bruchgefahr oder die Gefahr bleibender Verformungen zu vermeiden. Sind dahingegen bei einer technischen Verformung etwa durch Walzen, Pressen, Stanzen, Prägen, Ziehen in einem Körper ungewollt und ungemerkt Spannungen entstanden, so kennt man ihre Größe und Verteilung nicht und kann sie auch nur schwer messen, meistens nur durch Zerstörung des in Frage kommenden Körpers. Die Eigenspannungen bilden deshalb meistens eine spezifische technische Gefahr und erfordern in der Technik eine ständige Aufmerksamkeit. In einzelnen Fällen hat man es gelernt, aus ihnen technischen Nutzen zu ziehen. Auf diese Fragen wird im weiteren eingegangen werden.

2. Elastische Biegung eines dünnen Streifens.

Wie entstehen Eigenspannungen? Wir betrachten als Beispiel wieder einen flachen Metallstreifen, den wir auf Biegung beanspruchen (Abb. 327). Hierzu sollen auf den Körper zwei Kräftepaare AB und CD einwirken. Hierbei entsteht zwischen den Angriffspunkten der Kräfte B und C eine gleichmäßige Biegungs-Verformung, d. h. dieser Teil des Streifens erhält eine Krümmung mit einem konstanten Krümmungsradius R und einem einzigen Krümmungszentrum O (Abb. 328). Der Beweis dieses Satzes findet sich in den Lehrbüchern der Elastizitätslehre.

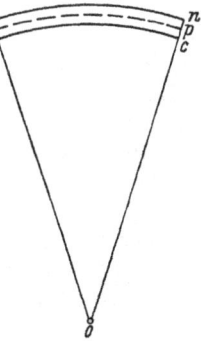

Abb. 328. Schema einer Biegung.

Der Querschnitt des Streifens sei ein sehr flaches Rechteck von der Dicke $mb = nc$. Bei der elastischen Biegung wird ein Teil $mnpq$ des Querschnittes gegenüber dem spannungsfreien Zustand verlängert,

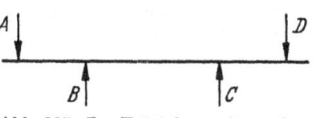

Abb. 327. Zur Entstehung einer reinen Biegung.

der andere $bqpc$ verkürzt. Die Grenze dieser beiden Bezirke, die Linie qp, deren Länge unverändert bleibt, heißt die *neutrale Faser*. Die Dehnung λ einer Faser mn infolge der Biegung ist gleich

$$\lambda = \frac{mn - qp}{qp} = \frac{(R + np)\varphi - R\varphi}{R\varphi} = \frac{np}{R}, \tag{1}$$

wo R der Krümmungsradius ist.

Die Dehnung einer Faser bei der Biegung ist gleich dem Verhältnis ihres Abstandes von der neutralen Faser zum Krümmungsradius.

Das Gleiche gilt für den inneren Teil des Streifens $bqpc$ mit dem Unterschied, daß es sich hier um Verkürzungen handelt.

Eine Faser im Abstand x von der neutralen Faser steht also unter einer Zugspannung

$$\sigma = \frac{E \cdot x}{R}, \tag{2}$$

(wo E der Elastizitätsmodul des Werkstoffes ist) der in der Längsrichtung eine Zugkraft

$$p = \frac{E\,x\,b\,dx}{R} \tag{3}$$

entspricht, wenn dx die Dicke dieser Elementarfaser und b die Breite des Streifens ist, so daß $b \cdot dx$ die Fläche darstellt, auf die die Kraft wirkt. Hierbei rechnen wir x nach oben von der neutralen Faser positiv und nach unten negativ. Das negative Vorzeichen der Spannungen im zweiten Fall bedeutet, daß es Druckspannungen sind. Oberhalb der neutralen Faser wird auf den Streifen insgesamt die Zugkraft

$$\frac{E\,b}{R} \int_0^{pn} x\,dx \tag{4}$$

ausgeübt; entsprechend steht der innere Teil insgesamt unter einer Druckkraft

$$-\frac{E\,b}{R} \int_{cp}^{0} x\,dx . \tag{4a}$$

Nun wird aber auf die beiden Flächen mb und nc bei der Biegung gar keine äußere Kraft in der Längsrichtung ausgeübt. Das kann nur dadurch ermöglicht werden, daß die Zugkraft im Teil $mnpq$ und die Druckkraft im Teil $qpcb$ sich gegenseitig das Gleichgewicht halten; also ist

$$pn = pc.$$

Bei einer elastischen Beanspruchung eines Streifens auf Biegung, dessen Querschnitt ein Rechteck ist, liegt die neutrale Faser in der Mitte des Querschnittes[1].

Ist die Biegebeanspruchung rein elastisch gewesen, so federt der Streifen nach Entfernung der äußeren Kräfte A, B, C, D (Abb. 327) wieder in seine ursprüngliche gerade Form zurück. Alle seine Teile haben wieder die ursprüngliche Gestalt erhalten, es sind also auch keine zusätzlichen Spannungen entstanden.

Durch eine rein elastische Beanspruchung werden in einem Körper allgemein noch keine Eigenspannungen erzeugt.

3. Entstehung von Eigenspannungen bei der plastischen Biegung.

Wir haben gesehen, daß bei der elastischen Biegung eines Streifens, die in ihm hierbei entstandenen Zug- und Druckspannungen sich das Gleichgewicht halten. Die Zugspannungen im Teil $mnpq$ und die Druckspannungen im Teil $qpcb$ rufen aber insgesamt ein Moment hervor, das die Verbiegung des Streifens aufzuheben strebt und das nur durch die äußeren Kräfte aufrecht erhalten bleibt.

---

[1] Ist das Verhältnis der Breite zur Dicke des Bandes nicht sehr groß, so ist die Verformung des Streifens wesentlich komplizierter. Der gedehnte Teil des Streifens erleidet eine Querkontraktion und der gestauchte eine Querdehnung, infolge deren die Begrenzungsflächen des Bandes sich in der Querrichtung krümmen. Bei einer genügend großen Breite des Streifens wird diese Deformation unterbunden.

Wir führen jetzt eine stärkere Biegung des Streifens durch, wobei die Elastizitätsgrenze des Werkstoffes überschritten werden mag. Die Längenänderungen der einzelnen Fasern sind nach wie vor der Entfernung von der neutralen Faser proportional und gleich $\pm \dfrac{x}{R}$. Diese Längenänderungen sind ja rein geometrisch gegeben. Anders verhält es sich jedoch mit den ihnen entsprechenden Zug- oder Druckspannungen.

In Abb. 329 ist schematisch die Dehnungs-Spannungskurve Oc des Werkstoffes wiedergegeben, wie sie beim Zugversuch entsteht.

Die Spannungen kann man in Funktion der Dehnungen in der Form

$$\sigma = E\,f\,(\lambda) \tag{5}$$

darstellen, wo E der Elastizitätsmodul ist. Wenn wir den Elastizitätsmodul als Einheit der Spannung wählen, vereinfacht sich Gleichung (5) zu

$$\sigma' = f\,(\lambda).$$

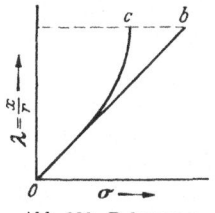

Abb. 329. Dehnungen und Spannungen bei der Biegung, schematisch.

Diese Funktion ist in Abb. 329 dargestellt, wobei mit Rücksicht auf das Folgende die Dehnungen als Ordinaten und die Spannungen als Abszissen aufgetragen worden sind. Die Hookesche Gerade Ob bildet mit den Achsen einen

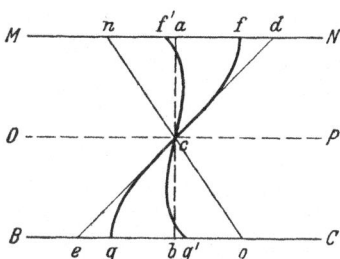

Abb. 330. Verformungen und Spannungen bei der plastischen Biegung, schematisch.

Winkel von 45°. Die Abbildung kann auch wie folgt betrachtet werden. Die zu einem Punkt gehörende Dehnung ist durch den zur Abszissenachse parallelen Abstand bis b der Geraden Ob von der Ordinatenachse gegeben. Diese Betrachtungsweise wollen wir jetzt anwenden.

In Abb. 330 ist ein Teil des betrachteten Metallstreifens (Abb. 328) von der Dicke $MB = NC$ in größerem Maßstab wiedergegeben. OP ist die neutrale Faser. Der ursprünglich gerade Streifen sei mit Hilfe einer äußeren Kraft bis zum Krümmungsradius r_1 gebogen. Wenn wir r_1 als Einheit der Länge wählen, ergeben die zu acb senkrechten Abstände von dieser Linie unmittelbar die Dehnungen $\pm \dfrac{x}{r_1}$ der zugehörigen Punkte des Streifens. Wir können also die Abb. 329 unmittelbar nach Abb. 330 übertragen und erhalten bei der gewählten Längeneinheit die Dehnungskurve cf und die dazu zentrisymmetrische Stauchkurve cg. Die Dehnungen $\dfrac{x}{r_1}$ der zugehörigen in Abstand x von der neutralen Faser liegenden Fasern des Streifens werden durch die horizontalen Abstände zwischen acb und ecd wiedergegeben.

Den Momenten der die Biegung bewirkenden Kräftepaare wird durch die Momente der Biegespannungen auf die neutrale Faser das Gleichgewicht gehalten. Das gesamte Moment der Zugspannungen oberhalb der neutralen Faser OP (Abb. 330) ist gleich

$$\int_{0}^{D/2} b\,\sigma'\,x\,dx = b \int_{0}^{D/2} f\!\left(\frac{x}{r_1}\right) x\,dx, \tag{6}$$

wo D die Dicke des Streifens und $P = b \cdot dx$, wie oben, die auf einen Elementarstreifen von der Dicke dx wirkende Kraft ist. Diesem Moment entspricht aus

Symmetriegründen ein gleiches für den Teil unterhalb der neutralen Faser OP, so daß sich insgesamt das Biegemoment

$$M = 2\,b \int\limits_0^{D/2} f\left(\frac{x}{r_1}\right) x\,d\,x \tag{6a}$$

ergibt.

Wird die äußere Spannung beseitigt, so federt der gebogene Streifen zurück, indem der Teil oberhalb der neutralen Faser OP sich verkürzt und der Teil unterhalb OP sich verlängert. Wir nehmen an, daß der Krümmungsradius des Streifens sich hierbei von r_1 auf r_2 vergrößert. In einem Abstand x von der neutralen Faser sind die entsprechenden Dehnungen gegenüber der geradlinigen gestreckten Form des Streifens $\dfrac{x}{r_2}$ und $-\dfrac{x}{r_2}$, der bei der Rückfederung auftretende Rückgang der Dehnung also $x\left(\dfrac{1}{r_1} - \dfrac{1}{r_2}\right)$; um die entsprechenden Beträge verringern sich die Spannungen; wir erhalten also für die Spannungen σ_2 nach der Beseitigung der äußeren Kraft

$$\sigma_2 = f\left(\frac{x}{r_1}\right) - x\left(\frac{1}{r_1} - \frac{1}{r_2}\right) \tag{7}$$

Die Spannungen gehen elastisch um Beträge zurück, die Abständen x von der neutralen Faser proportional sind. Diese Beträge sind in Abb. 330 durch die waagerechten Abstände der Geraden nco von acb wiedergegeben. Die Abszissen der Spannungskurve gcf sind also um die Abszissenbeträge der Geraden nco zu verkleinern. Die verbleibenden Spannungen ergeben eine Kurve $f'cg'$.

Diese Kurve kann berechnet werden. Das resultierende Biegemoment muß nach Entlastung des Streifens Null sein; indem wir in (6a) den Spannungswert aus (7) einsetzen, erhalten wir also

$$b \int\limits_0^{D/2} \left\{ f\left(\frac{x}{r_1}\right) - x\left(\frac{1}{r_1} - \frac{1}{r_2}\right) \right\} x\,d\,x = \frac{M}{2} - \frac{x^3}{3}\left(\frac{1}{r_1} \cdot \frac{1}{r_2}\right) = 0. \tag{8}$$

Nach Integration kann bei bekanntem $f(x)$ der Krümmungsradius r_2 nach der Entlastung berechnet werden. Qualitativ ergibt sich hieraus in Übereinstimmung mit Abb. 330, daß bei höheren Absolutwerten von x Spannungen entgegengesetzten Vorzeichens wie die angelegten Außenspannungen und bei niedrigen Absolutwerten von x Restspannungen desselben Vorzeichens entstehen. Eine völlige Entspannung ist nicht mehr möglich, der Körper weist Eigenspannungen auf.

Diese Eigenspannungen sind dadurch entstanden, daß Teile des Körpers plastische Verformungen erlitten haben, während andere nur elastisch beansprucht worden sind. Allgemein treten Eigenspannungen immer dann auf, wenn die geometrisch vorgegebenen Rückfederungswege der verschiedenen Körperelemente nicht proportional den dort unter der äußeren Beanspruchung auftretenden Spannungen und nicht entsprechend gerichtet sind. Praktisch treten Eigenspannungen nach jeder ungleichmäßigen plastischen Verformung eines Körpers auf, wenn es grundsätzlich auch Fälle geben kann, in denen die genannte Proportionalität zwischen Rückfederungswegen und Spannungen besteht und somit keine Veranlassung für die Entstehung von Eigenspannungen vorhanden ist.

Die Rechnung wird etwas einfacher, wenn man bei den meistens geringen in Frage kommenden Verformungen die Verfestigung vernachlässigt, d. h. wenn man die in Abb. 332 wiedergegebene Gestalt der Dehnungskurven annimmt.

In diesem Falle wird die Spannung σ_s bei der Streckgrenze bei Wahl des Elastizitätsmoduls als Einheit der Spannung einfach numerisch gleich der Dehnung $\dfrac{x}{r_1}$ bis zur Streckgrenze $\dfrac{x_s}{r_1}$ und bleibt konstant bei allen höheren Dehnungen. An Stelle von (8) erhalten wir also

$$b \int\limits_0^{x_s} \left\{ \frac{x}{r_1} - x \left(\frac{1}{r_1} - \frac{1}{r_2} \right) \right\} x\, dx + b \int\limits_{x_s}^{D/2} \left\{ \frac{x_s}{r_1} - x \left(\frac{1}{r_1} - \frac{1}{r_2} \right) \right\} x\, dx =$$

$$= b \int\limits_0^{x_s} \frac{x^2}{r_2}\, dx + b \int\limits_{x_s}^{D/2} \left\{ \frac{x_s}{r_1} - x \left(\frac{1}{r_1} - \frac{1}{r_2} \right) \right\} x\, dx = 0. \qquad (9)$$

4. Entstehung von Eigenspannungen durch homogene Deformation eines nicht homogenen Körpers.

Die ungleichmäßigen plastischen Beanspruchungen können, wie im betrachteten Beispiel dadurch entstehen, daß die Verformung rein geometrisch ungleichmäßig gewesen ist. Sie können aber auch bei homogenen äußeren Beanspruchungen dadurch entstehen, daß der Körper sich nicht homogen verhält und einzelne Teile des Körpers z. B. verschiedene Elastizitätsgrenzen haben. Wir betrachten das in Abb. 331 wiedergegebene Modell. Ein zylindrischer Körper bestehe aus einem ebenfalls zylindrischen Innenteil und einem mit die-

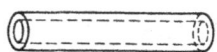

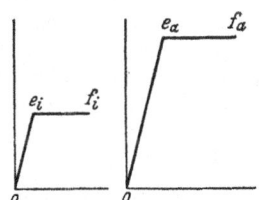

Abb. 331. Modell eines zusammengesetzten Körpers.

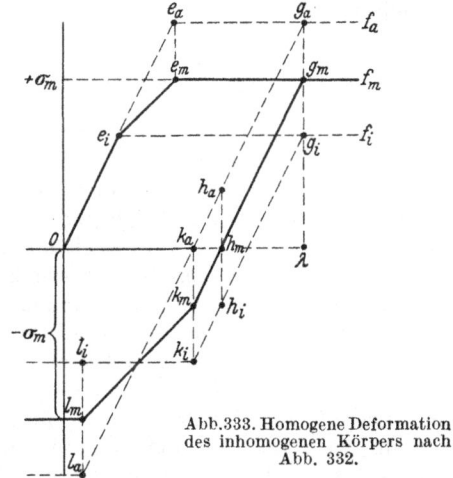

Abb. 332. Dehnungslinien der beiden Teile der Abb. 331.

Abb. 333. Homogene Deformation des inhomogenen Körpers nach Abb. 332.

sem Innenteil fest verbundenen äußeren Rohrstück. Wir nehmen an, daß die Spannungs-Dehnungskurven der Werkstoffe beider Teile die in Abb. 332 dargestellte einfache Gestalt haben. Beide haben eine scharfe Elastizitätsgrenze e_a bzw. e_i und denselben Elastizitätsmodul; die bei der plastischen Verformung eintretende Verfestigung wird vernachlässigt, so daß die Teile $e_i f_i$ und $e_a f_a$ der Dehnungslinie mit der Abszissenachse parallel sind.

Die Querschnitte des inneren und äußeren Teiles sollen untereinander gleich sein.

Wir verfolgen jetzt das Verhalten des Gesamtkörpers. Da die Elastizitätsmoduli beider Teile gleich sind, verhält er sich bei rein elastischer Beanspruchung bis zur Elastizitätsgrenze e_i des Innenteils einheitlich (Abb. 333).

Die Ordinaten der stark ausgezogenen Linie geben die aus dem Querschnitt des Gesamtkörpers und der Gesamtkraft berechnete mittlere Spannung an, die im elastischen Gebiet der wahren Spannung, der die einzelnen Teile ausgesetzt sind, gleich ist. Sobald die Elastizitätsgrenze e_i des inneren Teiles erreicht ist, beginnt jedoch die plastische Verformung dieses Teiles. Die von diesem Teil getragenen Spannungen behalten bei weiteren Verformungen die Werte der Horizontalen $e_i f_i$. Der äußere Teil wird jedoch weiterhin elastisch beansprucht; die auf ihm liegende Spannung steigt bei weiterer Dehnung längs der elastischen Linie $e_i e_a$, und erst bei Erreichung des Punktes e_a beginnt seine plastische Verformung. Wenn der Querschnitt des inneren und der des äußeren Teiles untereinander gleich und die zugehörigen Spannungen σ_a und σ_i sind, ist der Gesamtkörper jetzt einer mittleren Spannung $\dfrac{\sigma_i + \sigma_a}{2}$ ausgesetzt. Hierbei verformt sich der äußere Teil zunächst elastisch und von Punkt e_a ab auch nur plastisch, so daß die mittleren auf den Gesamtkörper wirkenden Spannungen durch die Gerade $e_m f_m$ wiedergegeben werden.

Wir nehmen an, daß der Körper bis zum Punkte g_m gedehnt und dann entlastet wird; er verkürzt sich elastisch und die mittlere Spannung g_m geht auf der elastischen Linie $g_m h_m$ auf Null zurück. Die elastischen Linien für beide Körperteile sind zu ihr parallel. Die auf diesen Teilen ruhenden Spannungen gehen nicht auf Null zurück, auf dem inneren Teil ruht eine Druckspannung $h_m h_i$ und dem äußeren Teil eine Zugspannung $h_m h_a$. Durch die überelastische Beanspruchung *hat der Körper Eigenspannungen erhalten.*

5. Beeinflussung der Festigkeitseigenschaften durch Eigenspannungen.

Wird der Körper nach der Entlastung vom Punkte h_m (Abb. 333) ausgehend wieder auf Zug beansprucht, so liegt die Elastizitätsgrenze des Gesamtkörpers jetzt bei g_m, während sie früher bei e_i gelegen hat. Durch die Eigenspannungen hat also der Körper eine Verfestigung gegen Zugbeanspruchung erfahren. Wird der Körper jedoch, von h_m ausgehend, gestaucht, so wird, wenn die Elastizitätsgrenze gegen Druck dieselbe wie gegen Zug ist, was normalerweise der Fall ist, diese Grenze für den inneren schwächeren Teil des Körpers bereits beim Punkt k_i erreicht sein, entsprechend der mittleren Spannung $- k_m$. Bei stärkeren Stauchungen nimmt der innere Teil keine höheren Spannungen auf, und wir erhalten für den weiteren Verlauf der mittleren Spannung, ähnlich wie beim Zugversuch, die Gerade $k_m l_m$, bis beim Punkt l_m auch die Elastizitätsgrenze des äußeren Teiles erreicht wird und die weitere Stauchung bei konstanter mittlerer Spannung $- l_m$ erfolgt. Die Elastizitätsgrenze bei Stauchung ist also durch die Eigenspannungen der geschilderten Art erniedrigt worden.

Das sind Sonderfälle eines allgemeinen Gesetzes. *Werden Eigenspannungen in einem Körper durch eine bestimmte Verformung erzeugt, wobei es gleichgültig ist, ob der Körper inhomogen ist oder ob die Deformationen inhomogen sind, so bewirken sie eine Spannungsverfestigung* (Erhöhung des Beginnes plastischer Verformung) *gegen eine wiederholte Deformation in demselben Sinne und eine Spannungsentfestigung gegen eine entgegengesetzte Deformation.* Man überzeugt sich leicht an Hand der Abb. 330, daß diese Regel auch für die ungleichmäßige Beanspruchung bei der Biegung gilt. Der Grund für ein solches Verhalten ist, daß die Teile mit der niedrigen Elastizitätsgrenze oder die stärker deformierten Teile nach der Entlastung Eigenspannungen des entgegengesetzten Vorzeichens gegenüber den Anspannungen bei der Deformation selbst aufweisen.

Dieses unsymmetrische Verhalten der mit Eigenspannungen behafteten Körper wird zuweilen in der Technik ausgenutzt.

Besteht aber zwischen der plastischen Verformung, die die Eigenspannungen erzeugt und den späteren Beanspruchungen keine einfache geometrische Beziehung, so bewirken die Eigenspannungen in der Regel immer eine Herabsetzung der Elastizitäts- oder Streckgrenze, wie man aus der Modellbetrachtung der Abb. 334 sieht. Die stark ausgezogene Linie stellt die Spannungs-Dehnungslinie des von Eigenspannungen freien Werkstoffes dar. Sind nun Teile des Körpers mit Zugspannungen σ_1 behaftet, so werden sie bereits bei einer Zugbeanspruchung $\sigma_m - \sigma_1$ zu fließen beginnen, wenn σ_m die Elastizitätsgrenze des spannungsfreien Materials ist. Ebenso werden die mit Druckspannungen σ_2 behafteten Teile bei einer geringeren Stauchbeanspruchung zu fließen beginnen. Der elastische Bereich des Werkstoffes ist durch die Eigenspannungen verringert worden.

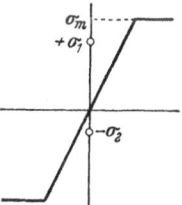

Abb. 334. Einfluß von Eigenspannungen auf die Streckgrenze (Abszissendehnungen).

6. Aufreißen von Metallkörpern durch Eigenspannungen.

Die wesentliche technische Gefahr, wegen der die Eigenspannungen so gefürchtet sind, besteht meistens nicht unmittelbar in der Beeinflussung der Festigkeitseigenschaften, sondern in dem Aufreißen, das bei metallischen Körpern, die mit Eigenspannungen behaftet sind, zuweilen auftritt. Ein spontanes Aufreißen bedeutet immer einen unmittelbaren Beweis für die Existenz von Eigenspannungen im Körper; denn er erleidet hierbei bleibende, oft nicht unerhebliche Formänderungen mit Überwindung von Gegenkräften der Festigkeit, die man nur durch mechanische Spannungen, die im Körper vor dem Aufreißen vorhanden gewesen sind, erklären kann. Man hat früher angenommen, daß Eigenspannungen allein die Ursache des Aufreißens sind. Eine sehr umfangreiche Erfahrung am Messing, an verschiedenen Aluminium-Legierungen und an Stählen hat jedoch gelehrt, daß die Voraussetzung für das Aufreißen immer außer dem Vorhandensein von Eigenspannungen die Einwirkung von bestimmten chemischen Agentien ist. Diese sind vielfach durchaus spezifisch, d. h. verschiedene mit Eigenspannungen behaftete Metalle reißen nur dann auf, wenn sie der Einwirkung ganz bestimmter Agentien ausgesetzt werden. So reißt das Messing und in geringerem Maße einige andere Kupferlegierungen auf, wenn Quecksilber und seine Salze oder freies Ammoniak oder Ammoniumbasen auf sie wirken. Ferritische Stähle (S. 566) reißen auf unter der Einwirkung von bestimmten halogenhaltigen, meistens an sich nur schwach angreifenden Stoffen, wie Methylenchlorid, auf. Dahingegen reißt Messing nicht auf, wenn es der Einwirkung von Säuren oder von oxydierenden Angriffsmitteln ausgesetzt wird. In einer anderen Gruppe von Fällen ist der Angriff anscheinend viel weniger spezifisch, so zuweilen bei austenitischen Stählen und bei Leichtmetall-Legierungen.

Eine selbstverständliche Voraussetzung für das Aufreißen ist immer, daß an der Oberfläche des Metalles Zugspannungen bestehen. Bei Anwesenheit von Druckspannungen reißen die Metalle niemals auf. Die Verteilung und das Vorzeichen der Eigenspannungen an der Oberfläche hängen von der Art der Verformung ab. Gezogene Drähte oder Stangen und im Kaliber rund oder mehreckig gewalzte Stücke weisen an der Oberfläche Zugspannungen auf und sind besonders stark der Gefahr des Aufreißens ausgesetzt, flach gewalztes oder gerichtetes Material zeigt dahingegen an der Oberfläche Druckspannungen und reißt nicht auf. Durch äußere Maßnahmen aufgebrachte Spannungen haben dieselbe Wirkung wie die Eigenspannungen und können auch anfälliges Material zum Aufreißen bringen.

Die Einwirkung von chemischen Agentien auf Metalle, die ein Aufreißen bewirken, nennt man *Spannungskorrosion*. Vielfach ist hierbei ein chemischer Angriff des Metalles unmittelbar überhaupt nicht nachzuweisen, und man schließt auf einen solchen nur daraus, daß das Aufreißen unter der Einwirkung des chemischen Agens eintritt. Die Spannungskorrosion ist in der letzten Zeit eingehend von L. GRAF[1] behandelt worden.

Nach L. GRAF ist die Hauptvoraussetzung für die Spannungskorrosion ein größerer Edelheitsunterschied der Komponenten (bei ganz reinen Metallen tritt sie anscheinend niemals auf). Hieraus wird geschlossen, daß ihr Mechanismus ein elektrochemischer ist. Eine genaue Darstellung dieses Mechanismus ist bisher nicht gegeben. Eine Legierung wird dann nur von spezifischen Angriffsmitteln zur Spannungskorrosion gebracht, wenn sie in der Hauptsache aus dem edleren Metall besteht (z. B. Messing). Ist die unedlere Komponente das Grundmetall der Legierung, so kann sie unter dem Einfluß von verschiedenen weniger spezifischen Angriffsmitteln der Spannungskorrosion verfallen. Diese Regelmäßigkeiten haben sich in der Hauptsache auf Grund der Untersuchung der Edelmetall- und Kupferlegierungen gefunden. Das Verhalten des Stahles fügt sich anscheinend nicht in das genannte Schema, auch ist das bei den Legierungen des Aluminiums und des Magnesiums zweifelhaft.

7. Volumenänderungen durch Eigenspannungen.

Es läßt sich allgemein auf elastizitätstheoretischer Grundlage zeigen, daß das Gesamtvolumen eines elastisch isotropen Körpers sich durch Eigenspannungen die dem Hookeschen Gesetz gehorchen, nicht ändert[2]. Für quasiisotrope Metalle wird das in genügender Annäherung gelten, trotzdem die elastische Anisotropie der metallischen Einkrystalle, auf die wir hingewiesen haben, erheblich sein kann.

Sofern der Temperatureinfluß auf den Elastizitätsmodul vernachlässigt werden kann, gilt jenes Gesetz auch für Körper mit ungleichmäßiger Temperaturverteilung.

8. Wärmespannungen.

Eine wichtige Quelle der Eigenspannungen bildet eine ungleichmäßige Temperaturverteilung in einem Körper, wie sie im Verlaufe der Abkühlung der Gußstücke oder bei der thermischen Behandlung der Metalle oft auftritt. Eine exakte rechnerische Behandlung der hier auftretenden Verhältnisse ist umständlich. Wir beschränken uns deshalb auf vereinfachte Näherungsbetrachtungen, die einen qualitativen Überblick über die entstehenden Spannungen gestatten; dieser reicht meistens aus.

Wir betrachten eine aus einer einheitlichen Krystallart bestehende Kugel, die sich von hohen Temperaturen schnell abkühlt. Hierbei entsteht innerhalb der Kugel ein Temperaturgefälle mit einem Temperaturmaximum im Zentrum. Wenn man den Temperaturgang des Elastizitätsmoduls vernachlässigt, ist das Volumen der Kugel lediglich durch die Temperaturverteilung in ihrem Innern bestimmt, und wir haben

$$V = \int_0^M v_0 \, (1 + \beta t) \, dm, \tag{10}$$

[1] GRAF, L.: Z. Metallkde. 38 (1947), 193, 207.
[2] MASING, G.: Z. techn. Phys. 5 (1924), 430.

wo V das Volumen der Kugel mit der vorgegebenen Temperaturverteilung, v_0 das spezifische Volumen bei $0°$ C, β der Volumenausdehnungskoeffizient und t die Temperatur des betrachteten Maßelementes in Celsiusgraden ist. Die Integration ist über die gesamte Masse der Kugel zu erstrecken. Aus (10) folgt, wenn t_0 die Temperatur der Kugeloberfläche ist:

$$V = v_0 M + \int_0^M v_0 \beta t \, dm = v_0 (1 + \beta t_0) M + \int_0^M v_0 \beta (t - t_0) \, dm. \qquad (11)$$

Das erste Glied der rechten Seite stellt das Volumen der gesamten Kugel bei der Temperatur der Oberfläche dar; dadurch, daß im Innern der Kugel höhere Temperaturen herrschen, ist ihr Volumen und damit der Radius R größer. Die Oberflächenschicht der Kugel muß deshalb sich auf den Radius R dehnen. Wenn diese Dehnung elastisch ist, kann die dadurch entstehende Spannung wie folgt berechnet werden.

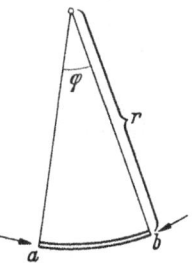

Abb. 335. Zu den Wärmespannungen.

Wir betrachten in dieser Oberflächenschicht von der Dicke dR ein Volumenelement mit quadratischer Grundfläche, deren Seitenlänge $dx = dy$ ist (Abb. 335). Aus Symmetriegründen folgt, daß eine der drei Hauptspannungen in der Richtung des Radius R liegt, während beide anderen beliebige zueinander und zu R senkrechte Richtungen haben können. Die Radialspannung ist zu vernachlässigen, da das Flächenelement an der Oberfläche der Kugel liegt und auf diese kein Außendruck einwirkt. Die Dehnungen $\lambda = \dfrac{R - R_0}{R_0}$ der Oberflächenschichten berechnen sich auf Grund der Gl. (86) (S. 329) zu

$$\lambda = \frac{\sigma_t}{E} (1 - \mu) \qquad (12)$$

oder umgekehrt die Tangentialspannungen σ_t zu

$$\sigma_t = \frac{E \lambda}{1 - \mu}. \qquad (13)$$

Nehmen wir an, daß die Dehnung einer mittleren Temperaturdifferenz von $100°$ C entspricht, so ergibt das bei einem linearen Temperaturausdehnungskoeffizienten von $2 \cdot 10^{-5}$, wie er z. B. annähernd für Kupfer und seine Legierungen gilt, $\lambda = 2 \cdot 10^{-3}$ und bei einem Elastizitätsmodul $E = 10^4$ kg/mm², sowie bei $\mu = 0{,}25$

$$\sigma_t = \frac{10^4 \cdot 2 \cdot 10^{-3}}{0{,}75} \approx 27 \text{ kg/mm}^2. \qquad (14)$$

Die Zugspannung liegt in der Größenordnung der technischen Zerreißfestigkeit. Wenn man fernerhin bedenkt, daß die Zerreißfestigkeit mit steigender Temperatur sinkt, wird es verständlich, daß viele Legierungen, besonders die spröderen, ein schroffes Abschrecken nicht vertragen, ohne aufzureißen. Die Risse gehen in solchen Fällen von der Oberfläche aus, da dort während der Abkühlung Zugspannungen bestehen. Eine Rißbildung wird besonders durch Ungleichmäßigkeiten der Gestalt gefördert, die wie Kerben wirken können.

Wenn die Oberflächenhaut die Zugspannungen elastisch tragen kann, und auch im Innern des Körpers während der Abkühlung keine plastischen Verformungen auftreten, gehen die Eigenspannungen nach Ausgleich der Temperatur auf Null zurück.

In der Regel wird jedoch die Elastizitätsgrenze, die bei höheren Temperaturen meistens sehr niedrig liegt, in der Oberflächenschicht überschritten und es tritt also, sofern keine Anrisse entstehen, eine plastische Verformung ein, wobei im

Grenzfall einer sehr niedrigen Elastizitätsgrenze eine bleibende Dehnung $\lambda = \dfrac{r - r_0}{r_0}$ erreicht wird. Nach vollendetem Temperaturausgleich bei der Temperatur t_0 muß sich die Oberflächenschicht jetzt umgekehrt auf den Radius r_0 kontrahieren. Sie steht also unter tangentialen Druckspannungen, während die radiale Spannung an der Oberfläche Null ist. Nach vollendetem Temperaturausgleich kann dann ein schnell abgekühlter Metallkörper ohne Umwandlungen im festen Zustande, die die Verhältnisse verschieben können, keine Oberflächenrisse erhalten.

Der Kern der Kugel steht während der Abkühlung umgekehrt unter Druckspannungen, die im vorliegenden Fall den Charakter eines allseitigen Druckes haben und nach erfolgtem Temperaturausgleich, wenn bei der Abkühlung die Elastizitätsgrenze der Schale überschritten wurde, unter Zugspannungen. Der Übergang von den Zugspannungen an der Oberfläche zu den Druckspannungen im Innern, oder umgekehrt, erfolgt kontinuierlich. Nach erfolgtem Temperaturausgleich steht deshalb eine dickere Außenschale unter Druckspannungen und übt auf den Kern unter Umständen einen erheblichen Zug aus.

In einem langen Zylinder liegen die Verhältnisse ähnlich. Nach einer Abschreckbehandlung steht die Schale des Zylinders von einer endlichen Dicke unter tangentialen Druckspannungen senkrecht zur Längsachse des Zylinders und der Kern unter radialen Zugspannungen. Dieser Spannungszustand kann bei schnell umlaufenden Maschinenteilen gefährlich werden, besonders wenn der Kern zur Aufnahme der Achse aufgebohrt wird. Bei der Rotation tritt zu den Eigenspannungen die Zentrifugalkraft der Oberflächenteile der Welle; derartige Wellen sind unter dem Einfluß der Eigenspannungen wiederholt zu Bruch gegangen, da die zur Verwendung gelangten Chromnickelstähle eine Abschreckbehandlung erforderten.

Erst nachdem die Abschreckbehandlung des Stahles (meistens durch Zusatz von Wolfram oder Molybdän zum Chromnickelstahl) überflüssig gemacht wurde, konnte diese Gefahr, die zu größeren technischen Katastrophen bei Turbinenanlagen usw. geführt hatte, als gebannt gelten.

Die Verhältnisse werden, wie bereits erwähnt, viel komplizierter, wenn in den Legierungen im Verlaufe der Abkühlung Umwandlungen auftreten, die mit Volumenänderungen verbunden sind. Beim Abschrecken von Stahl mit etwa $0,9\%$ C tritt z. B. bei etwa $200°$ C die martensitische Umwandlung ein (vgl. S. 483), die mit einer erheblichen Volumenzunahme erfolgt. Bei einer Kugel, die schnell abgekühlt wird, setzt sie zuerst an der Oberfläche ein, wobei durch gleichzeitige Stauchung der Oberflächenschicht der Zusammenhang mit dem Kern gewahrt wird. Im weiteren Verlaufe der Abkühlung tritt die Martensitbildung auch im Kern ein, er dehnt sich aus und übt einen starken Druck auf die Schale aus, in der dadurch erhebliche tangentiale Zugspannungen entstehen, die eine Ursache der bekannten Härterisse darstellen.

Eine weitere Komplikation können die Verhältnisse erleiden, wenn die Umwandlungstemperatur selbst von der Abkühlungsgeschwindigkeit abhängt; solche Fälle können insbesondere bei Sonderstählen auftreten und dazu führen, daß die Umwandlung im Kern früher einsetzt als an der Oberfläche. Auf diese Verhältnisse soll hier nicht eingegangen werden.

9. Beseitigung von Eigenspannungen.

Da die Eigenspannungen in den meisten Fällen eine technische Gefahr darstellen, ist das Problem ihrer Beseitigung von großer Bedeutung. Das wirksamste Mittel hierzu ist eine Erhitzung des metallischen Werkstoffes auf eine genügend hohe Temperatur. Hierbei tritt ein Kriechen innerhalb des Metalles auf (S. 399), wodurch sich die Spannungen ausgleichen. Man befindet sich bei dieser Behandlung im Gebiet der Erholung (S. 422). Wenn das Metall vorher durch Kaltreckung verfestigt gewesen ist, tritt hierbei meistens bis zu einem gewissen Grade bereits eine Erweichung infolge der Neubildung des Gefüges durch Rekrystallisation (S. 422) ein, die einen Verlust der Verfestigung mit sich bringt. Das ist vielfach technisch von Nachteil. Es gibt jedoch einige Werkstoffe, bei denen die Beseitigung der Eigenspannungen praktisch ohne Rekrystallisation und Erweichung möglich ist. Wir haben gesehen (S. 407), daß die Eigenspannungen, wenn sie an der Oberfläche den Charakter von Zugspannungen haben, Aufreißen des Messings herbeiführen, wenn es einer Einwirkung von Quecksilber oder seinen Salzen oder Ammoniak ausgesetzt wird. Dieses Aufreißen kann also als Kennzeichen für das Vorhandensein bzw. für das Fehlen von solchen Eigenspannungen benutzt werden. In Tab. 65 sind die Erhitzungsbedingungen angegeben, die eingehalten werden müssen, um die Beseitigung der Gefahr des Aufreißens beim Messing mit 70% Cu und 30% Zn herbeizuführen[1].

Tabelle 65.
Erhitzungszeiten zur Beseitigung der Gefahr des Aufreißens bei einem 70er Messing.

Temperatur	Zeit
200°	96 Stunden
225°	48 Stunden
250°	5 Stunden
275°	1 Stunde
300°	20 Minuten
325°	5 Minuten

Andererseits setzt die Rekrystallisation bei um so tieferen Temperaturen und kürzeren Erhitzungszeiten ein, je stärker ein Werkstoff durch Kaltreckung gehärtet worden ist (Abb. 355). Eine Folge davon ist, daß zu stark verfestigtes Messing nicht in der in der Tab. 65 angegebenen Weise erhitzt werden kann, ohne daß eine Erweichung eintreten würde. In Tab. 66 sind die Erhitzungszeiten angegeben, nach denen bei verschieden hartem Messing mit 70% Cu bereits Rekrystallisation eintritt[1].

Durch Vergleich mit Tabelle 66 überzeugt man sich, daß Messing mit einer Härte von 200 Brinell-Einheiten nicht mehr ohne Erweichung entspannt werden kann. Messing mit einer Härte von 165 Brinell befindet sich an der Grenze der möglichen Entspannung ohne Erweichung (z. B. bei 275° C). Weicheres Messing läßt sich

Tabelle 66. Erhitzungszeiten, die zur Erweichung des kalt gereckten Messings bei verschiedenen Temperaturen führen.

Temperatur	Ausgangshärte nach Brinell			
	200	165	120	90
200°	keine Abnahme			
225°			der Härte	
250°	2 Std.			
275°	20 Min.	2 Std.		
300°	5 Min.	20 Min.		

ohne Gefahr der Erweichung vollständig entspannen. Als praktische obere Grenze dieser Möglichkeit wird eine Härte von 150 Brinell angegeben.

Es sei darauf hingewiesen, daß die Rekrystallisation, sobald sie vollständig ist, sofort zur Härte des überhaupt nicht kalt verformt gewesenen Werkstoffes führt, die beim 70er Messing unterhalb von 90 Brinell liegt.

Wenn die beschriebene Erhitzung auch ein völlig sicheres Mittel zur Behebung der Eigenspannungen darstellt, so ist sie doch umständlich und führt, wie erwähnt, vielfach zu einer nicht erwünschten Erweichung des Werkstoffes; auch können, z. B. bei Sonderstählen, andere unerwünschte Gefügeänderungen auftreten. Deshalb verwendet man zuweilen ein anderes Verfahren zur Behebung der schädlichen Zugspannungen an der Oberfläche des Stückes, das zwar weniger sicher, dafür aber viel einfacher ist. Hierzu streckt man die Oberflächenschichten

---

[1] Nach H. Moore u. S. Beckinsale: J. Inst. Met. 27 (1922), 149; 29 (1923), 285.

plastisch um einen geringen Betrag, wodurch an der Oberfläche Druckspannungen und im Innern die dort ungefährlichen Zugspannungen erzeugt werden. Bei Nickelstählen, bei denen gelegentlich Aufreißen beobachtet wird, geschieht diese Streckung vielfach durch Hämmern der Oberfläche. Besonders lehrreich und interessant ist aber ein anderes Verfahren. Gepreßte oder gezogene Erzeugnisse von zylindrischer Form kommen in der Technik nach der Formgebung in gekrümmter Form aus der Maschine heraus und werden dann gerade gerichtet. Hierzu läßt man sie in besonderen Vorrichtungen zwischen schrägstehenden Walzen abrollen. Eine alte Erfahrung der Technik lehrt, daß hierbei die Stücke etwas kürzer werden. Das Richten läuft auf eine schwache plastische Stauchung hinaus. Da die Oberflächenteile vorher durch Eigenspannungen auf Zug beansprucht gewesen sind, tritt bei ihnen die plastische Verformung durch Stauchung später und in geringerem Umfange ein als im Kern, der vorher bereits Druckspannungen aufgewiesen hat. Die Stauchung des gesamten Stückes bewirkt also, daß der Kern im Verhältnis zur Oberfläche stärker plastisch gekürzt wird, wodurch an der Oberfläche bleibende Druckspannungen entstehen, die so groß werden können, daß sie die vorherigen Zugspannungen völlig beseitigen.

Infolge der Poissonschen Querkontraktion müssen in der Längsrichtung liegende Druckspannungen eine Vergrößerung der Querabmessungen hervorrufen, die Oberflächenschicht wird hierdurch dem Kern gegenüber zu weit, und in ihr werden tangentiale Druckspannungen erzeugt. Auch die Gefahr des Aufreißens durch Querspannungen wird also durch das Richten verringert.

Ein Mangel solcher mechanischen Verfahren zur Behebung der Gefahr der Eigenspannungen beruht darauf, daß man keine Sicherheit für ihre genügende Beseitigung hat.

10. Bauschinger-Effekt.

Oben ist gelegentlich darauf hingewiesen worden, daß eine plastische Verformung in einer Richtung die Elastizitätsgrenze bei einer nachfolgenden Verformung in entgegengesetzter Richtung unter Umständen herabsetzt (S. 406). Neben verschiedenen anderen Einflüssen der Kaltreckung auf Stahl hat diesen Effekt erstmalig J. BAUSCHINGER beobachtet[1]. Da er heute ein besonderes Interesse beansprucht, wird er im engeren Sinne des Wortes als Bauschinger-Effekt bezeichnet.

Es ist oben erörtert worden, daß sowohl der Bauschinger-Effekt als auch eine Erhöhung der Elastizitätsgrenze in der Verformungsrichtung durch Auftreten von Eigenspannungen verständlich gemacht werden können. Indem E. HEYN einen Körper, bestehend aus elastischen Federn und dazwischenliegender plastischer Masse, als Modell eines Metalles betrachtete, hat er versucht, auf dieser Basis eine allgemeine Theorie der Verfestigung aufzubauen[2]. Späterhin haben G. MASING und W. MAUKSCH darauf hingewiesen, daß die Struktur eines vielkrystallinen Metalles die für das Auftreten des Bauschinger-Effektes durch Eigenspannungen notwendige Voraussetzung tatsächlich erfüllt, da das Metall aus Krystalliten mit verschiedenen Orientierungen und dementsprechend mit Elastizitätsgrenzen verschiedener Höhe in Richtung der äußeren Beanspruchung besteht[3]. Am Beispiel des Messings konnten sie aber zugleich zeigen, daß auf dieser Basis keine allgemeine Theorie der Verfestigung aufgebaut werden kann.

---

[1] BAUSCHINGER, J.: Mitt. Mech. Lab. Techn. Hochschule München 1886, H. 13; Ziviling. **27** (1881), 289.

[2] HEYN, E : Festschr. Kaiser-Wilhelm-Ges. 1921.

[3] MASING, G., u. W. MAUKSCH: Wiss. Veröff. Siemens **4**, H. 1 (1925), 74.

Für die Versuche wurden Messingstangen mit 58% Cu, 1,6% Pb, Rest Zn (neben kleineren Verunreinigungen) benutzt, die im in der Strangpresse gepreßten (vgl. S. 591) und nachgezogenen Zustand vorlagen. Ihre Härte betrug etwa 109 Brinelleinheiten. Das Maß ihrer Verfestigung kann daraus ersehen werden, daß die Elastizitätsgrenze (vgl. weiter unten) bei etwa 22,5 kg/mm² lag, während sie nach dem Ausglühen bei 700° C auf etwa 11 kg/mm² sank.

Als Maß der Plastizitätsgrenze wurde, abweichend von den technischen Gepflogenheiten, aber in besserer Anpassung an die vorliegenden Kurven, diejenige Spannung angenommen, bei der der Tangens des Winkels zwischen Verformungskurve und Abszisse (der scheinbare Elastizitätsmodul) auf die Hälfte gesunken war. Diese Grenze bezeichnen wir mit $\sigma^1/_2$. Abb. 336 gibt einen Überblick über eine Versuchsreihe, bei der abwechselnd Stauch- und Zugdeformationen durchgeführt wurden.

Um den Werkstoff von Eigenspannungen zu befreien, wurde er zunächst während 7 Stunden auf 250° C erhitzt (Operation 1). Dann wurde eine Dehnungskurve 2 aufgenommen, der Stab entlastet und noch einmal gedehnt (Kurve 3); wie man sieht, ist hierbei eine Erhöhung der Plastizitätsgrenze eingetreten. Bei einer darauf durchgeführten Stauchung (Kurve 4) wurde im Sinne des Bauschinger-Effektes eine wesentliche Herabsetzung der Plastizitätsgrenze festgestellt. Die Kurve 4 entspricht ihrem Charakter nach durchaus der für die Stauchung in Abb. 333 ab-

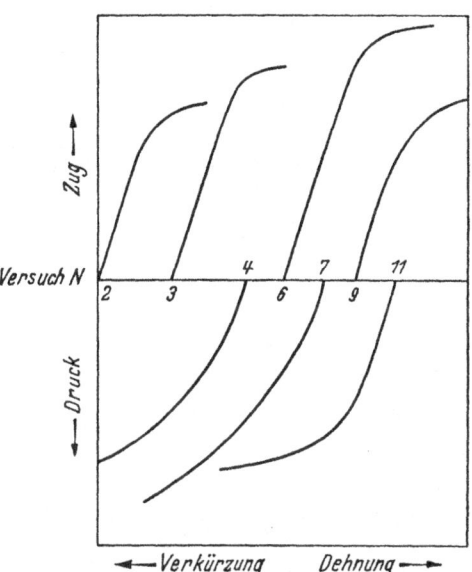

Abb. 336. Bauschinger-Effekt beim Messing.

geleiteten. Nun wurde der Stab dreimal um je 2% gestaucht und gedehnt (zuletzt gedehnt), um eine etwa eintretende Verfestigung zu beobachten (Operation 5). Die hiernach aufgenommene Dehnungskurve 6 zeigt eine weitere Erhöhung der Plastizitätsgrenze, während die daraufhin bestimmte Stauchkurve 7 wieder einen starken Bauschinger-Effekt zeigt. Nun wurde der Stab während 7 Stunden auf 250° C erhitzt (Operation 8). Hierbei tritt eine Entspannung aber noch keine Entfestigung ein (S. 411). Die danach aufgenommene Dehnungskurve 9 stimmt innerhalb der Fehlergrenzen annähernd mit der ursprünglichen Kurve 2 überein. Der Stab wurde fernerhin wieder während 7 Stunden auf 250° C erhitzt (Operation 10) und dann eine Stauchkurve 11 aufgenommen. Sie entspricht spiegelbildlich den Kurven 2 und 9.

Völlig übereinstimmende Ergebnisse erhält man, wenn man eine entsprechende Versuchsreihe statt mit einer Dehnung mit einer Stauchung beginnt.

Die an den Kurven abgegriffenen Werte der Plastizitätsgrenzen sind für zwei Versuchsreihen in den Tab. 67 und 68 wiedergegeben. λ ist die Dehnung beim Versuch, $\Delta\sigma^1/_2$ die algebraische Differenz der zugehörigen Plastizitätsgrenzen bei Dehnung und Stauchung. Wenn $\Delta\sigma^1/_2$ in Klammern steht, ist es unter der Voraussetzung, daß im spannungsfreien Material Streck- und Stauchgrenze einander gleich sind, einfach der doppelte Wert der zugehörigen $\sigma^1/_2$.

Tabelle 67. Einfluß von Eigenspannungen auf die Plastizitätsgrenze von Messing.

Behandlung	$\sigma^1/_2$	$\varDelta\,\sigma^1/_2$	λ in %
7 Stunden auf 250°			
Zugkurve	+25,1	(50,2)	+1,74
Zugkurve	+33,9	} 45,2	+1,4
Stauchkurve	—11,3		—1,3
dreimal gestaucht und gedehnt um je 2%			
Zugkurve	+40,5	} 52,8	+1,3
Stauchkurve	—12,3		—1,1
7 Stunden auf 250°			
Zugkurve	+25,5	} 47,8	+1,7
7 Stunden auf 250°			
Stauchkurve	—22,3		

Plastizitätsgrenze $\sigma^1/_2 =$ die Spannung, bei welcher der scheinbare Elastizitätsmodul auf die Hälfte gesunken ist.

Tabelle 68.
Einfluß von Eigenspannungen auf die Plastizitätsgrenze von Messing.

Behandlung	$\sigma^1/_2$	$\varDelta\,\sigma^1/_2$	λ in %
7 Stunden auf 250°			
Stauchkurve	—22,5	(45)	—1,6
Stauchkurve	—30,7	} 46,9	—1,1
Zugkurve	+16,2		+1,3
dreimal gedehnt und gestaucht um je 2% . .			
Stauchkurve	—34,1	} 49,9	—1,6
Zugkurve	+15,8		+1,2
7 Stunden auf 250°			
Stauchkurve	—24,4		—1,05
7 Stunden auf 250°		} 49,1	
Zugkurve	+24,7		

Plastizitätsgrenze $\sigma^1/_2$ wie in Tab. 67.

Man ersieht hieraus, daß die Einflüsse der plastischen Dehnung und Stauchung durch eine nachträgliche Erhitzung auf 250° C praktisch völlig beseitigt werden, besonders deutlich an dem Umstande, daß $\varDelta\sigma^1/_2$ sich praktisch nicht ändert. Hieraus ist zu schließen, daß im Verlaufe der Versuche keine nennenswerte wahre Verfestigung des Werkstoffes sondern nur eine Verlagerung des Spannungszustandes eingetreten ist. Der nach einer Dehnung oder nach einer Stauchung aufgetretene Bauschinger-Effekt ist nach einer Erhitzung auf 250° C wieder völlig verschwunden. Er hängt also nicht mit der Verfestigung sondern nur mit Eigenspannungen zusammen.

Der Umstand, daß sich bei den beschriebenen Versuchen keine nennenswerte Verfestigung bemerkbar macht, ist nicht verwunderlich, da der Werkstoff vorgereckt gewesen ist. Benutzt man ein bei 700° C ausgeglühtes Material, so bekommt man ein völlig abweichendes Bild (Tab. 69 und Abb. 337).

Man sieht sehr deutlich, daß jetzt bei Verwendung des weichen Materials die algebraische Differenz der Plastizitätsgrenzen bei der Dehnung und beim Stauchen erheblich zunimmt und nach der Erhitzung auf 250° C nur unwesentlich erniedrigt wird. In diesem Falle ist also eine wahre Verfestigung durch die geringen plastischen Deformationen eingetreten. Ein Blick auf die Kurve 6 der Abb. 337 macht es verständlich, daß bei einem bereits vorgereckten Material, wie es bei den vorher beschriebenen Versuchen benutzt wurde, die Verfestigung sich nicht bemerkbar gemacht hat. Sie steigt nämlich mit der plastischen Verformung nach Überschreitung der Plastizitätsgrenze nur so wenig an, daß sie sich bei wenigen

Tabelle 69. Bauschinger-Effekt bei weich geglühtem Messing.

Versuch Nr.	Behandlung des Stabes	Gesamte Längen-änderung in %	$\sigma\tfrac{1}{2}$ kg/mm²	Differenz der Streck- u. Stauch-grenze in kg/mm²
1	1 Stunde auf 700° erhitzt			
2	Zugversuch	+1,6	+11,3	(22,6)
3	Zugversuch	+1,5	+18,6	
4	Stauchversuch		— 8,0	26,6
5	dreimal gestaucht und gedehnt um je 2%	∓2		
6	Zugversuch	+1,9	+31,5	
7	Stauchversuch		— 8	39,5
8	7 Stunden auf 250° erhitzt			
9	Zugversuch	+1,3	+17,7	
10	7 Stunden auf 250° erhitzt			34,3
11	Stauchversuch		—16,6	

Prozenten der Längenänderung nach kaum auswirken kann, zumal wenn man bedenkt, daß der Anstieg der Dehnungskurve zum Teil auch auf die weiterhin fortschreitenden Verspannungen zu-
rückzuführen ist.

Aus Tab. 70, die auf Grund anderer Versuchsunterlagen mit Messing derselben Zusammensetzung
aufgestellt wurde, ergibt sich noch
deutlicher, daß der Verfestigungs-
zustand (gemessen an der Summe
der Absolutwerte der Plastizitätsgrenzen bei Dehnung und beim
Stauchversuch) sich, abgesehen
von dem oberhalb 600° C ausgeglühten Material, im Rahmen der
durchgeführten Versuche nicht
ändert.

G. SACHS und H. SHOJI[1] haben
ähnliche Versuche mit Einkrystal-
len aus Messing, vorwiegend mit 72% Cu und 28% Zn, durchgeführt. Diese
Krystalle waren aus der Schmelze erstarrt und zeigten deshalb neben dem
Bauschinger-Effekt eine gewisse Verfestigung als Folge der plastischen Verformungen bei den Versuchen.

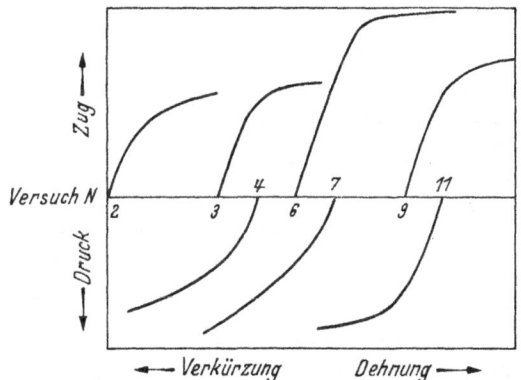

Abb. 337. Bauschinger-Effekt beim Messing.

Die Wirkung der vorange-
gangenen Stauchung ist auf
den Beginn der plastischen
Dehnung beschränkt: Der
Bauschinger-Effekt zeigt sich
sehr stark bei der $\sigma_{0,03}$-Grenze,
dahingegen praktisch nicht
mehr bei der $\sigma_{0,5}$-Grenze. Dieses Ergebnis ist verständlich,

Tabelle 70. Bauschinger-Effekt beim Messing.

Vorbehandlung des Materials	$\sigma\tfrac{1}{2}$ in kg/mm²
Anlieferungszustand	(38,2)
Gedehnt	40,7
Gestaucht	38,8
Gestaucht und auf 200°—250° erhitzt .	41,3
Gedehnt und auf 200°—250° erhitzt . .	40—42
Bei 625° geglüht	(17)

wenn der Bauschinger-Effekt auf Eigenspannungen zurückzuführen ist. Diese
müssen sich bereits bei geringen Verformungsgraden auswirken. Durch zwei-
stündiges Tempern bei 250° C nach dem Stauchen wird der Bauschinger-Effekt
behoben, wie die Kurven 9 u. 11 Abb. 337 zeigen. Die Verfestigung wird durch eine

---

[1] SACHS, G., u. H. SHOJI: Z. Phys. **45** (1927), 776.

solche Glühung kaum beeinflußt. Damit ist auch für den Einkrystall der Nachweis erbracht, daß der Bauschinger-Effekt auf Eigenspannungen beruht.

Zwei Fragen sind jedoch im Anschluß daran zu beantworten: 1. wieso kommen bei der Verformung des Einkrystalles überhaupt Eigenspannungen zustande, und 2. wie kommt es, daß der Bauschinger-Effekt mit steigendem Betrage der vorangegangenen plastischen Verformung bis über 2% zunimmt, trotzdem die Eigenspannungen, wenn sie in ähnlicher Weise, wie beim vielkrystallinen Werkstoff anzunehmen ist, entstehen, schon bei weit geringerer Verformung innerhalb des elastischen Gebietes sich voll entwickelt haben müßten.

Zu 1. ist zu sagen, daß die Metallkrystalle nicht ideal sind, sondern aus Mosaikblöcken bestehen (S. 372), in denen die Gleitung einzeln einsetzt und an den Grenzen Hemmungen findet. Es ist anzunehmen, daß beim Beginn der plastischen Verformung die Gleitung nicht in allen Mosaikblöcken gleichzeitig, sondern nur bei einem Bruchteil einsetzen wird. Mit anderen Worten haben die Mosaikblöcke genau wie die Krystalliten eines vielkrystallinen Stückes verschieden hohe Elastizitätsgrenzen. Damit sind aber grundsätzlich die Voraussetzungen für die Entwicklung von Eigenspannungen bei der plastischen Verformung und damit für die Entstehung des Bauschinger-Effektes gegeben. Die zu zweit genannte fortschreitende Entwicklung des Bauschinger-Effektes nach stärkeren plastischen Verformungen beweist, daß die Eigenspannungen sich im Verlaufe der plastischen Verformung nicht ausgleichen sondern verstärken. Wir müssen also annehmen, daß die Unterschiede im Widerstand gegen das weitere Fließen zwischen den verschiedenen Mosaikblöcken wachsen: nicht nur die Plastizitätsgrenze der einzelnen Mosaikkrystalle ist verschieden, sondern auch ihre Verfestigung.

Damit sind die Befunde von G. Sachs und H. Shoji zufriedenstellend erklärt.

Aus dem Obigen ist zu schließen, daß bei einer einsinnigen Verformung immer, auch bei Einkrystallen, bis zu einem gewissen Grade mit der Entwicklung von Eigenspannungen zu rechnen ist, die das Bild der Verfestigung stören. Einwandfreie Aussagen über die Verfestigung erhält man erst nach Ausscheidung dieser Fehlerquelle, was z. B. beim Messing leicht durchzuführen ist, bei den meisten anderen Metallen aber wohl viel schwieriger.

Auch die Grundgesetze der Verfestigung in Abhängigkeit von der plastischen Verformung, über die auf S. 362 berichtet wurde, bedürfen dieser Korrektur auf Eigenspannungen und haben deshalb nur eine vorläufige Bedeutung.

Bei den oben beschriebenen Versuchen mit technischem Messing ist ebenfalls anzunehmen, daß nicht nur diejenigen Eigenspannungen zur Wirkung gelangen, die durch die verschiedene Höhe der Plastizitätsgrenze der Krystallite gegeben sind, sondern daß auch die örtlich verschiedene Verfestigung der Mosaikblöcke weiterhin zur Verstärkung der Eigenspannungen bei der plastischen Verformung beitragen wird. Bei dem Versuch der Berechnung des Bauschinger-Effektes am vielkrystallinen Messing wurde in der Tat gefunden, daß er in Wirklichkeit stärker als berechnet auftritt[1].

11. Eigenspannungen erster, zweiter und dritter Art.

Eine Voraussetzung für die Messung von Eigenspannungen durch Abtrennung von Körperteilen ist, wie wir sehen werden, daß sie so makroskopisch grob verteilt sind; diese Voraussetzung ist bei makroskopisch inhomogenen Deformationen wohl immer erfüllt. Im Gegensatz dazu sind die Eigenspannungen, die, wie wir

---

[1] Masing. G.: Wiss. Veröff. Siemens V, H. 2 (1926), 135. — Masing, G., u. W. Mauksch: Wiss. Veröff. Siemens V (1926), 192.

gesehen haben, bei der homogenen plastischen Verformung eines vielkrystallinen Aggregates entstehen, im Körper so fein verteilt, daß sie sich nicht etwa nach der Methode von E. Heyn und O. Bauer (vgl. S. 419) feststellen und messen lassen. Man hat deshalb zwei Arten von Spannungen unterschieden; die erste Gruppe nennt man Eigenspannungen erster Art, die zweite Gruppe, die E. Heyn und O. Bauer als „verborgen elastische Spannungen" bezeichnet haben, Eigenspannungen zweiter Art.

Die Translation und Zwillingsbildung muß außerdem in unmittelbarer Nähe der Gleitebenen sehr fein verteilte Spannungen erzeugen, wie z. B. die Spannungen der einzelnen Versetzungslinien, die natürlich mit entsprechenden Verzerrungen des Raumgitters verbunden sind. Diese Verzerrungen des Raumgitters können sehr erheblich sein; ihnen müssen auch erhebliche Beträge der Verspannungen entsprechen. Diese Spannungen lassen sich noch weniger unmittelbar feststellen als die Eigenspannungen zweiter Art.

Ein gemeinsames Kennzeichen der Eigenspannungen erster und zweiter Art ist, daß sie durch einen Kriechvorgang beseitigt werden. Eine solche Beseitigung hat zur Voraussetzung eine verhältnismäßig einfache Anordnung der Eigenspannungen im Körper, die durch geringe Verformungen beseitigt werden können. Die Verzerrungen des Gitters in der Nähe der Gleitebene als Folge der Gleitung sind jedoch viel komplizierter (*Knüllung* des Raumgitters nach einem Ausdruck von M. Polanyi[1]). Eine solche Knüllung läßt sich durch einfache gegenseitige Verschiebungen der Körperelemente nicht beseitigen, und dasselbe gilt auch für die damit zusammenhängenden Eigenspannungen. Diese können erst zum Verschwinden gebracht werden, wenn das ganze Raumgitter bei der Rekrystallisation umgebaut wird. Es ist vorgeschlagen worden, diese Eigenspannungen als „Eigenspannungen dritter Art" zu bezeichnen.

Die Abgrenzungen zwischen den genannten drei Arten von Eigenspannungen, wie sie in der Literatur auftreten, sind z. T. fließende und stimmen im einzelnen nicht immer mit den oben gegebenen überein.

B. Messung von Eigenspannungen.

1. Optische Messung von Spannungen. Allgemeines über Messung von Eigenspannungen.

An optisch durchsichtigen Stoffen lassen sich Spannungen mit Hilfe von polarisiertem Licht nachweisen und messen. Ein optisch isotroper Körper, der mit Spannungen behaftet ist, wird optisch doppelbrechend: Ein auf diesen Körper auftreffender Lichtstrahl wird in zwei, in den ordentlichen und den außerordentlichen Strahl gespalten, deren Gangdifferenz proportional ist der Dicke des Körpers in Richtung des Strahles und der Differenz der Hauptspannungen, die in der zum Strahl liegenden Ebene liegen.

Wir betrachten eine ebene Platte mit der Länge l und der Breite b, auf die in diesen beiden Richtungen die von außen angelegten Spannungen σ_l und σ_b wirken mögen, während in der zu ihnen senkrechten Richtung keine Spannung wirken soll. Unter dem Einfluß dieser zwei Spannungen erleidet die Platte in der dazu senkrechten Richtung eine Dickenänderung von $-\mu\,(\sigma_l + \sigma_b)\,/\,E$ die mechanisch gemessen werden kann. Bei Kenntnis der Poisson-Querkontraktionskonstante μ und des Elastizitätsmoduls E kann die Summe der beiden Spannungen berechnet werden. Ihre Differenz ergibt sich andererseits nach einer Eichung aus der optischen Gangdifferenz in der zu den Spannungen senkrechten

---

[1] Polanyi, M.: Z. Metallkde. **17** (1925), 94.

Richtung. Wir können auf diese Weise die Spannungen σ_l und σ_b einzeln berechnen. Dieses Verfahren wird vorwiegend zur Bestimmung von ebenen Spannungszuständen in komplizierteren Fällen (in der Nähe von Ecken, Kerben usw.), die sich der unmittelbaren Berechnung entziehen, angewandt. Um die Spannungen in einem Metallteil solcher Form zu bestimmen, stellt man sich ein Modell aus einem durchsichtigen, in der Regel organischen Stoff her und mißt die Spannungen optisch aus. Die Spannungsverteilung in dem in Frage kommenden Teil muß dieselbe sein.

Wie bei äußeren Spannungen, kann dieses Verfahren entsprechend auch bei Eigenspannungen Anwendung finden. Dieses Verfahren kann, wie man sieht, in der geschilderten Weise nur auf ebene Spannungszustände angewendet werden. Seine weitere Schwäche besteht darin, daß aus Gründen, die nicht immer exakt angegeben werden können, die Ergebnisse nicht immer mit Sicherheit auf Metalle übertragen werden können. Vielleicht liegt das daran, daß in beiden Fällen in verschiedener Weise geringe plastische Deformationen das Bild stören. In der Metallkunde wird das optische Verfahren nicht zur Bestimmung von Eigenspannungen benutzt. Wohl geschieht das aber in großem Maßstabe beim optischen Glas, das bekanntlich spannungsfrei sein muß.

2. Messung von Eigenspannungen mit Röntgenstrahlen[1].

Dank den großen Fortschritten, die die exakte Messung der Gitterkonstanten der Krystalle in den letzten Jahren gemacht hat, hat sich die Möglichkeit ergeben, Eigenspannungen oder allgemeiner Spannungszustände an der Oberfläche von krystallinen Körpern durch Bestimmung der Verzerrung des Raumgitters zu messen. Ein monochromatischer Röntgenstrahl trifft unter einem bestimmten Winkel auf die Oberfläche des Körpers. Der Ablenkungswinkel des gestreuten Strahles für eine bestimmte Netzebene hängt von der Größe des Netzebenenabstandes ab und zeigt kleine Änderungen, wenn dieser durch elastische Verzerrungen verändert wird. Indem man diese Änderungen mißt, kann man grundsätzlich die Spannungen, unter denen die Krystalle stehen, berechnen.

Eine gewisse Schwäche dieses Verfahrens besteht darin, daß hierbei die Streuung nur an Krystalliten einer bestimmten Orientierung zustandekommt, die der Braggschen Beziehung genügt. Wie wir gesehen haben, zeigen die Krystalle in der Regel eine erhebliche elastische Anisotropie, infolge derer die elastische Verspannung eines vielkrystallinen Körpers niemals homogen ist. Je nach der Orientierung haben die Krystallite einen verschieden hohen Elastizitätsmodul; die Krystallite mit einem niedrigeren Elastizitätsmodul in der Richtung der Beanspruchung werden etwas stärker verformt, während die umgebenden Krystallite mit einem höheren Elastizitätsmodul weniger verformt sind; zwischen beiden findet ein elastischer Ausgleich statt. Indem man bei der Bestimmung der Spannungen mit Röntgenstrahlen nun eine Gruppe von Krystalliten bestimmter Orientierung aussondert, kann man Werte der Verformungen erhalten, die von dem Durchschnitt der elastischen Verformung des ganzen betrachteten Gebietes abweichen. Berechnet man aus den Verformungen die Spannungen unter Zugrundelegung des über alle Richtungen gemittelten Elastizitätsmoduls, so kann man deshalb bis zu einem gewissen Grade gefälschte Werte der Spannungen erhalten. Der Betrag der Abweichung von den nach anderen Verfahren unmittelbar gemessenen Spannungen hängt von der Wahl der Netzebene ab, an der die Streuung gemessen wurde. Die hier-

---

[1] Vgl. R. GLOCKER: Materialprüfung mit Röntgenstrahlen. 3. Aufl. Berlin-Göttingen. Heidelberg: Springer-Verlag 1949.

durch bedingten systematischen Abweichungen von den mechanisch gemessenen Spannungen sind zwar durchaus nicht zu vernachlässigen, sie betragen mehrere Prozente; die Bedeutung des Verfahrens zur Messung von Spannungen mit Hilfe von Röntgenstrahlen wird dadurch aber kaum geringer, weil in den meisten Fällen die Verteilung und die Richtung der Spannungen ebenso wichtig wie ihre exakte Größe ist.

Eine Begrenzung findet die Anwendung des röntgenometrischen Verfahrens zur Messung von Eigenspannungen dadurch, daß es nur auf die Oberfläche des Körpers beschränkt ist und daß es nicht sehr genau ist. Seine große Bedeutung besteht darin, daß die Spannungsmessung ohne Zerstörung des Körpers durchgeführt werden kann.

3. Mechanische Messung von Eigenspannungen. Allgemeines.

Eigenspannungen können nicht am elastischen Verhalten eines metallischen Körpers festgestellt werden, und zwar ist das die Folge des Hookeschen Gesetzes und der geringen Beträge der elastischen Dehnungen, die 0,5% nur selten übersteigen. Wenn ein zylindrischer Stab von der Ursprungslänge l_0 auf Dehnung beansprucht wird, haben wir

$$\frac{l - l_0}{l_0} = \lambda = \frac{\sigma}{E} \; ; \qquad l - l_0 = l_0 \frac{\sigma}{E} , \tag{15}$$

wo σ die Spannung und E der Elastizitätsmodul ist. Ist er nun — ohne daß wir es wissen — bereits durch eine Zugspannung auf die Länge l_x gedehnt, so werden wir bei der Prüfung des Hookeschen Gesetzes die Verlängerungen durch Zugspannungen auf die neue Länge l_x beziehen. Wir erhalten dann für dieselbe Dehnung λ und für die zusätzliche Spannung σ'

$$\frac{l - l_x}{l_x} = \lambda = \frac{\sigma'}{E'} \; ; \qquad l - l_x = l_x \frac{\sigma'}{E'} = l_0 \frac{\sigma'}{E} . \tag{16}$$

Bei einem vorgespannten Stab erhält man also einen etwas anderen Elastizitätsmodul. Die Änderungen liegen jedoch weit unterhalb der üblichen Fehlergrenze der Messungen und entziehen sich der Wahrnehmung, da ja $\frac{l_0}{l_x}$ wie oben bemerkt, selten kleiner als 0,995 sein wird.

Anders würden die Verhältnisse liegen, wenn $\frac{l_0}{l_x} \frac{d\sigma}{dl}$ stark von der Dehnung abhängen würde, wenn also das Hookesche Gesetz nicht gelten würde, oder wenn es möglich wäre, elastische Dehnungen, sagen wir, von 10—100% zu erreichen, wobei $\frac{l_0}{l_x}$ 0,9—0,5 würde. Das ist z. B. bei Kautschuk möglich. Deshalb kann man bei solchen Stoffen, wie Kautschuk, Eigenspannungen grundsätzlich auch durch elastische Beanspruchung (durch Messung des Elastizitätsmoduls) feststellen.

Um bei Metallen Eigenspannungen mechanisch zu messen, ist man jedoch grundsätzlich gezwungen, die in Frage kommenden Teile zu *entspannen* und die dabei eintretenden Formänderungen zu messen, aus denen die vorhanden gewesenen Eigenspannungen berechnet werden können. Hierzu muß man aber den Zusammenhang der einzelnen Teile des Körpers lösen. Man muß also den Körper zerstören.

Im folgenden geben wir zwei Beispiele für die Anwendung dieses Verfahrens.

E. HEYN und O. BAUER sind wohl die ersten gewesen, die ein Verfahren zur Messung von Längsspannungen in einem Stab durch systematisches Abtragen von Körperteilen angegeben haben[1]. Wir betrachten eine sehr lange, etwa gezogene Stange vom Radius r_1, die mit Eigenspannungen behaftet ist. Die Längsspannung in der äußeren ringförmigen Faser von der Dicke Δr sei σ_1. Dieser Spannung entspricht eine Kraft in der Längsrichtung in der Größe von $\pi \{ r_1{}^2 - (r_1 - \Delta r_1)^2 \} \sigma_1$, wo $\pi \{ r_1{}^2 - (r_1 - \Delta r_1)^2 \}$ der Querschnitt dieser äußeren Faser ist. Dieselbe Kraft, aber entgegengesetzten Vorzeichens, übt die äußere Faser auf den übrigen Stab aus, was einer dort herrschenden mittleren Spannung

$$S = - \frac{\sigma_1 \pi \{ r_1{}^2 - (r_1 - \Delta r_1)^2 \}}{\pi (r_1 - \Delta r_1)^2} \qquad (17)$$

entspricht.

Wenn die Faser Δr abgedreht wird, bewirkt die Spannung (17) eine entsprechende spezifische Längenänderung des übrigen Stabes um $\lambda_1 = \dfrac{S}{E}$. Durch diese Längenänderung wird der Stab *entspannt*, weil der Zwang durch die äußere Schicht Δr beseitigt worden ist. Die Spannung, die vorher unter dem Einfluß dieser Schicht im ganzen Reststab bestanden hat, ist also

$$S = - E \lambda_1 \qquad (18)$$

und die auf den Reststab wirkende Kraft durch die abgedrehte Schicht Δr_0

$$+ E \lambda_1 \pi (r_1 - \Delta r_1)^2. \qquad (19)$$

Hieraus berechnet sich mit (17) die Spannung σ_1 in der ersten abgedrehten Schicht Δr_1 zu

$$\sigma_1 = \frac{E \lambda_1 \pi (r_1 - \Delta r_1)^2}{\pi \{ r_1{}^2 - (r_1 - \Delta r_1) \}^2} . \qquad (20)$$

Wenn wir dieses Verfahren zur Berechnung der einzelnen unendlich dünnen Schichten des Stabes fortsetzen wollen, indem wir ihn nach und nach abdrehen, so ist zu berücksichtigen, daß zu der aus der Gl. (20) berechneten Spannung einer abgedrehten Schicht die Spannungen hinzuzurechnen sind, die in dieser Schicht wie im ganzen Restquerschnitt des Stabes, durch Abdrehen der früheren Schichten entstanden sind. Wir erhalten deshalb die Spannung der zweiten Faser zu

$$\sigma_2 = \frac{E \lambda_2 \pi (r_1 - 2 \Delta r)^2}{\pi \{ (r_1 - \Delta r)^2 - (r_1 - 2 \Delta r)^2 \}} - E \lambda_1 \qquad (21)$$

und für die n-te Schicht

$$\sigma_n = \frac{E \lambda_n \pi (r_1 - n \Delta r)^2}{\pi \{ [r_1 - (n-1) \Delta r]^2 - [r_1 - n \Delta r]^2 \}} - E \sum_{m=1}^{m=n-1} \lambda_m . \qquad (22)$$

Die Spannung σr_0 des nicht abgedrehten Restes vom Radius r_0 ergibt sich aus der Forderung, daß auf ihn dieselbe, aber entgegengesetzte Kraft wie auf die Gesamtheit der abgedrehten Schichten wirken muß.

Auf diese Weise ist eine Bestimmung von Längsspannungen in einem Zylinder möglich; sie ist jedoch an eine Voraussetzung geknüpft, die E. HEYN und O. BAUER nicht berücksichtigt haben, worauf aber G. SACHS[2] hingewiesen hat. Diese Berechnung ist nur richtig, wenn der Stab keine Ringspannungen enthält. In der Regel bestehen solche Spannungen zweifellos, die äußeren Fasern verhalten sich wie auf den Kern aufgespannte Rohre, was sich daraus

---

[1] HEYN, E., u. O. BAUER: Intern. Z. Metallogr. 1 (1911), 16; Stahl u. Eisen 37 (1917), 442, 474, 497.

[2] SACHS, G.: Metallwirtsch. 7 (1928), 1277.

ergibt, daß Risse, die unter dem Einfluß der Eigenspannungen entstehen, meistens gar nicht Querrisse sind, wie sie unter dem Einfluß von Längsspannungen entstehen müssen, sondern Längsrisse, die mit aller Sicherheit die Existenz der Querspannungen angeben. Die vollständige Berechnung eines Spannungszustandes eines zylindrischen Stabes ist von G. SACHS[1] durchgeführt worden. Die Berechnungsart soll in einer vereinfachten Form im folgenden angegeben werden.

Wir nehmen an, daß eine zylindrische Stange sowohl Längs- als auch Querspannungen enthält, und wir stellen uns wieder die Aufgabe, den Spannungszustand der äußersten Schicht von der Dicke Δr durch Abdrehen dieser Schicht und durch die Messung der Formänderungen der übrigbleibenden Stange zu bestimmen.

Von den Querspannungen sind die nach dem Zentrum gerichteten Radialspannungen in der äußeren Schicht Null, da sie ja an der freien Oberfläche liegt. Dagegen enthält sie Ringspannungen σ_t. Unter dem Einfluß dieser Ringspannungen ergibt sich als Einwirkung der äußeren Faser auf den inneren Rest der Stange eine Radialspannung von der Größe

$$\sigma_R = - \sigma_t \frac{d\,R}{R},$$

wo R der Radius der Stange vor dem Abdrehen der Schicht von der Dicke $d\,R$ ist[2].

Wenn die Außenschicht Δr_1 abgedreht wird, erleidet die übrigbleibende Stange eine Längenänderung, die erstens von den Längsspannungen herrührt, die die äußere Schicht enthalten hatte und die sich grundsätzlich ähnlich wie die von E. HEYN und O. BAUER betrachteten verhalten und zweitens von der Radialspannung σ_R, in der übrigbleibenden Stange, die bei der Beseitigung der Oberflächenschicht aufgehoben wird und infolge der Querkontraktion eine Änderung der Länge um den Betrag $\frac{\mu\,\sigma_R}{E}$ ergibt.

Die Dehnung nach der Beseitigung der Außenschicht durch Längsspannungen ergibt sich wie oben auf Grund der Gl. (20) zu

$$\lambda_1 = \frac{\sigma_1 \{r_1{}^2 - (r_1 - \Delta\,r_1)^2\}}{E\,(r_1{}^2 - \Delta\,r_1)^2} . \tag{23}$$

Die gesamte Dehnung des Reststabes λ_1 ist also

$$\lambda_1 = \frac{1}{E} \left(\mu\sigma_R + \frac{\sigma_1 \{r_1{}^2 - (r_1 - \Delta\,r_1)^2\}}{(r_1 - \Delta\,r_1)^2} \right). \tag{24}$$

Gleichzeitig ändert sich der Durchmesser des übrigbleibenden Stabes durch Beseitigung der Einwirkung der Außenschicht, und zwar ergibt sich:

$$d\,R = - \frac{1}{E} \left((1 - \mu)\,\sigma_R - \frac{\sigma_1 \{r_1{}^2 - (r_1 - \Delta\,r_1)^2\}}{(r_1 - \Delta\,r_1)^2} \right). \tag{25}$$

Wenn wir λ_1 und $d\,R$ messen, können wir aus den Gl. (8) und (9) die gesuchten Spannungen σ_R bzw. σ_t und σ_e zunächst für die Außenschicht und dann schritt-

---

[1] SACHS, G.: Metallwirtsch. **7** (1928), 1277.

[2] Diese Beziehung ergibt sich auf folgende Weise. Auf das Bogenelement $r\varphi$ (Abb. 335 S. 409) wirkt die Tangentialspannung σ_t. Sie ergibt auf die Schicht von der Dicke dr (und der Breite 1) eine Kraft $\sigma_t dr$. Die beiden an den Enden des Bogenelementes angreifenden Tangentialkräfte bilden untereinander den (sehr kleinen) Winkel φ. Ihre Komponente nach dem Zentrum hin ist $\sigma_t \varphi\,dr$; das ergibt die auf die Einheit der Länge des Bogenelementes bezogene Spannung der oben angegebenen Größe.

weise fortschreitend nach dem Abdrehen einzelner Schichten für den ganzen Querschnitt des Stabes berechnen. Während λ_1 ohne weiteres gemessen werden kann, entzieht sich dR jedoch der unmittelbaren Messung, weil der Durchmesser des inneren Teiles des Körpers vor dem Abdrehen der äußeren Schicht dR nicht bekannt ist und nicht bestimmt werden kann. Man kann sich in diesem Falle so helfen, daß man den Stab mit einer Bohrung versieht und die Durchmesseränderungen der Bohrung mißt; auf Grund der elastischen Theorie dickwandiger Rohre kann man dann auch, wenn auch etwas umständlich, die gesuchten Änderungen der Radien berechnen. Man kann auch den Spieß umdrehen, wie das G. SACHS gemacht hat[1], der ein dickwandiges Rohr schichtweise von innen ausgedreht hat und die Änderungen des äußeren Durchmessers (und der Länge) gemessen hat. Wir wollen auf die auch in diesem Falle etwas umständliche Rechnung nicht eingehen.

X. Erholung und Rekrystallisation[2].

A. Definition der Rekrystallisation und der Erholung.

Wird ein Metall oder eine Legierung auf höhere Temperaturen erhitzt oder in selteneren Fällen bei gewöhnlicher Temperatur gehalten, so treten nach bestimmten Vorbehandlungen Gefügeänderungen auf, die in der Regel mikroskopisch sichtbar sind, auch wenn keine Reaktionen im festen Zustand oder Umwandlungen stattfinden. Diese Gefügeänderungen treten, soweit wir wissen, immer nur dann auf, wenn das Gefüge vorher irgendwie als gestört zu betrachten war, und sind mit einer Beseitigung dieser Störung verbunden. Deshalb ist für die Gesamtheit dieser Erscheinungen der Name Rekrystallisation gerechtfertigt.

Bei der Rekrystallisation eines kaltgereckten Metalles tritt ein Verlust der Verfestigung und der durch das Kaltrecken herbeigeführten Eigenschaftsänderungen auf. Man beobachtet diese Vorgänge bei kaltgereckten Metallen zuweilen auch ohne Gefügeänderung und bezeichnet sie dann als Erholung. Die Abgrenzung der Rekrystallisation von der Erholung hängt ganz davon ab, wie man die „Gefügeänderung" definiert. Wir werden nur dann von Rekrystallisation sprechen, wenn mit Hilfe, welcher Methode es auch sei, im Metall die Entstehung von neuen Krystalliten oder Korngrenzenverschiebungen zwischen bereits vorhandenen Krystalliten nachgewiesen wird.

Vielfach wird der Verlust der Verfestigung und die entsprechenden Änderungen anderer Eigenschaften eines kaltgereckten Metalles durch nachträgliche Erhitzung ohne Rücksicht auf Gefügeänderungen allgemein als Erholung (dieser Eigenschaften) bezeichnet. Dadurch ist in der Terminologie eine gewisse Verwirrung entstanden. Wir werden diese Bezeichnungsweise nicht verwenden, und den Begriff der Erholung streng nur auf den Verlust der Wirkungen der Kaltreckung unter dem Einfluß einer genügend hohen Temperatur *ohne* Gefügeänderungen beschränken.

---

[1] SACHS, G.: Metallwirtsch. **7** (1928), 1277.
[2] Zum folgenden vgl. W. G. BURGERS: Rekrystallisation, verformter Zustand und Erholung. Bd. III 2 des Handbuches der Metallphysik von G. MASING. Leipzig: Akademische Verlagsgesellschaft m. b. H. 1941.

B. Überblick über die Erscheinungen der Rekrystallisation.

1. Bearbeitungsrekrystallisation.

a) Normaler Rekrystallisationsverlauf eines stärker kaltgereckten Metalles.

Am typischsten tritt die Rekrystallisation bei der Erhitzung eines vorher kaltgereckten Metalles auf. Mit einer sog. Bearbeitungs-Rekrystallisation wollen wir uns deshalb zuerst beschäftigen. Wir besprechen die hierbei auftretenden Erscheinungen zunächst am Beispiel einer ausgezeichneten Arbeit von F. ADCOCK[1] über die Rekrystallisation von Cu-Ni-Legierungen mit 80% Cu. Diese aus homogenen Mischkrystallen bestehende Legierung wurde für die Untersuchung gewählt, weil sie sich ausgezeichnet schleifen, polieren und ätzen läßt und so eine bequeme Beobachtung des Gefüges ermöglicht.

 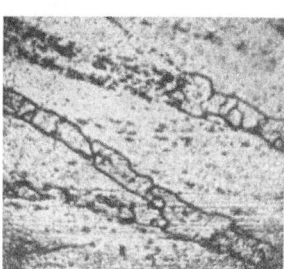 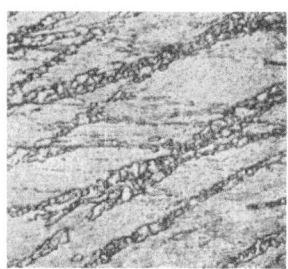

V = 90
Abb. 338. Gefüge einer um 80% kaltgewalzten Legierung 80% Cu, 20% Ni (nach ADCOCK).

V = 650
Abb. 339. Wie Abb. 338, auf 460° bis 480° erhitzt (nach ADCOCK).

V = 350
Abb. 340. Wie Abb. 338, auf 490° bis 500° erhitzt (nach ADCOCK).

Abb. 338 zeigt das Gefüge einer solchen um 80% Dickenabnahme in der Kälte flachgewalzten Legierung. Man sieht auf dem Schliffbild eine Reihe von horizontalen Streifen. Das sind die Spuren der Krystallgrenzen, die beim Walzen in der Längsrichtung stark gestreckt worden sind. Außerdem ist jeder Krystallit von diffusen stärker geätzten breiten Streifen durchzogen, die in jedem Krystallit eine bestimmte Richtung zeigen und schräg zur Walzrichtung stehen. Das sind unmittelbare Spuren der bei der Kaltreckung stattgefundenen Translation, und zwar sind diejenigen Gebiete (Gleitpakete), in denen die Translation bevorzugt stattgefunden hat, vom Ätzmittel stärker angegriffen worden. Das ist verständlich, da anzunehmen ist, daß sie hierbei etwas unedler geworden sind als das umgebende weniger verformte Gefüge (vgl. S. 394).

Wird ein solches Material auf steigende Temperaturen erhitzt, so findet man nach der Erhitzung zunächst gar keine Änderung des Gefüges. Nach einer Erhitzung auf 460—480° findet man zuerst in den Gleitschichten kleine Polygone vereinzelt oder in Ketten angeordnet (Abb. 339). Das ist bereits eine Änderung des Gefüges, die als Anfang der Rekrystallisation zu bezeichnen ist. Nach einer Erhitzung auf höhere Temperatur, auf 490—500°, werden diese kleinen, neu auftretenden Polygone zahlreicher und größer, liegen aber nach wie vor an den Gleitschichten (Abb. 340). Nach einer Erhitzung auf 520° sind sie weiter gewachsen und bilden schon zusammenhängende breite Bänder, zwischen denen das durch die Erhitzung noch nicht veränderte, verformte Gefüge liegt (Abb. 341). Wird der Werkstoff auf 550—570° erhitzt, so sieht man (Abb. 342) daß nunmehr die ganze Schliffoberfläche aus neu sichtbar gewordenen abgegrenzten Polygonen besteht.

[1] ADCOCK, F.: J. Inst. Met. 27 (1932), 73.

Gleichzeitig mit der besprochenen Änderung des Gefüges ändern sich auch die mechanischen Eigenschaften des Materials. In Abb. 343 ist die bei gewöhnlicher Temperatur und nach Erhitzung auf verschiedene Temperaturen gemessene Festigkeit und Dehnung von kaltgerecktem Eisen wiedergegeben. Man sieht, daß die durch die Kaltreckung erhöhte Härte durch Erhitzung auf niedrigere Temperaturen zunächst nicht wesentlich erniedrigt (zuweilen

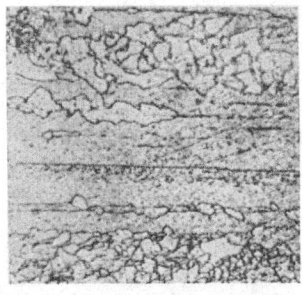

V = 350
Abb. 341. Wie Abb. 338, auf 520° erhitzt
(nach ADCOCK).

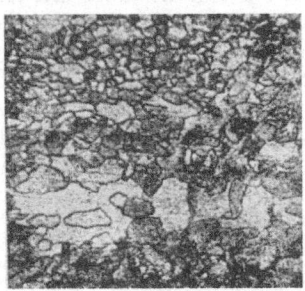

V = 350
Abb. 342. Wie Abb. 338, auf 550° bis 570° erhitzt
(nach ADCOCK).

wegen Beseitigung von Eigenspannungen sogar etwas erhöht) wird. Im Temperaturintervall von 500° bis 600° findet dann ein schneller Abfall der Härte statt, und zwar bis auf Werte, die dem weichen Werkstoff vor der Kaltreckung eigen waren. Der Werkstoff ist durch die Erhitzung entfestigt worden. Vergleicht man die Temperaturspanne der Entfestigung mit den Ergebnissen der Rekrystallisationsuntersuchung, so findet man, daß sie dem Temperaturgebiet entspricht, in welchem das Auftreten neuer Krystallite und die oben beschriebene Verwandlung des Gefüges stattfindet. Da die Entfestigung jetzt praktisch vollständig ist und da der Erreichung dieses Zustandes gerade die restlose Beseitigung des Verformungsgefüges im Schliffbild entspricht, kann man behaupten, daß die Rekrystallisation in dem in Frage kommenden Temperaturgebiet begonnen und bis zu Ende verlaufen ist. Hierbei stellen wir noch ein paar wichtige Eigenarten der Rekrystallisation fest. Sie besteht nicht in einer kontinuierlichen Änderung des Gefüges, die mit einer kontinuierlichen Erweichung verbunden wäre. Vielmehr müssen wir auf Grund unserer Beobachtungen zum Schluß kommen, daß das Metall an einer bestimmten Stelle entweder richtig rekrystallisiert oder unverändert ist[1]. Zwischenzustände teilweiser Rekrystallisation und Entfestigung gibt es nicht. Wenn man sie auf den Kurven der Abb. 343 scheinbar wahrnimmt, so liegt das daran, daß bei der Festigkeitsprüfung unvermeidlich über makroskopische Gebiete gemittelt wird. Die Änderung der Eigenschaften bei der Rekrystallisation ist, wenigstens im Rahmen der Feststellungsmöglichkeiten der Makrophysik, sprunghaft.

Wir haben fernerhin gesehen, daß die Rekrystallisation dort beginnt, wo das Metall stärker ätzbar ist, wo also das Raumgitter eine größere Störung aufweist.

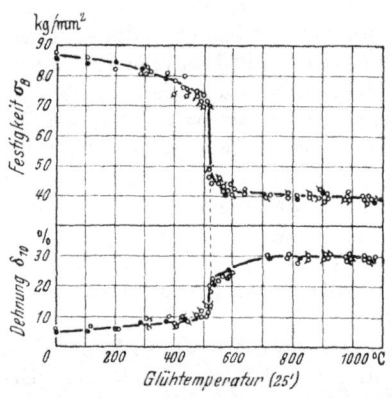

Abb. 343.
Härteänderung bei der Rekrystallisation.

---

[1] Vgl. H. J. WALLBAUM u. R. MISCHER: Z. Metallkde. 40 (1949), 179.

Hieraus schließen wir bereits, daß die Rekrystallisationstemperatur von dem Betrage der Gleitung, also auch der Kaltreckung, mit dem die Störung zunimmt, abhängig ist, und bei um so tieferer Temperatur einsetzt, je höher der Betrag der Kaltreckung gewesen ist. Trotzdem an den am stärksten kaltgereckten Stellen die neuen Krystallite zuerst sichtbar werden und bereits im Wachsen begriffen sind, wenn in anderen Teilen des Metalles die Rekrystallisation überhaupt noch

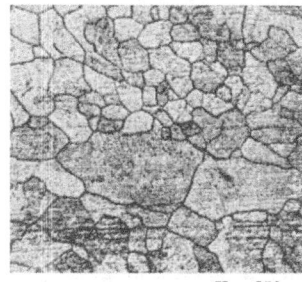

V = 350
Abb. 344. Wie Abb. 338, jedoch auf 630° bis 640° erhitzt (nach ADCOCK).

V = 100
Abb. 345. Wie Abb. 338, jedoch auf 960° bis 980° erhitzt (nach ADCOCK).

nicht eingesetzt hat, sind die Krystallite nach vollzogener Rekrystallisation, wie man auf Abb. 342 sieht, an Stellen der stärksten Gefügeverlagerung am kleinsten und umgekehrt in den dazwischenliegenden Gebieten am größten.

Wir werden sehen, daß diese Schlüsse in voller Übereinstimmung mit anderweitigen Erfahrungen sind.

Eigenartigerweise ist der Vorgang der Rekrystallisation mit der völligen Aufzehrung des kaltgereckten Gefüges noch nicht abgeschlossen. Erhitzen wir die Legierung auf weiter steigende Temperaturen, so wachsen die Krystallite immer mehr (Abb. 344), bis sie nach einer Erhitzung auf 960—980° sehr groß geworden sind (Abb. 345). Hier zeigen sie Bänder (Rekrystallisationszwillinge), die für die Rekrystallisation von flächenzentrierten Metallen charakteristisch sind (vgl. S. 462).

Der geschilderte Verlauf der Rekrystallisation von kaltgereckten Metallen (Bearbeitungsrekrystallisation) ist des öfteren übereinstimmend beschrieben worden. In Abb. 346 ist ein erster Rekrystallisationskern beim Aluminium gezeigt. Solche Kerne liegen an betätigten Gleitebenen oder an Korngrenzen, die wegen der Orientierungsunterschiede neben den Gleitebenen auch Stellen stärkster Gefügestörung beim Kaltrecken sind.

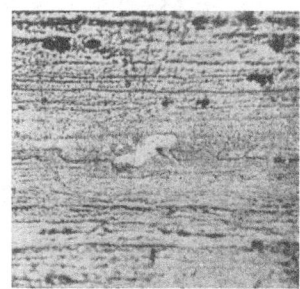

Abb. 346. Erster Rekrystallisationskeim bei technischem Aluminium.

Noch bequemer läßt sich die Rekrystallisation an solchen leicht schmelzbaren Metallen wie Zink, Cadmium oder Zinn verfolgen. Diese Metalle rekrystallisieren nämlich nach dem Recken bei Zimmertemperatur verhältnismäßig grob, so daß die Rekrystallisation von Anfang an mit Hilfe der Kornfelderätzung verfolgt werden kann. Nach stärkerer Verformung zeigen diese Metalle nämlich keine Helligkeitsunterschiede zwischen den Krystalliten (keine *dislozierte Reflexion*). Wenn man reines Zinn nach einem Kaltrecken während zunehmender Zeiten auf 50° erhitzt, so beobachtet man zunächst das Auftreten der dislozierten Reflexion an einzelnen Stellen, jedoch keine Korngrenzen. Zwischen den Stellen mit der dislozierten Reflexion liegen Gebiete, die noch keine dislozierte Reflexion aufweisen, die also offenbar noch nicht rekrystallisiert sind, während an Stellen mit aufgetretener dislozierter Reflexion neue Kryställchen liegen. Diese Kryställchen wachsen nun, bis sie untereinander in Berührung kommen. Nun treten auch die Korngrenzen als Stellen sprunghafter Änderung der dislozierten Reflexion, also der Orientierung auf. Damit ist die Rekrystallisation zunächst abgeschlossen, das kaltgereckte Gefüge ist aufgezehrt. Nach weiterer Erhitzung auf höhere Temperaturen werden die Krystallite größer und ihre Zahl demnach kleiner.

Wir haben demnach folgende drei Stadien der Rekrystallisation kennengelernt:

1. Auftreten neuer Krystallite (Kerne) innerhalb des kaltgereckten Metalles.
2. Ihr Wachstum bis zur gegenseitigen Berührung (Kernwachstum), im Gegensatz zum Kornwachstum oder Krystallwachstum[1].
3. Die weitere Kornvergrößerung.

Diese drei Vorgänge können sich gegenseitig überlappen. So kann an einzelnen Stellen bereits der Prozeß 3 im Gange sein, während an anderen Stellen noch der Prozeß 2 nicht abgeschlossen ist und damit gelegentlich auch noch der Prozeß 1 möglich ist.

b) Rekrystallisation nach geringen Verformungen.

Die Rekrystallisation nach geringen Verformungen ist u. a. vor einer Reihe von Jahren von H. C. H. CARPENTER und C. F. ELAM[2] und neuerdings von W. BUNGARDT und E. OSSWALD[3] untersucht worden. Wir geben hier die eingehenden Beobachtungen der beiden ersten Forscher wieder. Sie haben für ihre Untersuchungen eine Legierung von Zinn mit 3% Sb gewählt, und zwar hauptsächlich aus folgenden Gründen. Bei dieser Legierung treten im Verlaufe der Erhitzung nach jedesmaliger Abkühlung auf Zimmertemperatur die Korngrenzen als kleine

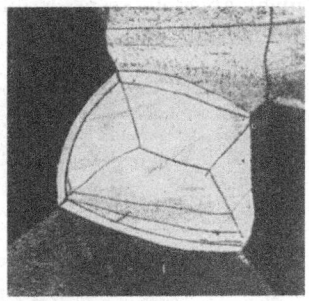
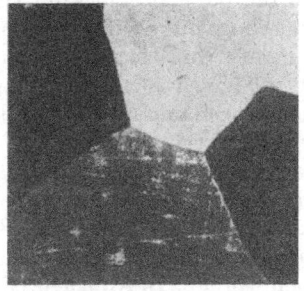

Abb. 347. Krystallitbegrenzungen nach verschiedenen Erhitzungen bei Zinn mit 3% Sb (nach CARPENTER u. ELAM).

Abb. 348. Die wirklichen Krystallgrenzen der Abb. 347, durch Ätzen bloßgelegt (nach CARPENTER u. ELAM).

Niveauunterschiede hervor. Dieser Effekt tritt nur auf, wenn die Erhitzung unterbrochen wird und die Legierung sich zwischendurch abkühlt. Seine Ursache liegt zweifellos in der Richtungsabhängigkeit der thermischen Ausdehnung der einzelnen tetragonalen Krystalle. Auf diese Weise ist es möglich, den Ablauf der Gefügeänderungen nach wiederholten Erhitzungen an einem Stück zu sehen, während beim Ätzen jeweils nur das im Augenblick vorhandene Gefüge bloßgelegt wird und die früher vorhandenen verwischt werden. Zum Beispiel zeigt Abb. 347 ein Gefüge mit mehreren solchen im Relief stehenden Korngrenzen. Die Ätzung wurde vor Beginn der Glühungen durchgeführt; sie ergab die in der Abbildung

---

[1] Die Vorgänge 1 und 2 fassen wir nach dem Vorgang von W. G. BURGERS unter der Bezeichnung *primäre Rekrystallisation* zusammen.

[2] CARPENTER, H. C. H., u. C. F. ELAM: J. Inst. Met. 24 [2] (1920), 83.

[3] BUNGARDT, W., u. E. OSSWALD: Z. Metallkde. 31 (1939), 45, 121.

sichtbaren Helligkeitsunterschiede für die verschiedenen Polygone. Das Netzwerk der Grenzlinien in dem in der Mitte des Bildes befindlichen Krystalliten ist im Verlauf der späteren Erhitzungen entstanden. Das nach der letzten Glühung und erneuter Ätzung geätzte Gefüge ist in Abb. 348 wiedergegeben. Wie man sieht, ist der mittlere Krystall von den Nachbarn im Verlaufe der Glühungen völlig aufgezehrt worden, in Übereinstimmung mit dem Verlauf der Grenzlinien in Abb. 347.

Die genannte Legierung war nach dem Homogenisieren schwach durch Stauchen verformt und durch Erhitzung zur Rekrystallisation gebracht worden. Während nach einer starken Verformung die einzelnen Krystallite kaum oder gar nicht wahrzunehmen sind, kann man nach einer schwachen Verformung sowohl ihre Begrenzungen als auch ihre Orientierungen an Hand der dislozierten Reflexion sehr bequem verfolgen. Hierbei wurde folgendes festgestellt.

1. Nach sehr geringen Deformationen treten zunächst Andeutungen von Gleitebenen und von Deformationszwillingen auf, die nicht die ganzen Krystallite durchqueren. Bei der nachfolgenden Erhitzung verschwinden sie wieder, die stattgehabte Verformung hinterläßt in der mikroskopisch festgestellten Struktur des Gußstückes keine Spuren.

2. Bei einer Erhitzung nach etwas stärkeren Verformungen tritt eine Wanderung der Krystallgrenzen auf, wie sie schon auf Abb. 347 zu sehen gewesen ist. Hinsichtlich der *Richtung* und der *Geschwindigkeit* dieser Korngrenzenwanderung lassen sich keine allgemeinen Regeln aufstellen. Es kann vorkommen, daß ein Krystallit allen seinen Nachbarn gegenüber benachteiligt ist, so daß er von ihnen im Verlaufe der Erhitzung restlos aufgezehrt wird, wie wir das auf Abb. 348 gesehen haben. In anderen Fällen kann es vorkommen, daß ein Krystallit auf Kosten eines Nachbarn wächst und selbst von einem dritten aufgezehrt wird.

3. Nach stärkeren Verformungen treten nach der Erhitzung neue Krystallite auf. Es findet eine Neubildung des Gefüges statt, ähnlich der bereits bei den Kupfer-Nickel-Legierungen beschriebenen.

Es erscheint sicher, daß die von H. C. H. Carpenter und C. F. Elam beschriebene Korngrenzenwanderung nach schwachen Verformungen einerseits und die Kornvergrößerung in stark verformten Metallen in den späteren Stadien der Rekrystallisation andererseits verwandte oder gleiche Erscheinungen sind. Wenn während der Korngrenzenwanderung keine Neubildung der Krystallite stattfindet, kann eine solche Wanderung in der Tat nur zu einer Verkleinerung der Zahl der Krystallite, also zu einer Kornvergrößerung führen.

c) Abnormes Krystallwachstum (freie sekundäre Rekrystallisation).

Zuweilen tritt das Kornwachstum nach abgeschlossener Rekrystallisation in einer abnormen Form auf. Während bei der betrachteten Kupfer-Nickellegierung die Kornvergrößerung zwar mit statistischen Schwankungen, aber durchaus gleichmäßig erfolgt — in solchen Fällen kann für die Korngröße auf einer Schliff- fläche eine normale statistische Kurve aufgestellt werden —, setzt bei einigen Metallen und Legierungen nach stärkerer Verformung, bereits nach vollzogener Rekrystallisation, erneut ein von einzelnen wenigen Stellen ausgehendes Kornwachstum ein. Wenn stark kaltgerecktes Aluminium zur Rekrystallisation gebracht wird, so entsteht in ihm zunächst ein feinkörniges Gefüge. Wie man auf Abb. 349 sieht, sind jedoch nach einer Erhitzung auf 550° während drei Tagen bereits an einigen Stellen große einheitlich reflektierende helle und dunkle

Krystallite entstanden, die sich ihrer Größe nach kraß von dem umgebenden Gefüge unterscheiden. Bei längerer Erhitzung ändert sich das Gesamtgefüge in der Weise, daß die kleinen Krystalle sich kaum ändern, daß aber die an einzelnen Stellen entstandenen großen Krystallite wachsen, bis sie aneinander stoßen, wie man das auf Abb. 350 links nach einer Erhitzung auf 550° während 14 Tagen sieht. Diese Erscheinung ist zuerst von G. MASING[1] am kaltgewalzten reinen Zink beobachtet worden. Abb. 351 zeigt das Gefüge eines stark gewalzten Zinkstreifens nach einer Erhitzung auf 195° während 2 Minuten. Er

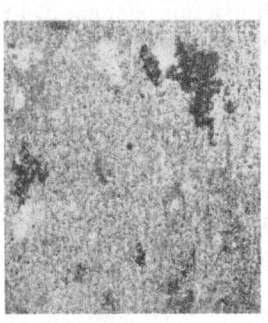

besteht aus feinkörnigen Krystalliten. Erhöht man die Erhitzungszeit auf 5 Minuten, so treten bereits vereinzelte grobe Krystallite auf (Abb. 352), die bei weiterer Erhitzung während 10 und 60 Minuten auf dieselbe Temperatur erheblich wachsen, während das dazwischenliegende Gefüge seine unveränderte Korngröße behält (Abb. 353 und 354).

Wie man sieht, kann hier von einer normalen statistischen Verteilung der Krystallgrößen keine Rede sein. Das gesamte Gefüge besteht aus 2 Gruppen von Krystalliten, den kleinen und den großen. Zwischengrößen findet man kaum.

Abb. 349. Beginn der sekundären Rekrystallisation bei Al (3 Tage auf 550° erhitzt) nat. Gr. (nach CARPENTER u. ELAM).

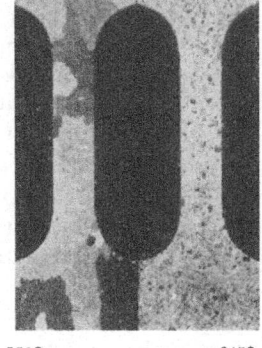

550°   645°
Abb. 350. Erhitzungstemperatur und Korngröße bei der sekundären Rekrystallisation von Al. (nach CARPENTER u. ELAM).

Diese Erscheinung ist von G. MASING als „freie sekundäre Rekrystallisation" bezeichnet worden, und zwar im Gegensatz zur „erzwungenen sekundären Rekrystallisation", die nach bestimmten Vorbehandlungen auftritt und die wir noch beschreiben werden (S. 458).

d) Das Rekrystallisationsdiagramm.

Wie wir wissen, ist es nicht möglich, ein Metall einheitlich plastisch zu verformen. Infolge der grundsätzlich lokalisierten krystallographischen Gleitung und der unvermeidlichen Ausbildung von Gebieten bevorzugter Gleitung (Gleitpakete) sind die Beträge der *Abgleitung* in den verschiedenen Teilen eines Metallstückes immer verschieden. Wenn man die Abhängigkeit der Rekrystallisation von dem Betrage der vorangegangenen Verformung erforschen will, so steht man deshalb vor der Schwierigkeit, daß man einen einheitlichen Verformungsgrad gar nicht erzeugen kann. Eine Folge dieses Umstandes ist ja bereits die ungleichmäßige Ausbildung des Rekrystallisationsgefüges bei den Cu-Ni-Legierungen, auf die wir hingewiesen haben (S. 423). Man kann sich jedoch helfen, indem man die Korngrößen durch Abzählen und Dividieren durch die Gesamtfläche mittelt, z. B. bei einem Gefüge wie in Abb. 344 und 351. Wenn man diese mittlere Korngröße in Abhängigkeit von dem Betrage der Kaltreckung, wie er durch die gemessene Formänderung des ganzen Stückes gegeben ist, bringt, bekommt man in groben Zügen einen Zusammenhang zwischen dem Betrage der Kaltreckung und der Korngröße, der für viele Zwecke ausreicht.

---

[1] MASING, G.: Z. Metallkde. **12** (1920), 457.

Die Verhältnisse vereinfachen sich fernerhin vielfach dadurch, daß die *Erhizungsgeschwindigkeit* nur von geringerem Einfluß auf die Korngröße ist. Das ist auch durchaus plausibel, wie wir zeigen können. Die Messung der Korngröße

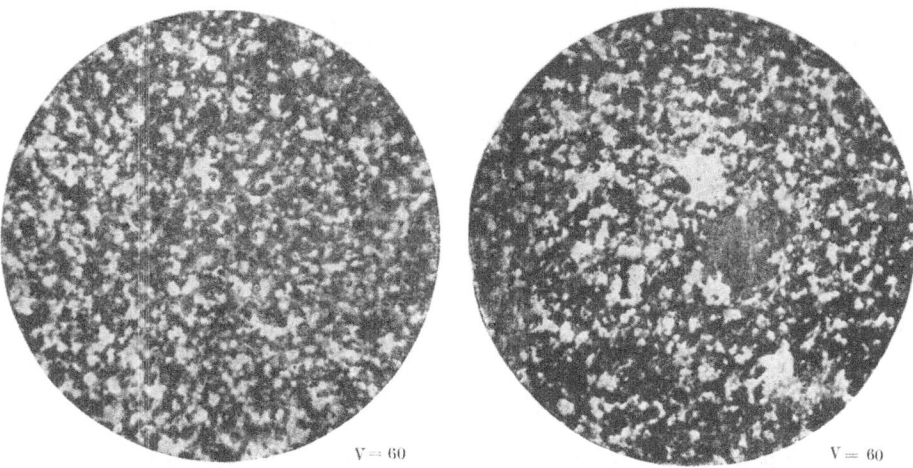

Abb. 351. Feinkörnige Rekrystallisation von stark kaltgerecktem ZINK (erhitzt auf 195° während 2′) (nach MASING).

Abb. 352. Wie Abb. 351, jedoch 5′ auf 195° erhitzt. Beginn der sekundären Rekrystallisation (nach MASING).

erfolgt, nachdem die primäre Rekrystallisation, also die Neubildung des Gefüges, abgeschlossen ist. Ganz unabhängig von der Frage, welches der primäre Vorgang der Neubildung des Gefüges ist, den wir später erörtern werden, beruhen die

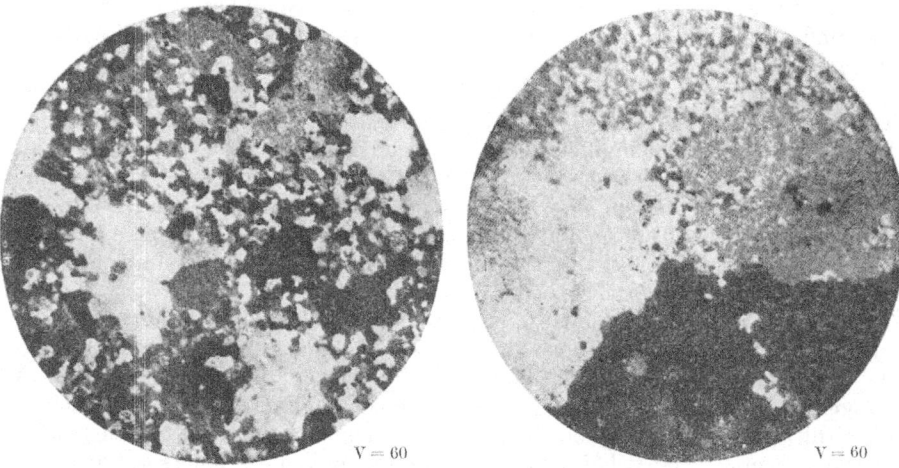

Abb. 353. Wie Abb. 351, jedoch 10′ auf 195° erhitzt. Fortschreitende sekundäre Rekrystallisation (nach MASING).

Abb. 354. Wie Abb. 351, jedoch 60′ auf 195° erhitzt. Beinahe abgeschlossene sekundäre Rekrystallisation (nach MASING).

weiteren Vorgänge vorwiegend oder ausschließlich auf Wanderungen der Krystallitgrenzen. Für diese ist eine Art Platzwechsel der Atome an den Begrenzungsflächen notwendig, und dieser wird durch ähnliche Gesetze wie die Diffusion bestimmt (vgl. S. 176). Er weist nämlich, wie wir bei der Theorie der Rekrystallisation näher besprechen werden, eine nicht unerhebliche Aktivierungswärme U von 20 000 bis 40 000 cal auf, also von derselben Größenordnung wie bei vielen chemischen Reaktionen. In einem solchen Falle ist die Geschwindigkeit des Vorganges durch eine Gleichung

$$v = Ke^{-\frac{U}{RT}}$$

gegeben, wo K eine wenig temperaturabhängige Konstante ist (S. 7). Für das Verhältnis der Geschwindigkeiten v_2 und v_1 für zwei Temperaturen T_2 und T_1 erhalten wir

$$\frac{v_2}{v_1} = e^{\frac{U}{R}\left(\frac{1}{T_1} - \frac{1}{T_2}\right)}.$$

Bei $U = 40\,000$ cal/Mol. und bei $T_1 = 500°$ K ergibt sich

$T_2 - T_1$	$\dfrac{v_2}{v_1}$
1°	$e^{0,08} =$ 1,08
10°	$e^{0,8} =$ 2,24
50°	$e^{3,6} =$ 36,5
100°	$e^{6,67} =$ 785

v nimmt mit steigender Temperatur sehr schnell zu. Wenn man nun, wie man vielfach vorzugehen pflegt, bei der Untersuchung der Rekrystallisation die Temperatur in Stufen 50° zu 50° steigert, so muß es, wie man sieht, für das Ergebnis praktisch gleichgültig sein, ob man eine Probe sofort auf eine höhere Temperatur bringt oder diese Temperatur langsam, etwa in stufenweiser Steigerung um je 50°, wobei die Verweilzeiten immer gleich sind, steigert.

Das gilt jedoch nur für die normale Rekrystallisation, bei der im beobachteten Temperaturintervall nur Kornwachstum und keine Neubildung von Krystallen stattfindet, und wenn nicht Störungen durch sekundäre Rekrystallisation auftreten.

Hinsichtlich des Einflusses der Zeit auf die Kornvergrößerung bei konstanter Temperatur gilt allgemein, wenn keine sekundäre Rekrystallisation dazwischentritt, daß ihre Geschwindigkeit mit der Zeit schnell abfällt. Wenn man also, um eine Vergleichsbasis zu haben, die Rekrystallisation bei verschiedenen Temperaturen für gleiche Zeiten, etwa 1 Stunde, durchführt, so kann man, wenn keine sekundäre Rekrystallisation eintritt, sicher sein, daß durch eine längere Erhitzung keine Überraschungen auftreten werden, die die gefundenen Zusammenhänge in ihren Grundlagen ändern würden.

Die starke Zunahme der Kornvergrößerungsgeschwindigkeit mit der Temperatur und ihr schnelles Abklingen mit der Zeit bei konstanter Temperatur ergeben die Möglichkeit, das Verhalten eines Metalles bei der Rekrystallisation in Abhängigkeit von der Temperatur und vom Kaltreckungsgrade ohne Rücksicht auf die Erhitzungsgeschwindigkeit durch Fixierung einer Erhitzungszeit allgemein zu charakterisieren. Man erhält so nach dem Vorgang von J. CZOCHRALSKI[1] das sog. Rekrystallisationsdiagramm, wie es in Abb. 355 z. B. für das Zinn dargestellt ist. Die Kaltreckung wurde hier durch Stauchen durchgeführt. Man sieht an den isothermen Schnitten und an den Schnitten konstanter Kaltreckung, daß die Korngröße mit zunehmendem Reckgrad zuerst stark und dann langsamer abnimmt. Dieses Ergebnis stellt eine Bestätigung und Verallgemeinerung unseres Befundes bei den Kupfer-Nickel-Legierungen dar, nach dem innerhalb der Gleitpakete die Korngröße geringer als zwischen den Gleitpaketen ist. Man kann also

---

[1] CZOCHRALSKI, J.: Moderne Metallkunde. Berlin: Springer 1924.

sagen, daß die Korngröße mit zunehmender Abgleitung allgemein abnimmt;
das gilt sowohl für die Mittelwerte über ein ganzes Stück, wie auch für Teile
innerhalb des Stückes, die ungleich stark verformt und demnach verschieden
rekrystallisiert sein können. Mit der Temperatur nimmt die Korngröße bei
konstantem Reckgrad zunächst recht langsam — zuweilen kaum merkbar —
und dann vielfach stärker zu. Das ist die schon oben besprochene Kornvergrößerung mit zunehmender Temperatur.

Zu tieferen Temperaturen und geringen
Verformungsgraden hin wird das Diagramm
durch eine zur Ebene Temperatur — Kaltreckungsgrad senkrechte gekrümmte Fläche
begrenzt. Das besagt natürlich nicht, daß
die neuen Krystallite des rekrystallisierten
Gefüges, wenn sie im kaltverformten Metall
sich bilden, sofort eine endliche Größe haben;
wir haben vielmehr alle Veranlassung anzunehmen, daß sie aus sehr kleinen Keimen

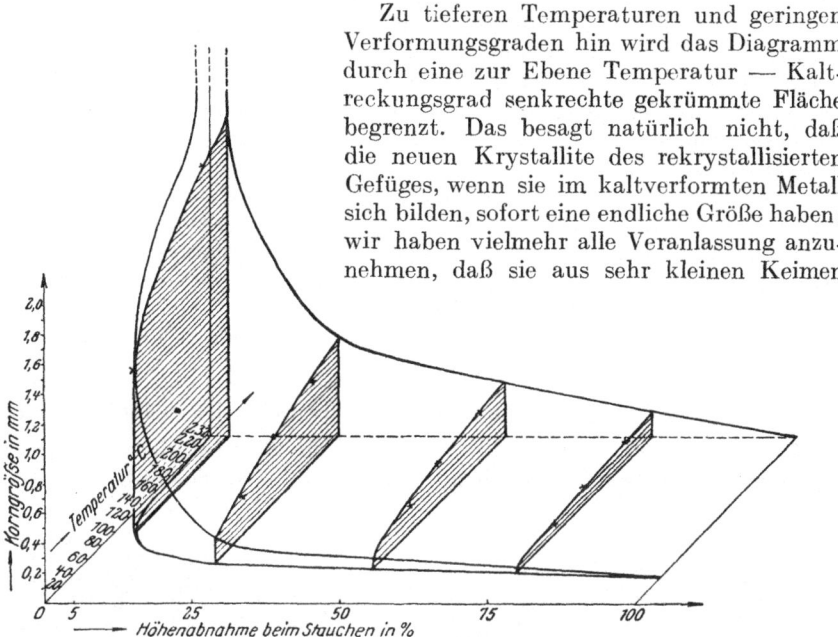

Abb. 355. Rekrystallisationsdiagramm des Zinns (nach J. CzOCHRALSKI).

entstehen (über die Keimbildung bei der Rekrystallisation vgl. S. 441). Wohl
besagt es aber, daß die Zahl dieser Keime nur eine begrenzte ist, so daß die
Krystallite eine endliche Größe haben, wenn sie beim Kernwachstum aneinander-
stoßen.

Wie man aus dem Verlauf jener Begrenzungsfläche sieht, tritt die Rekrystallisation bei um so tieferen Temperaturen auf, je höher der Kaltreckungsgrad
gewesen ist.

In der nachfolgenden Tabelle sind ganz grob die Temperaturen des Beginnes
der Rekrystallisation für einige Metalle zusammengestellt.

Tabelle 71.
Temperaturgebiet des Rekrystallisationsbeginnes bei einigen Metallen.

Metall	Rekrystallisations-temperatur in °C	Metall	Rekrystallisations-temperatur in °C	Metall	Rekrystallisations-temperatur in °C
Au	200	W	1200	Sn	0—30
Ag	200	Ta	1000	Cd	10
Cu	200—230	Mo	900	Pb	0
Fe	350—450	Al	150—240	Pt	450
Ni	530—660	Zn	10—80	Mg	150 ·

2. Rekrystallisation des nicht gereckten Metalles.

a) Rekrystallisation des unterhalb des Schmelzpunktes reduzierten oder sublimierten Metalles.

Außer nach einer Verformung in der Kälte tritt die Rekrystallisation auch unter anderen Bedingungen auf. Vor allen Dingen sind hier die elektrolytisch hergestellten und die im festen Zustande aus Oxyden reduzierten Metalle zu nennen. Da die Gefügeänderung ohne eine Umwandlung stattfindet, handelt es sich um eine Rekrystallisation. Bei Erhitzung auf höhere Temperaturen findet ein Kornwachstum statt. Das kathodisch aus der wäßrigen Lösung erzeugte Kupfer ist viel härter als das normale weiche Kupfer; bei der Rekrystallisation geht die Verfestigung zurück, so daß die gesamte Erscheinung auch in diesem Zusammenhang dieselben Kennzeichen aufweist wie die bisher besprochene Rekrystallisation.

Wenn man aus einem Oxyd reduziertes Metallpulver zusammenpreßt und dann auf höhere Temperaturen erhitzt, findet eine Rekrystallisation statt. Das ist nicht zu verwundern, da das Pressen eine plastische Verformung darstellt und eine Rekrystallisation nach sich ziehen muß. Aber auch wenn man das Metallpulver lose aufschichtet, und auf höhere Temperaturen erhitzt, backt es zusammen und rekrystallisiert, d. h. die Korngröße nimmt zu, besonders bei höheren Temperaturen.

b) Rekrystallisation des unmittelbar aus der Schmelze erstarrten Metalles.

Die Beobachtungen über das Verhalten von Metallen, die aus der Schmelze erstarrt sind, sind nicht einheitlich. In manchen Fällen findet bei nachträglicher

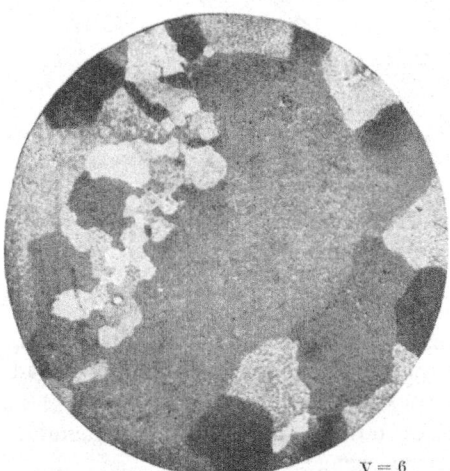 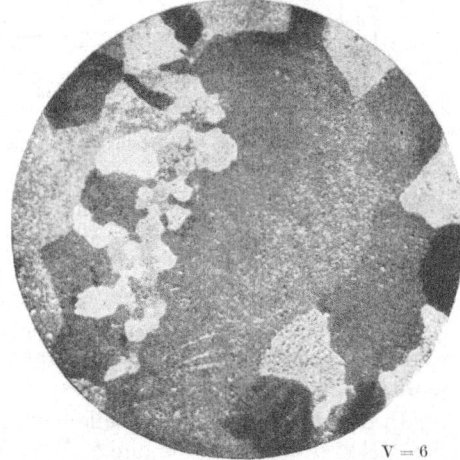

Abb. 356. Gefüge eines gegossenen Sn-Blöckchens (nach J. CZOCHRALSKI).   Abb. 357. Wie Abb. 356, jedoch nachträglich während eines Monats auf 210° erhitzt (nach J. CZOCHRALSKI).

Erhitzung auf eine Temperatur unterhalb des Schmelzpunktes nicht die geringste nachweisbare Gefügeänderung statt, wie man das durch Vergleich der Abb. 356, die das Gefüge eines gegossenen Zinnstückes zeigt, mit der Abb. 357, die dieselbe Stelle nach einer Erhitzung auf 210° während eines Monats darstellt, feststellt[1]. Die Anordnung der Krystallite ist bis in alle nachweisbaren Einzelheiten erhalten geblieben. Auch H. C. H. CARPENTER und C. F. ELAM haben in ihrer oben

---

[1] CZOCHRALSKI, J.: Moderne Metallkunde. S. 152. Berlin: Springer 1924.

besprochenen Arbeit über die Rekrystallisation von Sn mit 3% Sb festgestellt, daß in einem aus der Schmelze erstarrten Stück keine Rekrystallisation stattfindet. Dasselbe ist von W. FRAENKEL[1] für Gold gefunden worden.

R. VOGEL[2] hat auf gegossenen Lamellen aus leicht schmelzbaren Metallen, wie Cadmium, Zinn oder Blei des öfteren eine Verdoppelung der Krystallgrenzen festgestellt, wie man das für Blei in Abb. 358 sieht. Von den beiden Begrenzungslinien des mittleren Krystalles stellt die glattere innere Linie die wahre Krystallgrenze dar, wie man das durch Ätzen oder sehr hübsch durch Erzeugung von Gleitlinien nach einer schwachen plastischen Verformung, die an den wahren Korngrenzen ihre Richtung ändern, über die scheinbaren Korngrenzen dahingegen glatt hindurchgehen, zeigen kann (Abbildung 359). Es ist nicht daran zu zweifeln, daß diese „scheinbaren" Korngrenzen die Begrenzungen der Krystallite darstellen, wie sie sich ursprünglich aus dem Schmelzfluß gebildet hatten, und daß diese Korngrenzen sich nachträglich im festen Zustand verschoben haben. Eine solche Ver-

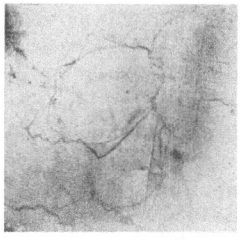
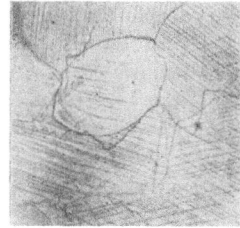
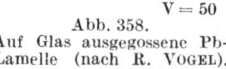

V = 50
Abb. 358.
Auf Glas ausgegossene Pb-Lamelle (nach R. VOGEL).

V = 50
Abb. 359. Wie Abb. 358, jedoch nachträglich leicht gebogen. Gleitlinien zeigen die wahren Korngrenzen an.

schiebung muß man zur Gruppe der Rekrystallisationserscheinungen rechnen, da sie ohne eine Modifikationsänderung und übrigens nicht umkehrbar verläuft.

H. RÖHRIG[3] hat sehr reines Aluminium, nachdem es gegossen worden war, auf höhere Temperatur erhitzt und dabei Rekrystallisation beobachtet. Diese Rekrystallisation blieb jedoch aus, wenn das Stück nach der Erstarrung sofort auf die spätere Erhitzungstemperatur gebracht worden war, ohne daß man es ihm gestattet hätte, sich auf tiefere Temperaturen abzukühlen.

c) Allgemeine Voraussetzung der Rekrystallisation.

Der zuletzt beschriebene Versuch von H. RÖHRIG ist ungemein lehrreich und zeigt, daß die Rekrystallisation erst durch eine bestimmte Behandlung im festen Zustand hervorgerufen wurde, die in diesem Falle in der Abkühlung bestand. Man wird nicht fehlgehen, wenn man annimmt, daß die kleinen Temperaturdifferenzen, die in dem Stück im Verlaufe der Abkühlung oder der Wiedererwärmung aufgetreten sind, ausgereicht haben, um geringe plastische Verformungen hervorzurufen, die ihrerseits wieder die Rekrystallisation zur Folge hatten. Die außerordentlich große Empfindlichkeit des reinsten Aluminiums gegen kleine plastische Verformungen (die sehr niedrige „Rekrystallisationsgrenze") ist nicht unverständlich, da die Rekrystallisationsneigung mit zunehmendem Reinheitsgrad des Metalles stark zunimmt.

Damit ist es aber auch wahrscheinlich, daß die von R. VOGEL beobachteten Korngrenzenverschiebungen auf geringe Verspannungen und damit verbundene plastische Verformungen zurückzuführen sind, da ja die Erstarrung der dünnen, auf Glas ausgegossenen Lamellen sehr schnell erfolgt und diese Lamellen sich übrigens in der Regel bei der Erstarrung krümmen, da die Abkühlungsgeschwindigkeit der unteren Oberfläche eine andere als die der oberen ist.

---

[1] FRAENKEL, W.: Z. anorg. allg. Chem. **122** (1922), 295.
[2] VOGEL, R.: Z. anorg. allg. Chem. **126** (1923), 1.
[3] RÖHRIG, H.: Z. Metallkde. **27** (1935), 175.

Der Umstand, daß elektrolytisch aus wäßriger Lösung hergestellte Metalle rekrystallisieren, ist nicht weiter erstaunlich, da sie sich von der Herstellung her in einem starken Zwangszustand befinden: das Raumgitter kann als gestört bezeichnet werden. Auch das Aufbauen eines Metallgitters aus dem des Oxydes unterhalb des Schmelzpunktes des Metalles muß zu Zwangszuständen führen. Um das einzusehen, braucht man nur an die großen Formänderungen zu denken, die die Oxydteilchen bei der Reduktion erleiden; bei der geringeren thermischen Beweglichkeit bei der tieferen Temperatur wird hierbei kaum ein ungestörtes Raumgitter entstehen können. R. Fricke hat in zahlreichen Arbeiten derartige Störungen des Raumgitters von Metallen, die bei tieferen Temperaturen aus Oxyden hergestellt wurden, nachgewiesen[1].

Somit ergibt sich die allgemeine Regel, daß eine Störung (ein Zwangszustand) des Raumgitters eine Voraussetzung für die Rekrystallisation ist, wie wir das eingangs bereits erwähnt haben. Ist die Erstarrung störungsfrei langsam erfolgt, so tritt bei nachträglicher Erhitzung keine Rekrystallisation auf. Auf welche Weise die Störung erzeugt wird, ist gleichgültig.

In bester Übereinstimmung mit der Annahme, daß bei der Rekrystallisation ein thermodynamisch weniger beständiger Zwangszustand des Raumgitters beseitigt wird, steht auch der Umstand, daß die Rekrystallisation nach allen Erfahrungen ein irreversibler Vorgang ist, der deshalb mit einer Zunahme der thermodynamischen Beständigkeit verbunden sein muß.

d) Rekrystallisation unter dem Einfluß von Reaktionen im festen Zustand.

Auf Grund des bisher Mitgeteilten ist es verständlich, daß Reaktionen im festen Zustande allgemein zu einer nachträglichen Rekrystallisation führen können. Das bekannteste und technisch wichtigste Beispiel hierfür ist die α-γ-Umwandlung im Eisen bei 906° und die perlitische Umwandlung in Stählen (S. 566). Wenn man das bei tieferen Temperaturen beständige α-Eisen durch Erhitzung oberhalb der Umwandlungstemperatur in die γ-Form überführt, findet eine sog. *Umkrystallisation* statt. Wenn das α-Gefüge grobkörnig gewesen ist, so findet bei der Umwandlung eine Kornverfeinerung statt: in jedem α-Krystall entstehen mehrere γ-Keime. Dieses γ-Gefüge ist ebenso in festem Zustand unterhalb des Schmelzpunktes entstanden wie etwa ein aus dem Oxyd reduziertes Metall. Durch Erhitzung auf höhere Temperatur findet in ihm ein Kornwachstum, also eine Rekrystallisation statt. Diese Beobachtung macht man nicht nur an Stählen, die vorher plastisch verformt gewesen sind, sondern auch an Gußstahl.

Grundsätzlich muß auch das bei der Abkühlung aus der γ-Modifikation entstehende α-Gefüge rekrystallisationsfähig sein. Da es jedoch nicht möglich ist, es später über seine Entstehungstemperatur hinaus zu erhitzen, kann seine Rekrystallisation unter normalen Bedingungen nicht beobachtet werden.

Auch die Diffusion kann zur Rekrystallisation führen: in homogenisierter Gußbronze beobachtet man des öfteren Zwillingsstreifen, was ja ein sicheres Zeichen für stattgehabte Rekrystallisation ist. Messing rekrystallisiert, wenn es der Einwirkung des Zinkdampfes ausgesetzt wird, wobei das Zink in das Messing eindiffundiert. Alles das ist durchaus verständlich, da ein Diffusionsvorgang infolge der dabei auftretenden Volumenänderungen zu geringen plastischen Verformungen führen kann: vielleicht entstehen hierbei auch noch tiefergehende Störungen.

Die Ausscheidung einer zweiten Krystallart aus einem übersättigten Mischkrystall kann seine Rekrystallisation herbeiführen.

---

[1] Fricke, R.: Z. angew. Chem. **51** (1938), 863.

C. Erholung.

1. Tatsachen.

Wenn ein Zinnkrystall auf Zug beansprucht wird, indem ihm eine bestimmte Verlängerung aufgeprägt wird, so kommt er ins Fließen und die Spannung sinkt bei konstant gehaltener Länge, wie die Kurve Abb. 315 zeigt. Der Spannungsabfall verlangsamt sich, was ein Zeichen für die eintretende Verfestigung ist. Wird wieder die ursprüngliche Spannung hergestellt, so fließt der Draht wesentlich langsamer und verfestigt sich weiter, wie man deutlich sieht (Kurve II); ebenso, wenn der Draht erneut der ursprünglichen Spannung ausgesetzt wird (Kurve III). Erhitzt man den Draht jedoch während 1 Minute auf 60°, so hat sich dadurch die Fließgeschwindigkeit wieder erhöht (Kurve IV): es ist eine Entfestigung, eine *Erholung* von der plastischen Verformung eingetreten. Wie die Kurve V zeigt, tritt nun unter dem Einfluß des Fließens wieder eine Verfestigung ein.

Diese Erholung hat keine Änderung des Gefüges zur Folge: Weder tritt eine Änderung der Orientierung des Krystalles auf, noch tritt eine Rekrystallisation ein.

Führt man ähnliche Versuche systematisch unter veränderten Bedingungen durch, indem man den Einkrystalldraht immer wieder mit derselben Spannung belastet, Erhitzungen während verschiedener Zeiten auf verschiedene Temperaturen vornimmt und den Draht wieder belastet, so erhält man ein Erholungsdiagramm (Abb. 360).

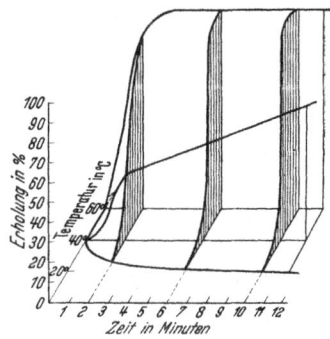

Abb. 360. Erholungsdiagramm eines Sn-Krystalles (nach E. SCHMID).

Hierbei wird die Fließgeschwindigkeit etwa in den ersten 20 Sekunden als Maß der Erholung betrachtet. Wenn V_0 die ursprüngliche Fließgeschwindigkeit (Kurve I Abb. 315), V_g die Fließgeschwindigkeit des verfestigten Krystalles (Kurve II) und V_{erh} die Fließgeschwindigkeit des erholten Krystalles ist, so kann der Ausdruck

$$\frac{V_{erh} - V_g}{V_0 - V_g} \cdot 100$$

als Maß der Erholung in Prozenten betrachtet werden. Man sieht, daß die Erholung mit steigender Temperatur sehr schnell zunimmt. Selbstverständlich nimmt sie auch mit der Zeit zu.

Die Spannung bei diesen Versuchen lag unterhalb der kritischen, bei der ein schnelles Fließen eintritt.

Die Erholung beobachtet man auch, wenn man einen Krystall um erhebliche Beträge plastisch verformt. Abb. 361a zeigt eine Reihe von Dehnungskurven eines Zinkkrystalles. Nach jeder Dehnung um 50% der ursprünglichen Länge wurde eine Pause von 30—40 Sekunden eingelegt. Diese Pause hat genügt, um die kritische Spannung von B auf B' und entsprechend bei den späteren Pausen sinken zu lassen. Das Fließen tritt nach der Ruhepause wieder bei niedrigerer Spannung ein; es ist eine teilweise Erholung eingetreten. Dehnt man die Ruhepausen auf je 24 Stunden aus, so wird hierbei, wie man in Abb. 361b sieht, die verfestigende Wirkung der Dehnung völlig behoben. Es ist eine völlige Erholung erreicht. Das Gefüge hat sich hierbei nicht geändert.

Die Beseitigung der Folgen einer vorangegangenen plastischen Verformung ohne Rekrystallisation bezeichnet man allgemein als *Erholung*. Wir haben sie bisher am Beispiel der mechanischen Verfestigung erörtert. Ebensogut kann man von der Erholung der elektrischen Leitfähigkeit, der Thermokraft und aller Eigenschaften, die bei der Kaltreckung geändert werden, sprechen. Die Erholung braucht nicht immer vollständig zu sein, auch tritt sie anscheinend bei verschie-

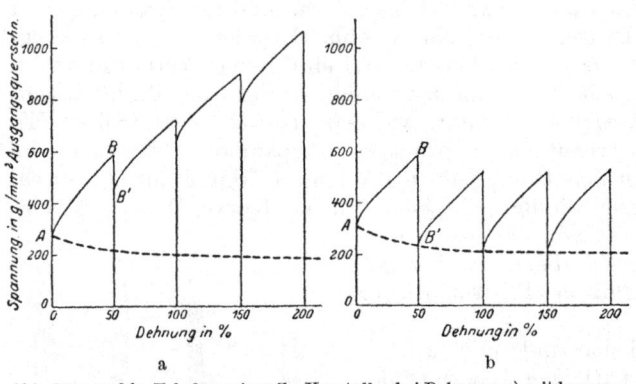

denen Eigenschaften mit verschiedener Geschwindigkeit und bei verschiedenen Temperaturen auf. Wesentlich ist jedoch immer, daß bei der Erholung keine Änderung des Gefüges im Sinne der Neubildung von Krystallen oder von Korngrenzenwanderungen eintritt; treten solche Änderungen auf, so handelt es sich nicht mehr um die Erholung, sondern um die

Abb. 361a und b. Erholung eines Zn-Krystalles bei Dehnung a) mit kurzen
Unterbrechungen, b) mit Pausen von je 1 Tag (aus SCHMID-BOAS).

Rekrystallisation. Die beiden Erscheinungen sind scharf auseinanderzuhalten, was leider nicht immer geschieht. Ein großer Teil des Schrifttums, in dem die „Erholung" verschiedener Eigenschaften behandelt wird, hat nur einen geringeren Wert, weil keine Sicherheit besteht, daß hierbei nicht bereits eine Rekrystallisation eingetreten ist.

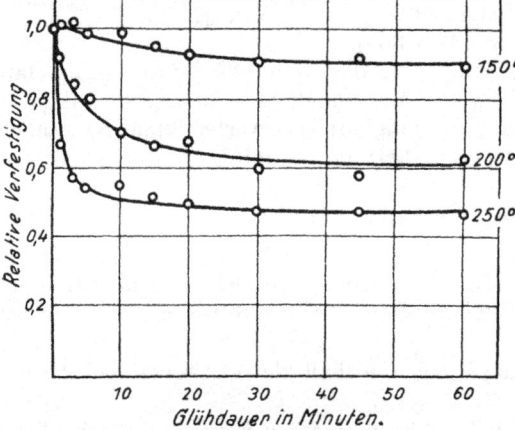

Abb. 362. Einfluß der Temperatur auf die
Erholungsgeschwindigkeit von Al-Drähten (nach KORNFELD).

Abgesehen von den Beobachtungen der Schule POLANYI-SCHMID[1] an Einkrystallen der leicht schmelzenden Metalle und von F. KOREF[2] an Wolframdrähten ist die Erholung besonders eingehend von M. KORNFELD[3] an Aluminiumeinkrystallen untersucht worden. Seine Ergebnisse sind in Abb. 362 und 363 wiedergegeben. Als Abszisse sind die Glühzeiten, als Ordinate die „relative Verfestigung", d. h. die Größe $\frac{\sigma_{erh}}{\sigma_{verf}}$, wo σ_{verf} und σ_{erh} die Werte der Fließgrenzen nach der Deformation und nach der Erholung sind. Mit anderen Worten wird die Verfestigung nach teilweiser Erholung als Bruchteil der ursprünglichen Verfestigung aufgetragen. Aus Abb. 362 sieht man, daß die Erholung mit steigender Temperatur sehr viel schneller verläuft. Man gewinnt den Eindruck, daß sie in dem in Frage kommenden Temperaturgebiet auch nach längeren Zeiten noch nicht vollständig wird, sondern mit zunehmender Zeit der Erholungsbehandlung einem Endwert zustrebt, der mit steigender Temperatur sinkt. Abb. 363 zeigt, daß die Er-

[1] Vgl. SCHMID-BOAS: Krystallplastizität. S. 164 ff.
[2] KOREF, F.: Z. Elektrochem. 28 (1922), 511.
[3] KORNFELD, M.: Phys. Z. der Sowjetunion 6 (1934), 329; 7 (1935), 608.

holungsgeschwindigkeit mit steigendem Deformationsgrad und also mit zunehmender Verfestigung zunimmt. Das sieht man auch in Abb. 363 A, wo als Ordinate das Verhältnis $\frac{\sigma_{erh}}{\sigma_0}$ der Fließgrenze nach der Kaltreckung und nach der Erholungsbehandlung zur ursprünglichen Fließgrenze aufgetragen ist. Vor allen Dingen sieht man hier aber, daß die Verfestigung trotzdem nach einer stärkeren plastischen Verformung nach gleichen Erholungszeiten immer höher bleibt als nach einer schwächeren Verformung. Bei der Rekrystallisation würde man ein anderes Verhalten erwarten: Die stärker kaltgereckten Proben würden ihre gesamte Verfestigung nach kürzerer Zeit verlieren, während bei den schwächer kaltgereckten die Rekrystallisation erst später eingetreten wäre. Man hätte eine Überschneidung der Kurven erwartet.

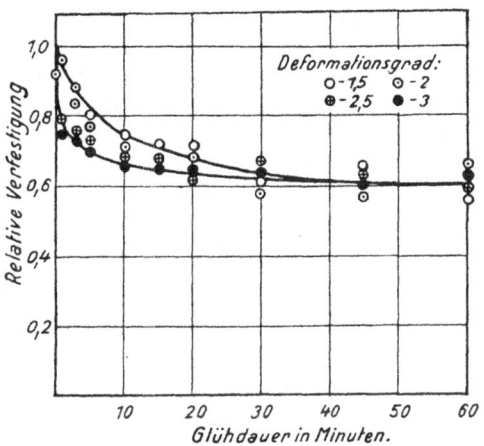

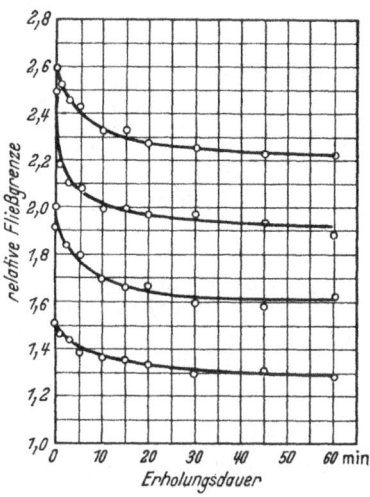

Abb. 363. Einfluß des Deformationsgrades auf die Erholungsgeschwindigkeit (nach Kornfeld).

Abb. 363 A. Isotherme Erholungskurven verschieden stark gereckter Al-Einkrystalle bis 200° (nach Kornfeld).

Das ist ein Punkt von grundsätzlicher Bedeutung. Bei der Besprechung der Rekrystallisation haben wir bereits darauf hingewiesen, daß sie einen diskontinuierlichen Vorgang darstellt; ein Raumgitterelement ist entweder rekrystallisiert und dann weich, oder nicht rekrystallisiert und dann um eine endliche Differenz härter. Die Erholung scheint dahingegen ein kontinuierlicher Vorgang zu sein, bei dem die Raumgitterelemente alle Zwischenstufen zwischen der Anfangsstufe der vollen Verfestigung und einer Endstufe der Erholung durchlaufen können. Diese Annahme, die wir in diesem Buche machen, ist allerdings experimentell noch nicht voll gesichert.

Bei vielkrystallinen Aggregaten spielt die Erholung eine viel geringere Rolle. Der Erholungsprozeß ist durch irgendwelche Umstände behindert. Während bei den einzelnen Krystallen nach schwachen Verformungen die Verfestigung durch reine Erholung ohne Rekrystallisation völlig beseitigt werden kann, ist das bei vielkrystallinen Metallen niemals der Fall: nur ein geringer Teil der Verfestigung wird durch Erholung wieder aufgehoben. Das sieht man recht deutlich aus der Abb. 364, in der die Entfestigung von schwach gedehnten Proben aus weichem Kupferblech bei verschiedenen Temperaturen wiedergegeben ist. Die geschwärzten Kreise, Quadrate und Dreiecke geben an, daß die Rekrystallisation bereits eingetreten ist; die hellen, daß die Erweichung nur durch Erholung herbeigeführt wurde. Der Betrag der letzteren ist nicht sehr erheblich.

Wenn die obige Überlegung über den kontinuierlichen Charakter der Erholung richtig ist, so wäre zu erwarten, daß die Festigkeitswerte der stärker verformten Proben durch Erholung allein niemals unter diejenigen der schwächer gereckten kommen können. Man gewinnt aus Abb. 364 den Eindruck, daß diese Bedingung nicht immer erfüllt ist, insbesondere für die Kurve des um 4% gedehnten Stückes. Es scheint jedoch, daß die Anfänge der Rekrystallisation hierbei übersehen worden sind, da sie nach einem verhältnismäßig groben Verfahren festgestellt wurden; es wäre erwünscht, diese Ergebnisse zu überprüfen.

Wir haben erwähnt, daß bei der Erholung sich auch die anderen Eigenschaften außer den mechanischen ändern. Hierbei geht die durch Kaltreckung herbeigeführte Verbreiterung der Debye-Linien mehr oder weniger zurück.

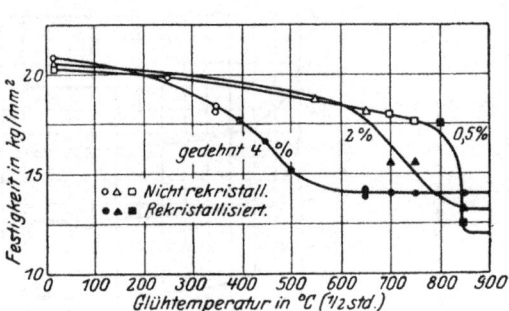

Abb. 364. Entfestigung schwach gedehnter Cu-Proben nach Erhitzung auf verschiedene Temperaturen (nach G. Sachs).

Hinsichtlich des Laue-Asterismus (S. 389) sind die Ergebnisse widersprechend; zuweilen bleibt er nach der Erholung in vollem Umfange bestehen, zuweilen geht er zurück. Es scheint, daß das von den Bedingungen der plastischen Verformung abhängt und davon, ob der beobachtete Laue-Asterismus in der Hauptsache von groben oder von feineren Krümmungen des Raumgitters hervorgerufen worden ist. Der elektrische Widerstand nimmt ab, ebenso die Thermokraft zwischen dem verfestigten und dem weichen Metall; auf Grund des vorhandenen Schrifttums ist es jedoch meistens schwierig, hier mit Sicherheit zwischen den Wirkungen der Erholung und der Rekrystallisation zu unterscheiden.

2. Theorie.

Bei der theoretischen Behandlung der Erholung wird in der Regel von der Annahme ausgegangen, daß sie durch einen Vorgang der atomaren Umordnung oder des Platzwechsels zustandekommt. Hierbei sollen „verlagerte" Atome in den normalen Gitterzustand übergehen. Auf Grund der heute ziemlich weitgehend entwickelten Theorie der Versetzungen (vgl. S. 367ff.) können wir annehmen, daß es sich hierbei um die Auflösung von Versetzungen handelt.

Wir können am einfachsten annehmen, daß die freie Energie einer Störung konstant ist und daß die Zahl der pro Zeiteinheit aufgelösten Störungen proportional ihrer Dichte, d. h. ihrer Gesamtmenge pro Volumeneinheit des Metalles, sein wird:

$$- \frac{d x}{d t} = W x . \qquad (1)$$

Das ist die Gleichung des radioaktiven Zerfalles. Anderseits ist die Auflösungswahrscheinlichkeit W einer Störung durch die Formel

$$W = K \cdot e^{-\frac{U_A}{R T}} \qquad (2)$$

gegeben. Durch Integration erhalten wir aus (1) und (2)

$$\ln \frac{x_0}{x} = K t \, e^{-\frac{U_A}{R T}} \qquad (3)$$

oder

$$\ln \ln \frac{x_0}{x} = \ln K t - \frac{U_A}{R T} . \qquad (4)$$

Hinsichtlich der Aktivierungsenergie U_A machen wir die Annahme, daß sie gleich ist der Aktivierungsenergie des Platzwechsels im unverformten Gitter $_0U_A$ minus der zusätzlichen Energie des Atoms in der Versetzung U_Z

$$U_A = {_0}U_A - U_Z \qquad (5)$$

und also

$$\ln \ln \frac{x_0}{x} = \ln Kt - \frac{_0U_A - U_Z}{RT} . \qquad (6)$$

x, der Betrag der noch vorhandenen Gitterstörung, kann an Hand der noch vorhandenen Verfestigung oder des Widerstandes oder einer anderen Eigenschaft, die durch die Kaltreckung beeinflußt wird, gemessen werden. Wir haben erwähnt, daß die Erholung dieser verschiedenen Eigenschaften nicht gleichzeitig erfolgt, was zumindest dafür spricht, daß sie verschiedene Funktionen der Versetzungszahlen sind.

$e^{-\frac{U_A}{RT}}$ ist der Bruchteil der Versetzungsatome, die die für die Auflösung notwendige Aktivierungsenergie besitzen. J. A. M. van Liempt[1] nimmt an, daß diese Energie während eines Viertels einer Schwingungsdauer eines Atoms erhalten bleibt; bei jeder maximalen Auslenkung verliert das gestörte Atom seine Aktivierungsenergie. Dann ist aber der Bruchteil der gestörten Atome, die in der Zeiteinheit den Aktivierungszustand erreichen, gleich $4\nu \cdot e^{-\frac{U_A}{RT}}$. Wenn man annimmt, daß die Auflösung einer Störung ohne sterische Hinderung verläuft (S. 8), werden alle diese Atome eine Auflösung der Störungen herbeiführen, d.h.

$$K \sim 4\nu. \qquad (7)$$

Da die Schwingungsfrequenz in einem Raumgitter etwa 10^{12} bis 10^{13} pro Sekunde beträgt, sollte K eine Zahl dieser Größenordnung sein. Wir können (3) oder (4) in der Form schreiben:

$$\ln \frac{x_0}{x} = 4\nu t e^{-\frac{U_A}{RT}} \qquad (8)$$

$$T \ln 4\nu t = T \ln \ln \frac{x_0}{x} + \frac{U_A}{R} . \qquad (9)$$

J. A. M. van Liempt hat (9) in folgender Weise interpretiert:

U_A ist als Aktivierungsenergie der Auflösung einer Störung als konstant, also bei gegebener Ausgangsverfestigung unabhängig von x und von T angenommen. Da $T \ln \ln x_0/x$ in Gl. (9) für mittlere Werte der Entfestigung den übrigen Gliedern gegenüber klein ist, kann es vernachlässigt werden. Dann gilt Gl. (9) allgemein unabhängig von dem Erholungsgrade. Dann erhalten wir:

$$T \ln 4\nu t = \text{const.} \qquad (10)$$

Tabelle 72.
Erholung von Platindraht. Erholungszeiten t, die zur Erniedrigung des elektrischen Widerstandes um 0,14% notwendig sind.

T_{abs}	t_{sek}	$T \lg 4\nu t$	$T \lg \dfrac{\nu t}{10}$
373	75540	6760	6160
413	1812	6820	6150
453	83	6870	6140

In Tab. 72 sind die Ergebnisse von Erholungsmessungen am Platindraht nach P. Cohn als Beispiel angeführt. Es wurden diejenigen Zeiten verglichen, die zur Erniedrigung des elektrischen Widerstandes um 0,14% notwendig waren. Man sieht, daß der Ausdruck $T \lg 4\nu t$ in der Tat beinahe konstant ist, wenn er

---

[1] van Liempt, J. A. M.: Z. anorg. allg. Chemie **195** (1931), 366.

auch einen kleineren Gang zeigt. Noch sehr viel besser ist die Konstanz des Ausdruckes $T \lg \dfrac{vt}{10}$.

Indessen muß man mit Schlüssen dieser Art sehr vorsichtig sein, wenn man bedenkt, wie weitgehend die den Rechnungen zugrunde liegenden Vereinfachungen sind.

In dieser Deutung verliert die Gl. (10) jedoch sehr an physikalischem Gehalt, da die Zeit t nicht mehr definiert ist. Die Tatsache, daß die Gültigkeit der Gl. (9) so wenig empfindlich gegen den Wert der Erholung ist, zeigt, daß sie nur dann das Kriterium einer Theorie sein kann, wenn sie *sehr genau* erfüllt ist, viel genauer, als das in Anbetracht der unvermeidlichen Fehlergrenzen der Messungen erwartet werden kann. Zum Beispiel ist die Konstanz von $T \lg 4 \, vt$ in Tab. 72 in solchen Zusammenhängen völlig unbefriedigend[1].

Die bisher erörterten experimentellen Ergebnisse stellen nur eine ganz indirekte Prüfung des Ansatzes (1) bzw. (3) dar. Infolge der durchgeführten mathematischen Umformungen kann auch die annähernde Gültigkeit von (10) nicht als Beweis für die Richtigkeit obiger Ansätze gelten. Eine in der letzten Zeit durchgeführte unmittelbare Verfolgung der isothermen Erholung der Streckgrenze, des elektrischen Widerstandes und der Thermokraft zeigt, daß die Erholung mit der Zeit viel schneller abklingt[2]. Für die beiden ersten Eigenschaften wird der Verlauf der Erholung annähernd durch die Beziehung

$$x = x_0 - a \ln t \tag{10a}$$

wiedergegeben, wo im Gegensatze zu (3) der Logarithmus auf der rechten Seite steht. Diese Beziehung ergibt sich nach D. Kuhlmann[3] aus dem Ansatz

$$\frac{dx}{dt} = K \, e^{-\frac{U_0 - bx}{RT}} = K \, e^{-\frac{U_A}{RT}} \tag{10b}$$

Im Gegensatz zu J. A. van Liempt wird hierbei angenommen, daß die Aktivierungsenergie U_A im Verlaufe der Entfestigung linear mit der abnehmenden Zahl der Versetzungen zunimmt. Ein solcher Ansatz ist theoretisch durchaus plausibel.

D. Systematische Erörterung der Teilvorgänge der Rekrystallisation.

1. Energetisches Gesamtschema der Rekrystallisation.

Nachdem wir uns mit den Erscheinungen der Rekrystallisation in den Abschn. A und B summarisch vertraut gemacht haben, wollen wir, ehe wir die einzelnen Vorgänge systematisch behandeln, ein Gesamtschema geben, das uns immer wieder nützlich sein wird.

Wie erörtert, ist die Rekrystallisation (und die Erholung) ein nicht umkehrbarer Vorgang, der deshalb mit einem Gewinn an thermodynamischer Beständigkeit (also mit einer Abnahme der freien Energie oder des thermodynamischen Potentials) einhergehen muß. Das kaltgereckte Metall befindet sich in einem Zwangszustand, der bei der Rekrystallisation unter Abnahme der freien Energie

---

[1] Vgl. K. Lücke: Z. Metallkde. **41** (1950), 40.

[2] Masing, G., u. J. Raffelsieper: Z. Metallkde. **41** (1950), 65. — Lücke, K.: Z. Metallkde. (erscheint demnächst). — Masing, G.: Z. Metallkde. **36** (1944), 173. Die hier gegebene Interpolationsformel ist theoretisch nicht begründet.

[3] Kuhlmann, D., G. Masing u. J. Raffelsieper: Z. Metallkde. **40** (1949), 241.

beseitigt wird. Das gilt nicht nur für den Gesamtvorgang der Rekrystallisation, sondern auch für ihre Teilvorgänge, die alle irreversibel verlaufen.

Der Zwangszustand des kaltgereckten Metalles ist in diesem räumlich verschieden. Während die Hauptmasse des Metalles in der Hauptsache höchstwahrscheinlich nur elastische Spannungen aufweist, befinden sich an den Gleitebenen Maxima der freien Energie. Den Zustand des kaltgereckten Metalles können wir deshalb mit Hilfe der schematischen Abb. 365 darstellen. Zwischen den Maxima der freien Energie a, b, c, d, e (z. B. gebundene Versetzungen) befinden sich die größeren elastisch verspannten Gebiete. Die Linie mn stellt die idealisierte Nullinie der Energie des völlig ausgeglühten und vom Zwangszustand der Kaltreckung befreiten Metalles dar. Im Verlaufe der Rekrystallisation werden die Spitzen der freien Energie abgebaut, und der Zustand strebt der Nullinie zu.

Da die Rekrystallisation niemals völlig zum Stillstand kommt und da alle ihre Teilvorgänge irreversibel verlaufen, bleibt die freie Energie des rekrystallisierten Metalles etwas oberhalb der Linie mn liegen. Bei keinem Teilvorgang der Rekrystallisation wird jene Linie erreicht. Für ein verhältnismäßig weit fortgeschrittenes Stadium der Rekrystallisation kann schematisch etwa die Energie der Verteilungslinie $pqrs$ angenommen werden. Die Maxima q und r

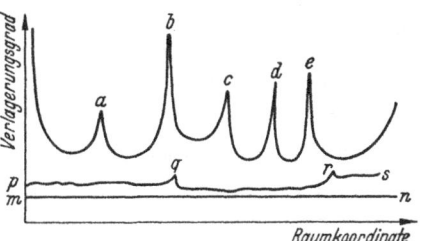

Abb. 365.
Energetisches Schema der Rekrystallisation.

der freien Energie liegen an den Korngrenzen. Die irreversiblen Korngrenzenverschiebungen können nur dadurch zustandekommen, daß ein beständigeres Gebilde auf Kosten eines weniger beständigen wächst. So wird im vorliegenden Fall bei genügend langer Erhitzung auf genügend hohe Temperaturen der in der Mitte zwischen q und r liegende Krystallit auf Kosten des weniger beständigen Nachbarn links von q wachsen. Wir erhalten so ein Verständnis für den ziemlich einfachen Vorgang der Korngrenzenverschiebung bei der Rekrystallisation.

Auf die Einzelheiten des Überganges des Zwangszustandes des kaltgereckten Metalles in den entspannten Zustand werden wir im folgenden bei der Erörterung der Teilvorgänge der Rekrystallisation eingehen.

Bei der summarischen Schilderung der Rekrystallisation haben wir folgende Teilvorgänge kennengelernt.

1. Die Kernbildung.
2. Das Kernwachstum bis zum Zusammenstoßen der Korngrenzen.
3. Die Kornvergrößerung.
4. Die sekundäre Rekrystallisation.

Wir wollen jetzt diese einzelnen Vorgänge systematisch behandeln.

2. Die Kernbildung.

a) Argumente für die Annahme einer Kernbildung bei der Rekrystallisation.

Wenn wir das Schema der Abb. 365 betrachten, so bieten sich grundsätzlich zwei Möglichkeiten, um zu einer Erniedrigung der freien Energie des verformten Metalles zu gelangen: das Wachstum der beständigeren Teile des verformten Metalles auf Kosten der weniger beständigen und die spontane Ausbildung neuer Krystallkerne, die einen erheblich höheren Beständigkeitsgrad aufweisen.

Der zweite Ansatz mag zunächst natürlicher erscheinen. Es ist aber möglich, daß auch innerhalb eines verformten, durch die Kaltreckung in zahlreiche stark gegeneinander verschobene Mosaikgitterblöcke unterteilten Krystalliten ein von den am wenigsten verlagerten Stellen ausgehender Ausheilungsprozeß stattfindet, wobei die weniger verlagerten Teile auf Kosten der stärker verlagerten wachsen, wie das schematisch in Abb. 366 für verschiedene Stadien des Vorganges angedeutet ist. Durch Wachsen der Teile a, b, d auf Kosten ihrer Umgebung werden die Verlagerungsmaxima abgebaut, und es entsteht zuletzt das durch die gebrochene Linie dargestellte Gebilde, von dem man annehmen kann, daß an den Stellen, wo die Gebiete, die von a, b und d ausgehen, sich berühren, die neuen Korngrenzen entstehen. Bei diesem Vorgang wirken die Minima der Verlagerung a, b und d ... als Wachstumskeime der Rekrystallisationskrystalle. Hierbei wird angenommen, daß der Verlagerungszustand eines Keimes auch im ganzen Krystall erhalten bleibt, der aus ihm entsteht oder zum mindesten die Verlagerung des wachsenden Krystalles wesentlich bestimmt, wie das durch die gestrichelte Linie angedeutet ist, die nur wenig von der horizontalen abweicht.

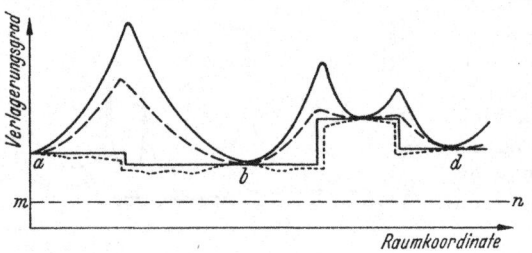

Abb. 366. Schema der Rekrystallisation ohne Keimbildung.

Der Unterschied zwischen den beiden genannten Auffassungen besteht also im wesentlichen darin, daß nach der ersten im Anfang der Rekrystallisation neue Wachstumskeime entstehen, nach der zweiten sie jedoch bereits im verlagerten Raumgitter vorhanden sind. Die Annahme, daß bei der Krystallgrenzenverschiebung der Verlagerungszustand des wachsenden Krystalles in der Hauptsache erhalten bleibt, erscheint auf den ersten Blick sehr unnatürlich. Jedoch beweist die Tatsache, daß das primäre Rekrystallisationskorn sich weiter vergröbern kann, bereits, wie oben erörtert, daß es nicht völlig verlagerungsfrei ist. Man wird zunächst annehmen, daß diese Verlagerung lediglich durch die Temperatur bestimmt wird, bei der das Wachstum stattfindet; bei tieferen Temperaturen weit unterhalb des Schmelzpunktes wachsen keine fehlerfreien Krystalle, sondern die geringe Temperaturbeweglichkeit hat zur Folge, daß nur mehr oder weniger verlagerte Raumgitter entstehen. Diese Annahme reicht jedoch nicht aus, um die Gesamtheit der Rekrystallisationserscheinungen zu verstehen. Wir haben gesehen, daß die freie sekundäre Rekrystallisation sich dadurch auszeichnet, daß in einem Gefüge, in dem die Korngrenzenverschiebungen im wesentlichen abgeschlossen sind, erneut, von einzelnen Stellen ausgehend, ein beschleunigtes Krystallwachstum einsetzt. Würde die Verlagerung des wachsenden Krystalles lediglich eine Funktion der Temperatur sein, so wäre dieser Vorgang ganz unverständlich. Man muß vielmehr annehmen, daß der sekundär wachsende Krystall sich irgendwie von den primären Krystallen unterscheidet. Am nächstliegenden ist die Annahme, daß er, nachdem er durch Kernbildung entstanden ist, einen höheren Grad der Stabilität hat als das umgebende Rekrystallisationsgefüge und deshalb wachstumsfähig ist. Eine solche Auffassung hat aber zur Voraussetzung, daß er beim Wachstum die höhere Stabilität behält, während die vorher bei derselben Temperatur entstandenen Krystallite des primären Gefüges eine höhere Verlagerung aufweisen, die sie auch bei ihrem Wachstum wenigstens teilweise beibehalten haben.

Es gibt mehrere Argumente, die die Entstehung eines wesentlich stabileren Gebildes der verlagerten Umgebung gegenüber beim Beginn der Rekrystallisation wahrscheinlich machen.

Das erste Argument kann aus der Beobachtung der Rekrystallisation von lokal deformierten Metallen abgeleitet werden. Hierfür benutzt man nach Möglichkeit ein Metall mit gleichmäßigem feinem Krystallgefüge, das man am besten durch plastische Verformung und nachträgliche Rekrystallisation

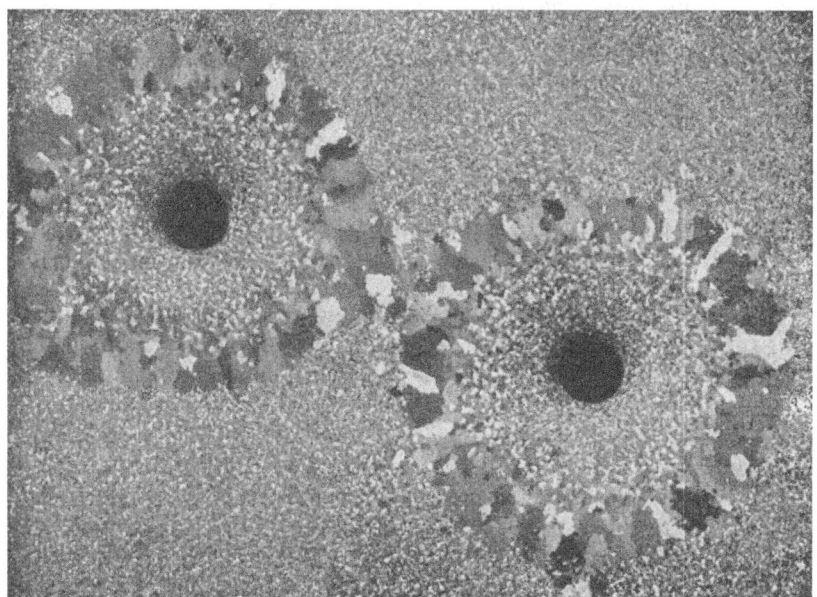

V = 1,8

Abb. 367. Rekrystallisation nach einer lokalen Deformation (Zinn) (nach J. CZOCHRALSKI).

erzielen kann. Wird ein so hergestelltes Blech lokal deformiert und dann zur Rekrystallisation gebracht, so beobachtet man, daß die Rekrystallisation, wie zu erwarten, zuerst an den am stärksten verformten Stellen einsetzt und dann sich mit steigender Rekrystallisationstemperatur nach den Gebieten schwächerer Verformung ausbreitet (Abb. 367). Hierbei stellt man aber fernerhin sowohl an

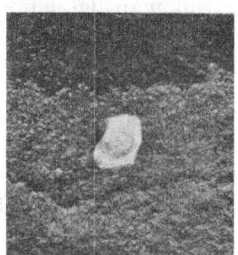

V = 2,5

Abb. 367 A. Fortschreitende Rekrystallisation in der Nähe eines an einem gegossenen Sn-Stück erzeugten Kugeleindruckes.

der Tatsache des strahligen Gefüges, als auch durch unmittelbare Verfolgung der Begrenzungsverschiebungen der einzelnen Krystallite fest, daß die an den Stellen stärkerer Verformung entstandenen Krystallite sich nach den Stellen schwächerer Verformung ausbreiten. Dasselbe kann an einem lokal verformten Gußmetall festgestellt werden.

Abb. 367 A zeigt einen Brinelleindruck in einem gegossenen Zinnplättchen. Bei der nachträglichen Erhitzung wachsen von diesem Eindruck aus ein paar

Krystalle. Wie man insbesondere an dem hell erscheinenden Krystall sieht, breitet er sich bei fortschreitender Rekrystallisation immer mehr in weniger verformt gewesene Gebiete hinein. Die Auffassung, daß, wenn auch diese Gebiete zur Rekrystallisation gelangen, von dort aus Krystallite in stärker verformt gewesene Gebiete hineinwachsen, ist ausgeschlossen.

Wir wollen sehen, was dieser Befund im Zusammenhang mit unseren bisherigen Überlegungen bedeutet. In Abb. 367 B ist die Verlagerung in der Nähe eines Kugeleindruckes dargestellt. Die plastische Verformung und damit der Zwangszustand muß mit zunehmender Entfernung vom Kugeleindruck immer geringer werden. Hierbei wird das Verlagerungsniveau nicht nur der Verlagerungsspitzen, sondern auch der dazwischen liegenden Verspannungsminima abnehmen. Wenn nun die Rekrystallisation in der Weise einsetzen würde, daß der Verlagerungsgrad der Minima annähernd aufrecht erhalten würde, wäre es nicht möglich, daß die zuerst an dem Kugeleindruck entstandenen Krystallite sich, wie die Abb. 366 und 367B zeigen, weit in das weniger verformt gewesene Gefüge hinein ausbreiten könnten. Beim Fortschreiten der Rekrystallisation könnte dann nur umgekehrt ein Wachstum nach dem Kugeleindruck zu stattfinden, im Widerspruch mit den Beobachtungen.

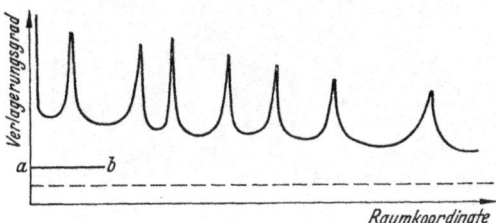

Abb. 367 B. Energetisches Verlagerungsschema in der Nähe einer lokalen Deformation.

Hieraus ist zu schließen, daß beim Einsetzen der Rekrystallisation alsbald wesentlich stabilere Gebilde entstehen, deren Zwangszustand vielleicht durch das Niveau ab (Abb. 367 B) darzustellen ist, während die freie Energie des völlig rekrystallisierten Zustandes durch die gestrichelte Linie angedeutet ist.

Das erste Kennzeichen einer Keimbildung, nämlich die Entstehung eines thermodynamisch wesentlich stabileren Gebildes als Voraussetzung für den weiteren in Frage kommenden Vorgang, ist also beim Einsetzen der Rekrystallisation erfüllt. Ein weiteres Argument in derselben Richtung bietet die Beobachtung der Temperaturabhängigkeit der Korngröße bei der Rekrystallisation. Hierzu verformt man das feinkörnige Metall am besten um geringe Beträge und bringt es dann bei verschiedenen Temperaturen zur Rekrystallisation, wobei man dafür sorgt, daß diese Temperaturen *schnell* erreicht werden, damit die Rekrystallisation nicht schon während der Temperatursteigerung einsetzen kann. Verfährt man in dieser Weise, so findet man häufig, daß die Korngröße bei der höheren Temperatur geringer als bei der niedrigeren ist (Abb. 368 am Beispiel des Aluminiums). Da die Geschwindigkeit des Krystallwachstums, wie wir sehen werden, mit steigender Temperatur stark zunimmt, folgt aus diesem Befund, daß bei der höheren Temperatur mehr Krystallite *entstanden* sein müssen, ehe das Wachstum begonnen hat. Mit anderen Worten muß man zwei getrennte Vorgänge der *Krystallbildung* und des *Krystallwachstums* unterscheiden. W. G. BURGERS bemerkt mit Recht, daß man diese Feststellung nicht machen könnte, wenn der Temperaturkoeffizient der Geschwindigkeit des Krystallwachstums gleich oder größer wäre als der der Kernbildung. Dann würde nämlich die Zahl der Keime, die entstehen können, ehe das Wachstum abgeschlossen ist, bei der höheren Temperatur kleiner oder gleich wie bei der tieferen Temperatur sein. Nur der Umstand, daß der Temperaturkoeffizient der Kernbildungsgeschwindigkeit größer ist, ermöglicht in diesem Zusammenhang den Nachweis der Kernbildung. Die Temperaturkoeffizienten beider Prozesse sind aus Abb. 374 zu ersehen.

Ganz im Sinne dieser Betrachtungen liegt auch der Befund, daß das unter geeigneten Bedingungen mit konstanter Geschwindigkeit verlaufende Krystallwachstum beim Beginn der Rekrystallisation nicht sogleich einsetzt, sondern nach einer gewissen Verzögerung. Das sieht man aus den Abb. 372 und 378, die die Krystallängen in einem Draht in Abhängigkeit von der Zeit darstellen. Die die Beobachtungen gut wiedergebenden Geraden fangen nicht beim Beginn der Rekrystallisation, sondern nicht unerheblich, bis um 60 Minuten später an: Dem normalen Wachtum ist ein langsamerer Prozeß vorgelagert; das verformte Gefüge ist nicht sofort rekrystallisationsfähig, es muß das erst durch Bildung von wachstumsfähigen Gebilden werden. Das ist aber in groben Zusammenhängen nichts als eine Kernbildung.

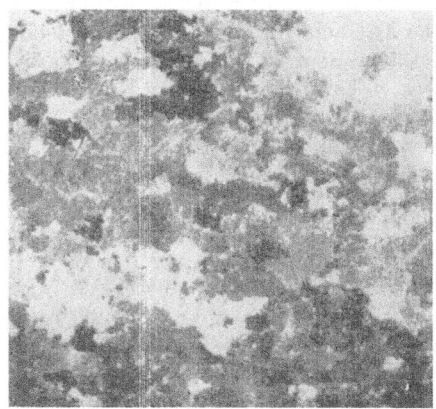
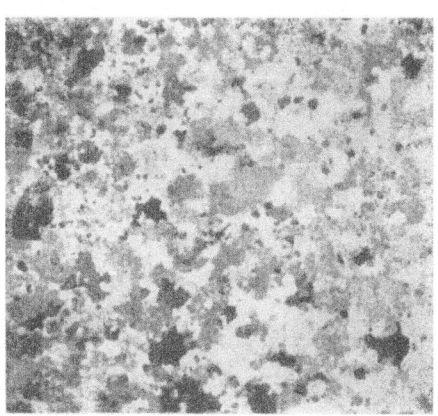
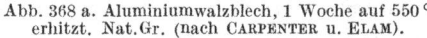

Abb. 368 a. Aluminiumwalzblech, 1 Woche auf 550° erhitzt. Nat.Gr. (nach CARPENTER u. ELAM).   Abb. 368 b. Aluminiumwalzblech, 1 Woche auf 645° erhitzt. Nat.Gr. (nach CARPENTER u. ELAM).

Über die atomistische Natur dieses Kernbildungsvorganges bei der Rekrystallisation können wir keine Aussagen machen; wir müssen uns auf seine summarische Kennzeichnung als solche beschränken. Es kann sein, daß er in einer Ausrichtung von geringen verspannten Gebieten oder darin, daß Atomgruppen spontan stabile Konfigurationen annehmen, besteht. Auch können wir nicht sagen, ob er in den Spitzen der Verlagerung (Abb. 365 und 367B) einsetzt oder etwa an den Stellen, wo das Verlagerungsgefälle besonders hoch ist, so daß es sich hier zunächst im atomistischen Sinne um einen Wachstumsprozeß von weniger verlagerten Gebieten auf Kosten von stärker verlagerten handelt, der jedoch alsbald zur Entstehung von noch sehr wenig verlagerten Gebilden führt.

C. PETERSEN[1] hat neuerdings gezeigt, daß eine innerhalb eines vorher spannungsfreien Materials liegende isotrop komprimierte Kugel wachstumsfähig ist, da ihr Wachstum mit einer starken Abnahme der elastischen Energie der Kugel und der durch diese verspannten Umgebung verbunden ist. Damit bietet sich für die Keimbildung die Vorstellung der Beseitigung der Schubspannungsenergie eines Elementargebietes etwa durch einzelne Atomsprünge oder durch spontan einsetzende Gleitvorgänge dar[2].

A. E. VAN ARKEL und J. J. A. PLOOS VAN AMSTEL[3] haben in einem geistreichen Versuch gezeigt, daß bereits eine schwache Verformung eines im Wachstum begriffenen Krystalles sein Weiterwachsen auf Kosten der Umgebung hindert. Eine

---

[1] PETERSEN, C.: Z. Metallkde. **38** (1947), 289.
[2] LÜCKE, K., u. G. MASING: Z. Metallkde. **39** (1948), 291.
[3] VAN ARKEL, A. E., u. J. J. A. PLOOS VAN AMSTEL: Z. Phys. **62** (1930), 43.

mit zwei Längsschnitten und zwei seitlichen Kerben versehene fein rekrystallisierte Zinnplatte wurde schwach gedehnt, wobei am Boden der Querkerben eine verstärkte Verformung einsetzte (Abb. 369). Die Platte wurde zur Rekrystallisation gebracht, wobei von der Stelle der stärksten Verformung aus etwa 4 Krystallite [oben links der graue, oben rechts der weiße, unten links der grauschwarz umränderte und unten rechts der schwarze (Abb. 369a)] entstanden. Nun wurde nur der mittlere Teil weiterhin schwach gedehnt und das Ganze wieder zur Rekrystallisation gebracht. In dem mittleren verformten Teil haben die obigen Krystalle ihr Wachstumsvermögen verloren, ihre Grenzen sind bei der erneuten Rekrystallisation unverändert geblieben; dahingegen sind sie im unverformten Teil weiterhin gewachsen (Abb. 369a und b).

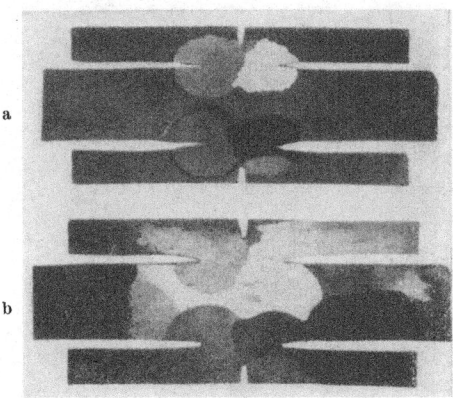

Abb. 369 a und b. Verhinderung des Kernwachstums durch eine schwache Deformation. a Rekrystallisation vor der schwachen Deformation. b Die Dehnung des mittleren Streifens verhindert dort das weitere Wachstum der Krystalle der Abb. 369 a (nach VAN ARKEL und PLOOS VAN AMSTEL).

Dieser Versuch braucht nicht mit der Tatsache im Widerspruch zu stehen, daß in den fortgeschrittenen Stadien der Rekrystallisation die Kornvergrößerung weitergeht, was wir als Nachweis einer geringen Verlagerung des zunächst rekrystallisierten Gefüges betrachtet haben; in der Tat, die etwaigen Verlagerungsreste des rekrystallisierten Gefüges sind sicher viel geringer als die Verlagerung nach einer geringen plastischen Verformung. Wohl macht er aber die Wachstumsfähigkeit der Verlagerungsminima Abb. 365 im verformten Metall recht unwahrscheinlich, wenn man mit W. G. BURGERS auch zugeben muß, daß die Wachstumsfähigkeit von dem Verlagerungsgefälle abhängen kann und diese im kaltgereckten Metall ganz anders als im Versuch von A. E. VAN ARKEL und J. J. A. PLOOS VAN AMSTEL gewesen sein mag. Das spricht für einen spontanen Charakter der Kernbildung bei der Rekrystallisation.

Auf Grund aller obigen Überlegungen ist es heute am wahrscheinlichsten, daß die Rekrystallisation nach einer genügend starken Verformung (nach sehr geringen Verformungen finden nach H. C. H. CARPENTER und C. F. ELAM nur Korngrenzenverschiebungen statt, vgl. S. 426) mit einer spontanen Kernbildung beginnt, über deren Mechanismus wir nichts aussagen wollen; er wird sich vom Mechanismus der bekannten Keimbildung in Dämpfen und Schmelzen sehr wesentlich unterscheiden können. In diesem Sinne können wir vielleicht korrekter an Stelle der Kernbildung für den primären Akt der Rekrystallisation den Ausdruck Inkubationsperiode benutzen.

b) Experimentelle Verfolgung der Kernbildung.

Die experimentelle Verfolgung der Kernbildung kann, wie schon erwähnt, am besten an schwach verformten Proben durchgeführt werden, wo die Zahl der sich bildenden neuen Krystalle gering ist. Die indirekten Rückschlüsse auf die Kernbildung aus der Korngröße nach vollendeter primärer Rekrystallisation sind mit Unsicherheit behaftet und haben in der Hauptsache nur qualitative Bedeutung. Bei direkten Beobachtungen der neu entstehenden Kerne muß berücksichtigt werden, daß sie nacheinander entstehen und deshalb bei den später sichtbar werdenden Kernen die zuerst entstandenen schon gewachsen sind und die Kernbildung, die, wie immer, auf die Einheit des Volumens zu beziehen ist, nunmehr nur in einem verringerten Volumen stattfinden kann, das zuweilen schwer zu ermitteln ist (z. B. weil man die Rekrystallisation nur an der Oberfläche der Probe beobachten kann). W. A. JOHNSON und R. F. MEHL haben dieses Problem sehr sorgfältig durchgerechnet[1]. Als Ergebnis ihrer Rechnung darf man den Nachweis betrachten, daß eine exakte Analyse der Teilvorgänge auf Grund des Gefügebildes nach abgeschlossener Rekrystallisation nicht möglich ist[2]. M. KORNFELD[3] ist deshalb wie folgt vorgegangen. Feinkörnige Aluminiumdrähte von der Länge von je 5 cm wurden in Gruppen von je 10 Stück nach je gleicher Dehnung während verschiedener Zeiten auf 410° erhitzt und jeweils die Zahl der Stücke m festgestellt, die noch keine Rekrystallisationskerne aufwiesen.

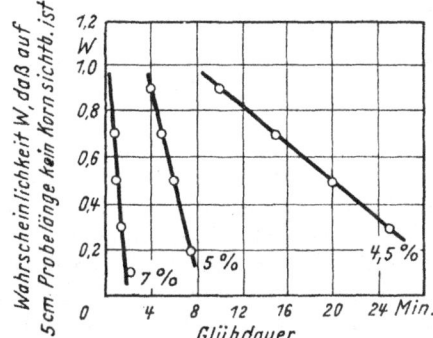

Abb. 370. Wahrscheinlichkeit, daß Proben von 5 cm Länge frei von Rekrystallisationskernen sind. Temperatur 410° C (nach KORNFELD).

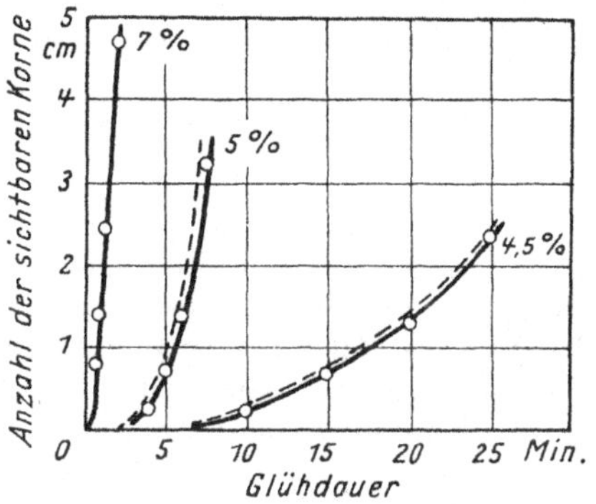

Abb. 371. Aus Abb. 370 abgeleitete Kernbildungszahl pro cm (nach KORNFELD).

Der Bruch $m/10$ wurde als die Wahrscheinlichkeit betrachtet, daß unter den in Frage kommenden Bedingungen in den Drähten der angegebenen Länge noch kein sichtbarer Kern vorhanden ist. In Abb. 370 sind seine Versuchsergebnisse wiedergegeben. Wenn man bedenkt, daß es sich um statistische Versuche handelt, bei denen die Anzahl von 10 Proben zur Auswertung eigentlich viel zu gering ist, ist erstaunlich, daß die Meßwerte so gleichmäßig auf Geraden liegen. Die wirkliche Sicherheit der Beobachtungen ist unzweifelhaft viel geringer.

Aus diesem Ergebnis kann die Anzahl der Kerne n pro Zentimeter Länge (da die Drähte dünn waren, brauchen die Querabmessungen nicht berücksichtigt zu werden) berechnet werden. Wenn der mittlere Abstand zwischen den Kernen nach einer bestimmten Zeit gleich L_0 und die Länge des Drahtstückes gleich L_{Dr} ist, so ist die Wahrscheinlichkeit W dafür, daß ein Draht noch keinen Kern enthält, auf Grund der Wahrscheinlichkeitsrechnung

$$W = e^{-\frac{L_{Dr}}{L_0}} .$$
(11)

[1] JOHNSON, W. A., u. R. F. MEHL: Trans. amer. Inst. Min. a. Met. Engng., Iron a. Steel Div. 135 (1939), 416; vgl. auch das folgende Zitat.

[2] LÜCKE, K.: Z. Metallkde. 41 (1950), 114.

[3] KORNFELD, M.: Physikal. Z. d. Sowjetunion 7 (1935), 432.

Die Richtigkeit dieser Formel kann leicht durch eine Grenzbetrachtung erwiesen werden[1]. Andererseits ist die Zahl der Kerne n pro cm gleich dem reziproken Wert des Abstandes L_0; wir erhalten also

$$W = e^{-L_{Dr} \cdot n} \qquad (12)$$

Man kann auf diese Weise die mittlere Zahl der Kerne pro cm n berechnen. Das Ergebnis ist in Abb. 371 wiedergegeben. Man sieht zunächst, daß die Kernbildungsgeschwindigkeit mit zunehmendem Dehnungsgrade stark zunimmt. Das ist durchaus verständlich. Fernerhin findet man das auffallende Ergebnis, daß diese Geschwindigkeit mit der Zeit zunimmt. Man muß jedoch bemerken, daß die Unsicherheit der statistischen Unterlagen viel zu groß ist, als daß man die Kurven der Abb. 371 anders als qualitativ betrachten könnte. Die Annahme, daß die Zahl der Kerne pro Zentimeter mit der Zeit linear ansteigt, ohne daß die Gerade im Nullpunkt der Zeit anfängt, dürfte noch nicht im Widerspruch mit den Beobachtungen von M. KORNFELD stehen. Wir hätten dann

$$\frac{dn}{dt} = k \qquad (13)$$

$$n = k\,(t - t_0). \qquad (14)$$

Dieses Ergebnis wird verständlich, wenn wir annehmen, daß der Kernbildungsprozeß als solcher, d. h. die Zeit von einem ersten molekularen Anstoß zur Kernbildung bis zur Sichtbarwerdung des Kernes für alle Kerne des in Frage kommenden Stückes gleich t_0 ist. Wir gewinnen dann die plausible Vorstellung, daß die Wahrscheinlichkeit und damit die Geschwindigkeit der anfänglichen Keimbildung unabhängig von der Zeit ist, daß aber die gebildeten Subkeime eine gewisse Zeit benötigen, um zu stabilen und sichtbaren Keimen zu werden. Für die Bildungszeiten des einzelnen Kernes erhalten wir so auf Grund der Abb. 371 etwa: für einen Reckgrad von 4,5%: 7—8 Minuten; von 5%: 2—4 Minuten; von 7%: 0,5 Minuten. Diese Ergebnisse sind qualitativ in der besten Übereinstimmung mit den Versuchen von H. G. MÜLLER am Steinsalz (S. 471).

W. A. ANDERSON und R. F. MEHL[2] haben in sehr sorgfältigen Versuchen an Reinaluminium die Ergebnisse von M. KORNFELD grundsätzlich bestätigt. Die Keimbildungsgeschwindigkeit, wie sie an bereits gebildeten Krystallen wahrgenommen wird, nimmt mit der Zeit zu. Auch ihre Ergebnisse können anscheinend in der angegebenen Weise gedeutet werden.

Wir haben gesehen, daß bei der Erhitzung auf mäßige Temperaturen die Folgen der Kaltreckung bis zu einem gewissen Grade durch Erholung ohne Rekrystallisation beseitigt werden können (S. 435). Es entsteht damit die Frage,

---

[1] Man denke sich den Draht in sehr kleine Elemente der Länge a aufgeteilt. Die Wahrscheinlichkeit dafür, daß ein herausgegriffenes Element gerade einen Kern enthält, ist $\frac{a}{L_0}$ und die Wahrscheinlichkeit, daß ein herausgegriffenes Element kernfrei ist, ist $1 - \frac{a}{L_0}$. Dann ist aber die Wahrscheinlichkeit, daß gleichzeitig alle Elemente einer Länge L_{Dr} frei von Kernen sind, gleich

$$W_a = \left(1 - \frac{a}{L_0}\right)^{\frac{L_{Dr}}{a}} = \left[\left(1 - \frac{a}{L_0}\right)^{-\frac{L_0}{a}}\right]^{-\frac{L_{Dr}}{L_0}}$$

Für den Grenzübergang zu $a = 0$ wird dieser Ausdruck gleich

$$W = e^{-\frac{L_{Dr}}{L_0}}$$

[2] ANDERSON, W. A., u. R. F. MEHL: Amer. Inst. of Min. a. Met. Engng., Inst. of Met. Div. **181** (1945), 140; vgl. auch K. LÜCKE: Z. Metallkde. **41** (1950), 114.

ob eine solche Erhitzung unterhalb der Rekrystallisationstemperatur die spätere Rekrystallisation und zunächst die Kernbildung beeinflußt. Die Abb. 372 zeigt, daß die Zeit bis zum Beginn des sichtbaren Kernwachstums und somit die Kernbildungsdauer bei feinkörnigen Aluminiumdrähten, die um je 3% gedehnt und dann vor der Rekrystallisation (bei 450°) während 20 Stunden auf 320° (ohne daß Rekrystallisation eingesetzt hatte) erhitzt wurden, durch diese Erhitzung auf 320° sehr erheblich gesteigert wird[1]. Das kann nur auf die Erholung zurückgeführt werden. W. A. ANDERSON und R. F. MEHL[2] haben diesen Effekt nicht beobachtet.

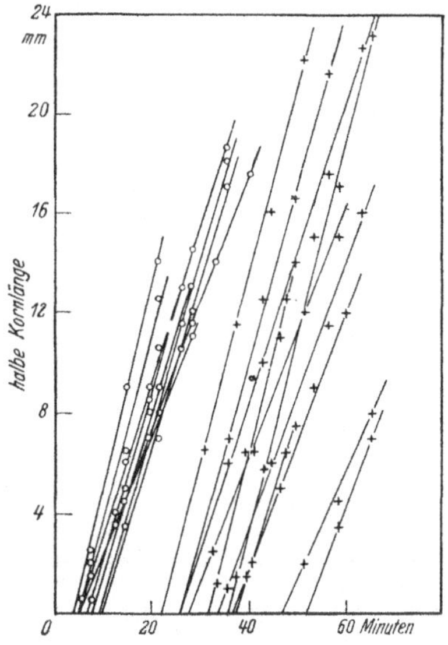

Auch die Kornzahlen nehmen durch vorhergehende Erholung ab, wie man auf Abbildung 373 sieht. Wahrscheinlich nimmt also auch die oben erörterte, auf Abb. 371 dargestellte Kernbildungsgeschwindigkeit ab (d. h. die Zahl der pro Zeiteinheit und Einheit der Länge entstandenen Kerne, während unter der Kernbildungszeit die Zeit zum Aufbau eines einzelnen Kernes verstanden wird).

Auffallenderweise ist bei einkrystallinem Aluminium nach der Reckung gelegentlich eine Erhöhung der Kernbildungsgeschwindigkeit durch die Erholung beobachtet worden, diesem widersprechen aber andere Ergebnisse, so daß die Frage noch keineswegs geklärt ist.

Der Umstand, daß die Rekrystallisation bei desto tieferen Temperaturen mit meß-

Abb. 372. Einfluß der Erholung auf die Kernbildungsdauer und auf das lineare Kernwachstum. Deformation 3%, 450° C. o nicht erholt; + 20 Std. bei 320° C erholt (nach KORNFELD u. PAWLOW).

baren Geschwindigkeiten einsetzt, je höher der Reckgrad gewesen ist, beweist, daß auch die Kernbildung bei tieferen Temperaturen beobachtbar wird.

Bei der Untersuchung der Verformung und Rekrystallisation von Einzelkrystallen wurde festgestellt, daß die Rekrystallisationstexturen in der Regel von den Verformungstexturen abweichen, daß jedoch die Orientierungen des rekrystallisierten Stückes bereits in geringen Mengen im verformten Stück vertreten gewesen sind (vgl. S. 445). Es handelt sich um die extrem verbogenen Lagen, die bei der Biegegleitung entstehen, wobei, wie oben mitgeteilt, eine Drehung um zur Translationsrichtung senkrecht in der Gleitebene

Abb. 373. Abnahme der Kernbildungsgeschwindigkeit durch Erholung. Deformation 4%, 450° C. a nicht erholt; b vorher 20 Std. bei 320° erholt (nach KORNFELD u. PAWLOW).

liegende Geraden stattfindet (vgl. hierzu S. 389).

Hieraus muß man den Schluß ziehen, daß bei der Kernbildung wahrscheinlich die Orientierung des Raumgitters erhalten bleibt, was für die Beurteilung des Mechanismus dieses Vorganges von Bedeutung sein muß. Man kann bei der Keimbildung sicher nicht eine völlige Neuordnung des Raumgitters annehmen. Fernerhin ist zu beachten, daß die Raumgitterteile, die die Rekrystallisationsorientierung

---

[1] KORNFELD, M., u. W. PAWLOW: Phys. Z. Sowjetunion **6** (1934), 537.
[2] ANDERSON, W. A., u. R. F. MEHL: Amer. Inst. of Min. a. Met. Engng., Inst. of Met. Div. **181** (1945), 140; vgl. auch K. LÜCKE: Z. Metallkde. **41** (1950), 114.

bestimmen, sicher am stärksten verlagert gewesen sind. Wir erhalten dasselbe
Bild wie bei der Verfolgung der Rekrystallisation eines lokal verformten Metalles:
Die Rekrystallisation beginnt an der Stelle der stärksten Verformung; von dort
aus wachsen die Krystalle in die Gebiete der geringeren Verformung hinein und
bestimmen ihre Orientierung.

Es ist schon oben darauf hingewiesen worden, daß die Kernbildungsgeschwindigkeit mit steigender Temperatur stark zunimmt, wie das Abb. 374 im Vergleich mit der Zunahme der Wachstums-
geschwindigkeit der fertig gebildeten
Kerne zeigt. Die hier wiedergegebene
Temperaturabhängigkeit der Kernbildungsgeschwindigkeit c kann nicht in
der einfachen Form

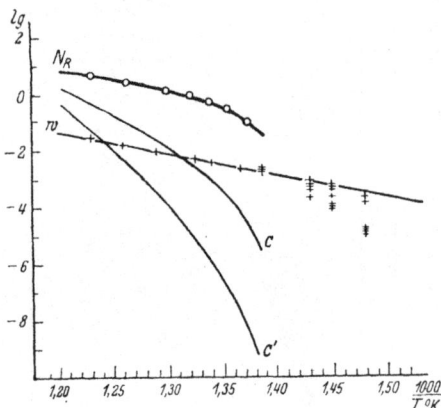

$$v = \text{const} \cdot e^{-\dfrac{U_A}{RT}} \qquad (15)$$

Abb. 374. Temperaturabhängigkeit der Kernbildungsgeschwindigkeit (N_R, C, C') und der Kernwachstumsgeschwindigkeit (nach KORNFELD und
PAWLOW).

geschrieben werden, wenn die Aktivierungsenergie temperaturunabhängig ist.
Aus der Neigung der c-Kurve würde sie
nach M. KORNFELD und W. PAWLOW für
Aluminium z. B. für den Beginn der Kurve
bei tiefen Temperaturen $U_A = 230000$
und für ihr Ende bei höheren Temperaturen $U_A = 52000$ cal/Mol betragen.
Dieser auffallende Verlauf läßt sich nicht
durch Überlagerung verschiedener Pro-
zesse mit verschiedenen Werten von U_A erklären, denn das würde umgekehrt
einen Anstieg des beobachteten Gesamt-U_A mit steigender Temperatur ergeben
(vgl. S. 472). Die Ursache für diesen Verlauf des Temperaturkoeffizienten kann
nicht mit Sicherheit angegeben werden. Vielleicht ist er auf die Erholung zurückzuführen, die bei höheren Temperaturen erheblich schneller verläuft als bei
tieferen, und damit die Zahl der Keimstellen, an denen eine Kernbildung möglich
ist, mit anderen Worten den Wert der Konstanten in der Gl. (15) herabsetzt.
Die Abnahme der Aktivierungswärme mit steigender Temperatur wäre dann
nur scheinbar. Auf alle Fälle spricht der hohe Wert der Aktivierungsenergie der
Keimbildung, besonders bei tieferen Temperaturen, im Vergleich mit der Aktivierungswärme des Platzwechsels, wie sie beim Kernwachstum auftritt (etwa
17000 cal/Mol., vgl. S.454) dafür, daß zur Kernbildung nicht nur *ein* Platzwechsel-
vorgang, sondern mehrere solche gekoppelten Vorgänge gleichzeitig erforderlich
sind, wie das U. DEHLINGER[1] ausgeführt hat.

W. A. ANDERSON und R. F. MEHL haben für den Logarithmus der Keimbildungsgeschwindigkeit in Abhängigkeit von $1/T$ Geraden erhalten. Die Aktivierungsenergie der Keimbildung betrug danach 50000 bis 80000 cal/Mol.

3. Das Kernwachstum.

Hierunter verstehen wir den zweiten Schritt der Rekrystallisation, nämlich
das Wachstum der Kerne auf Kosten des sie umgebenden verformten Gefüges
bis zu ihrer gegenseitigen Berührung. Es ist klar, daß die Geschwindigkeit des
Kernwachstums nur in schwach verformten Metallen unmittelbar verfolgt werden
kann, wo sich nur wenige Kerne bilden. In reinem feinkörnigen quasiisotropem

[1] DEHLINGER, U.: Z. Metallkde. 33 (1941), 16.

Aluminium, das um wenige Prozente plastisch gedehnt worden ist, wachsen die Kerne in einer Gestalt, die sich der Kugel nähert (Abb. 375); in grobkörnigerem Aluminium sind ihre Begrenzungen unregelmäßiger. In Einzelkrystallen, die um 15% gedehnt worden waren, haben M. KORNFELD und F. RYBALKO[1] eine deutliche Wachstumsanisotropie (Abb. 376) gefunden. Es stellte sich heraus, daß die geraden Begrenzungen auf der flachen Oberfläche des Stückes parallel zu den Oktaederebenen des verformten Krystalles

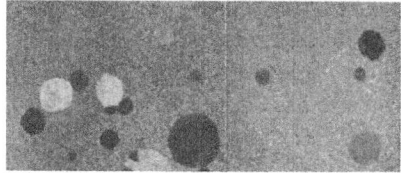

Abb. 375. Krystallwachstum in einer feinkrystallinen gedehnten Aluminiumplatte (aus BURGERS).

waren; ein Zusammenhang mit der Orientierung der neuen Krystalle schien jedoch nicht zu bestehen. Die neu entstandenen Krystallite waren in der Richtung der vorher stattgefundenen Translation gestreckt. Grundsätzlich ist also eine Anisotropie des Wachstums anzunehmen; sie wird im feinkrystallinen Aluminium statistisch ausgelöscht.

Eine sehr starke Richtungsabhängigkeit des Kernwachstums hat M. KORNFELD[1] in Aluminiumdrähten beobachtet, die er auch zur Bestimmung der Keimbildungszahl benutzt hat (vgl. S. 447). In Abb. 377 sind einige neu auf der Oberfläche des Drahtes entstandene Krystallite angedeutet. Wie man sieht, ist die Richtungsabhängigkeit bei niedrigerer Rekrystallisationstemperatur größer als bei höherer. Worauf diese überaus starke Bevorzugung der Längsrichtung des Drahtes zurückzuführen ist, ist noch nicht aufgeklärt. Möglicherweise wird der Wachstumsvorgang in der Querrichtung durch Fremdschichten gestört,

535°C {
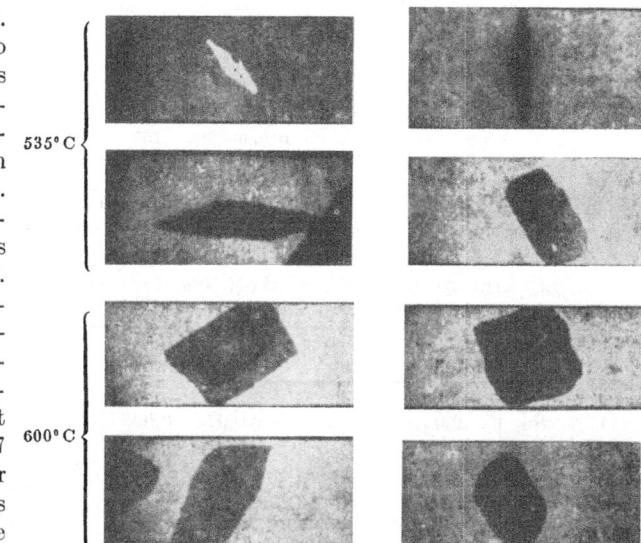

600°C {

Abb. 376. Wachstumsformen von Rekrystallisationskernen in Aluminiumeinkrystallen (aus BURGERS).

440°
7″ }

420°
1,5′ }

410°
4′ }

410°
40 h }

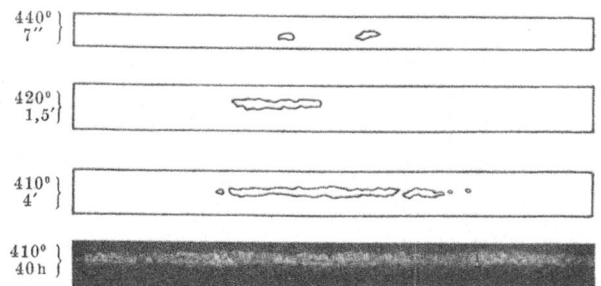

Abb. 377. Richtungsabhängigkeit der Kernwachstumsgeschwindigkeit in Al-Drähten mit ausgeprägter Textur (nach KORNFELD).

die zwischen den Krystalliten liegen. — Die eingehendsten Messungen der Geschwindigkeit des Kernwachstums sind von M. KORNFELD und seinen Mitarbeitern an

---

[1] Vgl. z. B. W. G. BURGERS: Rekrystallisation, verformter Zustand und Erholung, S. 173ff.

29*

Drähten ausgeführt worden. Die Ergebnisse sind in der Abb. 378 wiedergegeben. Man sieht, daß die Wachstumsgeschwindigkeit mit genügender Genauigkeit als zeitunabhängig angenommen werden darf. Dasselbe haben R. Karnop und G. Sachs[1] festgestellt, die das Wachstum der runden Kerne nach Art der Abb. 375

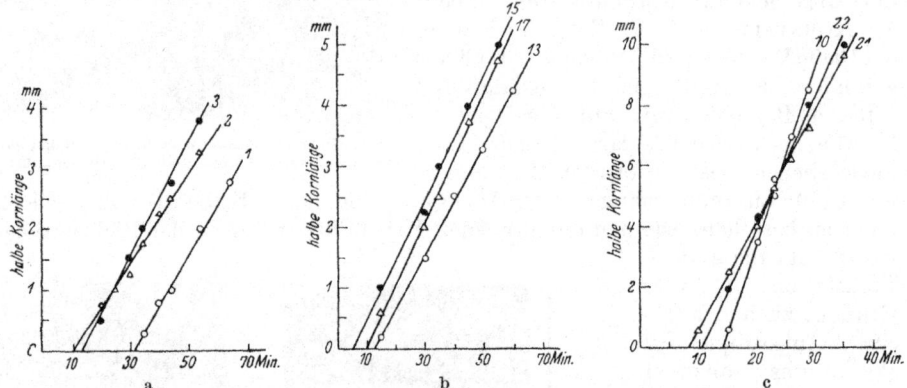

Abb. 378 a—c. Kernwachstum a) bei Sn, Dehnung 2%, 175° C; b) bei Cd, Dehnung 0,6%, 205° C; c) bei Fe, Dehnung 3,5%, 930° C (nach Kornfeld u. Sawizki).

durch Messung des Durchmessers verfolgt haben. Einige Ergebnisse sind in der Tab. 73 wiedergegeben (ein Auszug aus einer Tabelle von W. G. Burgers[1]).

Tabelle 73. Lineare Geschwindigkeit des Kernwachstums in gedehnten Metall-
proben nach geringen Dehnungen des vielkrystallinen Materials.

	Metall	% Dehnung	Rekryst. Temp. ° C	Wachst.Geschw. in mm/min.	Verfasser
1	Sn	2,0	175	0,075—0,095	M. Kornfeld und F. Sawizki
2	Al	10	370	0,045—0,070	R. Karnop und G. Sachs
3	Al	3	450	0,40—0,87	W. Pawlow und M. Kornfeld
		3	450 nach vor-hergehender Erholung während 20 Stunden bei 320	0,44—0,82	W. Pawlow und M. Kornfeld
4	Al	4	425	0,3	M. Kornfeld und W. Pawlow
			470	2,1	
			500	4,8	M. Kornfeld und W. Pawlow
			540	17	
5	Al	3		0,15	
		4	410	0,46	M. Kornfeld
		5		0,84	
6	Cd	0,6	205	0,09—0,10	M. Kornfeld und F. Sawizki
7	Fe	3,5	930	0,37—0,52	M. Kornfeld und F. Sawizki

Wie man aus den Versuchen Nr. 4 und 5 sieht, nimmt die Wachstumsgeschwindigkeit erheblich mit dem Verformungsgrad und bei gleichbleibendem Verformungsgrad mit der Temperatur zu. Dahingegen ist sie von der vorangegangenen Erholung, die, wie wir gesehen haben, die Kernbildungszeit wesentlich beein-

---

[1] Vgl. z. B. W. G. Burgers: Rekrystallisation, verformter Zustand und Erholun,g S.173ff.

flußt, unabhängig (vgl. Abb. 372). Wir werden später sehen (S. 463), daß die Zwangszustände des Raumgitters, die ohne Zweifel in erster Linie für die Rekrystallisationsvorgänge bestimmend sind, von den Bedingungen der Verformung (Temperatur) und von der Ausgangskorngröße abhängen: fernerhin ist die Rekrystallisation vom Reinheitsgrade abhängig. Wenn man die Möglichkeit dieser Einflüsse berücksichtigt, stimmt der von R. KARNOP und G. SACHS gefundene Wert sehr gut mit denen von M. KORNFELD und seinen Mitarbeitern überein. Da die Messungen nach ganz verschiedenen Methoden ausgeführt worden sind, kann hieraus auch geschlossen werden, daß die starke Richtungsanisotropie, die M. KORNFELD beobachtet hat (Abb. 373), tatsächlich darauf beruht, daß

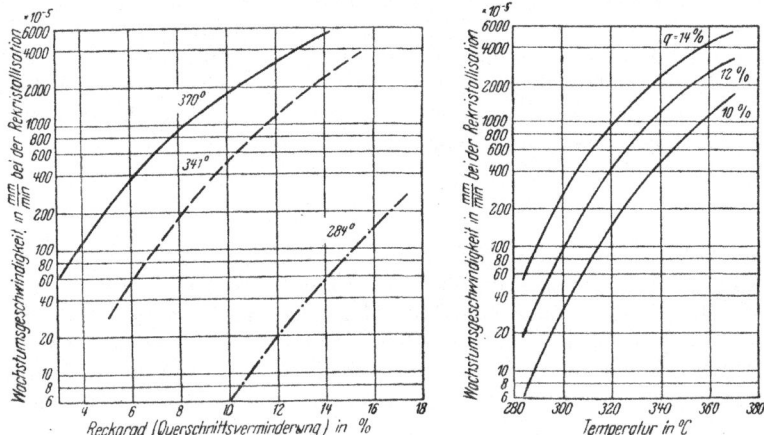

Abb. 379. Kernwachstumsgeschwindigkeit bei der Rekrystallisation von Kupfer, berechnet aus Korngröße und Glühdauer (nach KARNOP u. SACHS, aus BURGERS).

das Wachstum in der Querrichtung behindert war, während das Wachstum in der Längsrichtung normal war.

Abgesehen von den soeben genannten Faktoren müssen die Bestimmungen der Wachstumsgeschwindigkeit durch die unvermeidliche Ungleichmäßigkeit der Verlagerung eines makroskopisch gleichmäßig verformten Metalles gestört werden. Es kann sich also bei solchen Messungen immer nur um statistische Mittelwerte über größere Gebiete oder Strecken handeln.

Wenn man die Bedingungen nicht richtig wählt, so wachsen die Kerne im Aluminium nicht mit gleicher Geschwindigkeit in allen Richtungen, wie das z.B. bereits die Abb. 377 zeigt. Da es bei Kupfer nicht gelingen wollte, Bedingungen zu finden, unter denen die Kerne gleichmäßig wachsen, haben R. KARNOP und G. SACHS die Wachstumsgeschwindigkeit der Kerne bei Kupfer bestimmt, indem sie die Proben solange rekrystallisieren ließen, bis etwa die Hälfte der Oberfläche rekrystallisiert war. Alsdann wurden die größten Abmessungen der größten Krystalle gemessen, von der Erwägung ausgehend, daß Störungen des Wachstums nur in Verzögerungen bestehen können. Die Ergebnisse finden sich in Abb. 379. Die Wachstumsgeschwindigkeit steigt mit der Temperatur und mit dem Verformungsgrade stark an. Die Werte von R. KARNOP und G. SACHS dürften weniger sicher als die besprochenen anderen direkten Messungen an anderen Metallen sein. Auf die Ergebnisse anderer Bestimmungen, bei denen in der Hauptsache aus der Korngröße nach vollendeter primärer Rekrystallisation Schlüsse auf das Kornwachstum gezogen werden, wollen wir nicht eingehen, da die Störungen, vor allen

Dingen durch eine sicher nicht ganz vermiedene Kornvergrößerung, kaum verhindert werden können.

Während der atomistische Mechanismus der Kernbildung bei der Rekrystallisation, wie wir gesehen haben, noch ganz unklar ist, kann man über das Kernwachstum wenigstens soviel sagen, daß es durch Umlagerung von einzelnen Atomen an der Grenze zwischen dem wachsenden Kern und der Umgebung zustande kommen muß. Die Atome der Grenzschicht müssen hierzu eine Art Platzwechsel durchführen, der demjenigen bei der Diffusion analog ist. Das äußert sich darin, daß der Temperaturkoeffizient und damit die Aktivierungsenergie bei beiden Vorgängen durchaus in derselben Größenordnung liegt. Bei der Diffusion beträgt sie bei den nicht zu hoch schmelzenden Metallen etwa 20000 bis 30000 cal/Mol., bei dem Kernwachstum etwa 17000 beim Aluminium und 23000 bis 25000 beim Kupfer. Dahingegen fanden W. A. ANDERSON und R. F. MEHL[1] Werte von etwa 50000 cal/Mol in derselben Größenordnung wie bei der Keimbildung. Während beim Aluminium sich die Versuchsergebnisse anscheinend ziemlich gut durch eine Formel von der Art

$$W = A\,e^{-\frac{B}{T}} \qquad (16)$$

darstellen läßt, treten beim Kupfer gewisse systematische Abweichungen von dieser Formel auf, wie man durch Umrechnung aus Abb. 379 ermitteln kann. Es ist jedoch zu berücksichtigen, daß die Messungen von R. KARNOP und G. SACHS unvermeidlich mit Unsicherheiten behaftet sind, so daß es zweifelhaft erscheint, ob die Abweichungen wirklich sichergestellt sind. Auch die Beobachtungen von H. G. MÜLLER am Steinsalz, auf die wir noch zu sprechen kommen werden, (vgl. S. 471), sprechen für die Gültigkeit einer Beziehung nach Art von (16).

4. Kornvergrößerung.

Bei der allgemeinen Besprechung der Rekrystallisation haben wir neben der Kernbildung und dem Kernwachstum als dritten Teilprozeß die Kornvergrößerung genannt, die einsetzt, nachdem die im Anfang der Rekrystallisation gebildeten Kerne das gesamte verformte Gefüge aufgezehrt haben, die so entstandenen Krystallite gegenseitig in Berührung gekommen sind und nun Korngrenzenverschiebungen eintreten, die zu einer Vergrößerung der Krystallite oder mit anderen Worten zur Verminderung ihrer Anzahl führen. Auch dieser Teilvorgang verläuft irreversibel; deshalb haben wir uns veranlaßt gesehen, Verlagerungsreste als Ursache der Korngrenzenverschiebungen anzusehen, die von Krystallit zu Krystallit verschieden sind.

In diesem Zusammenhang ist natürlich wichtig, auch unabhängig von der Tatsache der Kornvergrößerung einen anderen Beweis für eine Restverlagerung der Rekrystallisationsstrukturen zu haben. U. DEHLINGER und F. GISEN haben Intensitätsmessungen an Debye-Scherrer-Linien bei der Drehkrystallaufnahme von Aluminium-Einkrystallen, die durch Erstarrung aus der Schmelze erhalten worden waren, und von Einzelkrystallen, die durch Rekrystallisation hergestellt worden waren, miteinander verglichen. Die Ergebnisse der Vermessung der (200)- und (400)-Reflexe sind in Abb. 380 wiedergegeben[2].

---

[1] ANDERSON, W. A., u. R. F. MEHL oder auch K. LÜCKE: l. c. (vgl. S. 449).
[2] DEHLINGER, U., u. F. GISEN: Phys. Z. 35 (1934), 862. — GISEN, F.: Z. Metallkde. 27 (1935), 256.

Die Intensität beim rekrystallisierten Stück (ausgezogene Linie R) ist der Größenordnung nach doppelt so groß wie bei dem aus der Schmelze erstarrten Krystall (Linien S). Hieraus ist zu schließen, daß der letztere Krystall einen gewissen Betrag an primärer Extinktion (S. 33) aufweist, die bei dem rekrystallisierten Stück fehlt. Das ist wohl darauf zurückzuführen, daß die Mosaikblockgröße beim rekrystallisierten Aluminium niedriger als in dem aus der Schmelze erstarrten ist, mit anderen Worten, die Störungen des Raumgitters beim Erstarren geringer sind.

Es ist beachtenswert, daß das Verhältnis der Intensitäten der (200)-Reflexe zu denen der (400)-Reflexe bei beiden untersuchten Aluminiumsorten bei dem rekrystallisierten Material, wenn auch nur sehr wenig, größer ist als bei dem aus der Schmelze erstarrten Aluminium, wie folgende Tabelle auf Grund der Abb. 380 zeigt.

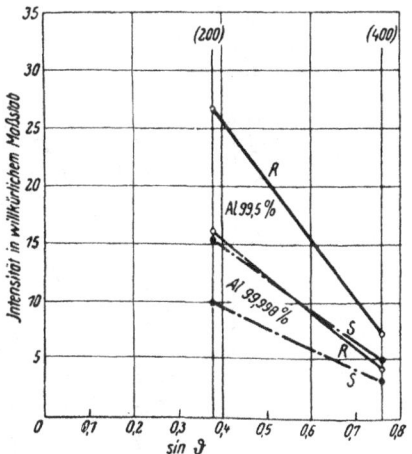

Abb. 380. Intensität der Röntgenstrahl-Beugungsringe bei rekrystallisiertem (R) und aus der Schmelze erstarrtem (S) Al (nach DEHLINGER u. GISEN).

Tabelle 74. Relative Intensitäten von Linien.

Material	Intensität (200)	Intensität (400)	$\dfrac{I_{200}}{I_{400}}$
Al 99,5 % rekrystallisiert . . .	27	7,5	3,6
Al 99,5 % regulinisch	15,5	5	3,1
Al 99,998 % rekrystallisiert . .	16	4	4
Al 99,998 % regulinisch	10	3	3,3

Dieser Unterschied ist zwar gering und mit erheblichen Unsicherheiten behaftet, liegt aber durchaus in der erwarteten Richtung auf Grund unserer früheren Überlegungen (S. 32). Das Verhältnis der Intensitäten niedrigerer Ordnungen zu denen höherer Ordnung ist desto größer, je stärker die Störungen des Raumgitters sind. Das zeigt, daß wahrscheinlich neben der Blockgröße an sich noch andere Störungen des Raumgitters vorliegen, die mit denjenigen durch thermische Bewegung der Atome verwandt sind. Es ist dringend erwünscht, diesen schönen Befund von U. DEHLINGER und F. GISEN an einem größeren Versuchsmaterial sicherzustellen.

Die regulinischen Aluminiumkrystalle einerseits und die rekrystallisierten andererseits zeigen einen bemerkenswerten Unterschied im Verhalten bei der Dehnung, den man aus Abb. 381 ersieht. Die rekrystallisierten Stücke zeigen eine wohl ausgeprägte Fließgrenze mit einem scharfen Knick, während bei den Schmelzflußkrystallen die plastische Verformung schleichend und bereits bei tieferen Spannungen beginnt. Abgesehen vielleicht von sekundären Störungen spricht das im Sinne der Überlegungen von W. L. BRAGG (S. 359) über die Natur der Elastizitätsgrenze durchaus für die stärker ausgeprägte und feinere Mosaikstruktur des rekrystallisierten Materials.

Wenn Verlagerungsreste und ihre Unterschiede bei den einzelnen Krystalliten die Hauptursache der Kornvergrößerung sind, so sind auch die oben besprochenen Beobachtungen von H. C. H. CARPENTER und C. F. ELAM an den Korngrenzenverschiebungen bei schwach gereckten Legierungen (S. 426) hierher zu rechnen. Von einem Kernwachstum wird man dahingegen nur dann sprechen, wenn neue Krystallkerne entstanden sind, die das verformte Gefüge aufzehren.

Aus den Beobachtungen von H. C. H. CARPENTER und C. F. ELAM (S. 426) war zu schließen, daß hinsichtlich der Richtung und der Geschwindigkeit der Korngrenzenverschiebungen nichts Bestimmtes ausgesagt werden konnte. Alles ver-

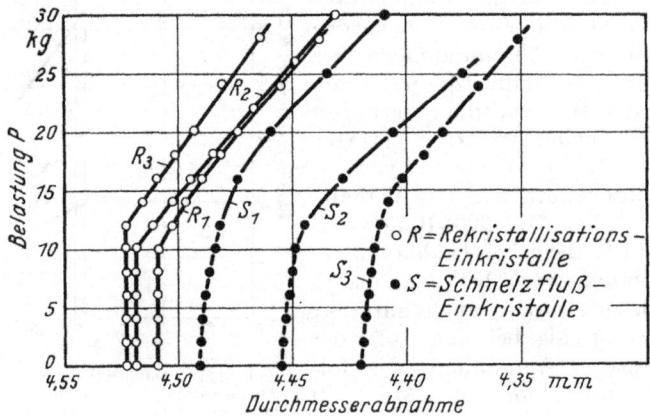

Abb. 381. Streckgrenze bei rekrystallisiertem und bei regulinischem Al (nach DEHLINGER u. GISEN).

lief durchaus unregelmäßig. Es ist ziemlich schwierig, aus der Beobachtung der durchschnittlichen Korngröße eines rekrystallisierten Gefüges im Verlaufe der Kornvergrößerung auf die elementaren Gesetze dieses Vorganges quantitativ zu schließen[1]. Wir beschränken uns deshalb im folgenden darauf, die Abhängigkeit der Kornzahl von den Rekrystallisationsbedingungen zu besprechen. Abb. 382a zeigt die Zeitabhängigkeit der Kornzahl pro Einheit der Oberfläche bei der Re-

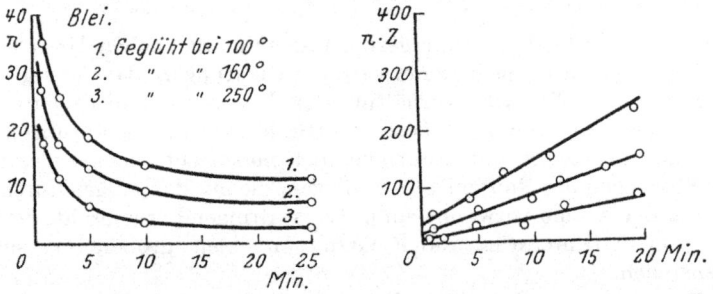

Abb. 382 a u. b. Bestimmung der Korngrenzenverschiebung aus der Kornzahl bei Blei. a: Kornzahl n. b: Produkt $n \cdot Z$ aus Kornzahl und Zeit (nach TAMMANN u. CRONE).

krystallisation von Blei[2]. Man sieht zunächst, daß die Geschwindigkeit der Abnahme der Kornzahl mit der Zeit sehr schnell abnimmt. Auf Grund der Abb. 382 kann man die Abhängigkeit der Kornzahl n von der Zeit Z annähernd durch die Gleichung

$$n \cdot Z = a + b Z$$

oder

$$\frac{1}{n} = \text{Kornfläche} = \frac{Z}{a + b Z} \tag{17}$$

wiedergeben.

---

[1] JOHNSON, W. A,. u. R. F. MEHL und weiterhin K. LÜCKE: l. c. S. 447.
[2] TAMMANN, G., u. W. CRONE: Z. anorg. allg. Chem. 187 (1930), 289.

Diese Gleichung kann den Tatbestand nur annähernd ausdrücken, da aus ihr für den Zeitpunkt $t = 0$ sich $n = \infty$ ergeben würde. Auch ist nicht bekannt, wieweit dieser Gleichung eine allgemeinere Bedeutung zukommt.

Nach gleichen Glühungszeiten ist die Korngröße um so höher, je höher die Glühtemperatur gewesen ist. Das ist ja dasselbe, was allgemein aus den Diagrammen der ungestörten Rekrystallisation, wie das in Abb. 355 wiedergegebene, abzulesen ist. Im Laufe der Zeit sind allerdings auch Rekrystallisations-Diagramme mitgeteilt worden, die einen wesentlich gestörten Verlauf der Korngrößen, vor allen Dingen in ihrer Abhängigkeit vom Verformungsgrad, aufweisen. Ein lehrreiches und krasses Beispiel hierfür gibt die Abb. 383 nach O. DAHL und F. PAWLEK für Aluminium und für Kupfer[1]. Hier findet man, daß bei geringen Verformungsgraden die Korngröße zunächst bei tieferen Temperaturen mit dem Verformungsgrade ansteigt. Das ist wahrscheinlich auf den Umstand zurückzuführen, daß bei den niedrigsten Verformungsgraden die Rekrystallisation vielfach noch nicht vollständig gewesen ist, so daß eine Unterscheidung zwischen dem Verformungskorn und dem rekrystallisierten Korn unsicher war. Bei hohen Temperaturen und nach hohen Verformungsgraden findet sich ein plötzlicher Anstieg der Korngröße. Hier handelt es sich ohne allen Zweifel um eine freie sekundäre Rekrystallisation. Da diese eine abnorme Erscheinung im Sinne des Rekrystallisationsdiagrammes mit durchaus abnormer Zeit- und Temperaturabhängigkeit des Krystallwachstums darstellt, gehört sie nicht in das Rekrystallisationsdiagramm nach J. CZOCHRALSKI.

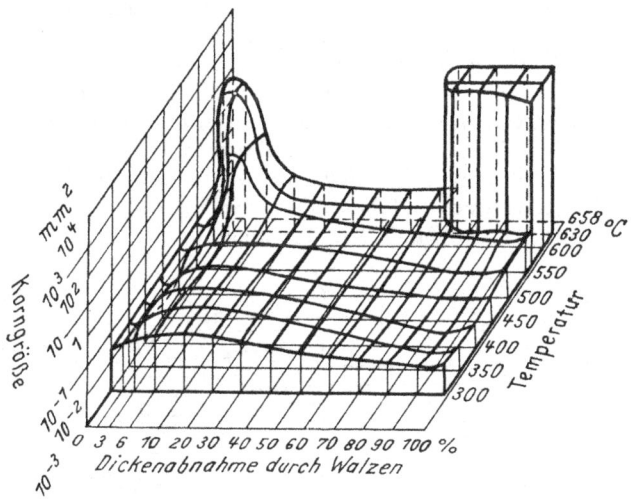

Abb. 383 a. Rekrystallisationsdiagramm des Aluminiums (nach DAHL u. PAWLEK).

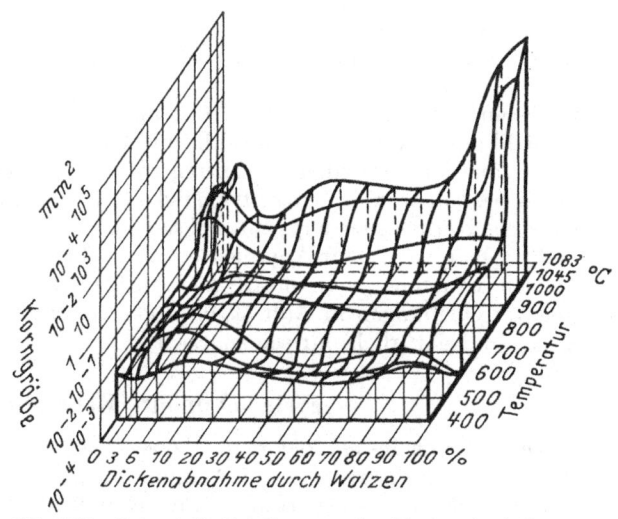

Abb. 383 b. Rekrystallisationsdiagramm des Kupfers (nach DAHL u. PAWLEK).

---

[1] DAHL, O., u. F. PAWLEK: Z. Metallkde. **28** (1936), 266.

Auf Grund der bisher bekannt gewordenen Versuchsergebnisse scheint es, daß die Geschwindigkeit der Korngrenzenverschiebung bei der Kornvergrößerung viel geringer als bei dem Kernwachstum (S. 450) ist. W. G. BURGERS schätzt sie für ein paar Fälle auf 0,0001 bis 0,001 mm/min gegenüber den Werten von Bruchteilen eines Millimeters für den letzteren Vorgang (vgl. Tabelle 73, S. 452). Dieser Größenunterschied ist verständlich, wenn man berücksichtigt, daß der Stabilitätsunterschied zwischen dem neuen Korn und dem Gefüge, auf dessen Kosten er wächst, viel größer als zwischen den einzelnen Körnern bei der Kornvergrößerung ist.

Bei niedrigeren Rekrystallisations-Temperaturen nimmt die Korngröße mit der Temperatur vielfach nur wenig, oft kaum bemerkbar, zu, um bei hohen Temperaturen und besonders nach geringeren Verformungsgraden stark anzuwachsen. In Abb. 384 ist in Anlehnung an die früheren Erörterungen (vgl. S. 442)

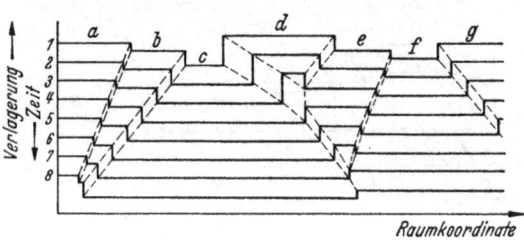

ein energetisches Schema der Kornvergrößerung gegeben. Die Ordinaten stellen die Verlagerungsgrade dar, die Abszissen eine Raumkoordinate. Die gebrochenen Linien 1—8 deuten die Verteilung der Verlagerungen zu verschiedenen Zeitpunkten an. Die Zeitachse ist als nach vorn und unten gerichtet zu denken. Der Einfachheit halber

Abb. 384. Energetisches Schema des Kornwachstums.

ist angenommen worden, daß die Verlagerung jedes der Krystalle a—g in sich konstant ist, und beim Übergang von einem Krystallit zum anderen sich sprunghaft ändert. Es wird fernerhin angenommen, daß jeder Krystallit bei seinem Wachstum seinen Verlagerungszustand beibehält. Man sieht wie der Krystall mit der geringsten Verlagerung c auf Kosten seiner Nachbarn wächst, wie der Krystall b zwar auf Kosten von a wächst, aber gleichzeitig und schneller von c aufgezehrt wird, so daß er zuletzt verschwindet, und wie die am wenigsten beständigen Krystallite d und e nach und nach aufgezehrt werden. Die Zahl der Krystallite nimmt ab, ihre Größe also zu. Dieses Schema stellt die Eigenarten der Krystallvergrößerung zufriedenstellend dar. Seine Hauptschwierigkeit besteht wohl in der Notwendigkeit, anzunehmen, daß die Unvollkommenheit eines Kernes oder Krystalls bei seinem weiteren Wachstum aufrecht erhalten bleibt. Oben haben wir Argumente dafür gebracht, daß eine solche Tendenz tatsächlich vorhanden sein muß. Die Ansätze der Geschwindigkeiten der Korngrenzverschiebungen in Abb. 384 (proportional der Differenz der Verlagerungsgrade) sind natürlich nur schematisch:

5. Freie sekundäre Rekrystallisation.

Diese Erscheinung, die bereits oben beschrieben worden ist (S. 427), tritt besonders charakteristisch bei Aluminium und Zink, sowie bei Kupfer, Nickel und Kupfer-Nickel-Legierungen auf. Ihre wichtigsten Gesetzmäßigkeiten, die zum Teil bereits oben angedeutet worden sind, sind auf Grund der Versuche mit Zink und mit Aluminium folgende:

1. Für das Zustandekommen einer sekundären Rekrystallisation ist ein gewisser minimaler Verformungsgrad vor der primären Rekrystallisation erforderlich. Dieser kritische Verformungsgrad ist verschieden hoch, je nach der Höhe der Temperatur der sekundären Rekrystallisation. Mit steigender Temperatur rückt er zu geringeren Verformungen hin.

2. Damit ergibt sich für jeden Verformungsgrad auch eine kritische Temperatur, unterhalb der keine sekundäre Rekrystallisation stattfindet.

3. Mit steigendem Verformungsgrade nimmt die Korngröße der sekundären Rekrystallisation unter sonst gleichen Umständen (gleiche Temperaturen, Erhitzungsgeschwindigkeiten und Zeiten) ab.

4. Oberhalb der kritischen Temperatur der sekundären Rekrystallisation nimmt die Korngröße mit steigender Temperatur ab. Voraussetzung hierfür ist, daß die Proben vor der Erhitzung auf die fragliche Temperatur nicht vorher oberhalb der kritischen Temperatur geglüht worden sind.

5. Im Zusammenhang mit 4. steht der starke Einfluß der Erhitzungsgeschwindigkeit, der bereits oben S. 428 gezeigt worden ist, in dem Sinne, daß bei einer langsamen Erhitzung ein gröberes Korn entsteht, als bei schnellerer.

Die Abb. 350 zeigt diese Gesetzmäßigkeiten für das Aluminium.

In diesen Zusammenhängen wiederholen sich bei der sekundären Rekrystallisation dieselben Regelmäßigkeiten, die für die primäre Rekrystallisation festgestellt wurden (S. 428). Man findet genau dieselben Erscheinungen, wenn man ein vorher primär rekrystallisiertes Material schwach verformt, und zwar auch bei Metallen, die keine sekundäre Rekrystallisation zeigen. Nach einer solchen schwachen Verformung findet sich auch der große Einfluß der Erhitzungsgeschwindigkeit auf die Korngröße, der bei stärker verformten Metallen nur in schwächerem Maße oder gar nicht beobachtet wird.

Die überaus große Ähnlichkeit der Erscheinungen bei der sekundären Rekrystallisation von stärker gereckten Metallen und der primären von schwächer gereckten Metallen spricht dafür, daß die . Natur beider Erscheinungsgruppen eine sehr verwandte ist.

Hinsichtlich der Orientierung der Krystallite der sekundären Rekrystallisation ist zu sagen, daß ein gesetzmäßiger Zusammenhang zwischen ihr und der Orientierung der primären Krystalle, aus denen sie entstanden sind, zu bestehen scheint. Jedoch sind die Orientierungen beider durchaus nicht identisch.

Soweit man auf Grund von verhältnismäßig unsicheren Beobachtungen sagen kann, scheint die Wachstumsgeschwindigkeit der sekundären Krystalle in einem feinen quasiisotropen Gefüge zeitunabhängig zu sein. G. MASING und H. STAUNAU[1] haben die Flächen von in sehr aufgerissenen Formen wachsenden sekundären Krystallen im gewalzten Zink nach verschiedenen Zeiten planimetriert und festgestellt, daß die Flächen annähernd proportional dem Quadrat der Zeit, also die linearen Abmessungen proportional der Zeit der Rekrystallisation wachsen.

Die sekundäre Rekrystallisation setzt nicht sofort nach Erreichung der Versuchstemperatur ein, sondern nach einer gewissen Inkubationszeit, die mit steigender Temperatur geringer wird. Nach Versuchen von H. C. H. CARPENTER und C. F. ELAM betrug sie bei 550° C ungefähr 3—4 Tage, wahrscheinlich in einem stark gewalzten Blech[2]. Nach Versuchen von W. FEITKNECHT an Aluminium mit einem Reinheitsgrad von 99,6% nach einem Walzgrade von 30—40% Dickenabnahme betrug sie bei 500—550° C einige Wochen und bei 630° C weniger als einen Tag[3]. Die Inkubationsperiode nimmt auch mit zunehmendem Verformungsgrad ab. In allen diesen Beziehungen besteht eine völlige Übereinstimmung zwischen der primären und der sekundären Rekrystallisation. Auch die lineare Wachstumsgeschwindigkeit liegt in beiden Fällen in derselben Größenordnung: bei technisch reinem feinkörnigem Aluminium dürfte sie bei 500° C etwa 3 mm/min betragen.

[1] MASING, G., u. H. STAUNAU: Z. Metallkde. 33 (1941), 74.
[2] CARPENTER, H. C. H., u. C. F. ELAM: J. Inst. Met. 24 [2] (1920), 83.
[3] FEITKNECHT, W.: J. Inst. Met. 35 (1926), 131.

Das Schema der Kornvergrößerung in Abb. 384 kann auch einen Schlüssel für das Verständnis der freien sekundären Rekrystallisation vermitteln. Nach diesem Schema kann nämlich der Verlagerungsgrad des stabilsten Krystalles während der Grenzverschiebung nicht wesentlich sinken. Wenn die Verlagerungsgrade der einzelnen Krystallite durch Verzehrung der instabilsten sich weitgehend ausgeglichen haben, kommt die Rekrystallisation zunächst ins Stocken. Einen weiteren Antrieb kann sie erhalten, wenn an einer Stelle ein wesentlich stabileres Gebilde entsteht, also der Kern eines sekundären Krystalles. Diese Kernbildung hat hier bei unmittelbarer Beobachtung den Charakter eines unwahrscheinlichen Vorganges, der das spätere Krystallwachstum startet. Das ist eine typische Eigenart der Keimbildung, wie wir sie in Dampf und in Schmelzen kennen.

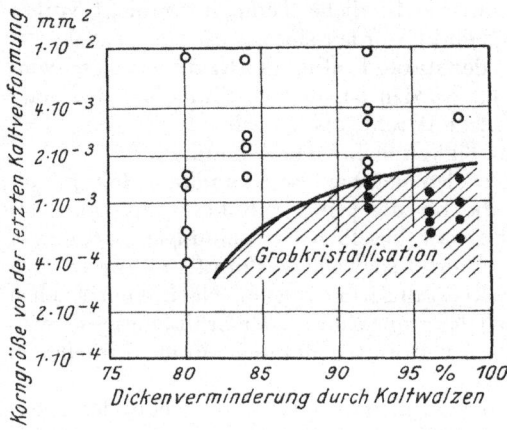

Abb. 385. Abhängigkeit der sekundären Rekrystallisation bei Kupfer vom Walzgrad und von der Korngröße (nach DAHL u. PAWLEK).

Auch die sekundären Krystallite sind jedoch noch nicht völlig verlagerungsfrei, da sie weiterhin durch Korngrenzenverschiebungen wachsen können.

Bei Kupfer, Nickel und den Kupfer-Nickel-Legierungen findet man, wenn sie über etwa 80% flach gewalzt worden sind, im rekrystallisierten Zustand eine „Würfeltextur", bei der die Würfelfläche in der Walzebene und die Würfelkante in der Walzrichtung liegen (vgl. weiter unten). Diese Rekrystallisationstextur ist bei diesem Material eine Voraussetzung für das Eintreten einer sekundären Rekrystallisation, deren weitere Voraussetzung ein genügend feines Korn vor der letzten Kaltreckung ist. Abb. 385 zeigt nach O. DAHL und F. PAWLEK die Grenzen der Korngrößen bei Kupfer, die zu einer groben sekundären Rekrystallisation oberhalb von etwa 950° C führen, die verschiedenen Korngrößen nach ein und demselben Walzgrad werden durch Wahl verschiedener Ausgangskorngrößen erreicht[1].

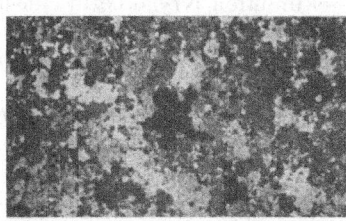

V = 2

Abb. 386. Undeutlicher Übergang zwischen primärer und sekundärer Rekrystallisation bei einem Aluminiumblech (aus BURGERS).

Danach scheint allgemein nicht der Verformungsgrad und Verfestigungsgrad als solcher für die spätere sekundäre Rekrystallisation bestimmend zu sein, sondern die vom Verformungsgrad abhängende Korngröße der primären Rekrystallisation.

Vielfach tritt die sekundäre Rekrystallisation nicht so typisch wie beim Zink und Aluminium auf. Neben der normalen Kornvergrößerung tritt offenbar auch sekundäre Kernbildung ein. Man beobachtet dann Mischformen wie die in Abb. 386 dargestellte. Neben großen Krystalliten finden sich zahlreiche kleine. Die Korngrößenverteilung ist offenbar nicht die statistisch normale, wie man sie z. B. in Abb. 350 sieht, mit einem Maximum der Häufigkeit in der Mitte, sondern eine abweichende: mittlere Korngrößen sind nur schwächer vertreten, die Kurve

---

[1] DAHL, O., u. F. PAWLEK: Z. Metallkde. **28** (1936), 266.

der Korngrößenverteilung zeigt zwei Maxima. Den extremen Fall, in dem die mittleren Größen völlig fehlen, sieht man in Abb. 353.

Es ist oben erörtert worden, daß bei der primären Rekrystallisation nach stärkeren Verformungsgraden ein geringerer Einfluß der Erhitzungsgeschwindigkeit auf die Korngröße, nach schwachen Verformungen und bei der sekundären Rekrystallisation jedoch ein sehr starker Einfluß beobachtet wird. Das ist vielleicht wie folgt durch Abnahme des Temperaturkoeffizienten der Kernbildungsgeschwindigkeit infolge einer Abnahme der Aktivierungsenergie der Kernbildung zu erklären: Das Gefüge eines verformten Metalles besteht aus Mosaikblöcken, die an den Grenzen durch Versetzungen sehr stark verlagert, im Innern jedoch nur elastisch verspannt sind. Der Betrag der Verzerrung durch Spannungen kann die Verformung bei der Elastizitätsgrenze nicht übersteigen. Er wird deshalb mit wachsender Verformung nur wenig zunehmen. Dahingegen kann angenommen werden, daß die Maximalwerte der Verlagerung an Gleitebenen mit steigendem Verformungsgrad zunehmen. Hieraus würde zunächst folgen, daß die dort auftretenden Störungen nicht nur aus Versetzungen bestehen, denn der Energiewert einer Versetzung muß vom Betrage der Kaltreckung unabhängig sein. Weiterhin ergibt sich aber, falls man wiederum den Ansatz macht (S. 439), daß die Aktivierungsenergie der Kernbildung gleich der Aktivierungsenergie des Platzwechsels in einem ungestörten Raumgitter minus der latenten Energie der Verformung ist, daß die Aktivierungsenergie der Kernbildung bei der Rekrystallisation mit zunehmendem Verlagerungsgrade des Raumgitters und also der Temperaturkoeffizient der Kernbildungsgeschwindigkeit abnimmt.

6. Erzwungene sekundäre Rekrystallisation.

Es gibt Fälle, in denen eine Wechselfolge zweier verschiedener Beanspruchungen die nachträgliche Rekrystallisation in dem Sinne beeinflußt, daß eine sekundäre Rekrystallisation unter Bedingungen auftritt. unter denen sie sonst nicht zu erwarten wäre. Diese Art der Rekrystallisation ist bisher mit Sicherheit an einer Eisen-Nickel-Legierung mit 50% Fe beobachtet worden[1]. Wird ein um 98% flachgewalztes dünnes Band vor der Rekrystallisation von einer Schere beschnitten, so hat das zur Folge, daß nach erfolgter primärer Rekrystallisation mit Würfeltextur (S. 468) an der beschnittenen Seite bei 1000° C grobe Krystallite wachsen,

Abb. 387. Erzwungene sekundäre Rekrystallisation bei einer Fe-Ni-Legierung (nach H. G. MÜLLER).

wie sie ohne diese Behandlung erst bei einer um 100—150° C höheren Temperatur auftreten würden (Abb. 387). Das Beschneiden bedeutet eine schwache bis in das Innere sich erstreckende plastische Verformung. In diesem Falle handelt es sich um eine durch die zweite Verformung erleichterte sekundäre Rekrystallisation. Der Verfasser hat sie die *erzwungene sekundäre Rekrystallisation* genannt. Es ist nicht sicher, ob ähnliche Effekte nicht auch noch eine gewisse Rolle spielen, wenn ein Material nach anfänglicher starker Verformung und nach feinkörnigen primären Rekrystallisationen wieder schwach deformiert und erneut rekrystallisiert worden ist. Das ist ein lehrreiches Beispiel dafür, wie weitgehend die Vorgeschichte eines Metalles trotz nachträglicher Glühungen sich in seinem

---

[1] MÜLLER, H. G.: Z. Phys. **96** (1935), 279.

späteren Verhalten noch offenbaren kann. Bei der Erörterung der Gesetze der primären Rekrystallisation haben wir bei der Betrachtung schwacher Verformungen vorwiegend Versuche mit so vorbehandeltem Material besprochen. Es ist nicht ausgeschlossen, daß die hier vorliegenden Zusammenhänge noch nicht in vollem Umfange erkannt worden sind.

7. Rekrystallisations-Zwillinge.

Wie oben erwähnt, treten bei der Rekrystallisation von flächenzentrierten Metallen Zwillinge auf. Eine Ausnahme bildet nur Aluminium, bei dem nur äußerst selten Zwillinge beobachtet werden. Diese Zwillinge entstehen, wie bei der Schilderung des Rekrystallisationsganges gezeigt (S. 425), vielfach erst in den späteren Stadien der Rekrystallisation. Sie zeichnen sich durch eine bemerkenswerte Beständigkeit aus; sobald Zwillinge aufgetreten sind, lassen sie sich durch Glühungen bei höheren Temperaturen nicht mehr beseitigen, trotzdem weiteres Kornwachstum stattfindet. Das Auftreten der Zwillinge ist der Grund dafür, daß es nicht möglich ist, Einzelkrystalle aus flächenzentrierten Metallen außer Aluminium durch sekundäre Rekrystallisation herzustellen.

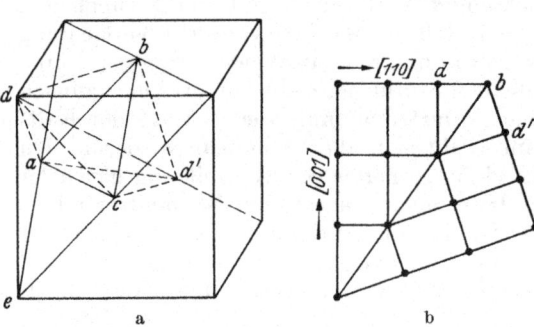

Abb. 388 a und b. Zur Zwillingsbildung in einem kubisch flächenzentrierten Raumgitter.

Die Zwillingsebene, auf der sich die Zwillinge bei der Rekrystallisation des flächenzentrierten Gitters berühren, ist die Oktaederfläche (111) (Abb. 388a). Es sei die Ebene, auf der die Punkte a, b und c liegen, eine solche Zwillingsebene. Mit dem Punkt d bilden diese Punkte im betrachteten Raumgitter eine gleichseitige Pyramide. Durch die Lage der vier genannten Punkte ist die Orientierung des gesamten Gitters festgelegt, durch die Punkte a, b und c allein jedoch noch nicht. Der Gipfel der Pyramide kann ja auch *unterhalb* des Dreiecks abc im Punkte d' liegen. Das ergibt eine andere, nämlich die mit dem Gitter $abcd$ verzwillingte Orientierung (vgl. Anordnung der Gitterpunkte in einer zu abc senkrechten Ebene, Abb. 388b). Man sieht leicht, daß alle Gitterpunkte, die im geringsten Abstand von einem Gitterpunkt d liegen, auf der Zwillingsebene (z. B. b) oder auf derselben Seite der Zwillingsebene wie der Punkt d liegen. Eine derartige Anordnung ist nur bei der Zwillingsbildung nach der (111)-Ebene im flächenzentrierten Gitter möglich und hängt damit zusammen, daß die Abstände der Gitterpunkte in der Zwillingsebene zugleich die kleinsten Abstände im Gitter sind (G.D. PRESTON)[1]. Eine Folge davon ist, daß die kleinsten Abstände keine Verzerrung an der Gitterebene erleiden. Es ist nicht ausgeschlossen, daß das ein Grund für die Stabilität und für die leichte Entstehung derartiger Zwillinge im flächenzentrierten Gitter ist[2].

Die Ursache für die Entstehung von Rekrystallisationszwillingen ist ziemlich unklar, und es ist auch keineswegs sicher, daß sie immer auf eine und dieselbe Weise entstehen. Es ist sehr auffallend, daß man sie beim flächenzentrierten

[1] PRESTON, G. D.: Nature [London] **119** (1927), 600.
[2] Vgl. besonders W. G. BURGERS: Rekrystallisation usw. S. 368ff. Leipzig: Akademische Verlagsgesellschaft Becker & Erler 1941.

Aluminium kaum kennt; das Aluminium zeichnet sich andererseits dadurch aus, daß es bei der Verformung keine Verbreiterung der Debye-Scherrer-Linien ergibt (S. 391), sein Verformungsmechanismus also von dem der anderen flächen-zentrierten Metalle abweicht. Das spricht dafür, daß die Bildung der Rekrystalli-sationszwillinge durch den Verformungsmechanismus bestimmt wird, und daß sie bereits bei der Deformation vorgebildet werden, wofür es Anzeichen gibt. Der Umstand, daß sie zuweilen in späteren Rekrystallisationsstadien auftreten, spricht gegen diese Auffassung. Man nimmt an, daß es kleine Störungen im Krystallwachstum sind, die die Zwillingsbildung veranlassen. Sehr auffallend und wenig geklärt ist die Ursache für die geradlinige Begrenzung der Zwillinge.

8. Einfluß der Verformungsbedingungen auf die Rekrystallisation.

Wir haben oben bei der Besprechung des Rekrystallisationsdiagrammes ge-sehen (S. 428), daß bei gleicher Rekrystallisationstemperatur die Korngröße des primär rekrystallisierten Metalles in erster Linie durch den Verformungsgrad bestimmt und mit seiner Zunahme geringer wird. Abb. 389 zeigt diesen Zusam-menhang noch einmal an Hand eines systematischen Versuches mit Eisen. Die Enden der Stäbe waren beim Dehnen in den Backen der Zerreißmaschine ein-gespannt und haben keine plastische Verformung erlitten. Die Glühtemperatur

Dehnung
2%

4%

6%

8%

10%

Abb. 389. Einfluß des Walzgrades auf die Korngröße bei Eisen. Rekrystallisationstemperatur 820° C, nat. Gr. (aus BURGERS) (nach van ARKEL und van BRUGGEN u. PLOOS van AMSTEL).

betrug 820° C. Die Korngröße nimmt mit steigendem Verformungsgrad ab. Unterhalb einer gewissen Verformungsgrenze bleibt die Rekrystallisation ganz aus.

Es entsteht so eine Rekrystallisationsschwelle, die, wie wir erörtert haben, sich mit steigender Temperatur zu niedrigeren Verformungsgraden verschiebt und unterhalb derer noch keine Rekrystallisation zustandekommt. Man sieht, daß nach einer Dehnung um 3% in den in Frage kommenden Legierung die Re-krystallisation gerade durch Bildung vereinzelter Kerne begonnen hat. Die Tat-sache, daß nach den geringsten Verformungen die größten Rekrystallisations-körner entstehen, führt zu dem charakteristischen *Sprung* in der Korngröße bei der Rekrystallisationsschwelle, wie sie im Vergleich mit dem Rand bei der um 2% gedehnten Probe sehr deutlich zutage tritt. Dieser Sprung verschwindet, wenn man statt der Korngröße die Zahlen der neu entstandenen Krystallite verfolgt. Bei Verformungsgraden unterhalb von etwa 2% ist diese Zahl gleich Null und nimmt mit zunehmender Temperatur stetig zu. Das ist dasselbe Bild, welches man nacht der Rekrystallisation eines lokal deformierten Metalles beobachtet (Seite 443).

Die Rekrystallisation wird natürlich nicht durch die Geometrie der plastischen Verformung an sich, sondern durch den durch diese erzeugten Zwangszustand des Gefüges (Verlagerung des Raumgitters) bestimmt. Dieser hängt stark von der Temperatur ab, wie wir bei der Besprechung der Verfestigung gesehen haben (S. 380). In diesem Zusammenhang ist auch verständlich, daß bei höherer Temperatur verformtes Metall, das eine geringere Verfestigung aufweist, auch träger und also gröber rekrystallisiert. Das sieht man sehr deutlich bei Aluminium,

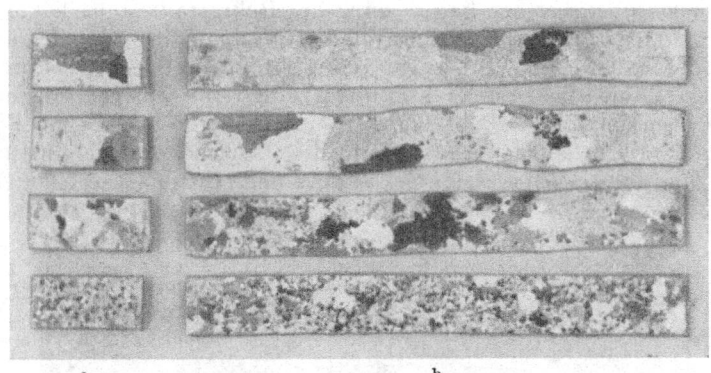

a   b

Abb. 390 a und b. Rückbildung der Korngröße des Ausgangsgefüges bei der sekundären Rekrystallisation. a Ausgangsmaterial; b Gewalzt um 75% und rekrystallisiert, nat. Gr. (nach VAN ARKEL und VAN BRUGGEN).

wenn die Verformung das eine Mal bei Zimmertemperatur und das andere Mal bei 500° C um gleiche Beträge durchgeführt wird. Es ist anzunehmen, daß die bei 500° C an und für sich bereits einsetzende Rekrystallisation bei der Kürze der Zeit nach der Dehnung nur von geringerem Einfluß auf die spätere Rekrystallisation sein kann. Das wesentlich gröbere Korn der heiß verformten Proben ist auf die weit geringere Verlagerung zurückzuführen.

Vielfach wird eine erhebliche Abhängigkeit der Korngröße nach der Rekrystallisation von der Korngröße vor der Verformung beobachtet, so insbesondere bei Aluminium (vgl. Abb. 390). Wenn man den Verformungsgrad geschickt wählt, gelingt es, nach der Verformung und nach der Rekrystallisation ungefähr dieselbe Korngröße zu erhalten wie vor der Verformung. Da die Krystallite sich bei der Verformung um so stärker behindern, je zahlreicher sie sind, muß dem feinkörnigen Gefüge eine stärkere Verfestigung und eine stärkere Verlagerung entsprechen.

Ein ungefähres Maß des Verlagerungszustandes kann die durch die Verformung erreichte Festigkeit sein. A. E. VAN ARKEL und M. G. VAN BRUGGEN[1] haben durch Verwendung von Aluminium verschiedener Reinheitsgrade durch Rekrystallisation Stäbchen mit verschiedenen Korngrößen erzeugt und sie dann bis zu einer Fließgrenze von 10 kg/mm² gedehnt. Die ursprünglichen Größenunterschiede der Einzelkörner sind nach der Rekrystallisation verschwunden, entsprechend der gleichen Festigkeit und der annähernd gleichen Verfestigung sind die Korngrößen

---

[1] VAN ARKEL, A. E., u. M. G. V. BRUGGEN: Z. Phys. 42 (1927), 795.

fast gleich. Das ist eine hübsche Illustration für den unmittelbaren Zusammenhang zwischen der Verlagerung und der Rekrystallisation.

Aber auch die Verfestigung ist nicht immer ein sicherer Maßstab für die Verlagerung, wie ein Versuch von W.G. BURGERS und J.J.A. PLOOS VAN AMSTEL[1] zeigt. Hierbei wurden einkrystalline Aluminiumproben verschiedener Orientierungen, die so gewählt wurden, daß in dem einen Fall eine einfache und in dem anderen Falle eine doppelte Gleitung zu erwarten war, um gleiche Beträge gedehnt. Wie oben gezeigt, tritt hierbei beim Aluminium gleiche Verfestigung ein. Trotzdem waren die Proben mit einfacher Gleitung nach der Rekrystallisation feinkörniger, ein Beweis für eine lebhaftere Kernbildung, die nur auf eine höhere Verlagerung zurückgeführt werden kann.

Noch komplizierter liegen die Verhältnisse, wenn ein Metall erst einer plastischen Verformung und dann einer Rückverformung im entgegengesetzten Sinne unterworfen wird. Wird feinkrystallines Aluminium um 5% gedehnt oder gestaucht, so tritt die Rekrystallisation bei einem bestimmten Reinheitsgrad und nach einer bestimmten Erhitzungsdauer bei 470° C ein; wird der vorher um 5% gedehnte Stab jedoch nachträglich umgekehrt um 5% gestaucht oder gedehnt, so tritt die Rekrystallisation erst bei 510° C ein; das Rekrystallisationsgefüge ist feinkörniger[2]. Die Verzögerung des Rekrystallisationsbeginnes kann als eine herabgesetzte Neigung zur Rekrystallisation betrachtet werden. Wenn Aluminiumstücke tordiert und rücktordiert werden, wird durch die Rückdeformation das Korn nach einer Erhitzung auf 600° C erst gröber und nach stärkerer Rücktorsion wieder feiner. Die mittlere Zone ist nicht verformt worden und ist nicht zur Rekrystallisation gekommen. Sie wird mit wiederholter und fortschreitender Verformung immer enger. In Übereinstimmung damit *steigt* bei allen beschriebenen Versuchen die Verfestigung auch bei der Rückdeformation. Ein Bauschinger-Effekt (S. 412), wenn er vorhanden ist, wird hierdurch völlig verdeckt.

Es ist gezeigt worden, daß sich bei der Rückdeformation eines Einzelkrystalles, wenigstens zum Teil, andere Gleitungen betätigen als bei der ersten Deformation. Wir nehmen an, daß die Verfestigung in erster Näherung einfach durch die Gesamtzahlen (richtiger durch die Dichte) der gebundenen Versetzungen bestimmt wird (S. 379). Es ist oben bereits darauf hingewiesen worden, daß die Kernbildung bei der Rekrystallisation offenbar durch Störungen anderer Art ausgelöst wird. Die Ausbildung dieser Störungen scheint in erster Linie durch den Betrag der Abgleitung längs einer einzelnen Gleitebene bestimmt zu werden. Das ergibt sich aus dem oben erörterten Umstand, daß eine doppelte Gleitung, also wohl die Betätigung einer höheren Anzahl von Gleitebenen, aber mit geringeren Einzelabgleitungen nur eine geringere Neigung zur Rekrystallisation herbeiführt als eine Gleitung in nur einem Gleitsystem. Da sich bei der Rückdeformation neue Gleitebenen betätigen, ist verständlich, daß die Rekrystallisationsneigung nach einer Hin- und Rückverformung geringer als bei einer einmaligen Verformung eines Betrages gleich der Summe der Beträge bei den beiden Einzelverformungen ist. Die weitere Tatsache, daß die Rekrystallisationsneigung hierbei noch viel stärker abnimmt, kann wohl nur so gedeutet werden, daß jene gröberen, für die Rekrystallisation maßgebenden Störungen des Raumgitters (die aber für die Verfestigung neben den Versetzungen kaum eine Rolle spielen) durch die Rückdeformation zum Teil wieder abgebaut werden. Das wird nur durch eine teilweise Rückdeformation auf denselben Gleitebenen wie die der ersten Deformation stattfinden können.

---

[1] BURGERS, W. G.: Nature [London] **131** (1933), 326. — BURGERS, W. G., u. J. J. A. PLOOS v. AMSTEL: Z. Phys. **81** (1933), 43.

[2] KARNOP, R., u. G. SACHS: Z. Phys. **52** (1928), 301; vgl. verschiedene Arbeiten von P. BECK, z. B. Trans. amer. Inst. Met. Engng., Inst. Met. Div. **124** (1937), 351.

E. Einfluß von Verunreinigungen und Legierungszusätzen auf Rekrystallisation und Erholung.

Bei der Besprechung der Erholung ist darauf hingewiesen worden, daß sie von der Rekrystallisation zu unterscheiden ist. Bei den meisten über den Einfluß der Verunreinigungen und Zusätze vorliegenden Beobachtungen ist das nicht geschehen; auch dort wo von Erholung die Rede ist, wird es sich in vielen Fällen in Wirklichkeit um Rekrystallisationserscheinungen handeln. Deshalb müssen hier Rekrystallisation und Erholung gemeinsam besprochen werden.

G. TAMMANN hat bei der Behandlung von regulinischem Cadmium mit Jod-Jodkaliumlösung nach der Auflösung des Metalles ein feines durchscheinendes nicht metallisches Wabennetz erhalten, in dessen Zellen die Krystallite des Metalles offenbar eingebettet gewesen wären[1]. Sie waren also durch Säume von Zwischensubstanz getrennt. In verformtem Metall findet man die Zwischensubstanz in nicht zusammenhängender Form. Diese Beobachtungen hat G. TAMMANN zur Grundlage seiner Rekrystallisationstheorie gemacht, die von der oben entwickelten weitgehend abweicht[2]. Nach seiner Auffassung sind zwei sich berührende Krystallite nur dann miteinander im Gleichgewicht, wenn sie zur Berührungsfläche gleich orientiert sind. Dieser Bedingung genügen Zwillinge, und die große Beständigkeit ihrer Begrenzungen findet zunächst ihre Erklärung. Ist diese Bedingung nicht erfüllt, so findet eine Korngrenzenverschiebung, also Rekrystallisation statt. Es soll derjenige Krystall auf Kosten des anderen wachsen, für welchen die Berührungsfläche niedriger indiziert ist. Bei Rekrystallisationsversuchen an Eis haben K. L. DREYER und G. TAMMANN Anhaltspunkte für die Bestätigung dieses Ansatzes gefunden[3].

Der Umstand, daß in regulinischen Metallen vielfach keine Rekrystallisation stattfindet, wird auf die Anwesenheit von lückenlosen Säumen von Zwischensubstanzen zurückgeführt. Bei der plastischen Verformung werden diese Säume zerrissen, die Krystallite kommen miteinander in Berührung und die Voraussetzung für Korngrenzenverschiebungen ist gegeben.

Die Tatsache, daß die Rekrystallisation bei einer gegebenen Temperatur zum Stillstand kommt, wird teils darauf zurückgeführt, daß die Zwischensubstanz bei einer Korngrenzenverschiebung vor die Grenze geschoben wird und so nach und nach einen Trennungswall zwischen den Krystalliten bildet, teils auf eine mit der Temperatur steigende Löslichkeit der Zwischensubstanz in dem Metallkrystalliten. Vor der Rekrystallisation sollen sie an der Zwischensubstanz übersättigt sein; während der Rekrystallisation scheidet sich der Überschuß an der Rekrystallisationsfront aus und wird wie oben weitergeschoben. Auf Grund dieser Auffassung wäre zu erwarten, daß ein schnell abgekühltes Metall anders rekrystallisiert als ein langsam abgekühltes. Auch hierfür sind zuweilen Anzeichen gefunden worden.

Wie wir sehen werden, üben Zusätze zum Metall in der Regel einen starken, meistens hemmenden Einfluß auf die Rekrystallisation aus. In diesem Zusammenhang ist die störende Wirkung der mit Sicherheit nachgewiesenen Zwischensubstanz verständlich. Trotzdem gibt es Argumente, die die geschilderte Auffassung der Rekrystallisation nicht ausreichend erscheinen lassen. Zunächst verlangt der irreversible Charakter des Rekrystallisationsablaufes einen mit diesem

---

[1] TAMMANN, G.: Z. anorg. allg. Chem. **121** (1922), 275.
[2] TAMMANN, G.: Z. anorg. allg. Chem. **185** (1929), 1.
[3] TAMMANN, G., u. K. L. DREYER: Z. anorg. allg. Chem. **182** (1929), 289.

verbundenen Gewinn an thermodynamischer Beständigkeit, für die bei der Auffassung von G. TAMMANN keine Anhaltspunkte vorhanden sind. Fernerhin ist zu sagen, daß bei Korngrenzenverschiebungen keine Zusammenhänge zwischen Wachstumsrichtung und Lage der vielfach gekrümmten Berührungsflächen von Krystalliten gefunden werden konnten (H.C.H.CARPENTER u.C. F.ELAM, vgl.S.426). Der Befund, daß das Kornwachstum mit zeitunabhängiger Geschwindigkeit verläuft, beweist, daß im Sinne von G. TAMMANN keine Anhäufung der Zwischensubstanz an der Rekrystallisationsfront stattfindet; trotzdem finden sich in solchen Fällen alle charakteristischen Rekrystallisationsmerkmale. Man wird daraus schließen, daß die Wanderung und Ausscheidung einer „Zwischensubstanz" nur eine Störungserscheinung, nicht aber ein Bestandteil des normalen Rekrystallisationsablaufes ist. Deshalb haben wir oben die Rekrystallisationserscheinungen auf einer anderen Basis erörtert. Dafür, daß Verunreinigungen sich tatsächlich an der Rekrystallisationsfront anreichern können, spricht der von H. G. MÜLLER gefundene Einfluß des $SrCl_2$ auf die Rekrystallisation des Kochsalzes (vgl. S. 473).

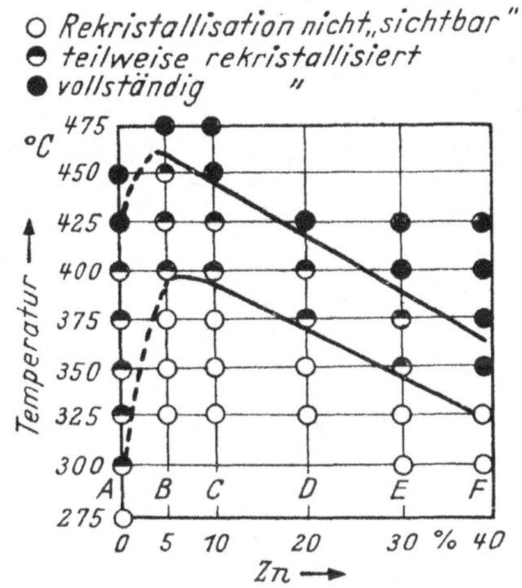

Bei dem Einfluß von metallischen Zusätzen ist zwischen Mischkrystallbildung und heterogenen Beimengungen zu unterscheiden. Das Verhalten der Zusätze ist im allgemeinen sehr unübersichtlich. Es gibt Fälle, in denen der Einfluß im Rahmen der Mischkrystallbildung vorherrscht; in anderen ist der Einfluß im heterogenen Gebiet stärker.

Der Einfluß von Zusätzen kann sich auf die Kernbildung oder auf die anderen Elementarvorgänge der Rekrystallisation erstrecken. Eine solche Analyse des Einflusses ist noch kaum durchgeführt worden; er kann bei verschiedenen Teilvorgängen ein verschiedenes Vorzeichen haben und in verschiedener Weise von der Konzentration abhängen. Deshalb kann ein komplizierterer Konzentrationsgang der Rekrystallisation zustandekommen, wie man das in Abb. 391 für das Beispiel der Kupfer-Zink-Legierungen sieht[1].

Bei Mischkrystallen ist in der Regel vor allen Dingen der Einfluß kleiner Zusatzmengen groß.

Die Rekrystallisation des Kupfers wird durch kleine Mengen von Ag, Zn, Al, Fe u. a. erheblich, um 100—200° C erhöht, wie O. DAHL das an Hand der Erweichungskurven festgestellt hat[2]. Im Gegensatz dazu stehen Ergebnisse von H. WIDMANN[3], daß Aluminium, Eisen, Wismut und Zink die Rekrystallisationstemperatur erniedrigen. Phosphor, Mangan, Blei, Silber und Zinn erhöhen seine Rekrystallisationstemperatur. Gold und Nickel üben nur einen geringen Einfluß aus. Bei Silber wird die Rekrystallisationstemperatur durch Kupfer und Aluminium erhöht, durch Gold, Palladium, Nickel und insbesondere Eisen erniedrigt[3].

Bei Blei wird die Rekrystallisation durch Tellur, Natrium, Silicium, Antimon und in noch höherem Maße durch Silber und Calcium verzögert.

O Rekristallisation nicht „sichtbar"
◓ teilweise rekristallisiert
● vollständig   „

Abb. 391. Rekrystallisationstemperatur von Cu-Zn-Legierungen (aus BURGERS).

[1] IWERONOWNA, W. J., u. H. S. SCHDANOW: Metallwirtsch. 15 (1936), 1086.
[2] DAHL, O.: Wiss. Veröff. Siemens-Konzern 8, 2. Heft (1929), 157.
[3] WIDMANN, H.: Z. Phys. 45 (1927), 200.

Außerordentlich stark ist der Einfluß von geringen Verunreinigungen auf die Entfestigung von Aluminium, wobei die Frage, wieweit es sich hierbei um die Wirkung der Erholung oder der Rekrystallisation handelt, offen bleiben muß. J. CALVET fand, daß bei Aluminium mit einem Reinheitsgrad von 99,9986% die völlige Beseitigung der Verfestigung bei 100° innerhalb von 6—10 Minuten erfolgt, bei einem Reinheitsgrad von 99,996% aber innerhalb von 240 Stunden nur eine 25%ige Entfestigung eintritt. Eine Probe mit 99,99% Al braucht bei 225° zur völligen Entfestigung mehr als eine Stunde, und eine solche mit 99,96% Al mehr als 100 Stunden[1].

F. Rekrystallisationstexturen.

Es ist oben bereits gelegentlich darauf hingewiesen worden, daß die Orientierung der bei der Rekrystallisation entstehenden Krystallite nicht willkürlich ist, sondern in gewissem Zusammenhang mit der Orientierung vor der Rekrystallisation steht. Qualitativ sieht man das sehr deutlich aus der Abb. 392a, b. Die erste zeigt Korngrenzen eines grobkrystallinen Stückes vor dem Walzen, das zweite des geätzte Bild desselben Stückes, das durch Kreuz- und Querwalzen um 75% verjüngt worden, dann während weniger Stunden bei 600° rekrystallisiert und geätzt worden ist. Ziemlich genau entsprechend den früheren Krystallitgrenzen bestehen Unterschiede in der Färbung (der dislozierten Reflexion), die darauf zurückzuführen sind, daß jedes mehr oder weniger einheitlich gefärbte

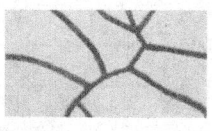

a

b

Abb. 392a und b. Abhängigkeit der Vorzugslage nach der Rekrystallisation von der ursprünglichen Orientierung der Körner vor dem Walzen. a vor dem Walzen; b längs und quer gewalzt und rekrystallisiert (nach VAN ARKEL).

Abb. 393.

Ätzbild eines rekrystallisierten Kupferbleches mit Würfeltextur (nach V. GÖLER u. SACHS).

Gebiet, das aus je einem Krystallit entstanden ist, eine von den anderen Gebieten abweichende bevorzugte Orientierung (Textur) aufweist. Damit ist grundsätzlich gezeigt, daß enge Zusammenhänge zwischen der Textur des verformten Metalles und der Textur des rekrystallisierten Stückes bestehen können.

Ein gutes Beispiel der Rekrystallisationstextur bildet die sog. Würfellage, die bei Kupfer und einigen anderen Metallen nach einer Rekrystallisation des flachgewalzten Metalles unter bestimmten Bedingungen auftritt und die sich dadurch auszeichnet, daß die [100]-Richtung in der Walzrichtung und die (100)-Ebene in der Walzebene liegt (Abb. 393).

---

[1] CALVET, J.: C. r. Acad. Sci. Paris **200** (1935), 66.

Die zuverlässigste Methode zur Bestimmung der Texturen ist die Aufnahme von Debye-Scherrer-Bildern. Die bevorzugten Orientierungen äußern sich hierbei in der Häufung der Schwärzungen an bestimmten Stellen der Debye-Ringe (Abb. 315 A). Ihre Analyse ist nicht immer einfach, hier kann auf sie nicht eingegangen werden. Außerdem sind Texturen des öfteren durch Ätzen bestimmt worden; mit Ausnahme von einigen einfacheren Fällen ist diese letztere Methode weniger zuverlässig.

In der nachfolgenden Tabelle 75 ist eine Anzahl von Rekrystallisations-Texturen zusammengestellt. Die Aufstellung ist keineswegs vollständig. Auch für ein und dasselbe Metall anscheinend unter denselben Arbeitsbedingungen finden sich manchmal widersprechende Angaben. Das hängt zum Teil damit zusammen, daß die Texturen oft nur schwach ausgeprägt sind. In gröberen Winkelbereichen eines Debye-Ringes finden sich Häufungen von Schwärzungspunkten, und die Zuordnung dieser Schwärzungspunkte zu bestimmten Krystallagen in Kombination mit Reflexhäufungen auf anderen Netzebenen entsprechenden Debye-Ringen kann oft auf verschiedene Weise vorgenommen werden, da sie immer eine Bevorzugung bestimmter beobachteter Reflexe und eine Vernachlässigung von anderen schwächer hervortretenden bedeutet. Die Angaben der Tabelle stellen deshalb „idealisierte" Texturen dar. Wo es möglich war, ist angegeben worden ob es sich um eine primäre oder sekundäre Rekrystallisation handelt.

Da wir allgemein annehmen, daß bei der Rekrystallisation die wachsenden Krystallite die Orientierung der Kerne beibehalten, gibt die Textur des primär rekrystallisierten Metalles unmittelbar die Orientierung der Kerne an. Die Orientierungen der Kerne fallen vielfach mit der Orientierung des verformten Metalles zusammen. In anderen Fällen lassen sie sich durch *Streuung* aus den Orientierungen der verformten Struktur ableiten. Das gilt z. B. für das Silber. Seine Walztextur ist $(110) \parallel WE$, $[112] \parallel WR$[1]. Die Rekrystallisationstextur ergibt sich daraus in der Weise, daß die $[112] WR$ erhalten bleibt, daß dahingegen die (110)-Ebene aus der Walzrichtung durch Drehung um die (112)-Achse in zwei entgegengesetzten Richtungen herausrückt, bis sie die beiden (113)-Lagen einnimmt. Die Lagenmannigfaltigkeit der rekrystallisierten Textur ist doppelt so groß wie die der Walztextur.

Besonders eingehend ist die Rekrystallisationstextur von stark gewalzten Einkrystallen aus Aluminium untersucht worden. Es wurde hierbei festgestellt, daß die Orientierungen der entstandenen Krystallite aus der theoretischen Walztextur durch Drehung um die zu den Gleitrichtungen senkrecht in den Gleitebenen liegenden Achsen um 20—60° entstehen, während die Streuungen im gewalzten Zustand nur 10—20° betragen. Das sind die typischen Schwankungen, die durch Biegegleitung entstehen; es ist zu vermuten, daß sie in Wirklichkeit sich auf noch größere Winkel erstrecken, als das mit Hilfe der Röntgenstrahlen unmittelbar festgestellt werden kann, und daß die Rekrystallisationslagen den extremen Werten der Schwankungen der Walzlage entsprechen. Das wäre für das Silber und für die ähnlich rekrystallisierenden flächenzentrierten Metalle anzunehmen. Wenn man fernerhin die ziemlich zahlreichen Fälle berücksichtigt, in denen die Rekrystallisationstextur unmittelbar mit der verformten Textur übereinstimmt, so kann man die Vermutung aufstellen, daß die Rekrystallisationslagen im verformten Zustand des Metalles vorgebildet sein müssen.

In einem scheinbaren Widerspruch damit stehen die Würfeltexturen, die allgemein in den Metallen entstehen, welche im gewalzten Zustand eine doppelte Textur aufweisen. Indessen haben W. IWERONOWNA und G. SCHDANOW[2] gezeigt,

---

[1] WE = Walzebene; WR = Walzrichtung.
[2] IWERONOWNA, W. J., u. G. SCHDANOW: Techn. Phys. USSR 1 (1934), 64. Dasselbe hat H. J. WALLBAUM kürzlich in Göttingen an Aluminium beobachtet. Noch nicht veröffentlicht.

daß im gewalzten Kupfer neben den beiden bereits angegebenen Orientierungen auch bereits ganz schwach die Würfellage vertreten ist.

Es ist oben auf die Konsequenzen hingewiesen worden, die sich aus der Tatsache ergeben, daß die Rekrystallisationsorientierungen der primären Rekrystallisation im verformten Metall vorhanden sein müssen. Da es sich z. B. beim Aluminium um extreme Schwankungen der Biegegleitung handelt, ist anzunehmen, daß der Zwangszustand der in Frage kommenden Krystallite besonders hoch

Tabelle 75. Rekrystallisationstexturen[1].

Gewalzte Metalle.

Metall	Reinheitsgrad	Primär oder sekundär	Beschreibung der Texturen
Al	99,5%	p	Walztexturen teilweise erhalten
	99,9%	p	Walztexturen gut erhalten und sogar verschärft
		?	In einem Falle Andeutungen der Würfellage (100) // WE, [100] // WR
Pb	1—6% Sb	?	Regellose Orientierung sowie eine nicht näher bestimmte Textur
Au	Feingold	?	Würfellage, auch regellose Orientierung
Ag	99,7—99,999	p	(113) // WE; [112] // WR („Silbertextur")
Au-Ag	5%; 30% Ag	p	Vorherrschend Würfellage, daneben „Silberlage"
	70%; 95% Ag	p	Silberlage
Cu		?	Würfellage
		obh. 950°	(120) // WE, [100] // WR
Cu-Zn	2% Zn	p?	Würfellage
	5—37% Zn		Silberlage
Cu-Sn	0,2% Sn		Würfellage
	1—8% Sn		Silberlage
Cu-Ni	40% Ni	p?	Würfellage
Ni	0,5% Mn		Würfellage
	Mondnickel, 99,5 Ni + Co,		Nur Andeutung einer Orientierung
Cu-Ni-Fe	68% Cu, 20% Ni, 12% Fe		
	51% Cu, 34% Ni, 15% Fe		Walztextur bis 950°
Fe-Ni	bis 70% Fe	p	Würfellage, bei tieferen Temperaturen auch eine zweite Lage
		s	Oberhalb 1000° grobe Krystallisation. (120) // WE; [100] // WR oder Zwillingslage zur Würfeltextur
Cu-Ag	80% Ag		Walztextur bis 780°; bei höheren Temperaturen regellose Orientierung
Fe		dreifache Texturen	(100) // WE Winkel, [110] WR ± 15° (111) // WE, [112] // WR (112) // WE Winkel, [110] WR ± 15°
Mo, W			Walztextur (100) // WE, [110] // WR

Gezogene Drähte.

Al	99,9%		Zugtextur teilweise erhalten: [111] // ZR
	99,9%		Zusammen, außerdem [100] // ZR
Cu			Bis 800° bleibt die doppelte Zugtextur erhalten, 800° [112] // ZR
Fe	Elektrolyt Fe		Zugtextur bleibt erhalten
W			Zugtextur bleibt erhalten
Zr			abweichend von Zugtextur: [1120] // ZR

[1] WE = Walzebene; WR = Walzrichtung; ZR = Zugrichtung

und damit die Kernbildung dort besonders begünstigt ist, diese erfolgt dann ohne Änderung der Orientierung des Raumgitters.

Es ist anzunehmen, daß ähnliche Gesetzmäßigkeiten auch bei der Kernbildung der sekundären Rekrystallisation bestehen, jedoch kann hierüber mangels ausreichenden Tatsachenmaterials nichts Sicheres ausgesagt werden.

G. Rekrystallisationsbeobachtungen an nichtmetallischen Stoffen.

Außer an Metallen sind auch an vielen Mineralien Erscheinungen von der Art der Rekrystallisation vielfach beobachtet worden, in den meisten Fällen, ohne daß ihre Natur wirklich aufgeklärt worden wäre. Die Gesteine lassen oft Texturen als Folge von plastischer Verformung erkennen („passive Regelung" der Mineralogen). Besonders interessant sind die Beobachtungen am Granit und ähnlichen Gesteinen, die optisch doppelbrechend sind, bei denen sich also die Texturen im Mikroskop sehr bequem sichtbar machen lassen. An solchen Gesteinen beobachtet man sehr häufig gebogene Krystalle. In anderen Fällen sind die gebogenen Krystalle in eine Vielzahl von kleineren Kryställchen mit diskontinuierlich sich ändernden Orientierungen aufgebrochen. Es unterliegt keinem Zweifel, daß das die Folge der Rekrystallisation der gebogenen Krystalle ist.

Von grundsätzlicher Bedeutung sind die Beobachtungen, insbesondere von H. G. MÜLLER, an Steinsalz[1]. H. G. MÜLLER hat würfelförmige einkrystalline Spaltstücke aus Steinsalz bei höheren Temperaturen, bei denen das Salz plastisch ist, verschieden hohen Preßdrucken ausgesetzt und dann bei verschiedenen Temperaturen zur Rekrystallisation gebracht. Hierbei wächst in der Regel, von einer Ecke ausgehend, nur ein Keim. Die Erhitzungszeit, nach der dieser Keim sichtbar wurde, bezeichnet H. G. MÜLLER als Kernbildungsdauer. Das Wachstum fand in reinen Krystallen mit konstanter Geschwindigkeit statt, und zwar hatte der entstehende neue Krystall bei tieferen Temperaturen die Begrenzung eines Würfels, bei höheren Temperaturen unregelmäßige Begrenzungen.

Abb. 394 zeigt die Zeitabhängigkeit des Wachstums eines Krystalles bei 470° C, nachdem das Spaltstück bei 400° C senkrecht zur Würfelfläche mit einem Druck von 4000 g/mm² gepreßt worden ist. Das Wachstum erfolgt, wie man sieht, mit konstanter Geschwindigkeit, ihm ist jedoch, genau wie nach den Versuchen von M. KORN-

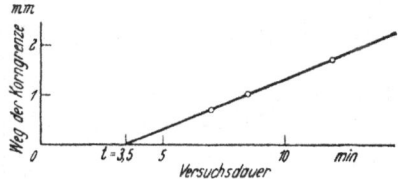

Abb. 394. Zeitabhängigkeit des Krystallwachstums in einem deformiert gewesenen synthetischen Kochsalzkrystall (nach H. G. MÜLLER).

FELD und F. SAWIZKI einerseits und W. A. ANDERSON und R. F. MEHL andererseits beim Aluminium[2] (S. 448) eine Kornbildungsdauer von etwa 3,5 Minuten vorgelagert. Die Grundvorgänge sind hier also offensichtlich grundsätzlich dieselben.

Eine vorangehende Erhitzung eines mit 1000 g/mm² gepreßten Krystalles auf 500° während einer Stunde setzt die Kernbildungszeit bei 590° C von 1,35 auf 3 Minuten hinauf. Die Kernwachstumsgeschwindigkeit ist ohne Erholung 0,978 und nach Erholung 1,063 mm; sie wird also durch die Erholung nicht herabgesetzt. Auch dieses Verhalten ist völlig analog demjenigen des Aluminiums (vgl. S. 449).

[1] MÜLLER, H. G.: Z. Phys. **96** (1935), 279.
[2] KORNFELD, M., u. F. SAWIZKI: Phys. Z. Sowjetunion 8 (1935), 528. — ANDERSON, W. A., u. R. F. MEHL oder auch K. LÜCKE: l. c. S. 449.

In Abb. 395 ist die Abhängigkeit des Logarithmus der Wachstumsgeschwindigkeit von der reziproken absoluten Temperatur wiedergegeben, und zwar für verschiedene Preßdrucke. Wie man aus der Kurve für den Druck von 4000 g/mm² sieht, besteht sie aus zwei gradlinigen Stücken. Dieses Wachstumsgesetz läßt sich durch eine Gleichung von der Form

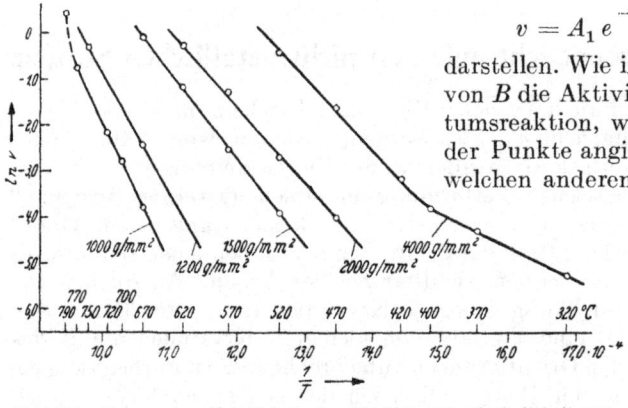

$$v = A_1 e^{-\frac{B_1}{RT}} + A_2 e^{-\frac{B_2}{RT}} \quad (18)$$

darstellen. Wie immer bedeuten die Werte von B die Aktivierungsenergie der Wachstumsreaktion, während A_1 etwa die Zahl der Punkte angibt, an denen aus irgendwelchen anderen Gründen das Wachstum überhaupt möglich ist. H. G. MÜLLER berechnet aus seinen Versuchen für das Verhältnis $\frac{A_2}{A_1}$ Werte von 10^4 bis 10^7, während $\frac{B_2}{B_1}$ gleich etwa 2 gefunden wird. Der Gleichung wird folgende Inter-

Abb. 395. Temperaturabhängigkeit der Wachstumsgeschwindigkeit von Kernen bei der Rekrystallisation von Steinsalz (nach H. G. MÜLLER).

pretation gegeben. B_1 stellt die Aktivierungsenergie des Wachstums an den Kossel-Stranskischen Wachstumsstellen dar, wo das Wachstum in wiederholbaren Schritten erfolgen kann (vgl. S. 198). Die Folge dieses Wachstumsmechanismus ist die Entstehung von eben begrenzten Krystallen. Das unmittelbare Wachstum auf der Fläche erfordert eine höhere Aktivierungsenergie B_2. Es herrscht bei höheren Temperaturen vor und ergibt beliebig gekrümmte Flächen. Während die Zahl der Stellen, an denen wiederholbare Schritte möglich sind, nur gering ist, ist sie sehr groß für das ungeregelte Wachstum auf der Fläche. Dem ersten Vorgang ist deshalb ein sehr viel niedrigerer Wert von A zugeordnet als dem zweiten.

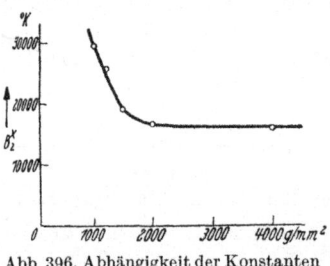

Abb. 396. Abhängigkeit der Konstanten B_2 der Gl. (18) vom Deformationsdruck (nach H. G. MÜLLER).

Sowohl B als auch A nehmen mit zunehmendem Verformungsgrad ab. Die Abhängigkeit von B_2 von dem Verformungsgrad ist in Abb. 396 wiedergegeben. Diese Aktivierungsenergie sinkt mit steigender Verformung von 30000 cal/Mol. auf 15000 cal/Mol., um dann von ihr unabhängig zu werden. Ihre Größenordnung entspricht durchaus der beim Kernwachstum bei Metallen beobachteten (S. 454).

Auch beim Aluminium sind ebene Begrenzungsflächen der aus Kernen bei der Rekrystallisation wachsenden Krystalle beobachtet worden (S. 451), jedoch entsprechen die Begrenzungsflächen Gitterebenen des Krystalles, der aufgezehrt wurde, während sie beim Kochsalz Ebenen des wachsenden Krystalles sind. Worauf dieser Gegensatz zurückzuführen ist, ist bisher nicht aufgeklärt worden.

Wenn man die reziproke Kernbildungszeit als Kernbildungsgeschwindigkeit betrachtet, kann man ihre Temperaturabhängigkeit verfolgen. Abb. 397 zeigt nach H. G. MÜLLER den Vergleich des Temperaturganges der Kernbildungsgeschwindigkeit (Kurve II) mit der der Kernwachstumsgeschwindigkeit (Kurve I). Aus beiden berechnen sich sehr genau übereinstimmende Werte der Aktivierungsenergie.

Dieses Ergebnis ist sehr beachtenswert und läßt den Schluß zu, daß die atomaren Vorgänge während der Kernbildung grundsätzlich dieselben wie beim Kernwachstum sind. In der Zeit der „Kernbildung" findet in der Hauptsache bereits ein wesentlich verlangsamtes Wachstum eines sehr viel kleineren, zunächst unsichtbaren Keimes statt. Ähnliche Gesetzmäßigkeiten scheinen bei Metallen zu bestehen[1].

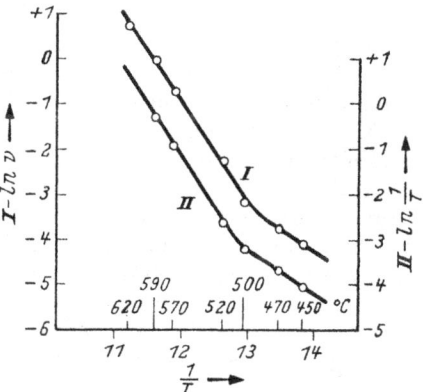

Durch geringe Zusätze von unlöslichen Verunreinigungen, z. B. von $SrCl_2$ zu Steinsalz, wird die Kernbildungsdauer erhöht und die Kernwachstumsgeschwindigkeit herabgesetzt (Tab. 76).

Das Produkt von v und x, also das Verhältnis der Kernbildungsgeschwindigkeit und der Kernwachstumsgeschwindigkeit, bleibt konstant: beide werden durch Verunreinigungen in derselben

Abb. 397. Temperaturabhängigkeit der Kernwachstumsgeschwindigkeit (I) und der reziproken Kernbildungszeit (II) (nach H. G. MÜLLER).

Weise herabgedrückt; auch das ist ein Hinweis auf die enge Verwandtschaft der beiden Vorgänge.

Tabelle 76.
Einfluß von $SrCl_2$ auf die Rekrystallisation von Steinsalz nach H. G. MÜLLER. Preßdruck 2 kg/mm², Rekrystallisationstemperatur 520° C.

Gehalt an $SrCl_2$ in Mol%	Wachstums- geschwindigkeit mm/min v	Kernbildungs- Dauer in min x	$v\,x$
0,0000	0,486	0,54	0,262
0,0025	0,0814	3,66	0,288
0,0050	0,0407	7,1	0,289

Bei Gegenwart von $SrCl_2$ nimmt die Wachstumsgeschwindigkeit mit der Zeit ab (Abb. 398). Das erklärt H. G. MÜLLER durch die Annahme, daß die Moleküle der Verunreinigung bei der Rekrystallisation vor die Grenze des Rekrystalli-

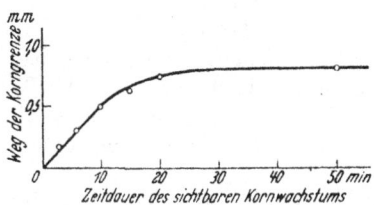

Abb. 398. Zeitabhängigkeit des Kernwachstums bei mit 0,005 Mol.-% $SrCl_2$ verunreinigtem Steinsalz (nach H. G. MÜLLER).

sationskernes geschoben werden und nach und nach einen Wall bilden, der das weitere Wachstum verhindert. Dieses Ergebnis ist im Zusammenhang mit Arbeiten von G. TAMMANN über Fremdschichten und ihre Rolle bei der Rekrystallisation von Bedeutung (vgl. S. 466).

---

[1] LÜCKE, K.: Z. Metallkde. **41** (1950), 114.

XI. Zustandsänderungen in krystallisierten Metallen.

A. Allgemeines.

Einige reine Metalle und die Mehrzahl der Legierungen erleiden nach erfolgter Erstarrung noch Zustandsänderungen im festen Zustande. Diese Zustandsänderungen sind sowohl praktisch als auch theoretisch sehr wichtig. Ihrer Natur nach können sie verschieden sein. Sofern eine Legierungsreihe überhaupt Mischkrystalle bildet, d. h. sofern im Zustandsdiagramm Krystallarten auftreten deren Zusammensetzung nicht singulär, also genau definiert ist, sondern innerhalb gewisser Bereiche variieren kann, ändern sich die Sättigungsgrenzen dieser Mischkrystallgebiete gegenüber Nachbarphasen ausnahmslos mit der Temperatur. Aus einer Krystallart wird also bei der Temperaturänderung entweder

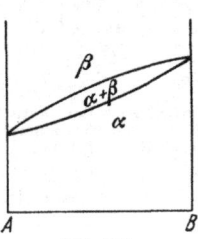

Abb. 399.
Zu den Umwandlungen
in Mischkrystallen.

eine andere ausgeschieden, oder aber, sofern sie mit der anderen in Berührung steht, in sie in zunehmendem Maße in Lösung aufgenommen. In der Regel verkleinern sich die Existenzgebiete der Krystallarten mit sinkender Temperatur, eine Ausscheidung anderer Krystallarten aus übersättigten Mischkrystallen mit sinkender Temperatur ist also die Regel. Dieser Vorgang ist die Grundlage der sog. *Aushärtung*, die die größte technische Bedeutung erlangt hat und mit der wir uns schon aus diesem Grunde eingehend zu befassen haben werden.

Eine zweite Gruppe der Zustandsänderungen bilden die Umwandlungen im eigentlichen Sinne dieses Wortes, d. h. die Bildung neuer Modifikationen ohne Änderung der Zusammensetzung. Das ist die einzige Art der Zustandsänderung im festen Zustande, die bei einem reinen Metall möglich ist. Bei Legierungen können sie bei singulären Krystallarten auftreten, die nur bei einer ganz bestimmten Zusammensetzung existieren können; wenn eine solche Umwandlung in einem Mischkrystall erfolgt, so nur bei einer Zusammensetzung, die dem Maximum oder Minimum der Umwandlungstemperatur entspricht.

Der dritte, allgemeinere Fall ist, daß zugleich mit der Bildung einer neuen Modifikation, also einer neuen Krystallart, sich die Zusammensetzung ändert, genau so, wie das bei der Erstarrung der Mischkrystalle aus der Schmelze erfolgt. Abb. 399 gibt die Verhältnisse schematisch wieder.

Eine weitere Gruppe von Zustandsänderungen sind die nonvariant verlaufenden Reaktionen, also entweder der Zerfall einer Krystallart in zwei andere, oder seine Bildung aus zwei solchen. Eine solche Reaktion ist der perlitische Zerfall des γ-Eisens mit 0,9% C in α-Eisen mit 0,04% C und in Zementit Fe_3C (Abb. 457) bei 721° C. Diese Reaktion hat die γ-α-Umwandlung des Eisens zur Voraussetzung und bildet mit dieser zusammen die Grundlage der gesamten Stahltechnik.

Die oben genannten Zustandsänderungen sind alle mit dem Auftreten von neuen Raumgittern verbunden.

Eine wichtige Gruppe stellen Zustandsänderungen dar, in welchen in Mischkrystallen an Stelle einer statistisch ungeordneten Verteilung eine regelmäßige Atomverteilung auftritt. Wohl ausnahmslos tritt der geordnete Zustand bei Temperaturerniedrigung auf, wie Mischkrystalle mit ungeordneter Verteilung beim absoluten Nullpunkt thermodynamisch unbeständig sind. Es ist nicht notwendig, daß der geordnete Zustand aus dem ungeordneten unstetig unter Bildung einer neuen Phase entsteht. Meistens ist diese Frage nicht endgültig geklärt. Im Folgenden wird ein solcher Übergang am Beispiel Cu-Au erörtert werden (S. 480).

Auch der Konzentrationsausgleich durch Diffusion ist zu den Zustandsänderungen im Kryställzustand zu rechnen. Hierbei treten keine neuen Raumgitter auf. Sie ist oben behandelt worden.

Die Rekrystallisation und die Verfestigung zählen wir nicht zu den Zustandsänderungen im obigen Sinne.

B. Umwandlungen

1. Übersicht der bekannten Umwandlungen.

Tab. 77 enthält das Verzeichnis der bisher bekannt gewordenen reversiblen Umwandlungen reiner Metalle, die bei Atmosphärendruck durch Temperatur-

Tabelle 77. Umwandlungen der Metalle bei Atmosphärendruck.

Metall		Temperaturgebiet der Existenz in °C	Gitter	Gitterkonstanten in Å		
				a	c	$\dfrac{c}{a}$
Ca	α	$<\sim 300$	kubisch flächenzentriert	5,56		
	β	~ 300—~ 440	?			
	γ	$>\sim 440$	hexagonal dicht	3,98	6,52	1,64
Sr	α	$<$?	kubisch flächenzentriert	6,075		
	β?	$>$?	?			
Ba	α	$<\sim 375$	kubisch raumzentriert	5,04		
		$>\sim 375$	?			
La	α	$<\sim 350$	hexagonal dicht	3,754	6,063	1,613
	β	$>\sim 350$—~ 800	kubisch flächenzentriert	5,294		
	γ	$>\sim 800$	?			
Ce	α	$<\sim 350$	hexagonal dicht	3,65	5,96	1,63
	β	$>\sim 350$—~ 630	kubisch flächenzentriert	5,140		
	γ	$>\sim 630$	?			
Pr	α	$<$?	hexagonal dicht	3,657	5,924	1,62
	β	$>$?	kubisch flächenzentriert	5,151		
Ti	α	$<\sim 880$	hexagonal dicht	2,953	4,729	
	β	$>\sim 880$	kubisch raumzentriert	3,32		
Zr	α	$<\sim 870$	hexagonal dicht	3,238	5,140	
	β	$>\sim 870$	kubisch raumzentriert	3,61		
Hf	α	$<\sim 1500$	hexagonal dicht	3,20	5,07	
	β	$>\sim 1500$	kubisch ?			
Mn	α	<742	kubisch (58 Atome)	8,894		
	β	742—~ 1192	kubisch (20 Atome)	6,29		
	γ	$>\sim 1192$	tetragonal			
	δ?	?				
Fe	α (δ)	<906	kubisch raumzentriert	2,860		
	γ	906—1401	kubisch flächenzentriert	3,63 (906°)		
	δ (α)	>1401	kubisch raumzentriert	2,926 (1401°)		
Co	β	<430?	hexagonal dicht	2,519		
	α	>430?	kubisch flächenzentriert	3,554 (20°)		
Rh	α	$<\sim 1150$	kubisch flächenzentriert	3,796		
	β	$>\sim 1150$	kubisch ?	?		
Tl	α	<234	hexagonal dicht	3,45	5,53	1,60
	β	>234	kubisch flächenzentriert	4,842		
Sn	α	$<13,2$	Diamantgitter	6,46		
	β	$>13,2$	tetragonal	8,25	3,145	0,381
Li	α	>-196	kubisch raumzentriert	3,51		
	β	<-196	kubisch flächenzentriert	?		

änderung hervorgerufen werden können. Außerdem gibt es noch einige Fälle, in denen bei sehr hohen Drucken oder unter besonderen Herstellungsbedingungen neue Modifikationen entstehen. Diese sind in Tab. 78 zusammengestellt.

Tabelle 78. Modifikationen, die unter besonderen Bedingungen entstehen.

Metall	Herstellungsbedingungen	Gitter
Cs β	hoher Druck, 2300 kg/cm²	kubisch flächenzentriert
γ?	hoher Druck > 50000 kg/cm²	?
Cr β?	bei der Elektrolyse unter bestimmten Bedingungen	hexagonal dicht
Cr γ?		
W β	bei der Elektrolyse <700°	kubisch 8 Atome in der Zelle
Ni β	aus dem Dampf; durch Reduktion von NiO unterhalb ca. 300°	hexagonal dicht
Tl γ	hoher Druck >43000 kg/cm²	?
In β	hoher Druck >45000 kg/cm²	?
Zn β	hoher Druck >50000 kg/cm²	?
Cd β	hoher Druck >50000 kg/cm²	?

Die Eigenschaften der meisten Metalle sind heute über weite Temperaturgebiete, vielfach bis zum Schmelzpunkt, untersucht, ihr Raumgitter ist bestimmt worden. Es ist nicht wahrscheinlich, daß noch viele Modifikationen übersehen worden sind, so daß sich das Bild auch in Zukunft nicht wesentlich ändern wird. In ziemlich zahlreichen Fällen hat die endgültige Klärung der Frage, ob neue Modifikationen bei Temperaturänderungen entstehen, erheblich Schwierigkeiten bereitet. In früherer Zeit wurden Anomalien im Temperaturgang von Eigenschaften gern als ein Anzeichen von Modifikationsänderungen betrachtet. In vielen Fällen, wie z. B. beim Zink, Zinn und Aluminium, hat sich herausgestellt, daß die bei höheren Temperaturen vermuteten Umwandlungen auf Verunreinigungen zurückzuführen waren (z. B. bei Aluminium durch Aufnahme von Silicium, mit dem sich ein eutektischer Punkt bei 577° C ausbildet). Eine weitgehende Klärung brachte hier neben der Vermeidung der Verunreinigungen die Raumgitteranalyse, die heute ja auch bis zu ziemlich hohen Temperaturen in Heizkammern durchgeführt werden kann. Bei manchen reaktionsfähigen Metallen ist jedoch die Fernhaltung von Verunreinigungen, vor allen Dingen durch Gase, bei hohen Temperaturen schwer sicherzustellen. Hierzu gehören z. B. die Metalle Calcium, Strontium, Barium, Titan, Zirkon, Hafnium und besonders Mangan. Alle diese Metalle reagieren begierig, und zwar z. T. schon bei Zimmertemperatur mit Sauerstoff, Stickstoff und Wasser, z. T. auch mit Wasserstoff, so daß bereits ihre Herstellung in reinem Zustand, aber auch ihre Handhabung schwierig ist. Deshalb ist die Frage der vorhandenen Calciummodifikationen erst verhältnismäßig spät geklärt worden, während man bei Barium und vor allen Dingen bei Strontium nicht viel mehr als Anhaltspunkte für das Auftreten von Umwandlungen hat. Beim Mangan haben G. GRUBE und Mitarbeiter[1] auf Grund der thermischen Analyse und der Messung einiger physikalischer Eigenschaften auf die Existenz einer neuen δ-Hochtemperaturmodifikation geschlossen. Die von ihnen beobachteten thermischen Effekte unterscheiden sich in ihrer Temperaturlage z. T. nicht unerheblich von den von anderen Forschern gefundenen; das ist zweifellos in erster Linie auf die verschiedenen Reinheitsgrade bzw. Zusammensetzungen der benutzten Präparate zurückzuführen. Auch haben andere Forscher

---

[1] GRUBE, G., K. BAYER u. H. BUMM: Z. Elektrochem. **42** (1936), 805. — G. GRUBE u. O. WINKLER: Z. Elektrochem. **45** (1939), 784.

z. T. thermische Effekte und ähnliche Anomalien gefunden, die auf den Kurven von G. GRUBE und Mitarbeitern nicht auftreten und die wahrscheinlich zum größten Teil Verunreinigungen zuzuschreiben sind; eine Kontrolle durch Raumgitterbestimmungen ist in den meisten Fällen nicht durchgeführt worden, außer α, β und γ sind aber bisher keine anderen Gitterformen beobachtet worden. Das γ-Gitter scheint Komplikationen aufzuweisen, die vielleicht ebenfalls mit dem Reinheitsgrad zusammenhängen. Trotzdem kann die Frage der Existenz des δ-Mangans wohl schon als endgültig geklärt gelten.

Die Umwandlungstemperaturen, also die Gleichgewichtstemperaturen zwischen verschiedenen Modifikationen sind in zahlreichen Fällen nur roh anzugeben. Das liegt teilweise an der schwankenden Reinheit der Präparate, teilweise aber auch an der Trägheit der Umwandlungen, die vielfach erst mit erheblichen Verzögerungen auftreten. Besonders charakteristisch in dieser Hinsicht ist die Umwandlung des Kobalts. Während die Entstehung des kubischen α Co aus dem hexagonalen β Co bei Temperatursteigerung ziemlich leicht erfolgt, ist die umgekehrte Umwandlung meistens überhaupt nur durch eine plastische Verformung zu erzwingen. Eine solche pflegt das Einsetzen von Umwandlungen bzw. die Aufhebung von metastabilen Zuständen überhaupt stark zu erleichtern. Manche anscheinend nur sehr grobkörnige Kobaltpräparate wandeln sich allerdings auch ohne eine plastische Deformation um[1].

Hinsichtlich der Bezeichnung der Modifikationen mit griechischen Buchstaben besteht eine erhebliche Verwirrung. Zum Teil werden die Modifikationen in der Reihenfolge α, β, γ, von hohen, zum Teil von tiefen Temperaturen kommend gezählt. In Tab. 77 und 78 sind am häufigsten benutzte Bezeichnungen gewählt worden.

Bei einigen Metallen sind von P. BRIDGMAN und Mitarbeitern Umwandlungen durch sehr erhebliche Druckerhöhungen wahrgenommen worden[2]. Wahrscheinlich wird sich die Zahl dieser Umwandlungen noch erhöhen. Die Eigenschaften und die Raumgitter der Hochdruckmodifikationen sind meistens kaum bekannt. Die Untersuchung dieses Gebietes liegt in ihren Anfängen, und auch die bereits vorhandenen Angaben sind meistens mit Unsicherheiten behaftet.

Einige Metalle sind durch Elektrolyse oder durch Sublimation in neuen Modifikationen hergestellt worden. Hier besteht meistens die Gefahr von stärkeren Verunreinigungen, vor allen Dingen durch Wasserstoff bei der Herstellung des β Cr und durch Alkalimetalle bei βW, so daß vielleicht gar nicht die Raumgitter von reinen Metallen, sondern von Verbindungen aufgenommen worden sind. Schon geringe Verunreinigungen können übrigens die Erzeugung von unbeständigen Formen ermöglichen. In solchen Fällen wäre es berechtigt, diese Form als unbeständige monotrope Modifikation des Metalles zu betrachten.

Die Existenz des hexagonalen Nickels scheint gesichert zu sein.

Tab. 79 enthält eine Reihe von bei intermediären Krystallarten festgestellten Umwandlungen. Da diesen Krystallarten in der Regel ein Mischkrystallgebiet zugeordnet ist, findet gleichzeitig mit der Modifikationsänderung meistens auch eine Änderung der Zusammensetzung statt. Man hat es also mit dem schematisch in Abb. 399 dargestellten Fall zu tun. Die Grenze zwischen solchen Umwandlungen und Ausscheidungsreaktionen ist hier durchaus fließend.

---

[1] Vgl. z. B. G. WASSERMANN, Metallwirtsch. **11** (1932), 61.

[2] Vgl. z. B. P. BRIDGMAN: Phys. Rev. **72** (1947), 533. Danach erleidet das bei hohen Drucken bereits flächenzentrierte Cäsium bei Druckerhöhung oberhalb 50000 kg/cm² erneut eine Kontraktion, die als Umwandlung gedeutet wird (vgl. Tab. 78). Da es schon vorher die dichteste Packung aufgewiesen hat, kann die neue Umwandlung nur auf eine Änderung im Atom zurückzuführen sein. Es wird angenommen, daß hierbei das Valenzelektron auf eine innere nicht voll besetzte Schale (vgl. Tab. 33, S. 251) übergeht.

Wenn in Tab. 79 vor Angabe der Zusammensetzung eine Wellenlinie steht, handelt es sich um ein Mischkrystallgebiet veränderlicher Ausdehnung, innerhalb dessen die angegebene Zusammensetzung liegt. In solchen Fällen findet die Umwandlung auch in der Regel in einem Temperaturintervall statt, sie ist also auf Grund der Phasenregel auch mit einer Zusammensetzungsänderung verbunden.

Tabelle 79. Umwandlungen in intermediären Krystallarten.

Metallpaar	Zusammensetzung (At-% des zweiten Metalles)	Bezeichnung	Umwandlungstemperaturen in °C
Ag-Cd	~ 50	β', β_1, β	$\beta' \gtrless \beta_1$ 186—211; $\beta_1 \gtrless \beta$ 443—475
	~ 67	γ, γ'	$\gamma \gtrless \gamma'$ 436—470
Ag-Se	33,3	Ag_2Se	~ 122
Ag-In	~ 25	δ, γ	~ 187—300
Ag-Ce	20	Ag_4Ce	1005
Al-Cu	~ 67	γ	780—870; noch andére Umwandlungen
Al-La	20	Al_4La	816
Al-Ni	50	AlNi	1132
Al-Pr	20	Al_4Pr	1018
As-Cd	66,7	As_2Cd_3	578
As-Zn	66,7	As_2Zn_3	672
Au-Ca	~ 20	α', α	844—886
Au-Cd	~ 63	γ', γ, δ', δ	$\gamma' \gtrless \gamma$ 337; $\gamma \gtrless \delta'$ 375; $\delta' \gtrless \delta$ 450—516
	~ 50	β', β	~ 267
Au-Cu	~ 75	$AuCu_3$	395
	~ 50	AuCu	425
Au-Zn	~ 25	α_2, α_1, α	$\alpha_2 \gtrless \alpha_1$ Zimmertemp. bis 270; $\alpha_1 \gtrless \alpha$ 404—425
	~ 75	γ_2, γ_1, γ	$\gamma_2 \gtrless \gamma_1$ Zimmertemp. bis 225; $\gamma_1 \gtrless \gamma$ 150—515
Bi-K	75	BiK_3	280
Bi-Li	50	BiLi	400
Bi-Mg	~ 60	Bi_2Mg_3	686—700
Bi-Se	50	BiSe	430
C-Fe	75	Zementit	
Ca-Cd	50	CaCd	635
Cd-Li	~ 25	Cd_3Li	~ 80—370
Cd-Mg	~ 50	CdMg	~ 125—253
	~ 75	$CdMg_3$	~ 150
Co-Cr	~ 60	δ, η	~ 1268—1310
Cr-Fe	~ 50	ε, α	~ 900
Cu-Ga	~ 33	δ, γ	~ 600
Cu-Sb	~ 25	ε, β	~ 450
Cu-Si	verschiedene noch nicht ganz geklärte Umwandlungen		
Cu-Sn	~ 20	β', β	~ 600
	~ 45	η', η	~ 187
Cu-Te	$\sim 33{,}3$	β'', β', β	$\beta'' \gtrless \beta' \sim 350$; $\beta' \gtrless \beta$ 387
Cu-Zn	~ 45	β', β	~ 460
	~ 65	γ	~ 270
Fe-Pt	~ 50	FePt, ε	~ 1100
Fe-V	~ 50	ε, α	~ 1230
Li-Zn	~ 73	γ', γ	~ 200
	~ 85	β', β	135—245
Mg-Sb	40	Mg_3Sb_2	930
Ni-S	40	β', β	~ 553
Ni-Sb	~ 40	β', β	~ 570
Ni-Sn	~ 25	β', β	~ 850—890
Ni-Zn	~ 50	β_1, β	650—810
Pt-Sn	66,7	Pt_2Sn_3	745
Sb-Sn	~ 50	β', β	320—325
Sb-Zn		ε, μ	437—455

Man sieht, daß Umwandlungsreaktionen auch bei intermediären Krystallarten recht häufig vorkommen. Zum Teil wie z. B. bei den Cu-Al- und Fe-Si-Legierungen sind sie sehr eingehend untersucht worden, meistens sind wir über sie jedoch noch recht mangelhaft unterrichtet.

Der Betrag der Zusammensetzungsänderung bei einer Umwandlung, also der Konzentrationsunterschied der im Gleichgewicht befindlichen Phasen ist in verschiedenen Fällen sehr verschieden. Diesem Unterschied entspricht auch ein verschieden starker Einfluß der Konzentrationsunterschiede auf den Ablauf einer Umwandlung. Wenn die Major- und die Minor-Linie einer Umwandlung dicht beieinander liegen, kann man die Konzentrationsdifferenzen bei der Erörterung des Mechanismus der Umwandlung vielfach vernachlässigen. Bei größeren

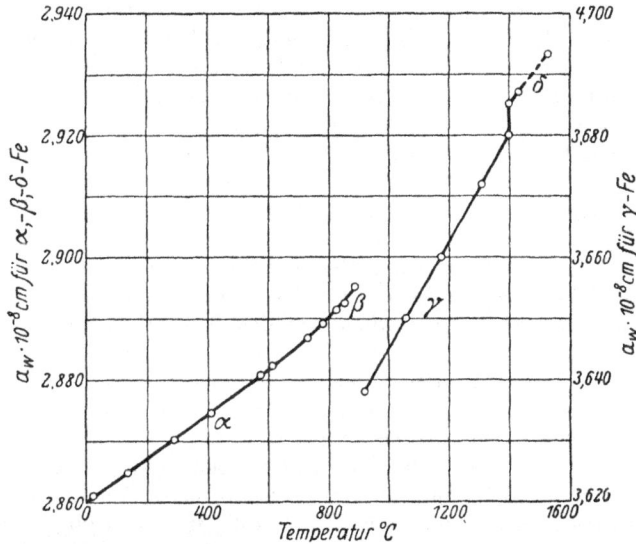

Abb. 400. Temperaturabhängigkeit der Gitterkonstante beim Eisen (nach W. SCHMIDT).

Unterschieden wird man dahingegen vielfach lieber von Ausscheidungsvorgängen als von Umwandlungen sprechen.

In diesem Kapitel werden Zusammensetzungsänderungen nur als Begleiterscheinung berücksichtigt.

Die thermodynamischen Gleichgewichtsverhältnisse erfordern keine eingehendere Erörterung. Sehr eigentümlich liegen die Verhältnisse beim Eisen, wo die α- und die δ-Phase nach allen ihren Eigenschaften identisch sind, so daß man von einer einzigen Phase sprechen könnte; diese Phase ist jedoch zwischen 906° und 1401° C nicht existenzfähig, hier tritt vielmehr als zweite Modifikation das γ-Eisen auf. Abb. 400 zeigt nach W. SCHMIDT[1] die Temperaturabhängigkeit der Gitterkonstante a des Eisens. Man sieht, daß ihr Verlauf im δ-Gebiet mit guter Annäherung eine unmittelbare Fortsetzung des Verlaufes im α-Zustand darstellt, während beim γ-Eisen eine Abweichung auftritt. Die Maßstäbe für die Gitterkonstante sind hierbei so gewählt worden, daß gleiche Ordinaten für beide Modifikationen gleiche Atomvolumina ergeben. Die Kurve stellt also unmittelbar den Verlauf des Atomvolumens mit der Temperatur dar.

---

[1] SCHMIDT, W.: Erg. techn. Röntgenkunde 3 (1933), 195.

Die eigenartige Lage der α-γ- und der γ-δ-Umwandlungspunkte bringt thermodynamische Eigentümlichkeiten mit sich, die jedoch keine Schwierigkeiten bereiten. So muß die innere Energie der γ-Phase höher als die der α-Phase sein, die der δ-Phase aber wieder höher als die der γ-Phase. Also muß die spezifische Wärme des γ-Eisens geringer als die des α-δ-Eisens sein.

Der unmittelbare Nachweis für die Identität des α- und des δ-Eisens wird dadurch erbracht, daß in manchen Legierungen des Eisens das γ-Gebiet sich schließt und das α-Gebiet unmittelbar in das δ-Gebiet übergeht, wie das Abb. 475 zeigt.

2. Mechanismus der Umwandlungen.

a) Allgemeines.

Im Laufe der letzten Jahrzehnte sind unsere Kenntnisse über den atomistischen Mechanismus der Umwandlungen außerordentlich vertieft worden. Deshalb steht diese Frage heute im Mittelpunkt des Interesses.

Bei der Neubildung von Phasen pflegt man die Keimbildung und das Krystallwachstum zu betrachten. Der Prozeß des Krystallwachstums braucht bei Umwandlungen grundsätzlich keine Schwierigkeiten zu machen, wenn er auch sicher in verschiedenen Fällen in verschiedener Weise verläuft. Während des Krystallwachstums berühren sich die entstehende unter den Bedingungen des Wachstums stabilere Modifikation und die im Verschwinden begriffene, weniger stabile. Wenn hierbei kein anderer Mechanismus tätig ist, so genügt die thermische Beweglichkeit an der Berührungsfläche der beiden Modifikationen, um das Wachstum der stabileren ähnlich wie das Krystallwachstum bei der Rekrystallisation zu erklären.

Das eigentliche Problem liegt zunächst bei der ersten Entstehung der neuen Modifikation. Durch welchen atomistischen Prozeß ordnet sich das Raumgitter in dasjenige der entstehenden Phase um? Wie bei der Rekrystallisation, kann dieser Entstehungsvorgang nicht unmittelbar beobachtet werden. Auch hier ist die grundlegende Erscheinung der Orientierungszusammenhang zwischen den beiden Modifikationen. Es gibt zahlreiche Fälle, in denen ein solcher ziemlich einfacher Zusammenhang nachgewiesen werden konnte. Das Fehlen dieses Zusammenhanges ist nur bei der Bildung des grauen α-Zinnes aus dem weißen β-Zinn erwiesen; das mag jedoch sekundäre Ursachen haben, wie wir sehen werden. Der einfache Zusammenhang der Orientierungen ist die Regel.

Auf Grund aller Erfahrungen ist es unwahrscheinlich, daß die Orientierung eines Keimes sich während des Wachstums ändert. Vielmehr ist aus dem Orientierungszusammenhang der beiden Modifikationen zu schließen, daß er bereits beim ersten Keim vorhanden war, und hieraus wiederum, daß seine Entstehung durch eine einfache Formänderung des Raumgitters der Mutterphase erfolgt. Im Falle der martensitischen γ-α-Umwandlungen des Eisens kann das durch Erfassung des Zwischenzustandes als unmittelbar erwiesen gelten (S. 487). Wir werden deshalb im folgenden die Umwandlungen auf Grund dieser Vorstellung erörtern.

Besonders einfach ist der Orientierungszusammenhang bei der Umwandlung der Verbindung AuCu. Wir betrachten ihn deshalb zuerst.

b) Umwandlung von AuCu.

Das Kupfer bildet mit Gold bei der Erstarrung aus dem Schmelzfluß eine ununterbrochene Reihe von Mischkrystallen, bei tieferen Temperaturen erleiden sie jedoch Zustandsänderungen; von diesen wollen wir wegen ihres grundsätzlichen Interesses nur auf die Umwandlung bei der Legierung mit 50 At-% eingehen, die bei der Abkühlung bei etwa 400° C, bei der Erhitzung etwa bei 430° C wahrgenommen wird (die Temperaturangaben schwanken). Der röntgenometrische Befund lehrt, daß bei höheren Temperaturen ein kubischer flächenzentrierter Mischkrystall mit statistischer Atomverteilung der Bestandteile vorliegt, daß bei tieferer Temperatur sich jedoch eine regelmäßige Atomverteilung einstellt. Die Würfelflächen sind jetzt abwechselnd nur von Goldatomen und nur von Kupferatomen besetzt. Abb. 401 zeigt den Unterschied zwischen den beiden Zuständen. Jetzt entspricht die Anordnung der Atome nicht mehr der kubischen Symmetrie, das Gitter ist auch in der Tat tetragonal geworden, es ist in der Richtung der senkrechten c-Achse schwach gestaucht, das Verhältnis von c zu a ist etwa nur 0,935. Die gegenseitigen Abstände der Kupferatome

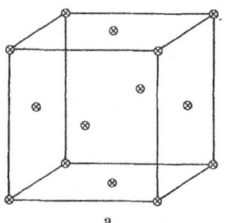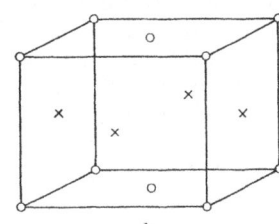

a   b

Abb. 401 a und b. Struktur von AuCu. a bei hohen, b bei tiefen Temperaturen.

voneinander oder der Goldatome voneinander sind etwas größer als die Abstände zwischen je einem Gold- und einem Kupferatom. Man kann die Ausbildung dieser Struktur als Ausdruck einer Affinität zwischen Kupfer und Gold betrachten.

Für den Mechanismus einer solchen Umwandlung werden wir anzunehmen haben, daß die Gold- und die Kupferatome des statistisch ungeordneten Raumgitters durch Platzwechsel sich in die Lagen der Abb. 401b zu begeben suchen, wobei zugleich die tetragonale Verzerrung des Gitters entsteht. Der Mechanismus der Umwandlung ist denkbar einfach. Wenn er damit richtig beschrieben ist, kann sich das tetragonale Raumgitter nicht in beliebigen Orientierungen ausbilden, aus jedem kubischen Krystall können vielmehr nur drei tetragonale Krystalle entstehen, da der kubische Krystall drei gleichberechtigte Würfelebenen hat. Der Zusammenhang der Orientierungen dieser drei Krystalle mit den ursprünglichen Krystallen muß ebenfalls sehr einfach sein. Sowohl die tetragonale c-Achse als auch die beiden anderen Kanten der Basisebene müssen den Würfelkanten des ursprünglichen Krystalles parallel sein. Diese Erwartung wird durch die röntgenometrische Beobachtung bestätigt. Aus einem Einkrystallstück entstehen die tetragonalen Krystalle in den drei angegebenen Orientierungen. Bei der Umwandlung bei der Erhitzung entsteht aus drei Orientierungen wieder nur die einzige des ursprünglichen Krystalles.

Man kann also die gesamte Umwandlung als durch Affinitätskräfte zwischen Gold und Kupfer hervorgerufen betrachten. Hierdurch wird die Tendenz zu einer regelmäßigen Atomverteilung gegeben. Da diese Atomverteilung aber im flächenzentrierten kubischen Raumgitter mit gleichen Atomzahlen beider Bestandteile nur schwierig herzustellen ist, ergibt sich das beschriebene Schichtengitter und damit eine tetragonale Verzerrung.

Bei der röntgenometrischen Verfolgung dieser Umwandlung hat sich jedoch eine Schwierigkeit ergeben. Es wurde nämlich gefunden, daß die tetragonale Struktur schon weitgehend ausgebildet war, ehe Anzeichen einer regelmäßigen Verteilung der Atome, also der Überstruktur festzustellen waren. Daraus haben U. Dehlinger und L. Graf[1] den Schluß gezogen, daß die Umwandlung sich in 2 Stufen vollzieht, wobei zuerst unter dem Einfluß der Elektronenkräfte und der

---

[1] Dehlinger, U., u. L. Graf: Z. Physik 64 (1930), 359.

vereinzelten regelmäßig angeordneten Atome die tetragonale Struktur entsteht und erst dann die Herstellung der regelmäßigen Atomverteilung in dieser im ganzen erfolgt. Dieser Schluß scheint jedoch nicht zwingend zu sein. G. BORELIUS, C. H. JOHANSSON und J. O. LINDE[1] haben nämlich darauf hingewiesen, daß die Bildung von Flächengruppen der Gold- und Kupferatome nicht miteinander in Phase zu erfolgen braucht, sondern zum Teil auch etwa, wie in Abb. 402 im Flächenmodell dargestellt wird. Solange mehrere solche nicht in Phase liegende Gruppen sich innerhalb *eines* Kohärenzbereiches für Röntgenstrahlen befinden, müssen sie sich in ihrer Wirkung durch Interferenz aufheben, und die Ausbildung einer Überstrukturlinie kommt nicht zustande oder doch mit starker Verspätung. Damit scheint die von U. DEHLINGER und L. GRAF gefundene Anomalie erklärt zu sein[2].

Es ist jedoch darauf hinzuweisen, daß es selbstverständlich Umwandlungen ohne Betätigung chemischer Affinitäten, so besonders bei reinen Metallen, gibt.

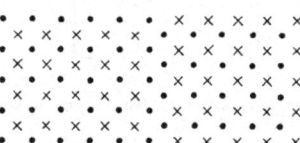

Abb. 402. Fehlanordnung der Au- und Cu-Atome bei der Umwandlung von AuCu in die tetragonale Phase.

Die Änderung des Raumgitters ohne gleichzeitige Herstellung einer Überstruktur ist also durchaus möglich. So haben G. GRUBE und O. WINKLER[3] gefunden, daß die Krystallart ε mit 40 At-% Mn im Zustandsdiagramm der Mn-Pd-Legierungen bei der Abkühlung sich bei 1175° C aus dem kubisch flächenzentrierten System in das tetragonale umwandelt, und daß die Herstellung einer Überstruktur erst bei 530° C erfolgt. Die beiden Teilvorgänge sind hier also mit aller Sicherheit getrennt. Trotzdem dürfte keine Veranlassung bestehen, im Falle der Cu-Au-Legierungen einen komplizierteren Mechanismus der Umwandlung anzunehmen.

c) Die γ-α-Umwandlung des Eisens.

Das flächenzentrierte γ-Eisen ist nur oberhalb 906° C beständig, bei tieferen Temperaturen bildet das raumzentrierte α-Eisen die beständigere Phase. Zwischen der Orientierung der γ-Phase und derjenigen der α-Phase, aus der sie entstanden ist, ist keine Beziehung festgestellt worden; die α-Krystalle zerfallen bei der Erhitzung in eine Vielzahl von γ-Krystallen. Durch metallographische Schliffuntersuchungen und Ätzen bei hohen Temperaturen ist dahingegen gezeigt worden, daß in vielkrystallinen Aggregaten aus einem γ-Krystall in der Regel anscheinend nur ein α-Krystall entsteht. Auch hier gelang es jedoch nicht, Beziehungen zwischen den Orientierungen der beiden Phasen festzustellen.

Das hat aber offenbar nur eine äußere Ursache. Die Volumen- und Formänderungen, also Verzerrungen des Raumgitters, die sich bei der Umwandlung aus einem Gittersystem in das andere vollziehen, rufen Zwangszustände und wahrscheinlich plastische Verformungen und Verkrümmungen des Raumgitters im Verlaufe der Umwandlung hervor. Infolgedessen findet im Anschluß an die Umwandlung Rekrystallisation statt, und die ursprüngliche Orientierung unmittelbar nach der Umwandlung kann nicht zur Beobachtung gelangen. Um die Orientierungszusammenhänge zwischen γ- und α-Eisen festzustellen, müßte man deshalb die Umwandlung bei tieferer Temperatur durchführen. Die Möglichkeit dazu bietet sich dank der Verzögerung, die durch Einlegieren des Kohlen-

[1] BORELIUS, G., C. H. JOHANSSON u. J. O. LINDE: Ann. Phys. 86 (1928), 291.

[2] Im Zusammenhang mit der Ausbildung der Anordnung nach Abb. 402 entsteht nach C. H. JOHANSSON und J. O. LINDE ein kompliziertes Zwischengitter, das hier nicht beschrieben werden soll.

[3] GRUBE, G., u. O. WINKLER: Z. Elektrochem. 42 (1936), 815.

stoffes erzielt wird. Während die γ-α-Umwandlung bei langsamer Abkühlung gemäß dem Zustandsdiagramm Abb. 457 mit einem *perlitischen* Zerfall bei der Temperatur der Linie PSK endet, wobei die perlitische Reaktion $\gamma \longrightarrow \alpha + Fe_3C$ stattfindet, kommt es bei genügend schneller Abkühlung überhaupt nicht zur Abscheidung des Kohlenstoffes, sondern das Umklappen in die Form des α-Eisens erfolgt unter Bildung einer sehr harten typischen Struktur (Abb. 403), die Martensit genannt wird.

Solche nadelförmigen Gefüge treten erfahrungsgemäß oft auf, wenn eine Umwandlung schnell und ohne Diffusionsmöglichkeit in ihrem Verlauf stattfindet. Die martensitische Umwandlung setzt bei Stählen mit steigendem Kohlenstoffgehalt bei sinkender Temperatur ein (Abb. 404), bei 0,8—1,0% C etwa bei 200° C. Bei dieser Temperatur findet im Stahl noch keine Rekrystallisation und also auch kein schneller Platzwechsel statt, ein Beweis dafür, daß der Kohlenstoff bei der martensitischen Bildung nicht ausgeschieden wird. Ein weiterer Beweis hierfür ist darin zu erblicken, daß eine Martensitbildung

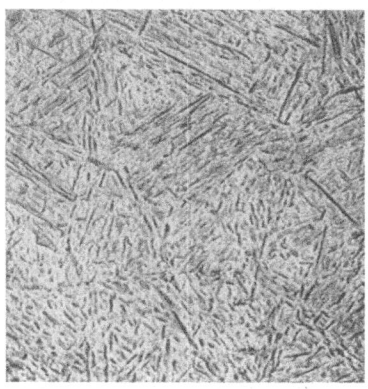

V = 200
Abb. 403. Martensitgefüge (aus HOUDREMONT).

genau in denselben Formen sich gelegentlich auch bei viel tieferen Temperaturen, bis zur Temperatur der flüssigen Luft, durchführen läßt, wobei von einer Diffusion und Ausscheidung des Kohlenstoffes überhaupt keine Rede sein kann.

Zwischen dem kubisch flächenzentrierten und dem kubisch raumzentrierten Gitter besteht eine enge geometrische Beziehung, die aus Abb. 405 ersichtlich ist. Hier sind zwei Zellen *abcdefgh* und *efghiklm* des flächenzentrierten Raum-

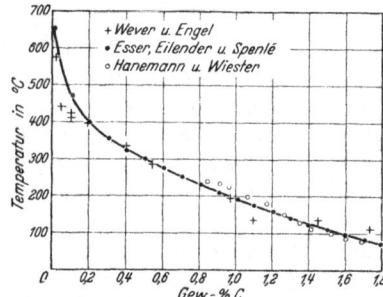

Abb. 404. Abhängigkeit der Temperatur der Martensit-bildung vom C-Gehalt des Stahles (aus OBERHOFFER).

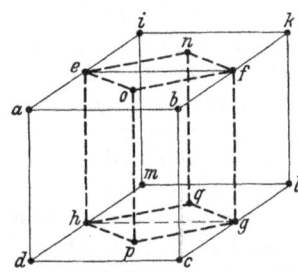

Abb. 405. Auffassung des kubisch flächenzen-trierten Gitters als tetragonal raumzentriert.

gitters dargestellt. Wenn wir die in den Flächenmitten liegenden Gitterpunkte *n* und *o* sowie die Gitterpunkte *e* und *f* miteinander durch Gerade *en*, *nf*, *fo* und *oe* verbinden, erhalten wir ein aus halben Diagonalen der Fläche *aefb* und *eikf* gebildetes Quadrat *enfo*, dem ein ebensolches *hqgp* auf der unteren Fläche der dargestellten Zeilen entspricht. Der gesamte Körper *enfohqgp* ist oben und unten durch Quadrate und seitlich durch Rechtecke begrenzt. In seinem räumlichen Zentrum befindet sich ein Gitterpunkt, der zugleich auf der Flächenmitte der Ebene *efgh* des flächenzentrierten Gitters liegt. Das flächenzentrierte kubische Gitter kann also auch als ein raumzentriertes tetragonales Raumgitter (Zelle *enfohqgp*) beschrieben werden. Es genügt, diese Zelle in senkrechter

31*

Richtung so weit zu stauchen, daß die Strecke fg sich auf die Länge en und nf verkürzt, um aus diesem tetragonalen Gitter ein kubisch-raumzentriertes Gitter zu erhalten. Wir haben somit die Möglichkeit, das flächenzentrierte Gitter durch eine homogene Deformation in das raumzentrierte überzuführen.

Hierbei würde es sich also um ganz ähnliche Verkürzungen handeln, wie wir sie bei der Umwandlung von CuAu betrachtet haben. Ebenso wie dort würden aus je einem γ-Krystall drei α-Krystalle entstehen, wobei folgende Orientierungszusammenhänge bestehen müßten:

Die γ-Würfelebenen parallel den α-Würfel- und Rhombendodekaederebenen, die γ-Würfelkanten parallel den α-Würfelkanten und Flächendiagonalen.

Um diese Vermütung zu prüfen, haben G. KURDJUMOW und G. SACHS[1] durch langsame Abkühlung aus der Schmelze einen γ-Eisenkrystall mit 1,4% C hergestellt und ihn aus dem γ-Feld abgeschreckt. Hierbei tritt in der Hauptmasse die martensitische Umwandlung ein, während der Rest im γ-Zustand verbleibt. Die martensitische Umwandlung ist niemals vollständig (vgl. S. 572). Da nicht anzunehmen ist, daß die Orientierung des γ-Eisens sich beim Abschrecken ändert, ergibt sich die Möglichkeit, an einer Probe gleichzeitig die Orientierung des γ-Eisens und des α-Eisens festzustellen.

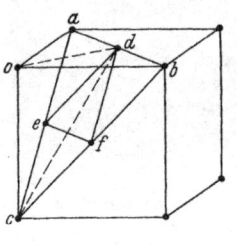 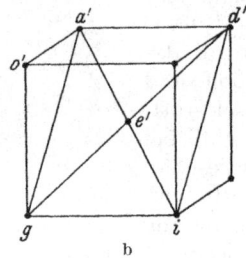

Abb. 406 a und b. Atomanordnung. a in der (111)-Ebene.

Das Röntgenexperiment bestätigt bei der Martensitumwandlung die erwähnten Zusammenhänge nicht, und damit ist erwiesen, daß das γ-Raumgitter nicht durch die beschriebene Stauchung aus dem α-Gitter entstanden sein kann.

Ähnlich wie das kohlenstoffhaltige Eisen verhalten sich die Legierungen des Eisens mit Nickel bis zu einem Gehalt von etwa 30% Ni (vgl. Zustandsdiagramm Abb. 470). Die γ-α-Umwandlung erfolgt bei diesen Legierungen zum Teil bei so tiefen Temperaturen, daß Konzentrationsänderungen während ihres Verlaufes unmöglich sind. Es handelt sich also auch um ein Umklappen des γ-Gitters in das α-Gitter bei unveränderter Zusammensetzung, ähnlich wie beim reinen Eisen. Da die Orientierungszusammenhänge bei den Fe-Ni-Legierungen bei tiefen Temperaturen einfacher sind als die bei Fe-C-Legierungen, werden wir die ersteren zunächst behandeln.

Röntgenometrisch ist nun an Einkrystallen gefunden worden, daß bei der Umwandlung die (111) (Oktaederfläche) abc (Abb. 406 a) des γ-Eisens parallel zur (110) (Rhombendodekaederfläche $a'd'e'$ Abb. 406 b) des α-Eisens und die [112] Richtung (z. B. cd Abb. 406 a) des γ-Eisens parallel zur [110]-Richtung (z. B. id' Abb. 406 b) des α-Eisens ist.

In Abb. 407 ist schematisch dargestellt, wie in dem betrachteten Falle zwei halbe α-Krystalle $d'b'g'i'c'l'$ mit den γ-Krystallen verbunden sind.

$d'b'g'$ ist die (111)-Ebene des flächenzentrierten Raumgitters, zugleich die (110)-Ebene des raumzentrierten. Vor dieser Ebene entsteht das raumzentrierte Gitter dadurch, daß die Punkte c, k, l sich in die Lagen c', k', l' verschieben. Die Punktpaare c und c', k und k' und l und l' liegen jeweils auf einem Kreise, dessen Durchmesser di' bzw. $d'h'$ bzw. $b'g'$ ist, und dessen Ebene senkrecht zur Ebene $i'd'b'g'$ steht. Alle Punkte, die nach vorn und links von dieser Ebene

[1] KURDJUMOW, G., u. G. SACHS: Z. Phys. 64 (1930), 325.

liegen, erleiden zu diesen Verschiebungen parallele Verschiebungen, deren Betrag proportional zu ihrem Abstand von der Ebene $i'db'g'$ ist. Abb. 408 stellt eine Ebene senkrecht zu $i'db'g'$ dar; die Schnittlinie beider Ebenen ist $g'b'$. Die in die Lagen des α-Gitters rückenden Atome vollziehen eine Art „verallgemeinerte einfache Schiebung", bei der $g'b'$ die Rolle der „Zwillingsebene" hat, wobei aber die Verschiebungen der Atome nicht bis zur Zwillingslage gehen, und zwar unter sich parallel, aber nicht parallel zu $g'b'$ erfolgen.

Auf Grund der Abb. 407 ist aus dem kubisch-flächenzentrierten Gitter ein raumzentriertes entstanden, das indessen noch tetragonal ist, da die Dreiecke $dd'e'$ usw. ja gleichseitig geblieben sind, während im kubisch-raumzentrierten Gitter $de' = e'd' < dd'$ ist. In Wirklichkeit vollzieht sich deshalb gleichzeitig eine Verlängerung von dd' und eine Verkürzung von $e'd'$ (Abbildung 407). Da damit das Drei-

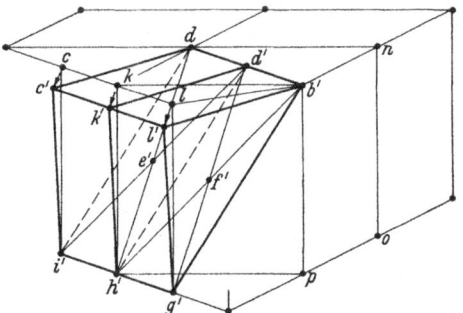

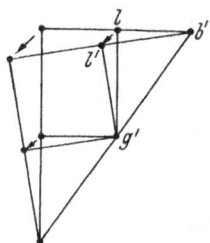

Abb. 407. Atomverschiebungen beim Aufwachsen des raumzentrierten Gitters mit der (110)-Ebene auf der (111)-Ebene des flächenzentrierten Gitters.

Abb. 408. „Einfache Schiebung" beim Übergang vom flächenzentrierten zum raumzentrierten Gitter.

eck $b'g'el'$ Abb. 408 kleiner wird, bedeutet das, daß in Wirklichkeit die durch die Pfeile gekennzeichneten Verschiebungsrichtungen der Atome Abb. 408 sich der Parallelen zu $b'g'$ nähern.

Diese Verzerrung der Anordnung der Atome in der Ebene $i'db'g'$ ruft natürlich Verspannungen in den beiden miteinander gekoppelten Gittern hervor, die in der Abb. 407 nicht zur Darstellung gelangt sind.

Nach dieser Darstellung kann also die Umwandlung des flächenzentrierten in das raumzentrierte Gitter durch die Kombination einer Stauchung, einer Dehnung und einer scherungsartigen Deformation beschrieben werden.

Wir haben bisher den Fall betrachtet, daß *eine* Seite ad des Dreiecks ade (Abb. 406a) sich bei der Umwandlung verlängert, während die beiden anderen ae und de sich verkürzen. Ebensogut können sich aber auch bei der Umwandlung die Seiten de oder ae, die mit ad krystallographisch äquivalent sind, verlängern. Mit anderen Worten, von einer (111)-Ebene des γ-Krystalles ausgehend können bereits drei verschiedene Orientierungen des α-Krystalles entstehen, von denen eine in Abb. 407 dargestellt worden ist. Fernerhin gibt es im kubischen Krystall vier verschieden gerichtete Oktaederflächen, deren jede der Ausgangspunkt von 3 α-Krystallen sein kann. Insgesamt entstehen also aus einem γ-Krystall 12 verschieden orientierte α-Krystalle. Neben der unmittelbaren röntgenographischen Bestimmung ihrer Orientierungen ist auch ihre Lagenmannigfaltigkeit eine Bestätigung für die Richtigkeit des geschilderten Umwandlungsmechanismus.

Da Scherungsdeformationen, wie wir in Abschnitt VII G gesehen haben, sich in mannigfacher Weise auf Stauch- und Dehnungsdeformationen zurückführen lassen und umgekehrt, ist es klar, daß der Umwandlungsmechanismus auch im einzelnen in anderer Weise „mit anderen Worten" beschrieben werden kann, als wir es getan haben. Im Wesen der Sache ändert sich damit nichts, sofern das Ergebnis, nämlich die Mannigfaltigkeit und die Zusammenhänge der Orientierungen richtig sind.

Der geschilderte Orientierungszusammenhang in seiner ungestörten Form tritt nur bei Eisen-Nickel-Legierungen auf, bei denen die γ-α-Umwandlung bei Temperaturen unterhalb von etwa 0° C erfolgt. Findet sie bei höheren Temperaturen statt, also bei Eisen-Nickel-Legierungen mit geringeren Nickelgehalten oder bei Eisen-Kohlenstoff-Legierungen, so ist der Orientierungszusammenhang ein etwas anderer.

Bei der geschilderten Orientierungsänderung des Fe-Ni bei tiefen Temperaturen ist die gegenseitige Lage des ursprünglichen Dreiecks ade im γ-Eisen und

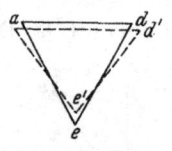

Abb. 409. Orientierungs-
zusammenhang beim Über-
gang vom flächenzentrierten
zum raumzentrierten Gitter
bei sehr tiefen Temperaturen.

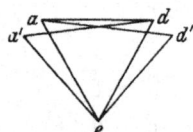

Abb. 410. Orientierungszusammenhang beim Übergang
vom flächenzentrierten zum
raumzentrierten Gitter bei etwas höheren Temperaturen.

$a'd'e$ im α-Eisen unter Aufrechterhaltung der Richtung von ad die schematisch in Abb. 409 wiedergegebene.

Wenn die Umwandlung jedoch bei höherer Temperatur erfolgt, ist die angegebene symmetrische Koppelung der Dreiecke ade und $a'd'e'$ nicht beständig, sie zerfällt vielmehr in zwei andere, indem das Dreieck $a'd'e'$ nach links oder nach rechts ankippt, bis die Strecke $a'e'$ mit ae zusammenfällt oder die Strecke $e'd$ mit ed, wie das in Abb. 410 dargestellt ist.

An Stelle der oben genannten Orientierungsbeziehung tritt jetzt eine etwas andere. Die Oktaederebene des γ-Gitters verwandelt sich nach wie vor ohne Lagenänderung in die Rhombendodekaederebene des α-Gitters. Für die Richtung gilt aber jetzt [110] γ || [111] α.

Daraus, daß das Dreieck ade sich bei der Umwandlung in zwei Dreiecke mit verschiedener Orientierung verwandelt, folgt, daß die Zahl der verschieden orientierten α-Krystalle, die aus einem γ-Krystall entstehen, jetzt die doppelte, nämlich 24 ist. Das wird durch das Experiment unmittelbar bestätigt. Neuerdings haben A. B. GRENINGER und A. R. TROJANO auf Grund von mikroskopischen Betrachtungen den besprochenen Mechanismus bestritten. Sie behaupten, daß eine hoch indizierte Ebene des γ-Gitters in eine solche des α-Gitters übergeht[1]. Da sie ihre Beobachtungen nicht durch Röntgenexperimente belegt haben, kommt ihnen wohl nur ein vorläufiger Charakter zu[2].

Nach dem soeben geschilderten Mechanismus wandelt sich, wie erwähnt, auch das kohlenstoffhaltige Eisen bei der Martensitbildung um. Allerdings entsteht hier eine Schwierigkeit und eine Komplikation. Während die Löslichkeit des Kohlenstoffes im γ-Eisen erheblich ist, ist sie im α-Eisen sehr gering; sie beträgt etwa bei 720° 0,04% und sinkt bei tieferer Temperatur weiter. Wenn ein γ-Eisen mit 0,5—1,0% C sich martensitisch umwandelt, ohne daß der Kohlenstoff aus dem Raumgitter ausgeschieden wird, ist das entstehende α-Eisen (der Martensit) sehr stark an Kohlenstoff übersättigt. Der Kohlenstoff ist in das

[1] GRENINGER, A. B., u. A. R. TROJANO: Trans. amer. Soc. Met. 18 (1940), 537.

[2] In einer neuen Arbeit teilen A. B. GRENINGER und A. R. TROJANO Ergebnisse von röntgenometrischen Messungen mit, auf Grund deren sie einen abgeänderten Umwandlungsmechanismus vorschlagen. Es scheint jedoch keine zwingende Veranlassung zu bestehen, die Orientierungszusammenhänge von G. KURDJUMOW und G. SACHS, die auf 1° mit der Erfahrung übereinstimmen sollen, als Basis für die Überlegung eines Umwandlungsmechanismus zu verlassen. — Vgl. A. B. GRENINGER u. A. R. TROJANO: J. Met. 1 (1950), 590.

α-Eisen eingezwängt. Das ist durchaus verständlich. Im flächenzentrierten γ-Eisen befinden sich die C-Atome in der Lücke im Zentrum des Elementarkörpers. Eine ähnliche Lücke ist im raumzentrierten α-Eisen nicht vorhanden.

Eine Folge dieses Zwangszustandes ist, daß das Umklappen des γ-Gitters in das α-Gitter nicht restlos erfolgen kann. Die scherungsartige Verschiebung der Atome in Abb. 408 kann nicht bis in die symmetrische Lage erfolgen, sondern bleibt unterwegs stecken, so daß das Verhältnis $g'l' : l'b' > 1$ ist und zwar um so größer, je höher der Kohlenstoffgehalt ist (bis 1,07).

Das Martensit-Gitter ist also nicht kubisch, sondern schwach *tetragonal*. Die Mannigfaltigkeit der Orientierungen wird hierdurch nicht verändert, wie man sich leicht überlegen kann.

Bei der Martensitbildung wandelt sich die halbe Flächendiagonale de (Abbildung 406) des γ-Gitters in die halbe Raumdiagonale $d'e'$ des raumzentrierten kubischen oder tetragonal verzerrten Gitters um. In Tab. 80 sind die hierbei eintretenden Längenänderungen verzeichnet.

Tabelle 80. Zur γ-α-Umwandlung des Eisens.

Zusammensetzung (Rest Fe)	Temperatur	halbe Flächendiagonale im γ-Gitter Å	halbe Raumdiagonale im α-Gitter Å	Differenz in %	Literaturnachweis
Reines Fe	0°	2,51	2,48	1,2	H. Esser u. G. Müller
	—200°	2,49	2,47	0,9	
	+900°	2,58	2,51	2,7	
	0°	2,506	2,477	1,2	W. Schmidt
	+900°	2,584	2,508	3	
25% Ni	20°	2,533	2,481	2,0	F. Kirchner

Auch die Flächengröße des Dreieckes ade Abb. 406 ändert sich bei der Verwandlung in das Dreieck $a'd'e'$ nicht erheblich, so im obigen Beispiel mit 1,11% C von 2,803 Å² in 2,935 Å² oder beim reinen Eisen bei 200°C von 2,684 Å² in 2,871Å². Die geringen Veränderungen der Größe dieser Elemente des Gitters sind zweifellos entscheidend für den geschilderten Orientierungszusammenhang und Umwandlungsmechanismus.

Wenn man die Umwandlung des γ- in das α-Eisen in seiner reinen Form betrachtet, so wird man den Umwandlungsmechanismus als eine homogene Deformation beschreiben, bei der die Lagenänderungen der einzelnen Gitterpunkte sich eindeutig aus der makroskopischen Formänderung ergeben. Hierbei muß zwischen dem Anfangs- und Endzustand eine kontinuierliche Reihe von tetragonalen Zwischenstufen durchlaufen werden. Der tetragonale Martensit als eine solche Zwischenstufe liefert den Beweis dafür,

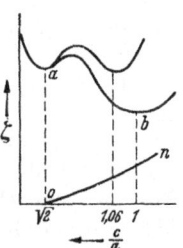

Abb. 411. Stabilität des tetragonalen Martensits bei der Umwandlung des C-haltigen Eisens.

daß unsere Annahme über den Mechanismus der Umwandlung richtig ist. Es ist uns in diesem Falle gelungen, die Umwandlung auf ihrem Wege abzustoppen, und einen Zwischenzustand im Verlaufe des Umklappens eines Raumgitters zu fixieren, der sich sonst der Beobachtung entzieht.

Eine kurze thermodynamische Überlegung zeigt, wieso in diesem Falle die tetragonale Zwischenform stabiler als die kubische Endform ist. In Abb. 411 ist eine thermodynamische Minimumfunktion, z. B. das thermodynamische Potential als Funktion des betrachteten Verhältnisses c/a dargestellt. Beim Werte $\sqrt{2}$ haben wir es mit dem flächenzentrierten Ausgangszustand zu tun. Beim Wert 1 liegt die raumzentrierte kubische Endform vor, dazwischen die tetragonalen verzerrten Zwischenzustände. Wenn bei der betrachteten Temperatur die Umwandlung bereits unterkühlt ist, ist das α-Eisen stabiler als die γ-Form. Dem Punkte b entspricht deshalb ein niedrigeres Potential als dem Punkte a. Die tetragonalen Zwischenzustände haben höhere Potentiale und sind dementsprechend nicht existenzfähig. Nehmen wir jetzt an, daß in das α-Eisen Kohlenstoff eingebaut ist. Damit ist ein Zwangszustand erhöhten Potentials verbunden, der mit der Entfernung von der γ-Form und mit der Annäherung an die raumzentrierte α-Endform zunimmt. Er mag schematisch durch die Kurve on wiedergegeben sein. Um die Werte der Ordinaten dieser Kurve vergrößern sich also durch den Kohlenstoff die Potentiale ζ für die verschiedenen c/a Verhältnisse. Indem wir diese Korrektion durchführen, erhalten wir die obere Kurve Abb. 411. Jetzt liegt das Maximum nicht mehr bei $c/a = 1$, sondern bei einem höheren Wert. Eine tetragonale Zwangsform ist also tatsächlich stabiler geworden.

d) Die Umwandlung $\beta \rightarrow \alpha$ im Messing.

Die umgekehrte Umwandlung des raumzentrierten kubischen Gitters in das flächenzentrierte läßt sich beim Eisen nicht ohne weiteres untersuchen, da die Martensitumwandlung nicht reversibel abläuft. Es ist schon erwähnt worden, daß bei der ungestörten $\gamma \rightleftarrows \alpha$ Umwandlung in der Nähe der Gleichgewichtstemperaturen anscheinend keine Orientierungszusammenhänge zwischen den α- und den γ-Krystallen bestehen.

M. Straumanis und J. Weerts[1] konnten jedoch die umgekehrte Umwandlung eines raumzentrierten in einen flächenzentrierten Krystall am Messing untersuchen. Das Zustandsdiagramm der Kupfer-Zink-Legierungen ist in Abb. 99 wiedergegeben. Eine Legierung mit 59—60% Cu wurde durch langsame Erstarrung im Zustand eines einzelnen Krystalles erhalten; nach der Erstarrung befindet sie sich zunächst im Zustand eines homogenen raumzentrierten kubischen β-Mischkrystalles. Bei tieferen Temperaturen findet jedoch eine Ausscheidung von flächenzentrierten α-Krystallen statt, die sich auch durch schrofferes Abschrecken nicht ganz unterdrücken ließ. Man erhält also einen mit α-Ausscheidung durchsetzten β-Krystall, an dem man, ähnlich wie das G. Kurdjumow und G. Sachs getan hatten, unmittelbar die Orientierungen beider Krystallarten mit Röntgenstrahlen untersuchen konnte. Es stellte sich derselbe Zusammenhang wie bei der Martensitbildung heraus, d. h., die Gitterebene (110) des β-Gitters wird in eine (111)-Ebene des α-Gitters übergeführt, und die Gittergerade [111] des β-Gitters steht parallel zur Gittergeraden [110] des α-Gitters. Das Dreieck $a'd'e'$ in der (110)-Ebene des β-Gitters wandelt sich nach dem Schema der Abb. 406 u. 407 in das gleichseitige Dreieck ade in der (111)-Ebene des α-Gitters um. Hierbei können, in derselben Weise wie beim Eisen, wie man sich leicht überzeugen kann, aus einem β-Krystall 24 α-Krystalle in verschiedenen Orientierungen entstehen.

Bei der Ausscheidung des α-Gitters bei tieferen Temperaturen entstehen nadelförmige „martensitische" Strukturen. Im abgeschreckten Messing sind sie mikroskopisch noch nicht wahrzunehmen, wohl aber nach dem Anlassen der abgeschreckten Proben bei 280—350° C.

---

[1] Straumanis, M., u. J. Weerts: Z. Phys. 78 (1932), 1.

e) Umwandlung des Kobalts.

Oberhalb von etwa 430° C ist das flächenzentrierte kubische Kobalt stabil, unterhalb dieser Temperatur das hexagonale in der dichtesten Kugelpackung mit einem c/a-Verhältnis 1,633, das also praktisch beim theoretischen Wert liegt. Die Beziehung dieser beiden Gitterarten ist oben auseinandergesetzt worden (s. S. 21). Wenn wir die zur Basis senkrechte, in Abb. 14 S. 18 dargestellte Ebene $ACIG$ [Prismenfläche II Art ($11\bar{2}0$)] betrachten, so ergibt sich für sie die in Abb. 412a wiedergegebene Folge von Atomlagen.

Im flächenzentrierten kubischen Raumgitter zeigt die Oktaederebene wie man z. B. aus Abb. 412 A sieht, eine gleiche Anordnung der Atome wie die Basisebene des hexagonalen Gitters. Wenn man jedoch die aufeinander folgenden Oktaederebenen in der zu ihnen senkrechten (110)-Ebene betrachtet, so ergibt

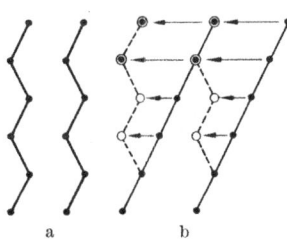

sich die aus Abb. 412 A ersichtliche Regelmäßigkeit der Atomanordnungen. Auf die ersten Ebenen, in der die Atome in den Ecken der Dreiecke sitzen, folgt eine erste Zwischenlage, in der sie sich in dem Schwerpunkte der einen Gruppe der Dreiecke befinden (Kreuze), dann eine zweite Zwischenlage, in der sie sich in den Schwerpunkten der anderen

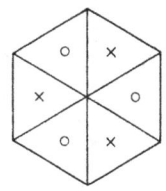

Abb. 412 A. Folge der Atomlagen im flächenzentrierten kubischen Gitter.

a   b
Abb. 412 a und b. Atomverschiebungen bei der Kobaltumwandlung.

Dreiecke befinden (Kreise), und erst jetzt eine Wiederholung der ersten Basislage. In der (110)-Ebene ergibt sich die in Abb. 412 b wiedergegebene Reihenfolge der Atomlagen. Man sieht leicht, in welcher Weise diese Lage in die der Abb. 412 a übergeführt werden kann. Es braucht nur eine Scherungsdeformation durchgeführt zu werden, durch die Paare von Co-Atomen aus der Lage der Abb. 412 b durch Verschiebung nach links in die Lage der Abb. 412 a übergeführt werden. Die röntgenometrische Untersuchung hat die sich hierdurch ergebenden Orientierungszusammenhänge bestätigt. Es ist die Ebene (0001) hex. ∥ (111) kub, die Richtung [0001] hex. ∥ [111] kub.

Daß bei der Umwandlung des Kobalts eine Scherungsdeformation eine besondere Rolle spielen muß, ergibt sich auch daraus, daß ein auf 500—600° C erhitztes Material bei der Abkühlung unterhalb 450° C sich in der Regel, wie erwähnt, nur dann in die hexagonale Form umwandelt, wenn es kalt gewalzt oder allgemeiner kalt plastisch verformt wird. Wir haben aber gesehen, daß jede plastische Verformung ein System von Scherungsdeformationen darstellt. Erstaunlicherweise verliert das Kobalt seine Trägheit, wenn es vor der Abkühlung auf wesentlich höhere Temperatur, etwa 1000° C und mehr erhitzt wird. Die Ursache für dieses Verhalten ist nicht bekannt.

Auffallend ist fernerhin, daß der beschriebene Umwandlungsmechanismus die unveränderte Verschiebung von Zweier-Gruppen von Atomen verlangt, während im Raumgitter des Kobalts solche Gruppen in keiner Weise vorgebildet sind.

In ganz ähnlicher Form erfolgt die Umwandlung in allen anderen bisher untersuchten Fällen, in denen sich ein flächenzentriertes kubisches Gitter in ein hexagonales verwandelt und umgekehrt.

f) Umwandlung des Zirkons.

Bei einigen Metallen findet bei der Umwandlung ein Wechsel zwischen einer kubisch-raumzentrierten und der hexagonalen Modifikation statt. (Ti, Zr, Hf?,

Ba ?). Besonders eingehend ist die Umwandlung des Zirkons untersucht worden[1]. Sie erfolgt ziemlich ähnlich der γ-α-Umwandlung beim Eisen. Beim Übergang vom kubischen zum hexagonalen Gitter wandelt sich das in der (110)-Ebene des ersteren liegende Dreieck (Abb. 413 a) in das gleichseitige Dreieck in der Basisebene des hexagonalen Gitters um. Die Orientierungsbeziehung ist also zunächst durch (110) kub. $\|$ (0001) hex. gegeben. Eine Raumdiagonale [111] des kubischen Gitters als Seite des erwähnten Dreiecks behält ihre Richtung und verwandelt sich in die Richtung [11$\bar{2}$0] im hexagonalen Gitter, wir haben also noch die ergänzende Bedingung [111] kub. $\|$ [11$\bar{2}$0] hex. Bei der Umwandlung treten entsprechende Winkelverzerrungen ein. Die geometrischen Zusammenhänge ergeben sich aus Abb. 413. Sie zeigt zwei Elementarzellen $abcdefgh$ und $abiklmno$ des

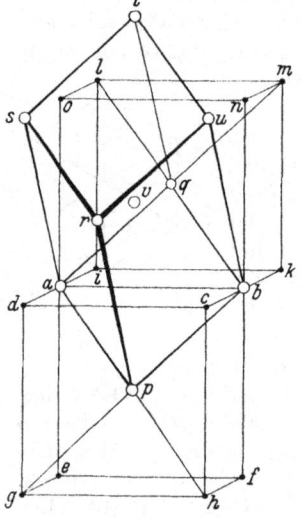
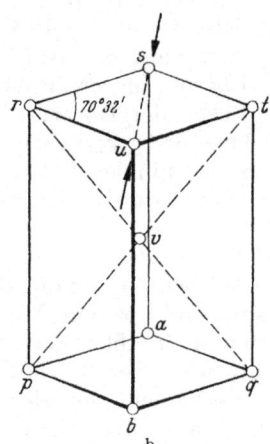
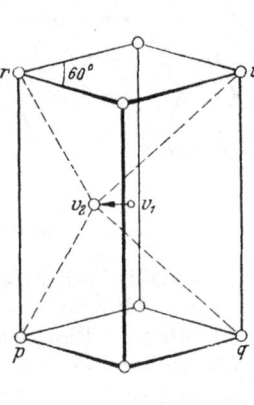

Abb. 413 a — c. Orientierungszusammenhänge bei der Zirkon-Umwandlung.

kubischen Gitters, die die Würfelkante ab gemeinsam haben. p ist das raumzentrierende Atom der ersten, q der zweiten Zelle. Auf Grund der (101)-Ebene $paqb$ errichten wir auf den Eckpunkten die [101]-Lote pr, as, qt und bu. Wir erhalten so ein Parallelepiped mit dem Rhombus $aqbp$ als Basis und mit den Rechtecken $prub$ usw. als Seiten. Im räumlichen Zentrum dieses Parallelepipeds befindet sich das Atom v, das gleichzeitig im senkrechten Abstand einer Würfelkante oberhalb p liegt und die auf der Elementarzelle $abcdefgh$ stehende nächste Elementarzelle zentriert.

Dieses Parallelepiped ist noch einmal in perspektivischer Seitenansicht in Abb. 413 b wiedergegeben. Die Deformation zur hexagonalen Zelle erfolgt durch Stauchung parallel zur Flächendiagonalen su, bis der Winkel sru auf 60° verkleinert worden ist (Abb. 413 c). Die Anordnung des hexagonalen Gitters ist jetzt erreicht bis auf die Lage des zentrierenden Atoms v, das die Koordinaten $1/2\,1/2\,1/2$ hat (Abbildung 414), während seine Lage im hexagonalen Gitter dichtester Packung $2/3\,1/3\,1/2$ ist (Punkt v_2). Um diese Anordnung zu erreichen, muß der Punkt v sich in der Ebene $rtqp$ parallel der Basisebene verschieben, bis er die verlangte Lage erreicht hat (Abb. 413 c). Die so hergestellte hexa-

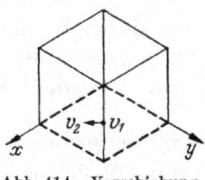

Abb. 414. Verschiebung des raumzentrierenden Atoms bei der Zirkon-Umwandlung.

---

[1] Burgers, W. C.: Physica 1 (1934), 561; Erg. techn. Röntgenkde. VI (1938).

gonale Zelle ist noch nicht gleich der Elementarzelle der hexagonalen Modifikation, sie wird es durch eine eventuelle Volumenänderung und Stauchung oder Dehnung in der Richtung der hexagonalen c-Achse.

Alle beschriebenen Deformationen sind homogen und lassen sich letzten Endes als Kombination einer Scherung mit einer Volumenänderung beschreiben, worauf wir hier nicht weiter eingehen wollen. Nur die Verschiebung des Punktes v fällt aus diesem Rahmen heraus. Diese führt auf eine gegenseitige Verschiebung der beiden Teilgitter der dichtesten hexagonalen Packung, die durch die Verschiebung eines Punktes v des einen Teilgitters gegeben ist.

Die Verwandtschaft mit der Deformation bei der Kobalt-Umwandlung liegt auf der Hand. Während aber bei dieser eine paarweise Verschiebung der (0001)-Ebenen stattfindet, verschieben sie sich im vorliegenden Fall einzeln. Während das Gitter des Kobalts bei dieser Verschiebung bereits eine Schiebung erleidet, ist das hier noch nicht der Fall.

g) Umwandlung des Zinns.

Die Zerstörungen, die an Zinn-Gegenständen während kalter Winter auftreten, haben schon vor langer Zeit die Aufmerksamkeit auf die α-β-Umwandlung des Zinns gelenkt. Die Zerstörungen bestehen darin, daß die Oberfläche graue Flecke erhält, an denen sich das Metall aufbläht und dabei in ein nur wenig zusammenhängendes Pulver umwandelt, das aus elementarem Zinn besteht.

Die Bildung des grauen α-Zinns ist sehr träge und verläuft erst unterhalb von 0° C mit nennenswerten Geschwindkeiten. G. TAMMANN und K. L. DREYER[1] haben die lineare Vergrößerung der grauen Zinnflecken auf polierten Flächen verfolgt und ein Maximum der linearen Wachstumsgeschwindigkeit bei ihrem Präparat bei etwa —30° C mit 0 bis 0,1 mm/Tag bestimmt. Diese geringe Wachstumsgeschwindigkeit zusammen mit einer großen Trägheit der Keimbildung machen die Bestimmung der wahren Umwandlungstemperatur sehr schwierig. Da diese Umwandlung mit großer Volumenänderung verläuft (die Dichte des α-Sn ist nur $\sim$ 5,81, die des β-Sn $\sim$ 7,285), kann sie mit großer Genauigkeit pyknometrisch verfolgt werden. E. COHEN[2] fand, daß die Volumenänderung bei 18° C durch Null geht, andererseits fand er, daß die Potentialdifferenz zwischen weißem und grauem Zinn (die beständigere Modifikation muß die edlere sein) bei $\sim$ 20° C Null wird. Heute werden 13,2° C als die zuverlässigste Umwandlungstemperatur angenommen.

Die Tatsache, daß das graue Zinn als unzusammenhängendes Pulver entsteht, ist zweifellos auf die große Volumenzunahme bei seiner Bildung und auf die hierbei auftretende sehr starke Verzerrung des Gitters zurückzuführen. Bei der Umwandlung wird das entstehende α-Sn-Pulver in unregelmäßiger Weise mechanisch verschoben. Es ist deshalb nicht zu erwarten, daß man Beziehungen zwischen der Orientierung des α-und des β-Zinns finden kann. Hieraus darf indessen nicht geschlossen werden, daß solche Beziehungen überhaupt nicht bestehen. Die Gesamtheit der Erfahrungen mit anderen Umwandlungen läßt vielmehr als primären Prozeß eine einfache Deformation des Gitters erwarten. Ob hierbei allerdings bestimmte Richtungen und Ebenen fixiert bleiben, ist bei der großen Formänderung bei der Umwandlung zweifelhaft.

---

[1] TAMMANN, G. u. K. L. DREYER: Z. anorg. allg. Chem. **199** (1931), 97.

[2] COHEN, E.: Z. phys. Chem. **35** (1900), 596.

C. Aushärtung.

1. Grundlegende Erfahrungen am Duralumin.

Im Jahre 1909 stellte A. WILM fest, daß eine Legierung mit etwa 4% Cu und 0,5% Mg, Rest Aluminium neben etwas Mangan, wenn sie von einer Temperatur oberhalb von etwa 450° C schnell abgekühlt worden ist, beim Lagern bei gewöhnlicher oder bei mäßig erhöhter Temperatur („Auslagern") sich verfestigt[1]. Ihre Härte steigt hierbei von etwa 80 Brinelleinheiten auf 110—120 Brinelleinheiten, ihre Zugfestigkeit von 30—32 auf 40—45 kg/mm². Die von A. WILM entdeckte Legierung erhielt den Schutznamen Duralumin, der sich über 2 Jahrzehnte gehalten hat; heute pflegt man die Aluminiumlegierungen meistens nach ihrer Zusammensetzung zu bezeichnen. Die kombinierte thermische Behandlung, bestehend in Erhitzung auf höhere Temperatur, dem Abschrecken und dem Auslagern, hat sich im Laufe der Jahre als für viele Legierungen sehr wichtig erwiesen, sie wurde lange als „Vergütung" wohl auch als „Veredlung" bezeichnet, heute nennt man sie „Aushärtung" wegen der mit ihr verbundenen Zunahme der Härte. Die Bezeichnung „Vergütung" mußte verlassen werden, da sie auf dem Gebiete des Stahles bereits für eine andere Behandlungsart benutzt wird.

Die Ursache der verfestigenden Wirkung der Aushärtung war zunächst ganz rätselhaft. Im Jahre 1920 stellten H. SCOTT, T. MERICA, J. R. FREEMAN und R. C. WALTENBERG[2] fest, daß die Löslichkeit des Kupfers im krystallisierten Aluminium mit steigender Temperatur ziemlich stark zunimmt (Abb. 137). Damit war der erste mögliche Ansatz zur Erklärung der Aushärtung gegeben, indem aus dem Zustandsdiagramm wenigstens eine mögliche Zustandsänderung, die bei der Aushärtungsbehandlung auftreten konnte, zu folgern war. Die amerikanischen Verfasser haben nämlich angenommen, daß beim Abschrecken von höherer Temperatur aus dem Gebiet der homogenen Mischkrystalle zunächst bei tiefer Temperatur ein übersättigter Mischkrystall erhalten wird, und daß dieser, sei es bei gewöhnlicher Temperatur, sei es bei mäßiger Erwärmung, langsam eine zweite Krystallart in feiner Verteilung ausscheidet. Ein solcher Ansatz konnte zunächst die eintretende Festigkeitszunahme nicht erklären, wie man das aus der schematischen Abb. 415 sieht. Bei den Kupfer-Aluminium-Legierungen, wie auch in den meisten analogen Fällen, ist die Härtung des reinen Metalles durch Mischkrystallbildung stärker als durch heterogene Zusätze. Für die Abhängigkeit der Härte oder der Festigkeit von der Konzentration ergibt sich deshalb die gebrochene Linie abc. Die Ordinate von c gibt die Härte der zweiten Krystallart X an, mit der der Mischkrystall von der Zusammensetzung des Punktes b im Gleichgewicht ist. b liegt also bei der Sättigungsgrenze der A-reichen Mischkrystalle.

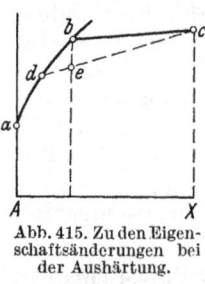

Abb. 415. Zu den Eigenschaftsänderungen bei der Aushärtung.

Wir nehmen an, daß dieser Zustand bei der hohen Temperatur der Abschreckung, bei den Aluminium-Kupfer-Legierungen also etwa bei 500° C vorliegt. Die Härten werden bei gewöhnlicher Temperatur gemessen, wobei Zustandsänderungen durch Abschrecken unterbunden werden. Der Gleichgewichtszustand bei tieferer Temperatur entspricht jedoch einer geringeren Löslichkeit. Jetzt gibt etwa die Abszisse des Punktes d die Zusammensetzung des gesättigten Mischkrystalles wieder. Wenn also ein Mischkrystall von der Zusammensetzung b beim Auslagern bei

[1] WILM, A.: Metallurgie 8 (1911), 225, 650.

[2] MERICA, P., R. C. WALTENBERG u. J. R. FREEMAN: Sci. Pap. Bur. Stand. 337 (1919), 105.
— MERICA, P., R. C. WALTENBERG u. H. SCOTT: Sci. Pap. Bur. Stand. 347 (1919), 671.

tieferen Temperaturen unter Ausscheidung von X zerfällt, so muß seine Härte bis auf die Ordinate e der geraden Verbindungslinie der Härtewerte des nunmehr gesättigten Mischkrystalles d und der Krystallart X bei c sinken, da die Härte eines mechanischen Gemenges sich aus der Härte der Bestandteile annähernd nach der Mischungsregel berechnen lassen muß. Die bei tieferen Temperaturen beim Auslagern einsetzende Ausscheidung einer zweiten Krystallart muß also nach dieser Überlegung das Gegenteil der Aushärtung, nämlich eine Erweichung des Werkstoffes mit sich bringen.

Um diesen Widerspruch zu beheben, haben P. MERICA und seine Mitarbeiter angenommen, daß die hohe Dispersität der ausgeschiedenen Krystallart eine besondere härtende Wirkung hat. Es wurde angenommen, daß die hochdispersen Ausscheidungen die Fähigkeit haben, die Gleitung zu behindern und damit den Widerstand gegen die plastische Verformung zu erhöhen. Es war natürlich auffallend, daß der Zusatz in der höchsten möglichen, nämlich in der atomaren Dispersität, in welcher er im Mischkrystall vorliegt, diese Wirkung nur in geringerem Umfange ausüben sollte. Man mußte eben annehmen, daß das Maximum dieser aushärtenden Wirkung bei einer mittleren Dispersität zwischen der atomaren und der mikroskopisch sichtbaren nach dem vollen Zerfall eintritt. Es entstand so die Theorie der „kritischen Dispersion", die für die Aushärtung maßgebend sein sollte. Es ist zu bemerken, daß der Dispersitätsgrad der etwa bei der Aushärtung eingetretenen Ausscheidung so hoch war, daß er sich der mikroskopischen Feststellung entzog. Es konnte somit noch nicht als erwiesen gelten, daß beim Auslagern tatsächlich eine Ausscheidung einer zweiten Krystallart bereits eingesetzt hatte.

Wurde der abgeschreckte Mischkrystall auf mäßig hohe Temperaturen erhitzt, so konnte die zweite Krystallart mikroskopisch sichtbar gemacht werden. Die Aushärtung ging bei einer solchen Behandlung indes wieder verloren.

In den nachfolgenden Jahren wurde eine große Anzahl von aushärtenden Legierungen aufgefunden. In allen Fällen konnte nachgewiesen werden, daß die Aushärtbarkeit an dieselben strukturellen Voraussetzungen, wie beim System Aluminium-Kupfer gebunden ist, nämlich (Abb. 415 A):

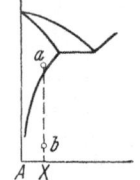

Abb. 415 A.
Strukturelle
Voraussetzung
der Aushärtung.

1. Es liegt eine beschränkte Mischkrystallbildung vor.

2. Die Sättigungsgrenze der an dem Hauptbestandteil reichen Mischkrystalle nimmt mit steigender Temperatur zu, was ja dem normalen Falle entspricht.

3. Eine Voraussetzung für die Aushärtbarkeit ist, daß es möglich sein muß, einen Mischkrystall X durch genügend schnelle Abkühlung von höherer Temperatur T im übersättigten Zustand zu erhalten. Hierbei tritt jedoch noch nicht die entscheidende Aushärtung ein.

4. Die Härtezunahme setzt ein, wenn der übersättigte Mischkrystall bei gewöhnlicher oder bei mäßig erhöhter Temperatur ausgelagert wird. Bei der Auslagerungstemperatur muß die Sättigungsgrenze der Mischkrystalle noch so niedrig liegen, daß im Gleichgewichtszustand mit einer nennenswerten Menge der ausgeschiedenen zweiten Krystallart zu rechnen wäre (Temperatur t). Bei den meisten aushärtbaren Legierungen ist es notwendig, das Auslagern bei erhöhten Temperaturen durchzuführen; wenn die Aushärtung schon bei Zimmertemperatur einsetzt, kann sie durch Lagern bei tieferen Temperaturen unterbunden werden.

Diese letzten Befunde beweisen, daß für die Aushärtung des übersättigten Mischkrystalles eine gewisse thermische Beweglichkeit erforderlich ist. Im Zusammenhang mit der Tatsache, daß die Aushärtung dann und nur dann auftritt, wenn man zunächst einen übersättigten Mischkrystall hergestellt hat, wird man im Hinblick auf die Abb. 415 A nicht daran zweifeln können, daß die strukturelle Grundlage der Änderungen, die die Legierung beim Auslagern erleidet, auf das Bestreben zurückgeführt werden muß, die Übersättigung aufzuheben. Der ausgehärtete Zustand ist also irgendwie ein Zwischenzustand zwischen der normalen atomaren Verteilung des Zusatzmetalles im Mischkrystall und dem heterogenen Gemenge des Gleichgewichtszustandes. Damit ist indessen über die Natur des Zwischenzustandes noch nichts ausgesagt. Die oben dargelegte Auffassung von P. MERICA und seinen Mitarbeitern war der erste Versuch, diesen Zwischenzustand zu beschreiben.

Wenn die Auffassung der amerikanischen Forscher richtig war, so war zu erwarten, daß der spezifische Widerstand des Mischkrystalles b in derselben Weise, wie das für die Härte auf Grund der Abbildung dargelegt ist, bei der Aushärtung sinken würde. Die Kurven abc und adc (Abb. 415) stellen nämlich schematisch ebensogut auch den elektrischen Widerstand dar, wie die Härte. W. FRAENKEL und E. SCHEUER[1] zeigten jedoch, daß der spezifische Widerstand bei der Aushärtung des Duralumins bei Zimmertemperatur umgekehrt, wenn auch nicht sehr erheblich (um etwa 10%) ansteigt. Das war ein krasser Widerspruch gegen die Theorie der kritischen Dispersion, wenigstens in ihrer einfachen Form. Wenn man sich auch vorstellen könnte, daß sehr kleine Kryställchen der zweiten Krystallart B im Einzelkrystall die Gleitung erschweren, so könnte man das für die Leitung des elektrischen Stromes wohl kaum annehmen. Die Feststellung von W. FRAENKEL u. E. SCHEUER war eine Widerlegung der Theorie der kritischen Dispersion in ihrer ursprünglichen Form.

Da es trotzdem sicher war, daß die Aushärtung, wie erwähnt, irgendwie mit der Aufhebung der Übersättigung zusammenhängt, mußte die Forschung sich dem eingehenden Studium des Zerfallvorganges eines übersättigten Mischkrystalles zuwenden. Das geschah in den folgenden Jahren.

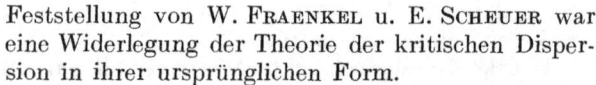

Abb. 416. Teildiagramm der Kupfer-Beryllium-Legierungen (aus HANSEN).

2. Untersuchung der Cu-Be Legiernugen.

Zunächst konnte an den Kupfer-Beryllium-Legierungen, die auf Grund des Diagrammes (Abb. 416) im Konzentrationsgebiet der kupferreichen Mischkrystalle aushärtbar sein mußten, gezeigt werden, daß bei der Aushärtung eine Verbreiterung der Debye-Scherrer-Linien der α-Mischkrystalle auftritt[2]. Diese Verbreiterung der Debye-Linien kann als ein sicheres Anzeichen eines heterogenen Vorganges betrachtet werden. Sie kann nämlich folgende Gründe haben. (S. 35).

1. Auftreten von kontinuierlich veränderlichen Gitterkonstanten infolge der eintretenden Ausscheidung. In der Nähe der Ausscheidung kann eine Annäherung an die Gleichgewichtskonzentration angenommen werden, während weiter im Innern der noch intakten α-Mischkrystalle annähernd die volle Konzentration des abgeschreckten Zustandes noch erhalten ist, mit durch Diffusion vermittelten kontinuierlichen Übergängen. Das ist derselbe Effekt, der bei Zonenmischkrystallen

---

[1] FRAENKEL, W. u. E. SCHEUER: Z. Metallkde. 12 (1920), 427.

[2] DAHL, O., E. HOLM u. G. MASING: Wiss. Veröff. Siemens VIII (1929), 154.

beobachtet wird, in beiden Fällen, wenn die Gitterkonstante sich mit der Konzentration genügend stark ändert.

2. Auftreten von Eigenspannungen im Raumgitter. Ein solches wäre nur verständlich, wenn entweder Konzentrationsunterschiede im Mischkrystall auftreten, womit der Fall 2 auf den Fall 1 zurückgeführt wäre, oder aber zum mindesten, wenn eine Ausscheidung einer zweiten Krystallart, die die Verspannung herbeiführte, eingetreten war.

3. Herabsetzung der Größe der die Röntgenstrahlen streuenden kohärenten Bereiche. Eine einheitliche Streuung von Röntgenstrahlen ist nur an Gebilden mit annähernd konstanten Gitterabmessungen möglich. Treten innerhalb des Raumgitters Schwankungen der Gitterkonstanten auf, so wird diese Bedingung nur durch kleinere Gebiete erfüllt. Bei der Streuung tritt dann derselbe Effekt auf, wie bei sehr feinkrystallinen Präparaten (S. 36). Auch hier muß man die Entstehung von Konzentrationsgefällen annehmen, was ohne einen heterogenen Ausscheidungsvorgang nicht möglich erscheint.

Es ist im Einzelfalle zunächst nicht sicher, durch welchen Vorgang die Verbreiterung der Röntgen-Linien tatsächlich herbeigeführt wird. Im vorliegenden Falle ist das aber auch ganz gleichgültig, da man auf alle

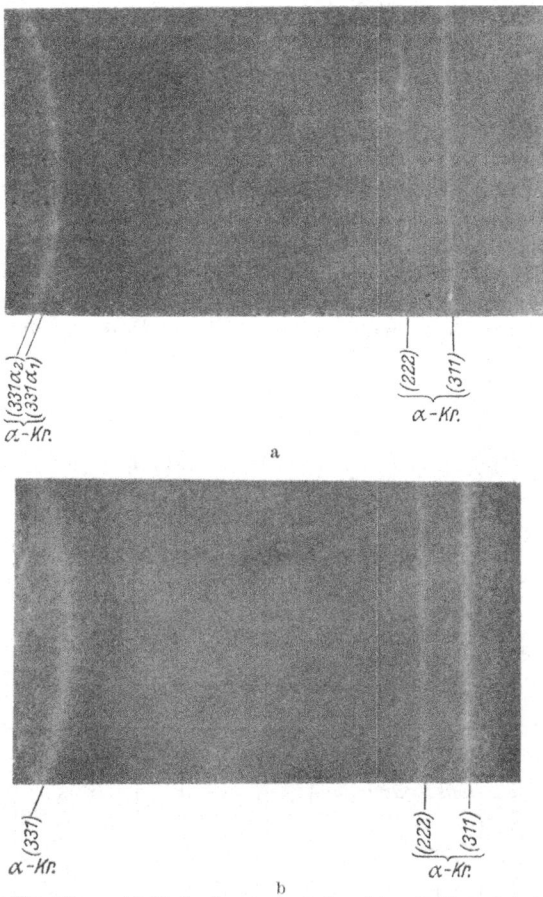

Abb. 417 a und b. Verbreiterung der Debye-Scherrer-Linien bei der Aushärtung der Cu-Be-Legierungen. a abgeschreckt; b Beginn der Aushärtung (nach Dahl, Holm u. Masing).

Fälle auf die Schlußfolgerung einer eingetretenen heterogenen Ausscheidung einer zweiten Krystallart geführt wird. Diese Schlußfolgerung wird heute allgemein gezogen. Die Verbreiterung der Debye-Scherrer-Linien im Zusammenhang mit der Aushärtung wird als Nachweis der eingesetzten Ausscheidung angesehen.

Die Untersuchung des elektrischen Widerstandes bei verschiedenen Legierungen zeigte, daß mit der Aushärtung in der Regel seine Erniedrigung verbunden war. In diesem Falle lag also ein Widerspruch gegen den Ansatz der kritischen Dispersion nicht vor. Es zeigte sich, daß eine Widerstandserhöhung nur in den Anfangsstadien der Härtezunahme und bei tieferen Temperaturen eintrat, in Bestätigung übrigens der Erfahrungen beim Duralumin, bei dem bei einer Auslagerung bei etwa 150° C eine noch stärkere Härtezunahme, jedoch zugleich eine Erniedrigung des Widerstandes eintrat. Dieser Befund hatte bereits W. Fraenkel

und E. Scheuer dazu geführt, die „Kaltaushärtung" und die „Warmaushärtung"
zu unterscheiden, wobei angenommen wurde, daß für die zweite die Theorie der
kritischen Dispersion gilt, für die erstere jedoch ein grundsätzlich anderer Vorgang anzunehmen ist.

    Bei den Kupfer-Beryllium-Legierungen konnte jedoch gezeigt werden, daß
bereits im Beginn einer Aushärtung beim Auslagern bei verhältnismäßig
tiefen Temperaturen, nämlich wenn noch kaum eine Härtezunahme zu erwarten
war, wo aber eine Zunahme des elektrischen Widerstandes wahrgenommen wurde,
bereits eine Verbreiterung der Röntgen-Linien eintrat (Abb. 417a und b). Hieraus war zu folgern, daß eine hochdisperse Ausscheidung einer zweiten Krystallart
aus physikalisch nicht genau ersichtlichen Gründen eine Erschwerung der elektrischen Leitung herbeiführen kann. Dieser Schluß war indes nicht ganz sicher,
da man, von der Annahme ausgehend, daß es zwei verschiedene Arten der Aushärtung gibt, nämlich die Kaltaushärtung und die Warmaushärtung, vermuten
konnte, daß im vorliegenden Falle eine Mischung beider vorlag. Die Linien-
Verbreiterung im Röntgenbild war dann auf die Komponente der Warmaushärtung und die Erhöhung des Widerstandes auf die Komponente der Kaltaushärtung zurückzuführen. Diese Frage ist bis heute noch nicht restlos geklärt.

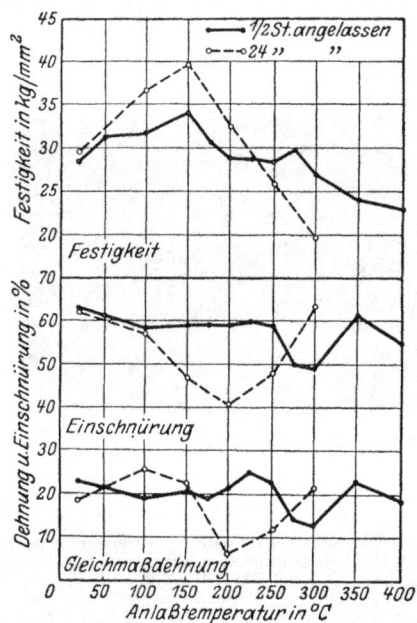

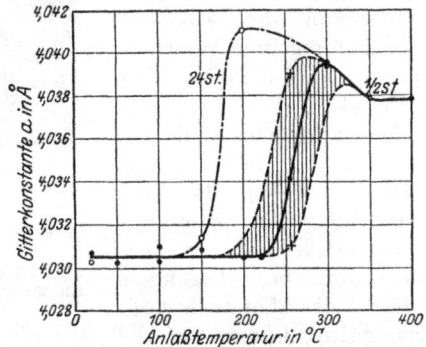

3. Eingehendere Untersuchung der Cu-Al-Legierungen.

    Es war natürlich wünschenswert, den
Vorgang der Aushärtung mit allen Hilfsmitteln der verfeinerten Technik an dem
klassischen Falle der Aluminiumlegierungen zu untersuchen. G. v. Göler und
G. Sachs[1] haben Einzelkrystalle einer

Abb. 418. Änderung der Festigkeitseigenschaften
beim Auslagern einer Al-Cu-Legierung mit 5% Cu
(nach v. Göler u. Sachs).

Abb. 418 A. Änderung der Gitterkonstante beim
Auslagern einer Legierung mit 5% Cu, Rest Al (nach
v. Göler u. Sachs).

Legierung aus 95% Al und 5% Cu nach dem Abschrecken von 500° C bei verschiedenen Temperaturen ausgelagert und sowohl die Festigkeitseigenschaften
als auch die Gitterkonstanten gemessen. Durch Aufnahme von Kupfer wird
die Gitterkonstante des Aluminiums herabgesetzt. Abb. 418 zeigt die Änderung
der Festigkeit nach verschiedenen Auslagerungsbehandlungen. Wie man sieht,
tritt bei 100° nach 1 Tag bereits eine erhebliche Aushärtung auf. Nach einer
Auslagerung während 24 Stunden ist das Maximum der Aushärtung bei 150° C

[1] v. Göler, G., u. G. Sachs: Naturwiss. 17 (1929), 310.

erreicht. Wie man aus Abb. 418 A sieht, tritt dahingegen eine nachweisbare Änderung der Gitterkonstanten entsprechend der Ausscheidung einer zweiten Krystallart erst zwischen 150 und 200° C auf. Nach Erhitzung während je einer halben Stunde treten die Änderungen der Gitterkonstanten erst bei 250° C auf. Die die Änderungen der Gitterkonstanten begleitende Verschwommenheit der Linien ist für den letzteren Fall durch das schraffierte Gebiet angedeutet. Die bei hohen Temperaturen wieder eintretende Erniedrigung der Gitterkonstante ist zweifellos auf die Zunahme der Löslichkeit des Kupfers in Aluminium mit steigender Temperatur zurückzuführen.

Aus dem Vergleich der beiden Abb. 418 und 418 A sieht man mit aller Deutlichkeit, daß die volle Aushärtung erreicht wird, ehe eine Verbreiterung der Debye-Scherrer-Linien oder ihre Verschiebung einsetzt. Hieraus ist zu folgern, daß bei der Aushärtung des kupferhaltigen Aluminiums und wahrscheinlich auch des Duralumins der die Aushärtung bewirkende Vorgang gar nicht in einer Ausscheidung einer zweiten Krystallart bestehen kann, sondern eine andere Ursache haben muß.

Das weitere Ziel der Forschung mußte darin bestehen, zunächst irgendwelche Änderungen in den Aluminium-Kupfer-Legierungen während der Aushärtung nachzuweisen, die mit der Aushärtung in Verbindung gebracht werden konnten.

Im Jahre 1931 führten J. Hengstenberg und G. Wassermann Intensitätsmessungen an Debye-Scherrer-Aufnahmen an Duralumin durch[1]. Es ist oben ausgeführt worden (S. 32), daß Störungen im Raumgitter, die ihrem Charakter nach den Störungen durch thermische Bewegung analog sind, Interferenzen hoher Indizes stärker schwächen als niedrig indizierte Interferenzen. Solche Störungen des Raumgitters rufen ja bereits die Fremdatome eines zweiten Metalles in einem Mischkrystall hervor.

Das Duralumin zeigt nun nach dem Abschrecken zunächst die Intensitätsverteilung der Reflexe verschiedener Ordnungen, wie sie für einen Mischkrystall zu erwarten ist. Nach der Auslagerung bei Zimmertemperatur ändern sich die Intensitäten in der in der Tab. 81 angegebenen Weise.

Trotz mancher Schwankungen, die in Anbetracht der Kleinheit der Effekte, die beinahe im Rahmen der Fehlergrenzen der Messungen liegen, verständlich sind, ist der Gang unverkennbar: die höher indizierten Reflexe haben bei der Auslagerung

Tabelle 81.
Änderung der Linienintensität bei der Auslagerung des Duralumins.

Indizierung der Netzebene	Zunahme der Gesamt-intensität in %	Zunahme der Intensität unter Berück-sichtigung der Streustrahlung in %
(111)	1,3	1,4
(202)	2,9	3,1
(311), (222)	3,6	3,9
(400)	1,9 ?	3,5
(331), (420)	3,4	4,2

mehr an Intensität zugenommen als die niedriger indizierten, die Störung des Raumgitters durch Fremdatome ist also geringer geworden. Dieser Effekt wird auf eine Änderung der Verteilung der Kupferatome im Raumgitter des Duralumins zurückgeführt. Während sie im Mischkrystall statistisch ungeordnet verteilt waren, sammeln sie sich jetzt vorwiegend zu näher beieinander liegenden Gruppen auf Netzgeraden oder Netzebenen. Diese Veränderung ihrer Verteilung hat keinen Einfluß auf die Gitterkonstante, da diese Ansammlungen innerhalb der einzelnen Kohärenzbereiche der Streuung liegen, so daß die Gitterkonstanten auch jetzt noch genau ebenso wie im Mischkrystall durch den Röntgenstrahl über größere Gebiete gemittelt werden. Dieselbe Auffassung hatte unmittelbar

---

[1] Hengstenberg, J., u. G. Wassermann: Z. Metallkde. 23 (1931), 114.

vor J. HENGSTENBERG und G. WASSERMANN G. TAMMANN auf Grund der Beobachtungen an übersättigten Kupfer-Eisen-Mischkrystallen ausgesprochen[1].
Sie hat späterhin eine unmittelbare Bestätigung gefunden. Zunächst wurde
in Übereinstimmung mit J. HENGSTENBERG und G. WASSERMANN gefunden,
daß die Schärfe der Interferenzlinien durch die Auslagerung etwas abnimmt.
Die Kohärenzgebiete der Streuung sind also nicht viel größer als die Dispersität
der Ansammlungen der Kupferatome. Dafür wurde bei sorgfältigen Röntgenaufnahmen ein sehr merkwürdiger Effekt gefunden.

4. Arbeiten von G. D. PRESTON und A. GUINIER[2].

Bei Röntgenaufnahmen an grobkrystallinen oder einkrystallinen Präparaten
von Aluminium mit einem Gehalt von etwa 5% Cu wurden bei Verwendung von

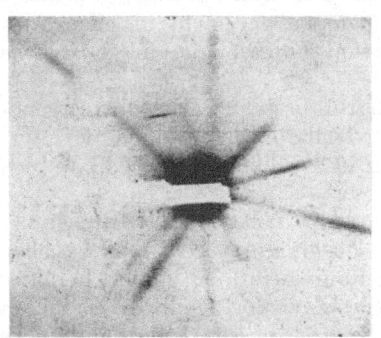

monochromatisiertem Röntgenlicht[3] bei 25°C
während mehrerer Stunden, noch deutlicher
nach mehreren Tagen bei 25—100° C geradlinige durch den Durchstoßpunkt des Strahles
gehende Streifen gefunden, wie sie Abb. 419
zeigt. Eine Berechnung, auf die hier nicht
im einzelnen eingegangen werden kann, ergibt, daß man derartige Streifen erhalten
muß, wenn eine Streuung an ebenen Gittern
zustande kommt. Zunächst findet an einem
ausgedehnten ebenen Gitter die Streuung in
Phase nur in der Einfallsebene des Strahles
und unter dem Winkel der optischen Re-

Abb. 419. Streifen (Streaks) beim Auslagern
einer Al-Cu-Legierung.

flexion oder in der Richtung des einfallenden
Strahles statt. In diesen beiden Richtungen
werden die Streuwellen durch gegenseitige Interferenz verstärkt (wie bei der
Bildung der Debye-Scherrer-Punkte auf Grund der Braggschen Beziehung), in
allen anderen Richtungen geschwächt. Ein derartiges mit Atomen besetztes
ebenes Gitter ergibt deshalb bei jedem Einfallswinkel und bei jeder Wellenlänge
des monochromatischen Strahls zwei Reflexpunkte. Ihre Intensität ist unabhängig vom Einfallswinkel. Ist die Ausdehnung des Flächengitters nur gering,
so werden die beiden Interferenzpunkte verschwommen, und zwar verbreitern
sie sich in der Einfallsebene des Strahls. Aus dem Maß ihrer Verbreiterung kann
die Ausdehnung des Flächengitters abgeschätzt werden.

Aus dem Umstand, daß die Intensität der Streifen, im Gegensatz zur Erwartung, mit zunehmendem Glanzwinkel des Strahles schnell abnimmt, wird
geschlossen, daß das streuende Gitter eine gewisse Dicke hat, die abgeschätzt
werden kann.

Derartige Streifen können nur von Atomen herrühren, die ein höheres Streu-
vermögen, also eine höhere Ordnungszahl als die Hauptmasse des Materials

[1] TAMMANN, G.: Z. Metallkde. 22 (1930), 365.
[2] PRESTON, G. D.: Proc. roy. Soc. A 167 (1938), 526; Phil. Mag. 26 (1938), 855. —
GUINIER, A.: C. r. Acad. Sec. 206 (1938), 1641; Nature 142 (1938), 569. — CALVET, I., P. JAQUET
u. A. GUINIER: J. Inst. Metals 65 (1939), 181.
[3] Zur Erzeugung von streng monochromatischem, vom kontinuierlichen Untergrunde
freiem Röntgenlicht läßt man bekanntlich einen durch charakteristische Strahlung der
Antikathode erzeugten noch nicht gereinigten Röntgenstrahl an einem Krystall (z. B. von
NaCl) unter dem Braggschen Winkel zur Streuung gelangen. Der gestreute Strahl ist nunmehr streng monochromatisch, da die Strahlen anderer Wellenlängen an diesem Krystall
durch Interferenz ausgelöscht werden. Diesen Strahl läßt man auf das zu untersuchende
Präparat fallen.

haben. Es ist anzunehmen, daß es sich um Kupferatome handelt. Auf Grund
einer Vermessung von Streifen konnte das folgende Bild der Aushärtung von
Aluminium-Kupfer-Legierungen gewonnen werden.

Auf (100)-Ebenen entstehen Flächenkomplexe, die an Kupferatomen angereichert sind. Bei 25° C sind diese Komplexe nur sehr klein mit Abmessungen
unter 50 Å, also mit weniger als etwa 15×15 Atomen, von denen anzunehmen
ist, daß der größere Teil noch Aluminiumatome sind. Bei 100° C scheinen sie
Abmessungen von 150—200 Å, bei 150° C bis 600 Å, bei 200° C bis 800 Å zu
erreichen. Während bei tieferen Temperaturen die Dicke der streuenden Gitter-
platte 4 Å (2 Atomschichten) nicht übersteigt, ist sie bei 200° C größer.

Damit ist für den Grundvorgang bei der Kaltaushärtung eine begründete
Vorstellung gewonnen. Über Abmessungen der Ansammlungen der Kupferatome
können Angaben nur in Größenordnungen gemacht werden. Ein Zusammenhang
dieser Ansammlungen von Kupferatomen im
Raumgitter des übersättigten Mischkrystalles
mit der im Gleichgewichtszustand ausgeschiedenen Krystallart CuAl₂ ist nicht erkennbar,
und es spricht, wie wir sehen werden, manches
dagegen, diese Flächenbezirke als vorberei-
tende Schritte der Keimbildung dieser Krystallart zu betrachten[1].

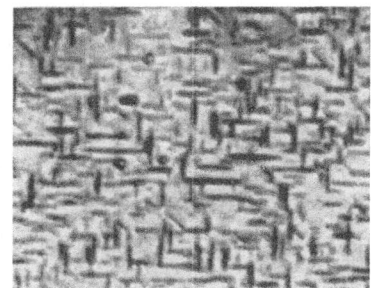

Abb. 420. Tetragonale Phase bei der Aushärtung einer Al-Cu-Legierung.

Wird die Aushärtung bei höheren Temperaturen während längerer Zeiten durchgeführt, z. B. bei 150° C während 50 Stunden
oder mehr, oder bei 200° C während mehr
als 2 Stunden, so treten auf den Schliffen
feine orientierte nadelförmige Ausscheidungen
auf; beinahe gleichzeitig sieht man auf dem Röntgenogramm Linien einer tetragonalen Phase, die schon früher von G. Wassermann und J. Weerts entdeckt
worden ist[2]. Sie ist in Abb. 420 nach einer Erhitzung auf 250° C während 32 Tagen
in wesentlich gröberer Ausbildung wiedergegeben. Aus dieser Anordnung der
Nadeln und aus dem Röntgenbefund ist zu schließen, daß sie wohl parallel zu
den (100)-Ebenen des Mutterkrystalles liegen. Auf dieser Abbildung sieht man
außerdem bereits einige wenige runde Partikelchen. Nach Erhitzungen auf
höhere Temperaturen nehmen diese auf Kosten der tetragonalen Phase an Menge
und Größe zu. Etwa gleichzeitig treten im Röntgenbild die Linien der Krystallart CuAl₂ auf. Ob sie durch Umbildung der tetragonalen Phase oder neu neben
dieser entstehen, ist noch unklar. Die tetragonale Phase verschwindet nach und
nach bei höheren Temperaturen.

Somit haben wir drei Vorgänge in übersättigten Aluminium-Kupfer-Misch-
krystallen kennengelernt, die Bildung von kleinen und dann größeren an Kupfer
angereicherten flächenförmigen Bezirken auf Würfelebenen des Mischkrystalles,
die Ausscheidung der tetragonalen Phase und erst zuletzt die Ausscheidung der
im Gleichgewichtsdiagramm auftretenden stabilen Krystallart CuAl₂. Es ist
auffallend, daß so viele zweifellos metastabile Zwischenstufen durchlaufen werden
müssen, ehe die Gleichgewichtsverhältnisse des Zustandsdiagrammes erreicht

[1] Eine neue theoretische Untersuchung hat gezeigt, daß die Berechnungen von A. Guinier anscheinend nicht ganz korrekt sind. Die beschriebenen Erscheinungen können anscheinend bereits durch viel geringere Kupferansammlungen erklärt werden. Vgl. H. Jago-
dzinski u. F. Laves: Z. Metallkde. **40** (1949), 296.

[2] Wassermann, G., u. J. Weerts: Metallwirtsch. **14** (1935), 605.

werden. Es fragt sich, ob die Durchgangsstadien der Bildung der Krystallart CuAl₂ sind oder eher Sackgassen, deren jede erst verlassen werden muß, ehe die neue, zum stabileren Gleichgewicht führende beschritten wird.

5. Rückbildungserscheinungen. Susceptibilität.

Es gibt eine Reihe von Anzeichen, sie für die zweite Möglichkeit sprechen. Vor allen Dingen handelt es sich um Rückbildungserscheinungen, die darin bestehen, daß Änderungen, die bei tieferen Temperaturen stattgefunden haben, bei höheren Temperaturen in größerem oder kleinerem Maßstabe rückgängig gemacht werden. Für die Beobachtung derartiger Erscheinungen können grundsätzlich die Änderungen der verschiedensten Eigenschaften benutzt werden. Mit dem größten Erfolge ist hierfür die Messung der magnetischen Susceptibilität

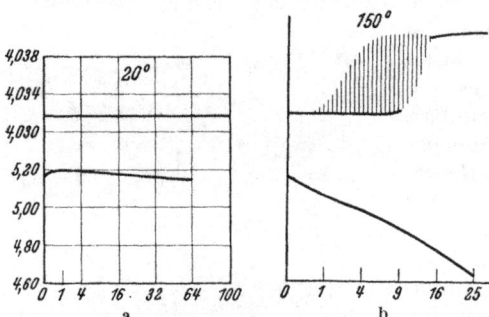

Abb. 421 a und b. Verlauf der Gitterkonstanten (obere Linien) und des Widerstandes (untere Kurven) bei der Aushärtung einer Al-Cu-Legierung mit 4,3 % Cu (nach STENZEL u. WEERTS).

benutzt worden[1]. Diese Eigenschaft hat nämlich neben dem Vorzug der bequemen und exakten Meßbarkeit den Vorteil, daß sie im Verlaufe aller Zustandsänderungen des übersättigten Mischkrystalles keine Anomalien zeigt, als welche z. B. die Erhöhung des spezifischen Widerstandes zu betrachten ist. In Abbildung 421 sind die Änderungen des elektrischen Widerstandes und des Gitterparameters einer Legierung mit 4,3 % Cu zusammengestellt[2]; wir werden diese Abbildung noch benötigen. Hier sei nur auf den Verlauf des elektrischen Widerstandes bei 20° C hingewiesen.

Nach einem Anstieg während des ersten Tages, auf den oben bereits hingewiesen worden ist (S. 494), sinkt der Widerstand wieder. Ein bestimmter Wert des Widerstandes ist also nicht eindeutig einem bestimmten Zustand der Legierung zugeordnet, und der letztere kann aus dem ersteren nicht eindeutig erschlossen werden. Ganz anders verhält sich die magnetische Susceptibilität, wie die Abb. 422 nach einer Arbeit von H. AUER zeigt. Trägt man die Susceptibilität in Abhängigkeit vom Logarithmus der Zeit bei verschiedenen Auslagerungstemperaturen auf, so erhält man immer wieder annähernd logarithmische Geraden (mit Ausnahme von 240°). Die Änderungen der Susceptibilität erfolgen immer in derselben Richtung, die durch den Endwert im Gleichgewichtszustand vorgezeichnet ist, und immer nach demselben Zeitgesetz. Es ist wahrscheinlich, daß die Susceptibilität ohne jede Störungen im wesentlichen die Konzentration der Hauptmasse des Aluminium-Mischkrystalles angibt. Ein gemessener Wert der Susceptibilität gibt also ohne weiteres Auskunft darüber, wie weit der Ausscheidungs- oder Entmischungsprozeß fortgeschritten ist, ohne Rücksicht auf die Formen, in denen das geschieht. Wird eine etwa 5% Cu enthaltende Aluminium-Kupfer-Legierung nach dem Abschrecken zunächst bei 20° C zur Auslagerung gebracht, so steigt hierbei die Susceptibilität in der in Abb. 423 halbschematisch wiedergegebenen Weise an. Wenn man die Legierung nun schnell auf 215° C bringt, so sinkt die Susceptibilität zunächst wieder bis auf den Anfangswert, ehe ein erneuter Anstieg beginnt. Hieraus ist eindeutig zu schließen,

[1] AUER, H., u. H. SCHRÖDER: Ann. Phys. 5 (1940), 37, 137; Z. Metallkde. 28 (1936), 171.
[2] STENZEL, W., u. J. WEERTS: Metallwirtsch. 12 (1933), 353, 369.

daß die bei tieferen Temperaturen eingetretene Veränderung in der Legierung
bei 215° C zunächst rückgängig gemacht wird, ehe eine zweite Veränderung einsetzt. Bei 200° C setzt ein schneller Anstieg von χ ein.

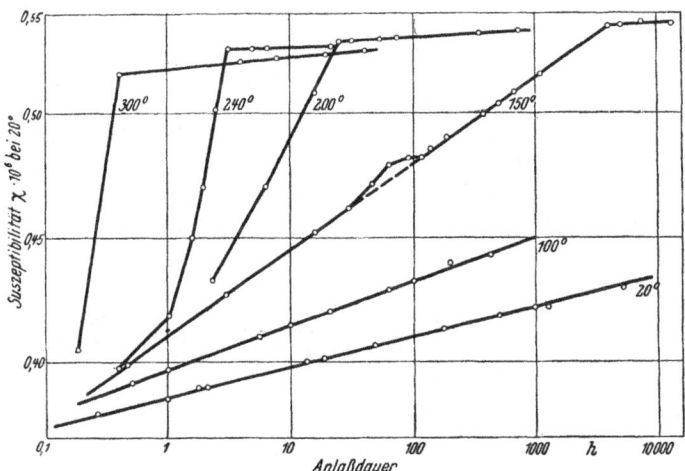

Abb. 422. Änderungen der magnetischen Susceptibilität bei der Aushärtung einer Al-Cu-Legierung (nach AUER).

Derartige Rückbildungserscheinungen wurden erstmalig qualitativ bereits an
der Festigkeit von W. FRAENKEL und E. SCHEUER[1] sowie von M. L. V. GAYLER
und G. D. PRESTON[2] und von H. MEYER[3] an einer Zink-Aluminium-Legierung
beobachtet. U. DEHLINGER gab ihnen an einer Modellbetrachtung eine thermodynamische Deutung[4], während G. MASING
und L. KOCH[5] und O. DAHL[6] an Hand von
Widerstandsmessungen den Nachweis erbrachten, daß beim Erhitzen auf höhere
Temperaturen die bei tieferen Temperaturen
eingeleiteten Vorgänge tatsächlich rückgängig
gemacht werden. Jedoch war es bisher niemals gelungen, das in vollem Umfange zu
erreichen. Eine quantitative Analyse der
Vorgänge hat zum ersten Male H. AUER mit
seinen Mitarbeitern gebracht.

Versuche haben gezeigt, daß man das
kupferhaltige Aluminium etwa bis zu einer
Stunde auf 215—220°C erhitzen kann, ehe ein
zweiter Anstieg der Susceptibilität auftritt.

Bei tieferen Temperaturen ist jeder Temperatur nach einer genügend langen Halte-

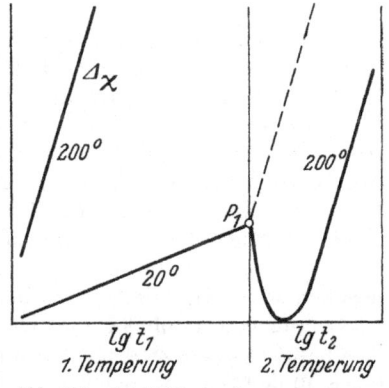

Abb. 423. Rückbildung der magnetischen
Susceptibilität bei einer Al-Cu-Legierung
(nach AUER).

zeit ein ganz bestimmter Wert der Susceptibilität zugeordnet, der mit steigender Temperatur geringer wird. Abb. 424 soll das verdeutlichen. Abb. 424a
zeigt den Verlauf der paramagnetischen Susceptibilität, wie man ihn bei 100° C

[1] FRAENKEL, H., u. E. SCHEUER: Z. Metallkde. 14 (1922), 49, 111.
[2] GAYLER, M. L. V., u. G. D. PRESTON: J. Inst. Met. 41 (1929), 191.
[3] MEYER, H.: Z. Phys. 76 (1932), 268.
[4] DEHLINGER, U.: Z. Phys. 79 (1932), 550.
[5] MASING, G., u. L. KOCH: Z. Metallkde. 25 (1933), 137, 160.
[6] DAHL, O.: Z. Metallkde. 24 (1932), 277.

erhält. Die prozentualen Änderungen sind sehr erheblich. Wird die Legierung nach Erhitzung während einer Stunde auf 100° C auf höhere Temperaturen gebracht, so setzt ein Abfall der Susceptibilität ein. Durch Erhitzung auf 150° C erhält man den Wert k (Abb. 424b), durch nachträgliche Erhitzung auf 190° C den Wert l, durch weitere Erhitzung auf 215° C einen Wert, der sich von Null nur wenig unterscheidet. Es ist bemerkenswert, daß man dieselben Endwerte erhält, wenn man die Temperatur nicht stufenweise, sondern sofort auf die Endwerte bringt, wie das die gestrichelten Kurven der Abb. 424b zeigen. Ja, noch mehr: Wenn man eine Legierung, die durch Erhitzung auf 215° C den Anstieg der Susceptibilität eingebüßt hat, wieder auf tiefere Temperaturen bringt, so setzt alsbald wieder ein Anstieg der Susceptibilität ein, und zwar mit um so größerer Geschwindigkeit, je höher die Temperaturen sind. Die Endwerte, denen

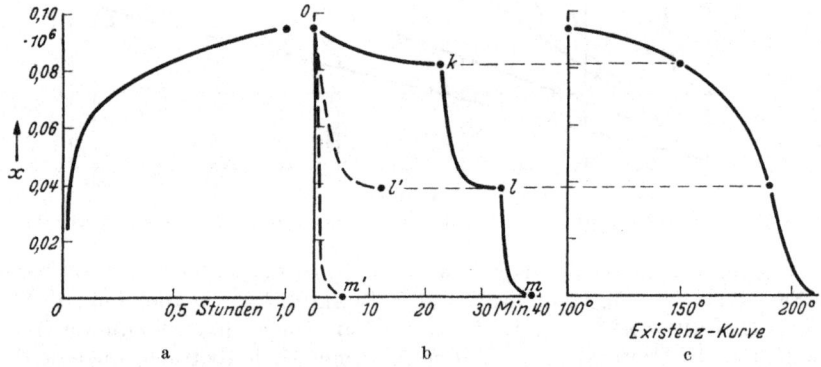

Abb. 424 a—c. Zu den Rückbildungserscheinungen bei Cu-Al (nach AUER).

sie zustreben, sind aber um so tiefer, je höher die Temperaturen sind, sie entsprechen wieder den in Abb. 424b angegebenen Punkten. Wird die Behandlung bei 100° C nicht genügend lange fortgesetzt, so daß nur ein niedrigerer Wert der Susceptibilität erreicht wird, so tritt bei mäßiger Temperaturerhöhung kein Abfall der Susceptibilität ein, wenn der bisher erreichte Wert tiefer als der Endwert bei der erhöhten Temperatur ist, sondern die Susceptibilität steigt weiter, bis sie den Endwert bei der in Frage kommenden Temperatur erreicht.

Auf Grund aller dieser Beobachtungen kann man eine „Existenzkurve" für den Zustand, der durch die beschriebenen Änderungen der Susceptibilität angegeben wird (H. AUER nennt ihn *Zustand a*), in Abhängigkeit von der Temperatur angeben (Abb. 424c). Diese Kurve ist von tieferen und von höheren Temperaturen aus zu erreichen und hat in diesem Zusammenhang alle Anzeichen eines umkehrbaren Gleichgewichts. Durch Vergleich mit den bisherigen Betrachtungen über die verschiedenen Prozesse während der Entmischung der übersättigten Aluminium-Kupfer-Mischkrystalle kommt man zum Schluß, daß es sich beim Zustand *a* von H. AUER wohl nur um die Ausbildung der plattenförmigen Kupferanreicherungen handeln kann. Die Kurve 424c ist also die Sättigungskurve des Mischkrystalles im Gleichgewicht mit diesen Anreicherungen. Da die Susceptibilitäten von H. AUER in Abhängigkeit von der Kupferkonzentration im abgeschreckten Zustande gemessen worden sind, kann man den verschiedenen x-Werten in Abb. 424c die entsprechenden Konzentrationswerte zuteilen und so unmittelbar den Temperaturverlauf der Sättigungskonzentration angeben. Die Konzentration des an den plattenförmigen Kupferansammlungen gesättigten Mischkrystalles steigt mit der Temperatur stark an.

Die kupferreichen flachen Gittergebiete verhalten sich also im Mischkrystall wie eine selbständige zweite Phase. Es ist sehr bemerkenswert, daß ihre Sättigung, wie es scheint, nicht von der Größe der Platten abhängt. Es ist dringend erwünscht, die hier herrschenden Verhältnisse durch Kombination von Messungen nach verschiedenen Methoden aufzuklären. Vor allen Dingen wäre festzustellen, warum die Ausbildung der flächenhaften Kupferanreicherungen mit steigender Aushärtungstemperatur zunimmt, während die Menge des Zustandes a zu sinken scheint.

Führt man bei Temperaturen oberhalb von etwa 150° C nach Erreichung des Gleichgewichtes des a-Zustandes längere Erhitzungen durch, so steigt, wie oben angedeutet, die Susceptibilität erneut an, wie das der senkrechte Pfeil in Abb. 425 bei 150° C zeigt. Erhöht man hierauf die Temperatur schnell auf Werte zwischen

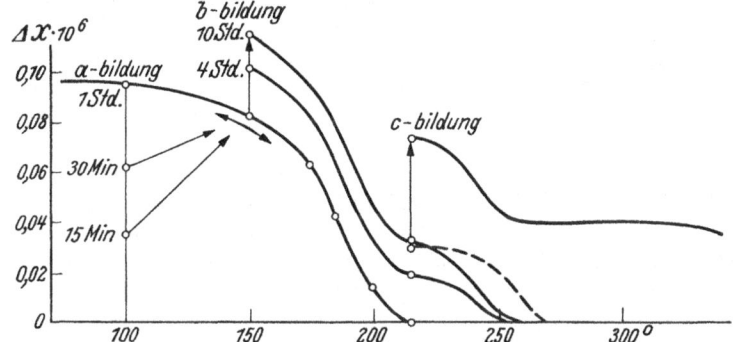

Abb. 425. Zu den Rückbildungserscheinungen bei Cu-Al (nach AUER).

150° C und etwa 215° C für kurze Zeiten, so sinkt die Susceptibilität zunächst schnell; man erhält so Kurven, die der Kurve des a-Zustandes parallel laufen und nur um konstante Beträge der Ordinate dieser gegenüber verschoben sind. Die bei 150° C erneut langsam eingetretene Erhöhung der Susceptibilität, die einem Zustand b zugeordnet wird, wird durch kurzzeitige Erhitzungen auf die höheren Temperaturen zunächst überhaupt nicht beeinflußt. Erst bei Temperaturen oberhalb von etwa 220° C setzt bei kurzzeitigen Erhitzungen ein Abbau auch dieses Zustandes ein, der bei etwa 270° C sein Ende findet.

Ab etwa 220° C findet bei noch längeren Erhitzungszeiten eine weitere Zunahme der Susceptibilität statt, die, soweit man weiß, überhaupt nicht mehr zurückgebildet werden kann. Die durch die bei 215° C beginnende ausgezogene Kurve wiedergegebene Rückbildung ist nur auf den b-Zustand zurückzuführen, wie ihr zur typischen Rückbildungskurve des b-Zustandes paralleler Verlauf zeigt.

Der b-Zustand steht wahrscheinlich mit der Bildung der tetragonalen Phase, die letzte nicht rückbildbare Steigerung der Susceptibilität mit der stabilen Ausscheidung der CuAl$_2$-Krystalle im Zusammenhang (c-Bildung).

Durch eine sorgfältige Analyse ist es gelungen, die Susceptibilitätsänderungen, die den drei Teilvorgängen a, b und c entsprechen, auseinanderzuhalten. Der b-Zustand ist zwar noch rückbildbar, aber die Vorgänge sind nicht in dem Maße reversibel wie beim Zustand a. Zunächst bildet sich oberhalb von 220° C der b-Zustand überhaupt nicht aus. Die Rückbildungskurve, die man durch Erhitzung auf steigende Temperaturen erhält, und die der Existenzkurve des a-Zustandes analog ist, kann nicht, von höheren Temperaturen kommend, realisiert werden. Fernerhin hängt die Höhe der Susceptibilitätswerte, also die Lage der Existenzkurve davon ab, bei welcher tieferen Temperatur der b-Zustand vorher hergestellt worden war. Je höher diese Temperatur gewesen ist, desto geringer ist die Rückbildung und desto höher die Ordinaten der „Existenzkurve".

Es ist sehr wahrscheinlich, daß diese Eigenarten des b-Zustandes mit der Keimbildung im Sinne von M. VOLMER zusammenhängen, wie H. AUER ausführt. Je niedriger die Temperatur, desto kleiner werden die gebildeten b-Keime, also wahrscheinlich die Keime der tetragonalen Phase, sein, desto mehr Keime werden mit steigender Temperatur unbeständig und wieder abgebaut werden. Der Umstand, daß solche Keime oberhalb 220° C überhaupt nicht mehr entstehen, ist darauf zurückzuführen, daß bei diesen hohen Temperaturen die Keimbildung der b-Phase vernachlässigbar klein wird. In bester Übereinstimmung mit diesen Überlegungen ist der oben beschriebene mikroskopische Befund, laut welchem die Dispersität der tetragonalen Nadeln mit steigender Temperatur sinkt.

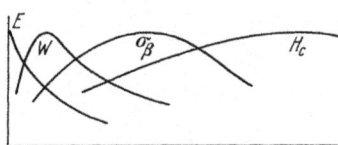

Abb. 425 A.
Änderung verschiedener Eigenschaften
bei der Aushärtung (schematisch).

Durch Bestimmung der Temperaturkoeffizienten der Bildungs- und Rückbildungsgeschwindigkeit des a-Zustandes haben H. AUER und H. SCHRÖDER die Aktivierungsenergie für den ersteren Vorgang zu 2700 cal/Mol, für den zweiten zu 21000 cal/Mol berechnet. Hieraus würde sich die Wärmeentwicklung bei der Bildung der plattenförmigen Gitter gleich der Differenz, also 18000 cal/Mol ergeben. Andererseits ist bei der Kaltauslagerung des Duralumins kalorimetrisch eine Wärmeentwicklung von 46 cal/Mol der Legierung gemessen worden[1]. Hieraus würde sich die Menge des im ausgelagerten Duralumin vorhandenen a-Zustandes (der an Kupfer angereicherten Platten) zu 0,25% berechnen. Jedoch sind diese Betrachtungen mit großen Unsicherheiten, auch grundsätzlichen Charakters, behaftet.

Oben sind die theoretischen Vorstellungen über die Aushärtung geschildert worden, wie sie hauptsächlich auf Grund von Beobachtungen an Duralumin und Aluminium-Kupfer-Legierungen gewonnen worden sind. Schon der Vergleich dieser Ergebnisse mit den Beobachtungsergebnissen an Kupfer-Beryllium-Legierungen zeigt die großen Unterschiede im Verhalten verschiedener Legierungen. Man muß sich davor hüten, die an einer Legierungsgruppe gewonnenen Ergebnisse vorzeitig zu verallgemeinern. Es gibt Legierungen, bei denen die Aushärtung anfänglich mit einer Widerstandszunahme erfolgt (z. B. Aluminium-Kupfer- und Kupfer-Beryllium-Legierungen), es gibt andere, bei denen eine Widerstandserhöhung überhaupt nicht wahrgenommen wird, (z. B. Kupfer-Magnesium-Legierungen). Es gibt Fälle, in denen die mechanischen Eigenschaften sich während der Aushärtung sehr stark ändern und andere, wo die mechanische Festigkeitszunahme nur gering ist, während andere Eigenschaften, z. B. die magnetischen, eine sehr starke Änderung erfahren. Das liegt zweifellos zunächst daran, daß die verschiedenen Eigenschaften in verschiedener Weise auf verschiedene Stufen des Ausscheidungsvorganges reagieren wie das schematisch in Abb. 425 A dargestellt ist. Beim Beginn der Ausscheidung handelt es sich um die Keimbildung und ihre vorbereitenden Prozesse. Diese erfolgen bei verschiedenen Legierungen offenbar in verschiedener Weise. Die Aluminium-Kupfer-Legierungen und das Duralumin stellen anscheinend insofern einen Sonderfall dar, als bei ihnen der Aushärtungsvorgang besonders kompliziert ist, indem die zunächst auftretenden Änderungen des übersättigten Mischkrystalles dann wieder rück-

[1] CZOCHRALSKI, J., R. SMOLUCHOWSKI u. H. CALUS: Wiadomości inst. metallurg. i metalloznawstwa 4 (1937), 45.

gängig gemacht werden, ehe die endgültige Ausscheidung der im Zustandsdiagramm auftretenden stabilen Phase beginnt.

A. GUINIER hat späterhin gezeigt, daß auch die Aushärtung bei Cu-Be und bei
Al-Ag-Legierungen in ähnlicher Weise wie bei den Al-Cu-Legierungen durch
plattenförmige Anreicherungen des Zusatzes eingeleitet wird[1].

In den letzten Jahren ist die Aufmerksamkeit in der Hauptsache auf zwei
Probleme der Aushärtung gerichtet gewesen, nämlich den Zusammenhang
zwischen den beobachteten strukturellen Änderungen und den mechanischen
Änderungen einerseits und die Folge und die Wechselbeziehungen zwischen den
strukturellen Änderungen andererseits[2]. Trotzdem man Vorstellungen zum
ersten Problem entwickeln kann, sind die Ergebnisse doch noch so wenig ge-
festigt, daß von einer Theorie kaum gesprochen werden kann. Beim zweiten
Problem liegt wohl das Hauptinteresse bei der Frage, ob die Guinier-Preston-
Platten als Keime der tetragonalen Phase zu betrachten sind oder ob die letzte
sich unabhängig bilden muß. Die oben erwähnten übereinstimmenden Orientierungszusammenhänge sprechen für die erste Annahme. Die Rückbildungserscheinungen können nicht als ihre Widerlegung betrachtet werden. Der öfters,
vor allen Dingen von M. L. V. GAYLER beobachtete Verlauf der mechanischen
Härte bei einem isothermen Versuch, bei dem nach einem ersten Härteanstieg
und vor der Bildung der tetragonalen Phase eine vorübergehende geringe Härte-
abnahme stattfindet, wäre als ein starkes Argument für eine unabhängige
Bildung der tetragonalen Phase zu betrachten, wenn nicht die Möglichkeit
bestehen würde, daß der Härteverlauf durch Ungleichmäßigkeiten des Materials
gestört sein kann.

6. Ausscheidungsvorgänge.

Die große Bedeutung des Zerfalles von übersättigten Mischkrystallen im Zusammenhang mit den Aushärtungserscheinungen hat eingehende Untersuchungen
über die Ausscheidungsvorgänge in solchen Mischkrystallen auch bei höheren
Temperaturen veranlaßt. N. AGEEW, M. HANSEN und G. SACHS haben die Kupfer-
Silber-Legierungen untersucht[3]; die Mischkrystallgebiete in der Nähe der Komponenten sind in der Abb. 426 wiedergegeben. Abb. 427 zeigt die Veränderungen
des Röntgenbildes im Verlaufe des Anlassens bei 250° C einer Legierung mit
6,3% Cu nach dem Abschrecken von 800° C. Es handelt sich um Rückstrahl-
aufnahmen, die für Präzisionsmessungen der Gitterkonstanten besonders geeignet
sind. Die obere Abbildung zeigt zunächst das α_1-α_2-Dublett der ungefilterten
Röntgenstrahlung für die 422- und 333-Interferenzen im abgeschreckten Zustand. Nach einer Erhitzung auf 250° C während 8 Stunden tritt neben dem
ersten Dublett ein verschwommener Ring auf, der mit steigender Anlaßzeit
immer stärker und schärfer wird. Nach einer Erhitzungszeit von 160 Stunden
ist von dem ursprünglichen Dublett der 422-Linie nichts mehr zu sehen. Der
neu entstandene Ring hat sich dahingegen bereits deutlich in ein Dublett auf-
gespalten.

Bei den beobachteten Reflexen handelt es sich durchweg um diejenigen der
silberreichen Mischkrystalle, die Reflexe des ausgeschiedenen Kupfers treten

---

[1] GUINIER, A., J. Phys. Radium **3** [VIII] (1942), 124, 686.

[2] Die Fortschritte der letzten Jahre verdanken wir neben den im Text genannten vor
allen Dingen folgenden Forschern: COHEN, M.: Trans. amer. Inst. min. met. Eng. **133** (1939),
95. — MEHL, R. F., u. L. K. JETTER: Age hardening of metals symposium of the Amer. Soc.
f. Metals **1939**, 342. — FINK, W. L., u. D. W. SMITH: Metals technology (1939). — GAYLER,
M. L. V., u. R. PARKHOUSE: J. Inst. Met. **66** (1940), 67. — GAYLER, M. L. V.: J. Inst. Met.
72 (1946), 243, 543. — ROHNER, F.: J. Inst. Met. **73** (1947), 285.

[3] AGEEW, N., M. HANSEN u. G. SACHS: Z. Phys. **66** (1930), 350.

überhaupt nicht in Erscheinung, schon, weil die Gitterkonstante des Kupfers so weitgehend von derjenigen des Silbers abweicht, daß sie auf den Aufnahmen

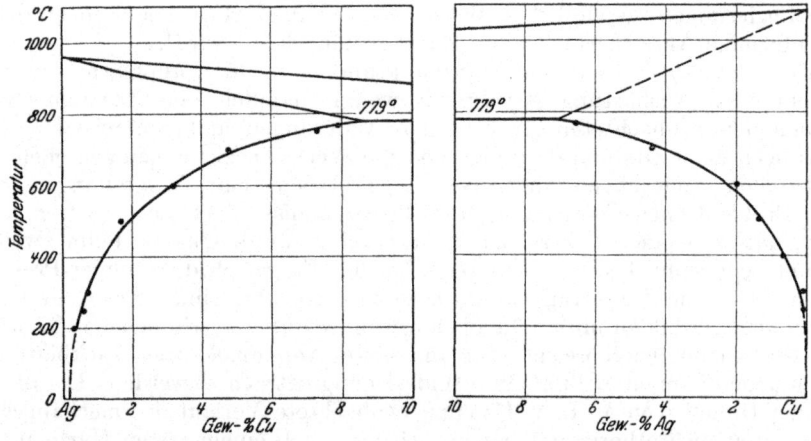

Abb. 426. Mischkrystallgrenzen im System Cu-Ag (nach AGEEW, HANSEN u. SACHS).

nicht mehr sichtbar wären. Ein Vergleich mit der bekannten Konzentrationsabhängigkeit der Gitterkonstanten im Mischkrystall lehrt nun, daß die neu ent-

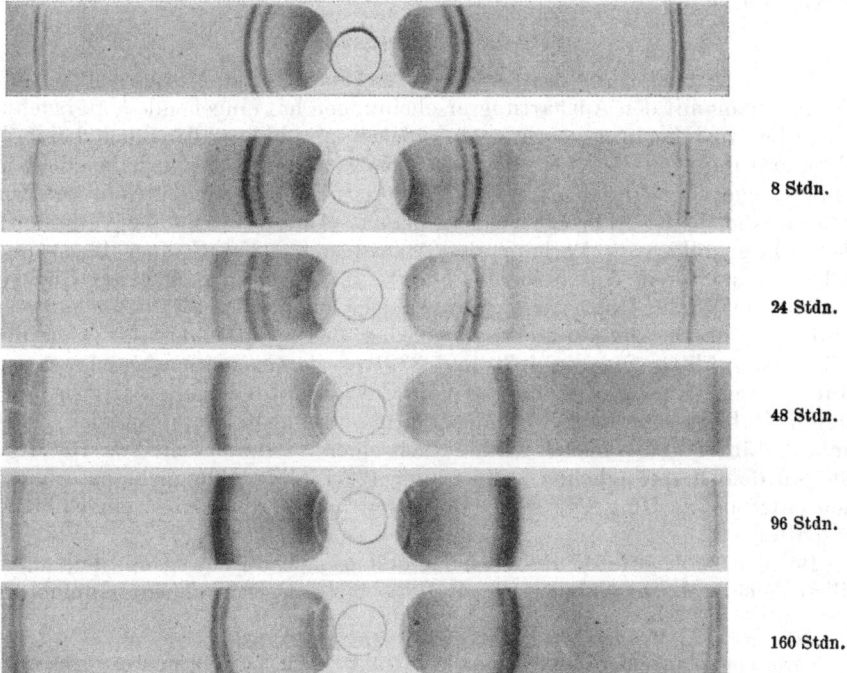

Abb. 427. Änderungen des Röntgenbildes bei der Ausscheidung des Cu aus übersättigten Ag-Cu-Krystallen (nach AGEEW, HANSEN u. SACHS).

stehenden Reflexe dem bei 250° C gesättigten Mischkrystall zugehören. Nach 160 Stunden ist der Ausscheidungsvorgang abgeschlossen. Eine Änderung der

Konzentration des übersättigten Mischkrystalles oder des sich bildenden gesättigten Mischkrystalles während der ganzen Ausscheidung ist nicht wahrzunehmen.

Dieser Befund ist sicher überraschend. Man sollte annehmen, daß bei der Ausscheidung von Kupfer aus einem silberreichen Mischkrystall eine kontinuierliche Verarmung dieses Krystalles an Kupfer und eine entsprechende Verschiebung der Röntgenreflexe stattfinden würde. Als ergänzenden Effekt konnte man das Auftreten einer Verschwommenheit der Mischkrystallinien erwarten infolge der während des Ausscheidungsvorganges im Silbermischkrystall auftretenden Konzentrationsgefälles. Das Auftreten von zwei Mischkrystallen verschiedener Zusammensetzung ist nicht zu erwarten gewesen.

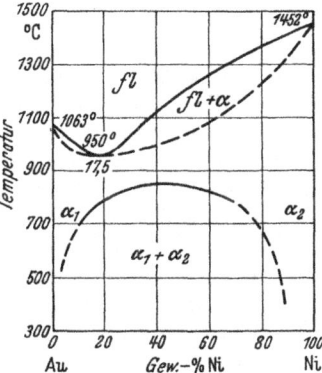

Abb. 428. Zustandsdiagramm der Au-Ni-Legierungen (nach HANSEN).

Es zeigte sich, daß der Zerfall von gesättigten Mischkrystallen des öfteren in solcher Weise erfolgt, so vor allen Dingen bei den Gold-Nickel-Legierungen, deren Zustandsdiagramm in Abbildung 428 wiedergegeben ist[1]. Diese Legierungen erstarren aus der Schmelze als kontinuierliche Mischkrystallreihen. Bei tieferen Temperaturen zerfallen die Mischkrystalle der mittleren Konzentrationen jedoch in einen nickelreichen und einen goldreichen Mischkrystall. Der Unterschied der Gitterkonstanten des Goldes und des Nickels ist sehr erheblich (4,070 und 3,5166 Å). Deshalb läßt sich dieser Zerfall mit Hilfe des Röntgenbildes bequem verfolgen. Man sieht hierbei nun neben den Linien des übersättigten Mischkrystalles der ursprünglichen Konzentration die Linien der beiden bei den in Frage kommenden Temperaturen gesättigten Mischkrystalle. Auch hier ist nichts von einer kontinuierlichen Konzentrationsänderung beteiligter Phasen während des Zerfallsvorganges wahrzunehmen.

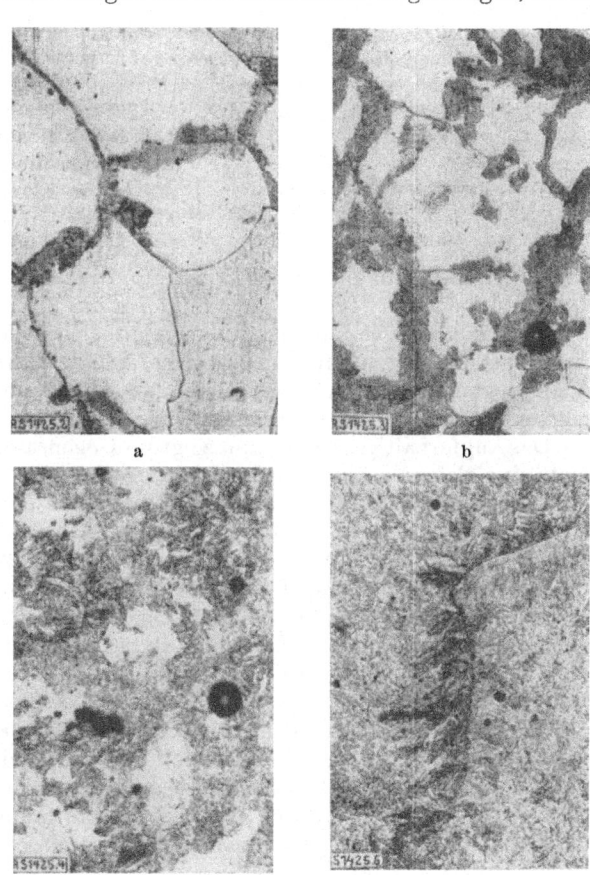

Abb. 429 a—d. Zerfall der Au-Ni-Mischkrystalle (V = 100); a 6′, b 20′, c 40′, d 90′, 500° (nach KÖSTER u. DANNÖHL).

[1] KÖSTER, W., u. W. DANNÖHL: Z. Metallkde. 28 (1936), 248.

Eine Aufklärung dieser Befunde brachte die mikroskopische Untersuchung des Zerfallsvorganges. Abb. 429a bis d zeigen den Zerfall einer Legierung mit 90% Au bei 500° C. An den Krystallgrenzen entsteht ein Saum, dunkel geätzt, in dem die Zersetzung bereits zu Ende gegangen ist, während sie im Innern der Krystalle überhaupt noch nicht begonnen hat. Sie schreitet fort, indem die Zerfallszonen in das Innere der Krystalle hineinwachsen, bis der ganze Krystall zerfallen ist. Ein ähnliches Ergebnis hatte die mikroskopische Untersuchung der Ausscheidungen in den Silber-Kupfer-Legierungen.

Durch Rekrystallisation hergestellte Gold-Nickel-Einkrystalle zeigten im Röntgenbild denselben Zerfallsmechanismus; bei aus der Schmelze erstarrten Kupfer-Silber-Einkrystallen wurde jedoch der erwartete kontinuierliche Gang der Konzentration gefunden.

Um eine kurze Kennzeichnung zu haben, wollen wir den ersten Mechanismus den ungleichmäßigen, den zweiten den gleichmäßigen nennen. Bisher sind die beiden Arten meistens mit „heterogen" oder „diskontinuierlich" und „homogen" oder „kontinuierlich" bezeichnet worden, was aber des öfteren zu Mißverständnissen geführt hat.

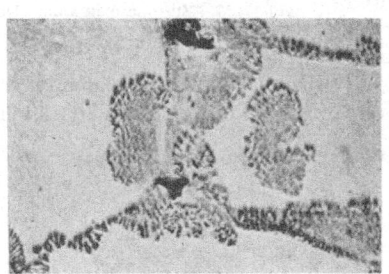

V = 800
Abb. 429 A. Zerfallserscheinungen an Korngrenzen und an lokalen Verletzungen in einer Co-Ni-Cu-Legierung (nach VOLK, DANNÖHL u. MASING).

Bei an Beryllium übersättigtem Nickel wurde gefunden, daß der Ausscheidungsvorgang der zweiten Phase bei hohen Temperaturen gleichmäßig, bei tieferen ungleichmäßig verläuft[1]. Bei an Beryllium übersättigtem Kupfer wurde mikroskopisch ein ähnlicher Verlauf wie bei Gold-Nickel-Mischkrystallen festgestellt[2]. Jedoch zeigte sich, daß die Zerfallssäume an den Krystallrändern nicht die Fähigkeit hatten, in das Innere unbegrenzt weiterzuwachsen. Ihr im Mikroskop sichtbares Wachstum kam zu einem Stillstand. Trotzdem zeigte sich nach längerer Erhitzungszeit bei der Untersuchung mit Röntgenstrahlen, daß der Zerfall auch im Innern schon zu Ende gegangen war, von dem Mischkrystall der ursprünglichen Konzentration war nichts mehr wahrzunehmen.

Das kupferhaltige Aluminium zeigt im Gegensatz zu den beschriebenen Fällen stets eine gleichmäßige Ausscheidung.

Die plastische Verformung beschleunigt in der Regel den Ausscheidungsvorgang sehr stark. Eine lokale, oft winzige Verletzung der Oberfläche führt zu mikroskopisch ganz ähnlichen Bildern, wie Abb. 429 und 429A zeigen[3].

U. DEHLINGER hat mit Recht darauf hingewiesen, daß der ungleichmäßige, an den Korngrenzen fortschreitende Mischkrystallzerfall in Analogie mit manchen chemischen Reaktionen als autokatalytisch bezeichnet werden kann[4]: die an einer Stelle eintretende Ausscheidung schafft erst die Bedingungen, die für die weitere Ausscheidung in der unmittelbaren Nachbarschaft notwendig sind.

An den Korngrenzen ist nämlich das Raumgitter gestört. Es ist naheliegend, diese Störung als die Ursache für den dort beginnenden Zerfall zu betrachten. Die Berechtigung dieser Betrachtungsweise wird unmittelbar dadurch bestätigt, daß ja auch die Störungen durch plastische Verformung die Ausscheidungsreaktion zum Starten bringen. In diesem Zusammenhang kann die autokatalytische

[1] GERLACH, W.: Z. Metallkde. 29 (1937), 124.
[2] KÖSTER, W., u. W. DANNÖHL: Z. Metallkde. 28 (1936), 248.
[3] VOLK, E., W. DANNÖHL u. G. MASING: Z. Metallkde. 30 (1938), 113.
[4] DEHLINGER, U.: Arch. Eisenhüttenwesen 10 (1936/37), 101.

Wirkung des fortschreitenden Zerfalles nur darin bestehen, daß er an der Zerfalls-front erneut immer wieder eine Störung des Raumgitters erzeugt, die derjenigen durch eine plastische Verformung analog ist. Es liegt nahe anzunehmen, daß diese Störung durch die Volumenänderung bei der Entmischung, also durch die Änderung der Gitterkonstanten des Krystalles zustandekommt. In der Tat ist im allgemeinen die Neigung zur heterogenen Ausscheidung desto größer, je größer die Gitterkonstantenänderung ist. Die Gold-Nickel-Legierungen stellen einen extremen Fall dar: die Ausscheidung erfolgt immer ungleichmäßig, auch wenn sie innerhalb eines Krystalles zustandekommt. Bei Kupfer-Silber-, Nickel-Beryl-lium- und Kupfer-Beryllium-Legierungen sind bereits zwei Fälle möglich, die Ausscheidung geht von den Korngrenzen ausgehend vor sich, sie kann aber, etwa bei einem Einzelkrystall, wo die Korngrenzen fehlen, im Innern des Kry-stalles gleichmäßig verlaufen. Bei den letzteren Legierungen reicht offenbar der autokatalytische Anreiz der Ausscheidung selbst nicht aus, um den Aus-scheidungsvorgang weiterhin zu starten. Er beginnt an den Korngrenzen und hört in einiger Entfernung von ihnen auf, etwa wo die von ihnen herrührenden Verspannungen genügend niedrig geworden sind. Im Innern erfolgt dann der weitere Zerfall, wie angegeben, gleichmäßig. Bei den Aluminium-Kupfer-[1] und bei den Kobalt-Nickel-Kupfer-Legierungen[2] sind die Änderungen der Gitter-konstanten bei der Ausscheidung so gering, daß die autokatalytische Wirkung beinahe ausbleibt. Der Zerfall ist stets vorwiegend gleichmäßig[3].

Es besteht keine Veranlassung, für die beiden Fälle der Ausscheidung grund-sätzlich verschiedene Mechanismen anzunehmen. Dagegen spricht schon der Umstand, daß die eine oder die andere Art, je nach den äußeren Bedingungen, bevorzugt wird. Vielmehr ist anzunehmen, daß, abgesehen von den vorbereiten-den Stadien, die vielfach wohl ähnlich denjenigen bei den Aluminium-Kupfer-Legierungen anzunehmen sind, die Ausscheidung durch eine Keimbildung der sich ausscheidenden Krystallart eingeleitet wird. Am Rande des Keimes stellt sich dann bald eine Konzentration des Mischkrystalles ein, die nicht allzu sehr von der Sättigungsgrenze bei der in Frage kommenden Temperatur abweicht. In unmittelbarer Umgebung des Keimes muß deshalb ein Konzentrationsgefälle entstehen; der Keim wächst auf Kosten des hinzudiffundierenden Materials, bis überall die Sättigungskonzentration erreicht ist. Das ist ja grundsätzlich das Bild eines gleichmäßigen Zerfalles. Während er sich im gleichmäßigen Fall jedoch un-gestört abspielt, wird er in anderen Fällen an einzelnen Stellen, insbesondere an der Ausscheidungsfront, so beschleunigt, daß er dort zu einer Zeit, in der er im Krystallinnern als homogener Prozeß noch nicht nachweislich in Gang gekommen ist, bereits praktisch abgeschlossen ist. Es ist verständlich, daß in einem solchen Falle das Röntgenauge nur den Zustand vor Beginn und nach dem Ende der Ausscheidung wahrnimmt, während die Zwischenstadien sich wegen der geringeren Gesamtmenge der Mischkrystalle zwischenliegender Konzentrationen der Beobachtung entziehen. Daß diese Annahme zutrifft, hat P. WIEST unmittel-bar nachgewiesen. Ihm ist es durch einen Kunstgriff gelungen, bei vielkrystallinen Kupfer-Silber-Legierungen die Anwesenheit von einzelnen Krystalliten mit

---

[1] v. GÖLER, G., u. G. SACHS: Naturwiss. 17 (1929),-10.
[2] VOLK, E., W. DANNÖHL u. G. MASING: Z. Metallkde. 30 (1938), 113.
[3] Nach C. S. BARRETT und R. F. MEHL [Trans. amer. J. Met. 152 (1943), 182; 143 (1941), 134] tritt bei Al-reichen Al-Ag-Mischkrystallen eine Anomalie auf. Es scheidet sich zunächst gleichmäßig im Gefüge eine der tetragonalen Phase der Al-Cu-Legierungen analoge Zwischen-phase aus. Ihre Umwandlung in die Gleichgewichtsphase erfolgt jedoch nicht gleichmäßig, sondern von den Korngrenzen ausgehend unter Bildung eines groben eutektoidartigen Ge-füges. Eine eindeutige Erklärung für diese Erscheinung ist noch nicht gefunden worden.

zwischenliegenden Konzentrationen während des Ausscheidungsvorganges nachzuweisen. Es ist verständlich, daß der homogene Zerfall viel langsamer und erst bei höheren Temperaturen verläuft als der heterogene.

Über die Keimbildung im Krystallzustand ist bereits auf S. 480 einiges Grundsätzliche mitgeteilt worden.

XII. Chemische Reaktionen der Metalle mit nichtmetallischen Stoffen[1].

A. Allgemeines.

Die meisten Metalle sind unedel. Sie kommen in der Natur an der Erdoberfläche in Gestalt von Verbindungen mit Metalloiden vor; ihre Affinität zu den Metalloiden muß gewaltsam überwunden werden, wenn man sie im metallischen Zustand herstellt. Umgekehrt haben sie das Bestreben, freiwillig aus dem metallischen Zustand in die Gestalt von chemischen Verbindungen mit Nichtmetallen zurückzukehren. Die Metalle reagieren deshalb sehr leicht sowohl mit aggressiven Gasen als auch mit Flüssigkeiten, insbesondere mit dem Wasser und den wäßrigen Lösungen. Während das theoretische Problem der Reaktion eines Metalles mit einem Nichtmetall in der Hauptsache Fragen der heterogenen Kinetik umfaßt, ist die praktische Bedeutung dieses Prozesses außerordentlich groß. Hierbei sind weniger die Reaktionen zu berücksichtigen, die die Technik absichtlich herbeiführt, wie z. B. beim Beizen der Metalle, als der unerwünschte Angriff der Metalle an ihrer Oberfläche durch Gase oder Flüssigkeiten bei ihrem Gebrauch. Einen solchen chemischen Angriff, der durch die Einwirkung von nichtmetallischen chemischen Angriffsmitteln auf die Metalle erfolgt, bezeichnet man als *Korrosion*. Hierbei gehen Metalle in die Form ihrer chemischen Verbindungen über. Der metallische Gegenstand wird also durch die Korrosion *zerstört*. Es ist ein dringendes Bedürfnis der Technik, das man in der verschiedensten Weise zu befriedigen sucht, dieser Zerstörung entgegenzuwirken.

Die Erfahrung lehrt, daß es zwei Grundtypen der Korrosion gibt, deren markante Beispiele das Anlaufen eines Metalles in einem angreifenden Gase, wie des Silbers in schwefelhaltiger Atmosphäre oder etwa des Eisens bei Erhitzung auf mäßige Temperaturen einerseits und etwa das Rosten des Eisens in Berührung mit Elektrolyten andererseits sind.

Die Reaktion der Metalle mit einem Elektrolyten, also mit einem Medium, das Ionenleitfähigkeit aufweist, erfolgt *elektrochemisch* nach dem Modell eines elektrochemischen Elementes. Bei der Korrosion ist also eine Kathode und eine Anode zu unterscheiden. Wir wollen das am Beispiel des Zinks, das sich in einer sauerstoffhaltigen NaCl-Lösung befindet, erörtern. In einer solchen Lösung wird das Zink zu Hydroxyd oxydiert:

$$2\,Zn + O_2 + 2\,H_2O = 2\,Zn(OH)_2. \tag{1}$$

[1] Vgl. U. R. Evans: Korrosion, Passivität und Oberflächenschutz von Metallen. Berlin: Springer 1939. Neue englische Ausgabe: London: E. Arnold & Co. 1946. — Bauer, O., O. Kröhnke u. G. Masing: Korrosion metallischer Werkstoffe. Leipzig: S. Hirzel 1936.

Im einzelnen verläuft diese Reaktion in der Weise, daß an einer als Anode wirkenden Stelle der Zinkoberfläche (Abb. 430) das Zink in Ionenform in Lösung geht:

$$Zn \longrightarrow Zn^{\cdot\cdot} + 2 \ominus , \qquad (2)$$

während an einer anderen, als Kathode wirkenden Stelle der Sauerstoff zum Hydroxyl reduziert wird:

$$4 \ominus + O_2 \longrightarrow 4\, OH' .$$

Dieser elektrochemische Reaktionsverlauf kommt vor allen Dingen zustande, wenn an der Kathode Sauerstoff zugeleitet wird. Aber auch bei gleichmäßiger Sauerstoffzufuhr über der ganzen Zinkoberfläche findet die Reaktion nicht unmittelbar statt, sondern die Natur bevorzugt den elektrochemischen Mechanismus, indem sich die Metalloberfläche in kathodische und anodische Gebiete aufteilt; an den ersten wird der Sauerstoff reduziert und an den letzten geht das Zink in Lösung. Den Nachweis hierfür werden wir im folgenden erbringen.

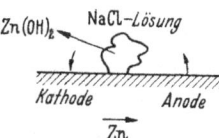

Abb. 430. Schema der elektrochemischen Korrosion des Zinks.

Die Zink- und die Hydroxyl-Ionen diffundieren in die Lösung. Sie treffen sich zwischen der Kathode und der Anode. An der Grenze der alkalisch reagierenden Schicht wird dort das endgültige Reaktionsprodukt, das Zinkhydroxyd, ausgefällt.

Eine Folge dieses Reaktionsverlaufes ist, daß das in lockerer Form und in einiger Entfernung vom Metall gefällte Zinkhydroxyd kaum einen Schutz auf das darunter liegende Metall ausüben kann.

Eine Voraussetzung für einen derartigen elektrochemischen Verlauf der Reaktion ist eine Ionenleitfähigkeit des angreifenden Mediums. Diese Voraussetzung ist bei Gasen nicht erfüllt. Deshalb findet in diesem Falle der Angriff der Metalle ohne einen elektrochemischen Umweg dort statt, wo das angreifende Molekül auf das Metall auftrifft. Die Gesetze, nach denen ein solcher Angriff erfolgt, sind deshalb wesentlich andere als in Elektrolyten. Das an Ort und Stelle entstehende Reaktionsprodukt vermag das Metall sehr viel besser vor weiterem Angriff zu schützen als im Falle eines elektrochemischen Angriffs. Wir werden im weiteren sehen, daß dadurch, daß die Schichten der Reaktionsprodukte eine, wenn auch schwache Ionen- und Elektronenleitfähigkeit besitzen, gewisse Komplikationen auftreten, die jedoch den Gegensatz gegenüber dem elektrochemischen Angriff nicht verwischen.

Der Einfluß von mechanischen Spannungen auf den Korrosionsverlauf (Spannungskorrosion) ist kurz auf S. 408 erörtert worden.

B. Angriff der Metalle durch Gase.

1. Ansatz der Anlaufgeschwindigkeit auf Grund der Diffusion durch die Anlaufschicht.

Wir nehmen an, daß das Metall während des Anlaufvorganges mit einer massiven Schicht des Reaktionsproduktes bedeckt ist, und daß die weitere Reaktion nur dadurch zustandekommt, daß in der Anlaufschicht ein Diffusionsvorgang stattfindet, also ein Konzentrationsgefälle besteht, etwa im Kupferoxydul beim Anlaufen von Kupfer in dem Sinne, daß die an die Metalloberfläche unmittelbar angrenzende Schicht genau der Zusammensetzung Cu_2O entspricht und daß an der Berührungsfläche der Anlaufschicht mit der Luft eine gewisse

Anreicherung an Sauerstoff stattgefunden hat. Das ist für das Cu_2O unmittelbar nachgewiesen worden; es handelt sich um ein Ionen-Defektgitter (vgl. S. 167), in dem einzelne Kupferionen fehlen. Hieraus folgt noch nicht, daß es der Sauerstoff ist, der durch die Schicht diffundiert; es diffundieren in Wirklichkeit die viel beweglicheren Cu-Ionen. Für die weitere Betrachtung ist das zunächst gleichgültig.

Wir nehmen ferner an, daß die heterogenen Austauschreaktionen an den Endflächen der Schicht, der Diffusion durch die Schicht gegenüber sehr schnell verlaufen, so daß an der Grenzfläche der Schicht gegen das Metall praktisch die Konzentration c_0 an Kupfer herrscht, die dem Gleichgewicht entspricht, und daß für die Konzentration c_1 an der Grenzfläche Schicht — Gasatmosphäre das gleiche gilt. Die Grenzkonzentrationen c_0 und c_1 sind mit anderen Worten während des ganzen Anlaufvorganges konstant.

Die Geschwindigkeit $\frac{dx}{dt}$, mit der die Schichtdicke x wächst, ist unter solchen Bedingungen durch die durch die Schicht diffundierende Menge des beweglichen Bestandteiles der Schicht gegeben.

Wenn die Diffusionskonstante D von c unabhängig ist, gilt für die Diffusion das Ficksche Gesetz, und wir erhalten, wenn die Diffusion stationär erfolgt, d. h. wenn durch jeden Querschnitt der Schicht pro Zeiteinheit die gleiche Menge diffundiert, wenn also das Konzentrationsgefälle linear ist,

$$\frac{dx}{dt} = k\,D \cdot \frac{c_1 - c_0}{x} \tag{1}$$

k ist ein Proportionalitätsfaktor[1]. Durch Integration erhält man, wenn man die Anlaufkonstante K einführt,

$$x^2 = k\,D\,(c_1 - c_0) \cdot t = K\,t. \tag{2}$$

(2) ist die Gleichung einer Parabel. Das Anlaufgesetz, bei dem das Quadrat der Schichtdecke x proportional der Zeit zunimmt, nennt man deshalb das *parabolische Anlaufgesetz*. Wir zeigen, daß es nicht nur gilt, wenn das Ficksche Diffusionsgesetz in der einfachsten Form für die ganze Schicht besteht, sondern auch, wenn die Diffusionskonstante in einer beliebigen Weise von der Konzentration c abhängt[2].

Die Diffusionsgeschwindigkeit an einer Stelle der Schicht kann als dem Konzentrationsgefälle $\frac{dc}{d\xi}$ proportional gesetzt werden, wo ξ die Dickenkoordinate der Schicht ist; sie wird im allgemeinen aber außerdem von der Konzentration c selbst abhängen. Wir können deshalb für die Grenze zum Gas schreiben:

$$\frac{dx}{dt} = k\left(D\,(c)\,\frac{dc}{d\xi}\right)_{\xi\,=\,x} \tag{3}$$

$D\,(c)$ ist die Diffusionskonstante (vgl. Kapitel über Diffusion).

---

[1] Der Ansatz einer stationären Diffusion stellt in Wirklichkeit nur eine Näherung dar, da die Konzentration an jedem Ort der Schicht sich mit der Zeit ändert. Eine eingehendere Rechnung zeigt, daß das parabolische Anlaufgesetz trotzdem erhalten bleibt. Dahingegen wird der Wert des Proportionalitätsfaktors beeinflußt, meistens allerdings nur geringfügig (persönliche Mitteilung von K. Lücke).

[2] FISCHBECK, K.: Z. Elektrochem. **40** (1934), 522.

Im stationären Zustand ist die rechte Seite für einen gegebenen Augenblick für alle Punkte der Schicht dieselbe. Da $\dfrac{d\,x}{d\,t}$ nur eine Funktion der Zeit (t) ist, erhalten wir deshalb:

$$\frac{d\,x}{d\,t} = k \cdot D\,(c) \cdot \frac{d\,c}{d\,\xi} = F\,(t)$$

$$F\,(t) \cdot x = k \cdot \int\limits_{c_0}^{c_1} D\,(c)\,d\,c. \tag{3a}$$

Die rechte Seite von (2) ist von der Zeit und von der Schichtdicke unabhängig. Wir erhalten

$$\frac{d\,x}{d\,t} \cdot x = k \cdot \int\limits_{c_0}^{c_1} D\,(c)\,d\,c \tag{4}$$

$$x^2 = t \cdot k \cdot \int\limits_{c_0}^{c_1} D\,(c)\,d\,c = K\,t, \tag{4a}$$

womit die Gültigkeit des parabolischen Gesetzes (2) erwiesen ist.

Die Annahme, daß die heterogenen Vorgänge an der Grenzfläche selbst so schnell verlaufen, daß sie keinen Einfluß auf die Geschwindigkeit des Gesamtvorganges haben, ist natürlich nur eine Näherung, die nicht immer zulässig ist. Es ist leicht, auch diese Grenzvorgänge zu berücksichtigen, wobei wir der Einfachheit halber annehmen, daß die Diffusionskonstante D unabhängig von der Konzentration c ist.

Die Gleichgewichtskonzentration des beweglichen Bestandteiles der Schicht (der Metallatome) in Berührung mit dem Metall sei C_0, in Berührung mit dem Gase C_1, die tatsächlich an der Berührungsfläche mit dem Metall herrschende Konzentration c_0 und die an der freien Oberfläche tatsächlich bestehende c_1. Wir können dann in erster Annäherung annehmen, daß die heterogenen Reaktionsgeschwindigkeiten proportional den Konzentrationsdifferenzen $C_0 - c_0$ und $c_1 - C_1$ sind. Wir erhalten für den stationären Zustand:

$$\frac{d\,x}{d\,t} = K_0\,(C_0 - c_0) = \frac{k\,D\,(c_0 - c_1)}{x} = K_1\,(c_1 - C_1). \tag{5}$$

K_0 und K_1 haben die Bedeutung der Geschwindigkeitskonstanten der zugehörigen Reaktionen. Wir eliminieren die nicht unmittelbar meßbaren Größen c_0 und c_1 und erhalten nach einer einfachen Rechnung:

$$\frac{d\,x}{d\,t} = \frac{k\,D\,(C_0 - C_1)}{k\,D\left(\dfrac{1}{K_0} + \dfrac{1}{K_1}\right) + x} \tag{6}$$

$$x^2 + 2\,k\,D\left(\frac{1}{K_0} + \frac{1}{K_1}\right) x = 2\,k\,D\,(C_0 - C_1)\,t = \text{const} \cdot t. \tag{7}$$

Bei sehr großen K_0 und K_1 geht (7) in (4) über. Wie man sieht, unterscheidet sich die Angriffsgeschwindigkeit in diesem Falle von der dem parabolischen Gesetz folgenden insofern, als zum quadratischen Glied ein der Schichtdicke proportionales Glied hinzutritt.

Die Erfahrung lehrt, daß man im allgemeinen mit den Gleichungen (3a) und (4) auskommt, daß also die Diffusion durch die Schicht allein die Geschwindigkeit des Vorganges bestimmt. Es ist zu erwarten, daß das bei extrem dünnen Schichten nicht mehr gilt, ebenso nicht, wenn die heterogenen Reaktionen träge sind. Nach den Messungen von K. FISCHBECK[1] gilt das Letztere für den Angriff von Eisen durch Wasserdampf.

---

[1] FISCHBECK, K.: Z. Elektrochem. **40** (1934), 522.

2. Methodik der Messung der Angriffsgeschwindigkeit unter besonderer Berücksichtigung der Anlauffarben.

Die Bestimmung der Reaktionsgeschwindigkeit der Metalle mit Gasen kann nach sehr verschiedenen Methoden erfolgen. Man hat zu diesem Zwecke die Gewichtszunahme des Metalles, den Verbrauch des angreifenden Gases in einem abgeschlossenen Raum, bei Drähten die Änderung des elektrischen Widerstandes, und die Anlauffarben verfolgt. Mit Hilfe der meisten Methoden hat man hierbei verhältnismäßig dicke Schichten gemessen, man hat also z. B. die Oxydation bei hohen Temperaturen verfolgt, wo sie schneller verläuft. Aber auch sehr dünne Schichten, wie sie für die Messung aus Anlauffarben geeignet sind, hat man nach anderen Methoden gemessen.

Eine besondere Beachtung verdient die Methode der Bestimmung der Anlauffarben, da sie sehr elegant ist, aber andrerseits verschiedene Schwierigkeiten bietet, und da man in Deutschland, im Gegensatz zu anderen Ländern, von G. Tammann[1] angeregt, hauptsächlich nach dieser Methode gearbeitet hat.

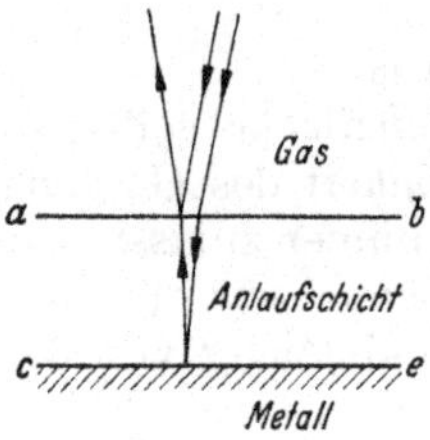

Abb. 430 A. Interferenz an einer Anlaufschicht.

Wenn ein Lichtstrahl der Wellenlänge λ in Luft oder im Vakuum auf eine mit einer durchsichtigen Schicht bedeckte Metalloberfläche fällt (Abb. 430 A), wird er sowohl an der Oberfläche der Schicht ab als auch am Metall selbst (ce) reflektiert. Die beiden Strahlen gelangen zur Interferenz und können sich auslöschen, bzw. schwächen oder verstärken. Der Brechungsexponent der Schicht sei n. Dann ist die Gangdifferenz Δ des eintretenden und des austretenden Strahles bei senkrechter Inzidenz gleich:

$$\Delta = \frac{2\,d\,n_1}{\lambda} + \Delta_0 + \Delta_u, \tag{8}$$

wo Δ_0 den Phasensprung an der Grenzfläche Luft-Anlaufschicht und Δ_u den Phasensprung an der Grenze Schicht-Metall darstellt. Da der Brechungsexponent der Schicht n größer als der der Luft ist, ist bekanntlich $\Delta_0 = 1/2$. An der Grenze Schicht-Metall tritt ein weiterer Phasensprung auf, trotzdem der Brechungsexponent des Metalles n_{Me} viel niedriger als n ist, da die elementare Theorie, nach der dann $\Delta_u = 0$ wäre, nur für Isolatoren gilt. Für die Oberfläche des Metalles gilt dahingegen

$$tg\,2\,\pi\,\Delta_u = \frac{2\,n\,K_{Me}}{n^2_{Me} + K^2_{Me} - n^2 - K^2_a}, \tag{9}$$

wo n_{Me} der Brechungsexponent des Metalles und K_a und K_{Me} die Absorptionskoeffizienten der Anlaufschicht und des Metalles sind. Bei Isolatoren ist die Absorption sehr gering, der Ausdruck (9) wird gleich Null und die Phasendifferenz ebenfalls gleich Null oder einer halben Wellenlänge. Im betrachteten Falle ist die Absorption der Anlaufschicht K_a zu vernachlässigen, und wir erhalten

$$tg\,2\,\pi\,\Delta_u = \frac{2\,n\,K_{Me}}{n^2_{Me} + K^2_{Me} - n^2}. \tag{10}$$

Bei Anlaufschichten auf Metallen ist Δ_u danach etwa 0,2 bis 0,4. Wenn die Phasendifferenz Δ nach (8) gleich $\frac{2m + 1}{2}$, also einer ungeraden Zahl halber Wellenlängen ist, wird der reflektierende Strahl durch Interferenz völlig ausgelöscht, wenn die Intensitäten des an der Grenze Luft-Schicht reflektierten und des nach Reflexion

---

[1] Vgl. z. B. G. Tammann: Lehrbuch der Metallkunde. 4. Aufl. Leipzig: J. A. Barth 1932.

aus dem Metall heraustretenden Strahles gleich sind. Das wird in der Regel nicht der Fall sein, so daß man nur mit einer Schwächung des in Frage kommenden Strahles rechnen kann. Wenn man mit weißem Licht arbeitet, wird im reflektierten Licht also eine Farbe mehr oder weniger stark geschwächt sein. Da die Farben der übrigen Wellenlängen sich durch Interferenz ebenfalls beeinflussen, indem sie sich teilweise verstärken, teilweise gegenseitig schwächen, wird auch hierdurch eine Verschiebung des Farbtones der Anlaufschicht eintreten.

Die Farben dünner Blättchen, bei denen als Unterlage wieder Luft und nicht Metalle dienten, so daß $\Delta_0 = {}^1/_2$ und $\Delta_u = 0$ waren, sind von A. ROLLET[1] zusammengestellt worden, wobei die Schichtdicke auf den Brechungsexponenten 1 bezogen ist. Auf Grund von (8) ist sie dem Brechungsexponenten umgekehrt proportional. G. TAMMANN und seine Schüler sind so verfahren, daß sie $\Delta_u = 0$, wie für Isolatoren, ansetzten und die Schichtdicken den Tabellen von A. ROLLET auf Grund der subjektiven Wahrnehmung des Farbtones entnommen haben. Wie wir gesehen haben, ist dieses Verfahren nicht korrekt. Vielfach wird angenommen, daß $\Delta_u = {}^1/_2$ ist, was aber auch nur eine Näherung darstellt[2].

Die Beurteilung der Anlauffarben ist oft recht unsicher, ihr Farbton hängt von den Reflexions-Koeffizienten der Anlaufschicht und des Metalles ab, ferner können Eigenfarben störend hinzutreten. Günstiger liegen die Verhältnisse, wenn man das Licht spektral zerlegt und die Wellenlänge beim Maximum der Auslöschung aufsucht. Aber auch diesem Verfahren kann man für die Bestimmung der Schichtdicke keine allzu große Genauigkeit zumessen. J. H. CONSTABLE[3] hat sehr sorgfältig die Spektral-Verteilung der Intensitäten bei Anlaufschichten auf Metallen untersucht und festgestellt, daß die Schwächung bei bestimmten Wellenlängen nur ein flaches Maximum aufweist. Geringe äußere Umstände, wie die angedeutete Eigenfarbe des Metalles oder der Schicht, können offenbar auf einen solchen Befund von erheblichem Einfluß sein.

Als weiterer Faktor, der bei den bisherigen Untersuchungen beinahe immer vernachlässigt worden ist, ist die Abhängigkeit der Brechungsexponenten n und n_{Me} sowie des Absorptionskoeffizienten K_{Me} von der Wellenlänge zu nennen. Diese Abhängigkeit kann nicht unerheblich sein. In Wirklichkeit ist jeder Wellenlänge ein anderer Wert von n, n_{Me} und K_{Me} zuzuordnen.

Eine weitere Fehlerquelle liegt in den unsichtbaren Oxydhäuten, mit denen die Metalle meistens bedeckt sind. Diese Häute haben zweifellos eine andere Beschaffenheit, also auch wohl eine andere Diffusionskonstante als die im Verlaufe der Versuche bei höheren Temperaturen erhaltenen. Wenn man vielleicht auch zugeben kann, daß die Schichtdicke bei Anlaufversuchen nach dem betrachteten Verfahren bei höheren Temperaturen richtig gemessen wird, so ist ihre Zuordnung zu bestimmten Zeiten sicher falsch, da der Anlaufvorgang in Wirklichkeit früher begonnen hat. Auf diese Frage werden wir noch zu sprechen kommen (S. 525).

Es ist erstaunlich, daß es trotzdem in vielen Fällen augenscheinlich gelungen ist, durch Bestimmung der Anlauffarben richtige Ergebnisse zu finden.

J. H. CONSTABLE[3] hat für Kupfer, Eisen und Nickel gezeigt, daß die optisch aus Anlauffarben und durch Änderung der Leitfähigkeit bestimmte Dicke der oxydischen Anlaufschichten miteinander übereinstimmen, wenn dafür gesorgt wird,

---

[1] Siehe z. B. LANDOLT-BÖRNSTEIN: Physikalisch-Chemische Tabellen. 3. Aufl., S. 610, Tab. 186. 1905.

[2] Vgl. z. B. U. R. EVANS: Korrosion, Passivität und Oberflächenschutz der Metalle. S. 707ff. Berlin: Julius Springer 1936. Neue englische Ausgabe: London: E. Arnold & Co. 1946.

[3] CONSTABLE, J. H.: Proc. roy. Soc. A. **115**,(1927), 570; **125** (1929), 630.

daß auf dem Metall vor Beginn des Versuches keine unsichtbaren Oxydhäute gelegen haben und wenn die Dispersion der Anlaufschicht, also die Abhängigkeit des Brechungsexponenten von der Wellenlänge, berücksichtigt wird.

G. Tammann und K. Bochow[1] haben festgestellt, daß die Dickenbestimmung der Oxydhäute aus der Gewichtszunahme um 50—150 $\mu\mu$ niedrigere Werte als aus den optischen Messungen ergeben hat. Hieraus wird in Übereinstimmung mit den auf S. 525 mitgeteilten Ergebnissen geschlossen, daß die meisten Metalle an der Luft mit unsichtbaren Oxydschichten bedeckt sind. Nach U.R. Evans kann die unsichtbare Schicht 200 $\mu\mu$ und mehr dick sein. Wahrscheinlich ist sie, im Gegensatz zu den bei höheren Temperaturen erzeugten Schichten, vielfach amorph, worauf ihre abweichenden optischen Eigenschaften zurückgeführt werden können.

In den letzten Jahren hat ein anderes optisches Verfahren der Schichtdickenbestimmung zunehmend an Bedeutung gewonnen. Bei der Reflexion vom Metall wird ein Strahl elliptisch polarisiert. Unter Zuhilfenahme dieser Erscheinung ist es mit Hilfe einer ziemlich umständlichen, aber einwandfreien Rechnung möglich, aus der Bestimmung des Polarisationszustandes eines reflektierten Strahles die Schichtdicke der Anlaufschicht (und ihren Brechungsindex) zu ermitteln (vgl. S. 520).

3. Tatsachenmaterial.

Für die Anlaufgeschwindigkeit des Silbers in schwach jodhaltiger Luft bei Zimmertemperatur hat G. Tammann[2] die in Tab. 82 angeführten Werte erhalten.

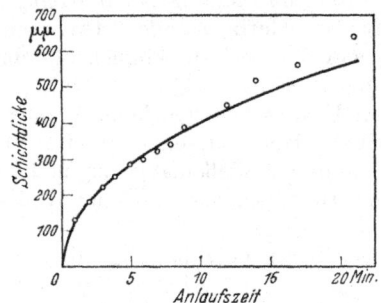

Abb. 431. Das parabolische Gesetz beim Anlaufen von Ag in J.

Die Berechnung der Werte ist nach der parabolischen Formel (2)

$$x^2 = Kt \quad \text{mit } K = 155{,}5 \cdot 10^{-10} \text{mm}^2 \text{min}^{-1}$$

erfolgt. Die Übereinstimmung ist ausgezeichnet. Abb. 431 zeigt die Schicht-

Tabelle 82. Anlaufgeschwindigkeit von Silber (gereinigte Walzoberfläche) in Jod bei Zimmertemperatur.

Zeit in Minuten	Dicke der AgJ-Schicht in $\mu\mu$	
	gefunden	berechnet
1	124	125
2	178	176
3	216	216
4	247	249
5	286	279
6	299	305
7	319	330
8	335	353
9	383	374
12	440	432
14	515	469
17	554	514
21	638	571

$$K = 155{,}5 \cdot 10^{-10} \, \frac{\text{mm}^2}{\text{min}} \, .$$

dicke des AgJ nach den Messungen von G. Tammann in Abhängigkeit von der Zeit. Später haben U. R. Evans und Lc. C. Bannister[3] jedoch gefunden, daß die Farbskala nach A. Rollet nicht unmittelbar die richtigen Schichtdicken ergibt, sondern an Hand einer anderen Methode empirisch geeicht werden muß, was auf Grund der Ausführung des vorangehenden Abschnittes verständlich ist.

[1] Tammann, G., u. K. Bochow: Z. anorg. allg. Chem. 169 (1928), 42.
[2] Tammann, G.: Z. anorg. allg. Chem. 11 (1920), 78; vgl. auch O. Bauer, O. Kröhnke u. G. Masing: Die Korrosion metallischer Werkstoffe. Bd. 1. S. 100. Leipzig: S. Hirzel 1936.
[3] Evans, U. R., u. Lc. C. Bannister: Proc. roy. Soc. A. 125 (1929), 370.

Durch Bestimmung der Dicke des Jodfilmes nach drei verschiedenen Methoden (Gewichtszunahme des Metalles, zwei chemische Bestimmungsmethoden des Jods) wurde eine Übereinstimmung mit dem parabolischen Gesetz festgestellt.

Das parabolische Gesetz wurde für folgende Anlaufvorgänge durch Bestimmung der Anlauffarben von G. TAMMANN und Mitarbeitern gefunden:

$$Ag, Cu, Pb \text{ in } Cl_2, Br_2, J_2, Cu \text{ in gasförmigem } H_2S.$$

Tab. 83 gibt die Werte der Parabelkonstanten K der Gleichung (2) für verschiedene Temperaturen wieder.

Die Temperaturabhängigkeit der Anlaufgeschwindigkeit im Falle der Reaktion mit Halogenen ist wenig übersichtlich. Für $Ag + J_2$, $Cu + Cl_2$ und $Cu + J_2$ ist sie von der Temperatur unabhängig, was darauf schließen läßt, daß die Diffusionskonstante, wie für ideale Gase, nur sehr langsam mit der Temperatur zunimmt, während die Konzentration des Jods und des Chlors im Gase bei konstantem Druck linear mit der Temperatur abnimmt. Ein solches Verhalten ist sehr überraschend, da für die Diffusion in Krystallen andere Gesetze gelten. Bei Silber in Jod findet sich bei 145,5° ein Sprung der Geschwindigkeit; bei dieser Temperatur erleidet das AgJ eine Umwandlung. Die Diffusions-Geschwindigkeit ist also für beide Modifikationen verschieden.

Tab. 83. Werte von K der Parabel $x^2 = Kt$ in $\dfrac{mm^2}{min} \cdot 10^{-10}$ in verdünnten Halogenen[1]

Metall	Cl		Br		J	
	$t°$ C	K	$t°$ C	K	$t°$ C	K
Ag	50	2,3	20	13	15	124
	117	29	62	32	100	126
	162	54	94	51	155	360
	230	150	115	84	185	360
	243	275	135	97		
	255	385	148	100		
	262	386	155	97		
	305	378	210	100		
			290	100		
Cu	15 bis 230	388	15	59	15	
			87	58,5	bis	270
			142	61,2	270	
Pb	70	3,5	60	1	15	
	80	4	115	3	bis	64,8
	100	7,5	175	11	217	
	150	11	190	14		
	190	22	290	44		
	225	28				
	245	33				
	287	43				

Es ist auffallend, daß bei den beschriebenen Versuchen anscheinend keine Störungen der Ergebnisse durch auf dem Metall vor dem Versuch befindliche unsichtbare Schichten hervorgerufen wurden. Indes ist anzunehmen, daß sie auf Silber als einem edlen Metall kaum vorhanden sind; fernerhin ist zu beachten, daß an der Luft auf einem Metall eine Oxydschicht sich bilden wird, die erst mit dem Halogen reagieren muß, ehe der Anlaufvorgang normal weiter läuft; es ist nicht wahrscheinlich, daß die Halogenidschicht einfach auf der Oxydschicht weiter aufgebaut werden wird.

Die Versuche, die Oxydation der Metalle bei höheren Temperaturen optisch zu verfolgen, haben eine viel stärkere Verzögerung der Anlaufgeschwindigkeit mit der Zeit ergeben, als nach dem parabolischen Gesetz zu erwarten gewesen wäre[1]. Abb. 432 zeigt das für das Anlaufen von Eisen in Stickstoff-Sauerstoff-Gemengen. Die Punkte stellen die beobachteten Werte der Schichtdicke dar, die gestrichelte Kurve den Ansatz einer Parabel, die eindeutig gegeben ist, wenn man einen Punkt der Zeitachse (bei 300 $\mu\mu$) kennt. Die Abweichung

---

[1] TAMMANN, G., u. W. KÖSTER: Z. anorg. allg. Chem. **123** (1923), 196.

ist unzweideutig. W. Köster und G. Tammann[1] konnten ihre Ergebnisse mit Hilfe der Formel des *exponentiellen Anlaufgesetzes*

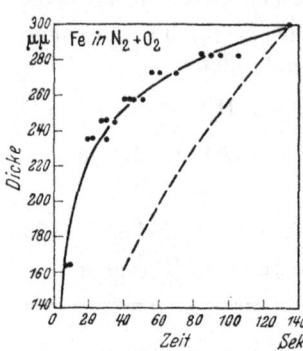

Abb. 432. Das exponentielle Anlaufgesetz.

$$\frac{d\,x}{d\,t} = v_0\, e^{-\,b\,x} \qquad (11)$$

darstellen. Hieraus folgt:

$$x = \frac{1}{b}\ln\left(t + \frac{1}{b\,v_0}\right) - \frac{1}{b}\ln\frac{1}{b\,v_0}. \qquad (12)$$

Die entsprechende Kurve ist in Abb. 432 ausgezeichnet worden. Es ist nicht zu bezweifeln, daß sie die Ergebnisse zufriedenstellend wiedergibt.

Ähnliche Ergebnisse wurden nach der Methode von G. Tammann bei verhältnismäßig niedrigen Temperaturen und damit geringen Anlaufgeschwindigkeiten für alle Fälle der Oxydation von Metallen gefunden. Nach verschiedenen anderen Methoden wurde dahingegen wiederholt, allerdings bei größeren Dicken, das parabolische Anlaufgesetz gefunden. Tab. 84 gibt nach J. S. Dunn und F. J. Wilkins[2] die Werte von K der Gleichung (4) für eine Reihe von Metallen und Temperaturen wieder.

Tabelle 84. Die Anlaufkonstante K in gr²/cm⁴/st.

	50°	100°	200°	400°	600°	800°	1000°
Cu in Sauerstoff	$2{,}5\cdot10^{-15}$	$1{,}6\cdot10^{-13}$	$4{,}1\cdot10^{-11}$	$1{,}64\cdot10^{-8}$	$1{,}13\cdot10^{-6}$	$3{,}14\cdot10^{-5}$	$6{,}02\cdot10^{-4}$

	700°	800°	900°	1000°
Elektrolyt Ni in Sauerstoff . .		$0{,}093\cdot10^{-6}$	$0{,}76\cdot10^{-6}$	$3{,}4\cdot10^{-6}$
Co in Luft	$5{,}8\cdot10^{-7}$	$3{,}3\cdot10^{-6}$	$2{,}2\cdot10^{-6}$	$7{,}4\cdot10^{-5}$
W in Luft	$1{,}6\cdot10^{-5}$	$16{,}6\cdot10^{-5}$	$17{,}9\cdot10^{-5}$	$461\cdot10^{-5}$

Tabelle 85.
Anlaufgeschwindigkeit des Eisens
in Sauertoff.

Dicke der Oxydhaut
auf Eisen nach 1 Stunde

Temperatur	Schichtdicke
° C	in cm. 10⁻³ (Mittelwert)
550	0,028
600	0,032
700	0,136
800	0,396
900	0,908
1000	2,112
1100	2,804
1200	3,648

In Tab. 85 sind einige Werte für Eisen in Sauerstoff für verschiedene Temperaturen auf Grund einer Zusammenstellung von J. C. Hudson und T. E. Rooney[3] wiedergegeben.

Hinsichtlich der Temperaturabhängigkeit der Anlaufgeschwindigkeit ist zu erwarten, daß sie in den Fällen, in denen die Reaktionen an den Grenzen genügend schnell verlaufen, durch die Temperaturabhängigkeit der Diffusionskonstante D in der Schicht bestimmt sein muß. Für diese gilt für Kristalle allgemein die Formel

$$D = A\, e^{-\frac{B}{R\,T}}, \qquad (13)$$

wo B, die Aktivierungsenergie, in der Größenordnung von 30000 cal/Mol liegt (vgl. S. 177). Manche Ergebnisse scheinen besser mit der Formel

$$D = A\, T^n \qquad (14)$$

übereinzustimmen, jedoch ist sie theoretisch kaum zu begründen.

[1] Köster, W., u. G. Tammann: Z. anorg. allg. Chem. **123** (1922), 196.
[2] Review of Oxydation and Scaling of heated solid Metals. S. 67. London 1935.
[3] Review of Oxydation and Scaling of heated solid Metals. S. 71. London 1935.

4. Zur Begründung des exponentiellen Anlaufgesetzes.

Zunächst erschien es nicht möglich, dem „exponentiellen Anlaufgesetz" eine tiefere Bedeutung als die einer Interpolationsformel zuzuschreiben, und zwar aus folgenden Gründen:

1. Es war bisher nicht möglich gewesen, einen physikalischen Ansatz zu seiner Erklärung zu finden. Es widerspricht jedem vernünftigen Diffusionsgesetz, wie sich aus der Erörterung auf S. 512 f. ergibt.

2. Die Eigenart der logarithmischen Beziehung (12) bringt es mit sich, daß recht starke Schwankungen der Zeitwerte nur einen geringen Einfluß auf den Wert von x haben.

3. Die Methodik der Dickenbestimmung aus subjektiven Farbenangaben ist schwierig und nicht sehr genau. Auch die Beobachtungen in spektral zerlegtem Licht von G. Tammann und G. Siebel[1] haben keinen entscheidenden Fortschritt gebracht, was auf Grund des früher Erörterten nicht verwunderlich ist.

4. Die vor Beginn der Versuche bereits vorhandenen unsichtbaren Oxydschichten, die, wie oben bemerkt, den Nullpunkt der Zeit fälschen müssen, sind vernachlässigt worden. Wenn man die Parabel (Abb. 432) so nach links verschiebt, daß sie bei der Ordinate 200 $\mu\mu$ über den Nullpunkt der Abszisse zu liegen kommt, erhält man bereits eine erhebliche Annäherung an die logarithmische Kurve. Da in diesem Falle die unsichtbaren Schichten im wesentlichen dieselbe Zusammensetzung haben, wie der später wachsende Film, ist anzunehmen, daß der Film unmittelbar auf der unsichtbaren Schicht weiter wachsen kann und es damit zur erörterten Störung kommen muß.

5. Durch sehr sorgfältige Messungen der Oxydation von Kupfer, wobei dafür Sorge getragen wurde, daß auf dem Metall (durch ursprüngliche Oxydation und Reduktion mit Wasserstoff) vor dem Beginn des Versuches keine unsichtbare Oxydschicht vorhanden war, wurde von J. S. Dunn[2] durch Bestimmung der Leitfähigkeit das parabolische Zeitgesetz gefunden, und zwar im allgemeinen im gesamten untersuchten Temperaturintervall zwischen 184° und 278°C. Bei 209° zeigten sich Abweichungen. Es konnte gezeigt werden, daß diese Abweichungen darauf zurückzuführen sind, daß die Anlaufschicht nach ihrer Entstehung bei dieser Temperatur altert. Wurde nämlich das Versuchsgefäß während des Versuches nach Erreichung einer gewissen Schichtdicke ausgepumpt und nach einiger Zeit erneut mit Sauerstoff gefüllt, so wurde eine geringere Anlaufgeschwindigkeit gefunden. Der Oxydfilm hatte durch Altern einen Teil seiner Durchlässigkeit eingebüßt.

Es ist nicht ausgeschlossen, daß auch andere Oxydfilme ähnliche Alterungserscheinungen zeigen.

Im Laufe der letzten Jahre sind jedoch sehr sorgfältige Beobachtungen gemacht worden, die die experimentelle Gültigkeit des exponentiellen Anlaufgesetzes für manche Fälle erwiesen haben. R. Holm, F. Güldenpfennig, E. Holm und R. Störmer[3] haben die Anlaufgeschwindigkeit von Nickel nach der Methode von G. Tammann studiert. Hierbei hat es sich als notwendig erwiesen, die Abhängigkeit der Absorptionskoeffizienten im Metall und des Brechungsexponenten der Schicht von der Wellenlänge des Lichtes und die auf dem Metall zu Beginn des Versuches bereits vorhandene unsichtbare Deckschicht

---

[1] Tammann, G., u. G. Siebel: Z. anorg. Chem. **122** (1926), 149.

[2] Dunn, J. S.: Proc. roy. Soc. A **111** (1926), 210.

[3] Holm, R., F. Güldenpfennig, E. Holm u. R. Störmer: Wiss. Veröff. a. d. Siemens-Konzern **10**, H. 4 (1931), 22.

zu berücksichtigen. Unter diesen Voraussetzungen wurde recht genau das exponentielle Anlaufgesetz gefunden. Durch Messung der Änderungen der Elliptizität des polarisierten Lichtes bei der Reflexion[1] wurde in einigen Fällen mit aller Sicherheit das exponentielle Gesetz gefunden[2], so vor allen Dingen von B. LUSTMAN und R. F. MEHL[3]. W. H. J. VERNON, E. J. AKEROYD und E. G. STROUD[4] haben dasselbe durch Verfolgung der Gewichtszunahme des Zinks an Luft gefunden.

Auf Grund aller dieser Ergebnisse kann wohl nicht daran gezweifelt werden, daß das exponentielle Gesetz in vielen Fällen die Ablaufgeschwindigkeit der Reaktion der Metalle mit Gasen richtig beschreibt. Vielleicht kann es nach U. R. EVANS[5] folgendermaßen erklärt werden.

Viele Beobachtungen sprechen dafür, daß Anlaufschichten vielfach mit Rissen und Fehlern behaftet sind. Die beschriebene, wiederholt beobachtete plötzliche Beschleunigung bei der Oxydation von Kupfer ist wahrscheinlich auf die Entstehung von Querrissen in der Anlaufschicht zurückzuführen. Andererseits beobachtet man an einem in einen Elektrolyten tauchenden senkrechten Eisenstück Anlauffarben in der Übergangszone zwischen einem oberen Teil, der nicht rostet und mit einer unsichtbaren dünnen, offenbar fehlerfreien Oxydschicht bedeckt ist, und dem unteren rostenden Teil eine Übergangszone mit Anlauffarben. Offenbar entstehen die Anlauffarben dort, wo die Oxydhaut nicht mehr ganz fehlerfrei ist.

U. R. EVANS nimmt nun an, daß in einer Anlaufschicht Schieferungen auftreten, also Lockerungen des Zusammenhanges längs Ebenen, die zur Oberfläche des Metalles parallel sind (,,blistering"). Solche Schieferungen bedingen eine Erschwerung oder Unterbindung der Diffusion in der Anlaufschicht senkrecht zur Metalloberfläche. Wenn man annimmt, daß solche Schieferungen in einem Abstand entstehen, der um einen Mittelwert δ streut, so ergibt sich, daß die Wahrscheinlichkeit, daß ein diffundierendes Ion beim Durchlaufen einer bestimmten Strecke nicht auf eine Schieferung stößt, unabhängig vom Ort in der Schicht ist. Damit ist aber die Wahrscheinlichkeit W, daß es ungestört durch die Schichtdicke x diffundieren kann, gleich

$$W = e^{-ax}.$$

Dieser Ausdruck ist proportional der Zahl der durch die Schicht diffundierenden Teilchen, also auch der Anlaufgeschwindigkeit. Damit ist das exponentielle Anlaufgesetz erklärt.

Nach dieser Auffassung hängt es in der Hauptsache von den mechanischen Eigenschaften der Schicht ab, nach welchem Zeitgesetz sie wächst. Der Umstand, daß das exponentielle Gesetz bei tieferen Temperaturen und das parabolische in der Regel bei höheren Temperaturen beobachtet wird, kann nach U. R. EVANS auf die abnehmende Sprödigkeit der Anlaufschicht mit steigender Temperatur zurückgeführt werden.

---

[1] TRONSTAD, L.: Z. phys. Chem. (A) **142** (1929), 241; **158** (1932), 369 und eine Reihe weiterer Arbeiten. — FREUNDLICH, H., G. PATSCHEKE u. H. ZOCHER: Z. phys. Chem. **128** (1927), 321; **130** (1927), 289.

[2] WENTERBOTTOM, A. B.: J. Inst. Met. **65** (1939), 364.

[3] LUSTMAN, B., u. R. F. MEHL: Trans. amer. Inst. min. met. Eng. **43** (1941), 246.

[4] VERNON, W. H. J., E. J. AKEROYD u. E. G. STROUD: J. Inst. Met. **65** (1939), 319.

[5] EVANS, U. R.: vgl. z. B. Metallic corrosion, passivity and protection. S. 134ff. London: Edward Arnold & Co. 1945.

5. Voraussetzungen für eine lückenlose Bedeckung eines Metalles durch Anlaufschichten und ihre Orientierungen zum Metall.

N. B. PILLING und R. E. BEDWORTH, denen wir einen wichtigen Teil unserer Kenntnisse über die Oxydation der Metalle bei höheren Temperaturen verdanken[1], haben die Vermutung ausgesprochen, daß ein Schutz des Metalles durch die Oxydhaut dann zustande kommt, wenn das Volumen des Oxydes größer ist, als das des in ihm enthaltenen Metalles. Für alle Metalle der Technik ist diese Bedingung in der Tat erfüllt, nicht aber für Calcium, dessen Oxydationsgeschwindigkeit im Einklang damit auch durch die bereits gebildete Oxyddecke nicht beeinflußt wird. Diese Regel erleidet indessen eine Ausnahme beim Magnesium, dessen Oxydhaut keinen Schutz gewähren sollte; in Wirklichkeit verdankt das Magnesium die Möglichkeit seiner technischen Anwendung voll und ganz nur einer solchen Oxydhaut, ohne die es sich infolge seines außerordentlich unedlen Potentiales sehr schnell oxydieren würde.

Auch theoretisch ist der Ansatz von N. B. PILLING und R. E. BEDWORTH nicht einleuchtend; viel wahrscheinlicher ist die Annahme von G. TAMMANN, nach der die gegenseitige Orientierung des Metalles und der sich auf ihm bildenden Schutzschicht so ist, daß Netzebenen mit gleich dichter Belegung mit Metallatomen aufeinander zu liegen kommen. Im Falle des Eisenoxyduls auf Eisen konnte

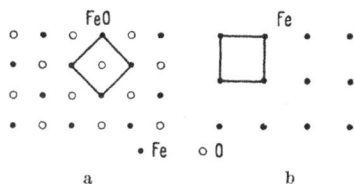

Abb. 433a und b. Orientierungszusammenhang des Fe und des FeO beim Anlaufen. a 3,03 Å; b 2,86 Å.

diese Regel bestätigt werden[2]. Im Raumgitter des Eisenoxyduls bilden die Eisen- und die Sauerstoff-Atome je ein flächenzentriertes Gitter, die je genau wie beim Kochsalz in Abständen von $\dfrac{d\sqrt{2}}{2}$ ($d =$ Gitterkonstante) voneinander liegen und einander in [110] Richtungen folgen (Abb. 433a). Beim raumzentrierten Eisen liegen dahingegen auf der Würfelebene die Eisenatome in einem quadratischen Netz mit Abständen d und in den Richtungen [100] angeordnet (Abb. 433b). Die Oxydation verläuft nun in der Weise, daß das Quadrat der Abb. 433a auf das Quadrat der Abb. 433b zu liegen kommt: Eine [100]-Achse ist den beiden Raumgittern gemeinsam, die beiden anderen sind um 45° gegeneinander verdreht.

Das Zinkoxyd soll zunächst ein nach dem Metall pseudomorphes Gitter bilden[3]. Weitere Kenntnisse über gegenseitige Orientierung der Schutzschichten und der Metalle wären dringend erwünscht.

Am Kupferoxydul ist gezeigt worden, daß bei höheren Temperaturen ein lebhaftes Kristallwachstum stattfindet, so daß eine etwaige ursprüngliche Orientierungs-Beziehung später nicht mehr festzustellen ist.

Bekanntlich laufen die einzelnen Krystalle des Metalles in verschiedenen Farben und mit verschiedenen Geschwindigkeiten an. C. WAGNER[4] hat darauf aufmerksam gemacht, daß man daraus nicht auf verschiedene Diffusionsgeschwindigkeiten in verschiedenen Richtungen beim kubischen Raumgitter, wie etwa bei AgJ oder bei FeO schließen darf. Es kann in der Tat sehr leicht gezeigt

[1] PILLING, N. B., u. R. E. BEDWORTH: J. Inst. Met. 29 (1923), 592.

[2] Vgl. C. WAGNER: Chemische Reaktionen der Metalle, Handbuch der Metallphysik, Bd. I, Teil 2, S. 128; R. F. MEHL, E. L. McCANDLESS u. F. N. RHINES: Nature 124 (1934), 1009.

[3] WAGNER, C.: Handbuch der Metallphysik, Bd. I, Teil 2, S. 127. Chemische Reaktionen der Metalle. Leipzig: Akademische Verlagsgesellschaft m. b. H. 1940. — FINCK, G. J., u. A. G. QUARRELL: Proc. roy. Soc. (A) 141 (1933), 398.

[4] WAGNER C.: l. c. S. 130.

werden, daß die Diffusionsgeschwindigkeit im kubischen Raumgitter in allen Richtungen gleich sein muß.

Die Koordinatenachsen (Abb. 434) mögen die Richtungen der Würfelkanten haben und der Gradient des Konzentrationsgefälles des diffundierenden Stoffes in der Richtung des Vektors Of die Winkel α, β und γ mit den Achsen x, y, z, bilden. Dieser Vektor steht senkrecht zur Niveaufläche abc, auf der die Konzentration konstant ist. Wir suchen die Bedingung für einen stationären Zustand des Körperelements $Oabc$, in dem in die Würfelebenen aOc, cOb und bOa insgesamt in der Zeiteinheit ebensoviel Material hineindiffundiert, wie aus der Ebene abc herausdiffundiert.

Wenn $\dfrac{dc}{df}$ der Konzentrationsgradient in der Richtung Of ist, ist das Konzentrationsgefälle in Richtung z gleich $\dfrac{dc}{df}\cos\gamma$. Die Fläche aOb, durch die die

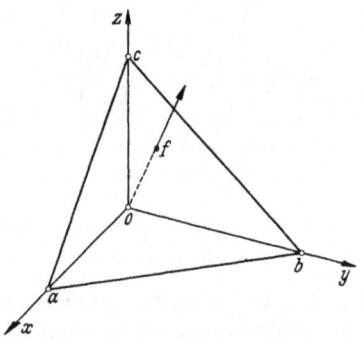

Abb. 434. Zur Richtungsabhängigkeit der Diffusion.

Diffusion in der Richtung z stattfindet, ist andererseits gleich Fläche $(abc)\cdot\cos\gamma$. Die durch aOb in der Zeiteinheit diffundierende Menge ist also

$$D_{100}\cdot(abc)\cdot\frac{dc}{df}\cdot\cos^2\gamma,$$

wo D_{100} die Diffusionskonstante in der Richtung $[100]$ ist. Entsprechend erhalten wir für die durch die Dreiecke aOc und cOb diffundierenden Mengen

$$D_{010}\cdot(abc)\cdot\frac{dc}{df}\cos^2\beta$$

$$D_{001}\cdot(abc)\cdot\frac{dc}{df}\cos^2\alpha,$$

andererseits diffundiert durch (abc):

$$D_f\cdot(abc)\cdot\frac{dc}{df},$$

also muß sein:

$$D_{100}\cdot(abc)\cdot\frac{dc}{df}\cdot(\cos^2\alpha+\cos^2\beta+\cos^2\gamma)=D_f\cdot(abc)\cdot\frac{dc}{df}$$

und $$D_{100}=D_f.$$

Die Diffusionskonstante ist von der Richtung unabhängig. Das gilt natürlich nur, solange $D_{100}=D_{010}=D_{001}$ ist, also für das kubische Raumgitter.

Es ist sehr wahrscheinlich, daß im Raumgitter bestimmte Gitterrichtungen für die Diffusion atomistisch vorgeschrieben oder bevorzugt sind. Diese Bevorzugung äußert sich aber, wie wir sehen, nicht im experimentellen Gesamtergebnis.

In derselben Weise kann gezeigt werden, daß die elektrische Leitfähigkeit eines kubischen Raumgitters in allen Richtungen gleich ist, auch, wenn für die Elektronenbahnen in Wirklichkeit bestimmte Gitterrichtungen vorgeschrieben sein sollten.

Da der Unterschied der Anlaufgeschwindigkeit in Abhängigkeit von der Orientierung der Metalloberfläche somit nicht auf Unterschiede der Diffusionsgeschwindigkeit zurückgeführt werden kann, nimmt C. Wagner[1] an, daß hierfür die von der Orientierung der Oberfläche abhängigen Geschwindigkeiten der heterogenen Reaktionen zwischen dem Metall selbst und der Schicht maßgebend sind. Das würde besagen, daß das parabolische Gesetz nicht genau erfüllt ist (vgl. S. 513).

---

[1] Wagner, C.: l. c. (vgl. S. 521) S. 142.

6. Nachweis der Wanderung der Metallionen durch Anlaufschichten. Konsequenzen.

Ursprünglich hat man angenommen, daß durch die Anlaufschicht das gasförmige Agens als solches diffundiert, also etwa J_2 durch AgJ, O_2 durch FeO usw. Für Lösungen der Gase in Krystallen gelten jedoch dieselben Vorstellungen wie sonst für feste Lösungen; in diesem Falle handelt es sich um Mischkrystalle. Sollte den Gasen in diesem Zusammenhang eine besondere Stellung eingeräumt werden, so könnte man wohl nur annehmen, daß es sich um interstitielle Mischkrystalle handelt (vgl. S. 163). Das kann für Gase mit sehr kleinem Atomvolumen gelten, wie für Wasserstoff, nicht jedoch für Stoffe mit so großem Atomvolumen wie etwa das Jod. Hier muß angenommen werden, daß das Jod nicht anders als ein Bestandteil des Raumgitters im AgJ vorhanden sein kann.

Der Umstand, daß nach unseren Kenntnissen über die Überführungszahlen in festen Ionenleitern das Anion kaum wandert, dahingegen das Kation, also das Metall-Ion eine Überführungszahl hat, die meistens praktisch gleich 1 ist, hat sehr wahrscheinlich gemacht, daß auch in den Anlaufschichten nicht das Anion diffundiert, sondern das Metall-Ion. C. WAGNER[1] konnte das sehr überzeugend für den Angriff des Silbers in Schwefel zeigen. Seine Anordnung ist in Abb. 435 wiedergegeben. Auf einer planen Silberoberfläche liegen übereinander zwei plangepreßte Plättchen I und II aus Ag$_2$S. Auf dem oberen Plättchen befindet sich Schwefel,

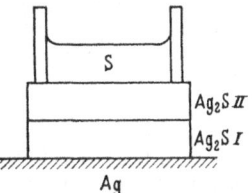

Abb. 435. Reaktion des Silbers mit Schwefel.

der bei der Versuchstemperatur flüssig ist und durch ein Glasrohr am Wegfließen verhindert wird. Nach dem während längerer Zeit durchgeführten Versuch können die einzelnen Plättchen unschwer getrennt und gewogen werden. Es zeigt sich, daß das Silberplättchen an Gewicht verliert, das untere Ag$_2$S-Plättchen I sein Gewicht behält und das obere Plättchen II um soviel an Gewicht zunimmt, als der Aufnahme des gesamten Silbers aus dem metallischen Plättchen und des zur Bildung von Ag$_2$S notwendigen Schwefels entspricht. Daraus folgt, daß die Bildung von Ag$_2$S nicht an der Oberfläche des Metalles, sondern an der Oberfläche des oberen Ag$_2$S-Plättchens II erfolgt und damit, daß nicht der Schwefel, sondern das Silber durch die Ag$_2$S-Schicht hindurch diffundiert. Dem entspricht auch die Wahrnehmung, daß das obere Ag$_2$S-Plättchen II nach oben in das Glasrohr hineinwächst.

Auch beim Eisenoxydul kann man nicht daran zweifeln, daß in ihm die Eisenionen wandern[2]. Das FeO ist nämlich, wie oben erörtert (S. 167), bei seiner stöchiometrischen Zusammensetzung nicht beständig, es enthält immer einen Überschuß an Sauerstoff oder, mit anderen Worten, einen Unterschuß an Eisen. Es ist gezeigt worden, daß es sich hier um ein Defektgitter handelt, in dem ein Teil der Eisenplätze unbesetzt bleibt, während der Sauerstoff ein voll besetztes Gitter bildet. Schon der Umstand allein, daß der Besetzungsgrad des Eisen-Teilgitters von den äußeren Umständen (oxydierende Atmosphäre) abhängen kann, beweist, daß das Eisen der bewegliche Teil des Gitters ist. Die Oxydation des Eisens erfolgt demnach so, daß in der Anlaufschicht ein Konzentrationsgefälle des Eisens besteht, und daß die Kationen nach der freien Oberfläche der Schicht hin wandern, wo die Neubildung von FeO erfolgt.

Dasselbe ist für das Kupfer im Kupferoxydul gezeigt worden.

[1] WAGNER, C.: Z. phys. Chem. B **21** (1933). 25.
[2] Vgl. z. B. L. B. PFEIL: J. Iron Steel Inst. **119** (1929), 520.

C. WAGNER[1] hat darauf aufmerksam gemacht, daß die Wanderung der positiven Ionen in einer Anlaufschicht einen Transport von Ladungen bedeutet, der zur Aufrechterhaltung der Elektro-Neutralität eine Kompensation durch einen entsprechenden, ebenso gerichteten Transport von negativen Ladungen, also von Elektronen verlangt. Das ist möglich, da die Anlaufschichten alle in größerem oder in geringerem Maße auch Elektronenleiter sind. Die an die Oberfläche der Anlaufschicht gelangenden freien Elektronen werden zur Ionisation des Sauerstoffs der Atmosphäre oder eines anderen Anionenbildners, also zu ihrer Reduktion verbraucht.

Der gesamte Vorgang ist einer Berechnung zugänglich, die in ihrer exakten thermodynamischen Durchführung jedoch ziemlich umständlich ist. In vereinfachter Form läßt sie sich nach dem Vorgang von T. P. HOAR und L. E. PRICE[2] am Bilde eines elektrochemischen Elementes durchführen. An der Anode wird das Kupfer ionisiert, indem es in das Gitter des Cu_2O eintritt, das als Elektrolyt dient, an der Kathode wird der Sauerstoff reduziert. Der metallische Schließungsbogen ist in diesem Falle mit dem Elektrolyten identisch. Da wir annehmen, daß die heterogenen Reaktionen beim Anlaufen ohne Störungen verlaufen, arbeitet das Element ohne Polarisation. Die Stromstärke I ist gleich

$$I = \frac{E}{W_{Cu} + W_e},$$

wo W_{Cu} und W_e die den Beweglichkeiten der Cu-Ionen und der Elektronen umgekehrt proportionalen Widerstände des Elektrolyten und des metallischen Schließungsbogens sind. Die elektromotorische Kraft E, multipliziert mit der Ladung, ist in Wirklichkeit der Unterschied des thermodynamischen Potentials des Kupfers im Oxydul im Gleichgewicht mit dem metallischen Kupfer einerseits und in Berührung mit der Atmosphäre andererseits.

7. Störungen der Ausbildung von Anlaufschichten.

Wir haben schon darauf hingewiesen, daß die Anlaufschichten sich im Verlauf des Anlaufvorganges ändern. Eine besonders wichtige Veränderung besteht vielfach in der Bildung von Rissen, die natürlich den Schutzwert der Deckschicht erheblich herabsetzen. Ein solches Aufbrechen von Schichten tritt beim Zundern des Eisens auf, besonders charakteristisch aber auch beim Kupfer. Eine Folge davon ist eine sehr ungleichmäßige Zunahme der Schichtdicke mit der Zeit, wie sie in Abb. 436 wiedergegeben ist. Ein davon abweichendes Verhalten zeigt nach den Versuchen von N. B. PILLING und R. E. BEDWORTH das Aluminium beim Erhitzen an der Luft bei hoher Temperatur[3]. Hierbei kommt nämlich die Zunahme der Schichtdicke nach einiger Zeit völlig zum Stillstand. Da Al_2O_3 ein Isolator ist, ist eine stärkere Wanderung der Ionen in ihm nicht anzunehmen, und die Voraussetzungen für eine wahre Diffusion im Raumgitter sind nicht vorhanden. Es ist deshalb wahrscheinlich, daß das ursprüngliche Wachstum der Deckschicht dadurch ermöglicht wird, daß sie nicht

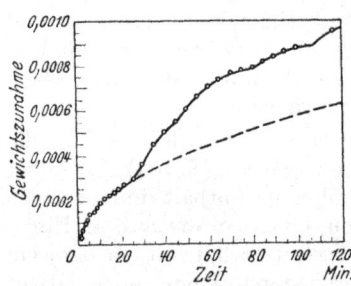

Abb. 436. Oxydation des Kupfers an Luft (nach PILLING u. BEDWORTH).

[1] WAGNER, C.: Z. phys. Chem. B **21** (1933), 25.
[2] HOAR, T. P., u. L. E. PRICE: Trans. Faraday Soc. **34** (1938), 867.
[3] PILLING, N. B., u. R. E. BEDWORTH: l. c. S. 521.

fehlerfrei entsteht, sondern an den meisten Stellen mit Rissen behaftet ist und sich abhebt. Die Entstehung einer fehlerfreien Bedeckung scheint ein unwahrscheinlicher Vorgang zu sein. Wo er eintritt, muß das Wachstum aufhören. Es hört für die gesamte Schicht auf, wenn das ganze Metall mit einer fehlerfreien Oxydhaut bedeckt ist. Es ist nicht wahrscheinlich, daß der Stillstand im Wachstum der Schicht auf eine Alterung zurückzuführen sein könnte.

Die Erklärung des exponentiellen Anlaufgesetzes durch Rißbildung nach U. R. EVANS ist oben bereits erörtert worden (S. 520).

Im Folgenden sollen einige weitere Mitteilungen über Komplikationen des Anlaufvorganges gemacht werden. An Luft scheinen die Metalle sich sehr schnell mit einer Oberflächenhaut zu bedecken, die etwa 100 Å erreicht und weiterhin wesentlich verlangsamt wächst[1]. Dahingegen wurde bei Zink beobachtet, daß die exponentielle Anlaufgeschwindigkeit bei etwa 225⁰ eine erhebliche Beschleunigung erfährt[2]. Unterhalb dieser Temperatur konnte von den Verfassern im Oxydfilm keine Krystallstruktur aufgedeckt werden. Die erwähnten Geschwindigkeitsänderungen sind zweifellos auf eine Änderung der Natur des Filmes zurückzuführen. A. L. DIGHTON und H. A. MILEY haben gefunden, daß bei niedrigeren Temperaturen das Kupfer zuerst nach dem parabolischen und bei höherer Filmdicke nach dem exponentiellen Gesetz anläuft[3]. Dieser Befund wird von U. R. EVANS durch die bei dickeren Filmen einsetzende Rißbildung erklärt. Weitere Komplikationen treten auf, wenn unter gewissen Bedingungen eine doppelte Oxydschicht, wie bei Kupfer (Cu_2O; CuO) oder sogar eine dreifache Oxydschicht, wie bei Eisen (FeO; Fe_3O_4; Fe_2O_3) entsteht.

8. Oxydation von Legierungen.

Wesentlich komplizierter liegen die Verhältnisse bei der Reaktion von Legierungen mit Gasen. Wir wollen uns hier auf den Fall beschränken, daß die Legierung aus homogenen Mischkrystallen besteht. Die heterogene Reaktion an der Grenze Legierung—Anlaufschicht wird für die im allgemeinen verschieden edlen Bestandteile verschieden schnell verlaufen. Infolgedessen wird in der Anlaufschicht eine Anreicherung des unedleren Bestandteiles und in den Außenschichten der Legierung eine Verarmung an diesen Bestandteilen zustandekommen. Damit ist gezeigt, daß außer den Geschwindigkeiten der heterogenen Reaktionen an den Grenzflächen und der Diffusionsgeschwindigkeit in der Anlaufschicht auch die Diffusionsgeschwindigkeit in der Legierung selbst von Einfluß auf den Anlaufvorgang sein muß. Es ist fernerhin selbstverständlich, daß die Konstitution der Anlaufschicht, der Umstand, ob die Reaktionsprodukte beider Metalle miteinander Mischkrystalle bilden oder nicht, von entscheidendem Einfluß auf den Gesamtvorgang sein muß. Eine weitere Komplikation, die alle quantitativen Ansätze zunichte macht, ist fernerhin der Umstand, daß bei Legierungen vielfach keine ebene Trennungsfläche zwischen Metall und Anlaufschicht entsteht, sondern daß zwischen diesen beiden Schichten eine Zwischenschicht entsteht, die aus einem Gemenge der edleren Komponente der Legierung und den Reaktionsprodukten mit dem Gas besteht. Auf diesen Umstand werden wir später noch zurückkommen.

Wir betrachten zunächst als den einfachsten Fall die Oxydation einer Legierung wie Gold-Kupfer oder Gold-Nickel, in der nur der eine Bestandteil

[1] Vgl. z. B. U. R. EVANS u. H. A. MILEY: Nature [London] 139 (1937), 283, auch eine Reihe späterer Arbeiten. — HASS, G.: Optik 1 (1946), 134.

[2] VERNON, W. H., J., E. J. AKEROYD u. E. G. STROUD: J. Inst. Met. 65 (1939), 319.

[3] DIGHTON, A L., u. H. A. MILEY: Trans. electrochem. Soc. 81 (1942), 321.

überhaupt mit dem Sauerstoff reagieren kann. Wir nehmen an, daß die heterogenen Reaktionen so schnell verlaufen, daß an den Grenzebenen der Phase
praktisch Gleichgewichtskonzentration herrscht. Wenn wir die Aktivität des
Nickels in der Legierung als Ordinate in Abhängigkeit von dem senkrechten
Abstand von der Oberfläche der Legierung auftragen, erhalten wir Abb. 436 A.
Wir nehmen an, daß die Dicke der Legierung so groß ist, daß während des
gesamten Vorganges in genügender Tiefe trotz der Diffusion des Nickels
noch die ursprüngliche Konzentration der Legierung besteht. Die Aktivitäten
setzen wir den Konzentrationen proportional. Dann stellt die Kurve ab zugleich
die Konzentrationsverteilung des Nickels in der Legierung dar, nach links fortgesetzt, und die Fläche $abcd$ gibt die Gesamtmenge des Nickels an, die an die
Oxydschicht abgegeben worden ist. Die Kurve ab verschiebt sich bei fortschreitender Oxydation nur in der Weise, daß die Abszisse der Kurve ab sich den Abständen von bc proportional nach links vergrößert,
wie die Theorie der Diffusion lehrt. Die bei b pro Zeiteinheit herausdiffundierende Nickelmenge ist dem dort
in der Legierung herrschenden Konzentrationsgefälle
proportional, das seinerseits umgekehrt proportional
den Abszissenabständen der Kurve ab vom Rande bc
und damit umgekehrt proportional der Fläche $abcd$,
der insgesamt herausdiffundierten Nickelmenge, ist.

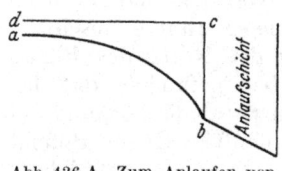

Abb. 436 A. Zum Anlaufen von
Legierungen.

Die bei b pro Zeiteinheit aus der Legierung herausdiffundierende Nickelmenge ist
also umgekehrt proportional der Schichtdicke der Oxydhaut, da diese Schichtdicke der insgesamt herausdiffundierten Nickelmenge proportional ist. Da auch
die Diffusion in der Oxydhaut derselben Gesetzmäßigkeit folgt, bleibt die Konzentration sowohl der Metallphase als auch der Oxydphase an ihrer Berührungsebene
während des ganzen Anlaufvorganges konstant. Daraus ergibt sich für diese
dasselbe Zeitgesetz, wie es für das reine Metall gelten würde, nur mit einer entsprechend veränderten Konzentration des Nickels an der Grenzschicht und damit
mit einer veränderten Konstante. Selbstverständlich muß die Anlaufgeschwindigkeit geringer als die des reinen Nickels sein.

Diese Folgerung wird jedoch von der Erfahrung keineswegs bestätigt, da sich
zwischen die Legierung und die reine Oxydphase, wie erwähnt, öfters ein Gemenge des edleren Bestandteiles und der Oxydphase einschiebt. Die Entstehungs-
ursache dieser Zwischenschicht ist noch nicht geklärt. Wahrscheinlich ist sie
darauf zurückzuführen, daß die edlere Komponente zunächst in einer gewissen
Menge mit oxydiert und dann wieder metallisch abgeschieden wird. Eine mögliche Erklärung hierfür gibt der Umstand, daß nach der Oxydation des unedleren
Bestandteiles die Atome des edleren nicht mehr in einem intakten Raumgitter
liegen, sondern sich an der Oberfläche in exponierten Stellungen befinden, deren
Edelheit wesentlich herabgesetzt sein kann. Beim Angriff von Legierungen in
Elektrolyten, auch der Gold-Kupfer-Legierungen in Salpetersäure werden wir
ähnlichen Verhältnissen begegnen.

Wesentlich anders — und noch komplizierter — liegen die Verhältnisse, wenn
zu einem Metall wie Eisen noch unedlere Elemente, wie Aluminium, Chrom oder
Silizium hinzulegiert werden. In diesem Falle reichert sich das unedlere Metall bis
zu einem gewissen Grade in der Oxydschicht an, und dadurch wird die Diffusionsgeschwindigkeit und auch die Neigung zur Rißbildung beeinflußt. Auf solche Einflüsse ist es zurückzuführen, daß aluminiumhaltiges Eisen viel weniger verzundert
als aluminiumfreies. Auch die Zunderbeständigkeit anderer, meistens chrom- oder
aluminiumhaltiger Legierungen der Technik ist ähnlich zu erklären. Die hier
herrschenden Verhältnisse können im Rahmen dieses Buches nicht erörtert werden.

C. Korrosion in Elektrolyten.

1. Elektrochemische Grundvorgänge.

Wir haben gesehen, daß der Angriff in Gasen (und allgemeiner in Nicht-elektrolyten) in der Weise zustandekommt, daß unmittelbar an der Oberfläche des Metalles die Reaktion mit dem angreifenden Agens eintritt und sich das Reaktionsprodukt bildet, das entweder entweicht oder am Ort der Reaktion liegenbleibt und das Metall vor weiterem Angriff schützt. Im Verlaufe des wei-teren Wachstums der Schicht des Reaktionsproduktes findet zwar durch dieses eine Wanderung der Ionen des Metalles und der Elektronen statt, so daß die chemische Reaktion mit dem angreifenden Agens nunmehr nicht mehr an der Trennfläche Metall—Reaktionsprodukt, sondern an derjenigen Reaktions-produkt—angreifendes Medium stattfindet. Jedoch ist das offensichtlich eine sekundäre Erscheinung, die übrigens die Ausbildung der schützenden Schicht nicht stört, sondern fördert. In diesem Falle ist das angreifende Medium selbst nicht stromleitend und nur das Reaktionsprodukt ist ein Stromleiter.

Ganz anders liegen die Verhältnisse, wie wir gesehen haben, wenn das an-greifende Medium selbst ein Leiter zweiter Klasse ist. Eingangs haben wir schon darauf hingewiesen, daß der Angriff in einem solchen Falle in der Regel *elektro-chemisch* ist. Darunter verstehen wir, daß bei dem Angriff auf dem Metall sich *anodische* und *kathodische* Gebiete ausbilden. An den ersteren geht das Metall in Ionenform in Lösung unter Abgabe eines Elektrons oder mehrerer:

$$\text{Me} \rightarrow \underset{\text{Ion}}{\text{Me}^{\cdot}} + \ominus \tag{15}$$

an den zweiten wird das angreifende Agens, etwa der im Elektrolyten vorhandene elementar gelöste Sauerstoff, zu Hydroxylionen unter Aufnahme von Elektronen aus dem Metall reduziert:

$$O_2 + 4 \ominus + 2\,H_2O \rightarrow 4\,(OH)' \tag{15a}$$

Die anodischen und die kathodischen Stellen brauchen nicht für längere Zeiten räumlich fixiert zu sein. Ja, es ist sogar möglich, daß die einzelnen anodi-schen und kathodischen Elementarvorgänge jeweils an wechselnden, jedoch verschiedenen Orten erfolgen[1].

Der Umstand, daß die Atome in massiven Metallen in Wirklichkeit zu einem erheblichen Teil auch ionisiert sind, da die Elektronen ja im Metall frei beweglich sind und als „Leitungselektronen" zum Teil nicht bestimmten Atomen zugeordnet werden können, spielt in diesem Falle keine Rolle. Wesentlich ist, daß im massiven Metall in jedem Punkt die Elektroneutralität gewahrt ist, indem sich in der Nähe eines jeden Metallatoms genügend freie Elektronen befinden, um diese sicher-zustellen, daß dahingegen beim Übertritt in Ionenform in den Elektrolyten eine *Trennung* der Ladungen entgegengesetzten Vorzeichens eintritt, wobei das positive Ion sich in den Elektrolyten begibt, während das überschüssige Elektron im massiven Metall verbleibt. Hierdurch wird eine positive Aufladung des Elektrolyten und eine negative Aufladung des Metalles unter Aufhebung der Elektroneutralität beider Teile bewirkt.

Auf die Ursachen des vorwiegend elektrochemischen Charakters der Korrosion in Elektrolyten und auf seine Beweise werden wir später eingehen.

---

[1] Es sei allgemein festgestellt, daß in der nachfolgenden Darstellung die Begriffe Anode und Kathode in dem auch bei der Betrachtung der Elektrolyse üblichen obigen Sinne und nicht wie etwa beim Akkumulator, wo die Bezeichnungen meistens vertauscht werden, benutzt werden sollen.

Die Grundvorgänge der elektrochemischen Korrosion haben wir am Modell eines elektrochemischen Elementes (Abb. 437) zu betrachten. Es besteht aus einem Elektrolyten El und aus zwei Elektroden, der Kathode K und der Anode A, die miteinander durch einen metallischen Schließungsbogen m verbunden sind. Wenn das Element sich betätigt, fließt durch diesen Schließungsbogen ein positiver Strom von der Kathode zur Anode. Eine Voraussetzung für eine derartige Betätigung des Elementes ist natürlich das Vorhandensein einer elektromotorischen Kraft. Ihr Sitz sind die Potential-

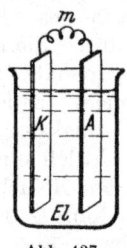

sprünge zwischen den Elektroden und dem Elektrolyten, also die elektrochemischen Potentiale der beiden Elektroden, die somit verschieden sein müssen. Abb. 438 gibt ein Schema der Potentialverteilung in einem solchen Element, bei dem die Widerstände des metallischen Schließungsbogens und des Elektrolyten bei der Betätigung beide nicht zu vernachlässigen

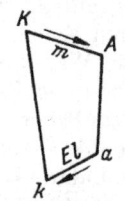

Abb. 437.
Schema eines
elektrochemischen
Elementes.

sind und somit in diesen beiden Leitern ein Potentialgefälle entsteht.

Abb. 438.
Potentialverteilung
in einem
elektrochemischen
Element.

Für das Zustandekommen der elektrochemischen Korrosion ist ein Stromdurchgang durch das Element erforderlich. Deshalb bilden die elektrochemischen Potentiale der Elektroden das erste Problem, mit dem wir uns zu befassen haben[1].

2. Potentialbildung in Elektrolyten.

Wir betrachten eine Metallelektrode in Berührung mit einem Elektrolyten, der die Ionen des betreffenden Metalles enthält. Nach der Formel von W. NERNST hängt das Potential einer derartigen Elektrode von der Ionenkonzentration logarithmisch ab:

$$_{c_1}E = {}_{c_0}E + \frac{RT}{nF}\ln\frac{c_1}{c_0},\qquad(16)$$

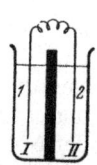

wo c_1 und c_0 die Ionenkonzentrationen, n ihre Wertigkeit, F die Faradaysche Zahl $= 96450$ Coulomb pro einwertiges Ionenmol, T die absolute Temperatur, R die Gaskonstante pro Mol und $_{c_1}E$ und $_{c_0}E$ die zugehörigen Potentiale der Metallelektroden gegen den Elektrolyten sind (vgl. S. 8ff.). Die Formel von W. NERNST ist oben (S. 8ff.) kinetisch abgeleitet worden. Bei ihrer großen Bedeutung für alle elektrochemischen Vorgänge wird sie hier noch thermodynamisch abgeleitet, zumal sich diese Ableitung besonders leicht auf Elektroden übertragen läßt, an denen keine Metalle in Lösung gehen oder sich ausscheiden.

Abb. 439. Zur
Ableitung der
Formel von
W. NERNST.

Zur Ableitung der Formel von W. NERNST betrachten wir ein Element (Abb. 439), dessen beide Elektroden 1 und 2 aus einem und demselben Metall der Wertigkeit n bestehen, die jedoch in Elektrolyten I und II verschiedener Konzentration c_1 und c_2 eintauchen. Es sei $c_2 > c_1$. Dann wird auf Grund obiger qualitativer Betrachtungen das Bestreben der Elektrode 1 in Lösung zu gehen, größer sein als das der Elektrode 2, und durch das Element wird ein Strom fließen, bei dem das

---

[1] Wenn die Anode und die Kathode Unterschiede der Zusammensetzung aufweisen, tritt an der Berührungsstelle der Anode und Kathode eine Volta-Potentialdifferenz auf [vgl. insbesondere E. LANGE: Z. phys. Chem. **156** (1931), 241], die jedoch bei elektrochemischen Betrachtungen herauszufallen pflegt, da wir nicht mit den Absolutwerten, sondern nur mit Differenzen von elektrochemischen Potentialen operieren.

Metall in I in Lösung geht und in II sich ausscheidet. Dieser Strom kann im äußeren Schließungsbogen eine elektrische Maschine betreiben und somit Arbeit leisten. Wir nehmen nun an, daß dm Mole des Metalles von der Elektrode 1 in Lösung gehen und gleichzeitig ebensoviele an der Elektrode 2 abgeschieden werden. Wir nehmen an, daß die Mengen der beiden Elektrolyte I und II so groß sind, daß die dadurch bewirkten Konzentrationsänderungen zu vernachlässigen sind, und daß die Wanderungsgeschwindigkeiten und die Wertigkeiten der Anionen und der Kationen untereinander gleich sind[1]. Dann übernehmen die beiden Ionen zu gleichen Teilen die Stromleitung, und durch das Diaphragma, das zwar die vom Strom getragenen Ionen durchläßt, aber den Konzentrationsausgleich zwischen I und II verhindert, fließen in der Richtung I → II $\frac{dm}{2}$ Mole Kationen und in umgekehrter Richtung ebensoviele Anionen. Das Ergebnis des Stromdurchganges ist also, daß im Elektrolyten 1 um $\frac{dm}{2}$ mehr und im Elektrolyten II um $\frac{dm}{2}$ weniger Ionen enthalten sind. Wenn wir $\frac{dm}{2}$ Mole des Salzes nachträglich aus dem Elektrolyten I in den Elektrolyten II überführen, befindet sich das System in demselben Zustand wie vor dem Stromdurchgang (bis auf den belanglosen Umstand, daß die Elektrode 2 jetzt um $2\frac{dm}{2}$ Mole schwerer geworden und die Elektrode 1 leichter ist als früher). Die gesamte isotherm und reversibel geleistete Arbeit ist deshalb gleich Null. Bei der Überführung von $\frac{dm}{2}$ Molen des in Ionen dissoziierten Salzes aus dem Elektrolyten I in den Elektrolyten II wird dem System die Arbeit $RT \ln \frac{c_2}{c_1}$ (je die Hälfte für die Anionen und die Kationen) zugeführt, das System hat andererseits die elektrische Arbeit $nF(E_2 - E_1)\, dm$ geleistet[2]. Wir haben demnach

$$RT \ln \frac{c_2}{c_1} = nF(E_2 - E_1), \qquad (17)$$

woraus sofort die Formel (16) von W. NERNST folgt.

Für die Potentialbildung an einer Elektrode ist nicht wesentlich, daß sich gerade Metallionen durch Inlösunggehen einer Elektrode bilden, vielmehr kann als Elektrodenvorgang jedes Oxydation-Reduktions-Gleichgewicht wirksam sein, das sich an einer edlen Elektrode, die nicht in Lösung geht, einstellt. Als anodischen Vorgang bezeichnet man dabei ganz allgemein einen solchen, bei welchem als Endergebnis der Reaktion an die Elektrode Elektronen abgegeben werden und diese sich negativ auflädt. Beim kathodischen Vorgang gibt die Elektrode umgekehrt Elektronen an den Elektrolyten ab oder nimmt positive Ladungen auf. Wir werden zwei solche Vorgänge, die für das Verhalten von Metallen in Elektrolyten wichtig sind, nämlich die Gleichgewichte

---

[1] Bei verschiedenen Wanderungsgeschwindigkeiten entsteht an der Berührungsfläche der beiden Lösungen zusätzlich ein Diffusionspotential, das bei der Rechnung berücksichtigt werden muß.

Die beiden obigen Annahmen vereinfachen etwas die Rechnung, ohne das Ergebnis zu beeinflussen, wie das ausführlich in A. EUCKEN: Grundriß der physikalischen Chemie, 5. Aufl., S. 559 ff., Leipzig: Akademische Verlagsgesellschaft 1942, dargestellt ist.

[2] Das gilt, wenn in den Elektrolyten kein Potentialabfall stattfindet, was eine Voraussetzung des umkehrbaren Ablaufs des Prozesses ist. Man muß mit so geringem Strom arbeiten, daß diese Bedingung erfüllt ist. Sonst wäre von $E_2 - E_1$ der Potentialabfall im Elektrolyten abzuziehen.

$$H_2 \rightleftarrows 2\,H^{\cdot} + 2\,\ominus \quad \text{(Wasserstoff — Elektrode)} \qquad (18)$$

$$4\,\ominus + O_2 + 2\,H_2O \rightleftarrows 4\,OH' \quad \text{(Sauerstoff — Elektrode)} \qquad (19)$$

erörtern[1].

Wir betrachten ein Element nach Abb. 439, in dem in den Elektrolyten I und II die Konzentrationen der $H^{\cdot}$-Ionen $_{H^{\cdot}}c_1$ und $_{H^{\cdot}}c_2$ und des molekular gelösten Wasserstoffs $_{H_2}C_1$ und $_{H_2}C_2$ sind. Wenn an der Elektrode 1 im Elektrolyten dm Mole H_2 sich in $H^{\cdot}$-Ionen verwandeln, entstehen hierbei $2\,dm\ H^{\cdot}$-Mole, von denen jedoch die Hälfte durch das Diaphragma in den Elektrolyten II durch den Strom abtransportiert wird, so daß der Elektrolyt I nach dem Stromdurchgang insgesamt um dm Mole H_2 weniger und um dm Mole $H^{\cdot}$-Ionen mehr enthält. Umgekehrt hat der Elektrolyt II die entsprechenden Mengen an H_2 aufgenommen und $H^{\cdot}$ verloren. Um diese Änderung des Systems rückgängig zu machen, muß die gesamte Menge H_2 aus dem Elektrolyten II in den Elektrolyten I und die gesamte Menge $H^{\cdot}$ (und der Anionen) aus dem Elektrolyten I in den Elektrolyten II übergeführt werden. Hierbei wird dem System die osmotische Arbeit

$$\left(RT \ln \frac{_{H_2}C_1}{_{H_2}C_2} + 2\,RT \ln \frac{_{H^{\cdot}}c_2}{_{H^{\cdot}}c_1} \right) dm = RT\,dm \ln \frac{_{H^{\cdot}}c_2{}^2 \cdot {}_{H_2}C_1}{_{H^{\cdot}}c_1{}^2 \cdot {}_{H_2}C_2} \qquad (20)$$

zugeführt. Diese Arbeit ist gleich der elektrisch geleisteten Arbeit; somit ist

$$2\,F\,(E_2 - E_1)\,dm = RT\,dm \ln \frac{_{H^{\cdot}}c_2{}^2 \cdot {}_{H_2}C_1}{_{H^{\cdot}}c_1{}^2 \cdot {}_{H_2}C_2}, \qquad (21)$$

oder

$$E_2 = E_1 + \frac{RT}{2F} \ln \frac{_{H^{\cdot}}c_2{}^2 \cdot {}_{H_2}C_1}{_{H^{\cdot}}c_1{}^2 \cdot {}_{H_2}C_2} = E_1 + \frac{RT}{F} \ln \frac{_{H^{\cdot}}c_2 \cdot \sqrt{_{H_2}C_1}}{_{H^{\cdot}}c_1 \cdot \sqrt{_{H_2}C_2}}. \qquad (22)$$

Die Änderung der $H^{\cdot}$-Ionenkonzentration um eine Zehnerpotenz bewirkt eine doppelt so große Änderung des Potentials wie die gleiche Änderung der Konzentration des molekularen Wasserstoffs.

Ganz entsprechend können wir die Sauerstoffelektrode erörtern; $_{OH'}c_1$, $_{OH'}c_2$, $_{O_2}C_1$ und $_{O_2}C_2$ seien die Konzentrationen der Hydroxylionen und des molekularen Sauerstoffs in den Elektrolyten I und II (Abb. 439). Wenn in dm Mole O_2 zu $4\,dm$ Mole OH' reduziert werden, findet im Elektrolyten II der entsprechende Vorgang im umgekehrten Sinne statt. Für die isotherme osmotische und elektrische Arbeitsleistung erhalten wir

$$-4\,F\,(E_2 - E_1) = RT \ln \frac{_{O_2}C_1}{_{O_2}C_2} + 4\,RT \ln \frac{_{OH'}c_2}{_{OH'}c_1} \qquad (23)$$

$$E_2 = E_1 - \frac{RT}{4F} \ln \frac{_{OH'}c_2{}^4 \cdot {}_{O_2}C_1}{_{OH'}c_1{}^4 \cdot {}_{O_2}C_2}. \qquad (24)$$

Das Minuszeichen rührt daher, daß die Ladung der OH'-Ionen negativ ist.

An Stelle der Gaskonzentrationen C im Elektrolyten können wir die ihnen auf Grund des Henryschen Gesetzes proportionalen Gasdrucke über den Elektrolyten nehmen. Wenn E_0 die in Frage kommenden Potentiale bei den Einheitskonzentrationen (in der Regel 1 Mol pro Liter für die Ionen und die dem Atmosphärendruck über der Lösung entsprechende Gaskonzentration C) sind, erhalten wir aus den Gl. (2), (8) und (10):

---

[1] Hierbei vernachlässigen wir wieder die Unterschiede der Wanderungsgeschwindigkeit der Ionen. Auf das Endergebnis der Rechnung ist das ohne Einfluß.

$$\mathrm{Me}E_c = \mathrm{Me}E_0 + \frac{RT}{nF} \ln c = \mathrm{Me}E_0 + \frac{0,058}{n} \lg c \qquad (25)$$

$$\mathrm{H_2}E_{c_1}C = \mathrm{H_2}E_0 + \frac{RT}{2F} \ln \frac{\mathrm{H^{\cdot\prime2}}}{\mathrm{H_2}C} = \mathrm{H_2}E_0 + 0,029 \lg \frac{\mathrm{H^{\cdot}}C^2}{\mathrm{H_2}C} \qquad (26)$$

$$\mathrm{O_2}E_{c_1}C = \mathrm{O_2}E_0 - \frac{RT}{4F} \ln \frac{\mathrm{OH^{\prime}}C^4}{\mathrm{O_2}C} = \mathrm{O_2}E_0 - 0,0145 \lg \frac{\mathrm{OH^{\prime}}C^4}{\mathrm{O_2}C}. \qquad (27)$$

Die numerischen Werte vor dem Logarithmus in den letzten Teilen gelten für 18° C, wenn mit dekadischen Logarithmen (lg) gerechnet wird. Diese Werte werden, besonders bei Überschlagsrechnungen, sehr viel gebraucht.

Die erörterten Beziehungen können auch anschaulich kinetisch abgeleitet werden, wie das auf S. 9 f. für das Metallpotential und auf S. 539 für die Wasserstoffüberspannung geschieht.

3. Messung der Potentiale. Die Gleichgewichtspotentiale.

Wir haben keine Möglichkeit, die normalen Potentiale E_0 unmittelbar zu messen. Es wird vielmehr so verfahren, daß in der Anordnung Abb. 440 die eine Elektrode aus dem in Frage kommenden Metall in einer normalen Lösung seiner Ionen besteht und als andere eine solche gewählt wird, die einen bestimmten gut reproduzierbaren Potentialwert aufweist. Man wählt als solche z. B. die normale Wasserstoffelektrode mit Wasserstoff unter Atmosphärendruck in einer normalen Säure, oder aber die „Calomel"-Elektrode, in welcher Quecksilber mit Calomel ($\mathrm{Hg_2Cl_2}$) überschichtet mit einer Lösung von KCl in Berührung steht. Diese Lösung ist an $\mathrm{Hg_2Cl_2}$ gesättigt, wodurch die Konzentration der den Potential-wert bestimmenden Hg$^{\cdot}$-Ionen definiert ist. Je nach der Konzentration des KCl und entsprechend der Cl'-Ionen ist auf Grund der Reaktion

$$\mathrm{Hg_2}C_2 = \mathrm{Hg_2^{\cdot\cdot}} + 2\,\mathrm{Cl^{\prime}} \qquad (28)$$

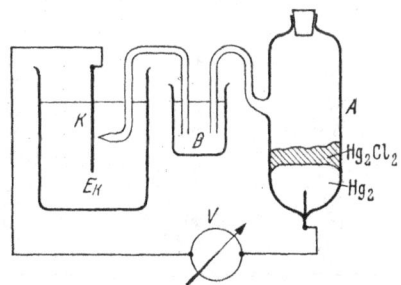

das Potential der Calomel-Elektrode ver-schieden. Was man in der Anordnung Abb. 440 mißt, ist dann die Potential-differenz zwischen der normalen Metall-elektrode und der normalen Wasserstoff-elektrode oder Calomel-Elektrode. Die Potentiale der Calomel-Elektrode gegen Wasserstoff sind bei 20° C für eine ge-sättigte KCl-Lösung 0,2490 V, für eine

Abb. 440. Schema der Anordnung zur Potential-messung mit Hilfe einer Calomel-Elektrode. K Versuchselektrode, B Verbindungsgefäß mit KCl-Lösung. Der Heber von B nach K ist zur Vermeidung der Vermischung des Elektrolyten mit KCl mit einer gelatinierten Lösung gefüllt.

$1/1$ normale KCl-Lösung 0,2859 V und für eine $1/10$ normale 0,3379 V. In verdünnten Lösungen ist die Konzentration c dem osmotischen Druck p proportional. Deshalb kann die Gl. (11) auch in der folgenden Form geschrieben werden, wobei die Konstante in den Logarithmus gebracht wird; wir schreiben für sie dort P, da sie, wie der osmotische Druck, die Dimension eines Druckes hat

$$\mathrm{Me}E_c = \mathrm{Me}E_0 + \frac{RT}{nF} \ln p = \frac{RT}{nF} \ln \frac{p}{P}. \qquad (28a)$$

P ist der bereits oben (S. 8ff.) erörterte elektrolytische Lösungsdruck, dem auf Grund der Anschauung von W. NERNST der osmotische Druck p entgegenwirkt. Ist $P > p$, so lädt sich ein in den Elektrolyten gebrachtes Metall negativ, ist

$P < p$, so lädt es sich positiv auf. Wir haben bereits erwähnt, daß wir kein Verfahren zur exakten Messung der Absolutwerte der Potentiale E haben; dasselbe gilt für den elektrolytischen Lösungsdruck, der demnach nur die Bedeutung einer anschaulichen Rechengröße hat. Bei praktischen Rechnungen benutzt man ihn nicht.

Bei systematischen Erörterungen benutzt man in der Regel die Potentiale gegen Wasserstoff, die man, wenn man das Material der Elektrode nicht zu bezeichnen braucht, mit einem links unten angehängten H kennzeichnet ($_HE$). Für die Messung ist dahingegen die Calomel-Elektrode vielfach bequemer. Man bezeichnet die auf sie bezogenen Potentialwerte mit dem Buchstaben c, wohl auch noch mit Angabe der KCl-Konzentration.

Tab. 86 enthält die gegen Wasserstoff gemessenen Normal-Potentiale der wichtigsten Metalle. Die Bedeutung dieser Tabelle beruht darauf, daß sie angibt, in welcher Richtung in der Anordnung des Elementes Abb. 437 der Strom fließt, wenn das Metall in der normalen Konzentration seiner Ionen gegen die Wasserstoffelektrode geschaltet ist. Bei allen Metallen, deren Potential negativ ist, fließt der Strom im Elektrolyten vom Metall zur Wasserstoffelektrode, es findet also Metallauflösung und Wasserstoffentwicklung statt. Alle diese Metalle vermögen, unter Bedingungen der normalen Konzentration, Wasserstoff zu entwickeln. Sie sind unedler als Wasserstoff. Diese Fähigkeit geht den edleren Metallen ab, die umgekehrt aus ihren normalen Lösungen durch Wasserstoff gefällt werden.

Tabelle 86.

Spannungsreihe der Metalle. Potentiale gegen die Wasserstoffelektrode in einmolarer Konzentration pro Liter.

Metall	Ion	Potential in Volt	Metall	Ion	Potential in Volt
Li	Li·	—3,02	Ni	Ni··	—0,25
K	K·	—2,92	Sn	Sn··	—0,136
Na	Na·	—2,71	Pb	Pb··	—0,126
Mg	Mg··	—2,34	H	H·	0
Al	Al···	—1,69	Cu	Cu··	+0,345
Zn	Zn··	—0,76	Hg	(Hg$_2$)··	+0,80
Cr	Cr··	—0,71	Ag	Ag·	+0,80
Fe	Fe··	—0,45	Pt	Pt··	+1,20
Cd	Cd··	—0,40	Au	Au···	+1,42
			O	OH⁻	+0,41

Das gilt allerdings nur für die einmolaren Lösungen sowohl der Metalle als auch des Wasserstoffs. Da jedoch der Wert des Nernstschen Potentials sich mit der Konzentration nur wenig ändert (um $0,058/n$ Volt pro eine Zehnerpotenz der Konzentration), so bleibt die in der Tab. 86 gegebene Reihenfolge der Metalle auch in Lösungen anderer Konzentrationen meistens erhalten und ergibt einen ersten Überblick darüber, welches Metall bei Verbindung mit einem anderen in Ionenform übergeht und welches umgekehrt durch das erstere vor dem Inlösunggehen geschützt wird.

Meistens besteht jedoch beim elektrochemischen Angriff eines Metalles der kathodische Gegenprozeß nicht in der Ausscheidung eines anderen Metalles aus seinen Ionen, sondern in der Reduktion der Wasserstoffionen, also in einer Wasserstoffentwicklung, oder aber in der Reduktion des molaren Sauerstoffs zu Hydroxylionen. Die meisten Metalle der Technik sind, wie man aus Tab. 86 sieht, unedler als Wasserstoff und können grundsätzlich unter Wasserstoffentwicklung angegriffen werden. In der Regel handelt es sich indes nicht um so hohe, sondern um sehr geringe Konzentrationen von Metallionen, mit denen das Metall in Berührung steht, so daß sein Potential dadurch noch weiterhin nach der unedlen Seite hin verschoben wird. Auch hängt sein Verhalten von der H·-Ionen-Konzentration, also von der Acidität der Lösung ab. Das Potential einer Wasserstoffelektrode verschiebt sich nach Gl. (22) bei gleichbleibendem H_2-Druck bei einer Erniedrigung der H·-Ionen-Konzentration um je eine Zehnerpotenz um 0,058 Volt nach der unedlen Seite. Das Produkt der Konzentrationen des H·- und der OH′-Ionen in Wasser ist etwa 10^{-14}, die Konzentration der Wasserstoffionen in neutralem Wasser also etwa 10^{-7}. Einer solchen Konzentration[1] entspricht das Potential $_H E \sim -0,41$ Volt. Metalle, die unter den gegebenen Konzentrationsverhältnissen edler sind, können aus neutralen Lösungen keinen Wasserstoff entwickeln. Wenn man solche Metalle, wie Eisen, Nickel oder Zinn betrachtet, so sieht man, daß sie je nach der Konzentration ihrer Ionen edler oder unedler als der Wasserstoff sein können. Auf diese Verhältnisse wird im weiteren ausführlicher einzugehen sein.

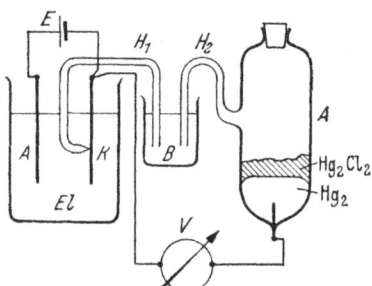

Das normale Potential einer Sauerstoffelektrode bei Atmosphärendruck des Sauerstoffs in einer normalen Lösung von OH′-Ionen ist $+0,41$ Volt gegen Wasserstoff. Es verschiebt sich mit jeder Zehnerpotenz ihrer Konzentration um 0,058 Volt, ist also in neutraler Lösung etwa $+0,81$, in der Lösung einer einmolaren Säure $+1,22$ Volt. Die

Abb. 441. Schema einer Anordnung zur Potentialmessung bei Stromdurchgang.

Sauerstoffelektrode ist sehr viel edler als die Wasserstoffelektrode. Während es viele Metalle gibt, die aus annähernd neutralen Lösungen keinen Wasserstoff entwickeln können, oxydieren sie sich beinahe alle auf Kosten des Sauerstoffs. Besonders charakteristisch ist das für das Kupfer. Sogar das Silber ist in neutraler Lösung etwas unedler als der Sauerstoff, es kann also grundsätzlich durch Sauerstoff in Ionenform übergeführt werden.

Vielfach hat man die Aufgabe, Potentiale während des Stromdurchganges durch eine Elektrode zu messen. Würde man hierbei die unveränderte Anordnung Abb. 440 benutzen, so würde der Potentialabfall im Elektrolyten und die Potentialänderung der Normalelektrode die Messungen stören. Man muß „stromlos" messen. Zu diesem Zweck schickt man den Strom nicht durch die Normalelektrode, sondern durch eine andere Arbeitselektrode, während die erstere nur über eine Meßanordnung, die das Hindurchgehen größerer Ströme verhindert, mit der zu messenden Elektrode verbunden ist (Abb. 441). Durch die Verbindungsrohre H_1 und H_2 sowie durch B fließt fast kein Strom. Damit die Messung fehlerfrei ist, darf auch zwischen der zu messenden Elektrode K und dem Kapillaransatz des Rohres H_1 im Elektrolyten kein von dem Arbeitsstrom herrührender Potentialabfall bestehen. Deshalb pflegt man das Rohr H_1 möglichst nahe an die Meßelektrode K heranzubringen. Während das in der Modellanordnung der Abb. 441 leicht durchzuführen ist, erweist sich das an der Oberfläche eines korrodierenden Metalles, die teilweise mit Korrosionsprodukten bedeckt ist, oft als unmöglich, und man muß sich damit abfinden, daß das gemessene Potential unvermeidlich von dem wahren Potential der arbeitenden Elektrode abweicht.

---

[1] Die H·-Ionenkonzentration einer Lösung pflegt man als Zehnerpotenz anzugeben. Den negativen Exponenten nennt man den p_H-Wert. Der p_H-Wert einer neutralen Lösung ist 7, derjenige einer einnormalen Säure 1.

Um etwaige Potentialänderungen eines Metalles während des Stromdurchganges messend zu verfolgen, können grundsätzlich zweierlei Anordnungen benutzt werden. Entweder man gibt den Strom oder die Spannung vor. Im ersteren Fall (Anordnung I) schaltet man in den Stromkreis einen so großen Widerstand W ein (Abb. 441A, a), daß der in ihm erzeugte Potentialabfall sehr viel größer ist als die in der Versuchszelle a etwa auftretenden elektromotorischen Kräfte. Dann ist die Stromstärke im wesentlichen durch die äußere Spannung E und den Widerstand W vorgegeben, und man steuert sie durch Veränderung des Widerstandes W. Gleichzeitig mißt man das Potential des Versuchselektrode in bekannter Weise (S. 531) etwa gegen eine Calomelelektrode. Oder aber (Anordnung II) man steuert die Spannung in einer Potentiometeranordnung (Abb. 441A, b). Hierbei muß der Widerstand des Gefälledrahtes klein gegenüber dem Widerstand des Nebenzweiges mit der Versuchszelle sein, um Störungen der Stromverteilung bei Änderungen des Potentials E der Versuchselektrode zu verhindern.

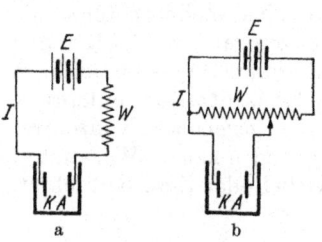

Abb. 441A, a und b.
Meßanordnungen zur Verfolgung der Passivierung.

4. Konzentrationspolarisation.

Die Formel von W. NERNST gilt für das Gleichgewicht, d. h. wenn durch eine Elektrode kein Strom fließt. Wenn sich ein elektrochemisches Element betätigt, ist diese Bedingung nie erfüllt, und das Verhalten der Elektrode erleidet mehr oder weniger tiefgreifende Änderungen. Eine Verschiebung des gemessenen Potentials einer Elektrode durch den Stromdurchgang bezeichnet man als Polarisation[1]. Hierzu gehört auch der bei der Ausbildung des Nernstschen Potentials fließende Strom.

Der einfachste Fall der Polarisation entsteht durch eine Verschiebung der Konzentration unmittelbar an der reagierenden Elektrode durch den Verbrauch oder durch die Bildung von Ionen; sie heißt Konzentrationspolarisation. In diesem Falle behält die Formel von W. NERNST grundsätzlich ihre Gültigkeit, nur gilt sie nicht für die Gesamtkonzentration der Lösung, sondern für die Konzentration in unmittelbarer Berührung mit der Elektrode.

Wir betrachten eine Metallelektrode. Ihre Potentiale für zwei Konzentrationen c_1 und c_2 sind auf Grund der Nernstschen Formel

$$E_1 = E_0 + \frac{RT}{nF} \ln c_1$$

$$E_2 = E_0 + \frac{RT}{nF} \ln c_2$$

$$E_2 - E_1 = \Delta E = \frac{RT}{nF} \ln \frac{c_2}{c_1} = \frac{RT}{nF} \ln \left(1 + \frac{\Delta c}{c_1}\right). \qquad (29)$$

ΔE ist die Polarisation. Unser Zweck ist, ihren Zusammenhang mit der Stromdichte i an der Elektrode festzustellen. Wir nehmen an, daß in einem Abstand δ von der Elektrode die normale Konzentration c_1 des Elektrolyten, an der Elektrode dagegen infolge der ständigen Neubildung der Ionen die höhere Konzentration c_2 herrscht, so daß in der Schicht δ das Konzentrationsgefälle

---

[1] In den angelsächsischen Ländern bevorzugt man hierfür das Wort overpotential (Überspannung) und schlägt vor, unter Polarisation nur solche Potentialänderungen zu bezeichnen, die durch Konzentrationsänderungen oder durch Deckschichten hervorgerufen werden. Die deutsche Terminologie ist noch nicht festgelegt.

$c_2 - c_1 = \Delta c$ besteht. Wir wollen weiterhin annehmen, daß der Überschuß der Metallionen nur durch Diffusion abgeführt werden kann. Im stationären Zustand wird an der Anode der Überschuß der Metallionen mit derselben Geschwindigkeit durch Diffusion abgeführt wie sie gebildet werden. Wenn D die Diffusionskonstante der Ionen ist, gilt für die Zahl der abgeführten Mole pro Zeiteinheit und cm²

$$\frac{dm}{dt} = \frac{D \Delta c}{\delta}. \tag{30}$$

Dieser Menge der Ionen entspricht die Stromdichte

$$i = \frac{nFD\Delta c}{\delta}, \tag{31}$$

und wir erhalten mit (29)

$$\Delta E = \frac{RT}{nF} \ln\left(1 + \frac{\delta i}{nFDc_1}\right). \tag{32}$$

Bei diesen Betrachtungen muß man sich über das Vorzeichen, das man der Stromdichte geben will, einigen. Wir setzen ein für allemal fest, daß die anodische Stromdichte in Übereinstimmung mit (31) positiv und die kathodische negativ gerechnet werden soll.

Die durchgeführte Betrachtung hat zur Voraussetzung, daß die Metallionen (oder allgemeiner die die Konzentrationspolarisation bewirkenden Ionen) sich nicht wesentlich am Stromtransport beteiligen bzw. nicht durch Potentialdifferenzen abgeführt werden. Sonst würden bei den gebildeten Ionen infolge des Stromdurchganges andere Konzentrationsänderungen zustandekommen. Entsprechende Überlegungen gelten auch bei der Entladung von Ionen.

Die Diffusionskonstante der Ionen in wäßrigen Lösungen hat die Größenordnung von $1\ cm^2\ d^{-1} \approx 10^{-5}\ cm^2\ sec^{-1}$. Wir nehmen an, daß die Schichtdicke $\delta = 10^{-2}$ cm ist. Dann erhalten wir mit $F = 96450$ und $n = 1$

$$\Delta E \approx \frac{RT}{F} \ln\left(1 + \frac{10^{-3}i}{c_1}\right). \tag{32a}$$

Die Polarisation ist nach Gl.(32) desto stärker, je niedriger die Konzentration c_1 der Ionen in der Lösung ist. Bei höheren Konzentrationen ist sie gänzlich zu vernachlässigen. Wenn durch eine Elektrode anodisch Strom durchgeschickt wird, so steigt die Polarisation ΔE mit steigendem i. Bei höheren Werten von i und bei genügend geringem c_1 kann die 1 unter dem Logarithmus vernachlässigt werden, und die Abhängigkeit der Polarisation von der Stromdichte wird einfach logarithmisch. In praktischen Fällen der Korrosion, wo der Strom nicht durch eine äußere Quelle absichtlich aufgeprägt wird, sondern durch Wechselwirkung mit auf dem Metall befindlichen Kathoden entsteht, ist diese Bedingung jedoch wohl niemals erfüllt.

Während das Potential bei anodischer Polarisation einer Metallelektrode edler wird, wird es umgekehrt unedler, wenn i negativ (kathodisch) ist. Aus (32) folgt:

$$\frac{\partial E}{\partial i} = \frac{RT\delta}{n^2F^2Dc_1} \cdot \frac{1}{\left(1 + \dfrac{\delta i}{nFDc_1}\right)} \tag{33}$$

mit zunehmender kathodischer Strombeladung wird $\dfrac{\partial E}{\partial i}$ größer, um bei

$$i = -\frac{nFDc_1}{\delta} \tag{34}$$

unendlich zu werden. Da hierbei nach (32) die Größe in der Klammer Null wird und Logarithmen negativer Größen keinen Sinn haben, ist eine größere kathodische Stromdichte als die durch (19) gegebene überhaupt nicht möglich. Die physikalische Bedeutung dieser Aussage ergibt sich aus dem Vergleich der Gl. (31) und (34). Man sieht, daß unter diesen Umständen

$$\Delta c = c_2 - c_1 = -c_1, \text{ also } c_2 = 0 \tag{35}$$

wird. Der Grenzstrom ist dadurch gekennzeichnet, daß die pro Zeiteinheit durch Diffusion an die Elektrode gelangenden Ionen sofort reduziert werden, so daß dort die Konzentration Null herrscht. Niedriger kann die Konzentration natürlich nicht werden.

Abb. 442 ergibt schematisch das Gesamtbild der Konzentrationspolarisation einer Metallelektrode.

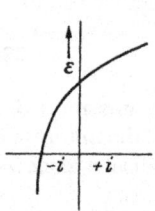

Wir betrachten als zweiten Fall eine Sauerstoffelektrode für zwei verschiedene Gehalte C und $C + \Delta C$ an molekular gelöstem Sauerstoff, und c_1 und $c_1 + \Delta c$ an OH'-Ionen in unmittelbarer Berührung mit der Elektrode. Wir haben dann auf Grund von (27)

Abb. 442. Schema der Konzentrations-polarisation (ε: Potential; i: Stromdichte).

$$E_1 = E_0 + \frac{RT}{4F} \ln C - \frac{RT}{F} \ln c$$

$$E_2 = E_0 + \frac{RT}{4F} \ln (C + \Delta C) - \frac{RT}{F} \ln (c + \Delta c)$$

$$\Delta E = \frac{RT}{4F} \ln \left(1 + \frac{\Delta C}{C}\right) - \frac{RT}{F} \ln \left(1 + \frac{\Delta c}{c}\right). \tag{36}$$

Wir nehmen an, daß an der Elektrode Sauerstoff kathodisch verbraucht wird. Dann ist ΔC negativ. Der Konzentrationsverlust an Sauerstoff wird durch Diffusion ersetzt. Umgekehrt tritt an der Kathode auf Grund der Reaktionsgleichung (15a) eine Anreicherung an OH'- Ionen ein, die Reaktion wird alkalischer. Die OH'-Ionen müssen durch Diffusion von der Elektrode abwandern.

Im stationären Zustand sind die Konzentrationen zeitunabhängig. Wenn wir annehmen, daß das Konzentrationsgefälle in einer Schicht δ besteht, so diffundiert an 1 cm² der Elektrodenoberfläche pro Zeiteinheit die Sauerstoffmenge

$$\frac{\Delta C \cdot D_{O_2}}{\delta} \tag{37}$$

hinzu, wo D_{O_2} die Diffusionskonstante des Sauerstoffs im Elektrolyten ist. Wenn wir diese Menge in Molen und die tatsächliche kathodische Stromrichtung wieder negativ zeichnen, ist die bei der Reaktion (4) bestehende Stromdichte i gleich

$$i = \frac{4F D_{O_2} \Delta C}{\delta}. \tag{38}$$

Im stationären Zustand wird pro Zeiteinheit die vierfache Anzahl von OH'-Ionen abgeführt; wir erhalten also

$$- \frac{D_{OH'} \Delta c}{\delta} = \frac{4 D_{O_2} \Delta C}{\delta}. \tag{39}$$

Durch Einsetzen von (9) oder von (10) in (7) erhält man:

$$\Delta E = \frac{RT}{4F} \ln \left(1 + \frac{\Delta C}{C}\right) - \frac{RT}{F} \ln \left(1 - \frac{4 \Delta C D_{O_2}}{D_{OH'} c}\right)$$

$$= \frac{RT}{4F} \ln \left(1 + \frac{\delta i}{4F D_{O_2} C}\right) - \frac{RT}{F} \ln \left(1 - \frac{\delta i}{F D_{OH}^{+c}}\right). \tag{40}$$

Wie sich aus dem ersten Glied der rechten Seite von (24) ergibt, kann die Stromdichte nicht über den Wert

$$i = -\frac{4FC \cdot D_{O_2}}{\delta} \qquad (41)$$

steigen, der, wie man aus (38) sieht, einem völligen Verbrauch des Sauerstoffs an der Elektrode entspricht. Ihm entspricht ein unendlich niedriger Wert des Potentials. Ein solcher kann sich natürlich nicht einstellen; bei sehr starker Polarisation wird vielmehr neben der Reduktion des Sauerstoffs ein anderer Kathodenvorgang auftreten, in erster Linie die Wasserstoffentwicklung, die in wäßrigen Lösungen immer möglich ist.

Wir wollen die kathodische Polarisationskurve des Sauerstoffs ($i < 0$) in einer neutralen Lösung ableiten. Die Konzentration der OH' Ionen beträgt in dieser 10^{-7} Mol pro Liter, die Konzentration des gelösten Sauerstoffs in Berührung mit Luft etwa $0,5 \cdot 10^{-3}$ Mole. Dementsprechend herrscht bei geringen Stromdichten zunächst die Polarisation durch Anreicherung der OH'-Ionen durchaus vor. Bei höheren Werten von i nähert sich aber der Wert unter dem ersten Logarithmus der Gl. (40) dem Wert Null, es tritt eine zunehmende und zuletzt sehr starke Polarisation durch Verarmung des molekularen Sauerstoffs in der Lösung auf. Wir erhalten die schematische Kurve Abb. 442A[1].

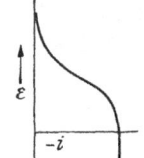

Abb. 442 A. Schema der Konzentrationspolarisation an einer Sauerstoffelektrode (ε: Potential; i: Stromdichte).

Als dritten Fall betrachten wir die Konzentrationspolarisation des Wasserstoffs. Wir erhalten mit (22) entsprechend Gl. (36)

$$\Delta E = \frac{RT}{F} \ln \frac{c_2}{c_1} - \frac{RT}{2F} \ln \frac{C_2}{C_1} = \frac{RT}{F} \ln \left(1 + \frac{\Delta c}{c_1}\right) - \frac{RT}{2F} \ln \left(1 + \frac{\Delta C}{C}\right). \qquad (42)$$

Wir nehmen an, daß unter dem Einfluß eines in metallischer Verbindung mit der Wasserstoffelektrode in Lösung gehenden Metalles eine langsame Reduktion des Wasserstoffs stattfindet. An der Elektrode findet eine Anreicherung des molekularen Wasserstoffs und eine Verarmung an H'-Ionen statt. Im stationären Zustand erhalten wir

$$i = \frac{FD_{H^\cdot} \cdot \Delta c}{\delta} = -\frac{2FD_{H_2} \cdot \Delta C}{\delta}, \qquad (43)$$

und für die gesamte Polarisation

$$\Delta E = \frac{RT}{F} \ln \left(1 + \frac{\delta i}{FD_{H^\cdot} c}\right) - \frac{RT}{2F} \ln \left(1 - \frac{\delta i}{2FD_{H_2} C}\right). \qquad (44)$$

5. Chemische Polarisation.

Bisher haben wir die Annahme gemacht, daß die Polarisation durch eine Konzentrationsverschiebung im Elektrolyten zustandekommt und daß weiterhin keine andere Ursache den Elektrodenvorgang verzögert. Wir gehen jetzt zu den Fällen über, in denen dieser Ansatz nicht mehr ausreicht.

Bekanntlich scheidet sich der Wasserstoff aus den Lösungen seiner Ionen mit nennenswerter Geschwindigkeit nicht beim Gleichgewichtspotential, sondern

---

[1] Der Differentialquotient $\dfrac{\partial E}{\partial i}$ wäre in Wirklichkeit nur gleich negativ unendlich, wenn das Wasser nicht eine gewisse Pufferwirkung ausüben würde. Die gebildeten OH'-Ionen werden zum Teil zur Bildung des Wassers verbraucht, da das Ionenprodukt der Wasserstoff- und Hydroxylionen ja 10^{-14} ist. Bei höheren Polarisationen, bei denen $c_{OH'} \sim 10^{-5}$ wird, ist dieser Einfluß bereits zu vernachlässigen.

bei einem von diesem abweichenden, von der Stromdichte abhängigen unedleren Potential ab (kathodische Überspannung). Die kathodische Überspannung kann nicht auf eine Konzentrationspolarisation im Elektrolyten zurückgeführt werden, da sie auch in stark sauren Lösungen etwa vom $p_H = 1$ auftritt und sehr stark sein kann. Für ihre Erklärung muß man deshalb nach anderen Ursachen suchen. Alles spricht dafür, daß der in einem Metall gelöste oder auch adsorbierte Wasserstoff in Atome bzw. Protonen und Elektronen dissoziiert ist (S. 241). Die Überspannung hat in ihrem Verlauf andererseits deutliche Zusammenhänge mit der Löslichkeit des Elektrodenmetalles für Wasserstoff. Man weiß fernerhin, daß die Rekombination der Wasserstoffatome zu Wasserstoffmolekülen ein verhältnismäßig langsamer Vorgang ist. Es ist deshalb die Annahme gestattet, daß bei der kathodischen Wasserstoffentwicklung zunächst eine Entladung des $H^{\cdot}$-Ions unter Bildung eines Wasserstoffatomes, das am Metall adsorbiert oder im Metall gelöst wird, und dann erst die Rekombination der Wasserstoffatome zu Molekülen stattfindet, also zwei Teilreaktionen

$$H^{\cdot} \leftrightarrows H \qquad (45)$$

$$2\,H \rightleftarrows H_2 \qquad (46)$$

hintereinander ablaufen. Von diesen ist an sich nur die erste potentialbestimmend, die zweite beeinflußt das Potential nur insofern, als sie die Konzentration des atomaren Wasserstoffs mitbestimmt. Nach bekannten Überlegungen bestimmt die langsamste Reaktion die Geschwindigkeit des gesamten Vorganges. Es lag zunächst nahe, anzunehmen, daß der heterogene Vorgang der Entladung (45) sehr schnell verläuft, und daß die gesamte Verzögerung durch den Teilvorgang (46) bedingt ist. Dann kann die Formel von NERNST praktisch ungestört auf den Entladungsvorgang (45) angewandt werden:

$$E = \text{const} + \frac{R\,T}{F} \ln \frac{c_{H^{\cdot}}}{c_H}. \qquad (47)$$

und es handelt sich nur darum, c_H mit der Stromdichte zu verknüpfen. Wenn die Rückreaktion (46) vernachlässigt wird, ist die Geschwindigkeit der Reaktion (46) und damit die ihr proportionale Stromdichte i auf Grund des Massenwirkungsgesetzes proportional dem Quadrat der Konzentration der H-Atome; wir erhalten somit

$$E = \text{const} - \frac{R\,T}{2\,F} \ln i = \text{const} - 0,029\,\lg i\,, \qquad (48)$$

wenn sowohl die Temperatur als auch die Ionenkonzentration $c_{H^{\cdot}}$ konstant gehalten werden. Die von J. TAFEL[1] aufgestellte Gl. (48) enthält zwei uns interessierende Aussagen, daß die Überspannung $\varDelta E$ mit der Stromdichte logarithmisch ansteigt [bei nicht zu geringen Stromdichten, bei denen die rückläufige Reaktion (46) zu vernachlässigen ist], und daß der Koeffizient am Logarithmus 0,029 beträgt. Die Erfahrung lehrt demgegenüber, daß zwar die logarithmische Abhängigkeit besteht, daß sich jedoch dieser Koeffizient vielfach dem vierfachen Wert 0,116 nähert. Auch zeigt sich, daß beim Einschalten eines konstanten Stromes die Spannung zunächst zeitproportional, zuweilen bei geringen Stromdichten über erhebliche Zeiten sinkt, bis der stationäre Wert der Überspannung erreicht ist, während auf Grund der Gl. (45), (46) und (47) mit der Anreicherung der H-Atome an der Elektrode und mit dem Ingangkommen der Rekombination ein von Anfang an gekrümmter Gang der Spannungs-Zeitkurve zu erwarten wäre, der asymptotisch in den stationären $\varDelta E$-Wert mündet. Das

---

[1] TAFEL, J.: Z. physik. Chem. **34** (1900), 187.

beweist, daß der heterogene Entladungsvorgang selbst gehemmt ist und daß es sich zunächst um die Aufladung einer als Kondensator wirkenden Doppelschicht, zweifellos an der Oberfläche der Elektrode, handelt. Offenbar ist der Vorgang (45) auch verzögert, und man kann versuchen, auf dieser Basis die Überspannung zu erklären[1]. Es soll jetzt also die Reaktion (45) gegenüber (46) langsam verlaufen, das heißt die Konzentrationen der Wasserstoffatome und der Wasserstoffmoleküle weichen praktisch nicht vom Gleichgewicht ab, und die erste ist allein durch die letzte bestimmt, unabhängig von der Stromdichte. Wir knüpfen an an die kinetische Ableitung der Nernstschen Formel auf S. 9 f. Die dort gegebenen Beziehungen gelten für die Wasserstoffelektrode genau ebenso wie für eine Metallelektrode. Für die Geschwindigkeiten der beiden Teilvorgänge der Entladung der Wasserstoffionen und umgekehrt der Ionisierung des Wasserstoffs erhält man

$$v_1 = K_1\, c_H\, e^{-\frac{U + \alpha EF - U_H - nEF}{RT}} \quad ; \quad v_2 = K_2\, c_{H\cdot}\, e^{-\frac{U + \alpha EF - U_{el}}{RT}} \qquad (49)\,(50)$$

Hier ist $E = E_{Me} - E_{El}$ definitionsgemäß das Nernstsche elektrolytische Potential. Die Verhältnisse sind an der schematischen Abb. 443 zu übersehen. Sowohl bei der Entladung von Ionen als auch bei der Ionenbildung muß die Energieschwelle U überschritten werden. Wird nun ein kathodischer Strom durch die Elektrode geschickt, so kann zunächst bei nicht zu geringen Stromdichten die Geschwindigkeit der Gegenreaktion der Ionenbildung vernachlässigt werden. Dann kann eine Erhöhung der Geschwindigkeit der Ionenentladung nur dadurch erreicht werden, daß der Wert der Aktivierungsenergie verringert wird. Das kann dadurch bewirkt werden, daß das Nernstsche Potential E erniedrigt, also die Elektrode kathodisch polarisiert wird. Hierbei ändert sich im allgemeinen auch die Höhe der Energieschwelle U. Das sieht man bereits am einfachsten Modell, wenn man nämlich annimmt, daß die Energie U nicht nur kinetisch ist, sondern auch einen elektrostatischen Anteil hat, und daß das Potential innerhalb der Doppelschicht sich etwa linear von E_{El} bis auf E_{Me} ändert. Wenn etwa das Potential E_{Me} erniedrigt wird, während E_{El} konstant gehalten wird, muß dann auch U um einen gewissen Bruchteil α der Energie, die der Erniedrigung von E_{Me} entspricht, erniedrigt werden. Wenn das Potential E_{Me} und damit E sich um ΔE gegenüber dem Gleichgewicht ändert, erhalten wir für die Geschwindigkeit der Ionenentladung und damit für die Stromdichte bei gegebener Konzentration entsprechend Gl. (50), wenn E_0 das Gleichgewichtspotential und somit

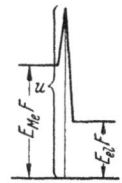

Abb. 443. Zur Aktivierungsenergie eines Elektrodenvorganges.

$$E = E_0 + \Delta E \qquad (51)$$

ist:
$$i = K_3\, c_{H\cdot}\, e^{-\frac{U + \alpha\,(E_0 + \Delta E)\,F - U_{el}}{RT}} \qquad (52)$$

oder
$$i = i_0\, e^{-\frac{\alpha \Delta EF}{RT}} \qquad (53)$$

$$E_0 - E = -\Delta E = \frac{RT}{\alpha F} \ln \frac{i}{i_0}, \qquad (54)$$

wobei i_0 der im Falle des Gleichgewichtes fließende kathodische Strom ist (der hier dem anodischen gleich ist). Bei nicht zu niedrigen Stromdichten steigt

---

[1] VOLMER, M., u. T. ERDEY-GRUCZ: Z. physik. Chem. 150 (1930), 203.

die Polarisation wieder logarithmisch mit der Stromdichte i an. α ist immer < 1; wenn der Koeffizient am Logarithmus den des öfteren beobachteten Wert ca. 0,116 hat, ergibt sich $\alpha = {}^1/_2$, was als Normalfall plausibel ist, wenn man annimmt, daß das Potential in der Doppelschicht der Abbildung linear verläuft und der Schwellenwert der Energie sich annähernd in der Mitte der Doppelschicht befindet.

Auf diese Weise gelingt es also, den beobachteten Gang der Überspannung zu erklären. Während man indessen den vom Experiment verlangten Wert von α vielleicht auch auf andere Weise erklären kann (wenn man die Proportionalität zwischen Aktivität der entladenen H-Atome und ihrer Konzentration aufgibt), führt der erwähnte zeitproportionale Anstieg der Überspannung im Anfang einer Aufladung mit einer konstanten Stromdichte wohl zwingend zur Schlußfolgerung, daß der Entladungsvorgang der Wasserstoffionen selbst gehemmt ist.

Wenn dieses Prinzip für *einen* Elektrodenvorgang nachgewiesen ist, muß man es auch für andere als möglich annehmen. T. ERDEY-GRUCZ und M. VOLMER haben gezeigt, daß bei der Abscheidung von mehreren Metallen zunächst eine Überspannung überwunden werden muß, ehe die kathodische Ausscheidung einsetzt[1]. Diese Verzögerung ist offenbar auf die erschwerte Keimbildung auf artfremder Unterlage zurückzuführen. Hat die Abscheidung erst begonnen, so sinkt die Überspannung wieder. Viele Metalle zeigen indessen auch während des stationären Abscheidungsvorganges selbst eine erhebliche Überspannung, die nur auf die Verzögerung des Entladungsvorganges selbst zurückgeführt werden kann[2].

Die für den Angriff der Metalle in Elektrolyten wichtige Sauerstoffelektrode zeichnet sich durch große Trägheit aus. Der Mechanismus der Reduktion des Sauerstoffs zu Hydroxylionen ist noch nicht eingehend untersucht, und noch weniger Klarheit besteht über die Natur der hierbei beobachteten Verzögerungserscheinungen. Sie sind sehr erheblich, und wohl nicht anders zu erklären als unter starker Mitwirkung der Verzögerung des Elektrodenvorganges selbst.

Die gesamte Polarisation, sofern sie sich nicht auf Konzentrationsänderungen zurückführen läßt, pflegt man zuweilen als *chemische Polarisation* zu bezeichnen.

6. Kombinierte Polarisation.

In der Praxis des Angriffs von Metallen durch Elektrolyte treten oft kombinierte Polarisationswirkungen auf. Während bei hohen Konzentrationen der in Frage kommenden Ionen oder Moleküle die Konzentrationspolarisation zu vernachlässigen ist und die Verhältnisse durch die chemische Polarisation bestimmt werden, kann in sehr verdünnten Lösungen umgekehrt die Konzentrationspolarisation vorherrschen. Ein gutes Beispiel hierfür bildet die Wasserstoffentwicklung an einer Kathode. In sauren Lösungen wird die Polarisation ΔE durch die Formel (54) bestimmt. Da das Gleichgewichtspotential auf Grund der Gl. (26) von der Konzentration der H-Ionen abhängt, gilt dasselbe auch für die unter Stromdurchgang stehende Elektrode: Um ihr Potential zu erhalten, muß man vom Gleichgewichtspotential beim in Frage kommenden Wert von c_H den Betrag ΔE der Polarisation abziehen. In annähernd neutralen Lösungen findet man dahingegen, daß bei etwas höheren Stromdichten in der Größenordnung von 10^{-4} Amp./cm^2 das Potential der Elektrode während des Stromdurchganges unabhängig vom p_H-Wert ist. Das erklärt sich aus folgendem. In neutralen Elektrolyten ist die Konzentration der H-Ionen $\sim 10^{-7}$ Mol/Liter.

---

[1] ERDEY-GRUCZ, T., u. M. VOLMER: Z. phys. Chem. (A) 157 (1931), 165.
[2] MASING, G.: Z. Elektrochem. 48 (1942), 85.

Beim Stromdurchgang wird Wasserstoff entwickelt, und es findet an der Kathode eine Anreicherung der OH'-Ionen in einer Größenordnung von 10^{-4} bis 10^{-3} Mol/Liter statt. Da das Ionenprodukt der H$\cdot$- und OH$\cdot$-Ionen gleich 10^{-14} ist, wird die Konzentration der H'-Ionen sehr stark herabgedrückt. Sie wird hierbei letzten Endes gar nicht mehr durch den ursprünglichen p_H-Wert, sondern bei gegebener Stromdichte durch die OH'-Anreicherung bestimmt.

Hat die Stromdichte einen so hohen Wert erreicht, daß der Wasserstoff an der Elektrode nicht mehr durch Diffusion im Elektrolyten, sondern durch Bläschenbildung abgeführt wird, so ändert sich die Konzentration des Wasserstoffs im Elektrolyten mit steigender Stromdichte nicht mehr. Damit scheidet der Einfluß der Gaskonzentration auf die Polarisation aus. Bei geringeren Stromdichten kann er dahingegen einen wesentlichen Einfluß auf die Polarisation ausüben.

Die Sauerstoffelektrode betätigt sich an Metallen im Falle eines Angriffs durch Elektrolyte nur in Richtung des Sauerstoffverbrauches, zu einer Sauerstoffentwicklung kommt es nicht. An Hand der Kurve der Konzentrationspolarisation Abb. 442A sieht man, daß die Konzentrationspolarisation am stärksten bei geringen und bei den höchsten möglichen Stromdichten ist. Sie ist vielfach größer als die chemische Polarisation. Letztere herrscht dahingegen bei mittleren Stromdichten vor.

Wie auf S. 533 erwähnt, tritt zur Polarisation in Fällen praktischer Korrosion vielfach eine Fälschung der gemessenen Potentiale durch einen Potentialabfall im Elektrolyten hinzu. Wir können diese Fälschung als Ortspolarisation bezeichnen. Bei konstantem spezifischen Widerstand des Elektrolyten (eine Bedingung, die nur näherungsweise erfüllt ist, da der Elektrolyt einerseits an der Elektrode seine Zusammensetzung ändert und da andererseits eine Erwärmung infolge des Stromdurchganges eintritt) ist die Ortspolarisation proportional der Stromdichte an der Elektrode, allgemein ist sie gleich iw, wo i die Stromdichte und w der spezifische Widerstand ist.

Wenn verschiedene Polarisationseinflüsse zusammenwirken, addieren sich einfach die in Frage kommenden Potentialanteile. Man erhält so für die Gesamtpolarisation im allgemeinsten Falle an einer Wasserstoffelektrode unter Berücksichtigung der Gl. (44) und (54) etwa:

$$ -\Delta E = wi + \frac{RT}{2F} \ln i + \frac{RT}{\alpha F} \ln i = wi + \frac{RT}{F} \left(\frac{1}{2} + \frac{1}{\alpha} \right) \ln i , \qquad (55) $$

Im Falle geringer Stromdichte reicht die Näherung des zweiten und dritten Gliedes der rechten Seite nicht mehr aus. In diesem Falle muß auch die Geschwindigkeit des Gegenprozesses, nämlich der Bildung der Wasserstoffionen aus molekularem Wasserstoff berücksichtigt werden, worauf hier nicht eingegangen werden soll.

7. Korrosion.

Die in den letzten Abschnitten mitgeteilten Unterlagen genügen, um den einfachsten Korrosionsfall, und zwar die Auflösung des Zinks in verdünnter Salzsäure zu erörtern. Von W. PALMAER[1] wurde gefunden, daß die Auflösungsgeschwindigkeit des Zinks bei gleicher H_2-Ionenkonzentration proportional der Leitfähigkeit des Elektrolyten ist, die durch Neutralsalzzusätze erhöht werden kann. Dieser Befund darf als Beweis für den elektrochemischen Ablauf der Auflösung gelten. Das technische Zink enthielt nämlich damals als Hauptverunreinigung Blei; zwischen dem Zink und den Bleieinschlüssen bilden sich Lokalelemente, am Blei

---

[1] PALMAER, W.: Z. phys. Chem. **39** (1901), 1; **45** (1903), 182; **46** (1906), 689.

entwickelt sich kathodisch der Wasserstoff (das Blei wirkt somit als Wasserstoffelektrode) und das Zink geht anodisch in Lösung. Abb. 444 gibt die Verhältnisse
schematisch wieder. Im Elektrolyten fließt der Strom vom Zink zum Blei, im
metallischen Schließungsbogen m in umgekehrter Richtung. Die Stromdichte
und damit die Auflösungsgeschwindigkeit des Zinks ist umgekehrt proportional
dem Widerstand des Elektrolyten:

$$i = \frac{E_{\text{H}\cdot} - E_{\text{Zn}}}{W}.$$

Es hat sich herausgestellt, daß diese Gleichung die Verhältnisse richtig wiedergibt, wenn für $E_{\text{H}\cdot}$ am Blei nicht der Gleichgewichtswert des Wasserstoff-
potentials eingesetzt wird, sondern erst, wenn man die Überspannung des Wasserstoffs am Blei berücksichtigt. Bei höheren Stromdichten
ist sie von diesen gemäß (54) beinahe unabhängig. Die
Zinkanode zeigt dahingegen kaum eine
Polarisation, was auch verständlich ist, da
die Zinkionenkonzentration in der Lösung
nach kurzer Versuchsdauer erheblich ist.

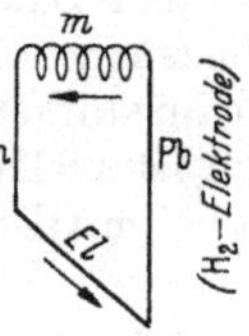

Wir können die Verhältnisse am Element noch in einer anderen Weise zur Darstellung bringen. In Abb. 445 sind die
elektrochemischen Potentiale der beiden
Elektroden gegen den Elektrolyten in
Abhängigkeit von der Stromstärke I auf-

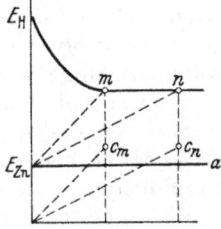

Abb. 445. Zum Angriff des
Zinks in Säuren (Abszisse:
Stromstärke).

Abb. 444.
Potentialverteilung
in einem Element.

getragen. Hierbei setzen wir fest, daß wir den Strom in der Richtung
positiv rechnen und auf der Abszisse nach rechts auftragen, in der er im Lokalelement wirklich fließt, also im Elektrolyten von der Anode zur Kathode.

Das Potential des Zinks hängt erfahrungsgemäß nicht wesentlich von I ab,
wie das durch die Linie $E_{\text{Zn}}\,a$ angedeutet ist. An der Wasserstoffelektrode
entsteht dahingegen eine Überspannung, durch die ihr Potential in der durch die
Kurve $E_{\text{H}}mn$ angedeuteten Weise verändert wird. Addiert man zum Potential
des Zinks den Potentialabfall im Elektrolyten, so muß man auf Grund der
Abb. 444 wieder das Potential der Bleikathode erhalten. Der Potentialabfall im
Elektrolyten ist aber auf Grund des Ohmschen Gesetzes proportional der Strom-
stärke. Für die Summe der Potentialwerte des Zinks und des Potentialabfalls im
Elektrolyten erhalten wir die Linie $E_{\text{Zn}}n$. Im stationären Zustand herrscht im
Element die Stromstärke des Punktes n.

Ist der Widerstand des Elektrolyten dahingegen doppelt so groß, so ergibt
das für die Stromstärke den Wert des Punktes m. Wenn die Strecke mn als
zur Abszisse parallel betrachtet werden darf, ist die Stromstärke halb so groß.
Die Gl. (23) ist erfüllt. Man sieht, daß das nur unter der Voraussetzung gilt,
daß die etwaige Polarisation der Kathode und der Anode im stationären Zustand
von der Stromstärke unabhängig ist. Diese Voraussetzung ist für beide Elektrolyten nur annähernd erfüllt. Deshalb kann der Versuch von W. PALMAER auch
nur als ein Beweis dafür gelten, daß die Auflösung des Zinks *vorwiegend* elektrochemisch abläuft.

Einen unmittelbaren exakten Beweis für den elektrochemischen Ablauf der
Korrosion von Metallen in Elektrolyten gibt es nicht. Wir sind vielmehr auf
indirekte Schlußfolgerungen etwa der Art angewiesen, daß das Metall, wo sich
ihm hierzu Gelegenheit bietet, sich des elektrochemischen Mechanismus der Auflösung bedient, woraus dann der Schluß gezogen wird, daß dieser Mechanismus,

wenigstens vorwiegend, in der Regel auch dort besteht, wo wir ihn nicht unmittelbar wahrnehmen können. Mit zwei Beispielen dieser Art wollen wir uns jetzt befassen.

Werden zwei miteinander metallisch verbundene Stücke Eisen in einer geometrisch eindeutig gegebenen Anordnung in einen Elektrolyten, z. B. in eine Lösung von Kochsalz getaucht, so findet ein Angriff statt, bei dem sich ein brauner Niederschlag vorwiegend auf dem Boden des Gefäßes, zum Teil jedoch auch in lockerer Form auf den Eisenstücken selbst bildet. Er kann leicht mechanisch beseitigt und der Betrag des Angriffs durch den Gewichtsverlust des Eisens bestimmt werden. Ist nun das Gebiet, in dem sich der Meniskus am Eisen befindet, abgedeckt (etwa durch Paraffin), so kann die eine Platte bei Wahrung der geometrischen Anordnung durch Kupfer oder glattes oder platiniertes Platin ersetzt werden, ohne daß der Gewichtsverlust des Eisens sich insgesamt ändern würde: Die Summe der Gewichtsverluste der beiden Eisenstücke im ersten Experiment ist gleich dem Gewichtsverlust des einzigen Stückes im zweiten Experiment[1]. Tab. 87 zeigt einige Ergebnisse, die diese Regelmäßigkeit belegen[2].

In anderer Form ist dasselbe schon früher gezeigt worden, indem ein Teil einer größeren Eisenplatte durch Kupfer ersetzt wurde, ohne daß der Betrag der Korrosion sich dadurch geändert hätte[3].

Tabelle 87. Angriff des Eisens in 3%iger NaCl-Lösung mit Eisen- und Kupfer-Gegenelektrode und abgedeckter Wasserlinie nach 27 Stunden.

Werkstoff der Platten	Gewichtsverlust der einzelnen Platten mg	Gesamtverlust im Versuch mg
Fe — Cu	12,0	12,0
Fe — Cu	12,9	12,9
Fe — Fe	6,3 ⎱ 6,0 ⎰	12,3
Fe — Fe	6,0 ⎱ 5,8 ⎰	11,8

Diese Ergebnisse sind sehr merkwürdig, da die elektrochemische Aktivität des Eisens, des Kupfers und gar des platinierten Platins sehr verschieden sind. Diese Aktivität, die den Betrag der *chemischen Polarisation* eines Elektrodenprozesses bestimmt, wird im vorliegenden Falle in ihrer Wirkung durch einen anderen Vorgang völlig verdeckt. Es unterliegt keinem Zweifel, daß das Platin hierbei nur als Kathode wirken kann. An seiner Oberfläche sind zwei kathodische Vorgänge möglich, nämlich die Reduktion des Sauerstoffs und die Entwicklung des Wasserstoffs. Beim Eisen in neutraler Lösung herrscht die erste Reaktion vor. Auf Grund der Erörterung der Polarisation des Sauerstoffs (S. 536) muß es sich hier um seine Konzentrationspolarisation im Gebiete des Grenzstromes handeln. Das wird unmittelbar durch den Versuch bestätigt. Das Potential des Eisens in neutralen Elektrolyten liegt nämlich in Kochsalzlösungen in der Gegend von $E \approx -0,45$ Volt, also im Gebiet, in dem, wie sich durch Aufnahme der kathodischen Polarisationskurve (vgl. S. 537) nachweisen läßt, der gesamte Sauerstoff, der an das Metall herankommt, bereits reduziert wird. Auf Grund dieser Befunde ist es verständlich, daß die spezifische elektrochemische Aktivität der Kathode keinen Einfluß auf die Menge des reduzierten Sauerstoffs hat.

Entsprechend der kathodischen Reduktion des Sauerstoffs an der edleren Elektrode muß Eisen an dem Eisenstück in Lösung gehen. Daß dieser Angriff elektrochemisch abläuft, ist selbstverständlich und kann gar nicht anders sein.

---

[1] EVANS, U. R.: J. Soc. chem. Ind. Trans. **47** (1928), 73; Korrosion, Passivität und Oberflächenschutz von Metallen. S. 536. Berlin: Springer 1936.
[2] MASING, G.: Arch. Eisenhüttenwes. **17** (1943/44), 141.
[3] WHITMAN, W. C., u. R. P. RUSSELL: Ind. Eng. Chem. **16** (1924), 276.

Man muß aber weiterhin annehmen, daß auch auf dem Eisen sich kathodische
Gebiete ausbilden, an denen gleichfalls der Sauerstoff reduziert wird, während
gleichzeitig Eisen anodisch in Lösung geht. Auch hier wird nach Ausweis des
im Elektrolyten bestehenden Potentials der gesamte Sauerstoff reduziert werden.
Das erklärt den Umstand, daß an Stelle der edleren Kathode ein zweites Stück
Eisen (gleicher Gestalt) genommen werden kann, ohne daß die Menge des reduzierten Sauerstoffs sich ändern würde[1]. In welcher Verteilung der Sauerstoff
Zutritt zur Probe hat, hängt stark von der gesamten geometrischen Anordnung,
z. B. auch von den Abmessungen des Gefäßes ab, in dem der Versuch durchgeführt wird. In einem schmalen und hohen Gefäß wird der Sauerstoff nur in
geringen Mengen Zutritt zu den unteren Teilen der Probe und des Elektrolyten haben,
in einem weiten Gefäß in viel größeren Mengen. Es läßt sich auf alle Fälle zeigen,
daß bei der beschriebenen senkrechten Anordnung der Proben, wenn die Luft-

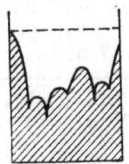

Abb. 446. Angriff einer senkrecht stehenden Eisenplatte
in einem neutralen Elektrolyten. Gestrichelt: Meniskus.
Schraffiert: angegriffener
Teil. Hell: nicht angegriffen.

Wasserlinie abgedeckt ist, der Sauerstoff, wenn auch in
geringeren Mengen, Zutritt zu allen Teilen der Probe hat.

Wenn man sich das Eisenstück, z. B. eine Platte, nach
dem Angriff in Kochsalzlösung in der beschriebenen Anordnung während 2—4 Tagen genauer ansieht, so überzeugt man sich sofort, daß hier der Angriff nicht auf der
gesamten Oberfläche gleichzeitig erfolgt ist. Die Verhältnisse sind in Abb. 446 wiedergegeben. Der obere Teil
des Blättchens ist praktisch völlig unangegriffen geblieben,
während der untere Teil durch den Angriff stark auf-
gerauht ist. Der obere Teil betätigt sich ausschließlich
als Kathode, der untere gleichzeitig als Kathode und als Anode, da an ihm
sowohl Sauerstoff kathodisch reduziert als auch Eisen anodisch aufgelöst wird.

Es entsteht natürlich die Frage, welcher Umstand den einen Teil der Oberfläche zu Kathoden und welcher zu Anoden macht.

Am oberen Teil der Proben findet vorwiegend Sauerstoffreduktion statt.
Gleichzeitig entwickelt sich dort eine alkalische Reaktion. Unter dem Einfluß
dieser zwei Faktoren bildet sich auf dem Eisen eine sehr dünne zusammenhängende unsichtbare Oxydhaut aus, die es vom Elektrolyten trennt. Eine
anodische Reaktion kann an einer solchen Oxydhaut nicht stattfinden, sie ist
Kathode. Im unteren Teil des Elektrolyten spielen sich Vorgänge ab, auf die
wir weiter unten zu sprechen kommen werden.

Durch verfeinerte Versuche ist es gelungen nachzuweisen, daß, wenn man den
nicht angegriffenen Teil einer senkrechten Eisenplatte von den tiefer liegenden,
an dem der Angriff stattfindet, trennt, zwischen den beiden Teilen Ströme fließen,
wie sie zu erwarten sind, wenn der obere Teil Kathode und der untere Anode ist[2].

Auf Grund dieser und anderer Versuche, die in der Hauptsache aus der Schule
des englischen Forschers U. R. EVANS stammen, ist nachgewiesen, daß auch auf
einem einheitlichen Metall unter dem Einfluß kleiner Schwankungen der Be-
anspruchungsbedingungen sich kathodische und anodische Stellen ausbilden
können. Daraus pflegt man den Schluß zu ziehen: da kleinere Schwankungen

---

[1] Hieraus darf jedoch nicht der Schluß gezogen werden, daß die kathodisch wirklich
wirksame Fläche, die beim platinierten Platin gleich seiner Gesamtoberfläche sein mag,
auch beim Eisen ebenso groß ist. Die Menge des an die kathodischen Stellen gelangenden
Sauerstoffs wird nämlich, wenn ihre Anordnung genügend dicht ist, in erster Linie durch
seine Diffusion durch die Flüssigkeitssäule oberhalb der Probe bestimmt. Demgegenüber
verschwindet der Einfluß des Flächenanteiles der kathodisch wirksamen Fläche.

[2] EVANS, U. R., u. T. P. HOAR: Proc. roy. Soc. A **137**, (1932) 359. — EVANS, U. R.:
Korrosion, Passivität und Oberflächenschutz von Metallen. S. 226. Berlin: Springer 1936.

der Bedingungen, unter denen sich verschiedene Stellen der Metalloberfläche befinden, immer auftreten werden, wird der Angriff eines Metalles in der Regel im Elektrolyten elektrochemisch erfolgen.

Wir haben erwähnt, daß wir für diesen weitgehenden Schluß keinen unmittelbaren Beweis haben. Es ist jedoch klar, daß eine Reaktion viel leichter elektrochemisch ablaufen können muß, als rein chemisch. Bedeutet doch der elektrochemische Ablauf die Ermöglichung einer Art chemischer Fernwirkung, bei der das Angriffsmittel ja gar nicht an die Stelle zu gelangen braucht, wo das Metall in Lösung geht. Wenn das Metall z. B. nur an bestimmten Aktivstellen in Lösung gehen kann, die durch thermische Schwankungen oder durch besondere Beschaffenheit als solche wirken, so ist es sehr unwahrscheinlich, daß der kathodische Prozeß der Sauerstoffreduktion und der anodische Prozeß der Ionisation des Eisens an einer und derselben atomistischen Stelle stattfinden werden. In der allergrößten Anzahl der Fälle wird ein Sauerstoffmolekül auf eine Stelle des Metalles auftreffen, die im Augenblick des Auftreffens nicht als Anode wirksam sein kann. In allen diesen Fällen bedient sich die Natur des sich ihr bietenden elektrochemischen Mechanismus des Angriffs auf Metalle. Hierbei ist es offenbar gar nicht notwendig, daß die Anoden zeitlich fixierte Stellen sind. Sie können auf der Oberfläche des Metalles etwa im Rhythmus der thermischen Schwankungen fluktuieren[1].

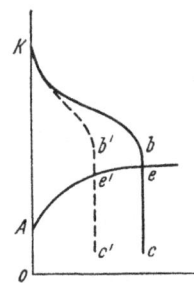

Abb. 447.
Zur Korrosion mit vollständigem Sauerstoffverbrauch am Metall.
(Ordinate : Potential. Abszisse:Stromdichte).

Wir wollen die am Eisen herrschenden Verhältnisse wieder an einem Diagramm verfolgen (Abb. 447). Kbc ist die Kurve der kathodischen Polarisation des Sauerstoffs. Wir befinden uns hier im Gebiet bc des Sättigungsstromes. Das Normalpotential $_hE$ des Eisens ist, wie sich aus Tab. 86 ergibt, etwa —0,45 bis —0,50, das bei dem Versuch gemessene Potential etwa —0,47 Volt. Im Elektrolyten befinden sich keine Eisen-Ionen, der gemessene Wert des Potentials kann also nicht dem Gleichgewicht entsprechen (er müßte viel unedler sein), vielmehr wird es nach der edlen Seite durch irgendwelche Umstände anodisch polarisiert sein. Diese Polarisation muß von der Stromdichte, also auch von der gesamten Stromstärke I abhängen. Wir erhalten dafür schematisch die Kurve Ae, deren Gestalt uns im Augenblick nicht weiter interessiert. Der Widerstand des Elektrolyten zwischen Anode und Kathode, oder vielmehr der Stelle, an der das Potential gemessen wird, ist zu vernachlässigen. Dasselbe nehmen wir für den metallischen Schließungsbogen an. Unter diesen Umständen stellt sich die Stromstärke so ein, daß infolge der durch sie verursachten Polarisation Anode und Kathode denselben Potentialwert aufweisen; denn die Differenz der beiden Potentialwerte würde den Spannungsabfall längs des Ohmschen Widerstandes darstellen, und dieser soll voraussetzungsgemäß vernachlässigt werden. Mit anderen Worten stellt der Schnittpunkt der Kathodenkurve und der Anodenkurve unmittelbar den Arbeitspunkt der Anordnung dar und gibt die am Eisen herrschende Stromstärke an.

Wird die gesamte Sauerstoffzufuhr verändert, etwa verringert, so sinkt der Grenzstrom proportional dieser Zufuhr. Der senkrechte Ast bc nimmt eine neue Lage $b'c'$ an. Bei geringeren Werten der Polarisation kann die Gerade $b'c'$ etwa in die alte Kurve Kb einmünden, sofern die Polarisation dort durch die Stromdichte, die ja bei gegebener Oberfläche der Kathode proportional der

[1] Diese verfeinerte Vorstellung des elektrochemischen Grundvorganges beim Angriff der Metalle in Elektrolyten ist insbesondere von C. WAGNER entwickelt worden. — WAGNER, C. u. W. TRAUD: Z. Elektrochem. 44 (1938) 391. — WAGNER, C.: in MASING, Handbuch der Metallphysik. Bd. I Teil 2, S. 185ff. Leipzig: Akadem. Verlagsges. 1940.

gesamten Stromstärke ist, bestimmt wird. Sofern der neue Schnittpunkt der Anodenkurven und der Kathodenkurven e' in dem Gebiet des Sättigungsstromes liegt, ist die anodische Stromstärke, wie zuvor, eindeutig durch die kathodische Stromstärke Oc' definiert. Diese Stromstärke und damit die Stärke des Angriffs ist durch den kathodischen Vorgang bestimmt. Die Korrosion ist nach einer Bezeichnung von U. R. Evans[1] kathodisch gesteuert.

8. Angriff in einem allgemeinen Fall der Polarisation.

Wir haben bei unseren bisherigen Betrachtungen den zweiten kathodischen Vorgang, nämlich die Wasserstoffentwicklung vernachlässigt. Beim Eisen ist das in der beschriebenen Versuchsanordnung meistens erlaubt. Das Eisen ist aber in einer anderen Beziehung kein geeignetes Beispiel für eine einfache Betrachtung. Es wird nämlich zunächst zum zweiwertigen Ion und erst späterhin im Elektrolyten zum dreiwertigen oxydiert. Dadurch tritt eine Komplikation auf, die bei den meisten anderen Metallen fehlt. Wir haben es als Beispiel für unsere grundlegende Betrachtung gewählt, weil die Vorstellungen der elektrochemischen Korrosion von U. R. Evans in erster Linie an diesem Metall entwickelt worden sind.

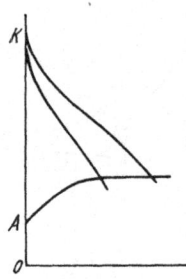

Abb. 448. Ein zweiter Fall der kathodischen Steuerung der Korrosion (vgl. Abb. 447). (Ordinaten: Potentiale; Abszissen: Stromdichten).

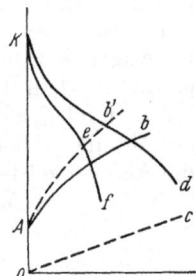

Abb. 449. Allgemeiner Fall der Polarisation an einer Elektrode (Ordinaten: Potentiale; Abszissen: Stromdichten).

Ganz ähnlich wie Eisen verhält sich auch Cadmium in verdünnten gepufferten Säurelösungen. Hier findet der Angriff ganz vorwiegend auf Kosten der Sauerstoffreduktion statt. Auch hier läßt sich in derselben Weise wie beim Eisen zeigen, daß der gesamte an die Oberfläche des Metalles gelangende Sauerstoff reduziert wird, was bei der Lage des Normalpotentials des Cadmiums in der Nähe desjenigen des Eisens verständlich ist. Auch der Angriff des Cadmiums ist somit kathodisch gesteuert[2].

Die in Abb. 447 dargestellten Verhältnisse, bei denen die kathodische Polarisationskurve im Arbeitsgebiet der Anordnung senkrecht nach unten abfällt (Grenzstrom), stellen nur einen Fall von denen dar, bei welchen die Korrosion kathodisch gesteuert ist. In diesem Falle ist die Polarisation der Anode gleichgültig für den inneren Strom, vorausgesetzt, daß der Schnittpunkt der beiden Polarisationskurven im Gebiet des Sättigungsstromes liegt. Wenn die Polarisationskurve der Kathode einen anderen Verlauf hat, während die Kurve der anodischen Polarisation ein Gebiet aufweist, in dem ihr Potential praktisch unabhängig von der Stromstärke ist (Abb. 448), wird, wie man sieht, die Stromstärke ebenfalls durch den kathodischen Anteil bestimmt.

Es gibt jedoch zahlreiche Fälle des Angriffs von Metallen, in denen die Verhältnisse anders liegen. Wenn die kathodische Polarisationskurve die Gestalt $Kb'bd$ (Abb. 449) und die Anodenkurve die Gestalt Ab hat, so ergibt sich der Arbeitspunkt der Anordnung, wie oben erörtert, indem zum Potential der Anode der Potentialabfall im Elektrolyten, den wir als dem Strom proportional annehmen, und durch die Gerade Oc andeuten, addiert. Man erhält so die Kurve Ab', deren Schnittpunkt mit der kathodischen Kurve die Stromstärke im stationären

[1] Vgl. z. B. U. R. Evans: Korrosion, Passivität und Oberflächenschutz der Metalle. S. 229ff. Berlin: Springer 1938.

[2] Masing, G.: Z. anorg. Chem. **252** (1943), 164.

Zustand und damit die Angriffsgröße bestimmt. Solche Umstände können vorliegen, wenn das Metall so edel ist, daß der Schnittpunkt b' nicht mehr in das Gebiet der Stromsättigung der Kathode kommt, wie z. B. bei Kupfer in neutralen Salzlösungen, in denen das Kupfer nicht zum größten Teil in Gestalt von Komplex-Ionen vorliegt. In einem solchen Falle bewirkt etwa eine Erniedrigung der zugeführten Sauerstoffmenge und damit der Abszisse der Kurve Kbd (etwa bis zur Lage Kef) nicht eine proportionale Herabsetzung der Korrosion, da der neue Arbeitspunkt e ist. In einem solchen Falle pflegt man nach U. R. EVANS von einer anodisch gesteuerten Korrosion zu sprechen, trotzdem hier beide Prozesse, sowohl der kathodische als auch der anodische, in gleichem Maße die stationäre Stromstärke bestimmen. Fälle der ausschließlichen anodischen Steuerung des Angriffs sind in der Praxis der Korrosion nicht bekannt geworden.

9. Deckschichten auf Metallen.

Das Eisen und alle anderen unedlen Metalle bedecken sich an der Luft mit einer Oxydhaut. Das ist von U. R. EVANS unmittelbar nachgewiesen worden, indem er das Metall vorsichtig in Lösung brachte und auf diese Weise die Oxydhäute isolierte, die dann mikroskopisch wahrgenommen werden konnten[1]. Es ist nicht zu bezweifeln, daß diese Metalle auch in neutralen wäßrigen Lösungen von Oxyden oder Hydroxyden bedeckt sind.

Wir werden später Beweise dafür erbringen, daß diese Bedeckungsschichten nicht beständig sind, sondern immer wieder an verschiedenen Stellen aufreißen. Die Korrosion des Eisens muß man sich demnach als ein Wechselspiel des Aufbauens und des Aufreißens der oxydischen Haut vorstellen.

Es ist klar, daß die kathodischen Oxydhäute sich in erster Linie an solchen Stellen ausbilden werden, wo der Sauerstoff am meisten Zutritt zum Eisen hat. Wenn sich auf der Eisenoberfläche Vertiefungen, wie sie in Abb. 450 angedeutet sind, ausbilden, so wird ihr Grund metallisch bleiben und sich anodisch gegen die oxydierte Oberfläche des Stückes verhalten. Der Angriff wird also bevorzugt im Kerbgrund stattfinden. Aber auch dort wird die freie Oberfläche des Eisens durch langsam hinzudiffundierenden Sauerstoff nach und nach zugebaut. An ihrer Stelle entstehen auf der freien Oberfläche durch Aufreißen der Oxydhaut immer neue freie Metallstellen, die sich anodisch betätigen. So ist es klar, daß, trotzdem der Angriff in jedem Augenblick wahrscheinlich nur auf einem geringen Teil der Oberfläche

Abb. 450. Schema einer aufgerauhten Eisenoberfläche.

stattfindet, die zum größten Teil durch Oxydhäute vor dem Angriff geschützt ist, er durch beständiges Zubauen der vorhandenen und Entstehung von neuen anodischen Stellen über die ganze Fläche des Eisens wandern muß, so daß im Endeffekt die gesamte Fläche korrodiert. Auch kann es im vorliegenden Falle nicht zur Ausbildung eines eigentlichen Lochfraßes kommen (im Gegensatz zu anderen Fällen), weil die Vertiefungen in ihrem Grunde nach einiger Zeit wieder zugebaut werden.

U. R. EVANS hat gezeigt, daß die dem Sauerstoff stärker ausgesetzten Teile eines in einem Elektrolyten befindlichen Eisenstückes ein edleres Potential aufweisen als die schwächer belüfteten; es ist also verständlich, daß der Angriff sich auf die letzteren Teile konzentriert. Es entsteht die Frage, wieso es durch Abdeckung mit Oxyden, die zweifellos auch im stärker belüfteten Teil nicht vollständig sein kann, zu einer Erhöhung des Potentials kommen kann.

---

[1] Zahlreiche Arbeiten von U. R. EVANS; vgl. insbesondere U. R. EVANS u. E. PIETSCH: Korrosion, Passivität und Oberflächenschutz von Metallen. Berlin: Springer 1939.

Diese Frage ist von W. J. MÜLLER beantwortet worden[1]. Wir betrachten eine mit Oxyd (oder Hydroxyd) bedeckte Metallfläche (Abb. 451); das Oxyd sei von Rissen durchzogen. Der Querschnitt der Risse pro Quadratzentimeter der Oberfläche des Metalles sei F_{el}, der spezifische Widerstand des Elektrolyten innerhalb der Risse W_{el}; die Oberfläche des Oxydes pro Quadratzentimeter ist $1 - F_{el}$; der spezifische Widerstand des Oxydes sei W_k. Die freie Oberfläche des Oxydes wirkt als Kathode, an ihr wird der im Elektrolyten gelöste Sauerstoff reduziert, während in den Rissen das Metall anodisch in Lösung geht. Wenn E_{Me} und E_k die elektrochemischen Potentiale des Metalles und der oxydischen Kathode sind und δ ihre mittlere Schichtdicke darstellt, erhalten wir (Abb. 452), wenn i die Stromstärke pro Einheit der Gesamtoberfläche ist,

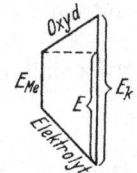

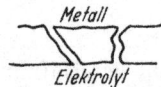

$$i = \frac{E_k - E_{Me}}{\dfrac{W_{el}\,\delta}{F_{el}} + \dfrac{W_k\,\delta}{1 - F_{el}}}, \qquad (56)$$

Abb. 451. Zur Ausbildung eines Mischpotentials nach W. J. MÜLLER. denn der Stromweg führt vom Metall durch den Riss und schließlich durch die Oxydhaut zum Metall zurück. Abb. 452. Potentialverteilung in einem Lokalelement an der Metalloberfläche.

Der Potentialabfall innerhalb des Elektrolyten beträgt $\dfrac{i \cdot W_{el}}{F_{el}}\,\delta$. Er wirkt sich dahin aus, daß mit einer an der Oberfläche des Metalles befindlichen Sonde ein um diesen Betrag höheres Potential E gemessen wird. Wir haben also

$$E = E_{Me} + \frac{i\,W_{el}\,\delta}{F_{el}} \qquad (57)$$

$$E = E_{Me} + \frac{E_k - E_{Me}}{\dfrac{W_{el}}{F_{el}} + \dfrac{W_k}{1 - F_{el}}} \cdot \frac{W_{el}}{F_{el}} = E_{Me} + \frac{E_k - E_{Me}}{1 + \dfrac{W_k}{W_{el}}\dfrac{F_{el}}{1 - F_{el}}}. \qquad (58)$$

In den meisten in Frage kommenden Fällen ist beinahe die gesamte Oberfläche des Metalles von der kathodischen Schicht bedeckt. Dann kann $1 - F_{el} \sim 1$ gesetzt werden, und wir erhalten

$$E = E_{Me} + \frac{E_k - E_{Me}}{1 + \dfrac{W_k}{W_{el}} \cdot F_{el}}. \qquad (59)$$

Je geringer der Widerstand W_k der kathodischen Schicht ist, desto mehr nähert sich das gemessene Potential dem Potential dieser Bedeckungsschicht. Es scheint, daß diese Bedingung in vielen Fällen des Angriffs auf Metalle in Elektrolyten erfüllt ist. Wenn der spezifische Widerstand W_k einer Oxydschicht zu 10^7 Ohm·cm angenommen wird, was vielfach der Größenordnung nach der Wahrheit nahekommen dürfte, und wenn die Dicke der Schicht $\delta = 10^{-7}$ cm beträgt, ist der Widerstand der Bedeckungsschicht pro Quadratzentimeter ~ 1 Ohm. Wenn man die Stromdichte $\sim 10^{-4}$ Amp./cm² annimmt, was für praktische Fälle der Korrosion einen hohen Wert darstellt, so ist der gesamte Potentialabfall in der Bedeckungshaut $\sim 10^{-4}$ Volt, also zu vernachlässigen. In solchen Fällen messen wir in Wirklichkeit einfach das Potential der kathodischen Bedeckungsschicht. Mit aller Sicherheit ist diese Bedingung im Falle etwa von kathodischen edleren Metallniederschlägen auf einer unedleren Unterlage erfüllt, da ihr Widerstand gänzlich zu vernachlässigen ist. Jedoch darf nicht angenommen werden, daß etwa das gemessene Potential eines Kupferüberzuges auf Eisen denselben

---

[1] MÜLLER, W. J.: Korr. u. Metallschutz 5, (1929) 9.

Wert hat, gleichgültig, ob der Überzug porös oder porenfrei ist. Der porenfreie Überzug zeigt das Potential einer Kupferelektrode, das wiederum in der geschilderten Weise zustandekommt. Der poröse Überzug ist dahingegen stark kathodisch polarisiert, und sein Potential ist einfach gleich dem Potential des Eisens plus dem Potentialabfall im Elektrolyten zwischen den anodischen und den kathodischen Stellen.

Ein anderer Fall, in dem eine erhebliche Annäherung des gemessenen Potentials E an den Wert der Deckschicht E_k in Frage kommt, ist gegeben, wenn die freie Oberfläche F_{el}, an der das Metall in Berührung mit dem Elektrolyten steht, sehr klein wird. Solche Fälle liegen anscheinend vor bei den sog. rostbeständigen Stählen. Diese ihre Eigenschaft erhalten sie durch Hinzulegieren von Chrom in Mengen von mehr als etwa 12% und meistens auch von Nickel. Der bekannteste Vertreter dieser Gruppe ist der Stahl mit 18% Cr und 8% Ni (z. B. der V 2 A-Stahl der Fa. Krupp). Einen anderen Fall, in welchem diese Bedingung erfüllt ist, stellt anscheinend das Aluminium samt seinen Legierungen dar. Das Aluminiumoxyd ist im massiven Zustand ein Isolator. Wenn es sich in sehr dünner Schicht wegen eines Tunnel-Effektes auch abweichend verhalten mag, so wird doch damit sein Widerstand nicht zu vernachlässigen sein. Die sehr große Diskrepanz zwischen dem Gleichgewichtspotential des Aluminiums, das etwa bei $E = -1,69$ Volt gegen Wasserstoff liegt, und dem gemessenen Potential in Elektrolyten in der Größenordnung von $E = -0,45$ bis $-0,5$ V, spricht andererseits dafür, daß die freie Metalloberfläche F_{el}, wenn eine solche überhaupt möglich ist, nur sehr klein sein kann. Auch in diesem Falle kann man also annehmen, daß das gemessene Potential demjenigen der kathodischen Oberfläche gleich ist.

Sowohl das Metallpotential E_{Me} als auch das Potential der kathodischen Oberfläche E_k weist Konzentrations- und chemische Polarisation auf, E_{Me} und E_k sind demnach Funktionen der Stromdichte i. Wenn diese Funktionen bekannt sind, kann i aus (56) berechnet werden, womit der Zustand der Elektrode bestimmt ist.

Wenn an der Kathode der Sättigungspolarisationsstrom herrscht, ist i etwa durch die Sauerstoffzufuhr eindeutig bestimmt; dasselbe gilt bei gegebener Dicke der Deckschicht für das Potential E.

Die von W. J. Müller gegebene elementare Beziehung (59) hat zum ersten Male die schwankenden Potentialwerte, die man z. B. an Eisenlegierungen mit verschiedenem Chromgehalt mißt, verständlich gemacht. Früher neigte man dazu, die beobachtete Potentialerhöhung gegenüber dem reinen Eisen einer „Sauerstoffaufnahme" zuzuschreiben und dachte dabei offenbar an eine Aufnahme in das Raumgitter des Eisens. Es würde sich also um einen Mischkrystall von Eisen und Sauerstoff handeln. In einem solchen Falle ist jedoch bei geringeren Gehalten der edleren Komponente eine wesentliche Veredlung des Potentials nicht zu erwarten (S. 553 f.). Die Verhältnisse liegen oben offenbar ganz anders. Das, was wir an einer solchen Legierung messen, ist in Wirklichkeit ein Mischpotential zwischen dem an sich unedlen Metallpotential und dem Sauerstoffpotential der Deckschicht.

Eine Verringerung des Angriffs durch die Oxydschicht kann nicht eintreten, solange der gesamte an die Oberfläche des Eisens herantretende Sauerstoff reduziert wird, denn diesem Vorgang muß ja ein äquivalenter anodischer entsprechen, der nur in der Auflösung des Metalles bestehen kann. Erst wenn das Potential so weit gestiegen ist, daß man sich im Teil Kb Abb. 447 der Sauerstoffpolarisationskurve befindet, nimmt der Sauerstoffverbrauch und damit der Angriff auf das Metall erheblich ab.

Es ist verständlich, warum im Falle einer ungleichmäßigen Zufuhr des Sauer-stoffs zu verschiedenen Teilen eines in einem neutralen Elektrolyten befindlichen Eisens das elektrochemische Potential der stärker belüfteten Teile edler als der weniger belüfteten ist. Während die Zahl der Risse, die in der Oxydhaut pro Oberflächeneinheit entstehen, in erster Näherung als für beide Teile gleich an-gesetzt werden kann, ist die Geschwindigkeit ihrer Ausheilung unter der Ein-wirkung des Sauerstoffs im Falle seiner stärkeren Zufuhr größer und die Zahl der zur Zeit offenen Risse damit kleiner. Das Mischpotential nach W. J. MÜLLER muß demnach, wenn auch nur um einen geringen Betrag, edler sein. Damit herrscht aber an den stärker belüfteten Teilen die kathodische Reaktion vor, während an den schwächer belüfteten Teilen das anodische Inlösunggehen des Eisens vorherrscht. Die schwächer belüfteten Teile werden deshalb stärker an-gegriffen, wenn auch die Korrosion der stärker belüfteten, wenn auch langsamer, ebenfalls fortschreiten kann. Unter geeigneten Versuchsbedingungen kann man erreichen, daß ein stark belüfteter Teil gar nicht korrodiert wird (nicht rostet), wobei die dort entstehende alkalische Reaktion einen erheblichen Einfluß hat.

Die Bedeutung der Geschwindigkeit der Sauerstoffzufuhr zum rostenden Eisen ist in der Praxis vielfach erheblich. Auf Grund der bisherigen Ergebnisse ist folgendes Verhalten von eisernen Röhren verständlich. Durch Erhöhung der Durchflußgeschwindigkeit des sauerstoffhaltigen Wassers wird ihre Korrosion zunächst herabgesetzt: Durch die erhöhte Sauerstoffzufuhr werden die Risse der Oxydhaut in steigendem Maße zugebaut und das Eisen wird teilpassiv. Er-höht man die Durchflußgeschwindigkeit jedoch sehr erheblich, so tritt wieder ver-stärkter Angriff auf. In diesem Falle reißt das schnell fließende Wasser die Oxyd-haut ab (Erosion)[1].

10. Passivität.

Auf Grund der Erörterungen des letzten Abschnittes können wir jetzt das Problem der *Passivität* behandeln, das Jahrzehnte hindurch sehr rätselhaft erschien, heute aber als im wesentlichen aufgeklärt gelten kann. Bekanntlich können Eisen, Nickel, Kobalt, Chrom und Aluminium, um nur die wichtigsten Metalle zu nennen, durch eine stark oxydierende Behandlung passiv gemacht werden. Das bedeutet, daß sie ihre chemische Reaktionsfähigkeit weitgehend verlieren. Wenn man Eisen in verdünnte Salpetersäure bringt, geht es in Lösung, was man an der braunen Färbung der Salpetersäure wahrnimmt. Bringt man das Eisen jedoch in konzentrierte Salpetersäure, so hört die Reaktion nach kurzer Zeit wieder auf, das Eisen wird blank: es ist passiv geworden. Jetzt löst es sich auch in verdünnter Salpetersäure nicht mehr auf. Bringt man es in Berührung mit der Lösung von Kupfersulfat, so findet keine Abscheidung des Kupfers statt wie auf aktivem Eisen, ein Zeichen dafür, daß das Potential des Eisens edler als das des Kupfers, also als etwa $+0,34$ Volt ist[2]. Man sieht, daß das passive Eisen noch nicht das Potential der Sauerstoffelektrode zu haben braucht. In der Tat konnte W. J. MÜLLER zeigen, daß die Passivität des Eisens niemals voll-ständig ist, daß es also auch in konzentrierter Salpetersäure, wenn auch äußerst langsam, ständig in Lösung geht[3].

---

[1] FORREST, H. O., B. E. ROETHEL, R. H. BROWN u. C. L. COX: Ind. Eng. Chem. **22** (1930), 1197; **23** (1931), 350, 650, 1010, 1012. — Vgl. auch U. R. EVANS: Korrosion, Passivität und Oberflächenschutz von Metallen. S. 236 u. 237. Berlin: Springer 1939.

[2] Zunächst findet in geringem Umfange eine Reduktion des zweiwertigen Kupferions zu einwertigem statt, und man mißt an der sich edel verhaltenden passiven Elektrode das sich einstellende Redoxpotential.

[3] Vgl. z. B. W. J. MÜLLER: Z. Elektrochem. **40** (1934), 119; Korr. u. Metallschutz 8 (1932), 253; **11** (1935), 31.

Das Eisen ist in konzentrierter Salpetersäure nur unterhalb 72° C passiv, bei höherer Temperatur wird es wieder aktiv. E. S. HEDGES hat gezeigt, daß oberhalb 72° C Fe_2O_3 in Salpetersäure löslich wird, während es bei tieferer Temperatur unlöslich ist[1]. Das ist ein Beweis dafür, daß einerseits die Passivierung auf die Bildung einer schützenden Oxydhaut zurückzuführen ist, und zweitens, daß diese Schicht aus Fe_2O_3 (evtl. in einem hydratisierten Zustand) besteht.

H. FREUNDLICH, G. PATSCHEKE und H. ZOCHER haben gezeigt[2], daß Eisen, das aus Eisencarbonyl im Vakuum hergestellt worden ist, sich in Berührung mit Sauerstoff sofort mit einer dünnen Oxydschicht überzieht.

Eine andere Art, Eisen und andere Metalle zu passivieren, besteht in ihrer anodischen Behandlung mit steigenden Stromdichten. In diesem Falle handelt es sich auch um eine oxydierende Behandlung.

Da es sich bei der Passivität und allgemeiner bei der Erhöhung des Potentials im Sinne von W. J. MÜLLER um Bildung von Deckschichten zu handeln scheint, ist ein eindeutiger Zusammenhang zwischen Stromdichte und Potential wie bei der wahren Polarisation nicht zu erwarten. In der Tat fand W. J. MÜLLER, daß für das Eintreten der Passivität durch anodische Behandlung die aufgewendete *Strommenge* maßgebend ist[3].

Wird das passivierte Eisen in Berührung mit einem unedlen Metall (Zink) gebracht, so wird es sofort wieder aktiv. Auch genügt es, die Oberfläche des passiven Metalles mechanisch zu verletzen, um es wieder aktiv zu machen.

Alle genannten Tatsachen beweisen, daß passives Eisen und andere passivierte Metalle mit einer schützenden, vielleicht äußerst dünnen Haut bedeckt sind. In den meisten Fällen ist der Nachweis erbracht worden, daß die Schutzhäute in den in Frage kommenden Lösungsmitteln unlöslich sind. Die einzige Ausnahme bildet das Chrom, das sich außerordentlich leicht passivieren läßt. Im Gegensatz zu Eisen, Nickel, Kobalt und Aluminium kann Chrom durch anodische Behandlung in Salzsäure passiviert werden. Es ist bisher nicht gelungen festzustellen, welcher Art die hierbei entstehende Schutzhaut ist; Beobachtungen mit Elektronenstrahlen haben Anzeichen für die Bildung einer chromchloridhaltigen Schicht ergeben[4]. Trotz dieser Schwierigkeiten dürfte es keinem Zweifel unterliegen, daß auch die Passivität des Chroms auf eine Schutzhaut noch unbekannter Zusammensetzung zurückzuführen ist.

Der passive Zustand der Eisenmetalle ist wenig beständig, schon beim Liegen an der Luft, schneller in einem Elektrolyten, werden diese Metalle nach und nach wieder aktiv, wenn es sich nicht um einen oxydierenden Elektrolyten handelt. Dieses Verhalten ist zweifellos auf die Neigung der Schutzhäute zur Bildung von Rissen, auf die wiederholt hingewiesen wurde, zurückzuführen. Sehr auffallend ist das Verhalten passiver Metalle gegen Halogenide und Halogensäuren. Sie werden durch sie sehr schnell aktiv; in halogenhaltigen Elektrolyten lassen sich die Metalle, mit Ausnahme von Chrom, auch nicht passivieren. U. R. EVANS hat darauf hingewiesen, daß zwischen der Wanderungsgeschwindigkeit eines Ions und seiner aktivierenden Wirkung ein deutlicher Parallelismus besteht. Der Reststrom, der nach anodischer Behandlung durch das Aluminium fließt, nimmt in Lösungen mit verschiedenen Ionen in folgender Reihenfolge ab:

$$Cl', J', F', SO_4'', NO_3', HPO_4''.$$

[1] HEDGES, E. S.: J. chem. Soc. (1928), 969.

[2] FREUNDLICH, H., G. PATSCHEKE u. H. ZOCHER: Z. phys. Chem. 128 (1926), 321; 130 (1927), 289.

[3] Zum Beispiel W. J. MÜLLER: Die Bedeckungstheorie der Passivität der Metalle und ihre experimentelle Begründung. Berlin: Verlag Chemie 1934.

[4] Vielleicht handelt es sich hier um $CrCl_2$, das unlöslich ist.

U. R. Evans führt das auf das geringe Volumen der besonders wirksamen Ionen zurück, die durch die Poren der Deckschicht hindurchdringen können, während das für Ionen größeren Volumens nicht möglich ist. Die obige Beziehung ist jedoch nicht eindeutig. Für in Schwefelsäure passiviertes Blei ergibt sich die Reihenfolge

$$NO_3', \; Cl', \; Br', \; J', \; HPO_4'', \; SO_4''.$$

Diese Reihe wird von der Löslichkeit des in Frage kommenden Bleisalzes bestimmt. Es ist möglich, daß die Einwirkung einzelner Ionen einen kolloidchemischen Charakter hat, indem sie die Schutzhäute peptisieren.

In der Technik liegen sehr umfangreiche Erfahrungen über das Verhalten von korrosionsfesten Stählen vor. Sie enthalten alle Chrom, außerdem Nickel und zum Teil Molybdän   Ihr Verhalten ist im einzelnen je nach Zusammensetzung des Stahles und des Angriffsmittels sowie in Abhängigkeit von der Temperatur außerordentlich mannigfaltig. In der Regel können Legierungen, die schlechthin korrosionsbeständig wären, nicht angegeben werden. Der Umstand, daß die Widerstandsfähigkeit aller korrosionsbeständigen Stähle mit passivitätsartigen Erscheinungen zusammenhängt, bringt es mit sich, daß jedes Material in der Regel nur unter bestimmten Bedingungen und bestimmten Elektrolyten gegenüber widerstandsfähig ist. Hier können nur einige Zusammenhänge angedeutet werden. Im übrigen muß auf die

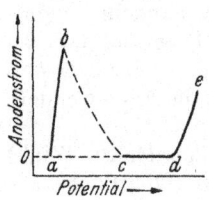

Abb. 453. Zum Passivierungsvorgang durch Strom.

Literatur, die die Fülle der technischen Erkenntnisse leider nur sehr unvollständig wiedergibt, verwiesen werden[1].

Wird ein Material in einem Elektrolyten, der das Material angreift (in der Regel findet hierbei kaum eine Wasserstoffentwicklung statt, vielmehr findet der Angriff auf Kosten der Sauerstoffreduktion statt), anodisch polarisiert, so steigt das Potential nur sehr wenig an (Kurve *ab* Abb. 453). Sobald die Stromdichte einen von der Temperatur, der Zusammensetzung der Elektrolyten und der Zusammensetzung des Angriffsmittels abhängigen kritischen Grenzwert erreicht hat, bricht der Strom zusammen bis auf sehr geringe Werte, und das Potential geht sprunghaft in die Höhe (Kurventeil *bc*, der natürlich labil ist). Das Material ist jetzt passiv geworden.

Oben ist bereits erwähnt worden, daß die Wirkung eines Oxydationsmittels und eines Anodenstromes auf ein in einem Elektrolyten befindliches Metall äquivalent sein können.

Bei weiterer Steigerung des Potentials steigt die Stromdichte bis zu einem Werte bei *d* nicht an. Zwischen *c* und *d* ist also das Potential der Probe nicht definiert, es paßt sich einfach der von außen angelegten Spannung an. Bei *d* tritt erneut eine Stromsteigerung auf. Diesen Potentialwert pflegt man zuweilen nicht ganz zutreffend das *Durchbruchspotential* zu nennen.

Während im Teil *ab* die Probe mit einer normalen Wertigkeitsstufe, also das Eisen zweiwertig, das Chrom dreiwertig in Lösung geht, hört dieser Lösungsvorgang oberhalb von *b* auf, indem sich die Probe wahrscheinlich mit Fe_2O_3 bzw. Cr_2O_3 abdeckt. Bei *d* setzt ein neuer Elektrodenvorgang ein, beim Eisen die Sauerstoffentwicklung, bei chromhaltigen Materialien die Oxydation zum sechswertigen Chromat. Hierbei geht das Chrom in Lösung, und der chromhaltige Stahl verliert seine Passivität.

---

[1] Vgl. Ed. Houdremont: Handbuch der Sonderstahlkunde. Berlin: Springer 1943.

Senkt man umgekehrt die angelegte Spannung, so wird die Linie cb (Abb. 454) rückwärtig durchlaufen. Bei einem Punkte b', der unter den in Frage kommenden Versuchsbedingungen im Gegensatz zu b gut definiert ist, verliert der Stahl seine Passivität und beginnt, mit seiner normalen Wertigkeit in Lösung zu gehen. Das Potential fällt abrupt und der Strom steigt, bis der Punkt a' der Kurve oa erreicht ist.

Die Lage der Punkte b' und c ist für verschiedene Stähle, Elektrolyte und Temperaturen verschieden. Ein chromhaltiger Stahl ist nur im Potentialbereich $b'c$ beständig. Weist ein Elektrolyt ein Redoxpotential[1], das unter b' oder oberhalb c liegt, auf, so geht der Stahl in Lösung.

Liegt das Redoxpotential eines Elektrolyten verhältnismäßig niedrig unterhalb des Grenzwertes b' eines bestimmten Materials, so wird das Material versagen. Es hat jedoch in einem solchen Falle gar keinen Zweck, nach einem anderen Material zu suchen, das der Oxydation besser widersteht, dessen Punkt c also bei einem höheren Potential liegt. Vielmehr muß man nach einem Material mit einer niedrigeren Lage von b' suchen, während die Lage von c ohne Interesse ist. Liegt das Redoxpotential eines Angriffsmittels dahingegen oberhalb c, so muß man ein anderes Material mit einer höheren Lage dieses Punktes suchen.

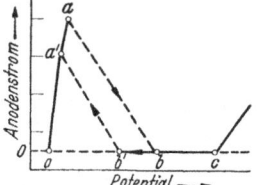

Abb. 454. Passivierungs-, Aktivierungs- und Durchbruchpotential.

Auch hinsichtlich des Verhaltens Reduktionsmitteln oder unedleren Metallen gegenüber können sich eigenartige Verhältnisse ergeben. Wenn ein Reduktionsmittel das Potential bis unterhalb von b' drückt, wird das metallische Material aktiviert und damit zerstört.

Das geschilderte Verhalten kann grundsätzlich auf der Grundlage der Bedeckungstheorie der Passivität verstanden werden, wenn es auch noch nicht möglich ist, die Verhältnisse im Einzelfall quantitativ vorauszusagen. Man kann sich vorstellen, daß die Eigenschaften einer Bedeckungshaut, also ihre Löslichkeit, Kohärenz, Sprödigkeit usw. von ihrer Zusammensetzung (und damit von der Zusammensetzung des metallischen Materials) und von der Temperatur und Zusammensetzung des Elektrolyten abhängen.

11. Korrosion von Legierungen.

a) Mischkrystalle in beweglichem Gleichgewicht.
Korrosion von homogenen Mischkrystallen.

Wenn ein Mischkrystall mit einem Elektrolyten reagiert, ist die Auflösungsgeschwindigkeit der Bestandteile im allgemeinen verschieden. An der Oberfläche der Legierung muß deshalb eine Anreicherung an der einen und eine Verarmung an der anderen Komponente auftreten. Diese Konzentrationsverschiebung muß durch Diffusion im Mischkrystall ausgeglichen werden. Das Verhalten von Mischkrystallen beim Korrosionsangriff wird deshalb verschieden sein, je nachdem, ob bei der Reaktionstemperatur in ihnen mit genügender Geschwindigkeit innere Diffusion stattfindet oder nicht. Wir betrachten zunächst den ersten Fall. Bei gewöhnlicher Temperatur ist die Bedingung der schnellen Diffusion nur bei

---

[1] Unter dem Redoxpotential eines Elektrolyten wird das Potential verstanden, welches eine edle Elektrode in ihm annimmt. Der Elektrodenvorgang besteht hierbei in einem Reduktions- oder Oxydationsprozeß im Elektrolyten. So hat z. B. eine Lösung von Fe˙˙- und Fe˙˙˙-Ionen ein bestimmtes Redoxpotential Fe˙˙ $\rightleftarrows$ Fe˙˙˙ $+ c$, das von den Konzentrationen abhängt.

flüssigen Legierungen, also bei Amalgamen erfüllt; wir wollen deshalb die Verhältnisse an Hand eines solchen, z. B. eines Zink-Amalgams, betrachten.

Wir nehmen an, daß ein Zn-Amalgam mit einer Lösung, die zugleich Zink-Ionen und zweiwertige Quecksilber-Ionen enthält, in Berührung steht. Wir fragen uns nach der Gleichgewichtsbedingung des Amalgams mit dem Elektrolyten und nach seinem elektrochemischen Potential.

An einer solchen Elektrode findet gleichzeitig ein Austausch von Zink-Atomen gegen Zink-Ionen und von Quecksilber-Atomen gegen — wie wir annehmen — zweiwertige Quecksilber-Ionen in der Lösung statt.

Das elektrochemische Potential des Quecksilbers in der Legierung ist in der von uns bereits angegebenen Form unter Benutzung des Lösungsdruckes

$$_{\mathrm{Leg}}E_{\mathrm{Hg}} = \frac{RT}{nF} \ln \frac{p_{\mathrm{Hg}}}{_{\mathrm{Leg}}P_{\mathrm{Hg}}} = 0{,}029 \lg \frac{p_{\mathrm{Hg}}}{_{\mathrm{Leg}}P_{\mathrm{Hg}}}, \tag{60}$$

wo p_{Hg} der osmotische Druck der Hg-Ionen in der Lösung und P_{Hg} der elektrolytische Lösungsdruck des Quecksilbers im Amalgam ist. Dieser Lösungsdruck ist geringer als beim reinen Quecksilber. Unter Anwendung der Gesetze idealer Lösungen können wir in gröbster Annäherung setzen

$$_{\mathrm{Leg}}P_{\mathrm{Hg}} = P_{\mathrm{Hg}} \cdot C_{\mathrm{Hg}}, \tag{61}$$

wo P_{Hg} der Lösungsdruck des reinen Quecksilbers und C_{Hg} seine Konzentration im Amalgam ist. Durch Einsetzen in (60) erhalten wir

$$_{\mathrm{Leg}}E_{\mathrm{Hg}} = \frac{RT}{nF} \ln \frac{p_{\mathrm{Hg}}}{P_{\mathrm{Hg}}} - \frac{RT}{nF} \ln C_{\mathrm{Hg}}. \tag{62}$$

Genau ebenso erhalten wir für das Zink, dessen Konzentration im Amalgam gleich $C_{\mathrm{Zn}} = (1 - C_{\mathrm{Hg}})$ ist:

$$_{\mathrm{Leg}}E_{\mathrm{Zn}} = \frac{RT}{nF} \ln \frac{p_{\mathrm{Zn}}}{P_{\mathrm{Zn}}} - \frac{RT}{nF} \ln (1 - C_{\mathrm{Hg}}). \tag{63}$$

Im Gleichgewichtsfall müssen die beiden elektrochemischen Potentiale gegen die Lösung untereinander gleich sein. Wir erhalten also aus (62) und (63)

$$\ln \frac{p_{\mathrm{Hg}}}{P_{\mathrm{Hg}}} - \ln C_{\mathrm{Hg}} = \ln \frac{p_{\mathrm{Zn}}}{P_{\mathrm{Zn}}} - \ln (1 - C_{\mathrm{Hg}}), \tag{64}$$

oder, da der osmotische Druck proportional den Ionenkonzentrationen c in der Lösung ist:

$$\ln \frac{c_{\mathrm{Hg}}}{c_{\mathrm{Zn}}} = \ln \frac{P_{\mathrm{Hg}}}{P_{\mathrm{Zn}}} + \ln \frac{C_{\mathrm{Hg}}}{1 - C_{\mathrm{Hg}}} = \mathrm{const} + \ln \frac{C_{\mathrm{Hg}}}{1 - C_{\mathrm{Hg}}}. \tag{65}$$

oder:

$$\frac{c_{\mathrm{Hg}}}{c_{\mathrm{Zn}}} = \frac{P_{\mathrm{Hg}}}{P_{\mathrm{Zn}}} \cdot \frac{C_{\mathrm{Hg}}}{C_{\mathrm{Zn}}} = \frac{P_{\mathrm{Hg}}}{P_{\mathrm{Zn}}} \cdot \frac{C_{\mathrm{Hg}}}{1 - C_{\mathrm{Hg}}}. \tag{66}$$

Das Amalgam einer bestimmten Konzentration C kann nur mit einem Elektrolyten im Gleichgewicht sein, in dem das Verhältnis der Konzentrationen beider Ionenarten einen ganz bestimmten Wert hat. Ist diese Bedingung nicht erfüllt, so findet zwischen dem Amalgam und dem Elektrolyten ein Konzentrationsausgleich statt. Falls z. B. c_{Hg} zu hoch ist, findet eine Abscheidung des Quecksilbers am Amalgam und eine Bildung von Zink-Ionen solange statt, bis C und c sich soweit geändert haben, daß die Bedingung (65) erfüllt ist. Da der Lösungsdruck des Quecksilbers um viele Größenordnungen kleiner als der des Zinks ist, wird c_{Hg} in der Lösung im Gleichgewichtsfall sehr viel kleiner als c_{Zn} sein. Bringen wir ein Amalgam in eine Lösung hinein, die frei von Quecksilber- und Zink-Ionen ist, etwa in verdünnte Salzsäure, so wird eine Bildung der Ionen der beiden Metalle und gleichzeitig eine negative Aufladung des Amalgames beginnen. Die in ungleich geringeren Mengen in Lösung gehenden Hg-Ionen werden hierbei das Potential nur sehr wenig beeinflussen, in der Hauptsache wird es durch die in großen Mengen in Lösung gehenden Zink-Ionen bestimmt werden. Das Quecksilber paßt sich dank der geringen Konzentration der Hg-Ionen und den entsprechend starken Verschiebungen seines Gleichgewichtspotentials selbst bei geringen Änderungen dieser Konzentration dem Zink an, während dieses das Potential praktisch allein bestimmt. Das Potential des Amalgams im Elektrolyten ist deshalb praktisch ausschließlich durch das Potential des Zinks nach Gl. (63) bestimmt. Wir sehen zugleich aus dieser Gleichung, daß das Potential sich bei Verschiebung der Konzentration $(1 - C_{Hg})$ um eine Zehnerpotenz nur um 0,029 Volt verändert. Das normale Potential eines Amalgams mit 99% H_g wäre deshalb erst —0,71 Volt, während das des Quecksilbers +0,79 Volt beträgt. In Wirklichkeit ist mit größeren Abweichungen der Amalgame vom idealen Verhalten zu rechnen (vgl. S. 115ff.), so daß obige Betrachtungen nur einen qualitativen Überblick über die Verhältnisse geben.

Praktisch ist der bisher betrachtete Fall außer in der technischen Elektrochemie der Schmelzflußelektrolyse von geringer Bedeutung.

Besteht eine Legierung aus zwei oder mehreren Phasen (Mischkrystallen), die miteinander im thermodynamischen Gleichgewicht sind, so müssen ihre Potentiale untereinander gleich sein, weil sonst ein Austausch über den Elektrolyten eintreten würde. Das ist nur möglich, wenn die Konzentrationen ihrer Ionen in einem bestimmten Verhältnis stehen. Es ergibt sich wieder der durch die Gl. (65) wiedergegebene Zusammenhang mit dem Unterschied, daß die Konzentrationen C der Phasen gegeben sind.

b) Mischkrystalle ohne Platzwechsel der Atome. Resistenzgrenzen.

Wir betrachten jetzt den entgegengesetzten Fall, daß ein Mischkrystall bei gewöhnlicher Temperatur einem Angriff durch einen Elektrolyten ausgesetzt ist, wobei im Mischkrystall jede Diffusion unterbunden ist und der unedlere Bestandteil nicht angegriffen wird. Während man früher dazu neigte, auch in einem solchen Fall die Verhältnisse auf Grund eines Gleichgewichtszustandes zu betrachten, hat G. Tammann[1] zuerst mit Nachdruck darauf hingewiesen, daß das nicht zulässig ist, da die Voraussetzung für die Einstellung eines Gleichgewichtes eine innere Diffusion in der Legierung ist. Im vorliegenden Falle muß der Ablauf des Angriffsvorganges ganz davon abhängen, ob die an der Oberfläche noch verbleibenden Atome des edleren Be-

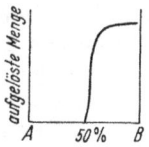

Abb. 455.
Resistenzgrenze.

standteiles in der Lage sind, die darunter liegende Legierung vor weiterem Angriff zu schützen oder nicht. G. Tammann hat in zahlreichen Versuchen gezeigt, daß die Au-Ag- und die Au-Cu-Legierungen von Salpetersäure so gut wie gar nicht angegriffen werden, wenn der Gehalt an Gold mehr als 50 At-% beträgt, daß mit sinkendem Goldgehalt jedoch eine steigende Menge des unedleren Metalles herausgelöst wird. Diese Konzentrationsgrenze hat G. Tammann die *Resistenzgrenze* oder die Einwirkungsgrenze genannt.

Bei Gehalten unterhalb etwa 37% Au wird die gesamte unedlere Komponente nach einiger Zeit herausgelöst. Die Verhältnisse sind in Abb. 455 dargestellt.

[1] Tammann, G.: Z. anorg. allg. Chem. **107** (1919), 1.

In sehr sorgfältigen Arbeiten hat M. LE BLANC[1] mit seinen Schülern gezeigt, daß in Wirklichkeit auch bei höheren Goldgehalten bis etwa 55 At-% kleine Mengen von Silber oder von Kupfer noch in Lösung gehen. Fernerhin hat er darauf hingewiesen, daß bei 50 At-% keine Diskontinuität der in Lösung gehenden Mengen besteht, so daß nach seiner Ansicht keine Veranlassung besteht, von einer scharfen Grenze des Angriffes bei 50% zu sprechen, wie G. TAMMANN das tut. Man hätte also keine Veranlassung, überhaupt den Begriff einer scharfen Resistenzgrenze einzuführen.

Die exakte Prüfung der Schärfe der Einwirkungsgrenze ist sehr schwierig. Sämtliche Mischkrystalle sind nach der Erstarrung Zonenkrystalle, und ihr restloser Konzentrationsausgleich erfordert sehr erhebliche Zeiten bei hohen Temperaturen. Auch nach sehr langen Glühungen (z. B. etwa 30 Tage bei 800° C bei Ag-Au-Legierungen) besteht auf Grund der bekannten Diffusionskoeffizienten keine Gewähr dafür, daß die Konzentrationsunterschiede einzelner Teile der Krystallite geringer als etwa 1% sind. Eine weitere Schwierigkeit besteht darin, daß das Gold unter gewissen Bedingungen in konzentrierter Salpetersäure in kleinen Mengen in Lösung geht, wodurch seine Schutzwirkung herabgesetzt werden muß. Fernerhin geht die unedlere Komponente in der Nähe der Resistenzgrenze nur äußerst langsam in Lösung, und bei der Bestimmung der insgesamt in Lösung gegangenen Mengen ist es schwierig, mit Sicherheit anzugeben, ob der Endzustand schon erreicht ist oder ob nur der Auflösungsvorgang sich so erheblich verlangsamt hat, daß seine weitere Verfolgung schwierig oder unmöglich wird.

G. TAMMANN hat durch sehr sorgfältige Homogenisierungsversuche die Grenze der Verfärbbarkeit der Gold-Kupfer-Legierungen durch Lösungen von Polysulfiden auf wenige Zehntel Prozent bei 50 At-% bestimmt[2]. Neuerdings konnte bei im Vakuum ausgeglühten Gold-Silber-Legierungen mit großer Genauigkeit festgestellt werden, daß der Angriff durch konzentrierte Salpetersäure bei etwa 90° C stattfindet, wenn die Legierung 52,5 At-% Ag enthält, jedoch unterhalb der Genauigkeitsgrenze von etwa 0,1 mg bleibt, wenn sie 50 At-% Ag oder weniger enthält. Bei längerer Einwirkung der Salpetersäure hört die Resistenz jedoch auf. Bei Gold-Kupfer-Legierungen konnte dahingegen keine scharfe Resistenzgruppe gefunden werden[3].

Wenigstens in einem Fall ist die Tammannsche Resistenzgrenze also mit Sicherheit gefunden worden. Wenn man die mannigfachen Störungen bedenkt, die ihre Feststellung unmöglich machen können, ist sie deshalb für Mischkrystalle damit grundsätzlich nachgewiesen.

G. TAMMANN hat aus der von ihm bei 50 At-% festgestellten und als scharf aufgefaßten Lage der Einwirkungen sehr weitgehende Schlußfolgerungen gezogen. Er hat versucht, die Wahrscheinlichkeit des Angriffs eines Lösungsmittels auf die unedlere Komponente bei einer statistischen Verteilung der Atome beider Komponenten zu berechnen, indem er annahm, daß nur diejenigen Atome des unedlen Metalles vor dem Angriff geschützt sind, die in den nächsten Abständen nur von edlen Atomen umgeben sind. Für den amorphen Zustand muß über die Zahl der nächsten Nachbarn eine willkürliche Annahme gemacht werden. Im kubisch flächenzentrierten Raumgitter, in dem die Gold-Silber- und die Gold-Kupfer-Legierungen krystallisieren, ist die Zahl der nächsten Nachbaratome 12. Der

[1] LE BLANC, M., K. RICHTER u. E. SCHIEBOLD: Ann. Phys. 86 (1928) 929, (Cu-Au). — ERLER, W.: Röntgenographische Untersuchungen des Mischkrystallsystems Au-Ag und Untersuchungen über seine Angreifbarkeit durch Salpetersäure. Diss. Leipzig 1932.
[2] TAMMANN, G.: Z. anorg. allg. Chem. 107 (1919), 1.
[3] MASING, G. u. M. GAUBATZ: Z. Metallkde. 34 (1942), 109.

Molenbruch der edlen Komponente sei m, der der unedlen n. Die Wahrscheinlichkeit, an einem vorgegebenen Ort ein Goldatom anzutreffen, ist gleich seinem Molenbruch m, und für ein Silberatom n. Die Wahrscheinlichkeit für eine Gruppe aus 12 Goldatomen und einem Silberatom auf fest vorgegebenen Plätzen, also auch für eine Gruppe, in der das Goldatom im Zentrum liegt, ist gleich dem Produkt der Einzelwahrscheinlichkeiten, also

$$m^{12}\, n = m^{12} - m^{13},$$

da die Summe von m und n ja gleich 1 ist. Wenn man diese Wahrscheinlichkeit, die gleichzeitig das Verhältnis der Zahl der geschützten Silberatome zur Gesamtzahl der Gold- und Silberatome angibt, für verschiedene Konzentrationen berechnet, erhält man die Zahlen der Tab. 88.

Auf Grund dieser Rechnung wäre bei statistischer Verteilung der Atome im Raumgitter auch bei den geringsten Konzentrationen der unedlen Komponente eine nennenswerte Resistenz der Legierung nicht zu erwarten.

Tab. 88. Zur Theorie der Resistenz.

Molenbruch der edlen Komponente M	Wahrscheinlichkeit der 13-Gruppen in Schutzstellung ca.	Bruchteil der für die Angriffsmittel nicht erreichbaren unedlen Atome
0,9	$3 \cdot 10^{-2}$	0,3
0,8	$1,4 \cdot 10^{-2}$	0,07
0,7	$0,6 \cdot 10^{-2}$	0,02
0,6	$0,2 \cdot 10^{-2}$	0,005

Ein Versuch, die Rechnung an einem amorphen Glas ($B_2O_3 + SiO_2$) zu prüfen[1], mißlang, da nicht nur Borsäure im Wasser gelöst, sondern auch die an und für sich unlösliche Kieselsäure hydratisiert wurde. Das Wasser greift somit beide Bestandteile an.

Auf Grund seiner Rechnung mit dem amorphen Körper kam G. TAMMANN zum Schluß, daß in einem Mischkrystall, der oberhalb von 50 At-% resistent ist, nicht eine statistische Verteilung der Atome vorliegen kann, sondern daß die Atomverteilung eine regelmäßige sein muß. Eine solche ist am Beispiel eines raumzentrierten Gitters in Abb. 104 S. 131 für diese Konzentration dargestellt. In der Raummitte des Elementarwürfels befindet sich jeweils ein anderes Atom als an den Würfelecken. Auf Grund einer solchen Anordnung ist leicht zu zeigen, daß bei höheren Konzentrationen des unedleren Bestandteiles im Raumgitter „kohärente" Ketten im kleinsten Abstand von unedlen Atomen entstehen. Man muß nach G. TAMMANN sich vorstellen, daß der Angriff des Lösungsmittels, von Atom zu Atom fortschreitend, längs solcher kohärenter Ketten stattfindet.

Die Annahme von regelmäßigen Atomverteilungen in Mischkrystallen war eine geniale Vision, die später mit Hilfe von Röntgenstrahlen in vielen Fällen bestätigt worden ist. Ebenso sicher konnte jedoch gezeigt werden, daß sie mit den Resistenzgrenzen nichts zu tun hat. Die Au-Ag-Legierungen[2] zeigen nach sehr sorgfältigen röntgenometrischen Untersuchungen eine normale statistische Verteilung der Atome; sie gilt für die Au-Cu-Legierungen, wenn sie von hohen Temperaturen schnell abgekühlt worden sind. Nach längerem Tempern unterhalb von etwa 400° C erhalten sie dahingegen eine regelmäßige Atomverteilung. Es hat sich nach U. DEHLINGER gezeigt, daß ihr Verhalten der Salpetersäure gegenüber das gleiche für beide Verteilungsarten ist.

Die obige Rechnung von G. TAMMANN ist unvollständig und führt deshalb zu falschen Ergebnissen. Das ist darauf zurückzuführen, daß bei dieser Rechnung eine sehr wichtige Möglichkeit des Schutzes der unedlen Komponente nicht berücksichtigt wird, die dadurch entsteht, daß große räumliche Gebiete durch mit

---

[1] TAMMANN, G.: Z. anorg. Chem. allg. **107** (1919), 1.

[2] ERLER, W.: Dissertation Leipzig 1932 S. 31.

edlen Atomen besetzte Flächen abgeschirmt werden. G. MASING[1] hat versucht, unter Berücksichtigung dieses Umstandes die Resistenzgruppen zu berechnen, und G. BORELIUS[2] hat einen solchen Schutz an einem quadratischen Flächenmodell zeigen können.

In diesem Flächenmodell sind die „Gitterpunkte" in statistischer Verteilung von „edlen" und von „unedlen" Atomen besetzt. Zum Schutze eines unedlen Atomes gehören vier herumstehende edle. Die Rechnung nach G. TAMMANN ergibt in diesem Falle für einen Gehalt von 50 At-% beider Bestandteile den Bruchteil der geschützten unedlen Atome zu etwa 0,06, während ein Modellversuch, der in der Weise durchgeführt wurde, daß von einer Seite, etwa von oben aus, die Wege verfolgt wurden, die in kürzesten Abständen von einem „unedlen" Atom zum anderen führen, zu einem ganz anderen Ergebnis geführt hat. Hierbei ergab sich recht scharf eine „Resistenzgrenze" bei 50 At-%. Bei geringeren Gehalten der edlen Komponente wird das Flächengitter in steigendem Maße von zusammenhängenden Atomketten der unedlen Atome durchzogen, während bei höheren Konzentrationen solche Ketten sehr bald unterhalb der Oberfläche durch zusammenhängende Ketten von edlen Atomen unterbrochen werden.

G. MASING[3] und G. BORELIUS[2] haben gezeigt, daß man bei Annahme kohärenter Atomketten, längs deren das Angriffsmittel in das Innere des Raumgitters eindringen soll, auch bei einem Krystall zu einer wohl ausgeprägten Konzentrationsgrenze des angreifbaren Bestandteiles gelangt, oberhalb welcher solche „kohärente Ketten" das ganze Raumgitter durchsetzen, während sie unterhalb jener Grenze in kürzeren Abständen unterhalb der Oberfläche abbrechen; die herausgelösten Mengen des angreifbaren Bestandteiles sind hierbei schätzungsweise so gering, daß sie sich der experimentellen Feststellung entziehen und sich praktisch eine scharfe Resistenzgrenze ergibt.

Die Erklärung der Resistenzgrenzen mit Hilfe der Vorstellung der kohärenten Ketten angreifbarer Atome, längs deren das Angriffsmittel (die Salpetersäure) in das Innere des Krystalles vordringt, stößt zunächst auf die Schwierigkeit, daß das Molekularvolumen des Angriffsmittels viel zu groß zu sein scheint, um ein derartiges Vordringen in das Innere des Krystalles zu ermöglichen. Mit Rücksicht auf diese Schwierigkeit haben U. DEHLINGER und R. GLOCKER[4] eine andere Vorstellung von der Entstehung der Resistenzgrenzen entwickelt, in der, fußend auf den experimentellen Ergebnissen von L. GRAF[5], eine gewisse Beweglichkeit der Gold-Atome an der Oberfläche des Krystalles angenommen wird. L. GRAF hat nämlich gefunden, daß beim Angriff eines Cu-Au-Mischkrystalles mit etwa 12 At.-% Cu durch Salpetersäure reines Gold hinterbleibt, das aber, wenigstens zum Teil, feinkrystallin ist, wie das Auftreten zusammenhängender Beugungsringe bei der Debye-Scherrer-Aufnahme beweist. Dieses Ergebnis zeigt, daß die Goldatome unter der Einwirkung der Salpetersäure eine sehr erhebliche Beweglichkeit aufweisen müssen. L. GRAF nimmt an, daß sie vorübergehend ionisiert werden. Diese Auffassung kommt der Annahme der vorübergehenden Oxydation des Goldes in dem vom Kupfer befreiten Rumpfgitter nahe. An der Oberfläche der neuen wachsenden Krystalle werden dann die Au-Ionen wieder reduziert.

In der erwähnten Arbeit von G. MASING und M. GAUBATZ[6] wurde gefunden, daß die Silber-Gold-Legierungen nur dann resistent gegen Salpetersäure sind,

[1] MASING, G.: Z. anorg. allg. Chem. 118 (1921), 293; Wiss. Veröff. Siemens V 2 (1926), 156.
[2] BORELIUS, G.: Ann. Phys. 74 (1924) 216.
[3] MASING, G.: Wiss. Veröff. Siemens V 2 (1926), 156.
[4] DEHLINGER, U. u. R. GLOCKER: Ann. Phys. [5] 16 (1933), 108.
[5] GRAF, L.: Korr. u. Metallschutz 11 (1935), 40; Metallwirtsch. 2 (1932), 77.
[6] MASING, G., u. M. GAUBATZ: Z. Metallkde. 34 (1942), 109.

wenn sie vorher in Abwesenheit von Sauerstoff ausgeglüht worden sind. Glüht man sie an Luft aus, so findet auch bei den silberärmeren Legierungen ein merklicher Angriff statt. Das muß darauf zurückzuführen sein, daß die Legierungen kleine Mengen von Sauerstoff aufgenommen haben. Auch bei der während einer längeren Zeit fortgesetzten Einwirkung der Salpetersäure muß, entsprechend dem hohen Oxydationspotential der Salpetersäure, der Sauerstoff auch unabhängig von den kohärenten Ketten nach Art einer Diffusion mit hohem Druck in das Raumgitter der Legierung eingepreßt werden.

U. DEHLINGER und R. GLOCKER nehmen nun an, daß, wenn die Oberfläche der Legierung eine Netzebene ist, die edlen Atome nach Ablösung der unedlen eine erhöhte Beweglichkeit erhalten. Wenn inzwischen das Angriffsmittel auch die bloßgelegten Atome der zweiten unter der ersten liegenden Netzebene herausgelöst hat, so fallen die beweglichen Atome in die so entstandenen „Löcher" hinein. Wenn der Mischkrystall 50 At-% oder mehr an edlen Atomen enthält, entsteht so eine lückenlos von den edlen Atomen besetzte Netzebene, die einen weiteren Angriff unmöglich macht. Ist der Mischkrystall dahingegen ärmer an der edlen Komponente, so gelingt auf diese Weise eine Abdeckung noch nicht, und der Angriff schreitet fort.

Auf Grund dieser Auffassung bleibt es ohne zusätzliche Annahmen nicht verständlich, warum bei geringeren Gehalten an dem edlen Bestandteil nicht ein Schutz bei Erreichung der dritten, vierten, fünften oder etwa der sechsten Netzebene doch zustande kommt, da ja der Goldgehalt der vorangehenden Netzebenen sich durch das Hineinfallen der Gold-Atome ständig erhöht. Es scheint deshalb, daß es auf dieser Basis noch nicht gelingt, die Resistenzgrenze zu erklären.

Folgende Auffassung, die ebenfalls auf den Versuchen von L. GRAF fußt, ist nach Ansicht des Verfassers wahrscheinlicher[1].

Unter der Einwirkung etwa der Salpetersäure auf eine Gold-Silber-Legierung findet die Oxydation nicht nur in der Weise statt, daß Silber in Lösung geht, sondern es werden auch in die Oberflächenschichten der Legierung Sauerstoffatome „hineingepreßt". Dieses Hineinwandern der Sauerstoffatome ist nur längs kohärenter Ketten von Silber-Atomen möglich. Da das Volumen eines Sauerstoffatoms groß ist, erfolgt die Einwanderung nur in die Tiefe einiger weniger Atomschichten. Unter dem Einfluß der hierbei entstehenden Verspannungen bricht das Gitter an der Oberfläche auf und rekrystallisiert, wobei die entstehenden Goldkrystalle grundsätzlich keine Schutzwirkung mehr ausüben.

Dieser Vorgang findet solange statt, als sich kohärente Ketten von Silberatomen vorfinden; unterhalb der Resistenzgrenze ist das immer der Fall, oberhalb der Resistenz nach Erreichung einer gewissen Tiefe in der Legierung nicht mehr, und der Angriff hört auf, die Legierung ist also resistent.

Ist das Raumgitter bereits durch Aufnahme des Sauerstoffs aufgelockert, so kann der Angriff stellenweise auch ohne lückenlose kohärente Atomketten des angreifbaren Metalles stattfinden. Es ist also verständlich, daß die Resistenz in Salpetersäure zeitlich begrenzt ist.

Die Atomvolumina des Silbers und des Goldes sind beinahe identisch ($a = 4{,}04$ Å), die des Goldes und des Kupfers sehr verschieden ($a = 4{,}04$ Å und $3{,}7$ Å). Das Raumgitter der Kupfer-Gold-Legierungen befindet sich demnach von vornherein in einem starken Zwangszustand, der sich ja auch darin äußert, daß die Mischkrystalle bei tieferen Temperaturen (unterhalb etwa 400° C) nicht mehr beständig sind. Dieser Zwangszustand scheint auszureichen, um die scharfe Resistenzgrenze zu verwischen.

---

[1] MASING, G.: Nachr. Akad. Wiss. Göttingen, Math. Phys. Kl. **1944**, 57.

G. TAMMANN hat gefunden, daß intermetallische Phasen sich grundsätzlich ähnlich wie Mischkrystalle verhalten[1]. Verbindungen, die vorwiegend den edleren Bestandteil enthalten, verhalten sich praktisch wie dieser, d. h. sie sind unangreifbar, aus den Verbindungen mit geringeren Gehalten wird die unedle Komponente herausgelöst. Im großen und ganzen ist dieses Verhalten verständlich, wenn man annimmt, wie oben geschehen, daß für die Angreifbarkeit die Verhältnisse an der Oberfläche maßgebend sind.

Wenn damit die *Tatsache* einer praktisch scharfen Resistenzgrenze verständlich ist, so ist noch ihre Lage bei 50 At-% beim Angriff durch Salpetersäure und starke Oxydationsmittel zu erklären. G. BORELIUS[2] hat darauf hingewiesen, daß sie sich im Flächenmodell durch eine einfache Symmetriebetrachtung ergibt. Kohärente Ketten von resistenten oder nicht resistenten Atomen, die das Flächengitter durchziehen, schließen sich gegenseitig aus. Die ersteren ergeben eine resistente, die zweiten eine nicht resistente Legierung. Da beide gleichberechtigt sind, kann die Resistenzgrenze nur bei 50 At-% liegen.

Versucht man, diese Betrachtung auf das räumliche Gebilde zu übertragen, so wird man annehmen, daß dort kohärente *Flächen* von resistenten oder nicht resistenten Atomen die Rolle der *Ketten* im Flächenmodell übernehmen und sich gegenseitig ausschließen. Dieser Schluß ist berechtigt, wenn nachgewiesen werden kann, daß ineinandergreifende kohärente Bänder der beiden Atomsorten, die nebeneinander bestehen könnten, statistisch so unwahrscheinlich sind, daß man sie vernachlässigen kann. Dieser Nachweis ist noch nicht erbracht worden. Solange das nicht der Fall ist, bedeutet der erörterte Symmetrieansatz nur einen hypothetischen Erklärungsversuch der Lage der Resistenzgrenze bei 50 At-%.

Viel komplizierter sind die Verhältnisse, wenn auch der edlere Bestandteil eines Mischkrystalles angegriffen werden kann. Hierzu ist zu bemerken, daß zwischen der Angreifbarkeit eines massiven Krystalles und derjenigen einer Gruppe von in einen unedleren Krystall eingebetteten Atomen ein erheblicher Unterschied bestehen kann. Das hat sich bereits bei der Erörterung der Arbeit von L. GRAF gezeigt (S. 560). Die Ionisierung der Au-Atome beim Angriff auf eine Au-Cu-Legierung und ihre Wiederausscheidung an Gold-Krystallen zeigt, daß die Lösungstension der beim Angriff der Au-Cu-Legierung verbleibenden Raumgittertrümmer größer als die des massiven reinen Goldes ist. Wie groß dieser Unterschied sein kann, zeigen die Erfahrungen mit dem sog. gekupferten Stahl, der einige Zehntel Prozente Kupfer enthält.

Wird ein solcher Stahl der Einwirkung des Seewassers, also eines verhältnismäßig gut leitenden Elektrolyten mit etwa 3% Kochsalz ausgesetzt, so beobachtet man, daß nach einiger Zeit auf der Oberfläche des Eisens eine Oxydschicht entsteht, die vorwiegend aus Eisenoxydulhydrat besteht. Innerhalb dieser Schicht finden sich längliche Kupferkrystalle, die in ihr locker liegen (Schwammkupfer) und anscheinend vorwiegend mit der Eisenunterlage in metallischer Berührung stehen. Nach den überzeugenden Darlegungen von C. CARIUS[3] ist nicht daran zu zweifeln, daß diese Ausscheidungsform des Kupfers nur dadurch ermöglicht wird, daß das Kupfer erst in Ionenform in Lösung geht und sich dann wohl kathodisch an bereits entstandenen Kupferkrystallen abscheidet. Der elektrolytische Lösungsdruck des Kupfers im Stahl, wo es im Mischkrystall vorliegt, ist also größer als im massiven Kupferkrystall.

---

[1] TAMMANN, G.: Z. Elektrochem. **28** (1922), 36.
[2] BORELIUS, G.: Ann. Phys. **74** (1924), 216.
[3] CARIUS, C., u. E. H. SCHULZ: Die Korrosion metallischer Werkstoffe. Bd. 1, S. 127ff. Wien: S. Hirzel 1936.

Es ist erwähnt worden, daß sich hierbei, im Gegensatz zum Verhalten des kupferfreien Stahles, sehr reichlich zweiwertiges Eisen bildet. Ohne Gegenwart des Kupfers bildet sich auf dem Eisen zwar primär auch ein Oxydulhydrat, in ganz geringer Entfernung von der Metalloberfläche wird es jedoch zum dreiwertigen Eisen oxydiert. Diese Oxydation bleibt beim kupferhaltigen Stahl im Seewasser zu einem erheblichen Teil aus; die Kupferkrystalle, die mit dem einen Ende das Eisen berühren, wirken nämlich als Kathoden, an denen der Sauerstoff reduziert wird, während an der metallischen Oberfläche sich zweiwertiges Eisen bildet, ein Vorgang, der ohne Gegenwart des Kupfers nicht möglich ist.

Wenn man bedenkt, daß das Eisen ohne wesentliche anodische Polarisation rostet (vgl. S. 545) und daß der Unterschied der Normalpotentiale des Eisens (—0,44 Volt) und des Kupfers (+0,35 Volt) beinahe 0,80 Volt beträgt, sieht man, wie sehr sich das im Mischkrystall in geringen Mengen befindliche Kupfer von dem massiven unterscheidet. Es wird bei Eisen bei um 0,8 Volt zu niedrigen Potentialen in Ionenform übergeführt. Das normale Potential des Goldes beträgt etwa +1,42 Volt und ist um 1,07 Volt edler als das Normalpotential des Kupfers. Man wird deshalb die von L. GRAF angenommene Ionisierung des Goldes nicht mehr unwahrscheinlich finden.

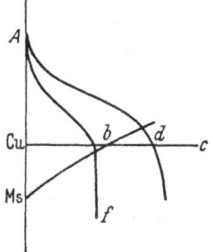

Abb. 456. Angriff des Messings in Gegenwart von Kupfer. (Ordinaten: Potentiale; Abszissen: Stromstärken.)

In sehr schwach leitenden Elektrolyten, wie in Leitungswasser, verhält sich der gekupferte Stahl anders. Es entsteht auf ihm nämlich nach kurzer Zeit eine irisierende Schicht, die sich als metallisches Kupfer erweist, das in diesem Falle den Stahl beinahe lückenlos in engster Berührung mit dem Metall bedeckt[1]. Die geringe Leitfähigkeit des Elektrolyten unterbindet in diesem Falle eine Wiederausscheidung des Kupfers in größerer Entfernung vom Metall; es wird eine unmittelbare chemische Wechselwirkung zwischen den Kupferionen und dem Eisen gefördert, und es bildet sich die das Eisen recht gut schützende Kupferschicht.

Einen verwandten Fall stellt das Verhalten von Messing, also einer Legierung mit 60—70% Cu und 30—40% Zn in Berührung mit metallischem Kupfer dar. Das Messing zeigt ein Potential, das etwa um 0,15 Volt unedler als das des Kupfers ist. Es kann sich hier nicht um ein Gleichgewichtspotential in demselben Sinn wie oben beim Zinkamalgam (s. S. 554) handeln, vielmehr ist es ein Mischpotential, dadurch zustandegebracht, daß an der korrodierenden Oberfläche des Messings eine sehr starke Anreicherung des Kupfers stattfindet. Durch diese angereicherte Schicht hindurch wird aber das Messing, etwa in einer Kochsalzlösung, als Ganzes in Lösung gebracht, bei einem für das massive Kupfer um 0,15 Volt zu niedrigen Potential. Findet während der Korrosion eine reichliche Zufuhr an Sauerstoff statt, so findet keine Wiederabscheidung des Kupfers statt, das bereits gebildete Kupfer wird vielmehr, wenn auch langsamer als das Messing, gleichfalls oxydiert. Das zeigt wohl, daß in einem solchen Falle eine Polarisation des Messings stattfindet, die eine Erhöhung des Potentials um mindestens 0,15 Volt an seiner Oberfläche bewirkt. Die Verhältnisse sind in Abb. 456 dargestellt, die mit Abb. 449 sehr verwandt ist. Der Widerstand des Elektrolyten ist in diesem Falle, wo es sich meistens um Seewasser handelt, zu vernachlässigen. Das Potential des Vorganges wird durch das nicht polarisierbare Kupfer bestimmt, und zwar werden die der Strecke Cu c entsprechenden Mengen an reduziertem

---

[1] CARIUS, C., u. E. H. SCHULZ: Die Korrosion metallischer Werkstoffe. Bd. 1, S. 127ff. Wien: S. Hirzel 1936.

Sauerstoff zum Teil zum Angriff auf das Messing (Strecke Cu *b*) und zum Teil zur Überführung von Kupfer in die Ionenform (Strecke *bd*) verbraucht. Wenn jedoch die Sauerstoffzufuhr sehr viel geringer ist, wird die Polarisation der Sauerstoffelektrode stärker (Kurve A*f*). In diesem Falle entspricht das Potential dem Punkte *b*, der gesamte Sauerstoff wird zur Oxydation von Messing verbraucht, und das etwa in dem Elektrolyten vorhandene aus dem gelösten Messing stammende Kupfer kommt kathodisch zur Abscheidung[1].

Diese Vorgänge haben eine große technische Bedeutung. Bei reichlicher Sauerstoffzufuhr kommt es, wie erwähnt, nicht zur Abscheidung von Kupfer. Ist jedoch die Sauerstoffzufuhr an einer Stelle herabgesetzt, etwa durch vor allen Dingen als Kathode tätigen Kohlenstaub, so bildet sich dort ein Kupferkryställchen, das das Messing weiterhin abdeckt, so daß die Bedingungen für die weitere Kupferausscheidung gegeben sind. Das Kupfer bildet mit dem Messing ein Lokalelement, in dem anodisch das Messing in Lösung geht und kathodisch einerseits der Sauerstoff reduziert und andererseits das Kupfer wieder abgeschieden wird.

Es kommt so zur Bildung von porösen Kupferflöckchen, die sich in die Tiefe des Messings fressen und die ganze Wandstärke etwa eines Rohres durchstoßen können. Auf Grund des oben Geschilderten ist es kaum möglich, diese als *Entzinkung* bezeichnete Korrosion des Messings aufzuhalten, wenn sie erst in Gang gekommen ist. Die Bezeichnung Entzinkung ist wenig glücklich, da es sich, wie geschildert, nicht um ein Auslaugen von Zink (ein solches wäre ja gar nicht möglich), sondern um eine Auflösung des Messings als Ganzes und um eine Wiederausscheidung des Kupfers handelt.

c) Mehrphasenlegierungen und verschiedene Metalle in gegenseitiger Berührung.

Wir haben gesehen, daß, wenn zwei Krystallarten miteinander im Gleichgewicht stehen, ihre elektrochemischen Potentiale gleich sind. Man könnte deshalb annehmen, daß, wenn sie in einem Elektrolyten in metallischer Berührung miteinander stehen, sie sich gegenseitig gar nicht beeinflussen können. Das ist in krassem Widerspruch mit der Erfahrung. Der Grund für diesen Widerspruch liegt darin, daß die Gleichheit der Potentiale nur für den Gleichgewichtszustand gilt. Für eine auf gewöhnliche Temperatur abgekühlte Legierung ist das schon von vornherein zweifelhaft, da bei tieferen Temperaturen der Platzwechsel in metallischen Phasen und damit die Möglichkeit eines beweglichen Gleichgewichtes aufhört. Andererseits verhält sich ein Mischkrystall ohne inneren Platzwechsel, wie wir gesehen haben, einem Elektrolyten gegenüber ganz anders als im thermodynamischen Gleichgewichtsfall. Unter der Einwirkung des Elektrolyten vollziehen sich tiefgreifende Konzentrationsänderungen der atomaren Oberflächenschicht eines solchen Mischkrystalles, die das Potential erheblich und zum Teil in einer schlecht übersehbaren Weise beeinflussen können. In der Regel wird das Potential eines Mischkrystalles mit geringerem Gehalt an der unedlen Komponente durch ihre Verarmung in der Oberflächenschicht einen edleren Wert annehmen als derjenige eines Mischkrystalles mit höherem Gehalt des unedlen Metalles. Beide Potentiale können zeitlich konstant (stationär) sein, da an der Oberfläche, wie oben (S. 561) am Beispiel des Messings geschildert, der Mischkrystall als Ganzes in Lösung geht, und zwar unter ständiger Erneuerung der Oberflächenschicht. Zwischen zwei sich berührenden Phasen verschiedener Zusammensetzung entsteht ein richtiges Lokalelement, das Strom liefert und in

---

[1] Eine geringe Sauerstoffzufuhr bedeutet vielfach eine langsame Abdiffusion und damit eine Anreicherung der Kupferionen am Korrosionsort, die eine Wiederausscheidung des Kupfers erleichtert.

dem die unedlere Phase angegriffen wird, während die edlere durch die Gegenwart der Unedleren vor dem Angriff geschützt werden kann, wie wir sehen werden.

Wir können deshalb das Verhalten von Mehrphasen-Legierungen genau ebenso erörtern wie ein mechanisches Gemenge verschiedener Metalle oder wie ein Element, in dem die beiden Metalle die Elektroden bilden.

Soll die Legierung aus zwei Krystallarten oder ein Gemenge zweier Metalle mit einem Elektrolyten im Gleichgewicht sein, so müssen die beiden Krystallarten I und II dasselbe Potential haben. Nach der Nernstschen Formel gilt für diese Potentiale, wenn die Krystallarten aus reinen Metallen bestehen,

$$_I E = {}_I E_0 + \frac{RT}{n_I F} \ln c_I \tag{67}$$

$$_{II} E = {}_{II} E_0 + \frac{RT}{n_{II} F} \ln c_{II}, \tag{68}$$

also

$$\frac{n_{II}}{n_I} \frac{RT}{F} \ln \frac{c_I}{c_{II}} = {}_I E_0 - {}_{II} E_0. \tag{69}$$

Ein solches Gemenge ist mit dem Elektrolyten nur dann im Gleichgewicht, wenn die Ionenkonzentrationen der Bestandteile in einem ganz bestimmten Verhältnis zu einander stehen (vgl. S. 533 ff.).

Wird ein solches Gemenge zweier Metalle — oder zwei Metalle, die in metallischer Verbindung miteinander stehen — in einen Elektrolyten gebracht, der keine Ionen dieser Metalle enthält, z. B. ein Verbundstück aus Zink und Eisen in eine verdünnte Kochsalzlösung, so werden, wie oben erörtert, zunächst Ionen beider Metalle in Lösung gehen. Gleichzeitig wird eine negative Aufladung des Metalles stattfinden. Das normale Potential des Zinks ist —0,77 Volt, das des Eisens —0,45 Volt. Auf Grund der Gl. (69) ersieht man, daß das Verhältnis von $c_{Zn..}$ zu $c_{Fe..}$ im Elektrolyten im Gleichgewicht etwa 10^6 sein muß.

Damit ist klar, daß das Potential eines Metallstückes, das aus Zink und Eisen zusammengesetzt ist, praktisch gleich dem Potential des Zinks ist. Die edlere Komponente paßt sich der unedleren an.

Anders liegen die Verhältnisse, wenn das Gleichgewicht sich nicht einstellen kann, sondern wenn durch das Element Metall$_I$ — Metall$_{II}$ ständig ein Strom fließt und ein Angriff stattfindet, bewirkt etwa durch eine ständige Zufuhr von Sauerstoff. In einem solchen Falle bilden sich, vorwiegend auf dem edleren Metall, kathodische Gebiete aus, auf denen der Sauerstoff reduziert wird. Das Potential, das die gesamte Anordnung oder die gesamte Legierung in einem solchen Falle zeigen wird, hängt von der Polarisation der Bestandteile ab. Handelt es sich allein um Konzentrationspolarisation, so wird dank derselben und den ungleich geringeren Mengen der edleren Ionen in der Lösung die edlere Elektrode als Kathode stark polarisiert werden, während die Polarisation der Anode zu vernachlässigen sein wird. Wir haben es also mit einem Fall der kathodischen Kontrolle der Korrosion zu tun und können Abb. 447 auf diesen Fall anwenden. Diese Verhältnisse ändern sich nicht wesentlich, auch wenn die anodische Komponente bei der Korrosion durch Bedeckung mit Oxydhäuten an der Oberfläche ein höheres Potential zeigt, die Korrosion sich also mehr unter „anodischer Kontrolle" vollzieht. In diesem Falle würde nämlich die unedlere Komponente auch ohne Verbindung mit der edleren dieselbe Erhöhung des Potentials im Elektrolyten zeigen. Ein mechanisches Verbindungsstück aus einem edleren und einem unedleren Metall zeigt somit annähernd das Potential des unedleren Metalles, vorausgesetzt, daß die Bedeckungspolarisation von der Stromstärke unabhängig ist. Anderenfalls kann sich der Polarisationswert der Anode durch die Gegenwart des edleren Metalles natürlich verschieben.

36*

Meistens liegen die Verhältnisse so, daß der Angriff solcher Metallkombinationen durch den im Elektrolyten gelösten Sauerstoff bewirkt wird. Im stromlosen Zustand ist das Potential der Sauerstoffelektrode wesentlich edler als das des edleren Metalles, und das Verhalten der ganzen Kombination hängt davon ab, ob dieses Potential durch Polarisation bis unterhalb des Potentials der edleren Komponente heruntergedrückt wird oder nicht. Wir betrachten diese Verhältnisse nur für den einfachsten Fall, daß die beiden Komponenten nicht polarisierbar sind. In Abb. 456A ist das Potential in Abhängigkeit von der Stromstärke dargestellt. Wir nehmen an, daß die beiden miteinander in Berührung stehenden Krystallarten Eisen und Zink sind. Sie sind zwar miteinander auf Grund des Zustandsdiagrammes, das Verbindungen aufweist, nicht im Gleichgewicht. Das spielt jedoch für die vorliegende Betrachtung keine Rolle.

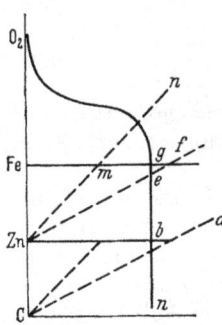

Abb. 456 A. Schutz des Eisens durch Zink. (Ordinaten: Potentiale; Abszissen: Stromstärken.)

Znb ist die Potentialkurve des Zinks, Fe gf die zur Abszissenachse parallele Stromspannungslinie des Eisens, O$_2$ geb die Polarisationskurve der Sauerstoffelektrode. Um die Verhältnisse im Element richtig zu beurteilen, müssen wir den Widerstand des Elektrolyten zwischen Zn und Fe berücksichtigen. Das Potentialgefälle im Elektrolyten ist durch die Ohmsche Gerade Cd dargestellt. Wie wir oben gesehen haben, müssen wir, um den Arbeitspunkt der Anordnung zu finden, zu den Ordinaten der Kurve Znb die Ordinaten der Linie Cd addieren. Wir erhalten so die Kurve Znef, und ihr Schnittpunkt mit der kathodischen Kurve wird uns die in der Anordnung herrschende Stromstärke angeben. Bei der Betrachtung der hier herrschenden Verhältnisse muß man berücksichtigen, daß die Gerade Fe gf nur die oberen Werte des Potentials angibt, die das Eisen in der Lösung annehmen kann. Beim Versuch, der Fe-Elektrode ein noch höheres Potential aufzuprägen, entzieht sie sich dieser Erhöhung durch ein beschleunigtes Inlösunggehen. Dahingegen kann sie beliebige niedrige (unedlere) Potentialwerte annehmen. Hierbei verhält sie sich nämlich einfach wie eine edlere Elektrode. Das heißt natürlich auch, daß sich an ihr dann die Reaktion

$$Fe \rightleftarrows Fe^{\cdot\cdot} + 2 \ominus$$

gar nicht abspielen kann.

Wir sehen aus Abb. 456A, daß die Potentialkurve des Zinks Zn ef die Polarisationskurve der Sauerstoffelektrode im Punkt e unterhalb der Linie Fe f schneidet. Wir folgern hieraus, daß der Vorgang in der Anordnung lediglich darin bestehen wird, daß das Zink angegriffen wird, während das Eisen am Vorgang nicht beteiligt ist und sich als edle Elektrode betätigt, an der sich etwa die kathodische Reaktion der Sauerstoffreduktion vollzieht.

Bei höherem Widerstand des Elektrolyten können sich jedoch die Verhältnisse völlig ändern. Die Polarisationskurve des Zinks kann dadurch in die Lage Zn mn kommen. Jetzt schneidet sie die kathodische Sauerstoffkurve in einem Punkt oberhalb der Linie Fe mgf. Das Potential dieses Punktes kann jedoch in Gegenwart des Eisens nicht erreicht werden. Deshalb bleibt das Potential in diesem Falle auf der Linie Fe mgf liegen. Die kathodische Stromstärke an der Sauerstoffelektrode ist in diesem Falle durch die Strecke Fe g angegeben, die anodische Stromstärke an der Zinkelektrode entspricht nur der Strecke Fe m. An der Eisenelektrode herrscht deshalb noch die anodische Stromstärke entsprechend der Strecke mg. Auf Grund des Faradayschen Gesetzes können wir ohne weiteres angeben, wie groß die pro Zeiteinheit angegriffenen Mengen des Zinks und des Eisens und die reduzierte Sauerstoffmenge ist.

In der Praxis schützt man das Eisen vor der Korrosion vielfach dadurch, daß man es in metallische Verbindung mit Zink bringt. Wir sehen, daß diese Maßnahme an und für sich noch nicht genügt, um einen vollen Schutz zu bewirken. Hierzu ist es notwendig, daß die durch das Element Zn-Fe fließende Stromstärke mindestens gleich der Strecke Fe g ist. Diese Strecke entspricht aber andererseits derjenigen Stromstärke, die durch das Eisen anodisch fließt, wenn es der elektrochemischen Einwirkung des Sauerstoffs allein ausgesetzt ist. Um mit Sicherheit eine Schutzwirkung durch das Zink zu erzielen, muß man also dafür sorgen, daß durch dieses Element eine Stromstärke fließt, die nach dem Faradayschen Gesetz der ohne Zink pro Zeiteinheit aufgelösten Eisenmenge entspricht. Diese hängt in erster Linie von der Sauerstoffzufuhr ab. Die Möglichkeit des Schutzes hängt ihrerseits sehr stark von der Leitfähigkeit des Elektrolyten ab; die Verhältnisse liegen beim Seewasser viel günstiger als etwa bei destilliertem Wasser.

In Wirklichkeit liegen die Verhältnisse beim Zink noch etwas komplizierter, da ja das Wasserstoffpotential in neutraler Lösung etwa —0,41 Volt beträgt, während das Potential des Zinks noch viel unedler ist. Das Zink muß also in einem neutralen Elektrolyten mit einer gewissen Geschwindigkeit, die allerdings in Anbetracht der hohen Wasserstoffüberspannung am Zink nur sehr gering sein wird, unter Wasserstoffentwicklung mit dem Elektrolyten reagieren. Für diesen Angriff müssen sich an der Zinkelektrode kathodische und anodische Gebiete ausbilden.

Anhang: Einzelne Metalle und Legierungen.

Im folgenden sollen einige Metalle und Legierungen unsystematisch erörtert werden, die in technischen oder wissenschaftlichen Zusammenhängen besonders Interessantes bieten. Viele Erscheinungen, um die es sich hierbei handelt, sind bereits in anderen Zusammenhängen systematisch behandelt worden.

A. Eisen und einige seiner Legierungen[1].

1. Das Zustandsdiagramm Eisen-Kohlenstoff.

Das wichtigste Legierungselement des Eisens ist der Kohlenstoff, und die meisten Eisenlegierungen sind kohlenstoffhaltig. Die Grundlage für die Besprechung der Stähle bildet deshalb das Zustandsdiagramm Fe-C, das in Abb. 457 wiedergegeben ist. Das Eisen bildet drei Modifikationen α, γ und δ. Die Modifikationen α und δ sind untereinander identisch, sie haben dasselbe raumzentrierte Gitter und gehen in manchen Legierungen kontinuierlich ineinander über (vgl. Seite 581).

---

[1] Vgl. die ausführliche Darstellung in P. OBERHOFFER: Das technische Eisen. Berlin: Springer 1936. — HOUDREMONT, H.: Handbuch der Sonderstahlkunde. Berlin: Springer 1943.

Als scheinbar getrennte Modifikationen treten sie nur auf, weil in einem mittleren Temperaturgebiet von 906° C bis 1401° C aus nicht bekannten Gründen die flächenzentrierte γ-Struktur beständiger ist.

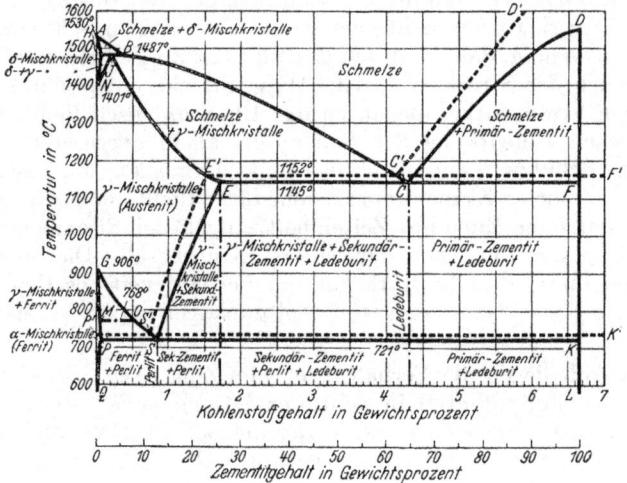

Abb. 457. Zustandsdiagramm der Fe-C-Legierungen (Doppel-Diagramm) (aus H. HOUDREMONT).

Durch den Zusatz von Kohlenstoff wird das Existenzgebiet der γ-Krystalle aufgeweitet. Bei der peritektischen Umsetzung HIB kommt die γ-Phase in Berührung mit der Schmelze. Zwischen B (1487° C) und E (1145° C) scheiden sich

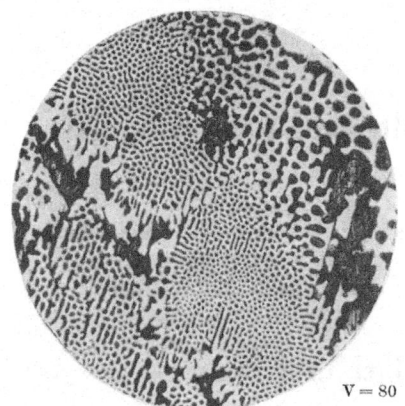

V = 80

Abb. 457A. Ledeburit (aus OBERHOFFER).

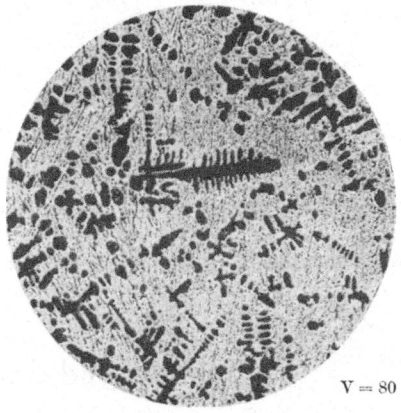

V = 80

Abb. 458. Erstarrungsgefüge bei 2,5% C (aus OBERHOFFER).

aus der Schmelze primär γ-Mischkrystalle aus. Aus der eutektischen Schmelze C mit 4,3% C scheiden sich gleichzeitig γ-Krystalle mit 1,7% C und die Verbindung Fe_3C (Zementit) aus. Dieses Eutektikum wird *Ledeburit* genannt. Die flächenzentrierten Mischkrystalle werden *Austenit* genannt. Mit sinkender Temperatur sinkt die Sättigungsgrenze der γ-Krystalle gegenüber Zementit zu niedrigeren Kohlenstoffgehalten, und bei 720° C findet ein eutektoider Zerfall des γ-Krystalles mit 0,9% C statt.

Die Strukturen der Eisen-Kohlenstoff-Legierungen entsprechen dem Zustandsdiagramm, wobei zu berücksichtigen ist, daß nach vollendeter Erstarrung die γ-α-Umwandlungen stattfinden. Abb. 457A zeigt das eutektische Gefüge des Ledeburits. Die dunklen abgerundeten Krystallite sind $\gamma \rightarrow \alpha$, das infolge der Umwandlungen im Krystallzustand dunkel gefärbt ist. Abb. 458 zeigt das Erstarrungsgefüge einer untereutektischen Legierung mit etwa 2,5% C. Die dunklen

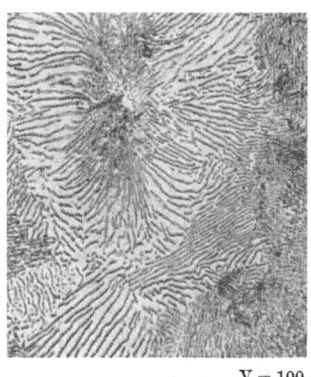

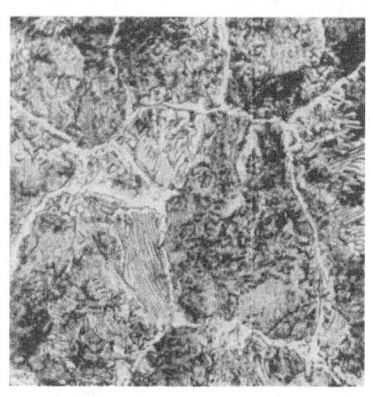

V = 100
Abb. 459. Perlit (aus OBERHOFFER).

V = 500
Abb. 460. Perlit mit Zementitnetz (aus HOUDREMONT).

γ-Krystalle weisen eine typisch dendritische Anordnung einer primären Ausscheidung auf. Dahingegen scheidet sich der Zementit immer in Platten aus. Der Vergleich der Abb. 457A und 458 lehrt, daß der Austenit sich im Ledeburit in Gestalt von nadelförmigen Gebilden befindet, die von Zementit umgeben sind.

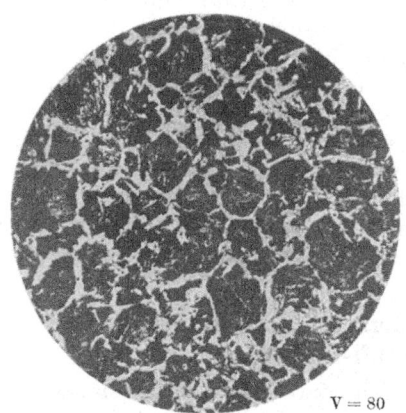

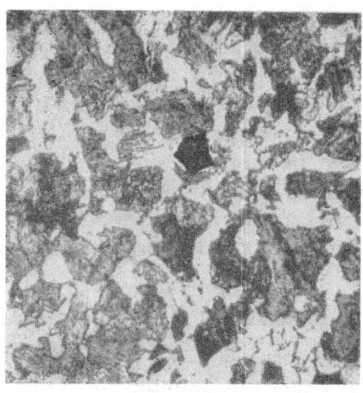

V = 80
Abb. 461. Ausscheidung des Ferrits an den Korngrenzen des Austenits (0,53% C) (aus OBERHOFFER).

V = 200
Abb. 462. Ferrit neben Perlit in einem Stahl mit 0,5% C (aus HOUDREMONT).

Das legt die Vermutung nahe, daß γ der führende Bestandteil der eutektischen Krystallisation ist.

Das eutektoide Gefüge des Perlits ist in Abb. 459 wiedergegeben. Es besteht aus perlitischen Kolonien, innerhalb deren die Orientierung der beiden Bestandteile annähernd einheitlich ist. Trotz der verschiedenen Orientierung der verschiedenen Kolonien oder Körner, wie man sie nennt, und dem dementsprechend schwankenden Lamellenabstand ist das Gefüge immer streifig; das beweist, daß die Anordnung im Gegensatz zum Ledeburit eine plattenförmige und nicht nadelförmige ist.

Längs der Kurve ES scheidet sich der Zementit in Säumen an den Grenzen der Austenitkrystalle aus (Abb. 460). Auch der Ferrit scheidet sich längs der Kurve GS vorwiegend an den Grenzen der Austenitkörner aus, wenn auch lange nicht so ausgesprochen wie der Zementit (Abb. 461). Die Ausscheidungsformen des Ferrits, wie sie im Schliff beobachtet werden, hängen stark von dem Kohlenstoffgehalt und von der Abkühlungsgeschwindigkeit ab. Die Ausscheidung beginnt stets an den Korngrenzen des Austenits, erhält aber im späteren Verlauf vielfach, besonders bei geringen C-Gehalten, ein körniges Aussehen (Abb. 462 und 463).

Im α-Eisen ist der Kohlenstoff nur sehr wenig löslich, bei 720° C erreicht die Sättigungsgrenze etwa 0,04%, um zu tieferer Temperatur stark abzufallen.

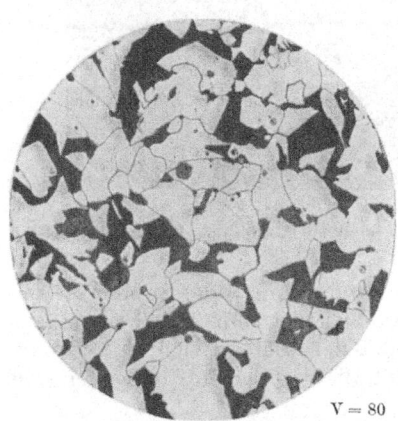

V = 80

Abb. 463. Körnige Ausscheidung von Ferrit (0,26% C) (aus OBERHOFFER).

Außer dem α (δ), γ und Zementit wird in Fe-C-Legierungen als weitere Krystallart vielfach der Graphit beobachtet. Auf Grund der Tatsache, daß der Zementit bei erhöhter Temperatur vielfach leicht in Graphit und α- oder γ-Eisen zerfällt, ist man zu der Überzeugung gelangt, daß der Zementit eine metastabile Krystallart darstellt und im stabilen Zustandsdiagramm der Fe-C-Legierungen eigentlich keinen Platz beanspruchen darf. Das Auftreten des Zementits in den Stählen und das Fehlen des Graphits ist lediglich auf die große Trägheit der Graphitbildung zurückzuführen. Entsprechend der großen Trägheit der Graphitkrystallisation ist die Feststellung des Graphit-Eisen-Gleichgewichtsdiagramms sehr schwierig. In Abb. 457 ist es gestrichelt, halb schematisch eingezeichnet worden. Beeinflußt werden hierdurch nur die Gleichgewichte, an denen der Graphit als Krystallart teilnimmt, während die Gleichgewichte, in denen weder der Zementit noch der Graphit auftritt, in dem Zementit-System und in dem Graphit-System identisch sind. Die Lage der gestrichelten Linien der Graphit-Gleichgewichte gegenüber den ausgezogenen des Zementit-Gleichgewichtes entspricht überall der Voraussetzung, daß Graphit die stabilere Krystallart ist.

2. Einfluß der Abkühlungsgeschwindigkeit auf die Umwandlungen im Eisen-Kohlenstoff-System.

Die γ-α-Umwandlung im Fe-C-System ist stark unterkühlungsfähig. Das äußert sich z. B. bereits darin, daß es große Schwierigkeiten macht, die genaue Temperatur des Perlit-Gleichgewichtes festzustellen. Bei normalen Abkühlungsgeschwindigkeiten, wie sie im Laboratorium oder auch meistens in der Praxis vorkommen, ist die Perlitbildung immer mehr oder weniger zu tiefen Temperaturen gedrückt. Entsprechend liegt die Wärmeaufnahme bei der Auflösung des Perlits bei einer Erhitzung oberhalb der Gleichgewichtstemperatur, so daß man gezwungen ist, den Perlitpunkt bei der Abkühlung (Ar_1) und den Perlitpunkt bei der Erhitzung (Ac_1) zu unterscheiden, was insbesondere bei der Stahlhärtung von Bedeutung ist (vgl. S. 570).

Auch bei der Ausscheidung des Ferrits aus kohlenstoffärmeren Legierungen (im Gleichgewichtszustand längs der Kurve GS) treten Verzögerungserscheinungen auf, die dazu führen, daß der Flächenanteil des Perlits auf dem Schliff größer wird, als dem Gleichgewicht entspricht. Das ist darauf zurückzuführen, daß die Ferritausscheidung, insbesondere im Innern der Austenitkörner, mit stärkerer Unterkühlung erfolgt, so daß die Sättigungsgrenze des Zementits (Fortsetzung der Kurve *SE* zu tieferen Temperaturen hin) überschritten wird, ehe die Ausscheidung des Ferrits abgeschlossen ist. Nun können sich die beiden Krystallarten Zementit und Ferrit gleichzeitig ausscheiden, und die kinetische Bedingung für die Perlitbildung ist gegeben. Die Bildung eines eutektoiden Gefüges ist nicht an die Gleichgewichtskonzentration gebunden, sondern kann, genau wie die eutektische Struktur bei der Krystallisation der Schmelze, in einem gewissen Konzentrationsbereich auftreten. Dieser Bereich scheint, entsprechend den stärkeren Gleichgewichtsverzögerungen im Krystallzustand, im eutektoiden Falle größer als im eutektischen zu sein.

Die typische Anordnung der Ferrit-Krystalle an den Säumen der ursprünglichen γ-Krystalle und der Defekt in der Ferrit-Menge dem Gleichgewicht gegenüber ist desto größer, je höher die Abkühlungsgeschwindigkeit oder je höher der Kohlenstoffgehalt ist. Beide Zusammenhänge sind verständlich. Beim erhöhten Kohlenstoffgehalt kommt der Diffusion des Kohlenstoffs eine erhöhte Bedeutung zu.

Der Abstand zwischen den Lamellen im Perlit hängt, abgesehen von der Zusammensetzung des Stahls, von der Abkühlungsgeschwindigkeit ab; er wird mit zunehmender Abkühlungsgeschwindigkeit geringer; bei höheren Abkühlungsgeschwindigkeiten

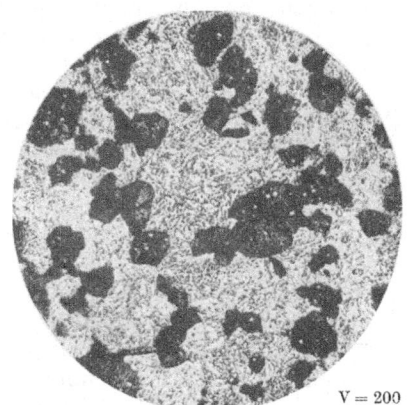

$V = 200$

Abb. 463 A. Martensit und Troostit (aus OBER-HOFFER).

bei gewöhnlichem Kohlenstoffstahl ohne größere Zusätze von anderen Elementen, z. B. nach dem Abschrecken in Öl aus dem γ-Gebiet, wird der Perlit so fein, daß die einzelnen Lamellen im Mikroskop kaum mehr sichtbar gemacht werden können. Beim Ätzen ergibt sich eine schwer auflösbare dunkle Färbung des Schliffes. Er wird dann Sorbit genannt. Bei noch feinerer Verteilung, wenn die Ätzfärbung noch tiefer wird, heißt er wohl auch (Abschreck) Troostit. Im Elektronenmikroskop konnte auch hier das lamellare Gefüge deutlich sichtbar gemacht werden.

Dieser Troostit ist die letzte Zerfallsstufe des Austenits bei der Abkühlung. Der Zerfall geht dann sphärolithisch von einzelnen Keimzentren aus (Abb. 463 A). Diese Gefügeform tritt nur neben bereits sich bildendem Martensit auf: der heterogene Zerfall des Austenits ist nicht mehr vollständig.

Die Terminologie des Troostits ist recht verworren. Man mag sich fragen, ob eine besondere Bezeichnung für die feinste Form des lamellaren Perlits überhaupt noch notwendig ist. Sie wird deshalb z. T. für ein Abkühlungsprodukt des Austenits abgelehnt, z. B. in den USA[1]. Man behält dann die Bezeichnung Troostit („Anlaßtroostit", vgl. S. 574) für eine ähnlich dunkel sich bei der Ätzung färbende Gefügeform, die beim Anlassen von Martensit oder Austenit auf verhältnismäßig niedrige Temperatur entsteht und ein Gemenge von Ferrit mit kugeligem Zementit in feinster Verteilung darstellt. Von mancher Seite wird die Bezeichnung Troostit für diese Gefügeform überhaupt abgelehnt; besonders wird bemängelt, daß der gleiche Name Troostit für zwei verschiedene Gefügeformen Verwendung findet.

---

[1] Vgl. Metals Handbook 1948, herausgegeben von der American Society for Metals.

In der Großherstellung von Stählen spielen vor allen Dingen zwei Arten der Abkühlung eine Rolle: die langsame Abkühlung im erkaltenden Ofen und die mehr oder weniger beschleunigte Abkühlung des Stückes an der Luft. Die zweite nach der Erhitzung in das γ-Gebiet durchgeführte Abkühlung bezeichnet man in der Technik als *Normalisieren*. Der normalisierte Stahl weist ein feineres Gefüge auf als der im Ofen abgekühlte.

Wird die Abkühlungsgeschwindigkeit noch weiterhin über einen kritischen Wert gesteigert, so bleibt die Perlitbildung ganz aus. Das kann nur darauf zurückzuführen sein, daß die Keimbildung sowohl des Ferrits als auch des Zementits ausbleibt. Man beobachtet dann auch nicht die für die Perlitbildung typische Wärmetönung, vielmehr tritt bei einer tieferen Temperatur, die von der Abkühlungsgeschwindigkeit unabhängig ist, wenn sie nur oberhalb der kritischen liegt, eine erneute Wärmeentwicklung auf. Abb. 464 zeigt die bei einem Stahl mit etwa 0,45% C bei der Abkühlung auftretenden Wärmeeffekte in Abhängigkeit von der Abkühlungsgeschwindigkeit. Die thermischen Effekte beim Beginn der Ferritausscheidung aus dem γ-Mischkrystall (Ar_3) und beim Perlitpunkt (Ar_1) verschwimmen ineinander mit zunehmender Abkühlungsgeschwindigkeit. Bei Ar' wird grundsätzlich noch Perlit gebildet, wenn auch die hierbei auftretende Wärmetönung mit den gewöhnlichen Hilfsmitteln nicht mehr wahrgenommen werden kann. Nach Erreichung einer von Fall zu Fall etwas schwankenden kritischen Abkühlungsgeschwindigkeit setzt die Perlitumwandlung gänzlich aus. Es tritt jetzt eine mit verfeinerten Mitteln wahrnehmbare Wärmetönung bei erheblich niedrigerer Temperatur auf (Martensitbildung). An Stelle des Perlits oder des dunkel gefärbten Abschreck-Troostits tritt ein schwerer ätzbares, im Schliff helleres, mehr oder weniger undeutliches und vielfach feinkörniges nadelförmiges Gefüge auf. Das ist der Martensit (Abb. 403). Gleichzeitig steigt die Härte sehr erheblich bis auf 600—700 Brinell-Einheiten an.

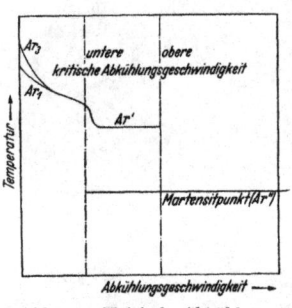

Abb. 464. Kritische Abkühlungsgeschwindigkeit (aus HOUDREMONT).

Die Temperatur der Martensitbildung sinkt in Abhängigkeit vom Kohlenstoffgehalt von ca. 400° bis auf ca. 100° bei 1,5% C.

Die Höhe der kritischen Abkühlungsgeschwindigkeit, bei der die Martensitbildung eintritt, hängt stark von den Gehalten des Eisens an dritten Stoffen ab. Bei technischen Kohlenstoffstählen ist sie so groß, daß man die Stücke in Wasser abschrecken muß und bei größerem Durchmesser als etwa 1 cm eine Martensitbildung bis zur Mitte hin (eine vollständige Durchhärtung) nicht mehr erreicht.

Die Natur des Martensits und die martensitische Umwandlung sind schon oben eingehend erörtert worden (S. 482ff.).

Schreckt man einen etwa perlitischen Stahl mit etwa 0,9% C (in der Regel mit weiteren Beimengungen außer Kohlenstoff) auf verschiedene Temperaturen oberhalb der Temperatur der Martensitbildung ab und hält man ihn bei dieser Temperatur für einige Zeit, so beobachtet man Wärmetönungen und Änderungen des Gefüges, die mit verschiedener Geschwindigkeit einsetzten. Auch kann man die Umwandlungen durch magnetische Analyse verfolgen, da der Ferrit und Martensit im Gegensatz zum Austenit ferromagnetisch sind und die Sättigung proportional ihrer Menge ist[1]. In Abb. 465 sind die Geschwindigkeiten als Abszisse und Temperatur auf der Ordinatenachse aufgetragen. Bei 720° C, der Temperatur

---

[1] Vgl. zahlreiche Arbeiten von F. WEVER und Mitarbeitern z. B. im Archiv für Eisenhüttenkunde.

des perlitischen Gleichgewichtes, ist die Geschwindigkeit der Perlitbildung zunächst Null. Sie nimmt mit zunehmender Unterkühlung zu und erreicht im vorliegenden Falle bei 550—600° C die maximalen Werte. Bei diesen Temperaturen bildet sich bereits an Stelle von Perlit normalerweise Troostit-Sorbit. Bei weiterhin sinkender Temperatur nimmt die Geschwindigkeit der Perlitbildung wieder ab und kann bei Sonderstählen so gering werden, daß sie in kürzeren Zeiten (15') noch nicht merklich ist. Bei tieferen Temperaturen setzt dann wieder eine Umwandlung ein, die offenbar anders geartet ist als die Perlitbildung. Nach dieser Umwandlung in der Zwischenstufe[1] zwischen Perlit und Martensit erhält man ein zuweilen grob und undeutlich ausgebildetes nadeliges bis plattenförmiges Gefüge, das oft eine große Ähnlichkeit mit dem Martensit hat (Abb. 466). Es zeichnet sich dadurch aus, daß die Platten sich dunkel ätzen und daß in ihnen, besonders bei legierten Stählen, Carbidausscheidungen auftreten, die gröber sind als in den Zer-

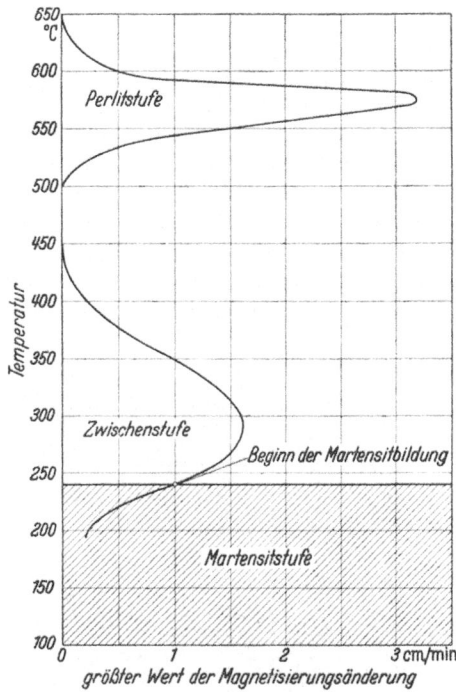

Abb. 465. Abhängigkeit der isothermen Umwandlungsgeschwindigkeit von der Temperatur (aus HOUDREMONT).

fallsprodukten des Martensits bei der entsprechenden Temperatur. F. WEVER und H. LANGE, die dieses Gefüge zuerst eingehend untersucht haben, deuten es wie folgt:

a   V = 500   b   V = 500
Abb. 466 a und b. Zwischengefüge (aus HOUDREMONT).

Die Perlitbildung bleibt aus, weil die Keimbildung des Zementits nicht zustandekommt. Für sie ist also eine ähnliche Temperaturabhängigkeit wie etwa bei organischen Stoffen (S. 191 ff.) anzunehmen. Die metastabile Verlängerung der Ausscheidungslinie GP des Ferrits verläuft bei tieferen Temperaturen zu höheren

[1] Gefüge der Zwischenstufe werden in der angelsächsische Literatur in der Regel mit „Bainit" bezeichnet.

Kohlenstoffgehalten. Damit nähert sich die Zusammensetzung des Stahles immer mehr der metastabilen Zusammensetzung des unterkühlten Ferrits und für seine Bildung wird die Mitwirkung der Diffusion immer unwesentlicher. Wenn seine Keimbildungsfähigkeit noch nicht erschöpft ist, ist das das Gebiet der *Zwischenstufe*. Die platten- oder nadelförmige Ausbildung der Ferritkrystalle entspricht den allgemeinen Erfahrungen über Krystallbildung bei stärkeren Unterkühlungen. Alsbald nach der Bildung des übersättigten Ferrits findet in ihm die Ausscheidung des Zementits oder bei legierten Stählen anderer Carbide statt.

Die drei Gebiete des Perlits, des Zwischenstufengefüges und des Martensits können sich teilweise oder ganz überdecken. Das ist ein Grund dafür, daß die Zwischenstufe bei Kohlenstoffstählen mit geringem Kohlenstoffgehalt lange über-

a   V = 500   b   V = 500

Abb. 467 a und b. Martensit und Austenit (1,5—1,7 % C) (aus HOUDREMONT).

sehen worden ist. Heute weiß man, daß sie bei hohen Abkühlungsgeschwindigkeiten, die indessen zur Martensitbildung nicht ausreichen, bei kohlenstoffarmen Stählen beinahe immer auftritt. Ihre mikroskopische Unterscheidung vom angelassenen Martensit ist meistens recht schwierig[1].

Die drei Gebiete des Perlits, des Zwischenstufengefüges und des Martensits können sich teilweise oder ganz überdecken. Das ist ein Grund dafür, daß die Zwischenstufe bei Kohlenstoffstählen mit geringem Kohlenstoffgehalt lange übersehen worden ist. Heute weiß man, daß sie bei hohen Abkühlungsgeschwindigkeiten, die indessen zur Martensitbildung nicht ausreichen, bei kohlenstoffarmen Stählen beinahe immer auftritt. Ihre mikroskopische Unterscheidung vom angelassenen Martensit ist meistens recht schwierig.

Die Martensitbildung ist nie vollständig, neben Martensit verbleibt im Stahl immer ein gewisser Anteil von Rest-Austenit. Seine Menge hängt von der niedrigsten Temperatur ab, bis zu der der Stahl abgekühlt worden ist. Eine Abkühlung auf die Temperatur der flüssigen Luft führt zur weiteren Umbildung des Austenits in Martensit, die indes auch bei den tiefsten Temperaturen in der Regel nicht vollständig wird. Die Menge des Rest-Austenits nimmt mit steigendem C-Gehalt zu, insbesondere wird er bei überperlitischen Stählen bemerkbar. Bei einem Stahl mit 1,5—1,7% C wird in der Regel nur ein kleiner Teil in Martensit umgewandelt, während der größere Teil austenitisch bleibt (Abb. 467).

---

[1] Vgl. E. HOUDREMONT: Handbuch der Sonderstahlkunde. S. 60ff. Berlin: Springer 1943.

3. Widmannstättensches Gefüge.

Gegossener Stahl mit 0,1—0,5% C weist normalerweise das in Abb. 468 wiedergegebene Gefüge auf. Der Ferrit hat sich nicht nur an den Grenzen der sehr großen Austenitkörner, sondern auch in ihrem Innern in Form von Platten, die parallel den (111)-Ebenen des Austenits angeordnet sind, abgeschieden. Ein ähnliches Gefüge hat zuerst WIDMANNSTÄTTEN 1808 an Meteoriten beobachtet. Es wird nach ihm Widmannstättensches Gefüge genannt. Nach wiederholter Erhitzung in das γ-Gebiet treten diese Platten nicht wieder auf. Hierbei wird unter dem Einfluß der durchlaufenen Umwandlung das Austenitkorn so verfeinert, daß die Ferrit-

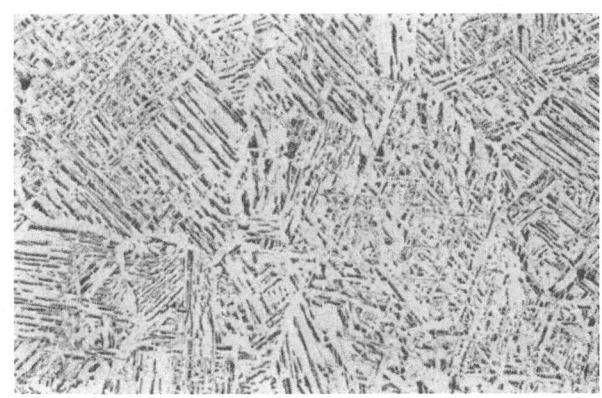

V = 10

Abb. 468. Widmannstättensches Gefüge in einem Gußstahl (aus HANEMANN-SCHRADER).

bildung an den Korngrenzen durchaus vorherrscht und es zu einer solchen im Innern nicht mehr kommt. Stimmt diese Überlegung, so braucht man nur erneut genügend grobe Austenitkrystalle zu erzeugen, um wieder die Bildung des Widmannstättenschen Gefüges herbeizuführen. In der Tat genügt auch eine Erhitzung auf hohe Temperaturen („*Überhitzung*" des Stahles) etwa auf 1100—1300° C, um durch Rekrystallisation ein verhältnismäßig grobes Austenitgefüge und damit bei nachfolgender Abkühlung die Ausscheidung von Ferrit-Krystallen in einer mehr oder weniger typischen Widmannstättenschen Anordnung zu erzielen. Hierbei erhält man es allerdings nie in der typischen Form des gegossenen Stahles. Am typischsten tritt es bekanntlich in Meteoriten auf, wo die Krystallite schon mit bloßem Auge sichtbar sind (Abb. 468 A).

Für die Ausbildung der Widmannstättenschen Anordnung ist eine schnellere Abkühlung günstig. Bei kohlenstoffarmen Stählen geht diese Form kontinuierlich in das Zwischengefüge über.

Das lange als rätselhaft empfundene Widmannstättensche Gefüge der technischen Stähle kann heute als grundsätzlich geklärt gelten. Es

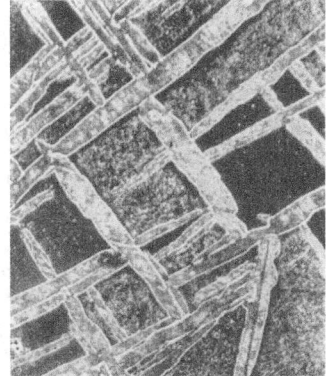

V = 5

Abb. 468 A. Widmannstättensches Gefüge bei einem Meteoriten (nach R. VOGEL).

entsteht dann, wenn das Wachstum der Ferrit-Krystalle an den Grenzen der Austenitkörner entlang nicht genügend schnell erfolgt, so daß die Ferritkrystalle auch in das Innere hineinwachsen. Die Bedingung hierfür ist offenbar außer der Größe des Austenitkornes, wie erwähnt, eine verhältnismäßig schnelle Abkühlung. Dieser hohen Abkühlungsgeschwindigkeit entspricht auch die lanzettförmige Ausbildung der Ferritkrystalle.

Die Bildungsbedingungen des Widmannstättenschen Gefüges bei Meteoriten sind noch gänzlich ungeklärt. Es zeigt verschiedene Eigenarten, die das Verständnis wesentlich erschweren[1].

4. Gefügeumbildungen bei der Erhitzung des abgeschreckten Stahles.

Wird der Martensit erhitzt, so vollziehen sich in ihm bereits beginnend mit etwa 100° C Veränderungen; während der nicht erhitzt gewesene tetragonale Martensit von alkoholischer Salpetersäure langsamer angegriffen wird als Austenit, weshalb er im Schliff hell erscheint (Abb. 466a), kehrt sich das Verhältnis nach einer Erhitzung auf 100—200° C um, es erscheint jetzt der Martensit in Form dunkler Nadeln auf hellem austenitischem Grunde (Abb. 466b). Gleichzeitig findet ein Übergang zur kubischen Krystallform statt. Deshalb bezeichnet man diese Ausbildungsform als „kubischen Martensit". Diese Bezeichnung ist nicht korrekt, da die starke Anätzbarkeit wahrscheinlich auf eine bereits eintretende Ausscheidung von Carbiden in einer höchst dispersen Form hinweist. Die Härte des kubischen Martensits ist allerdings nicht geringer als die des tetragonalen. Wahrscheinlich ist die große Härte des kubischen Martensits als Aushärtung (S. 492ff.) zu verstehen[2].

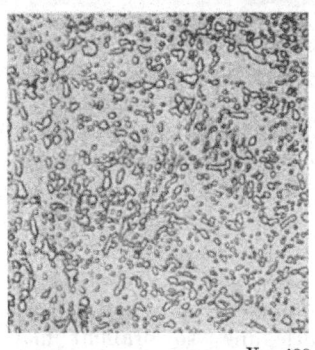

V = 400

Abb. 469. Kugeliger Perlit (aus OBERHOFFER).

Nach einer Erhitzung auf höhere Temperaturen sinkt die Härte; gleichzeitig nimmt die Angreifbarkeit durch Ätzmittel stark zu und man erhält nach einer Ätzung mit alkoholischer Salpetersäure eine gleichmäßige dunkle Färbung; diesen Gefügebestandteil bezeichnet man als „Anlaß-Troostit".

Der Anlaß-Troostit tritt innerhalb des Martensits auf. Die Röntgenanalyse ergibt im Troostit das normale α-Gitter des Eisens. Es unterliegt keinem Zweifel, daß der Troostit aus einem Gemenge von Ferrit und einem Carbid, wahrscheinlich dem Zementit besteht. Der Einfluß der Erhitzung auf weiterhin steigende Temperaturen unterhalb der Perlitumwandlung besteht in einer Zusammenballung des ausgeschiedenen Carbides. Gleichzeitig sinkt die Härte. Nach einer Erhitzung auf 650—700° C erhält man so das Gefüge der Abb. 469. An Stelle der streifenförmigen Ausbildung im Perlit liegt der Zementit jetzt in Gestalt von kugeligen Gebilden vor („kugeliger Zementit"). Sein Gemenge mit Ferrit wird als „körniger Perlit" bezeichnet. Diese Ausbildungsform ist verständlich. In der Tat entsteht das streifenförmige Gefüge des Perlits lediglich als Folge der gleichzeitigen Krystallisation der beiden Gefügebestandteile bei der Perlitumwandlung. Bei seiner Ausbildung aus dem Martensit handelt es sich dagegen um einen Ausscheidungsvorgang. Bei höheren Temperaturen entstehen so durch Zusammenballung die sichtbaren Zementitkörner. Das entspricht der allgemeinen Erfahrung, daß, wenn Ausscheidungen aus übersättigten Mischkrystallen auch zunächst plattenförmig entstehen, sie sich bei höheren Temperaturen zu körnigen Gebilden zusammenballen. Allerdings findet man bei der Umbildung des Martensits in keinem Stadium Anzeichen einer plattenförmigen Ausscheidung. Vielleicht hängt das mit folgendem zusammen. Es liegen Anzeichen dafür vor, daß der Martensit zuerst nicht in Ferrit und Zementit, sondern in Ferrit und ein

---

[1] Vgl. R. VOGEL: Abh. Ges. Wiss. Göttingen, Math.-phys. Kl., III. Folge (1932), H. 6.
[2] Die Gitterkonstante des kubischen Martensits ist erheblich größer als die des Ferrits. Seine Natur ist noch keineswegs geklärt.

noch unbekanntes Carbid zerfällt, das eine vom Zementit abweichende Krystallstruktur hat. Bei höheren Temperaturen findet eine noch nicht näher untersuchte Umwandlung des unbeständigen Carbides in den normalen Zementit statt[1]. Durch Erhitzung des Martensits auf verschiedene Temperaturen kann eine größere Mannigfaltigkeit der Eigenschaften eines Stahles, vor allen Dingen eine günstige Kombination einer erhöhten Festigkeit mit einer guten Zähigkeit erreicht werden. Diese Behandlung nennt man allgemein „*Vergütung*" des Stahles.

5. Legierte Stähle.

a) Allgemeine Übersicht.

Reine Fe-C-Legierungen sind praktisch nicht herstellbar. Das technische Eisen enthält immer Verunreinigungen, in der Regel werden auch absichtlich Zusätze getätigt oder im Stahl belassen. Werden besondere Maßnahmen zur Einführung von Zusätzen vorgenommen oder erreichen diese höhere Konzentrationen, so spricht man von *Sonderstählen der Zusammensetzung*, womit man zum Ausdruck bringt, daß auch Besonderheiten der Herstellung oder Behandlung mit dem Ziele der Herbeiführung bestimmter Eigenschaften zu „Sonderstählen" führen können. Die Hauptwirkung dritter oder vierter Elemente im Stahl besteht in der Beeinflussung der γ-α-Umwandlung und in den Reaktionen mit den im Stahl anwesenden Carbiden. Durch einen Legierungszusatz kann das γ-Feld erweitert oder eingeschnürt werden. Eine Begleiterscheinung des letzteren Falles ist vielfach die Ausscheidung von Carbiden des Zusatzelementes als selbständige Phase. Wir kommen auf diese Weise zu folgender Gliederung der Sonderstähle:

1. Stähle mit erweitertem γ-Feld,
2. Stähle mit verengtem γ-Feld.
3. Stähle mit Sondercarbiden.

Wenn ein Zusatzelement im γ-Eisen in größeren Mengen im Mischkrystall aufgenommen wird, wie das in der Regel der Fall ist, hat das allgemein zur Folge, daß die Reaktionen im γ-Zustande träger werden. Das ist sehr einfach zu erklären. Ist ein Kohlenstoffstahl frei von Zusätzen dritter Elemente, so ist der einzige Vorgang in der homogenen γ-Phase, der die heterogenen Umsetzungen etwa der Perlitstufe begleitet, die Diffusion des Kohlenstoffs im γ-Raumgitter. Das geringe Atomvolumen des Kohlenstoffs und sein interstitiärer Einbau im Raumgitter des Mischkrystalles (S. 163) erleichtern seine Diffusion erheblich. In der Tat erfolgt sie verhältnismäßig schnell (vgl. S. 176). Selbst bei gewöhnlicher Temperatur findet im Eisen offenbar eine Diffusion des Kohlenstoffs statt, wie sich das aus der Tatsache der Aushärtung des schwach C-haltigen Eisens und aus langsamen Änderungen des gehärteten Stahles ergibt. In Sonderstählen haben dahingegen die miteinander reagierenden Phasen nicht nur verschiedenen Kohlenstoffgehalt, sondern auch verschiedenen Gehalt an den anderen Legierungselementen. Als Begleiterscheinung einer heterogenen Umsetzung müssen sich diese deshalb an der Diffusion beteiligen, was ihre wesentliche Verlangsamung bedingt. Auch die Keimbildung etwa von komplexen Carbiden erfolgt wesentlich schwieriger als die des reinen Zementits. Während das zur Keimbildung des letzteren neben dem Kohlenstoff erforderliche Eisen überall vorhanden ist, gilt das durchaus nicht für ein in stärkerer Verdünnung vorhandenes Zusatzelement. Die Reaktionsträgheit ist somit grundsätzlich ein allgemeines Kennzeichen der legierten Stähle. Eine Ausnahme bildet der ebenfalls beobachtete Fall, daß durch einen Zusatz

---

[1] ARBUZOV, M., u. KURDJUMOV: J. techn. Physics Leningrad **10** (1940), 1093; vgl. Zbl. Werkstofforsch. **1** (1942), 174.

die Ausscheidung eines Karbides stattfindet, infolge deren eine Herabsetzung des
Gehaltes der Grundmasse sowohl an dem Zusatzelement als auch an Kohlenstoff
eintritt. In der Grundmasse spielen sich deshalb mit Diffusion gekoppelte Reaktionen besonders lebhaft ab. Solche Fälle werden wir kennen lernen.

b) Stähle mit erweitertem γ-Feld.

α) Eisen-Nickel-Legierungen.

Ein typisches Beispiel dieses Falles bilden die oben bereits besprochenen
Fe-C-Legierungen. Das Temperaturgebiet der γ-Phase, das sich beim reinen
Eisen von 906—1401° C erstreckt, erweitert sich beim Zusatz des Kohlenstoffs,

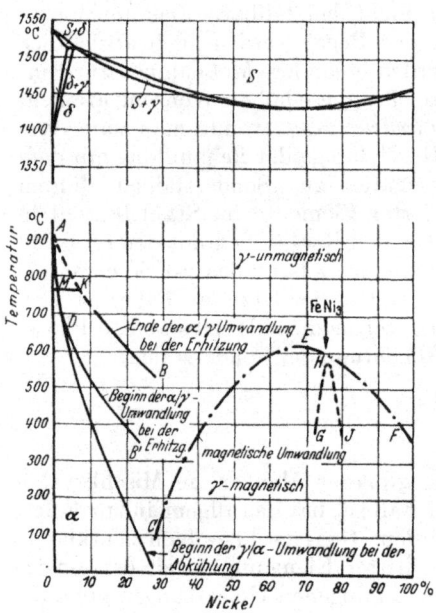

Abb. 470. Zustandsdiagramm
der Fe-Ni-Legierungen (aus HOUDREMONT).

und auf diese Weise kommt die γ-Phase in
Berührung mit Schmelzen bestimmter Zusammensetzungen.

Eine noch weitere Ausdehnung erfährt
die γ-Phase, wenn das Legierungselement
flächenzentriert ist und mit dem γ-Eisen
in allen Verhältnissen Mischkrystalle bildet.
Einen solchen Fall stellt das System Fe-Ni
dar (Abb. 470). Mit Ausnahme eines kleinen Gebietes der Fe-reichen Legierungen
bis etwa 5% Ni bilden sich unmittelbar
aus der Schmelze γ-Mischkrystalle. Die
γ-α-Umwandlung bei 906° C wird durch
Zusatz von Ni scharf nach unten gedrückt;
wie zu erwarten ist, entsteht hierbei im
binären System ein Umwandlungsintervall. Infolge ihrer steigenden Temperaturerniedrigung mit zunehmendem Ni-Gehalt
nimmt die thermische Trägheit bei der
Umwandlung zu. Die Diffusion wird immer
schwieriger, so daß es mit Ni-Gehalten von
6—10% möglich wird, den normalen Ablauf der Umwandlung durch Abschrecken
zu unterbinden. An Stelle dieser findet bei

tieferen Temperaturen, anscheinend ohne Beteiligung der Diffusion, ein Umklappen
in die α-Form statt, die alle Eigenarten der Martensitumwandlung im Fe-C-System
mit Ausnahme der Ausbildung einer tetragonalen Form aufweist (S. 488ff.). Die
Martensitbildung erfolgt bei Unterschreitung einer gewissen Grenztemperatur,
die mit steigendem Ni-Gehalt schnell sinkt, bei Stählen mit etwa 30—35% Ni
bereits unter Zimmertemperatur. Somit lassen sich diese Stähle beliebig lange
bei Zimmertemperatur und bei höheren Temperaturen im flächenzentrierten Zustand halten, ohne daß die Umwandlung einsetzen würde. Sie wird in der Regel
durch Eintauchen in flüssige Luft erzwungen. Wenn sie einsetzt, läuft sie außerordentlich schnell ab. Das Ausbleiben der tetragonalen Verzerrung ist verständlich, da bei der großen Löslichkeit des Nickels im α-Eisen keine Veranlassung zur
Ausbildung eines Zwangszustandes besteht.

Die martensitische Umwandlung erfolgt nach starker Unterkühlung. Die
rückwärtige Umwandlung, die dann mit einer Diffusion verbunden ist und etwa
nach den Gesetzen der heterogenen Gleichgewichte verläuft, setzt erst bei sehr
viel höheren Temperaturen ein. Trotz aller Bemühungen ist es nicht gelungen,
diese große Temperaturhysterese zu beseitigen. Stähle, die sie zeigen, mit etwa

6—35% Nickel, heißen *irreversibel* im Gegensatz zu Stählen mit geringerem Nickelgehalt, in denen der Umwandlungsverlauf ein normaler ist, und zu solchen mit höherem Nickelgehalt, bei denen eine Umwandlung überhaupt nicht mehr eintritt.

Im Übergangsgebiet zwischen den reversiblen und den irreversiblen Stählen bei Nickelgehalten um 5% treten interessante, zum Teil komplizierte Übergangserscheinungen auf. So setzt etwa die γ-α-Umwandlung bei der Abkühlung normal ein. Hierbei reichert sich die mit γ im Gleichgewicht befindliche

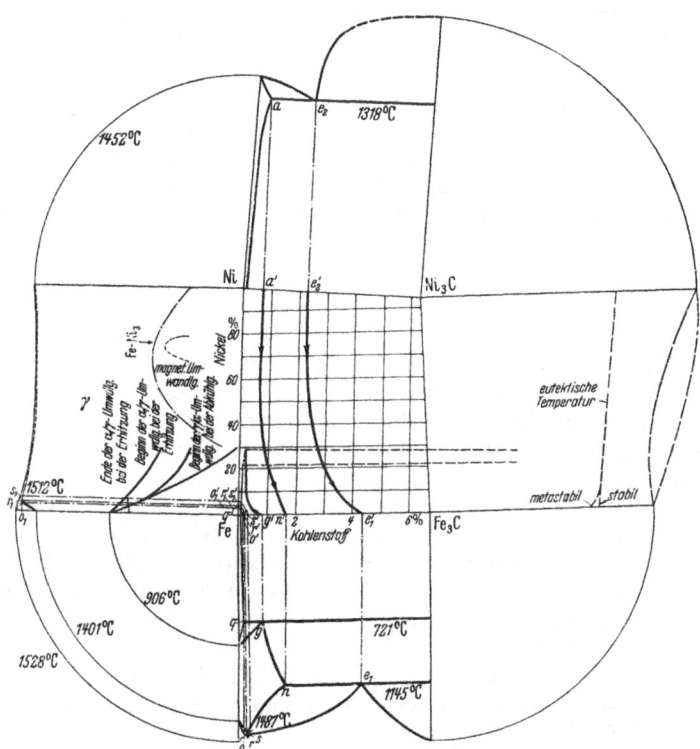

Abb. 471. Teildiagramm der Fe-Ni-C-Legierungen (aus HOUDREMONT).

α-Phase im Verlauf der Umwandlung an Nickel an. Hierdurch sinkt die Gleichgewichtstemperatur so weit, daß die Umwandlung stockt und ihren Abschluß z.B. als martensitischer Umklappvorgang bei tieferen Temperaturen finden kann[1].

In Abb. 471 ist ein Teildiagramm der Fe-Ni-C-Legierungen dargestellt[2]. Hierbei wird angenommen, daß die Carbide Ni_3C und Fe_3C eine lückenlose Reihe von Mischkristallen miteinander bilden. Das Carbid Ni_3C ist wenig beständig. In ternären Legierungen ist der sich ausscheidende Zementit immer Ni-haltig und neigt deshalb mehr zum Zerfall in Graphit und eine eisenreiche Phase als der reine Eisenzementit.

---

[1] Vgl. E. SCHEIL: Arch. Eisenhüttenwes. 9 (1935/36), 163.

[2] Hier wie in den nachfolgenden Abbildungen der ternären Legierungen des Eisens ist folgende Darstellung des Konzentrationsdreiecks gewählt worden. Die Eisen-Ecke bildet einen rechten Winkel, der Gehalt an Kohlenstoff ist in einem wesentlich vergrößerten Maßstab aufgetragen. Die Linien gleichen Nickelgehaltes sind horizontal, die gleichen Kohlenstoffgehaltes senkrecht zur Seite Fe-C aufgetragen. Auf diese Weise entsteht das rechteckige Netz der Abbildungen.

Die Linie $e'_1 e'_2$ ist die Projektion der binären eutektischen Rinne, die mit steigendem Ni-Gehalt zu höheren Temperaturen verläuft. Der Kohlenstoffgehalt des eutektischen Punktes sinkt mit steigendem Ni-Gehalt. Dasselbe gilt, wenn auch in mäßigen Grenzen, für die Kohlenstoffaufnahme im γ-Mischkrystall. Die Temperatur der vom Punkte n' ausgehenden Grenze steigt mit zunehmendem Ni-Gehalt. Die Temperatur der perlitischen Umwandlung (die von g' ausgehende Kurve) sinkt dahingegen zu tieferen Temperaturen und erreicht bei etwa 30% Ni die Zimmertemperatur. Der Kohlenstoffgehalt des Perlits sinkt stark mit steigendem Ni-Gehalt. An Stelle eines perlitischen Haltepunktes tritt bei den Nickelstählen ein Temperaturintervall, der Perlitpunkt wird unscharf.

Die starke Erniedrigung des Temperaturbereiches der Perlitumwandlung sowie die Erschwerung der Diffusion durch den Nickelgehalt bedingen eine wesentlich erhöhte Trägheit der Nickelstähle. Das heißt, daß die zur Martensitbildung notwendige kritische Abschreckgeschwindigkeit mit zunehmendem Nickelgehalt sinkt, es ergibt sich die Möglichkeit, auch dickere Stücke, nicht nur in Wasser, sondern auch in Öl durchzuhärten. Bei höheren Nickelgehalten wird bereits etwa bei Abkühlung an der Luft eine Martensitbildung erreicht, bei noch höheren Ni-Gehalten bleiben die Stähle austenitisch. Die Trägheit der Perlitbildung erleichtert andererseits die Entstehung von Zwischenstufengefügen bei dicht unter den kritischen liegenden Abkühlungsgeschwindigkeiten.

Der wichtigste metallurgische Einfluß kleinerer Nickelgehalte besteht in der erwähnten Erniedrigung der kritischen Abkühlungsgeschwindigkeit (vgl. Abbildung 463 A), der die thermische Handhabung erleichtert, ja zuweilen überhaupt erst möglich macht. Die Härtungsvorgänge als solche werden durch geringere Nickelgehalte nur wenig beeinflußt, da der Zementit Fe_3C nur wenig Nickel aufzunehmen vermag. Das sonst in mancher Beziehung dem Nickel analoge Mangan verhält sich in dieser Beziehung anders (S. 579). Hinsichtlich der ungestörten Erhöhung der Durchhärtungstiefe ist Nickel deshalb allen anderen Zusatzelementen überlegen und in diesem Sinne unersetzlich. Will man dieselbe Wirkung bei anderen Stählen erreichen, so ist man zu besonderen thermisch-metallurgischen Maßnahmen gezwungen, wie wir das am Beispiel des Mangans sehen werden. Bei hohen Nickelgehalten zeigen die reversiblen Nickelstähle besondere physikalische Eigenschaften, auf denen ihre Anwendung beruht (ferromagnetische Eigenschaften, vgl. S. 318ff., thermische Ausdehnung, vgl. S. 606).

β) Manganstähle.

Ähnlich wie durch Nickel wird das γ-Gebiet auch durch Zusatz von Mangan erweitert, wie das Abb. 472 zeigt. Für uns ist nur der linke Fe-reichere Teil des Diagramms von Interesse. Wie man sieht, wird das Umwandlungsintervall durch Mn-Zusatz stark zu tieferen Temperaturen hin verschoben. Bereits bei Gehalten von 5—12% Mn bekommt man bei normalen Akühlungsbedingungen martensitisches Gefüge, oberhalb etwa 13% Mn Austenit. Da der Kohlenstoff ebenfalls die Umwandlung träger macht, sinken die genannten Grenzen mit steigendem C-Gehalt zu tieferen Mn-Gehalten. Die austenitischen Stähle erleiden im Temperaturgebiet von etwa 200° C und tiefer fernerhin eine Umwandlung in eine neue hexagonale Modifikation (ε-Krystallart), die noch wenig geklärt ist. Die niedrige Temperaturlage dieser Umwandlung spricht dafür, daß sie ohne Diffusion durch eine der martensitischen ähnliche Umklappung des Raumgitters erfolgt. Wie die Martensitbildung wird sie durch plastische Verformung erleichtert und oft eingeleitet. In den meistens gebräuchlichen Mn-Fe-Legierungen scheint diese Krystallart keine Bedeutung zu haben.

Durch Zusatz von Mangan rückt der Punkt E des Fe-C-Diagramms zu etwas höheren C-Gehalten (bis zu etwa 2%), ohne daß seine Temperatur sich wesentlich ändern würde. Der Perlitpunkt sinkt, wie erwähnt, zu tieferen Temperaturen. Der Kohlenstoffgehalt des Perlitpunktes sinkt und erreicht etwa 0,2% bei 20% Mn. Damit wird die Kurve ES des Fe-C-Diagrammes flacher. Die Temperaturabhängigkeit der Kohlenstoffaufnahme im γ-Krystall wird größer.

Demnach bestehen auch bei Mn-Stählen grundsätzlich dieselben Voraussetzungen für die Erhöhung der Trägheit bei den Umwandlungen wie bei Ni-C-Stählen, allerdings unter der Voraussetzung, daß eine genügende Menge Mangan im γ-Mischkrystall gelöst ist. Und diese Voraussetzung ist im Gegensatz zu den

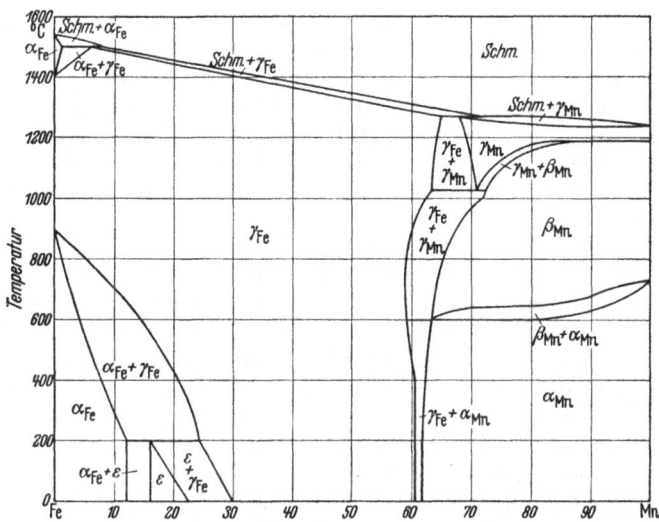

Abb. 472. Zustandsdiagramm der Fe-Mn-Legierungen (das δ-Mn ist nicht berücksichtigt) (aus HOUDREMONT).

Nickelstählen nicht immer erfüllt. Die Folge des niedrigen C-Gehaltes beim Perlitpunkt ist, daß sowohl in Nickelstählen als auch in Manganstählen sich in reichlichen Mengen Carbide ausscheiden. Infolge der großen Verwandtschaft des Mangans zum Kohlenstoff nimmt der Zementit erhebliche Mengen von Mangan auf, und in der Grundmasse des Austenits tritt eine Verarmung nicht nur an Kohlenstoff, sondern auch an Mangan auf. Damit sind die Voraussetzungen für die Verzögerung der Umwandlungsvorgänge behoben. Ja, ein Stahl mit höherem Mangangehalt kann bei gleichem Kohlenstoffgehalt aus diesem Grunde sogar weniger träge sein als ein Kohlenstoffstahl mit demselben Kohlenstoffgehalt. Sorgt man dafür, daß bei Erhitzung bis in das γ-Gebiet hinein die Perlittemperatur nicht wesentlich überschritten wird, so erhält man deshalb Stähle mit geringer Härtungstiefe und mit höherer kritischer Abschreckgeschwindigkeit. Solche Stähle finden dort Verwendung, wo eine nur oberflächliche Härtung erwünscht ist. Während man früher hierzu einen besonders reinen Kohlenstoffstahl in stark Al$_2$O$_3$-haltigen Tiegeln unter den größten Vorsichtsmaßnahmen herstellte, verwendet man heute mit Vorteil Zusätze an Elementen mit starker Verwandtschaft zum Kohlenstoff, die aus dem γ-Mischkrystall bei entsprechend niedriger Erhitzungstemperatur sich als Carbide ausscheiden. Als solcher Zusatz ist z. B. Vanadium besonders wirksam. Erhitzt man dahingegen den Mn-Stahl auf höhere Temperaturen, z. B. auf 1100° C, so gehen entsprechend der stark zunehmenden C-Löslichkeit größere Kohlenstoffmengen in den γ-Mischkrystall hinein, die

37*

Umsetzungen werden träger und die kritische Abkühlungsgeschwindigkeit wird herabgesetzt. Man hat somit durch geeignete Wahl der Erhitzungstemperatur ein bequemes Mittel, um die technologischen Eigenschaften des Stahles wesentlich zu beeinflussen. Bei Nickelstählen besteht ein Einfluß der Erhitzungstemperatur in ähnlichem Umfange nicht. Dort hat man auch nicht die Möglichkeit, Stähle mit geringer Härtungstiefe zu erzielen.

Diese Behandlungsart führt indessen bei reinen Manganstählen noch nicht zu günstigen technologischen Ergebnissen, da die γ-Krystalle in den Manganstählen stark zur Grobkornbildung neigen. In dieser Beziehung stellen die Manganstähle eine Ausnahme unter den legierten Stählen dar. Es scheint, daß die Kornwachstumsträgheit bei der Rekrystallisation, die die legierten Stähle in der Regel auszeichnet und die die Grobkornbildung des Austenits verhindert, in der Hauptsache auf ungelöst gebliebene Carbidreste zurückzuführen ist. Ihre Auflösung wird durch die erörterte Diffusionsträgheit erschwert. Bei den Manganstählen wirkt diesem Faktor indessen ein anderer entgegen, nämlich die hohe Löslichkeit des Kohlenstoffs im γ-Krystall bei hohen Temperaturen; sie ermöglicht die Entstehung von großen Konzentrationsgefällen im γ-Krystall und erleichtert die Diffusion so wesentlich, daß eine schnelle Auflösung der Carbidreste ermöglicht wird.

Eine entsprechende Erhitzung von Nickelstählen auf hohe Temperaturen kommt nicht in Frage, weil dort auch nach Erhitzung auf tiefere Temperaturen eine genügende Trägheit erreicht wird. Deshalb bildet bei ihnen die Grobkornbildung keine technische Gefahr.

Die Grobkornbildung der Manganstähle wird mit Erfolg durch Zusatz von weiteren carbidbildenden Elementen, deren Carbide sich auch bei hohen Temperaturen weniger in Stahl auflösen, vermieden. Wohl am wirksamsten in dieser Richtung ist das Vanadin. Deshalb werden Manganstähle in gehärtetem Zustande mit Zusätzen von carbidbildenden Elementen verwandt.

Eine besondere Erwähnung verdient der von R. A. HADFIELD entwickelte sogenannte ,,*Manganhartstahl*'' mit etwa 12% Mn und 1% C. Da der γ-Krystall nicht ferromagnetisch ist, gilt dasselbe für den austenitischen Stahl. Die γ-Struktur ist hier bei Zimmertemperatur noch nicht stabil. Der Zusatz des Kohlenstoffs hat den Zweck, die Umwandlungsträgheit des Austenits zu erhöhen. Als ,,hart'' wird er nicht etwa wegen seiner hohen Brinellhärte bezeichnet, sondern weil er sich außerordentlich schlecht mit spanabhebenden Werkzeugen bearbeiten läßt. Das ist die Folge der großen Zähigkeit und Verfestigungsfähigkeit des Austenits. Seine Dehnungskurve steigt ziemlich steil an, und das ,,Streckgrenzenverhältnis'', also das Verhältnis der Streckgrenze zur Zerreißfestigkeit ist niedriger als bei ferritischen Stählen. Die hohe Zähigkeit und große Verfestigungsfähigkeit ist eine allgemeine Eigenschaft austenitischer Stähle.

Den Legierungen mit Nickel mit unbeschränkter Mischbarkeit im γ-Zustand analog sind neben den Manganlegierungen die Legierungen des Eisens mit Kobalt, Ruthenium, Rhodium, Palladium, Osmium, Iridium und Platin. Gleichgewichtsdiagramme mit erweitertem γ-Gebiet, das praktisch durch andere Phasen begrenzt wird, liefern fernerhin außer Kohlenstoff die Elemente Stickstoff, Kupfer, Zink, Gold und Rhenium.

c) Legierungen mit verengtem γ-Feld.

Es wird zuweilen beobachtet, daß die Temperatur der δ-γ-Umwandlung durch Zusatz eines Legierungsbestandteiles herabgesetzt, diejenige der δ-α-Umwandlung dahingegen erhöht wird. Auf diese Weise entsteht der Typus eines Zustandsdiagrammes, wie er in Abb. 473 dargestellt ist, in dem die γ-Mischkrystalle noch im

Gleichgewicht mit einer dritten Phase stehen, wenn auch ihr Feld bereits eingeengt ist. Solche Diagramme bilden mit dem Eisen die Elemente Bor, Zirkon und Cer.

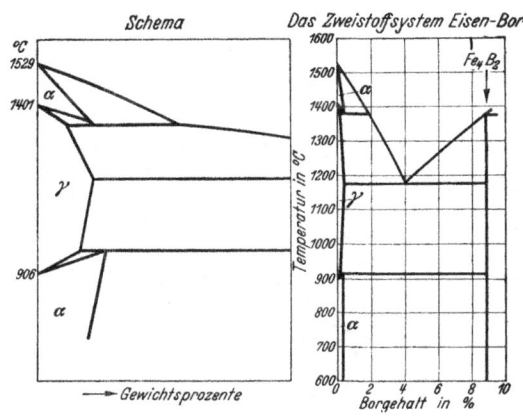

Abb. 473. Systeme mit begrenztem γ-Feld (aus HOUDREMONT).

Die Einschnürung des γ-Feldes kann aber auch weiter gehen, so daß es vom Felde der α-δ-Krystalle ganz umgeben ist und überhaupt nicht mehr im Gleichgewicht mit einer dritten

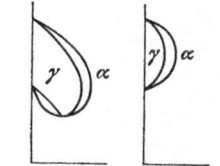

Abb. 474. Innerhalb des α-Feldes abgeschlossenes γ-Feld (aus HOUDREMONT).

Phase stehen kann. Abb. 474 zeigt, daß die γ-α-Umwandlung hierbei zunächst erniedrigt (wie bei Fe-Cr-Legierungen) oder von Anfang an erhöht werden kann (wie bei Fe-Si-Legierungen). Ein so abgeschnürtes γ-Feld weisen die Legierungen des Eisens mit Beryllium, Aluminium, Silicium, Phosphor, Titan, Vanadium, Chrom, Germanium, Arsen, Niob, Molybdän, Zinn, Antimon, Tantal und Wolfram auf.

Die Legierungselemente dieser Gruppe haben weiterhin meistens die Eigenschaft, stabile Carbidphasen zu bilden, indem sie entweder in höherem Prozentgehalt in den Zementit eingehen oder aber neue Carbide bilden, die sich als selbständige Phasen ausscheiden.

d) Stähle mit Carbidbildnern.

α) Vanadinstähle.

Als ein besonders typisches Element der dritten Gruppe wollen wir zunächst die Eisen-Vanadin-Legierungen betrachten. Ihr Zustandsdiagramm, das große Ähnlichkeit mit demjenigen der Fe-Cr-Legierungen hat, ist in Abb. 475 wiedergegeben. Aus dem Mischkrystall mittlerer Konzentration bildet sich die Phase Fe V, die uns hier indessen nicht interessiert. Das Gebiet der γ-Mischkrystalle

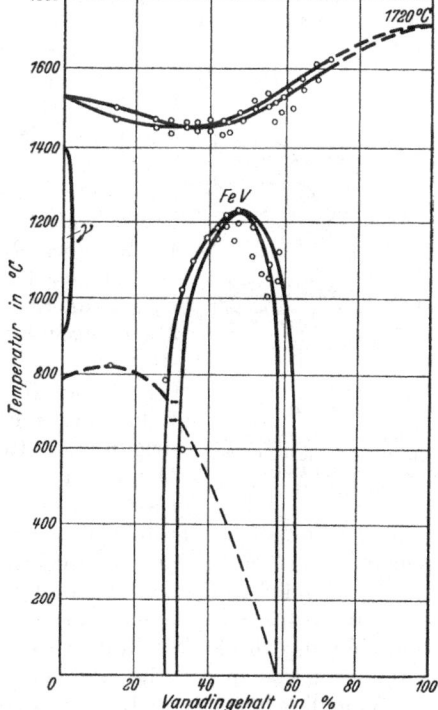

Abb. 475. Zustandsdiagramm der Fe-V-Legierungen (aus HOUDREMONT).

erstreckt sich nur bis etwa 1% V. Legierungen mit höherem V-Gehalt weisen im Krystallzustand überhaupt keine Umwandlungen mehr auf.

Das ternäre System Fe-V-C ist durch das Auftreten des Carbides V_4C_3 (andere vanadiumreichere Carbide treten in technischen Stählen nicht auf) gekennzeichnet. Für die Frage der mit der γ-α-Umwandlung zusammenhängenden Stahlbehandlung interessiert vor allem das Verhalten des γ-Feldes bei verschiedenen Temperaturen. In Abb. 476 ist seine Ausdehnung für verschiedene höhere Temperaturen angegeben. Die Ecke des γ-Feldes enthält bei 750° C etwa 0,6% C und 0,3% V,

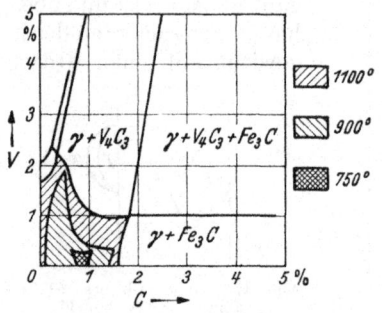

Abb. 476. Teildiagramm der Fe-V-C-Legierungen (aus HOUDREMONT).

Abb. 477. Härtetiefe in Abhängigkeit von der Erhitzungstemperatur (aus HOUDREMONT).

bei 900° etwa 0,6% C und 2% V. Die Grundmasse des Austenits enthält bei 750° C etwa 0,3% V, bei 1100° C bereits 1% V.

Diese starke Erhöhung des Vanadingehaltes im γ-Eisen bei höheren Temperaturen verursacht eine reichliche Ausscheidung von V_4C_3 bei der Abkühlung in fein disperser Form. Es ist anzunehmen, daß die Vanadinstähle mit mehr als etwa 0,3% V bei 750° C von feinen Carbidausscheidungen durchsetzt sind. Diese

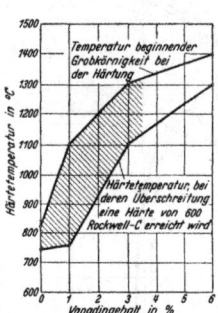

Abb. 478. Härtetemperatur und Grobkornbildung bei Vanadinstählen (aus HOUDREMONT).

Carbidausscheidungen wirken als Keime bei der Zementitausscheidung während der γ-α-Umwandlung und erhöhen damit die kritische Abkühlungsgeschwindigkeit. In derselben Richtung wirkt auch ein anderer Umstand; wenn man zu einem Stahl mit 1% C etwa 2% V zusetzt, geht der Kohlenstoffgehalt des Austenits auf etwa 0,7% C, bei einem Stahl mit 0,6% C tritt hierdurch sogar eine Erniedrigung auf etwa 0,2—0,3% C ein. Damit wird die Trägheit des Stahles weiterhin herabgesetzt. · Beim

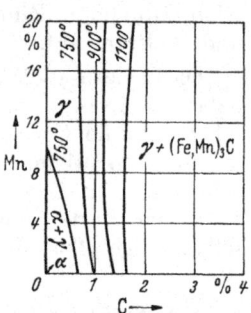

Abb. 479. Grenzen des α- und γ-Gebietes in Fe-Mn-C-Legierungen bei 750°, 900° und 1100° (aus HOUDREMONT).

Vanadin treffen wir deshalb, wie erwähnt, in besonders typischer Form die Erscheinung an, daß beim Abschrecken von etwa 750° C die Härtungstiefe selbst dem gewöhnlichen Kohlenstoffstahl gegenüber herabgesetzt ist. Bei höherer Temperatur wird in steigendem Maße V_4C_3 in den γ-Mischkrystall aufgenommen, die Keimbildung durch die fein dispersen V_4C_3-Ausscheidungen geht zurück, andererseits wirkt sich in der oben geschilderten Weise der trägheitserhöhende Einfluß des Vanadins als dritten Legierungselementes aus. Nach dem Abschrecken von Temperaturen oberhalb von 1000° C ist die Durchhärtungstiefe höher als beim Kohlenstoffstahl (Abb. 477).

Eine weitere Folge des starken Kohlenstoffentzugs aus dem γ-Mischkrystall durch das Vanadin bei tieferen Temperaturen ist eine Herabsetzung der beim

Ablöschen in Wasser trotz der Martensitbildung überhaupt erreichbaren Höchsthärte. Im Gegensatz zu den Manganstählen besteht bei den Vanadinstählen keine Gefahr der Grobkornbildung bei hohen Temperaturen, wie Abb. 478 zeigt. Das liegt an der verschiedenen Gestalt des γ-Raumes in beiden Fällen, wie man das in Abb. 479 für die Manganstähle bei 1100° C im Vergleich mit Abb. 476 für Vanadinstähle sieht. Manganstähle mit etwa 1,5% C sind bis zu hohen Mangangehalten bei 1100° C homogen, während die meisten Stähle mit mehr als 1% V und alle mit mehr als 2% V Carbidausscheidungen enthalten, die das Kornwachstum behindern.

β) Eisen-Chrom-Legierungen.

Das Zustandsdiagramm der Eisen-Chrom-Legierungen ist in Abb. 480 wiedergegeben. Es hat große Ähnlichkeit mit demjenigen der Eisen-Vanadin-Legierungen (Abb. 475, S. 581). In beiden Fällen wird das γ-Feld abgeschnürt, wenn auch bei Zusatz von Chrom weniger stark als bei Zusatz von Vanadin. Beide bilden um die Konzentration FeCr bzw. FeV im festen Zustand eine spröde Verbindung. Abgesehen davon, daß der legierungstechnische Einfluß des Chroms in Fe-Cr-C-Legierung nicht ganz so stark sich in einer Carbidbildung auswirkt, hat das Chrom in höheren Konzentrationen bekanntlich einen besonderen Einfluß als korrosionsverhinderndes Element. Im Gegensatz zu Vanadinstählen, die praktisch wohl nicht über 6% V enthalten, wird der Chromgehalt zuweilen bis auf 20—30% gesteigert.

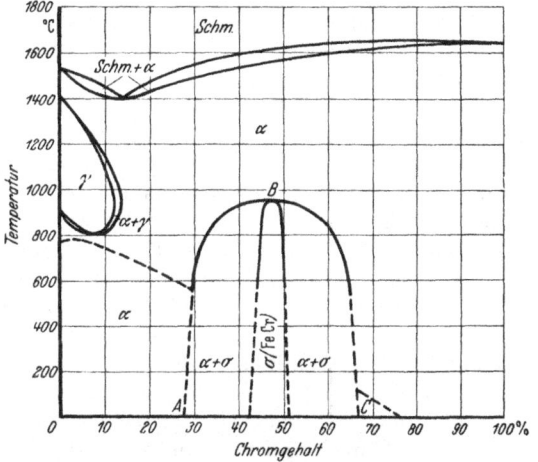

Abb. 480. Zustandsdiagramm Fe-Cr (aus HOUDREMONT).

Man kommt also bereits in eine bedenkliche Nähe der spröden intermediären Krystallart; diese bildet sich nur träge und hauptsächlich beim Walzen bei Temperaturen, bei denen das heterogene Gebiet erreicht wird, wodurch eine Versprödung der Legierungen eintritt. Dieser Effekt kann vermieden werden, wenn die Walztemperatur gesteigert wird. Abgesehen davon treten bei Legierungen mit hohem Chromgehalt bei tieferen Temperaturen Versprödungserscheinungen auf, deren Ursache und deren Natur nicht geklärt sind. Aus diesen Gründen werden keine Eisen-Chrom-Legierungen mit mehr als 30—35% Cr verwendet.

Das Chrom bildet verschiedene Carbide, die je nach dem Chromgehalt in den Stählen in Erscheinung treten. Der Kohlenstoffgehalt des Perlits und der Grenzgehalt der γ-Krystalle an Kohlenstoff werden durch Zusatz von Chrom zu niedrigeren Werten herabgedrückt. An Stelle einer bestimmten Temperatur der Perlitbildung tritt in der ternären Legierung ein Temperaturintervall auf, das mit steigendem Chromgehalt, wie bei Zusatz von Vanadin, zu höheren Temperaturen rückt. Bei stark untereutektoiden Stählen ist deshalb die Härtungstiefe den Kohlenstoffstählen gegenüber kaum erhöht. Bei höherem Kohlenstoffgehalt wirkt sich dahingegen die oben erörterte Erschwerung der Diffusion voll aus, nicht nur wird die Härtungstiefe erhöht, sondern die Stähle werden mit höherem

Chromgehalt zu Öl- oder Lufthärtnern, ja es kann die γ-α-Umwandlung ganz unterdrückt werden.

Während das schwere Inlösunggehen des Vanadincarbids in der Hauptsache auf seine geringe Löslichkeit im γ-Eisen zurückzuführen ist, ist das Inlösunggehen der Chromcarbide durch geringe Auflösungsgeschwindigkeit erschwert. In vielen Fällen müssen bei der Stahlbehandlung deshalb wesentlich erhöhte Erhitzungs-zeiten Anwendung finden. Eine Grobkornbildung wie bei den Manganstählen ist wegen der wesentlich geringeren Ausdehnung des γ-Feldes nicht zu befürchten.

Die Umwandlungsträgheit der Nickelstähle ist neben der Erschwerung der Diffusion vor allen Dingen auf die Erniedrigung des Temperaturintervalles der Umwandlung zurückzuführen. Deshalb ist etwa eine Vergütungsbehandlung (vgl S. 575) bei Nickelstählen nicht möglich. Die Umwandlungstemperaturen der Chromstähle liegen dahingegen hoch, ihre Umwandlungsträgheit ist auf andere Ursachen zurückzuführen. Deshalb kann man bei den Chromstählen mit gutem Erfolg alle Zwischenstufen der thermischen Zersetzung des Martensits, gegebenen-falls bei höheren Temperaturen und mit längeren Glühzeiten als bei den Kohlen-stoffstählen erzielen.

Wir haben gesehen, daß die Umwandlungen der Perlitstufe eine ausreichende Diffusionsgeschwindigkeit zur Voraussetzung haben und daß auf Grund der Auf-fassung von F. WEVER und H. LANGE bei der Ferritausscheidung in der Zwischen-stufe die Diffusion keine oder nur eine geringe Rolle spielt. Es ist deshalb ver-ständlich, daß bei Chromstählen wie bei der Mehrzahl der legierten Stähle die perlitische Umwandlung unterdrückt wird und die Umwandlung in der Zwischenstufe zunächst verstärkt in Erscheinung tritt, bis auch sie unterdrückt wird. Das Zwischenstufengefüge und seine Abwandlungen sind deshalb für Legierungsstähle allgemein vielfach charakteristisch.

Die weit divergierenden Einflüsse des Nickels und des Chroms auf den Stahl machen es verständlich, daß man durch deren Kombination in Chrom-Nickel-stählen eine reiche Auswahl von Möglichkeiten hat, die Behandlungsarten der Stähle und ihre Eigenschaften zu variieren. Dementsprechend werden die Zu-sätze von Chrom und von Nickel meistens kombiniert.

Wir haben oben flüchtig einige Stahllegierungen des Eisens erörtert. Diese Erörterung mußte sehr unvollständig bleiben. Viele wichtige Stähle, wie Wolfram-stähle, Molybdänstähle, Schnelldrehstähle usw. konnten nicht besprochen werden. Ebenso konnten viele metallurgisch wichtige Zusätze, wie die des Phosphors, des Schwefels, des Siliziums usw. nicht berührt werden. Alles, was wir erstreben konnten, war, die große Mannigfaltigkeit in den Eigenschaften und den Behand-lungsarten der Stähle an einigen wenigen Beispielen aufzuzeigen und zu erklären.

6. Gußeisen.

Bei Kohlenstoffgehalten über etwa 1,7% C lassen sich die Stähle nicht mehr walzen. Bei höheren Kohlenstoffgehalten befindet sich das Gebiet des Guß-eisens. Es sind mehrere Gründe, die dafür bestimmend sind, für das Gußeisen höhere Kohlenstoffgehalte zu wählen, die in der Regel zwischen etwa 2,5% und 4% C liegen. Mit steigendem Kohlenstoffgehalt erniedrigt sich das Temperatur-intervall der Erstarrung (Abb. 457), wodurch das Vergießen wesentlich erleichtert wird. Fernerhin wird durch den höheren Kohlenstoffgehalt die Reduktion der in technischen Eisen und in Stahl nie fehlenden, zum Teil ziemlich schwer redu-zierbaren oxydischen Beimengungen (z. B. MnO) wesentlich erleichtert, was die Schmelze dünnflüssig macht. Sie füllt deshalb die Sandformen ausgezeichnet aus und läßt sich z. B. zu Körpern mit feinen Rippen usw. vergießen.

Wenn das Gußeisen im metastabilen Zementitsystem erstarrt, ist es spröde und sehr hart, da es erhebliche Mengen an Zementit enthält, die bereits aus der Schmelze bei der Erstarrung des Ledeburit-Eutektikums entstanden sind. Bei höheren Kohlenstoffgehalten kann es auch zur primären Krystallisation des Zementits kommen. So entsteht das weiße Gußeisen, das in dieser Form nicht brauchbar ist. Es wird zur Herstellung von Temperguß während längerer Zeiten (∼ 50 Stunden) auf 850—950° C erhitzt. Hierbei findet ein Zerfall des Zementits in Graphit und Austenit statt, und wenn seine Herstellung in einer Oxydpackung erfolgt, auch eine Beseitigung des Kohlenstoffs durch Oxydation. Im Anschluß daran findet eine Erhitzung auf etwa 720° C statt. Hierbei zerfällt der Austenit in Graphit, der sich an den vorher vorhandenen Graphitkrystallen ausscheidet, und in Ferrit, so daß der Temperguß zuletzt nur diese beiden Gefüge-

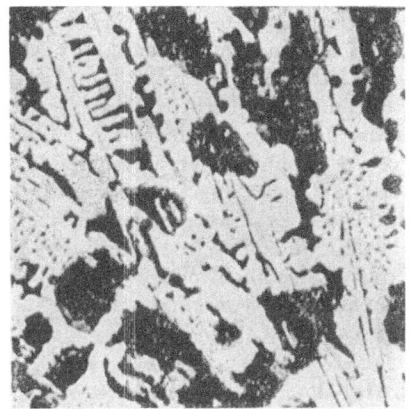

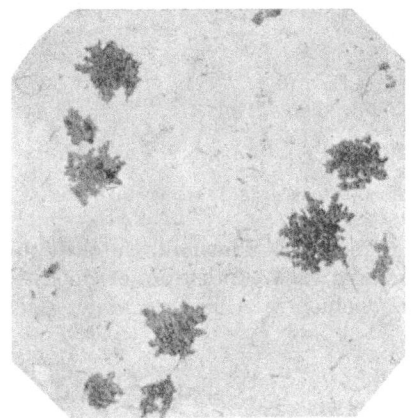

$V = 200$ $V = 200$
Abb. 481. Weißes Gußeisen (aus GOERENS).   Abb. 481 A. Gefüge eines Tempergusses (aus GOERENS).

bestandteile aufweist. Abb. 481 zeigt das Gefüge eines weißen Gußeisens der angegebenen Zusammensetzung, Abb. 481 A dasjenige eines Tempergusses.

Die Stabilität des Zementits und seine Zerfallsgeschwindigkeit unter Ausscheidung von Graphit hängt stark von der Zusammensetzung des Gusses ab. Durch Zusatz von Mangan wird die letztere herabgesetzt, durch Zusatz von Silizium, auch schon durch den höheren Kohlenstoffgehalt beschleunigt. Für die Herstellung von Temperguß muß die Zusammensetzung so gewählt werden, daß zwar beim Vergießen eine Graphitbildung unterbleibt, daß sie aber beim Tempern mit genügender Geschwindigkeit stattfindet. Ein typisches, für den Temperguß bestimmtes weißes Gußeisen enthält etwa 3—3,2% C und 0,5—0,7% Si.

In den allermeisten Fällen wird jedoch das Umgekehrte, nämlich die Graphitkrystallisation bereits aus der Schmelze oder unmittelbar daran im Verlaufe der Erstarrung und Abkühlung angestrebt. Das wird durch Erhöhung des Silicium-, wohl auch des Kohlenstoffgehaltes und durch Herabsetzung des Mangangehaltes erreicht. Es entsteht so das graue Gußeisen, das sich durch gute Bearbeitbarkeit mit schneidenden Werkzeugen auszeichnet. Seine Eigenschaften ändern sich weitgehend je nach der Zusammensetzung. Neben Graphit, der aus der Schmelze entstanden ist, enthält es wechselnde Mengen von sekundärem Graphit, der sich bei weiterer Abkühlung aus dem γ-Mischkrystall ausscheidet oder bei der der Perlit analogen eutektoiden Umsetzung im Eisen-Graphit-System entsteht. Vielfach besteht der Wunsch, zwar die Ausscheidung des Zementits zu vermeiden, aber den Perlit in Grauguß zu erhalten. Grundsätzlich sind die dazu notwendigen Maßnahmen klar. Man muß dafür sorgen, daß die Neigung zum Zementitzerfall in mäßigen Grenzen gehalten wird, was z. B. durch eine Herabsetzung des Kohlenstoffgehaltes erreicht wird. Man erzielt so den durch gute Festigkeit ausgezeichneten *Perlitguß*.

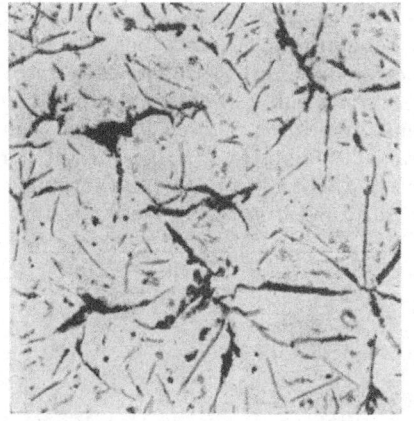

Abb. 481 B zeigt das ungeätzte Gefüge eines normalen Graugusses. Die schlangenförmigen Ausscheidungen sind Graphit. Die Grundmasse ist Ferrit, die Perlitbildung ist also bei der Abkühlung beinahe ausgeblieben. Außer den Graphitausscheidungen sieht man fernerhin perlitische Nester. Hier handelt es sich meistens um das sog. Phosphid-Eutektikum. Das Gußeisen enthält nämlich außer den Hauptbestandteilen Kohlenstoff, Mangan und Silizium noch in wechselnden Mengen andere Verunreinigungen, unter denen der Schwefel als Schädling und der Phosphor als nützlicher Bestandteil besonders wichtig sind. Das Phosphid-Eutektikum enthält den Phosphor in Gestalt der Verbindung Fe_2P. Es ist ein erwünschter Bestandteil des hochwertigen Graugusses, der vielfach in Richtung seiner reichlichen Ausbildung gezüchtet wird.

V = 50

Abb.481 B. Grauguß (nicht geätzt) (aus GOERENS).

B. Kupfer und einige seiner Legierungen.

1. Herstellung des Kupfergusses.

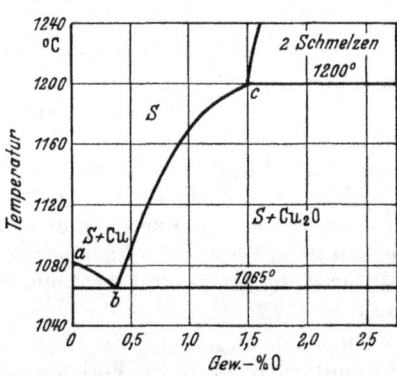

Abb. 482. Teildiagramm der Cu-O-Legierungen
(aus HANSEN).

Wie man aus dem Zustandsdiagramm Kupfer-Sauerstoff sieht (Abb. 482), nimmt die Kupferschmelze bei 1100° C etwa 0,6 Gew.-% O_2 auf. Als Bodenkörper tritt hierbei Cu_2O auf. Bei der großen Affinität des Kupfers zum Sauerstoff nimmt es ihn unter den Bedingungen der Technik im flüssigen Zustand immer auf. Bei den großen eingeschmolzenen Mengen wird jedoch bei der Raffination des Kupfers wohl nie ein so hoher Sauerstoffgehalt der Schmelze erreicht.

Diese Sauerstoffaufnahme ist eine willkommene Erscheinung, da der in Kupfer gelöste Sauerstoff die unedleren Verunreinigungen des Kupfers oxydiert und zur Abscheidung bringt. Andererseits stellt der Sauerstoff selbst eine Verunreinigung dar, die beseitigt werden muß.

Das geschieht in der Technik in der Regel durch den Vorgang des „Polens", bei dem in das flüssige Kupfer ein frischer Birkenstamm eingeführt wird. Hierbei werden lebhaft Wasserstoff, Wasser, Kohlenwasserstoffe und Kohlenoxyd entwickelt, durch die das Kupfer in starke Bewegung versetzt und in ihm der Sauerstoff bzw. das gelöste Cu_2O reduziert wird.

Durch den Sauerstoffgehalt wird im Kupferguß keine Porosität erzeugt, da sich bei der Erstarrung keine gasförmigen Produkte ausscheiden. Wenn man durch flüssiges Kupfer Wasserstoff durchleitet, wird jedoch der Kupferguß porös. Eine eingehende Untersuchung hat gezeigt, daß diese Porosität besonders unangenehme Formen annimmt, wenn der Wasserstoff auf eine sauerstoffhaltige Kupferschmelze einwirkt[1]. Das ist zweifellos auf die Bildung von Wasserdampf zurückzuführen, die während der Abkühlung und während der Erstarrung durch Verschiebung des Gleichgewichts

$$Cu_2O + H_2 \rightleftarrows 2\,Cu + H_2O \tag{1}$$

nach rechts fortschreitet. Auch ist anzunehmen, daß die Löslichkeit des Wasserdampfes im krystallisierten Kupfer im Gegensatz zum Wasserstoff völlig zu vernachlässigen ist. Die Anwesenheit von Wasserdampf ist offenbar eine Voraussetzung für die gefährliche Porosität.

Während des Polens findet eine reichliche Bildung von Wasserdampf statt, die Bedingungen für die Bildung eines porösen Gusses sind also vorhanden. Das stellt jedoch noch nicht unbedingt einen technischen Nachteil dar. Beim Vergießen von Drahtbarren in liegende Kokillen strebt man nämlich eine nicht einfallende und nicht ansteigende Oberfläche an. Solange die Kupferschmelze größere Mengen Sauerstoff enthält, können sich in ihr nicht nennenswerte Mengen Wasserstoff bilden, und der Guß bleibt dicht. Unter dem Einfluß der Erstarrungskontraktion fällt er an der Oberfläche ein. Mit abnehmendem O_2-Gehalt und mit zunehmendem

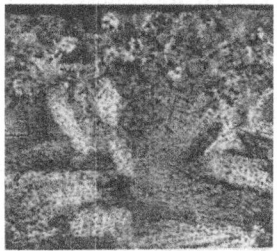

Abb. 482 A. Porosität von Kupferguß, nat. Gr. (aus SACHS).

H_2-Gehalt nimmt die Gasentbindung bei der Erstarrung zu, der Guß wird immer poröser, die Oberfläche fällt immer weniger ein und steigt zuletzt. Die Kunst des Technikers besteht darin, den Vorgang des Polens im richtigen Augenblick zu unterbrechen. Man vergießt eine kleine Kupferprobe und beobachtet, ob sie eine ebene Oberfläche aufweist. Ist das der Fall, so ist das Kupfer „gargepolt" und kann vergossen werden. Seine Dichte beträgt jetzt etwa 8,5—8,7 gegenüber dem theoretischen Wert von etwa 8,9. Abb. 482 A zeigt das Gefüge eines Kupferbarrens mit sichtbarer Porosität. Das Gefüge eines solchen Gusses besteht aus primären Kupferkrystallen, umgeben von eutektischen Säumen.

Die ebene Erstarrungsoberfläche entbindet den Techniker der Aufgabe, größere Teile der Oberfläche abzuhobeln. Da die Hohlräume im Kupfer beim Warmwalzen ganz gut verschweißt werden, werden sie gern in Kauf genommen (vgl. S. 228).

Bei der Herstellung von Kupferformguß in Sandformen findet die Erstarrung sehr viel langsamer statt. Deshalb kann die Reaktion (1) verhältnismäßig ungestört fortschreiten, auch sammelt sich der Wasserdampf zu großen Blasen, die nach oben steigen. Das „gargepolte" Kupfer ergibt im Sandguß deshalb eine schwere Porosität und ist für diesen Zweck nicht brauchbar. Man benutzt hierzu bereits raffiniertes (meistens durch Elektrolyse gereinigtes) Kupfer und beseitigt die geringen Sauerstoffmengen die beim Schmelzen unvermeidlich aufgenommen werden, durch Zusatz von reaktionsfähigen Stoffen, die den Sauerstoff binden und am besten in Schlackenform aus der Schmelze ausscheiden (Desoxydationsmittel). Als solche werden etwa Beryllium und Silizium, vor allen Dingen aber Phosphor benutzt. Der durch Reduktion des etwa vorhandenen Wasserdampfes

[1] PRYTERCH, W. E.: J. Inst. Met. 43 (1930), 73. — ALLEN, N. P.: J. Inst. Met. 43 (1930), 81.

hierbei gebildete Wasserstoff steigt in großen Blasen an die Oberfläche und ist unschädlich. Bei der Desoxydation mit Beryllium wird die theoretische Dichte, bei Anwendung des Phosphors eine solche von etwa 8,7—8,8 erreicht. Die verbleibende Mikroporosität, deren Ursache nicht bekannt ist, ist für die meisten technischen Zwecke unschädlich. Nur die elektrische Leitfähigkeit des Gusses leidet durch sie erheblich. Die Mischkrystallbildung mit Phosphor kann die beobachtete Widerstandserhöhung nicht erklären, wie unmittelbar nachgewiesen werden konnte[1].

2. Plastische Deformation und Anlassen des Kupfers.

Die plastische Verarbeitung des Kupfers geschieht zunächst in der Glühhitze. An die Warmdeformation schließt sich ein Walz- oder Ziehprozeß in der Kälte an.

Für die Herstellung von Kupferdraht werden die, wie oben geschildert, gegossenen Kupferblöcke in Kaliberwalzen heiß gewalzt. Um ein starkes Durchkneten des Stückes zu erzielen, werden die Kaliberformen stark variiert (Abb.483).

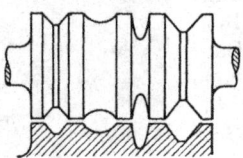

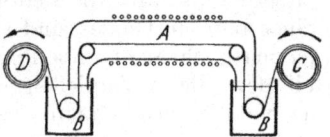

Abb. 483. Profil einer Kupferwarmwalze (aus SACHS).   Abb. 484. Glühofen mit Wasserabschluß.

Bei der Bemessung der Kaliber ist es wichtig, daß das Walzgut immer das Kaliber voll ausfüllt, weil anderenfalls beim Durchgang durch die Walze an der Oberfläche Zugspannungen und damit Querrisse entstehen können. Mit anderen Worten muß der Querschnitt des in die Walze tretenden Stückes größer als der Hohlraum des Kalibers sein.

Der in einer kontinuierlichen Heißwalzstraße vorgewalzte Draht wird ohne weitere Zwischenglühungen kalt gezogen. Hierbei reißt er zuweilen, nachdem er einen Durchmesser von etwa unter 0,1 mm erreicht hat. Die mikroskopische Untersuchung lehrt, daß an solchen Reißstellen im Querschnitt grobe Cu_2O-Stücke liegen. Diese können nicht durch die feinen eutektischen Einschlüsse der Schmelze verursacht sein. Vielmehr ist anzunehmen, daß sie durch Oxydation im Ofen und in den beim Heißwalzen vereinzelt auftretenden Querrissen in beinahe makroskopisch grober Form entstehen. Die geringe Plastizität des Kupferoxyduls hat zur Folge, daß es sich beim Walzen nur wenig strecken kann.

Das Anlassen des Kupfers erfordert eine besondere Aufmerksamkeit. Wird das technische Kupfer, das stets kleinere Mengen von Sauerstoff enthält, in einer wasserstoffhaltigen Atmosphäre auf 400—500° C oder höher erhitzt, so wird es spröde („*Wasserstoffkrankheit*"). Diese Erscheinung beruht darauf, daß der Wasserstoff durch das feste Kupfer diffundiert und das Kupferoxydul in seinem Innern reduziert. Der gebildete Wasserdampf kann nicht entweichen, da er im festen Kupfer unlöslich ist, und verursacht innere Risse. Kohlenoxyd vermag die Wasserstoffkrankheit nur in ganz geringem Maße zu erzeugen, wahrscheinlich infolge der Bildung geringer Mengen von Wasserstoff durch Reaktion von CO mit Wasserdampf. Praktisch wird das Glühen des Kupfers meistens in verschlossenen Gefäßen unter Holzkohle durchgeführt; diese muß zur Beseitigung der Feuchtigkeit vorher ausgeglüht werden. Ein anderes beliebtes Verfahren zum Erhitzen von Bändern aus Kupfer und Kupferlegierungen ist folgendes. Der im horizontalen Mittelstück *A* (Abb. 484) erhitzte Ofen taucht mit seinen

---

[1] MASING, G., u. C. HAASE: Wiss. Veröff. Siemens-Konzern VII, 1. Heft (1928), 321.

beiden gebogenen Enden in mit Wasser gefüllte, als Luftabschluß dienende Tassen. Die Glühung wird in einem kontinuierlichen Verfahren mit Durchziehen des Bandes durchgeführt. Über dem erhitzten Kupfer stellt sich bald eine Atmosphäre ein, die mit Kupfer und der nie völlig fehlenden, wenn auch unsichtbaren Oberflächenhaut von Cu_2O im Gleichgewicht ist und aus Wasserdampf und Wasserstoff besteht. Wenn der Wasserstoff auch in geringen Mengen in das Kupfer eindringt, so vermag er nicht, dort Wasserdampf mit einem Überdruck zu erzeugen. Die Voraussetzung zur Ausbildung der Wasserstoffkrankheit ist somit nicht gegeben.

3. Zinn-Bronze.

Das Zinn wirkt im Kupfer dank seiner größeren Affinität zum Sauerstoff als Desoxydationsmittel. Es reagiert mit etwaigem Kupferoxydul des Metalles unter Bildung des Zinndioxyds SnO_2, das unmittelbar nachgewiesen werden kann. Trotzdem neigt die Zinnbronze (mit einem üblichen Gehalt von meistens 6 bis 14% Sn) zu einer Porosität, die auch durch Zusatz von anderen Desoxydationsmitteln nicht behoben werden kann. Sie äußert sich darin, daß sich aus der Oberfläche des Stückes kurz vor Ende der Erstarrung wie Lava aus einem Vulkan eine Restschmelze ergießt, während das Gußstück im Innern eine meistens fein verästelte Porosität aufweist. Die Ursachen dieser Erscheinung müssen einen anderen Charakter als bei Kupfer haben.

Alle Erfahrungen sprechen dafür, daß die Ursache der Porosität in der Gegenwart von Wasserstoff liegt. Man muß beim Einschmelzen von Bronze auf das Sorgfältigste die Gegenwart auch geringer Spuren von Wasserdampf vermeiden, der von der Schmelze zu Wasserstoff reduziert wird. Die Bronze wird am besten in Tiegeln mit getrocknetem Koks eingeschmolzen, Ölfeuerung ist wegen der Wasserdampfbildung viel ungünstiger. Die Verwendung eines feuchten Tiegels führt beinahe mit Sicherheit zu einem porösen Guß. Da die Flammengase trotz aller Vorsichtsmaßnahmen Feuchtigkeit enthalten, empfiehlt es sich, beim Einschmelzen des Einsatzes seine unmittelbare Berührung mit den Flammengasen zu vermeiden. Die in den Tiegel eingesetzten Stücke sollen nicht über seinen Rand hinaus in der Flamme stehen.

Wie kommt es aber, daß der Wasserstoff im Falle des Kupfers beinahe unschädlich und bei der Bronze so verhängnisvoll ist?

Man hat oft versucht, das auf einen Unterschied in der Löslichkeit des Metalles für Wasserstoff zurückzuführen, aber ohne sicheres Ergebnis. Nach A. SIEVERTS und J. HAGENACKER[1] wird durch Zusatz von Zinn zu Kupfer die Wasserstofflöslichkeit etwas erniedrigt. Aber auch ein anderer Umstand kann von Einfluß sein. Die Zinn-Bronzen erstarren in einem langen Intervall (Abb. 176, S. 229). Das muß zu wesentlich stärkerer dendritischer Verästelung im Vergleich mit Kupfer im Verlaufe der Erstarrung führen. In solchen Dendritenverästelungen verfangen sich die ausgeschiedenen Wasserstoffbläschen und können sich weder zu größeren Blasen vereinigen, noch an die Oberfläche steigen, wie bei reinem Kupfer[2].

Auf die starke umgekehrte Blockseigerung ist oben (S. 235 ff.) bereits hingewiesen worden. Sie tritt in typischer Form bei schneller Erstarrung auf. Bei langsamer Erstarrung entsteht die Gefahr der Gasseigerung. Allgemein wirksame Gegenmittel gibt es gegen die Seigerung nicht.

[1] SIEVERTS, A., u. J. HAGENACKER: Z. phys. Chem. 68 (1907), 129.
[2] Dieser Gedankengang findet sich z. B. bei G. SACHS: Praktische Metallkunde. Bd. I S. 65. Berlin: Springer 1933.

Bis zu etwa 9% Sn ist die Bronze walzbar, vorwiegend in der Kälte, aber auch in der Hitze bei geeigneter Führung des Prozesses. Da die Zinnbronze dank dem großen Abstand der Solidus- und der Liquiduslinie stark zur Zonenbildung neigt, tritt im Widerspruch mit dem Zustandsdiagramm im Sandguß bereits ab etwa 5% Sn der zweite δ-Strukturbestandteil in Säumen und Einschlüssen auf. Dieser Bestandteil ist spröde. Die Bronze muß deshalb vor der plastischen Deformation homogenisiert werden (vgl. S. 230).

Im Guß werden auch Legierungen mit wesentlich höherem Sn-Gehalt verwendet. Das gut polierbare harte Spiegelmetall enthält vielfach etwa 33 Gew.-% Sn.

Die Verwendung der Zinnbronze beruht in der Hauptsache auf ihrer guten Korrosionsbeständigkeit und hohen Festigkeit.

4. Messing.

Das Zustandsdiagramm der Kupfer-Zink-Legierungen ist in Abb. 99 wiedergegeben. Wie man sieht, nimmt das Kupfer reichliche Mengen von Zink, bei der Erstarrung bis etwa 32% Zn und bei tieferen Temperaturen (400° C) sogar bis 39% Zn, im flächenzentrierten α-Mischkrystall auf. Die Löslichkeit von Zink in festem Kupfer nimmt also mit sinkender Temperatur zu, allerdings um nach Ausweis späterer Untersuchungen[1] dann wieder abzusinken. Im Gegensatz dazu nimmt das Existenzgebiet der raumzentrierten β-Krystalle mit sinkender Temperatur ab. Zu beachten ist der eigenartige Verlauf der $\alpha + \beta$-Mischungslücke zu steigenden Zinkgehalten mit sinkender Temperatur. Eine Folge ihrer Gestalt ist, daß die Legierungen mit 37—39% Zn nach Erstarrung zunächst aus reinem β und bei 400° C aus reinen α-Mischkrystallen bestehen. Die zinkreicheren Krystallarten sind sämtlich spröde. Die Legierungen mit etwa 43% bis 95% Zn finden deshalb keine technische Verwendung. Zum Zink werden zuweilen einige Prozente Kupfer zum Zwecke der Härtung zugesetzt.

Die Deutung der Umwandlung in den β-Mischkrystallen hat lange Schwierigkeiten gemacht. Im Gefüge hinterläßt sie keine Spuren, wohl findet bei ihr aber eine Widerstandsänderung statt. An dieser Eigenschaftsänderung wurde festgestellt, daß die Umwandlung sich durch schnelle Abkühlung nicht unterdrücken läßt, so daß man nicht an eine Phasenumwandlung glauben wollte. C. SYKES und H. WILKINSON[2] gelang jedoch der Nachweis, daß das β-Messing bei tieferen Temperaturen eine geordnete CsCl-Struktur aufweist (vgl. S. 131), während bei höheren Temperaturen eine ungeordnete Atomverteilung besteht. Der Mechanismus der Umwandlung im einzelnen und der Grund für das Fehlen einer Unterkühlbarkeit sind noch nicht geklärt.

Das *Messing* ist die wichtigste Kupferlegierung. Darunter versteht man Kupfer-Zink-Legierungen mit bis etwa 42% Zn. Legierungen mit etwa 20% Zn und weniger werden vielfach als *Tombake* bezeichnet. Die Verwendung des Messings beruht auf seiner guten plastischen Verformbarkeit sowohl bei gewöhnlicher als auch bei höherer Temperatur, seiner guten Bearbeitbarkeit mit schneidenden Werkzeugen und dem geringen Preis des Zinks. Letzterer gibt den Anreiz, den Zn-Gehalt jeweils so hoch zu wählen, als es der in Frage kommende technische Zweck gestattet.

Der Dampfdruck des Zinks erreicht den Atmosphärendruck in unmittelbarer Nähe der Liquiduslinie (Abb. 99). Deshalb ist es praktisch kaum möglich, das Messing einzuschmelzen, ohne daß das Zink zum Sieden gelangen würde. Bei der

[1] HAASE, C., u. F. PAWLEK: Z. Metallkde. 28 (1936), 73.
[2] SYKES, C., u. H. WILKINSON: J. Inst. Metals 61 (1937), 223.

Herstellung von hochwertigem Guß wird das vielfach sogar angestrebt, vielleicht weil das heraussiedende Zink eine Entgasung der Schmelze herbeiführt. Das hat indes zur Folge, daß es schwer ist, einen vorgegebenen Zinkgehalt im Erzeugnis genau einzuhalten.

Im Gegensatz zur Zinnbronze macht das Vergießen des Messings geringere Schwierigkeiten. Das Zink als starkes Desoxydationsmittel beseitigt den Sauerstoff aus der Schmelze, eine weitere Desoxydation ist deshalb nicht notwendig. Eine Wasserstoffaufnahme ist lange nicht so gefährlich wie bei Zinnbronze, obgleich poröse Messinggußstücke unter ungünstigen Umständen vorkommen. Zink als zweiwertiges Metall hat eine geringere Affinität zum Wasserstoff als Zinn. Auch muß die Dendritenbildung dank den geringen Erstarrungsintervallen der Kupfer-Zink-Legierungen und damit die Gefahr des Verfangens der Wasserstoffblasen in den Dendritenästen geringer sein als bei Zinnbronze. Auch das Heraussieden von Zink kann, wie erwähnt, in diesem Zusammenhang von günstigem Einfluß sein.

Bei der Herstellung von Formguß aus Messing sind Zusätze von Desoxydationsmitteln und insbesondere von Phosphor gefürchtet. Der letztere bewirkt die Entstehung eines lockeren Zinkoxydfilmbartes auf dem Gußstück, der die Oberfläche verdirbt. Seine Entstehung ist wahrscheinlich wie folgt zu erklären. Bei der Erstarrung des Messings hat das Zink noch einen erheblichen Dampfdruck und würde verdampfen, wenn es sich nicht sofort an der Oberfläche oxydieren würde.

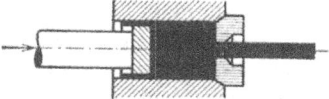

Abb. 485. Direktes Strangpresen (aus SACHS).

Der entstandene kohärente Oxydfilm verhindert die weitere Verdampfung. Der Phosphor und sein Oxydationsprodukt dürften jedoch über dem Messing auch einen nicht unerheblichen Dampfdruck haben. Der Phosphor dringt in die Luft über dem Messing, verbraucht dort den Sauerstoff und verhindert das Zink an der sofortigen vollständigen Oxydation an der Oberfläche des Gußstückes, so daß diese Oxydation erst in größerer Entfernung von der Metalloberfläche erfolgt.

Eine sehr unbeliebte Verunreinigung des Messingformgusses ist das Aluminium, das selbst in kleinen Mengen mißfarbene Oxydflecke auf der Gußoberfläche erzeugt.

Die plastische Deformation des α-Messings erfolgt durch Walzen und Ziehen, vorwiegend in der Kälte. Man hat lange geglaubt, daß α-Messing nicht warm gewalzt werden kann. Eine eingehendere Untersuchung hat gelehrt, daß es bei Rotglut eine ausreichende Plastizität besitzt, unterhalb Rotglut im Temperaturgebiet um 400—500° C jedoch verhältnismäßig spröde wird. Wird es auf Rotglut erhitzt und in gewöhnlicher Weise gewalzt, so ist nicht zu vermeiden, daß Ecken und Kanten bis in das kritische Gebiet abgekühlt werden und brechen. Beim Warmwalzen muß diese Abkühlung verhindert werden. Das geschieht, indem schnell und mit sehr großen Stichen (Höhenabnahme bei einem Stich bis um 40%) gewalzt wird. Hierbei findet eine so starke Wärmeentwicklung statt, daß das Stück mit jedem Walzstich heißer wird.

Die β-Krystalle sind in der Kälte nur schlecht deformierbar, lassen sich aber bei 700—750° C leicht und schnell deformieren. Die Formgebung der α-+β-Messinge mit etwa 58% Cu und 42% Zn erfolgt in der Regel in der Dickschen Warmpresse (Abb. 485). In den Rezipienten mit einer Düse der gewünschten Form und Abmessung wird das auf etwa 750° C vorgewärmte, schwarz gezeichnete Messingstück eingeführt und mit dem Kolben schnell verpreßt. Aus der Düse

schießt der gepreßte Strang hervor. Der Behälter heizt sich schnell durch
Wärmeaustausch mit dem Arbeitsstück (das sich beim Verpressen weiterhin er-
hitzt) auf oder kann auch von außen, etwa elektrisch, geheizt werden. Beim
Preßvorgang findet in dem Preßgut eine komplizierte Bewegung statt, indem die
Mitte stark voreilt und die Ränder unter dem Einfluß der Reibung gegen die
Wand zurückbleiben. Es kann auf diese Weise geschehen, daß am Ende des
Preßblockes die Außenschale in das Innere der Preßstange hineingezogen wird.
Deshalb finden sich im Endabschnitt der Preßstange im Innern Oxydnester,

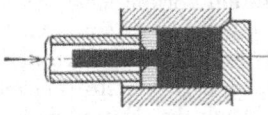

unganze Stellen und Verunreinigungen, die von der
Oberfläche des Preßblockes stammen und die besonders unangenehm sind, da sie von außen nicht sichtbar sind. Man bekämpft sie meistens, indem man
„mit Schale" preßt, d. h. den Preßzylinder kleiner als
die Öffnung des Rezipienten macht, so daß beim Vorgehen des ersteren die Außenschale des Preßblockes

Abb. 486. Umgekehrtes Pressen
(aus SACHS).

abgeschert wird und im Zwischenraum zwischen Preßstempel und Rezipient stehen-
bleibt. Fernerhin vermeidet man es, einen Block bis zum Ende auszupressen.

R. GENDERS hat ein geistreiches Verfahren zur Vermeidung des geschilderten
Fehlers, nämlich das „umgekehrte Pressen" vorgeschlagen[1]. Hierbei wird der
Preßstempel selbst als Hohlstempel mit einer Düse versehen, die auf diese Weise
in den Block hineingepreßt wird (Abb. 486). Die gepreßte Stange wird schräg
seitlich aus dem Stempel herausgeführt. Hierbei findet keine Bewegung des

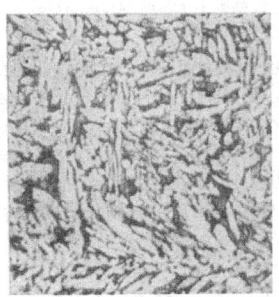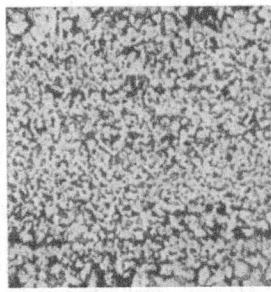

Preßblockes gegen die Wand
des Behälters statt, und es
ist keine Veranlassung zu
Störungen durch Reibung
vorhanden. Der Kraftbedarf
dürfte etwas geringer als bei
dem gewöhnlichen Pressen
sein. Der Nachteil des Verfahrens von R. GENDERS
soll darin bestehen, daß
das Messing weniger stark
durchgeknetet wird, was
sich auf die Festigkeits-
eigenschaften   ungünstig

a   b
Abb. 487 a und b. α-β-Messing, stranggepreßt. a gut; b zu kalt
gepreßt (aus SACHS).

auswirken soll. Im Einklang damit dürfte die Erfahrung stehen, daß es günstiger ist, mit einer scharfkantigen als mit einer sich kontinuierlich verengenden
Preßdüse zu arbeiten. Die Durchknetung des Materials ist im ersten Falle stärker.

Das Pressen des Messings soll bei genügend hoher Temperatur im Gebiete
der homogenen β-Krystalle erfolgen. Dann scheidet sich bei der Abkühlung bei
der Überschreitung der Sättigungsgrenze das α-Messing in Plattenform innerhalb
der β-Krystalle ab (helle Ausscheidungen in Abb. 487a). Dieses Gefüge zeichnet
sich durch gleichmäßige gute Zähigkeit aus und wird angestrebt. Es kommt
indessen oft vor, daß im Stangenteil, der zuletzt ausgepreßt worden ist, ein
Gefüge wie das in Abb. 487 b dargestellte auftritt. Hier hat nach der Ausscheidung
der α-Krystalle eine Deformation stattgefunden, d. h. das Verpressen hat infolge
der Abkühlung des Preßblockes während des Preßvorganges durch Wärmeabgabe
an den Behälter bei zu tiefer Temperatur bereits im α + β-Bereiche stattgefunden,
womit auch eine gewisse plastische Verfestigung eingetreten sein mag.

---

[1] GENDERS, R.: J. Inst. Metals **26** (1921), 237; **29** (1923), 279.

Nach dem Pressen werden die Stangen durch Herunterziehen um einen geringen Betrag in die gewünschte präzise Form gebracht.

Wohl der größte Nachteil des Messings besteht in seiner Neigung zum Aufreißen unter dem Einfluß von Ammoniakspuren in der Atmosphäre und von Zugspannungen an der Oberfläche. Diese Spannungskorrosion ist in allgemeinen Zusammenhängen schon früher behandelt worden (S. 408). Das Aufreißen scheint nur bei kaltgerecktem Messing (hierzu genügt auch das Nachziehen der Preßstangen) aufzutreten in Übereinstimmung mit der Erfahrung, daß eine plastische Deformation die Neigung zur Spannungskorrosion allgemein erhöht. Die Gefahr der Spannungskorrosion nimmt mit steigendem Zn-Gehalt stark zu; sie wird unter besonderen Umständen jedoch bereits ab etwa 6% Zn beobachtet.

C. Leichtmetalle und ihre Legierungen.

1. Allgemeine Vorbemerkungen.

Die Oxyde und Sulfide der meisten Schwermetalle haben bis zu einem gewissen Grade metallischen Charakter, wie sich das schon in ihrer Farbe und in ihrem elektrischen Leitvermögen äußert. Die Folge davon ist, daß sie in der metallischen Schmelze, ja auch im Metallkrystall bis zu einem gewissen Betrage löslich sind. Diese Metalle sind deshalb bei ihrer Herstellung schwer von Oxyden und Sulfiden zu befreien und müssen zu diesem Zwecke gewissen chemischen Umsetzungen im flüssigen Zustande unterworfen werden, die als metallurgisch im engeren Sinne des Wortes zu bezeichnen sind. Im Gegensatz hierzu haben sämtliche Verbindungen des Aluminiums, Magnesiums und verwandter Metalle einen salzartigen Charakter. Sie sind in den Schmelzen und in den Mischkrystallen der genannten Metalle unlöslich. Ihrem salzartigen Charakter entspricht die Methodik ihrer Umarbeitung oder Reinigung vor der Reduktion zum Metall. Es handelt sich hierbei vorwiegend um Reaktionen in wäßrigen Lösungen. Das ist eine typisch chemische Behandlung im Gegensatz zur Metallurgie der feuerflüssigen Schmelzen.

Eine Folge des scharfen Gegensatzes der Eigenschaften der Leichtmetalle und ihrer Verbindungen ist, daß die Reduktion einen scharfen Schnitt in der Herstellung des Metalles bedeutet, bei dem beinahe die ganze Vorgeschichte ausgemerzt wird. Die typische Reduktionsmethode für diese Metalle, die Schmelzflußelektrolyse, zeigt das bereits deutlich. Schon der Umstand, daß das chemisch vorgereinigte Oxyd etwa bei der Reduktion des Aluminiums zur Überführung in den metallischen Zustand erst in der Salzschmelze gelöst werden muß, zeigt, daß zwischen dem Oxyd und dem Metall gar keine strukturellen Beziehungen bestehen außer den rein chemischen Fragen der Zusammensetzung als solcher.

Ganz anders liegen die Verhältnisse, wie oben dargestellt, beim Eisen. Hier steht umgekehrt die Herstellung des Roheisens durch Reduktion des Erzes mit Kohle am Anfang, und an diese schließt sich die metallurgische Reinigungsbehandlung an, die kontinuierlich bis zur Reinheit des Stahles durchgeführt wird.

Der sehr unedle Charakter des Aluminiums und des Magnesiums bringt es mit sich, daß die meisten Verunreinigungen edler sind als diese Metalle. Bei der Elektrolyse werden sie deshalb zuerst kathodisch niedergeschlagen. Die Elektrolyse stellt hier deshalb, im Gegensatz etwa zu den Edelmetallen und dem Kupfer, keine Reinigungsbehandlung dar: die gesamte Reinigung muß vorher durch rein chemische Operationen abgeschlossen sein.

Im metallischen Zustand vermögen Magnesium und Aluminium nur in beschränktem Umfange Mischkrystalle mit anderen Elementen zu bilden, worauf vor allen Dingen W. GUERTLER mit Recht immer wieder hingewiesen hat[1]. Die Härtung durch Mischkrystallbildung kommt deshalb nur wenig in Frage. Vielmehr muß man bis an die Grenze der Mischkrystallbildung gehen und die Aushärtung zu Hilfe nehmen. Alle höchstwertigen Legierungen des Magnesiums und des Aluminiums sind aushärtbar.

2. Aluminium und seine Legierungen.
a) Schmelzbehandlung des Aluminiums und seiner Legierungen.

Die wichtigsten metallischen Verunreinigungen des Aluminiums sind Eisen und Silizium. Wenn man den Reinheitsgrad des technischen Aluminiums nach seinem Aluminiumgehalt (99,5%, 99,8% usw.) bezeichnet, so besteht der Rest ganz vorwiegend aus den genannten zwei Elementen. Als weitere wichtige Verunreinigung hat sich der früher übersehene Titangehalt erwiesen, der bis 0,1 bis 0,2% betragen kann. Der Vergleich der elektrischen Leitfähigkeiten des deutschen und des ausländischen, insbesondere des amerikanischen Aluminiums hat immer wieder gezeigt, daß die Leitfähigkeit des letzteren etwas höher als die des ersteren war. Dieses rätselhafte Verhalten wurde aufgeklärt, als im deutschen Aluminium ein kleiner aus dem Rohmaterial stammender Titangehalt gefunden wurde, der durch besonders sorgfältige Behandlung bei der Filtration der Oxyde beseitigt werden konnte.

Die Elektrolyse des Aluminiums kann nur in kleinen Einheiten durchgeführt werden, da der Abstand der Kathode und der Anode nur gering sein darf, um Widerstandsverluste zu vermeiden. Bei der Elektrolyse können in das Aluminium kleine und schwankende Mengen an Natrium aus dem Kryolithgehalt der Schmelze und Wasserstoff aus der Feuchtigkeit der Luft hineingelangen. Diese Verunreinigungen beeinflussen vor allen Dingen die Dichtigkeit des Aluminiumgusses.

Der Wasserstoff wird bei der Elektrolyse unter Überspannung in das Aluminium hineingepreßt. Er steht in ihm deshalb unter erhöhtem Druck und wird teilweise bereits beim Stehen im flüssigen Zustand, teilweise bei der Erstarrung ausgeschieden.

Die Wirkung des Natriums scheint ebenfalls auf einer Beeinflussung der Wasserstoffaufnahme zu beruhen. Beim Umschmelzen des Rohaluminiums, das aus der Elektrolyse in kleinen Posten anfällt, findet eine Reaktion des flüssigen Metalles mit der Feuchtigkeit der Atmosphäre unter Bildung von Aluminiumoxyd und unter Aufnahme von Wasserstoff statt. Diese Reaktion wird durch die auf der Metalloberfläche alsbald entstehende zusammenhängende Oxydhaut gehemmt. Das aus dem Natrium an der Oberfläche entstehende Natriumoxyd fördert anscheinend die Koagulation des Aluminiumoxyds und vermindert seine Schutzwirkung. Natriumhaltiges Aluminium neigt deshalb viel mehr zur Aufnahme von Wasserstoff als natriumfreies.

Auch im festen Zustand, sogar bei Zimmertemperatur reagiert das Aluminium langsam mit dem Wassergehalt der Luft unter Aufnahme von Wasserstoff.

Der Wasserstoffgehalt des Aluminiums und als Folge davon die Porosität des Gußstückes beeinträchtigt nicht nur die Eigenschaften der im Gußzustand verwendeten Gegenstände (des Formgusses), sondern auch der für die weitere Verarbeitung bestimmten Blöcke. Bei dem geringsten Zutritt der Luft oder insbesondere der Feuchtigkeit überziehen sich die Wände der Poren mit Oxyd, wodurch ihr Wiederverschweißen beim Walzen usw. verhindert wird. Wenn die Verbindung eines mit Wasserstoff oder mit Luft gefüllten Hohlraumes mit der

---

[1] Vgl. z. B. W. GUERTLER: Z. Metallkde. 1920 und später.

Außenluft fernerhin unterbunden wird, wird die Blase beim Flachwalzen flach-gedrückt. Hierbei reißt sie die Umgebung durch Kerbwirkung immer mehr auf und führt zu einem Fehler des Walzbleches.

Außer durch Natrium wird die Neigung zur Porosität stark durch andere Zusätze beeinflußt. So wird sie durch Eisen und vor allen Dingen durch Magnesium erhöht. Diese Wirkung des Magnesiums ist des öfteren auf eine angebliche Erhöhung der Wasserstofflöslichkeit in flüssigem Aluminium durch Magnesium zurückgeführt worden. Eine solche Erhöhung ist niemals mit Sicherheit nach-gewiesen worden. Wahrscheinlicher ist wohl die Annahme einer Erleichterung der Reaktion mit der Außenluft, die durch folgende Erfahrungen nahegelegt wird.

Der Wasserstoffgehalt des Aluminiums scheint in der Schmelze zum Teil in Form von mechanisch eingeschlossenen Bläschen vorzuliegen. Eine bekannte und in der Technik im allergrößten Maßstab angewandte Methode der Wasser-stoffbeseitigung besteht in einem Abstehenlassen der Schmelze während mehrerer Stunden. Hierbei steigen die an Häutchen von Al_2O_3 im Innern der Schmelze hängenden Bläschen langsam in die Höhe, bis sie an der Oberfläche ausgeschieden werden. Auch der im flüssigen Aluminium in übersättigter Lösung befindliche Wasserstoff wird an den Bläschen oder an der Oberfläche der Schmelze nach und nach abgeschieden. Dieses Verfahren versagt meistens bei magnesiumhaltigen (auch calcium- und lithiumhaltigen) Legierungen des Aluminiums, was auf Grund des oben Ausgeführten verständlich ist. Hier überlagert sich nämlich der Abschei-dung des Wasserstoffs in stärkerem Maße die Wasserstoffaufnahme durch die Oberfläche, so daß der Wasserstoffgehalt beim Stehen kaum sinkt. Das in die Oxydhaut aufgenommene Magnesiumoxyd macht sie gasdurchlässiger.

Dagegen ist bei magnesiumhaltigem Aluminium die Behandlung der Schmelze mit Chlor oder mit Chloriden, die mit Aluminium unter Bildung von $AlCl_3$ re-agieren, erfolgreich. Das entstehende $AlCl_3$ bringt die Aluminiumoxydhäutchen, an denen die Wasserstoffbläschen hängen, zur Koagulation und ermöglicht den letzteren einen schnellen Aufstieg zur Oberfläche der Schmelze, wo sie unter Feuererscheinung zerknallen. Der Umstand, daß ein Teil der Gasblasen erst bei der Erstarrung entsteht, beweist, daß ein Teil des Wasserstoffs in Aluminium in wahrer Lösung gewesen sein muß. Anscheinend ist er an Magnesium oder ähnliche Metalle stärker, etwa als Hydrid, gebunden als an Aluminium. Das Aluminiumchlorid reagiert mit dem Hydrid unter Wasserstoffentwicklung. Es sind verschiedene andere Vorschläge zur Erklärung der Einwirkung des Chlors gemacht worden, jedoch dürfte die gegebene Erklärung am wahrscheinlichsten sein.

Heute wird die Chlorierung der magnesiumhaltigen Schmelzen meistens durch Einleiten von elementarem Chlor, zum Teil im Gemisch mit Stickstoff, zu ihrer Entgasung in großem Umfange durchgeführt. Ohne eine solche Behandlung läßt sich ein Formguß in Sand aus diesen Legierungen meistens überhaupt nicht herstellen.

Eine Entgasung läßt sich auch herbeiführen, wenn man die Schmelze im Tiegel langsam erstarren läßt (wobei das Gas abgegeben wird) und sie dann wieder ein-schmilzt, oder, wenn man sie sorgfältig mit einem inerten Gas, z. B. Stickstoff, durchspült. Eine technische Bedeutung haben diese Verfahren kaum gewonnen.

Bei der Schmelzbehandlung des Aluminiums und seiner Legierungen gilt die Faustregel, daß 800° C nicht überschritten werden dürfen; meistens soll die Temperatur etwa 750° C nicht übersteigen, da sonst der Guß porös wird. Die Aufnahme des Wasserstoffs aus der Feuchtigkeit der Atmosphäre nimmt mit steigender Temperatur schnell zu.

Neben der Gasentbindung bestehen die größten Schwierigkeiten des Aluminiumgusses in der Bildung von störenden Oxydhäuten und — bei Legierungen und beim Aluminium technischen Reinheitsgrades — in der Blockseigerung, die ihrerseits, wie oben erörtert worden ist (S. 243), durch Gasentbindung wesentlich verstärkt werden kann. Wenn der Gasgehalt durch sorgfältige Herstellung, beginnend mit der Elektrolyse, auch herabgesetzt werden kann, so hat es sich doch als nicht möglich erwiesen, ihn so weit zu beseitigen, daß damit verbundene Seigerungserscheinungen völlig behoben worden wären.

Die Vermeidung störender Oxydhäute ist zunächst durch Verwendung des sog. Senkgusses gelungen. Die Kokille steht in ihrer ganzen Länge in Verbindung mit einem Kanal, in den das Metall in einem ununterbrochenen Strahl gegossen wird[1] (Abb. 488a in Aufsicht). Auf dem Strahl ruht eine zusammenhängende Oxydhaut, die bei vorsichtigem Arbeiten nicht abreißt und nicht in das Gußstück gelangt. Die Kokille ist anfangs in beinahe waagerechter Lage, so daß das flüssige Metall langsam ohne störende Turbulenz in die Kokille durch den Verbindungsschlitz mit dem Kanal tritt. Während des Gießvorganges wird die Kokille langsam in die senkrechte Lage gehoben (Abb. 488). Da die Erstarrungskontraktion des Aluminiums erheblich ist (etwa 6%, vgl. S. 216), muß nach Füllung der Kokille während längerer Zeit in einem dünnen kontinuierlichen Strahl flüssiges Aluminium nachgegossen werden, bis die Erstarrungsfront von den Seiten und von unten fortschreitend die Oberfläche erreicht hat.

Abb. 488 a—b. Vergießen von Aluminium in eine geneigte Kokille (aus V. ZEERLEDER).

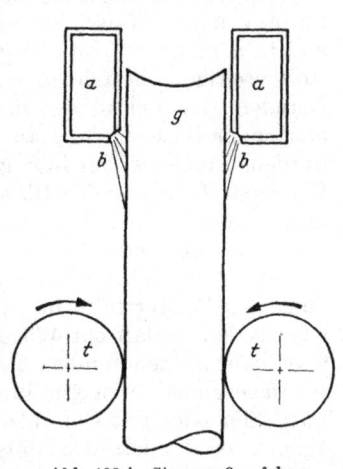

Abb. 488 A. Stranggußverfahren.

Da das Senkgußverfahren keine Beseitigung der Blockseigerung bringt, konnten nach diesem Verfahren nur aus technisch reinem Aluminium große Blöcke hergestellt werden. Für Legierungen war man auf kleinere Gußeinheiten angewiesen. Ein entscheidender Fortschritt wurde hier durch die Einführung des „Stranggußverfahrens" erreicht. In der heute wohl am meisten für das Aluminium benutzten Form wird es wie folgt ausgeführt (Abb. 488 A). a ist eine von Wasser durchspülte Hohlmanschette, aus der außerdem Wasser auf das Gußstück g bei b gespritzt wird. Der Boden der Kokille wird durch das Gußstück selbst gebildet, das mit Hilfe einer Transportvorrichtung t langsam nach unten bewegt wird, während von oben mit einer geeigneten Geschwindigkeit das flüssige Metall in die Manschette nachfließt. Die Erstarrungsfront bewegt sich bei diesem Verfahren im wesentlichen von unten nach oben entgegen dem Wärmefluß. Grundsätzlich entsteht an ihr natürlich eine Konzentrationsdifferenz zwischen der Schmelze und dem Krystallisierten; eine Seigerung wird jedoch dadurch vermieden, daß die in Berührung mit der Krystallfront stehende erstarrende Schmelze im stationären Zustand eine konstante, von dem Einsatz abweichende Zusammensetzung hat, die sich so einstellt, daß die erstarrenden Krystalle die Zusammensetzung der Gesamtschmelze haben.

---

[1] An Stelle des Kanals kann eine Vertiefung in der Kokillenwand treten.

Eine Schwäche dieses Verfahrens besteht darin, daß unmittelbar unterhalb der Kokille, wo der soeben erstarrte Barren frei an die Luft tritt, aus seiner Oberfläche eine am Legierungsmetall, z. B. an Kupfer stark angereicherte Restschmelze heraustritt, die eine unsaubere und spröde Oberflächenschicht ergibt. Diese Restschmelze tritt in desto größeren Mengen heraus, je weniger energisch die Kühlung des Metalles an dieser Stelle ist. Diese Erscheinung ist zweifellos darauf zurückzuführen, daß in den Zwischenräumen der dendritisch erstarrten Legierung noch Restschmelze vorhanden ist und daß diese Restschmelze durch irgendwelche Umstände (Druck von freiwerdendem Gas, Mitwirkung der Schwerkraft) an die Oberfläche gepreßt wird. Diese lästige Erscheinung kann nach einem von A. v. ZEERLEDER [1] angegebenen Verfahren behoben werden, das darauf hinausläuft, daß die erstarrende Stange länger von der Kokille umgeben ist. Jedoch ergibt das eine nicht unwesentliche Komplikation der Apparatur. Auf diese Frage kann hier nicht eingegangen werden.

b) Formguß aus Aluminium-Legierungen.

Das reine Aluminium ist auffallend dickflüssig und füllt die Formen deshalb schlecht aus. Die Ursache dieser Dickflüssigkeit und ihrer starken Herabsetzung durch verschiedene Legierungselemente ist noch nicht bekannt. Vielleicht hängt sie mit den das technische Metall durchsetzenden Oxydhäuten zusammen, deren Beschaffenheit durch Zusätze beeinflußt wird. Abgesehen von Gründen der Festigkeit wird schon aus diesem Grunde nur legiertes Aluminium für Formguß verwendet.

Vor etwa 25—30 Jahren wurden für Massengüter ohne besonders hohe Festigkeitsanforderungen vorwiegend zwei Gruppen von Gußlegierungen des Aluminiums benutzt, die „deutsche Legierung" mit 10—12% Zn und 2% Cu, und die „amerikanische Legierung" mit 6—10% Cu und 2—5% Zn. Von beiden gab es zahlreiche Varianten. In der Folgezeit sind sie in steigendem Maße durch das Silumin, die besonders vorbehandelte eutektische Aluminium-Silicium-Legierung mit etwa 13% Si (Abbildung 489) verdrängt worden. Ohne Vorbehandlung weist diese Legierung ein grobes eutektisches Gefüge auf (Abbildung 490). Es ist recht beachtlich,

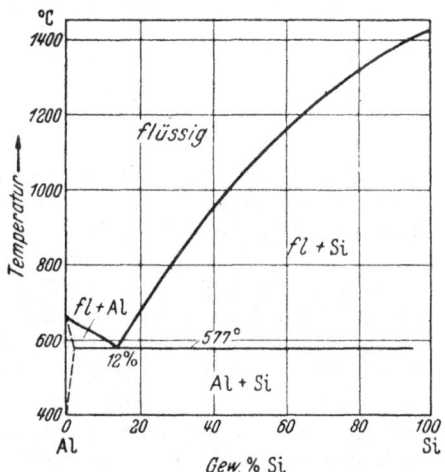

Abb. 489. Zustandsdiagramm Al-Si.

daß dieses Eutektikum kein lamellares Gefüge aufweist und daß die kleinen Siliciumkryställchen typische polyedrische Formen aufweisen, wie sie sonst nur bei primärer Erstarrung aus der Schmelze auftreten. Es ist anzunehmen, daß die Erstarrung hier wie bei verschiedenen anderen Eutektika mit Halbmetallen in folgender Weise stattfindet. Die lineare Krystallisationsgeschwindigkeit des Aluminiums ist so viel größer als die des Siliciums, daß die Keime des letzteren nach geringen Wachstumszeiten von dem erstarrenden Aluminium umschlossen werden und immer wieder eine erneute Keimbildung notwendig wird.

---

[1] Vgl. z. B. A. v. ZEERLEDER: Technologie des Aluminiums und seiner Leichtlegierungen. 5. Aufl. Leipzig: Akademische Verlagsges. m. b. H. 1947.

Das macht es auch verständlich, daß, im Gegensatz zu anderen untersuchten
Eutektika, zwischen den Aluminium- und den Siliciumkrystallen kein Orientierungszusammenhang besteht. Das Silicium weist überhaupt keine Textur auf.

Die Behandlung, der man die eutektische Aluminium-Silicium-Legierung
unterwirft, die sog. „Veredelung", besteht in einer Zugabe von sehr geringen
Mengen von Alkalimetallen oder deren Halogeniden (Fluoriden). In letzterem
Falle findet eine Reduktion des Alkalimetalles statt, das von der Schmelze aufgenommen wird. Heute wird zur Veredelung vorwiegend metallisches Natrium
in Mengen von einigen Hundertsteln Prozenten zugesetzt. Die Legierung wird
nun nach einem genau festgelegten Zeitprogramm abstehen gelassen und dann
vergossen. Bei dieser Behandlung wird der größte Teil des Natriums wieder
oxydiert, so daß in der Schmelze nur 0,01—0,03% verbleiben. Diese ganz ge-

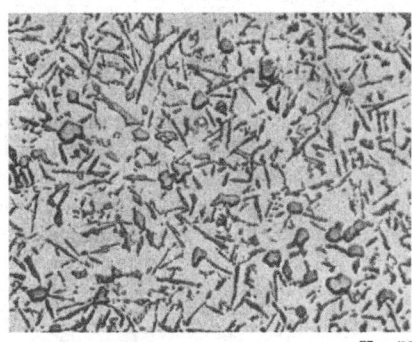

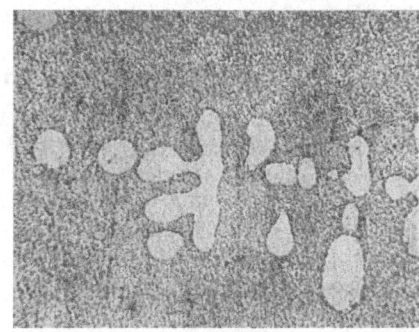

V = 70   V = 70

Abb. 490. Normales Al-Si-Eutektikum   Abb. 491. Veredelte Al-Si-Legierung mit ca. 12% Si
(aus SACHS).   (Silumin) (aus SACHS).

ringe Menge reicht aus, um das Al-Si-Eutektikum feinkörnig zu machen, wie
das Abb. 491 zeigt. Wenn der Natriumgehalt geringer wird, verliert sich seine
Wirkung. Bei höheren Natriumgehalten finden sich in der Legierung Einschlüsse
eines gröberen Eutektikums, die die Legierung unbrauchbar machen.

Die veredelte Legierung heißt *Silumin*. Sie hat wesentlich bessere technische
Eigenschaften als die nicht veredelte, insbesondere eine höhere Dehnung.

Aus dem Obigen geht hervor, daß die Veredelungsbehandlung gegen äußere
Bedingungen sehr empfindlich sein muß. Die Größe und die Form des Tiegels,
die Erhitzungs- und Abkühlungsgeschwindigkeit des flüssigen Metalles, die Bewegung der Schmelze usw. bestimmen die Geschwindigkeit des Natriumabbrandes-
Deshalb muß die Veredelungsbehandlung für jeden Ofen im einzelnen neu aus-
probiert werden. Wenn das einmal geschehen ist, funktioniert sie mit großer
Sicherheit.

Infolge der Behandlung mit Natrium treten bei 13% Si primäre Aluminiumkrystalle auf. Die Vermutung, daß die Konzentration des Eutektikums durch
den Natriumgehalt verschoben wird, ist recht unwahrscheinlich, da der Natriumgehalt hierzu zu gering ist. Wahrscheinlich ist, daß die Keimbildung des Siliciums
durch die Veredelungsbehandlung zunächst unterdrückt wird. Die Krystallisation des Eutektikums setzt dann verspätet mit Unterkühlung ein, weshalb
es auch feinkörnig wird. Diese Annahme wird durch die Tatsache bestätigt, daß
eine sehr schnelle Abkühlung (Spritzguß in metallische Formen) auch eine Veredelung bewirkt.

Das Silumin wird heute auch in zahlreichen Varianten mit verschiedenem Siliciumgehalt und mit Zusätzen, z. B. von Kupfer und von Magnesium, hergestellt.

Magnesiumhaltige Gußlegierungen zeichnen sich durch erhöhte Warmfestigkeit aus, besonders die in der „National Physical Laboratory" von W. ROSENHAIN und Mitarbeitern entwickelte Y-Legierung mit 4% Cu, 2% Ni und 1,5% Mg. Sie ist in England in zahlreichen Varianten unter dem Namen von RR-Legierungen bekannt und in Anwendung. Eigenartigerweise bevorzugen die USA. dahingegen magnesiumfreie Gußlegierungen.

Die zunehmende Verwendung von Aluminium hat zu einem gesteigerten Anfall von Abfällen geführt, und es sind in den letzten Jahren große Anstrengungen gemacht worden, insbesondere in Deutschland, aus diesen Abfällen möglichst hochwertige Gußlegierungen herzustellen. Das Problem der Reinigung der Abfälle von Oxyden konnte durch Waschen mit Schmelzen von Halogeniden befriedigend gelöst werden. Die unvermeidlichen starken Schwankungen der Zusammensetzung der Abfälle haben jedoch die Aufstellung von Legierungstypen mit gut definierten Eigenschaften unmöglich gemacht. Die Beseitigung von metallischen Zusätzen, als welcher in erster Linie das Eisen und Kupfer zu gelten hat, ist noch nicht in zufriedenstellender Weise gelungen.

c) Walzlegierungen des Aluminiums.

Das Aluminium vermag nur Kupfer, Zink und Magnesium in größerem Umfange im Mischkrystall aufzunehmen; in allen drei Fällen zeigt sich fernerhin eine starke Zunahme der Löslichkeit mit steigender Temperatur, so daß die Voraussetzungen für eine Aushärtung gegeben sind. Auffallenderweise tritt eine mechanische Aushärtung in größerem Umfange nur bei ternären Legierungen auf, die neben Magnesium noch Kupfer oder Zink enthalten.

Am wichtigsten ist die Legierungsgruppe Al-Cu-Mg, das von A. WILM erfundene Duralumin (3—4% Cu, 0,5—1% Mg, 0,5—1% Mn) mit seinen Varianten.

Die Al-Cu-Mg-Legierungen härten nach dem Abschrecken von 500—510° C bereits beim Lagern bei Zimmertemperatur aus, und zwar setzt der Aushärtungsprozeß praktisch sofort (abgesehen von einer kurzen Inkubationsperiode) ein, so daß bereits nach wenigen Stunden eine sehr deutliche Verfestigung festzustellen ist. Mit der Aushärtung ist eine Abnahme des Formänderungsvermögens verbunden, die sich in den Dehnungswerten kaum auswirkt, aber z. B. das Schlagen von Nieten bereits sehr erschwert oder unmöglich macht. Man ist also gezwungen, die Niete sehr bald nach der Abschreckbehandlung zu schlagen, was recht lästig ist. Deshalb hat man die Zusammensetzung von Legierungen für Niete mit Erfolg so abgeändert, daß die Aushärtung bei gewöhnlicher Temperatur verzögert wurde und das Schlagen der Niete noch ein paar Tage nach dem Abschrecken möglich ist. In der Hauptsache hat man das durch Erhöhung des Mg-Gehaltes (auf 2,1%) und Senkung des Cu-Gehaltes (2,1%) erreicht. Auch die Durchführung von Biegeoperationen kann durch die Aushärtung erschwert werden.

Im Verlauf der Herstellung von gebogenen Blechprofilen und ähnlichen Konstruktionsteilen ist man oft gezwungen, Zwischenglühungen vorzunehmen, da ohne diese das Deformationsvermögen vorzeitig erschöpft wäre. Da die Deformationen hierbei gering sind, tritt des öfteren eine störende Grobkornbildung auf, die große technische Schwierigkeiten gemacht hat. Die Bleche werden in dem von 500—510° C abgeschreckten Zustand deformiert. Die Erfahrung hat gelehrt, daß die Grobkornbildung ausbleibt, wenn der Walzgrad vor der genannten Abschreckbehandlung 15—20% nicht übersteigt, und zwar auch nach wiederholten Verformungen und Erhitzungen auf 500—510° C.

Dieser Zusammenhang mit dem Walzgrad läßt vermuten, daß die Grobkornbildung wenigstens zum Teil auf eine sekundäre Rekrystallisation (vgl. S. 458 f) zurückzuführen ist. Im übrigen sind die Verhältnisse hier recht kompliziert, und es ist noch keineswegs sicher, daß die Deutung auf der Basis der allgemeinen Theorie der Rekrystallisation ohne ergänzende Annahmen möglich sein wird.

Bei sehr guter Festigkeit bestehen gewisse Schwächen der Legierungsgattung Al-Cu-Mg außer in einer mäßigen Verformbarkeit, in einer mäßigen Korrosionsbeständigkeit in Chloridlösungen und in etwas erhöhtem spezifischen Gewicht. Die beiden ersten Mängel sind die Veranlassung gewesen zur Entwicklung von kupferfreien Materialien mit geringerer Festigkeit, aber guter Verformbarkeit und Korrosionsbeständigkeit (Gattungen Al-Mg-Mn und Al-Mg-Si und Al-Mg). Das Diagramm der Al-Mg-Legierungen ergibt eine ziemlich erhebliche Löslichkeit des Magnesiums im Aluminium im Krystallzustande, die mit sinkender Temperatur stark abfällt. Grundsätzlich sind also die Voraussetzungen für eine mechanische Aushärtung gegeben.

Es zeigt sich jedoch, daß die Härtung im homogenen Mischkrystall bereits sehr erheblich ist und durch eine Aushärtungsbehandlung bei tieferen Temperaturen nicht weiter erhöht wird. Es besteht also keine Veranlassung, die abgeschreckte Legierung auszuhärten. Das verbietet sich auch, weil durch eine Erhitzung auf niedrige Temperaturen unterhalb von 100° C eine recht erhebliche Spannungskorrosionsempfindlichkeit auftritt.

Eine solche tritt bei einer abgeschreckten Legierung mit mehr als etwa 5% Mg auf, wenn sie etwa auf 80° C oder mehr erhitzt wird. Mit solchen Erhitzungen ist im Gebrauch zu rechnen, und deshalb hat die Verwendung der abgeschreckten Legierung ihre Gefahren.

Es hat sich gezeigt, daß die Korrosionsanfälligkeit im vorliegenden Fall dann auftritt, wenn sich an den Korngrenzen ein Saum der sich ausscheidenden Krystallart Mg_3Al_2 (?) entsteht. Das ist nur etwa im Temperaturgebiet 150 bis 200° C der Fall. Bei höheren Temperaturen koaguliert der vorher zusammenhängende Saum zu einzelnen Tröpfchenkrystallen, und die Gefahr der Spannungskorrosion schwindet. Gleichzeitig sinkt jedoch die Festigkeit, so daß die Verwendung der Legierung in dem so angelassenen Zustande sich verbietet. Folgende Kompromißbehandlung hat sich jedoch als erfolgreich erwiesen. Man läßt die Legierung mit 6—9% Mg „überlaufen", d. h. man kühlt sie zunächst so langsam ab, daß eine Ausscheidung bei höherer Temperatur beginnt, und zwar in Form einzelner Kryställchen, und schreckt sie dann ab. Nach einer solchen Behandlung ist die Legierung genügend fest und neigt nicht mehr wesentlich zur Spannungskorrosion. Es hat sich jedoch gezeigt, daß es Schwierigkeiten macht, die genannte Behandlung zuverlässig durchzuführen. Die Ausscheidungsgeschwindigkeit — und auch die Ausscheidungsform — hängt offenbar ziemlich stark von dem Reinheitsgrade und von der Vorbehandlung ab, und es ist schwer, das „Überlaufen" richtig zu bemessen. Wird es zu weit getrieben, so verliert die Legierung ihre Festigkeit, und ist es ungenügend, so bleibt die Gefahr der Spannungskorrosion nach mäßigen Erhitzungen im Gebrauch bestehen.

Aus diesen Gründen haben sich die Al-Mg-Legierungen mit mehr als 5% Mg in der Praxis nur in geringem Umfange durchgesetzt. Man beschränkt sich auf geringe Mg-Gehalte, bei denen keine Gefahr der Spannungskorrosion besteht, die aber nur geringere Festigkeitswerte aufweisen.

Ein Zusatz von Mangan erhöht, wie immer bei Aluminium- und Magnesiumlegierungen, die Korrosionsbeständigkeit und die thermische Trägheit der Legierungen.

Eine wesentliche Erniedrigung der Gefahr der Spannungskorrosion der Al-Mg-Legierungen konnte neben einem Zusatz von Zink durch weitere ganz geringe Zusätze von Elementen wie Chrom erreicht werden. Die Ursache dieser Wirkung des Chroms konnte noch nicht restlos geklärt werden.

3. Magnesium und seine Legierungen.

Magnesium ist das leichteste Metall der Technik ($d = 1,7$). Es hat ein sehr unedles Potential ($\varepsilon_H \sim -2,45\,V$) und es bedarf deshalb sowohl bei der Herstellung als auch bei der späteren Verwendung besonderer Vorsichtsmaßnahmen, um es vor Verunreinigungen durch nichtmetallische Bestandteile bzw. vor Korrosion zu schützen. Seine Affinität zum Sauerstoff ist so groß, daß es, sobald es geschmolzen ist, sich an der Luft entzündet und unter Entwicklung einer sehr hohen Temperatur und unter lebhaftem Spritzen verbrennt. Das sich bildende MgO vermag es nicht, den Oxydationsvorgang des flüssigen Metalles aufzuhalten[1]. Außer mit dem Sauerstoff reagiert das Magnesium lebhaft mit dem Stickstoff.

Das Schmelzen und Vergießen des Magnesiums und seiner Legierungen hat sehr große Schwierigkeiten gemacht, bis entdeckt wurde, daß ein Bestreuen der Schmelze mit fein verteiltem Schwefel das Metall ausgezeichnet vor Oxydation bzw. vor Nitridbildung schützt. Ein Zusatz von Schwefel (und Borsäure) zum Formsand ergibt die Möglichkeit, Magnesium und seine Legierungen in feuchten Sandformen zu vergießen.

Das Magnesium hat indessen noch einen anderen Feind, nämlich Verunreinigungen durch $MgCl_2$, die aus der Herstellung durch Elektrolyse stammen. Das $MgCl_2$ ist bekanntlich hygroskopisch und wird darüber hinaus durch Wasser hydrolytisch gespalten, wobei Salzsäure entsteht, die das Magnesium angreift. Geringe Mengen des $MgCl_2$ können deshalb sehr weitgehende Zerstörungen des Metallgegenstandes herbeiführen, wenn das Salz erst an die Oberfläche gekommen ist. In der Regel ist ein solches Metallstück dann unrettbar verloren.

Es hat deshalb einen entscheidenden Fortschritt bedeutet, als es Anfang der zwanziger Jahre gelang, das $MgCl_2$ aus dem Magnesium mit Sicherheit zu entfernen. Eigenartigerweise geschieht das unter Zuhilfenahme weiterer Mengen von $MgCl_2$. Die noch durch Nitride, Oxyde und evtl. $MgCl_2$ verunreinigte Schmelze wird mit einer Salzmischung überdeckt, deren Hauptbestandteil $MgCl_2$ ist und die, in der Hauptsache durch Zusatz von $BaCl_2$, so eingestellt ist, daß ihr spezifisches Gewicht dasjenige der Schmelze etwas übersteigt. Das Metall wird nun bis auf etwa 750° C erhitzt und das geschmolzene dickflüssige Salz in die Metallschmelze eingerührt, wobei es sich dort zu zähflüssigen Tropfen verteilt und die Schmelze von Oxyd, Nitrid und $MgCl_2$-Einschlüssen befreit.

Infolge seiner etwas über derjenigen des Metalles liegenden Dichte sinkt dabei das Salz langsam zu Boden. In der Regel wird das Metall im Anschluß hierauf bis auf etwa 900° C überhitzt, um das Absetzen des Salzes zu erleichtern. Eigenartigerweise hat diese Nachbehandlung gleichzeitig die Wirkung, daß das Metall feinkörniger wird. Bei sorgfältiger Durchführung des Verfahrens gelingt es auf diese Weise, ein von Salzeinschlüssen völlig freies Metall zu erhalten; diese Behandlung wird heute deshalb im größten Umfang angewandt.

Das Magnesium legiert sich nicht mit Eisen und kann in eisernen Gefäßen eingeschmolzen und im flüssigen Zustand mit eisernen Geräten in Berührung gebracht werden. Hierbei werden vom flüssigen Metall aber doch sehr geringe Mengen von Eisen aufgelöst, die sich bei der Erstarrung ausscheiden und zu gefährlichen Lokalelementen führen. Zu ihrer Beseitigung setzt man dem Metallbade Silicium, Mangan, Zirkon oder Cer zu. Diese Metalle haben eine starke Verwandtschaft mit Eisen. Sie reagieren deshalb mit diesem. Die gebildeten Ver-

---

[1] Um einen lokal auf einer Magnesiumschmelze entstandenen Brand zu löschen, pflegt man etwas Abdecksalz (vgl. weiter unten) daraufzustreuen oder aber den Brandherd mit einer kalten Eisenstange zu berühren. Die hierbei eintretende Abkühlung genügt bei kleinen Herden, um den Brand zu löschen.

bindungen scheiden sich aus und dienen als Keime für die weitere Abscheidung der zugesetzten Metalle. Dadurch scheint eine so starke Vergröberung der Fe-Einschlüsse einzutreten, daß sie sich absetzen können und unschädlich werden.

Die geringe Verformbarkeit des Magnesiums und seiner Legierungen bei gewöhnlicher Temperatur, die die Folge der hexagonalen Struktur und des Fehlens einer Zwillingsbildung als ergänzenden Verformungsmechanismus nach stärkeren Verformungen ist (S. 357), bringt es mit sich, daß die Legierungen des Magnesiums in der Hauptsache als Fertigguß Verwendung finden. Bei höheren Temperaturen oberhalb etwa 220° C, steigt die Verformbarkeit sehr erheblich. Die Ursache dieser Erscheinung ist noch nicht geklärt. Die Annahme der Betätigung eines zweiten Gleitungssystems scheint nicht ausreichend belegt zu sein[1].

D. Zink und seine Legierungen.

Aus Zink, zum Teil mit einigen Legierungszusätzen wie Kupfer und Aluminium, wurden seit langer Zeit Bleche und Formguß hergestellt. In Zeiten der Verknappung an anderen Metallen, vor allen Dingen an Kupfer und an Aluminium, hat man versucht, in den Legierungen auf Zinkbasis einen Ersatz z. B. für Messing zu entwickeln. Trotz aller Bemühungen kann die Verwendung von Zink für solche Zwecke im wesentlichen nur als eine Notmaßnahme betrachtet werden. Das liegt zum Teil daran, daß die plastische Verarbeitung der Zinklegierungen nicht unwesentlich schwieriger als die des Messings ist, vor allen Dingen aber an der geringen Kriechfestigkeit der Zinklegierungen. Es gelingt zwar ziemlich leicht, durch Zusätze von Kupfer und Aluminium Festigkeitswerte in der Größenordnung von 40 kg/mm² zu erzielen, also Werte, die denjenigen des Messings durchaus gleichwertig sind, die Standfestigkeit dieser Legierungen ist jedoch sehr gering. In gewalztem und evtl. rekrystallisiertem Zustande können diese Legierungen ohne eine allmählich einsetzende plastische Deformation nur Dauerlasten von 2—4 kg/mm² tragen. Das führt zu solchen Konsequenzen, daß z. B. Beleuchtungskörper unter der Last des eigenen Gewichtes einknicken oder daß angezogene elektrische Kontakte sich lockern usw. Die Kriechgeschwindigkeit ist desto niedriger, je grobkörniger das Material ist, und ist bei weitem am niedrigsten bei gegossenen Stücken, weshalb Formguß das gegebene Anwendungsgebiet für Zink ist. Jener Zusammenhang mit der Korngröße zeigt, daß die Deformationen an den Krystallgrenzen beim Kriechen eine besondere Bedeutung haben. Es handelt sich dort um Deformationen, die durch platzwechselähnliche Vorgänge zustande kommen, ähnlich wie bei Glas und bei anderen amorphen Körpern, und die man mit dem Schlagwort „amorphe Plastizität" bezeichnet. Natürlich erschöpft sich darin nicht die Deformation eines polykrystallinen Materials, vielmehr erfolgt die Deformation der Krystalle im ganzen zweifellos nach wie vor durch Gleitung. Während jedoch im Normalfalle der Kaltreckung die Bildung und Wanderung der Versetzungen, also die krystallographische Gleitung den primär einsetzenden Vorgang darstellt, während die Krystallgrenzen in der Hauptsache die Gleitung behindern, ist bei der „amorphen Plastizität" das Umgekehrte der Fall, indem die Atomverschiebungen an den Krystallgrenzen leichter eintreten als die Gleitung und die zweite nur einen nach einer Entspannung der Krystallgrenze eintretenden Begleitvorgang darstellt, ungeachtet des Umstandes, daß die Formänderung auch im vorliegenden Fall in ganz überwiegendem Maße durch Gleitung zustande kommt.

---

[1] ERNST, Th., u. F. LAVES: Z. Metallkde. **40** (1949) 1.

Hieraus ergeben sich die Hauptrichtlinien, um die Standfestigkeit zu erhöhen. Man muß bei Erhaltung oder Erhöhung des Gleitwiderstandes den Anteil der Korngrenzensubstanz erniedrigen, also grobkörniges Material benutzen.

Der Umstand, daß bei Einkrystallen aus Zink der Widerstand gegen eine plastische Deformation ganz besonders niedrig ist, ist kein Widerspruch hierzu, da diese Einkrystalle aus besonders reinem Material bestehen, das einen viel geringeren Gleitwiderstand aufweist als die praktisch verwendeten Legierungen.

Bei der Einführung von Zinklegierungen in großem Maßstabe, wie sie der erste Weltkrieg mit sich gebracht hat, haben sich als große Schwierigkeiten langsame Änderungen der Abmessungen und Mangel an Korrosionsbeständigkeit erwiesen. Späterhin hat sich gezeigt, daß beide Erscheinungsgruppen zum Teil eng zusammenhängen. Wir wollen sie an den binären Systemen Zn-Al und Zn-Cu erörtern.

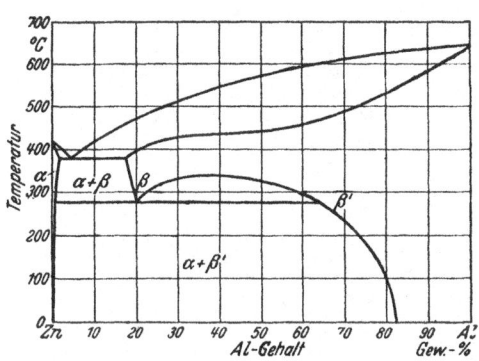
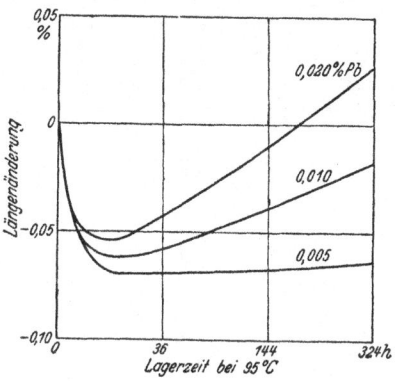

Abb. 492. Zustandsdiagramm Zn-Al (aus BURKHARDT).   Abb. 493.

Abb. 492 zeigt das Zustandsdiagramm der Aluminium-Zink-Legierungen. Eine Folge der eigenartigen Gestalt des Feldes der β-Mischkrystalle ist ihr eutektoider Zerfall bis 20% Al bei 270° C, wobei neben dem Zn-reichen Krystall α ein Al-reicher β-Mischkrystall β' entsteht. Der Umstand, daß β und β' in demselben Raumgitter krystallisieren und bei höherer Temperatur ineinander übergehen, macht keine Schwierigkeiten. Ein durchaus ähnlicher Fall liegt ja z. B. bei den Au-Ni-Legierungen vor, in denen bei tieferen Temperaturen zwei Krystalle mit ähnlich verwandtem Gitter zwei unabhängige Phasen bilden.

Die maximale Löslichkeit des Aluminiums in krystallisiertem Zink liegt bei etwa 1% Al. Da die Legierungen der Technik in der Regel mehrere Prozent Al enthalten, bestehen sie aus einem Gemenge von Zn-reichen α-Krystallen und von β-Krystallen. Bei der Abkühlung auf tiefere Temperaturen findet sehr schnell der Zerfall der β-Krystalle statt. Die mit ihm verbundene Volumenänderung spielt technisch keine Rolle, da sie schnell abläuft. Im Anschluß daran setzen jedoch langsame Formänderungen ein, die nach einem beschleunigten Verfahren bei 95° C verfolgt werden können. Zur gleichzeitigen Prüfung auf Korrosion werden sie in Wasserdampf durchgeführt. Einige Ergebnisse finden sich in Abb. 493. Man sieht, daß zunächst eine Kontraktion von 0,05—0,07% eintritt, die durch eine anschließende Ausdehnung abgelöst wird. Diese nimmt mit steigendem Pb-Gehalt stark zu. Bei einem Versuch in trockener Luft bleibt die Ausdehnung aus, ein Beweis dafür, daß sie auf Korrosion zurückzuführen ist. Gleichzeitig sieht man, daß die Korrosionsgefahr durch Zusätze selbst kleiner Mengen von Blei stark erhöht wird, ja in dieser Form vielleicht durch sie und durch ähnlich wirkende Zusätze von Zinn oder Cadmium überhaupt bedingt ist.

Die Kontraktion ist durch die langsam selbst bei Zimmertemperatur stattfindende Ausscheidung von Aluminium aus dem übersättigten α-Mischkrystall zu
erklären. Sie wird auf Grund der gemessenen Gitterkonstanten in Übereinstimmung mit der Erfahrung berechnet. Das gilt für die Linearabmessungen indessen
nur für gegossene Legierungen ohne nennenswerte Texturausbildung. Die Para-
meteränderungen sind bei der Ausscheidung des Aluminiums in der a- und der
c-Achse des hexagonalen Raumgitters verschieden. Im Falle der Anwesenheit einer
Textur, wie sie in durch plastische De-
formation gewonnenen Erzeugnissen praktisch immer vorliegt, führt die Aluminium-
ausscheidung zu unübersichtlichen Formänderungen und kleinen Verzerrungen der
Gestalt.

Von der Korrosion wird so gut wie
ausschließlich das α + β-Eutektikum be-
fallen, das zwischen den primären α-Krystallen liegt. Die Vermutung liegt nahe,

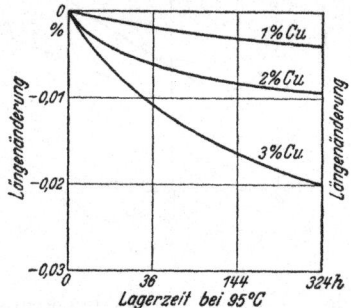

Abb. 494 Längenänderungen bei Zn-Cu-Legierungen
(aus BURKHARDT).

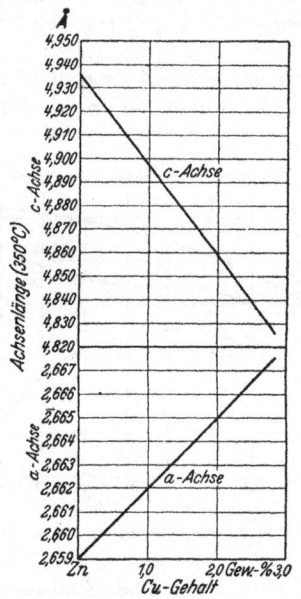

Abb. 495. Achsenverhältnis in Al-Cu-Legierungen (aus
BURKHARDT).

daß hierbei eine elektrochemische Wechselwirkung mit dem Blei eine entscheidende Rolle spielt. Das Blei ist ja im festen Aluminium gar nicht und in der
Schmelze bei der Schmelztemperatur des Zinks etwa bei 0,7% löslich. Es unterliegt keinem Zweifel, daß es sich in der erstarrten Legierung im Eutektikum
befindet.

Die schädigende Wirkung des Bleis wird eigenartigerweise wirksam durch
Zusätze von Magnesium behoben und durch Kupfer herabgesetzt. Die Wirksamkeit des Magnesiums hört jedoch praktisch bei einem Gehalt von 0,02% Pb
auf. Die Empfindlichkeit der Zn-Al-Legierungen selbst gegen geringe Pb-Zusätze
verbietet meistens die Verwendung von gewöhnlichem Hüttenzink für ihre
Herstellung.

Im Gegensatz zum Aluminium erhöht ein Zusatz von Kupfer die Erstarrungstemperatur des Zinks (Abb. 99). Der Zn-reiche η-Krystall vermag bis etwa
2,6% Cu bei der peritektischen Temperatur von 424° C aufzunehmen. Von dem
peritektischen Gehalt von etwa 1,6% Cu an steigt die Liquiduskurve schnell
und erreicht bei etwa 5% Cu bereits 500° C. Da die technischen Legierungen
meistens einige Prozente Kupfer enthalten, bestehen sie aus einem Gemenge
von η- und von ε-Krystallen. Beide ändern ihre Zusammensetzung mit sinkender
Temperatur oder langsam beim Lagern nach einer schnellen Abkühlung, und bei
beiden ändern sich hierbei die Gitterkonstanten. Eine Folge davon sind Kon-

traktionen, wie sie in Abb. 494 wiedergegeben sind. Diese können bei entsprechender Berücksichtigung der Gitterkonstanten berechnet werden. Die Längen der a- und der c-Achse ändern sich mit der Cu-Konzentration gegenläufig (Abb. 495), was im Falle von texturbehafteten Stücken zu unübersichtlichen, wenn auch geringen Formänderungen führen kann. Eine längere Temperung bei 80—100° C mit entsprechend langsamer Abkühlung vor der endgültigen Bearbeitung mit schneidenden Werkzeugen kann, wie auch bei den Zn-Al-Legierungen, die nachträglichen Formänderungen praktisch völlig beheben.

Die Legierungen der Praxis enthalten in der Regel sowohl Aluminium als auch Kupfer. Die Zink-Kupfer-Legierungen haben den Vorzug, daß ohne Gefahr der Korrosion unreines Zink verwendet werden kann oder auch absichtlich Blei zur Verbesserung der Spanbildung zugesetzt werden kann. Die Maßänderungen sind bei diesen Legierungen geringer als bei den Zn-Al-Legierungen. Dahingegen sind ihre Festigkeitseigenschaften schlechter und sie sind wegen der höheren Temperaturlage der Liquiduskurve schlechter zu vergießen.

Der niedrige Schmelzpunkt des Zinks ermöglicht die Herstellung von Zinklegierungen im Spritzgußverfahren. Hierbei wird die Schmelze unter hohem Druck in eine metallische Dauerform hineingepreßt oder hineingespritzt. Auf diese Weise ist es möglich, auch komplizierte Gußstücke mit sehr sauberer Oberfläche herzustellen. Infolge der schnellen Erstarrung ist der Spritzguß besonders feinkörnig und zeichnet sich durch hohe Festigkeit aus.

E. Nickel und seine Legierungen.

Nickel wird in geringen Mengen vor allen Dingen vielen Stählen zugesetzt, deren Eigenschaften es entscheidend beeinflußt (vgl. S. 576). Es ist in geringen Gehalten Bestandteil mancher Arten von Gußeisen, von Messing (Sondermessing) und von einigen Aluminiumlegierungen.

Alle metallischen Materialien, die Nickel in größeren Mengen enthalten, sind zunächst spröde, wenn nicht geeignete Vorsichtsmaßregeln eingehalten werden. Eine eingehende Untersuchung hat gezeigt, daß die Ursache der Sprödigkeit des Nickels und der meisten seiner Legierungen in einem geringen Gehalt an Schwefel, der in Gestalt von NiS vorliegt, zu suchen ist. Das Ni-S-Diagramm zeichnet sich durch ein niedrig schmelzendes Eutektikum aus. Bei der Krystallisation werden die primären Nickelkrystalle von Säumen des Sulfides umgeben. Wie oft in solchen Fällen, in denen die Menge des Eutektikums gering ist, tritt es in sog. *entarteter* Form auf, die auch bei manchen Legierungen des Aluminiums beobachtet wird. Es kommt hierbei überhaupt nicht zu einer Ausbildung einer typischen eutektischen Struktur. Das im eutektischen Punkt krystallisierende Nickel lagert sich unmittelbar an die primären Krystalle an, die dann von einem zusammenhängenden Saum des zweiten Bestandteiles, des spröden Sulfides, umgeben werden. Bereits ein Gehalt von etwa 0,002% S genügt, um diesen Effekt herbeizuführen. Solche und höhere Schwefelgehalte weist auch das reinste Nickel der Technik auf.

Außerdem ist das Nickel normalerweise sauerstoffhaltig, da die Schmelze, wie auch bei Eisen und bei Kupfer, gewisse Mengen an Sauerstoff, sicherlich in Gestalt von Oxyden, aufnimmt.

Wird dem Nickel eine geringe Menge von Mangan zugesetzt, so hat das Sulfid nur noch eine herabgesetzte Neigung zur Bildung von spröden Säumen, wahrscheinlich, weil das MnS bereits vor dem Ende der Erstarrung in Gestalt einer zweiten flüssigen Phase ausgeschieden wird. Um diese Wirkung zu erzielen, sind indes erhebliche Zusätze an Mangan, 0,5—2%, die die stöchiometrisch errechneten Mengen sehr wesentlich übersteigen, zuzusetzen. Das ist notwendig erstens, weil der größte Teil des Mangans zur Reaktion mit Sauerstoff (Bildung von MnO) verbraucht wird. Außerdem ist anzunehmen, daß das ausgeschiedene MnS noch nickelhaltig ist und daß der Mangangehalt des Sulfides auf Grund eines Verteilungskoeffizienten erst dann eine für die Erzielung des oben genannten Effektes ausreichende Höhe erreicht, wenn die Schmelze auch nach vollzogener Reaktion mit Sauerstoff noch einen gewissen Gehalt an Mangan aufweist.

Durch Zusatz von Mangan wird die Sprödigkeit des Nickels noch nicht voll behoben. Seine Wirkung wird wesentlich verstärkt durch Zusatz von Silicium, wie das vielfach in der Technik geschieht. Die Wirkung von Silicium besteht offenbar darin, daß es die Bindung des Sauerstoffs übernimmt, so daß das gesamte Mangan für die Reaktion mit dem Schwefel zur Verfügung steht.

Noch wesentlich wirksamer ist indes ein geringer Zusatz von 0,01—0,05% Magnesium (oder Beryllium), der nach dem Zusatz von Mangan getätigt wird. An den Korngrenzen findet man jetzt kleine kugelförmige Gebilde (offenbar von MgS), und das Nickel hat seine Sprödigkeit völlig verloren.

Aus obigem sieht man, daß es praktisch unmöglich ist, technisch reines Nickel ohne jeden Zusatz zu verwalzen.

Ähnlich verhalten sich z. B. die Nickel-Kupfer- oder die Nickel-Eisenlegierungen. Eine Legierung mit 80% Cu und 20% Ni ist wegen ihrer guten Korrosionsbeständigkeit für Kondensatorrohre auf Schiffen benutzt worden; auch hier muß eine Schmelzbehandlung, wie bei reinem Nickel, vorgenommen werden.

Das Nickel und seine Legierungen zeichnen sich bei hoher Festigkeit und Geschmeidigkeit durch gute Korrosionsbeständigkeit aus. Im Gegensatz zu Silber läuft Nickel in Gegenwart von Spuren von Schwefelverbindungen in der Atmosphäre nicht schwarz an. Außerdem weisen viele seiner Legierungen besondere Eigenschaften auf, wie z. B. die ferromagnetischen Eisen-Nickel-Legierungen (S. 318) oder das Invar, auf das noch kurz eingegangen werden soll. Es enthält etwa 36% Ni und zeichnet sich durch einen sehr niedrigen thermischen Ausdehnungskoeffizienten aus. Dieser wird wie folgt erklärt. Der Curie-Punkt des Invars liegt wenig oberhalb der Zimmertemperatur, im Gebiete der Zimmertemperatur nimmt die Sättigungsmagnetisierung demnach sehr stark ab. Die spontane Magnetisierung bewirkt eine Volumenzunahme und ihr Rückgang eine Kontraktion, die der thermischen Ausdehnung entgegenwirkt und zu einer Herabsetzung des Ausdehnungskoeffizienten führt. Durchaus in Übereinstimmung mit dieser Auffassung steigt der Ausdehnungskoeffizient des Invars bei höherer Temperatur wieder an.

So überzeugend diese Auffassung ist, sie beschreibt das Verhalten des Invars nicht vollständig. Es zeigt nämlich bei schnellerer Erwärmung Verzögerungserscheinungen, indem es zunächst eine stärkere Ausdehnung aufweist, die langsam zurückgeht. Auf Grund der Ausführungen von C. Benedicks in verschiedenen Arbeiten ist anzunehmen, daß beim Invar die langsam einsetzende α-γ-Umwandlung, die auch im Gebiete der Zimmertemperatur liegt, die Volumenänderungen auch beeinflußt. Damit steht auch der Umstand im Einklang, daß die thermische Vorgeschichte von erheblichem Einfluß auf den Wert des Ausdehnungskoeffizienten beim Invar ist.

Durch Zusätze dritter Elemente können die Eigenschaften des Invars mannigfach abgewandelt werden.

Verzeichnis einiger Fachbücher.

Allgemeine Werke.

DEHLINGER, U.: Chemische Physik der Metalle und Legierungen. Leipzig: Akademische Verlagsges. 1939.

GOERENS, P.: Einführung in die Metallographie. 8. Aufl. (Insbesondere die Schilderung der Stahlgefüge im zweiten Teil.) Halle: Wilhelm Knapp 1948.

KIEFER, R., u. W. HOTOP: Pulvermetallurgie und Sinterwerkstoffe. Berlin: Springer 1943.

Metals Handbook. Herausgegeben von TAYLOR LYMAN. Cleveland (Ohio): The American Society for Metals 1948.

Progress in Metal Physics 1. Herausgegeben von B. CHALMERS. London: Butterworths Scientific Publications. 1949.

SACHS, G.: Praktische Metallkunde, 3 Bände. Bd. 1: Schmelzen und Gießen, Bd. 2: Spanlose Verformung, Bd. 3: Wärmebehandlung. Berlin: Julius Springer 1933—1935.

SEITZ, F.: The Physics of Metals. New York und London: McGraw-Hill Book Company 1943.

TAMMANN, G.: Lehrbuch der Metallkunde. 4. Aufl. Leipzig: Leopold Voss 1932.

Physikalische Chemie und Grundlagen der Thermodynamik.

Neben anderen:

EUCKEN, A.: Grundriß der physikalischen Chemie. 6. Aufl. Leipzig: Akademische Verlagsges. 1948.

EUCKEN, A.: Lehrbuch der chemischen Physik, 2 Bände. Bd. I: Die korpuskularen Bausteine der Materie. Bd. II: Makrozustände der Materie. Teilbd. II/1: Allgemeine Grundlagen, Gase. Teilbd. II/2: Kondensierte Phasen und heterogene Systeme. 3. Aufl. Leipzig: Akademische Verlagsges. 1949.

Krystallographie und Röntgenanalyse.

BYVOET, J. M., N. H. KOLKMEIJER u. C. H. MacGILLAVRY: Röntgenanalyse von Krystallen. Deutsche, umgearbeitete Ausgabe. Berlin: Springer 1940.

BRANDENBERGER, E.: Angewandte Krystallstrukturlehre. Berlin: Gebrüder Borntraeger 1938.

CORRENS, C. W.: Einführung in die Mineralogie. Berlin: Springer 1949.

GLOCKER, R.: Materialprüfung mit Röntgenstrahlen unter besonderer Berücksichtigung der Röntgenmetallkunde. 3. Aufl. Berlin: Springer 1949.

HALLA, F., u. H. MARK: Röntgenographische Untersuchungen von Krystallen. Leipzig: Johann Ambrosius Barth 1937.

Internationale Tabellen zur Bestimmung von Krystallstrukturen. 2 Bände. Berlin: Gebrüder Borntraeger 1935.

LAUE, M. v.: Röntgenstrahlinterferenzen. 2. Aufl. Leipzig: Akademische Verlagsges.1948.

NIGGLI, P.: Krystallographische und strukturtheoretische Grundbegriffe. Leipzig: Akademische Verlagsges. 1928.

Konstitutionslehre.

HANEMANN, H., u. A. SCHRADER: Atlas Metallographicus. Bisher erschienen: Bd. I: Kohlenstoffstähle. Bd. III/1: Binäre Legierungen des Aluminiums. Berlin: Gebrüder Borntraeger 1927—1941.

HANSEN, M.: Der Aufbau der Zweistofflegierungen. Berlin: Springer 1936.

JÄNECKE, E.: Kurzgefaßtes Handbuch aller Legierungen. 2. Aufl. Heidelberg: Karl Winter 1949.

MASING, G.: Ternäre Systeme. 2. Aufl. Leipzig: Akademische Verlagsges. 1949.

TAMMANN, G.: Lehrbuch der heterogenen Gleichgewichte. Braunschweig: Vieweg u. Sohn 1924.

VOGEL, R.: Die heterogenen Gleichgewichte (Bd. II des Handbuches der Metallphysik von G. MASING). Leipzig: Akademische Verlagsges. 1937.
WAGNER, C.: Thermodynamik metallischer Mehrstoffsysteme. (Bd. I/2 des Handbuches der Metallphysik von G. MASING.) Leipzig: Akademische Verlagsges. 1940.
WEIBKE, F., u. O. KUBASCHEWSKI: Thermochemie der Legierungen. Berlin: Springer 1943.

Atomistischer Aufbau der Metalle.

DEHLINGER, U.: Gitteraufbau metallischer Systeme. (Bd. I/1 des Handbuches der Metallphysik von G. MASING.) Leipzig: Akademische Verlagsges. 1935.
HUME-ROTHERY, W.: The Structure of Metals and Alloys. London: Institute of Metals 1936.
Strukturberichte (Beilage zur Z. Krystallogr.), 7 Bände. Leipzig: Akademische Verlagsges. 1931—1943.

Diffusion.

JOST, W.: Diffusion und chemische Reaktion in festen Stoffen. Dresden u. Leipzig: Theodor Steinkopff 1937.
SEITH, W.: Diffusion in Metallen. Berlin: Springer 1939.

Entstehung des krystallinen Metallkörpers aus der Schmelze.

TAMMANN, G.: Aggregatzustände. Leipzig: L. Voss 1922.
VOLMER, M.: Kinetik der Phasenbildung. Dresden u. Leipzig: Theodor Steinkopff 1939.

Physikalische Eigenschaften der Metalle.

BECKER, R., u. W. DÖRING: Ferromagnetismus. Berlin: Springer 1939.
BILTZ, W.: Raumchemie der festen Stoffe. Leipzig: L. Voss 1934.
BORELIUS, G.: Grundlagen des metallischen Zustandes. Physikalische Eigenschaften. (Bd. I/1 des Handbuches der Metallphysik von G. MASING. Leipzig: Akademische Verlagsges. 1935.
FRÖHLICH, H.: Elektronentheorie der Metalle. Berlin: Springer 1936.
JUSTI, E.: Leitfähigkeit und Leitungsmechanismus der festen Stoffe. Göttingen: Vandenhoeck u. Ruprecht 1948.
KLEMM, W.: Magnetochemie. Leipzig: Akademische Verlagsges. 1936.
MOTT, N., F. u. H. JONES: The Theory of the properties of Metals and Allays. Oxford: Clarendon Press. 1936.
VOIGT, W.: Lehrbuch der Krystallphysik. Leipzig u. Berlin: B. G. Teubner 1928.

Gute Zusammenfassungen stellen auch die entsprechenden Abschnitte in folgenden Büchern dar:
Handbuch der Experimentalphysik, 27 Bände. Herausgegeben von W. WIEN u. F. HARMS. Leipzig: Akademische Verlagsges. 1926—1936.
Handbuch der Physik, 24 Bände. Herausgegeben von H. GEIGER u. K. SCHEEL. Berlin: Springer 1926—1934.
MÜLLER-POUILLETS: Lehrbuch der Physik, 5 Bände. 11. Aufl. Herausgegeben von A. EUCKEN. Braunschweig: Vieweg u. Sohn 1925—1933.

Plastische Verformung.

Handbuch der Werkstoffprüfung. Herausgegeben von E. SIEBEL. 2 Bände: Bd. 1: Prüf- und Meßeinrichtungen. Bd. 2: Prüfung der metallischen Werkstoffe. Berlin: Springer 1939 bis 1940.
KOCHENDÖRFER, A.: Plastische Eigenschaften von Krystallen u. metallischen Werkstoffen. Berlin: Springer 1941.
SCHMID, E., u. W. BOAS: Krystallplastizität mit besonderer Berücksichtigung der Metalle. Berlin: Springer 1935.

Eigenspannungen.

Symposium on Internal Stresses in Metals and Alloys. London: Institute of Metals 1948.

Erholung und Rekrystallisation.

BURGERS, W. G.: Rekrystallisation, Verformter Zustand und Erholung. (Bd. III/2 des Handbuches der Metallphysik von G. MASING.) Leipzig: Akademische Verlagsges. 1941.

Chemische Reaktionen der Metalle mit nichtmetallischen Stoffen.

BAUER, O., O. KRÖHNKE u. G. MASING: Die Korrosion metallischer Werkstoffe. 3 Bände: Bd. 1: Die Korrosion des Eisens und seiner Legierungen. Bd. 2: Die Korrosion von Nichteisenmetallen und deren Legierungen. Bd. 3: Der Korrosionsschutz metallischer Werkstoffe und ihrer Legierungen. Leipzig: S. Hirzel 1936—1940.

EVANS, U. R.: Metallic Corrosion Passivity and Protection. 2. Aufl. London: E. Arnold & Co. 1946. Vgl. auch die deutsche Übersetzung der 1. Auflage von E. PIETSCH: Korrosion, Passivität und Oberflächenschutz von Metallen. Berlin: Springer 1939.

RITTER, F.: Korrosionstabellen metallischer Werkstoffe. 2. Aufl. Wien: Springer 1944.

SCHIKORR, G.: Die Zersetzungserscheinungen der Metalle. Leipzig: Johann Ambrosius Barth 1943.

The Corrosion Handbook. Herausgegeben von H. H. UHLIG. New York: John Wiley & Sons 1948.

WAGNER, C.: Chemische Reaktionen der Metalle. (Bd. I/2, des Handbuches der Metallphysik von G. MASING.) Leipzig: Akademische Verlagsges. 1940.

Einzelne Metalle und Legierungen.

Aluminiumtaschenbuch: Herausgegeben von der Aluminiumzentrale GmbH. Berlin. 8. Aufl. Berlin: Aluminiumzentrale, Abteilung Verlag 1940.

BECK, A.: Magnesium und seine Legierungen. Berlin: Springer 1939.

BULIAN, W., u. E. FAHRENHORST: Metallographie des Magnesiums und seiner technischen Legierungen. Berlin: Springer 1942.

BURKHARDT, A.: Technologie der Zinklegierungen. 2. Aufl. Berlin: Springer 1940.

DURER, R.: Die Metallurgie des Eisens. 2. Aufl. Berlin: Verlag Chemie GmbH. 1942.

HOFMANN, W.: Blei und Bleilegierungen. Berlin: Springer 1941.

HOUDREMONT, E.: Handbuch der Sonderstahlkunde. Berlin: Springer 1943.

Nickel-Handbuch. Herausgegeben vom Nickel-Informationsbüro GmbH., Frankfurt a. M., Leitung M. WAEHLERT. Frankfurt a. M.: G. Blümlein & Co. 1932—1938.

OBERHOFFER, P.: Das technische Eisen. 3. Aufl. Berlin: Springer 1936.

PIWOWARSKY, E.: Hochwertiges Gußeisen. Berlin: Springer 1942.

RAPATZ, F.: Die Edelstähle. 3. Aufl. Berlin: Springer 1942.

RAUB, E.: Die Edelmetalle und ihre Legierungen. Berlin: Springer 1940.

Werkstoffhandbuch Nichteisenmetalle 3 Bände: Bd. 1: Abschnitte A—C: Mechanische und chemische Prüfung der Metalle. Bd. 2: Abschnitte D—F: Kupfer, Messing und Sondermessing, Bronze und Rotguß. Bd. 3: Abschnitte G—K: Leichtmetalle. Berlin: VDI-Verlag GmbH. 1936—1940.

Werkstoffhandbuch Stahl und Eisen, bearbeitet von K. DAEVES. 2. Aufl. Düsseldorf: Verlag Stahleisen mbH. 1937.

ZEERLEDER, A. v.: Technologie der Leichtmetalle. Zürich: Rascher-Verlag 1947.

ZEERLEDER, A. v.: Technologie des Aluminiums und seiner Leichtlegierungen. 5. Aufl. Leipzig: Akademische Verlagsges. 1947.

Zinktaschenbuch. Herausgegeben von der Zinkberatungsstelle GmbH., Berlin. Halle (Saale): Wilhelm Knapp 1942.

Namenverzeichnis.

Sachverzeichnis.